21世纪普通高等教育系列教材

量子力学

周 闪 编

机 械 工 业 出 版 社

本书是一本适合本科生学习的量子力学教材，内容主要包括理论和应用两部分。第2~14章为理论部分，包含波动力学、狄拉克符号、表象理论、测量理论、体系的演化和全同粒子体系；第15~18章为应用部分，包含微扰论、非微扰近似和散射。本书附录提供了必要的数学工具。

本书叙述详细，公式推导细致，有利于初学者学习。同时，本书专门介绍了线性空间和线性算符，使量子力学建立在相对牢固的数学基础上，从而帮助初学者解决遇到的数学困惑。本书上承经典物理，下接高等量子力学，与先修和后续课程均有少量重叠，弥补了本科阶段的知识空白区。本书的必读材料可满足教学需要，选读材料可供学生加深理解。

本书可作为高校物理学专业学生学习量子力学的基础教材，也可供有关专业教师和科研人员参考。

图书在版编目（CIP）数据

量子力学/周闪编. —北京：机械工业出版社，2023.8（2024.7重印）
21世纪普通高等教育系列教材
ISBN 978-7-111-73080-4

Ⅰ.①量…　Ⅱ.①周…　Ⅲ.①量子力学-高等学校-教材　Ⅳ.①O413.1

中国国家版本馆CIP数据核字（2023）第074189号

机械工业出版社（北京市百万庄大街22号　邮政编码100037）
策划编辑：薛颖莹　　责任编辑：张金奎
责任校对：李小宝　李　杉　　封面设计：陈　沛
责任印制：单爱军
北京虎彩文化传播有限公司印刷
2024年7月第1版第2次印刷
184mm×260mm · 35.5印张 · 883千字
标准书号：ISBN 978-7-111-73080-4
定价：109.00元

电话服务
客服电话：010-88361066
010-88379833
010-68326294

网络服务
机　工　官　网：www.cmpbook.com
机　工　官　博：weibo.com/cmp1952
金　书　网：www.golden-book.com
机工教育服务网：www.cmpedu.com

前　言

在处理微观世界的问题时，牛顿理论不再有效，但量子力学却是一个很好的理论，它可以解决很多理论和实际问题。理论上，原子的稳定性、分子的存在、化学键的物理本质需要用量子力学的规律解释。超导、超流、玻色-爱因斯坦凝聚等现象，是量子效应的宏观表现。固体的存在，导体、绝缘体、半导体的区分，本质上也需要借助量子力学才能理解。应用上，量子力学引起了各个领域的革命：半导体芯片将人类带入电子时代和信息时代；核磁共振、正电子发射断层扫描等技术可以无损伤地探测生命体的内部结构和功能；激光器提供了一种近乎完美的新型光源；核能发电技术让人类第一次自觉利用了不是来自太阳的能源。目前，量子计算和量子通信技术方兴未艾，它们将深刻地改变人类的生存方式和社会结构。

国内外市场上已经有不少优秀的量子力学教材。其中，国内有如周世勋、曾谨言、张永德、钱伯初、苏汝铿、汪德新等编写的教材，此外还有一大批新出版的教材；国外也有不少相关教材，年代比较久远的有狄拉克、朗道、席夫等编写的教材，年代比较近的有格里菲斯、樱井纯、塔诺季、捷列文斯基等编写的教材。这些教材各具特色，其中格里菲斯的教材比较适合入门，塔诺季和捷列文斯基的教材内容丰富。作者认为，教材市场的繁荣是一件好事，这有利于大家选择自己需要的教材。

本书试图讲述一个完整的量子力学理论框架：物理上，包括量子力学的五个基本假定；数学上，包括线性空间和线性算符，各种本征值问题贯穿全书。本书不涉及一些专题，比如对称性与守恒量、角动量与三维转动群、时间反演、二次量子化、相对论量子力学等，这些都是高等量子力学的标准内容。对于路径积分量子化，书中只略做介绍。对于散射理论，本书也只做初步介绍，没有引入比较高深的内容，比如 S 矩阵等。这些内容也留给读者在高等量子力学中学习。

本书有必读部分和选读部分。必读部分安排 64 ~ 72 课时。表 0-1 给出了一种 72 课时分配方案，可供参考。64 课时授课方案可去掉 72 课时授课方案中的第 7 章和第 18 章。选读部分采用楷体字排版，主要有三种作用：①对概念和观点补充解释；②补充较严格的数学知识；③专题。根据教学需求，可以删掉一些必读部分，同时增加选读部分，比如能级的精细结构、塞曼效应、光的发射和吸收等。

表 0-1　课时分配和主要内容

章次	课时	主要内容
1	2	黑体辐射，光电效应，康普顿效应，德布罗意关系
2	4	波函数，坐标和动量；运动方程，自由粒子，多粒子体系

（续）

章次	课时	主要内容
3	6	常势能，势阶散射或势垒散射；方势阱的束缚态；谐振子
4	4	线性空间；线性算符
5	6	波函数空间，宇称算符和投影算符；力学量算符；角动量算符
6	4	一般性质，自由粒子，三维谐振子；氢原子
7	4	带电粒子的量子力学；朗道能级
8	4	态空间，线性算符；狄拉克符号体系，张量积
9	6	离散基表象；力学量完全集，坐标表象，动量表象；占有数表象
10	2	二维变换，离散基-离散基变换
11	6	一般角动量，自旋；总角动量，二电子体系；耦合表象，CG 系数
12	4	测量假定；两个力学量的测量，常见测量
13	2	量子态的演化，力学量的演化
14	4	全同性原理，二粒子体系；三粒子体系，N 粒子体系
15	4	双态体系，微扰论基础，非简并定态；简并定态，初步应用
16	4	态矢量的演化，微扰近似；周期微扰，电场中的谐振子
17	2	变分法
18	4	散射的描述，格林函数法，玻恩近似；分波法，球方势散射

量子力学有一些有趣而微妙的问题，比如 EPR 佯谬、贝尔不等式、薛定谔猫、量子不可克隆定理、量子芝诺佯谬等，这些问题涉及对量子力学基本概念的理解，却不是初学者必须掌握的，因此本书不讨论。作者认为，初学者在被这些问题困扰之前，应该先掌握基本“游戏规则”——量子力学的理论框架。对这些问题有兴趣的读者，可以参阅相关文献。

作者资历尚浅，书中必然有不成熟之处，欢迎读者批评指正。本书配有详细的习题解答，读者可扫描封底的正版验证码免费学习。如有问题，读者可发送邮件至 zhoushan 418@ 163. com。

扫描二维码，获取更多资源

导 读

1. 物理常量

下面给出本书常用的一些物理常量，数据来自 2020 年《粒子物理手册》。其中真空中的光速 c、普朗克常量 h、玻尔兹曼常量 k_B 和电子电荷量 e 均为精确值，其余常量括号内的数字表示物理量最后一位数值的标准误差。

真空中的光速　$c = 299\,792\,458\mathrm{m\cdot s^{-1}}$　（准确值）

普朗克常量　$h = 6.626\,070\,15\times10^{-34}\mathrm{J\cdot s}$　（准确值）

转换常数　$\hbar c = 197.326\,980\,4\cdots\mathrm{MeV\cdot fm}$　（根据准确值算出）

动量为 1MeV/c 的粒子波长

$hc = 1.239\,841\,984\cdots\times10^{-6}\mathrm{m\cdot eV}$　（根据准确值算出）

玻尔兹曼常量　$k_B = 1.380\,649\times10^{-23}\mathrm{J\cdot K^{-1}}$　（准确值）

元电荷　$e = 1.602\,176\,634\times10^{-19}\mathrm{C}$

电子的静能　$m_ec^2 = 0.510\,998\,950\,00(15)\mathrm{MeV}$

质子的静能　$m_pc^2 = 938.272\,088\,16(29)\mathrm{MeV}$

中子的静能　$m_nc^2 = 939.565\,420\,52(54)\mathrm{MeV}$

精细结构常数　$\alpha = \dfrac{e^2}{4\pi\varepsilon_0\hbar c} = 1/137.035\,999\,084(21)$

里德伯能量　$hcR_\infty = \dfrac{1}{2}m_ec^2\alpha^2 = 13.605\,693\,122\,994(26)\mathrm{eV}$

玻尔半径　$a_\infty = \dfrac{4\pi\varepsilon_0\hbar^2}{m_ee^2} = 0.529\,177\,210\,903(80)\times10^{-10}\mathrm{m}$

玻尔磁子　$\mu_B = \dfrac{e\hbar}{2m_e} = 5.788\,381\,8060(17)\times10^{-11}\mathrm{MeV\cdot T^{-1}}$

核磁子　$\mu_N = \dfrac{e\hbar}{2m_p} = 3.152\,451\,258\,44(96)\times10^{-14}\mathrm{MeV\cdot T^{-1}}$

这里 R_∞ 和 α_∞ 是将原子核质量视为无穷大时的数值。

2. 记号表

为方便读者查阅，我们将本书中的记号习惯列于表 0-2。表中有少数记号同时表示多个物理量，比如 m 表示质量和磁量子数。如果这样两个物理量出现在同一段讨论中，则不遵从表 0-2 的习惯，比如改用 μ 表示质量。记号的准确含义应当根据上下文来确定。

表 0-2　本书中的记号

名　称	记　号	名　称	记　号
实数域	$\mathbb{R}$	Kronecker 符号	δ_{ij}
复数域	$\mathbb{C}$	Levi-Civita 符号	ε_{ijk}
位置矢量	$\boldsymbol{r}$	时间	t
直角坐标	x,y,z	球坐标	r,θ,φ
直角坐标基	$\boldsymbol{e}_x,\boldsymbol{e}_y,\boldsymbol{e}_z$	球坐标基	$\boldsymbol{e}_r,\boldsymbol{e}_\theta,\boldsymbol{e}_\varphi$
三维体元	$\mathrm{d}\tau,\mathrm{d}^3r$	球坐标体元	$r^2\sin\theta\mathrm{d}r\mathrm{d}\theta\mathrm{d}\varphi$
直角坐标体元	$\mathrm{d}x\mathrm{d}y\mathrm{d}z$	立体角元	$\mathrm{d}\Omega=\sin\theta\mathrm{d}\theta\mathrm{d}\varphi$
波矢	$\boldsymbol{k}$	电场	$\boldsymbol{E}$
波数	k	磁场	$\boldsymbol{B}$
速度	$\boldsymbol{v}$	电势	ϕ
速率	v	磁矢势	$\boldsymbol{A}$
动量	$\boldsymbol{p}$	能量	E 或 ε
轨道角动量	$\boldsymbol{L}$		
一维平方可积函数空间	$\mathcal{L}^2(\mathbb{R})$	右矢空间(态空间)	$\mathcal{V}$
三维平方可积函数空间	$\mathcal{L}^2(\mathbb{R}^3)$	左矢空间	$\mathcal{V}^*$
一维含时波函数	$\psi(x,t)$ 等	一维不含时波函数	$\psi(x)$ 等
三维含时波函数	$\psi(\boldsymbol{r},t)$ 等	三维不含时波函数	$\psi(\boldsymbol{r})$ 等
含时态矢量	$\|\psi(t)\rangle$ 等	不含时态矢量	$\|\psi\rangle$ 等
自旋波函数	χ 等	自旋态矢量	$\|\chi\rangle$ 等
含时自旋波函数	$\chi(t)$ 等	含时自旋态矢量	$\|\chi(t)\rangle$ 等
概率密度	ρ	概率流密度	$\boldsymbol{J}$
电荷密度	ρ_e	电流密度	$\boldsymbol{J}_\mathrm{e}$
算符	$\hat{A},\hat{B},\hat{C}$ 等		
坐标算符	$\hat{\boldsymbol{r}},\hat{x},\hat{y},\hat{z}$	动量算符	$\hat{\boldsymbol{p}},\hat{p}_x,\hat{p}_y,\hat{p}_z$
轨道角动量算符	$\hat{\boldsymbol{L}},\hat{L}_x,\hat{L}_y,\hat{L}_z$	自旋角动量算符	$\hat{\boldsymbol{S}},\hat{S}_x,\hat{S}_y,\hat{S}_z$
轨道角量子数	l	自旋角量子数	s
轨道磁量子数	m_l 或 m	自旋磁量子数	m_s
一般角动量算符	$\hat{\boldsymbol{J}},\hat{J}_x,\hat{J}_y,\hat{J}_z$	投影算符	$\hat{P}_\psi$
一般角量子数	j	宇称算符	$\hat{P}$
一般磁量子数	m_j 或 m	交换算符	$\hat{P}_{ij}$
哈密顿算符	$\hat{H}$	动能算符	$\hat{T}$
能量本征值	E_n 或 ε_n	势能算符	$\hat{V}$
离散本征值	λ_n,μ_n 等	本征函数	ψ_n,ϕ_n,u_n 等
		本征矢量	$\|u_n\rangle,\|n\rangle$ 等

（续）

名 称	记 号	名 称	记 号
球谐函数	$Y_{lm}(\theta,\varphi)$	$\hat{L}^2,\hat{L}_z$ 的共同本征矢量	$\vert Y_{lm}\rangle,\vert lm\rangle$
连续本征值	a,b 等	本征矢量	$\vert a\rangle,\vert b\rangle$ 等
$\hat{x}$ 的本征函数	$u_{x'}(x)$	$\hat{x}$ 的本征矢量	$\vert x\rangle$
$\hat{p}_x$ 的本征函数	$v_p(x)$	$\hat{p}_x$ 的本征矢量	$\vert p\rangle$
$\hat{\boldsymbol{r}}$ 的本征函数	$u_{\boldsymbol{r}'}(\boldsymbol{r})$	$\hat{\boldsymbol{r}}$ 的本征矢量	$\vert\boldsymbol{r}\rangle$
$\hat{\boldsymbol{p}}$ 的本征函数	$v_{\boldsymbol{p}}(\boldsymbol{r})$	$\hat{\boldsymbol{p}}$ 的本征矢量	$\vert\boldsymbol{p}\rangle$
泡利算符	$\hat{\sigma}_x,\hat{\sigma}_y,\hat{\sigma}_z$	泡利矩阵	$\sigma_x,\sigma_y,\sigma_z$
$\hat{\sigma}_z$ 的本征矢量	$\vert\alpha\rangle,\vert\beta\rangle$	σ_x 的本征矢量	$\vert\bar{\alpha}\rangle,\vert\bar{\beta}\rangle$

3. 矢量

对于矢量 $\boldsymbol{A}$，我们约定：$A=|\boldsymbol{A}|$，$\boldsymbol{A}^2=\boldsymbol{A}\cdot\boldsymbol{A}$，此时 $\boldsymbol{A}^2=A^2$。

直角坐标系的基矢量记为 $\boldsymbol{e}_x,\boldsymbol{e}_y,\boldsymbol{e}_z$，球坐标系的基矢量记为 $\boldsymbol{e}_r,\boldsymbol{e}_\theta,\boldsymbol{e}_\varphi$。矢量 $\boldsymbol{A}$ 的直角坐标分量记为 A_x,A_y,A_z，球坐标分量记为 A_r,A_θ,A_φ，即

$$\boldsymbol{A}=A_x\boldsymbol{e}_x+A_y\boldsymbol{e}_y+A_z\boldsymbol{e}_z=A_r\boldsymbol{e}_r+A_\theta\boldsymbol{e}_\theta+A_\varphi\boldsymbol{e}_\varphi$$

直角坐标基也记为 $\boldsymbol{e}_1,\boldsymbol{e}_2,\boldsymbol{e}_3$，此时矢量 $\boldsymbol{A}$ 的直角坐标分量记为 A_1,A_2,A_3，即

$$\boldsymbol{A}=A_1\boldsymbol{e}_1+A_2\boldsymbol{e}_2+A_3\boldsymbol{e}_3$$

位置矢量 $\boldsymbol{r}$ 是一个例外，其直角坐标分量写为 x,y,z 或者 x_1,x_2,x_3。在球坐标系中，$\boldsymbol{r}$ 只有径向分量，因此

$$\boldsymbol{r}=x\boldsymbol{e}_x+y\boldsymbol{e}_y+z\boldsymbol{e}_z=x_1\boldsymbol{e}_1+x_2\boldsymbol{e}_2+x_3\boldsymbol{e}_3=r\boldsymbol{e}_r$$

将矢量在一个基中的分量按照基矢量的编号次序排成的列矩阵，称为矢量的矩阵形式。为了清楚起见，矢量 $\boldsymbol{A}$ 的列矩阵记为 $[A]$。按照这个约定，矢量 $\boldsymbol{A}$ 和 $\boldsymbol{r}$ 的直角坐标分量构成的列矩阵分别为

$$[A]=\begin{pmatrix}A_x\\A_y\\A_z\end{pmatrix}=\begin{pmatrix}A_1\\A_2\\A_3\end{pmatrix},\quad [r]=\begin{pmatrix}x\\y\\z\end{pmatrix}=\begin{pmatrix}x_1\\x_2\\x_3\end{pmatrix}$$

矢量 $\boldsymbol{A}$ 及其列矩阵 $[A]$ 的关系写为

$$\boldsymbol{A}\doteq[A]$$

记号 $\doteq$ 的意思是矢量 $\boldsymbol{A}$ 由列矩阵 $[A]$ 表示。如果不需要明确区分矢量 $\boldsymbol{A}$ 及其列矩阵，可以将二者互相认同，写出 $\boldsymbol{A}=[A]$。必要时，矢量 $\boldsymbol{A}$ 的列矩阵可以另行约定记号，比如记为 α，即 $\alpha=[A]$。如果在一段讨论中同时涉及矢量 $\boldsymbol{A}$ 在两个基中的列矩阵，则记号应有所区分。比如，矢量 $\boldsymbol{A}$ 的直角坐标分量和球坐标分量列矩阵可以分别记为

$$[A_{\text{直}}]=\begin{pmatrix}A_x\\A_y\\A_z\end{pmatrix},\quad [A_{\text{球}}]=\begin{pmatrix}A_r\\A_\theta\\A_\varphi\end{pmatrix}$$

4. 求和约定

在讨论矢量时，经常碰到对矢量的分量指标进行求和，比如矢量按照基矢量展开，以及

矢量的点乘

$$A = \sum_{i=1}^{3} A_i e_i,\quad B = \sum_{i=1}^{3} B_i e_i,\quad A \cdot B = \sum_{i=1}^{3} A_i B_i \tag{1}$$

这种求和的特点是，求和指标 i 是相乘的分量 A_i 和 B_i 共有的。根据这个特点，我们可以省略求和记号，以 $A_i e_i$、$B_i e_i$ 和 $A_i B_i$ 指代 $\sum_{i=1}^{3} A_i e_i$、$\sum_{i=1}^{3} B_i e_i$ 和 $\sum_{i=1}^{3} A_i B_i$，这个习惯写法称为求和约定，是爱因斯坦发明的。今后在处理三维矢量问题时，若非上下文特别说明，凡是碰到重复指标均意味着从 1 到 3 求和。

根据求和约定，式(1)可以简写为

$$A = A_i e_i,\quad B = B_i e_i,\quad A \cdot B = A_i B_i$$

另外约定，对于隐藏的重复指标，比如 A_i^2，约定对 i 不求和，除非写为 $A_i A_i$ 才意味着求和。

一对求和指标所用字母并不影响求和本身，比如 $A_i B_i$ 和 $A_j B_j$ 没有任何区别

$$A_i B_i = A_j B_j = A_x B_x + A_y B_y + A_z B_z$$

在公式推导中，我们将经常利用这个规则修改求和指标，以满足需要。需要强调的是，在表达式 $A_i B_i C_k$ 中求和指标 i 不能改为 k，但可以改为其他字母。如果要将两个求和 $A_i B_i$ 和 $C_i D_i$ 相乘，则应当修改其中一对求和指标，比如写成 $A_i B_i C_j D_j$ 或者 $A_j B_j C_i D_i$ 等。

除了三维矢量问题之外，对于其他情形的求和，即使碰到重复指标，我们也总是明确写出求和记号 Σ。

5. 运算符

(1) 在本书中，对一些简短表达式用斜杠表示除法，并约定

$$a/bc \equiv a/(bc)$$

也就是说，两个量相乘时如果省略乘号，则优先级高于斜杠表示的除法。这个约定可以省去一些括号，比如粒子的动能 $\boldsymbol{p}^2/(2m)$ 可以简写为 $\boldsymbol{p}^2/2m$，这里 $\boldsymbol{p}$ 和 m 分别是粒子的动量和质量。

(2) 设 f 是一元函数，则 f' 和 f'' 分别表示对其自变量求一阶和二阶导数。

(3) 设 q 是时间的函数，则 $\dot{q}$ 和 $\ddot{q}$ 分别表示 q 对时间求一阶和二阶全导数。

(4) 设 F 是一个矩阵，我们用 F^* 表示 F 的复共轭，F^{T} 表示 F 的转置。

(5) 记号 † 用法如下：

① 矩阵 F 的厄米共轭(转置复共轭)矩阵记为 $F^\dagger$；

② 算符 $\hat{F}$ 的厄米共轭算符，即伴算符记为 $\hat{F}^\dagger$；

③ 表示左矢和右矢的对应关系，$|\ \rangle^\dagger = \langle\ |$，$\langle\ |^\dagger = |\ \rangle$；

④ 表示复数的复共轭，$c^\dagger = c^*$。

我们约定

$$F_{mn}^\dagger \equiv (F^\dagger)_{mn}$$

这个约定的意思是，厄米共轭是针对矩阵 F 的而不是针对矩阵元(是一个复数) F_{mn} 的，即 $F_{mn}^\dagger$ 不能理解为 $(F_{mn})^\dagger$。

6. 常用公式

Heaviside 函数 $u(x) = \begin{cases} 0, & x < 0 \\ 1, & x \geqslant 0 \end{cases}$，也称为阶跃函数

Kronecker 符号 $\delta_{ij}=\boldsymbol{e}_i\cdot\boldsymbol{e}_j=\begin{cases}1, & i=j\\ 0, & i\neq j\end{cases}$

$\delta_{ii}=3$ （重复指标求和）

Levi-Civita 符号 $\varepsilon_{ijk}=(\boldsymbol{e}_i\times\boldsymbol{e}_j)\cdot\boldsymbol{e}_k=\begin{cases}+1, & i,j,k\text{ 是 }1,2,3\text{ 的偶排列}\\ -1, & i,j,k\text{ 是 }1,2,3\text{ 的奇排列}\\ 0, & i,j,k\text{ 有重复取值}\end{cases}$

$\varepsilon_{123}=\varepsilon_{231}=\varepsilon_{312}=1,\varepsilon_{132}=\varepsilon_{213}=\varepsilon_{321}=-1$，其余分量为零

相乘规则 $\varepsilon_{ijk}\varepsilon_{ijk}=6$ （重复指标求和）

$\varepsilon_{ijk}\varepsilon_{ijl}=2\delta_{kl}$ （重复指标求和）

$\varepsilon_{ijk}\varepsilon_{mnk}=\delta_{im}\delta_{jn}-\delta_{in}\delta_{jm}$ （重复指标求和）

对易子 $[\hat{A},\hat{B}]\equiv\hat{A}\hat{B}-\hat{B}\hat{A}$

对易子恒等式 $[\hat{A}\hat{B},\hat{C}]=\hat{A}[\hat{B},\hat{C}]+[\hat{A},\hat{C}]\hat{B}$

反对易子 $\{\hat{A},\hat{B}\}\equiv\hat{A}\hat{B}+\hat{B}\hat{A}$

反对易子恒等式 $[\hat{A}\hat{B},\hat{C}]=\hat{A}\{\hat{B},\hat{C}\}-\{\hat{A},\hat{C}\}\hat{B}$

基本对易关系 $[\hat{x}_i,\hat{p}_j]=\mathrm{i}\hbar\delta_{ij},\quad i,j=1,2,3$

角动量算符对易关系 $[\hat{J}_\alpha,\hat{J}_\beta]=\mathrm{i}\hbar\varepsilon_{\alpha\beta\gamma}\hat{J}_\gamma,\quad \alpha,\beta=1,2,3$（重复指标求和）

$[\hat{J}^2,\hat{J}_\alpha]=0,\quad \alpha=1,2,3$

泡利算符的乘积 $\hat{\sigma}_i\hat{\sigma}_j=\delta_{ij}+\mathrm{i}\,\varepsilon_{ijk}\hat{\sigma}_k,\quad i,j=1,2,3$（重复指标求和）

泡利矩阵 $\sigma_1=\begin{pmatrix}0&1\\1&0\end{pmatrix},\quad \sigma_2=\begin{pmatrix}0&-\mathrm{i}\\ \mathrm{i}&0\end{pmatrix},\quad \sigma_3=\begin{pmatrix}1&0\\0&-1\end{pmatrix}$

7. 本书采用的单位制

本书采用国际单位制(SI)。

设电子电荷量为$-e$，电子与质子之间的库仑(Coulomb)势能为

$$V(r)=-\frac{e^2}{4\pi\varepsilon_0 r}$$

电荷为 q 的带电粒子在电磁场 $\boldsymbol{E},\boldsymbol{B}$ 中受到的洛伦兹力为

$$F=q(\boldsymbol{E}+v\times\boldsymbol{B})$$

玻尔(Bohr)半径

$$a_0=\frac{4\pi\varepsilon_0\hbar^2}{m_e e^2}$$

精细结构常数(fine structure constant)

$$\alpha=\frac{e^2}{4\pi\varepsilon_0\hbar c}$$

引入记号

$$\bar{e}=\frac{e}{\sqrt{4\pi\varepsilon_0}}$$

库仑势能、玻尔半径和精细结构常数可简写为

$$V(r)=-\frac{\bar{e}^2}{r},\qquad a_0=\frac{\hbar^2}{m_e\bar{e}^2},\qquad \alpha=\frac{\bar{e}^2}{\hbar c}$$

这三个公式与高斯单位制(参见本书附录)的公式在形式上完全相同，既方便记忆，也便于和采用高斯单位制的教材进行对比。$\bar{e}^2$ 和 $\hbar c$ 的量纲均为能量×长度，因此精细结构常数 α 是无量纲的。

8. 本书的知识结构

量子力学是采用两种不同的形式创立的，一种是海森伯(Heisenberg)在1925年创立的矩阵力学，另一种是薛定谔(Schrödinger)在1926年创立的波动力学。这两种理论是等价的，二者都与经典力学的哈密顿(Hamilton)形式有关。量子力学还有一种路径积分形式，是费曼(Feynman)在20世纪40年代创立的，与经典力学的拉格朗日(Lagrange)形式有关。在本书中，我们主要讲述前两种形式，路径积分形式仅做简单介绍。

本书分为两个部分：(1)量子力学的理论体系，包括第2~14章；(2)量子力学的应用，包括第15~18章。明确涉及电磁场的内容有：第6章氢原子；第7章朗道能级和AB效应；第15章能级的精细结构、塞曼效应和斯塔克效应；第16章光的发射和吸收；第17章氦原子基态；第18章库仑散射。

量子力学的理论体系围绕着如下五个基本假定展开：

1. 体系的状态由波函数描述；
2. 力学量由算符表示；
3. 力学量的测量理论；
4. 体系的演化遵守薛定谔方程；
5. 全同性原理。

这五个基本假定的详细内容参见第14章结尾。

由于在原子物理学课程中通常已经初步介绍过波动力学，因此本书中先讲波动力学，然后过渡到矩阵力学。第2章，我们在波动力学框架下介绍了前四个基本假定。第3章，我们讨论了各种一维物理模型，初步讨论了自由粒子、散射态和束缚态问题，这一章的主要工作就是求解哈密顿算符的本征值和本征函数。第4章，我们集中介绍了量子力学的主要数学工具，包括线性空间和线性算符。数学工具的使用将大大提升对第3章内容的理解，同时为进一步讨论提供了基础。第5章，我们介绍了体系的波函数空间以及常见的几个力学量，在此基础上，我们在第6章讨论了中心力场这种极为重要的情形，其中包括一个实际例子——氢原子，这也是第一个明确涉及电磁相互作用的体系。第7章，我们介绍了一般情况下如何处理电磁相互作用，并顺便介绍了两个应用：朗道能级和AB效应。到此为止，本书都是在波动力学框架内讨论问题。为了方便过渡到矩阵力学，我们在第8章引入了量子力学中使用非常方便的狄拉克符号。从第9章开始引入各种表象，由波动力学过渡到矩阵力学，由数学分析方法过渡到代数方法。虽然这个工作也可以不借助狄拉克符号进行，但狄拉克符号的使用取消了坐标表象的特殊地位，从而突出了态矢量和算符的独立意义。第10章是上一章的继续，介绍表象之间的变换。第11章，我们用代数方法讨论了角动量，并介绍了新的角动量——自旋。第12章，我们介绍测量理论，这一章不涉及任何表象，从头到尾采用狄拉克符号。到本章结束为止，除了个别地方讨论了波包的演化之外，我们处理的都是“静力学”问题。第13章，我们集中讨论了体系的演化，包括态矢量和算符的演化，并初步介绍绘景变换。由此我们发现，态矢量和算符联合起来才能对物理体系提供完整的描述。此外，本章还简要介绍了量子力学的路径积分形式，并简单讨论了量子力学与经典力学的关系。第14

章，我们介绍全同性原理，这是对量子力学理论的重要补充，同时也表明了全同粒子体系在量子力学中的特殊性。

到此为止，我们已经介绍完了量子力学的理论体系。这部分内容可以称为初等量子力学，理论的进一步介绍通常称为高等量子力学。在量子力学中对电磁场采用经典描述，如果进一步把电磁场量子化(由此得到光子的概念)，就过渡到量子场。高等量子力学和量子场论都是理论物理专业研究生的必修课程，这里就不多涉及了。

从理论过渡到应用时，需要采取各种近似方法，这个特点不是量子力学特有的，经典力学也是这样。本书最后四章介绍了量子力学的初步应用，并采用各种近似方法处理定态能级的分裂、量子跃迁和散射问题。

目 录

第1章 走向量子世界

1.1 经验的局限性

科学是经验的总结，科学的目标是对将要发生的事件进行预言。面对丰富多彩的世界，人们在长期经验总结中找到了一些规则，用相对简单的方式预言了变化万千的自然现象。到19世纪末，人们总结的规则有：

（1）力学：牛顿定律。除了牛顿运动定律之外，还包含描述各种力的规律，比如万有引力定律、弹簧的胡克定律等。力学还有各种高级版本，比如拉格朗日力学、哈密顿力学等，它们跟牛顿力学等价。

（2）电磁学：麦克斯韦方程和洛伦兹力公式。为了反映物质的特性，还需加上一些经验公式，比如欧姆定律等。

（3）光学：惠更斯-菲涅耳原理。几何光学的规律总结为费马原理，它可以作为波动光学的极限情况。

（4）热学：热力学和统计物理。热力学从宏观上描述热现象，总结为热力学四大定律；统计物理从微观上总结规律，将宏观量作为微观量的统计平均值。

这些规则通常被称为经典物理[㊀]。经典物理能够处理的问题，贯穿着生产和生活的方方面面。然而从19世纪末开始，人们陆续发现了一系列现象，用已有的经验规律无法解释。无论是经验不足还是总结不准确，在科学发展中都是正常的，进一步积累经验并重新总结即可。比如，如果发现树叶在空中飘行的曲线与已有的计算公式不太符合，只需要重新测量总结，就能得出更加精确的公式。然而更糟糕的事情是，人们发现经典物理不仅在数值预言上达不到要求，甚至连基本概念都不够好。

相对论和量子论从不同角度怀疑了经典物理中的概念。在研究光的传播时，人们发现绝对时空观无法解释某些实验现象，从而建立了新的时空观。在研究微观现象时，人们逐渐发现“位置”这个概念也是近似的。如果我们试图给一个微观粒子（比如电子）赋予确切位置，就无法得出与实验相符的结果。

我们假定读者已经了解量子理论的发展背景[㊁]，在本章我们将对部分内容略做回顾，同

㊀ 这里所说的经典物理不包括相对论.

㊁ 根据我国高校的排课习惯，通常会在量子力学课之前安排原子物理学课.

时汇集一些重要的概念和公式。

1.2 光量子

本书所说的“光”不限于可见光，而是指一般的电磁波。光的波动性在各种干涉和衍射实验中体现得淋漓尽致，而光的粒子性则鲜明地体现在黑体辐射、光电效应和康普顿散射等实验中。这种既有波动性又有粒子性的特点称为波粒二象性(wave-particle duality)。

1.2.1 黑体辐射

黑体(blackbody)是指对接收到的辐射(radiation)全部吸收而没有反射的物体。黑体看上去不一定是黑的，因为它可以发出辐射。一束光照射到太阳上很难被反射回来，因此太阳可以近似当作黑体处理，而太阳看上去非常明亮。实验室中所用的黑体，通常是一个开有小口的空腔，光从小口进入后就很难出来，因此空腔小口就近似为一个黑体。

当辐射场与空腔内壁达到平衡后，能量(energy)密度的谱分布可以由普朗克(Planck)公式描述，即

$$\rho_\nu(\nu,T)\,\mathrm{d}\nu=\frac{8\pi h\nu^3}{c^3}\frac{1}{\mathrm{e}^{\frac{h\nu}{k_\mathrm{B}T}}-1}\mathrm{d}\nu \tag{1.1}$$

式中，c 是光速；h 是普朗克常量；k_B 是玻耳兹曼(Boltzmann)常量；T 是黑体的热力学温度(单位是开尔文，简称“开”，记号为 K)。式(1.1)原本只是普朗克在前人经验的基础上拼凑出来的，却出乎意料地跟实验结果精确符合。为了解释这个公式，普朗克假定：当一定频率的辐射场与空腔内壁交换能量时，只能一份一份地进行，每一份能量大小为 $h\nu$，称为一个能量子(现在习惯上称为光子)。将空腔内的辐射场当作光子气体，当辐射场与空腔内壁达到平衡后，根据统计物理可以导出普朗克公式[㊀]。在普朗克公式中，$h\nu$ 和 $k_\mathrm{B}T$ 都具有能量量纲，从以下数字可以获得一些直观感受：

当 $\nu=2.4\times10^{14}\,\mathrm{Hz}$ 时，$h\nu\approx1\,\mathrm{eV}$；

当 $T=1.2\times10^{4}\,\mathrm{K}$ 时，$k_\mathrm{B}T\approx1\,\mathrm{eV}$；

当 $T=300\,\mathrm{K}$(室温)时，$k_\mathrm{B}T\approx(1/40)\,\mathrm{eV}$。

按照普朗克假定，$h\nu$ 代表一个频率为 ν 的光子的能量。根据上述结果，当光子能量为 1eV 时，波长约为 1.24μm。$k_\mathrm{B}T$ 描述了空腔内壁分子的平均能量：根据能均分定理，分子的每个自由度的平均动能为 $k_\mathrm{B}T/2$。

在普朗克公式中，$\rho_\nu(\nu,T)\,\mathrm{d}\nu$ 表示黑体内在频率 $\nu\sim\nu+\mathrm{d}\nu$ 之间辐射场的能量密度(energy density)，$\rho_\nu(\nu,T)$ 称为能量密度的频谱密度，即单位频率间隔的能量密度。作为能量密度，$\rho_\nu(\nu,T)$ 只能取非负值。在式(1.1)两端保留微分 $\mathrm{d}\nu$，是因为我们关注的对象是 $\rho_\nu(\nu,T)\,\mathrm{d}\nu$。需要注意，如果把 $\mathrm{d}\nu$ 作为无穷小频率间隔，则要求 $\mathrm{d}\nu>0$。然而作为变量的微分，当然也可以取 $\mathrm{d}\nu<0$，此时无穷小频率间隔应该为 $|\mathrm{d}\nu|=-\mathrm{d}\nu$，而在 $\nu+\mathrm{d}\nu\sim\nu$ 之间的辐射场能量密度应该写为 $\rho_\nu(\nu,T)(-\mathrm{d}\nu)$。弄清这个问题，有助于理解下面的讨论。

㊀ 汪志诚. 热力学 · 统计物理[M]. 6版. 北京：高等教育出版社，2019，194页.

由于 $\nu=c/\lambda$，λ 是波长，因此 $\mathrm{d}\nu=-(c/\lambda^2)\mathrm{d}\lambda$，因此有

$$\rho_\nu(\nu,T)\mathrm{d}\nu=-\rho_\nu(\nu,T)\frac{c}{\lambda^2}\mathrm{d}\lambda \tag{1.2}$$

引入

$$\rho_\lambda(\lambda,T)=\frac{c}{\lambda^2}\rho_\nu\left(\nu=\frac{c}{\lambda},T\right) \tag{1.3}$$

代入式(1.2)，得

$$\rho_\nu(\nu,T)\mathrm{d}\nu=-\rho_\lambda(\lambda,T)\mathrm{d}\lambda \tag{1.4}$$

假设 $\mathrm{d}\nu>0$，此时 $\mathrm{d}\lambda<0$，相应的波长间隔应该理解为 $-\mathrm{d}\lambda$，即波长变化的范围是 $\lambda+\mathrm{d}\lambda\sim\lambda$，它和 $\nu\sim\nu+\mathrm{d}\nu$ 描述的是同一范围，如图 1-1 所示。$\rho_\lambda(\lambda,T)(-\mathrm{d}\lambda)$ 代表波长在 $\lambda+\mathrm{d}\lambda\sim\lambda$ 之间的辐射场的能量密度，而 $\rho_\lambda(\lambda,T)$ 表示单位波长变化区间的能量密度。反之，若 $\mathrm{d}\lambda>0$，则 $\rho_\lambda(\lambda,T)\mathrm{d}\lambda$ 表示波长在 $\lambda\sim\lambda+\mathrm{d}\lambda$ 之间的辐射场能量密度。由式(1.1)和式(1.3)可得 $\rho_\lambda(\lambda,T)$ 的表达式，从而得到

$$\rho_\lambda(\lambda,T)\mathrm{d}\lambda=\frac{8\pi hc}{\lambda^5}\frac{1}{\mathrm{e}^{\frac{hc}{\lambda k_\mathrm{B}T}}-1}\mathrm{d}\lambda \tag{1.5}$$

这是用波长表示的能量密度的谱分布。

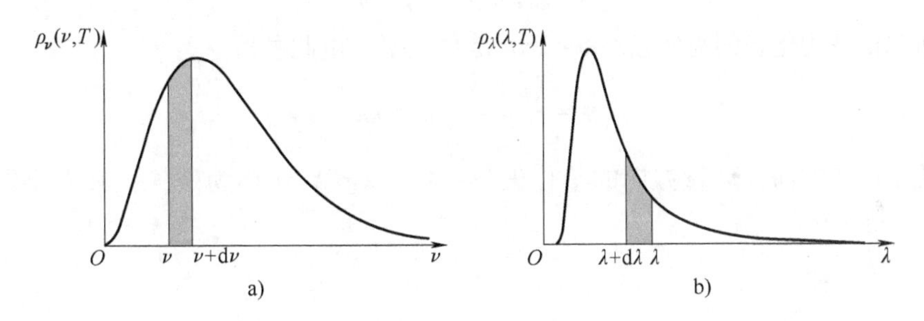

图 1-1　黑体辐射的能量密度的谱密度

将 $\rho_\nu(\nu,T)$ 对频率积分，或将 $\rho_\lambda(\lambda,T)$ 对波长积分，可得辐射场能量密度，即

$$\int_0^\infty\rho_\nu(\nu,T)\mathrm{d}\nu=\int_0^\infty\rho_\lambda(\lambda,T)\mathrm{d}\lambda \tag{1.6}$$

实际上，从左边公式出发直接做变量替换就能得到右边公式，即

$$\begin{aligned}\int_0^\infty\rho_\nu(\nu,T)\mathrm{d}\nu&=\int_0^\infty\frac{8\pi h\nu^3}{c^3}\frac{1}{\mathrm{e}^{\frac{h\nu}{k_\mathrm{B}T}}-1}\mathrm{d}\nu\\&=\int_\infty^0\frac{8\pi h}{\lambda^3}\frac{1}{\mathrm{e}^{\frac{hc}{k_\mathrm{B}T\lambda}}-1}\left(-\frac{c}{\lambda^2}\mathrm{d}\lambda\right)=\int_0^\infty\frac{8\pi hc}{\lambda^5}\frac{1}{\mathrm{e}^{\frac{hc}{k_\mathrm{B}T\lambda}}-1}\mathrm{d}\lambda\end{aligned} \tag{1.7}$$

最后结果中被积函数正是 $\rho_\lambda(\lambda,T)$。根据微积分运算规则能够自动得到正确结果，而无须详细讨论微分元的正负。

1.2.2　光电效应

实验表明，当一定频率的光照射到金属表面时，有电子从金属中逸出。这个现象称为

光电效应(photoelectric effect)。按照经典电动力学，光是一种电磁波，金属中的电子吸收足够能量会脱离金属表面，因此出射电子的最大动能应当与光强有关。然而根据实验结果，光强仅能影响出射电子的数量，而出射电子的最大动能跟光强无关，却出乎意料地取决于光的频率。此外，光电效应的响应时间极短($<10^{-9}$s)，也跟经典电动力学的预言有尖锐的矛盾。

爱因斯坦(Einstein)采纳了普朗克的能量子概念，提出如下解释：频率为 ν 的光照射到金属表面时，能量为 $h\nu$ 的一份被电子吸收，电子把该能量的一部分用来克服金属表面对它的束缚，另一部分就是电子离开金属表面后的动能。根据这个解释，可以得到光电效应的爱因斯坦公式

$$\frac{1}{2}m_e v_m^2 = h\nu - W_0 \tag{1.8}$$

式中，m_e 是电子的质量；v_m 是脱出电子的最大速度；W_0 称为脱出功，它依赖于金属的种类。爱因斯坦解释的要点是，一束频率为 ν 的光和电子相互作用时，能量交换的最小单位为 $h\nu$，具有这一份能量的光称为光量子，简称光子(photon)。

光子的能量和动量的关系为

$$E = pc \tag{1.9}$$

频率和能量的关系为

$$E = h\nu = \hbar\omega \tag{1.10}$$

式中，$\hbar=h/2\pi$ 是约化普朗克常量；$\omega=2\pi\nu$ 是角频率。由此可得

$$\boldsymbol{p} = \frac{h\nu}{c}\boldsymbol{n} = \frac{h}{\lambda}\boldsymbol{n} = \hbar\boldsymbol{k} \tag{1.11}$$

式中，$\boldsymbol{n}$ 是光传播方向或动量方向的单位矢量；$\boldsymbol{k}=(2\pi/\lambda)\boldsymbol{n}$ 称为波矢，其大小 $k=|\boldsymbol{k}|=2\pi/\lambda$ 称为波数。

1.2.3 康普顿效应

实验表明，当一束光(实验中常用 X 射线)被物质散射时，散射光除了有与入射光相同波长的成分外，还有波长增长的部分出现。这个现象称为康普顿效应(Compton effect)，相关过程称为康普顿散射(Compton scattering)。康普顿散射是光子与自由电子相互作用的过程。电子的“自由”程度是相对的，这里是指电子在原子中的束缚能同入射 X 光子的能量相比可以忽略。康普顿做实验时用的 X 射线能量约为 20keV，远远超过所有元素的外层电子的束缚能[㊀]。

1. 弹球碰撞模型

采用弹球碰撞模型，如图 1-2 所示。自由电子位于 O 点，当一束频率为 ν 的光照射到材料上时，以光子的形式与电子发生相互作用，电子吸收光子的一部分能量获得动能，而光子相应地损失了一部分能量。

在 X 射线作用下电子获得的动能跟电子静能 $m_e c^2=511$keV 相比已经占有不小比例，因此应该对电子用相对论的相关公式。根据狭义相对论，电子的能量和动量可以写为

$$E = \gamma m_e c^2, \quad p = \gamma m_e v \tag{1.12}$$

㊀ 杨福家. 原子物理学[M]. 4 版. 北京：高等教育出版社，2008，282 页脚注.

式中，$\gamma=(1-v^2/c^2)^{-1/2}$；$m_e$ 是电子的（静）质量。现代物理中一般不引入动质量的概念，说到粒子质量就是指静质量。根据式(1.10)，频率为 ν 的光子能量是 $h\nu=\hbar\omega$，再根据式(1.9)，可得光子的动量为 $\hbar\omega/c$。

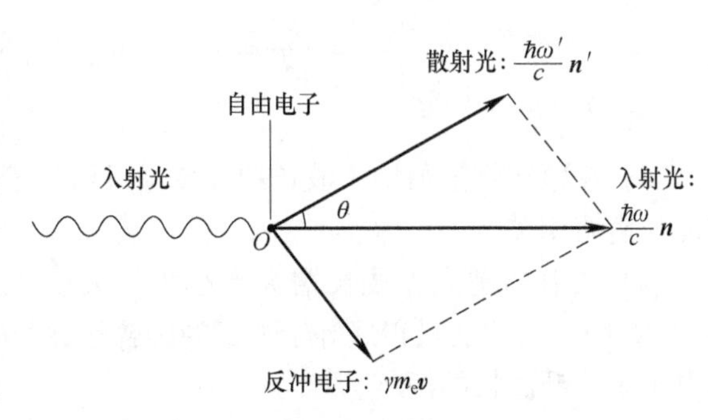

图 1-2　康普顿散射的动力学分析

散射过程能量和动量均守恒。以自由电子为参考系，设光子入射方向的单位矢量为 $\boldsymbol{n}$，散射前后电子和光子的能量和动量如下：

电子：初态$(m_e c^2,\ 0)$　　　末态$(\gamma m_e c^2,\ \gamma m_e v)$

光子：初态$\left(\hbar\omega,\ \dfrac{\hbar\omega}{c}\boldsymbol{n}\right)$　　　末态$\left(\hbar\omega',\ \dfrac{\hbar\omega'}{c}\boldsymbol{n}'\right)$

根据能量守恒，得

$$\hbar\omega+m_e c^2=\hbar\omega'+\gamma m_e c^2 \tag{1.13}$$

再根据动量守恒，初末态粒子动量应当满足图 1-2 所示的平行四边形。设出射光的偏转角为 θ，应用余弦定理，得

$$\left(\frac{\hbar\omega}{c}\right)^2+\left(\frac{\hbar\omega'}{c}\right)^2-\frac{2\hbar^2\omega\omega'}{c^2}\cos\theta=\gamma^2 m_e^2 v^2 \tag{1.14}$$

由式(1.13)，得

$$\hbar\omega-\hbar\omega'=m_e c^2(\gamma-1) \tag{1.15}$$

将式(1.14)乘以 c^2，减去式(1.15)的平方，得

$$2\hbar^2\omega\omega'(1-\cos\theta)=2m_e^2c^4(\gamma-1) \tag{1.16}$$

由式(1.15)和式(1.16)，得

$$\omega-\omega'=\frac{\hbar\omega\omega'}{m_e c^2}(1-\cos\theta) \tag{1.17}$$

将 $\omega=2\pi c/\lambda$，$\omega'=2\pi c/\lambda'$代入式(1.17)，可得康普顿散射公式

$$\boxed{\Delta\lambda=\lambda'-\lambda=\frac{h}{m_e c}(1-\cos\theta)} \tag{1.18}$$

设光子能量等于某种粒子的静能 mc^2，相应波长记为 λ_c。根据光子的能量动量关系 $E=pc$，其动量为 $p=mc$，由式(1.11)可知

$$\lambda_c=\frac{h}{mc} \tag{1.19}$$

称为该粒子的康普顿波长(Compton wavelength)。文献中也经常使用粒子的约化康普顿波长，定义为

$$\lambdabar_c=\frac{\lambda_c}{2\pi}=\frac{\hbar}{mc} \tag{1.20}$$

电子的康普顿波长和约化康普顿波长分别记为 λ_{ce}和$\lambdabar_{ce}$，其数值为

$$\lambda_{ce} = \frac{h}{m_e c} = 2.426\text{pm}, \quad \lambdabar_{ce} = \frac{\hbar}{m_e c} = 0.386\text{pm} \tag{1.21}$$

讨论

（1）在康普顿散射中，波长的改变量只依赖于散射角，和波长无关，但光子能量的变化和波长密切相关。

（2）散射角越大，波长增大量越大，表明光子能量损失越大；在式(1.18)中，如果$\theta=90°$，则波长改变量正好等于电子的康普顿波长；当散射角$\theta=180°$时，波长改变量最大，为电子康普顿波长的两倍。

（3）康普顿散射是量子过程，光子在各个方向都有一定散射的概率，各个方向的概率可以根据电磁相互作用的具体性质，由"量子电动力学"的相关公式得到。

（4）康普顿散射实验通常使用X射线，但康普顿效应的产生对光子的能量没有要求。光和电子相互作用时，光电效应和康普顿散射各有一定概率发生，这与光子能量和电子的能量状态等细节有关。不过对于可见光而言，康普顿效应的$\Delta\lambda/\lambda$太过微小而难以测量到。

在康普顿散射实验中用的是X射线，电子可以看作是自由的。而在光电效应实验中，使用的通常是紫色光或紫外线，其能量和电子的束缚能相比大不了多少，因此电子并不能看作自由电子。但不论哪种情况，都是光子跟原子的外层电子发生作用，外层电子吸收了能量，都有可能从物体表面出来。当光子与原子的内层束缚电子发生作用时，由于束缚电子与原子结合紧密，光子相当于跟整个原子发生碰撞，在式(1.18)中，m将替换为原子质量。由于原子质量远远大于电子质量，因此散射光波长改变量$\Delta\lambda\approx0$。这种散射称为相干散射。光电效应、康普顿散射和相干散射是三个同时存在的过程。如果使用能量足够高的γ光子与物质相互作用，还会产生其他物理过程，比如产生正负电子对等。

2. 微观图像

康普顿散射的反应过程可以表示为：$e^-+\gamma\to e^-+\gamma$，其中e^-表示电子，γ表示光子。反应的微观过程如图1-3所示。

这个微观图像称为费曼图(Feynman Diagram)。费曼图非常直观，图中向右表示时间方向[⊖]，电子吸收光子而生成一个中间态电子，不久又放出一个光子。费曼图来自量子电动力学，这里不打算详细介绍，只是拿来解决一些表观矛盾。在解释光电效应时，我们要求电子只能吸收能量为$h\nu$的一份，由此引出了光子的概念。然而，在康普顿散射的弹性球碰撞模型中，光子却损失了一部分能量。

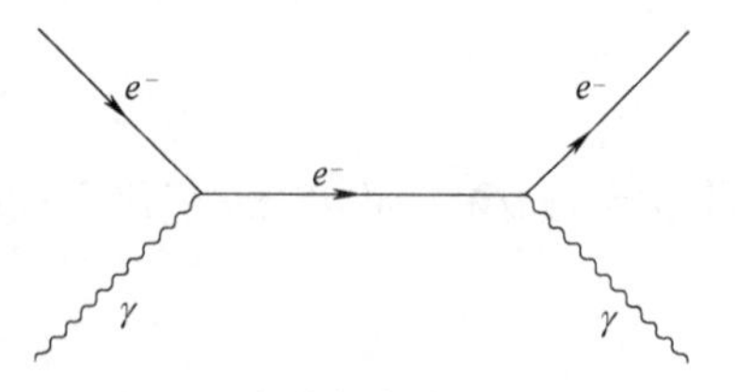

图1-3 康普顿散射的费曼图

这个表观矛盾，从微观图像上很容易解释。康普顿散射是光子的吸收和再发射过程(实际上也可以先发射再吸收，但这里先不讨论这种看似违背直观的过程)。弹球碰撞模型是个动力学模型，它可以用来得到康普顿公式，但用来描述微观过程时就有些不够精准了。

在经典物理中，自由电子不能吸收和发射光子。原因如下：在电子的静止参考系中，电子的能量为mc^2，如果电子发射了一个光子，根据动量守恒，电子将获得一定的反冲速度，因此能量会大于mc^2，再加上发射的光子能量，末态能量大于初态能量，因此就违背了能量

⊖ 文献中，费曼图的时间方向有向右和向上两种习惯.

守恒。自由电子不能吸收光子的原因也是类似的。这时我们同时使用了能量守恒、动量守恒和相对论能量-动量关系。在经典物理中，这三条规则都不能违背，因此禁止自由电子吸收或发射一个光子。那么在上述微观图像中，自由电子吸收和发射光子的过程为什么能够发生呢？原因在于，图1-3中的水平线(称为内线)表示的那个电子并不满足相对论能量-动量关系，它只存在于中间过程，称为虚电子，因此使得自由电子吸收和发射光子都有了可能。虚电子存在时间很短，从长时间来看，自由电子仍然不能发射或吸收光子，符合经典规律。

自由电子发射的光子能量低于吸收光子的能量，因此产生了康普顿效应，即光子能量经过散射后降低的现象。反之，高能电子与光子碰撞时，发射光子的能量有可能高于吸收光子的能量，称为逆康普顿效应。

通过对黑体辐射、光电效应和康普顿效应的分析，我们得出如下结论：当电磁场与物质发生能量交换时，只能以量子(quantum)方式进行。

1.3 物质波

光的波动性和粒子性都是从实验中总结出来的。而对于实物粒子，比如电子，由于通常情况下其波长较短而难以观察到，这导致了历史上理论先行的局面，即先有人提出电子具有波动性，而后才被实验证实。

1.3.1 德布罗意关系

1923年，德布罗意(de Broglie)类比光的波粒二象性，认为实物粒子也应赋予波长和频率的概念，称为物质波(matter wave)，并给出了相应的公式——德布罗意关系

$$E = h\nu = \hbar\omega, \qquad \boldsymbol{p} = \frac{h}{\lambda}\boldsymbol{n} = \hbar\boldsymbol{k} \tag{1.22}$$

式中，$\boldsymbol{n}=\boldsymbol{k}/|\boldsymbol{k}|$，是粒子传播方向的单位矢量。1927年，戴维孙(Davisson)和革末(Germer)通过电子在晶体上的衍射实验，证实了德布罗意的假说。德布罗意关系不仅适合电子这样的基本粒子，也适合各种复合粒子，比如原子、分子等。现在人们已经用C_{60}分子束所做的衍射实验，证实了德布罗意关系。

按照习惯，令$p=|\boldsymbol{p}|$，$k=|\boldsymbol{k}|$。根据粒子的相对论能量-动量关系

$$E^2 - p^2c^2 = m^2c^4 \tag{1.23}$$

可以得到角频率和波数的关系，称为色散关系(dispersion relation)，即

$$\hbar^2\omega^2 - \hbar^2k^2c^2 = m^2c^4 \tag{1.24}$$

文献中经常直接将粒子的能量-动量关系称为色散关系。

1.3.2 平面波和相速度

在经典波动理论中，描述一个标量或者矢量的一个分量的一维简谐波可表达为$A\cos(kx-\omega t)$或者$A\sin(kx-\omega t)$。为了计算方便，也经常用复数形式的波函数，将一维简谐波写为

$$\psi(x,t) = A\mathrm{e}^{\mathrm{i}(kx-\omega t)} \tag{1.25}$$

其实部代表真正的波。类似地，(三维)平面波的复数形式为

$$\psi(\boldsymbol{r},t)=A\mathrm{e}^{\mathrm{i}(\boldsymbol{k}\cdot\boldsymbol{r}-\omega t)} \tag{1.26}$$

平面波的等相面方程为

$$\boldsymbol{k}\cdot\boldsymbol{r}-\omega t=\text{常数} \tag{1.27}$$

的确是一组平面。虽然一维波动谈不上等相面，但类比于三维平面波，通常将一维简谐波也称为平面波。我们将会知道，在量子力学中采用复数形式的平面波是必须的，不是为了计算方便。

根据德布罗意关系式(1.22)，可将一维平面波式(1.25)写为

$$\psi(x,t)=A\mathrm{e}^{\frac{\mathrm{i}}{\hbar}(px-Et)} \tag{1.28}$$

随着 t 的增加，波函数图像向右移动，移动速度称为相速度(phase velocity)，不难看出

$$v_{\mathrm{p}}=\frac{\omega}{k}=\frac{E}{p} \tag{1.29}$$

这里用下标 p 表示相速度。相速度也可以这样计算

$$v_{\mathrm{p}}=\lambda\nu=\frac{h}{p}\frac{E}{h}=\frac{E}{p} \tag{1.30}$$

同样，根据德布罗意关系可将三维平面波式(1.26)表示为

$$\psi(\boldsymbol{r},t)=A\mathrm{e}^{\frac{\mathrm{i}}{\hbar}(\boldsymbol{p}\cdot\boldsymbol{r}-Et)} \tag{1.31}$$

在波的传播方向上，$\boldsymbol{r}=r\boldsymbol{n}$，因此

$$\psi(r\boldsymbol{n},t)=A\mathrm{e}^{\mathrm{i}(kr-\omega t)} \tag{1.32}$$

因此相速度仍由式(1.29)给出。对于任意 $\boldsymbol{r}$ 方向的相速度，设 $\boldsymbol{k}\cdot\boldsymbol{r}=kr\cos\theta$，$\theta$ 是 $\boldsymbol{r}$ 与 $\boldsymbol{k}$ 的夹角，相速度为

$$v_{\mathrm{p}}=\frac{\omega}{k\cos\theta} \tag{1.33}$$

讨论

(1) 平面波具有确定的能量和动量，它对应着经典的自由粒子。然而我们将会知道，平面波只是自由粒子的状态之一，自由粒子还有更多运动状态。

(2) 根据相对论的能量动量表达式，$E=\gamma mc^2,p=\gamma mv_{\mathrm{cl}},\gamma=(1-v_{\mathrm{cl}}^2/c^2)^{-1/2}$，其中 v_{cl} 是粒子的经典速度(classical velocity)。由式(1.29)可得平面波相速度为 $v_{\mathrm{p}}=c^2/v_{\mathrm{cl}}$。对于质量不为零的粒子，总有 $v_{\mathrm{cl}}<c$，因此可得 $v_{\mathrm{p}}>c$，即相速度大于光速。后面我们会知道，一个粒子需要用波包(第 2 章)描述，代表经典粒子传播速度的是波包的群速度(group velocity)，它总是小于光速。

*1.3.3 波长的计算

根据德布罗意关系，我们可以由粒子的能量计算其德布罗意波长。对于相对论情形，根据式(1.22)和式(1.23)，可得

$$\lambda=\frac{h}{p}=\frac{hc}{\sqrt{E^2-m^2c^4}} \tag{1.34}$$

式中，m 代表粒子的(静)质量。粒子的动能定义为总能量与静能之差

$$E_k = E - mc^2 \tag{1.35}$$

由此可以将式(1.34)改写为

$$\lambda = \frac{h}{p} = \frac{hc}{\sqrt{E_k(E_k + 2mc^2)}} \tag{1.36}$$

对于非相对论情况，$E_k = \frac{p^2}{2m}$，因此

$$\lambda = \frac{h}{p} = \frac{h}{\sqrt{2mE_k}} \tag{1.37}$$

值得一提的是，在非相对论情形，文献中经常会直接将动能称为粒子的“能量”，并且省略下标 k。如何判断文献中的“能量”是指动能还是总能量？一般而言，这可以根据“能量”的大小来判断。非相对论条件是粒子的动能远远小于静能，即 $E_k \ll mc^2$。对于电子(electron)，静能 $m_e c^2 = 511\text{keV}$；而对于质子(proton)，静能 $m_p c^2 = 938\text{MeV}$。记住这两个数值可以帮助我们判断。如果“能量”远小于静能，则是指动能；反过来，如果“能量”远大于静能，则是指总能量。通常不会出现“能量”跟静能相差不多而上下文又不交代清楚的情形。

在式(1.34)中，组合常数 hc 的量纲是长度×能量，数值如下：

$$\begin{aligned} hc &= 1.24\times10^{-6}\text{m}\cdot\text{eV} \\ &= 1.24\text{mm}\cdot\text{meV} \quad = 1.24\mu\text{m}\cdot\text{eV} \\ &= 1.24\text{nm}\cdot\text{keV} \quad = 1.24\text{pm}\cdot\text{MeV} \\ &= 1.24\text{fm}\cdot\text{GeV} \quad = 1.24\text{am}\cdot\text{TeV} \end{aligned} \tag{1.38}$$

其中 mm, μm, nm, pm, fm, am 分别表示毫米、微米、纳米、皮米、飞米、阿米。因此总能量和静能均能以 eV, keV, MeV, GeV, TeV 为单位代入公式直接计算。对于光子而言，$c = \lambda\nu$，组合常数

$$hc = h\nu\lambda = E\lambda \tag{1.39}$$

代表能量与波长的乘积。根据式(1.38)可知，当光子能量为 1eV 时，波长为 1.24μm；当光子能量为 1keV 时，波长为 1.24nm；等等。一般情况下，根据式(1.39)可得 $\lambda = hc/E$。这个公式也可以如此得到：光子的能量-动量关系为 $E = pc$，因此

$$\lambda = \frac{h}{p} = \frac{hc}{E} \tag{1.40}$$

这也是式(1.34)在 $m = 0$ 的特例。利用式(1.40)计算光子的波长是很方便的。比如，已知 $E = 3.7\text{eV}$，则

$$\lambda = \frac{1.24\mu\text{m}\cdot\text{eV}}{3.7\text{eV}} = 0.335\mu\text{m} \tag{1.41}$$

可见光的波长范围是 400~760nm，对应能量范围为 1.63~3.1eV。

至于非相对论公式(1.37)，可以将其改写为

$$\lambda = \frac{h}{p} = \frac{hc}{\sqrt{2mc^2E_k}} \tag{1.42}$$

式中，mc^2 就是粒子的静能。当然，坚持使用国际单位制计算也未尝不可。

1.4 双缝干涉

单独理解光的粒子性和波动性都没有困难，然而合起来理解就困难了：粒子性和波动性是如何集中在同一个微观客体上的？为此我们介绍光的双缝干涉实验。设波源初相位为零，波源到双缝距离为 r_0，缝 1 和缝 2 到屏幕上 P 点的距离分别为 r_1 和 r_2，假定两束波振幅相等，则其在 P 点的振动方程分别为

$$E_1 = E_0\cos[k(r_0 + r_1) - \omega t], \quad E_2 = E_0\cos[k(r_0 + r_2) - \omega t] \tag{1.43}$$

式中，E_0 表示振幅；ω 是角频率；$k=2\pi/\lambda$ 是波数；方括号内是相位的负值。当屏幕和双缝的距离 D 远大于双缝之间的距离 d 时，可以近似得出

$$r_2 - r_1 = d\sin\theta \tag{1.44}$$

因此在 P 点电子的振动方程为

$$E = E_1 + E_2 = 2E_0\cos\left(\frac{\pi d}{\lambda}\sin\theta\right)\cos\left[k(r_0 + r_1) - \omega t + \frac{\pi d}{\lambda}\sin\theta\right] \tag{1.45}$$

上式第二个余弦表示简谐振动，其余部分表示振幅。光的强度正比于振幅平方，即

$$I \propto 4E_0^2\cos^2\left(\frac{\pi d}{\lambda}\sin\theta\right) \tag{1.46}$$

由此可知光在屏幕上形成了明暗相间的条纹，如图 1-4 所示，这正是光的波动性的体现。

按照光的波动性，如果在实验中减弱光源功率并尽量减少曝光时间，则干涉图像的强度也会随之减弱。然而，当光源强度很弱而曝光时间很短时，屏幕上并不能得到很弱的干涉图像，而只能得到随机分布的局部冲击。这个结果正是光的粒子性的体现，一个光子到达屏幕产生一次冲击。如果曝光时间足够长，则屏幕上的冲击点密度是按照波动规律分布的，从而形成干涉条纹。这个实验也可以用电子来做，结果是类似的。

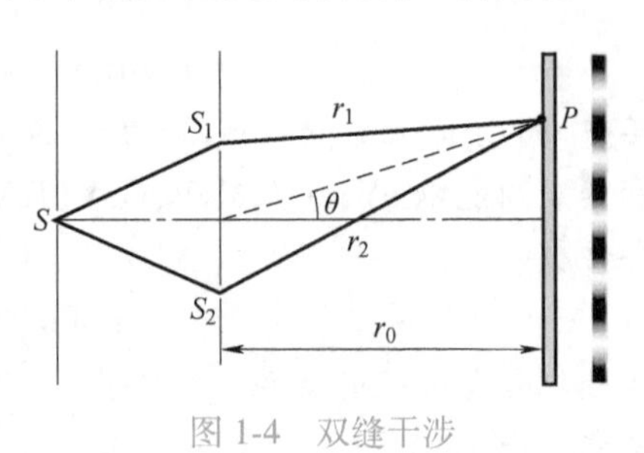

图 1-4 双缝干涉

1.5 氢原子的玻尔模型

原子结构问题是经典力学又一个失效的地方。α 粒子散射实验表明，原子的大部分质量集中在一个很小的核上，卢瑟福(Rutherford)由此建立了原子的有核模型。在卢瑟福原子模型中，电子绕着原子核运动，就像行星绕着太阳运动那样，因此这个模型也称为原子结构的行星模型。根据经典电动力学，加速运动的电荷会辐射电磁波，这样电子就会逐渐失去能量而撞到原子核上。因此，原子结构的行星模型无法给出一个结构稳定的原子。此外，采用行星模型也无法解释分子的存在和稳定性。如果没有原子和分子结构的稳定性，物质就不可能有导体、绝缘体、半导体等物理性质，也不可能有各种化学性质。

玻尔(Bohr)修改了卢瑟福原子模型，部分解释了原子光谱的成因。在玻尔理论出现前，人们已经总结出了氢光谱的经验公式

$$\nu = R_\infty c\left(\frac{1}{n'^2} - \frac{1}{n^2}\right), \quad n, n' \text{ 为正整数，且 } n > n' \tag{1.47}$$

称为里德伯(Rydberg)公式，这里 R_∞ 是里德伯常量，下标∞表示以氢原子核为参考系所得出的里德伯常量。里德伯公式在 $n'=2$ 的特例称为巴耳末公式，相应的光谱线称为巴耳末线。巴耳末线中 $n=3,4,5,6$ 的四条线位于可见光区域，分别称为 $H_\alpha, H_\beta, H_\gamma, H_\delta$ 线，其中最著名的是红色 H_α 线，波长为656.4nm；紫色 H_δ 线波长为410.2nm，已经接近可见光区的紫光边界(400nm)。巴耳末线的其余谱线位于紫外区。氢原子光谱线系分类如下：

莱曼(Lyman)系：　$n'=1$，　$n=2,3,4,\cdots$，在紫外区

巴耳末(Balmer)系：　$n'=2$，　$n=3,4,5,\cdots$，在可见光和紫外区

帕邢(Paschen)系：　$n'=3$，　$n=4,5,6,\cdots$，在红外区

布拉开(Brackett)系：　$n'=4$，　$n=5,6,7,\cdots$，在红外区

普丰德(Pfund)系：　$n'=5$，　$n=6,7,8,\cdots$，在红外区

里德伯公式反映了原子内部的运动状态仿佛只有有限的几种，而不是经典力学允许的无限多种。根据能量守恒，原子的辐射伴随着电子运动状态的变化。按照这种思路，新的原子结构模型仿佛已经呼之欲出了。出现这种感觉，是因为我们在分析中忽略了数不清的可能，并严重低估了产生一个新理论的难度。

在玻尔的原子模型中，电子仍然是一个经典粒子，绕着原子核做圆周运动。玻尔假设，电子的运动遵守如下规定：

(1) 电子只能处于一些分立的圆轨道上，这种状态称为定态(stationary state)；

(2) 电子在定态轨道之间发生跃迁(transition)时，吸收或放出光子的能量等于初末态能量差。

电子和质子之间的相互作用主要是库仑(Coulomb)力，其大小为

$$F = \frac{1}{4\pi\varepsilon_0}\frac{e^2}{r^2} \tag{1.48}$$

式中，e 是电子电量的绝对值，也是质子电量。为了公式简洁起见，引入记号

$$\boxed{\bar{e} = \frac{e}{\sqrt{4\pi\varepsilon_0}}} \tag{1.49}$$

在碰到库仑力的地方，我们常采用这个记号。

我们强调，本书采用国际单位制。很多量子力学教材采用高斯单位制，这一点需要初学者特别注意。在高斯单位制中，库仑力大小的公式为

$$F = \frac{e^2}{r^2} \tag{1.50}$$

式中，e 是高斯单位制中电子电量的绝对值，不要混同于式(1.48)中的相同记号。对于库仑力公式而言，高斯单位制更加简洁，这也是它备受理论界青睐的原因之一。不过高斯单位制在别的方面不如国际单位制。两种单位制之间的关系可参见本书附录 A。从国际单位制的公式过渡到高斯单位制的公式比较容易，反过来则比较困难。这里我们通过引入记号 $\bar{e}$，使得国际单位制中的库仑力公式像高斯单位制中的公式那样简洁。

假定氢原子核不动，电子绕核做圆周运动，则向心力=库仑力

$$m_e \frac{v^2}{r} = \frac{\bar{e}^2}{r^2} \tag{1.51}$$

根据角动量量子化条件[⊖]

$$L = m_e r v = n\hbar, \quad n = 1,2,3,\cdots \tag{1.52}$$

由式(1.51)和式(1.52)可得

$$r = \frac{\bar{e}^2}{m_e v^2} = \frac{n\hbar}{m_e v} \tag{1.53}$$

由此可得电子的速度为

$$v = \frac{\bar{e}^2}{n\hbar} \tag{1.54}$$

将式(1.54)代入式(1.53)，可得分立轨道的半径

$$r = \frac{n^2\hbar^2}{m_e \bar{e}^2} \equiv r_n \tag{1.55}$$

其中最小圆轨道的半径称为玻尔半径，记为 a_0，即

$$a_0 = \frac{\hbar^2}{m_e \bar{e}^2} = \frac{4\pi\varepsilon_0 \hbar^2}{m_e e^2} \tag{1.56}$$

总能量等于动能加势能

$$E = \frac{1}{2} m_e v^2 - \frac{\bar{e}^2}{r} = -\frac{m_e \bar{e}^4}{2\hbar^2}\frac{1}{n^2} \equiv E_n \tag{1.57}$$

利用玻尔半径 a_0，可将能级改写为

$$\boxed{E_n = -\frac{\bar{e}^2}{2a_0}\frac{1}{n^2}} \tag{1.58}$$

$\bar{e}^2$ 的量纲是长度×能量，其数值为

$$\bar{e}^2 = \frac{e^2}{4\pi\varepsilon_0} = 1.44\text{nm} \cdot \text{eV} = 1.44\text{fm} \cdot \text{MeV} \tag{1.59}$$

$\hbar c$ 的量纲也是长度×能量，其数值为

$$\hbar c = 197\text{nm} \cdot \text{eV} = 197\text{fm} \cdot \text{MeV} \tag{1.60}$$

由此可以构造出一个无量纲常数

$$\alpha = \frac{\bar{e}^2}{\hbar c} \approx \frac{1}{137} \tag{1.61}$$

称为精细结构常数。精细结构常数的含义将在讨论能级的精细结构时给出(第 15 章)，现在我们只是将其作为一个有用的常数来用。对照电子的约化康普顿波长和氢原子的玻尔半径，容易发现二者的比值正是精细结构常数

$$\bar{\lambda}_{ce} = \alpha a_0 \tag{1.62}$$

利用精细结构常数，可以将玻尔能级改写为

⊖ 历史上玻尔是由对应原理得出量子化条件的，这里给出的是玻尔的结论.

$$\boxed{E_n = -\frac{1}{2}m_e c^2\alpha^2\frac{1}{n^2}} \tag{1.63}$$

式中，$m_e c^2 = 511\text{keV}$ 正是电子的静能。这个结果表明玻尔能级与电子静能之比的数量级为 $\alpha^2 \approx 5\times10^{-5}$或者更小。

对于两个能级 E_n 和 $E_{n'}$，设 $n>n'$，根据定态跃迁的条件，电子在两个能级之间跃迁时吸收或放出光子的能量为 $h\nu = E_n - E_{n'}$，由此得到频率条件

$$\nu = \frac{E_n - E_{n'}}{h} = \frac{|E_1|}{h}\left(\frac{1}{n'^2} - \frac{1}{n^2}\right) \tag{1.64}$$

和氢光谱经验公式(1.47)对比，可以得到里德伯常数的表达式

$$R_\infty = \frac{|E_1|}{hc} = \frac{m_e c^2\alpha^2}{2hc} \tag{1.65}$$

把氢原子的基态电子移到无穷远所需要的能量就是氢原子的电离能，这个能量也称为里德伯能量，它等于

$$hcR_\infty = \frac{1}{2}m_e c^2\alpha^2 \tag{1.66}$$

玻尔理论很好地解释了氢原子光谱的主要结构，取得了巨大成就。行星模型的成功鼓舞了人们进一步尝试建立原子的量子理论，同时也在很多人心中树立了原子的行星系统图像。在很多科普作品中，原子被表示为几个电子绕着原子核运动的行星模型，有时候电子还会被夸张地添上长长的尾迹。然而原子的这种图像是不能太当真的，不能够认为原子无论在哪一个方面都像一个行星系统。

在玻尔理论的基础上，经过后来的各种补充和修正而形成的旧量子论，解释了很多实验现象。然而在处理原子尺度的问题时，旧量子论依然存在严重的缺陷。理论方面，玻尔理论在概念上也存在种种问题，分立轨道让人莫名其妙，跃迁过程的细节模糊不清，等等。实验方面，玻尔理论不能解释原子光谱线的强度，也不能解释谱线的精细结构，而对于稍微复杂一点的氦原子光谱，玻尔理论也无能为力。玻尔理论的成功与不足，说明它具有合理的成分，但并不是一个完整的原子结构理论。从后来的观点看，这是因为旧量子论牢牢根植于经典力学的概念，一个关键因素——粒子的波动性，仍然游离于理论之外。在随后发展起来的量子力学中，玻尔理论中的定态和跃迁的概念得以保留，而轨道概念则被摒弃了。

1.1　从黑体单位表面积发出的辐射功率称为黑体辐射本领，记为 M。黑体辐射本领遵守斯特藩-玻尔兹曼定律

$$M = \sigma T^4$$

式中，T 是热力学温度；$\sigma = 5.67\times10^{-8}\text{W}\cdot\text{m}^{-2}\cdot\text{K}^{-4}$ 是斯特藩-玻尔兹曼常数。已知地球表面太阳光的强度为 $I = 1.0\times10^3\text{W}\cdot\text{m}^{-2}$，地球轨道半径 $r = 1.5\times10^{11}\text{m}$，太阳半径为 $R = 7.0\times10^8\text{m}$，将太阳视为黑体，根据斯特藩-玻尔兹曼定律估算太阳表面的温度。

1.2　将 $\rho_\nu(\nu,T)$ 的峰值频率记为 ν_m，$\rho_\lambda(\lambda,T)$ 的峰值波长记为 λ_m，证明：

$$\frac{h\nu_m}{k_B T} = 常数, \qquad \frac{hc}{\lambda_m k_B T} = 常数$$

并求出这两个常数。

1.3 铝电子的脱出功为 $W_0=4.2\text{eV}$，用波长为 150nm 的光照射铝表面，求：

(1) 光电子的最大动能；

(2) 遏止电压；

(3) 红限波长。

1.4 一对正负电子发生湮灭产生两个光子，在质心系中考察，光子的最大波长是多少？

1.5 在 0K 附近，钠的价电子动能约为 3eV，求其德布罗意波长。

1.6 欧洲的大型强子对撞机(large hadron collider，LHC)开始运行时，质子能量为 7TeV，求其德布罗意波长。

1.7 质量为 m 的物体的引力半径为 $R=2Gm/c^2$，其中 $G=6.67\times10^{-11}\text{N}\cdot\text{m}^2\cdot\text{kg}^{-2}$ 是引力常量。随着质量的增加，物体的引力半径增大而(约化)康普顿波长 $\lambda\!\!\!^{-}_{\text{ec}}=\hbar/mc$ 减小。当物体的引力半径等于其约化康普顿波长的两倍时，物体的质量称为普朗克质量，物体的引力半径或约化康普顿波长称为普朗克长度，光线穿过普朗克长度所花的时间称为普朗克时间，分别记为 $m_\text{p},l_\text{p},t_\text{p}$。

(1) 证明：

$$m_\text{p}=\sqrt{\frac{\hbar c}{G}},\quad l_\text{p}=\sqrt{\frac{G\hbar}{c^3}},\quad t_\text{p}=\sqrt{\frac{G\hbar}{c^5}}$$

(2) 求 $m_\text{p},l_\text{p},t_\text{p}$ 的数值，单位分别为 kg,m,s。

答案：$m_\text{p}=2.176\times10^{-8}\text{kg}$，$l_\text{p}=1.6162\times10^{-35}\text{m}$，$t_\text{p}=5.391\times10^{-44}\text{s}$。

1.8 在氢原子能级的超精细结构中，有两个能级的间隔为 $\Delta E=5.88\times10^{-6}\text{eV}$，设电子从高能态跃迁到低能态，求放出光子的波长。

答案：21cm。这就是著名的氢原子 21 厘米谱线。

1.9 假如有一个开关，能把氢原子中电子和质子的电磁相互作用(和弱作用)关掉，只剩下万有引力作用，并假设玻尔理论仍然适用于这个体系。对于这个“万有引力氢原子”，请

(1) 写出体系的“玻尔半径”a_g，并求出数值；

(2) 写出体系的“玻尔能级”公式；

(3) 求出体系的基态能量数值，单位是 eV。

1.10 把地球-太阳引力体系比作氢原子，设地球和太阳质量分别为 m_1 和 m_2，请

(1) 写出体系的“玻尔半径”a_g，并求出数值；

(2) 写出“玻尔能级”公式并求出基态能量，单位是 eV；

(3) 取地球轨道半径为 $1.496\times10^{11}\text{m}$，将地球能量作为玻尔能级，估算地球的量子数 E_n。

2

第2章 波动力学基础

从经典力学到量子力学，对粒子体系的运动学状态的描述方式出现了根本变化。在经典力学中，人们假定粒子每时每刻都具有确定的位置，体系的运动状态(state)用全部粒子的位置坐标(coordinate)和动量(momentum)来描述。然而更精确的实验表明，这种根据经验形成的理想化观念是近似的，从而迫使人们改变体系的描述方式。在量子力学中，体系的运动状态用波函数(wave function)来描述[⊖]，体系的一切运动学信息，比如粒子的位置、动量、角动量、能量等，均可以通过波函数而得到。

在引入德布罗意关系时，我们采用了相对论的能量-动量关系。然而从现在开始，除非特别声明，我们将限制在非相对论情形进行讨论，直到本书结束。

2.1 体系的位形

我们先讨论单粒子体系。从波函数能够得到粒子的位置信息，却不是给出一个确定位置，而是给出在任何特定区域找到粒子的概率(probability)。

2.1.1 波函数的统计解释

波函数是空间坐标 $\boldsymbol{r}$ 的函数，在 t 时刻单粒子体系的波函数记为 $\psi(\boldsymbol{r},t)$。根据玻恩(Born)统计解释：t 时刻在空间 $\boldsymbol{r}$ 点附近的体元 d^3r 内找到粒子的概率 $\mathrm{d}W(\boldsymbol{r},t)$ 正比于 $|\psi(\boldsymbol{r},t)|^2\mathrm{d}^3r$，即

$$\mathrm{d}W(\boldsymbol{r},t)=C\,|\psi(\boldsymbol{r},t)|^2\mathrm{d}^3r \tag{2.1}$$

式中，C 是与 $\boldsymbol{r}$ 无关的比例系数，它是个正实数。式(2.1)就是波函数对粒子位置提供的全部信息。对粒子位置只能给出概率预言，自然而然让人觉得波函数对体系的描述不精确，然而这是一种常见的误解。实际上，粒子具有确定位置的状态只是波函数能够描述的粒子众多状态中的一类。换句话说，粒子状态比经典力学设定的状态要多。对于不具有确定位置的状态，上述统计解释能给出在任意区域找到粒子的概率，即

$$\text{在区域 } D \text{ 内找到粒子的概率}=C\int_D|\psi(\boldsymbol{r},t)|^2\mathrm{d}^3r \tag{2.2}$$

⊖ 严格来讲，只有“完全的”体系才能用波函数描述. 如果考虑的粒子体系是更大体系的一部分，则一般而言是不完全的，要用“密度算符”的工具来描述. 波函数这个名称带有浓厚的经典意味，但我们将发现量子波跟经典波性质很不相同，因此也有人采用“态函数”这个更加严格的名称.

物理上通常不采用三重积分记号$\iiint$，积分重数可以由积分体元看出。

在经典力学中，测量过程对被测物体的干扰可以尽量减小。比如，在测量一杯水的温度时，温度计与水会发生热量交换，从而改变了水的温度。原则上讲，通过不断改进温度计的设计，可以尽量减少所交换的热量。然而在量子力学中，一般而言测量会剧烈改变粒子状态。

让我们先来思考一个问题：如果某次测量在 $\boldsymbol{r}$ 点附近找到了粒子，那么测量之前粒子就在 $\boldsymbol{r}$ 点附近吗？如果回答“是”，那么理论就应该对此给出确切预言，而不是给出概率。但如果回答“不是”，那么测量结果有什么意义？答案是，测量前粒子处于波函数描述的状态，如果在 $\boldsymbol{r}$ 点附近找到了粒子(一定概率)，那么紧接着再次测量就必然会在 $\boldsymbol{r}$ 点附近找到粒子。测量改变了粒子的状态，而测量结果仅仅对测量后有意义，这也是测量结果的唯一含义。这跟经典力学大不相同。经典力学中的测量是近似无干扰的，如果在某位置找到一个粒子，则测量前后粒子都在这个位置。

根据以上分析，我们不能通过对同一个体系测量很多次来验证概率解释。为了完成概率解释的验证，我们需要准备一个由大量处于相同量子态的单粒子体系构成的系综(ensemble)。当我们说在区域 D 内找到粒子的概率为10%时，我们的意思是，对系综中 N 个单粒子体系分别测量粒子的位置，当 N 很大时大约[⊖]有 $N\times10\%$ 次实验得到的位置在区域 D 内。初学者容易误认为对同一个粒子测量 N 次，会有 $N\times10\%$ 次实验得到的位置在区域 D 内，这是不对的。

任意时刻在全空间找到粒子的概率应为1，因此

$$C\int_{\infty}|\psi(\boldsymbol{r},t)|^2\mathrm{d}^3r=1 \tag{2.3}$$

积分号中下标∞表示对全空间积分，如果在直角坐标系计算积分，按照通常的写法，应该写为

$$C\int_{-\infty}^{\infty}\int_{-\infty}^{\infty}\int_{-\infty}^{\infty}|\psi(\boldsymbol{r},t)|^2\mathrm{d}x\mathrm{d}y\mathrm{d}z=1 \tag{2.4}$$

由此可以得到常数 C。今后碰到全空间的三重积分，我们都采用式(2.3)那样的简洁记号。式(2.3)在任意时刻都成立，它可以看作对波函数的要求。这个要求意味着粒子在任意时刻都存在，不会凭空消失。也就是说，这样的波函数描述一个稳定的(即不会衰变的)粒子。根据式(2.3)可以得到比例常数 C，由此可得

$$\mathrm{d}W(\boldsymbol{r},t)=\frac{|\psi(\boldsymbol{r},t)|^2\mathrm{d}^3r}{\int_{\infty}|\psi(\boldsymbol{r},t)|^2\mathrm{d}^3r} \tag{2.5}$$

由此可见，若两个波函数仅相差一个常数因子，则它们给出同样的概率分布。今后会知道，相差常数因子的两个波函数对一切力学量(比如动量)均给出同样的概率分布，因此二者描述同一个量子态。

由此可知，一个物理体系的状态可以由无穷多个波函数描述，这些波函数彼此相差一个常数因子。这说明量子波和经典波具有重要的区别。比如对于电磁波，振幅乘以2，则波的

⊖ 说“大约”，是因为 N 不是无穷大.

能量(正比于振幅平方)就变为原来的 4 倍。波函数还可以乘以复数，这将给波函数改变一个常数相位。由此可见，量子波的相位也是只具有相对的意义。比如对于平面波，空间一点可以是波峰，也可以是波谷，这依赖于常数因子的选择。而对于经典波，波峰和波谷是客观的存在，是不能人为选择的。

2.1.2　波函数的归一化

由于彼此相差一个常数因子的波函数描述同一个量子态，因此我们可以选择一个合适的波函数，使得概率解释式(2.1)中的比例系数为 1，从而使公式变得简洁。这样的波函数称为归一化的(normalized)波函数。对于归一化波函数 $\psi(\boldsymbol{r},t)$，概率解释式(2.1)变为

$$\mathrm{d}W(\boldsymbol{r},t) = |\psi(\boldsymbol{r},t)|^2\mathrm{d}^3r \tag{2.6}$$

同时式(2.3)变为

$$\boxed{\int_\infty |\psi(\boldsymbol{r},t)|^2\mathrm{d}^3r = 1} \tag{2.7}$$

式(2.7)称为波函数的归一化条件(normalization condition)。$|\psi(\boldsymbol{r},t)|^2$ 代表体元内的概率与体元的体积之比，称为概率密度(probability density)。相应地，将波函数 $\psi(\boldsymbol{r},t)$ 称为概率幅(probability amplitude)。

如果 $\psi(\boldsymbol{r},t)$ 是尚未归一化的波函数，只要选择满足如下条件的常数因子 A

$$|A| = \frac{1}{\sqrt{\int_\infty |\psi(\boldsymbol{r},t)|^2\mathrm{d}^3r}} \tag{2.8}$$

则 $A\psi(\boldsymbol{r},t)$ 就是归一化的。选择常数 A 得到 $A\psi(\boldsymbol{r},t)$ 的过程，则称为将波函数 $\psi(\boldsymbol{r},t)$ 归一化(normalization)，常数 A 称为归一化因子。由此可知，粒子的波函数必须满足条件

$$\boxed{\int_\infty |\psi(\boldsymbol{r},t)|^2\mathrm{d}^3r < +\infty} \tag{2.9}$$

称为平方可积函数。这里的“平方”是指波函数的模平方。

讨论

(1) 归一化条件只能确定常数 A 的模，对其辐角则没有完全指定。若 $\psi(\boldsymbol{r},t)$ 是归一化波函数，则 $\mathrm{e}^{\mathrm{i}\delta}\psi(\boldsymbol{r},t)$ 也是归一化波函数，其中 δ 为实数。因此，满足归一化条件的波函数仍然有无穷多个。$\mathrm{e}^{\mathrm{i}\delta}$ 是复平面单位圆周上的点，称为常数相因子。通常根据需要选择合适的 δ，以便让公式变得简洁，或者满足某种特殊需要。需要注意，$-1=\mathrm{e}^{\mathrm{i}\pi}$，$+\mathrm{i}=\mathrm{e}^{\pi\mathrm{i}/2}$，$-\mathrm{i}=\mathrm{e}^{-\pi\mathrm{i}/2}$ 等都是常数相因子，对应于 $\delta=\pi$，$\pi/2$，$-\pi/2$。这些因子的若干次方也是常数相因子，比如 $(-1)^n=\mathrm{e}^{\mathrm{i}n\pi}$ 等。

(2) 设 $\psi(\boldsymbol{r},t)$ 是归一化波函数，下面根据球坐标体元 $r^2\sin\theta\mathrm{d}r\mathrm{d}\theta\mathrm{d}\varphi$(附录 C)计算在两种常见区域找到粒子的概率。

(a) 无限薄的球壳 $r\sim r+\mathrm{d}r$，$0\leqslant\theta\leqslant\pi$，$0\leqslant\varphi\leqslant2\pi$。将概率密度对整个球面积分，即可得到在该区域内找到粒子的概率

$$W(r)\mathrm{d}r = \int_{\varphi=0}^{2\pi}\int_{\theta=0}^{\pi}|\psi(\boldsymbol{r},t)|^2r^2\sin\theta\mathrm{d}r\mathrm{d}\theta\mathrm{d}\varphi \tag{2.10}$$

为了简化记号，我们将式(2.10)写为

$$W(r)\mathrm{d}r = r^2\mathrm{d}r\int_0^{\pi}\sin\theta\mathrm{d}\theta\int_0^{2\pi}\mathrm{d}\varphi\,|\,\psi(\boldsymbol{r},t)\,|^2 \tag{2.11}$$

写法规则是：对每个变量的积分，被积函数都包括积分号右边所有相乘因子。比如对φ的积分，被积函数是$|\psi(\boldsymbol{r},t)|^2$；而对$\theta$的积分，不仅包括$\sin\theta$，也包括将$|\psi(\boldsymbol{r},t)|^2$对$\varphi$积分的结果$\int_0^{2\pi}\mathrm{d}\varphi\,|\psi(\boldsymbol{r},t)|^2$。$\sin\theta$与$\varphi$无关，对$\varphi$积分时相当于常量，因此提到积分号$\int_0^{2\pi}\mathrm{d}\varphi$左边。

(b) 在(θ,φ)方向立体角元$\mathrm{d}\Omega=\sin\theta\mathrm{d}\theta\mathrm{d}\varphi$内，$0\leqslant r<\infty$的区域。将概率密度对径向坐标积分，即可得到在该区域内找到粒子的概率

$$W(\theta,\varphi)\mathrm{d}\Omega = \sin\theta\mathrm{d}\theta\mathrm{d}\varphi\int_0^{\infty}r^2\mathrm{d}r\,|\,\psi(\boldsymbol{r},t)\,|^2 \tag{2.12}$$

玻恩统计解释并不是波函数的全部物理意义。波函数是一个复数值函数，而概率密度只依赖于波函数的模方，并不涉及波函数的相位。波函数的相位是有意义的，它是一切干涉现象的起源。波函数包含了体系的一切信息，比如动量、能量和角动量等，后面我们会详细讨论。

2.1.3 坐标的平均值和方差

根据概率解释，粒子位置测量值的数学期望为各次测量值的加权平均值，权重因子就是概率密度。设$\psi(\boldsymbol{r},t)$是体系的归一化波函数，则x的统计平均值为

$$\langle x\rangle = \int_{\infty}|\,\psi(\boldsymbol{r},t)\,|^2 x\mathrm{d}^3r \tag{2.13}$$

统计方差为

$$\sigma_x^2 = \int_{\infty}|\,\psi(\boldsymbol{r},t)\,|^2(x-\langle x\rangle)^2\mathrm{d}^3r \tag{2.14}$$

y,z的平均值和方差是类似的。至于x,y,z的标准差，只需要将方差开方即可。

2.1.4 量子态的相干叠加

1. 态叠加原理

在以五个基本假定为基础的讲法中，态叠加原理(principle of superposition of states)没有单独列为一个假定，然而它比较重要，所以我们单独讨论。

态叠加原理：如果波函数$\psi_1(\boldsymbol{r})$和$\psi_2(\boldsymbol{r})$是体系的可能状态，那么二者的线性组合$\psi(\boldsymbol{r})=c_1\psi_1(\boldsymbol{r})+c_2\psi_2(\boldsymbol{r})$也是体系的可能状态，其中$c_1,c_2$为任意复数。

在经典力学中，我们既可以讨论t时刻粒子的位置矢量$\boldsymbol{r}(t)$，也可以单独讨论位置矢量$\boldsymbol{r}$。类似地，在量子力学中既可以讨论t时刻体系的波函数$\psi(\boldsymbol{r},t)$，也可以单独讨论波函数$\psi(\boldsymbol{r})$而不涉及时间。可以证明，如果ψ_1,ψ_2是平方可积的，则二者的线性组合也是平方可积的。这是态叠加原理成立的数学保证。

证明：首先，设ψ_1,ψ_2是平方可积的，由于

$$\begin{aligned}|\,\psi_1+\psi_2\,|^2 &\leqslant (|\,\psi_1\,|+|\,\psi_2\,|)^2\leqslant[2\max(|\,\psi_1\,|,|\,\psi_2\,|)]^2\\&=4[\max(|\,\psi_1\,|,|\,\psi_2\,|)]^2\leqslant 4(|\,\psi_1\,|^2+|\,\psi_2\,|^2)\end{aligned} \tag{2.15}$$

因此

$$\int_{\infty}|\psi_1+\psi_2|^2\mathrm{d}^3r \leqslant 4\int_{\infty}(|\psi_1|^2+|\psi_2|^2)\mathrm{d}^3r = 4\int_{\infty}|\psi_1|^2\mathrm{d}^3r + 4\int_{\infty}|\psi_2|^2\mathrm{d}^3r < +\infty \tag{2.16}$$

由此可知$\psi_1+\psi_2$是平方可积的。

其次，如果ψ是平方可积的，c是一个常数，则容易证明$c\psi$也是平方可积的。

综上所述，$c_1\psi_1+c_2\psi_2$也是平方可积的。

态叠加原理表明，体系的所有可能状态在数学上必然构成一个线性空间。我们将在后面有关章节介绍线性空间的理论，将体系的所有可能状态纳入一个特殊的线性空间。

根据态叠加原理，$\psi=c_1\psi_1+c_2\psi_2$是体系的可能状态，如果体系还有一个可能状态ψ_3，那么ψ与ψ_3的线性组合也是体系的可能状态。由此，可以将叠加原理推广为：如果$\psi_1,\psi_2,\cdots,\psi_n$均为体系的可能状态，那么其线性组合

$$\psi = c_1\psi_1 + c_2\psi_2 + \cdots + c_n\psi_n \tag{2.17}$$

也是体系的可能状态。进一步可以推广为无穷多个波函数的线性组合

$$\psi = c_1\psi_1 + c_2\psi_2 + \cdots \tag{2.18}$$

对于有限个波函数的线性组合，数学上同样能够保证这个态是平方可积的。不过，对于无穷多个波函数的线性组合应当小心对待。如果对叠加系数$c_1,c_2,\cdots$不加限制，则有可能得到非平方可积的函数，从而不能描述体系的状态。

态叠加原理的上述内容仅涉及体系的状态，并不涉及波函数的演化。现在我们进一步假定：设$\psi_1(\boldsymbol{r},t)$和$\psi_2(\boldsymbol{r},t)$是体系的两种演化，若在$t=0$时刻体系的状态为

$$\psi(\boldsymbol{r},0) = c_1\psi_1(\boldsymbol{r},0) + c_2\psi_2(\boldsymbol{r},0) \tag{2.19}$$

则在$t>0$时刻体系的状态为

$$\psi(\boldsymbol{r},t) = c_1\psi_1(\boldsymbol{r},t) + c_2\psi_2(\boldsymbol{r},t) \tag{2.20}$$

这个要求可以看作态叠加原理的附加内容，它要求描述波函数演化的方程一定为线性方程。我们将看到，体系的运动方程(薛定谔方程)的确满足这个要求。

2. 偏振光的叠加

线偏振光可以看作由同方向偏振的光子组成。考虑两束沿着z方向传播的平面单色线偏振光，二者同频同相位，偏振方向分别为x和y方向，相应的光子波函数[⊖]为ψ_1和ψ_2。定义如下两个叠加态

$$\phi_1 = \frac{1}{\sqrt{2}}(\psi_1+\psi_2),\quad \phi_2 = \frac{1}{\sqrt{2}}(\psi_1-\psi_2) \tag{2.21}$$

很明显，ϕ_1和ϕ_2表示图 2-1 所示的x'和y'方向(这两个方向是x轴和y轴绕着z轴逆时针旋转45°而得到的)偏振的光子。如果让x'方向的线偏振光通过x方向的偏振片(作为检偏器)，根据马吕斯(Malus)定律，将有 50%的光通过偏振片。这个经典结果在微观上可以描述为：当x'方向偏振的光子碰到x方向的偏振片时，将会有 50%的概率通过。这就解释了经典规律。类似地，x'方向偏振的光子碰到y方向的偏振片，也将有 50%的概率通过。

由式(2.21)可以反过来得到

$$\psi_1 = \frac{1}{\sqrt{2}}(\phi_1+\phi_2),\quad \psi_2 = \frac{1}{\sqrt{2}}(\phi_1-\phi_2) \tag{2.22}$$

⊖ 严格来讲应该用矢量波函数，但这里采用标量记号并不影响讨论.

因此ψ_1和ψ_2也可以看作ϕ_1和ϕ_2按照不同叠加方式构成的态。沿着x方向偏振的光子碰到x'方向或y'方向的偏振片，均有50%的概率通过。由此可见叠加态并没有特别的物理含义，线性叠加只是数学处理手段。

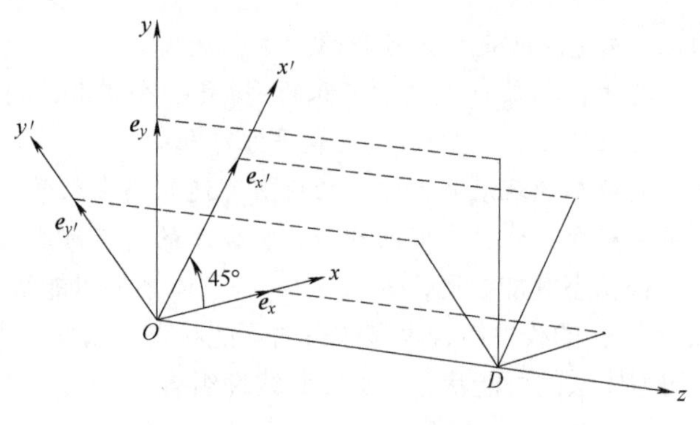

图 2-1 光的偏振

按照光子的微观表现，x'方向偏振的光子仿佛可以理解为一半处于x方向偏振，另一半处于y方向偏振，但这是错误的。让我们来思考一个问题：一个x'方向偏振的光子，在传播路径上放置y'方向的偏振片，会有多大概率通过？答案是零，因为偏振片方向恰好垂直于入射光的偏振方向。如果把x'方向偏振的光子理解为一半处于x方向偏振，另一半处于y方向偏振，会得出错误结果。因为按照这样的理解，一半x方向偏振的光通过y'方向的偏振片时，将会有这一半中的一半(即总的1/4)通过偏振片；同样分析也能得出，另一半y方向偏振的光，也会有那一半中的一半(也是总的1/4)通过偏振片。这样算下来，能够通过偏振片的光子占总数的一半，这当然是错误的。

2.2 体系的动量

量子体系的波函数完全描述了体系的运动状态。波函数是个复数值函数，其中复数的模方提供了粒子的位置信息。粒子的动量信息也包含在波函数中，这可以通过对波函数进行傅里叶(Fourier)分析而找到。

2.2.1 傅里叶变换

1. 数学定义

根据傅里叶积分定理[⊖]，若一元函数$f(x)$在$(-\infty,\infty)$上绝对可积

$$\int_{-\infty}^{\infty} |f(x)|\,\mathrm{d}x < +\infty \tag{2.23}$$

并且在任一有限区间满足狄利克雷条件，就可以表示为傅里叶积分。在函数$f(x)$的连续点上，傅里叶积分等于函数值

$$f(x) = \frac{1}{\sqrt{2\pi}}\int_{-\infty}^{\infty} F(k)\,\mathrm{e}^{\mathrm{i}kx}\mathrm{d}k \tag{2.24}$$

傅里叶积分的展开系数为

$$F(k) = \frac{1}{\sqrt{2\pi}}\int_{-\infty}^{\infty} f(x)\,\mathrm{e}^{-\mathrm{i}kx}\mathrm{d}x \tag{2.25}$$

式(2.25)称为函数$f(x)$的傅里叶变换(Fourier transform)，傅里叶积分式(2.24)也称为傅

⊖ 梁昆淼．数学物理方法[M]．5版．北京：高等教育出版社，2010，67页．

里叶逆变换(inverse Fourier transform)。$f(x)$和$F(k)$分别称为傅里叶变换的原函数和象函数。

设$f_1(x)$和$f_2(x)$的傅里叶变换分别为$F_1(k)$和$F_2(k)$，容易证明(留作练习)

$$\int_{-\infty}^{\infty} f_1^*(x) f_2(x)\,\mathrm{d}x = \int_{-\infty}^{\infty} F_1^*(k) F_2(k)\,\mathrm{d}k \tag{2.26}$$

这个结果称为帕塞瓦尔(Parseval)等式。当$f_1(x)=f_2(x)\equiv f(x)$时，得

$$\int_{-\infty}^{\infty} |f(x)|^2\mathrm{d}x = \int_{-\infty}^{\infty} |F(k)|^2\mathrm{d}k \tag{2.27}$$

这是帕塞瓦尔等式的特例。

2. 波函数的变换

先考虑一维问题，设单粒子体系的波函数为$\psi(x,t)$，将t时刻波函数的傅里叶变换记为$g(k,t)$。按照式(2.24)和式(2.25)，得

$$\psi(x,t) = \frac{1}{\sqrt{2\pi}}\int_{-\infty}^{\infty} g(k,t)\mathrm{e}^{\mathrm{i}kx}\mathrm{d}k \tag{2.28}$$

$$g(k,t) = \frac{1}{\sqrt{2\pi}}\int_{-\infty}^{\infty} \psi(x,t)\mathrm{e}^{-\mathrm{i}kx}\mathrm{d}x \tag{2.29}$$

根据帕塞瓦尔等式(2.26)，得

$$\int_{-\infty}^{\infty} \psi_1^*(x,t)\psi_2(x,t)\,\mathrm{d}x = \int_{-\infty}^{\infty} g_1^*(k,t) g_2(k,t)\,\mathrm{d}k \tag{2.30}$$

其中$g_1(k,t)$和$g_2(k,t)$分别为$\psi_1(x,t)$和$\psi_2(x,t)$的傅里叶变换。当两个波函数相同时式(2.30)退化为

$$\int_{-\infty}^{\infty} |\psi(x,t)|^2\mathrm{d}x = \int_{-\infty}^{\infty} |g(k,t)|^2\mathrm{d}k \tag{2.31}$$

对于三维情况的波函数$\psi(\boldsymbol{r},t)$要进行三维傅里叶变换，这不过是对x,y,z分别按照式(2.24)和式(2.25)进行变换，结果为

$$\psi(\boldsymbol{r},t) = \frac{1}{(2\pi)^{3/2}}\int_{\infty} g(\boldsymbol{k},t)\mathrm{e}^{\mathrm{i}\boldsymbol{k}\cdot\boldsymbol{r}}\mathrm{d}^3k \tag{2.32}$$

$$g(\boldsymbol{k},t) = \frac{1}{(2\pi)^{3/2}}\int_{\infty} \psi(\boldsymbol{r},t)\mathrm{e}^{-\mathrm{i}\boldsymbol{k}\cdot\boldsymbol{r}}\mathrm{d}^3r \tag{2.33}$$

帕塞瓦尔等式为

$$\int_{\infty} \psi_1^*(\boldsymbol{r},t)\psi_2(\boldsymbol{r},t)\,\mathrm{d}^3r = \int_{\infty} g_1^*(\boldsymbol{k},t) g_2(\boldsymbol{k},t)\,\mathrm{d}^3k \tag{2.34}$$

其中$g_1(\boldsymbol{k},t)$和$g_2(\boldsymbol{k},t)$分别为$\psi_1(\boldsymbol{r},t)$和$\psi_2(\boldsymbol{r},t)$的傅里叶变换。当两个波函数相同时式(2.34)退化为

$$\int_{\infty} |\psi(\boldsymbol{r},t)|^2\mathrm{d}^3r = \int_{\infty} |g(\boldsymbol{k},t)|^2\mathrm{d}^3k \tag{2.35}$$

波函数需要满足平方可积条件(2.9)，而傅里叶变换则要求函数满足绝对可积条件(2.23)，这两个条件并不相同。如果一个函数满足平方可积条件，但不满足绝对可积条件，就不能直接按照上述定义进行傅里叶变换。此时可以引入一种新的傅里叶变换，不过初学者不用立刻关注这样的变换。本书中用到的所有平方可积的波函数，均为绝对

可积函数。此外，量子力学中偶尔会用到非平方可积的波函数，比如平面波等。这种波函数并不描述真实的量子态，它们只是作为数学工具使用。我们将在2.4节讨论平面波的(广义)傅里叶变换。

*3. 扩展资料

不同学科对傅里叶变换的象函数的定义有一定差异。在定义(2.24)和(2.25)中，积分号前面系数均为$1/\sqrt{2\pi}$。而在有的学科中，这两个系数或取为1和$1/2\pi$，或取为$1/2\pi$和1，但不论哪种写法，两个系数的乘积总等于$1/2\pi$。

傅里叶变换是个纯数学变换，对变量x的含义并没有要求。物理上通常用x表示空间坐标，用t表示时间。对于空间变量的函数$f(x)$，傅里叶变换的象函数通常记为$F(k)$，变量k的大小表示波数；而对于时间的函数$f(t)$，傅里叶变换的象函数通常记为$F(\omega)$，变量ω的大小表示角频率。傅里叶积分(2.24)和傅里叶变换(2.25)改写为

$$f(t)=\frac{1}{\sqrt{2\pi}}\int_{-\infty}^{\infty}F(\omega)\mathrm{e}^{\mathrm{i}\omega t}\mathrm{d}\omega,\quad F(\omega)=\frac{1}{\sqrt{2\pi}}\int_{-\infty}^{\infty}f(t)\mathrm{e}^{-\mathrm{i}\omega t}\mathrm{d}t \tag{2.36}$$

对一段随时间变化的信号进行频谱分析，通常就是用式(2.36)来进行处理的。象函数的定义也可能会比式(2.36)定义的$F(\omega)$多一个或少一个$\sqrt{2\pi}$因子，这当然不会造成本质差别。在处理时间信号时，有时也采用$\widetilde{F}(\omega)=F(-\omega)$作为象函数，这样式(2.36)修改为

$$f(t)=\frac{1}{\sqrt{2\pi}}\int_{-\infty}^{\infty}\widetilde{F}(\omega)\mathrm{e}^{-\mathrm{i}\omega t}\mathrm{d}\omega\qquad \widetilde{F}(\omega)=\frac{1}{\sqrt{2\pi}}\int_{-\infty}^{\infty}f(t)\mathrm{e}^{\mathrm{i}\omega t}\mathrm{d}t \tag{2.37}$$

由于傅里叶正变换和逆变换形式非常对称，这使得新的正变换看上去像是旧的逆变换，而新的逆变换看上去像是旧的正变换。

在研究波动问题时，物理量是坐标x和时间t的函数。对于物理量$u(x,t)$，对x的变换采用式(2.24)和式(2.25)，而对t的变换采用式(2.37)。由此可得三种情形：

(1) 只对x变换

$$\begin{aligned}u(x,t)&=\frac{1}{\sqrt{2\pi}}\int_{-\infty}^{\infty}F_1(k,t)\mathrm{e}^{\mathrm{i}kx}\mathrm{d}k\\ F_1(k,t)&=\frac{1}{\sqrt{2\pi}}\int_{-\infty}^{\infty}u(x,t)\mathrm{e}^{-\mathrm{i}kx}\mathrm{d}x\end{aligned} \tag{2.38}$$

(2) 只对t变换

$$\begin{aligned}u(x,t)&=\frac{1}{\sqrt{2\pi}}\int_{-\infty}^{\infty}F_2(x,\omega)\mathrm{e}^{-\mathrm{i}\omega t}\mathrm{d}\omega\\ F_2(x,\omega)&=\frac{1}{\sqrt{2\pi}}\int_{-\infty}^{\infty}u(x,t)\mathrm{e}^{\mathrm{i}\omega t}\mathrm{d}t\end{aligned} \tag{2.39}$$

(3) 同时对x,t变换

$$\begin{aligned}u(x,t)&=\frac{1}{2\pi}\int_{-\infty}^{\infty}\mathrm{d}\omega\int_{-\infty}^{\infty}\mathrm{d}k\ F(k,\omega)\mathrm{e}^{\mathrm{i}(kx-\omega t)}\\ F(k,\omega)&=\frac{1}{2\pi}\int_{-\infty}^{\infty}\mathrm{d}t\int_{-\infty}^{\infty}\mathrm{d}x\ u(x,t)\mathrm{e}^{-\mathrm{i}(kx-\omega t)}\end{aligned} \tag{2.40}$$

由式(2.40)定义的傅里叶积分正好就是按照一维平面波展开，这就是对时间变量采用

式(2.37)进行变换的原因。对于三维空间的波动 $u(\boldsymbol{r},t)$，对所有空间变量 x,y,z 均采用式(2.24)和式(2.25)定义的变换，而对时间变量采用式(2.37)定义的变换。

2.2.2　粒子的动量

1. 动量表象的波函数

对于一维情形，根据德布罗意关系 $p=\hbar k$，可得 $\mathrm{d}k=\hbar^{-1}\mathrm{d}p$。为了让傅里叶变换公式形式上保持对称，引入新的象函数

$$c(p,t)=\hbar^{-1/2}g(k,t) \tag{2.41}$$

根据式(2.28)、式(2.29)、式(2.30)和式(2.31)，得

$$\psi(x,t)=\frac{1}{\sqrt{2\pi\hbar}}\int_{-\infty}^{\infty}c(p,t)\mathrm{e}^{\frac{\mathrm{i}}{\hbar}px}\mathrm{d}p \tag{2.42}$$

$$c(p,t)=\frac{1}{\sqrt{2\pi\hbar}}\int_{-\infty}^{\infty}\psi(x,t)\mathrm{e}^{-\frac{\mathrm{i}}{\hbar}px}\mathrm{d}x \tag{2.43}$$

$$\int_{-\infty}^{\infty}\psi_1^*(x,t)\psi_2(x,t)\mathrm{d}x=\int_{-\infty}^{\infty}c_1^*(p,t)c_2(p,t)\mathrm{d}p \tag{2.44}$$

$$\int_{-\infty}^{\infty}|\psi(x,t)|^2\mathrm{d}x=\int_{-\infty}^{\infty}|c(p,t)|^2\mathrm{d}p \tag{2.45}$$

对于三维情形，$\mathrm{d}^3k=\hbar^{-3}\mathrm{d}^3p$，引入新的象函数

$$c(\boldsymbol{p},t)=\hbar^{-3/2}g(\boldsymbol{k},t) \tag{2.46}$$

根据式(2.32)、式(2.33)、式(2.34)和式(2.35)，得

$$\psi(\boldsymbol{r},t)=\frac{1}{(2\pi\hbar)^{3/2}}\int_{\infty}c(\boldsymbol{p},t)\mathrm{e}^{\frac{\mathrm{i}}{\hbar}\boldsymbol{p}\cdot\boldsymbol{r}}\mathrm{d}^3p \tag{2.47}$$

$$c(\boldsymbol{p},t)=\frac{1}{(2\pi\hbar)^{3/2}}\int_{\infty}\psi(\boldsymbol{r},t)\mathrm{e}^{-\frac{\mathrm{i}}{\hbar}\boldsymbol{p}\cdot\boldsymbol{r}}\mathrm{d}^3r \tag{2.48}$$

$$\int_{\infty}\psi_1^*(\boldsymbol{r},t)\psi_2(\boldsymbol{r},t)\mathrm{d}^3r=\int_{\infty}c_1^*(\boldsymbol{p},t)c_2(\boldsymbol{p},t)\mathrm{d}^3p \tag{2.49}$$

$$\int_{\infty}|\psi(\boldsymbol{r},t)|^2\mathrm{d}^3r=\int_{\infty}|c(\boldsymbol{p},t)|^2\mathrm{d}^3p \tag{2.50}$$

这些公式也称为傅里叶变换和帕赛瓦尔等式。

根据傅里叶变换的意义，函数 $\psi(\boldsymbol{r},t)$ 和 $c(\boldsymbol{p},t)$ 是互相等价的。在量子力学中，$\psi(\boldsymbol{r},t)$ 称为坐标表象(coordinate representation)的波函数，而 $c(\boldsymbol{p},t)$ 称为动量表象(momentum representation)的波函数。与坐标表象波函数类似，$|c(\boldsymbol{p},t)|^2\mathrm{d}^3p$ 正比于动量空间的体元 d^3p 内找到粒子的概率。根据帕塞瓦尔等式可知，若 $\psi(\boldsymbol{r},t)$ 满足归一化条件(2.7)，则 $c(\boldsymbol{p},t)$ 满足动量空间的归一化条件

$$\boxed{\int_{\infty}|c(\boldsymbol{p},t)|^2\mathrm{d}^3p=1} \tag{2.51}$$

反之也成立。

2. 动量的平均值和方差

设 $c(\boldsymbol{p},t)$ 是动量表象中的归一化波函数，多次测量粒子动量的数学期望就是以 $|c(\boldsymbol{p},t)|^2$ 为

权重的加权平均值。$\hat{p}_x$ 的统计平均值为

$$\langle p_x \rangle = \int_\infty |c(\boldsymbol{p},t)|^2 p_x \mathrm{d}^3 p \tag{2.52}$$

统计方差为

$$\sigma_{p_x}^2 = \int_\infty |c(\boldsymbol{p},t)|^2 (p_x - \langle p_x \rangle)^2 \mathrm{d}^3 p \tag{2.53}$$

p_y, p_z 的平均值和方差的表达式也是类似的。

3. 动量算符

可以证明，动量的平均值和方差在坐标表象中的表达式为

$$\boxed{\langle p_i \rangle = \int_\infty \psi^*(\boldsymbol{r},t) \hat{p}_i \psi(\boldsymbol{r},t) \mathrm{d}^3 r, \quad i = x,y,z} \tag{2.54}$$

$$\boxed{\sigma_{p_i}^2 = \int_\infty \psi^*(\boldsymbol{r},t)(\hat{p}_i - \langle p_i \rangle)^2 \psi(\boldsymbol{r},t) \mathrm{d}^3 r, \quad i = x,y,z} \tag{2.55}$$

其中

$$\hat{p}_x = -\mathrm{i}\hbar \frac{\partial}{\partial x}, \quad \hat{p}_y = -\mathrm{i}\hbar \frac{\partial}{\partial y}, \quad \hat{p}_z = -\mathrm{i}\hbar \frac{\partial}{\partial z} \tag{2.56}$$

称为**动量算符**。利用梯度算符

$$\nabla = \boldsymbol{e}_x \frac{\partial}{\partial x} + \boldsymbol{e}_y \frac{\partial}{\partial y} + \boldsymbol{e}_z \frac{\partial}{\partial z} \tag{2.57}$$

可以将三个动量算符合写为

$$\hat{\boldsymbol{p}} = -\mathrm{i}\hbar \nabla \tag{2.58}$$

证明：将波函数的傅里叶展开式(2.47)代入式(2.54)，对 $i=x$，可得

$$\langle p_x \rangle = \frac{1}{(2\pi\hbar)^{3/2}} \int_\infty \mathrm{d}^3 r \psi^*(\boldsymbol{r},t) \left(-\mathrm{i}\hbar \frac{\partial}{\partial x}\right) \int_\infty \mathrm{d}^3 p\, c(\boldsymbol{p},t) \mathrm{e}^{\frac{\mathrm{i}}{\hbar}\boldsymbol{p}\cdot\boldsymbol{r}} \tag{2.59}$$

交换对坐标求导和对动量积分的次序，得

$$\begin{aligned} \langle p_x \rangle &= \frac{1}{(2\pi\hbar)^{3/2}} \int_\infty \mathrm{d}^3 r \psi^*(\boldsymbol{r},t) \int_\infty \mathrm{d}^3 p\, c(\boldsymbol{p},t) \left(-\mathrm{i}\hbar \frac{\partial}{\partial x}\right) \mathrm{e}^{\frac{\mathrm{i}}{\hbar}\boldsymbol{p}\cdot\boldsymbol{r}} \\ &= \frac{1}{(2\pi\hbar)^{3/2}} \int_\infty \mathrm{d}^3 r \psi^*(\boldsymbol{r},t) \int_\infty \mathrm{d}^3 p\, c(\boldsymbol{p},t) p_x \mathrm{e}^{\frac{\mathrm{i}}{\hbar}\boldsymbol{p}\cdot\boldsymbol{r}} \end{aligned} \tag{2.60}$$

调整积分次序，得

$$\begin{aligned} \langle p_x \rangle &= \frac{1}{(2\pi\hbar)^{3/2}} \int_\infty \mathrm{d}^3 p\, c(\boldsymbol{p},t) p_x \int_\infty \mathrm{d}^3 r \psi^*(\boldsymbol{r},t) \mathrm{e}^{\frac{\mathrm{i}}{\hbar}\boldsymbol{p}\cdot\boldsymbol{r}} \\ &= \int_\infty \mathrm{d}^3 p\, c(\boldsymbol{p},t) p_x \left[\frac{1}{(2\pi\hbar)^{3/2}} \int_\infty \mathrm{d}^3 r \psi(\boldsymbol{r},t) \mathrm{e}^{-\frac{\mathrm{i}}{\hbar}\boldsymbol{p}\cdot\boldsymbol{r}}\right]^* \end{aligned} \tag{2.61}$$

方括号内正是 $\psi(\boldsymbol{r},t)$ 的傅里叶变换 $c(\boldsymbol{p},t)$，由此可得

$$\langle p_x \rangle = \int_\infty |c(\boldsymbol{p},t)|^2 p_x \mathrm{d}^3 p \tag{2.62}$$

这正是式(2.52)。$i=y,z$ 的证明与此完全相同。类似地，也可以验证式(2.55)(留作练习)。

讨论

利用坐标表象求动量的平均值和方差时，我们引入了算符(operator)的概念。简单地说，算符是将一个函数变成另一个函数的映射。算符的系统理论将在第 4 章专门介绍。

2.3 体系的演化

描述体系演化规律的方程称为体系的运动方程。经典力学的运动方程描述质点位置矢量的演化规律，量子力学的运动方程描述体系波函数的演化规律。

2.3.1 运动方程

1. 薛定谔方程

在非相对论量子力学中，单粒子体系波函数的演化遵守如下方程

$$\boxed{\mathrm{i}\hbar \frac{\partial \psi(\boldsymbol{r},t)}{\partial t} = \hat{H}\psi(\boldsymbol{r},t)} \tag{2.63}$$

称为薛定谔方程(Schrödinger equation)，其中 $\hat{H}$ 称为体系的哈密顿(Hamiltonian)算符。很多情况下，哈密顿算符可以根据体系的经典哈密顿量而得到。

设质量为 m 的粒子在保守外场中运动，粒子的势能函数[㊀]为 $V(\boldsymbol{r},t)$，粒子的经典哈密顿量等于动能与势能之和，即

$$H = \frac{\boldsymbol{p}^2}{2m} + V(\boldsymbol{r},t) \tag{2.64}$$

式中，$\boldsymbol{p}$ 是粒子的动量。将动量替换为动量算符[㊁]

$$\boldsymbol{p} \to \hat{\boldsymbol{p}} = -\mathrm{i}\hbar\nabla \tag{2.65}$$

就得到了哈密顿算符

$$\hat{H} = -\frac{\hbar^2}{2m}\nabla^2 + V(\boldsymbol{r},t) \tag{2.66}$$

式中，$\nabla^2 = \nabla\cdot\nabla$是拉普拉斯(Laplace)算符

$$\nabla^2 = \frac{\partial^2}{\partial x^2} + \frac{\partial^2}{\partial y^2} + \frac{\partial^2}{\partial z^2} \tag{2.67}$$

这种单粒子体系的薛定谔方程为

$$\boxed{\mathrm{i}\hbar \frac{\partial \psi(\boldsymbol{r},t)}{\partial t} = \left[-\frac{\hbar^2}{2m}\nabla^2 + V(\boldsymbol{r},t)\right]\psi(\boldsymbol{r},t)} \tag{2.68}$$

讨论

(1) 薛定谔方程是理论的出发点，不能从别的方程推导出来。历史上薛定谔找到这个方程当然会有具体的考虑过程，但我们不探寻这个复杂的历史细节。

(2) 薛定谔方程只含有对时间的一阶导数，给定波函数的初值 $\psi(\boldsymbol{r},0)$ 就能得到任何时刻的波函数。相比之下，牛顿方程是时间的二阶微分方程，初条件包括两个：初位置 $\boldsymbol{r}(0)$

㊀ 势能函数之所以能够显含时间，是因为外场可能随着时间变化.

㊁ 这个替换规则称为量子化规则，属于量子力学的基本假定，我们将在第 5 章专门介绍.

和初速度 $\boldsymbol{v}(0)$。

2. 叠加原理

薛定谔方程是个线性偏微分方程，满足叠加原理：若 ψ_1 和 ψ_2 是方程的解

$$\mathrm{i}\hbar\frac{\partial\psi_1}{\partial t}=\left(-\frac{\hbar^2}{2m}\nabla^2+V\right)\psi_1,\quad \mathrm{i}\hbar\frac{\partial\psi_2}{\partial t}=\left(-\frac{\hbar^2}{2m}\nabla^2+V\right)\psi_2 \tag{2.69}$$

则二者的线性叠加

$$\psi=c_1\psi_1+c_2\psi_2 \tag{2.70}$$

也是方程的解

$$\begin{aligned}\mathrm{i}\hbar\frac{\partial\psi}{\partial t}&=c_1\mathrm{i}\hbar\frac{\partial\psi_1}{\partial t}+c_2\mathrm{i}\hbar\frac{\partial\psi_2}{\partial t}\\&=c_1\left(-\frac{\hbar^2}{2m}\nabla^2+V\right)\psi_1+c_2\left(-\frac{\hbar^2}{2m}\nabla^2+V\right)\psi_2=\left(-\frac{\hbar^2}{2m}\nabla^2+V\right)\psi\end{aligned} \tag{2.71}$$

式(2.70)对任何时刻都成立，包括 $t=0$ 时刻

$$\psi(\boldsymbol{r},0)=c_1\psi_1(\boldsymbol{r},0)+c_2\psi_2(\boldsymbol{r},0) \tag{2.72}$$

现在考虑一个相反的问题：如果已知波函数初值为式(2.72)，那么薛定谔方程的解是否为式(2.70)？答案是肯定的。因为薛定谔方程的解取决于初值，也就是说，给定了初值可以得到唯一解。既然式(2.70)是方程的解且初值为式(2.72)，那么以式(2.72)为初值的解就是式(2.70)。这正是前文所说的态叠加原理的附加内容，参见式(2.19)和式(2.20)以及相关讨论。这个结果今后将有重要应用。

2.3.2 概率守恒定律

1. 电荷守恒定律

物理量的守恒定律总可以由一个连续性方程来描述。在经典电动力学中，电荷守恒定律可以用如下连续性方程表达

$$\frac{\partial\rho_{\mathrm{e}}}{\partial t}+\nabla\cdot\boldsymbol{J}_{\mathrm{e}}=0 \tag{2.73}$$

式中，ρ_{e} 是电荷密度；$\boldsymbol{J}_{\mathrm{e}}$ 是电流密度。假如电荷移动速度为 $\boldsymbol{v}$，则 $\boldsymbol{J}_{\mathrm{e}}=\rho_{\mathrm{e}}\boldsymbol{v}$。将方程(2.73)对任意区域 D 积分，第一项积分为

$$\int_D\frac{\partial\rho_{\mathrm{e}}}{\partial t}\mathrm{d}^3r=\frac{\mathrm{d}}{\mathrm{d}t}\int_D\rho_{\mathrm{e}}\mathrm{d}^3r \tag{2.74}$$

利用矢量分析的高斯公式，可将第二项积分化为

$$\int_D\nabla\cdot\boldsymbol{J}_{\mathrm{e}}\mathrm{d}^3r=\oint_S\boldsymbol{J}_{\mathrm{e}}\cdot\mathrm{d}\boldsymbol{S} \tag{2.75}$$

由此可得

$$\frac{\mathrm{d}}{\mathrm{d}t}\int_D\rho_{\mathrm{e}}\mathrm{d}^3r=-\oint_S\boldsymbol{J}_{\mathrm{e}}\cdot\mathrm{d}\boldsymbol{S} \tag{2.76}$$

在高斯公式中，闭曲面的法线是向外的。式(2.76)表明，区域内电荷量的变化率等于单位时间内从区域表面流入的电荷量，这正是电荷守恒定律的内容。方程(2.73)是电荷守恒定律的微分形式。

2. 局域概率守恒

对薛定谔方程(2.68)取复共轭，并考虑到势能 $V(\boldsymbol{r},t)$ 是实函数[⊖]，得

$$-\mathrm{i}\hbar\frac{\partial\psi^*(\boldsymbol{r},t)}{\partial t}=\left[-\frac{\hbar^2}{2m}\nabla^2+V(\boldsymbol{r},t)\right]\psi^*(\boldsymbol{r},t) \tag{2.77}$$

在下面计算中省去自变量。由方程(2.68)和方程(2.77)，得

$$\frac{\partial}{\partial t}(\psi^*\psi)=\frac{\partial\psi^*}{\partial t}\psi+\psi^*\frac{\partial\psi}{\partial t}=\frac{\mathrm{i}\hbar}{2m}(\psi^*\nabla^2\psi-\psi\nabla^2\psi^*) \tag{2.78}$$

利用莱布尼茨法则可知，对函数 $f(\boldsymbol{r})$ 和 $g(\boldsymbol{r})$，成立

$$f\nabla^2 g=\nabla\cdot(f\nabla g)-\nabla f\cdot\nabla g \tag{2.79}$$

因此

$$\psi^*\nabla^2\psi-\psi\nabla^2\psi^*=\nabla\cdot(\psi^*\nabla\psi-\psi\nabla\psi^*) \tag{2.80}$$

代入式(2.78)，得

$$\frac{\partial}{\partial t}(\psi^*\psi)=\frac{\mathrm{i}\hbar}{2m}\nabla\cdot(\psi^*\nabla\psi-\psi\nabla\psi^*) \tag{2.81}$$

引入记号

$$\rho=\psi^*\psi=|\psi|^2,\quad \boldsymbol{J}=-\frac{\mathrm{i}\hbar}{2m}(\psi^*\nabla\psi-\psi\nabla\psi^*) \tag{2.82}$$

由式(2.81)，可得

$$\boxed{\frac{\partial\rho}{\partial t}+\nabla\cdot\boldsymbol{J}=0} \tag{2.83}$$

式(2.83)在形式上也是连续性方程。设波函数 $\psi(\boldsymbol{r},t)$ 是归一化的，根据玻恩概率解释，ρ 是概率密度。我们将 $\boldsymbol{J}$ 解释为概率流密度，即单位时间内通过垂直于 $\boldsymbol{J}$ 的单位面积的概率。方程(2.83)表示概率的连续性方程，称为概率守恒定律。这表明概率可以在空间中转移流动，但总量是守恒的。在经典力学中，运动方程和连续性方程是互相独立的，而薛定谔方程本身蕴含着连续性方程。

利用动量算符 $\hat{\boldsymbol{p}}=-\mathrm{i}\hbar\nabla$，将 $\boldsymbol{J}$ 的定义改写为

$$\boldsymbol{J}=\frac{1}{2m}[\psi^*\hat{\boldsymbol{p}}\psi+\psi(\hat{\boldsymbol{p}}\psi)^*] \tag{2.84}$$

考虑到在经典力学中 $\boldsymbol{p}/m$ 表示粒子的速度，我们将 $\hat{\boldsymbol{p}}/m$ 称为速度算符，记为 $\hat{\boldsymbol{v}}$，由此可得

$$\boldsymbol{J}=\frac{1}{2}[\psi^*\hat{\boldsymbol{v}}\psi+\psi(\hat{\boldsymbol{v}}\psi)^*]=\mathrm{Re}(\psi^*\hat{\boldsymbol{v}}\psi) \tag{2.85}$$

由此可见，物理量 $\boldsymbol{J}$ 就是概率密度与速度算符经过一些运算得到的，因此将 $\boldsymbol{J}$ 解释为概率流密度是合理的。我们将在第 12 章引入概率密度算符和概率流密度算符，在那里会看到一个类似于经典力学的公式。

将波函数写为指数形式

$$\psi(\boldsymbol{r},t)=A(\boldsymbol{r},t)\mathrm{e}^{\mathrm{i}\theta(\boldsymbol{r},t)} \tag{2.86}$$

⊖ 在量子力学中，有时也会采用取虚数值的 V，它当然不是来自经典力学的势能. 这种情形概率守恒定律不成立，这种模型可以用来描述不稳定粒子的衰变. 目前我们的讨论限于稳定粒子.

根据概率密度和概率流密度的定义，可得

$$\rho = A^2, \quad \boldsymbol{J} = \frac{\hbar}{m} A^2 \nabla\theta \tag{2.87}$$

$\nabla\theta$ 的出现意味着一个非平庸(即随着空间坐标而变化)的相位才会导致非零概率流。如果 θ 是个常数，则概率流密度为 0，这种情形的一个特例是 $\theta=0$，即波函数为实值函数。

对于带电粒子，(统计意义上的)电荷密度和电流密度分别正比于概率密度和概率流密度。设粒子带电量为 q，则

$$\rho_e = q\rho, \quad \boldsymbol{J}_e = q\boldsymbol{J} \tag{2.88}$$

由式(2.83)可以重新得到式(2.73)，因此薛定谔方程自动满足电荷守恒定律。

3. 全局概率守恒

将式(2.83)对区域 D 积分，类似于前面电荷守恒定律的处理，得

$$\frac{\mathrm{d}}{\mathrm{d}t}\int_D \rho \mathrm{d}^3 r = -\oint_S \boldsymbol{J} \cdot \mathrm{d}\boldsymbol{S} \tag{2.89}$$

式(2.89)表明，在区域 D 内找到粒子的概率的变化率，等于单位时间内从区域表面流入的概率。这与电荷守恒定律的物理图像是一致的，式(2.83)和式(2.89)分别是微分形式和积分形式的概率守恒定律。将区域 D 取为全空间，由于波函数是平方可积的，这意味着 ψ 和 $\nabla\psi$ 会在无穷远处衰减到零，因此得到

$$\frac{\mathrm{d}}{\mathrm{d}t}\int_\infty |\psi(\boldsymbol{r},t)|^2 \mathrm{d}^3 r = 0 \tag{2.90}$$

在把波函数归一化时，式(2.8)仅涉及对空间变量的积分，而式(2.90)保证了 A 与时间无关。这表明如果 $t=0$ 时刻波函数是归一化的，则此后任何时刻波函数均满足归一化条件，这是由薛定谔方程的特点决定的。反之，如果不同时刻需要不同的归一化常数 $A(t)$，理论就要糟糕。比如，我们可能得到了薛定谔方程的一个解 $\psi(\boldsymbol{r},t)$，但 $\psi(\boldsymbol{r},t)$ 不是归一化的，归一化波函数(概率解释的需要)为 $A(t)\psi(\boldsymbol{r},t)$，然而 $A(t)\psi(\boldsymbol{r},t)$ 并不能满足薛定谔方程(代入即可验证)。幸好这种情况没有发生，从而保证了概率解释与薛定谔方程相容。式(2.90)表明在全空间找到粒子的概率是守恒的，因此方程(2.63)描述的是稳定粒子，粒子不会衰变或被吸收，也不会被产生。

2.3.3 稳定场情形

1. 能量本征方程

设粒子在稳定场中运动，其势能为 $V(\boldsymbol{r})$，我们尝试寻找如下形式的特解

$$\psi(\boldsymbol{r},t) = \psi(\boldsymbol{r}) f(t) \tag{2.91}$$

将其代入薛定谔方程(2.68)，得

$$\mathrm{i}\hbar \frac{\mathrm{d}f}{\mathrm{d}t}\psi(\boldsymbol{r}) = f(t)\left[-\frac{\hbar^2}{2m}\nabla^2 + V(\boldsymbol{r})\right]\psi(\boldsymbol{r}) \tag{2.92}$$

方程两端除以 $\psi(\boldsymbol{r},t)=\psi(\boldsymbol{r})f(t)$，得

$$\frac{\mathrm{i}\hbar}{f}\frac{\mathrm{d}f}{\mathrm{d}t} = \frac{1}{\psi(\boldsymbol{r})}\left[-\frac{\hbar^2}{2m}\nabla^2 + V(\boldsymbol{r})\right]\psi(\boldsymbol{r}) \tag{2.93}$$

由于方程(2.93)两端依赖于不同的变量 t 和 $\boldsymbol{r}$，因此必须等于常数。根据量纲分析，这个常

数具有能量量纲，将其记为 E，由此可得

$$\boxed{\mathrm{i}\hbar\frac{\mathrm{d}f(t)}{\mathrm{d}t}=Ef(t)} \tag{2.94}$$

$$\boxed{\left[-\frac{\hbar^2}{2m}\nabla^2+V(\boldsymbol{r})\right]\psi(\boldsymbol{r})=E\psi(\boldsymbol{r})} \tag{2.95}$$

方程(2.94)是个简单的一阶微分方程，其解为

$$f(t)=C\mathrm{e}^{-\frac{\mathrm{i}}{\hbar}Et} \tag{2.96}$$

式中，C 为积分常数。由于方程(2.95)的解 $\psi(\boldsymbol{r})$ 也会有个不定常数因子，而我们的目标是求 $\psi(\boldsymbol{r},t)$，因此不失一般性，可以选择 $C=1$。

方程(2.95)的解依赖于 $V(\boldsymbol{r})$ 的具体形式。将对应于常数 E 的解记为 $\psi_E(\boldsymbol{r})$，并利用哈密顿算符将方程简写为

$$\hat{H}\psi_E(\boldsymbol{r})=E\psi_E(\boldsymbol{r}) \tag{2.97}$$

一般来说，方程(2.97)并非对所有 E 值都有满足物理条件(比如平方可积条件)的解。能使方程有合理解的 E 值，称为 $\hat{H}$ 的**本征值**(eigenvalue)，相应的解称为 $\hat{H}$ 的属于本征值 E 的**本征函数**(eigen function)。哈密顿算符代表能量，其本征值和本征函数分别称为**能量本征值**和**能量本征函数**。用能量本征函数描述的量子态称为**能量本征态**。方程(2.95)或方程(2.97)是 $\hat{H}$ 的本征方程[⊖]，也称为**能量本征方程**。对于给定的能量本征值 E，如果满足方程(2.97)的线性无关的解不止一个，则称本征值 E 是**简并的**，线性无关解的数目称为 E 的**简并度**。

根据以上分析，我们得到稳定场情形薛定谔方程(2.68)的特解

$$\boxed{\psi_E(\boldsymbol{r},t)=\psi_E(\boldsymbol{r})\mathrm{e}^{-\frac{\mathrm{i}}{\hbar}Et}} \tag{2.98}$$

能量本征函数 $\psi_E(\boldsymbol{r})$ 正好是该特解的初值

$$\psi_E(\boldsymbol{r},0)=\psi_E(\boldsymbol{r}) \tag{2.99}$$

特解 $\psi_E(\boldsymbol{r},t)$ 描述体系具有确定能量的态，称为**定态**(stationary state)。相应地，$\psi_E(\boldsymbol{r},t)$ 称为**定态波函数**。对于定态

$$\rho=|\psi_E(\boldsymbol{r})|^2,\quad \boldsymbol{J}=-\frac{\mathrm{i}\hbar}{2m}[\psi_E^*(\boldsymbol{r})\nabla\psi_E(\boldsymbol{r})-\psi_E(\boldsymbol{r})\nabla\psi_E^*(\boldsymbol{r})] \tag{2.100}$$

能量本征函数不含时间，概率密度和概率流密度均不随时间变化

$$\frac{\partial\rho}{\partial t}=0,\qquad \frac{\partial\boldsymbol{J}}{\partial t}=0 \tag{2.101}$$

这正是定态这个名称的含义之一。

能量本征函数 $\psi_E(\boldsymbol{r})$ 是定态波函数 $\psi_E(\boldsymbol{r},t)$ 的空间部分，它与 $\psi_E(\boldsymbol{r},t)$ 只差一个时间因子 $\mathrm{e}^{-\mathrm{i}Et/\hbar}$。对定态而言，这个时间因子是无关紧要的，概率密度和概率流密度都不依赖于它。因此在不引起混淆的情况下，也将 $\psi_E(\boldsymbol{r})$ 直接称为定态波函数，能量本征方程(2.95)或(2.97)也称为定态薛定谔方程、不含时的薛定谔方程，有时甚至直接称为薛定谔方程。

2. 能量本征函数的性质

根据能量本征方程，容易证明能量本征函数的一些简单性质，这些性质不依赖于势能函

⊖ 对于一个具体算符，常存在一些特定函数，算符仅能将其改变一个常数因子，这些特定函数称为算符的本征函数，而相应常数称为算符的本征值，描述这个性质的方程称为算符的本征方程. 详见第 4 章.

数的具体形式，具有普遍的意义。

定理 1 设$\psi(\boldsymbol{r})$是方程(2.95)的一个解，属于能量本征值E，则$\psi^*(\boldsymbol{r})$也是方程(2.95)的解，而且属于同一个能量本征值E。

证明：对方程(2.95)取复共轭，注意势能函数$V(\boldsymbol{r})$为实函数，得

$$\left[-\frac{\hbar^2}{2m}\nabla^2 + V(\boldsymbol{r})\right]\psi^*(\boldsymbol{r}) = E\psi^*(\boldsymbol{r}) \tag{2.102}$$

由此可知$\psi^*(\boldsymbol{r})$也满足方程(2.95)，而且对应能量E。

根据这个结论，如果能量本征值E不简并，则$\psi(\boldsymbol{r})$和$\psi^*(\boldsymbol{r})$描述同一个量子态，二者最多相差一个常数。设$\psi^*(\boldsymbol{r})=C\psi(\boldsymbol{r})$，取复共轭得，$\psi(\boldsymbol{r})=|C|^2\psi(\boldsymbol{r})$，因此$|C|=1$。选择波函数$\psi(\boldsymbol{r})$的相因子，可使$C=1$，此时$\psi^*(\boldsymbol{r})=\psi(\boldsymbol{r})$，即$\psi(\boldsymbol{r})$为实函数。也就是说，对于不简并的能量本征值，相应的能量本征函数总可以取为实函数。

定理 2 设$\psi(\boldsymbol{r})$是方程(2.95)的一个解，属于能量本征值E，势能函数满足空间反射对称性，$V(-\boldsymbol{r})=V(\boldsymbol{r})$，则$\psi(-\boldsymbol{r})$也是方程(2.95)的解，而且属于同一个能量本征值E。

证明：对方程(2.95)做如下变换：$\boldsymbol{r}\to\boldsymbol{r}'=-\boldsymbol{r}$，并考虑到$V(-\boldsymbol{r})=V(\boldsymbol{r})$，得

$$\left[-\frac{\hbar^2}{2m}\nabla^2 + V(\boldsymbol{r})\right]\psi(-\boldsymbol{r}) = E\psi(-\boldsymbol{r}) \tag{2.103}$$

由此可知$\psi(-\boldsymbol{r})$也满足方程(2.95)，而且属于同一个能量本征值E。

如果能量本征值E不简并，则$\psi(\boldsymbol{r})$和$\psi(-\boldsymbol{r})$描述同一个量子态，二者最多相差一个常数。设$\psi(-\boldsymbol{r})=C\psi(\boldsymbol{r})$，将$\boldsymbol{r}$换成$-\boldsymbol{r}$，得$\psi(\boldsymbol{r})=C\psi(-\boldsymbol{r})$。利用前一个公式，得$\psi(\boldsymbol{r})=C^2\psi(\boldsymbol{r})$，因此$C^2=1$。由此可知波函数是如下两种情形：

（1）$C=1$，$\psi(-\boldsymbol{r})=\psi(\boldsymbol{r})$；（2）$C=-1$，$\psi(-\boldsymbol{r})=-\psi(\boldsymbol{r})$

当波函数满足以上两种情况时，我们就说波函数具有确定的**宇称**，并分别称为**偶宇称**和**奇宇称**。上述定理是说，如果势能函数具有空间反射对称性，且能量本征值不简并，则相应的能量本征函数具有确定的宇称。

3. 一维模型

有时只有一个自由度的运动比较重要，因此只需要讨论一维模型就够了。以x方向的运动为例，稳定场情形的薛定谔方程和能量本征方程分别为

$$\boxed{\mathrm{i}\hbar\frac{\partial\psi(x,t)}{\partial t} = \left[-\frac{\hbar^2}{2m}\frac{\partial^2}{\partial x^2} + V(x)\right]\psi(x,t)} \tag{2.104}$$

$$\boxed{\left[-\frac{\hbar^2}{2m}\frac{\mathrm{d}^2}{\mathrm{d}x^2} + V(x)\right]\psi(x) = E\psi(x)} \tag{2.105}$$

除了满足上述普遍性质之外，一维问题的能量本征函数还有一些特殊性质。

定理 3 设$\psi_1(x)$和$\psi_2(x)$是方程(2.105)的属于同一能量本征值E的两个本征函数，则

$$\psi_1\psi_2' - \psi_2\psi_1' = \text{与 } x \text{ 无关的常数} \tag{2.106}$$

证明：按假设

$$\psi_1'' + \frac{2m}{\hbar^2}(E-V)\psi_1 = 0 \tag{2.107}$$

$$\psi_2'' + \frac{2m}{\hbar^2}(E-V)\psi_2 = 0 \tag{2.108}$$

$\psi_1\times$式(2.108)$-\psi_2\times$式(2.107)，得

$$\psi_1\psi_2'' - \psi_2\psi_1'' = 0 \tag{2.109}$$

由此容易看出

$$(\psi_1\psi_2' - \psi_2\psi_1')' = 0 \tag{2.110}$$

由此便可得到式(2.106)。

下面的定理称为一维束缚态不简并定理。

定理 4　设粒子在势场 $V(x)$ 中运动，若 $V(x)$ 无奇点，则束缚态能级不简并。

对于束缚态，当 $|x|\to\infty$ 时，$\psi\to 0$，因此式(2.106)中的常数必为零。所以，若两个束缚态波函数 ψ_1 和 ψ_2 属于同一个能量本征值，则

$$\psi_1\psi_2' - \psi_2\psi_1' = 0 \tag{2.111}$$

在 ψ_1 和 ψ_2 的相邻节点[⊖]之间的区域中，对式(2.111)两端除以 $\psi_1\psi_2$，可得

$$\frac{\psi_1'}{\psi_1} - \frac{\psi_2'}{\psi_2} = 0 \quad 或写作 \quad \frac{\mathrm{d}}{\mathrm{d}x}\ln\frac{\psi_1}{\psi_2} = 0 \tag{2.112}$$

由此可知 $\ln(\psi_1/\psi_2)=$ 常数，因此

$$\psi_1/\psi_2 = C \quad 或 \quad \psi_1 = C\psi_2 \tag{2.113}$$

式中，C 是积分常数。当 $V(x)$ 无奇点时 ψ_1、ψ_2、ψ_1' 和 ψ_2' 均为连续函数(见下面定理 3)，因此节点两侧的常数 C 是相等的。由此可知，ψ_1 和 ψ_2 整体相差一个常数因子，从而描述同一个量子态。由以上分析可知能量本征值 E 不简并，即没有两个线性无关本征态。

由于一维束缚态能级不简并，因此能量本征函数可以取为实函数。此外，如果势能具有对称性 $V(-x)=V(x)$，则束缚定态具有确定的宇称。也就是说，若 $\psi(x)$ 是束缚态能量本征函数，则必有 $\psi(-x)=\psi(x)$ 或 $\psi(-x)=-\psi(x)$，分别称为偶宇称和奇宇称。

讨论

(1) 考虑一个分段函数，如图 2-2 所示，其一阶导数在每个常数区域为零，但在相邻常数区域之间函数发生跃变。由此可见，仅仅根据函数的一阶导数在一系列区间为零不能判断函数恒为常数，但如果函数是连续的则必为常数。

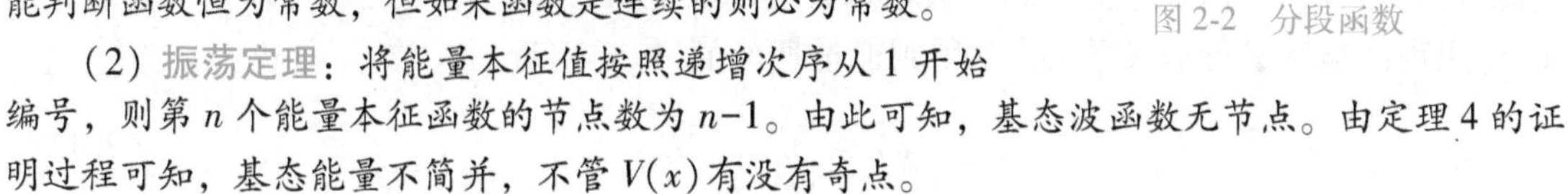

图 2-2　分段函数

(2) 振荡定理：将能量本征值按照递增次序从 1 开始编号，则第 n 个能量本征函数的节点数为 $n-1$。由此可知，基态波函数无节点。由定理 4 的证明过程可知，基态能量不简并，不管 $V(x)$ 有没有奇点。

定理 5　对于阶梯型势能

$$V(x) = \begin{cases} V_1, & x < a \\ V_2, & x > a \end{cases} \tag{2.114}$$

其中 $V_2-V_1=$ 有限值，能量本征函数 $\psi(x)$ 及其导数 $\psi'(x)$ 是连续的。

证明：根据能量本征方程(2.105)，得

$$\psi''(x) = -\frac{2m}{\hbar^2}[E - V(x)]\psi(x) \tag{2.115}$$

⊖　节点即波函数的零点，但不包括无穷远处的零点；如果粒子只能处在某个有限区间，也不包括该区间的端点.

我们分两种情形讨论。

(1) 如果$\psi(x)$在a点有跃变，即含有阶跃函数$u(x-a)$项，根据公式$u'(x)=\delta(x)$，$\psi'(x)$中将会出现$\delta(x-a)$项，$\psi''(x)$中将会出现$\delta'(x-a)$项。这样一来，方程(2.115)左端含有$\delta'(x-a)$项，而右端没有这样的项，这就出现了矛盾。

(2) 如果波函数在a点连续，但$\psi'(x)$出现跃变，则$\psi''(x)$中会出现$\delta(x-a)$项，仍会出现矛盾。由此可见，波函数$\psi(x)$和$\psi'(x)$在a点是连续的㊀。

如果$|V_2-V_1|\to\infty$，同样可以说明$\psi(x)$是连续的。由于势能跃变量为无限大，根据式(2.115)，$\psi''(x)$的跃变量也是无限大，因此$\psi'(x)$必须有个有限跃变。

2.3.4 叠加态

现在考虑一个特殊的单粒子体系：假设哈密顿算符具有离散本征值，将其从小到大进行编号为$E_n, n=1,2,3,\cdots$。假定所有能量本征值都不简并，将属于E_n的归一化能量本征函数记为$\psi_n(\boldsymbol{r})$。按照定义

$$\hat{H}\psi_n(\boldsymbol{r}) = E_n\psi_n(\boldsymbol{r}), \quad n = 1,2,3,\cdots \tag{2.116}$$

根据态叠加原理，能量本征函数的线性叠加

$$\psi(\boldsymbol{r}) = \sum_{n=1}^{\infty} c_n\psi_n(\boldsymbol{r}) \tag{2.117}$$

也是体系的可能状态。应该注意的是，为了让$\psi(\boldsymbol{r})$平方可积，叠加系数要满足一定条件。今后将证明，哈密顿算符的本征函数组具有完备性，即任何波函数都可以展开为式(2.117)的形式，因此该式代表了该体系的所有可能状态；此外，根据$\psi(\boldsymbol{r})$可以算出各个叠加系数(怎样计算是今后的事)。

1. 能量期待值

我们将在第12章专门介绍力学量的测量问题，现在我们先将那里的结论用于能量的测量。设式(2.117)为体系的归一化波函数，则

(1) 测量体系能量所得结果只能是能量本征值；

(2) 测得E_n的概率为$|c_n|^2$。

由此可见，式(2.117)描述的状态一般不具有确定的能量，除非叠加系数只有一个非零。按照E_n出现的概率进行加权平均，就得到能量期待值(数学期望)

$$\langle E\rangle = \sum_{n=1}^{\infty}|c_n|^2E_n \tag{2.118}$$

能量期待值可以利用波函数$\psi(\boldsymbol{r})$来计算(第12章)，即

$$\boxed{\langle E\rangle = \int_{\infty}\psi^*(\boldsymbol{r})\hat{H}\psi(\boldsymbol{r})\,\mathrm{d}^3r} \tag{2.119}$$

如果体系处于能量本征态$\psi_n(\boldsymbol{r})$，则

$$\langle E\rangle = \int_{\infty}\psi_n^*(\boldsymbol{r})\hat{H}\psi_n(\boldsymbol{r})\,\mathrm{d}^3r = E_n\int_{\infty}|\psi_n(\boldsymbol{r})|^2\mathrm{d}^3r = E_n \tag{2.120}$$

这个结果是容易理解的，因为体系处于能量本征态，每次测量只能得到同一个E_n，根据

㊀ 另一种证明参见曾谨言. 量子力学教程[M]. 3版. 北京：科学出版社，2014，29页.

式(2.118)可知统计平均值也是这个数值。

2. 态的演化

根据式(2.98)，能量本征函数 $\psi_n(\boldsymbol{r})$ 对应的定态波函数为

$$\psi_n(\boldsymbol{r},t)=\psi_n(\boldsymbol{r})\mathrm{e}^{-\frac{\mathrm{i}}{\hbar}E_nt} \tag{2.121}$$

定态波函数是薛定谔方程的特解，其线性叠加可以构成方程的通解

$$\psi(\boldsymbol{r},t)=\sum_{n=1}^{\infty}c_n\psi_n(\boldsymbol{r})\mathrm{e}^{-\frac{\mathrm{i}}{\hbar}E_nt} \tag{2.122}$$

这也可以看作能量本征函数的线性叠加，叠加系数为 $c_n\mathrm{e}^{-\mathrm{i}E_nt/\hbar}$。设波函数的初值为 $\psi(\boldsymbol{r})$，则

$$\psi(\boldsymbol{r},0)=\sum_{n=1}^{\infty}c_n\psi_n(\boldsymbol{r})=\psi(\boldsymbol{r}) \tag{2.123}$$

据此可以算出各个系数。由此可见，如果哈密顿算符不含时，则可以采用如下便捷步骤求解薛定谔方程：

(1) 求解能量本征方程得到所有能量本征值和本征函数；

(2) 将初值 $\psi(\boldsymbol{r},0)$ 按照能量本征函数组展开为式(2.123)，求出所有展开系数；

(3) 将每个能量本征函数 $\psi_n(\boldsymbol{r})$ 换成定态波函数 $\psi_n(\boldsymbol{r},t)$，或者说，将展开系数 c_n 换成 $c_n\mathrm{e}^{-\mathrm{i}E_nt/\hbar}$。

讨论

哈密顿算符可以具有连续的本征值，比如自由粒子的能量可以取一切非负值，相应的本征函数为平面波 $\psi_{\boldsymbol{p}}(\boldsymbol{r},t)=A\mathrm{e}^{\mathrm{i}(\boldsymbol{p}\cdot\boldsymbol{r}-Et)/\hbar}$。设自由粒子平面波能量为 E，则动量大小为 $p=\sqrt{2mE}$，因为动量的方向有无穷多个，因此能量本征值 E 的简并度是无穷大，这里我们用动量 $\boldsymbol{p}$ 来标记量子态。哈密顿算符也可以既有离散的本征值，也有连续的本征值。一维有限深方势阱、氢原子都是这样的例子，我们将在后面章节进行讨论。

***3. 能谱的下界**

如果体系的哈密顿算符具有式(2.66)的形式，则

$$\langle E\rangle=\langle T\rangle+\langle V\rangle \tag{2.124}$$

式中，$\langle T\rangle$ 和 $\langle V\rangle$ 分别表示动能和势能的平均值

$$\langle T\rangle=-\frac{\hbar^2}{2m}\int_\infty\psi^*(\boldsymbol{r})\nabla^2\psi(\boldsymbol{r})\mathrm{d}^3r,\quad\langle V\rangle=\int_\infty\psi^*(\boldsymbol{r})V(\boldsymbol{r})\psi(\boldsymbol{r})\mathrm{d}^3r \tag{2.125}$$

首先，利用式(2.79)，可得

$$\langle T\rangle=-\frac{\hbar^2}{2m}\int_\infty\nabla\cdot[\psi^*(\boldsymbol{r})\nabla\psi(\boldsymbol{r})]\mathrm{d}^3r+\frac{\hbar^2}{2m}\int_\infty\nabla\psi^*(\boldsymbol{r})\cdot\nabla\psi(\boldsymbol{r})\mathrm{d}^3r \tag{2.126}$$

第一项中的三重积分可以利用高斯公式化为闭曲面积分

$$\int_\infty\nabla\cdot[\psi^*(\boldsymbol{r})\nabla\psi(\boldsymbol{r})]\mathrm{d}^3r=\oint_S[\psi^*(\boldsymbol{r})\nabla\psi(\boldsymbol{r})]\cdot\mathrm{d}\boldsymbol{S} \tag{2.127}$$

由于波函数是平方可积的，这要求被积函数在 $r\to\infty$ 时足够快地趋于 0，从而导致闭曲面积分为零。根据梯度定义和点乘规则处理第二项，可得[⊖]

⊖ 下面积分中被积函数非负，因此积分结果非负. 积分为零的条件是被积函数恒为零，这意味着波函数等于常数，与平方可积条件矛盾.

$$\langle T\rangle=\frac{\hbar^2}{2m}\int_\infty\left(\left|\frac{\partial\psi}{\partial x}\right|^2+\left|\frac{\partial\psi}{\partial y}\right|^2+\left|\frac{\partial\psi}{\partial z}\right|^2\right)\mathrm{d}^3r>0 \tag{2.128}$$

其次，假如势能函数具有最小值 $V_{\min}$，则

$$\langle V\rangle=\int_\infty|\psi(\boldsymbol{r})|^2V(\boldsymbol{r})\mathrm{d}^3r\geqslant V_{\min}\int_\infty|\psi(\boldsymbol{r})|^2\mathrm{d}^3r=V_{\min} \tag{2.129}$$

最后一步利用了归一化条件。

由此可见，对于物理上合理的状态

$$\langle E\rangle=\langle T\rangle+\langle V\rangle\geqslant V_{\min} \tag{2.130}$$

结合式(2.120)和式(2.130)可知能谱有下界

$$E_n>V_{\min} \tag{2.131}$$

这个结果跟经典力学完全一致。

2.4 自由粒子

自由粒子就是不受力的粒子。在经典力学中，粒子的自由性和远处障碍物没有关系。然而波函数定义在全空间，只有在全空间势能为常数(通常选为0)时粒子才是自由的。考虑一维问题，根据薛定谔方程(2.104)，可得

$$\mathrm{i}\hbar\frac{\partial\psi(x,t)}{\partial t}=-\frac{\hbar^2}{2m}\frac{\partial^2\psi(x,t)}{\partial x^2} \tag{2.132}$$

2.4.1 自由粒子平面波

容易验证方程(2.132)具有平面波解

$$\psi_p(x,t)=A\mathrm{e}^{\frac{\mathrm{i}}{\hbar}(px-Et)} \tag{2.133}$$

这种解代表动量确定的态。这并不奇怪，因为历史上建立薛定谔方程时，本来就要求平面波是它的解。为了行文方便，习惯上把平面波的空间部分 $\mathrm{e}^{\mathrm{i}kx}$ 直接称为平面波，这时需要根据上下文确定提到的“平面波”带不带时间因子 $\mathrm{e}^{\mathrm{i}Et/\hbar}$。

1. 平面波的“归一化”

由于 $|\psi_p(x,t)|^2=|A|^2$，对全空间的积分为无穷大，因此不满足波函数平方可积的条件。由此可知，平面波不代表实际上可以存在的量子态。在光学中，严格的单色波也不能存在。虽然平面波不代表实际量子态，但它是一个非常有用的数学工具。我们可以根据需要约定常数 A，这个过程也称为“归一化”。一种常用方案是选择 $A=(2\pi\hbar)^{-1/2}$，此时平面波式(2.133)满足

$$\boxed{\int_{-\infty}^{\infty}\psi_{p'}^*(x,t)\psi_p(x,t)\mathrm{d}x=\delta(p-p')} \tag{2.134}$$

这个方案是让 δ 函数前面的系数为 1。验证如下

$$\int_{-\infty}^{\infty}\psi_{p'}^*(x,t)\psi_p(x,t)\mathrm{d}x=|A|^2\mathrm{e}^{-\frac{\mathrm{i}}{\hbar}(E-E')t}\int_{-\infty}^{\infty}\mathrm{e}^{\frac{\mathrm{i}}{\hbar}(p-p')x}\mathrm{d}x \tag{2.135}$$

利用 δ 函数的性质

$$\int_{-\infty}^{\infty} e^{ikx} dx = 2\pi\delta(k) \tag{2.136}$$

并注意 $\delta(p)=\delta(\hbar k)=\hbar^{-1}\delta(k)$，可得

$$\int_{-\infty}^{\infty} \psi_{p'}^*(x,t)\psi_p(x,t)dx = |A|^2 e^{-\frac{i}{\hbar}(E-E')t}(2\pi\hbar)\delta(p-p') \tag{2.137}$$

考虑到能量和动量的非相对论关系

$$E = \frac{p^2}{2m}, \qquad E' = \frac{p'^2}{2m} \tag{2.138}$$

利用 δ 函数的性质，把 $e^{-i(E-E')t/\hbar}$ 中 p' 换成 p，从而将 E' 替换为 E，由此可得

$$\int_{-\infty}^{\infty} \psi_{p'}^*(x,t)\psi_p(x,t)dx = |A|^2(2\pi\hbar)\delta(p-p') \tag{2.139}$$

由此可知，选择 $A=(2\pi\hbar)^{-1/2}$ 就能让平面波满足式(2.134)。

类似地，三维平面波

$$\psi_{\boldsymbol{p}}(\boldsymbol{r},t) = Ae^{\frac{i}{\hbar}(\boldsymbol{p}\cdot\boldsymbol{r}-Et)} \tag{2.140}$$

是三维自由粒子薛定谔方程

$$i\hbar\frac{\partial\psi(\boldsymbol{r},t)}{\partial t} = -\frac{\hbar^2}{2m}\nabla^2\psi(\boldsymbol{r},t) \tag{2.141}$$

的解。选择 $A=(2\pi\hbar)^{-3/2}$，则

$$\boxed{\int_{\infty}\psi_{\boldsymbol{p}'}^*(\boldsymbol{r},t)\psi_{\boldsymbol{p}}(\boldsymbol{r},t)d^3r = \delta(\boldsymbol{p}-\boldsymbol{p}')} \tag{2.142}$$

在平面波(2.133)和(2.140)中 E 是指动能，这是薛定谔方程的要求。我们在给出非相对论性自由粒子的哈密顿量时丢掉了静能项 mc^2，因此必然会得到这个结果。和上一章写出的德布罗意平面波相比，这相当于丢掉了相应于静能的相因子 $e^{-imc^2t/\hbar}$，它跟粒子的质量有关。平面波(2.140)的频率 $\nu=E/h$，也丢掉了相当于静能的一部分 $\nu_0=mc^2/h$。对于同一种粒子，这个相位无关紧要。在非相对论量子力学中，我们通常不需要比较两个不同质量粒子的相位差，因此在哈密顿量中丢掉静能项是可以的。

2. 平面波的动量表象

平面波既不是绝对可积函数，也不是平方可积函数，不存在普通意义上的傅里叶变换。先考虑 $t=0$ 时刻的一维平面波

$$\psi_{p'}(x,0) = \frac{1}{\sqrt{2\pi\hbar}}e^{\frac{i}{\hbar}p'x} \tag{2.143}$$

这里将动量指标改为 p'，以免跟动量表象波函数的自变量重复。如果套用傅里叶变换的公式(2.43)，将会得到

$$c(p,0) = \frac{1}{2\pi\hbar}\int_{-\infty}^{\infty} e^{\frac{i}{\hbar}(p'-p)x}dx \tag{2.144}$$

利用 δ 函数的性质(2.136)，得

$$c(p,0) = \delta(p-p') \tag{2.145}$$

这种变换称为广义傅里叶变换。δ 函数表明粒子的动量具有确定值 p'，符合我们对平面波性质的预期。利用 δ 函数的挑选性，很容易验证逆变换

$$\psi_{p'}(x,0)=\frac{1}{\sqrt{2\pi\hbar}}\int_{-\infty}^{\infty}c(p,0)\,\mathrm{e}^{\frac{\mathrm{i}}{\hbar}px}\,\mathrm{d}p \tag{2.146}$$

$t>0$ 时平面波只是多了个时间因子 $\mathrm{e}^{-\mathrm{i}E't/\hbar}$，在傅里叶变换时该因子是个常数，因此动量表象波函数也只多了这个因子而已。

类似地，考虑 $t=0$ 时刻的三维平面波

$$\psi_{p'}(\boldsymbol{r},0)=\frac{1}{(2\pi\hbar)^{3/2}}\mathrm{e}^{\frac{\mathrm{i}}{\hbar}\boldsymbol{p}'\cdot\boldsymbol{r}} \tag{2.147}$$

容易得到它的广义傅里叶变换为

$$c(\boldsymbol{p},0)=\delta(\boldsymbol{p}-\boldsymbol{p}') \tag{2.148}$$

3. 平面波近似

由于平面波无法归一化，因而不描述真实的量子态。量子力学中容不下具有确定动量的粒子，这多少有点让人沮丧。不过情况也不算糟糕，因为量子力学允许存在宽度任意大的波包，它可以无限接近于平面波。

假设在 $t=0$ 时刻，粒子的状态由如下一维波函数描述

$$\psi(x,0)=\varphi(x)\,\mathrm{e}^{\frac{\mathrm{i}}{\hbar}px} \tag{2.149}$$

式中，$\varphi(x)$ 是个平方可积的函数，从而 $\psi(x,0)$ 也是平方可积的波函数。假设 $\varphi(x)$ 是个随着 x 缓慢变化的函数，在讨论粒子与外界相互作用时，如果相互作用的有效区域远远小于 $\varphi(x)$ 显著变化的区间，则在该区域内可以采用近似

$$\psi(x,0)\approx\varphi(x_0)\,\mathrm{e}^{\frac{\mathrm{i}}{\hbar}px} \tag{2.150}$$

式中，x_0 代表相互作用区域的中心。式(2.150)右端是平面波，现在其模方可以解释为概率密度。有时并不知道物理体系的波函数，若采用平面波近似并约定“归一化”常数，则其模方与概率密度成比例。在能够使用平面波近似的区域内，各个地方找到粒子的概率是相等的，平面波的模方可以代表**相对概率**。

2.4.2 自由粒子波包

两个相反方向传播的平面波 $\psi_p(x,t)$ 和 $\psi_{-p}(x,t)$ 的适当叠加可得**驻波**解

$$A\cos\left(\frac{px}{\hbar}\right)\mathrm{e}^{-\frac{\mathrm{i}}{\hbar}Et}\quad 和\quad A\sin\left(\frac{px}{\hbar}\right)\mathrm{e}^{-\frac{\mathrm{i}}{\hbar}Et} \tag{2.151}$$

它们与平面波(2.133)具有相同能量。两个同向传播的振幅相等、波数相近的平面波叠加可以形成“拍”，如图 2-3 所示。

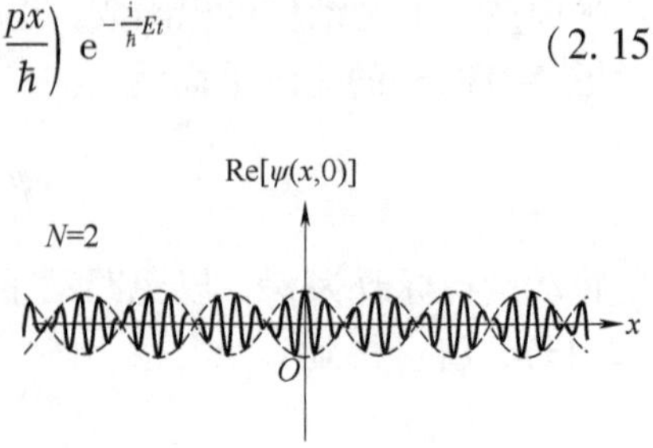

图 2-4 展示了四个波数相近的平面波以适当振幅叠加的效果，形成的波集中在一系列极大值附近。图 2-5 为六个平面波的叠加。可以看出，随着平面波个数的增加，叠加形成的波越来越集中。

图 2-3　两个平面波叠加

平面波还可以按照积分方式叠加

$$\psi(x,t)=\frac{1}{\sqrt{2\pi\hbar}}\int_{-\infty}^{\infty}c(p)\,\mathrm{e}^{\frac{\mathrm{i}}{\hbar}(px-Et)}\,\mathrm{d}p \tag{2.152}$$

式中，$c(p)$是叠加系数。这里已经取“归一化”常数为$A=(2\pi\hbar)^{-1/2}$。适当选择叠加系数，可以构成一种集中在空间有限区域的波，这种波就像被一条曲线包裹一样，称为波包(wave packet)。虽然平面波不是平方可积的，但波包却有可能是平方可积的。式(2.152)也满足自由粒子薛定谔方程(留作练习)，因而也描述自由粒子，称为自由粒子波包。自由粒子波包不具有确定的动量和能量。

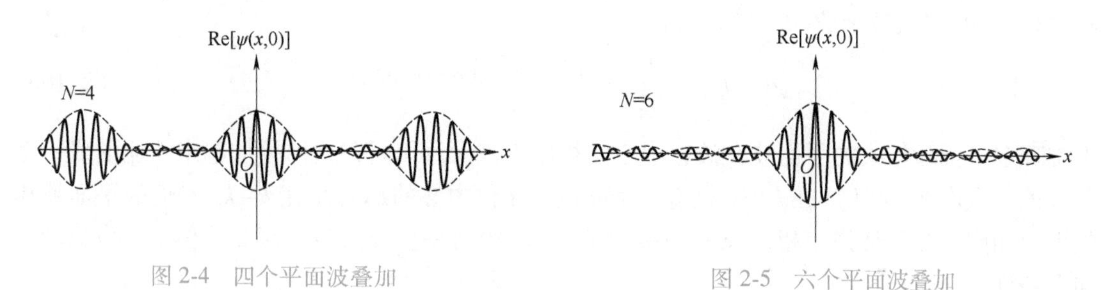

图 2-4　四个平面波叠加　　图 2-5　六个平面波叠加

根据一维傅里叶变换式(2.42)，可知波包式(2.152)的动量表象波函数为

$$c(p,t)=c(p)\mathrm{e}^{-\frac{\mathrm{i}}{\hbar}Et} \tag{2.153}$$

由此可知波包(2.152)的叠加系数就是动量表象波函数的初值。根据帕塞瓦尔等式(2.45)可知，波包(2.152)平方可积的充要条件是动量表象波函数平方可积，即

$$\int_{-\infty}^{\infty}|c(p,t)|^2\mathrm{d}p<+\infty \tag{2.154}$$

设波包是归一化的，则动量空间的概率密度为

$$|c(p,t)|^2=|c(p)|^2 \tag{2.155}$$

与坐标空间的概率密度不同的是，自由粒子在动量空间的概率密度不随时间变化。后面我们将会知道，这是因为自由粒子的动量是守恒量。在量子力学中，守恒量的概率分布不随时间变化(第 13 章)。

三维自由粒子平面波的适当线性叠加可以得到三维波包

$$\psi(\boldsymbol{r},t)=\frac{1}{(2\pi\hbar)^{3/2}}\int_{\infty}c(\boldsymbol{p})\mathrm{e}^{\frac{\mathrm{i}}{\hbar}(\boldsymbol{p}\cdot\boldsymbol{r}-Et)}\mathrm{d}^3p \tag{2.156}$$

式中，$c(\boldsymbol{p})$是叠加系数。这里已经取“归一化”常数为$A=(2\pi\hbar)^{-3/2}$。对比波函数的傅里叶变换式(2.47)，可知动量表象的波函数为

$$c(\boldsymbol{p},t)=c(\boldsymbol{p})\mathrm{e}^{-\frac{\mathrm{i}}{\hbar}Et} \tag{2.157}$$

动量空间的概率密度为$|c(\boldsymbol{p},t)|^2=|c(\boldsymbol{p})|^2$，不随时间变化。

需要注意的是，这里采用的是非相对论能量-动量关系$E=p^2/2m$。如果采用相对论性的能量-动量关系$E=\sqrt{p^2c^2+m^2c^4}$，则式(2.152)和式(2.156)仍然描述自由粒子，但它不是薛定谔方程的解，而是相对论性波动方程的解，本书不讨论。

2.4.3　波包的群速度

波包中心的移动速度称为群速度(group velocity)，记为v_{g}。为了得到群速度，首先要找到波包中心。将自由粒子波包(2.152)改写为

$$\psi(x,t)=\frac{1}{\sqrt{2\pi}}\int_{-\infty}^{\infty}g(k)\mathrm{e}^{\mathrm{i}(kx-\omega t)}\mathrm{d}k \tag{2.158}$$

式中，$g(k)=\hbar^{1/2}c(p)$。将叠加系数 $g(k)$ 写为指数形式

$$g(k)=|g(k)|\mathrm{e}^{\mathrm{i}\alpha(k)} \tag{2.159}$$

式中，模 $|g(k)|$ 表示各个平面波成分的贡献大小；辐角 $\alpha(k)$ 则表示对平面波附加的相位。将式(2.159)代入波函数(2.158)，得

$$\psi(x,t)=\frac{1}{\sqrt{2\pi}}\int_{-\infty}^{\infty}|g(k)|\mathrm{e}^{\mathrm{i}[kx-\omega t+\alpha(k)]}\mathrm{d}k \tag{2.160}$$

不难理解，贡献较大的平面波在波包中心的相位应该大致相同，这样叠加起来才能形成一个最大值。假设在 $|g(k)|$ 在 $k=k_0$ 处有一个峰值，波包中心的标志是在 $k=k_0$ 附近的平面波相位大致相同。换句话说，相位 $kx-\omega t+\alpha(k)$ 在 $k=k_0$ 处有一个极大值，因此波包中心应当满足如下条件

$$\frac{\mathrm{d}}{\mathrm{d}k}[kx-\omega t+\alpha(k)]_{k=k_0}=x-\left.\frac{\mathrm{d}\omega}{\mathrm{d}k}\right|_{k=k_0}t+\left.\frac{\mathrm{d}\alpha(k)}{\mathrm{d}k}\right|_{k=k_0}=0 \tag{2.161}$$

由此可以找到波包中心的坐标

$$x=x_{\mathrm{C}}=\left.\frac{\mathrm{d}\omega}{\mathrm{d}k}\right|_{k=k_0}t-\left.\frac{\mathrm{d}\alpha(k)}{\mathrm{d}k}\right|_{k=k_0} \tag{2.162}$$

根据定义，波包的群速度为

$$v_{\mathrm{g}}=\frac{\mathrm{d}x_{\mathrm{C}}}{\mathrm{d}t}=\left.\frac{\mathrm{d}\omega}{\mathrm{d}k}\right|_{k=k_0}=\left.\frac{\mathrm{d}E}{\mathrm{d}p}\right|_{p=p_0} \tag{2.163}$$

式中，$p_0=\hbar k_0$。在非相对论情况下，由于 $E=p^2/2m$，根据德布罗意关系 $E=\hbar\omega$ 和 $p=\hbar k$ 可以得到色散关系为

$$\omega=\frac{\hbar k^2}{2m} \tag{2.164}$$

从而得到自由粒子波包的群速度

$$v_{\mathrm{g}}=\left.\frac{\mathrm{d}\omega}{\mathrm{d}k}\right|_{k=k_0}=\frac{\hbar k_0}{m} \tag{2.165}$$

它等于动量为 $p_0=\hbar k_0$ 的经典粒子的速度。

讨论

当 E 代表动能时，能量的德布罗意关系 $E=\hbar\omega$ 就不准确，然而这不影响计算群速度。如果采用相对论的色散关系 $E^2-p^2c^2=m^2c^4$，E 代表总能量，则波包的群速度为

$$v_{\mathrm{g}}=\left.\frac{\mathrm{d}\omega}{\mathrm{d}k}\right|_{k=k_0}=\left.\frac{\mathrm{d}E}{\mathrm{d}p}\right|_{p=p_0}=\left.\frac{pc^2}{E}\right|_{p=p_0} \tag{2.166}$$

它依然等于动量为 $p_0=\hbar k_0$ 的经典粒子的速度。

2.4.4 高斯波包

1. 波包的构成

现在考虑一种特殊波包，$t=0$ 时刻

$$g(k,0)=\frac{1}{(2\pi\sigma_k^2)^{1/4}}\exp\left[-\frac{(k-k_0)^2}{4\sigma_k^2}\right] \tag{2.167}$$

其中 $\sigma_k>0$。这里采用指数记号 $\exp\xi\equiv e^{\xi}$。波包的模方为

$$|g(k,0)|^2=\frac{1}{\sqrt{2\pi}\,\sigma_k}\exp\left[-\frac{(k-k_0)^2}{2\sigma_k^2}\right] \tag{2.168}$$

$|g(k)|^2$ 正是概率统计中的高斯分布(Gauss distribution)，也叫正态分布(normal distribution)，波包中心在 $k=k_0$ 处，它的标准差为 σ_k。我们这个标准差称为波包的宽度。当然，$g(k)$ 本身也是高斯型的函数，因此称为高斯波包(Gauss wave packet)。容易验证 $g(k,0)$ 是归一化的，即满足式(2.51)，根据傅里叶变换的帕塞瓦尔等式，可知坐标表象的波包 $\psi(x,0)$ 也是归一化的。

根据式(2.28)，坐标表象波包为

$$\psi(x,0)=\frac{1}{\sqrt{2\pi}}\frac{1}{(2\pi\sigma_k^2)^{1/4}}\int_{-\infty}^{\infty}\mathrm{d}k\exp\left[-\frac{(k-k_0)^2}{4\sigma_k^2}\right]e^{ikx} \tag{2.169}$$

将被积函数的相位按照 k 进行配平方，得

$$\psi(x,0)=\frac{1}{\sqrt{2\pi}}\frac{e^{ik_0x}\exp[-\sigma_k^2x^2]}{(2\pi\sigma_k^2)^{1/4}}\int_{-\infty}^{\infty}\mathrm{d}k\exp\left\{-\frac{[(k-k_0)-2i\sigma_k^2x]^2}{4\sigma_k^2}\right\} \tag{2.170}$$

利用如下积分公式(见附录 B)

$$I(a,b)=\int_{-\infty}^{\infty}e^{-a(x-b)^2}\mathrm{d}x=\sqrt{\frac{\pi}{a}},\ \mathrm{Re}\ a>0,\ b\ 为任意复数 \tag{2.171}$$

可以得到

$$\psi(x,0)=\frac{1}{(2\pi\sigma_x^2)^{1/4}}\exp\left[-\frac{x^2}{4\sigma_x^2}\right]e^{ik_0x} \tag{2.172}$$

式中，σ_x 是一个常数，它与 σ_k 满足

$$\sigma_x\sigma_k=\frac{1}{2} \tag{2.173}$$

坐标表象的波包 $\psi(x,0)$ 也是高斯波包，即空间概率分布满足高斯分布

$$|\psi(x,0)|^2=\frac{1}{\sqrt{2\pi}\,\sigma_x}\exp\left[-\frac{x^2}{2\sigma_x^2}\right] \tag{2.174}$$

波包中心在 $x=0$ 处，这是因为我们把 $g(k)$ 选择为实函数，在 $x=0$ 处各个平面波的相位为 0，各个平面波彼此相长干涉，从而形成了 $|\psi(x,0)|$ 的极大值。坐标表象波包的宽度，即标准差为 σ_x。高斯波包(2.172)形式上就是平面波 e^{ik_0x} 按照高斯函数调制了振幅。在图 2-6 中给出了波函数实部图像，虚线是包络线。

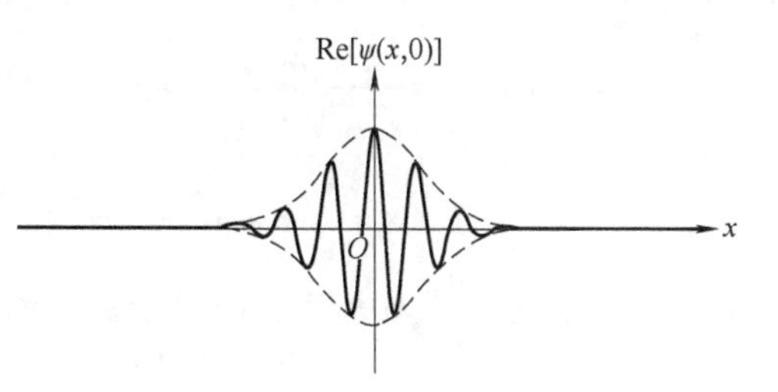

图 2-6　高斯波包的实部

讨论

由式(2.173)可知，k 空间波包宽度 σ_k 与坐标空间波包宽度 σ_x 之间有一种制约关系，二者不能同时任意小。从数学上看，这只不过是傅里叶变换的数学性质，对于任何波动

都成立，并不限于概率波。然而当我们运用德布罗意关系时，情况就有了根本不同。与式(2.167)对应的动量表象波函数为

$$c(p,0)=\hbar^{-1/2}g(k,0)=\frac{1}{(2\pi\sigma_p^2)^{1/4}}\exp\left[-\frac{(p-p_0)^2}{4\sigma_p^2}\right] \tag{2.175}$$

式中，$\sigma_p=\hbar\sigma_k$，是动量分布的标准差，它可以代表动量表象波函数的宽度，将其代入式(2.173)可得

$$\sigma_x\sigma_p=\frac{\hbar}{2} \tag{2.176}$$

这说明粒子的坐标概率分布和动量概率分布之间有一种制约关系，二者不可能同时取得精确的值。式(2.176)是不确定关系的一种特殊情况。在后面我们将看到，$\sigma_x\sigma_p$ 可以大于 $\hbar/2$，但不能小于 $\hbar/2$。

*2. 波包的演化

引入 $g(k,t)=\hbar^{1/2}c(p,t)$，将一维自由粒子波包(2.152)改写为

$$\psi(x,t)=\frac{1}{\sqrt{2\pi}}\int_{-\infty}^{\infty}g(k,0)\mathrm{e}^{\mathrm{i}(kx-\omega t)}\mathrm{d}k \tag{2.177}$$

将式(2.167)代入式(2.177)，得

$$\psi(x,t)=\frac{1}{\sqrt{2\pi}}\frac{1}{(2\pi\sigma_k^2)^{1/4}}\int_{-\infty}^{\infty}\mathrm{d}k\exp\left[-\frac{(k-k_0)^2}{4\sigma_k^2}\right]\mathrm{e}^{\mathrm{i}[kx-\omega(k)t]} \tag{2.178}$$

粒子的色散关系 $\omega(k)$ 由式(2.164)给出，不过为了结果更普遍，我们先不做这样的限制。将 $\omega(k)$ 在 $k=k_0$ 处做泰勒展开

$$\omega(k)=\omega(k_0)+v_{\mathrm{g}}(k-k_0)+b(k-k_0)^2+\cdots \tag{2.179}$$

式中，$v_{\mathrm{g}}=\left.\frac{\mathrm{d}\omega}{\mathrm{d}k}\right|_{k=k_0}$ 是波包的群速度；b 为如下参数

$$b=\frac{1}{2}\left.\frac{\mathrm{d}^2\omega}{\mathrm{d}k^2}\right|_{k=k_0} \tag{2.180}$$

式(2.178)的被积函数中有一个高斯函数因子，当 $|k-k_0|\gg\sigma_k$ 时，函数值会迅速衰减到0，因此决定了对积分值贡献较大的区间集中于 k_0 附近，即 $k-k_0$ 较小时。作为近似，可以忽略式(2.179)中的高次项，即省略号的部分，从而得到

$$kx-\omega t\approx(k-k_0)x+k_0x-\omega(k_0)t-v_{\mathrm{g}}t(k-k_0)-bt(k-k_0)^2 \tag{2.181}$$

代入式(2.178)，将与 k 无关的因子提到积分号外面，并利用 $\sigma_x\sigma_k=1/2$，得

$$\begin{aligned}\psi(x,t)=&\frac{1}{\sqrt{2\pi}}\left(\frac{2\sigma_x^2}{\pi}\right)^{1/4}\mathrm{e}^{\mathrm{i}[k_0x-\omega(k_0)t]}\\&\times\int_{-\infty}^{\infty}\mathrm{d}k\,\exp[-(\sigma_x^2+\mathrm{i}bt)(k-k_0)^2+\mathrm{i}(x-v_{\mathrm{g}}t)(k-k_0)]\end{aligned} \tag{2.182}$$

然后配平方，再次将与 k 无关的因子提到积分号外面，得

$$\begin{aligned}\psi(x,t)=&\frac{1}{\sqrt{2\pi}}\left(\frac{2\sigma_x^2}{\pi}\right)^{1/4}\mathrm{e}^{\mathrm{i}[k_0x-\omega(k_0)t]}\exp\left[-\frac{(x-v_{\mathrm{g}}t)^2}{4(\sigma_x^2+\mathrm{i}bt)}\right]\\&\times\int_{-\infty}^{\infty}\mathrm{d}k\exp\left\{-(\sigma_x^2+\mathrm{i}bt)\left[(k-k_0)-\frac{\mathrm{i}(x-v_{\mathrm{g}}t)}{2(\sigma_x^2+\mathrm{i}bt)}\right]^2\right\}\end{aligned} \tag{2.183}$$

利用积分公式(2.171)计算上面积分，得

$$\psi(x,t)=\frac{1}{\left[2\pi\sigma_x^2\left(1+\frac{ibt}{\sigma_x^2}\right)^2\right]^{1/4}}\exp\left[-\frac{(x-v_gt)^2}{4\sigma_x^2\left(1+\frac{ibt}{\sigma_x^2}\right)}\right]e^{i[k_0x-\omega(k_0)t]} \tag{2.184}$$

为了整理表达式，方便下一步计算模方，引入

$$1+\frac{ibt}{\sigma_x^2}=T(t)e^{i\theta(t)} \tag{2.185}$$

其中

$$T(t)=\sqrt{1+\frac{b^2t^2}{\sigma_x^4}},\qquad \tan\theta(t)=\frac{bt}{\sigma_x^2} \tag{2.186}$$

于是波包化简为

$$\psi(x,t)=\frac{e^{-i\theta(t)/2}e^{i\varphi(t)}}{[2\pi\sigma_x^2T^2(t)]^{1/4}}\exp\left[-\frac{(x-v_gt)^2}{4\sigma_x^2T^2(t)}\right]e^{i[k_0x-\omega(k_0)t]} \tag{2.187}$$

其中

$$\varphi(t)=\frac{bt}{\sigma_x^2}\frac{(x-v_gt)^2}{4\sigma_x^2T^2(t)} \tag{2.188}$$

为了进一步简化记号，引入

$$w(t)=\sigma_xT(t)=\sigma_x\sqrt{1+\frac{b^2t^2}{\sigma_x^4}} \tag{2.189}$$

满足 $w(0)=\sigma_x$，将式(2.187)写作

$$\psi(x,t)=\frac{e^{-i\theta(t)/2}e^{i\varphi(t)}}{[2\pi w^2(t)]^{1/4}}\exp\left[-\frac{(x-v_gt)^2}{4w^2(t)}\right]e^{i[k_0x-w(k_0)t]} \tag{2.190}$$

波函数的模方为

$$|\psi(x,t)|^2=\frac{1}{\sqrt{2\pi}\,w(t)}\exp\left[-\frac{(x-v_gt)^2}{2w^2(t)}\right] \tag{2.191}$$

这仍然是个高斯波包，只是其宽度 $w(t)$ 随着时间而变化。由于自由粒子动量是守恒量，动量空间的概率分布不随时间变化，如式(2.155)所示。对高斯波包的演化而言，这表现为 k 空间的概率分布 $|g(k,t)|^2$ 并不随时间变化，因此宽度保持为 σ_k。

讨论

(1) 由式(2.191)可知，当波包宽度变化时，其高度也在变化，而且与宽度变化趋势相反。由式(2.189)可知，从 $t=-\infty$ 开始，波包逐渐变窄；在 $t=0$ 时刻，波包宽度 $\sigma_x(t)$ 最小，此时坐标空间波包宽度 σ_x 和波矢空间波包的宽度 σ_k 满足关系 $\sigma_x\sigma_k=1/2$；在 $t=0$ 之后，波包又逐渐变宽，如图2-7所示。

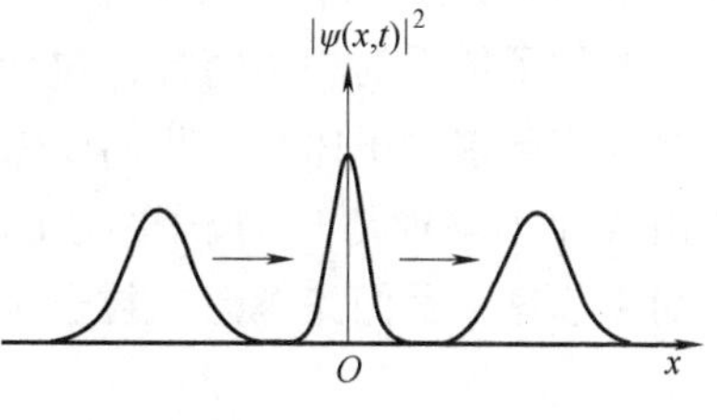

图2-7 高斯波包的演化

由此可知，波包宽度满足如下不等式

$$w(t)\sigma_k\geq\frac{1}{2} \tag{2.192}$$

这说明当 σ_k 给定时，坐标空间波包的宽度有个下限，但并没有上限，原则上多宽的波包都能存在。为什么在 $t=0$ 时刻波包宽度最小？答案是：在构造波包(2.177)时，我们选择 $t=0$ 时刻叠加系数 $g(k,0)$ 为实数，从而在 $x=0$ 处所有参与叠加的平面波相位均为 0，相加干涉的结果导致波包中心值很高；而在其他时刻不同 k 值的平面波多了相因子 $e^{-i\omega(k)t}$，在波包中心各种平面波相位不尽相同，因此形成的波包中心就要比 $t=0$ 时低一些。由于 $|\psi(x,t)|^2$ 曲线下面的面积保持为 1，因此波包就要宽一些。对于动量空间的波包 $c(p,t)=\hbar^{-1/2}g(k,t)$，相应的宽度为 $\sigma_p=\hbar\sigma_k$，不等式(2.192)修改为

$$w(t)\sigma_p \geqslant \frac{\hbar}{2} \tag{2.193}$$

这是量子力学不确定关系的体现。

（2）若 b 很小而可以忽略，由式(2.186)、式(2.188)和式(2.189)可知

$$\theta(t)=\varphi(t)=0,\ T(t)=1,\ w(t)=\sigma_x \tag{2.194}$$

此时式(2.190)和式(2.191)近似为

$$\psi(x,t)=\frac{1}{[2\pi\sigma_x^2]^{1/4}}\exp\left[-\frac{(x-v_g t)^2}{4\sigma_x^2}\right]e^{i[k_0x-\omega(k_0)t]} \tag{2.195}$$

$$|\psi(x,t)|^2=\frac{1}{\sqrt{2\pi}\sigma_x}\exp\left[-\frac{(x-v_g t)^2}{2\sigma_x^2}\right] \tag{2.196}$$

在式(2.195)中，相因子 $e^{i[k_0x-\omega(k_0)t]}$ 的传播速度是相速度 $v_p=\omega(k_0)/k_0$，而振幅的传播速度是群速度 v_g。在传播的过程中波包形状保持不变，由此可知展开式(2.179)中二阶项的作用是改变波包的宽度。

（3）采用经典色散关系式(2.164)，则 $b=\hbar/2m$，根据波包宽度公式(2.189)，得

$$w(t)=\sigma_x\sqrt{1+\frac{\hbar^2t^2}{4m^2\sigma_x^4}} \tag{2.197}$$

由此可见，波包扩散快慢与粒子质量有关，质量越大扩散越慢。在 $t=0$ 时刻高斯波包宽度为 $w(0)=\sigma_x$，设在 $t=T$ 时刻波包宽度扩大为原来的 n 倍，$w(T)=n\sigma_x$，其中 $n\gg1$，根据式(2.197)可以算出

$$T=\frac{2m\sigma_x^2}{\hbar}\sqrt{n^2-1}\approx\frac{2m\sigma_x^2}{\hbar}n \tag{2.198}$$

由此可见，粒子质量越大，扩散相同倍数需要的时间越长。

2.5 多粒子体系

单粒子体系的相关内容，包括波函数、态叠加原理、薛定谔方程、概率守恒定律等，很容易推广到多粒子体系。我们要做的就是找到多粒子体系的波函数和哈密顿算符的写法。对于由 N 个不同种类[⊖]的粒子组成的多粒子体系，t 时刻的波函数写为 $\psi(\boldsymbol{r}_1,\boldsymbol{r}_2,\cdots,\boldsymbol{r}_N,t)$。为了简单起见，我们先考虑二粒子体系的波函数 $\psi(\boldsymbol{r}_1,\boldsymbol{r}_2,t)$，并假定这两个粒子是不同种类

⊖ 相同种类的粒子称为全同粒子．在量子力学中，全同粒子体系需要特别考虑，详见第 14 章．

的，比如一个电子和一个正电子。波函数的统计解释为：t 时刻在 $\boldsymbol{r}_1$ 附近的体元 d^3r_1 内发现粒子 1，并在 $\boldsymbol{r}_2$ 附近的体元 d^3r_2 内发现粒子 2 的概率为

$$\mathrm{d}W(\boldsymbol{r}_1,\boldsymbol{r}_2,t)=C\mid\psi(\boldsymbol{r}_1,\boldsymbol{r}_2,t)\mid^2\mathrm{d}^3r_1\mathrm{d}^3r_2 \tag{2.199}$$

波函数的归一化条件为

$$\int_\infty\int_\infty\mid\psi(\boldsymbol{r}_1,\boldsymbol{r}_2,t)\mid^2\mathrm{d}^3r_1\mathrm{d}^3r_2=1 \tag{2.200}$$

在直角坐标系中，$\mathrm{d}^3r_1=\mathrm{d}x_1\mathrm{d}y_1\mathrm{d}z_1$，$\mathrm{d}^3r_2=\mathrm{d}x_2\mathrm{d}y_2\mathrm{d}z_2$。$N$ 粒子体系的概率解释和波函数的归一化条件是类似的。假定 N 粒子体系经典哈密顿量为

$$H=\sum_{i=1}^{N}\frac{\boldsymbol{p}_i^2}{2m_i}+V(\boldsymbol{r}_1,\boldsymbol{r}_2,\cdots,\boldsymbol{r}_N,t) \tag{2.201}$$

式中，$\boldsymbol{p}_i$ 是第 i 个粒子的动量；$V(\boldsymbol{r}_1,\boldsymbol{r}_2,\cdots,\boldsymbol{r}_N,t)$是体系的势能函数，包括粒子在外场中的势能和粒子之间的相互作用能量。对每个粒子分别应用替换规则(2.65)，即

$$\boldsymbol{p}_i\rightarrow\hat{\boldsymbol{p}}_i=-\mathrm{i}\hbar\nabla_i,\quad i=1,2,\cdots,N \tag{2.202}$$

其中

$$\nabla_i=\boldsymbol{e}_x\frac{\partial}{\partial x_i}+\boldsymbol{e}_y\frac{\partial}{\partial y_i}+\boldsymbol{e}_z\frac{\partial}{\partial z_i},\qquad i=1,2,\cdots,N \tag{2.203}$$

由此便得到体系的哈密顿算符

$$\hat{H}=\sum_{i=1}^{N}\left(-\frac{\hbar^2}{2m_i}\nabla_i^2\right)+V(\boldsymbol{r}_1,\boldsymbol{r}_2,\cdots,\boldsymbol{r}_N,t) \tag{2.204}$$

相应的薛定谔方程写为

$$\mathrm{i}\hbar\frac{\partial\psi(\boldsymbol{r}_1,\boldsymbol{r}_2,\cdots,\boldsymbol{r}_N,t)}{\partial t}=\hat{H}\psi(\boldsymbol{r}_1,\boldsymbol{r}_2,\cdots,\boldsymbol{r}_N,t) \tag{2.205}$$

假如粒子之间没有相互作用，则势能函数为各个粒子在外场中的势能之和。在稳定场情形

$$V(\boldsymbol{r}_1,\boldsymbol{r}_2,\cdots,\boldsymbol{r}_N)=V_1(\boldsymbol{r}_1)+V_2(\boldsymbol{r}_2)+\cdots+V_N(\boldsymbol{r}_N) \tag{2.206}$$

采用分离变量法求解能量本征方程，可以得到如下形式的能量本征函数

$$\psi(\boldsymbol{r}_1,\boldsymbol{r}_2,\cdots,\boldsymbol{r}_n)=\psi_1(\boldsymbol{r}_1)\psi_2(\boldsymbol{r}_2)\cdots\psi_N(\boldsymbol{r}_N) \tag{2.207}$$

在这种特殊情形，我们可以说粒子 i 的波函数为 $\psi_i(\boldsymbol{r}_i)$。实际上，既然粒子之间没有相互作用，我们只需要单独讨论各个粒子的运动就行了。对于多粒子体系，我们感兴趣的还是粒子之间有相互作用的情形，此时波函数不具有式(2.207)的形式，不能说每个单粒子处于什么状态。由此可见，只有孤立体系的状态可以用波函数描述。相比之下，在经典力学中不管粒子之间的相互作用有多复杂，每个粒子仍具有自己的位置和速度。而在量子力学中，对于体系的一部分，比如多粒子体系中的某一个粒子，则不一定有相应的波函数，此时需要使用“密度算符”这个工具[㊀]来讨论单粒子的相关问题。

本章初步介绍了量子力学五个基本假定(第 14 章)的前四个：

㊀ 曾谨言. 量子力学：卷Ⅱ[M]. 5 版. 北京：科学出版社，2014，13 页.

(1) 体系状态由波函数描述；

(2) 力学量(坐标、动量和能量)由算符描述；

(3) 力学量的测量，包括测值概率、平均值和方差；

(4) 体系的运动方程为薛定谔方程。

我们将在后面章节逐步深入阐明这四条基本假定。在第 5 章我们将表明体系的全体波函数在数学上构成希尔伯特空间，并给出力学量算符的一般构成规则。在第 12 章将会详细介绍测量问题。在第 13 章我们将会进一步介绍体系的演化，并介绍埃伦费斯特定理，这表明一定近似下波包中心的运动遵循牛顿定律。在量子力学中，力学量算符的本征值问题是贯彻始终的，它跟波函数空间的结构、力学量的测量和体系的演化密切相关。

2.1　设粒子的归一化波函数为 $\psi(\boldsymbol{r},t)$，分别采用直角坐标和球坐标，写出 t 时刻在下列区域找到粒子的概率：

(1) $-\infty<x<\infty$，$-\infty<y<\infty$，$0<z<\infty$；

(2) $0<x<\infty$，$-\infty<y<\infty$，$-\infty<z<\infty$；

(3) $0<x<\infty$，$0<y<\infty$，$0<z<\infty$。

2.2　设 $t=0$ 时刻一维体系的波函数为

$$\psi(x,0)=\begin{cases}A(a-|x|), & |x|<a\\ 0, & |x|>a\end{cases}$$

(1) 求归一化常数 A，取正实数；

(2) 求在 $|x|>a/2$ 的区域中找到粒子的概率；

(3) 求 x 的期待值和标准差。

2.3　设 $f_1(x)$ 和 $f_2(x)$ 的傅里叶变换分别为 $F_1(k)$ 和 $F_2(k)$，证明帕塞瓦尔等式：

$$\int_{-\infty}^{\infty} f_1^*(x)f_2(x)\,\mathrm{d}x = \int_{-\infty}^{\infty} F_1^*(k)F_2(k)\,\mathrm{d}k$$

2.4　设一维运动的粒子波函数为

$$\psi(x)=\begin{cases}0, & x<0\\ Ax\mathrm{e}^{-\lambda x}, & x\geqslant 0\end{cases}$$

其中 $\lambda>0$，求：

(1) 归一化常数；

(2) 动量分布函数；

(3) 动量期待值。

2.5　证明：在坐标表象中，动量的方差为

$$\sigma_{p_i}^2 = \int_\infty \psi^*(\boldsymbol{r},t)(\hat{p}_i-\langle p_i\rangle)^2\psi(\boldsymbol{r},t)\,\mathrm{d}^3r,\quad i=x,y,z$$

2.6　设 ψ_1 和 ψ_2 都满足薛定谔方程，但可以不同。证明：

$$\frac{\mathrm{d}}{\mathrm{d}t}\int_\infty \psi_1^*(\boldsymbol{r},t)\,\psi_2(\boldsymbol{r},t)\,\mathrm{d}^3r = 0$$

提示：模仿全空间概率守恒定律的证明。

当 ψ_1 和 ψ_2 相同时，本题结果就回到全空间概率守恒定律。我们将明白，波函数的演化就像矢量在空间中转动，全空间概率守恒定律表示矢量转动时长度保持不变，本题结果则说明两个矢量做同步转动，二者

的夹角保持不变。

2.7　验证自由粒子波包

$$\psi(\boldsymbol{r},t) = \frac{1}{(2\pi\hbar)^{3/2}}\int_{\infty} c(\boldsymbol{p})\,\mathrm{e}^{\frac{\mathrm{i}}{\hbar}(\boldsymbol{p}\cdot\boldsymbol{r}-Et)}\,\mathrm{d}^3 p$$

满足自由粒子薛定谔方程，其中 $E=\frac{p^2}{2m}$。

2.8　一个质量为 m 的粒子波函数为

$$\psi(x,t)=A\mathrm{e}^{-a\left(\frac{mx^2}{\hbar}+\mathrm{i}t\right)},\quad A,a>0$$

根据薛定谔方程，求势能函数。

2.9　将一维无限长弦振动的波函数记为 $u(x,t)$，弦的初位移和初速度分别记为 $u(x,0)$ 和 $u_t(x,0)$，弦的波函数可用达朗贝尔公式给出

$$u(x,t) = \frac{1}{2}[u(x+at,0)+u(x-at,0)] + \frac{1}{2a}\int_{x-at}^{x+at} u_t(\xi,0)\,\mathrm{d}\xi$$

其中 $a>0$ 是弦的参数。设初位移 $u(x,0)=A\mathrm{e}^{-\beta x^2}$，初速度 $u_t(x,0)=2Aa\beta x\mathrm{e}^{-\beta x^2}$，其中 $A,\beta>0$，求 $t>0$ 时刻的波函数 $u(x,t)$。波包会扩散吗?

2.10　设一个自由电子在 $t=0$ 时刻由最小宽度的高斯波包描述，波包宽度为 1mm，估算波包宽度扩展到 100 倍所需的时间。如果换成质量为 1g 的宏观粒子，其余条件不变，所需时间等于多少?

2.11　对如下两个波函数

$$\psi_1(\boldsymbol{r})=\frac{1}{r}\mathrm{e}^{\mathrm{i}kr},\quad \psi_2(\boldsymbol{r})=\frac{1}{r}\mathrm{e}^{-\mathrm{i}kr}$$

采用球坐标系讨论，考虑如下问题：

(1) ψ_1,ψ_2是否满足平方可积条件?

(2) ψ_1,ψ_2是否满足自由粒子能量本征方程?

(3) 对于 $r>0$ 的区域，计算“概率流密度”，由此判断ψ_1表示向外传播的球面波，ψ_2表示向内传播的球面波。

2.12　假设体系的势能函数具有如下形式

$$V(\boldsymbol{r})=V_1(x)+V_2(y)+V_3(z)$$

试采用分离变量法将能量本征方程分解为三个一维方程，并讨论概率密度和概率流密度。

第3章 一维问题

量子力学的许多特征在一维问题中就能够体现出来。通过几个简单的一维模型的讨论，我们将发现粒子运动出现不同于经典力学的新特点，比如束缚态出现能量量子化、散射态出现势垒贯穿等。

3.1 常势能

除了自由粒子外，在几个常见的一维物理模型中，粒子在全空间的势能函数可以分为几个势能为常数的区间。势能为常数时，能量本征方程是最简单的。

3.1.1 能量本征态

假定在某区域内粒子势能为常数，$V(x)=\overline{V}$，将一维能量本征方程化为

$$\frac{\mathrm{d}^2\psi(x)}{\mathrm{d}x^2}+\frac{2m(E-\overline{V})}{\hbar^2}\psi(x)=0 \tag{3.1}$$

根据粒子的能量 E 与势能 $\overline{V}$ 的关系，下面分三种情况讨论。

(1) $E>\overline{V}$，引入正值参数

$$k=\sqrt{2m(E-\overline{V})}/\hbar \tag{3.2}$$

k 的量纲是长度的倒数。由此将方程(3.1)化为

$$\psi''(x)+k^2\psi(x)=0 \tag{3.3}$$

其解可以写为

$$\psi(x)=A\mathrm{e}^{\mathrm{i}kx}+A'\mathrm{e}^{-\mathrm{i}kx} \tag{3.4}$$

式中，A 和 A' 是复常数，它们是积分常数。添上时间因子 $\mathrm{e}^{-\mathrm{i}\omega t}$ 波函数为

$$\psi(x,t)=A\mathrm{e}^{\mathrm{i}(kx-\omega t)}+A'\mathrm{e}^{-\mathrm{i}(kx+\omega t)} \tag{3.5}$$

可以看出式(3.5)右侧两项分别代表向右和向左传播的行波。

概率密度为

$$\rho=|\psi(x)|^2=|A|^2+|A'|^2+AA'^*\mathrm{e}^{2\mathrm{i}kx}+A^*A'\mathrm{e}^{-2\mathrm{i}kx} \tag{3.6}$$

其中前两项表示波函数(3.4)的两项分别单独存在时的概率密度，剩下两项是干涉项。概率流密度为

$$J=\frac{\hbar k}{m}(|A|^2-|A'|^2) \tag{3.7}$$

式(3.7)是两项之和，分别与向右和向左传播的波相联系。若 $A=A'$，向左和向右的两个行波强度相同，总概率流密度为零。

方程(3.3)的解也可以采用三角函数形式㊀

$$\psi(x) = D\cos kx + D'\sin kx \tag{3.8}$$

式中，D 和 D'为复常数。式(3.8)中的两项均代表驻波。概率流密度为

$$J = \frac{\mathrm{i}\hbar k}{2m}(DD'^{*} - D^{*}D') \tag{3.9}$$

概率流密度非零的条件是波函数具有非平庸(随着 x 而变化)的相位，如果波函数只含有常数相因子，则概率流密度为零。这包括两种情形：①D 和 D'至少有一个为零；②D 和 D'具有相同辐角，即 D'/D 为实数。当 D'/D 为实数时，方程的解也经常写为㊁

$$\psi(x) = A\sin(kx + \delta) \quad \text{或者} \quad A\cos(kx + \delta) \tag{3.10}$$

在讨论具体问题时，选择合适形式的解会带来方便。一般来说，讨论散射问题通常采用行波解，而讨论束缚态问题则常用驻波解。需要注意的是，当求解区间是无穷大时，这些解都不是平方可积函数，不代表真实量子态。

(2) $E<\overline{V}$，引入正值参数

$$\beta = \sqrt{2m(\overline{V} - E)}/\hbar \tag{3.11}$$

β 的量纲是长度的倒数。由此能量本征方程(3.1)化为

$$\psi''(x) - \beta^2\psi(x) = 0 \tag{3.12}$$

其解可以写为

$$\psi(x) = B\mathrm{e}^{\beta x} + B'\mathrm{e}^{-\beta x} \tag{3.13}$$

式中，B 和 B'为复常数。波函数应该满足平方可积条件，因此根据求解区域的不同，有时需要排除指数发散项：

(a) 求解区域包括 $x\to\infty$，则 $B=0$；

(b) 求解区域包括 $x\to-\infty$，则 $B'=0$；

(c) 求解区域包括整个无穷区间，波函数恒为零，表示 $E<\overline{V}$ 的态不存在；

(d) 求解区域是有限区间，则式(3.13)的两项都可能存在。

容易算出式(3.13)相应的概率流密度为

$$J = \frac{\mathrm{i}\hbar\beta}{m}(B^{*}B' - BB'^{*}) \tag{3.14}$$

由此可见，不管 $B=0$ 还是 $B'=0$，都会导致概率流为零。也就是说，式(3.13)中单独一项存在不会有概率的流动。有趣的是，虽然这两项既不是行波也不是驻波，但两项的线性叠加却会导致非零的概率流。

在 $E<\overline{V}$ 时，如果仍然按照式(3.2)引入参数 k，则 k 为纯虚数。根据 β 与 k 的关系，按照如下规则

$$\text{令 } k=-\mathrm{i}\beta\text{，并做替换：} A\to B \text{ 和 } A'\to B' \tag{3.15}$$

或者

㊀ 用欧拉公式可以证明指数解和三角函数解的等价性.

㊁ 用辅助角公式可以从式(3.8)到式(3.10)，反之则用和角公式.

$$令\ k = \mathrm{i}\beta，并做替换：A \to B' \text{ 和 } A' \to B \tag{3.16}$$

即可由式(3.4)或式(3.8)过渡到式(3.13)，反之亦然。概率流密度不能用参数替换法从式(3.7)过渡到式(3.14)。因为计算概率流密度涉及复共轭运算，这对于实数和纯虚数是不同的。因此在使用参数替换规则 $k=\pm\mathrm{i}\beta$ 的方法时，如碰到计算概率流密度，则需要先对波函数做参数替换，再计算概率流密度。

(3) $E=\overline{V}$，此时能量本征方程变为

$$\psi''(x) = 0 \tag{3.17}$$

其解为 x 的线性函数

$$\psi(x) = Cx + C' \tag{3.18}$$

式中，C 和 C'为复常数。如果求解区域至少包括$-\infty$ 和∞ 二者之一，则必须让 $C=0$ 以排除发散，剩下的常数可以作为平面波 $k=0$ 的特例。

3.1.2 自由粒子

对于自由粒子，在全空间 $V(x)=0$，根据前面结果：

当 $E>0$ 时，方程(3.1)的解可以选为式(3.4)；

当 $E<0$ 时，方程(3.1)的非零解不存在；

当 $E=0$ 时，方程(3.1)的解为式(3.18)，但必须有 $C=0$。

由此可见，自由粒子的能量必须是非负的，这与经典情形一致。对于自由粒子，式(3.4)中参数 k 的含义是波数，两个解对应的波矢 $\boldsymbol{k}$ 分别为 $k\boldsymbol{e}_x$ 和$-k\boldsymbol{e}_x$。通常引入参数 k_1，将式(3.4)的两个指数解和式(3.18) $C=0$ 时的解统一写为 $A\mathrm{e}^{\mathrm{i}(k_1x-\omega t)}$，现在 k_1 是波矢 $\boldsymbol{k}$ 的分量，可以取一切实数。为了符号简洁起见，在不引起混淆时我们将 k_1 重新记为 k，由此得到

$$\psi(x,t) = A\mathrm{e}^{\mathrm{i}(kx-\omega t)} \tag{3.19}$$

这就是熟悉的平面波解，现在我们通过求解方程重新得到了它。

3.2 势阶散射

对散射问题的处理，原则上应该用波包来描述粒子，但仅仅讨论“散射定态”就能处理很多问题。作为出发点，我们先讨论一种简单情形——势阶散射，它只比自由粒子情形稍微复杂一点点。

3.2.1 势能的跃变

假设粒子的势能在一个很小区间内发生了较大的变化，如图 3-1a 所示，图 3-1b 是相应的力函数 $F(x)=-\mathrm{d}V/\mathrm{d}x$。

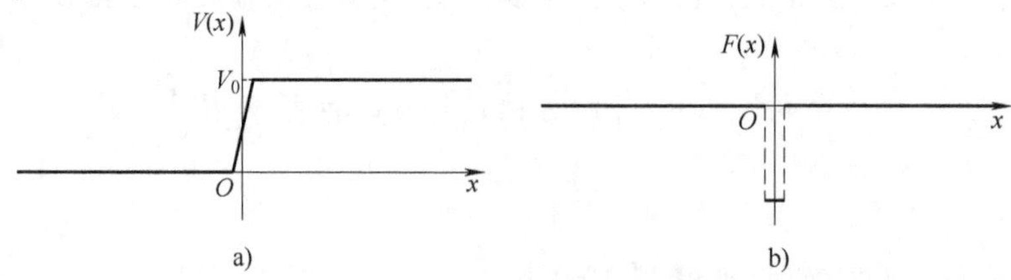

图 3-1 势能函数的跃变

对电子而言，可以使用图 3-2 所示的平行板电容器来模拟这样的势能函数。电容器极板之间的电场强度近似为常矢量，电子在此受到向左的恒力，势能函数线性增长；而在电容器之外电场强度为 0，电子不受力，势能为常数。

在经典情形下，一束自左向右前进的电子会撞到电容器极板上。我们假定通过设计可以使电子顺利穿过极板，下面考虑势能变化区域对电子运动的影响。假定一束电子从左向右前进，如果能量 $E>V_0$，则电子越过势能变化区域后继续以较小的速度前进；如果 $E<V_0$，则电子会被反弹回去；$E=V_0$ 为临界情况，电子从左往右运动到势能最大值点时，动能减小为零，在此处粒子碰上力函数的间断点，力的数值没有定义，不能断定之后电子如何运动。

如果势能变化区间长度可以忽略，则可以近似表示为图 3-3，这种理想势能模型称为势阶，其势能函数为

$$V(x)=\begin{cases}0, & x<0\\ V_0, & x>0\end{cases} \tag{3.20}$$

式中，$V_0>0$。

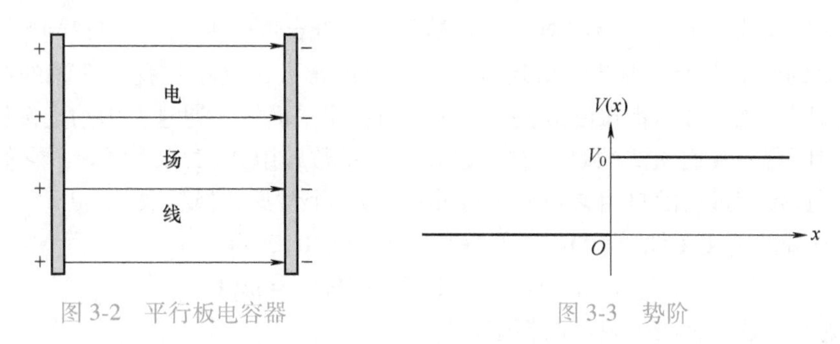

图 3-2　平行板电容器　　　图 3-3　势阶

3.2.2　$E>V_0$，部分反射

在势能跃变点不能直接应用能量本征方程。我们将对跃变点左右的两个区域分别写出方程的解，然后用跃变点的衔接条件把两个区域的解连接起来。按照常势能区域的讨论，针对区域Ⅰ($x<0$)和区域Ⅱ($x>0$)分别引入正值参数

$$k_1=\sqrt{2mE}/\hbar,\quad k_2=\sqrt{2m(E-V_0)}/\hbar \tag{3.21}$$

对于散射态的讨论，通常选择式(3.4)那样的指数形式解，它代表行波。区域Ⅰ($x<0$)和区域Ⅱ($x>0$)内的波函数分别为

$$\psi_1(x)=A_1\mathrm{e}^{\mathrm{i}k_1x}+A_1'\mathrm{e}^{-\mathrm{i}k_1x},\qquad x<0 \tag{3.22}$$

$$\psi_2(x)=A_2\mathrm{e}^{\mathrm{i}k_2x}+A_2'\mathrm{e}^{-\mathrm{i}k_2x},\qquad x>0 \tag{3.23}$$

式中，A_1,A_1',A_2 和 A_2' 都是复常数。由式(3.22)和式(3.23)确定的波函数不是平方可积的，但这种函数的线性叠加可以构造出平方可积的波包。假定粒子从左边入射，可以预料在 $x<0$ 的区域会存在向右和向左传播的波，分别代表入射波(incident wave)和反射波(reflected wave)；而在 $x>0$ 的区域中，只存在向右传播的波，代表透射波(transmitted wave)，但不存在向左传播的波，因此我们令 $A_2'=0$。

根据式(3.7)，两个区域的概率流密度分别为

$$J_1=\frac{\hbar k_1}{m}(|A_1|^2-|A_1'|^2)=J_\mathrm{i}+J_\mathrm{r},\qquad J_2=\frac{\hbar k_2}{m}|A_2|^2=J_\mathrm{t} \tag{3.24}$$

由此可知，在区域Ⅰ的概率流密度为两项之和，J_i 和 J_r 分别与入射波和反射波相联系。$J_2=J_t$ 代表透射波的概率流密度。我们讨论的是定态，概率密度不随时间变化。根据概率守恒定律，任意区间左端流入的概率等于右端流出的概率，由此可知 $J_1=J_2$，即 $J_i+J_r=J_t$。根据式(3.24)，可得振幅的关系

$$k_1(|A_1|^2-|A_1'|^2)=k_2|A_2|^2 \tag{3.25}$$

为了描述势阶对粒子的作用，引入**反射系数**(reflection coefficient)和**透射系数**(transmission coefficient)

$$R=\left|\frac{J_r}{J_i}\right|,\qquad T=\left|\frac{J_t}{J_i}\right| \tag{3.26}$$

按照定义，$J_i,J_t>0$，$J_r<0$，因此便有 $|J_i|=|J_t|+|J_r|$。由此可知，反射系数和透射系数满足

$$R+T=1 \tag{3.27}$$

式(3.25)和式(3.27)是概率守恒定律的体现，二者是同一件事的不同表达。

现在我们要具体求出反射系数和透射系数，为此要利用波函数在势能跃变点的衔接条件找到各个振幅之间的关系。在 $x=0$ 处，波函数及其一阶导数连续[㊀]，可以得到剩下三个常数 A_1,A_1',A_2 满足的两个方程，因此最后还剩下一个自由常数，这正是我们熟悉的结论。对于束缚态，通过归一化条件确定振幅的模；对于自由粒子平面波，通过人为约定选择振幅的数值；对于散射问题，我们关注的是反射系数和透射系数，由式(3.26)可知，它们只依赖于振幅之比，因此保留最后的自由常数而不做处理(另一个常见选择是取 $A_1=1$)。

根据 $x=0$ 处的衔接条件 $\psi_1(0)=\psi_2(0)$ 和 $\psi_1'(0)=\psi_2'(0)$，得

$$A_1+A_1'=A_2,\qquad \mathrm{i}k_1A_1-\mathrm{i}k_1A_1'=\mathrm{i}k_2A_2 \tag{3.28}$$

由此得出反射波、透射波与入射波的振幅之比

$$\frac{A_1'}{A_1}=\frac{k_1-k_2}{k_1+k_2},\qquad \frac{A_2}{A_1}=\frac{2k_1}{k_1+k_2} \tag{3.29}$$

可以验证 $J_1=J_2$。根据式(3.29)，可得

$$\boxed{R=\left|\frac{A_1'}{A_1}\right|^2=\frac{(k_1-k_2)^2}{(k_1+k_2)^2},\qquad T=\frac{k_2}{k_1}\left|\frac{A_2}{A_1}\right|^2=\frac{4k_1k_2}{(k_1+k_2)^2}} \tag{3.30}$$

容易看出，反射系数和透射系数的确满足式(3.27)。在经典力学中，粒子能量高于势阶时将会越过势阶以较小的速度前进。然而在量子力学中，式(3.30)表明粒子有一定概率被反射回来，并不能完全越过势阶。

3.2.3 $0<E<V_0$，全反射

引入正值参数

$$\beta_2=\sqrt{2m(V_0-E)}/\hbar \tag{3.31}$$

在区域Ⅰ($x<0$)内，波函数仍然由式(3.22)给出；在区域Ⅱ($x>0$)内，按照常势能区域的讨论，波函数为

$$\psi_2(x)=B_2\mathrm{e}^{\beta_2 x}+B_2'\mathrm{e}^{-\beta_2 x} \tag{3.32}$$

㊀ 参见第2章选读材料中一维模型的能量本征函数的性质.

并且应取 $B_2=0$ 以排除发散项。由式(3.14)可知 $J_t=J_2=0$，由此可知透射系数 $T=0$。根据概率守恒定律，我们预料反射系数为1，下面我们就来证明这一点。

根据 $x=0$ 处的衔接条件 $\psi_1(0)=\psi_2(0)$ 和 $\psi_1'(0)=\psi_2'(0)$，可得

$$A_1+A_1'=B_2',\qquad \mathrm{i}k_1A_1-\mathrm{i}k_1A_1'=-\beta_2B_2' \tag{3.33}$$

由此可以算出

$$\frac{A_1'}{A_1}=\frac{k_1-\mathrm{i}\beta_2}{k_1+\mathrm{i}\beta_2},\qquad \frac{B_2'}{A_1}=\frac{2k_1}{k_1+\mathrm{i}\beta_2} \tag{3.34}$$

区域Ⅰ的概率流密度仍由式(3.24)给出，两项仍然与入射波和反射波相联系，只是振幅之比不同了。由反射系数的定义式(3.26)，可得

$$R=\left|\frac{A_1'}{A_1}\right|^2=\left|\frac{k_1-\mathrm{i}\beta_2}{k_1+\mathrm{i}\beta_2}\right|^2=1 \tag{3.35}$$

正如所料。由此可知 $|A_1|=|A_1'|$，因此由式(3.24)定义的概率流密度为零。

讨论

(1) 在经典力学中，当粒子的能量低于势阶时，将被全部反射回来。在量子力学中，由于反射系数为1，粒子仍然被全部反射回来。然而，在 $x>0$ 的经典禁区中存在一个隐失波(evanescent wave) $\mathrm{e}^{-\beta_2x}$，在此区域内发现粒子的概率并不为零。经典禁区内的概率密度(隐失波的模方)随 x 按照指数规律衰减，粒子穿透经典禁区的深度可以用 $1/\beta_2$ 来衡量。令 $d=1/\beta_2$，当 $x=d$ 时，概率密度衰减到 $x=0$ 处的 $\mathrm{e}^{-2}\approx13.5\%$；而当 $x=3d$ 时，概率密度衰减到 $x=0$ 处的 $\mathrm{e}^{-6}\approx0.2\%$，基本可以忽略了。

(2) 当 $V_0\to\infty$ 时，$\beta_2\to\infty$，由式(3.34)可知

$$A_1'\to-A_1,\qquad B_2'\to0 \tag{3.36}$$

此时反射波与入射波的相位差为 $-\pi$，正好损失了半个波长。隐失波 $\mathrm{e}^{-\beta_2x}$ 趋于零，同时穿透深度 $1/\beta_2$ 为无限小。根据式(3.22)，当 $x\to0_-$ 时

$$\begin{aligned}\psi_1(x)&=A_1\mathrm{e}^{\mathrm{i}k_1x}+A_1'\mathrm{e}^{-\mathrm{i}k_1x} &&\to\quad A_1+A_1'=0\\ \psi_1'(x)&=\mathrm{i}k_1(A_1\mathrm{e}^{\mathrm{i}k_1x}-A_1'\mathrm{e}^{-\mathrm{i}k_1x}) &&\to\quad \mathrm{i}k_1(A_1-A_1')=2\mathrm{i}k_1A_1\end{aligned} \tag{3.37}$$

因此波函数在 $x=0$ 处连续，而其一阶导数从 $2\mathrm{i}k_1A_1$ 突变为零，不再保持连续。

对于部分反射情形，按照式(3.21)参数定义 $k_1>k_2$，由式(3.29)可知 $A_1'/A_1>0$ 和 $A_2/A_1>0$。这说明在 $x=0$ 处反射波和透射波与入射波的相位相同。这是粒子从左入射的情形。现在假设粒子从右边入射，仍然将入射波、反射波和透射波的振幅记为 A_1，A_1' 和 A_2，通过类似计算可得 $A_1'/A_1<0$ 和 $A_2/A_1>0$。这说明在 $x=0$ 处反射波的相位有一个 $\pm\pi$ 的突变(半波损失)，而透射波相位仍与入射波相位相同。

上述情况类似于光在两种电介质交界面的反射和透射。考虑单色平面电磁波在线性各向同性电介质中传播，电磁波角频率为 ω，电场强度用复数形式表示为

$$\boldsymbol{E}(\boldsymbol{r},t)=\boldsymbol{E}(\boldsymbol{r})\mathrm{e}^{-\mathrm{i}\omega t} \tag{3.38}$$

与量子力学中的波函数不同，这里采用复数形式纯粹是为了运算方便，实际的电场强度应取复数的实部。当电磁波沿着 x 方向传播时，$\boldsymbol{E}(\boldsymbol{r})$ 遵守如下方程㊀

㊀ 郭硕鸿. 电动力学[M]. 3版. 北京：高等教育出版社，2008，113页.

$$\frac{\mathrm{d}^2\boldsymbol{E}(\boldsymbol{r})}{\mathrm{d}x^2}+k^2\boldsymbol{E}(\boldsymbol{r})=0 \tag{3.39}$$

这里$k=\omega\sqrt{\varepsilon\mu}$是平面电磁波的波数，其中$\varepsilon$和$\mu$分别是电介质的电容率和磁导率。方程(3.39)两个线性无关的解为

$$\boldsymbol{E}(\boldsymbol{r})=\boldsymbol{E}_0\mathrm{e}^{\mathrm{i}kx}\quad 和 \quad \boldsymbol{E}_0'\mathrm{e}^{-\mathrm{i}kx} \tag{3.40}$$

条件$\nabla\cdot\boldsymbol{E}=0$要求$\boldsymbol{E}_0$，$\boldsymbol{E}_0'\perp\boldsymbol{e}_x$，即电磁波为横波。根据式(3.38)，得

$$\boldsymbol{E}(\boldsymbol{r},t)=\boldsymbol{E}_0\mathrm{e}^{\mathrm{i}(kx-\omega t)}\quad 和 \quad \boldsymbol{E}_0'\mathrm{e}^{-\mathrm{i}(kx+\omega t)} \tag{3.41}$$

这跟量子力学中的平面波是类似的，只是现在振幅为矢量。式(3.41)分别表示向右和向左传播的平面波，其相速度为

$$v_{\mathrm{p}}=\frac{\omega}{k}=\frac{1}{\sqrt{\varepsilon\mu}} \tag{3.42}$$

考虑到电介质的折射率$n=c/v_{\mathrm{p}}$(c是光速)，可得$k=n\omega/c$。

设两种电介质交界面是平面，折射率分别为n_1和n_2，且$n_1>n_2$。当一束平行光从介质1一侧正入射时，反射光无半波损失；而当光从介质2一侧正入射时，反射光有半波损失；任何情况下透射光都没有半波损失。电磁波方程(3.39)和量子力学中常势能区域的能量本征方程(3.3)完全类似，只是参数k的定义不同而已。在这个光学类比中，介质1相当于势阶左侧，介质2相当于势阶右侧，折射率$n_1>n_2$对应参数$k_1>k_2$。

对于全反射情形，由式(3.34)可知A_1'/A_1是个辐角不为零的复数，这说明在$x=0$处反射波和入射波之间有个相位突变，它等于A_1'/A_1的辐角，即反射波的相位减小了这一数值，相位突变量取决于势阶高度和入射粒子能量。这种情形找不到光学类比，因为在方程(3.39)中参数k不能为纯虚数。如果一束光从光密介质斜入射进入光疏介质，则当入射角足够大时就会发生全反射，反射光也存在相位突变，介质内也存在隐失波。类似地，在量子力学中可以讨论二维势阶的斜入射。

3.3 方势散射

方势是一种非常简单的势能模型，其势能函数为

$$V(x)=\begin{cases}V_0, & 0<x<a\\ 0, & x<0,x>a\end{cases} \tag{3.43}$$

当$V_0>0$时代表势垒，$V_0<0$时代表势阱，如图3-4所示。

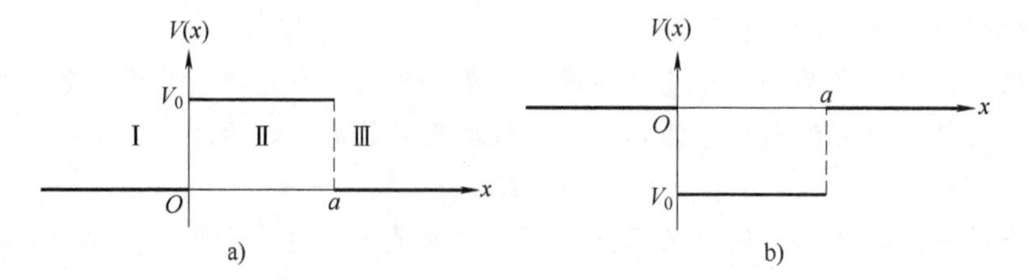

图3-4 势函数

a)方势垒 b)方势阱

3.3.1　共振透射

先讨论势垒散射。设$E>V_0$，根据势能函数特点引入两个正值参数

$$k_1=\sqrt{2mE}/\hbar,\quad k_2=\sqrt{2m(E-V_0)}/\hbar \tag{3.44}$$

按照常势能区域的结果，三个常势能区域的波函数分别为

$$区域\ \mathrm{I},\quad x<0,\quad \psi_1(x)=A_1\mathrm{e}^{\mathrm{i}k_1x}+A_1'\mathrm{e}^{-\mathrm{i}k_1x} \tag{3.45}$$

$$区域\ \mathrm{II},\quad 0<x<a,\quad \psi_2(x)=A_2\mathrm{e}^{\mathrm{i}k_2x}+A_2'\mathrm{e}^{-\mathrm{i}k_2x} \tag{3.46}$$

$$区域\ \mathrm{III},\quad x>a,\quad \psi_3(x)=A_3\mathrm{e}^{\mathrm{i}k_1x}+A_3'\mathrm{e}^{-\mathrm{i}k_1x} \tag{3.47}$$

假定粒子从左边入射，区域Ⅲ中没有向左传播的波，因此$A_3'=0$。三个区域的概率流密度分别为

$$\begin{aligned}J_1&=\frac{\hbar k_1}{m}(|A_1|^2-|A_1'|^2)=J_{1\mathrm{i}}+J_{1\mathrm{r}}\\J_2&=\frac{\hbar k_2}{m}(|A_2|^2-|A_2'|^2)=J_{2\mathrm{i}}+J_{2\mathrm{r}}\\J_3&=\frac{\hbar k_1}{m}|A_3|^2=J_\mathrm{t}\end{aligned} \tag{3.48}$$

其中区域Ⅰ和区域Ⅱ中的概率流都分为两项，分别与向右和向左传播的波相联系，根据概率守恒定律可知$J_1=J_2=J_3$。反射系数和透射系数分别定义为

$$R=\left|\frac{J_{1\mathrm{r}}}{J_{1\mathrm{i}}}\right|=\left|\frac{A_1'}{A_1}\right|^2,\qquad T=\left|\frac{J_\mathrm{t}}{J_{1\mathrm{i}}}\right|=\left|\frac{A_3}{A_1}\right|^2 \tag{3.49}$$

两个系数反映的是势垒散射的总效果，而不是势垒某端点的单独效果。由$J_1=J_3$可以证明反射系数和透射系数满足$R+T=1$。反射系数和透射系数只依赖于各个振幅的比值，这可以利用波函数在势能间断点的衔接条件来确定。

（1）由$x=0$处的衔接条件$\psi_1(0)=\psi_2(0)$和$\psi_1'(0)=\psi_2'(0)$，得

$$A_1+A_1'=A_2+A_2' \tag{3.50}$$

$$k_1A_1-k_1A_1'=k_2A_2-k_2A_2' \tag{3.51}$$

在式(3.51)两端已经约去了共同的因子i。

（2）由$x=a$处的衔接条件$\psi_2(a)=\psi_3(a)$和$\psi_2'(a)=\psi_3'(a)$，得

$$A_2\mathrm{e}^{\mathrm{i}k_2a}+A_2'\mathrm{e}^{-\mathrm{i}k_2a}=A_3\mathrm{e}^{\mathrm{i}k_1a} \tag{3.52}$$

$$k_2A_2\mathrm{e}^{\mathrm{i}k_2a}-k_2A_2'\mathrm{e}^{-\mathrm{i}k_2a}=k_1A_3\mathrm{e}^{\mathrm{i}k_1a} \tag{3.53}$$

下面根据式(3.50)~式(3.53)导出积分常数的关系。将式(3.50)乘以k_1，与式(3.51)分别加减，得

$$2k_1A_1=(k_1+k_2)A_2+(k_1-k_2)A_2' \tag{3.54}$$

$$2k_1A_1'=(k_1-k_2)A_2+(k_1+k_2)A_2' \tag{3.55}$$

将式(3.52)乘以k_2，与式(3.53)分别加减，得

$$2k_2A_2\mathrm{e}^{\mathrm{i}k_2a}=(k_1+k_2)A_3\mathrm{e}^{\mathrm{i}k_1a} \tag{3.56}$$

$$2k_2A_2'\mathrm{e}^{-\mathrm{i}k_2a}=-(k_1-k_2)A_3\mathrm{e}^{\mathrm{i}k_1a} \tag{3.57}$$

将式(3.56)和式(3.57)代入式(3.54)，得

$$2k_1A_1=\frac{(k_1+k_2)^2}{2k_2}A_3\mathrm{e}^{\mathrm{i}k_1a-\mathrm{i}k_2a}-\frac{(k_1-k_2)^2}{2k_2}A_3\mathrm{e}^{\mathrm{i}k_1a+\mathrm{i}k_2a} \tag{3.58}$$

为简化公式，引入记号

$$F(k_1,k_2)=(k_1+k_2)^2\mathrm{e}^{-\mathrm{i}k_2a}-(k_1-k_2)^2\mathrm{e}^{\mathrm{i}k_2a} \tag{3.59}$$

这是式(3.58)右端提取公因子后的剩余部分，由此可得

$$\boxed{A_3=\frac{4k_1k_2\mathrm{e}^{-\mathrm{i}k_1a}}{F(k_1,k_2)}A_1} \tag{3.60}$$

将式(3.60)分别代入式(3.56)和式(3.57)，得

$$\boxed{A_2=\frac{2k_1(k_1+k_2)\mathrm{e}^{-\mathrm{i}k_2a}}{F(k_1,k_2)}A_1} \tag{3.61}$$

$$\boxed{A_2'=-\frac{2k_1(k_1-k_2)\mathrm{e}^{\mathrm{i}k_2a}}{F(k_1,k_2)}A_1} \tag{3.62}$$

将式(3.56)和式(3.57)代入式(3.55)，得

$$2k_1A_1'=\frac{k_1^2-k_2^2}{2k_2}A_3\mathrm{e}^{\mathrm{i}k_1a-\mathrm{i}k_2a}-\frac{k_1^2-k_2^2}{2k_2}A_3\mathrm{e}^{\mathrm{i}k_1a+\mathrm{i}k_2a} \tag{3.63}$$

因此

$$A_1'=\frac{k_1^2-k_2^2}{4k_1k_2}A_3\mathrm{e}^{\mathrm{i}k_1a}(-2\mathrm{i})\sin k_2a \tag{3.64}$$

将式(3.60)代入式(3.64)，得

$$\boxed{A_1'=\frac{-2\mathrm{i}(k_1^2-k_2^2)\sin k_2a}{F(k_1,k_2)}A_1} \tag{3.65}$$

我们已经将 A_1',A_2,A_2' 和 A_3 都用 A_1 表示出来。根据式(3.49)，我们需要的是振幅之比 A_1'/A_1 和 A_3/A_1。为了便于计算其模方，先把 $F(k_1,k_2)$ 中的实部和虚部分开

$$F(k_1,k_2)=4k_1k_2\cos k_2a-2\mathrm{i}(k_1^2+k_2^2)\sin k_2a \tag{3.66}$$

然后分别代入式(3.65)和式(3.60)。计算振幅之比的模方时，分子和分母可以分别求模方，并利用 $\cos^2\theta+\sin^2\theta=1$ 来调整分母，最终得到

$$\boxed{R=\left|\frac{A_1'}{A_1}\right|^2=\frac{(k_1^2-k_2^2)^2\sin^2k_2a}{(k_1^2-k_2^2)^2\sin^2k_2a+4k_1^2k_2^2}} \tag{3.67}$$

$$\boxed{T=\left|\frac{A_3}{A_1}\right|^2=\frac{4k_1^2k_2^2}{(k_1^2-k_2^2)^2\sin^2k_2a+4k_1^2k_2^2}} \tag{3.68}$$

为简化表达式，引入正值参数 $k_0=\sqrt{2mV_0}/\hbar$，k_1,k_2,k_0 满足如下关系

$$k_1^2-k_2^2=k_0^2 \tag{3.69}$$

由此可将反射系数和透射系数化简为

$$R=\frac{k_0^4\sin^2k_2a}{k_0^4\sin^2k_2a+4k_1^2k_2^2},\qquad T=\frac{4k_1^2k_2^2}{k_0^4\sin^2k_2a+4k_1^2k_2^2} \tag{3.70}$$

最后将参数 k_1,k_2,k_0 换回粒子能量 E 与势阱参数 V_0 和 a，得

$$\boxed{R=\frac{V_0^2\sin^2\left[\frac{a}{\hbar}\sqrt{2m(E-V_0)}\right]}{V_0^2\sin^2\left[\frac{a}{\hbar}\sqrt{2m(E-V_0)}\right]+4E(E-V_0)}} \tag{3.71}$$

$$T=\frac{4E(E-V_0)}{V_0^2\sin^2\left[\frac{a}{\hbar}\sqrt{2m(E-V_0)}\right]+4E(E-V_0)} \tag{3.72}$$

在经典力学中，当 $E>V_0$ 时，粒子会穿透势垒，绝不会被反射回来。然而在量子力学中，反射和透射一般会同时存在。只有当 $k_2a=n\pi$ 时，$R=0$，$T=1$，此时没有反射，粒子必然会穿过势垒。由式(3.65)也可以看出，此时 $A_1'=0$，从而 $J_{1r}=0$，势垒左边无反射波。这种现象称为共振透射(resonant transmission)。

按照参数关系式(3.69)，将式(3.70)中 k_1^2 替换为 $k_0^2+k_2^2$。图3-5a展示了反射系数和透射系数随着参数 k_2(代表入射粒子能量 E)的变化，这里势垒的高度 V_0 和宽度 a 是固定的。坐标原点是 $k_2=0$，即 $E=V_0$ 的情形。透射系数的极小值(或反射系数的极大值)在 k_2a 约等于 $(n+1/2)\pi$ 处。如果愿意还可以把图像横轴改为入射粒子能量 E，这是实验中更加熟悉的参数。从图3-5a可以看出，当入射粒子能量足够大时，透射系数就基本接近于1，从而过渡到经典情形。我们也可以固定入射粒子能量 E 和势垒高度 V_0，研究反射系数和透射系数随着势垒宽度的变化，透射系数的极大值仍然出现在 $k_2a=n\pi$ 时，而极小值出现在 $k_2a=(n+1/2)\pi$ 时，如图3-5b所示。

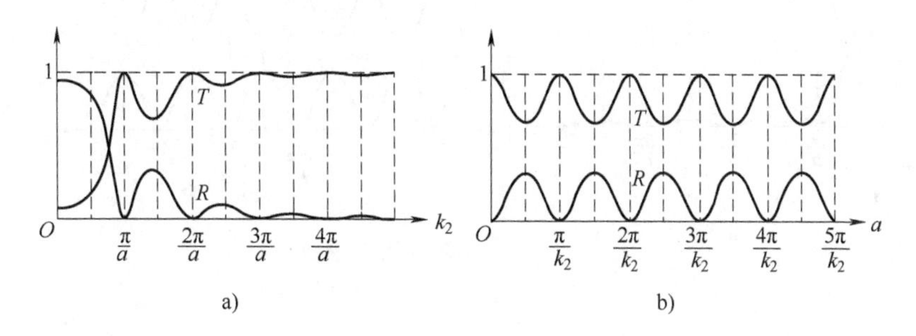

图3-5 反射系数和透射系数
a) 随着参数 k_2 的变化 b) 随着势垒宽度 a 的变化

波函数(3.45)、(3.46)和(3.47)均为平面波的片段。势垒内部的平面波片段波数[⊖]为 k_2，相应的波长为 $\lambda=2\pi/k_2$，因此共振透射条件 $k_2a=n\pi$ 也可以写为 $a=n\lambda/2$，即势垒宽度恰好为半波长的整数倍，这正是在势垒内部建立驻波的条件。这个现象可以用一个光学模型进行类比。设一束单色光垂直通过一种透明薄膜，光在进入薄膜和从薄膜出去时均产生反射，如果两束反射光发生相消干涉，则光的透射系数最大。两束反射光相消的条件是二者的光程差等于光在薄膜内的半波长的奇数倍。由于其中一束反射光有半波损失，因此要求薄膜内部一个来回的光程等于光在薄膜内的波长的整数倍，或者说，薄膜厚度应该等于其内部半波长的整数倍。量子力学中的共振透射，相当于这个光学模型中两束反射光完全相消的情况。在光学类比中，平面波片段波数越大意味着该区域介质折射率越大。因此薄膜两边介质折射率应该大于薄膜折射率。如果薄膜位于真空，则相当于势阱散射情形。

⊖ 单独的平面波片段不具有确定动量，参见后面关于无限深方势阱的动量分布的讨论. 平面波片段应当看成是一个特殊的波包，而真正的平面波总是定义在无穷区间(或区域)的.

讨论：势阱散射

对于方势阱 $V_0<0$，当 $E>0$ 时参数(3.44)也是正值，因此势阱散射和势垒散射完全相似，仅仅是散射态的能谱范围大了而已。对于方势阱散射，从式(3.45)到式(3.68)的所有公式均无须修改。不过由于 $V_0<0$，参数 k_0 成了纯虚数，使用起来并不方便。为此引入正值参数 $\eta=\sqrt{-2mV_0}/\hbar$，k_1,k_2,η 满足关系

$$k_1^2 - k_2^2 = -\eta^2 \tag{3.73}$$

由此可将反射系数和透射系数写为

$$R = \frac{\eta^4\sin^2 k_2 a}{\eta^4\sin^2 k_2 a + 4k_1^2k_2^2}, \qquad T = \frac{4k_1^2k_2^2}{\eta^4\sin^2 k_2 a + 4k_1^2k_2^2} \tag{3.74}$$

将公式中的参数 k_1,k_2,η 换回粒子的能量 E 和势阱参数 V_0，仍然会得到式(3.71)和式(3.72)，不过能量 E 的范围大了，势阱散射只要求 $E>0$ 即可。按照参数关系式(3.73)，将式(3.74)中 k_1^2 替换为 $-\eta^2+k_2^2$。图3-6展示了反射系数和透射系数随着参数 k_2(代表入射粒子能量 E)和势阱宽度 a 的变化。由于 $E>0$，因此 $k_2>\eta$，坐标原点代表 $E=0$ 的情形。

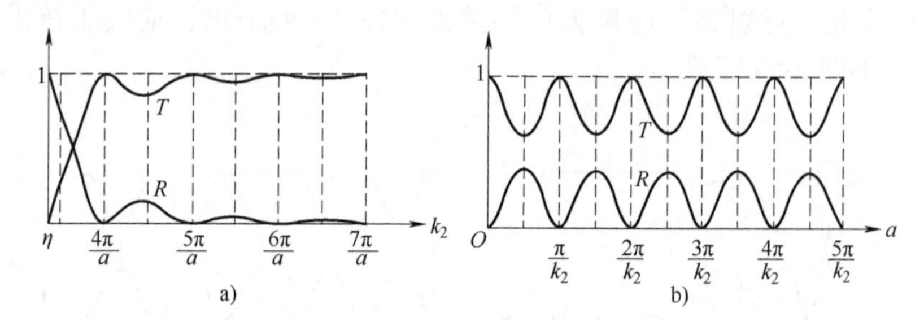

图3-6　反射系数和透射系数

a）随着参数 k_2 的变化　b）随着势阱宽度 a 的变化

对势阱散射而言，在 $k_2a=n\pi$ 时仍然会发生共振透射。从图3-6a可以看出，当 k_2 接近于 η(即 E 趋于零)时，透射系数减小到0，这意味着极低能量的粒子几乎不能越过势阱。这一点和经典力学大不相同。在经典力学中，不管粒子能量如何，势阱总是能够越过的。不过当入射粒子的能量足够大时，透射系数就基本接近于1，从而过渡到经典情形。

3.3.2　隧道效应

势垒函数如图3-4a所示，设 $0<E<V_0$，引入正值参数

$$\beta_2 = \sqrt{2m(V_0 - E)}/\hbar \tag{3.75}$$

区域Ⅰ和区域Ⅲ的波函数仍然由式(3.45)和式(3.47)给出，而区域Ⅱ的波函数为

$$\psi_2(x) = B_2 e^{\beta_2 x} + B_2' e^{-\beta_2 x} \tag{3.76}$$

利用衔接条件可以得到振幅之比，比如

$$\frac{A_3}{A_1} = \frac{-2ik_1\beta_2 e^{-ik_1 a}}{-2ik_1\beta_2\cosh\beta_2 a - (k_1^2 - \beta_2^2)\sinh\beta_2 a} \tag{3.77}$$

其中 $\sinh\xi$ 和 $\cosh\xi$ 分别表示双曲正弦和双曲余弦函数

$$\sinh\xi = \frac{e^{\xi} - e^{-\xi}}{2}, \quad \cosh\xi = \frac{e^{\xi} + e^{-\xi}}{2} \tag{3.78}$$

利用“参数替换法”$k_2=-\mathrm{i}\beta_2$，从式(3.46)出发也可以得到波函数(3.76)，振幅替换法则为$A_2\to B_2$，$A_2'\to B_2'$。由式(3.60)做替换$k_2=-\mathrm{i}\beta_2$就能得到振幅之比式(3.77)，但不能从式(3.68)出发得到透射系数。

sinhξ和coshξ也分别简记为shξ和chξ。容易验证恒等式

$$\cosh^2\xi-\sinh^2\xi=1 \tag{3.79}$$

根据欧拉公式和式(3.78)，容易验证

$$\sin\mathrm{i}\xi=\mathrm{i}\sinh\xi,\quad \cos\mathrm{i}\xi=\cosh\xi \tag{3.80}$$

采用参数替换法得到振幅之比时会用到这两个关系。

由式(3.77)可以算出透射系数为

$$\boxed{T=\left|\frac{A_3}{A_1}\right|^2=\frac{4k_1^2\beta_2^2}{(k_1^2+\beta_2^2)^2\sinh^2\beta_2 a+4k_1^2\beta_2^2}} \tag{3.81}$$

在计算时用了式(3.79)调整分母。参数k_1,β_2,k_0满足关系

$$k_1^2+\beta_2^2=k_0^2 \tag{3.82}$$

由此可将透射系数改写为

$$T=\frac{4k_1^2\beta_2^2}{k_0^4\sinh^2\beta_2 a+4k_1^2\beta_2^2} \tag{3.83}$$

在经典力学中，当$E<V_0$时粒子会被势垒反弹回来。然而在量子力学中，透射系数并不为零，这种情况称为隧道效应(tunneling effect)。将参数k_1,k_0,β_2换回势阱参数和入射粒子能量，得

$$\boxed{T=\frac{1}{1+\dfrac{V_0^2}{4E(V_0-E)}\sinh^2\left[\dfrac{a}{\hbar}\sqrt{2m(V_0-E)}\right]}} \tag{3.84}$$

反射系数可以用同样方法讨论，或者直接根据$R+T=1$求出。图3-7中展示了反射系数和透射系数分别随着入射粒子能量和势阱宽度的变化。

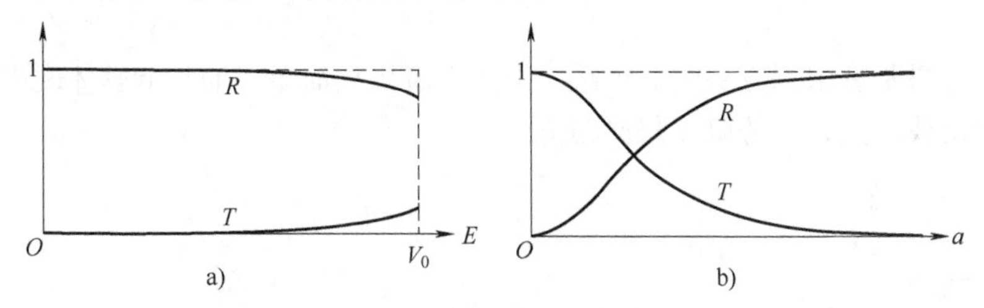

图 3-7　反射系数和透射系数

a）随着能量E的变化　b）随着势阱宽度a的变化

在图3-7a中，势垒宽度和高度固定，入射粒子能量变化范围是$0<E<V_0$，正好不超过势垒高度。随着入射粒子能量增加，透射系数增加而反射系数减小，这表示粒子能量越高，越容易穿透势垒，符合直观感受。当入射粒子的能量足够低时，透射系数接近于0，从而过渡到经典力学的情形。

在图3-7b中，入射粒子能量是固定的，并保持势垒高度V_0不变，从而β_2保持不变，然后固定势垒左端，让右端向右扩展，即增加势垒宽度a。由式(3.81)可知，透射系数单调减

小，正如图中所示。$\sinh\xi$ 是个单调增函数，当 $\xi\to\infty$ 时，$\sinh\xi\to\infty$。当 $a\to\infty$ 时，势垒变成了势阶，此时透射系数为零，粒子被全部反射回去，这与前面势阶散射结果一致。

如果保持势垒宽度 a 不变，增加势垒高度 V_0，此时 β_2 随着增加。$\sinh\xi/\xi$ 是单调增函数，透射系数随着 β_2 的增加而单调减小。当 $V_0\to\infty$ 时，$\beta_2\to\infty$，此时 $T\to 0$，粒子完全不能穿透势垒。如果势垒很高很宽，$\beta_2 a\gg 1$，则

$$\sinh\beta_2 a \approx \frac{1}{2}e^{\beta_2 a} \to \sinh^2\beta_2 a \approx \frac{1}{4}e^{2\beta_2 a} \tag{3.85}$$

采用这个近似并忽略式(3.84)分母中的 1，得

$$T \approx T_0 e^{-\frac{2a}{\hbar}\sqrt{2m(V_0-E)}},\quad T_0 = \frac{16E(V_0-E)}{V_0^2} \tag{3.86}$$

这表明随着势垒宽度增加，粒子的穿透概率以指数方式急剧减小。

为了综合展示势垒散射的特点，我们固定势垒宽度和高度，让入射粒子能量从 0 开始增加，一直超过势垒高度，结果展示在图 3-8 中。当入射粒子能量小于势垒高度时，透射系数随着能量增加而单调增加；当入射粒子能量大于势垒高度时，透射系数随着能量增加呈现一些起伏变化，其中 $T=1$ 标志着共振透射，当粒子能量足够高时趋于全部透射。

在经典力学中，当 $E<V_0$ 时粒子不能穿透势垒，而当 $E>V_0$ 时粒子能够穿透势垒。透射系数曲线在两个区域均为水平线，而在 $E=V_0$ 处从 0 跃变到 1。在量子力学中，透射系数曲线随着能量增加从 0 连续过渡到 1，而只有在入射粒子能量在势垒高度附近时，才会明显违反经典力学规律。

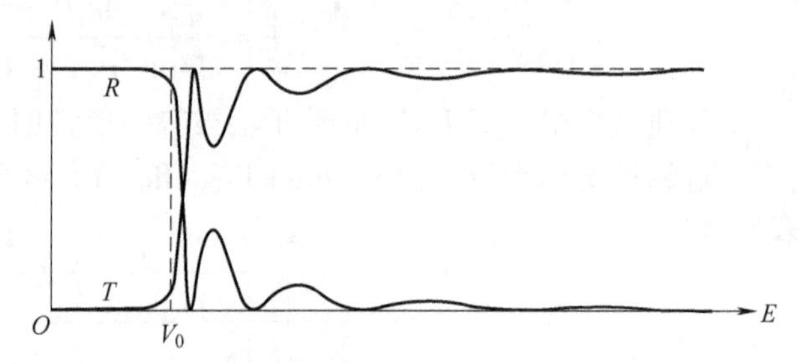

图 3-8　反射系数和透射系数随着入射粒子能量的变化

3.4 束缚态体系

无限深方势阱是有限深方势阱的极限。由于前者更加简单，而且能够体现出量子力学的许多特征，因此我们先讨论势阱无限深的情形。

3.4.1 一维无限深方势阱

设势能函数为

$$V(x) = \begin{cases} 0, & |x| < a/2 \\ \infty, & |x| > a/2 \end{cases} \tag{3.87}$$

势能为 0 的区域称为势阱内部，区域宽度 a 称为势阱宽度，如图 3-9 所示。

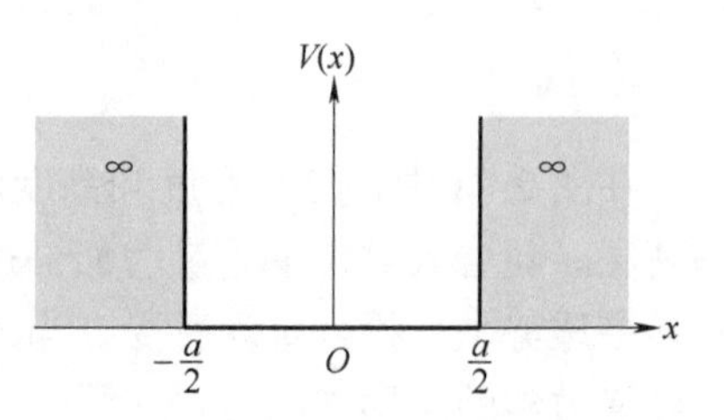

图 3-9　一维无限深方势阱

在讨论势阶散射时我们发现，当 $V(x)\to\infty$ 时，波函数 $\psi(x)\to 0$。由此可知在势阱外波函数 $\psi(x)=0$。在势阱内 $V(x)=0$，能量本征方程变为

$$\frac{\mathrm{d}^2\psi(x)}{\mathrm{d}x^2}+\frac{2mE}{\hbar^2}\psi(x)=0 \tag{3.88}$$

由于波函数在全空间内连续，因此在势阱两端波函数为零(衔接条件)

$$\psi\left(-\frac{a}{2}\right)=\psi\left(\frac{a}{2}\right)=0 \tag{3.89}$$

引入参数 $\lambda=2mE/\hbar^2$，将方程(3.88)简写为

$$\psi''(x)+\lambda\psi(x)=0 \tag{3.90}$$

方程(3.90)和条件(3.89)构成本征值问题。根据上一章可知能谱有下界，$E>0$。作为束缚态问题的第一个例子，我们来验证这一点。

(1) 设 $E<0$，则 $\lambda<0$，方程(3.90)的解为

$$\psi(x)=A\mathrm{e}^{\sqrt{-\lambda}x}+B\mathrm{e}^{-\sqrt{-\lambda}x} \tag{3.91}$$

代入边界条件(3.89)，可得 $A=B=0$。因此方程没有非零解，这说明粒子的能量不能为负值。这个情况与经典力学完全一致。在经典力学中，在势阱内部的粒子，如果 $E<0$ 就意味着动能为负值，因而是不可能的。

(2) 设 $E=0$，则 $\lambda=0$，方程(3.90)的解为

$$\psi(x)=Ax+B \tag{3.92}$$

代入边界条件(3.89)，可得 $A=B=0$。因此方程也没有非零解，说明粒子的能量也不能为零。这与经典情况不同。在经典力学中，势阱底部静止粒子的能量就等于零。

1. 能量本征值

设 $E>0$，引入正值参数

$$k=\sqrt{2mE}/\hbar \tag{3.93}$$

方程(3.88)化为

$$\psi''(x)+k^2\psi(x)=0 \tag{3.94}$$

根据常势能区域的结果，方程的两个线性无关的特解可以取为 $\mathrm{e}^{\mathrm{i}kx}$ 和 $\mathrm{e}^{-\mathrm{i}kx}$，也可以取为 $\cos kx$ 和 $\sin kx$。对于束缚态问题，取三角函数形式的解会更方便。因此方程(3.94)的通解可写为

$$\psi(x)=A\sin kx+B\cos kx,\qquad |x|<a/2 \tag{3.95}$$

利用衔接条件(3.89)，得

$$\psi\left(-\frac{a}{2}\right)=-A\sin\frac{ka}{2}+B\cos\frac{ka}{2}=0 \tag{3.96}$$

$$\psi\left(\frac{a}{2}\right)=A\sin\frac{ka}{2}+B\cos\frac{ka}{2}=0 \tag{3.97}$$

由此可得

$$A\sin\frac{ka}{2}=0,\quad B\cos\frac{ka}{2}=0 \tag{3.98}$$

首先，A,B 不能同时取非零值；其次，如果 A,B 同时为零，则波函数在势阱内外处处为零，排除。根据以上分析，我们可以得到两组解

$$\text{第一组：}A=0,\ \cos\frac{ka}{2}=0;\qquad \text{第二组：}B=0,\ \sin\frac{ka}{2}=0 \tag{3.99}$$

由此可知 $ka=n\pi$，$n=1,2,\cdots$。根据式(3.93)，可得能量本征值

$$\boxed{E = E_n = \frac{\pi^2 \hbar^2 n^2}{2ma^2}} \tag{3.100}$$

2. 能量本征态

当 n 为奇数时，取第一组解

$$\psi_n(x) = B\cos\frac{n\pi}{a}x, \quad |x| < \frac{a}{2} \tag{3.101}$$

当 n 为偶数时，取第二组解

$$\psi_n(x) = A\sin\frac{n\pi}{a}x, \quad |x| < \frac{a}{2} \tag{3.102}$$

$n=0$ 时，依然得到平庸解。n 取负整数也会满足条件式(3.99)，但得到的波函数最多与相应正整数标记的波函数相差一个负号，和后者描述同一个量子态，因此 n 取正整数就够了。两种情况的解可以合并为

$$\psi_n(x) = A'\sin\left(\frac{n\pi}{a}x + \frac{n\pi}{2}\right), \quad |x| < \frac{a}{2} \tag{3.103}$$

式中，$n=1,2,3,\cdots$。由于能量本征方程为线性方程，因此有一个未确定的常数因子 A'。利用归一化条件，并考虑到波函数在阱外为零，得

$$\int_{-\infty}^{\infty} |\psi_n(x)|^2 \mathrm{d}x = |A'|^2 \int_{-a/2}^{a/2} \sin^2\left(\frac{n\pi}{a}x + \frac{n\pi}{2}\right) \mathrm{d}x = \frac{1}{2}|A'|^2 a = 1 \tag{3.104}$$

选择 A' 为正实数，$A'=\sqrt{2/a}$，由此得到

$$\boxed{\psi_n(x) = \begin{cases} \sqrt{\dfrac{2}{a}}\sin\dfrac{n\pi}{a}\left(x + \dfrac{a}{2}\right), & |x| < \dfrac{a}{2} \\ 0, & |x| > \dfrac{a}{2} \end{cases}} \tag{3.105}$$

这里我们补写了波函数的阱外部分，它恒等于零。

将图 3-9 所示的势阱向右平移 $a/2$。这等价于重新选择坐标原点，因此不影响体系的能级。将波函数(3.105)向右移动 $a/2$，就得到新的波函数

$$\boxed{\psi_n(x) = \begin{cases} \sqrt{\dfrac{2}{a}}\sin\dfrac{n\pi x}{a}, & 0 < x < a \\ 0, & x < 0, x > a \end{cases}} \tag{3.106}$$

对比一下经典力学中的弦振动问题的求解是有益的。设弦位于区间 $0\sim l$，将弦的横向位移记为 $u(x,t)$，弦振动方程写为

$$u_{tt} - a^2 u_{xx} = 0 \tag{3.107}$$

这里 $a=\sqrt{T/\rho}$，其中 T 表示弦的张力，ρ 是弦的线密度。按照习惯，这里用 u_{tt} 和 u_{xx} 分别表示 u 对时间和坐标的二阶偏导数。设弦两端固定，则边界条件为

$$u(0,t) = 0, \quad u(l,t) = 0 \tag{3.108}$$

为了最终得到唯一解，还需要再指定初始条件，即弦的初位移 $u(x,0)$ 和初速度 $u_t(x,0)$。设 $u(x,t)=X(x)T(t)$，代入方程(3.107)和边界条件(3.108)，得

$$T'' + \lambda a^2 T = 0 \tag{3.109}$$

$$X'' + \lambda X = 0 \tag{3.110}$$

$$X(0) = X(l) = 0 \tag{3.111}$$

方程(3.110)和边界条件(3.111)构成本征值问题。对于势阱内部为 $0\sim a$ 的一维无限深方势阱，势阱内部的能量本征方程和边界条件为

$$\psi''(x) + \lambda\psi(x) = 0 \tag{3.112}$$

$$\psi(0) = \psi(a) = 0 \tag{3.113}$$

这与弦振动方程的本征值问题是完全相同的。弦振动方程和薛定谔方程都是波动方程，在一定条件下求解过程是类似的。在上一章我们正是对静态势场情形的薛定谔方程采用分离变量法求解，从而得到了能量本征方程。

波函数一般是复数值函数，但能量本征函数式(3.105)是实值函数，因此可以直接画图表示。在图3-10和图3-11中展示了 $n=1,2,3,4$ 时一维无限深方势阱的能量本征函数和概率密度函数。

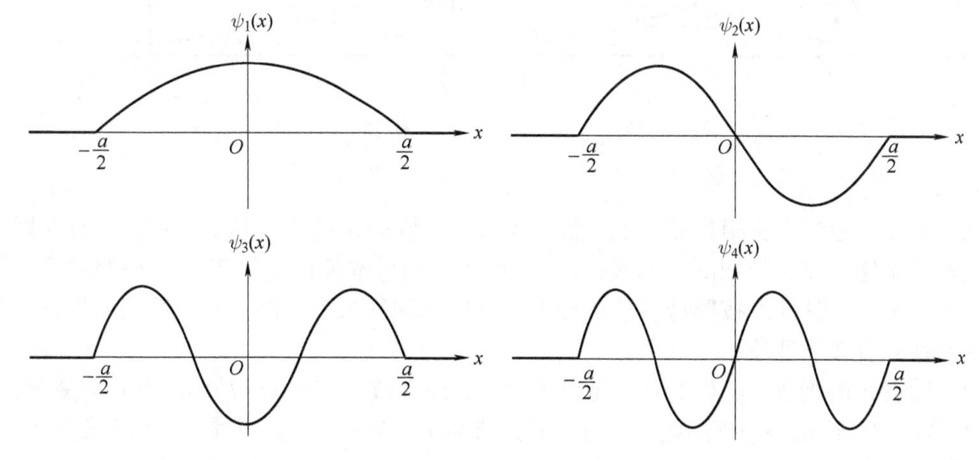

图3-10 一维无限深方势阱的能量本征函数

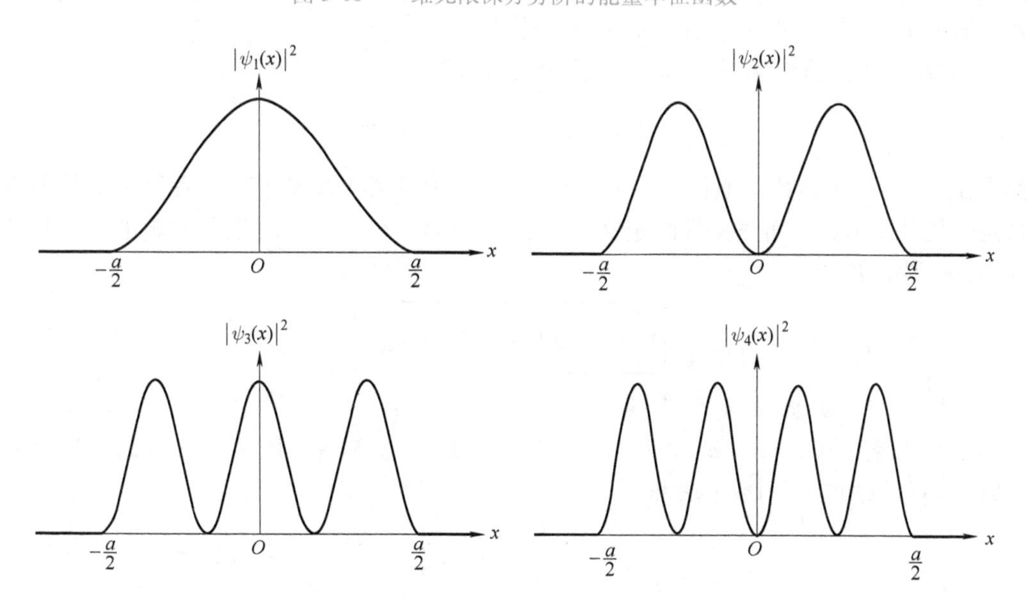

图3-11 一维无限深方势阱的概率密度函数

为了便于查看，在文献中经常将势能函数、能级和波函数画在一张图上，如图 3-12a 所示，在势阱中用水平虚线表示能级，然后将(阱内)波函数图像放在能级上，即波函数图像的 x 轴与能级重叠，而纵轴与势能函数的纵轴重叠。当然，波函数与势能函数的量纲并不相同，二者不具有对比的意义。同样，也可以将势能函数、能级和概率分布放在一张图上，如图 3-12b 所示。

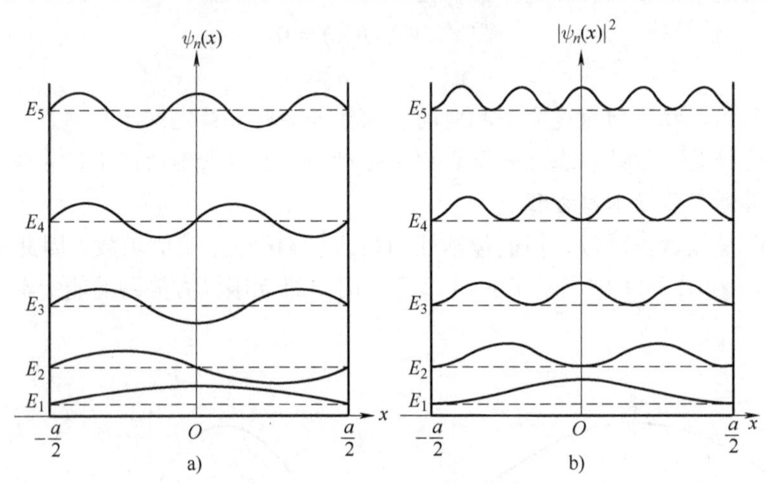

图 3-12　一维无限深方势阱

a）能级和波函数　b）能级和概率密度

能量本征函数看上去很像弦上的驻波。实际上，在薛定谔方程建立之前，一维无限深方势阱问题正是用驻波法处理的。如式(3.100)所示，能量本征值正比于 n^2。按照习惯，能量最低态称为基态；其他态按照能量从低到高的顺序分别称为第一激发态、第二激发态等。能量本征函数具有如下性质：

(1) 随着 n 的增加，$\psi_n(x)$ 是奇偶交替的：n 是奇数时，$\psi_n(x)$ 是偶函数；n 是偶数时，$\psi_n(x)$ 是奇函数。这正是一维问题的普遍特征：当 $V(x)=V(-x)$ 时，束缚定态具有确定的宇称。

(2) 势阱内波函数的零点(不包括势阱两端)称为节点。随着能量的增加，波函数的节点逐次增加 1，基态无节点，$\psi_n(x)$ 有 $n-1$ 个节点。

(3) 容易证明(留作练习)，这组本征函数两两正交

$$\int_{-\infty}^{\infty}\psi_n^*(x)\psi_m(x)\,\mathrm{d}x = 0,\quad n\neq m \tag{3.114}$$

虽然现在 $\psi_n(x)$ 是实函数，但作为一个良好习惯，这里保留复共轭记号。因为一般情况下波函数是个复数值函数，而正交性的定义(第 4 章)中第一个函数是要取复共轭的。通常把正交性和归一性合并为

$$\boxed{\int_{-\infty}^{\infty}\psi_n^*(x)\psi_m(x)\,\mathrm{d}x = \delta_{nm}} \tag{3.115}$$

称本征函数组 $\{\psi_n(x), n=1,2,3,\cdots\}$ 是正交归一的。

(4) 本征函数组 $\{\psi_n(x), n=1,2,3,\cdots\}$ 是完备的。也就是说，闭区间 $[-a/2, a/2]$ 上的连续函数 $f(x)$ 可以用这组函数来展开

$$f(x) = \sum_{n=1}^{\infty}c_n\psi_n(x) \tag{3.116}$$

其中

$$c_n = \int_{-\infty}^{\infty} \psi_n^*(x) f(x)\, \mathrm{d}x \tag{3.117}$$

注意式(3.116)仅在势阱内成立，我们并未定义$f(x)$在势阱外的值，而等号右端在势阱外为零。这实际上就是有限区间的傅里叶级数展开。

容易发现，式(3.114)反映的是基本周期为$2a$的三角函数系的正交性。基本周期为$2a$的三角函数系为

$$1,\quad \cos\frac{\pi x}{a},\quad \cos\frac{2\pi x}{a},\quad \cdots,\quad \cos\frac{n\pi x}{a},\quad \cdots$$

$$\sin\frac{\pi x}{a},\quad \sin\frac{2\pi x}{a},\quad \cdots,\quad \sin\frac{n\pi x}{a},\quad \cdots \tag{3.118}$$

三角函数系的正交性是傅里叶级数理论的基础。在势阱内部，能量本征函数去掉归一化因子后等于三角函数系中的相应函数，但能量本征函数组只涉及三角函数系的一部分函数。将坐标原点取在势阱左端，能量本征函数如式(3.106)所示。将展开式(3.116)和展开系数式(3.117)中的$\psi_n(x)$理解为式(3.106)，则仍然成立，而且正好是傅里叶正弦级数以及相应的傅里叶系数。根据傅里叶正弦级数的要求，取$f(x)$在$(0,a)$内的部分，先做奇延拓再做周期延拓，由此得到一个周期为$2a$的函数，它可以展开为傅里叶正弦级数。傅里叶级数平均收敛于$f(x)$，但级数不一定点点收敛，更不一定点点收敛于$f(x)$。上述傅里叶级数在势阱两端收敛到0，而这不一定是$f(x)$原来的值。

*3. 动量分布

利用欧拉公式将能量本征函数式(3.105)阱内部分改写为指数形式

$$\psi_n(x) = C_1 \exp\left(\mathrm{i}\frac{n\pi x}{a}\right) - C_2 \exp\left(-\mathrm{i}\frac{n\pi x}{a}\right) \tag{3.119}$$

这里我们已经将相因子$\mathrm{e}^{\mathrm{i}n\pi/2}=\mathrm{i}^n$吸收到了新的常数$C_1$，$C_2$中

$$C_1 = \frac{\mathrm{i}^{n-1}}{\sqrt{2a}}, \qquad C_2 = \frac{(-1)^n \mathrm{i}^{n-1}}{\sqrt{2a}} \tag{3.120}$$

式(3.119)右端两项分别代表向右和向左传播的“平面波片段”，二者叠加形成驻波。平面波片段不是真正的平面波。真正的平面波必须是无限长的，具有确定动量值，而式(3.119)右端两项都不具有确定的动量值。为了看出这一点，我们考察动量表象波函数

$$\begin{aligned} c_n(p) &= \frac{1}{\sqrt{2\pi\hbar}} \int_{-\infty}^{\infty} \psi_n(x)\, \mathrm{e}^{-\frac{\mathrm{i}}{\hbar}px}\, \mathrm{d}x \\ &= \frac{C_1}{\sqrt{2\pi\hbar}} \int_{-a/2}^{a/2} \mathrm{e}^{-\frac{\mathrm{i}}{\hbar}\left(p-\frac{n\pi\hbar}{a}\right)x} \mathrm{d}x - \frac{C_2}{\sqrt{2\pi\hbar}} \int_{-a/2}^{a/2} \mathrm{e}^{-\frac{\mathrm{i}}{\hbar}\left(p+\frac{n\pi\hbar}{a}\right)x} \mathrm{d}x \\ &= \mathrm{i}^{n-1} \sqrt{\frac{a}{4\pi\hbar}} \left[F\left(p - \frac{n\pi\hbar}{a}\right) + (-1)^{n+1} F\left(p + \frac{n\pi\hbar}{a}\right) \right] \end{aligned} \tag{3.121}$$

其中

$$F(p) = \frac{\sin(pa/2\hbar)}{pa/2\hbar} \tag{3.122}$$

动量分布可以看作分别以$p=n\pi\hbar/a$与$p=-n\pi\hbar/a$为中心两个“衍射函数”$F(p-n\pi\hbar/a)$与$F(p+n\pi\hbar/a)$的叠加。由此可知，参数k就是两个“衍射函数”的中心相应的波数。在$c_n(p)$中扣除无关紧要的相因子i^{n-1}就变成了实函数，仍记作$c_n(p)$。在图3-13和图3-14中分别展示了$n=1,2,3,10$的动量表象波函数和动量分布。当n很大时，两个“衍射函数”各自代表的

动量分布越来越集中，这表明两个平面波片段的动量越来越接近于确定值。

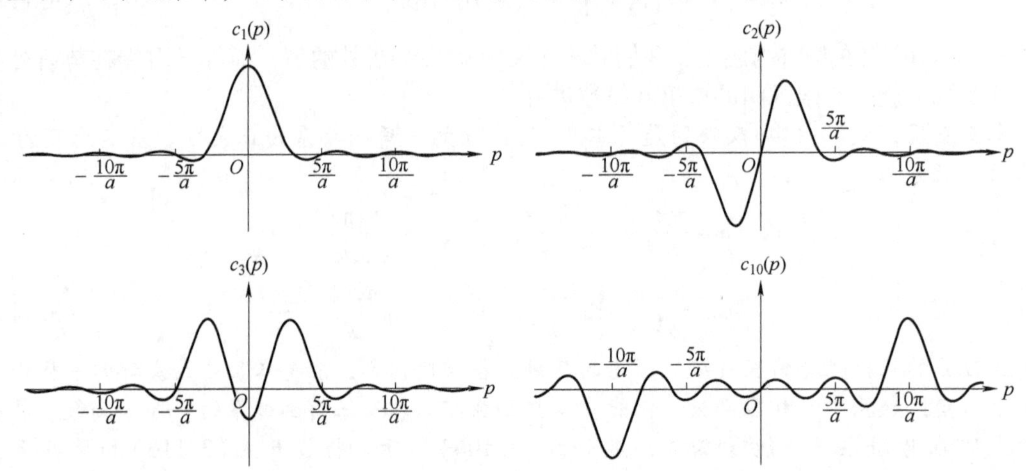

图 3-13　一维无限深方势阱的动量表象波函数

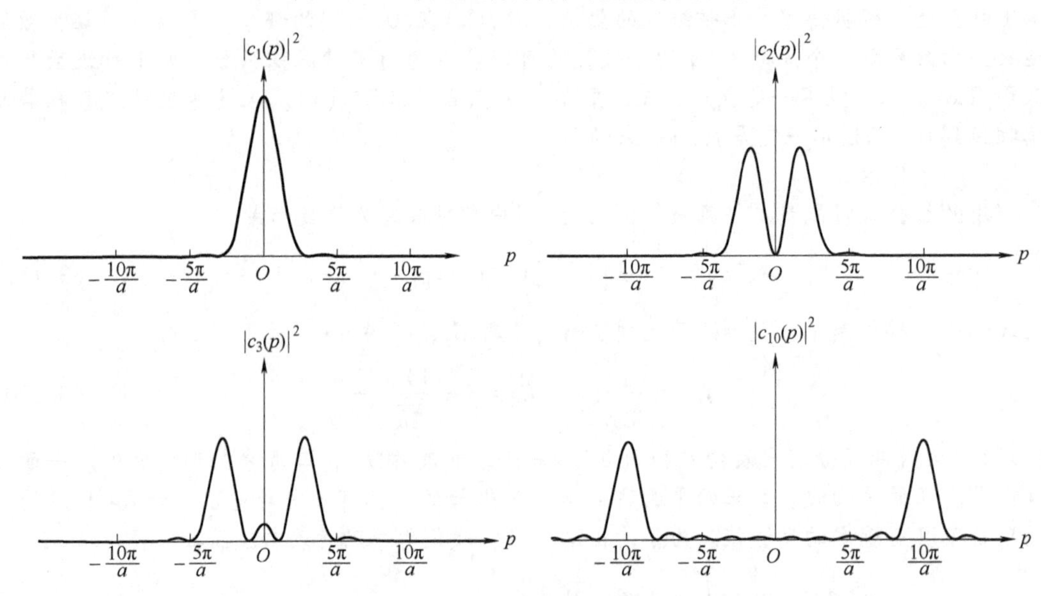

图 3-14　一维无限深方势阱的动量分布

3.4.2　一维有限深方势阱

设势能函数为

$$V(x)=\begin{cases}-V_0, & |x|<\dfrac{a}{2}\\ 0, & |x|>\dfrac{a}{2}\end{cases} \tag{3.123}$$

其中 $V_0>0$。势阱形状如图 3-15 所示。当 $E>0$ 时，属于势阱散射情形；当 $E<0$ 时，属于束缚态情形。

1. 能量本征值

设 $-V_0<E<0$，引入两个正值参数

$$\beta = \sqrt{-2mE}/\hbar, \qquad k = \sqrt{2m(E+V_0)}/\hbar \tag{3.124}$$

三个常势能区域的能量本征函数分别为

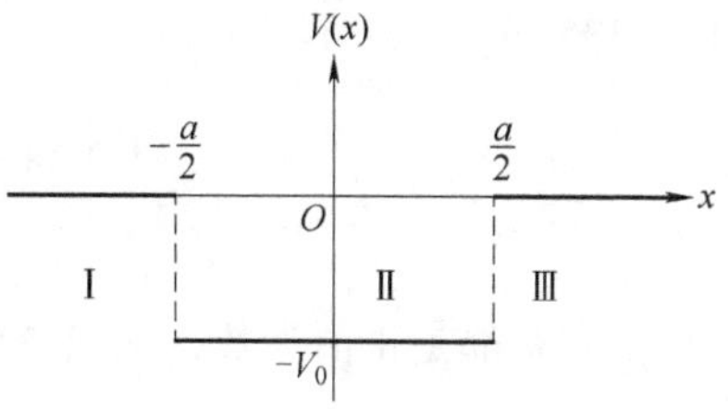

区域 Ⅰ，$x < -\dfrac{a}{2}$，$\quad \psi_1(x) = B_1 e^{\beta x} + B_1' e^{-\beta x}$ (3.125)

区域 Ⅱ，$-\dfrac{a}{2} < x < \dfrac{a}{2}$，$\quad \psi_2(x) = A_2 \cos(kx + \delta)$ (3.126)

区域 Ⅲ，$x > \dfrac{a}{2}$，$\quad \psi_3(x) = B_3 e^{\beta x} + B_3' e^{-\beta x}$ (3.127)

图 3-15　一维有限深方势阱

在区域Ⅱ，波函数也可以写为 $Ae^{ikx}+A'e^{-ikx}$ 或 $D\cos kx+D'\sin kx$ 的形式，但讨论起来稍微麻烦一些。当 $|x|\to\infty$ 时波函数应该收敛到零，因此必须让 $B_1'=B_3=0$。

在势能间断点 $x=\pm a/2$ 处，波函数及其一阶导数是连续的，这将给出剩下三个常数 B_1，A_2 和 B_3' 的关系，以及常数 δ 的可能取值。如果我们只对能量本征值感兴趣，可以直接利用 ψ'/ψ 的连续性，从而避免波函数中未定常数因子的干扰。波函数的一阶导数为

区域 Ⅰ，$x < -\dfrac{a}{2}$，$\quad \psi_1'(x) = B_1 \beta e^{\beta x}$ (3.128)

区域 Ⅱ，$-\dfrac{a}{2} < x < \dfrac{a}{2}$，$\quad \psi_2'(x) = -kA_2 \sin(kx + \delta)$ (3.129)

区域 Ⅲ，$x > \dfrac{a}{2}$，$\quad \psi_3'(x) = -\beta B_3' e^{-\beta x}$ (3.130)

在 $x=-a/2$ 处，ψ'/ψ 的连续性给出

$$\beta = -k\tan\left(-\frac{ka}{2} + \delta\right) \tag{3.131}$$

在 $x=a/2$ 处，ψ'/ψ 的连续性给出

$$-\beta = -k\tan\left(\frac{ka}{2} + \delta\right) \tag{3.132}$$

由此可得

$$\tan\left(\frac{ka}{2} + \delta\right) = \tan\left(\frac{ka}{2} - \delta\right) \tag{3.133}$$

$\tan x$ 是个以 π 为周期的函数，因此 $2\delta=n\pi$。对波函数 $\psi_2(x)$ 而言，取 $\delta=0,\pi/2$ 两种情况就够了，其余取值只能给出重复情况。

为了简化符号，引入一个正值参数 $k_0=\sqrt{2mV_0}/\hbar$，参数 β,k,k_0 满足关系

$$\beta^2 + k^2 = k_0^2 \tag{3.134}$$

（1）$\delta=0$，由式(3.131)可知

$$\tan\frac{ka}{2} = \frac{\beta}{k} \tag{3.135}$$

方程(3.134)和方程(3.135)分别代表 βk 平面内的两组曲线，曲线的交点给出 k 和 β 的取值，由此得出能量本征值。为了更加清楚地看出 k 的可能取值，我们利用方程(3.134)和方

程(3.135)消去β，得

$$1+\tan^2\frac{ka}{2}=\frac{1}{\cos^2\frac{ka}{2}}=1+\frac{\beta^2}{k^2}=\frac{k_0^2}{k^2} \tag{3.136}$$

注意β和k都是正值参数，从而得到条件

$$\left|\cos\frac{ka}{2}\right|=\frac{k}{k_0}\quad 且\quad \tan\frac{ka}{2}>0 \tag{3.137}$$

方程的解可以看成直线k/k_0与曲线$|\cos(ka/2)|$下降部分的交点。

(2) $\delta=\pi/2$，由式(3.131)可知

$$\cot\frac{ka}{2}=-\frac{\beta}{k} \tag{3.138}$$

类似分析可得条件

$$\left|\sin\frac{ka}{2}\right|=\frac{k}{k_0}\quad 且\quad \tan\frac{ka}{2}<0 \tag{3.139}$$

方程的解可以看成直线k/k_0与曲线$|\sin(ka/2)|$下降部分的交点。

图3-16给出了一种特定宽度和高度的势阱的束缚态能级，其中包括3个偶宇称能级和2个奇宇称能级。从图中可以看出，随着k(或E)的增加，依次出现的能量本征值交替代表偶宇称波函数和奇宇称波函数。能量本征值的数目取决于势阱的深度和宽度。势阱的深度V_0决定了直线的斜率$1/k_0$，而势阱的宽度a则决定了两条曲线的周期$2\pi/a$。

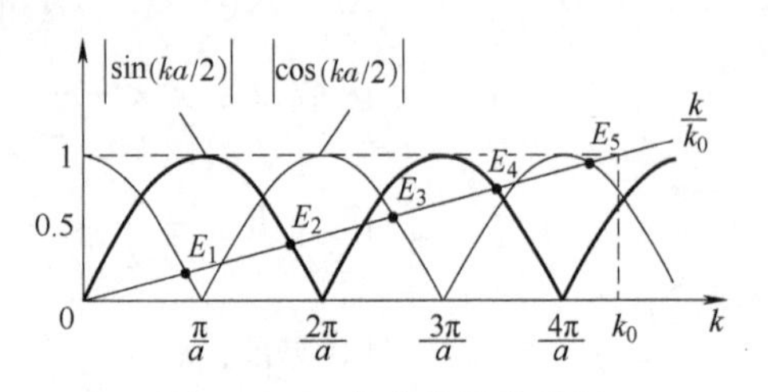

图3-16　一维方势阱的能级

由此可见，束缚定态的能量不像经典力学中那样，可以取$-V_0$到0的一切数值，而只能取一些离散数值。

应当注意，粒子的束缚态并非只能是束缚定态。根据态叠加原理，束缚定态的叠加也是可能的束缚态。这种束缚态的能量不具有确定的值，而能量平均值介于这些能量本征值的最小值和最大值之间。

讨论

图3-16中直线的斜率为$1/k_0$，而曲线$|\cos(ka/2)|$和$|\sin(ka/2)|$的周期为$2\pi/a$，势阱变深变宽都会导致能级增多。如果势阱很浅很窄，直线斜率和曲线周期都很大，此时直线仅仅与$|\cos(ka/2)|$的下降区域有一个交点，即只有一个偶宇称的能级。随着势阱变深变宽，直线的斜率变小，而曲线的周期变短。第一个奇宇称能级即将出现的标志是直线与三角函数的第一个峰值相交，这意味着如下条件

$$ka=\pi,\quad k=k_0 \tag{3.140}$$

由此可以得到$E=0$。式(3.139)中条件是$\tan(ka/2)<0$，不等式中没有等号，因为这个条件是来自我们的假定$-V_0<E<0$。因此，奇宇称能量本征值尚未出现。只有当势阱继续略微变深或变宽时，第一个奇宇称能级才开始出现，此时交点处k略大于π/a，相应的E略小于0，即能级刚好出现在阱口。

2. 能量本征态

(1) 归一化常数

给定δ的取值后，波函数还有三个未定常数B_1, A_2, B'_3。由波函数在$x=\pm a/2$处的连续性，可以给出B_1, A_2, B'_3满足的两个方程，从而剩下一个未定常数。由于方程的线性齐次特征，最后一个常数是可以自由取值的。利用归一化条件，可以确定这个自由常数的模。

(a) $\delta=0$。由波函数在$x=\pm a/2$处的连续性，得

$$B_1 e^{-\frac{\beta a}{2}} = A_2\cos\frac{ka}{2},\qquad B'_3 e^{-\frac{\beta a}{2}} = A_2\cos\frac{ka}{2} \tag{3.141}$$

由此可得$B_1=B'_3$，此时波函数为偶函数。根据归一化条件，得

$$\begin{aligned}\int_{-\infty}^{\infty}|\psi(x)|^2\mathrm{d}x &= 2\int_0^{\infty}|\psi(x)|^2\mathrm{d}x\\ &= 2|A_2|^2\int_0^{\frac{a}{2}}\cos^2 kx\mathrm{d}x + 2|B'_3|^2\int_{\frac{a}{2}}^{\infty}e^{-2\beta x}\mathrm{d}x\\ &= |A_2|^2\left(\frac{a}{2}+\frac{1}{2k}\sin ka+\frac{1}{\beta}\cos^2\frac{ka}{2}\right)=1\end{aligned} \tag{3.142}$$

这里k不是任意值，而是让E取本征值的那些值，根据条件式(3.135)和式(3.137)，并考虑到式(3.134)以及如下公式

$$\sin ka = 2\sin\frac{ka}{2}\cos\frac{ka}{2} = 2\tan\frac{ka}{2}\cos^2\frac{ka}{2} \tag{3.143}$$

可得

$$\int_{-\infty}^{\infty}|\psi(x)|^2\mathrm{d}x = |A_2|^2\left(\frac{a}{2}+\frac{1}{\beta}\right)=1 \tag{3.144}$$

取A_2为正实数，可得

$$A_2 = \left(\frac{a}{2}+\frac{1}{\beta}\right)^{-\frac{1}{2}} \tag{3.145}$$

常数B_1, B'_3可由式(3.141)求出。

(b) $\delta=\pi/2$。由波函数在$x=\pm a/2$处的连续性，得

$$B_1 e^{-\frac{\beta a}{2}} = A_2\sin\frac{ka}{2},\qquad B'_3 e^{-\frac{\beta a}{2}} = -A_2\sin\frac{ka}{2} \tag{3.146}$$

由此可得$B_1=-B'_3$，此时波函数为奇函数。根据归一化条件，并注意$|\psi(x)|^2$仍然为偶函数，得

$$\begin{aligned}\int_{-\infty}^{\infty}|\psi(x)|^2\mathrm{d}x &= 2\int_0^{\infty}|\psi(x)|^2\mathrm{d}x\\ &= 2|A_2|^2\int_0^{\frac{a}{2}}\sin^2 kx\mathrm{d}x + 2|B'_3|^2\int_{\frac{a}{2}}^{\infty}e^{-2\beta x}\mathrm{d}x\\ &= |A_2|^2\left(\frac{a}{2}-\frac{1}{2k}\sin ka+\frac{1}{\beta}\sin^2\frac{ka}{2}\right)=1\end{aligned} \tag{3.147}$$

利用条件(3.138)和(3.139)，类似可得

$$\int_{-\infty}^{\infty} |\psi(x)|^2 \mathrm{d}x = |A_2|^2\left(\frac{a}{2}+\frac{1}{\beta}\right) = 1 \tag{3.148}$$

取 A_2 为正实数，得

$$A_2 = \left(\frac{a}{2}+\frac{1}{\beta}\right)^{-\frac{1}{2}} \tag{3.149}$$

常数 B_1, B_3' 可由式(3.146)求出。

β 和 k 均与能量 E 有关，因此常数 B_1 和 A_2 均与能级有关。由于势能函数的对称性，能量本征函数要么是偶函数，要么是奇函数。偶函数描述的量子态为偶宇称态，奇函数描述的量子态为奇宇称态，我们也说这两种状态具有确定宇称(parity)。如果波函数不是偶函数和奇函数，就说该量子态没有确定宇称。

(2) 阱外概率

在经典力学中，束缚态粒子只能在势阱的两个端点之间做往返运动，势阱外部属于经典禁区，粒子不能进入。而在量子力学中，由于波函数在势阱外边不为零，因此在势阱外边找到粒子的概率不为零。对于能量本征态而言，不管波函数是偶函数还是奇函数，$|\psi(x)|^2$ 总是偶函数，阱外概率计算如下

$$P\left(|x| > \frac{a}{2}\right) = 2|B_3'|^2\int_{\frac{a}{2}}^{\infty} \mathrm{e}^{-2\beta x}\mathrm{d}x = \frac{1}{\beta}|B_3'|^2 \mathrm{e}^{-\beta a} \tag{3.150}$$

对于偶宇称态，阱外概率为

$$P\left(|x| > \frac{a}{2}\right) = \left(\frac{\beta a}{2}+1\right)^{-1}\cos^2\frac{ka}{2} \tag{3.151}$$

对于奇宇称态，阱外概率为

$$P\left(|x| > \frac{a}{2}\right) = \left(\frac{\beta a}{2}+1\right)^{-1}\sin^2\frac{ka}{2} \tag{3.152}$$

对于出现在阱口的能级，即交点出现在三角函数曲线的峰值右侧，此时 ka 略大于 $n\pi$，E 略小于零。若阱口能级代表偶宇称态，则 n 为偶数，阱外概率用式(3.151)计算；若阱口能级代表奇宇称态，则 n 为奇数，阱外概率用式(3.152)计算。两种情况下三角函数因子皆达到极大值。根据式(3.124)，此时 $\beta\approx 0$，因此阱外概率接近于1。也就是说，粒子几乎没被束缚在势阱内。

根据式(3.151)和式(3.152)可知，当势阱很宽很深时，除了阱口附近的能级之外，在阱外发现粒子的概率很小。对于较低能级，阱外概率约等于0，从而过渡到经典力学。也就是说，只能当粒子的能量接近阱口时，才会明显违反经典力学规律。

将散射态和束缚态情形结合起来，我们得到一幅完整图像：当束缚态粒子能量很低或散射态粒子能量很高时，均符合经典力学规律；只有当粒子能量接近于方势阱的阱口时，才会明显违反经典力学规律，此时束缚态粒子大概率出现在阱外，而散射态粒子几乎完全被反射回来。

(3) 基态波函数的特点

图3-17中画出了基态波函数及其一阶导数的图像，从图中可以看出，在势阱两端二者均无跃变，但波函数的一阶导数有转折点，这意味着波函数的二阶导数将会在此处发生跃变。这完全是意料中的事，因为势能函数发生了跃变，根据能量本征方程，波函数的二阶导

数必须发生相应的跃变。

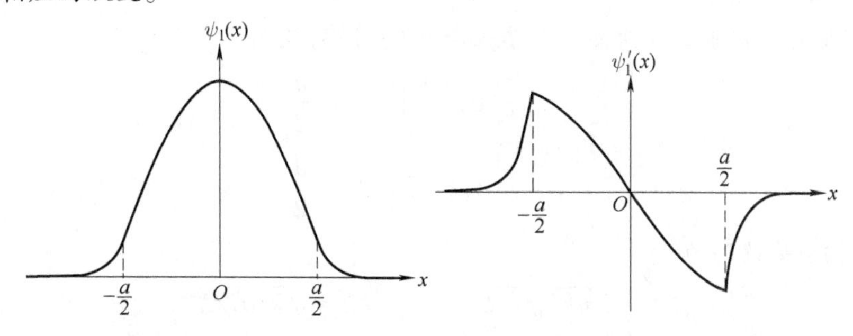

图 3-17 基态波函数及其一阶导数

(4) 概率分布

在图 3-18 和图 3-19 中分别画出了与图 3-16 中能级 E_1,E_2,E_3,E_4 对应的波函数和概率分布，从图中可以明显看出粒子出现在阱外的概率不为零。与一维无限深势阱前四个能级的概率分布相比，有限深方势阱的概率分布在势阱外部多了两条“尾巴”，代表粒子出现在经典禁区的现象。当粒子的能量接近阱口时，粒子在经典禁区内的穿透深度可能很大，这可以用来解释松散束缚核中观察到的量子晕。有限深方势阱的波函数不仅比无限深方势阱的相应波函数多了两条“尾巴”，还可能多了个负号，但这个负号是由于人为选取常数相因子带来的，不具有实质性的意义。

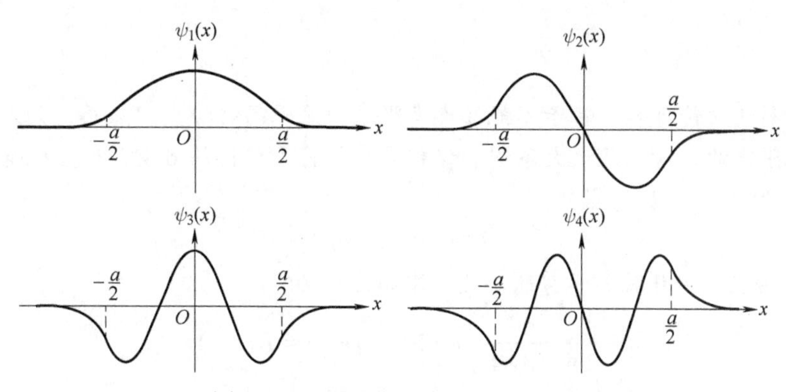

图 3-18 一维有限深方势阱的波函数

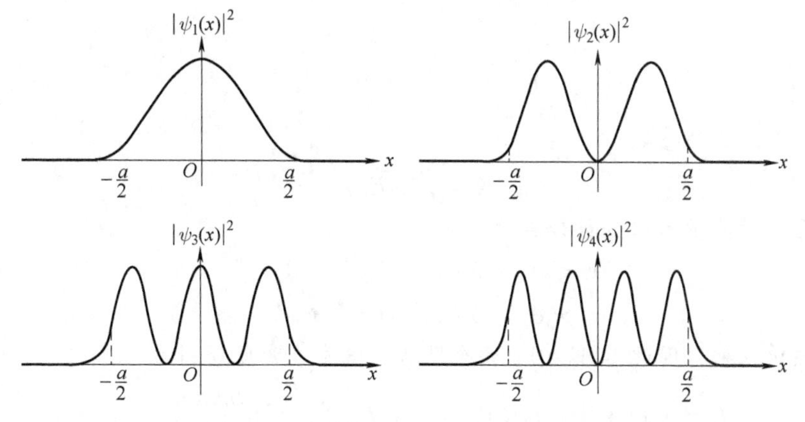

图 3-19 一维有限深方势阱的概率分布

3. 无限深势阱极限

现在重新把势能零点选在阱底，势能函数式(3.123)改为

$$V(x)=\begin{cases}0, & |x|<\dfrac{a}{2}\\ V_0, & |x|>\dfrac{a}{2}\end{cases} \tag{3.153}$$

参数(3.124)相应地改写为

$$\beta=\sqrt{2m(V_0-E)}/\hbar,\qquad k=\sqrt{2mE}/\hbar \tag{3.154}$$

设$0<E<V_0$，各区域波函数仍然由式(3.125)、式(3.126)和式(3.127)给出，但参数β和k要由式(3.154)给出。当$V_0\to\infty$时，有限深势阱变为无限深势阱，而参数$\beta\to\infty$。根据式(3.125)，注意$x<0$和$B_1'=0$，可知$\psi_1(x)\to 0$；根据式(3.127)，注意$x>0$和$B_3=0$，可知$\psi_3(x)\to 0$。因此无限深方势阱的阱外波函数为零，这原在意料之中。

需要注意的是，如果把势能零点选在阱口而让$V_0\to\infty$，虽然也会得到无限深方势阱，但此时势阱是无底的。这在经典力学中已经不能接受，因为体系达到稳定平衡时粒子应处于势能的最低点，势能没有最低点的体系不存在稳定状态。在量子力学中，此时让$V_0\to\infty$则无法找到基态能量。这种情况表明，在建立理想物理模型时不能随意将参数取极限，否则可能会得到无意义的结果。

*3.5 δ势

由势垒散射的讨论可知，粒子不能穿透有限宽但无限高的势垒。然而，如果无限高的势垒同时也是无限窄的，情况就大大不同。这就是我们将要讨论的δ势。δ势也是一种理想模型，势能函数为

$$V(x)=\gamma\delta(x) \tag{3.155}$$

当$\gamma>0$时表示势垒，$\gamma<0$时表示势阱。能量本征方程为

$$-\frac{\hbar^2}{2m}\frac{\mathrm{d}^2\psi(x)}{\mathrm{d}x^2}+\gamma\delta(x)\psi(x)=E\psi(x) \tag{3.156}$$

对于δ势阱，当$E>0$时，将得到散射态；当$E<0$时，将得到束缚态。对于δ势垒，只有$E>0$的散射态。

3.5.1 δ势散射

设$E>0$，引入正值参数

$$k=\sqrt{2mE}/\hbar \tag{3.157}$$

两个常势能区域的能量本征函数分别为

$$x<0,\quad \psi_1(x)=A_1\mathrm{e}^{\mathrm{i}kx}+A_1'\mathrm{e}^{-\mathrm{i}kx} \tag{3.158}$$

$$x>0,\quad \psi_2(x)=A_2\mathrm{e}^{\mathrm{i}kx}+A_2'\mathrm{e}^{-\mathrm{i}kx} \tag{3.159}$$

假定粒子从左边入射，因此取$A_2'=0$。两个区域的概率流密度分别为

$$J_1=\frac{\hbar k}{m}(|A_1|^2-|A_1'|^2)=J_\mathrm{i}+J_\mathrm{r},\qquad J_2=\frac{\hbar k}{m}|A_2|^2=J_\mathrm{t} \tag{3.160}$$

在 $x=0$ 处波函数连续，$\psi_1(0)=\psi_2(0)$，因此

$$A_1 + A_1' = A_2 \tag{3.161}$$

波函数的一阶导数并不连续。为看出这一点，将方程(3.156)对区间$(-\varepsilon,\varepsilon)$中积分，其中 ε 是个很小的正数，从而得到

$$-\frac{\hbar^2}{2m}\int_{-\varepsilon}^{\varepsilon}\frac{\mathrm{d}^2\psi(x)}{\mathrm{d}x^2}\mathrm{d}x + \gamma\int_{-\varepsilon}^{\varepsilon}\delta(x)\psi(x)\,\mathrm{d}x = E\int_{-\varepsilon}^{\varepsilon}\psi(x)\,\mathrm{d}x \tag{3.162}$$

左端第一项积分后为$(-\hbar^2/2m)\psi'(x)\big|_{-\varepsilon}^{\varepsilon}$，第二项积分后为 $\gamma\psi(0)$。由于波函数是有限的，因此当 $\varepsilon\to0$ 时右端积分为零。采用记号 $0_{\pm}=\pm\varepsilon,\varepsilon\to0$，由式(3.162)，得

$$\boxed{\psi_2'(0_+) - \psi_1'(0_-) = \frac{2m\gamma}{\hbar^2}\psi(0)} \tag{3.163}$$

这就是波函数的一阶导数的跃变条件。根据波函数(3.158)和(3.159)，得

$$\mathrm{i}kA_2 - \mathrm{i}k(A_1 - A_1') = \frac{2m\gamma}{\hbar^2}A_2 \tag{3.164}$$

利用式(3.161)和式(3.164)，得

$$\frac{A_1'}{A_1} = \frac{m\gamma}{-m\gamma + \mathrm{i}\hbar^2k},\qquad \frac{A_2}{A_1} = \frac{\mathrm{i}\hbar^2k}{-m\gamma + \mathrm{i}\hbar^2k} \tag{3.165}$$

由此可以算出反射系数和透射系数

$$R = \left|\frac{J_\mathrm{r}}{J_\mathrm{i}}\right| = \left|\frac{A_1'}{A_1}\right|^2 = \frac{(m\gamma)^2}{(m\gamma)^2 + \hbar^4k^2} = \frac{m\gamma^2}{m\gamma^2 + 2\hbar^2E} \tag{3.166}$$

$$T = \left|\frac{J_\mathrm{t}}{J_\mathrm{i}}\right| = \left|\frac{A_2}{A_1}\right|^2 = \frac{\hbar^4k^2}{(m\gamma)^2 + \hbar^4k^2} = \frac{2\hbar^2E}{m\gamma^2 + 2\hbar^2E} \tag{3.167}$$

同样满足 $R+T=1$。上面的结果对于 δ 势垒和势阱都适应，由于结果只依赖于 γ^2，因此势阱和势垒的散射效果是相同的。

3.5.2　δ 势阱的束缚态

设 $E<0$，引入正值参数

$$\beta = \sqrt{-2mE}/\hbar \tag{3.168}$$

两个常势能区域的能量本征函数分别为

$$x < 0,\quad \psi_1(x) = B_1\mathrm{e}^{\beta x} + B_1'\mathrm{e}^{-\beta x} \tag{3.169}$$

$$x > 0,\quad \psi_2(x) = B_2\mathrm{e}^{\beta x} + B_2'\mathrm{e}^{-\beta x} \tag{3.170}$$

根据平方可积的要求，波函数在无穷远处为零，因此必须有 $B_1'=B_2=0$。在 $x=0$ 处，波函数仍然是连续的，因此 $\psi_1(0)=\psi_2(0)$，由此可得 $B_1=B_2'$。由此可知，$\psi(0)=B_1=B_2'$。$\psi(0)$ 不能为零，否则会得到 $\psi(x)$ 恒为零的平庸解。将波函数代入跃变条件(3.163)，并注意 $B_1'=B_2=0$，得

$$-\beta B_2' - \beta B_1 = \frac{2m\gamma}{\hbar^2}B_1 \tag{3.171}$$

由于 $B_1=B_2'$，因此 $\beta=-m\gamma/\hbar^2$，由式(3.168)可得能量本征值为

$$\boxed{E = -\frac{m\gamma^2}{2\hbar^2}} \tag{3.172}$$

因此δ势阱存在唯一的束缚定态。利用归一化条件确定自由常数的模，注意波函数为偶函数，因此

$$\int_{-\infty}^{\infty} |\psi(x)|^2 \mathrm{d}x = 2|B_2'|^2 \int_0^{\infty} \mathrm{e}^{-2\beta x} \mathrm{d}x = \frac{1}{\beta}|B_2'|^2 = 1 \tag{3.173}$$

选择 B_2' 为正实数，得 $B_2' = \sqrt{\beta}$。注意 β 的量纲是长度的倒数，引入如下长度量纲的参数 $x_0 = \beta^{-1}$，它是δ势阱的特征长度，由此可得归一化能量本征函数

$$\psi_E(x) = \frac{1}{\sqrt{x_0}} \mathrm{e}^{-\frac{|x|}{x_0}} \tag{3.174}$$

这是一个偶函数，如图3-20所示。波函数 $\psi_E(x)$ 在坐标原点连续，但有个转折点，这意味着其一阶导数在此发生跃变，正如跃变条件所示。

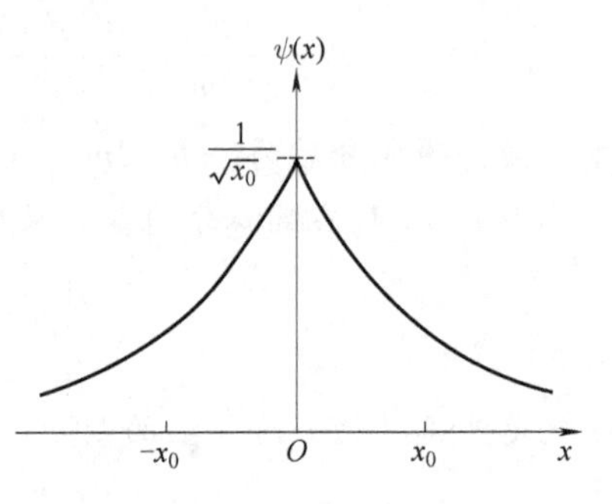

图3-20　δ势阱的束缚态波函数

3.5.3　动量表象方法

设波函数 $\psi(x)$ 的傅里叶变换为 $c(p)$

$$\psi(x) = \frac{1}{\sqrt{2\pi\hbar}} \int_{-\infty}^{\infty} c(p) \mathrm{e}^{\frac{\mathrm{i}}{\hbar}px} \mathrm{d}p \tag{3.175}$$

首先考虑方程(3.156)中动能项的变换，由于

$$\hat{p}^2 \psi(x) = -\hbar^2 \frac{\mathrm{d}^2\psi(x)}{\mathrm{d}x^2} = \frac{1}{\sqrt{2\pi\hbar}} \int_{-\infty}^{\infty} p^2 c(p) \mathrm{e}^{\frac{\mathrm{i}}{\hbar}px} \mathrm{d}p \tag{3.176}$$

因此 $\hat{p}^2\psi(x)$ 的傅里叶变换就是 $p^2c(p)$，由此可得动能项变换

$$-\frac{\hbar^2}{2m}\frac{\mathrm{d}^2\psi(x)}{\mathrm{d}x^2} \quad \rightarrow \quad \frac{p^2}{2m}c(p) \tag{3.177}$$

其次，利用δ函数的性质，可知势能项 $\delta(x)\psi(x)$ 的傅里叶变换为

$$\delta(x)\psi(x) \quad \rightarrow \quad \frac{1}{\sqrt{2\pi\hbar}} \int_{-\infty}^{\infty} \delta(x)\psi(x) \mathrm{e}^{-\frac{\mathrm{i}}{\hbar}px} \mathrm{d}x = \frac{1}{\sqrt{2\pi\hbar}}\psi(0) \tag{3.178}$$

由此可得方程(3.156)的傅里叶变换

$$\frac{p^2}{2m}c(p) + \frac{\gamma}{\sqrt{2\pi\hbar}}\psi(0) = Ec(p) \tag{3.179}$$

经过简单整理，得

$$c(p) = \frac{-\gamma\psi(0)}{\sqrt{2\pi\hbar}}\left(\frac{p^2}{2m} - E\right)^{-1} \tag{3.180}$$

这就是动量表象的波函数，并可以根据归一化条件确定 $\psi(0)$。

现在来求能量本征值。由式(3.175)可知

$$\psi(0) = \frac{1}{\sqrt{2\pi\hbar}} \int_{-\infty}^{\infty} c(p) \mathrm{d}p \tag{3.181}$$

代入 $c(p)$ 的表达式，得

$$\psi(0) = \frac{-\gamma\psi(0)}{2\pi\hbar} \int_{-\infty}^{\infty} \frac{2m}{p^2 - 2mE} \mathrm{d}p \tag{3.182}$$

注意 $\psi(0)\neq 0$，否则会得到 $c(p)=0$ 的平庸解。由式(3.182)约去 $\psi(0)$，得

$$1=\frac{-\gamma}{2\pi\hbar}\int_{-\infty}^{\infty}\frac{2m}{p^2-2mE}\mathrm{d}p \tag{3.183}$$

设 $E<0$，利用不定积分公式

$$\int\frac{\mathrm{d}\xi}{a^2+\xi^2}=\frac{1}{a}\arctan\frac{\xi}{a}+\text{常数} \tag{3.184}$$

可以算出积分

$$\int_{-\infty}^{\infty}\frac{2m}{p^2-2mE}\mathrm{d}p=\sqrt{-\frac{2m}{E}}\pi \tag{3.185}$$

代入式(3.183)，可得

$$E=-\frac{m\gamma^2}{2\hbar^2} \tag{3.186}$$

这正是能量本征值式(3.172)。坐标表象波函数可以利用式(3.180)根据傅里叶变换求出，但直接计算积分并不简单，可以通过查阅傅里叶变换函数表来求得。最后得到

$$\psi(x)=\psi(0)\mathrm{e}^{\frac{m\gamma}{\hbar^2}|x|} \tag{3.187}$$

利用归一化条件可以确定 $\psi(0)$ 的模，归一化可以在坐标表象进行，也可以在动量表象进行。在动量表象中讨论能量本征值时，傅里叶变换正确记入了 δ 函数的影响，绕开了坐标表象中波函数一阶导数的不连续性，付出的代价是需要计算式(3.183)中的一个积分。

3.6 线性谐振子

谐振子势是一种接近于现实的势能，是物理学中最为重要的情形之一，很多问题都是以谐振子模型作为出发点。

3.6.1 引言

设势能函数 $V(x)$ 在 x_0 处有一个极小值，如图 3-21 所示，将 $V(x)$ 在 x_0 点做泰勒展开

$$V(x)=V(x_0)+\frac{1}{2}\frac{\mathrm{d}^2V}{\mathrm{d}x^2}\bigg|_{x=x_0}(x-x_0)^2+\cdots \tag{3.188}$$

这里利用了一阶导数为零的极值条件。当振幅很小时，忽略高次项，并重新选择势能极小值为势能零点，可得

$$V(x)=\frac{1}{2}k(x-x_0)^2,\quad k=\frac{\mathrm{d}^2V}{\mathrm{d}x^2}\bigg|_{x=x_0}>0 \tag{3.189}$$

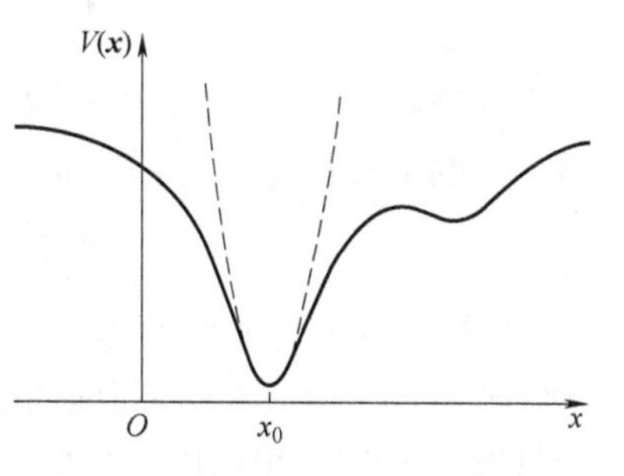

图 3-21　势能极小值附近的抛物线形近似

式(3.189)正是谐振子势，因此，很多体系都近似遵从谐振子的方程。

根据势能函数式(3.224)，可得谐振子的能量本征方程

$$\left(-\frac{\hbar^2}{2m}\frac{\mathrm{d}^2}{\mathrm{d}x^2}+\frac{1}{2}m\omega^2x^2\right)\psi(x)=E\psi(x) \tag{3.190}$$

3.6.2 方程的求解

将能量本征方程整理为

$$\frac{\mathrm{d}^2\psi(x)}{\mathrm{d}x^2}+\left(\frac{2mE}{\hbar^2}-\frac{m^2\omega^2}{\hbar^2}x^2\right)\psi(x)=0 \tag{3.191}$$

引入组合参数

$$\alpha=\sqrt{\frac{m\omega}{\hbar}},\qquad x_0=\frac{1}{\alpha} \tag{3.192}$$

x_0 具有长度的量纲，是谐振子的特征长度。引入无量纲变量

$$\xi=\alpha x,\qquad \lambda=\frac{2E}{\hbar\omega} \tag{3.193}$$

ξ 相当于以 x_0 为单位的坐标，λ 相当于以 $\hbar\omega/2$ 为单位的能量。采用无量纲变量，可以摆脱具体物理参数的限制，得到一个纯数学方程。由于变量从 x 换成了 ξ，波函数也要从 $\psi(x)$ 换成 ξ 的函数 $\tilde{\psi}(\xi)$。一方面，由于自变量变了，函数的映射法则也不同，因此采用不同的函数记号；另一方面，在 $\xi\sim\xi+\mathrm{d}\xi$ 和 $x\sim x+\mathrm{d}x$ 中找到粒子的概率是一回事，因此有

$$|\tilde{\psi}(\xi)|^2\mathrm{d}\xi=|\psi(x)|^2\mathrm{d}x \tag{3.194}$$

忽略不重要的常数相因子，式(3.194)要求

$$\tilde{\psi}(\xi)=\frac{1}{\sqrt{\alpha}}\psi(x)\Big|_{x=\frac{\xi}{\alpha}} \tag{3.195}$$

由此式(3.191)变为

$$\frac{\mathrm{d}^2\tilde{\psi}(\xi)}{\mathrm{d}\xi^2}+(\lambda-\xi^2)\tilde{\psi}(\xi)=0 \tag{3.196}$$

先讨论方程在无穷远处的渐近行为。当 $|\xi|\to\infty$ 时，常数 $\lambda\ll\xi^2$，因此忽略 λ 项，方程近似为

$$\frac{\mathrm{d}^2\tilde{\psi}(\xi)}{\mathrm{d}\xi^2}-\xi^2\tilde{\psi}(\xi)=0 \tag{3.197}$$

方程(3.197)的两个线性无关的近似解为 $\mathrm{e}^{\xi^2/2}$ 和 $\mathrm{e}^{-\xi^2/2}$。实际上，$\mathrm{e}^{\pm\xi^2/2}$ 是如下两个方程的精确解(代入即可验证)

$$\frac{\mathrm{d}^2 f(\xi)}{\mathrm{d}\xi^2}-(\xi^2\pm1)f(\xi)=0 \tag{3.198}$$

这两个方程相当于方程(3.196)取 $\lambda=\pm1$ 的特定情形。因此我们预料，方程(3.196)的解在无穷远处的渐近行为就是 $\mathrm{e}^{\xi^2/2}$ 和 $\mathrm{e}^{-\xi^2/2}$，或者说是二者的线性叠加

$$\tilde{\psi}(\xi)\xrightarrow{|\xi|\to\infty}A\mathrm{e}^{\frac{\xi^2}{2}}+B\mathrm{e}^{-\frac{\xi^2}{2}} \tag{3.199}$$

$\mathrm{e}^{\xi^2/2}$ 是在 $|\xi|\to\infty$ 处发散的函数，这样的波函数不满足平方可积的要求。而且由于发散严重，它也不像平面波那样可以通过线性叠加来构造合理的波包。因此，波函数在无穷远处的行为只能为 $\mathrm{e}^{-\xi^2/2}$。根据以上分析，将波函数写为如下形式

$$\tilde{\psi}(\xi)=\mathrm{e}^{-\frac{\xi^2}{2}}H(\xi) \tag{3.200}$$

很显然，只要令 $H(\xi)=\tilde{\psi}(\xi)\mathrm{e}^{\xi^2/2}$ 就得到式(3.200)，这对波函数没有任何要求。因此式

(3.200)并未排除波函数在无穷远处的行为类似 $e^{\xi^2/2}$。如果 $H(\xi)$ 中含有 e^{ξ^2}，则 $\tilde{\psi}(\xi)$ 中仍然会有 $e^{\xi^2/2}$ 这个发散因子。式(3.200)的意义在于，对满足物理条件的波函数分离出因子 $e^{-\xi^2/2}$ 后，剩下的部分 $H(\xi)$ 具有相对简单的形式。将式(3.200)代入方程(3.196)，整理后，得

$$\frac{d^2H}{d\xi^2}-2\xi\frac{dH}{d\xi}+(\lambda-1)H=0 \tag{3.201}$$

这正是厄米(Hermite)方程(附录 E)。当参数取

$$\lambda=2n+1 \tag{3.202}$$

时，厄米方程具有多项式解，此时波函数 $\tilde{\psi}(\xi)$ 满足平方可积的条件。通常将多项式的最高次项的系数约定为 2^n，由此得到的解称为厄米多项式。厄米多项式具有如下微分表达式

$$\mathrm{H}_n(\xi)=(-1)^n e^{\xi^2}\frac{d^n}{d\xi^n}e^{-\xi^2} \tag{3.203}$$

厄米方程(3.201)是个线性齐次方程，$\mathrm{H}_n(\xi)$ 乘以任何常数仍是方程的解。

3.6.3　能量本征态

根据式(3.193)和式(3.202)，可知能量本征值(即能级)为

$$\boxed{E_n=\left(n+\frac{1}{2}\right)\hbar\omega,\quad n=0,1,2,\cdots} \tag{3.204}$$

能级的特征为：

(1) 能级不简并，这是一维束缚定态的普遍性质；

(2) 等间隔：$E_{n+1}-E_n=\hbar\omega$；

(3) 具有零点能：$E_0=\hbar\omega/2$。

根据式(3.200)可以得到对应于能量 E_n 的能量本征函数。我们希望能量本征函数 $\tilde{\psi}_n(\xi)$ 满足归一化条件，因此式(3.200)中的 $H(\xi)$ 可能跟厄米多项式 $\mathrm{H}_n(\xi)$ 差一个常数因子。考虑这个因素后，能量本征函数应当为

$$\tilde{\psi}_n(\xi)=\tilde{N}_n e^{-\frac{\xi^2}{2}}\mathrm{H}_n(\xi),\quad n=0,1,2,\cdots \tag{3.205}$$

式中，$\tilde{N}_n$ 是待定归一化常数。根据式(3.195)可知 $\psi_n(x)=\sqrt{\alpha}\,\tilde{\psi}_n(\alpha x)$，因此

$$\boxed{\psi_n(x)=N_n e^{-\frac{1}{2}\alpha^2x^2}\mathrm{H}_n(\alpha x),\quad n=0,1,2,\cdots} \tag{3.206}$$

式中，$N_n=\sqrt{\alpha}\,\tilde{N}_n$。根据厄米多项式的带权正交归一性(附录 E)，可以证明

$$\int_{-\infty}^{\infty}|\psi_n(x)|^2dx=\int_{-\infty}^{\infty}|\tilde{\psi}_n(\xi)|^2d\xi=2^n n!\sqrt{\pi}\,|\tilde{N}_n|^2 \tag{3.207}$$

让这个积分等于 1，可以算出归一化常数(取正实数)为

$$N_n=\sqrt{\frac{\alpha}{2^n n!\sqrt{\pi}}} \tag{3.208}$$

前三个能量本征函数为

$$\psi_0=\frac{\sqrt{\alpha}}{\pi^{1/4}}e^{-\frac{1}{2}\alpha^2x^2},\quad \psi_1=\frac{\sqrt{2\alpha}}{\pi^{1/4}}\alpha x e^{-\frac{1}{2}\alpha^2x^2},\quad \psi_2=\frac{1}{\pi^{1/4}}\sqrt{\frac{\alpha}{2}}(2\alpha^2x^2-1)e^{-\frac{1}{2}\alpha^2x^2} \tag{3.209}$$

在图 3-22 中展示了谐振子的前六个能级、波函数和概率分布。

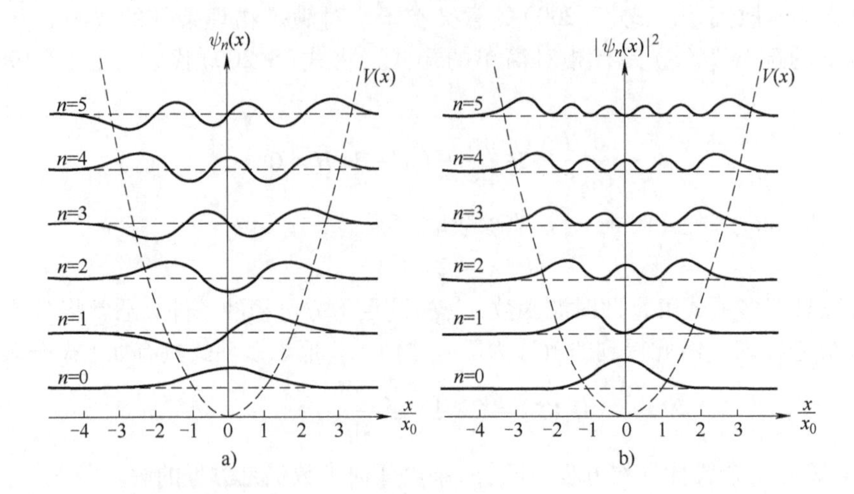

图 3-22　谐振子

a）能级和波函数　b）能级和概率分布

能量本征函数具有如下性质：

(1) 正交归一性。根据厄米多项式的带权正交归一性（附录 E），可以证明

$$\int_{-\infty}^{\infty}\psi_n^*(x)\psi_m(x)\mathrm{d}x=\int_{-\infty}^{\infty}\tilde{\psi}_n^*(\xi)\tilde{\psi}_m(\xi)\mathrm{d}\xi=0,\quad n\neq m \tag{3.210}$$

这表示 $\psi_n(x)$ 与 $\psi_m(x)$ 互相正交⊖。式(3.210)和式(3.207)可以合写为

$$\boxed{\int_{-\infty}^{\infty}\psi_n^*(x)\psi_m(x)\mathrm{d}x=\delta_{nm}} \tag{3.211}$$

称为能量本征函数的正交归一性。虽然 $\psi_n(x)$ 为实函数，但作为一个良好的习惯，我们保留复共轭。

(2) 完备性。根据厄米多项式的完备性可知，满足一定条件（暂不关注细节）的函数 $\tilde{\psi}(\xi)$ 可以用能量本征函数组 $\{\tilde{\psi}_n(\xi)\}$ 展开

$$\tilde{\psi}(\xi)=\sum_{n=0}^{\infty}c_n\tilde{\psi}_n(\xi),\qquad c_n=\int_{-\infty}^{\infty}\tilde{\psi}_n^*(\xi)\tilde{\psi}(\xi)\mathrm{d}\xi \tag{3.212}$$

利用式(3.206)，并记 $\psi(x)=\sqrt{\alpha}\tilde{\psi}(\alpha x)$，可以将展开式写为

$$\boxed{\psi(x)=\sum_{n=0}^{\infty}c_n\psi_n(x),\qquad c_n=\int_{-\infty}^{\infty}\psi_n^*(x)\psi(x)\mathrm{d}x} \tag{3.213}$$

(3) 根据厄米多项式的性质，可得递推公式

$$\xi\tilde{\psi}_n(\xi)=\sqrt{\frac{n}{2}}\tilde{\psi}_{n-1}(\xi)+\sqrt{\frac{n+1}{2}}\tilde{\psi}_{n+1}(\xi) \tag{3.214}$$

$$\frac{\mathrm{d}}{\mathrm{d}\xi}\tilde{\psi}_n(\xi)=\sqrt{\frac{n}{2}}\tilde{\psi}_{n-1}(\xi)-\sqrt{\frac{n+1}{2}}\tilde{\psi}_{n+1}(\xi) \tag{3.215}$$

⊖ 我们将会知道，属于不同能量本征值的本征函数必然互相正交.

利用式(3.206)，将递推公式换成

$$\boxed{x\psi_n(x)=\frac{1}{\sqrt{2}\alpha}[\sqrt{n}\,\psi_{n-1}(x)+\sqrt{n+1}\,\psi_{n+1}(x)]} \tag{3.216}$$

$$\boxed{\frac{\mathrm{d}}{\mathrm{d}x}\psi_n(x)=\frac{\alpha}{\sqrt{2}}[\sqrt{n}\,\psi_{n-1}(x)-\sqrt{n+1}\,\psi_{n+1}(x)]} \tag{3.217}$$

3.6.4 体系的演化

谐振子的薛定谔方程为

$$\left(-\frac{\hbar^2}{2m}\frac{\partial^2}{\partial x^2}+\frac{1}{2}m^2\omega^2x^2\right)\psi(x,t)=\mathrm{i}\hbar\frac{\partial}{\partial t}\psi(x,t) \tag{3.218}$$

将$\psi_n(x)$添上时间因子$\mathrm{e}^{-\mathrm{i}E_nt/\hbar}$，便得到定态波函数

$$\psi_n(x,t)=N_n\mathrm{e}^{-\frac{1}{2}\alpha^2x^2}\mathrm{H}_n(\alpha x)\mathrm{e}^{-\frac{\mathrm{i}}{\hbar}E_nt},\qquad n=0,1,2,\cdots \tag{3.219}$$

这是薛定谔方程的一组特解。由特解的线性叠加可以得到薛定谔方程的通解

$$\psi(x,t)=\sum_{n=0}^{\infty}c_n\psi_n(x,t)=\sum_{n=0}^{\infty}c_n\psi_n(x)\mathrm{e}^{-\frac{\mathrm{i}}{\hbar}E_nt} \tag{3.220}$$

设体系初态波函数为$\varphi(x)$，由式(3.220)可得

$$\psi(x,0)=\sum_{n=0}^{\infty}c_n\psi_n(x)=\varphi(x) \tag{3.221}$$

这正是将$\psi(x,0)$按照能量本征函数展开。根据式(3.213)，可得叠加系数

$$c_n=\int_{-\infty}^{\infty}\psi_n^*(x)\varphi(x)\mathrm{d}x \tag{3.222}$$

上述过程也可以这样理解：设体系初态波函数为$\psi(x,0)$，根据能量本征函数组的完备性将其展开为式(3.221)，其中叠加系数由式(3.222)确定，然后将$\psi_n(x)$替换为$\psi_n(x,t)$，就得到波函数的演化式(3.220)。在定态下概率密度和概率流密度均不随时间变化，而叠加态则不然。

*3.6.5 经典极限

考虑一个弹簧振子，将坐标原点选在平衡时小球的位置，弹簧的回复力满足胡克(Hooke)定律

$$F=-kx \tag{3.223}$$

式中，$k>0$是弹簧的劲度系数。选择平衡位置为坐标原点，则势能函数为

$$V(x)=\frac{1}{2}m\omega^2x^2,\quad \omega=\sqrt{\frac{k}{m}} \tag{3.224}$$

根据牛顿第二定律，得

$$m\frac{\mathrm{d}^2x}{\mathrm{d}t^2}=-kx \tag{3.225}$$

采用参数ω，将方程化为

$$\ddot{x}+\omega^2x=0 \tag{3.226}$$

按照物理习惯，我们在物理量符号顶部加一点表示对时间求一阶导数，加两点表示对时间

求二阶导数。方程(3.226)的解为

$$x(t) = A\sin(\omega t + \delta) \tag{3.227}$$

式中，A 是振幅；δ 是初相位，由初条件 $x(0)$ 和 $\dot{x}(0)$ 确定。粒子在$-A \sim A$ 范围内做简谐振动，其速度为

$$v = \dot{x}(t) = A\omega\cos(\omega t + \delta) \tag{3.228}$$

能量为

$$E = \frac{1}{2}mv^2 + \frac{1}{2}m\omega^2 x^2 = \frac{1}{2}m\omega^2 A^2 \tag{3.229}$$

因此振幅 A 反映了能量的大小。

对于经典谐振子而言，粒子(小球)在每一时刻都有确定位置，在给定时刻，某个区间 $x \sim x+\mathrm{d}x$ 内要么能找到粒子，要么找不到粒子，并不存在量子力学那样的概率。为了跟量子力学情形对比，我们可以考虑一个随机实验：在谐振子的若干振动周期内，以均匀的时间间隔测量粒子的位置 N 次。由于是经典谐振子，测量对系统的干扰可以尽可能地少，比如我们观察一个宏观的弹簧振子，对弹簧末端小球的运动几乎是没有影响的。因此，可以不必像量子力学中的测量那样需要准备大量相同的谐振子构成的系综。把小球(或粒子)的位置作为随机变量，如果在这 N 次随机实验中，有 n 次结果出现在 $x_1 \sim x_2$ 内，则称在该区间找到粒子的频率为 n/N。注意不要把这个随机事件发生的频率和弹簧振子的振动频率两个概念弄混了。当 $N\to\infty$ 时，n/N 趋于在 $x_1 \sim x_2$ 找到粒子的概率。

引入经典概率密度函数 $\rho(x)$，使得在 $x \sim x+\mathrm{d}x$ 内找到粒子的概率为 $\rho(x)\mathrm{d}x$。因为我们是以均匀的时间间隔来做随机实验的，因此 $\rho(x)\mathrm{d}x$ 应该正比于粒子在 $x \sim x+\mathrm{d}x$ 逗留的时间 $\mathrm{d}t$，即 $\rho(x)\mathrm{d}x \propto \mathrm{d}t$。粒子从 $x=-A$ 运动到 $x=A$ 花费的时间为 $T/2$，这段时间内粒子能够且仅能够出现在 $x \sim x+\mathrm{d}x$ 一次，因此

$$\rho(x)\mathrm{d}x = \frac{\mathrm{d}t}{T/2} = \frac{2\mathrm{d}t}{T} \tag{3.230}$$

由此可得

$$\rho(x) = \left(\frac{\mathrm{d}x}{\mathrm{d}t}\right)^{-1}\frac{2}{T} = \frac{2}{vT} \tag{3.231}$$

根据式(3.227)和式(3.228)

$$v = \omega\sqrt{A^2 - x^2} \tag{3.232}$$

由式(3.231)，并注意 $T=2\pi/\omega$，得

$$\rho(x) = \frac{1}{\pi\sqrt{A^2 - x^2}} = \frac{1}{\pi A}\left(1 - \frac{x^2}{A^2}\right)^{-\frac{1}{2}}, \quad -A < x < A \tag{3.233}$$

可以验证 $\rho(x)$ 是归一化的

$$\int_{-A}^{A}\rho(x)\mathrm{d}x = 1 \tag{3.234}$$

经典谐振子的能量由式(3.229)给出，它是连续取值的。为了比较两种情况的概率分布，让经典谐振子的能量和量子谐振子的能量相等，来确定要比较的经典谐振子的状态。根据式(3.229)和式(3.204)，得

$$\frac{1}{2}m\omega^2A^2=\left(n+\frac{1}{2}\right)\hbar\omega \tag{3.235}$$

由此可得相应能量的振幅为

$$A_n=\frac{\sqrt{2n+1}}{\alpha}=\sqrt{2n+1}\,x_0 \tag{3.236}$$

由此易见$A_0=x_0$，也就是说，量子谐振子的零点能$\hbar\omega/2$对应的经典振幅就是量子谐振子的特征长度x_0。根据式(3.236)，经典谐振子的概率密度式(3.233)变为

$$\rho_n(x)=\frac{1}{\pi\sqrt{(2n+1)x_0^2-x^2}},\quad -\sqrt{2n+1}\,x_0<x<\sqrt{2n+1}\,x_0 \tag{3.237}$$

需要注意的是，量子谐振子的概率分布是在固定时刻的分布，和经典的概率分布含义并不相同。此外，由于是定态，量子谐振子的概率分布不随时间变化，即

$$|\psi_n(x,t)|^2=|\psi_n(x)|^2 \tag{3.238}$$

现在我们可以比较经典谐振子的概率密度$\rho_n(x)$和量子谐振子的概率密度$|\psi_n(x)|^2$了。对于$n=0,1,2,10$这四种情况，我们将概率分布画在图3-23中，注意横坐标以谐振子的特征长度x_0为单位，图中实线代表量子概率密度，虚线代表经典概率密度，两条灰色竖线所在位置表示经典谐振子的振幅。两条竖线之间是经典允许区，之外是经典禁区。

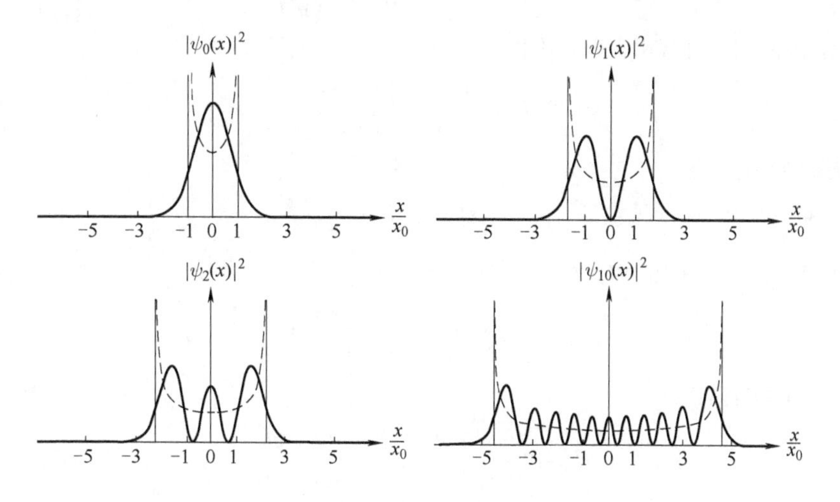

图3-23 线性谐振子的概率密度

由图3-23可见，在量子力学情形下，粒子可以出现在经典禁区。当n取值较小时，经典概率分布和量子概率分布差别很大，而当n值很大时，量子概率围绕着经典概率迅速振荡。需要注意的是，即使当n值很大时，处于定态$\psi_n(x)$的量子谐振子与经典谐振子的行为也是完全不同的。可以证明，对于任何定态$\hat{x}$和$\hat{p}_x$的平均值均为0(留作练习)，而对于经典的谐振子，粒子的位置随着时间做简谐振动，动量随着时间的演化也是类似的。对于谐振子而言，可以构造出一种“相干态”波包，它是无穷多个能量本征态的适当线性叠加，这种波包的中心随着时间做简谐振动，而且波包并不扩散，就像一个经典粒子一样。我们将在第9章的“相干态表象”这一节介绍这种量子态。

3.1 考虑高度为 V_0 一维势阶，$V(x)=V_0u(x)$，$u(x)$ 是单位阶跃函数。设粒子从右端入射，能量 $E>V_0$，求反射系数和透射系数。

3.2 对于如下一维无限深方势阱

$$V(x)=\begin{cases}0, & 0<x<a\\ \infty, & x<0,x>a\end{cases}$$

求解能量本征方程（假定不知道正文结果）。

3.3 设一维无限深势阱宽度为 a，将势阱左端取为坐标原点。对于如下波函数

$$\psi(x)=Ax(a-x)$$

将其用能量本征函数展开，求展开系数。

3.4 设粒子在如下一维无限深方势阱中运动

$$V(x)=\begin{cases}0, & |x|<a/2\\ \infty, & |x|>a/2\end{cases}$$

粒子处于能量本征态 $\psi_n(x)$，证明粒子坐标的期待值和方差为

$$\langle x\rangle=0, \qquad \sigma_x^2=\frac{a^2}{12}\left(1-\frac{6}{n^2\pi^2}\right)$$

3.5 设粒子在如下一维无限深方势阱中运动

$$V(x)=\begin{cases}0, & |x|<a/2\\ \infty, & |x|>a/2\end{cases}$$

证明能量本征函数两两正交

$$\int_{-\infty}^{\infty}\psi_n^*(x)\psi_m(x)\mathrm{d}x = 0, \quad n\neq m$$

3.6 设粒子在如下一维无限深方势阱中运动

$$V(x)=\begin{cases}0, & |x|<a\\ \infty, & |x|>a\end{cases}$$

在 $t=0$ 时刻，粒子的波函数为

$$\psi(x,0)=\begin{cases}A(a^2-x^2), & |x|<a\\ 0, & |x|>a\end{cases}$$

（1）求出归一化常数 A；

（2）求出 $t>0$ 时刻的波函数 $\psi(x,t)$（结果保持为级数即可）；

（3）求能量平均值。

3.7 对于三维立方形无限深方势阱

$$V(x,y,z)=\begin{cases}0, & 0<x,y,z<a\\ \infty, & \text{其他地方}\end{cases}$$

在直角坐标系中采用分离变量法求解，将能量本征值和能量本征函数记为 $E_{n_1n_2n_3}$ 和 $\psi_{n_1n_2n_3}$，

（1）求出能量本征值和能量本征函数；

（2）按照能量从小到大的顺序，求前 6 个能级的简并度；

（3）能级 E_{333} 的简并度为多大？

答案：$E_{n_1n_2n_3}=\dfrac{\pi^2\hbar^2}{2ma^2}(n_1^2+n_2^2+n_3^2)$，$n_1,n_2,n_3=1,2,3,\cdots$

$$\psi_{n_1n_2n_3}(x,y,z)=\left(\frac{2}{a}\right)^{3/2}\sin\frac{n_1\pi x}{a}\sin\frac{n_2\pi y}{a}\sin\frac{n_3\pi z}{a}$$

能级取决于 $n_1^2+n_2^2+n_3^2$，n_1,n_2,n_3 的相同组合给出相同的能级，前 6 个能级从小到大分别为 $E_{111},E_{112},E_{122},E_{113},E_{222},E_{123}$，简并度分别为 1,3,3,3,1,6。

由于 $E_{333}=E_{511}$，因此该能级简并度为 4。

3.8　求一维谐振子处在第一激发态时概率最大的位置。

3.9　设谐振子处于能量本征态 $\psi_n(x)$，求 x 和 x^2 的平均值

$$\langle x\rangle=\int_{-\infty}^{\infty}\psi_n^*(x)x\psi_n(x)\mathrm{d}x$$

$$\langle x^2\rangle=\int_{-\infty}^{\infty}\psi_n^*(x)x^2\psi_n(x)\mathrm{d}x$$

并由此求出谐振子势能的平均值。

提示：根据能量本征函数的递推公式和正交归一关系。

3.10　设谐振子处于能量本征态 $\psi_n(x)$，求 $\hat{p}\equiv\hat{p}_x$ 和 $\hat{p}^2$ 的平均值

$$\langle p\rangle=\int_{-\infty}^{\infty}\psi_n^*(x)\hat{p}\psi_n(x)\mathrm{d}x$$

$$\langle p^2\rangle=\int_{-\infty}^{\infty}\psi_n^*(x)\hat{p}^2\psi_n(x)\mathrm{d}x$$

并由此求出谐振子动能的平均值。

提示：根据能量本征函数的递推公式和正交归一关系。

3.11　设粒子在半壁无限高谐振子势

$$V(x)=\begin{cases}\infty, & x<0\\ \dfrac{1}{2}m\omega^2x^2, & x>0\end{cases}$$

中运动，求能量本征值和本征函数。

3.12　设粒子在半壁无限高有限深方势阱

$$V(x)=\begin{cases}\infty, & x<0\\ -V_0, & 0<x<a\\ 0, & x>a\end{cases}$$

中运动，其中 $V_0>0$，求至少存在一个束缚态的条件。

3.13　对于一维束缚态问题，证明：

(1) 能量本征函数总可以取为实值函数；

(2) 如果 $V(x)$ 为偶函数，则能量本征函数总可以取为奇函数或偶函数。

第 4 章 线性空间理论

线性空间是一个特殊集合，波函数是线性空间的元素，力学量用线性空间中的线性算符来表达。在线性代数教材中通常会介绍有限维线性空间，而一般线性空间的理论可以在任何一本泛函分析教材上找到。本章是专门为讨论量子力学而写的，因此讲法没有数学教材那么严谨。对于一些数学上很重要的定理，由于在讨论量子力学时并不迫切需要了解其证明过程，我们就只给出结论。

4.1 线性空间

4.1.1 矢量简要回顾

1. 矢量

n 个有序实数 $x_1,x_2,\cdots,x_n$ 构成的数组称为 n 维（实）矢量（vector），这 n 个数称为该矢量的分量（component）。按照习惯，我们将该数组记为列矩阵 $(x_1,x_2,\cdots,x_n)^{\mathrm{T}}$，上标 T 表示矩阵的转置。全体 n 维实矢量的集合记作 $\mathbb{R}^n$。

现在矢量有两种含义：一种是物理矢量，比如位置矢量、动量、电场强度等；另一种是 n 维数组矢量，即 $\mathbb{R}^n$ 中的元素。在空间 O 点建立直角坐标系，则定义在 O 点的矢量（比如从 O 点出发的位置矢量和 O 点的电场强度矢量等）$\boldsymbol{A}$ 可以用三个坐标轴方向的单位矢量 $\boldsymbol{e}_x$，$\boldsymbol{e}_y$，$\boldsymbol{e}_z$ 展开为

$$\boldsymbol{A}=A_x\boldsymbol{e}_x+A_y\boldsymbol{e}_y+A_z\boldsymbol{e}_z \tag{4.1}$$

在这个意义上，矢量组 $\boldsymbol{e}_x,\boldsymbol{e}_y,\boldsymbol{e}_z$ 构成一个基（basis），其中每个矢量称为基矢量（basis vector），而 A_x,A_y,A_z 称为矢量的分量（component）。物理矢量 $\boldsymbol{A}$ 可以用其分量列矩阵表示

$$\boldsymbol{A}\doteq\begin{pmatrix}A_x\\A_y\\A_z\end{pmatrix} \tag{4.2}$$

其中记号 ≐ 的意思是“用……表示”。矢量 $\boldsymbol{A}$ 的分量列矩阵是 $\mathbb{R}^3$ 中的数组矢量。按照这个习惯，基矢量本身用分量列矩阵表示为

$$\boldsymbol{e}_x\doteq\begin{pmatrix}1\\0\\0\end{pmatrix},\qquad \boldsymbol{e}_y\doteq\begin{pmatrix}0\\1\\0\end{pmatrix},\qquad \boldsymbol{e}_z\doteq\begin{pmatrix}0\\0\\1\end{pmatrix} \tag{4.3}$$

不需区分物理矢量和列矩阵时可将≐改为等号，比如 $\boldsymbol{A}=(A_x,A_y,A_z)^{\mathrm{T}}$ 等。

2. 矢量组

给定矢量组 $\xi_1,\xi_2,\cdots,\xi_m$ 和任何一组实数 $c_1,c_2,\cdots,c_m$，如下表达式

$$c_1\xi_1+c_2\xi_2+\cdots+c_m\xi_m \tag{4.4}$$

称为 $\xi_1,\xi_2,\cdots,\xi_m$ 的线性组合。对于给定的矢量 x 和矢量组 $\xi_1,\xi_2,\cdots,\xi_m$，如果存在一组实数 $c_1,c_2,\cdots,c_m$，使得

$$x=c_1\xi_1+c_2\xi_2+\cdots+c_m\xi_m \tag{4.5}$$

则称矢量 x 能由矢量组 $\xi_1,\xi_2,\cdots,\xi_m$ 线性表示。设 $\xi_1,\xi_2,\cdots,\xi_m$ 是一个矢量组，如果存在一组不全为零的实数 $c_1,c_2,\cdots,c_m$，使得

$$c_1\xi_1+c_2\xi_2+\cdots+c_m\xi_m=0 \tag{4.6}$$

则称矢量组 $\xi_1,\xi_2,\cdots,\xi_m$ 线性相关，否则称矢量组 $\xi_1,\xi_2,\cdots,\xi_m$ 线性无关。矢量组线性无关的确切含义是：若 $c_1\xi_1+c_2\xi_2+\cdots+c_m\xi_m=0$，则 $c_1=c_2=\cdots=c_m=0$。

3. 矢量空间

首先讨论物理矢量。假设 X 是 O 点的某种物理矢量(比如 O 点电场强度)的全体构成的集合，也就是说，集合 X 中包含了所有大小和方向的该种物理矢量。在集合 X 中，矢量的加法按照平行四边形法则进行，而矢量的数乘则理解为矢量的伸缩和反向。容易看出，集合 X 对于矢量的加法和数乘满足封闭性，我们将这个集合称为物理矢量空间。

其次讨论数组矢量。假设 V 是由 n 维矢量构成的集合，如果集合 V 对于矢量的加法和数乘运算满足封闭性，则称为矢量空间。有时为了强调，我们也将其称为数组矢量空间。$\mathbb{R}^n$ 就是一个矢量空间，n 元齐次线性方程组的解空间也是一个矢量空间。

假设 V 是一个数组矢量空间，如果 V 中的一组矢量满足如下条件：

(1) 线性无关；

(2) V 中每个矢量都能用这组矢量线性表示。

则称为 V 的一个基。基中矢量的个数称为该线性空间的维数。换句话说，将矢量空间看作矢量组，基就是一个最大无关组，矢量空间的维数就是该矢量组的秩(rank)。$\mathbb{R}^n$ 是 n 维矢量空间。矢量空间的维数是确定的，但基不是唯一的。

在物理矢量空间选定直角坐标基后，物理矢量的加法和数乘对应数组矢量的加法和数乘。在不需要区分物理矢量和数组矢量时，我们将物理矢量空间等同于 $\mathbb{R}^n(n\leqslant 3)$。

4. 内积和模

在物理矢量空间中，两个矢量 $\boldsymbol{A}=(A_x,A_y,A_z)^{\mathrm{T}}$ 和 $\boldsymbol{B}=(B_x,B_y,B_z)^{\mathrm{T}}$ 的点乘为

$$\boldsymbol{A}\cdot\boldsymbol{B}=|\boldsymbol{A}||\boldsymbol{B}|\cos\theta=A_xB_x+A_yB_y+A_zB_z \tag{4.7}$$

式中，θ 为两个矢量的夹角。点乘的概念可以推广到数组矢量空间中，称为两个矢量的内积(inner product)。在数组矢量空间中，两个矢量 $x=(x_1,x_2,\cdots,x_n)^{\mathrm{T}}$ 和 $y=(y_1,y_2,\cdots,y_n)^{\mathrm{T}}$ 的内积定义为

$$x^{\mathrm{T}}y=x_1y_1+x_2y_2+\cdots+x_ny_n \tag{4.8}$$

这是对式(4.7)的直接推广。如果 $x^{\mathrm{T}}y=0$，则称 x 和 y 正交。

普通矢量(比如位矢、速度、电场强度等)是有大小的，称为矢量的模(modulus)或者范数(norm)。设矢量 $\boldsymbol{A}$ 的直角坐标分量为 A_x,A_y,A_z，其大小为

$$|\boldsymbol{A}| = \sqrt{A_x^2 + A_y^2 + A_z^2} \tag{4.9}$$

设 $x=(x_1,x_2,\cdots,x_n)^{\mathrm{T}}$，其范数为

$$\|x\| = \sqrt{x_1^2 + x_2^2 + \cdots + x_n^2} \tag{4.10}$$

范数为 1 的矢量称为单位矢量。矢量的范数可以由内积导出

$$|\boldsymbol{A}| = \sqrt{\boldsymbol{A}\cdot\boldsymbol{A}}, \qquad \|x\| = \sqrt{x^{\mathrm{T}}x} \tag{4.11}$$

引入矢量的内积和模后，可以定义标准正交基(orthonormal basis)，这要求基中的矢量都是单位矢量，且两两正交。三维物理空间的直角坐标基 $\boldsymbol{e}_x,\boldsymbol{e}_y,\boldsymbol{e}_z$ 就是一个标准正交基，其分量列矩阵构成 $\mathbb{R}^3$ 的一个标准正交基。

4.1.2 一般线性空间

线性空间(linear space)是对数组矢量空间的推广。对概念进行推广，首先要考察概念所包含对象的特征，然后寻找其所属类别。比如我们看到一个人，他(她)有很多特征：姓名、性别、身高、体重、年龄、学历、职业……我们要找到与其同类的人，首先要选择具体的特征。比如，与其同姓的人是一类，与其同名的人也是一类。当然也可以选择多个特征，比如与其同名且同姓。附加额外信息一般会让包含的人数减少，至少不会增多。

矢量空间有很多数学性质。比如，矢量加法满足交换律和结合律，矢量空间中具有零矢量，可以定义内积，矢量有长度，两个矢量有夹角等。要推广矢量空间的概念，究竟应该选择多少性质呢？如果选择性质过少，满足条件的数学对象就会过多，从而不便于研究；如果选择的性质过多，满足条件的数学对象就会过少，比如可能只包含数组矢量空间，达不到概念推广的目的。数学家选择了矢量空间的八条性质，由此找到的一类数学对象就称为线性空间。

1. 线性空间的定义

定义：设 X 是一个非空集合，$\mathbb{C}$ 为复数域。假设在 X 中定义了两种运算：①加法运算；②复数与 X 中元素的乘法运算(数乘运算)，并且 X 对两种运算满足封闭性，即 $\forall x,y\in X$，$a\in\mathbb{C}$，要求 $x+y\in X$，$ax\in X$。如果集合 X 满足如下 8 个条件，就称集合 X 是一个复数域上的线性空间，或简称为复线性空间。这 8 个条件为：$\forall x,y,z\in X$，$a,b\in\mathbb{C}$，

(1) $x+y=y+x$；

(2) $(x+y)+z=x+(y+z)$；

(3) 存在 $\underline{0}\in X$，使得 $x+\underline{0}=x$。$\underline{0}$ 称为零元；

(4) $\forall x\in X$，存在 $x'\in X$，使得 $x+x'=\underline{0}$。x'称为 x 的负元，记为$-x$；

(5) $1\cdot x=x$；

(6) $a(bx)=(ab)x$；

(7) $(a+b)x=ax+bx$；

(8) $a(x+y)=ax+ay$。

将定义中的复数域 $\mathbb{C}$ 换成实数域 $\mathbb{R}$，就得到实线性空间的定义。线性空间中的元素通常仍然称为矢量(vector)，因此线性空间仍然可以称为矢量空间。物理矢量空间和数组矢量空间都是线性空间的特例。零元 $\underline{0}$ 也称为零矢量，为了方便起见，在不引起混淆的情况下记

为 0。你可能会发现，这个定义缺少了矢量的两个重要特点：大小和方向。这一点不必担心，对于我们感兴趣的线性空间，我们会重新引入矢量的大小和方向。

在定义线性空间时，我们提到了复数域和实数域两个概念。初学者如果不了解“域”是什么，只需要将复数域、实数域理解为复数集、实数集就行了，不影响理解线性空间的定义。群、环、域等概念可以在“抽象代数”“近世代数”之类的书上查到，这里简单介绍一下域的概念。首先，假设在一个集合中定义了加法和乘法，而且集合关于加法和乘法是封闭的，即任何两个元素相加和相乘的结果仍属于这个集合；其次，如果该集合的加法和乘法还满足如下 9 条性质：加法交换律、加法结合律、存在加法单位元(记为 0)、每个元素存在加法逆元、乘法交换律、乘法结合律、存在乘法单位元(记为 1)、除 0 外每个元素存在乘法逆元和乘法对加法的分配律，则将该集合称为一个域。比较常见的域是有理数域、实数域和复数域，这三个域的加法单位元是数字 0，乘法单位元是数字 1。域和线性空间不同，线性空间中定义了数乘，而没有定义两个元素的乘法。

▼举例

(1) n 维复矢量的集合记为 $\mathbb{C}^n$ 或 $\mathbb{E}^n$。设 $a \in \mathbb{C}$，对于 $\mathbb{E}^n$ 中任意两点

$$x = (x_1, x_2, \cdots, x_n)^{\mathrm{T}}, \quad y = (y_1, y_2, \cdots, y_n)^{\mathrm{T}} \tag{4.12}$$

容易验证，$\mathbb{E}^n$ 关于矢量的加法和数乘

$$x + y = (x_1 + y_1, x_2 + y_2, \cdots, x_n + y_n)^{\mathrm{T}} \tag{4.13}$$

$$ax = (ax_1, ax_2, \cdots, ax_n)^{\mathrm{T}} \tag{4.14}$$

满足封闭性，并满足线性空间的 8 个条件，因此构成复线性空间。很明显，所有分量都为 0 的矢量为零矢量。$\mathbb{R}^n$ 和 $\mathbb{E}^n$ 是线性空间最简单的例子。

(2) 数列空间。将全体复数列的集合记为 s，设 $a \in \mathbb{C}$，对于任意两个数列

$$x = (x_1, x_2, \cdots, x_n, \cdots), \quad y = (y_1, y_2, \cdots, y_n, \cdots) \tag{4.15}$$

引入加法和数乘

$$x + y = (x_1 + y_1, x_2 + y_2, \cdots, x_n + y_n, \cdots) \tag{4.16}$$

$$ax = (ax_1, ax_2, \cdots, ax_n, \cdots) \tag{4.17}$$

则容易验证 s 为复线性空间。当然，我们也可以研究实数列构成的线性空间。

引入新的运算，就是用一组规则约定新运算的含义。比如对于数列空间，我们注意到数组 x 和 y 的分量都是复数，而复数的加法是有定义的。将 x 和 y 对应分量相加，所得新数组$(x_1+y_1, x_2+y_2, \cdots, x_n+y_n, \cdots)$仍是数列空间中的元素。我们约定，将这个新数组记为 $x+y$，将这种运算称为数列空间的加法，这就是式(4.16)的含义。数列空间中的数乘也是这样定义的。

(3) 空间 l^p。设 $p \geqslant 1$，如果数列 $x = (x_1, x_2, \cdots, x_n, \cdots)$满足条件

$$\sum_{n=1}^{\infty} |x_n|^p < +\infty \tag{4.18}$$

则称为 p 次收敛数列。将 p 次收敛数列的全体记为 l^p，并按照式(4.16)和式(4.17)引入加法和数乘。首先，对任意复数 a，$ax \in l^p$，因此空间 l^p 对数列的数乘运算是封闭的。其次，由于

$$
\begin{aligned}
|x_n + y_n|^p &\leqslant (|x_n| + |y_n|)^p \leqslant (2\max[|x_n|, |y_n|])^p \\
&= 2^p(\max[|x_n|, |y_n|])^p \leqslant 2^p(|x_n|^p + |y_n|^p)
\end{aligned} \tag{4.19}
$$

因此

$$
\sum_{n=1}^{\infty}|x_n + y_n|^p \leqslant 2^p\left(\sum_{n=1}^{\infty}|x_n|^p + \sum_{n=1}^{\infty}|y_n|^p\right) < +\infty \tag{4.20}
$$

由此可知 $x+y \in l^p$。因此，空间 l^p 对数列加法也是封闭的。容易验证，空间 l^p 对加法和数乘满足线性空间的 8 个条件，构成线性空间。

(4) 全体 $m\times n$ 复矩阵集合 $M_{m,n}(\mathbb{C})$。按照通常的矩阵加法和数乘，$M_{m,n}(\mathbb{C})$构成一个复线性空间，称为矩阵空间。所有元素均为 0 的矩阵是 $M_{m,n}(\mathbb{C})$中的零矢量。当然，全体 $m\times n$ 实矩阵集合 $M_{m,n}(\mathbb{R})$，按照矩阵的加法和数乘(限制为实数)也构成一个线性空间。

(5) 区间$[a,b]$上连续函数的全体，记为 $C[a,b]$。对任意 $x,y \in C[a,b]$，$t \in [a,b]$，定义如下加法和数乘

$$
(x + y)(t) = x(t) + y(t) \tag{4.21}
$$

$$
(ax)(t) = ax(t) \tag{4.22}
$$

容易验证，$C[a,b]$按照上述加法和数乘满足线性空间的 8 个条件，构成线性空间。在区间$[a,b]$上恒为零的函数是 $C[a,b]$中的零矢量。这里我们用 $x(t)$，$y(t)$这样带自变量的记号表示函数值，而用不带自变量的记号 x,y 表示函数整体。作为 $C[a,b]$空间中的矢量的是闭区间$[a,b]$上的每一个连续函数，而不是某个函数值。矢量的加法的数乘通过函数值的相加和数乘来定义。在下文中，如果不引起混淆，我们也经常用函数值记号 $x(t)$，$y(t)$等来指代矢量本身。

(6) 空间 $\mathcal{L}^p[a,b]$。设 $p\geqslant 1$，如果区间$[a,b]$上的函数 $x(t)$满足条件

$$
\int_a^b |x(t)|^p \mathrm{d}t < +\infty \tag{4.23}
$$

则称为 p **方可积函数**。将 p 方可积函数的全体记为 $\mathcal{L}^p[a,b]$，并约定将几乎处处相等的函数视为 $\mathcal{L}^p[a,b]$空间中的同一个元素而不加区别。$\mathcal{L}^p[a,b]$空间中的加法和数乘定义为函数的加法和数乘。首先，对任意复数 a，$ax(t) \in \mathcal{L}^p[a,b]$，因此空间 $\mathcal{L}^p[a,b]$对函数的数乘运算是封闭的。其次，设 $x,y \in \mathcal{L}^p[a,b]$，即

$$
\int_a^b |x(t)|^p \mathrm{d}t < +\infty, \quad \int_a^b |y(t)|^p \mathrm{d}t < +\infty \tag{4.24}
$$

由于 $\forall t \in [a,b]$，均有

$$
|x(t) + y(t)| \leqslant |x(t)| + |y(t)| \leqslant 2\max[|x(t)|, |y(t)|] \tag{4.25}
$$

由此可知

$$
\begin{aligned}
|x(t) + y(t)|^p &\leqslant |2\max[|x(t)|, |y(t)|]|^p \\
&= 2^p\{\max[|x(t)|, |y(t)|]\}^p \leqslant 2^p[|x(t)|^p + |y(t)|^p]
\end{aligned} \tag{4.26}
$$

因此

$$
\int_a^b |x(t) + y(t)|^p \mathrm{d}t \leqslant 2^p\left[\int_a^b |x(t)|^p \mathrm{d}t + \int_a^b |y(t)|^p \mathrm{d}t\right] < +\infty \tag{4.27}
$$

由此可知 $x(t)+y(t)$也是 p 方可积函数。由此可见，$L^p[a,b]$对函数的加法运算也是封闭的。容易验证，$\mathcal{L}^p[a,b]$按照上述的加法和数乘，满足线性空间的 8 个条件，构成线性空间。$p=2$

的特例 $\mathcal{L}^2[a,b]$ 称为平方可积函数空间。

(7) 正实数集 $\mathbb{R}^+$。$\forall x,y\in\mathbb{R}^+$，$a\in\mathbb{R}$，定义加法和数乘为

$$x \oplus y = xy \tag{4.28}$$

$$a \circ x = x^a \tag{4.29}$$

这里我们用"$\oplus$"表示加法，用"$\circ$"表示数乘，它们都不是数的普通相加和相乘。首先，两个正数的普通乘积仍是正数，即 $\mathbb{R}^+$ 关于加法 $\oplus$ 是封闭的；其次，根据幂函数的性质可知，当 $x>0$ 时，$\forall a\in\mathbb{R}$，均有 $x^a>0$，因此 $\mathbb{R}^+$ 关于数乘 $\circ$ 也是封闭的。现在我们来验证线性空间的 8 个条件：$\forall x,y,z\in\mathbb{R}^+$，$a,b\in\mathbb{R}$，有

① $x\oplus y=xy=yx=y\oplus x$；

② $x\oplus(y\oplus z)=x(yz)=(xy)z=(x\oplus y)\oplus z$；

③ 零元是 1，即 $1\oplus x=x$；

④ 正实数 x 的负元为 $1/x$，即 $x\oplus(1/x)=1$；

⑤ $1\circ x=x$；

⑥ $a\circ(b\circ x)=a\circ(x^b)=x^{ab}=(ab)\circ x$；

⑦ $(a+b)\circ x=x^{a+b}=x^a x^b=(a\circ x)\oplus(b\circ x)$；

⑧ $a\circ(x\oplus y)=(xy)^a=x^a y^a=(a\circ x)\oplus(a\circ y)$。

因此 $\mathbb{R}^+$ 关于这样的加法和数乘构成线性空间。由此可见，在定义线性空间时用到的加法和数乘仅仅是抽象的名称，并不一定是我们熟悉的加法和乘法。在初等量子力学中并不需要这种抽象的运算，这个例子只是用来说明线性空间的概念所包含的数学对象非常丰富。把具有共同性质的数学对象放在一起讨论共同规律，是一种很常见的研究方法。

---

2. 基和维数

前面引入矢量组线性相关和线性无关的概念时，都是针对矢量个数有限的矢量组(以下称为有限矢量组)，现在我们将其推广到一般矢量组(矢量个数可以有限，也可以无限)。设 A 是一个矢量组，如果 A 中任何有限矢量组均线性无关，则称矢量组 A 线性无关，否则称矢量组 A 线性相关。也就是说，要判断一个矢量组 A 线性相关，只要在 A 中找到一个线性相关的有限矢量组就够了。

定义：设 X 是一个复线性空间，如果 X 中的一组矢量 M 满足条件：

(1) M 是线性无关的；

(2) X 中任何矢量都可以由 M 线性表示。

则 M 称为 X 的一个基。M 中包含的矢量称为基矢量。M 中的基矢量数目称为线性空间的维数(dimension)。若 M 中包含有限个基矢量，则称 X 为有限维线性空间，此时 M 就是 X 中的一个最大无关组。线性空间 X 的维数为 n，也说 X 是 n 维线性空间，记为 $\dim X=n$。若 M 中含有无穷多个基矢量，则称 X 为无限维线性空间。

在基的定义中，矢量的线性组合仍是针对有限矢量组而言的，并未推广到一般矢量组。线性空间中的任何矢量都必须能表达为基中有限个矢量的线性组合，这样定义的基称为 Hamel 基。如果想要将线性组合的概念推广到无限多矢量，则首先应该引入矢量的级数。比如，设 X 是一个线性空间，$\varepsilon_1,\varepsilon_2,\cdots$ 是一个矢量组，定义级数

$$\sum_{i=1}^{\infty}\varepsilon_i = \varepsilon_1 + \varepsilon_2 + \cdots \tag{4.30}$$

根据线性空间的加法运算，级数的前 n 项和 $s_n=\varepsilon_1+\varepsilon_2+\cdots+\varepsilon_n$ 是有意义的，但如果想求 s_n 在 $n\to\infty$ 的极限，则需要对线性空间附加结构，比如引入度量。

▼举例

（1）在 $\mathbb{E}^n$ 中如下矢量组构成一个基

$$\varepsilon_1 = \begin{pmatrix}1\\0\\\vdots\\0\end{pmatrix},\quad \varepsilon_2 = \begin{pmatrix}0\\1\\\vdots\\0\end{pmatrix},\quad \cdots,\quad \varepsilon_n = \begin{pmatrix}0\\0\\\vdots\\1\end{pmatrix} \tag{4.31}$$

称为自然基。任意复矢量 $x=(x_1,x_2,\cdots,x_n)^{\mathrm{T}}$ 都可以按照自然基展开

$$x = \sum_{i=1}^{n}x_i\varepsilon_i \tag{4.32}$$

（2）2×2 复矩阵的全体。如下矢量组构成一个基

$$\varepsilon_1 = \begin{pmatrix}1&0\\0&0\end{pmatrix},\quad \varepsilon_2 = \begin{pmatrix}0&1\\0&0\end{pmatrix},\quad \varepsilon_3 = \begin{pmatrix}0&0\\1&0\end{pmatrix},\quad \varepsilon_4 = \begin{pmatrix}0&0\\0&1\end{pmatrix} \tag{4.33}$$

任何 2 阶复矩阵都可以按照这 4 个矩阵展开

$$\begin{pmatrix}a_1&a_2\\a_3&a_4\end{pmatrix} = a_1\varepsilon_1 + a_2\varepsilon_2 + a_3\varepsilon_3 + a_4\varepsilon_4 \tag{4.34}$$

（3）次数小于 n 的复系数多项式全体，记为 $P_n[x]$。对于两个多项式

$$f(x) = a_{n-1}x^{n-1} + \cdots + a_1x + a_0 \tag{4.35}$$

$$g(x) = b_{n-1}x^{n-1} + \cdots + b_1x + b_0 \tag{4.36}$$

定义加法和数乘为

$$f(x) + g(x) = (a_{n-1} + b_{n-1})x^{n-1} + \cdots + (a_1 + b_1)x + (a_0 + b_0) \tag{4.37}$$

$$\alpha f(x) = \alpha a_{n-1}x^{n-1} + \cdots + \alpha a_1x + \alpha a_0 \tag{4.38}$$

容易验证 $P_n[x]$ 满足线性空间的 8 个条件，从而构成复线性空间，如下矢量组构成 $P_n[x]$ 的一个基

$$\varepsilon_1 = 1,\quad \varepsilon_2 = x,\quad \cdots,\quad \varepsilon_n = x^{n-1} \tag{4.39}$$

由此可知 $P_n[x]$ 是 n 维矢量空间，$\dim P_n[x]=n$。

（4）$C[a,b]$ 空间。这是个无限维线性空间。我们用反证法来说明。假设 $C[a,b]$ 的维数是 n，则如下 $n+1$ 个函数 $1,t,t^2,\cdots,t^n$ 可用 n 个基矢量线性表示，从而是线性相关的。然而，$1,t,t^2,\cdots,t^n$ 对于任何 n 值都是线性无关的。因此，$C[a,b]$ 只能是无限维线性空间。这里先不讨论 $C[a,b]$ 的基。

由此可见，线性空间的概念包含了大量有用的数学对象，线性空间元素可以是普通矢量、矩阵、多项式、连续函数等，维数可以是有限的，也可以是无限的。应当注意的是，在没有对线性空间附加新的结构（比如稍后引入的范数、内积等）时，矢量的性质仅仅来自线性空间的 8 个条件。物理矢量空间的性质，不一定能够推广到一般的线

性空间中。

3. 子空间

定义：设 X 是一个线性空间，X_1 是 X 的一个非空子集。如果 X_1 对 X 中的加法和数乘也构成线性空间，则称 X_1 为 X 的子空间(subspace)。线性空间 X 的只含有零元的子集 $\{0\}$ 和 X 本身都是 X 的子空间，它们是 X 的平凡子空间。非平凡子空间和 $\{0\}$ 均称为 X 的真子空间。

定理 1　线性空间 X 的非空子集 X_1 构成 X 的子空间的充要条件为：X_1 对 X 中的加法和数乘运算封闭。

设 $M=\{x_i \mid i=1,2,\cdots,n\}$ 是复线性空间 X 中的一组矢量，由这组矢量的线性组合得到的矢量全体

$$X_1 = \left\{ \sum_{i=1}^{n} a_i x_i \,\middle|\, a_i \in \mathbb{C}, x_i \in M, i = 1,2,\cdots,n \right\} \tag{4.40}$$

就是 X 的一个子空间，称为由 M 张成(或生成)的子空间，它是包含 M 的最小子空间。

▼举例

(1) 平面位置矢量空间。平面上的点可用从坐标原点到该点的矢量表示，所有点的矢量构成二维矢量空间，坐标原点对应零矢量。一切过原点的直线均为一维子空间，但不通过坐标原点的直线不构成子空间(没有零元)。类似地，右半空间 $\{\boldsymbol{r} \mid x>0\}$ 也不构成子空间。

(2) 三维位置矢量空间。一切过原点的直线均为一维子空间，一切过原点的平面均为二维子空间。

(3) 如下集合

$$V = \{(0,x_2,x_3,\cdots,x_n)^{\mathrm{T}} \mid x_2,x_3,\cdots,x_n \in \mathbb{R}\} \tag{4.41}$$

构成 $\mathbb{R}^n$ 的 $n-1$ 维子空间，它是由自然基中的矢量组 $\varepsilon_2,\varepsilon_3,\cdots,\varepsilon_n$ 张成的子空间。

定义：设 X 是一个线性空间，X_1 和 X_2 是 X 的两个线性子空间。两个子空间 X_1 和 X_2 中所有矢量及其线性组合的集合也是 X 的子空间，称为 X_1 和 X_2 的和，记为 X_1+X_2。X_1 和 X_2 的公共矢量称为两个子空间的交，记作 $X_1 \cap X_2$。如果 $X=X_1+X_2$，且 $X_1 \cap X_2=\{0\}$，则称 X 是子空间 X_1 和 X_2 的直和[⊖]，记为

$$X = X_1 \oplus X_2 \tag{4.42}$$

▼举例

(1) 考虑 $\mathbb{R}^2$，设

$$X_1 = \{(x,0) \mid x \in \mathbb{R}\}, \quad X_2 = \{(0,y) \mid y \in \mathbb{R}\} \tag{4.43}$$

X_1,X_2 均为 $\mathbb{R}^2$ 的一维子空间，$\mathbb{R}^2$ 是 X_1 和 X_2 的直和。$X_2'=\{(x,y) \mid x+y=0\}$ 表示直线$x+y=0$，

⊖ 这种直和称为内直和. 除此之外，还可以定义两个线性空间的外直和，这里就不讨论了.

这也是 $\mathbb{R}^2$ 的一维子空间。$\mathbb{R}^2$ 也可以看作 X_1 和 X_2' 的直和，因为平面上任意矢量都可以分解为这两条直线上的矢量之和

$$(x,y)=(x+y,0)+(-y,y) \tag{4.44}$$

其中$(x+y,0)\in X_1$，$(-y,y)\in X_2'$。

(2) 考虑 $\mathbb{R}^3$，设

$$X_1=\{(x,0,0)\mid x\in\mathbb{R}\},\quad X_2=\{(0,y,0)\mid y\in\mathbb{R}\},\quad X_3=\{(0,0,z)\mid z\in\mathbb{R}\} \tag{4.45}$$

均构成 $\mathbb{R}^3$ 的一维子空间，很明显

$$X_1\oplus X_2=\{(x,y,0)\mid x,y\in\mathbb{R}\} \tag{4.46}$$

表示 xy 平面，这是 $\mathbb{R}^3$ 的二维子空间。同样，$X_1\oplus X_3$ 表示 xz 平面，$X_2\oplus X_3$ 表示 yz 平面。而 $\mathbb{R}^3$ 本身是三个一维子空间的直和

$$\mathbb{R}^3=X_1\oplus X_2\oplus X_3 \tag{4.47}$$

$\mathbb{R}^3$ 也可以看作 xy 平面和 X_3 的直和，或 X_1 与 yz 平面的直和，等等。

4.1.3 赋范线性空间

矢量范数的概念可以推广到一般线性空间。对于一般线性空间，矢量的范数不一定要从内积导出。

定义：设 X 是复线性空间，如果 $\forall x\in X$，有一个确定的实数与之对应，记为 $\|x\|$，且满足如下条件

(1) $\|x\|\geqslant 0$，且 $\|x\|=0$ 当且仅当 $x=0$；

(2) $\|\alpha x\|=|\alpha|\,\|x\|$，其中 α 为任意复数；

(3) $\|x+y\|\leqslant\|x\|+\|y\|$，

则称 $\|x\|$ 为矢量 x 的范数或模，并称 X 按照范数 $\|x\|$ 成为赋范线性空间(normed linear space)。

实线性空间的范数也是一样定义，只要把条件(2)中的 α 换成任意实数就行了。对于三维空间的矢量，前两条都好理解，第三条可以按照矢量合成的平行四边形法则来理解：三角形两边长度之和大于或等于第三边长度。

▼举例

(1) $\forall x\in\mathbb{E}^n$，定义

$$\|x\|=\sqrt{|x_1|^2+|x_2|^2+\cdots+|x_n|^2} \tag{4.48}$$

容易验证 $\|x\|$ 满足范数的前两个条件，现在我们来验证 $\|x\|$ 满足第三个条件。设 $x=(x_1,x_2,\cdots,x_n)^{\mathrm{T}}$，$y=(y_1,y_2,\cdots,y_n)^{\mathrm{T}}\in\mathbb{E}^n$，则

$$\|x+y\|^2=\sum_{i=1}^{n}|x_i+y_i|^2=\sum_{i=1}^{n}|x_i|^2+\sum_{i=1}^{n}(x_i^*y_i+x_iy_i^*)+\sum_{i=1}^{n}|y_i|^2 \tag{4.49}$$

由于

$$\sum_{i=1}^{n}(x_i^*y_i+x_iy_i^*)=2\mathrm{Re}\sum_{i=1}^{n}x_i^*y_i\leqslant 2\left|\sum_{i=1}^{n}x_i^*y_i\right| \tag{4.50}$$

因此

$$\|x+y\|^2 \leqslant \sum_{i=1}^{n}|x_i|^2 + 2\left|\sum_{i=1}^{n}x_i^* y_i\right| + \sum_{i=1}^{n}|y_i|^2 \tag{4.51}$$

由柯西不等式[㊀]

$$\left|\sum_{i=1}^{n}x_i^* y_i\right|^2 \leqslant \left(\sum_{i=1}^{n}|x_i|^2\right)\left(\sum_{i=1}^{n}|y_i|^2\right) \tag{4.52}$$

可得

$$\begin{aligned}\|x+y\|^2 &\leqslant \sum_{i=1}^{n}|x_i|^2 + 2\sqrt{\sum_{i=1}^{n}|x_i|^2}\sqrt{\sum_{i=1}^{n}|y_i|^2} + \sum_{i=1}^{n}|y_i|^2 \\ &= \|x\|^2 + 2\|x\|\|y\| + \|y\|^2 = (\|x\| + \|y\|)^2\end{aligned} \tag{4.53}$$

注意范数的非负性，$\|x\| \geqslant 0$，$\|y\| \geqslant 0$，$\|x+y\| \geqslant 0$，于是得到

$$\|x+y\| \leqslant \|x\| + \|y\| \tag{4.54}$$

即定义(4.10)满足范数定义的条件(3)。由此便完成了验证。

(2) $\forall x \in C[a,b]$，定义

$$\|x\| = \left[\int_a^b |x(t)|^2 \mathrm{d}t\right]^{\frac{1}{2}} \tag{4.55}$$

可以证明式(4.55)定义的$\|x\|$满足范数的定义，其中前两个条件容易看出，而第三个条件的证明过程比较烦琐，这里就不证明了。

同一个线性空间可以定义不同范数。比如对于空间 $C[a,b]$，定义

$$\|x\| = \max|x(t)| \tag{4.56}$$

式中，max 表示求函数 $x(t)$ 在闭区间 $[a,b]$ 上的最大值。容易验证，式(4.56)定义的$\|x\|$满足范数的定义，比如对任意 $x,y \in C[a,b]$，容易理解

$$\max|x(t)+y(t)| \leqslant \max|x(t)| + \max|y(t)| \tag{4.57}$$

随便画两条闭区间 $[a,b]$ 上的曲线，就能理解这个不等式。

(3) 空间 l^p，引入

$$\|x\|_p = \left(\sum_{n=1}^{\infty}|x_n|^p\right)^{\frac{1}{p}} \tag{4.58}$$

可以证明[㊁] $\|x\|_p$ 满足范数条件，因此 l^p 按照范数 $\|x\|_p$ 成为赋范线性空间。

(4) 空间 $\mathcal{L}^p[a,b]$，引入

$$\|x\|_p = \left(\int_a^b |x(t)|^p \mathrm{d}t\right)^{\frac{1}{p}} \tag{4.59}$$

可以证明 $\|x\|_p$ 满足范数条件[㊂]，因此 $\mathcal{L}^p[a,b]$ 按照范数 $\|x\|_p$ 成为赋范线性空间。

在引入 $\mathcal{L}^p[a,b]$ 空间时，我们附加了一个条件：将几乎处处相等的函数视为同一个矢量。这在数学上可以通过引入“商空间”来达到目的。我们不必立刻弄清什么是“商空间”，

㊀ 柯西不等式将在 4.1 节导出.

㊁ 程其襄，等. 实变函数与泛函分析基础[M]. 2 版. 北京：高等教育出版社，2003，212 页.

㊂ 程其襄，等. 实变函数与泛函分析基础[M]. 2 版. 北京：高等教育出版社，2003，207 页.

只需要知道，如果函数$x(t)$在闭区间$[a,b]$上几乎处处为0，就把它作为恒为0的函数对待。附加这个条件的原因如下：设函数$x(t)$在闭区间$[a,b]$上只有几个不为零的点，此时$x\neq 0$，但如果按照式(4.59)引入范数，根据积分的性质仍有$\|x\|_p=0$，这就不满足范数的条件。约定将几乎处处为0的函数视为恒为0的函数，便满足了范数的条件。相比之下，$C[a,b]$上按照式(4.55)定义范数并无不妥，因为$C[a,b]$的元素是闭区间$[a,b]$上的连续函数，$\|x\|=0$确实能够推出$x=0$。最后说明一下，研究$\mathcal{L}^p[a,b]$时所用的定积分是指"勒贝格积分"而不是通常的黎曼积分。对于函数$y=f(x)$，黎曼积分是基于区间来定义的，而勒贝格积分则是基于"可测集"来定义的。勒贝格积分属于实变函数论的内容，其定义比黎曼积分的定义复杂得多。但可以证明，如果函数在某区间是黎曼可积的，则其勒贝格积分等于黎曼积分。

4.1.4 内积空间

现在我们要将内积推广到一般的线性空间，这同样是通过选择数组矢量空间中内积的几条性质来做推广的。

1. 内积

定义：设X是一个复线性空间，如果$\forall x,y\in X$，有一个复数与之对应，记为(x,y)，并满足如下条件

(1) $(x,x)\geqslant 0$，且$(x,x)=0$当且仅当$x=0$；

(2) $(x,ay+bz)=a(x,y)+b(x,z)$；

(3) $(x,y)=(y,x)^*$，

则称复数(x,y)为矢量x和y的内积。定义了内积的线性空间称为内积空间(inner product space)。

由性质(2)和(3)，易证(留作练习)

$$(ax+by,z)=a^*(x,z)+b^*(y,z) \tag{4.60}$$

性质(2)是说，内积对第二个矢量是线性的，式(4.60)则是说，内积对于第一个矢量是共轭线性的[⊖]。

▼举例

(1) $\forall x,y\in\mathbb{E}^n$，$x=(x_1,x_2,\cdots,x_n)^{\mathrm{T}}$，$y=(y_1,y_2,\cdots,y_n)^{\mathrm{T}}$，定义

$$(x,y)=x^\dagger y=x_1^*y_1+x_2^*y_2+\cdots+x_n^*y_n \tag{4.61}$$

式中，$x^\dagger$表示列矩阵x的转置复共轭，它是个行矩阵

$$x^\dagger=(x_1^*,x_2^*,\cdots,x_n^*) \tag{4.62}$$

容易验证，(x,y)满足内积的三个条件，构成x与y的内积。

(2) $\forall x,y\in C[a,b]$，定义

$$(x,y)=\int_a^b x^*(t)y(t)\,\mathrm{d}t \tag{4.63}$$

下面验证(x,y)满足内积的三个条件。首先

⊖ 在数学文献中，通常规定内积关于第一个矢量是线性的，从而对第二个矢量是共轭线性的.

$$(x,x)=\int_a^b |x(t)|^2 \mathrm{d}t \geqslant 0 \tag{4.64}$$

由于被积函数 $|x(t)|^2$ 是非负的，积分为零的充分必要条件是 $x(t)$ 在闭区间 $[a,b]$ 内恒等于零，即 x 为零矢量，因此满足内积条件(1)。其次，$\forall x,y,z\in C[a,b]$，根据积分的线性性质，$\forall c_1,c_2\in\mathbb{C}$，有

$$\begin{aligned}(x,c_1y+c_2z)&=\int_a^b x^*(t)[c_1y(t)+c_2z(t)]\mathrm{d}t\\&=c_1\int_a^b x^*(t)y(t)\mathrm{d}t+c_2\int_a^b x^*(t)z(t)\mathrm{d}t\\&=c_1(x,y)+c_2(x,z)\end{aligned} \tag{4.65}$$

因此满足内积条件(2)。最后

$$(x,y)=\int_a^b x^*(t)y(t)\mathrm{d}t=\left[\int_a^b y^*(t)x(t)\mathrm{d}t\right]^*=(y,x)^* \tag{4.66}$$

因此满足内积条件(3)。综上，式(4.63)定义的 (x,y) 构成了 $C[a,b]$ 上的内积。

(3) $\forall x,y\in\mathcal{L}^2[a,b]$，定义

$$(x,y)=\int_a^b x^*(t)y(t)\mathrm{d}t \tag{4.67}$$

类似地可以验证式(4.67)构成线性空间 $\mathcal{L}^2[a,b]$ 上的内积。

如果 $(x,x)=1$，则称矢量 x 是归一化的(normalized)。在后面由内积导出范数之后，就会理解"归一化"这个名称的含义。

如果 $(x,y)=0$，则称矢量 x 与 y 互相正交(orthogonal)，记为 $x\perp y$。矢量互相正交的概念，跟三维矢量的正交性是一致的：如果 $\boldsymbol{A}\cdot\boldsymbol{B}=0$，则 $\boldsymbol{A}$ 和 $\boldsymbol{B}$ 互相正交(即互相垂直)。根据内积性质(1)可知，若 $x\neq0$，则 $(x,x)>0$，因此非零矢量不可能和自身正交。根据性质(2)，令 $a=b=0$，可得 $(x,0)=0$，因此零矢量和任何矢量都正交。特别是，零矢量和自身正交，这是零矢量特有的性质。

设 X_1 是 X 的子空间，如果 $\forall y\in X_1$，均有 $x\perp y$，则称 x 与 X_1 正交，记为 $x\perp X_1$；设 X_1 和 X_2 是 X 的两个子空间，如果 $\forall x\in X_1,y\in X_2$，均有 $x\perp y$，则称 X_1 和 X_2 互相正交，记为 $X_1\perp X_2$。容易证明，如果 $X_1\perp X_2$，则 $X_1\cap X_2=\{0\}$。证明如下：设 $x\in X_1\cap X_2$，则 $(x,x)=0$，因此 x 是零矢量。

容易证明，两个互相正交的非零矢量线性无关。证明如下：设 $(x,y)=0$，如果 $ax+by=0$，其中 a,b 是复常数，则

$$(x,ax+by)=a(x,x)+b(x,y)=a(x,x)=0 \tag{4.68}$$

由于 x 是非零矢量，根据内积条件 $(x,x)\neq0$，因此 $a=0$。同样可以证明 $b=0$。由此可知矢量 x 和 y 线性无关。类似地，如果有一组矢量 $\{x_1,x_2,\cdots\}$ 两两正交，则这组矢量线性无关。对于三维普通空间的矢量，这很容易理解：两个互相正交的非零矢量当然线性无关(不共线)，三个两两正交的非零矢量也线性无关(不共面)。需要注意的是，当一组矢量超过两个时，两两线性无关不能保证这组矢量线性无关。比如，三个矢量两两不共线，同时却可以共面。但如果把"两两线性无关"换成"两两正交"，则能断定这组矢量线性无关。

2. 施瓦兹不等式

引理 设 X 按内积 (x,y) 成为内积空间，则 $\forall x,y\in X$，有

$$\boxed{|(x,y)|\leqslant\sqrt{(x,x)(y,y)}}\tag{4.69}$$

称为施瓦兹不等式(Schwarz inequation)，其中等号成立的充要条件是 x 和 y 线性相关。

证明：如果 $y=0$，则 $\forall x\in X$，$(x,y)=0$，此时式(4.69)的等号成立。

如果 $y\neq 0$，则对任意复数 α，有

$$\begin{aligned}(x-\alpha y,x-\alpha y)&=(x,x)-\alpha(x,y)-\alpha^*(y,x)+\alpha^*\alpha(y,y)\\&=(x,x)-\alpha(x,y)-\alpha^*[(y,x)-\alpha(y,y)]\geqslant 0\end{aligned}\tag{4.70}$$

现在选择 α 为如下复数

$$\alpha=\frac{(y,x)}{(y,y)}\tag{4.71}$$

则式(4.70)方括号内为零，由此可得

$$(x,x)-\alpha(x,y)=(x,x)-\frac{(y,x)}{(y,y)}(x,y)=(x,x)-\frac{|(x,y)|^2}{(y,y)}\geqslant 0\tag{4.72}$$

因此

$$|(x,y)|^2\leqslant(x,x)(y,y)\tag{4.73}$$

由内积性质(1)可知，$(x,x)\geqslant 0$，$(y,y)\geqslant 0$，因此便得到施瓦兹不等式(4.69)。

3. 由内积导出的范数

设 X 是一个内积空间，$\forall x\in X$，若定义 $\|x\|=\sqrt{(x,x)}$，则可以证明 $\|x\|$ 满足范数的三个条件，因而 X 按照范数 $\|x\|$ 成为赋范线性空间。范数的条件(1)和(2)是很容易验证的，现在我们来验证 $\|x\|=\sqrt{(x,x)}$ 满足范数的条件(3)。根据内积的性质和施瓦兹不等式，可知

$$\begin{aligned}\|x+y\|^2&=(x+y,x+y)\\&=\|x\|^2+(x,y)+(y,x)+\|y\|^2\\&=\|x\|^2+\|y\|^2+2\mathrm{Re}(x,y)\end{aligned}\tag{4.74}$$

考虑到任何复数的实部不大于其模，并利用施瓦兹不等式，得

$$\|x+y\|^2\leqslant\|x\|^2+\|y\|^2+2|(x,y)|\leqslant\|x\|^2+\|y\|^2+2\|x\|\|y\|=(\|x\|+\|y\|)^2\tag{4.75}$$

因此 $\|x\|=\sqrt{(x,x)}$ 满足范数的条件(3)

$$\|x+y\|\leqslant\|x\|+\|y\|\tag{4.76}$$

综上，矢量的自内积的算术平方根

$$\|x\|=\sqrt{(x,x)}\tag{4.77}$$

可以作为内积空间 X 上的范数，称为由内积导出的范数。一个熟悉的例子是，由 $\mathbb{R}^n$ 空间的内积(4.8)可以导出范数(4.10)。由此可见，内积空间是一种特殊的赋范线性空间。当 $(x,x)=1$时，$\|x\|=1$，这便是“归一化矢量”的含义。

根据范数定义(4.77)，施瓦兹不等式可以改写为

$$|(x,y)|\leqslant\|x\|\|y\|\tag{4.78}$$

对于三维矢量空间，这个不等式很好理解

$$|\boldsymbol{A}\cdot\boldsymbol{B}| = |\boldsymbol{A}||\boldsymbol{B}||\cos\theta| \leqslant |\boldsymbol{A}||\boldsymbol{B}| \tag{4.79}$$

由内积导出的范数具有如下性质：

（1）勾股定理

$$\text{当}\, x \perp y\, \text{时},\ \|x+y\|^2 = \|x\|^2 + \|y\|^2 \tag{4.80}$$

（2）平行四边形公式

$$\|x+y\|^2 + \|x-y\|^2 = 2(\|x\|^2 + \|y\|^2) \tag{4.81}$$

证明：根据范数的定义(4.77)和内积的性质，得

$$\begin{aligned}\|x+y\|^2 + \|x-y\|^2 &= (x+y,x+y) + (x-y,x-y)\\ &= (x,x)+(x,y)+(y,x)+(y,y)\\ &\quad +(x,x)-(x,y)-(y,x)+(y,y)\\ &= 2(\|x\|^2+\|y\|^2)\end{aligned} \tag{4.82}$$

反过来也可以证明，对于赋范线性空间 X，如果 $\forall x, y \in X$，其范数满足平行四边形公式，则这个范数一定可以通过定义合适的内积来导出[⊖]。对于二维矢量空间，平行四边形公式是说，平行四边形两条对角线长度的平方和等于四条边长度的平方和，如图 4-1 所示。不必借助于内积，分别对两条对角线所在的三角形应用余弦定理，就可以证明这个结论(留作练习)。

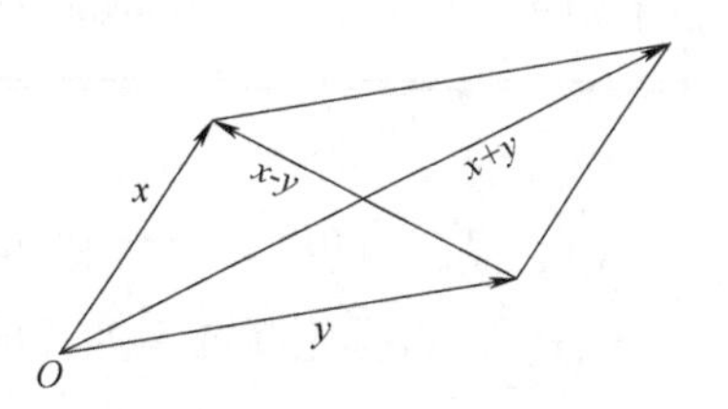

图 4-1　平行四边形法则

▼举例

（1）对于 n 维复矢量空间 $\mathbb{E}^n$，由内积(4.61)导出的范数为

$$\|x\| = \sqrt{(x,x)} = \sqrt{|x_1|^2 + |x_2|^2 + \cdots + |x_n|^2} \tag{4.83}$$

这正是式(4.48)引入的范数。

（2）对于连续函数空间 $C[a,b]$，由内积(4.63)导出的范数为

$$\|x\| = \sqrt{(x,x)} = \left[\int_a^b |x(t)|^2 \mathrm{d}t\right]^{\frac{1}{2}} \tag{4.84}$$

这正是式(4.55)引入的范数。

$C[a,b]$ 中另一种范数(4.56)不满足平行四边形公式，因此不可能通过内积导出。我们举例说明。设 $x(t)=1$，$y(t)=\dfrac{t-a}{b-a}$，按照式(4.56)定义的范数，$\|x\|=1$，$\|y\|=1$，$\|x+y\|=2$，$\|x-y\|=1$。这几个范数就是函数 $|x(t)|$，$|y(t)|$，$|x(t)+y(t)|$ 和 $|x(t)-y(t)|$ 在 $[a,b]$ 上的最大值，从图像上不难理解这几个结果。由此可知

$$\|x+y\|^2 + \|x-y\|^2 \neq 2(\|x\|^2 + \|y\|^2) \tag{4.85}$$

即不满足平行四边形公式。

（3）对于平方可积函数空间 $\mathcal{L}^2[a,b]$，由内积(4.67)导出的范数为

$$\|x\| = \sqrt{(x,x)} = \left[\int_a^b |x(t)|^2 \mathrm{d}t\right]^{\frac{1}{2}} \tag{4.86}$$

⊖ 夏道行，等. 实变函数论与泛函分析[M]. 2 版. 北京：高等教育出版社，2010，219 页.

这正是式(4.59)定义的范数在 $p=2$ 时的特例。对于 $\mathcal{L}^p[a,b]$ 空间 $p\geqslant 1$，$p\neq 2$ 的情形，可以证明(这里不证)式(4.59)定义的范数不满足平行四边形法则，因此不能由内积导出，此时 $\mathcal{L}^p[a,b]$ 不能构成内积空间。

---

4. 标准正交基

设 M 是内积空间 X 的一个不含零矢量的子集，如果 M 中的矢量两两正交，则将 M 称为 X 中的正交系。从一组线性无关的矢量出发，可以用施密特正交化(Schmidt orthogonalization)方法，构造出一个正交系。如果正交系 M 中的矢量都是归一化的，则将 M 称为 X 中的标准正交系。

设 M 是 X 中的标准正交系，如果 X 中任何矢量都能用 M 中矢量线性表示[⊖]，则将 M 称为 X 中的完全标准正交系，也称为标准正交基或正交归一基。如果愿意，也可以使用基矢量未归一化的正交基(orthogonal basis)。

▼举例

(1) 根据内积(4.8)，$\mathbb{R}^n$ 的自然基构成标准正交基。设 $x=(x_1,x_2,\cdots,x_n)$，$y=(y_1,y_2,\cdots,y_n)$，根据施瓦兹不等式可得柯西不等式(Cauchy inequation)

$$\boxed{\left(\sum_{i=1}^{n}x_i y_i\right)^2 \leqslant \left(\sum_{i=1}^{n}x_i^2\right)\left(\sum_{i=1}^{n}y_i^2\right)} \tag{4.87}$$

根据内积(4.61)，$\mathbb{E}^n$ 的自然基构成标准正交基。设 $x=(x_1,x_2,\cdots,x_n)$，$y=(y_1,y_2,\cdots,y_n)$，根据施瓦兹不等式可以得到柯西不等式

$$\boxed{\left|\sum_{i=1}^{n}x_i^* y_i\right|^2 \leqslant \left(\sum_{i=1}^{n}|x_i|^2\right)\left(\sum_{i=1}^{n}|y_i|^2\right)} \tag{4.88}$$

(2) $C[a,b]$ 空间。设 $T=b-a$，$\omega=2\pi/T$。根据内积式(4.63)，复指数函数系

$$u_k(t)=\frac{1}{\sqrt{T}}\mathrm{e}^{\mathrm{i}k\omega t},\quad k=0,\ \pm 1,\ \pm 2,\cdots \tag{4.89}$$

是一组正交归一的矢量

$$(u_k,u_l)=\delta_{kl} \tag{4.90}$$

$C[a,b]$ 中的函数 $f(t)$ 可以展开为傅里叶级数

$$f(t)=\sum_{k=-\infty}^{\infty}c_k u_k(t) \tag{4.91}$$

式中，$c_k=(u_k,f)$。因此复指数系式(4.89)是 $C[a,b]$ 空间的一个标准正交基。利用式(4.90)容易证明

$$\|f\|^2=\sum_{k=-\infty}^{\infty}|c_k|^2 \tag{4.92}$$

三角函数系

$$1,\quad \sin\omega t,\quad \cos\omega t,\quad \sin 2\omega t,\quad \cos 2\omega t,\quad \cdots,\quad \sin k\omega t,\quad \cos k\omega t,\quad \cdots \tag{4.93}$$

⊖ 参与线性组合的矢量可以是无限个，这里我们默认无限个矢量之和有定义而不进入数学细节.

也是 $C[a,b]$ 空间的一个的正交基，但不是标准正交基。

为了对比，我们在表4-1中列出了物理矢量空间、$\mathbb{E}^n$ 和 $C[a,b]$ 的正交基。

表4-1　线性空间的正交基

物理矢量空间	$\mathbb{E}^n$	$C[a,b]$
$\boldsymbol{e}_x,\boldsymbol{e}_y,\boldsymbol{e}_z$	$\varepsilon_i, i=1,2,\cdots,n$	$u_k(t)=\frac{1}{\sqrt{T}}\mathrm{e}^{\mathrm{i}k\omega t}, k\in\mathbb{Z}$
$\boldsymbol{e}_i\cdot\boldsymbol{e}_j=\delta_{ij}$	$(\varepsilon_i,\varepsilon_j)=\delta_{ij}$	$(u_k,u_l)=\delta_{kl}$
$\boldsymbol{A}=\sum_{i=1}^{3}A_i\boldsymbol{e}_i$	$x=\sum_{i=1}^{n}x_i\varepsilon_i$	$f(t)=\sum_{k=-\infty}^{\infty}c_k u_k(t)$
$\boldsymbol{B}=\sum_{i=1}^{3}B_i\boldsymbol{e}_i$	$y=\sum_{i=1}^{n}y_i\varepsilon_i$	$g(t)=\sum_{k=-\infty}^{\infty}d_k u_k(t)$
$A_i=\boldsymbol{e}_i\cdot\boldsymbol{A}$	$x_i=(\varepsilon_i,x)$	$c_k=(u_k,f)$
$\lvert\boldsymbol{A}\rvert^2=\sum_{i=1}^{3}A_i^2$	$\lVert x\rVert^2=\sum_{i=1}^{n}\lvert x_i\rvert^2$	$\lVert f\rVert^2=\sum_{k=-\infty}^{\infty}\lvert c_k\rvert^2$
$\lvert\boldsymbol{B}\rvert^2=\sum_{i=1}^{3}B_i^2$	$\lVert y\rVert^2=\sum_{i=1}^{n}\lvert y_i\rvert^2$	$\lVert g\rVert^2=\sum_{k=-\infty}^{\infty}\lvert d_k\rvert^2$
$\boldsymbol{A}\cdot\boldsymbol{B}=\sum_{i=1}^{3}A_iB_i$	$(x,y)=\sum_{i=1}^{n}x_i^*y_i$	$(f,g)=\sum_{k=-\infty}^{\infty}c_k^*d_k$

*4.1.5　希尔伯特空间

量子力学中所用的线性空间，是一种具有“完备性”的内积空间，称为希尔伯特空间(Hilbert space)。为此，需要先了解度量空间。不过只有较为严格的论证才需要空间的“完备性”，初学者只需要理解内积空间就够了。

1. 度量空间

距离的概念可以推广到任何非空集合，推广的距离称为度量(metric)。在我们生活的现实空间中，两点的距离有如下性质：①非负性，即任意两点的距离只能取非负值；②三点不等式，即两点的距离小于或等于这两个点和第三个点的距离之和。根据这两个性质，数学家对一般集合引入了两点的距离。

定义：设 X 是一个非空集合，对任意 $x,y\in X$，有一个实数与之对应，记为 $d(x,y)$，若满足如下性质

(1) 非负性：$d(x,y)\geqslant 0$，且 $d(x,y)=0$ 当且仅当 $x=y$；

(2) 三点不等式：$d(x,y)\leqslant d(x,z)+d(y,z)$，$\forall z\in X$，

则称 $d(x,y)$ 为 x 和 y 的度量，或者仍然称为距离。定义了度量 d 的集合 X 记为 (X,d)，称为度量空间(metric space)或距离空间。度量空间中的元素称为点(point)。距离 $d(x,y)$ 对 x 和 y 具有对称性，即 $d(x,y)=d(y,x)$。在三点不等式中，令 $z=x$，可得 $d(x,y)\leqslant d(y,x)$。同样也可以证明 $d(y,x)\leqslant d(x,y)$，因此得到 $d(x,y)=d(y,x)$。对于普通的三维空间，这些性质是众所周知的。

▼举例

对于 $\mathbb{R}^n$ 中任意两点

$$x=(x_1,x_2,\cdots,x_n)^{\mathrm{T}},\quad y=(y_1,y_2,\cdots,y_n)^{\mathrm{T}} \tag{4.94}$$

引入二元函数

$$d(x,y)=\sqrt{\sum_{i=1}^{n}(x_i-y_i)^2} \tag{4.95}$$

容易验证式(4.95)满足距离的条件(1)，现在验证条件(2)。根据柯西(Cauchy)不等式(4.87)，得

$$\left(\sum_{i=1}^{n}a_ib_i\right)^2\leqslant\left(\sum_{i=1}^{n}a_i^2\right)\left(\sum_{i=1}^{n}b_i^2\right) \tag{4.96}$$

注意不等号右端相乘的两项都是非负值，因此

$$\sum_{i=1}^{n}a_ib_i\leqslant\left|\sum_{i=1}^{n}a_ib_i\right|\leqslant\sqrt{\sum_{i=1}^{n}a_i^2}\sqrt{\sum_{i=1}^{n}b_i^2} \tag{4.97}$$

由此可知

$$\begin{aligned}\sum_{i=1}^{n}(a_i+b_i)^2&=\sum_{i=1}^{n}a_i^2+2\sum_{i=1}^{n}a_ib_i+\sum_{i=1}^{n}b_i^2\\&\leqslant\sum_{i=1}^{n}a_i^2+2\sqrt{\sum_{i=1}^{n}a_i^2}\sqrt{\sum_{i=1}^{n}b_i^2}+\sum_{i=1}^{n}b_i^2\\&=\left(\sqrt{\sum_{i=1}^{n}a_i^2}+\sqrt{\sum_{i=1}^{n}b_i^2}\right)^2\end{aligned} \tag{4.98}$$

$\forall z=(z_1,z_2,\cdots,z_n)\in\mathbb{R}^n$，令 $a_i=x_i-z_i$，$b_i=z_i-y_i$，代入式(4.98)，得

$$\sum_{i=1}^{n}(x_i-y_i)^2\leqslant\left(\sqrt{\sum_{i=1}^{n}(x_i-z_i)^2}+\sqrt{\sum_{i=1}^{n}(z_i-y_i)^2}\right)^2 \tag{4.99}$$

根据定义(4.95)，式(4.99)为

$$d(x,y)\leqslant d(x,z)+d(y,z) \tag{4.100}$$

从而满足距离的条件(2)。

当 $n=1$ 时，$d(x,y)=|x-y|$ 正是实轴上的绝对值距离；当 $n=2,3$ 时，分别是二维和三维空间上两点间距离公式。式(4.95)定义的距离称为欧氏(Euclid)距离，当 $\mathbb{R}^n$ 中定义了欧氏距离时称为 n 维欧氏空间。今后提到 $\mathbb{R}^n$，如果不加说明，总认为在其中定义了欧氏距离(4.95)。

一个集合中可引入多种距离。比如，在 $\mathbb{R}^n$ 中也可以定义

$$d_1(x,y)=\sum_{i=1}^{n}|x_i-y_i| \tag{4.101}$$

$$d_2(x,y)=\max\{|x_i-y_i|,i=1,2,\cdots,n\} \tag{4.102}$$

可以证明 $d_1(x,y)$ 和 $d_2(x,y)$ 也满足距离的条件。基于不同的距离构成不同的度量空间，比如$(\mathbb{R}^n,d_1)$和$(\mathbb{R}^n,d_2)$都是基于 $\mathbb{R}^n$ 定义的，但这是两个不同的度量空间。在讨论度量空间

时，必须事先约定好是基于哪种距离进行讨论。如果度量空间(X,d)的距离在上下文是自明的，也可以直接说度量空间X。今后谈到度量空间X，总是默认已经约定好了距离的定义。

对任何非空集合都可以定义距离。设X是任意非空集合，$\forall x,y\in X$，定义

$$d(x,y)=\begin{cases}1, & x\neq y\\ 0, & x=y\end{cases} \tag{4.103}$$

容易验证，这样定义的实数$d(x,y)$满足距离的两个条件，因而构成距离。当然，这样定义的距离和直观上的距离大不相同。

2. 完备的度量空间

定义：设$\{x_n\}$是度量空间X中的点列，如果$\exists x\in X$，满足

$$\lim_{n\to\infty}d(x_n,x)=0 \tag{4.104}$$

则称点列$\{x_n\}$为收敛点列，x称为点列$\{x_n\}$的极限。

点列的极限是基于事先约定好的那种距离来定义的，下文中谈到与距离有关的概念和结论也是如此。收敛概念的要点是，点列的极限必须属于X。

定义：设$\{x_n\}$是度量空间X中的点列，若对于事先给定的正数$\varepsilon>0$，存在正整数$N=N(\varepsilon)$，使得当$n,m>N$时，必有

$$d(x_n,x_m) < \varepsilon \tag{4.105}$$

则称$\{x_n\}$是X中的柯西点列。

直观上看，既然相邻点列的距离可以任意小，那么柯西点列应该收敛于某个点。然而柯西点列的极限未必属于度量空间X，这取决于度量空间的性质。如果度量空间X中每个柯西点列都收敛于X中一点，则称X为完备的度量空间。简单地说，度量空间的完备性是指：柯西点列必收敛。

▼举例

(1) 实数全体$\mathbb{R}$按照绝对值距离$d(x,y)=|x-y|$构成完备的度量空间。

有理数全体按绝对值距离并不完备。设$x_n=\sum_{k=0}^{n}\frac{1}{k!}$，则$d(x_n,x_{n-1})=\frac{1}{n!}$，由此可知点列$\{x_n\}$是柯西点列。根据$e^t$的泰勒展开式可知，$\lim_{n\to\infty}d(x_n,\mathrm{e})=0$，而e是个无理数。因此，有理数全体按照绝对值距离不构成完备的度量空间。形象地说，度量空间的完备性体现在这个空间没有“洞”。

(2) n维欧氏空间按照欧氏距离为完备的度量空间。

---

3. 由范数导出距离

设V是一个赋范线性空间，定义如下二元函数

$$d(x,y)=\|x-y\| \tag{4.106}$$

称为矢量x和y的距离(distance)。

▼举例

对$\mathbb{R}^n$中任意两点

$$x=(x_1,x_2,\cdots,x_n)^{\mathrm{T}},\quad y=(y_1,y_2,\cdots,y_n)^{\mathrm{T}} \tag{4.107}$$

根据范数(4.10)导出的距离正是欧氏距离(4.95)。

对 $\mathbb{E}^n$ 中任意两点，根据范数(4.48)导出的距离为

$$d(x,y) = \sqrt{\sum_{i=1}^{n} |x_i - y_i|^2} \tag{4.108}$$

当 $\mathbb{E}^n$ 中定义了这个距离后，就称为 n 维复欧氏空间。

由范数导出的距离(4.106)具有如下性质：

(1) $d(x-y,0)=d(x,y)$。

(2) $d(\alpha x,0)=|\alpha|d(x,0)$，$\alpha$ 是任意复数。

由此可见，赋范线性空间是一种特殊的度量空间。反之，设 X 是一个线性空间，$d(x,y)$ 是 x 和 y 的距离，如果 $d(x,y)$ 满足上述两条性质，则必能在 X 上定义范数 $\|x\|$，使得 $d(x,y)$ 是由 $\|x\|$ 导出的距离。实际上，令 $\|x\|=d(x,0)$，根据上述两条性质，容易证明 $\|x\|$ 满足范数定义。此外，根据上述性质(1)可得

$$d(x,y) = d(x-y,0) = \|x-y\| \tag{4.109}$$

这正是式(4.106)，即 $d(x,y)$ 是由 $\|x\|$ 导出的距离。

4. 巴拿赫空间和希尔伯特空间

设 X 是一个赋范线性空间，如果按照范数导出的距离构成完备的度量空间，则称 X 为巴拿赫空间(Banach space)。可以证明，$C[a,b]$ 按照范数(4.56)导出的距离完备，成为巴拿赫空间；然而，$C[a,b]$ 按照范数(4.55)导出的距离并不完备。还可以证明，l^p 按照范数(4.58)是完备的，$\mathcal{L}^p[a,b]$ 按照范数(4.59)也是完备的，因此二者都是巴拿赫空间。

设 X 是一个内积空间，矢量的范数定义为

$$\|x\| = \sqrt{(x,x)} \tag{4.110}$$

两个矢量的距离定义为

$$d(x,y) = \|x-y\| \tag{4.111}$$

如果 X 按照距离 $d(x,y)$ 为完备的度量空间，则称 X 为希尔伯特空间(Hilbert space)。简单地说，希尔伯特空间就是完备的内积空间。

▼举例

(1) $\mathbb{R}^n$ 和 $\mathbb{E}^n$ 均为希尔伯特空间。

(2) 空间 l^2。设 $x_1,x_2,\cdots,x_n,\cdots$ 是一个数列，将满足如下条件

$$\sum_{n=1}^{\infty} |x_n|^2 < +\infty \tag{4.112}$$

的数列全体记为 l^2，这是 l^p 空间的特例。引入内积

$$(x,y) = x_1^* y_1 + x_2^* y_2 + \cdots + x_n^* y_n + \cdots \tag{4.113}$$

可以证明，l^2 按照由此内积导出的范数和距离构成希尔伯特空间。

(3) 空间 $\mathcal{L}^2[a,b]$。线性空间 $\mathcal{L}^2[a,b]$ 按照式(4.86)和式(4.111)定义的距离是完备的，因此构成希尔伯特空间。$C[a,b]$ 按照内积(4.63)导出的距离并不是完备的，因此只是内积空间而不是希尔伯特空间。

4.2 矩阵简要回顾

在引入线性空间的算符之前，我们先简要回顾一下矩阵(matrix)。

4.2.1 矩阵常识

设 A 是一个矩阵，我们用 A^* 表示 A 的复共轭(complex conjugate)，用 A^{T} 表示 A 的转置(transpose)。对矩阵 A 先取复共轭再求转置(或先求转置再取复共轭)，所得矩阵记为 $A^\dagger$，称为矩阵 A 的厄米共轭(Hermitian conjugate)

$$A^\dagger=(A^{\mathrm{T}})^*=(A^*)^{\mathrm{T}} \tag{4.114}$$

矩阵之和的厄米共轭运算满足

$$(A+B)^\dagger=A^\dagger+B^\dagger \tag{4.115}$$

矩阵乘积的厄米共轭运算满足

$$(AB)^\dagger=B^\dagger A^\dagger \tag{4.116}$$

进一步有

$$(A_1A_2\cdots A_n)^\dagger=A_n^\dagger\cdots A_2^\dagger A_1^\dagger \tag{4.117}$$

对于 $\mathbb{E}^n$ 中的内积 $(x,y)=x^\dagger y$，成立

$$(Ax,y)=(x,A^\dagger y) \tag{4.118}$$

设 A 是一个 n 阶矩阵，我们用 A^{-1} 表示 A 的逆(inverse matrix)，$\mathrm{Tr}\,A$ 表示矩阵的迹(trace)，即矩阵对角元素之和，$\det A$ 表示矩阵 A 的行列式⊖(determinant)。

如果 $A=A^*$，则称矩阵 A 为实矩阵。

如果 $A^{\mathrm{T}}=A$，则称矩阵 A 为对称矩阵。

如果 $A^{-1}=A$，则称矩阵 A 为自逆矩阵。

如果 $A^{-1}=A^{\mathrm{T}}$，则称矩阵 A 为正交矩阵。

设 A 是一个 n 阶矩阵，如果 A 的非对角元均为零，则称为对角矩阵(diagonal matrix)。我们用 $\mathrm{diag}\{\lambda_1,\lambda_2,\cdots,\lambda_n\}$ 表示以 $\lambda_1,\lambda_2,\cdots,\lambda_n$ 为对角元的对角矩阵

$$\mathrm{diag}\{\lambda_1,\lambda_2,\cdots,\lambda_n\}=\begin{pmatrix}\lambda_1 & 0 & \cdots & 0\\ 0 & \lambda_2 & \cdots & 0\\ \vdots & \vdots & \ddots & \vdots\\ 0 & 0 & \cdots & \lambda_n\end{pmatrix} \tag{4.119}$$

对角元全为 1 的对角矩阵称为 n 阶单位矩阵(identity matrix)，通常记为 I_n，在不强调矩阵的阶数时也简记为 I。

4.2.2 本征值问题

设 A 是一个 n 阶矩阵，若存在数 λ 和 n 维非零列矩阵 x，使得

$$Ax=\lambda x \tag{4.120}$$

⊖ 在线性代数中通常用黑斜体表示矩阵和数组矢量，加绝对值号表示矩阵的行列式. 量子力学教材中一般只用黑斜体表示普通矢量，本书中唯一例外见 17.2.2 节.

则 λ 称为矩阵 A 的本征值(eigenvalue)，x 称为矩阵 A 的本征矢量(eigenvector)。跟 λ 对应的本征矢量也称为属于 λ 的本征矢量。将方程(4.120)改写为

$$(A-\lambda I)x=0 \tag{4.121}$$

式中，I 是 n 阶单位矩阵。方程(4.120)和方程(4.121)称为矩阵 A 的本征方程(eigen equation)。方程(4.121)有非零解的充分必要条件是系数行列式为零

$$\det(A-\lambda I)=0 \tag{4.122}$$

行列式 $\det(A-\lambda I)$ 是 λ 的 n 次多项式，称为矩阵 A 的特征多项式(characteristic polynomial)。方程(4.122)是一个关于 λ 的一元 n 次方程，称为矩阵 A 的特征方程[㊀](characteristic equation)，在物理上经常称为久期方程[㊁](secular equation)。矩阵的本征值就是其特征方程的根，在复数范围内特征方程(4.122)有 n 个根(k 重根按 k 个计算数目)。

对于给定的本征值 λ，方程(4.121)的解空间(包括零矢量和所有属于 λ 的本征矢量)是 $\mathbb{E}^n$ 的子空间，称为矩阵 A 的属于 λ 的本征子空间(eigen-subspace)，方程(4.121)的一个基础解系就是该本征子空间的一个最大无关组。本征子空间的维数称为 λ 的简并度[㊂](degeneracy)。设本征值 λ 的简并度为 m，当 $m=1$ 时，就说 λ 不简并；当 $m>1$ 时，就说 λ 是 m 重简并的。根据线性空间对加法和数乘的封闭性，设 p_1 和 p_2 是属于同一个本征值的本征矢量，则二者的线性组合 $c_1p_1+c_2p_2$ 也是属于原本征值的本征矢量。不同本征值对应的本征子空间没有公共的非零矢量。

矩阵的本征矢量具有如下性质：

(1) 设 $\lambda_1,\lambda_2,\cdots,\lambda_m$ 是矩阵 A 的 m 个本征值，且互不相等，$p_1,p_2,\cdots,p_m$ 分别是对应的本征矢量，则矢量组 $p_1,p_2,\cdots,p_m$ 线性无关。

(2) 设 λ 和 μ 是矩阵 A 的两个不同的本征值，$\xi_1,\xi_2,\cdots,\xi_s$ 和 $\eta_1,\eta_2,\cdots,\eta_t$ 分别是对应于 λ 和 μ 的本征矢量组，如果这两个矢量组都是线性无关的，则由二者拼成的矢量组 $\xi_1,\xi_2,\cdots,\xi_s,\eta_1,\eta_2,\cdots,\eta_t$ 也是线性无关的。这个结论可以推广到多个本征值的情形。

(3) 设 λ_1 和 λ_2 是矩阵 A 的两个不同的本征值，p_1 和 p_2 分别是对应的本征矢量，则 p_1+p_2 不是 A 的本征矢量。

设 n 阶矩阵 A 的本征值为(k 重根写 k 次)$\lambda_1,\lambda_2,\cdots,\lambda_n$，则

$$\mathrm{Tr}\,A=\sum_{i=1}^{n}\lambda_i,\qquad \det A=\lambda_1\lambda_2\cdots\lambda_n \tag{4.123}$$

假设 λ 是矩阵 A 的本征值，容易验证 λ^k 是 A^k 的本征值。设 $f(x)$ 是一个多项式，则 $f(\lambda)$ 是矩阵 $f(A)$ 的本征值。若 A 可逆，则 λ^{-1} 也是 A^{-1} 的本征值。由此可见，找到了矩阵 A 的一组本征值，就找到了矩阵 $f(A)$ 和 A^{-1} 的一组本征值。反过来，$f(A)$ 和 A^{-1} 有没有别的本征值？这可以由下面的定理[㊃]回答。

定理 2 设 A 是 n 阶矩阵，$\lambda_1,\lambda_2,\cdots,\lambda_n$ 是 A 的全部本征值(k 重根写 k 次)，$f(x)$ 是一

㊀ 术语本征值和本征矢量，在数学上也称为特征值(characteristic value)和特征向量(characteristic vector)．但应注意，矩阵的本征方程和特征方程是两个完全不同的术语．

㊁ 久期方程这个词是从天文学上借过来的．

㊂ 线性代数中将本征值的重数称为代数重数，本征子空间的维数称为几何重数．本征值的几何重数总是小于或等于其代数重数．

㊃ 姚慕生，吴泉水，谢启鸿．高等代数学[M]．3 版．上海：复旦大学出版社，2019，268 页．

个多项式，则$f(\lambda_1), f(\lambda_2), \cdots, f(\lambda_n)$是矩阵$f(A)$的全部本征值，而且$\lambda_1^{-1}, \lambda_2^{-1} \cdots, \lambda_n^{-1}$是$A^{-1}$的全部本征值。

4.2.3 矩阵的对角化

设A是一个矩阵，如果存在可逆矩阵P，使得$P^{-1}AP=\Lambda$为对角矩阵，则称矩阵A能够(通过相似变换)对角化(diagonalization)。由线性代数可以知道，n阶矩阵A能够对角化的充分必要条件是矩阵A具有n个线性无关的本征矢量。根据本征矢量的性质可知，如果n阶矩阵具有n个不同的本征值，则可以对角化。

假设n阶矩阵A具有n个线性无关的本征矢量$p_i, i=1,2,\cdots,n$，则由这些本征矢量(作为列矩阵)构成的矩阵$P=(p_1,p_2,\cdots,p_n)$就是将矩阵A对角化的相似变换矩阵，且对角元就是矩阵A的本征值。将本征矢量p_i对应的本征值记为λ_i(可能有重复本征值)，则

$$P^{-1}AP = \operatorname{diag}\{\lambda_1, \lambda_2, \cdots, \lambda_n\} \tag{4.124}$$

矩阵$P=(p_1,p_2,\cdots,p_n)$中本征矢量排列次序与对角矩阵$\operatorname{diag}\{\lambda_1,\lambda_2,\cdots,\lambda_n\}$中本征值排列次序相同。

相似变换不改变矩阵的迹和行列式。也就是说，如果$P^{-1}AP=B$，则

$$\operatorname{Tr} A = \operatorname{Tr} B, \qquad \det A = \det B \tag{4.125}$$

当矩阵A能够对角化时，从式(4.124)可以明显看出式(4.123)成立，但式(4.123)对任何方阵都成立。

实对称矩阵一定可以通过实正交相似变换对角化。也就是说，如果矩阵A是实对称矩阵，则存在实正交矩阵P，使得$P^{\mathrm{T}}AP=\Lambda$为对角矩阵，其中Λ的对角元就是A的本征值(可能有重复值)。

▼举例

考虑如下矩阵

$$A = \begin{pmatrix} 4 & -1 & 2 \\ 5 & -1 & 3 \\ -1 & 0 & 0 \end{pmatrix} \tag{4.126}$$

按照本征方程(4.121)，得

$$\begin{pmatrix} 4-\lambda & -1 & 2 \\ 5 & -1-\lambda & 3 \\ -1 & 0 & -\lambda \end{pmatrix} \begin{pmatrix} c_1 \\ c_2 \\ c_3 \end{pmatrix} = 0 \tag{4.127}$$

先求解久期方程

$$\det(A-\lambda I) = \begin{vmatrix} 4-\lambda & -1 & 2 \\ 5 & -1-\lambda & 3 \\ -1 & 0 & -\lambda \end{vmatrix} = (\lambda-1)^3 = 0 \tag{4.128}$$

由此求得本征值为$\lambda=1$，它是个三重根。将其代入本征方程(4.127)，得

$$\begin{pmatrix} 3 & -1 & 2 \\ 5 & -2 & 3 \\ -1 & 0 & -1 \end{pmatrix}\begin{pmatrix} c_1 \\ c_2 \\ c_3 \end{pmatrix} = 0 \tag{4.129}$$

求解这个三元线性方程组，得 $c_3=-c_1$，$c_2=c_1$，c_1 为自由常数。选择 $c_1=1/\sqrt{3}$，由此得到相应于本征值 λ 的归一化本征矢量为

$$x = \frac{1}{\sqrt{3}}\begin{pmatrix} 1 \\ 1 \\ -1 \end{pmatrix} \tag{4.130}$$

选择 $c_1=-1/\sqrt{3}$ 当然也可以得到归一化本征矢量。由于矩阵 A 只有一个线性无关的本征矢量，因此不能通过相似变换对角化。

由线性代数可知，矩阵 A 可逆的充分必要条件是 $\det A\neq 0$。如果 $\det A=0$，则矩阵不可逆，称为奇异矩阵。由此可知，如果 λ 是矩阵 A 的本征值，则矩阵 $A-\lambda I$ 不可逆，反之亦然。矩阵 $A-\lambda I$ 的奇异性条件，即久期方程(4.122)可以用来定义矩阵 A 的本征值，这个定义完全不涉及矩阵 A 的本征方程。

如果 λ 不是矩阵 A 的本征值，则以下几种说法是等价的：

(1) $\det(A-\lambda I)\neq 0$；

(2) 矩阵 $A-\lambda I$ 可逆；

(3) 矩阵 $A-\lambda I$ 满秩；

(4) 方程 $Ax=\lambda x$ 只有零解。

4.2.4 幺正矩阵

如果 $A^\dagger=A^{-1}$，则称矩阵 A 为幺正矩阵(unitary matrix)。若 A 是个实幺正矩阵，则也是实正交矩阵，幺正矩阵是实正交矩阵的推广。

显然，幺正矩阵满足 $A^\dagger A=AA^\dagger=I$。反之，根据逆矩阵的定义，若矩阵 A 满足 $A^\dagger A=AA^\dagger=I$，则 A 为幺正矩阵。根据式(4.116)和逆矩阵的性质可知，幺正矩阵的乘积仍为幺正矩阵。幺正矩阵具有如下性质：

(1) 行列式模为 1。也就是说，设 A 是一个幺正矩阵，则 $|\det A|=1$。

(2) n 阶幺正矩阵具有 n 个互相正交的本征矢量。

(3) 幺正矩阵一定可以通过幺正相似变换对角化。也就是说，如果 A 是幺正矩阵，则一定存在幺正矩阵 U，使得 $U^{-1}AU=U^\dagger AU$ 为对角矩阵。

(4) 根据式(4.118)可知，幺正矩阵不改变列矩阵的内积。也就是说，设 $x,y\in\mathbb{E}^n$，A 是一个幺正矩阵，则

$$(Ax,Ay)=(x,y) \tag{4.131}$$

由此可知，幺正矩阵不改变矢量的模：$\|Ax\|=\|x\|$。

4.2.5 厄米矩阵

如果 $A^\dagger=A$，则称矩阵 A 为厄米矩阵(Hermite matrix)。很明显，若 A 是实厄米矩阵，则

也是实对称矩阵，厄米矩阵是实对称矩阵的推广。根据式(4.115)可知，厄米矩阵的和仍为厄米矩阵。根据式(4.116)可知，厄米矩阵的乘积不一定是厄米矩阵，除非$AB=BA$。厄米矩阵具有如下性质⊖：

(1) 厄米矩阵的本征值是实数。

(2) 厄米矩阵的属于不同本征值的本征矢量互相正交。

(3) n阶厄米矩阵具有n个互相正交的本征矢量。如果本征值λ是k重根，则其简并度为k，即相应的本征子空间是k维的。

(4) 对厄米矩阵做幺正相似变换，仍然得到厄米矩阵。也就是说，设U是幺正矩阵，A是厄米矩阵，则$U^{-1}AU=U^{\dagger}AU$也是厄米矩阵。

(5) 厄米矩阵一定可以通过幺正相似变换对角化。也就是说，一定存在幺正矩阵U，使得$U^{-1}AU=U^{\dagger}AU$为对角矩阵。

(6) 根据式(4.118)可知，如果A是厄米矩阵，则

$$(Ax,y)=(x,Ay) \tag{4.132}$$

4.2.6　泡利矩阵

全体2阶复矩阵构成一个线性空间，物理上常用下面的基

$$I_2=\begin{pmatrix}1&0\\0&1\end{pmatrix},\quad \sigma_1=\begin{pmatrix}0&1\\1&0\end{pmatrix},\quad \sigma_2=\begin{pmatrix}0&-\mathrm{i}\\\mathrm{i}&0\end{pmatrix},\quad \sigma_3=\begin{pmatrix}1&0\\0&-1\end{pmatrix} \tag{4.133}$$

其中三个厄米矩阵$\sigma_i, i=1,2,3$称为泡利(Pauli)矩阵。任何2阶矩阵可以用这四个矩阵展开(证明留作练习)。泡利矩阵都是无迹矩阵，即

$$\mathrm{Tr}\,\sigma_i=0,\quad i=1,2,3 \tag{4.134}$$

此外容易验证泡利矩阵满足如下性质：

$$\sigma_1^2=\sigma_2^2=\sigma_3^2=I_2 \tag{4.135}$$

$$\sigma_1\sigma_2=-\sigma_2\sigma_1=\mathrm{i}\sigma_3,\quad \sigma_2\sigma_3=-\sigma_3\sigma_2=\mathrm{i}\sigma_1,\quad \sigma_3\sigma_1=-\sigma_1\sigma_3=\mathrm{i}\sigma_2 \tag{4.136}$$

式(4.135)表示泡利矩阵都是自逆矩阵，$\sigma_i^{-1}=\sigma_i$，因此还是幺正矩阵

$$\sigma_i^{\dagger}=\sigma_i^{-1},\quad i=1,2,3 \tag{4.137}$$

总之，泡利矩阵是自逆、厄米、幺正、无迹的矩阵。

将矩阵A按照式(4.133)定义的基展开为

$$A=A_0I_2+A_1\sigma_1+A_2\sigma_2+A_3\sigma_3 \tag{4.138}$$

根据阵迹的定义和泡利矩阵的性质(4.134)和(4.135)，容易证明(留作练习)

$$A_0=\frac{1}{2}\mathrm{Tr}\,A,\quad A_i=\frac{1}{2}\mathrm{Tr}(\sigma_iA),\quad i=1,2,3 \tag{4.139}$$

4.3　线性算符

在泛函分析中通常把线性空间之间的映射称为算子(operator)，物理上称为算符。取值于实数域或复数域的算符称为泛函(functional)。

⊖ 前两条性质跟后面对称算符的两条性质是对应的，证明方法也类似.

4.3.1 线性空间中的算符

设 U 是一个 3 阶实矩阵，则 U 就是 $\mathbb{R}^3$ 上的算符：

$$U: \quad A \to B = UA \tag{4.140}$$

其中 $A=(A_x,A_y,A_z)^{\mathrm{T}}$ 和 $B=(B_x,B_y,B_z)^{\mathrm{T}}$ 是 $\mathbb{R}^3$ 中的矢量。将 A,B 看作物理空间中的矢量 $\boldsymbol{A}$，$\boldsymbol{B}$ 对应的列矩阵，则矩阵 U 定义了物理矢量空间上的一个算符

$$\hat{U}: \quad \boldsymbol{A} \to \boldsymbol{B} = \hat{U}\boldsymbol{A} \tag{4.141}$$

在这个意义上，线性空间的算符可以看作矩阵的推广。

1. 算符的定义

定义：设 X 和 Y 同为复线性空间，D 是 X 的子空间，T 为 D 到 Y 中的映射。如果 $\forall x$，$y \in D$，α 为任意复数，成立

$$T(x+y) = Tx + Ty, \qquad T(\alpha x) = \alpha Tx \tag{4.142}$$

则称 T 为 D 到 Y 中的线性算符(linear operator)，其中 D 称为 T 的定义域，记为 $D(T)$，而集合 $TD=\{Tx \mid x \in D\}$ 称为 T 的值域，记为 $R(T)$。根据矩阵乘法的性质可知，3 阶实矩阵就是 $\mathbb{R}^3$ 上的线性算符，其定义域就是 $\mathbb{R}^3$ 本身。类似地，n 阶实(复)矩阵是 $\mathbb{R}^n(\mathbb{E}^n)$ 上的线性算符。

若 $Y=X$，则称 T 为 X 中的线性算符(operator in X)；若进一步有 $D(T)=X$ 则称 T 为 X 上的线性算符(operator on X)。若 Y 为实数域(或复数域)，则称 T 为实(或复)线性泛函(linear functional)。

任何线性算符 T 作用于零矢量，只会得到零矢量：$T\underline{0}=\underline{0}$。为了明确起见，这里我们恢复了零矢量记号 $\underline{0}$。证明如下：根据零矢量定义，$\forall x \in X$，$x+\underline{0}=x$，因此 $T(x+\underline{0})=Tx$；另一方面，根据线性算符的定义，可知 $T(x+\underline{0})=Tx+T\underline{0}$，于是得到 $Tx+T\underline{0}=Tx$，再次根据零矢量的定义，可知 $T\underline{0}=\underline{0}$。

不满足线性条件的映射称为非线性算符。

▼举例

为了明确起见，今后一律用戴帽子“^”的符号表示算符，比如算符 $\hat{A}$。

(1) 单位算符 $\hat{I}$：$\forall x \in X$，$\hat{I}x=x$。单位算符也叫作恒等算符，常写为 1。

(2) 零算符 $\hat{O}$：$\forall x \in X$，$\hat{O}x=0$。

这里等号右端的 0 表示零矢量 $\underline{0}$，零算符也常写为 0，因此现在 0 有三个含义：数字 0、零矢量和零算符。0 和 1 的含义通常可以根据上下文来判断。这里有一个技巧是，等号两端总是表示同一性质的对象，要么都是数字，要么都是矢量，要么都是算符。

(3) 倍乘算符 $\hat{T}_\alpha$：$\forall x \in X$，$\hat{T}_\alpha x=\alpha x$，其中 α 是任意给定复数。倍乘算符也叫作相似算符。当 $\alpha=1$ 和 $\alpha=0$ 时，倍乘算符分别回到单位算符和零算符。

(4) 投影算符：设 $\boldsymbol{n}$ 是物理矢量空间上的某个单位矢量，对于任意矢量 $\boldsymbol{A}$，定义算符

$$\hat{P}_{\boldsymbol{n}}\boldsymbol{A} = (\boldsymbol{A}\cdot\boldsymbol{n})\boldsymbol{n} \tag{4.143}$$

很明显，$\hat{P}_{\boldsymbol{n}}\boldsymbol{A}$ 表示矢量 $\boldsymbol{A}$ 在 $\boldsymbol{n}$ 方向的分矢量。全体与 $\boldsymbol{n}$ 成正比的矢量 $\{c\boldsymbol{n} \mid c \in \mathbb{R}\}$ 构成一维子空间(直线)，$\hat{P}_{\boldsymbol{n}}$ 就是从物理矢量空间到 $\boldsymbol{n}$ 方向的投影算符。

---

2. 算符的延拓和相等

设 $\hat{A}$, $\hat{B}$ 为线性空间 X 中的线性算符，其定义域分别为 $D(\hat{A})$ 和 $D(\hat{B})$。根据算符的功能和定义域，$\hat{A}$, $\hat{B}$ 之间的关系存在两种特殊情形：

(1) 如果 $D(\hat{A})\subset D(\hat{B})$，且 $\forall x\in D(\hat{A})$，均有 $\hat{A}x=\hat{B}x$，则称算符 $\hat{B}$ 是算符 $\hat{A}$ 的延拓，记为 $\hat{A}\subset\hat{B}$ 或 $\hat{B}\supset\hat{A}$。

(2) 如果 $D(\hat{A})=D(\hat{B})$，且 $\forall x\in D(\hat{A})$，均有 $\hat{A}x=\hat{B}x$，则称算符 $\hat{A}$ 和 $\hat{B}$ 相等，记为 $\hat{A}=\hat{B}$。

很明显，$\hat{A}=\hat{B}$ 的充分必要条件是 $\hat{A}\subset\hat{B}$ 且 $\hat{B}\subset\hat{A}$。特别是，仅仅在两个算符定义域交集 $D(\hat{A})\cap D(\hat{B})$ 上成立 $\hat{A}x=\hat{B}x$，并不意味着二者相等。

3. 算符的有界性

定义：设 X 为赋范线性空间，若线性算符 $\hat{T}$ 将其定义域 $D(\hat{T})$ 中的每个有界集[⊖]映射为有界集，则称 $\hat{T}$ 为有界线性算符(bounded linear operator)，否则称为无界线性算符(unbounded linear operator)。

定义：设 X 是一个度量空间，$x_0\in X$，ε 是个某个有限正数，集合

$$O(x_0,\varepsilon)=\{x\mid d(x,x_0)<\varepsilon\} \tag{4.144}$$

表示以点 x_0 为中心，ε 为半径的开球，称为点 x_0 的 ε-邻域。

对于实数集 $\mathbb{R}$，在按照绝对值距离构成度量空间时，点 x_0 的 ε-邻域是长度为 2ε 的开区间。邻域的概念并不限于开球，但为了避免复杂，这里不引入太多陌生概念。以下用到邻域的地方，暂且按照开球来理解。

设 X 是一个度量空间，U 是 X 的子集，如果 U 包含在某个开球 $O(x_0,\varepsilon)$ 中，则称 U 是 X 中的有界集(bounded set)。

定理 3　设 $\hat{T}$ 为赋范线性空间 X 上的线性算符，则 $\hat{T}$ 为有界线性算符的充要条件为：对所有 $x\in D(\hat{T})$，存在常数 M，使得

$$\|\hat{T}x\|\leqslant M\|x\| \tag{4.145}$$

条件(4.145)通常也作为有界线性算符的定义。

*4. 算符的连续性

定义：设 (X,d) 和 $(Y,\tilde{d})$ 是两个度量空间，T 是从 X 到 Y 中的映射。如果对于 $x_0\in X$ 和任意给定的正数 ε，存在正数 $\delta>0$，使得对一切满足 $d(x,x_0)<\delta$ 的 x，成立

$$\tilde{d}(Tx,Tx_0)<\varepsilon \tag{4.146}$$

则称 T 在点 x_0 连续。

定理 4　设 T 是度量空间 (X,d) 到度量空间 $(Y,\tilde{d})$ 的映射，$\{x_n\}$ 是 X 中的收敛点列，则 T 在点 $x_0\in X$ 连续的充要条件为：当 $x_n\to x_0(n\to\infty)$ 时，必有 $Tx_n\to Tx_0(n\to\infty)$。

如果映射 T 在 X 的每一点都连续，则称 T 是 X 上的连续映射。由此可见，连续映射是连续函数的推广。

数学上能够证明，对于两个赋范线性空间之间的线性算符，如果在其中一点连续，则映射处处连续，且算符的连续性等价于有界性。此外可以证明，有限维赋范线性空间中的线性算符为连续算符，因此也是有界算符。

⊖ 有界集的直观含义是该集包含在有限范围内，其严格定义可参见稍后的选读材料.

*5. 算符的稠定性

定义：设 X 是一个度量空间，U 是 X 的子集，如果在 X 的任何一点 x 的任何邻域内都有属于 U 的点，则将 U 称为 X 的稠密子集(dense subset)。

比如，有理数集按照绝对值定义的距离在实数域中稠密。

稠密子集的概念并不限于度量空间。对于一般的"拓扑空间"，稠密子集的定义如下：设 X 是一个拓扑空间，U 是 X 的子集，若 U 的闭包等于 X，即 $\overline{U}=X$，则将 U 称为 X 的稠密子集。当然，这个定义已经与我们的需要无关了。

定义：若线性算符 $\hat{T}$ 的定义域 $D(\hat{T})$ 包括 X 的稠密子空间，则称为稠定线性算符(densely defined operator)。

量子力学中的常用线性算符的定义域包括如下两种情况：

(1) 算符的定义域为全空间 X。

(2) 算符的定义域为 X 的稠密子空间。

由此可见，量子力学中常用的线性算符都是稠定线性算符。可以证明，对于稠定的有界线性算符，其定义域总可以延拓到全空间。今后提到有界线性算符，总假定其定义域为全空间。只有对于无界线性算符，才需要详细讨论其定义域。

4.3.2 算符的初等运算

算符的运算包括算符之和、算符数乘和算符乘积等。为了简单起见，我们基于 X 空间中的算符进行讨论，其中算符的加法和数乘可以毫无困难地推广到定义域和值域不在同一个空间的算符，比如线性泛函。

1. 有界线性算符

对于有界线性算符，其定义域默认为全空间。设 $\hat{A}$ 和 $\hat{B}$ 为线性空间 X 上的有界线性算符，算符的初等运算定义如下。

(1) 算符之和：$\forall x\in X$，定义算符 $\hat{A}+\hat{B}$ 为

$$(\hat{A}+\hat{B})x=\hat{A}x+\hat{B}x \tag{4.147}$$

容易证明(留作练习)，算符之和满足交换律和结合律

$$\hat{A}+\hat{B}=\hat{B}+\hat{A},\qquad (\hat{A}+\hat{B})+\hat{C}=\hat{A}+(\hat{B}+\hat{C}) \tag{4.148}$$

由于算符之和满足结合律，因此可以将三个算符之和写为 $\hat{A}+\hat{B}+\hat{C}$。

(2) 算符数乘：$\forall x\in X, c\in\mathbb{C}$，定义算符 $c\hat{A}$ 为

$$(c\hat{A})x=c(\hat{A}x) \tag{4.149}$$

加法和数乘的定义思想是：设 $\hat{A}$ 和 $\hat{B}$ 分别将矢量 x 映射为 $\hat{A}x$ 和 $\hat{B}x$，记号 $\hat{A}+\hat{B}$ 代表一个新算符，它将矢量 x 映射为 $\hat{A}x$ 与 $\hat{B}x$ 之和；记号 $c\hat{A}$ 代表另一个新算符，它将矢量 x 映射为 $c(\hat{A}x)$。按照线性空间的定义，在一个非空集合中定义了加法和数乘运算，如果这些运算满足线性空间的 8 个条件，那么该集合就成了线性空间。现在把线性空间 X 上的全体有界线性算符作为一个集合，记为 $B(X)$。根据上述算符之和、算符数乘的定义，容易发现 $B(X)$ 也构成一个线性空间[⊖]。比如，将 n 维复欧氏空间 $\mathbb{E}^n$ 的矢量看作列矩阵，$n\times n$ 的复矩阵就是 $\mathbb{E}^n$ 上的算符，则 $B(\mathbb{E}^n)$ 就是 n^2 维复线性空间 $M_{n,n}(\mathbb{C})$。对于赋范线性空间上有界线性算符，可以很自然地引入算符的范数，从而 $B(X)$ 也是一个赋范线性空间。

⊖ 夏道行，等. 实变函数论与泛函分析[M]. 2 版. 北京：高等教育出版社，2010，116 页.

线性泛函是值域为实数域或复数域的算符，赋范线性空间中的全体连续线性泛函也可以按照加法和数乘构成一个赋范线性空间。在本章 4.5 节，我们将用这种方式来构建希尔伯特空间的对偶空间。

(3) 算符乘积：$\forall x \in X$，定义算符 $\hat{A}\hat{B}$ 为

$$(\hat{A}\hat{B})x = \hat{A}(\hat{B}x) \tag{4.150}$$

这个定义的意思是：将记号 $\hat{A}\hat{B}$ 作为一个新算符，其作用于矢量 x 的效果分两步完成：第一步，用算符 $\hat{B}$ 将矢量 x 映射为新矢量 $\hat{B}x$；第二步，用算符 $\hat{A}$ 将矢量 $\hat{B}x$ 映射为 $\hat{A}(\hat{B}x)$。在这个意义上，算符 $\hat{A}$ 和 $\hat{B}$ 的乘积定义为将 $\hat{B}$ 和 $\hat{A}$ 相继作用于矢量 x。

容易证明(留做练习)，算符乘积满足结合律

$$(\hat{A}\hat{B})\hat{C} = \hat{A}(\hat{B}\hat{C}) \tag{4.151}$$

由于算符的乘积满足结合律，因此可以将三个算符的乘积写为 $\hat{A}\hat{B}\hat{C}$。

特别注意，算符乘积一般不满足交换律，即 $\hat{A}\hat{B} \neq \hat{B}\hat{A}$。为了描述两个算符的乘积能否满足交换律，我们引入算符 $\hat{A}$ 和 $\hat{B}$ 的对易子(commutator)

$$\boxed{[\hat{A},\hat{B}] \equiv \hat{A}\hat{B} - \hat{B}\hat{A}} \tag{4.152}$$

若两个算符的对易子等于 0，则表明二者的乘积满足交换律，也称算符 $\hat{A}$ 和 $\hat{B}$ 互相对易，或简称 $\hat{A}$ 和 $\hat{B}$ 对易。

▼举例

设 x 是 $\mathbb{R}^3$ 中的列矩阵，A 是一个 3 阶方阵，$y=Ax$。方阵 A 将列矩阵 x 变成了 y，因此方阵 A 是 $\mathbb{R}^3$ 中的算符。设 A_1 和 A_2 是 $\mathbb{R}^3$ 上的两个算符

$$x_1 = A_1 x, \qquad x_2 = A_2 x \tag{4.153}$$

按照算符乘积的定义，容易发现算符乘积正好就是矩阵相乘。矩阵相乘一般不满足交换律，$A_1A_2 \neq A_2A_1$，即

$$[A_1, A_2] \neq 0 \tag{4.154}$$

---

*2. 无界线性算符

在量子力学中，很多线性算符都是无界的，就连最基本的坐标算符和动量算符也都是无界算符。因此，对无界算符的性质进行讨论是一个无法回避的任务。无界线性算符的定义域不一定能够延拓到全空间。因此，对于无界线性算符的运算需要小心对待。设 $\hat{A}, \hat{B}$ 为线性空间 X 中的线性算符，其定义域分别为 $D(\hat{A})$ 和 $D(\hat{B})$，算符的初等运算定义如下：

(1) 算符之和：引入算符 $\hat{A}+\hat{B}$，定义域为

$$D(\hat{A} + \hat{B}) = D(\hat{A}) \cap D(\hat{B}) \tag{4.155}$$

并满足

$$(\hat{A} + \hat{B})x = \hat{A}x + \hat{B}x \tag{4.156}$$

称为算符 $\hat{A}$ 与 $\hat{B}$ 的和。

(2) 算符数乘：$\forall c \in \mathbb{C}$，定义算符 $c\hat{A}$ 为

$$(c\hat{A})x = c(\hat{A}x) \tag{4.157}$$

有时可以找到一个线性算符 $\hat{C}$，在 $D(\hat{A}) \cap D(\hat{B})$ 中满足 $\hat{C}=\hat{A}+\hat{B}$，然而 $\hat{C}$ 的定义域却可

能更大。换句话说，$\hat{C}$ 是 $\hat{A}+\hat{B}$ 的延拓。比如，若 $\hat{B}=-\hat{A}$，则 $\hat{A}+\hat{B}$ 在 $D(\hat{A})\cap D(\hat{B})$ 中相当于零算符 $\hat{O}$，而 $\hat{O}$ 的定义域是整个线性空间。算符数乘并不改变算符的定义域。特别是，如果 $\hat{A}$ 的定义域不是全空间，则 $0\hat{A}$ 并不等于零算符 $\hat{O}$，因为零算符的定义在全空间。在很多情况下，我们会写出公式 $\hat{A}+\hat{B}=0$ 和 $0\hat{A}=0$ 等，等号右端的 0 应当理解为零算符在相关定义域上的限制。为了行文方便，今后在不需要强调算符定义域时，我们不严格区分零算符的限制与零算符本身，而一律称之为零算符。

(3) 算符乘积：引入算符 $\hat{A}\hat{B}$，其定义域为

$$D(\hat{A}\hat{B})=\{x\mid x\in D(\hat{B}),\hat{B}x\in D(\hat{A})\} \tag{4.158}$$

并满足

$$(\hat{A}\hat{B})x=\hat{A}(\hat{B}x) \tag{4.159}$$

称为算符 $\hat{A}$ 与 $\hat{B}$ 的乘积。根据式(4.158)可知 $D(\hat{A}\hat{B})\subset D(\hat{B})$。

对易子 $[\hat{A},\hat{B}]=\hat{A}\hat{B}-\hat{B}\hat{A}$ 的定义域为 $D(\hat{A}\hat{B})\cap D(\hat{B}\hat{A})$。

3. 对易子恒等式

设 $\hat{A},\hat{B},\hat{C}$ 是线性空间 X 中的线性算符，根据对易子定义不难验证：

(1) $[\hat{A},\hat{A}]=0$；

(2) $[\hat{A},\hat{I}]=0$；

(3) $[\hat{A},\hat{B}]=-[\hat{B},\hat{A}]$；

(4) $[\hat{A},\hat{B}+\hat{C}]=[\hat{A},\hat{B}]+[\hat{A},\hat{C}]$；

(5) $[c\hat{A},\hat{B}]=c[\hat{A},\hat{B}]=[\hat{A},c\hat{B}]$，$\forall c\in\mathbb{C}$；

(6) $[\hat{A}\hat{B},\hat{C}]=\hat{A}[\hat{B},\hat{C}]+[\hat{A},\hat{C}]\hat{B}$；

(7) $[\hat{A},\hat{B}\hat{C}]=\hat{B}[\hat{A},\hat{C}]+[\hat{A},\hat{B}]\hat{C}$；

(8) $[\hat{A},[\hat{B},\hat{C}]]+[\hat{B},[\hat{C},\hat{A}]]+[\hat{C},[\hat{A},\hat{B}]]=0$（雅克比恒等式）。

前五个恒等式显而易见，最后三个恒等式的证明留给读者练习。性质(6)可以这样记忆：对左端表达式，将 $\hat{A}\hat{B}$ 中左边的算符 $\hat{A}$ 放在对易子左边，得右端第一项；将 $\hat{A}\hat{B}$ 中右边的算符 $\hat{B}$ 放在对易子右边，得右端第二项。性质(7)的规律也是类似的。**雅克比恒等式**(Jacobi identity)中三项的关系是，将前面一项做轮换 $\hat{A}\to\hat{B}$，$\hat{B}\to\hat{C}$，$\hat{C}\to\hat{A}$，就得到后面一项，第三项这样轮换得到第一项。

应该说明的是，对于定义域不是全空间的线性算符而言，算符的运算总是伴随着定义域的复杂变化。上述恒等式成立的区域应当理解为出现在等号两端的各个算符（包括乘积算符）的定义域的交集。

4.3.3 算符的函数

根据算符乘法可以自然引入算符的幂

$$\hat{A}^2=\hat{A}\hat{A},\quad \hat{A}^3=\hat{A}^2\hat{A},\quad \hat{A}^4=\hat{A}^3\hat{A},\quad \cdots \tag{4.160}$$

进而可以定义算符的幂级数

$$a_0+a_1\hat{A}+a_2\hat{A}^2+a_3\hat{A}^3+a_4\hat{A}^4+\cdots \tag{4.161}$$

算符的函数可以通过普通函数的泰勒级数来引入。设一元函数 $f(x)$ 在 $x=0$ 点附近展开为泰勒级数

$$f(x)=\sum_{n=0}^{\infty}\frac{1}{n!}f^{(n)}(0)x^n \tag{4.162}$$

式中，$f^{(n)}(0)$是$f(x)$在$x=0$处的n阶导数。对于有界线性算符$\hat{A}$，可以形式上定义算符的函数如下

$$f(\hat{A})=\sum_{n=0}^{\infty}\frac{1}{n!}f^{(n)}(0)\hat{A}^{n} \tag{4.163}$$

如果$f(x)$在$x=0$点附近不能展开为泰勒级数，则不能通过上述方法定义算符函数。当然，这不排除通过别的方法定义记号$f(\hat{A})$。

类似地，我们可以通过二元函数的泰勒级数来引入两个算符的函数。设二元函数$f(x,y)$在$(x,y)=(0,0)$处能够进行泰勒展开

$$f(x,y)=\sum_{n=0}^{\infty}\sum_{m=0}^{\infty}\frac{1}{n!m!}f^{(n,m)}(0,0)x^{n}y^{m} \tag{4.164}$$

其中

$$f^{(n,m)}(0,0)=\left.\frac{\partial^{n+m}f(x,y)}{\partial x^{n}\partial y^{m}}\right|_{(x,y)=(0,0)} \tag{4.165}$$

若$\hat{A},\hat{B}$是两个互相对易的有界线性算符，$[\hat{A},\hat{B}]=0$，则可以定义算符函数

$$f(\hat{A},\hat{B})=\sum_{n=0}^{\infty}\sum_{m=0}^{\infty}\frac{1}{n!m!}f^{(n,m)}(0,0)\hat{A}^{n}\hat{B}^{m} \tag{4.166}$$

如果$[\hat{A},\hat{B}]\neq0$，由$f(x,y)$构造算符存在不同的方案。比如$f(x,y)=x^{2}y$，它有很多等价表达式，比如xyx,yx^{2}等，然而由此得到的算符函数并不等价

$$\hat{A}^{2}\hat{B}\neq\hat{A}\hat{B}\hat{A}\neq\hat{B}\hat{A}^{2} \tag{4.167}$$

对于无界线性算符，也可以尝试用幂级数定义算符的函数，但这个方法并不总是可行。我们暂时不讨论这种复杂性带来的问题。

下面介绍两个重要公式，有时会用到它们。

(1) 豪斯多夫(Hausdorff)公式

$$\boxed{e^{\lambda\hat{A}}\hat{B}e^{-\lambda\hat{A}}=\hat{B}+\lambda[\hat{A},\hat{B}]+\frac{\lambda^{2}}{2!}[\hat{A},[\hat{A},\hat{B}]]+\cdots} \tag{4.168}$$

式中，λ为任意复数。

证明：设$f(\lambda)=e^{\lambda\hat{A}}\hat{B}e^{-\lambda\hat{A}}$，先计算$\lambda$的各阶导数，求导时将$\hat{A},\hat{B}$视为系数，但要注意$\hat{A}$，$\hat{B}$不对易。由此可得

$$\frac{df(\lambda)}{d\lambda}=e^{\lambda\hat{A}}\hat{A}\hat{B}e^{-\lambda\hat{A}}-e^{-\lambda\hat{A}}\hat{B}\hat{A}e^{-\lambda\hat{A}}=e^{\lambda\hat{A}}[\hat{A},\hat{B}]e^{-\lambda\hat{A}} \tag{4.169}$$

类似可得

$$\frac{d^{2}f(\lambda)}{d\lambda^{2}}=e^{\lambda\hat{A}}[\hat{A},[\hat{A},\hat{B}]]e^{-\lambda\hat{A}},\quad\frac{d^{3}f(\lambda)}{d\lambda^{3}}=e^{\lambda\hat{A}}[\hat{A},[\hat{A},[\hat{A},\hat{B}]]]e^{-\lambda\hat{A}},\cdots \tag{4.170}$$

如此便可得到

$$f^{(1)}(0)=[\hat{A},\hat{B}],\quad f^{(2)}(0)=[\hat{A},[\hat{A},\hat{B}]],\quad f^{(3)}(0)=[\hat{A},[\hat{A},[\hat{A},\hat{B}]]],\cdots \tag{4.171}$$

将$f(\lambda)$在$\lambda=0$处作泰勒展开

$$f(\lambda)=\sum_{n=0}^{\infty}\frac{1}{n!}f^{(n)}(0)\lambda^{n} \tag{4.172}$$

将式(4.171)代入式(4.172)，便可得到豪斯多夫公式(4.168)。

(2) 格劳伯(Glauber)公式

设算符 $\hat{A}$ 和 $\hat{B}$ 不对易，记$[\hat{A},\hat{B}]=\hat{C}$，但$[\hat{C},\hat{A}]=[\hat{C},\hat{B}]=0$，则

$$\boxed{e^{\hat{A}+\hat{B}}=e^{\hat{A}}e^{\hat{B}}e^{-\frac{1}{2}\hat{C}}=e^{\hat{B}}e^{\hat{A}}e^{\frac{1}{2}\hat{C}}} \tag{4.173}$$

证明：根据豪斯多夫公式，由于$[\hat{C},\hat{A}]=0$，因此

$$e^{\lambda\hat{A}}\hat{B}e^{-\lambda\hat{A}}=\hat{B}+\lambda\hat{C} \tag{4.174}$$

由此可得

$$e^{\lambda\hat{A}}\hat{B}=(\hat{B}+\lambda\hat{C})e^{\lambda\hat{A}} \tag{4.175}$$

$$e^{\lambda\hat{A}}(\hat{A}+\hat{B})=(\hat{A}+\hat{B}+\lambda\hat{C})e^{\lambda\hat{A}} \tag{4.176}$$

在豪斯多夫公式中将 $\hat{A},\hat{B}$ 互换，$\hat{C}\to-\hat{C}$，可得

$$e^{\lambda\hat{B}}\hat{A}e^{-\lambda\hat{B}}=\hat{A}-\lambda\hat{C} \tag{4.177}$$

然后做参数替换 $\lambda\to-\lambda$，得

$$e^{-\lambda\hat{B}}\hat{A}e^{\lambda\hat{B}}=\hat{A}+\lambda\hat{C} \tag{4.178}$$

由此可得

$$\hat{A}e^{\lambda\hat{B}}=e^{\lambda\hat{B}}(\hat{A}+\lambda\hat{C}) \tag{4.179}$$

$$(\hat{A}+\hat{B})e^{\lambda\hat{B}}=e^{\lambda\hat{B}}(\hat{A}+\hat{B}+\lambda\hat{C}) \tag{4.180}$$

令$f(\lambda)=e^{\lambda\hat{A}}e^{\lambda\hat{B}}$，综合式(4.176)和式(4.180)，可得

$$e^{\lambda\hat{A}}(\hat{A}+\hat{B})e^{\lambda\hat{B}}=(\hat{A}+\hat{B}+\lambda\hat{C})f(\lambda)=f(\lambda)(\hat{A}+\hat{B}+\lambda\hat{C}) \tag{4.181}$$

由此可知$f(\lambda)$与 $\hat{A}+\hat{B}+\lambda\hat{C}$ 对易。根据$f(\lambda)$的定义和式(4.181)，得

$$\frac{df}{d\lambda}=e^{\lambda\hat{A}}(\hat{A}+\hat{B})e^{\lambda\hat{B}}=(\hat{A}+\hat{B}+\lambda\hat{C})f(\lambda) \tag{4.182}$$

求解这个微分方程，得

$$f(\lambda)=e^{\lambda(\hat{A}+\hat{B})+\frac{1}{2}\lambda^2\hat{C}} \tag{4.183}$$

根据假定$[\hat{C},\hat{A}]=[\hat{C},\hat{B}]=0$，可知 $\hat{A}+\hat{B}$ 与 $\hat{C}$ 对易，因此

$$f(\lambda)=e^{\lambda(\hat{A}+\hat{B})}e^{\frac{1}{2}\lambda^2\hat{C}} \tag{4.184}$$

由此可得

$$e^{\lambda(\hat{A}+\hat{B})}=f(\lambda)e^{-\frac{1}{2}\lambda^2\hat{C}}=e^{\lambda\hat{A}}e^{\lambda\hat{B}}e^{-\frac{1}{2}\lambda^2\hat{C}} \tag{4.185}$$

将 $\hat{A},\hat{B}$ 互换，$\hat{C}\to-\hat{C}$，得

$$e^{\lambda(\hat{A}+\hat{B})}=e^{\lambda\hat{B}}e^{\lambda\hat{A}}e^{\frac{1}{2}\lambda^2\hat{C}} \tag{4.186}$$

于是得到

$$e^{\lambda(\hat{A}+\hat{B})}=e^{\lambda\hat{A}}e^{\lambda\hat{B}}e^{-\frac{1}{2}\lambda^2\hat{C}}=e^{\lambda\hat{B}}e^{\lambda\hat{A}}e^{\frac{1}{2}\lambda^2\hat{C}} \tag{4.187}$$

当 $\lambda=1$ 时，便得到格劳伯公式。

在证明豪斯多夫公式和格劳伯公式时，我们对算符函数中的 λ 进行求导，并求解了以算符为参数的微分方程。这种做法的合理性和适应范围尚不明朗。实际上这两个公式都可以用代数方法来证明[1]，从而可以避免上述缺陷。

---

[1] 喀兴林. 高等量子力学[M]. 2版. 北京：高等教育出版社，2001，20、22页.

4.3.4　逆算符

设 $\hat{A},\hat{B}$ 是线性空间 X 上的两个线性算符，如果

$$\hat{A}\hat{B} = \hat{B}\hat{A} = \hat{I} \tag{4.188}$$

式中，$\hat{I}$ 是单位算符，则称 $\hat{A}$ 和 $\hat{B}$ 互为逆算符，记为 $\hat{A}=\hat{B}^{-1}$，$\hat{B}=\hat{A}^{-1}$。$\hat{A}^{-1}$的定义域等于 $\hat{A}$ 的值域，$\hat{A}^{-1}$的值域等于 $\hat{A}$ 的定义域。逆算符可以看作由函数$f(x)=x^{-1}$定义的算符函数$f(\hat{A})$。只有当算符是单射时才会有逆算符，而多一对应的算符没有逆算符。比如，$\mathbb{R}^2$ 中的投影算符 $\hat{P}_n$，显然是多一对应的映射。以 $\boldsymbol{n}=\boldsymbol{e}_x$ 为例，如图 4-2 所示，$\hat{P}_n\boldsymbol{A}_i=\boldsymbol{B}$，$i=1,2,3$，因此没有逆算符；再如，$n$ 阶方阵 U 是 $\mathbb{R}^n$ 中的算符，如果 $\det U=0$，则 U 是不可逆矩阵，没有逆算符。

根据逆算符的定义容易验证 $\hat{A}$ 和 $\hat{A}^{-1}$对易

$$[\hat{A},\hat{A}^{-1}] = \hat{A}\hat{A}^{-1} - \hat{A}^{-1}\hat{A} = 0 \tag{4.189}$$

由此容易证明$(\hat{A}^{-1})^n$ 是 $\hat{A}^n$ 的逆算符

$$(\hat{A}^n)^{-1} = (\hat{A}^{-1})^n \tag{4.190}$$

还可以证明(留做练习)，有界线性算符乘积的逆算符为

$$(\hat{A}\hat{B})^{-1} = \hat{B}^{-1}\hat{A}^{-1} \tag{4.191}$$

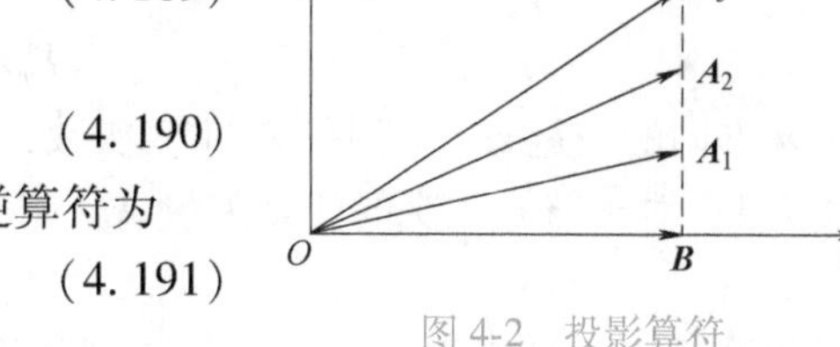

图 4-2　投影算符

进一步有

$$(\hat{A}_1\hat{A}_2\cdots\hat{A}_n)^{-1} = \hat{A}_n^{-1}\cdots\hat{A}_2^{-1}\hat{A}_1^{-1} \tag{4.192}$$

4.3.5　线性算符的谱

算符是矩阵的推广。线性算符的本征值和本征矢量是最重要的性质，对量子力学来说尤其重要，几乎贯穿它的始终。

1. 本征值问题

设 $\hat{A}$ 是线性空间 X 中的线性算符：$\hat{A}x=y$。一般来说，变换后的矢量 y 与 x 没有简单关系。然而，在 X 中可能存在一些特殊的矢量，当 $\hat{A}$ 作用于这些矢量时，仅仅相当于乘以一个常数

$$\hat{A}u = \lambda u, \qquad u \in X \tag{4.193}$$

对任何线性算符，零矢量总能满足式(4.193)，但我们只对非零矢量感兴趣。满足方程(4.193)的非零矢量称为 $\hat{A}$ 的本征矢量，常数 λ 称为 $\hat{A}$ 的本征值，方程(4.193)称为 $\hat{A}$ 的本征方程。我们把与本征值 λ 相关的本征矢量称为属于 λ 的本征矢量。本征值的集合称为本征值谱，简称谱㊀。线性算符的谱可以是离散取值的，称为离散谱或分立谱；也可以是连续取值的，称为连续谱；也可以既有离散取值，也有连续取值，称为混合谱。由于 $\hat{A}$ 是线性算符，因此如果非零矢量 u 满足方程(4.193)，则其任意倍数也满足该方程

$$\hat{A}(cu) = \lambda(cu), \quad c \in \mathbb{C} \tag{4.194}$$

因此本征矢量一旦存在，就必然有无穷多个。

根据定义，线性算符的本征矢量不能是零矢量，但本征值是可以为 0 的。当本征值为 0 时，本征方程变为

$$\hat{A}u = 0 \tag{4.195}$$

㊀ 这里“谱”是按照物理约定来定义的，跟“谱”的数学含义并不相同，参见下面“正则点和谱点”的讨论. 此外，数学术语“连续谱”跟物理上的“连续谱”意思完全不同.

也就是说，如果线性算符把非零矢量 u 映射为零矢量，则 u 就是 $\hat{A}$ 的本征矢量，相应的本征值为零。根据本征矢量的特点，u 的任意非零倍数也是 $\hat{A}$ 本征矢量

$$\hat{A}(cu) = 0, \quad c \in \mathbb{C} \tag{4.196}$$

本征值仍是 0。由于 $\hat{A}$ 将无穷多矢量映射为零矢量，因此就不是单射，从而不可逆。也就是说，如果线性算符具有零本征值，则一定不可逆。

如果矢量 $u \in X$ 同时为线性算符 $\hat{A}$ 和 $\hat{B}$ 的本征矢量

$$\hat{A}u = \lambda_A u, \qquad \hat{B}u = \lambda_B u \tag{4.197}$$

则称为 $\hat{A}$ 和 $\hat{B}$ 的共同本征矢量(simultaneous eigenvector)。

▼举例

(1) 对于三维物理矢量空间中的投影算符 $\hat{P}_n$，本征方程为

$$\hat{P}_n\boldsymbol{A} = \lambda \boldsymbol{A} \tag{4.198}$$

对于 $\boldsymbol{n}$ 方向的矢量 $c\boldsymbol{n}$，其中 c 是非零实数，有 $\hat{P}_n(c\boldsymbol{n}) = c\boldsymbol{n}$，这表明 $c\boldsymbol{n}$ 是 $\hat{P}_n$ 的本征矢量，本征值为 1；对于与 $\boldsymbol{n}$ 正交的任意矢量 $\boldsymbol{A}$，则有

$$\hat{P}_n\boldsymbol{A} = 0 \tag{4.199}$$

这样的矢量 $\boldsymbol{A}$ 也是 $\hat{P}_n$ 的本征矢量，本征值为 0。

(2) 对于 $C[-1,1]$，定义勒让德算符

$$\hat{A}x = -\frac{\mathrm{d}}{\mathrm{d}t}\left[(1-t^2)\frac{\mathrm{d}x}{\mathrm{d}t}\right] \tag{4.200}$$

其定义域为区间 $[-1,1]$ 上全体二阶连续可微函数。勒让德算符的本征方程为

$$-\frac{\mathrm{d}}{\mathrm{d}t}\left[(1-t^2)\frac{\mathrm{d}x}{\mathrm{d}t}\right] = \lambda x \tag{4.201}$$

将方程(4.201)整理为如下形式

$$(1-t^2)x'' - 2tx' + \lambda x = 0 \tag{4.202}$$

这正是勒让德方程。勒让德方程附加边界条件"$x(\pm 1) =$ 有限值"构成本征值问题，本征值为 $\lambda = l(l+1)$，$l = 0,1,2,\cdots$。由于这里将函数 $x(t)$ 限制在 $C[a,b]$ 中，边界条件自动得到满足，因此不必另外声明。

更一般地，设算符

$$\hat{A}x = \frac{1}{\rho(t)}\left[-\frac{\mathrm{d}}{\mathrm{d}t}\left[k(t)\frac{\mathrm{d}x}{\mathrm{d}t}\right] + q(t)x\right] \tag{4.203}$$

式中，$k(t)$，$q(t)$ 和 $\rho(t)$ 为已知函数。由此得到算符 $\hat{A}$ 的本征方程

$$\frac{\mathrm{d}}{\mathrm{d}t}\left[k(t)\frac{\mathrm{d}x}{\mathrm{d}t}\right] - q(t)x + \lambda\rho(t)x = 0 \tag{4.204}$$

对方程(4.204)附加相应的边界条件后，就构成施图姆-刘维尔(Sturm-Liouville)本征值问题，它是算符本征值问题的特例。

(3) 设 $\mathcal{L}^2(D)$ 是区域 D 上的平方可积函数全体构成的空间，拉普拉斯算符 ∇^2 的本征方程为

$$\nabla^2 u = \lambda u \tag{4.205}$$

在适当的边界条件下可以证明 $\lambda \leqslant 0$，因此通常引入 $\lambda = -k^2$，由此可得

$$\nabla^2 u + k^2 u = 0 \tag{4.206}$$

这正是亥姆霍兹(Helmholtz)方程。

---

*2. 正则点和谱点

将本征方程(4.193)改写为

$$(\hat{A}-\lambda\hat{I})u=0 \tag{4.207}$$

这表示线性算符 $\hat{A}-\lambda\hat{I}$ 可将无穷多个非零矢量 cu(其中 c 是任意复数)映射为零矢量，因此 $\hat{A}-\lambda\hat{I}$ 不是一个单射，从而没有逆算符。反之，如果 $\hat{A}-\lambda\hat{I}$ 不是单射，则能找到非零矢量满足式(4.207)。由此可见，λ 是 $\hat{A}$ 的本征值的标志是算符 $\hat{A}-\lambda\hat{I}$ 不可逆。这一点和矩阵的情形完全相同。

在泛函分析中，"谱"的定义跟物理上有所不同。设 $\hat{A}$ 是希尔伯特空间 X 上的线性算符，λ 是一个复数。如果算符 $\hat{A}-\lambda\hat{I}$ 可逆，且其逆算符 $(\hat{A}-\lambda\hat{I})^{-1}$ 是有界线性算符，则称 λ 为 $\hat{A}$ 的正则点，正则点全体称为 $\hat{A}$ 的正则集，或者豫解集。不是正则点的 λ 称为 $\hat{A}$ 的谱点，谱点全体称为 $\hat{A}$ 的谱集，简称谱。如前所述，如果 $\hat{A}-\lambda\hat{I}$ 不可逆(不是单射)，则 λ 是 $\hat{A}$ 的本征值。由此可将复 λ 平面分为三部分：

(1) 正则点：$\hat{A}-\lambda\hat{I}$ 可逆，且 $(\hat{A}-\lambda\hat{I})^{-1}$ 是有界线性算符。

(2) 谱点：$\hat{A}-\lambda\hat{I}$ 可逆，但 $(\hat{A}-\lambda\hat{I})^{-1}$ 是无界线性算符。

(3) 谱点(本征值)：$\hat{A}-\lambda\hat{I}$ 不可逆。

由此可见，泛函分析中线性算符的谱不仅包括本征值，还包括非本征值谱点。不过对于有限维线性空间，可以证明谱点都是本征值㊀，即复 λ 平面上的点不是本征值就是正则点。

3. 本征子空间

设 u_1 和 u_2 是线性算符 $\hat{A}$ 的本征矢量，且属于同一本征值 λ，则对任意复数 c_1,c_2，容易看出

$$\hat{A}(c_1u_1+c_2u_2)=c_1\hat{A}u_1+c_2\hat{A}u_2=\lambda(c_1u_1+c_2u_2) \tag{4.208}$$

若 $c_1u_1+c_2u_2\neq 0$，则它也是 $\hat{A}$ 的本征矢量，且仍属于本征值 λ。属于同一本征值 λ 的所有本征矢量再添上零矢量，满足矢量加法和数乘的封闭性，构成线性空间 X 的子空间，称为算符 $\hat{A}$ 的属于本征值 λ 的本征子空间，记为 X_λ。本征子空间 X_λ 的维数称为本征值 λ 的简并度。设本征值 λ 的简并度为 m，当 $m=1$ 时，就说 λ 不简并；当 $m>1$ 时，就说 λ 是 m 重简并的。不同本征值对应的本征子空间没有公共的非零矢量。

▼举例

对于 $\mathbb{R}^3$ 中投影算符 $\hat{P}_{\boldsymbol{n}}$，所有平行于 $\boldsymbol{n}$ 的非零矢量都是 $\hat{P}_{\boldsymbol{n}}$ 的本征矢量，属于本征值 $\lambda=1$，本征子空间 $X_{\lambda=1}$ 就是 $\boldsymbol{n}$ 所在的直线；所有垂直于 $\boldsymbol{n}$ 的非零矢量也都是 $\hat{P}_{\boldsymbol{n}}$ 的本征矢量，属于本征值 $\lambda=0$，本征子空间 $X_{\lambda=0}$ 就是通过坐标原点且垂直于 $\boldsymbol{n}$ 的平面。

投影算符 $\hat{P}_{\boldsymbol{n}}$ 的两个子空间是互相正交的：$X_{\lambda=1}\perp X_{\lambda=0}$。三维空间 $\mathbb{R}^3$ 可以分解为这两个子空间的直和

$$\mathbb{R}^3=X_{\lambda=1}\oplus X_{\lambda=0} \tag{4.209}$$

㊀ 夏道行，等. 实变函数论与泛函分析[M]. 2 版. 北京：高等教育出版社，2010，179 页.

应该说明的是，本征子空间的正交性来自投影算符的特殊性质，一般情况下算符的两个本征子空间不一定互相正交。

当 $\boldsymbol{n}=\boldsymbol{e}_x$ 时，子空间 $X_{\lambda=1}$ 就是 x 轴，子空间 $X_{\lambda=0}$ 就是 yz 平面。x 轴上任意两个矢量的线性组合仍在 x 轴上，仍然属于子空间 $X_{\lambda=1}$；yz 平面上任意两个矢量的线性组合仍在 yz 平面上，仍然属于子空间 $X_{\lambda=0}$。

设 u_1 和 u_2 是线性算符 $\hat{A}$ 的本征矢量，分别属于本征值 λ_1 和 λ_2，且 $\lambda_1 \neq \lambda_2$

$$\hat{A}u_1 = \lambda_1 u_1, \quad \hat{A}u_2 = \lambda_2 u_2 \tag{4.210}$$

可以证明：

(1) u_1 和 u_2 线性无关。

(2) 当 c_1, c_2 均不为零时，$c_1u_1+c_2u_2$ 不是 $\hat{A}$ 的本征矢量。

以 x 轴上的投影算符为例，x 轴上的矢量和 yz 平面的矢量当然线性无关，而两种矢量的线性组合（当两个组合系数均不为零时）所得矢量既不在 x 轴上也不在 yz 平面，不是该投影算符的本征矢量。

证明：(1) 如果 u_1 和 u_2 线性相关，即二者只差一个倍数，则属于同一个本征值，跟假设矛盾。因此二者必然线性无关。也可以这样证明：设

$$c_1u_1 + c_2u_2 = 0 \tag{4.211}$$

用 $\hat{A}$ 作用于等式两端，根据式(4.210)，可得

$$c_1\lambda_1u_1 + c_2\lambda_2u_2 = 0 \tag{4.212}$$

式(4.212)$-\lambda_2\times$式(4.211)，得

$$c_1(\lambda_1 - \lambda_2)u_1 = 0 \tag{4.213}$$

由于 $\lambda_1-\lambda_2 \neq 0$ 且 $u_1 \neq 0$，因此 $c_1=0$。类似可得 $c_2=0$。由此可知 u_1 和 u_2 线性无关。这个证明过程的好处是便于推广到多个本征矢量。

(2) 首先，根据式(4.210)，得

$$\hat{A}(c_1u_1 + c_2u_2) = c_1\lambda_1u_1 + c_2\lambda_2u_2 \tag{4.214}$$

其次，假如 $c_1u_1+c_2u_2$ 是 $\hat{A}$ 的本征矢量，则应存在数 λ，使得

$$\hat{A}(c_1u_1 + c_2u_2) = \lambda(c_1u_1 + c_2u_2) \tag{4.215}$$

由此可得

$$(\lambda_1 - \lambda)c_1u_1 + (\lambda_2 - \lambda)c_2u_2 = 0 \tag{4.216}$$

由于 u_1 和 u_2 线性无关，因此

$$(\lambda_1 - \lambda)c_1 = 0, \quad (\lambda_2 - \lambda)c_2 = 0 \tag{4.217}$$

由于 c_1, c_2 均不为零，因此 $\lambda_1-\lambda=\lambda_2-\lambda=0$，即 $\lambda_1=\lambda_2$，这跟前提条件矛盾。因此 $c_1u_1+c_2u_2$ 不是 $\hat{A}$ 的本征矢量。

采用数学归纳法，可以将上述结论推广为

(1) 如果 $\lambda_1, \lambda_2, \cdots, \lambda_m$ 是算符 $\hat{A}$ 的本征值，且互不相等，矢量 $u_i, i=1,2,\cdots,m$ 是属于 λ_i 的本征矢量，则矢量组 $u_1, u_2, \cdots, u_m$ 线性无关。

(2) 设 $c_1, c_2, \cdots, c_m$ 至少有两个不为零，$u_1, u_2, \cdots, u_m$ 是 $\hat{A}$ 的本征矢量，且属于 m 个不同本征值，则 $\sum\limits_{i=1}^{m} c_iu_i$ 不是 $\hat{A}$ 的本征矢量。

4. 不变子空间

设 X 是一个线性空间，X_1 是 X 的线性子空间，$\hat{A}$ 是 X 中的线性算符。如果 $\forall x \in X_1$，均有 $\hat{A}x \in X_1$，则称 X_1 为 X 中关于算符 $\hat{A}$ 的不变子空间(invariant subspace)。如果线性空间 X 在上下文中自明，也直接说 X_1 是算符 $\hat{A}$ 的不变子空间。根据不变子空间的定义，线性算符 $\hat{A}$ 的本征子空间就是一种不变子空间，反之则不一定。

▼举例

考虑三维物理矢量空间，设 $\boldsymbol{n}$ 是给定的单位矢量，绕着 $\boldsymbol{n}$ 轴转动 γ 角的算符记为 $\hat{R}_n(\gamma)$，对于任何 $\boldsymbol{n}$ 轴方向的矢量 $c\boldsymbol{n}, c \in \mathbb{R}$，在转动算符 $\hat{R}_n(\gamma)$ 的作用下均不改变

$$\hat{R}_n(\gamma)(c\boldsymbol{n}) = c\boldsymbol{n} \tag{4.218}$$

当 $c \neq 0$ 时，矢量 $c\boldsymbol{n}$ 是 $\hat{R}_n(\gamma)$ 的本征矢量，本征值为 1，$\boldsymbol{n}$ 轴就是 $\hat{R}_n(\gamma)$ 的本征子空间，也是 $\hat{R}_n(\gamma)$ 的不变子空间。垂直于 $\boldsymbol{n}$ 的平面内的任何矢量绕着 $\boldsymbol{n}$ 轴转动 γ 角后均保持在该平面内，因此该平面是 $\hat{R}_n(\gamma)$ 的(2 维)不变子空间，但这个子空间内没有 $\hat{R}_n(\gamma)$ 的本征矢量(假定 γ 不等于 π 的整数倍)。

4.4 幺正算符和自伴算符

幺正算符和自伴算符是量子力学中的两种最重要的线性算符。幺正算符用来表示对矢量进行特定的变换，而自伴算符则用来表示力学量。

4.4.1 伴算符

1. 有界线性算符

定义：设 X 是内积空间，$\hat{A}$ 是 X 上的有界线性算符，如果算符 $\hat{A}^\dagger$ 满足

$$(x, \hat{A}y) = (\hat{A}^\dagger x, y), \quad \forall x, y \in X \tag{4.219}$$

则称 $\hat{A}^\dagger$ 为 $\hat{A}$ 的伴随算符(adjoint operator)，简称伴算符。很多时候也将 $\hat{A}$ 的伴算符 $\hat{A}^\dagger$ 称为 $\hat{A}$ 的厄米共轭。

利用伴算符的定义，容易证明

$$(\hat{A} + \hat{B})^\dagger = \hat{A}^\dagger + \hat{B}^\dagger \tag{4.220}$$

$$(\hat{A}\hat{B})^\dagger = \hat{B}^\dagger \hat{A}^\dagger \tag{4.221}$$

还可以证明，如果 $\hat{A}$ 是可逆的有界线性算符，则 $\hat{A}^\dagger$ 可逆，且

$$(\hat{A}^\dagger)^{-1} = (\hat{A}^{-1})^\dagger \tag{4.222}$$

可以证明，若 X 为希尔伯特空间，则(定义域为全空间的)有界线性算符的伴算符存在且唯一。

*2. 无界线性算符

定义：设 X 为希尔伯特空间，$\hat{A}$ 是 X 中的稠定线性算符，定义域为 $D(\hat{A})$。若存在线性算符 $\hat{A}^\dagger$，定义域为 $D(\hat{A}^\dagger)$，并满足

$$(x, \hat{A}y) = (\hat{A}^\dagger x, y), \quad \forall x \in D(\hat{A}^\dagger), y \in D(\hat{A}) \tag{4.223}$$

则称 $\hat{A}^\dagger$ 为 $\hat{A}$ 的伴算符(或者厄米共轭)。

特别强调，对于无界线性算符，这里只对希尔伯特空间上的稠定线性算符引入了伴算符。可以证明，若 X 为希尔伯特空间，且线性算符 $\hat{A}$ 是稠定的，则其伴算符存在且唯一。需要注意的是如下几点：

(1) $\hat{A}$ 和 $\hat{A}^\dagger$ 的定义域不一定相同，即有可能 $D(\hat{A}^\dagger)\neq D(\hat{A})$。

(2) $\hat{A}^\dagger$ 不一定是稠定算符，即定义域 $D(\hat{A}^\dagger)$ 不一定是 X 的稠密子集，因此 $\hat{A}^\dagger$ 的伴算符 $\hat{A}^{\dagger\dagger}\equiv(\hat{A}^\dagger)^\dagger$ 不一定存在。

(3) 即使 $\hat{A}^{\dagger\dagger}$ 存在，也不一定有 $\hat{A}^{\dagger\dagger}=\hat{A}$。

(4) 设 $\hat{A},\hat{B}$ 是希尔伯特空间 X 上的稠定线性算符，则 $(\hat{A}+\hat{B})^\dagger\supset\hat{A}^\dagger+\hat{B}^\dagger$。也就是说，$(\hat{A}+\hat{B})^\dagger$ 的定义域可能比 $\hat{A}^\dagger+\hat{B}^\dagger$ 的定义域大。但如果 $\hat{A},\hat{B}$ 中有一个是定义在全空间的有界线性算符，则 $(\hat{A}+\hat{B})^\dagger=\hat{A}^\dagger+\hat{B}^\dagger$。

这些特点说明无界线性算符比有界线性算符复杂得多。特别是，当无界算符的定义域不是全空间时，则算符的加法、共轭等运算往往伴随着复杂的定义域变化。为了不让初学者感到烦琐，今后除非特别必要，我们不再详细讨论算符的定义域，并且写出 $(\hat{A}+\hat{B})^\dagger=\hat{A}^\dagger+\hat{B}^\dagger$ 这样未必严格的运算，只要算符的运用范围不超过合适的定义域就行。

4.4.2 幺正算符

设 $\hat{U}$ 是 X 上的有界线性算符，如果 $\hat{U}$ 是一个满射，且满足

$$\hat{U}^\dagger=\hat{U}^{-1} \tag{4.224}$$

则称 $\hat{U}$ 为幺正算符[⊖](unitary operator)。根据逆算符定义可知

$$\hat{U}^\dagger\hat{U}=\hat{U}\hat{U}^\dagger=\hat{I} \tag{4.225}$$

反之，若线性算符 $\hat{U}$ 满足式(4.225)，则为幺正算符。由伴算符定义容易证明

$$(\hat{U}x,\hat{U}y)=(x,y),\quad \forall x,y\in X \tag{4.226}$$

因此幺正算符保持矢量内积不变。取 $x=y$，得

$$\|\hat{U}x\|=\sqrt{(\hat{U}x,\hat{U}x)}=\sqrt{(x,x)}=\|x\| \tag{4.227}$$

由此可知，幺正算符保持矢量的范数不变。反过来，如果一个可逆线性算符保持矢量范数不变，则为幺正算符。证明如下：设 $\hat{U}$ 是一个可逆算符，且保持矢量的范数不变

$$\|\hat{U}x\|^2=(\hat{U}x,\hat{U}x)=(x,\hat{U}^\dagger\hat{U}x)=\|x\|^2,\quad \forall x\in X \tag{4.228}$$

因此 $\hat{U}^\dagger\hat{U}=\hat{I}$。$\hat{U}^{-1}$ 也保持矢量范数不变

$$\|\hat{U}^{-1}x\|^2=(\hat{U}^{-1}x,\hat{U}^{-1}x)=(x,(\hat{U}^{-1})^\dagger\hat{U}^{-1}x)=\|x\|^2,\quad \forall x\in X \tag{4.229}$$

则得

$$(\hat{U}^{-1})^\dagger\hat{U}^{-1}=(\hat{U}^\dagger)^{-1}\hat{U}^{-1}=(\hat{U}\hat{U}^\dagger)^{-1}=\hat{I} \tag{4.230}$$

因此 $\hat{U}\hat{U}^\dagger=\hat{I}$。根据式(4.225)可知 $\hat{U}$ 是幺正算符。

设 $\{\varepsilon_i\mid i=1,2,\cdots\}$ 是线性空间 X 的标准正交基，$\hat{U}$ 是一个幺正算符。由于幺正算符不改变矢量内积和范数，因此 $\{\hat{U}\varepsilon_i\mid i=1,2,\cdots\}$ 也是线性空间 X 的标准正交基。反之，如果一个线性算符 $\hat{U}$ 将标准正交基仍然变成标准正交基，则 $\hat{U}$ 是幺正算符。理由如下：对任意矢量 x，将其展开为 $x=\sum_{i=1}^{\infty}x_i\varepsilon_i$，则 $\|x\|^2=\sum_{i=1}^{\infty}|x_i|^2$。设 $\hat{U}\varepsilon_i=\eta_i$，则 $\hat{U}x=\sum_{i=1}^{\infty}x_i\eta_i$。

⊖ 有的教科书中写作“么正算符”，“么”读音 yāo，含义同“幺”. 幺正算符数学上通常译作酉算符.

如果$\{\eta_i \mid i=1,2,\cdots\}$也是 X 的标准正交基，则$\|\hat{U}x\|^2=\sum_{i=1}^{\infty}|x_i|^2$。也就是说，线性算符 $\hat{U}$ 保持矢量范数不变，因此是一个幺正算符。

▼举例

(1) 设 R 是 3 阶实正交矩阵，它当然也是一个幺正矩阵。幺正算符保持矢量的范数和内积不变。对于 $\mathbb{R}^3$ 上的矢量，这相当于矢量的长度和夹角保持不变。这样的变换有两种：转动和空间反演。实正交矩阵的行列式 $\det R=\pm 1$，如果 $\det R=1$，那么 R 表示转动；如果 $\det R=-1$，则 R 表示转动加空间反演。

(2) 设 U 为 n 阶复矩阵，$x\in\mathbb{E}^n$，则

$$x\to x'=Ux \tag{4.231}$$

就是 $\mathbb{E}^n$ 上的线性变换。利用矩阵的性质，可知$\forall x,y\in\mathbb{E}^n$，有

$$(Ux)^\dagger y=x^\dagger U^\dagger y \tag{4.232}$$

由此可见，矩阵 U 的伴算符就是其厄米共轭矩阵 $U^\dagger$。因此，如果 U 是个幺正矩阵，$U^\dagger=U^{-1}$，则它就是幺正算符。

4.4.3　自伴算符

1. 有界自伴算符

定义：设 $\hat{A}$ 为内积空间 X 上的有界线性算符，若满足

$$(x,\hat{A}y)=(\hat{A}x,y),\quad \forall x,y\in X \tag{4.233}$$

则称 $\hat{A}$ 为对称算符(symmetric operator)；若满足

$$\hat{A}^\dagger=\hat{A} \tag{4.234}$$

则称 $\hat{A}$ 为自伴算符(self-adjoint operator)或自共轭算符(self-conjugate operator)。

根据算符相等的条件，式(4.234)的意思是$\forall x\in X$，成立$\hat{A}^\dagger x=\hat{A}x$。由此可见，自伴算符必然是对称算符。对于(定义域为全空间的)有界线性算符，由于式(4.233)中 x,y 是任意的，因此意味着也满足式(4.234)。由此可见，对有界线性算符而言对称性等价于自伴性。n 阶厄米矩阵就是 $\mathbb{E}^n$ 中的对称算符，也是自伴算符(有限维线性空间中的线性算符是有界的)。由此可见，对称算符和自伴算符是对厄米矩阵的推广。根据式(4.233)，当 $x=y$ 时，可得

$$(x,\hat{A}x)=(\hat{A}x,x),\quad \forall x\in X \tag{4.235}$$

式(4.235)也可以作为对称算符的定义。初看起来条件(4.235)比(4.233)要弱一些，然而根据条件(4.235)确实可以导出条件(4.233)。

证明：$\forall x_1,x_2\in X,c\in\mathbb{C}$，令 $x=x_1+cx_2$，根据线性算符和内积的性质，得

$$\begin{aligned}(x,\hat{A}x)&=(x_1,\hat{A}x_1)+c^*(x_2,\hat{A}x_1)+c(x_1,\hat{A}x_2)+|c|^2(x_2,\hat{A}x_2)\\(\hat{A}x,x)&=(\hat{A}x_1,x_1)+c^*(\hat{A}x_2,x_1)+c(\hat{A}x_1,x_2)+|c|^2(\hat{A}x_2,x_2)\end{aligned} \tag{4.236}$$

根据条件(4.235)可知

$$(x,\hat{A}x)=(\hat{A}x,x),\quad (x_1,\hat{A}x_1)=(\hat{A}x_1,x_1),\quad (x_2,\hat{A}x_2)=(\hat{A}x_2,x_2) \tag{4.237}$$

因此

$$c^*(x_2,\hat{A}x_1)+c(x_1,\hat{A}x_2)=c^*(\hat{A}x_2,x_1)+c(\hat{A}x_1,x_2) \tag{4.238}$$

分别选择 $c=1$ 和 $c=\mathrm{i}$，得

$$(x_2,\hat{A}x_1)+(x_1,\hat{A}x_2)=(\hat{A}x_2,x_1)+(\hat{A}x_1,x_2) \tag{4.239}$$

$$-(x_2,\hat{A}x_1)+(x_1,\hat{A}x_2)=-(\hat{A}x_2,x_1)+(\hat{A}x_1,x_2) \tag{4.240}$$

将以上两式相加，得

$$(x_1,\hat{A}x_2)=(\hat{A}x_1,x_2) \tag{4.241}$$

此即条件(4.233)。

定理5 线性算符 $\hat{A}$ 为对称算符的充分必要条件为 $\forall x\in X$，$(x,\hat{A}x)$ 为实数。

证明：必要性：如果 $\hat{A}$ 为对称算符，根据定义(4.235)可知：$(x,\hat{A}x)=(\hat{A}x,x)$，再根据内积性质可知：$(\hat{A}x,x)=(x,\hat{A}x)^*$，由此可知 $(x,\hat{A}x)=(x,\hat{A}x)^*$。

充分性：如果 $(x,\hat{A}x)=(x,\hat{A}x)^*$，根据内积性质可知：$(x,\hat{A}x)^*=(\hat{A}x,x)$，由此可知 $(x,\hat{A}x)=(\hat{A}x,x)$，满足对称算符的条件(4.235)。

▼举例

设 $\hat{A}$ 是希尔伯特空间 $\mathcal{L}^2[0,1]$ 中的如下线性算符

$$(\hat{A}x)(t)=tx(t),\quad \forall x\in\mathcal{L}^2[0,1] \tag{4.242}$$

首先，$\hat{A}$ 是有界算符

$$\|\hat{A}x\|^2=\int_0^1|tx(t)|^2\mathrm{d}t\leqslant\int_0^1|x(t)|^2\mathrm{d}t=\|x\|^2 \tag{4.243}$$

因此 $\|\hat{A}x\|\leqslant\|x\|$。由此可见，$\hat{A}$ 是个有界线性算符。其次，$\hat{A}$ 是对称算符

$$(x,\hat{A}y)=\int_0^1x^*(t)ty(t)\mathrm{d}t=\int_0^1[tx(t)]^*y(t)\mathrm{d}t=(\hat{A}x,y) \tag{4.244}$$

因此，$\hat{A}$ 是 $\mathcal{L}^2[0,1]$ 中的自伴算符。算符 $\hat{A}$ 的本征方程为

$$tx(t)=\lambda x(t) \tag{4.245}$$

式中，λ 是某个固定的复数。要想满足方程(4.245)，$x(t)$ 必须在 $t=\lambda$ 之外处处为零。根据 $\mathcal{L}^2[0,1]$ 的定义，几乎处处为零的函数就是零矢量。因此，对于任何复数 λ，$\mathcal{L}^2[0,1]$ 中都没有非零矢量能够满足方程(4.245)。由此可见，算符 $\hat{A}$ 在 $\mathcal{L}^2[0,1]$ 中没有本征矢量，因此该算符没有本征值。可以证明，$\hat{A}$ 的谱集就是闭区间 $[0,1]$。

---

*2. 无界自伴算符

定义：设 $\hat{A}$ 为希尔伯特空间 X 中的稠定线性算符，定义域为 $D(\hat{A})$。若成立

$$(x,\hat{A}y)=(\hat{A}x,y),\quad \forall x,y\in D(\hat{A}) \tag{4.246}$$

则称 $\hat{A}$ 为**对称算符**。

对照伴算符定义式(4.223)可知，对称算符 $\hat{A}$ 的伴算符的定义域至少为 $D(\hat{A})$，而在 $D(\hat{A})$ 中二者相等，也就是说 $\hat{A}\subset\hat{A}^\dagger$。可以证明，设 $\hat{A}$ 为希尔伯特空间 X 中的稠定线性算符，则 $\hat{A}$ 是对称算符的充要条件是 $\hat{A}\subset\hat{A}^\dagger$。算符 $\hat{A}$ 的对称性尚不足以保证 $\hat{A}=\hat{A}^\dagger$。进一步，若希尔伯特空间中的稠定线性算符 $\hat{A}$ 满足

$$\hat{A}=\hat{A}^\dagger \tag{4.247}$$

则称 $\hat{A}$ 为**自伴算符**。根据算符相等的条件，式(4.247)的确切含义是：

(1) $\hat{A}$ 和 $\hat{A}^\dagger$ 定义域相同，$D(\hat{A})=D(\hat{A}^\dagger)$；

(2) 对于 $D(\hat{A})$ 中的任意矢量 x，成立 $\hat{A}x=\hat{A}^{\dagger}x$。

由此可见，对于无界线性算符而言自伴性强于对称性，自伴算符是一种特殊的对称算符。可以证明㊀，希尔伯特空间中的对称算符，若定义域为全空间，则必为有界自伴算符。这个结论的一个直接结果就是，无界自伴算符的定义域必然不是全空间。量子力学中的很多自伴算符(比如坐标算符和动量算符)都是无界的，因此其定义域不是全空间。

在文献中，通常将对称算符或者自伴算符称为厄米算符(Hermite operator)。对于有界线性算符，由于算符的对称性等价于自伴性，厄米算符的含义在各种文献中都是一致的。然而，对于无限维线性空间中的无界线性算符，算符的对称性与自伴性不等价，“厄米算符”这个词的含义在文献中也不统一。大体说来，在数学文献中，厄米算符通常是指对称算符(或者另有独立定义)；在物理文献中，厄米算符通常是指自伴算符。当然这还要看作者习惯，不能一概而论。在许多初等量子力学教材中并不细分算符的对称性和自伴性，而笼统称之为厄米算符。为明确起见，本书不采用“厄米算符”的名称。不过由于“厄米算符”这个名称应用非常广泛，初学者在查阅文献时应当加倍小心。

▼举例

在 $\mathcal{L}^2[a,b]$ 空间的定义中，将区间 $[a,b]$ 换成 $(-\infty,\infty)$，可以证明这仍是个希尔伯特空间，记为 $\mathcal{L}^2(-\infty,\infty)$ 或 $\mathcal{L}^2(\mathbb{R})$。类似于式(4.242)，引入线性算符

$$(\hat{A}x)(t)=tx(t) \tag{4.248}$$

算符的定义域为

$$D(\hat{A})=\{x\mid x,\hat{A}x\in\mathcal{L}^2(\mathbb{R})\} \tag{4.249}$$

可以证明 $\hat{A}$ 是个自伴算符，在 $\mathcal{L}^2(\mathbb{R})$ 空间中 $\hat{A}$ 没有本征矢量。但可以证明，$\hat{A}$ 的谱就是全体实数。算符 $\hat{A}$ 相当于量子力学中的坐标算符，只是这里矢量写成了 $x(t)$ 而没写成 $\psi(x)$ 而已。

3. 对称算符的性质

对称算符是进一步讨论自伴算符的基础，因此我们先介绍两个重要性质。

(1) 对称算符的本征值为实数。

证明：设 $\hat{A}$ 是线性空间 X 中的对称算符，$\hat{A}$ 的本征方程为

$$\hat{A}u=\lambda u \tag{4.250}$$

根据内积的性质，得

$$(u,\hat{A}u)=(u,\lambda u)=\lambda(u,u),\quad (\hat{A}u,u)=(\lambda u,u)=\lambda^{*}(u,u) \tag{4.251}$$

根据对称算符的定义，$(u,\hat{A}u)=(\hat{A}u,u)$，由此可得

$$(\lambda-\lambda^{*})(u,u)=0 \tag{4.252}$$

本征矢量 $u\neq 0$，从而 $(u,u)\neq 0$，因此必须有 $\lambda=\lambda^{*}$，即 λ 为实数。

(2) 如果对称算符的两个本征矢量属于不同本征值，则二者互相正交。

证明：设 $\hat{A}$ 是线性空间 X 中的对称算符，λ_1 和 λ_2 是 $\hat{A}$ 的两个本征值，$\lambda_1\neq\lambda_2$，u_1 和 u_2 分别是与 λ_1 和 λ_2 相应的本征矢量。先写出本征方程

$$\hat{A}u_1=\lambda_1 u_1,\qquad \hat{A}u_2=\lambda_2 u_2 \tag{4.253}$$

㊀ 夏道行，等. 实变函数论与泛函分析[M]. 2 版. 北京：高等教育出版社，2010，321 页.

由于 λ_1 和 λ_2 均为实数，因此

$$(u_1,\hat{A}u_2)=(u_1,\lambda_2 u_2)=\lambda_2(u_1,u_2),\quad (\hat{A}u_1,u_2)=(\lambda_1 u_1,u_2)=\lambda_1(u_1,u_2) \tag{4.254}$$

根据对称算符的定义，$(u_1,\hat{A}u_2)=(\hat{A}u_1,u_2)$，由此可得

$$(\lambda_1-\lambda_2)(u_1,u_2)=0 \tag{4.255}$$

由于 $\lambda_1\neq\lambda_2$，因此 $(u_1,u_2)=0$，即 u_1 和 u_2 互相正交。

讨论

（1）根据以上讨论可知，对称算符的本征子空间两两互相正交。假设对称算符的所有线性无关的本征矢量构成线性空间 X 的一个基，则 X 可以分解为各个本征子空间的直和。

（2）对于非自伴的有界线性算符 $\hat{A}$，定义

$$\hat{A}_1=\frac{1}{2}(\hat{A}+\hat{A}^\dagger),\quad \hat{A}_2=\frac{1}{2\mathrm{i}}(\hat{A}-\hat{A}^\dagger) \tag{4.256}$$

容易证明 $\hat{A}_1$ 和 $\hat{A}_2$ 均为自伴算符。因此可将 $\hat{A}$ 表达为

$$\hat{A}=\hat{A}_1+\mathrm{i}\hat{A}_2 \tag{4.257}$$

称为算符 $\hat{A}$ 的笛卡儿分解。

自伴算符是特殊的对称算符。可以证明，希尔伯特空间中自伴算符的谱包含在实轴上。也就是说，虚数都是正则点（当然实数也有可能是正则点），比如式（4.242）定义的有界自伴算符的谱集是区间 $[0,1]$。对于一般对称算符，虽然本征值一定为实数，但非本征值的谱点不一定在实轴上。可以证明[⊖]，非自伴对称算符的谱点至少包含 i 和 −i 之一。

对于有限维线性空间，线性算符都是有界的，因此其对称性等价于自伴性。可以证明，如果 X 是有限维希尔伯特空间，则自伴算符的所有线性无关的本征矢量构成 X 的一个基。但如果 X 是无限维希尔伯特空间，那就不一定。比如，式（4.242）定义的有界自伴算符在 $\mathcal{L}^2[0,1]$ 空间中没有本征矢量，式（4.248）定义的无界自伴算符在 $\mathcal{L}^2(\mathbb{R})$ 空间中也没有本征矢量。在量子力学中，对于自伴算符的非本征值谱点，我们会设法找到“广义本征矢量”，并把这些谱点称为“广义本征值”。坐标算符和动量算符就是典型例子。因此，在物理上“本征值”的含义包括一切谱点。本征值含义扩大后，物理上的本征值谱的含义就跟数学上的谱集一致了。

*4.4.4 投影算符

对于一般的内积空间也可以定义投影算符，投影算符在很多场合都有重要作用。下面我们专门讨论希尔伯特空间中的投影算符。

投影定理：设 X 是一个希尔伯特空间，M 是 X 的完备子空间，则 $\forall x\in X$，必有相应的 $x_0\in M$ 和 $x_1\perp M$，使得 $x=x_0+x_1$，而且这种分解是唯一的。

我们称 x_0 是 x 在 M 上的投影，如下算符

$$\hat{P}_M x=x_0,\quad \forall x\in X \tag{4.258}$$

称为 X 到 M 上的投影算符。设 $\{\varepsilon_1,\varepsilon_2,\cdots,\varepsilon_n\}$ 是 M 中的正交归一基，则

$$\boxed{x_0=\hat{P}_M x=\sum_{i=1}^{n}(\varepsilon_i,x)\varepsilon_i} \tag{4.259}$$

⊖ HALL B C. Quantum Theory for Mathematicians[M]. 北京：世界图书出版公司，2005，177 页.

设 $y\in X$ 且 $y\neq 0$，可以定义矢量 y 上的投影算符

$$\boxed{\hat{P}_y x=\frac{(y,x)}{(y,y)}y=(\bar{y},x)\bar{y}} \tag{4.260}$$

式中，$\bar{y}=y/\|y\|$ 是单位矢量。$\hat{P}_y$ 就是一维子空间 $\{cy\mid c\in\mathbb{C}\}$ 上的投影算符。前面引入的 $\mathbb{R}^3$ 上的投影算符 $\hat{P}_n$，就是一个特例。投影算符具有如下性质：

(1) $\hat{P}_M x=x$ 当且仅当 $x\in M$；$\hat{P}_M x=0$ 当且仅当 $x\perp M$。

(2) 投影算符是有界线性算符。

(3) 幂等性：$\hat{P}_M^2=\hat{P}_M$。

(4) 自伴性：$\hat{P}_M^\dagger=\hat{P}_M$。

证明：性质(1)和(3)是显而易见的，下面证明性质(2)和(4)。

有界性：根据投影定理将 x 分解为 $x=\hat{P}_M x+x_1$，由于 $\hat{P}_M x\perp x_1$，根据勾股定理，得

$$\|x\|^2=\|\hat{P}_M x\|^2+\|x_1\|^2 \tag{4.261}$$

因此 $\|\hat{P}_M x\|\leqslant\|x\|$。由此可知 $\hat{P}_M$ 是有界算符。

线性：$\forall x_1,x_2\in X$，可以将其分解为

$$x_1=\hat{P}_M x_1+z_1,\quad x_2=\hat{P}_M x_2+z_2 \tag{4.262}$$

这里 $z_1,z_2\perp M$。设 α,β 为任意复数，则

$$\alpha x_1+\beta x_2=(\alpha\hat{P}_M x_1+\beta\hat{P}_M x_2)+(\alpha z_1+\beta z_2) \tag{4.263}$$

其中

$$\alpha\hat{P}_M x_1+\beta\hat{P}_M x_2\in M,\quad \alpha z_1+\beta z_2\perp M \tag{4.264}$$

根据投影算符的定义

$$\hat{P}_M(\alpha x_1+\beta x_2)=\alpha\hat{P}_M x_1+\beta\hat{P}_M x_2 \tag{4.265}$$

因此 $\hat{P}_M$ 是个线性算符。

自伴性：$\forall x_1,x_2\in X$，可以将其分解为

$$x_1=\hat{P}_M x_1+z_1,\quad x_2=\hat{P}_M x_2+z_2 \tag{4.266}$$

这里 $z_1,z_2\perp M$。由于 $(\hat{P}_M x_1,z_2)=(z_1,\hat{P}_M x_2)=0$，因此

$$(\hat{P}_M x_1,\hat{P}_M x_2)=(\hat{P}_M x_1+z_1,\hat{P}_M x_2)=(x_1,\hat{P}_M x_2) \tag{4.267}$$

$$(\hat{P}_M x_1,\hat{P}_M x_2)=(\hat{P}_M x_1,\hat{P}_M x_2+z_2)=(\hat{P}_M x_1,x_2) \tag{4.268}$$

因此 $(x_1,\hat{P}_M x_2)=(\hat{P}_M x_1,x_2)$，即 $\hat{P}_M$ 是(有界)对称算符，从而也是自伴算符。

还可以证明[㊀]，如果 $\hat{A}$ 是定义在全空间的线性算符，而且满足自伴性和幂等性，则 $\hat{A}$ 是投影算符。由此可见，幂等性和自伴性是投影算符的标志。

在很多情况下，投影算符与指示函数(indicator function)密切相关。设 X 是一个非空集合，A 是 X 的子集，引入函数

$$1_A(x)=\begin{cases}1, & x\in A\\ 0, & x\notin A\end{cases} \tag{4.269}$$

称为集合 A 的指示函数。指示函数常用在集合论中。

▼举例

设 $\lambda\in[0,1]$，利用区间 $[0,\lambda]$ 的指示函数

㊀ 夏道行，等. 实变函数论与泛函分析[M]. 2版. 北京：高等教育出版社，2010，257页.

$$1_{[0,\lambda]}(t)=\begin{cases}1, & t\in[0,\lambda]\\ 0, & t\notin[0,\lambda]\end{cases} \tag{4.270}$$

引入 $\mathcal{L}^2[0,1]$ 中的线性算符

$$(\hat{P}_\lambda x)(t)=1_{[0,\lambda]}(t)x(t), \quad \forall x\in\mathcal{L}^2[0,1] \tag{4.271}$$

$\hat{P}_\lambda$ 的效果就是截取函数 $x(t)$ 在区间 $[0,\lambda]$ 上的一段。首先，很容易证明 $\hat{P}_\lambda$ 是个自伴算符；其次，由于指示函数满足 $1_{[0,\lambda]}1_{[0,\lambda]}=1_{[0,\lambda]}$，因此 $\hat{P}_\lambda^2=\hat{P}_\lambda$。由此可见，$\hat{P}_\lambda$ 是 $\mathcal{L}^2[0,1]$ 空间中的投影算符。

*4.5 对偶空间和张量积空间

对偶空间和张量积空间在某些场合是必须的，因此这里做个简要介绍。

4.5.1 对偶空间

线性空间 X 上的连续线性泛函就是 $X\to\mathbb{C}$ 的连续线性映射。为了强调起见，将泛函 F 映射的象记为 $F[x]$，即 F：$x\to F[x]$。在本书中，圆括号表示普通函数，比如 $f(x)$；方括号表示泛函，比如 $F[x]$；而算符的作用可以不用括号，比如 $\hat{T}x$。如果算符作用于复杂的表达式，则会根据需要加上各种括号。

定义：设 X 是一个赋范线性空间，将 X 上所有连续线性泛函的集合记为 $B(X\to\mathbb{C})$。对于任意两个 $B(X\to\mathbb{C})$ 中的元素 F：$x\to F[x]$ 和 G：$x\to G[x]$，以及任意复数 a，定义加法和数乘为

$$(F+G)[x]=F[x]+G[x], \qquad (aF)[x]=aF[x] \tag{4.272}$$

容易验证 $B(X\to\mathbb{C})$ 对上述加法和数乘满足封闭性，而且满足线性空间的 8 个条件，从而构成线性空间，称为 X 的对偶空间(dual space)或共轭空间(conjugate space)，记为 X^*。

▼举例

设 $\xi\in\mathbb{E}^n$，则 $\forall x\in\mathbb{E}^n$，利用内积定义如下 n 元连续函数

$$F_\xi[x]=(\xi,x)=\sum_{i=1}^{n}\xi_i^* x_i \tag{4.273}$$

这是一个 $\mathbb{E}^n\to\mathbb{C}$ 的映射，它将 $\mathbb{E}^n$ 中每一个矢量映射为一个复数 $F_\xi[x]$，映射法则由 ξ 来标记。由内积的性质可知

$$F_\xi[ax+by]=aF_\xi[x]+bF_\xi[y] \tag{4.274}$$

因此 $F_\xi(x)$ 是 $\mathbb{E}^n$ 上的一个线性泛函。$\mathbb{E}^n$ 中每一个矢量都可以定义一个线性泛函，将所有这样的线性泛函的集合记为 $B(\mathbb{E}^n\to\mathbb{C})$。我们很快会知道(见后面的 Riesz 定理)，$B(\mathbb{E}^n\to\mathbb{C})$ 包含了 $\mathbb{E}^n$ 上所有的连续线性泛函，按照式(4.272)定义的加法和数乘成为 $\mathbb{E}^n$ 的对偶空间。

在 $\mathbb{E}^n$ 的例子中，线性泛函都是由内积来导出的。任何内积空间都可以用内积来定义连续线性泛函，因此内积空间的连续线性泛函至少跟它包含的矢量数目一样多。反过来，是否内积空间上所有的连续线性泛函都能由内积来导出？对于希尔伯特空间，这个问题可由如下定理来回答。

Riesz 定理：如果 X 是希尔伯特空间，F 是 X 上的连续线性泛函，那么存在唯一的 $\xi \in X$，使得对 $x \in X$，有

$$F[x] = (\xi, x) \tag{4.275}$$

本定理的证明可以在任何一本泛函分析教材上查到。

设 X 是希尔伯特空间，ξ 定义的泛函为 $F_\xi[x]=(\xi,x)$。将所有 F_ξ 的集合记为 $B(X\to\mathbb{C})$，根据 Riesz 定理，$B(X\to\mathbb{C})$ 包括了希尔伯特空间上所有的连续线性泛函，按照式(4.272)定义的加法和数乘构成 X 的对偶空间 X^*。

4.5.2　张量积空间

设 X,Y 是两个非空集合，如下集合

$$X \times Y = \{\langle x,y\rangle \mid x \in X, y \in Y\} \tag{4.276}$$

称为 X 和 Y 的笛卡儿积(Cartesian product)，其中 $\langle x,y\rangle$ 称为有序对。有序对通常记为 (x,y)，这里为了避免与内积记号混淆而记为 $\langle x,y\rangle$。

设 X,Y,S 是线性空间，如果 $X\times Y\to S$ 的映射

$$T:\ \langle x,y\rangle \to T\langle x,y\rangle \tag{4.277}$$

满足如下条件：$\forall x,x_1x_2 \in X$，$y,y_1,y_2 \in Y$，$a,b\in\mathbb{C}$，成立

$$\begin{aligned} T\langle ax_1 + bx_2, y\rangle &= aT\langle x_1,y\rangle + bT\langle x_2,y\rangle \\ T\langle x, ay_1 + by_2\rangle &= aT\langle x,y_1\rangle + bT\langle x,y_2\rangle \end{aligned} \tag{4.278}$$

则称为双线性映射，当 S 是复数域时称为 $X\times Y$ 上的双线性泛函。

举例来说：二元函数 $f(x,y)=xy$ 就是 $\mathbb{R}\times\mathbb{R}$ 上的双线性泛函，而函数 $f_1(x,y)=x^2y$，$f_2(x,y)=xy+1$ 和 $f_3(x,y)=x+y$ 都不是双线性泛函。

设 X,Y 是两个希尔伯特空间，其对偶空间分别为 X^* 和 Y^*，下面分别讨论 $X\times Y$ 和 $X^*\times Y^*$ 上的双线性泛函。

(1) 设 $F\in X^*$，$G\in Y^*$，定义 $X\times Y\to\mathbb{C}$ 的映射

$$\langle x,y\rangle \to F[x]G[y],\quad \forall x \in X, y \in Y \tag{4.279}$$

按照对偶空间定义，X^* 中的矢量 F 表示 X 上的连续线性泛函，将矢量 x 映射为复数 $F[x]$，由此可知映射(4.279)对第一个变量是线性的

$$\langle c_1x_1 + c_2x_2, y\rangle \to F[c_1x_1 + c_2x_2]G[y] = c_1F[x_1]G[y] + c_2F[x_2]G[y] \tag{4.280}$$

类似地，映射(4.279)对第二个变量也是线性的，因此是 $X\times Y$ 上双线性泛函。这是一种特殊的双线性泛函。$X\times Y$ 上全体连续双线性泛函的集合称为 X^* 与 Y^* 的张量积空间，记为 $X^*\otimes Y^*$。

(2) 设 $x\in X, y\in Y$，定义 $X^*\times Y^*\to\mathbb{C}$ 的映射

$$\langle F,G\rangle \to F[x]G[y],\quad \forall F \in X^*, G \in Y^* \tag{4.281}$$

根据 X^* 中加法和数乘的定义(4.272)可知，映射(4.281)关于第一个变量是线性的

$$\langle c_1F_1 + c_2F_2, G\rangle \to (c_1F_1 + c_2F_2)[x]G[y] = c_1F_1[x]g[y] + c_2F_2[x]G[y] \tag{4.282}$$

类似地，映射(4.281)对第二个变量也是线性的，因此是 $X^*\times Y^*$ 上双线性泛函。这是一种特殊的双线性泛函。$X^*\times Y^*$ 上全体连续双线性泛函的集合称为 X 和 Y 的张量积空间，记为 $X\otimes Y$。

$X^*\otimes Y^*$ 和 $X\otimes Y$ 的性质是类似的，下面我们只讨论后者。双线性泛函(4.281)是 $X\otimes Y$ 中的矢量，称为 x 和 y 的张量积矢量，记为 $x\otimes y$。$X\otimes Y$ 中的元素不仅仅包括张量积矢量(见

稍后解释)。$\forall z_1,z_2\in X\otimes Y$ 和任意复数 a，定义 $X\otimes Y$ 中的加法和数乘为

$$\begin{aligned}(z_1+z_2)\langle F,G\rangle &= z_1\langle F,G\rangle + z_2\langle F,G\rangle \\ (az)\langle F,G\rangle &= az\langle F,G\rangle\end{aligned} \tag{4.283}$$

容易证明 $X\otimes Y$ 构成线性空间。设 $\{u_n,n=1,2,\cdots\}$ 和 $\{v_k,k=1,2,\cdots\}$ 分别为 X 和 Y 的基，由此可以得到一组张量积矢量

$$\{u_n\otimes v_k \mid 对所有 n,k 取值\} \tag{4.284}$$

按照式(4.281)，$u_n\otimes v_k$ 将 $\langle F,G\rangle$ 映射为复数 $F[u_n]G[v_k]$。可以证明，$X\otimes Y$ 就是矢量组(4.284)张成的线性空间，$\{u_n\otimes v_k \mid n,k=1,2,\cdots\}$ 构成 $X\otimes Y$ 的基。$X\otimes Y$ 中任意矢量可表示为

$$z=\sum_{n=1}^{\infty}\sum_{k=1}^{\infty}c_{nk}u_n\otimes v_k,\quad c_{nk}\in\mathbb{C} \tag{4.285}$$

矢量 z 代表如下映射

$$\langle F,G\rangle\rightarrow\sum_{n=1}^{\infty}\sum_{k=1}^{\infty}c_{nk}F[u_n]G[v_k] \tag{4.286}$$

设 $x\in X$，$y\in Y$，将其分别展开为

$$x=\sum_{n=1}^{\infty}a_nu_n,\quad y=\sum_{k=1}^{\infty}b_kv_k \tag{4.287}$$

对于由式(4.281)定义的张量积矢量 $x\otimes y$，根据 $F[x]$ 和 $G[y]$ 的定义，可得

$$\langle F,G\rangle\rightarrow\sum_{n=1}^{\infty}\sum_{k=1}^{\infty}a_nb_kF[u_n]G[v_k] \tag{4.288}$$

由此可见

$$x\otimes y=\sum_{n=1}^{\infty}\sum_{k=1}^{\infty}a_nb_ku_n\otimes v_k \tag{4.289}$$

也就是说，$x\otimes y$ 的分量就是 x 和 y 的分量乘积，这是式(4.285)的特例。

▼举例

对矢量空间 $\mathbb{R}^3$，考虑张量积空间 $\mathbb{R}^3\otimes\mathbb{R}^3$。为了明确起见，将两个 $\mathbb{R}^3$ 分别记为 $\mathbb{R}^3(1)$ 和 $\mathbb{R}^3(2)$，并将二者的基矢量分别记为 $\boldsymbol{e}_1^{(1)},\boldsymbol{e}_2^{(1)},\boldsymbol{e}_3^{(1)}$ 和 $\boldsymbol{e}_1^{(2)},\boldsymbol{e}_2^{(2)},\boldsymbol{e}_3^{(2)}$，则张量积空间 $\mathbb{R}^3(1)\otimes\mathbb{R}^3(2)$ 中的元素可以写为

$$T=\sum_{i=1}^{3}\sum_{j=1}^{3}T_{ij}\boldsymbol{e}_i^{(1)}\otimes\boldsymbol{e}_j^{(2)} \tag{4.290}$$

T 称为二阶张量。设 $\boldsymbol{A}=A_1\boldsymbol{e}_1^{(1)}+A_2\boldsymbol{e}_2^{(1)}+A_3\boldsymbol{e}_3^{(1)}$，$\boldsymbol{B}=B_1\boldsymbol{e}_1^{(2)}+B_2\boldsymbol{e}_2^{(2)}+B_3\boldsymbol{e}_3^{(2)}$，由此可以定义二者的张量积

$$\boldsymbol{A}\otimes\boldsymbol{B}=\sum_{i=1}^{3}\sum_{j=1}^{3}A_iB_j\boldsymbol{e}_i^{(1)}\otimes\boldsymbol{e}_j^{(2)} \tag{4.291}$$

如果我们省略张量积记号⊗，并去掉基矢量的上标，则式(4.291)改写为

$$\begin{aligned}\boldsymbol{AB}=&A_1B_1\boldsymbol{e}_1\boldsymbol{e}_1+A_1B_2\boldsymbol{e}_1\boldsymbol{e}_2+A_1B_3\boldsymbol{e}_1\boldsymbol{e}_3\\&+A_2B_1\boldsymbol{e}_2\boldsymbol{e}_1+A_2B_2\boldsymbol{e}_2\boldsymbol{e}_2+A_2B_3\boldsymbol{e}_2\boldsymbol{e}_3\\&+A_3B_1\boldsymbol{e}_3\boldsymbol{e}_1+A_3B_2\boldsymbol{e}_3\boldsymbol{e}_2+A_3B_3\boldsymbol{e}_3\boldsymbol{e}_3\end{aligned} \tag{4.292}$$

这正是熟悉的并矢张量。由于去掉了基矢量的上标，记号 $\boldsymbol{e}_i\boldsymbol{e}_j$ 中两个基矢量不能交换次序。在张量积的定义(4.291)中，$\boldsymbol{A}\otimes\boldsymbol{B}$ 和 $\boldsymbol{B}\otimes\boldsymbol{A}$ 是相等的。而在采用式(4.292)定义并矢张量时，由于约定第一个矢量属于 $\mathbb{R}^3(1)$，因此 $\boldsymbol{AB}$ 和 $\boldsymbol{BA}$ 含义并不相同。此时 $\boldsymbol{BA}$ 应理解为矢量 $\boldsymbol{B}=B_1\boldsymbol{e}_1^{(1)}+B_2\boldsymbol{e}_2^{(1)}+B_3\boldsymbol{e}_3^{(1)}$ 和矢量 $\boldsymbol{A}=A_1\boldsymbol{e}_1^{(2)}+A_2\boldsymbol{e}_2^{(2)}+A_3\boldsymbol{e}_3^{(2)}$ 的张量积 $\boldsymbol{B}\otimes\boldsymbol{A}$。

4.1　证明：在线性空间 X 中，

(1) 零元是唯一的；

(2) $\forall x\in X$，负元是唯一的。

4.2　根据内积的定义，证明

$$(ax+by,z)=a^*(x,z)+b^*(y,z)$$

4.3　对于多项式空间 $P_n[x]$，定义两个多项式 $f_1(x)$ 和 $f_2(x)$ 的内积为

$$(f_1,f_2)=\int_{-1}^{1}f_1^*(x)f_2(x)\,\mathrm{d}x$$

从基 $\{1,x,\cdots,x^{n-1}\}$ 出发，利用施密特正交化方法构造正交归一基(算出前 4 个基矢量)。将第 l 个基矢量乘以 $\sqrt{\dfrac{2}{2l+1}}$，你认出它们是什么了吗?

答案：是勒让德多项式。

4.4　证明：平行四边形的四条边长度的平方和等于两条对角线长度的平方和。

提示：利用余弦定理。

4.5　证明：算符之和满足

(1) 交换律 $\hat{A}+\hat{B}=\hat{B}+\hat{A}$；

(2) 结合律 $(\hat{A}+\hat{B})+\hat{C}=\hat{A}+(\hat{B}+\hat{C})$。

提示：证明的关键是利用算符之和的定义以及矢量加法满足交换律和结合律。

4.6　证明：算符的乘积满足结合律

$$(\hat{A}\hat{B})\hat{C}=\hat{A}(\hat{B}\hat{C})$$

4.7　证明下列对易子代数恒等式：

(1) $[\hat{A}\hat{B},\hat{C}]=\hat{A}[\hat{B},\hat{C}]+[\hat{A},\hat{C}]\hat{B}$；

(2) $[\hat{A},\hat{B}\hat{C}]=\hat{B}[\hat{A},\hat{C}]+[\hat{A},\hat{B}]\hat{C}$；

(3) $[\hat{A},[\hat{B},\hat{C}]]+[\hat{B},[\hat{C},\hat{A}]]+[\hat{C},[\hat{A},\hat{B}]]=0$(雅克比恒等式)。

4.8　设 $\hat{A},\hat{B}$ 对易，证明：$\mathrm{e}^{\hat{A}+\hat{B}}=\mathrm{e}^{\hat{A}}\mathrm{e}^{\hat{B}}=\mathrm{e}^{\hat{B}}\mathrm{e}^{\hat{A}}$。

4.9　设 2 阶矩阵 A 可以用 $I_2,\sigma_1,\sigma_2,\sigma_3$ 展开为

$$A=A_0I_2+A_1\sigma_1+A_2\sigma_2+A_3\sigma_3$$

其中 I_2 是 2 阶单位矩阵，$\sigma_1,\sigma_2,\sigma_3$ 是泡利矩阵。

(1) 求展开系数，并由此说明任意 2 阶矩阵都可以用 $I_2,\sigma_1,\sigma_2,\sigma_3$ 展开；

(2) 证明展开系数可以用如下公式计算

$$A_0=\frac{1}{2}\mathrm{Tr}\,A,\quad A_i=\frac{1}{2}\mathrm{Tr}(\sigma_iA),\quad i=1,2,3$$

4.10　将泡利(Pauli)矩阵

$$\sigma_1=\begin{pmatrix}0&1\\1&0\end{pmatrix},\quad \sigma_2=\begin{pmatrix}0&-\mathrm{i}\\\mathrm{i}&0\end{pmatrix},\quad \sigma_3=\begin{pmatrix}1&0\\0&-1\end{pmatrix}$$

看作 $\mathbb{E}^2$ 中的算符，求它们的本征值和本征矢量，并按照 $\mathbb{E}^2$ 中的内积和范数，将本征矢量归一化。

容易发现，任何一个泡利矩阵的归一化本征矢量组，都可以作为 $\mathbb{E}^2$ 的一个正交归一基。

4.11　将下列三个矩阵

$$A_1=\frac{1}{\sqrt{2}}\begin{pmatrix}0&1&0\\1&0&1\\0&1&0\end{pmatrix},\quad A_2=\frac{\mathrm{i}}{\sqrt{2}}\begin{pmatrix}0&-1&0\\1&0&-1\\0&1&0\end{pmatrix},\quad A_3=\begin{pmatrix}1&0&0\\0&0&0\\0&0&-1\end{pmatrix}$$

看作 $\mathbb{E}^3$ 中的算符，求它们的本征值和本征矢量，并按照 $\mathbb{E}^3$ 中的内积和范数，将本征矢量归一化。

容易发现，这三个矩阵中每个矩阵的归一化本征矢量组，都可以作为三维复线性空间的一个正交归一基。

4.12　设 C 是 $n+m$ 阶分块对角矩阵

$$C=\begin{pmatrix}A&0\\0&B\end{pmatrix}$$

其中 A 和 B 分别为 n 阶和 m 阶矩阵，0 表示相应类型的零矩阵。证明：

(1) 如果 X 和 Y 分别是 A 和 B 的本征矢量，则 $\begin{pmatrix}X\\0_m\end{pmatrix}$ 和 $\begin{pmatrix}0_n\\Y\end{pmatrix}$ 是 C 的本征矢量(0_m 和 0_n 分别表示 m 维和 n 维零矢量)；

(2) 如果 $\begin{pmatrix}X\\Y\end{pmatrix}$ 是 C 的本征矢量(X 和 Y 分别是 m 维和 n 维列矩阵)，则当 $X\neq0$ 时，X 为 A 的本征矢量，当 $Y\neq0$ 时，Y 为 B 的本征矢量。

4.13　证明：算符乘积的逆算符满足公式

(1) $(\hat{A}\hat{B})^{-1}=\hat{B}^{-1}\hat{A}^{-1}$；

(2) $(\hat{A}_1\hat{A}_2\cdots\hat{A}_n)^{-1}=\hat{A}_n^{-1}\cdots\hat{A}_2^{-1}\hat{A}_1^{-1}$。

4.14　设 $\hat{A},\hat{B}$ 是线性空间 X 上的两个有界线性算符，证明：

(1) $(x,\hat{A}^\dagger y)=(\hat{A}x,y)$，$\forall x,y\in X$；

(2) 设 $\hat{A}^\dagger$ 的伴算符为 $\hat{A}^{\dagger\dagger}\equiv(\hat{A}^\dagger)^\dagger$，则 $\hat{A}^{\dagger\dagger}=\hat{A}$；

(3) $(a\hat{A}+b\hat{B})^\dagger=a^*\hat{A}^\dagger+b^*\hat{B}^\dagger$，其中 a,b 为任意复数；

(4) $(\hat{A}\hat{B})^\dagger=\hat{B}^\dagger\hat{A}^\dagger$，进一步有 $(\hat{A}_1\hat{A}_2\cdots\hat{A}_n)^\dagger=\hat{A}_n^\dagger\cdots\hat{A}_2^\dagger\hat{A}_1^\dagger$。

4.15　设 $\hat{A},\hat{B}$ 是线性空间 X 上的两个有界自伴算符，证明：

(1) 算符 $\hat{A},\hat{B}$ 的实线性组合 $a\hat{A}+b\hat{B}$ 也是自伴算符，其中 a,b 为任意实数。如果把 a,b 换成任意复数，结论还成立吗？

(2) 算符 $\hat{A},\hat{B}$ 的乘积一般不是自伴算符，除非 $\hat{A}$ 和 $\hat{B}$ 对易。由此可知，算符 $\hat{A}^2,\hat{B}^2$ 和 $\hat{A}^2+\hat{B}^2$ 也是自伴算符。

(3) 算符 $\hat{A}^2,\hat{B}^2$ 和 $\hat{A}^2+\hat{B}^2$ 的本征值均为非负的。

(4) 不管 $\hat{A}$ 和 $\hat{B}$ 是否对易，算符 $\hat{A}\hat{B}+\hat{B}\hat{A}$ 和 $\mathrm{i}(\hat{A}\hat{B}-\hat{B}\hat{A})$ 均为自伴算符。

5

第 5 章 波函数和力学量

根据态叠加原理，一个物理体系的任意两个波函数的线性叠加仍然代表体系的状态。这意味着体系的全体波函数将构成一个线性空间，称为该体系的波函数空间（wave function space）。在量子力学中，力学量用波函数空间的自伴算符来表示。在本书中，力学量偶尔也被称为物理量、观测量等。

5.1 波函数空间

这里只讨论无自旋粒子的波函数空间，有自旋粒子将在后面章节介绍。

5.1.1 线性空间的选择

根据概率解释，波函数是全空间平方可积的。对于一维情形，将满足条件

$$\int_{-\infty}^{\infty} |\psi(x)|^2 \mathrm{d}x < +\infty \tag{5.1}$$

的所有函数的集合记为 $\mathcal{L}^2(\mathbb{R})$。引入内积

$$(\psi_1, \psi_2) = \int_{-\infty}^{\infty} \psi_1^*(x)\psi_2(x)\mathrm{d}x, \quad \forall \psi_1, \psi_2 \in \mathcal{L}^2(\mathbb{R}) \tag{5.2}$$

对于三维情形，将满足条件

$$\int_{\infty} |\psi(\boldsymbol{r})|^2 \mathrm{d}^3 r < +\infty \tag{5.3}$$

的所有函数的集合记为 $\mathcal{L}^2(\mathbb{R}^3)$，并引入内积

$$(\psi_1, \psi_2) = \int_{\infty} \psi_1^*(\boldsymbol{r})\psi_2(\boldsymbol{r})\mathrm{d}^3 r, \quad \forall \psi_1, \psi_2 \in \mathcal{L}^2(\mathbb{R}^3) \tag{5.4}$$

这两个空间[⊖]就是相关问题的波函数空间。

对于一个具体物理体系，除了要满足平方可积条件外，合理的波函数还需要具有一些正规性质，比如连续性、具有足够阶数的导数等。物理上合理的波函数全体构成 $\mathcal{L}^2(\mathbb{R})$ 或 $\mathcal{L}^2(\mathbb{R}^3)$ 的线性子空间。需要注意的是，波函数与量子态不是一一对应关系。我们还记得，如果两个波函数相差一个倍数，则它们描述同一个量子态。因此严格来说，描述量子态的是波函数空间的一条射线。不过今后我们将忽略这个细节，仍然会采用量子态由波函数描述的

⊖ 可以证明这两个内积空间都是希尔伯特空间.

说法。

设 N 粒子体系[㊀]波函数 $\psi(\boldsymbol{r}_1,\boldsymbol{r}_2,\cdots,\boldsymbol{r}_n)$ 定义在 $3N$ 维位形空间 $\mathbb{R}^{3N}$，并满足

$$\int_{\infty}\mathrm{d}^3r_1\int_{\infty}\mathrm{d}^3r_2\cdots\int_{\infty}\mathrm{d}^3r_N\,|\psi(\boldsymbol{r}_1,\boldsymbol{r}_2,\cdots,\boldsymbol{r}_N)|^2<+\infty \tag{5.5}$$

因此波函数空间为 $\mathcal{L}^2(\mathbb{R}^{3N})$。这个波函数空间可以这样构造：对第 i 个粒子赋予一个单粒子波函数空间，记为 $\mathcal{L}^2(i,\mathbb{R}^3)$，则 N 粒子体系的波函数空间 $\mathcal{L}^2(\mathbb{R}^{3N})$ 为各个单粒子波函数空间的张量积

$$\mathcal{L}^2(\mathbb{R}^{3N})=\mathcal{L}^2(1,\mathbb{R}^3)\otimes\mathcal{L}^2(2,\mathbb{R}^3)\otimes\cdots\otimes\mathcal{L}^2(N,\mathbb{R}^3) \tag{5.6}$$

5.1.2 离散基

设 $\mathcal{L}^2(\mathbb{R}^3)$空间中有一个可数矢量组

$$\{\phi_n(\boldsymbol{r})\mid n=1,2,3,\cdots\} \tag{5.7}$$

如果该矢量组满足

$$\boxed{(\phi_n,\phi_m)=\delta_{nm}} \tag{5.8}$$

则称为正交归一的；如果 $\mathcal{L}^2(\mathbb{R}^3)$空间每个波函数 $\psi(\boldsymbol{r})$ 都可以唯一地按照这组矢量展开

$$\psi(\boldsymbol{r})=\sum_{n=1}^{\infty}a_n\phi_n(\boldsymbol{r}) \tag{5.9}$$

则矢量组(5.7)构成 $\mathcal{L}^2(\mathbb{R}^3)$空间的一个正交归一基。利用正交归一性(5.8)，容易证明展开系数为

$$a_n=(\phi_n,\psi),\quad n=1,2,3,\cdots \tag{5.10}$$

内积和范数的计算：设 $\varphi\in\mathcal{L}^2(\mathbb{R}^3)$，将其按照正交归一基(5.7)展开

$$\varphi(\boldsymbol{r})=\sum_{n=1}^{\infty}b_n\phi_n(\boldsymbol{r}) \tag{5.11}$$

根据基的正交归一性(5.8)，得

$$(\psi,\varphi)=\left(\sum_{n=1}^{\infty}a_n\phi_n,\sum_{m=1}^{\infty}b_m\phi_m\right)=\sum_{n=1}^{\infty}\sum_{m=1}^{\infty}a_n^*b_m(\phi_n,\phi_m)=\sum_{n=1}^{\infty}\sum_{m=1}^{\infty}a_n^*b_m\delta_{nm} \tag{5.12}$$

因此

$$\boxed{(\psi,\varphi)=\sum_{n=1}^{\infty}a_n^*b_n} \tag{5.13}$$

根据矢量范数(或模)定义

$$\|\psi\|=\sqrt{(\psi,\psi)}=\sqrt{\sum_{n=1}^{\infty}|a_n|^2} \tag{5.14}$$

封闭性关系：根据式(5.9)和式(5.10)，得

$$\begin{aligned}\psi(\boldsymbol{r})&=\sum_{n=1}^{\infty}(\phi_n,\psi)\phi_n(\boldsymbol{r})=\sum_{n=1}^{\infty}\left[\int_{\infty}\phi_n^*(\boldsymbol{r}')\psi(\boldsymbol{r}')\mathrm{d}^3r'\right]\phi_n(\boldsymbol{r})\\&=\int_{\infty}\mathrm{d}^3r'\left[\sum_{n=1}^{\infty}\phi_n(\boldsymbol{r})\phi_n^*(\boldsymbol{r}')\right]\psi(\boldsymbol{r}')\end{aligned} \tag{5.15}$$

㊀ 假定粒子的种类各不相同.

由 δ($\boldsymbol{r}-\boldsymbol{r}'$)的性质可知

$$\boxed{\sum_{n=1}^{\infty}\phi_n(\boldsymbol{r})\,\phi_n^*(\boldsymbol{r}') = \delta(\boldsymbol{r}-\boldsymbol{r}')} \tag{5.16}$$

式(5.16)称为封闭性关系。反之，如果矢量组式(5.7)满足封闭性关系(5.16)，则构成一个基。这可以利用 δ($\boldsymbol{r}-\boldsymbol{r}'$)的性质来证明：首先

$$\psi(\boldsymbol{r}) = \int_{\infty} \mathrm{d}^3 r'\delta(\boldsymbol{r}-\boldsymbol{r}')\,\psi(\boldsymbol{r}') \tag{5.17}$$

再利用封闭性关系(5.16)，得

$$\begin{aligned}\psi(\boldsymbol{r}) &= \int_{\infty}\mathrm{d}^3 r'\left[\sum_{n=1}^{\infty}\phi_n(\boldsymbol{r})\,\phi_n^*(\boldsymbol{r}')\right]\psi(\boldsymbol{r}')\\ &= \sum_{n=1}^{\infty}\phi_n(\boldsymbol{r})\left[\int_{\infty}\phi_n^*(\boldsymbol{r}')\,\psi(\boldsymbol{r}')\,\mathrm{d}^3 r'\right] = \sum_{n=1}^{\infty}(\phi_n,\psi)\,\phi_n(\boldsymbol{r})\end{aligned} \tag{5.18}$$

即 $\psi(\boldsymbol{r})$ 可以按照 $\{\phi_n(\boldsymbol{r})\}$ 展开，展开系数为 $c_n=(\phi_n,\psi)$，因此集合 $\{\phi_n(\boldsymbol{r})\}$ 构成波函数空间的基。由此可见，封闭性关系是矢量组构成基的标志。

▼举例

一维线性谐振子的归一化能量本征函数组 $\{\psi_n(x), n=0,1,2,\cdots\}$ 两两正交

$$(\psi_n,\psi_m) = \delta_{nm} \tag{5.19}$$

它提供了 $\mathcal{L}^2(\mathbb{R})$ 空间的一个基。封闭性关系为

$$\sum_{n=0}^{\infty}\psi_n(x)\,\psi_n^*(x') = \delta(x-x') \tag{5.20}$$

$\psi_n(x)$ 是实函数，这里加复共轭是为了保持统一记号。

将式(5.9)和式(5.11)中波函数的展开系数写成列矩阵

$$a = (a_1, a_2, \cdots)^{\mathrm{T}}, \qquad b = (b_1, b_2, \cdots)^{\mathrm{T}} \tag{5.21}$$

根据式(5.14)，可知

$$\sum_{n=1}^{\infty}|a_n|^2 < +\infty, \qquad \sum_{n=1}^{\infty}|b_n|^2 < +\infty \tag{5.22}$$

因此 a,b 都是 l^2 空间中的矢量，式(5.13)右端正是 l^2 空间的内积。因此，在 $\mathcal{L}^2(\mathbb{R})$ 空间和 l^2 空间之间可以建立一一对应的映射，这个映射保持线性关系和内积不变

$$\alpha\psi + \beta\varphi \leftrightarrow \alpha a + \beta b \tag{5.23}$$

$$(\psi,\varphi) = (a,b) \tag{5.24}$$

在数学上称 $\mathcal{L}^2(\mathbb{R})$ 空间和 l^2 空间同构。

根据以上讨论可知，$\mathcal{L}^2(\mathbb{R})$ 中存在以离散指标标记的基，比如谐振子的能量本征矢量组。这种类型的希尔伯特空间称为可分的。我们将会知道，三维谐振子能量本征矢量组可以构成 $\mathcal{L}^2(\mathbb{R}^3)$ 空间的离散基。

5.1.3　连续“基”——平面波

矢量组(5.7)构成的基能够用离散的数值进行编号，可以称为波函数空间的离散基

(discrete basis)。除了离散基之外，还可以引入一种连续“基”(continuous basis)来研究波函数空间，这种“基”中的函数由连续取值的指标来标记，它们不属于波函数空间。这里加引号的意思是，这种函数组并不是真正的基，但每个波函数可以用这种“基”来展开。虽然听起来很玄乎，但有些连续“基”是我们熟悉的东西，只是换个说法而已。

1. 一维情形

考虑动量为 p 的平面波(的空间部分)

$$v_p(x)=\frac{1}{\sqrt{2\pi\hbar}}\mathrm{e}^{\frac{\mathrm{i}}{\hbar}px} \tag{5.25}$$

平面波不是平方可积的，因此不属于 $\mathcal{L}^2(\mathbb{R})$。利用 δ 函数的性质，类比 $\mathcal{L}^2(\mathbb{R})$ 空间中内积定义，可得两个平面波的“内积”为

$$\boxed{(v_p,v_{p'})=\int_{-\infty}^{\infty}v_p^*(x)v_{p'}(x)\,\mathrm{d}x=\delta(p-p')} \tag{5.26}$$

这相当于将内积定义域的扩大到 $v_p(x)$ 这样的函数。

现在考察波函数 $\psi(x)$ 的傅里叶变换

$$\psi(x)=\frac{1}{\sqrt{2\pi\hbar}}\int_{-\infty}^{\infty}c(p)\mathrm{e}^{\frac{\mathrm{i}}{\hbar}px}\mathrm{d}p \tag{5.27}$$

$$c(p)=\frac{1}{\sqrt{2\pi\hbar}}\int_{-\infty}^{\infty}\psi(x)\mathrm{e}^{-\frac{\mathrm{i}}{\hbar}px}\mathrm{d}x \tag{5.28}$$

采用式(5.25)引入的记号，可将式(5.27)改写为

$$\psi(x)=\int_{-\infty}^{\infty}c(p)v_p(x)\,\mathrm{d}p \tag{5.29}$$

式(5.28)可以看作(定义域扩大的)内积

$$c(p)=(v_p,\psi)=\int_{-\infty}^{\infty}v_p^*(x)\psi(x)\,\mathrm{d}x \tag{5.30}$$

由此可见，$v_p(x)$ 与 $\mathcal{L}^2(\mathbb{R})$ 中矢量的内积结果是正常的。将矢量组

$$\{v_p(x)\mid p\in\mathbb{R}\} \tag{5.31}$$

看作 $\mathcal{L}^2(\mathbb{R})$ 空间的一个连续“基”，式(5.26)则可以看作连续“基”(5.31)的“正交归一”关系，式(5.29)可以看作将波函数空间的矢量 $\psi(x)$ 按照连续“基”(5.31)进行展开，矢量在 $v_p(x)$ 上的分量就是 $c(p)$。

内积和**范数**：将波函数 $\psi_1(x)$ 和 $\psi_2(x)$ 按照连续“基”(5.31)展开

$$\psi_1(x)=\int_{-\infty}^{\infty}c_1(p)v_p(x)\,\mathrm{d}p,\quad \psi_2(x)=\int_{-\infty}^{\infty}c_2(p)v_p(x)\,\mathrm{d}p \tag{5.32}$$

$\psi_1(x)$ 和 $\psi_2(x)$ 的内积为

$$(\psi_1,\psi_2)=\left(\int_{-\infty}^{\infty}c_1(p)v_p(x)\,\mathrm{d}p,\int_{-\infty}^{\infty}c_2(p')v_{p'}(x)\,\mathrm{d}p'\right) \tag{5.33}$$

根据内积性质[㊀]，得

$$(\psi_1,\psi_2)=\int_{-\infty}^{\infty}\mathrm{d}p\int_{-\infty}^{\infty}\mathrm{d}p'\ c_1^*(p)c_2(p')(v_p,v_{p'}) \tag{5.34}$$

㊀ 定积分的本质是无穷求和.

再利用正交归一关系(5.26)，得

$$(\psi_1,\psi_2)=\int_{-\infty}^{\infty}\mathrm{d}p\int_{-\infty}^{\infty}\mathrm{d}p'\ c_1^*(p)c_2(p')\delta(p-p') \tag{5.35}$$

最后利用δ函数的性质，得

$$(\psi_1,\psi_2)=\int_{-\infty}^{\infty}\mathrm{d}x\,\psi_1^*(x)\psi_2(x)=\int_{-\infty}^{\infty}\mathrm{d}p\ c_1^*(p)c_2(p) \tag{5.36}$$

对于波函数(5.29)，根据式(5.36)，得

$$\|\psi\|^2=(\psi,\psi)=\int_{-\infty}^{\infty}|\psi(x)|^2\mathrm{d}x=\int_{-\infty}^{\infty}|c(p)|^2\mathrm{d}p \tag{5.37}$$

式(5.36)正是傅里叶变换的帕塞瓦尔等式。由于$c(p)$是矢量$\psi(x)$在连续“基”式(5.31)上的分量，因此式(5.36)相当于离散基情形的式(5.13)，这是采用了连续“基”的语言后对帕塞瓦尔等式的新理解。

利用δ函数的性质，容易证明“封闭性”关系

$$\boxed{\int_{-\infty}^{\infty}\mathrm{d}p\ v_p(x)v_p^*(x')=\delta(x-x')} \tag{5.38}$$

利用“封闭性”关系很容易重新得到波函数的展开式(5.29)。首先

$$\begin{aligned}\psi(x)&=\int_{-\infty}^{\infty}\psi(x')\delta(x-x')\mathrm{d}x'\\&=\int_{-\infty}^{\infty}\mathrm{d}x'\psi(x')\int_{-\infty}^{\infty}\mathrm{d}p\ v_p(x)v_p^*(x')\end{aligned} \tag{5.39}$$

然后交换积分次序，得

$$\begin{aligned}\psi(x)&=\int_{-\infty}^{\infty}\mathrm{d}p\ v_p(x)\int_{-\infty}^{\infty}\mathrm{d}x'\ v_p^*(x')\psi(x')\\&=\int_{-\infty}^{\infty}\mathrm{d}p\ v_p(x)(v_p,\psi)=\int_{-\infty}^{\infty}c(p)v_p(x)\mathrm{d}p\end{aligned} \tag{5.40}$$

这个过程不需要记住，在引入狄拉克符号之后它将会变得非常简单。

2. 三维情形

考虑动量为$\boldsymbol{p}$的平面波(的空间部分)

$$v_{\boldsymbol{p}}(\boldsymbol{r})=\frac{1}{(2\pi\hbar)^{3/2}}\mathrm{e}^{\frac{\mathrm{i}}{\hbar}\boldsymbol{p}\cdot\boldsymbol{r}} \tag{5.41}$$

它由三个连续取值的实数p_x,p_y,p_z来标记。$v_{\boldsymbol{p}}(\boldsymbol{r})$不属于$\mathcal{L}^2(\mathbb{R}^3)$。矢量组

$$\{v_{\boldsymbol{p}}(\boldsymbol{r})\mid p_x,p_y,p_z\in\mathbb{R}\} \tag{5.42}$$

构成$\mathcal{L}^2(\mathbb{R}^3)$的连续“基”，“正交归一”关系为

$$\boxed{(v_{\boldsymbol{p}},v_{\boldsymbol{p}'})=\int_{\infty}v_{\boldsymbol{p}}^*(\boldsymbol{r})v_{\boldsymbol{p}'}(\boldsymbol{r})\mathrm{d}^3r=\delta(\boldsymbol{p}-\boldsymbol{p}')} \tag{5.43}$$

对波函数$\psi(\boldsymbol{r})$进行傅里叶变换

$$\psi(\boldsymbol{r})=\frac{1}{(2\pi\hbar)^{3/2}}\int_{\infty}c(\boldsymbol{p})\mathrm{e}^{\frac{\mathrm{i}}{\hbar}\boldsymbol{p}\cdot\boldsymbol{r}}\mathrm{d}^3p \tag{5.44}$$

$$c(\boldsymbol{p})=\frac{1}{(2\pi\hbar)^{3/2}}\int_{\infty}\psi(\boldsymbol{r})\mathrm{e}^{-\frac{\mathrm{i}}{\hbar}\boldsymbol{p}\cdot\boldsymbol{r}}\mathrm{d}^3r \tag{5.45}$$

这相当于将波函数按照连续“基”(5.42)进行展开

$$\psi(\boldsymbol{r}) = \int_{\infty} c(\boldsymbol{p}) v_{\boldsymbol{p}}(\boldsymbol{r}) \mathrm{d}^3 p \tag{5.46}$$

展开系数可以用(定义域扩大的)内积写为

$$c(\boldsymbol{p}) = (v_{\boldsymbol{p}}, \psi) = \int_{\infty} v_{\boldsymbol{p}}^*(\boldsymbol{r}) \psi(\boldsymbol{r}) \mathrm{d}^3 r \tag{5.47}$$

内积和范数：将波函数$\psi_1(\boldsymbol{r})$和$\psi_2(\boldsymbol{r})$按照连续“基”(5.42)展开

$$\psi_1(\boldsymbol{r}) = \int_{\infty} c_1(\boldsymbol{p}) v_{\boldsymbol{p}}(\boldsymbol{r}) \mathrm{d}^3 p, \quad \psi_2(\boldsymbol{r}) = \int_{\infty} c_2(\boldsymbol{p}) v_{\boldsymbol{p}}(\boldsymbol{r}) \mathrm{d}^3 p \tag{5.48}$$

容易算出二者的内积为

$$(\psi_1, \psi_2) = \int_{\infty} \mathrm{d}^3 r\, \psi_1^*(\boldsymbol{r}) \psi_2(\boldsymbol{r}) = \int_{\infty} \mathrm{d}^3 p\; c_1^*(\boldsymbol{p}) c_2(\boldsymbol{p}) \tag{5.49}$$

对于波函数(5.46)，根据式(5.49)，得

$$\|\psi\|^2 = (\psi, \psi) = \int_{\infty} |\psi(\boldsymbol{r})|^2 \mathrm{d}^3 r = \int_{\infty} |c(\boldsymbol{p})|^2 \mathrm{d}^3 p \tag{5.50}$$

式(5.49)就是三维傅里叶变换的帕塞瓦尔等式。

利用δ函数的性质，容易证明“封闭性”关系

$$\boxed{\int_{\infty} \mathrm{d}^3 p\; v_{\boldsymbol{p}}(\boldsymbol{r}) v_{\boldsymbol{p}}^*(\boldsymbol{r}') = \delta(\boldsymbol{r} - \boldsymbol{r}')} \tag{5.51}$$

从离散基(5.7)到连续“基”(5.42)，对应关系为

$$\boxed{\begin{array}{lcl} n & \longleftrightarrow & \boldsymbol{p} \\ \sum\limits_n & \longleftrightarrow & \int \mathrm{d}^3 p \\ \delta_{nm} & \longleftrightarrow & \delta(\boldsymbol{p} - \boldsymbol{p}') \end{array}} \tag{5.52}$$

5.1.4 连续“基”——δ函数

用平面波作为连续“基”，我们发现动量表象的波函数可以看作矢量的分量。现在我们将要表明，波函数在空间中每一点的数值也可以看作它在某个连续“基”中的分量，从而给波函数赋予了新的意义。

1. 一维情形

引入记号

$$u_{x'}(x) = \delta(x - x') \tag{5.53}$$

这是一组x的函数，用连续指标x'标记。δ函数是一种广义函数，当然不属于波函数空间$\mathcal{L}^2(\mathbb{R})$。利用δ函数的性质，容易证明“正交归一”关系

$$\boxed{(u_{x'}, u_{x''}) = \int_{-\infty}^{\infty} u_{x'}^*(x) u_{x''}(x) \mathrm{d}x = \delta(x' - x'')} \tag{5.54}$$

同样，利用δ函数的挑选性，可以得到

$$\psi(x) = \int_{-\infty}^{\infty} \psi(x') \delta(x - x') \mathrm{d}x' \tag{5.55}$$

$$\psi(x') = \int_{-\infty}^{\infty} \delta(x - x') \psi(x) \mathrm{d}x \tag{5.56}$$

式(5.55)和式(5.56)在数学上是完全平等的，但这里我们对其赋予不同含义：把式(5.55)看作波函数 $\psi(x)$ 的展开式，而把式(5.56)看作展开系数 $\psi(x')$ 的表达式。利用记号(5.53)将以上两式改写为

$$\psi(x)=\int_{-\infty}^{\infty}\psi(x')u_{x'}(x)\mathrm{d}x' \tag{5.57}$$

$$\psi(x')=(u_{x'},\psi)=\int_{-\infty}^{\infty}u_{x'}^{*}(x)\psi(x)\mathrm{d}x \tag{5.58}$$

由此可见，波函数 $\psi(x')$ 可以看作在连续“基”

$$\{u_{x'}(x)\mid x'\in\mathbb{R}\} \tag{5.59}$$

上的分量。利用 δ 函数的性质，容易证明“封闭性”关系

$$\boxed{\int_{-\infty}^{\infty}u_{x''}(x)u_{x''}^{*}(x')\mathrm{d}x''=\delta(x-x')} \tag{5.60}$$

2. 三维情形

引入记号

$$u_{\boldsymbol{r}'}(\boldsymbol{r})=\delta(\boldsymbol{r}-\boldsymbol{r}') \tag{5.61}$$

这组函数用三个指标，即 $\boldsymbol{r}'$ 的三个分量 x',y',z' 来标记。矢量组

$$\{u_{\boldsymbol{r}'}(\boldsymbol{r})\mid x',y',z'\in\mathbb{R}\} \tag{5.62}$$

构成 $\mathcal{L}^2(\mathbb{R}^3)$ 的连续“基”，“正交归一”关系为

$$\boxed{(u_{\boldsymbol{r}'},u_{\boldsymbol{r}''})=\int_{\infty}u_{\boldsymbol{r}'}^{*}(\boldsymbol{r})u_{\boldsymbol{r}''}(\boldsymbol{r})\mathrm{d}^3r=\delta(\boldsymbol{r}'-\boldsymbol{r}'')} \tag{5.63}$$

将波函数按照连续“基”式(5.62)进行展开

$$\psi(\boldsymbol{r})=\int_{\infty}\psi(\boldsymbol{r}')u_{\boldsymbol{r}'}(\boldsymbol{r})\mathrm{d}^3r' \tag{5.64}$$

展开系数为

$$\psi(\boldsymbol{r}')=(u_{\boldsymbol{r}'},\psi)=\int_{\infty}u_{\boldsymbol{r}'}^{*}(\boldsymbol{r})\psi(\boldsymbol{r})\mathrm{d}^3r \tag{5.65}$$

利用 δ 函数的性质，容易证明“封闭性”关系

$$\boxed{\int_{\infty}u_{\boldsymbol{r}''}(\boldsymbol{r})u_{\boldsymbol{r}''}^{*}(\boldsymbol{r}')\mathrm{d}^3r''=\delta(\boldsymbol{r}-\boldsymbol{r}')} \tag{5.66}$$

从离散基(5.7)到连续“基”(5.62)，对应关系为

$$\boxed{\begin{array}{lcl} n & \longleftrightarrow & \boldsymbol{r}' \\ \sum\limits_{n} & \longleftrightarrow & \int \mathrm{d}^3r' \\ \delta_{nm} & \longleftrightarrow & \delta(\boldsymbol{r}'-\boldsymbol{r}'') \end{array}} \tag{5.67}$$

讨论

本章后面将证明连续“基”式(5.42)和式(5.62)中的矢量分别是坐标算符 $\hat{\boldsymbol{r}}$ 和动量算符 $\hat{\boldsymbol{p}}$ 的本征矢量。根据上面讨论，$\psi(\boldsymbol{r}')$ 和 $c(\boldsymbol{p})$ 分别是波函数在连续“基”式(5.42)和式(5.62)上的分量，因此分别称为**坐标表象**和**动量表象**的波函数。虽然连续“基”的语言比较陌生，但我们由此获得了理论表述的统一。为了行文方便，今后取消连续“基”及其“正交归一”“封闭性”的引号。

5.2 线性算符初步讨论

在量子力学中，线性算符可以用来表达力学量，也可以用来表达对波函数的某些特定操作。常见的算符包括坐标算符、动量算符、角动量算符、哈密顿算符、宇称算符、投影算符等，其中前四个算符是典型的力学量，宇称算符和投影算符既可以代表对波函数的操作，同时也可以代表力学量。

5.2.1 波函数空间的算符

根据算符定义，$\mathcal{L}^2(\mathbb{R}^3)$空间中的算符$\hat{A}$将波函数$\psi(\boldsymbol{r})$映射为另一个波函数

$$\hat{A}: \psi(\boldsymbol{r}) \rightarrow \varphi(\boldsymbol{r}) = \hat{A}\psi(\boldsymbol{r}) \tag{5.68}$$

需要注意，$\mathcal{L}^2(\mathbb{R}^3)$中的矢量是指波函数$\psi(\boldsymbol{r})$整体，不是指它在空间某点的取值。

1. 线性算符

如果$\hat{A}$是一个线性算符，则

$$\hat{A}(c_1\psi_1 + c_2\psi_2) = c_1\hat{A}\psi_1 + c_2\hat{A}\psi_2 \tag{5.69}$$

(1) 求导算符$\hat{D}_x$

$$\hat{D}_x\psi(\boldsymbol{r}) = \frac{\partial\psi(\boldsymbol{r})}{\partial x} \tag{5.70}$$

(2) 梯度算符∇

$$\nabla\psi(\boldsymbol{r}) = \left(\boldsymbol{e}_x\frac{\partial}{\partial x} + \boldsymbol{e}_y\frac{\partial}{\partial y} + \boldsymbol{e}_z\frac{\partial}{\partial z}\right)\psi(\boldsymbol{r}) \tag{5.71}$$

(3) 拉普拉斯算符∇^2

$$\nabla^2\psi(\boldsymbol{r}) = \left(\frac{\partial^2}{\partial x^2} + \frac{\partial^2}{\partial y^2} + \frac{\partial^2}{\partial z^2}\right)\psi(\boldsymbol{r}) \tag{5.72}$$

这些算符的定义域都不是整个$\mathcal{L}^2(\mathbb{R}^3)$空间而是它的某个子空间[1]，容易证明它们都是线性算符。

2. 非线性算符

我们偶尔也会碰到一些非线性算符，也是由式(5.68)定义的映射，但不满足线性性质(5.69)。比如，对波函数求复共轭[2]的算符$\hat{K}$

$$\hat{K}\psi(\boldsymbol{r}) = \psi^*(\boldsymbol{r}), \qquad \forall\ \psi(\boldsymbol{r}) \in \mathcal{L}^2(\mathbb{R}^3) \tag{5.73}$$

容易验证

$$\hat{K}(c_1\psi_1 + c_2\psi_2) = c_1^*\psi_1^* + c_2^*\psi_2^* = c_1^*\hat{K}\psi_1 + c_2^*\hat{K}\psi_2 \tag{5.74}$$

因此复共轭算符$\hat{K}$不满足线性性质(5.69)，不是线性算符。满足性质(5.74)的算符有时也称为反线性算符，这个名称除了表示性质(5.74)之外，并没有别的含义。

---

[1] 梯度算符将标量波函数映射为一个矢量函数，后者不是波函数空间中的元素. 按照定义，梯度算符不是波函数空间中的算符(其分量才是)，后面的动量算符也是如此.

[2] 当复共轭的作用对象为复数时，它本质上只是个普通的复变函数. 而当我们把它作为波函数空间中的算符时，其作用对象是波函数整体.

5.2.2　宇称算符

宇称算符 $\hat{P}$ 代表空间反演操作

$$\hat{P}\psi(\boldsymbol{r})=\psi(-\boldsymbol{r}),\quad \forall\,\psi\in\mathcal{L}^2(\mathbb{R}^3) \tag{5.75}$$

1. 自逆性、自伴性和幺正性

(1) 自逆性

用宇称算符作用于式(5.75)两端，得 $\hat{P}^2\psi(\boldsymbol{r})=\hat{P}\psi(-\boldsymbol{r})=\psi(\boldsymbol{r})$，由于 $\psi(\boldsymbol{r})$ 为任意矢量，因此 $\hat{P}^2=\hat{I}$(单位算符)。也就是说，宇称算符是个自逆算符

$$\hat{P}=\hat{P}^{-1} \tag{5.76}$$

一维情形宇称算符的定义是类似的

$$\hat{P}\psi(x)=\psi(-x),\quad \forall\,\psi\in\mathcal{L}^2(\mathbb{R}) \tag{5.77}$$

它当然也是自逆算符。

(2) 自伴性

首先，容易证明宇称算符 $\hat{P}$ 是有界线性算符。

其次，我们来证明 $\hat{P}$ 是对称算符。以一维波函数为例，三维情况的证明是类似的。根据宇称算符的定义，$\forall\psi_1,\psi_2\in\mathcal{L}^2(\mathbb{R})$，有

$$(\psi_1,\hat{P}\psi_2)=\int_{-\infty}^{\infty}\psi_1^*(x)\hat{P}\psi_2(x)\,\mathrm{d}x=\int_{-\infty}^{\infty}\psi_1^*(x)\,\psi_2(-x)\,\mathrm{d}x \tag{5.78}$$

作变量替换 $x=-x'$，得

$$\begin{aligned}(\psi_1,\hat{P}\psi_2)&=\int_{\infty}^{-\infty}\psi_1^*(-x')\,\psi_2(x')\,\mathrm{d}(-x')\\&=\int_{-\infty}^{\infty}[\hat{P}\psi_1(x')]^*\,\psi_2(x')\,\mathrm{d}x'=(\hat{P}\psi_1,\psi_2)\end{aligned} \tag{5.79}$$

因此 $\hat{P}$ 是对称算符。因为 $\hat{P}$ 是有界算符，因此它也是自伴算符

$$\hat{P}=\hat{P}^{\dagger} \tag{5.80}$$

(3) 幺正性

结合式(5.76)和式(5.80)，可知 $\hat{P}$ 是一个幺正算符

$$\hat{P}^{\dagger}=\hat{P}^{-1} \tag{5.81}$$

2. 本征值和本征矢量

宇称算符的本征方程为

$$\hat{P}\psi=\lambda\psi \tag{5.82}$$

根据宇称算符的自逆性，可得

$$\psi=\hat{P}^2\psi=\lambda\hat{P}\psi=\lambda^2\psi \tag{5.83}$$

由此可得

$$(\lambda^2-1)\psi=0 \tag{5.84}$$

本征矢量是非零矢量，因此 $\lambda=\pm1$，这是宇称算符的两个本征值。宇称算符的本征值称为宇称(parity)。

如果 $\lambda=1$，根据宇称算符的定义和本征方程

$$\hat{P}\psi(\boldsymbol{r})=\psi(-\boldsymbol{r})=\psi(\boldsymbol{r}) \tag{5.85}$$

满足式(5.85)的波函数称为偶宇称波函数，这样的量子态称为偶宇称态。

如果 $\lambda=-1$，则

$$\hat{P}\psi(\boldsymbol{r})=\psi(-\boldsymbol{r})=-\psi(\boldsymbol{r}) \tag{5.86}$$

满足式(5.86)的波函数称为奇宇称波函数，这样的量子态称为奇宇称态。

线性无关的偶宇称态和奇宇称态通常都是无穷多的，因此宇称算符的两个本征值的简并度都是无穷大。比如在一维谐振子的能量本征态中，奇宇称态和偶宇称态都是无穷多个。两种宇称的波函数集合分别构成宇称算符的两个本征子空间，它们都是 $\mathcal{L}^2(\mathbb{R}^3)$ 空间的无限维子空间。根据对称算符的性质，这两个本征子空间互相正交。如果波函数是宇称算符的本征态，就说波函数或相应的量子态具有确定的宇称，否则就说波函数或相应的量子态没有确定的宇称。

设波函数 $\psi(\boldsymbol{r})$ 没有确定的宇称，定义

$$\psi_1(\boldsymbol{r})=\frac{1}{2}[\psi(\boldsymbol{r})+\psi(-\boldsymbol{r})],\quad \psi_2(\boldsymbol{r})=\frac{1}{2}[\psi(\boldsymbol{r})-\psi(-\boldsymbol{r})] \tag{5.87}$$

很明显 ψ_1 是偶宇称波函数，$\hat{P}\psi_1=\psi_1$；而 ψ_2 是奇宇称波函数，$\hat{P}\psi_2=-\psi_2$。利用这两个波函数，可以将 $\psi(\boldsymbol{r})$ 分解为

$$\psi(\boldsymbol{r})=\psi_1(\boldsymbol{r})+\psi_2(\boldsymbol{r}) \tag{5.88}$$

由此可见，任何一个波函数 $\psi(\boldsymbol{r})$ 都可以分解为偶宇称波函数和奇宇称波函数之和，因此宇称算符的线性无关的本征矢量提供了波函数空间的一个基。

5.2.3 投影算符

设 φ 为波函数空间中给定的归一化矢量，则 φ 上的投影算符定义为

$$\boxed{\hat{P}_\varphi\psi=(\varphi,\psi)\varphi,\quad \forall\psi\in\mathcal{L}^2(\mathbb{R}^3)} \tag{5.89}$$

如果 φ 是没有归一化的非零矢量，则 $\bar{\varphi}=\varphi/\|\varphi\|$ 是归一化的，此时

$$\hat{P}_\varphi\psi=(\bar{\varphi},\psi)\bar{\varphi}=\frac{(\varphi,\psi)}{(\varphi,\varphi)}\varphi,\quad \forall\psi\in\mathcal{L}^2(\mathbb{R}^3) \tag{5.90}$$

今后定义投影算符 $\hat{P}_\varphi$ 时，总是假设 φ 为归一化矢量。

1. 幂等性和自伴性

(1) 幂等性

根据定义(5.89)，容易证明(留作练习)投影算符 $\hat{P}_\varphi$ 满足幂等性

$$\hat{P}_\varphi^2=\hat{P}_\varphi \tag{5.91}$$

这个性质很容易理解：投影两次和投影一次的结果是一样的。

(2) 自伴性

首先，容易证明 $\hat{P}_\varphi$ 是有界线性算符。

其次，根据式(5.89)，$\forall\psi_1,\psi_2\in\mathcal{L}^2(\mathbb{R}^3)$，有

$$(\psi_1,\hat{P}_\varphi\psi_2)=(\psi_1,(\varphi,\psi_2)\varphi)=(\psi_1,\varphi)(\varphi,\psi_2) \tag{5.92}$$

这里将复数 (φ,ψ_2) 提到外层内积的外面，便于后面对照。类似地，可得

$$(\hat{P}_\varphi\psi_1,\psi_2)=((\varphi,\psi_1)\varphi,\psi_2)=(\varphi,\psi_1)^*(\varphi,\psi_2) \tag{5.93}$$

根据内积的性质 $(\varphi,\psi_1)^*=(\psi_1,\varphi)$，得

$$(\psi_1,\hat{P}_\varphi\psi_2)=(\psi_1,\varphi)(\varphi,\psi_2)=(\hat{P}_\varphi\psi_1,\psi_2) \tag{5.94}$$

由此可知 $\hat{P}_\varphi$是对称算符。由于 $\hat{P}_\varphi$是有界的，因此也是自伴算符。

2. 本征值和本征矢量

投影算符 $\hat{P}_\varphi$的本征方程为

$$\hat{P}_\varphi\psi=\lambda\psi \tag{5.95}$$

根据投影算符的幂等性(5.91)可知

$$\lambda\psi=\hat{P}_\varphi\psi=\hat{P}_\varphi\hat{P}_\varphi\psi=\lambda\hat{P}_\varphi\psi=\lambda^2\psi \tag{5.96}$$

由此可得

$$(\lambda^2-\lambda)\psi=0 \tag{5.97}$$

本征矢量是非零矢量，因此 $\lambda=0,1$，这是投影算符的两个本征值。

如果 $\lambda=1$，根据投影算符的定义

$$\hat{P}_\varphi\psi=(\varphi,\psi)\varphi=\psi \tag{5.98}$$

这表明ψ与φ只差一个常数因子(φ,ψ)，二者描述同一个量子态。由此可知，本征值 $\lambda=1$ 对应的本征子空间是一维的，或者说该本征值不简并。

如果 $\lambda=0$，同样根据投影算符的定义

$$\hat{P}_\varphi\psi=(\varphi,\psi)\varphi=0 \quad\Rightarrow\quad (\varphi,\psi)=0 \tag{5.99}$$

因此ψ与φ正交。在波函数空间中，与φ正交的线性无关的矢量有无穷多个，本征子空间是无限维的，或者说该本征值的简并度为无穷大。

利用投影算符 $\hat{P}_\varphi$可将任意波函数ψ分解为

$$\psi=\hat{P}_\varphi\psi+(\psi-\hat{P}_\varphi\psi) \tag{5.100}$$

两部分互相正交：$\varphi\perp(\psi-\hat{P}_\varphi\psi)$。根据投影算符的幂等性，得

$$\hat{P}_\varphi(\hat{P}_\varphi\psi)=\hat{P}_\varphi\psi,\qquad \hat{P}_\varphi(\psi-\hat{P}_\varphi\psi)=0 \tag{5.101}$$

这表明 $\hat{P}_\varphi\psi$ 和 $\psi-\hat{P}_\varphi\psi$ 都是投影算符的本征矢量，本征值分别为 1 和 0。由于任何波函数都可以分解为投影算符的本征矢量之和，因此投影算符的线性无关的本征矢量提供波函数空间的一个基。

5.3 力学量算符

经典力学中，一切力学量都可以表示为坐标和动量的函数。从经典力学过渡到量子力学，力学量用相应的自伴算符表达[⊖]。在量子力学中还会碰到一些没有经典对应的力学量。比如前面讨论过宇称算符和投影算符，它们不仅代表对矢量的操作，而且是能够直接测量的力学量。粒子的自旋也是没有经典对应的力学量，其算符的形式需要专门讨论。

为什么力学量要采用自伴算符来表达？简单来说，量子力学要对体系的力学量测量值给出预言，包括能够测到哪些数值以及测到这些数值的概率。对每个合理的波函数，测量理论必须明确给出相关的测量概率。数学上可以证明(谱定理)自伴算符能够满足上述要求。非自伴的对称算符并不具备这个特点(更不用说非对称的算符)，因此力学量算符必须是自伴

⊖ 在很多教材中都写着力学量用厄米算符来表示，此时厄米算符这个术语应该理解为自伴算符.

算符。粗略地说，自伴算符的全体线性无关的本征矢量（包括后文将要引入的广义本征矢量）构成波函数空间的一个基（包括连续基），而这个特点正是构建测量理论所需要的。

5.3.1 量子化规则

在经典力学中，力学量是坐标和动量的函数。从经典力学过渡到量子力学，这些力学量按照如下规则转换为自伴算符

$$\boldsymbol{r} \to \hat{\boldsymbol{r}} = \boldsymbol{r}, \qquad \boldsymbol{p} \to \hat{\boldsymbol{p}} = -\mathrm{i}\hbar\nabla \tag{5.102}$$

称为量子化规则，其中梯度算符为

$$\nabla = \boldsymbol{e}_x \frac{\partial}{\partial x} + \boldsymbol{e}_y \frac{\partial}{\partial y} + \boldsymbol{e}_z \frac{\partial}{\partial z} \tag{5.103}$$

量子化规则的直角坐标分量形式为

$$x_i \to \hat{x}_i = x_i, \qquad p_i \to \hat{p}_i = -\mathrm{i}\hbar \frac{\partial}{\partial x_i} \tag{5.104}$$

其中 $i=1,2,3$。使用量子化规则(5.102)得到的算符可能不止一种。比如 p_x 和 $x^{-1}p_x x$ 是相等的，而且还有更多等价表达式，而根据量子化规则得到的算符 $\hat{p}_x$ 和 $\hat{x}^{-1}\hat{p}_x\hat{x}$ 并不等价，其中只有 $\hat{p}_x$ 代表动量算符。为了明确起见，我们约定

(1) 对于坐标的函数 $f(\boldsymbol{r})$ 和动量的函数 $f(\boldsymbol{p})$，可以直接使用量子化规则(5.102)，从而得到

$$f(\boldsymbol{r}) \to f(\hat{\boldsymbol{r}}) = f(\boldsymbol{r}), \qquad f(\boldsymbol{p}) \to f(\hat{\boldsymbol{p}}) = f(-\mathrm{i}\hbar\nabla) \tag{5.105}$$

前者的例子如势能函数 $V(\boldsymbol{r})$，后者的例子如动能 $T=\boldsymbol{p}^2/2m$。

(2) 对于函数 $f(\boldsymbol{r},\boldsymbol{p})$，如果通过化简可以使表达式中不出现 $\boldsymbol{r}$ 与 $\boldsymbol{p}$ 的分量相乘的情况，可以直接使用量子化规则(5.102)，得到相应的算符

$$f(\boldsymbol{r},\boldsymbol{p}) \to f(\hat{\boldsymbol{r}},\hat{\boldsymbol{p}}) = f(\boldsymbol{r}, -\mathrm{i}\hbar\nabla) \tag{5.106}$$

当经典哈密顿量为 $H=T+V$ 的形式时，就是这样的情况。

如果表达式中无法通过化简消除 $\boldsymbol{r}$ 与 $\boldsymbol{p}$ 的分量相乘的情况，则不同方案通常给出不同算符。基于物理考虑，比如力学量算符应当是自伴算符，可能就会排除一些方案。如果由此得到的方案仍然不唯一，则有两种可能：第一，不同算符代表不同物理意义；第二，只有一个算符正确，需要由实验来裁决。后一种情形并不意味着理论研究必须要在实验完成之后。作为一种研究手段，可以人为补充一些辅助规则来确定唯一的力学量算符，比如玻姆(Bohm)规则、外尔(Weyl)规则等[㊀]。这两个规则都能给出唯一的力学量算符，但两种结果并不总是相同。

讨论

(1) 坐标算符的量子化规则仿佛没有意义，其实不然。式(5.102)为坐标表象中的量子化规则，在动量表象中坐标算符的表达式不是这样（第9章）。

(2) 在量子化规则中，坐标和动量是指正则坐标和正则动量。在没有磁场的情况下，直角坐标 x,y,z 相应的正则动量等于机械动量 p_x,p_y,p_z。对于有磁场的情形，正则动量和机械动量不相等（第7章）。

容易发现，$\hat{\boldsymbol{r}}$ 和 $\hat{\boldsymbol{p}}$ 与各自直角坐标分量算符关系为

$$\hat{x}_i = \boldsymbol{e}_i \cdot \hat{\boldsymbol{r}} = \hat{\boldsymbol{r}} \cdot \boldsymbol{e}_i, \quad \hat{p}_i = \boldsymbol{e}_i \cdot \hat{\boldsymbol{p}} = \hat{\boldsymbol{p}} \cdot \boldsymbol{e}_i, \quad i=1,2,3 \tag{5.107}$$

㊀ 喀兴林. 高等量子力学[M]. 2版. 北京：高等教育出版社，2001，70页.

以 $\hat{p}_x$ 为例，利用式(5.103)，得

$$\boldsymbol{e}_x \cdot \hat{\boldsymbol{p}}\psi = \boldsymbol{e}_x \cdot (-\mathrm{i}\hbar\nabla\psi) = -\mathrm{i}\hbar\frac{\partial\psi}{\partial x} = \hat{p}_x\psi \tag{5.108}$$

$$\hat{\boldsymbol{p}} \cdot \boldsymbol{e}_x\psi = -\mathrm{i}\hbar\nabla \cdot (\boldsymbol{e}_x\psi) = -\mathrm{i}\hbar\frac{\partial\psi}{\partial x} = \hat{p}_x\psi \tag{5.109}$$

式(5.107)跟相应经典量的关系完全一致。需要注意的是，在曲线坐标系中不一定有类似关系，比如球坐标系下的径向动量就需要单独讨论。

一维问题的坐标算符和动量算符定义是类似的，它们都是无界算符，定义域不是全空间。$\hat{x}$ 和 $\hat{p}_x$ 的定义域分别为

$$D(\hat{x}) = \{\psi \mid \psi, x\psi \in \mathcal{L}^2(\mathbb{R})\}, \qquad D(\hat{p}_x) = \{\psi \mid \psi, \psi' \in \mathcal{L}^2(\mathbb{R})\} \tag{5.110}$$

其中条件 $x\psi \in \mathcal{L}^2(\mathbb{R})$ 和 $\psi' \in \mathcal{L}^2(\mathbb{R})$ 分别表示

$$\int_{-\infty}^{\infty} |x\psi(x)|^2 \mathrm{d}x < +\infty, \qquad \int_{-\infty}^{\infty} |\psi'(x)|^2 \mathrm{d}x < +\infty \tag{5.111}$$

三维问题的坐标算符和动量算符当然也是无界算符，定义域也不是全空间。

5.3.2 基本对易关系

根据坐标算符和动量算符在坐标表象的表达式，不难验证

$$\boxed{[\hat{x}_i, \hat{x}_j] = [\hat{p}_i, \hat{p}_j] = 0, \qquad i, j = 1, 2, 3} \tag{5.112}$$

$$\boxed{[\hat{x}_i, \hat{p}_j] = \mathrm{i}\hbar\delta_{ij}, \qquad i, j = 1, 2, 3} \tag{5.113}$$

式(5.112)右端的0理解为零算符 $\hat{O}$，式(5.113)右端的 $\mathrm{i}\hbar\delta_{ij}$ 理解为 $\mathrm{i}\hbar\delta_{ij}\hat{I}$，其中 $\hat{I}$ 是单位算符，后面出现类似情况均如此理解。式(5.112)和式(5.113)称为基本对易关系。这里指出，基本对易关系并不依赖于坐标表象，它是一个算符恒等式。

我们来验证对易关系(5.113)的一个特例

$$[\hat{x}, \hat{p}_x]\psi = x\left(-\mathrm{i}\hbar\frac{\partial\psi}{\partial x}\right) - (-\mathrm{i}\hbar)\frac{\partial(x\psi)}{\partial x} = \mathrm{i}\hbar\psi \tag{5.114}$$

这结果对 $\hat{x}\hat{p}_x$ 和 $\hat{p}_x\hat{x}$ 的公共定义域内任意矢量都成立，根据算符相等的定义，得

$$\boxed{[\hat{x}, \hat{p}_x] = \mathrm{i}\hbar} \tag{5.115}$$

为了减少复杂性，今后在证明算符恒等式时不再提算符的定义域。

根据式(5.115)，容易证明 $\hat{x}$ 和 $\hat{p}_x$ 没有共同本征矢量。证明如下：假定 $\hat{x}$ 和 $\hat{p}_x$ 有一个共同本征矢量 $\psi(\boldsymbol{r})$，本征值分别为 x' 和 p_x，即

$$\hat{x}\psi(\boldsymbol{r}) = x'\psi(\boldsymbol{r}), \quad \hat{p}_x\psi(\boldsymbol{r}) = p_x\psi(\boldsymbol{r}) \tag{5.116}$$

由此可得

$$[\hat{x}, \hat{p}_x]\psi(\boldsymbol{r}) = (\hat{x}\hat{p}_x - \hat{p}_x\hat{x})\psi(\boldsymbol{r}) = (p_x x' - x' p_x)\psi(\boldsymbol{r}) = 0 \tag{5.117}$$

然而根据式(5.115)会得到

$$[\hat{x}, \hat{p}_x]\psi(\boldsymbol{r}) = \mathrm{i}\hbar\psi(\boldsymbol{r}) \tag{5.118}$$

由此可得 $\psi(\boldsymbol{r}) = 0$。本征矢量应该是非零矢量，因此假定不成立。

5.3.3 坐标算符

坐标算符和动量算符是最基本的力学量算符。我们会发现，这两个算符在波函数空间中

根本没有本征矢量。然而，如果在求解算符的本征方程时不限于波函数空间，则可以找到广义本征值㊀和广义本征矢量。可以证明，坐标算符和动量算符也没有共同的广义本征矢量。为了行文方便，今后除非必要，我们不刻意突出“广义”这两个字。

1. 一维情形

容易证明坐标算符 $\hat{x}$ 是个对称算符

$$(\varphi,\hat{x}\psi)=\int_{-\infty}^{\infty}\varphi^*(x)x\psi(x)\,\mathrm{d}x=\int_{-\infty}^{\infty}[x\varphi(x)]^*\psi(x)\,\mathrm{d}x=(\hat{x}\varphi,\psi) \tag{5.119}$$

实际上 $\hat{x}$ 也是个自伴算符㊁，但由于 $\hat{x}$ 是无界算符，证明要麻烦得多，这里从略。

$\hat{x}$ 的本征方程为

$$x\psi(x)=x'\psi(x) \tag{5.120}$$

方程(5.120)左端的 x 是坐标算符，右端的 x' 是算符 $\hat{x}$ 的本征值。根据 δ 函数的性质

$$f(x)\delta(x-x')=f(x')\delta(x-x') \tag{5.121}$$

在 $f(x)=x$ 的特殊情形变为

$$x\delta(x-x')=x'\delta(x-x') \tag{5.122}$$

由此可见，以 x' 为奇异点的 δ 函数是方程(5.120)的广义函数解

$$u_{x'}(x)=\delta(x-x') \tag{5.123}$$

这种解不属于 $\mathcal{L}^2(\mathbb{R})$，称为 $\hat{x}$ 的广义本征矢量，而 x' 则称为 $\hat{x}$ 的广义本征值，它可以取一切实数㊂。矢量组 $\{u_{x'}(x)\mid x'\in\mathbb{R}\}$ 正是 $\mathcal{L}^2(\mathbb{R})$ 空间的连续基。

2. 三维情形

坐标算符 $\hat{\boldsymbol{r}}$ 的本征方程为

$$\boldsymbol{r}\psi(\boldsymbol{r})=\boldsymbol{r}'\psi(\boldsymbol{r}) \tag{5.124}$$

方程的解为

$$u_{\boldsymbol{r}'}(\boldsymbol{r})=\delta(\boldsymbol{r}-\boldsymbol{r}') \tag{5.125}$$

其中三维 δ 函数定义为

$$\delta(\boldsymbol{r}-\boldsymbol{r}')=\delta(x-x')\delta(y-y')\delta(z-z') \tag{5.126}$$

因此 $u_{\boldsymbol{r}'}(\boldsymbol{r})$ 是 $\hat{x},\hat{y},\hat{z}$ 的共同(广义)本征矢量，用 $\boldsymbol{r}'=x'\boldsymbol{e}_x+y'\boldsymbol{e}_y+z'\boldsymbol{e}_z$ 来标记，x',y',z' 可以取一切实数。矢量组 $\{u_{\boldsymbol{r}'}(\boldsymbol{r})\mid x',y',z'\in\mathbb{R}\}$ 正是 $\mathcal{L}^2(\mathbb{R}^3)$ 空间的连续基。

5.3.4 动量算符

1. 一维情形

我们来证明动量算符 $\hat{p}_x$ 是对称算符。首先，利用分部积分法

$$\begin{aligned}(\varphi,\hat{p}_x\psi)&=\int_{-\infty}^{\infty}\varphi^*(x)\left(-\mathrm{i}\hbar\frac{\mathrm{d}}{\mathrm{d}x}\right)\psi(x)\,\mathrm{d}x\\&=-\mathrm{i}\hbar\varphi^*(x)\psi(x)\Big|_{-\infty}^{\infty}+\mathrm{i}\hbar\int_{-\infty}^{\infty}\left[\frac{\mathrm{d}}{\mathrm{d}x}\varphi^*(x)\right]\psi(x)\,\mathrm{d}x\end{aligned} \tag{5.127}$$

㊀ 自伴算符的“广义本征值”实际上是其非本征值谱点(第4章). 因此，物理上“本征值”的含义包括算符的所有谱点，而不仅仅是数学意义上的本征值. 我们还记得，物理上将本征值的集合称为本征值谱. 本征值的含义扩大后，本征值谱就相当于数学上的谱集了.

㊁ 如果选择坐标算符的定义域不是式(5.110)，则它不一定是自伴算符.

㊂ 第4章介绍无界自伴算符时，曾经证明坐标算符的谱点包括全体实数.

再利用波函数的条件，$|x|\to\infty$ 时，$\psi(x)\to 0$，$\varphi(x)\to 0$，得

$$(\varphi,\hat{p}_x\psi)=\int_{-\infty}^{\infty}\left[-\mathrm{i}\hbar\frac{\mathrm{d}}{\mathrm{d}x}\varphi(x)\right]^*\psi(x)\mathrm{d}x=(\hat{p}_x\varphi,\psi) \tag{5.128}$$

因此 $\hat{p}_x$ 为对称算符。实际上 $\hat{p}_x$ 也是自伴算符，证明较麻烦，这里从略。

$\hat{p}_x$ 的本征方程为

$$-\mathrm{i}\hbar\frac{\mathrm{d}\psi(x)}{\mathrm{d}x}=p\psi(x) \tag{5.129}$$

对于任何实数 p，方程都有解

$$\psi(x)=v_p(x)=A\mathrm{e}^{\frac{\mathrm{i}}{\hbar}px} \tag{5.130}$$

这正是平面波(的空间部分)。平面波不属于 $\mathcal{L}^2(\mathbb{R})$空间，因此 $\hat{p}_x$ 在 $\mathcal{L}^2(\mathbb{R})$空间中没有本征矢量。$v_p(x)$称为 $\hat{p}_x$ 的广义本征矢量，实数 p 称为 $\hat{p}_x$ 的广义本征值。矢量组$\{v_p(x)\mid p\in\mathbb{R}\}$正是 $\mathcal{L}^2(\mathbb{R})$空间的连续基。

由于动量算符是自伴算符，其谱点在实轴上，而虚数是其正则点。当 p 取虚数时，方程(5.129)的解仍然可用式(5.130)表示，但此时 $v_p(x)$ 在 $x\to+\infty$ 或 $x\to-\infty$ 时发散。这些 $v_p(x)$既不属于 $\mathcal{L}^2(\mathbb{R})$ 空间，也不能像平面波那样按照式(5.26)归一化到 δ 函数。这些 $v_p(x)$也无法通过线性组合构造出平方可积的波包，因此我们不感兴趣。由此可见，如果不限制在波函数空间讨论，则不仅可能找到广义本征矢量，还可能找到额外的函数。

2. 三维情形

动量算符 $\hat{\boldsymbol{p}}$ 的本征方程为

$$-\mathrm{i}\hbar\nabla\psi(\boldsymbol{r})=\boldsymbol{p}\psi(\boldsymbol{r}) \tag{5.131}$$

这是个矢量方程，它相当于三个分量方程

$$-\mathrm{i}\hbar\frac{\partial}{\partial x_i}\psi(\boldsymbol{r})=p_i\psi(\boldsymbol{r}),\quad i=1,2,3 \tag{5.132}$$

其解为

$$\psi(\boldsymbol{r})=v_{\boldsymbol{p}}(\boldsymbol{r})=A\mathrm{e}^{\frac{\mathrm{i}}{\hbar}\boldsymbol{p}\cdot\boldsymbol{r}} \tag{5.133}$$

是 $\hat{p}_x,\hat{p}_y,\hat{p}_z$ 的共同本征矢量，称为动量本征态。矢量组$\{v_p(x)\mid p_x,p_y,p_z\in\mathbb{R}\}$构成了 $\mathcal{L}^2(\mathbb{R}^3)$空间的一个连续基。

讨论：动量本征值的简并度

(1) 一维情形：根据 $\hat{p}_x$ 的本征矢量式(5.130)，一个本征值 p 对应一个本征矢量 $v_p(x)$，因此 $\hat{p}_x$ 的本征值不简并。

(2) 三维情形：根据式(5.133)，$v_p(x)$是 $\hat{p}_x,\hat{p}_y,\hat{p}_z$ 的共同本征矢量，对于给定的 p_x，任意取值的 p_y 和 p_z 标记的本征矢量均为 $\hat{p}_x$ 的本征矢量，而且这些本征矢量是互相正交的。由此可知，属于本征值 p_x 的线性无关的本征矢量有无穷多个，因此本征值 p_x 的简并度是无穷大。

当 $\hat{p}_x$ 作用于$\psi(x)$和$\psi(\boldsymbol{r})$时，分别是 $\mathcal{L}^2(\mathbb{R})$和 $\mathcal{L}^2(\mathbb{R}^3)$空间上的算符。由于这是两个不同空间的算符，因此二者本征值简并度差别巨大也就不奇怪。在不引起混淆的情况下，我们只引入一个记号 $\hat{p}_x$，但使用时应当明白它代表哪个线性空间的算符。$\hat{p}_y,\hat{p}_z$ 的情况当然也类似，坐标算符 $\hat{x},\hat{y},\hat{z}$ 也存在类似情况。

3. 径向动量

动量的径向分量称为**径向动量**，它有多种等价表达式，比如

$$p_r = \boldsymbol{e}_r \cdot \boldsymbol{p} = \boldsymbol{p} \cdot \boldsymbol{e}_r = \frac{1}{2}(\boldsymbol{e}_r \cdot \boldsymbol{p} + \boldsymbol{p} \cdot \boldsymbol{e}_r) \tag{5.134}$$

当使用量子化规则(5.102)时，由这三种表达式得到的算符并不等价。基于物理考虑，径向动量算符应为自伴算符，这首先要求它是对称算符。由于 $\hat{\boldsymbol{e}}_r$ 和 $\hat{\boldsymbol{p}}$ 不对易，$\hat{\boldsymbol{e}}_r \cdot \hat{\boldsymbol{p}}$ 和 $\hat{\boldsymbol{p}} \cdot \hat{\boldsymbol{e}}_r$ 均不是对称算符，而算符 $\hat{\boldsymbol{e}}_r \cdot \hat{\boldsymbol{p}} + \hat{\boldsymbol{p}} \cdot \hat{\boldsymbol{e}}_r$ 是对称算符，因此径向动量定义为⊖

$$\hat{p}_r = \frac{1}{2}(\hat{\boldsymbol{e}}_r \cdot \hat{\boldsymbol{p}} + \hat{\boldsymbol{p}} \cdot \hat{\boldsymbol{e}}_r) \tag{5.135}$$

由于 $\hat{\boldsymbol{p}} = -\mathrm{i}\hbar\nabla$，根据莱布尼茨法则，可得

$$\hat{p}_r\psi = -\frac{1}{2}\mathrm{i}\hbar\boldsymbol{e}_r \cdot \nabla\psi - \frac{1}{2}\mathrm{i}\hbar\nabla \cdot (\boldsymbol{e}_r\psi) = -\mathrm{i}\hbar\boldsymbol{e}_r \cdot \nabla\psi - \frac{\mathrm{i}\hbar}{2}(\nabla \cdot \boldsymbol{e}_r)\psi \tag{5.136}$$

根据梯度算符的球坐标表达式(附录 C)

$$\nabla = \boldsymbol{e}_r\frac{\partial}{\partial r} + \boldsymbol{e}_\theta\frac{1}{r}\frac{\partial}{\partial\theta} + \boldsymbol{e}_\varphi\frac{1}{r\sin\theta}\frac{\partial}{\partial\varphi} \tag{5.137}$$

并注意到 $\nabla \cdot \boldsymbol{e}_r = 2/r$，得

$$\hat{p}_r\psi = -\mathrm{i}\hbar\left(\frac{\partial}{\partial r} + \frac{1}{r}\right)\psi \tag{5.138}$$

由于波函数 ψ 是任意的，因此

$$\boxed{\hat{p}_r = -\mathrm{i}\hbar\left(\frac{\partial}{\partial r} + \frac{1}{r}\right)} \tag{5.139}$$

由此容易证明如下对易关系

$$\boxed{[\hat{r}, \hat{p}_r] = \mathrm{i}\hbar} \tag{5.140}$$

***4. 箱归一化**

考虑平面波 $v_p(\boldsymbol{r}) = A\mathrm{e}^{\mathrm{i}\boldsymbol{p}\cdot\boldsymbol{r}/\hbar}$，现在假设把粒子封闭在一个立方形的盒子(或箱子)里，设盒子的边长为 L，其体积为 L^3，要求盒子内找到粒子的概率为 1

$$\int_V |v_p(\boldsymbol{r})|^2\mathrm{d}^3r = \int_V |A|^2\mathrm{d}^3r = |A|^2L^3 = 1 \tag{5.141}$$

取 A 为正实数，得 $A = L^{-3/2}$。这就是**箱归一化**(normalization in a box)方案。

下面讨论盒子应有的性质。最简单的考虑是把盒子内壁看成是刚性的，这相当于三维立方形无限深方势阱，因此要求波函数在盒子边界处为零。然而 $v_p(\boldsymbol{r})$ 处处非零，并不满足这个条件。换句话说，刚性盒子模型中容不下动量本征态。这并不奇怪，因为动量本征态是自由粒子平面波的一部分，把粒子束缚在刚性盒子中，粒子当然就不是自由的。在经典力学中，刚性盒子中的粒子碰到内壁就会被反弹回来，动量并不守恒，而自由粒子的动量是守恒的。为了保留动量本征态，我们不采用刚性盒子假设。

现在假定盒子具有这样的性质：粒子碰到盒子的内壁，将会穿越出去，同时从另一边进

⊖ 按照量子化规则得到的对称算符并非只有一种，哪种方案正确是由实验来裁决的. 根据式(5.135)来定义是最简方案. 在很多情况下最简方案恰好就是正确的，仿佛宇宙就是按照最简方案来设计的一样.

入，并且不改变动量。这有点像是三维版本的“贪吃蛇”小游戏。粒子在穿越盒子的边界时动量不改变，保证了动量守恒，这正是自由粒子的要求。就数学模型而言，这种盒子等价于把无穷大的空间分割为边长为 L 的盒子，要求每个盒子的情况一模一样，呈现周期性重复，所有的盒子物理上都是等价的，如图 5-1 所示。物理宇宙是一个盒子，不是无穷多个盒子。

对于经典力学，周期性盒子模型对粒子的动量并没有约束；然而在量子力学中则大大不同，盒子的周期性要求

$$v_p(x,y,z) = v_p(x+L,y,z) = v_p(x,y+L,z) = v_p(x,y,z+L) \tag{5.142}$$

这称为周期性条件。将 $v_p(\boldsymbol{r})$ 代入式(5.142)，可以得到

$$e^{\frac{i}{\hbar}p_x L} = e^{\frac{i}{\hbar}p_y L} = e^{\frac{i}{\hbar}p_z L} = 1 \tag{5.143}$$

这要求

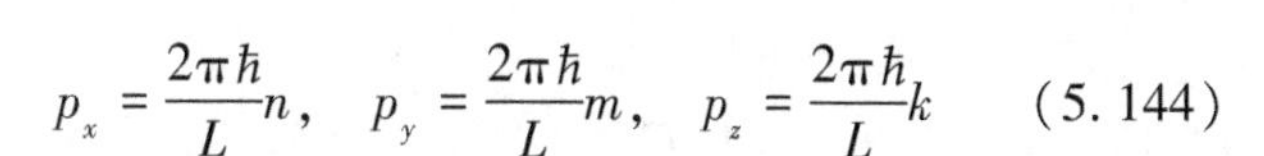

$$p_x = \frac{2\pi\hbar}{L}n,\quad p_y = \frac{2\pi\hbar}{L}m,\quad p_z = \frac{2\pi\hbar}{L}k \tag{5.144}$$

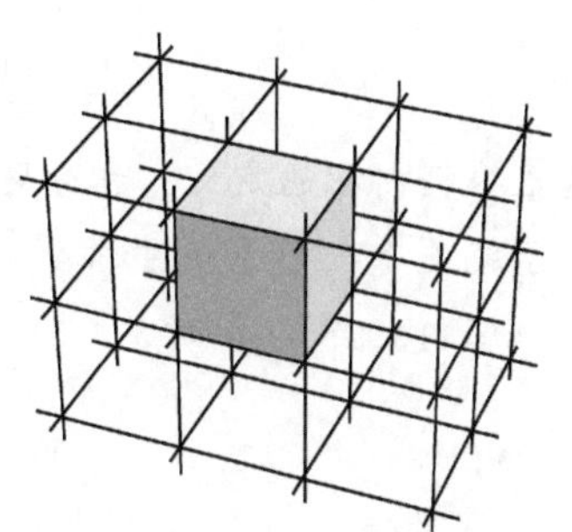

图 5-1　周期性重复的盒子

式中，n,m,k 取任意整数，因此动量只能取离散值。只要将 L 取得足够大，动量间隔就会足够小。在处理实际问题时，会在最终结果中让 $L\to\infty$。现在 $v_p(\boldsymbol{r})$ 由三个量子数 n,m,k 来标记，我们将其改记为 $v_{nmk}(\boldsymbol{r})$，利用式(5.144)，得

$$v_{nmk}(\boldsymbol{r}) = \frac{1}{L^{3/2}}e^{i\frac{2\pi}{L}(nx+my+kz)} \tag{5.145}$$

设参数 n,m,k 的间隔为 $\Delta n,\Delta m,\Delta k$，根据式(5.144)，动量 p_i 间隔为

$$\Delta p_x = \frac{2\pi\hbar}{L}\Delta n,\quad \Delta p_y = \frac{2\pi\hbar}{L}\Delta m,\quad \Delta p_z = \frac{2\pi\hbar}{L}\Delta k \tag{5.146}$$

取 $\Delta n,\Delta m,\Delta k=1$，由此可得

$$\frac{1}{L^3}\sum_{n,m,k} = \frac{1}{L^3}\sum_{n,m,k}\Delta n\Delta m\Delta k = \frac{1}{(2\pi\hbar)^3}\sum_{n,m,k}\Delta p_x\Delta p_y\Delta p_z \tag{5.147}$$

为简化表达式，我们采用记号

$$\sum_{n,m,k} = \sum_{n=-\infty}^{\infty}\sum_{m=-\infty}^{\infty}\sum_{k=-\infty}^{\infty} \tag{5.148}$$

当 $L\to\infty$ 时，$\Delta p_i\to 0$，可得

$$\boxed{\frac{1}{L^3}\sum_{n,m,k} \quad\rightarrow\quad \frac{1}{(2\pi\hbar)^3}\int_{\infty}d^3p} \tag{5.149}$$

式(5.149)是由有限空间过渡到无限空间的桥梁。

对于一维情形，波函数可以看作以 L 为周期的函数。当然，物理宇宙只是一个长度为 L 的区间。$v_p(x)=Ae^{ipx}$ 满足归一化条件

$$\int_{x_0}^{x_0+L}|v_p(x)|^2 dx = |A|^2 L = 1 \tag{5.150}$$

取 A 为正实数，因此 $A=L^{-1/2}$。根据周期性条件 $v_p(x)=v_p(x+L)$，得

$$p = \frac{2\pi\hbar}{L}n,\qquad n=0,\ \pm1,\ \pm2,\cdots \tag{5.151}$$

即动量取离散值。将 $v_p(x)$ 改记为 $v_n(x)$，得

$$v_n(x)=\frac{1}{\sqrt{L}}\mathrm{e}^{\mathrm{i}\frac{2\pi n}{L}x} \tag{5.152}$$

讨论：基的性质

（1）一维情形。$v_n(x)$ 满足如下正交归一关系

$$(v_n,v_{n'})=\int_{x_0}^{x_0+L}v_n^*(x)v_{n'}(x)\mathrm{d}x=\delta_{nn'} \tag{5.153}$$

这里根据内积的定义，积分区间是一个盒子 $x_0\sim x_0+L$，一个常用选择是 $x_0=-L/2$，这样一来盒子就关于坐标原点对称。

证明：当 $n=n'$ 时，

$$(v_n,v_n)=\int_{x_0}^{x_0+L}|v_n(x)|^2\mathrm{d}x=\int_{x_0}^{x_0+L}L^{-1}\mathrm{d}x=1 \tag{5.154}$$

当 $n\neq n'$ 时，

$$(v_n,v_{n'})=\int_{x_0}^{x_0+L}v_n^*(x)v_{n'}(x)\mathrm{d}x=\frac{1}{L}\int_{x_0}^{x_0+L}\mathrm{e}^{\mathrm{i}\frac{2\pi}{L}(n'-n)x}\mathrm{d}x=0 \tag{5.155}$$

由此证明了式(5.153)。

（2）三维情形。$v_{nmk}(\boldsymbol{r})$ 满足正交归一关系

$$(v_{nmk},v_{n'm'k'})=\int_V v_{nmk}^*(\boldsymbol{r})v_{n'm'k'}(\boldsymbol{r})\mathrm{d}^3r=\delta_{nn'}\delta_{mm'}\delta_{kk'} \tag{5.156}$$

在内积定义中，积分区域为单个盒子。

在一维问题的箱归一化方案中，波函数空间为 $\mathcal{L}^2[x_0,x_0+L]$，坐标算符 $\hat{x}$ 的定义域就是整个 $\mathcal{L}^2[x_0,x_0+L]$ 空间，是有界线性算符。而在 $\mathcal{L}^2(\mathbb{R})$ 空间中，$\hat{x}$ 是无界线性算符。这说明不同空间中的算符即使作用于波函数的方式相同，也可能具有截然不同的性质。在三维情形的箱归一化方案中，宇宙是一个有限大的箱子。将箱子记为 V，则波函数空间是 $\mathcal{L}^2(V)$，即箱内平方可积函数的全体构成的希尔伯特空间，它不同于 $\mathcal{L}^2(\mathbb{R}^3)$。$\mathcal{L}^2(V)$ 空间上动量算符的谱呈现出离散取值的特点，而不同于 $\mathcal{L}^2(\mathbb{R}^3)$ 中的动量算符的连续谱，也就不足为奇。

*5. 平移算符

设 a 是一个实常数，利用动量算符 $\hat{p}_x$ 可以构造平移算符

$$\hat{T}(a)=\mathrm{e}^{-\frac{\mathrm{i}}{\hbar}\hat{p}_x a} \tag{5.157}$$

其作用是将波函数沿着 x 轴平移(证明留作练习)

$$\hat{T}(a)\psi(x)=\psi(x-a) \tag{5.158}$$

平移算符是个幺正算符(不是力学量算符)。类似地，设 $\boldsymbol{r}_0$ 是一个实常矢量，利用动量算符 $\hat{\boldsymbol{p}}=-\mathrm{i}\hbar\nabla$ 可以构造三维平移算符

$$\hat{T}(\boldsymbol{r}_0)=\mathrm{e}^{-\frac{\mathrm{i}}{\hbar}\hat{\boldsymbol{p}}\cdot\boldsymbol{r}_0} \tag{5.159}$$

其作用是将波函数沿着 $\boldsymbol{r}_0$ 方向平移

$$\hat{T}(\boldsymbol{r}_0)\psi(\boldsymbol{r})=\psi(\boldsymbol{r}-\boldsymbol{r}_0) \tag{5.160}$$

若 $\boldsymbol{r}_0=x_0\boldsymbol{e}_x$，则相当于沿着 x 轴平移

$$\mathrm{e}^{-\frac{\mathrm{i}}{\hbar}\hat{p}_x x_0}\psi(x,y,z)=\psi(x-x_0,y,z) \tag{5.161}$$

由于动量算符可以生成平移算符，因此称为平移算符的生成元(generator)。

5.3.5　哈密顿算符

哈密顿算符代表体系的能量，其本征值和本征矢量分别称为能量本征值和能量本征矢量。与坐标算符和动量算符不同，哈密顿算符是因体系而异的。在最简单的情况，哈密顿算符是动能与势能之和。

▼举例

（1）一维自由粒子

势能项 $V(x)=0$，能谱是连续的 $E=p^2/2m$。当 $p>0$ 时，每个能量本征值都是二重简并的，两个线性无关的本征矢量可以选为动量算符 $\hat{p}_x$ 的本征矢量为 $v_p(x)$ 和 $v_{-p}(x)$。

（2）一维线性谐振子

势能函数为 $V(x)=(1/2)m\omega^2x^2$，能谱是离散的 $E_n=(n+1/2)\hbar\omega$，每个能量本征值 E_n 均不简并。

（3）一维有限深方势阱

假如将势能零点选在阱口，当 $E<0$ 时，能量本征值是离散取值的，相应的本征态是束缚态，能量本征值不简并；当 $E>0$ 时，能量本征值是连续取值的，相应的本征态是散射态。因此能谱是混合谱。

一般而言，哈密顿算符是个无界算符，其定义域是动能算符和势能算符定义域的交集。动能算符只有一个，而势能算符是各种各样的，但并非任何势能函数都能保证哈密顿算符的自伴性。幸运的是，对于物理上感兴趣的几种典型势能，哈密顿算符都是自伴的。本书中并不涉及哈密顿算符不自伴的物理体系。

5.4　角动量算符

对应于经典力学的角动量有时称为轨道角动量，以区别于自旋角动量。

5.4.1　数学准备

引入列维-奇维塔(Levi-Civita)符号

$$\varepsilon_{ijk}=\begin{cases}+1, & i,j,k\text{ 是 }1,2,3\text{ 的偶排列}\\ -1, & i,j,k\text{ 是 }1,2,3\text{ 的奇排列}\\ 0, & i,j,k\text{ 有重复取值}\end{cases} \tag{5.162}$$

这里一共有 27 个分量，其中非零分量共有六个

$$\varepsilon_{123}=\varepsilon_{231}=\varepsilon_{312}=1,\quad \varepsilon_{132}=\varepsilon_{213}=\varepsilon_{321}=-1 \tag{5.163}$$

ε_{ijk}关于指标 i,j,k 是全反对称的，即交换任意两个指标会增加一个负号，比如$\varepsilon_{123}=-\varepsilon_{132}$等。

ε_{ijk}具有指标轮换对称性

$$\varepsilon_{ijk}=\varepsilon_{kij}=\varepsilon_{jki} \tag{5.164}$$

众所周知，直角坐标基$\boldsymbol{e}_x,\boldsymbol{e}_y,\boldsymbol{e}_z$满足关系

$$\boldsymbol{e}_x\times\boldsymbol{e}_y=\boldsymbol{e}_z,\quad \boldsymbol{e}_y\times\boldsymbol{e}_z=\boldsymbol{e}_x,\quad \boldsymbol{e}_z\times\boldsymbol{e}_x=\boldsymbol{e}_y \tag{5.165}$$

利用 Levi-Civita 符号可以将式(5.165)合写为

$$\boldsymbol{e}_i\times\boldsymbol{e}_j=\varepsilon_{ijk}\boldsymbol{e}_k \tag{5.166}$$

这里采用了求和约定，重复指标意味着求和(参见导读)。利用式(5.165)易验证

$$(\boldsymbol{e}_i\times\boldsymbol{e}_j)\cdot\boldsymbol{e}_k=\varepsilon_{ijk} \tag{5.167}$$

这个结果也可以作为 Levi-Civita 符号的定义。

作为练习，我们来根据式(5.166)证明式(5.167)。在利用式(5.166)时，需要将右端求和指标k改为不同于自由指标i,j,k的字母，比如l，由此可得

$$(\boldsymbol{e}_i\times\boldsymbol{e}_j)\cdot\boldsymbol{e}_k=\varepsilon_{ijl}\boldsymbol{e}_l\cdot\boldsymbol{e}_k \tag{5.168}$$

利用基矢量的正交归一关系$\boldsymbol{e}_l\cdot\boldsymbol{e}_k=\delta_{lk}$，得

$$(\boldsymbol{e}_i\times\boldsymbol{e}_j)\cdot\boldsymbol{e}_k=\varepsilon_{ijl}\delta_{lk} \tag{5.169}$$

对l求和时，只有$l=k$那一项是非零的，由此便得到式(5.167)。

用ε_{ijk}的分量可以验证如下相乘规则

$$\boxed{\varepsilon_{ijk}\varepsilon_{ijk}=6} \tag{5.170}$$

$$\boxed{\varepsilon_{ijk}\varepsilon_{ijl}=2\delta_{kl}} \tag{5.171}$$

$$\boxed{\varepsilon_{ijk}\varepsilon_{mnk}=\delta_{im}\delta_{jn}-\delta_{in}\delta_{jm}} \tag{5.172}$$

5.4.2 经典角动量

在经典力学中，角动量定义为

$$\boldsymbol{L}=\boldsymbol{r}\times\boldsymbol{p}=\begin{vmatrix}\boldsymbol{e}_x & \boldsymbol{e}_y & \boldsymbol{e}_z\\ x & y & z\\ p_x & p_y & p_z\end{vmatrix} \tag{5.173}$$

角动量分量为

$$L_x=yp_z-zp_y,\quad L_y=zp_x-xp_z,\quad L_z=xp_y-yp_x \tag{5.174}$$

根据式(5.166)和式(5.173)，可得

$$\boldsymbol{L}=\boldsymbol{r}\times\boldsymbol{p}=(x_i\boldsymbol{e}_i)\times(p_j\boldsymbol{e}_j)=x_ip_j\boldsymbol{e}_i\times\boldsymbol{e}_j=\varepsilon_{ijk}x_ip_j\boldsymbol{e}_k \tag{5.175}$$

这个结果也可以根据行列式定义直接得到。利用ε_{ijk}的指标轮换对称性，得

$$L_k=\varepsilon_{ijk}x_ip_j=\varepsilon_{kij}x_ip_j,\quad k=1,2,3 \tag{5.176}$$

角动量平方为

$$L^2=\boldsymbol{L}\cdot\boldsymbol{L}=L_iL_i=L_x^2+L_y^2+L_z^2 \tag{5.177}$$

如果采用球坐标，则(下标r,θ,φ属于具体取值，不是求和指标)

$$\boldsymbol{r}=r\boldsymbol{e}_r,\qquad \boldsymbol{p}=p_r\boldsymbol{e}_r+p_\theta\boldsymbol{e}_\theta+p_\varphi\boldsymbol{e}_\varphi \tag{5.178}$$

球坐标基$\boldsymbol{e}_r,\boldsymbol{e}_\theta,\boldsymbol{e}_\varphi$也是两两正交的，并满足关系

$$\boldsymbol{e}_r\times\boldsymbol{e}_\theta=\boldsymbol{e}_\varphi,\quad \boldsymbol{e}_\theta\times\boldsymbol{e}_\varphi=\boldsymbol{e}_r,\quad \boldsymbol{e}_\varphi\times\boldsymbol{e}_r=\boldsymbol{e}_\theta \tag{5.179}$$

由此可得

$$\boldsymbol{L}=\boldsymbol{r}\times\boldsymbol{p}=rp_\theta\boldsymbol{e}_\varphi-rp_\varphi\boldsymbol{e}_\theta \tag{5.180}$$

$$L^2=\boldsymbol{L}\cdot\boldsymbol{L}=r^2(p_\theta^2+p_\varphi^2) \tag{5.181}$$

$$\boldsymbol{p}^2=p_r^2+p_\theta^2+p_\varphi^2=p_r^2+\frac{L^2}{r^2} \tag{5.182}$$

对于矢量 $\boldsymbol{A}$，按照惯例约定 $A=|\boldsymbol{A}|$，$\boldsymbol{A}^2=\boldsymbol{A}\cdot\boldsymbol{A}$，此时 $A^2=\boldsymbol{A}^2$。根据公式

$$\boldsymbol{A}\cdot(\boldsymbol{B}\times\boldsymbol{C})=\boldsymbol{B}\cdot(\boldsymbol{C}\times\boldsymbol{A})=\boldsymbol{C}\cdot(\boldsymbol{A}\times\boldsymbol{B}) \tag{5.183}$$

$$\boldsymbol{A}\times(\boldsymbol{B}\times\boldsymbol{C})=(\boldsymbol{A}\cdot\boldsymbol{C})\boldsymbol{B}-(\boldsymbol{A}\cdot\boldsymbol{B})\boldsymbol{C} \tag{5.184}$$

可以重新得到式(5.182)

$$\begin{aligned}\boldsymbol{L}\cdot\boldsymbol{L}&=(\boldsymbol{r}\times\boldsymbol{p})\cdot(\boldsymbol{r}\times\boldsymbol{p})=\boldsymbol{r}\cdot[\boldsymbol{p}\times(\boldsymbol{r}\times\boldsymbol{p})]\\&=\boldsymbol{r}\cdot[\boldsymbol{p}^2\boldsymbol{r}-(\boldsymbol{p}\cdot\boldsymbol{r})\boldsymbol{p}]=r^2\boldsymbol{p}^2-(\boldsymbol{r}\cdot\boldsymbol{p})^2=r^2\boldsymbol{p}^2-r^2p_r^2\end{aligned} \tag{5.185}$$

角动量分量也可以采用双指标，定义如下

$$L_{ij}=x_ip_j-x_jp_i,\quad i,j=1,2,3 \tag{5.186}$$

根据定义，L_{ij} 关于两个指标是反对称的，$L_{ij}=-L_{ji}$，因此 $i=j$ 时 L_{ij} 为零。它和单指标分量的关系为

$$L_{12}=-L_{21}=L_3,\quad L_{23}=-L_{32}=L_1,\quad L_{31}=-L_{13}=L_2 \tag{5.187}$$

根据定义就很容易验证这个关系。式(5.186)和式(5.187)也可以写为

$$L_{ij}=\varepsilon_{ijk}L_k,\quad i,j=1,2,3\quad 和\quad L_k=\frac{1}{2}\varepsilon_{ijk}L_{ij},\quad k=1,2,3 \tag{5.188}$$

在电动力学中，电磁张量 $F_{\mu\nu}$ 的空-空分量与磁感强度 $\boldsymbol{B}$ 的关系与此完全类似，即

$$F_{ij}=\varepsilon_{ijk}B_k,\qquad B_k=\frac{1}{2}\varepsilon_{ijk}F_{ij} \tag{5.189}$$

5.4.3　常用对易关系

对角动量分量式(5.174)应用量子化规则(5.102)，得

$$\hat{L}_x=\hat{y}\hat{p}_z-\hat{z}\hat{p}_y,\quad \hat{L}_y=\hat{z}\hat{p}_x-\hat{x}\hat{p}_z,\quad \hat{L}_z=\hat{x}\hat{p}_y-\hat{y}\hat{p}_x \tag{5.190}$$

虽然每个分量中都出现了坐标算符与动量算符相乘的情况，比如 $\hat{L}_z$ 的表达式中有 $\hat{x}\hat{p}_y$，但 $[\hat{x},\hat{p}_y]=0$，不会出现不等价的最简表达式。对式(5.176)应用量子化规则，可以得到统一表达式

$$\hat{L}_k=\varepsilon_{ijk}\hat{x}_i\hat{p}_j=\varepsilon_{kij}\hat{x}_i\hat{p}_j,\quad k=1,2,3 \tag{5.191}$$

类似地，可得角动量平方的算符为

$$\hat{L}^2=\hat{L}_i\hat{L}_i=\hat{L}_x^2+\hat{L}_y^2+\hat{L}_z^2 \tag{5.192}$$

利用基本对易关系和各种对易子恒等式，可以证明如下常用对易关系

$$\boxed{[\hat{L}_i,\hat{x}_j]=\mathrm{i}\hbar\varepsilon_{ijk}\hat{x}_k} \tag{5.193}$$

$$\boxed{[\hat{L}_i,\hat{p}_j]=\mathrm{i}\hbar\varepsilon_{ijk}\hat{p}_k} \tag{5.194}$$

$$\boxed{[\hat{L}_i,\hat{L}_j]=\mathrm{i}\hbar\varepsilon_{ijk}\hat{L}_k} \tag{5.195}$$

$$\boxed{[\hat{L}^2,\hat{L}_i]=0,\quad i=1,2,3} \tag{5.196}$$

证明：首先证明式(5.193)。根据式(5.191)

$$[\hat{L}_i,\hat{x}_j]=[\varepsilon_{ikl}\hat{x}_k\hat{p}_l,\hat{x}_j] \tag{5.197}$$

注意在代入式(5.191)时求和指标(重复指标)的调整，为了避免和自由指标 i,j 重复，将求和指标改为 k,l。利用算符恒等式 $[\hat{A}\hat{B},\hat{C}]=\hat{A}[\hat{B},\hat{C}]+[\hat{A},\hat{C}]\hat{B}$，得

$$[\hat{L}_i,\hat{x}_j]=\varepsilon_{ikl}(\hat{x}_k[\hat{p}_l,\hat{x}_j]+[\hat{x}_k,\hat{x}_j]\hat{p}_l) \tag{5.198}$$

再利用基本对易关系，得

$$[\hat{L}_i,\hat{x}_j]=-\mathrm{i}\hbar\varepsilon_{ikl}\hat{x}_k\delta_{lj}=-\mathrm{i}\hbar\varepsilon_{ikj}\hat{x}_k=\mathrm{i}\hbar\varepsilon_{ijk}\hat{x}_k \tag{5.199}$$

最后一步利用了 ε_{ijk} 关于指标交换反对称的性质。式(5.194)的证明留作练习。

其次证明式(5.195)。当 $i=j$ 时(下式对 i 不求和)

$$[\hat{L}_i,\hat{L}_i]=0,\quad i=1,2,3 \tag{5.200}$$

当 $i\neq j$ 时，首先

$$\begin{aligned}[\hat{L}_x,\hat{L}_y]&=[\hat{L}_x,\hat{z}\hat{p}_x-\hat{x}\hat{p}_z]=[\hat{L}_x,\hat{z}\hat{p}_x]-[\hat{L}_x,\hat{x}\hat{p}_z]\\&=\hat{z}[\hat{L}_x,\hat{p}_x]+[\hat{L}_x,\hat{z}]\hat{p}_x-\hat{x}[\hat{L}_x,\hat{p}_z]-[\hat{L}_x,\hat{x}]\hat{p}_z\end{aligned} \tag{5.201}$$

再利用式(5.193)和式(5.194)，得

$$[\hat{L}_x,\hat{L}_y]=-\mathrm{i}\hbar\hat{y}\hat{p}_x-(-\mathrm{i}\hbar)\hat{x}\hat{p}_y=\mathrm{i}\hbar(\hat{x}\hat{p}_y-\hat{y}\hat{p}_x) \tag{5.202}$$

根据 $\hat{L}_z$ 的表达式(5.190)，可知

$$[\hat{L}_x,\hat{L}_y]=\mathrm{i}\hbar\hat{L}_z \tag{5.203}$$

由于 $\hat{L}_x,\hat{L}_y,\hat{L}_z$ 完全对等，对式(5.203)做轮换 $\hat{L}_x\to\hat{L}_y\to\hat{L}_z\to\hat{L}_x$，可得

$$[\hat{L}_y,\hat{L}_z]=\mathrm{i}\hbar\hat{L}_x,\qquad[\hat{L}_z,\hat{L}_x]=\mathrm{i}\hbar\hat{L}_y \tag{5.204}$$

式(5.200)、式(5.203)和式(5.204)合起来，便是式(5.195)。

最后证明式(5.196)。根据式(5.200)、式(5.203)和式(5.204)，得

$$\begin{aligned}[\hat{L}^2,\hat{L}_x]&=[\hat{L}_x^2,\hat{L}_x]+[\hat{L}_y^2,\hat{L}_x]+[\hat{L}_z^2,\hat{L}_x]\\&=\hat{L}_y[\hat{L}_y,\hat{L}_x]+[\hat{L}_y,\hat{L}_x]\hat{L}_y+\hat{L}_z[\hat{L}_z,\hat{L}_x]+[\hat{L}_z,\hat{L}_x]\hat{L}_z\\&=-\mathrm{i}\hbar\hat{L}_y\hat{L}_z-\mathrm{i}\hbar\hat{L}_z\hat{L}_y+\mathrm{i}\hbar\hat{L}_z\hat{L}_y+\mathrm{i}\hbar\hat{L}_y\hat{L}_z=0\end{aligned} \tag{5.205}$$

类似地可证明 $[\hat{L}^2,\hat{L}_y]=[\hat{L}^2,\hat{L}_z]=0$。证毕。

式(5.193)、式(5.194)和式(5.195)的明显形式总结如下。式(5.193)相当于如下9个公式

$$\begin{aligned}&[\hat{L}_x,\hat{x}]=0,&&[\hat{L}_x,\hat{y}]=\mathrm{i}\hbar\hat{z},&&[\hat{L}_x,\hat{z}]=-\mathrm{i}\hbar\hat{y}\\&[\hat{L}_y,\hat{x}]=-\mathrm{i}\hbar\hat{z},&&[\hat{L}_y,\hat{y}]=0,&&[\hat{L}_y,\hat{z}]=\mathrm{i}\hbar\hat{x}\\&[\hat{L}_z,\hat{x}]=\mathrm{i}\hbar\hat{y},&&[\hat{L}_z,\hat{y}]=-\mathrm{i}\hbar\hat{x},&&[\hat{L}_z,\hat{z}]=0\end{aligned} \tag{5.206}$$

式(5.194)相当于如下9个公式

$$\begin{aligned}&[\hat{L}_x,\hat{p}_x]=0,&&[\hat{L}_x,\hat{p}_y]=\mathrm{i}\hbar\hat{p}_z,&&[\hat{L}_x,\hat{p}_z]=-\mathrm{i}\hbar\hat{p}_y\\&[\hat{L}_y,\hat{p}_x]=-\mathrm{i}\hbar\hat{p}_z,&&[\hat{L}_y,\hat{p}_y]=0,&&[\hat{L}_y,\hat{p}_z]=\mathrm{i}\hbar\hat{p}_x\\&[\hat{L}_z,\hat{p}_x]=\mathrm{i}\hbar\hat{p}_y,&&[\hat{L}_z,\hat{p}_y]=-\mathrm{i}\hbar\hat{p}_x,&&[\hat{L}_z,\hat{p}_z]=0\end{aligned} \tag{5.207}$$

式(5.195)相当于如下9个公式

$$\begin{aligned}&[\hat{L}_x,\hat{L}_x]=0,&&[\hat{L}_x,\hat{L}_y]=\mathrm{i}\hbar\hat{L}_z,&&[\hat{L}_x,\hat{L}_z]=-\mathrm{i}\hbar\hat{L}_y\\&[\hat{L}_y,\hat{L}_x]=-\mathrm{i}\hbar\hat{L}_z,&&[\hat{L}_y,\hat{L}_y]=0,&&[\hat{L}_y,\hat{L}_z]=\mathrm{i}\hbar\hat{L}_x\\&[\hat{L}_z,\hat{L}_x]=\mathrm{i}\hbar\hat{L}_y,&&[\hat{L}_z,\hat{L}_y]=-\mathrm{i}\hbar\hat{L}_x,&&[\hat{L}_z,\hat{L}_z]=0\end{aligned} \tag{5.208}$$

利用基本对易关系分别证明各个公式也是可以的。

根据式(5.195)，可得

$$\hat{\boldsymbol{L}}\times\hat{\boldsymbol{L}}=\mathrm{i}\hbar\hat{\boldsymbol{L}} \tag{5.209}$$

这是个矢量方程，根据各个分量方程便可看出与式(5.195)一致。这个结果与经典力学并不相同，那里的矢量自叉乘为零，$\boldsymbol{L}\times\boldsymbol{L}=0$。式(5.196)可以等价写为

$$[\hat{L}^2,\hat{\boldsymbol{L}}]=0 \tag{5.210}$$

利用角动量分量的定义式(5.191)，并利用ε_{ijk}的性质式(5.171)和式(5.172)，也可以证明式(5.195)和式(5.196)。这对初学者而言是个较高的技术，不必立即掌握。这里给出证明以供参考。

式(5.195)可以这样证明：

$$\begin{aligned}
&[\hat{L}_i,\hat{L}_j]=[\hat{L}_i,\varepsilon_{jmn}\hat{x}_m\hat{p}_n]\\
&\text{对易子恒等式}\quad=\varepsilon_{jmn}\hat{x}_m[\hat{L}_i,\hat{p}_n]+\varepsilon_{jmn}[\hat{L}_i,\hat{x}_m]\hat{p}_n\\
&\text{对易关系}\quad=\mathrm{i}\hbar\varepsilon_{jmn}\hat{x}_m\,\varepsilon_{ink}\hat{p}_k+\mathrm{i}\hbar\varepsilon_{jmn}\varepsilon_{imk}\hat{x}_k\hat{p}_n\\
&\text{调整指标}\quad=-\mathrm{i}\hbar\varepsilon_{jmn}\varepsilon_{ikn}\hat{x}_m\hat{p}_k+\mathrm{i}\hbar\varepsilon_{jnm}\varepsilon_{ikm}\hat{x}_k\hat{p}_n\\
&\varepsilon_{ijk}\text{的相乘规则}\quad=-\mathrm{i}\hbar(\delta_{ji}\delta_{mk}-\delta_{jk}\delta_{mi})\hat{x}_m\hat{p}_k+\mathrm{i}\hbar(\delta_{ji}\delta_{nk}-\delta_{jk}\delta_{ni})\hat{x}_k\hat{p}_n\\
&\delta_{ij}\text{ 的性质}\quad=\mathrm{i}\hbar(\hat{x}_i\hat{p}_j-\hat{x}_j\hat{p}_i)
\end{aligned} \tag{5.211}$$

为了方便查看，推导过程给出了注释，表示这一行是如何从上一行得到的。根据双指标角动量分量的定义(5.186)，在量子力学中变成算符关系

$$\hat{L}_{ij}=\hat{x}_i\hat{p}_j-\hat{x}_j\hat{p}_i,\qquad i,j=1,2,3 \tag{5.212}$$

因此式(5.211)的结果是$\mathrm{i}\hbar\hat{L}_{ij}$。其次，根据关系(5.188)的算符版本

$$\hat{L}_{ij}=\varepsilon_{ijk}\hat{L}_k,\qquad \hat{L}_k=\frac{1}{2}\varepsilon_{ijk}\hat{L}_{ij} \tag{5.213}$$

可知式(5.195)右端也是$\mathrm{i}\hbar\hat{L}_{ij}$。由此便证明了式(5.195)。

式(5.196)可以这样证明：

$$\begin{aligned}
&[\hat{L}^2,\hat{L}_i]=[\hat{L}_j\hat{L}_j,\hat{L}_i]\\
&\text{对易子恒等式}\quad=\hat{L}_j[\hat{L}_j,\hat{L}_i]+[\hat{L}_j,\hat{L}_i]\hat{L}_j\\
&\text{对易关系}\quad=\mathrm{i}\hbar\varepsilon_{jik}\hat{L}_j\hat{L}_k+\mathrm{i}\hbar\varepsilon_{jik}\hat{L}_k\hat{L}_j\\
&\text{交换求和指标字母}\quad=\mathrm{i}\hbar\varepsilon_{jik}\hat{L}_j\hat{L}_k+\mathrm{i}\hbar\varepsilon_{kij}\hat{L}_j\hat{L}_k\\
&\text{提取公因子}\quad=\mathrm{i}\hbar(\varepsilon_{jik}+\varepsilon_{kij})\hat{L}_j\hat{L}_k\\
&\varepsilon_{ijk}\text{指标交换反对称}\quad=0
\end{aligned} \tag{5.214}$$

式(5.209)可以这样证明：

$$\begin{aligned}
&\text{叉乘定义}\quad\hat{\boldsymbol{L}}\times\hat{\boldsymbol{L}}=\varepsilon_{ijk}\hat{L}_j\hat{L}_k\boldsymbol{e}_i\\
&\text{凑两项之和}\quad=\frac{1}{2}(\varepsilon_{ijk}\hat{L}_j\hat{L}_k\boldsymbol{e}_i+\varepsilon_{ikj}\hat{L}_k\hat{L}_j\boldsymbol{e}_i)\\
&\varepsilon_{ijk}\text{指标交换反对称}\quad=\frac{1}{2}(\varepsilon_{ijk}\hat{L}_j\hat{L}_k\boldsymbol{e}_i-\varepsilon_{ijk}\hat{L}_k\hat{L}_j\boldsymbol{e}_i)\\
&\text{提出公因子}\quad=\frac{1}{2}\varepsilon_{ijk}[\hat{L}_j,\hat{L}_k]\boldsymbol{e}_i
\end{aligned} \tag{5.215}$$

根据对易关系(5.195)和ε_{ijk}的性质(5.171)，可得

$$
\begin{aligned}
&\text{对易关系} && \hat{\boldsymbol{L}}\times\hat{\boldsymbol{L}}=\frac{\mathrm{i}\hbar}{2}\varepsilon_{ijk}\varepsilon_{jkm}\hat{L}_m\boldsymbol{e}_i \\
&\varepsilon_{ijk}\text{指标轮换对称} && =\frac{\mathrm{i}\hbar}{2}\varepsilon_{ijk}\varepsilon_{mjk}\hat{L}_m\boldsymbol{e}_i \\
&\varepsilon_{ijk}\text{的相乘规则} && =\mathrm{i}\hbar\delta_{im}\hat{L}_m\boldsymbol{e}_i=\mathrm{i}\hbar\hat{L}_i\boldsymbol{e}_i=\mathrm{i}\hbar\boldsymbol{L}
\end{aligned}
\tag{5.216}
$$

在经典力学中，矢量是有大小有方向的量，而且在转动变换下，矢量的三个直角坐标分量按照3阶的实正交矩阵进行组合。在量子力学中，一个矢量算符可以如下定义。

定义：如果算符$\hat{A}_1,\hat{A}_2,\hat{A}_3$满足如下对易关系

$$[\hat{L}_i,\hat{A}_j]=\mathrm{i}\hbar\varepsilon_{ijk}\hat{A}_k \tag{5.217}$$

则称$\hat{\boldsymbol{A}}=\hat{A}_1\boldsymbol{e}_1+\hat{A}_2\boldsymbol{e}_2+\hat{A}_3\boldsymbol{e}_3$为矢量算符。根据式(5.193)、式(5.194)和式(5.195)可知，$\hat{\boldsymbol{r}},\hat{\boldsymbol{p}},\hat{\boldsymbol{L}}$都是矢量算符。矢量算符的点乘和叉乘规则与普通矢量相似，只是各分量不一定对易，因此需要保持相乘的次序。设$\hat{\boldsymbol{A}},\hat{\boldsymbol{B}}$为矢量算符，则

$$\hat{\boldsymbol{A}}\cdot\hat{\boldsymbol{B}}=\hat{A}_i\hat{B}_i,\qquad \hat{\boldsymbol{A}}\times\hat{\boldsymbol{B}}=\varepsilon_{ijk}\hat{A}_i\hat{B}_j\boldsymbol{e}_k \tag{5.218}$$

如果算符$\hat{A}$与角动量的三个分量对易

$$[\hat{L}_i,\hat{A}]=0,\quad i=x,y,z \tag{5.219}$$

则称$\hat{A}$为标量算符。容易证明，两个矢量算符的点乘$\hat{\boldsymbol{A}}\cdot\hat{\boldsymbol{B}}$为标量算符

$$[\hat{L}_i,\hat{\boldsymbol{A}}\cdot\hat{\boldsymbol{B}}]=0,\quad i=x,y,z \tag{5.220}$$

证明：

$$
\begin{aligned}
& && [\hat{L}_i,\hat{\boldsymbol{A}}\cdot\hat{\boldsymbol{B}}]=[\hat{L}_i,\hat{A}_j\hat{B}_j] \\
&\text{对易子恒等式} && =\hat{A}_j[\hat{L}_i,\hat{B}_j]+[\hat{L}_i,\hat{A}_j]\hat{B}_j \\
&\text{矢量算符定义} && =\mathrm{i}\hbar\varepsilon_{ijk}\hat{A}_j\hat{B}_k+\mathrm{i}\hbar\varepsilon_{ijk}\hat{A}_k\hat{B}_j \\
&\text{交换第二项指标}j,k && =\mathrm{i}\hbar\varepsilon_{ijk}\hat{A}_j\hat{B}_k+\mathrm{i}\hbar\varepsilon_{ikj}\hat{A}_j\hat{B}_k \\
&\varepsilon_{ikj}=-\varepsilon_{ijk} && =\mathrm{i}\hbar\varepsilon_{ijk}\hat{A}_j\hat{B}_k-\mathrm{i}\hbar\varepsilon_{ijk}\hat{A}_j\hat{B}_k=0
\end{aligned}
\tag{5.221}
$$

由于$\hat{\boldsymbol{r}},\hat{\boldsymbol{p}},\hat{\boldsymbol{L}}$都是矢量算符，因此$\hat{\boldsymbol{r}}^2,\hat{\boldsymbol{p}}^2,\hat{L}^2$和$\hat{\boldsymbol{r}}\cdot\hat{\boldsymbol{p}}$等都是标量算符

$$[\hat{L}_i,\hat{\boldsymbol{r}}^2]=[\hat{L}_i,\hat{\boldsymbol{p}}^2]=[\hat{L}_i,\hat{L}^2]=[\hat{L}_i,\hat{\boldsymbol{r}}\cdot\hat{\boldsymbol{p}}]=0,\quad i=x,y,z \tag{5.222}$$

角动量算符可以用来构造转动算符(角动量算符是转动算符的生成元)，用于描述对体系进行转动操作时波函数的变换。我们暂不讨论转动算符的定义。和经典力学中一样，矢量的性质也要根据转动变换来确定，这就是为什么要用角动量算符来定义矢量算符的原因。

5.4.4 坐标表象

根据式(5.190)和动量算符的表达式，得

$$\hat{L}_x=-\mathrm{i}\hbar\left(y\frac{\partial}{\partial z}-z\frac{\partial}{\partial y}\right),\quad \hat{L}_y=-\mathrm{i}\hbar\left(z\frac{\partial}{\partial x}-x\frac{\partial}{\partial z}\right),\quad \hat{L}_z=-\mathrm{i}\hbar\left(x\frac{\partial}{\partial y}-y\frac{\partial}{\partial x}\right) \tag{5.223}$$

由此可以得到角动量平方算符为

$$\hat{L}^2=-\hbar^2\left[\left(y\frac{\partial}{\partial z}-z\frac{\partial}{\partial y}\right)^2+\left(z\frac{\partial}{\partial x}-x\frac{\partial}{\partial z}\right)^2+\left(x\frac{\partial}{\partial y}-y\frac{\partial}{\partial x}\right)^2\right] \tag{5.224}$$

利用坐标变换过渡到球坐标系(附录C)，结果为

$$\hat{L}_x = \mathrm{i}\hbar\left(\sin\varphi\frac{\partial}{\partial\theta} + \cot\theta\cos\varphi\frac{\partial}{\partial\varphi}\right) \tag{5.225}$$

$$\hat{L}_y = -\mathrm{i}\hbar\left(\cos\varphi\frac{\partial}{\partial\theta} - \cot\theta\sin\varphi\frac{\partial}{\partial\varphi}\right) \tag{5.226}$$

$$\hat{L}_z = -\mathrm{i}\hbar\frac{\partial}{\partial\varphi} \tag{5.227}$$

进而可得(证明留作练习)

$$\hat{L}^2 = -\hbar^2\left[\frac{1}{\sin\theta}\frac{\partial}{\partial\theta}\left(\sin\theta\frac{\partial}{\partial\theta}\right) + \frac{1}{\sin^2\theta}\frac{\partial^2}{\partial\varphi^2}\right] \tag{5.228}$$

拉普拉斯算符的球坐标表达式为(附录 C)

$$\nabla^2 = \frac{1}{r^2}\frac{\partial}{\partial r}\left(r^2\frac{\partial}{\partial r}\right) + \frac{1}{r^2\sin\theta}\frac{\partial}{\partial\theta}\left(\sin\theta\frac{\partial}{\partial\theta}\right) + \frac{1}{r^2\sin^2\theta}\frac{\partial^2}{\partial\varphi^2} \tag{5.229}$$

根据径向动量算符(5.139)以及算符恒等式

$$\left(\frac{\partial}{\partial r} + \frac{1}{r}\right)^2 = \frac{1}{r}\frac{\partial^2}{\partial r^2}r = \frac{1}{r^2}\frac{\partial}{\partial r}\left(r^2\frac{\partial}{\partial r}\right) = \frac{\partial^2}{\partial r^2} + \frac{2}{r}\frac{\partial}{\partial r} \tag{5.230}$$

可将动量平方算符写为

$$\hat{\boldsymbol{p}}^2 = -\hbar^2\nabla^2 = \hat{p}_r^2 + \frac{\hat{L}^2}{r^2} \tag{5.231}$$

这与经典力学中的关系(5.182)完全相同。

由基本对易关系，可以证明

$$\hat{L}^2 = \hat{r}^2\hat{\boldsymbol{p}}^2 - (\hat{\boldsymbol{r}}\cdot\hat{\boldsymbol{p}})^2 + \mathrm{i}\hbar\hat{\boldsymbol{r}}\cdot\hat{\boldsymbol{p}} \tag{5.232}$$

证明：根据 $\hat{L}_i$ 的表达式(5.191)，可得

$$\begin{aligned} \hat{L}^2 &= \hat{L}_i\hat{L}_i \\ \text{角动量定义}\quad &= \varepsilon_{ijk}\hat{x}_j\hat{p}_k\,\varepsilon_{imn}\hat{x}_m\hat{p}_n = \varepsilon_{ijk}\varepsilon_{imn}\hat{x}_j\hat{p}_k\hat{x}_m\hat{p}_n \\ \varepsilon_{ijk}\text{的相乘规则}\quad &= (\delta_{jm}\delta_{kn} - \delta_{jn}\delta_{km})\hat{x}_j\hat{p}_k\hat{x}_m\hat{p}_n \\ &= \hat{x}_j\hat{p}_k\hat{x}_j\hat{p}_k - \hat{x}_j\hat{p}_k\hat{x}_k\hat{p}_j \end{aligned} \tag{5.233}$$

利用基本对易关系，并注意 $\delta_{kk}=3$(k 是重复指标，故自动求和)，得

$$\begin{aligned} \text{基本对易关系}\quad \hat{L}^2 &= \hat{x}_j(\hat{x}_j\hat{p}_k - \mathrm{i}\hbar\delta_{jk})\hat{p}_k - \hat{x}_j(\hat{x}_k\hat{p}_k - \mathrm{i}\hbar\delta_{kk})\hat{p}_j \\ \delta_{kk} = 3\quad &= \hat{x}_j\hat{x}_j\hat{p}_k\hat{p}_k - \mathrm{i}\hbar\,\hat{x}_j\,\hat{p}_j - \hat{x}_j\hat{x}_k\hat{p}_k\hat{p}_j + 3\mathrm{i}\hbar\,\hat{x}_j\,\hat{p}_j \\ \hat{p}_k\hat{p}_j = \hat{p}_j\hat{p}_k\quad &= \hat{x}_j\hat{x}_j\hat{p}_k\hat{p}_k - \hat{x}_j\hat{x}_k\hat{p}_j\hat{p}_k + 2\mathrm{i}\hbar\,\hat{x}_j\,\hat{p}_j \end{aligned} \tag{5.234}$$

利用基本对易关系来计算第二项，得

$$\begin{aligned} \text{基本对易关系}\quad \hat{L}^2 &= \hat{x}_j\hat{x}_j\hat{p}_k\hat{p}_k - \hat{x}_j(\hat{p}_j\hat{x}_k + \mathrm{i}\hbar\delta_{kj})\hat{p}_k + 2\mathrm{i}\hbar\,\hat{x}_j\,\hat{p}_j \\ &= \hat{x}_j\hat{x}_j\hat{p}_k\hat{p}_k - \hat{x}_j\hat{p}_j\hat{x}_k\hat{p}_k + \mathrm{i}\hbar\,\hat{x}_j\,\hat{p}_j \\ \text{点乘定义}\quad &= \hat{r}^2\hat{\boldsymbol{p}}^2 - (\hat{\boldsymbol{r}}\cdot\hat{\boldsymbol{p}})^2 + \mathrm{i}\hbar\hat{\boldsymbol{r}}\cdot\hat{\boldsymbol{p}} \end{aligned} \tag{5.235}$$

由此便证明了式(5.232)。

由式(5.232)可得到式(5.231)。根据 $\hat{\boldsymbol{p}}$ 的球坐标表达式，可知

$$\hat{\boldsymbol{r}}\cdot\hat{\boldsymbol{p}}\psi = -\mathrm{i}\hbar\boldsymbol{r}\cdot\nabla\psi = -\mathrm{i}\hbar r\frac{\partial\psi}{\partial r} \tag{5.236}$$

$$(\hat{\boldsymbol{r}}\cdot\hat{\boldsymbol{p}})^2\psi = -\hbar^2 r\frac{\partial}{\partial r}\left(r\frac{\partial\psi}{\partial r}\right) = -\hbar^2\left(r^2\frac{\partial^2\psi}{\partial r^2} + r\frac{\partial\psi}{\partial r}\right) \tag{5.237}$$

对照径向动量算符(5.139)和算符恒等式(5.230)，可得

$$(\hat{\boldsymbol{r}}\cdot\hat{\boldsymbol{p}})^2 - \mathrm{i}\hbar\hat{\boldsymbol{r}}\cdot\hat{\boldsymbol{p}} = -\hbar^2 r^2\left(\frac{\partial^2}{\partial r^2} + \frac{2}{r}\frac{\partial}{\partial r}\right) = r^2\hat{p}_r^2 \tag{5.238}$$

因此

$$\hat{L}^2 = \hat{r}^2\hat{\boldsymbol{p}}^2 - r^2\hat{p}_r^2 \tag{5.239}$$

由此便得到式(5.231)。

5.4.5 本征值问题

根据式(5.225)~式(5.228)可知，角动量算符仅仅与角坐标θ,φ有关而与r无关，因此我们可以限于研究θ和φ的函数$f(\theta,\varphi)$，它是定义在球面上的函数。全体满足平方可积条件

$$\int_0^{2\pi}\mathrm{d}\varphi\int_0^{\pi}\sin\theta\mathrm{d}\theta\,|f(\theta,\varphi)|^2 < +\infty \tag{5.240}$$

的函数构成线性空间，记为$\mathcal{L}_\Omega^2$。引入内积

$$(f_1,f_2) = \int_0^{2\pi}\mathrm{d}\varphi\int_0^{\pi}\sin\theta\mathrm{d}\theta f_1^*(\theta,\varphi)f_2(\theta,\varphi) \tag{5.241}$$

则构成内积空间。将$\hat{L}^2$的本征值记为$\lambda\hbar^2$，$\hbar$和角动量量纲相同，因此λ是个无量纲的纯数。将$\hat{L}^2$的本征函数记为$\mathrm{Y}(\theta,\varphi)$，$\hat{L}^2$的本征方程为

$$\hat{L}^2\mathrm{Y}(\theta,\varphi) = \lambda\hbar^2\mathrm{Y}(\theta,\varphi) \tag{5.242}$$

代入$\hat{L}^2$的表达式(5.228)，得

$$\left[\frac{1}{\sin\theta}\frac{\partial}{\partial\theta}\left(\sin\theta\frac{\partial}{\partial\theta}\right) + \frac{1}{\sin^2\theta}\frac{\partial^2}{\partial\varphi^2}\right]\mathrm{Y}(\theta,\varphi) = -\lambda\mathrm{Y}(\theta,\varphi) \tag{5.243}$$

这正是球函数方程。

1. $\hat{L}^2$和$\hat{L}_z$的共同本征函数

当$\lambda=l(l+1),l=0,1,2,\cdots$时，球函数方程具有分离变量的解(附录E)

$$\mathrm{Y}_{lm}(\theta,\varphi) = N_{lm}\mathrm{P}_l^m(\cos\theta)\mathrm{e}^{\mathrm{i}m\varphi} \tag{5.244}$$

称为球谐函数，其中$\mathrm{P}_l^m(x)$是连带勒让德函数，N_{lm}是归一化因子。给定l时，$m=l,l-1,\cdots,-l$；给定m时，$l=|m|,|m|+1,|m|+2,\cdots$。前几个球谐函数为

$$\mathrm{Y}_{00} = \frac{1}{\sqrt{4\pi}} \tag{5.245}$$

$$\mathrm{Y}_{11} = -\sqrt{\frac{3}{8\pi}}\sin\theta\mathrm{e}^{\mathrm{i}\varphi} = -\sqrt{\frac{3}{8\pi}}\frac{x+\mathrm{i}y}{r}$$

$$\mathrm{Y}_{10} = \sqrt{\frac{3}{4\pi}}\cos\theta = \sqrt{\frac{3}{4\pi}}\frac{z}{r} \tag{5.246}$$

$$\mathrm{Y}_{1,-1} = \sqrt{\frac{3}{8\pi}}\sin\theta\mathrm{e}^{-\mathrm{i}\varphi} = \sqrt{\frac{3}{8\pi}}\frac{x-\mathrm{i}y}{r}$$

根据$\hat{L}_z$的表达式(5.227)，可以验证球谐函数也是$\hat{L}_z$的本征函数，本征值为$m\hbar$。由此

可知，$Y_{lm}(\theta,\varphi)$是 $\hat{L}^2$ 和 $\hat{L}_z$ 的共同本征函数

$$\hat{L}^2 Y_{lm}(\theta,\varphi) = l(l+1)\hbar^2 Y_{lm}(\theta,\varphi) \tag{5.247}$$

$$\hat{L}_z Y_{lm}(\theta,\varphi) = m\hbar Y_{lm}(\theta,\varphi) \tag{5.248}$$

l,m 分别称为角量子数和磁量子数。按照内积(5.241)，球谐函数满足正交归一关系

$$(Y_{lm}, Y_{l'm'}) = \int_0^{2\pi} d\varphi \int_0^{\pi} \sin\theta d\theta Y_{lm}^*(\theta,\varphi) Y_{l'm'}(\theta,\varphi) = \delta_{ll'}\delta_{mm'} \tag{5.249}$$

由于 $\hat{L}^2$ 和 $\hat{L}_z$ 都是自伴算符，因此正交性很容易理解：如果 $l \neq l'$，则 Y_{lm}和 $Y_{l'm'}$属于 $\hat{L}^2$ 的不同本征值，因此互相正交；如果 $m \neq m'$，则 Y_{lm} 和 $Y_{l'm'}$属于 $\hat{L}_z$ 的不同本征值，因此互相正交。球谐函数全体构成 $\mathcal{L}_\Omega^2$空间的正交归一基。

自伴算符的每个本征值标记一个 $\mathcal{L}_\Omega^2$ 的一个线性子空间。比如对于 $\hat{L}^2$，$l=0$ 时，Y_{00}张成一维本征子空间；$l=1$ 时，$Y_{11}, Y_{10}, Y_{1,-1}$张成三维本征子空间；以此类推。因此，l 标记了一个 $2l+1$ 维本征子空间，相应的球谐函数构成了该子空间的正交归一基。类似地，磁量子数 m 标记了一个无限维本征子空间。图 5-2 展示了 $l=0,1,2,3$ 时 m 的取值。

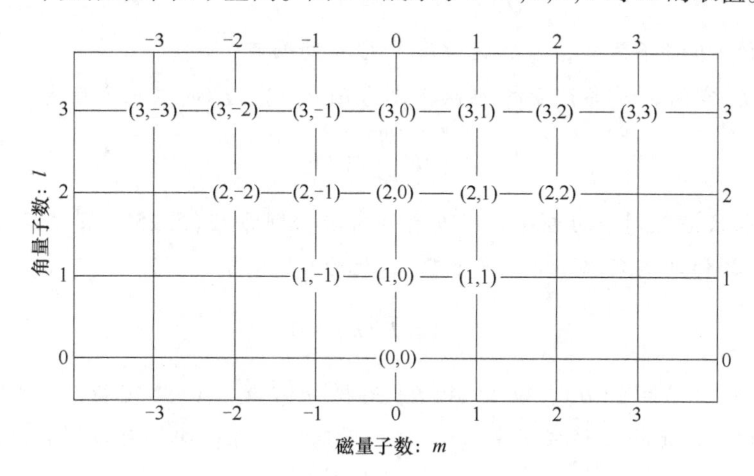

图 5-2 球谐函数中 l,m 的取值

将相同 l 值的球谐函数作线性叠加

$$Y_l(\theta,\varphi) = \sum_{m=-l}^{l} c_{lm} Y_{lm}(\theta,\varphi) \tag{5.250}$$

仍是 $\hat{L}^2$ 的本征矢量，属于本征值 $l(l+1)\hbar^2$，或者说属于 l 标记的子空间。当非零叠加系数超过一个时，$Y_l(\theta,\varphi)$不是 $\hat{L}_z$ 的本征矢量。类似地，将相同 m 值的球谐函数作线性叠加

$$Y_m(\theta,\varphi) = \sum_{l=|m|}^{\infty} c_{lm} Y_{lm}(\theta,\varphi) \tag{5.251}$$

仍是 $\hat{L}_z$ 的本征矢量，属于本征值 $m\hbar$，或者说属于 m 标记的子空间。当非零叠加系数超过一个时，$Y_m(\theta,\varphi)$不是 $\hat{L}^2$ 的本征矢量。

$\hat{L}_z$ 仅仅与φ有关，单独讨论其本征函数可以先不考虑 θ 变量。φ的函数可以看作单位圆上的函数，全体平方可积函数构成的线性空间记为 $\mathcal{L}_\varphi^2$。将 $\hat{L}_z$ 的本征函数记为 $\Phi(\varphi)$，求解 $\hat{L}_z$ 的本征方程

$$-i\hbar \frac{d\Phi}{d\varphi} = \lambda \Phi \tag{5.252}$$

这是个简单的一阶方程，通常的解法是先将其化为

$$\frac{\mathrm{d}\Phi}{\Phi}=\frac{\mathrm{i}}{\hbar}\lambda\,\mathrm{d}\varphi \tag{5.253}$$

两端积分，得 $\ln\Phi=\mathrm{i}\lambda\varphi/\hbar+C$，$C$ 是积分常数。然后取指数，得

$$\Phi(\varphi)=A\mathrm{e}^{\frac{\mathrm{i}}{\hbar}\lambda\varphi},\quad A=\mathrm{e}^{C} \tag{5.254}$$

根据周期性条件 $\Phi(\varphi+2\pi)=\Phi(\varphi)$，可得

$$\lambda=m\hbar,\quad m=0,\ \pm1,\ \pm2,\cdots \tag{5.255}$$

最后按照归一化条件

$$\int_0^{2\pi}|\Phi(\varphi)|^2\mathrm{d}\varphi=1 \tag{5.256}$$

求出常数 A(取正实数)，得

$$\Phi(\varphi)=\frac{1}{\sqrt{2\pi}}\mathrm{e}^{\mathrm{i}m\varphi},\quad m=0,\ \pm1,\ \pm2,\cdots \tag{5.257}$$

任何一个本征值 $m\hbar$ 都不简并，当然这是基于 $\mathcal{L}_\varphi^2$ 空间而言。

当转换到 $\mathcal{L}_\Omega^2$ 空间时，将 $\hat{L}_z$ 的本征函数记为 $h(\theta,\varphi)$，$\hat{L}_z$ 的本征方程为

$$-\mathrm{i}\hbar\frac{\partial h}{\partial\varphi}=\lambda h \tag{5.258}$$

这个偏微分方程只涉及对 φ 的偏导。将 θ 看作常数，则方程(5.258)跟方程(5.252)是一样的。将方程(5.258)两端乘以积分因子 $\mathrm{e}^{-\mathrm{i}\lambda\varphi/\hbar}$，化为

$$\frac{\partial}{\partial\varphi}(\mathrm{e}^{-\frac{\mathrm{i}}{\hbar}\lambda\varphi}h)=0 \tag{5.259}$$

两端积分，得 $\mathrm{e}^{-\mathrm{i}\lambda\varphi/\hbar}h=A(\theta)$，其中 $A(\theta)$ 是积分常数。由此可得 $h=A(\theta)\mathrm{e}^{-\mathrm{i}\lambda\varphi/\hbar}$。跟式(5.254) 相比，只是将 A 换成了 $A(\theta)$。利用周期性条件，同样可以得到本征值(5.255)，由此可得

$$h(\theta,\varphi)=A(\theta)\mathrm{e}^{\mathrm{i}m\varphi} \tag{5.260}$$

球谐函数就是式(5.260)的特例。对于给定的 m，有无穷多个球谐函数(它们是线性无关的)，因此现在本征值 $m\hbar$ 的简并度为无穷大。

如果在波函数空间 $\mathcal{L}^2(\mathbb{R}^3)$ 中讨论问题，$\hat{L}^2,\hat{L}_z$ 的共同本征函数应当写为

$$\psi_{lm}(\boldsymbol{r})=R(r)\mathrm{Y}_{lm}(\theta,\varphi) \tag{5.261}$$

式中，$R(r)$ 是 r 的任意函数。在线性空间 $\mathcal{L}_\Omega^2$ 中讨论时，给定 l,m 的取值，就确定了 $\hat{L}^2,\hat{L}_z$ 的唯一一个共同本征函数。而在线性空间 $\mathcal{L}^2(\mathbb{R}^3)$ 讨论时，由于 $R(r)$ 尚未确定，给定 l,m 的取值，仍然会有无穷多个线性无关的函数。

2. $\hat{L}^2$ 和 $\hat{L}_x$ 的共同本征函数

从角动量算符的直角坐标表达式可以看出，在坐标轮换 $x\to y\to z\to x$ 时，$\hat{L}^2$ 不变，而角动量分量算符也做相应轮换 $\hat{L}_x\to\hat{L}_y\to\hat{L}_z\to\hat{L}_x$。因此，将 $\hat{L}^2$ 和 $\hat{L}_z$ 的共同本征函数做坐标轮换 $x\to y\to z\to x$，便可得到 $\hat{L}^2$ 和 $\hat{L}_x$ 的共同本征函数，将其记为 X_{lm}，l 仍然是角量子数，而下标 m 则表示 $\hat{L}_x$ 的本征值为 $m\hbar$。比如，对于 $l=1$ 的情况，三个共同本征函数为

$$\begin{aligned}
Y_{11} \to X_{11} &= -\sqrt{\frac{3}{8\pi}}\frac{y+\mathrm{i}z}{r} \\
Y_{10} \to X_{10} &= \sqrt{\frac{3}{4\pi}}\frac{x}{r} \\
Y_{1,-1} \to X_{1,-1} &= \sqrt{\frac{3}{8\pi}}\frac{y-\mathrm{i}z}{r}
\end{aligned} \tag{5.262}$$

X_{11}，X_{10}，$X_{1,-1}$也构成了 $l=1$ 子空间的一个正交归一基。根据两组基矢量的直角坐标表达式(5.246)和式(5.262)，可以得到二者的关系为

$$\begin{aligned}
X_{11} &= -\frac{\mathrm{i}}{2}(Y_{11} + \sqrt{2}Y_{10} + Y_{1,-1}) \\
X_{10} &= -\frac{1}{\sqrt{2}}(Y_{11} - Y_{1,-1}) \\
X_{1,-1} &= \frac{\mathrm{i}}{2}(Y_{11} - \sqrt{2}Y_{10} + Y_{1,-1})
\end{aligned} \tag{5.263}$$

5.5 力学量期待值

设$\psi(\boldsymbol{r})$是体系的归一化波函数，利用$\mathcal{L}^2(\mathbb{R}^3)$空间的内积可将坐标、动量和能量的期待值写为

$$\boxed{\langle \boldsymbol{r} \rangle = (\psi, \hat{\boldsymbol{r}}\psi),\quad \langle \boldsymbol{p} \rangle = (\psi, \hat{\boldsymbol{p}}\psi),\quad \langle E \rangle = (\psi, \hat{H}\psi)} \tag{5.264}$$

前两个是矢量方程，其分量表达式为

$$\langle x_i \rangle = (\psi, \hat{x}_i\psi),\quad \langle p_i \rangle = (\psi, \hat{p}_i\psi),\quad i = 1,2,3 \tag{5.265}$$

在第 12 章将会专门介绍测量理论，我们会知道一切力学量的期待值都具有这样的形式，比如角动量期待值为

$$\langle L_i \rangle = (\psi, \hat{L}_i\psi),\quad i = 1,2,3 \tag{5.266}$$

▼举例

(1) 设$\psi(\boldsymbol{r})$是具有确定宇称的归一化波函数，则坐标期待值为零

$$\langle x \rangle = \langle y \rangle = \langle z \rangle = 0 \tag{5.267}$$

证明：$\hat{x}$ 的期待值为

$$\langle x \rangle = (\psi, \hat{x}\psi) = \int_\infty \psi^*(\boldsymbol{r})x\psi(\boldsymbol{r})\,\mathrm{d}^3r \tag{5.268}$$

在直角坐标系中计算

$$\langle x \rangle = \int_{-\infty}^{\infty}\mathrm{d}x\int_{-\infty}^{\infty}\mathrm{d}y\int_{-\infty}^{\infty}\mathrm{d}z\,\psi^*(\boldsymbol{r})x\psi(\boldsymbol{r}) \tag{5.269}$$

做变量替换 $\boldsymbol{r}\to\boldsymbol{r}'=-\boldsymbol{r}$，得

$$\begin{aligned}
\langle x \rangle &= \int_{\infty}^{-\infty}\mathrm{d}(-x')\int_{\infty}^{-\infty}\mathrm{d}(-y')\int_{\infty}^{-\infty}\mathrm{d}(-z')\,\psi^*(-\boldsymbol{r}')(-x')\psi(-\boldsymbol{r}') \\
&= -\int_{-\infty}^{\infty}\mathrm{d}x'\int_{-\infty}^{\infty}\mathrm{d}y'\int_{-\infty}^{\infty}\mathrm{d}z'\,\psi^*(-\boldsymbol{r}')x'\psi(-\boldsymbol{r}')
\end{aligned} \tag{5.270}$$

波函数$\psi(\boldsymbol{r})$具有确定宇称，即要么是偶宇称，要么是奇宇称

$$\hat{P}\psi(\boldsymbol{r})=\psi(-\boldsymbol{r})=\pm\psi(\boldsymbol{r}) \tag{5.271}$$

由此可得

$$\langle x\rangle=-\int_{-\infty}^{\infty}\mathrm{d}x'\int_{-\infty}^{\infty}\mathrm{d}y'\int_{-\infty}^{\infty}\mathrm{d}z'\psi^*(\boldsymbol{r}')x'\psi(\boldsymbol{r}')=-\langle x\rangle \tag{5.272}$$

由此可得$\langle x\rangle=0$。同理可证$\langle y\rangle=\langle z\rangle=0$。

(2) 设体系的哈密顿算符为

$$\hat{H}=\frac{\hat{\boldsymbol{p}}^2}{2m}+V(\boldsymbol{r}) \tag{5.273}$$

$\psi(\boldsymbol{r})$是归一化能量本征函数，$\hat{H}\psi=E\psi$，则动量期待值为零

$$\langle p_x\rangle=\langle p_y\rangle=\langle p_z\rangle=0 \tag{5.274}$$

证明：利用基本对易关系，可得

$$[\hat{x},\hat{H}]=\left[\hat{x},\frac{\hat{\boldsymbol{p}}^2}{2m}+V(\boldsymbol{r})\right]=\frac{1}{2m}[\hat{x},\hat{p}_x^2+\hat{p}_y^2+\hat{p}_z^2]=\frac{1}{2m}[\hat{x},\hat{p}_x^2] \tag{5.275}$$

然后利用对易子恒等式，得

$$[\hat{x},\hat{H}]=\frac{1}{2m}(\hat{p}_x[\hat{x},\hat{p}_x]+[\hat{x},\hat{p}_x]\hat{p}_x)=\frac{\mathrm{i}\hbar\hat{p}_x}{m} \tag{5.276}$$

由此可得

$$\begin{aligned}\langle p_x\rangle&=(\psi,\hat{p}_x\psi)=\frac{m}{\mathrm{i}\hbar}(\psi,[\hat{x},\hat{H}]\psi)=\frac{m}{\mathrm{i}\hbar}[(\psi,\hat{x}\hat{H}\psi)-(\psi,\hat{H}\hat{x}\psi)]\\&=\frac{m}{\mathrm{i}\hbar}[(\psi,\hat{x}\hat{H}\psi)-(\hat{H}\psi,\hat{x}\psi)]=\frac{mE}{\mathrm{i}\hbar}[(\psi,\hat{x}\psi)-(\psi,\hat{x}\psi)]=0\end{aligned} \tag{5.277}$$

同理可证$\langle p_y\rangle=\langle p_z\rangle=0$。

(3) 设$\psi(\boldsymbol{r})$是$\hat{L}_z$的归一化本征矢量

$$\hat{L}_z\psi=m\hbar\psi \tag{5.278}$$

则$\hat{L}_x$和$\hat{L}_y$的期待值为零

$$\langle L_x\rangle=\langle L_y\rangle=0 \tag{5.279}$$

证明：根据角动量算符的对易关系，$[\hat{L}_y,\hat{L}_z]=\mathrm{i}\hbar\hat{L}_x$，可得

$$\langle L_x\rangle=(\psi,\hat{L}_x\psi)=\frac{1}{\mathrm{i}\hbar}(\psi,[\hat{L}_y,\hat{L}_z]\psi)=\frac{1}{\mathrm{i}\hbar}[(\psi,\hat{L}_y\hat{L}_z\psi)-(\psi,\hat{L}_z\hat{L}_y\psi)] \tag{5.280}$$

角动量算符为自伴算符，因此可将第二项的$\hat{L}_z$调整到内积的第一个元素之前，然后利用$\hat{L}_z$的本征方程(5.278)，得

$$\begin{aligned}\langle L_x\rangle&=\frac{1}{\mathrm{i}\hbar}[(\psi,\hat{L}_y\hat{L}_z\psi)-(\hat{L}_z\psi,\hat{L}_y\psi)]\\&=\frac{1}{\mathrm{i}\hbar}[(\psi,m\hbar\hat{L}_y\psi)-(m\hbar\psi,\hat{L}_y\psi)]=\frac{m\hbar}{\mathrm{i}\hbar}[(\psi,\hat{L}_y\psi)-(\psi,\hat{L}_y\psi)]=0\end{aligned} \tag{5.281}$$

同理可证$\langle L_y\rangle=0$。

5.1　设波函数 $\psi(x),\varphi(x)\in\mathcal{L}^2(\mathbb{R}^3)$，用一维谐振子的能量本征函数将其展开，并将 $\psi(x)$ 和 $\varphi(x)$ 各自的范数以及二者的内积用展开系数表达。

5.2　设 $\hat{A}$ 是一个自伴算符，而且其本征矢量组构成 $\mathcal{L}^2(\mathbb{R}^3)$ 空间的一个基，证明：$\hat{A}^2$ 的本征值只能是 $\hat{A}$ 的本征值的平方。

5.3　证明投影算符满足幂等性

$$\hat{P}_\varphi^2=\hat{P}_\varphi$$

5.4　证明：在坐标表象中，有如下对易关系

$$[f(x),\hat{p}_x]=\mathrm{i}\hbar\frac{\mathrm{d}f(x)}{\mathrm{d}x}$$

提示：将对易子按定义展开并作用于波函数，并根据算符乘积的定义、动量算符的定义和求导运算的莱布尼茨法则，最后根据算符相等的定义。

5.5　利用基本对易关系 $[\hat{x},\hat{p}_x]=\mathrm{i}\hbar$ 和相关对易子代数恒等式，证明

（1）$[\hat{x}^n,\ \hat{p}_x]=\mathrm{i}\hbar\hat{n}x^{n-1}$；

（2）$[\hat{x},\ \hat{p}_x^n]=\mathrm{i}\hbar\hat{n}p_x^{n-1}$。

5.6　对于算符的函数

$$f(\hat{x})\ =\ \sum_{n=0}^{\infty}\frac{1}{n!}f^{(n)}(0)\hat{x}^n$$

证明由 5.5 题的结论可以重新得到 5.4 题的结论。本题结论依赖于 $f(x)$ 能够进行泰勒展开，而 5.4 题的结论并不需要这个前提。不过，现在结论的证明不依赖于动量算符的坐标表象表达式。

5.7　设 $\psi(x)=\dfrac{\sin x}{x}$，证明 $\psi(x)$ 是平方可积的，但 $x\psi(x)$ 并非平方可积。

提示：积分 $\int_{-\infty}^{\infty}|\psi(x)|^2\mathrm{d}x$ 并不容易计算，为此我们考虑 $\psi(x)$ 的傅里叶变换

$$g(k)=\sqrt{\frac{\pi}{2}}[u(k+1)-u(k-1)]$$

其中 $u(k)$ 是单位阶跃函数。当然从 $\psi(x)$ 通过傅里叶变换得到 $g(k)$ 也不容易，但是很容易验证从 $g(k)$ 经过傅里叶逆变换能够得到 $\psi(x)$。由此可以根据帕塞瓦尔等式来计算 $\int_{-\infty}^{\infty}|\psi(x)|^2\mathrm{d}x$。

5.8　设 $\psi(x)=|x|^{-1/4}\mathrm{e}^{-|x|/2}$，证明 $\psi(x)$ 是平方可积的函数，但其一阶导数 $\psi'(x)$ 并非平方可积。
提示：注意 $|\psi(x)|^2$ 和 $|\psi'(x)|^2$ 均为偶函数，因此讨论区间 $(0,\infty)$ 上的积分即可。

5.9　设 $f(x)$ 具有任意阶导数，证明

$$\mathrm{e}^{-\frac{\mathrm{i}}{\hbar}\hat{p}_x a}f(x)=f(x-a)$$

5.10　利用直角坐标的两个一阶偏导数的平面极坐标公式

$$\frac{\partial}{\partial x}=\cos\varphi\frac{\partial}{\partial\rho}-\frac{1}{\rho}\sin\varphi\frac{\partial}{\partial\varphi},\qquad \frac{\partial}{\partial y}=\sin\varphi\frac{\partial}{\partial\rho}+\frac{1}{\rho}\cos\varphi\frac{\partial}{\partial\varphi}$$

证明平面极坐标系中拉普拉斯算符为

$$\nabla^2=\frac{\partial^2}{\partial\rho^2}+\frac{1}{\rho}\frac{\partial}{\partial\rho}+\frac{1}{\rho^2}\frac{\partial^2}{\partial\varphi^2}$$

5.11　利用直角坐标的三个一阶偏导数的球坐标公式

$$\frac{\partial}{\partial x}=\sin\theta\cos\varphi\frac{\partial}{\partial r}+\frac{1}{r}\cos\theta\cos\varphi\frac{\partial}{\partial\theta}-\frac{1}{r}\frac{\sin\varphi}{\sin\theta}\frac{\partial}{\partial\varphi}$$

$$\frac{\partial}{\partial y}=\sin\theta\sin\varphi\frac{\partial}{\partial r}+\frac{1}{r}\cos\theta\sin\varphi\frac{\partial}{\partial\theta}+\frac{1}{r}\frac{\cos\varphi}{\sin\theta}\frac{\partial}{\partial\varphi}$$

$$\frac{\partial}{\partial z}=\cos\theta\frac{\partial}{\partial r}-\frac{1}{r}\sin\theta\frac{\partial}{\partial\theta}$$

证明球坐标系中拉普拉斯算符为

$$\nabla^2=\frac{1}{r^2}\frac{\partial}{\partial r}\left(r^2\frac{\partial}{\partial r}\right)+\frac{1}{r^2\sin\theta}\frac{\partial}{\partial\theta}\left(\sin\theta\frac{\partial}{\partial\theta}\right)+\frac{1}{r^2\sin^2\theta}\frac{\partial^2}{\partial\varphi^2}。$$

5.12 根据算符乘积的定义，证明算符恒等式

(1) $\frac{\partial}{\partial r}+\frac{1}{r}=\frac{1}{r}\frac{\partial}{\partial r}r$；

(2) $\left(\frac{\partial}{\partial r}+\frac{1}{r}\right)^2=\frac{1}{r}\frac{\partial^2}{\partial r^2}r=\frac{1}{r^2}\frac{\partial}{\partial r}r^2\frac{\partial}{\partial r}=\frac{\partial^2}{\partial r^2}+\frac{2}{r}\frac{\partial}{\partial r}$。

提示：将算符作用于波函数，并利用莱布尼茨法则。

5.13 证明：$[\hat{r},\hat{p}_r]=\mathrm{i}\hbar$。

5.14 证明：$[\hat{L}_i,\hat{p}_j]=\mathrm{i}\hbar\varepsilon_{ijk}\hat{p}_k$。

5.15 证明：$[\hat{L}^2,\hat{L}_y]=[\hat{L}^2,\hat{L}_z]=0$。

5.16 根据 $\hat{L}_x,\hat{L}_y,\hat{L}_z$ 的球坐标表达式，证明

$$\hat{L}^2=-\hbar^2\left[\frac{1}{\sin\theta}\frac{\partial}{\partial\theta}\left(\sin\theta\frac{\partial}{\partial\theta}\right)+\frac{1}{\sin^2\theta}\frac{\partial^2}{\partial\varphi^2}\right]。$$

5.17 证明：$[\hat{L}_i,\hat{\boldsymbol{p}}^2]=0,\ i=x,y,z$。

5.18 设 $\hat{\boldsymbol{A}},\hat{\boldsymbol{B}}$ 为矢量算符，$\hat{C}$ 为标量算符，证明

(1) $[\hat{C},\hat{\boldsymbol{A}}\cdot\hat{\boldsymbol{B}}]=[\hat{C},\hat{\boldsymbol{A}}]\cdot\hat{\boldsymbol{B}}+\hat{\boldsymbol{A}}\cdot[\hat{C},\hat{\boldsymbol{B}}]$；

(2) $[\hat{C},\hat{\boldsymbol{A}}\times\hat{\boldsymbol{B}}]=[\hat{C},\hat{\boldsymbol{A}}]\times\hat{\boldsymbol{B}}+\hat{\boldsymbol{A}}\times[\hat{C},\hat{\boldsymbol{B}}]$。

提示：将公式右端按照对易子展开，容易发现它等于左端。或者，将左端按照点乘和叉乘的定义写成分量形式，然后应用相关的对易子恒等式。

5.19 设 $\hat{\boldsymbol{A}},\hat{\boldsymbol{B}},\hat{\boldsymbol{C}}$ 为矢量算符，证明：$\hat{\boldsymbol{A}}\cdot(\hat{\boldsymbol{B}}\times\hat{\boldsymbol{C}})=(\hat{\boldsymbol{A}}\times\hat{\boldsymbol{B}})\cdot\hat{\boldsymbol{C}}=\varepsilon_{ijk}\hat{A}_i\hat{B}_j\hat{C}_k$。

提示：按照点乘和叉乘的定义展开即可。

5.20 设 $\boldsymbol{A},\boldsymbol{B},\boldsymbol{C}$ 为普通矢量，证明双叉乘公式

(1) $\boldsymbol{A}\times(\boldsymbol{B}\times\boldsymbol{C})=(\boldsymbol{A}\cdot\boldsymbol{C})\boldsymbol{B}-(\boldsymbol{A}\cdot\boldsymbol{B})\boldsymbol{C}$;

(2) $(\boldsymbol{A}\times\boldsymbol{B})\times\boldsymbol{C}=(\boldsymbol{A}\cdot\boldsymbol{C})\boldsymbol{B}-\boldsymbol{A}(\boldsymbol{B}\cdot\boldsymbol{C})$。

提示：按照叉乘的定义展开，并利用公式 $\varepsilon_{ijk}\varepsilon_{mnk}=\delta_{im}\delta_{jn}-\delta_{in}\delta_{jm}$。

双叉乘公式表明，双叉乘所得矢量可以用括号内两个矢量进行展开，或者说最终的矢量位于括号内两个矢量所在的平面内。展开系数表现为两个点乘，正负号规则为：位于中间的矢量 $\boldsymbol{B}$ 的系数前面是正号，另一个系数前面是负号。

5.21 设 $\hat{\boldsymbol{A}},\hat{\boldsymbol{B}},\hat{\boldsymbol{C}}$ 为矢量算符，证明

(1) $\hat{\boldsymbol{A}}\times(\hat{\boldsymbol{B}}\times\hat{\boldsymbol{C}})=\hat{\boldsymbol{A}}\cdot(\hat{B}_k\hat{\boldsymbol{C}})\boldsymbol{e}_k-(\hat{\boldsymbol{A}}\cdot\hat{\boldsymbol{B}})\hat{\boldsymbol{C}}$；

(2) $(\hat{\boldsymbol{A}}\times\hat{\boldsymbol{B}})\times\hat{\boldsymbol{C}}=\hat{\boldsymbol{A}}\cdot(\hat{B}_k\hat{\boldsymbol{C}})\boldsymbol{e}_k-\hat{\boldsymbol{A}}(\hat{\boldsymbol{B}}\cdot\hat{\boldsymbol{C}})$。

提示：按照叉乘的定义展开，并利用公式 $\varepsilon_{ijk}\varepsilon_{mnk}=\delta_{im}\delta_{jn}-\delta_{in}\delta_{jm}$。注意算符的分量不一定对易，在运算时要保持分量算符相乘的次序。将本题结果与普通矢量的双叉乘公式对比，由此体会算符的不对易性带来的效果。

5.22 证明：(1) $\hat{\boldsymbol{L}}\cdot\hat{\boldsymbol{r}}=\hat{\boldsymbol{r}}\cdot\hat{\boldsymbol{L}}=0$；　　(2) $\hat{\boldsymbol{L}}\cdot\hat{\boldsymbol{p}}=\hat{\boldsymbol{p}}\cdot\hat{\boldsymbol{L}}=0$。

提示：$\hat{L} = \hat{\boldsymbol{r}} \times \hat{\boldsymbol{p}} = -\hat{\boldsymbol{p}} \times \hat{\boldsymbol{r}}$，利用 5.19 题公式交换点乘和叉乘，然后利用 $\hat{\boldsymbol{r}} \times \hat{\boldsymbol{r}} = \hat{\boldsymbol{p}} \times \hat{\boldsymbol{p}} = 0$。

5.23　证明：$(\hat{\boldsymbol{L}} \times \hat{\boldsymbol{r}}) \cdot \hat{\boldsymbol{r}} = (\hat{\boldsymbol{L}} \times \hat{\boldsymbol{p}}) \cdot \hat{\boldsymbol{p}} = 0$。

提示：利用 5.19 题公式交换点乘和叉乘，然后利用 $\hat{\boldsymbol{r}} \times \hat{\boldsymbol{r}} = \hat{\boldsymbol{p}} \times \hat{\boldsymbol{p}} = 0$。

5.24　证明：$\hat{\boldsymbol{p}} \times \hat{\boldsymbol{L}} + \hat{\boldsymbol{L}} \times \hat{\boldsymbol{p}} = 2\mathrm{i}\hbar\hat{\boldsymbol{p}}$。

提示：利用叉乘定义展开，$\hat{\boldsymbol{p}} \times \hat{\boldsymbol{L}} + \hat{\boldsymbol{L}} \times \hat{\boldsymbol{p}} = \varepsilon_{ijk}\hat{p}_i\hat{L}_j\boldsymbol{e}_k + \varepsilon_{ijk}\hat{L}_i\hat{p}_j\boldsymbol{e}_k$，调整第一项求和指标，并调整 ε_{ijk} 指标次序，将两项凑出对易子 $[\hat{L}_i, \hat{p}_j]$，最后利用公式 $\varepsilon_{ijk}\varepsilon_{ijl} = 2\delta_{kl}$。

5.25　证明：$(\hat{\boldsymbol{p}} \times \hat{\boldsymbol{L}}) \cdot \hat{\boldsymbol{L}} = (\hat{\boldsymbol{L}} \times \hat{\boldsymbol{p}}) \cdot \hat{\boldsymbol{L}} = 0$。

提示：$\hat{\boldsymbol{L}} = \hat{\boldsymbol{r}} \times \hat{\boldsymbol{p}}$，利用 5.19 题公式交换点乘和叉乘，然后利用 $\hat{\boldsymbol{L}} \times \hat{\boldsymbol{L}} = \mathrm{i}\hbar\hat{\boldsymbol{L}}$，最后利用 5.24 题结论。

5.26　证明：$\mathrm{i}\hbar(\hat{\boldsymbol{p}} \times \hat{\boldsymbol{L}} - \hat{\boldsymbol{L}} \times \hat{\boldsymbol{p}}) = [\hat{L}^2, \boldsymbol{p}]$。

提示：$[\hat{\boldsymbol{L}}^2, \boldsymbol{p}] = [\hat{L}_i\hat{L}_i, \hat{p}_j]\boldsymbol{e}_j = \hat{L}_i[\hat{L}_i, \hat{p}_j]\boldsymbol{e}_j + [\hat{L}_i, \hat{p}_j]\hat{L}_i\boldsymbol{e}_j$，代入对易子 $[\hat{L}_i, \hat{p}_j]$ 的结果，然后利用 ε_{ijk} 的性质调整指标凑成叉乘。

5.27　平面转子的哈密顿算符为

$$\hat{H} = \frac{\hat{L}_z^2}{2I} = -\frac{\hbar^2}{2I}\frac{\mathrm{d}^2}{\mathrm{d}\varphi^2}$$

其中 I 是转动惯量。求 $\hat{H}$ 的本征值和本征矢量，即能量本征值和本征态。试讨论能量本征值的简并度，它和通常的一维束缚定态有什么不同?

5.28　设转子的转动惯量为 I，哈密顿算符为

$$\hat{H} = \frac{\hat{L}^2}{2I}$$

讨论 $\hat{H}$ 的本征值和本征矢量。

5.29　将 $\hat{L}^2$ 和 $\hat{L}_y$ 的共同本征矢量记为 Z_{lm}，根据坐标轮换关系，求出 $l=1$ 时 Z_{lm} 的直角坐标表达式，并将其用 Y_{lm} 展开。

5.30　设 $R(r)$ 是 r 的某个实值函数，检验下列波函数 $\psi(\boldsymbol{r})$ 是否为 $\hat{L}^2$ 的本征矢量，是否为 $\hat{L}_x, \hat{L}_y, \hat{L}_z$ 本征矢量。如果回答“是”，求出相应的本征值；如果回答“否”，给出理由。

(1) $\psi(\boldsymbol{r}) = xR(r)$；

(2) $\psi(\boldsymbol{r}) = yR(r)$；

(3) $\psi(\boldsymbol{r}) = zR(r)$；

(4) $\psi(\boldsymbol{r}) = (x+y+z)R(r)$。

提示：根据角动量算符的球坐标表达式，可知角动量各分量算符与 r 无关，因此当算符作用于上述波函数时，仅仅相当于作用在 $R(r)$ 以外的部分。当角动量算符作用于 $R(r)$ 以外的部分时，利用直角坐标表达式会更方便。

第 6 章 中心力场

中心力场是物理上最重要的情形之一。这不仅是因为中心力场容易处理，还因为很多现实的物理体系，比如原子和行星系统，都涉及中心力场。在这一章除了讨论自由粒子、方势阱和谐振子等理想模型外，我们还将处理一个实际的例子——氢原子。

6.1 中心力场的一般性质

从经典力学过渡到量子力学，虽然描述体系的方式变了，但经过实验检验的结果却不会变。因此在量子力学中，经典力学分析往往作为讨论问题的出发点。

6.1.1 经典情形

当粒子在势场 V 中运动时，所受的力为 $\boldsymbol{F}=-\nabla V$。如果势能函数只依赖于径向坐标 r，则称为中心力场。根据梯度算符的球坐标表达式

$$\nabla=\boldsymbol{e}_r\frac{\partial}{\partial r}+\boldsymbol{e}_\theta\frac{1}{r}\frac{\partial}{\partial\theta}+\boldsymbol{e}_\varphi\frac{1}{r\sin\theta}\frac{\partial}{\partial\varphi} \tag{6.1}$$

可得粒子在中心势场中所受的力

$$\boldsymbol{F}=-\boldsymbol{e}_r\frac{\mathrm{d}V}{\mathrm{d}r} \tag{6.2}$$

$\boldsymbol{F}$ 的作用线通过坐标原点。对于引力，力 $\boldsymbol{F}$ 指向坐标原点；对于斥力，力 $\boldsymbol{F}$ 沿着径向单位矢量 $\boldsymbol{e}_r$。根据角动量定理可知，粒子关于坐标原点的角动量是守恒量

$$\frac{\mathrm{d}\boldsymbol{L}}{\mathrm{d}t}=\boldsymbol{r}\times\boldsymbol{F}=-\boldsymbol{r}\times\boldsymbol{e}_r\frac{\mathrm{d}V}{\mathrm{d}r}=0 \tag{6.3}$$

由于角动量守恒，粒子运动轨道必须在一个平面内[⊖]。根据公式 $\boldsymbol{p}^2=p_r^2+L^2/r^2$，其中 p_r 是径向动量，可将中心势场中粒子的哈密顿量写为

$$H=\frac{\boldsymbol{p}^2}{2\mu}+V(r)=\frac{p_r^2}{2\mu}+\frac{L^2}{2\mu r^2}+V(r) \tag{6.4}$$

式中，μ 是粒子质量。为了避免与磁量子数 m 的记号重复，这里不用 m 表示质量。在式(6.4)中动能被分割为两项，第一项是径向动能，第二项为粒子绕着力心转动的动能。由

⊖ 这不保证引力情形的粒子轨道是闭合的．比如对于立方反比引力，粒子具有螺旋形轨道（也有圆轨道，但圆轨道不稳定）．

于角动量守恒，在哈密顿量中可以把 L 当成常数对待，因此转动动能的性质类似势能，称为离心势能。将离心势能和原来势能一起看作等效势能

$$V_{\text{eff}}(r)=\frac{L^2}{2\mu r^2}+V(r),\qquad r>0 \tag{6.5}$$

由此可见，中心力场的三维问题等价于一维问题，正则变量为 r 和 p_r。

对于库仑势能，$V(r)=-\alpha/r$。当 $\alpha>0$ 是表示吸引势，等效势能图像如图 6-1 所示。这是在经典力学中熟悉的结果：$E<0$ 表示束缚态，当 $L>0$ 时，物体被限制在一定范围内运动；当 $L=0$ 时，物体最终会落向力心。

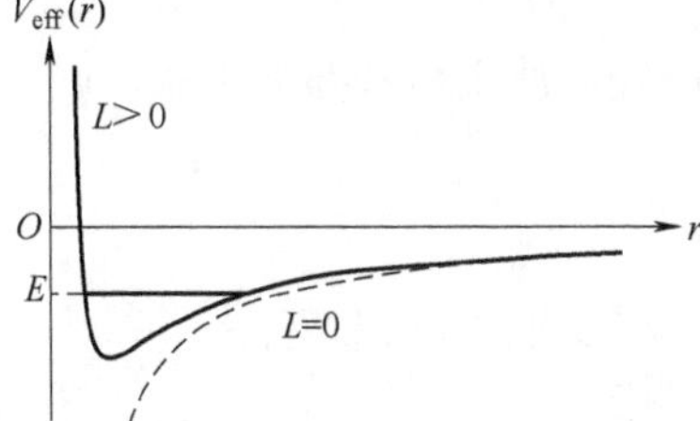

图 6-1 库仑势情形的等效势能

6.1.2 量子情形

中心力场情形的能量本征方程为

$$\left[\frac{\hat{\boldsymbol{p}}^2}{2\mu}+V(r)\right]\psi(\boldsymbol{r})=E\psi(\boldsymbol{r}) \tag{6.6}$$

根据算符关系 $\hat{\boldsymbol{p}}^2=\hat{p}_r^2+\hat{L}^2/r^2$，其中 $\hat{p}_r$ 是径向动量，得

$$\left[\frac{\hat{p}_r^2}{2\mu}+\frac{\hat{L}^2}{2\mu r^2}+V(r)\right]\psi(\boldsymbol{r})=E\psi(\boldsymbol{r}) \tag{6.7}$$

1. 径向方程

采用分离变量法，令

$$\psi(\boldsymbol{r})=R(r)\mathrm{Y}(\theta,\varphi) \tag{6.8}$$

代入方程(6.7)，得到两个方程

$$\left[\frac{\hat{p}_r^2}{2\mu}+\frac{\lambda\hbar^2}{2\mu r^2}+V(r)\right]R(r)=ER(r) \tag{6.9}$$

$$\hat{L}^2\mathrm{Y}(\theta,\varphi)=\lambda\hbar^2\mathrm{Y}(\theta,\varphi) \tag{6.10}$$

方程(6.10)是 $\hat{L}^2$ 的本征方程。方程(6.9)称为径向方程，$R(r)$称为径向波函数。根据径向动量算符和相关算符恒等式

$$\hat{p}_r=-\mathrm{i}\hbar\left(\frac{\partial}{\partial r}+\frac{1}{r}\right)\qquad 和\qquad \left(\frac{\partial}{\partial r}+\frac{1}{r}\right)^2=\frac{1}{r}\frac{\partial^2}{\partial r^2}r=\frac{\partial^2}{\partial r^2}+\frac{2}{r}\frac{\partial}{\partial r} \tag{6.11}$$

可以得到径向方程的两种等价形式

$$\left[-\frac{\hbar^2}{2\mu}\left(\frac{\mathrm{d}^2}{\mathrm{d}r^2}+\frac{2}{r}\frac{\mathrm{d}}{\mathrm{d}r}\right)+\frac{l(l+1)\hbar^2}{2\mu r^2}+V(r)\right]R(r)=ER(r) \tag{6.12}$$

$$\left[-\frac{\hbar^2}{2\mu}\frac{1}{r}\frac{\mathrm{d}^2}{\mathrm{d}r^2}r+\frac{l(l+1)\hbar^2}{2\mu r^2}+V(r)\right]R(r)=ER(r) \tag{6.13}$$

这里已经令 $\lambda=l(l+1)$。径向方程代表一组方程，由 l 标记。

在球坐标系中，波函数(6.8)的归一化条件为

$$\int_0^\infty r^2\mathrm{d}r\int_0^\pi\sin\theta\mathrm{d}\theta\int_0^{2\pi}\mathrm{d}\varphi\,|R(r)|^2\,|\mathrm{Y}_{lm}(\theta,\varphi)|^2=1 \tag{6.14}$$

由于球谐函数已经是归一化的

$$\int_0^{\pi}\sin\theta \mathrm{d}\theta\int_0^{2\pi}\mathrm{d}\varphi\,|Y_{lm}(\theta,\varphi)|^2=1 \tag{6.15}$$

因此径向波函数按照如下条件归一化

$$\boxed{\int_0^{\infty}|R(r)|^2 r^2\mathrm{d}r=1} \tag{6.16}$$

满足平方可积条件

$$\int_0^{\infty}|f(r)|^2 r^2\mathrm{d}r<+\infty \tag{6.17}$$

全体函数构成线性空间，记为$\mathcal{L}_r^2$。引入内积

$$(f_1,f_2)=\int_0^{\infty}f_1^*(r)f_2(r)r^2\mathrm{d}r \tag{6.18}$$

则构成内积空间。

2. 坐标原点的边界条件

在方程(6.7)中径向坐标r出现在分母上，因此在$r=0$处是没定义的。我们总是限制在$r>0$的区域求解方程(6.7)，得到具体解后延拓到坐标原点。这样的解在坐标原点有可能不满足方程(6.6)，因此需要代回方程(6.6)验证。引入辅助函数

$$u(r)=rR(r) \tag{6.19}$$

可将径向方程(6.13)化为

$$\boxed{\left[-\frac{\hbar^2}{2\mu}\frac{\mathrm{d}^2}{\mathrm{d}r^2}+\frac{l(l+1)\hbar^2}{2\mu r^2}+V(r)\right]u(r)=Eu(r)} \tag{6.20}$$

而归一化条件(6.16)变为

$$\boxed{\int_0^{\infty}|u(r)|^2\mathrm{d}r=1} \tag{6.21}$$

我们着重关注满足如下条件的势能

$$\text{当 } r\to 0 \text{ 时，} r^2V(r)\to 0 \tag{6.22}$$

这相当于$r\to0$时$|V(r)|$比$1/r^2$增长得慢。常见的几种势能函数，比如

(1) 自由粒子$V(r)=$常数；

(2) 库仑势$V(r)\propto 1/r$；

(3) 三维谐振子势$V(r)\propto r^2$；

(4) 汤川势$V(r)\propto e^{-ar}/r$，$a>0$，

等等，均满足这个条件。对于满足条件(6.22)的势能，当$r\to0$时，忽略方程(6.20)的势能项和常数项，得

$$r^2\frac{\mathrm{d}^2u}{\mathrm{d}r^2}-l(l+1)u=0 \tag{6.23}$$

这是欧拉方程[㊀]，其通解为

$$u(r)=Ar^{l+1}+Br^{-l} \tag{6.24}$$

根据式(6.19)，可得

㊀ 欧拉方程的解法是，做变量替换$r=\mathrm{e}^s$化为以s为自变量的常系数常微分方程.

$$R(r)=\frac{u(r)}{r}=Ar^{l}+Br^{-(l+1)} \tag{6.25}$$

下面分两种情况讨论：

（1）当$l=0$时，

$$R(r)=A+B/r \tag{6.26}$$

这个解只在$r>0$处有意义。$l=0$时球谐函数为$Y_{00}=1/\sqrt{4\pi}$，由此可得能量本征函数在坐标原点附近近似为

$$\psi(\boldsymbol{r})=(A+B/r)Y_{00} \tag{6.27}$$

利用公式(附录D)$\nabla^2(1/r)=-4\pi\delta(\boldsymbol{r})$，可知$1/r$并不是方程(6.6)的解，因为方程(6.6)右端并没有δ函数。因此在式(6.26)中必须选择$B=0$。

（2）当$l>0$时，同样可以证明式(6.25)中第二项不是方程(6.6)的解，因此必须选择$B=0$，只是证明更麻烦而已。幸运的是，根据波函数的物理条件也能得到同样结论。当$l>0$时，对坐标原点附近小区间$[0,a]$，有

$$\int_0^a |r^{-(l+1)}|^2 r^2\mathrm{d}r=\int_0^a r^{-2l}\mathrm{d}r\to+\infty \tag{6.28}$$

可见$r^{-(l+1)}$并不满足归一化条件(6.16)的要求，因此必须选择$B=0$。波函数的物理条件无法排除$l=0$时的解$1/r$，因此需要代回原方程来检验。

根据以上分析，径向方程在$r\to0$时解的渐近行为应当是

$$u(r)=Ar^{l+1} \tag{6.29}$$

这个特点可以总结为如下边界条件

$$\boxed{\lim_{r\to0}u(r)=0} \tag{6.30}$$

3. 能谱特征

假设势能函数满足：当$r\to\infty$时，$V(r)\to0$。在很多具体问题中，势能函数都具有这样的特征[⊖]。当r充分大时，在径向方程(6.20)忽略有效势能项，得

$$-\frac{\hbar^2}{2\mu}\frac{\mathrm{d}^2u(r)}{\mathrm{d}r^2}=Eu(r),\quad r\to\infty \tag{6.31}$$

如果$E>0$，方程(6.31)的解为

$$u(r)=A\mathrm{e}^{\mathrm{i}kr}+B\mathrm{e}^{-\mathrm{i}kr},\quad 或\quad u(r)=A\sin kr+B\cos kr,\quad r\to\infty \tag{6.32}$$

式中，$k=\sqrt{2\mu E}/\hbar$。这种解不是平方可积的，不能描述真实的量子态。实际上这种能量本征函数代表球面波，其作用与平面波类似，不同k值的波函数可以叠加构成平方可积的球面波波包。参数k可以取一切正值，对应连续的正能谱。波函数在无穷远处不为0，意味着粒子可以出现在无穷远处，因此形成散射态。

如果$E<0$，方程(6.31)的解为

$$u(r)=C_1\mathrm{e}^{-\beta r}+C_2\mathrm{e}^{\beta r},\quad \beta=\sqrt{-2\mu E}/\hbar \tag{6.33}$$

由于$\mathrm{e}^{\beta r}$在无穷远处发散，波函数的平方可积条件要求排除这一项，即$C_2=0$。也就是说，$u(r)$在无穷远处的行为必须类似于$\mathrm{e}^{-\beta r}$，这个要求通常导致能量量子化，对应离散的负能谱。

⊖ 三维谐振子是一个例外.

在后面讨论氢原子时，我们将看到这一点。波函数在无穷远处衰减到0，粒子不能出现在无穷远处，形成束缚态。

6.2 三维自由粒子

自由粒子 $V=0$，能量本征值为非负[㊀]。令 $k=\sqrt{2\mu E}/\hbar$，方程(6.6)化为

$$\nabla^2\psi(\boldsymbol{r})+k^2\psi(\boldsymbol{r})=0 \tag{6.34}$$

这正是亥姆霍兹(Helmholtz)方程。方程(6.34)具有平面波解 $\psi(\boldsymbol{r})=A\mathrm{e}^{\mathrm{i}\boldsymbol{p}\cdot\boldsymbol{r}/\hbar}$，粒子具有确定的动量。在球坐标系处理方程(6.34)将得到球面波解，粒子具有确定的角动量。为了便于和中心力场情形相比，讨论自由粒子球面波解是很有意义的。

6.2.1 自由粒子球面波

对自由粒子，径向方程(6.20)变为

$$\left[-\frac{\hbar^2}{2\mu}\frac{\mathrm{d}^2}{\mathrm{d}r^2}+\frac{l(l+1)\hbar^2}{2\mu r^2}\right]u(r)=Eu(r) \tag{6.35}$$

1. S态情形

当 $l=0$ 时，利用参数 $k=\sqrt{2\mu E}/\hbar$ 将方程(6.35)化简为

$$u''+k^2u=0 \tag{6.36}$$

方程的通解可以写为

$$u(r)=A\mathrm{e}^{\mathrm{i}kr}+B\mathrm{e}^{-\mathrm{i}kr},\quad 或\quad u(r)=A\cos kr+B\sin kr \tag{6.37}$$

第一种写法两项分别代表球面行波，添上时间因子 $\mathrm{e}^{-\mathrm{i}\omega t}$ 可以看出第一项为出射波，第二项为入射波；第二种写法两项分别代表球面驻波。根据边界条件(6.30)，可知对于球面驻波解，必须有 $A=0$，因此自由粒子的解为

$$u(r)=B\sin kr \tag{6.38}$$

这表示单独的入射波或出射波均不是自由粒子方程的解。这并不意外，因为坐标原点并不能产生或吸收粒子，因此不会只有入射波或出射波。式(6.38)不是平方可积函数，不能按照条件(6.21)归一化。因此这个解不代表真实存在的波，但不同 k 值的波可以叠加形成平方可积的球面波波包。

2. 一般情形

采用径向方程(6.12)进行讨论，对自由粒子情形，方程(6.12)化为

$$r^2R''+2rR'+[k^2r^2-l(l+1)]R=0 \tag{6.39}$$

这是球贝塞尔方程(见附录E)，两个线性无关的解为球贝塞尔函数 $\mathrm{j}_l(kr)$ 和球诺伊曼函数 $\mathrm{n}_l(kr)$。$\mathrm{n}_l(kr)$ 不满足 $r=0$ 处的边界条件(6.30)，因此径向波函数为

$$R_{kl}(r)=A_k\mathrm{j}_l(kr) \tag{6.40}$$

式中，A_k 是归一化常数。由此得到球面波形式的能量本征函数

$$\psi_{klm}(\boldsymbol{r})=A_k\mathrm{j}_l(kr)\mathrm{Y}_{lm}(\theta,\varphi) \tag{6.41}$$

㊀ 参见第2章关于能量期待值和本征值的讨论.

$\psi_{klm}(\boldsymbol{r})$是$(\hat{H},\hat{L}^2,\hat{L}_z)$的共同本征矢量，构成$\mathcal{L}^2(\mathbb{R}^3)$空间的一个基，基矢量由三个指标$k,l,m$标记，其中$k$的取值是连续的，$l,m$的取值是离散的。基矢量的正交归一关系为

$$(\psi_{klm},\psi_{k'l'm'})=\delta(k-k')\delta_{ll'}\delta_{mm'} \tag{6.42}$$

其中球谐函数和径向波函数分别满足各自正交归一关系

$$(\mathrm{Y}_{lm},\mathrm{Y}_{l'm'})=\int_0^{2\pi}\mathrm{d}\varphi\int_0^{\pi}\sin\theta\mathrm{d}\theta\ \mathrm{Y}_{lm}^*(\theta,\varphi)\mathrm{Y}_{l'm'}(\theta,\varphi)=\delta_{ll'}\delta_{mm'} \tag{6.43}$$

$$(R_{kl},R_{k'l})=\int_0^{\infty}r^2\mathrm{d}r\ R_{kl}^*(r)R_{k'l}(r)=\delta(k-k') \tag{6.44}$$

根据条件(6.44)可以算出$A_k=\sqrt{2k^2/\pi}$。式(6.42)和式(6.44)中的δ函数表明$\psi_{klm}(\boldsymbol{r})$和$R_{kl}(r)$不是平方可积函数，这是连续谱的普遍特征。

球贝塞尔方程的两个线性无关解也可以选为两个球汉克尔函数$\mathrm{h}_l^{(1)}(kr)$和$\mathrm{h}_l^{(2)}(kr)$，它们可以由$\mathrm{j}_l(kr)$和$\mathrm{n}_l(kr)$构成

$$\mathrm{h}_l^{(1)}(kr)=\mathrm{j}_l(kr)+\mathrm{i}\ \mathrm{n}_l(kr),\qquad \mathrm{h}_l^{(2)}(kr)=\mathrm{j}_l(kr)-\mathrm{i}\ \mathrm{n}_l(kr) \tag{6.45}$$

式中，$\mathrm{h}_l^{(1)}(kr)$对应球面发散波；$\mathrm{h}_l^{(2)}(kr)$对应球面会聚波。球汉克尔函数也不满足$r=0$处的边界条件，不是自由粒子薛定谔方程的解。

*3. 球面波包

不同能量值的$\psi_{klm}(\boldsymbol{r})$的线性叠加可以构成归一化的球面波波包

$$\psi_{lm}(\boldsymbol{r})=\int_0^{\infty}c(k)\psi_{klm}(\boldsymbol{r})\mathrm{d}k=R(r)\mathrm{Y}_{lm}(\theta,\varphi) \tag{6.46}$$

其中

$$R(r)=\int_0^{\infty}c(k)R_{kl}(r)\mathrm{d}k \tag{6.47}$$

为径向波函数。$\psi_{lm}(\boldsymbol{r})$仍然是$(\hat{L}^2,\hat{L}_z)$的共同本征矢量，但不是$\hat{H}$的本征矢量。球谐函数已经是归一化的，$\psi_{lm}(\boldsymbol{r})$归一化相当于要求径向波函数归一化

$$(\psi_{lm},\psi_{lm})=\int_0^{\infty}|R(r)|^2r^2\mathrm{d}r=1 \tag{6.48}$$

根据式(6.47)，有

$$\int_0^{\infty}|R(r)|^2r^2\mathrm{d}r=\int_0^{\infty}r^2\mathrm{d}r\left[\int_0^{\infty}c^*(k)R_{kl}^*(r)\mathrm{d}k\right]\left[\int_0^{\infty}c(k')R_{k'l}(r)\mathrm{d}k'\right] \tag{6.49}$$

调整积分顺序，先对r积分，即

$$\int_0^{\infty}|R(r)|^2r^2\mathrm{d}r=\int_0^{\infty}c^*(k)\mathrm{d}k\int_0^{\infty}c(k')\mathrm{d}k'\left[\int_0^{\infty}R_{kl}^*(r)R_{k'l}(r)r^2\mathrm{d}r\right] \tag{6.50}$$

根据$R_{kl}(r)$的正交归一关系(6.44)，得

$$\int_0^{\infty}|R(r)|^2r^2\mathrm{d}r=\int_0^{\infty}c^*(k)\mathrm{d}k\int_0^{\infty}c(k')\mathrm{d}k'\delta(k-k')=\int_0^{\infty}|c(k)|^2\mathrm{d}k \tag{6.51}$$

由此可见，式(6.48)相当于要求叠加系数$c(k)$满足条件

$$\int_0^{\infty}|c(k)|^2\mathrm{d}k=1 \tag{6.52}$$

*6.2.2 平面波和球面波的关系

我们找到了$\mathcal{L}^2(\mathbb{R}^3)$空间的两个连续基：平面波$\{v_p(\boldsymbol{r})\}$和球面波$\{\psi_{klm}(\boldsymbol{r})\}$，其中$v_p(\boldsymbol{r})$

是$(\hat{p}_x,\hat{p}_y,\hat{p}_z)$的共同本征矢量，$\psi_{klm}(\boldsymbol{r})$是$(\hat{H},\hat{L}^2,\hat{L}_z)$的共同本征矢量，两组基矢量都描述自由粒子。任何波函数都可以用这两个基来展开，两种基矢量也可以互相展开。

1. 球面波展为平面波

将任意波函数展开为平面波就是对其进行傅里叶展开。球面波$\psi_{klm}(\boldsymbol{r})$不是平方可积和绝对可积函数，其傅里叶变换将是广义的。比如对于S态

$$\psi_{k00}(\boldsymbol{r})=\frac{1}{\sqrt{4\pi}}\frac{\sin kr}{r} \tag{6.53}$$

其傅里叶变换为

$$c_{k00}(\boldsymbol{q})=\frac{1}{(2\pi)^{3/2}}\frac{1}{\sqrt{4\pi}}\int_{\infty}\frac{\sin kr}{r}\mathrm{e}^{-\mathrm{i}\boldsymbol{q}\cdot\boldsymbol{r}}\mathrm{d}^3r \tag{6.54}$$

为了避免与参数k重复，这里将波矢记为$\boldsymbol{q}$。采用球坐标，选择z轴沿$\boldsymbol{q}$方向，得

$$c_{k00}(\boldsymbol{q})=\frac{1}{(2\pi)^{3/2}}\frac{1}{\sqrt{4\pi}}\int_0^{2\pi}\mathrm{d}\varphi\int_0^{\pi}\sin\theta\mathrm{d}\theta\int_0^{\infty}r^2\mathrm{d}r\,\frac{\sin kr}{r}\mathrm{e}^{-\mathrm{i}qr\cos\theta} \tag{6.55}$$

对φ积分，会得到2π。然后对θ积分，得

$$c_{k00}(\boldsymbol{q})=-\frac{2\pi}{(2\pi)^{3/2}}\frac{1}{\sqrt{4\pi}}\frac{1}{-\mathrm{i}q}\int_0^{\infty}\sin kr(\mathrm{e}^{\mathrm{i}qr}-\mathrm{e}^{-\mathrm{i}qr})\mathrm{d}r \tag{6.56}$$

利用欧拉公式，将被积函数化为

$$\sin kr(\mathrm{e}^{\mathrm{i}qr}-\mathrm{e}^{-\mathrm{i}qr})=2\mathrm{i}\sin kr\sin qr \tag{6.57}$$

由此可知被积函数是r的偶函数，将其做偶延拓到r的负值，可得

$$c_{k00}(\boldsymbol{q})=-\frac{2\pi}{(2\pi)^{3/2}}\frac{1}{\sqrt{4\pi}}\frac{1}{-2\mathrm{i}q}\int_{-\infty}^{\infty}\sin kr(\mathrm{e}^{\mathrm{i}qr}-\mathrm{e}^{-\mathrm{i}qr})\mathrm{d}r \tag{6.58}$$

再次利用欧拉公式，将$\sin kr$化为指数函数，得

$$c_{k00}(\boldsymbol{q})=-\frac{2\pi}{(2\pi)^{3/2}}\frac{1}{\sqrt{4\pi}}\frac{1}{4q}\int_{-\infty}^{\infty}[\mathrm{e}^{\mathrm{i}(k+q)r}-\mathrm{e}^{\mathrm{i}(k-q)r}-\mathrm{e}^{-\mathrm{i}(k-q)r}+\mathrm{e}^{-\mathrm{i}(k+q)r}]\mathrm{d}r \tag{6.59}$$

利用如下公式

$$\int_{-\infty}^{\infty}\mathrm{e}^{\mathrm{i}kx}\mathrm{d}x=2\pi\delta(k) \tag{6.60}$$

并整理常数因子，可得

$$c_{k00}(\boldsymbol{q})=-\frac{1}{2^{3/2}q}[\delta(q+k)-\delta(q-k)] \tag{6.61}$$

利用公式

$$f(x)\delta(x-a)=f(a)\delta(x-a) \tag{6.62}$$

可将结果式(6.61)改写为

$$c_{k00}(\boldsymbol{q})=\frac{1}{2^{3/2}k}[\delta(q+k)+\delta(q-k)] \tag{6.63}$$

利用公式

$$\delta(q^2-k^2)=\frac{1}{2k}[\delta(q-k)+\delta(q+k)] \tag{6.64}$$

可以将其改写为

$$c_{k00}(\boldsymbol{q})=\frac{1}{\sqrt{2}}\delta(q^2-k^2) \tag{6.65}$$

这就是S态的傅里叶变换。

2. 平面波展为球面波

现在要将平面波$\mathrm{e}^{\mathrm{i}\boldsymbol{k}\cdot\boldsymbol{r}}$展开为球面波，$k=|\boldsymbol{k}|$是固定值，因此

$$\mathrm{e}^{\mathrm{i}\boldsymbol{k}\cdot\boldsymbol{r}}=\sum_{l=0}^{\infty}\sum_{m=-l}^{l}A_l\mathrm{j}_l(kr)\mathrm{Y}_{lm}(\theta,\varphi) \tag{6.66}$$

考虑沿着z轴方向传播的平面波，$\boldsymbol{k}=k\boldsymbol{e}_z$，此时

$$\mathrm{e}^{\mathrm{i}\boldsymbol{k}\cdot\boldsymbol{r}}=\mathrm{e}^{\mathrm{i}kz}=\mathrm{e}^{\mathrm{i}kr\cos\theta} \tag{6.67}$$

式中，θ是$\boldsymbol{r}$的极角，也是$\boldsymbol{k}$与$\boldsymbol{r}$的夹角。一方面，平面波(6.67)不依赖于方位角φ；另一方面，根据球谐函数的表达式

$$\mathrm{Y}_{lm}(\theta,\varphi)=N_{lm}\mathrm{P}_l^m(\cos\theta)\mathrm{e}^{\mathrm{i}m\varphi} \tag{6.68}$$

只有$m=0$时球谐函数与φ无关，因此在展开式(6.66)中只包含$m=0$的项。由此可得

$$\mathrm{e}^{\mathrm{i}kr\cos\theta}=\sum_{l=0}^{\infty}A_l\mathrm{j}_l(kr)\mathrm{Y}_{l0}(\theta,\varphi) \tag{6.69}$$

利用公式

$$\mathrm{Y}_{l0}(\theta,\varphi)=\sqrt{\frac{2l+1}{4\pi}}\mathrm{P}_l(\cos\theta) \tag{6.70}$$

可将式(6.69)写为

$$\mathrm{e}^{\mathrm{i}kr\cos\theta}=\sum_{l=0}^{\infty}C_l\mathrm{j}_l(kr)\mathrm{P}_l(\cos\theta) \tag{6.71}$$

式中，$C_l=A_l\sqrt{(2l+1)/(4\pi)}$。这就是平面波按照球面波展开的公式，它可以看作$\cos\theta$的函数按照勒让德多项式进行展开，因此可以直接按照相关公式算出[㊀]“系数”$C_l\mathrm{j}_l(kr)$。下面我们考虑另一种算法[㊁]。将式(6.71)两端按照$r\cos\theta$展开为幂级数，左端为

$$\mathrm{e}^{\mathrm{i}kr\cos\theta}=1+\mathrm{i}kr\cos\theta+\frac{1}{2!}(\mathrm{i}kr\cos\theta)^2+\cdots+\frac{1}{n!}(\mathrm{i}kr\cos\theta)^n+\cdots \tag{6.72}$$

在式(6.71)右端对l的求和式中，球贝塞尔函数$\mathrm{j}_l(kr)$提供kr的幂，勒让德多项式提供$\cos\theta$的幂，二者相乘可得$(kr\cos\theta)^n$项。一方面，球贝塞尔函数$\mathrm{j}_l(kr)$的最低次幂[㊂]为$(kr)^l/(2l+1)!!$，因此式(6.71)右端只有$l\leqslant n$的项对$(kr\cos\theta)^n$有贡献；另一方面，勒让德多项式$\mathrm{P}_l(\cos\theta)$的最高次幂为$(\cos\theta)^l(2l-1)!!/l!$，因此式(6.71)右端只有$l\geqslant n$的项对$(kr\cos\theta)^n$有贡献。由此可见，式(6.71)右端对$(kr\cos\theta)^n$有贡献的只有$l=n$这一项，并且是由$\mathrm{j}_l(kr)$最低次幂和$\mathrm{P}_l(x)$最高次幂的乘积提供的。让式(6.71)和式(6.72)右端$(kr\cos\theta)^n$的系数相等，得

㊀ 汪德新. 数学物理方法[M]. 4版. 北京：科学出版社，2016，170页.
吴崇试. 数学物理方法[M]. 2版. 北京：北京大学出版社，2003，270页.

㊁ 朗道，栗弗席兹. 量子力学(非相对论理论)[M]. 6版. 严肃，译. 北京：高等教育出版社，2008，104页.

㊂ 球贝塞尔函数的最低次幂和勒让德多项式的最高次幂系数可参看本书附录E.

$$\frac{C_n(2n-1)!!}{(2n+1)!!n!}=\frac{\mathrm{i}^n}{n!} \tag{6.73}$$

从而得到展开系数 $C_n=(2n+1)\mathrm{i}^n$，由此可得

$$\boxed{\mathrm{e}^{\mathrm{i}\boldsymbol{k}\cdot\boldsymbol{r}}=\mathrm{e}^{\mathrm{i}kr\cos\theta}=\sum_{l=0}^{\infty}(2l+1)\mathrm{i}^l\mathrm{j}_l(kr)\mathrm{P}_l(\cos\theta)} \tag{6.74}$$

这个结果称为瑞利(Rayleigh)公式。如果平面波不是沿着 z 轴方向传播，式(6.74)修改为

$$\mathrm{e}^{\mathrm{i}\boldsymbol{k}\cdot\boldsymbol{r}}=\mathrm{e}^{\mathrm{i}kr\cos\alpha}=\sum_{l=0}^{\infty}(2l+1)\mathrm{i}^l\mathrm{j}_l(kr)\mathrm{P}_l(\cos\alpha) \tag{6.75}$$

式中，α 是 $\boldsymbol{k}$ 与 $\boldsymbol{r}$ 的夹角，但不是 $\boldsymbol{r}$ 的极角。

*6.3 球方势阱

在三维问题中，方势阱仍然是最简单的情形。如果势阱区域是长方体，则可以分解为三个一维方势阱问题来处理。现在我们讨论势阱区域为球形的情形。

6.3.1 无限深球方势阱

势能函数为

$$V(r)=\begin{cases}0, & r<a\\ \infty, & r>a\end{cases} \tag{6.76}$$

式中，参数 $a>0$ 是球形区域的半径。在势阱外部 $V(r)\to\infty$，波函数 $\psi(\boldsymbol{r})=0$。

1. S 态情形

采用径向方程(6.20)来研究，此时方程为

$$\left[-\frac{\hbar^2}{2\mu}\frac{\mathrm{d}^2}{\mathrm{d}r^2}+V(r)\right]u(r)=Eu(r) \tag{6.77}$$

在 $r=a$ 处径向函数应保持连续，因此有边界条件

$$u(a)=0 \tag{6.78}$$

方程(6.77)加上边界条件(6.30)和(6.78)相当于一维无限深方势阱问题，能级为

$$E_n=\frac{\pi^2\hbar^2n^2}{2\mu a^2} \tag{6.79}$$

能量本征函数(球内部分)为

$$u_n(r)=\sqrt{\frac{2}{a}}\sin\frac{n\pi r}{a},\quad r<a \tag{6.80}$$

2. 一般情形

在势阱内部($r<a$)，径向方程与自由粒子的方程(6.39)相同，满足坐标原点边界条件(6.30)的解为球贝塞尔函数

$$R(r)=A\,\mathrm{j}_l(kr) \tag{6.81}$$

式中，A 是归一化常数。在 $r=a$ 处，径向函数应保持连续，因此有边界条件 $R(a)=0$，由此得到 $\mathrm{j}_l(ka)=0$。因此 ka 必须刚好为球贝塞尔函数(见附录 E)的零点。设球贝塞尔函数 j_l 的

第 n 个零点为 ξ_{nl}，则必有 $ka=\xi_{nl}$，因此参数 k 只能取离散值 $k=\xi_{nl}/a$。注意 $k=\sqrt{2\mu E/\hbar^2}$，由此得到能量本征值

$$E_{nl}=\frac{\hbar^2\xi_{nl}^2}{2\mu a^2} \tag{6.82}$$

各阶球贝塞耳函数 $\mathrm{j}_l(kr)$ 的零点并不重复，这意味着对应不同 l 值的能级互不相同，因此能级 E_{nl} 的简并度为 $2l+1$，对应磁量子数 m 的 $2l+1$ 种取值。

和自由粒子不同，径向波函数(6.81)可以归一化。可以算出[⊖]

$$A_{nl}=\sqrt{\frac{2}{a^3\mathrm{j}_{l+1}^2(\xi_{nl})}} \tag{6.83}$$

6.3.2 有限深球方势阱

势能函数为

$$V(r)=\begin{cases}0, & r<a,\\ V_0, & r>a,\end{cases}\quad \text{其中}\quad V_0>0 \tag{6.84}$$

$E>V_0$ 是散射态情形，这里暂不讨论。下面假设 $0<E<V_0$，这是束缚态情形。

1. S态情形

当 $l=0$ 时，情况比较简单，采用径向方程(6.20)，此时为

$$\left[-\frac{\hbar^2}{2\mu}\frac{\mathrm{d}^2}{\mathrm{d}r^2}+V(r)\right]u(r)=Eu(r) \tag{6.85}$$

由于坐标原点的边界条件的限制，$u(0)=0$，这相当于半壁无限高的一维有限深方势阱的情形。与一维有限深方势阱相比，边界条件 $u(0)=0$ 排除了那里的偶宇称态，因此其能级和一维有限深方势阱的奇宇称态能级相同。

在球内，满足边界条件的解为

$$u(r)=A\sin kr,\qquad r<a \tag{6.86}$$

在球外，引入正值参数 $\beta=\sqrt{2\mu(V_0-E)}/\hbar$，方程(6.85)化为

$$u''-\beta^2u=0 \tag{6.87}$$

方程的通解为

$$u(r)=B\mathrm{e}^{\beta r}+B'\mathrm{e}^{-\beta r} \tag{6.88}$$

由于在无穷远处波函数应趋于0，因此必须有 $B=0$。

根据波函数的衔接条件，在 $r=a$ 处 u'/u 连续，得

$$k\cot ka=-\beta \tag{6.89}$$

注意到 $k^2+\beta^2=2\mu V_0/\hbar^2\equiv k_0^2$，根据式(6.89)，得

$$1+\cot^2 ka=\frac{1}{\sin^2 ka}=1+\frac{\beta^2}{k^2}=\frac{k_0^2}{k^2} \tag{6.90}$$

由此可得

⊖ 张永德. 量子力学[M]. 2版. 北京：科学出版社，2018，97页.

$$|\sin ka| = \frac{k}{k_0},\quad \tan ka < 0 \tag{6.91}$$

如前所述，这相当于一维有限深方势阱的奇宇称态情形，第一个奇宇称态存在的条件，就是球方势阱存在束缚态的条件。由此可见，球方势阱中未必存在一个束缚态。相比之下，一维有限深方势阱至少存在一个束缚态(即第一个偶宇称态)。需要注意的是，第 3 章中的一维有限深方势阱宽度为 a，而现在的情形应该与势阱宽度为 $2a$ 的一维有限深方势阱进行对比。

2. 一般情形

在球内，径向方程仍然是球贝塞尔方程(6.39)，满足坐标原点边界条件(6.30)的解是球贝塞尔函数。在球外，径向方程(6.12)变为

$$\left[-\frac{\hbar^2}{2\mu}\left(\frac{\mathrm{d}^2}{\mathrm{d}r^2}+\frac{2}{r}\frac{\mathrm{d}}{\mathrm{d}r}\right)+\frac{l(l+1)\hbar^2}{2\mu r^2}+V_0\right]R(r)=ER(r),\quad r<a \tag{6.92}$$

引入正值参数 $\beta=\sqrt{2\mu(V_0-E)}/\hbar$，方程(6.92)变为

$$r^2R''+2rR'-[\beta^2r^2+l(l+1)]R=0,\quad r>a \tag{6.93}$$

这是虚宗量球贝塞尔方程。接下来的讨论与 $l=0$ 的情形类似：方程(6.93)有两个线性无关的解，无穷远处的边界条件将会排除发散的解，然后根据 $r=a$ 处的衔接条件，会得到球内外波函数的系数比值和离散化的能级[㊀]。

6.4 三维谐振子

三维各向同性谐振子是一维谐振子的推广，其势能函数为

$$V(r)=\frac{1}{2}\mu\omega^2(x^2+y^2+z^2)=\frac{1}{2}\mu\omega^2r^2 \tag{6.94}$$

势能函数仅依赖于径向坐标 r，属于中心势场。这是一种既可以用直角坐标系处理，也可以用球坐标系处理的体系。

6.4.1 在直角坐标系中求解

1. 能量本征态

哈密顿算符的直角坐标形式为

$$\hat{H}=\hat{H}_1+\hat{H}_2+\hat{H}_3 \tag{6.95}$$

其中(采用记号 $x_1=x,x_2=y,x_3=z$)

$$\hat{H}_i=-\frac{\hbar^2}{2\mu}\frac{\partial^2}{\partial x_i^2}+\frac{1}{2}\mu\omega^2x_i^2,\quad i=1,2,3 \tag{6.96}$$

采用分离变量法求解能量本征方程，令

$$\psi(\boldsymbol{r})=\psi_1(x)\psi_2(y)\psi_3(z) \tag{6.97}$$

会得到三个一维谐振子方程

$$\hat{H}_i\psi_i(x_i)=E_i\psi_i(x_i),\quad i=1,2,3 \tag{6.98}$$

式中，$E_1+E_2+E_3=E$。这三个方程的解在前面已经得到，E_1,E_2,E_3 的允许值为

㊀ 张永德. 量子力学[M]. 2 版. 北京：科学出版社，2018，95 页.

$$E_i = \hbar\omega\left(n_i + \frac{1}{2}\right), \quad n_i = 0,1,2,\cdots, \quad i = 1,2,3 \tag{6.99}$$

由此可得三维谐振子的能级

$$\boxed{E_n = \hbar\omega\left(n + \frac{3}{2}\right), \quad n = n_1 + n_2 + n_3 = 0,1,2,\cdots} \tag{6.100}$$

由 n_1, n_2, n_3 标记的能量本征函数为

$$\begin{aligned}\psi_{n_1n_2n_3}(\boldsymbol{r}) &= \psi_{1,n_1}(x)\psi_{2,n_2}(y)\psi_{3,n_3}(z) \\ &= N\mathrm{e}^{-\frac{1}{2}\alpha^2(x^2+y^2+z^2)}\mathrm{H}_{n_1}(\alpha x)\mathrm{H}_{n_2}(\alpha y)\mathrm{H}_{n_3}(\alpha z)\end{aligned} \tag{6.101}$$

式中，$\alpha = \sqrt{\mu\omega/\hbar}$，归一化常数为

$$N = \sqrt{\frac{\alpha}{2^{n_1}n_1!\sqrt{\pi}}}\sqrt{\frac{\alpha}{2^{n_2}n_2!\sqrt{\pi}}}\sqrt{\frac{\alpha}{2^{n_3}n_3!\sqrt{\pi}}} \tag{6.102}$$

$\psi_{n_1n_2n_3}(\boldsymbol{r})$ 是 $(\hat{H}_1, \hat{H}_2, \hat{H}_3)$ 的共同本征矢量。一维谐振子的能量本征函数是正交归一的，因此各个 $\psi_{n_1n_2n_3}(\boldsymbol{r})$ 也是正交归一的

$$(\psi_{n_1n_2n_3}, \psi_{n_1'n_2'n_3'}) = \delta_{n_1n_1'}\delta_{n_2n_2'}\delta_{n_3n_3'} \tag{6.103}$$

本征矢量组 $\{\psi_{n_1n_2n_3}(\boldsymbol{r})\}$ 构成了 $\mathcal{L}^2(\mathbb{R}^3)$ 空间的一个正交归一基。

2. 能级简并度

三维谐振子基态不简并，而各激发态能级均有简并。比如第一激发态 $n=1$，n_1, n_2, n_3 的取值有三种情况：1,0,0，0,1,0 和 0,0,1。一般情况下，能级 E_n 的简并度可以如下计算：先写出 n_1 和 n_2+n_3 的可能组合，对于 n_2+n_3 的每个取值，n_2, n_3 的可能取值组合有 n_2+n_3+1 种

$$\begin{array}{rccccc} n_1 = & 0, & 1, & \cdots, & n-1, & n \\ n_2+n_3 = & n, & n-1, & \cdots, & 1, & 0 \\ n_2, n_3 \text{ 可能取值数目} = & n+1, & n, & \cdots, & 2, & 1 \end{array} \tag{6.104}$$

因此能级 E_n 的简并度为

$$g_n = 1 + 2 + \cdots + n + (n+1) = \frac{1}{2}(n+1)(n+2) \tag{6.105}$$

能级简并度等于把非负整数 n 拆分成三个非负整数的方式的总数。这个数目的计算也可以这样考虑：将 $n+2$ 个对象排成一行，然后任意挑选两个作为分隔符，则两个分隔符会将剩下 n 个对象分为三段，三段分别包含的对象数目就是 n_1, n_2, n_3 的值。比如 $n=5$ 的情形，用两个分隔符将5个对象分成三段，图6-2中画出了几种典型的分隔，图中用竖线｜表示分隔符，圆圈○表示被分隔对象，每行最左侧数字表示 n_1, n_2, n_3。

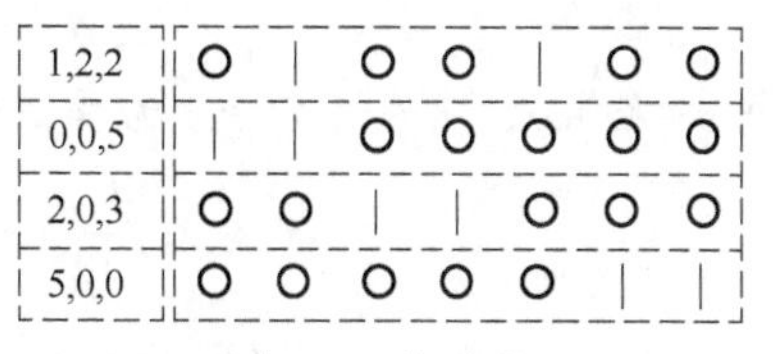

图6-2 简并态

如果两个分隔符相邻并集中在左端，则 $n_1 = n_2 = 0$，$n_3 = n$；如果两个分隔符相邻并集中在右端，则 $n_1 = n$，$n_2 = n_3 = 0$；如果两个分隔符相邻，但在中间，则只有 $n_2 = 0$。每一种挑选分隔符的方式，对应着将 n 拆分为 $n_1+n_2+n_3$ 的一种方式，拆分方式的数目就是能级 E_n 的简并度，它等于从 $n+2$ 个对象中任意挑选两个对象的组合数。因此能级 E_n 的简并度为

$$g_n = \frac{(n+2)!}{2!n!} = \frac{1}{2}(n+1)(n+2) \tag{6.106}$$

与式(6.105)结果相同。

谐振子问题可以推广到 N 维情形。虽然现实空间是三维的，但 N 维线性谐振子物理模型在处理某些问题时有用。各向同性的 N 维谐振子势能函数为

$$V(r) = \frac{1}{2}\mu\omega^2(x_1^2 + x_2^2 + \cdots + x_N^2) \tag{6.107}$$

按照直角坐标系分离变量，容易将其化为 N 个一维谐振子。由此可得能级

$$E_n = \hbar\omega\left(n + \frac{N}{2}\right) \tag{6.108}$$

式中，$n=n_1+n_2+\cdots+n_N$。基态 $n=0$ 能级不简并，激发态能级的简并度，就是将正整数 n 拆分成 N 个非负整数的方式的总数，这相当于在 $n+N-1$ 个对象中挑出 $N-1$ 个分隔符的方式的总数。因此，能量本征值 E_n 的简并度为

$$g_n = \frac{(n+N-1)!}{(N-1)!n!} \tag{6.109}$$

*6.4.2 在球坐标系中求解

1. 径向方程

对于谐振子，径向方程(6.20)变为

$$\left[-\frac{\hbar^2}{2\mu}\frac{\mathrm{d}^2}{\mathrm{d}r^2} + \frac{l(l+1)\hbar^2}{2\mu r^2} + \frac{1}{2}\mu\omega^2 r^2\right]u(r) = Eu(r) \tag{6.110}$$

将其整理为

$$\frac{\mathrm{d}^2 u}{\mathrm{d}r^2} - \frac{l(l+1)}{r^2}u + \left(\frac{2\mu E}{\hbar^2} - \frac{\mu^2\omega^2}{\hbar^2}r^2\right)u = 0 \tag{6.111}$$

与一维谐振子类似，引入参数 $\alpha=\sqrt{\mu\omega/\hbar}$，其倒数 $r_0=\alpha^{-1}$ 为三维谐振子的特征长度。引入无量纲变量 $\rho=\alpha r=r/r_0$，并引入函数

$$\tilde{u}(\rho) = \sqrt{r_0}\,u(r)\big|_{r=\rho r_0} \tag{6.112}$$

其中比例系数来自条件 $|\tilde{u}(\rho)|^2\mathrm{d}\rho = |u(r)|^2\mathrm{d}r$，由此将方程(6.111)化为

$$\frac{\mathrm{d}^2\tilde{u}}{\mathrm{d}\rho^2} - \frac{l(l+1)}{\rho^2}\tilde{u} + \left(\frac{2E}{\hbar\omega} - \rho^2\right)\tilde{u} = 0 \tag{6.113}$$

令 $\varepsilon=E/\hbar\omega$，它表示以 $\hbar\omega$ 为单位的能量，由此方程(6.113)变为

$$\frac{\mathrm{d}^2\tilde{u}}{\mathrm{d}\rho^2} - \frac{l(l+1)}{\rho^2}\tilde{u} + (2\varepsilon - \rho^2)\tilde{u} = 0 \tag{6.114}$$

当 $\rho\to\infty$ 时，方程(6.114)近似为

$$\frac{\mathrm{d}^2\tilde{u}}{\mathrm{d}\rho^2} - \rho^2\tilde{u} = 0 \tag{6.115}$$

方程的两个线性无关近似解为 $\mathrm{e}^{\pm\rho^2/2}$，但 $\mathrm{e}^{+\rho^2/2}$ 不满足波函数平方可积的条件，因此当 $\rho\to\infty$ 时，径向波函数的行为只能是 $\mathrm{e}^{-\rho^2/2}$。根据径向波函数在坐标原点的行为(6.29)和无穷远处的行为，将方程的解写为

$$\tilde{u}(\rho)=\rho^{l+1}e^{-\frac{\rho^2}{2}}f(\rho) \tag{6.116}$$

将式(6.116)代入径向方程(6.114)，得到$f(\rho)$满足的方程

$$\frac{d^2f}{d\rho^2}+\frac{2}{\rho}(l+1-\rho^2)\frac{df}{d\rho}+[2\varepsilon-(2l+3)]f=0 \tag{6.117}$$

令$\xi=\rho^2$，并引入函数㊀

$$\chi(\xi)=f(\rho)\big|_{\rho=\sqrt{\xi}} \tag{6.118}$$

方程(6.117)化为

$$\xi\frac{d^2\chi}{d\xi^2}+\left(l+\frac{3}{2}-\xi\right)\frac{d\chi}{d\xi}-\frac{1}{2}\left(l+\frac{3}{2}-\varepsilon\right)\chi=0 \tag{6.119}$$

2. 能级

方程(6.119)属于合流超几何方程(附录E)，它具有多项式解㊁的条件为

$$\frac{1}{2}\left(l+\frac{3}{2}-\varepsilon\right)=-n_r,\quad n_r=0,1,2,\cdots \tag{6.120}$$

注意参数$\varepsilon=E/\hbar\omega$，由此可得三维谐振子的能级为

$$E_n=\hbar\omega(n+3/2) \tag{6.121}$$

式中，$n=2n_r+l=0,1,2,\cdots$。能级式(6.121)与式(6.100)完全一致。

当$n=$偶数时，n_r,l的取值为

$$\begin{aligned} n_r&=\quad 0,\quad 1,\quad 2,\quad \cdots,\quad n/2\\ l&=\quad n,\quad n-2,\quad n-4,\quad \cdots,\quad 0\end{aligned} \tag{6.122}$$

对于l的每一个取值，m有$2l+1$个取值，根据式(6.122)，能级E_n的简并度为

$$g_n=\sum_{l=0,2,\cdots,n}(2l+1)=\frac{1}{2}(n+1)(n+2) \tag{6.123}$$

当$n=$奇数时，n_r,l的取值为

$$\begin{aligned} n_r&=\quad 0,\quad 1,\quad 2,\quad \cdots,\quad (n-1)/2\\ l&=\quad n,\quad n-2,\quad n-4,\quad \cdots,\quad 1\end{aligned} \tag{6.124}$$

因此能级E_n的简并度为

$$g_n=\sum_{l=1,3,\cdots,n}(2l+1)=\frac{1}{2}(n+1)(n+2) \tag{6.125}$$

式(6.123)和式(6.125)的结果均与式(6.106)一致。

3. 能量本征态

方程(6.119)的多项式解为合流超几何函数

$$\chi(\xi)\propto F(-n_r,l+3/2,\xi) \tag{6.126}$$

根据式(6.116)和式(6.118)，可得

$$\tilde{u}_{n_rl}(\rho)=\tilde{N}_{n_rl}\rho^{l+1}e^{-\frac{\rho^2}{2}}F(-n_r,l+3/2,\rho^2) \tag{6.127}$$

$\tilde{u}_{n_rl}(\rho)$满足归一化条件

㊀ 对初学者来说这一步骤无迹可寻，但不必介意. 我们的目标是了解方程的解，而不是学会解方程.

㊁ 非多项式解被坐标原点和无穷远点的边界条件排除.

$$\int_0^\infty |\tilde{u}_{n_r l}(\rho)|^2 \mathrm{d}\rho = 1 \tag{6.128}$$

利用合流超几何函数与广义拉盖尔多项式的关系(附录E)，可以算出

$$\tilde{N}_{n_r l} = \sqrt{\frac{2^{l-n_r+2}(2l+2n_r+1)!!}{\sqrt{\pi}\, n_r!\,[(2l+1)!!]^2}} \tag{6.129}$$

根据式(6.112)可得 $u_{n_r l}(r)$，由此得到径向波函数

$$R_{n_r l}(r) = \frac{u_{n_r l}(r)}{r} = N_{n_r l}\left(\frac{r}{r_0}\right)^l \exp\left[-\frac{1}{2}\left(\frac{r}{r_0}\right)^2\right] \mathrm{F}\left(-n_r, l+\frac{3}{2}, \frac{r^2}{r_0^2}\right) \tag{6.130}$$

式中，$N_{n_r l} = r_0^{-3/2}\tilde{N}_{n_r l}$。由于 $n=2n_r+l$，$R_{n_r l}(r)$ 也可以记为 $R_{nl}(r)$，由此可得

$$\psi_{nlm}(\boldsymbol{r}) = R_{nl}(r)\mathrm{Y}_{lm}(\theta,\varphi) \tag{6.131}$$

它是 $(\hat{H},\hat{L}^2,\hat{L}_z)$ 的共同本征矢量

$$\hat{H}\psi_{nlm} = E_n\psi_{nlm}, \quad \hat{L}^2\psi_{nlm} = l(l+1)\hbar^2\psi_{nlm}, \quad \hat{L}_z\psi_{nlm} = m\hbar\psi_{nlm} \tag{6.132}$$

正交归一关系为

$$(\psi_{nlm}, \psi_{n'l'm'}) = \delta_{nn'}\delta_{ll'}\delta_{mm'} \tag{6.133}$$

本征矢量组 $\{\psi_{nlm}(\boldsymbol{r})\}$ 也构成了 $\mathcal{L}^2(\mathbb{R}^3)$ 空间的一个正交归一基。到此为止我们得到了 $\mathcal{L}^2(\mathbb{R}^3)$ 空间的两个离散基：$\{\psi_{n_1n_2n_3}(\boldsymbol{r})\}$ 和 $\{\psi_{nlm}(\boldsymbol{r})\}$。

4. 径向概率分布

根据波函数的概率解释，可以得到 $r\sim r+\mathrm{d}r$ 范围内找到粒子的概率

$$W_{nl}(r)\mathrm{d}r = r^2\mathrm{d}r\int_0^{2\pi}\mathrm{d}\varphi\int_0^{\pi}\sin\theta\mathrm{d}\theta\,|\psi_{nlm}(r,\theta,\varphi)|^2 = r^2|R_{nl}(r)|^2\mathrm{d}r \tag{6.134}$$

其中利用了球谐函数的归一化条件(6.15)。$W_{nl}(r)$ 称为径向概率分布。三维谐振子的前几个波函数的径向概率分布如图6-3所示，为了便于观察，我们将 N 取偶数和奇数两种情形分开画出。

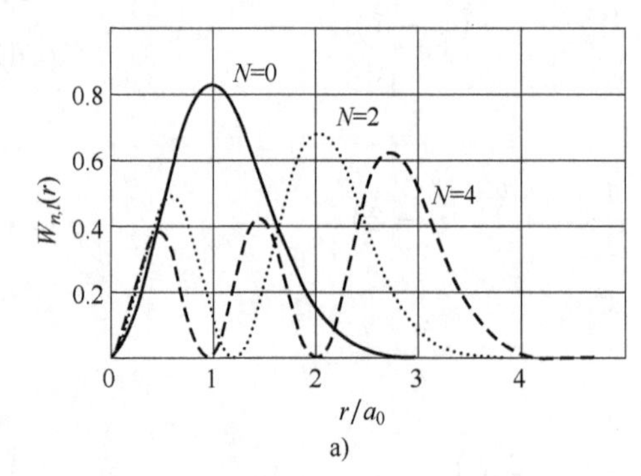

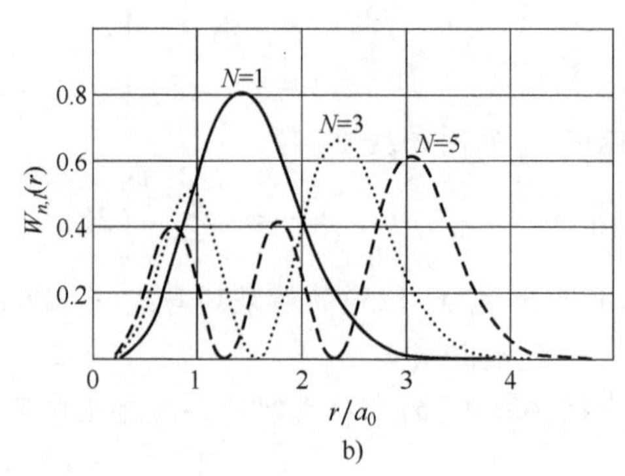

图6-3　三维谐振子的径向概率分布

6.5 氢原子

氢原子是我们碰到的第一个实际例子，在只考虑质子和电子之间的库仑相互作用时，这也是一种可以严格求解的情形。在量子力学中，能够严格求解的实际例子很少，因此值得花

些时间来讨论。氢原子包括电子和原子核(质子)两个部分，电子和原子核之间的主要相互作用为库仑力[⊖]。

6.5.1 二体问题

在经典力学中处理行星绕日运动时，我们可以把二体问题化为质心运动和行星相对于太阳的运动，从而把二体问题化为单体问题。在量子力学中，体系的运动方程是薛定谔方程。我们将证明，二体问题也可以化为单体问题来处理。

1. 氢原子的哈密顿算符

设电子和原子核的质量分别为 m_e 和 m_p，并用

$$\boldsymbol{r}_1 = x_1\boldsymbol{e}_x + y_1\boldsymbol{e}_y + z_1\boldsymbol{e}_z \quad 和 \quad \boldsymbol{r}_2 = x_2\boldsymbol{e}_x + y_2\boldsymbol{e}_y + z_2\boldsymbol{e}_z \tag{6.135}$$

分别表示电子和原子核的经典位置，电子和原子核相互作用势能为 $V(|\boldsymbol{r}_1-\boldsymbol{r}_2|)$，它只依赖于电子和原子核的相对距离 $|\boldsymbol{r}_1-\boldsymbol{r}_2|$。孤立氢原子的经典哈密顿量为

$$H = \frac{\boldsymbol{p}_1^2}{2m_e} + \frac{\boldsymbol{p}_2^2}{2m_p} + V(|\boldsymbol{r}_1 - \boldsymbol{r}_2|) \tag{6.136}$$

根据量子化规则

$$\boldsymbol{p}_1 \to -\mathrm{i}\hbar\nabla_1, \quad \boldsymbol{p}_2 \to -\mathrm{i}\hbar\nabla_2 \tag{6.137}$$

其中

$$\nabla_1 = \boldsymbol{e}_x\frac{\partial}{\partial x_1} + \boldsymbol{e}_y\frac{\partial}{\partial y_1} + \boldsymbol{e}_z\frac{\partial}{\partial z_1}, \qquad \nabla_2 = \boldsymbol{e}_x\frac{\partial}{\partial x_2} + \boldsymbol{e}_y\frac{\partial}{\partial y_2} + \boldsymbol{e}_z\frac{\partial}{\partial z_2} \tag{6.138}$$

可得哈密顿算符

$$\hat{H} = -\frac{\hbar^2}{2m_e}\nabla_1^2 - \frac{\hbar^2}{2m_p}\nabla_2^2 + V(|\boldsymbol{r}_1 - \boldsymbol{r}_2|) \tag{6.139}$$

相应的能量本征方程为

$$\hat{H}\Psi(\boldsymbol{r}_1,\boldsymbol{r}_2) = E_T\Psi(\boldsymbol{r}_1,\boldsymbol{r}_2) \tag{6.140}$$

式中，E_T 表示氢原子的总能量(total energy)。

2. 二体问题化为单体问题

引入质心坐标 $\boldsymbol{R}$ 和相对坐标 $\boldsymbol{r}$

$$\boldsymbol{R} = \frac{m_e\boldsymbol{r}_1 + m_p\boldsymbol{r}_2}{m_e + m_p}, \quad \boldsymbol{r} = \boldsymbol{r}_1 - \boldsymbol{r}_2 \tag{6.141}$$

设 $\boldsymbol{R}=X\boldsymbol{e}_x+Y\boldsymbol{e}_y+Z\boldsymbol{e}_z$，$\boldsymbol{r}=x\boldsymbol{e}_x+y\boldsymbol{e}_y+z\boldsymbol{e}_z$，利用求导的链式规则，比如

$$\frac{\partial}{\partial x_1} = \frac{\partial X}{\partial x_1}\frac{\partial}{\partial X} + \frac{\partial Y}{\partial x_1}\frac{\partial}{\partial Y} + \frac{\partial Z}{\partial x_1}\frac{\partial}{\partial Z} + \frac{\partial x}{\partial x_1}\frac{\partial}{\partial x} + \frac{\partial y}{\partial x_1}\frac{\partial}{\partial y} + \frac{\partial z}{\partial x_1}\frac{\partial}{\partial z} \tag{6.142}$$

可得

$$\frac{\partial}{\partial x_1} = \frac{m_e}{m_e + m_p}\frac{\partial}{\partial X} + \frac{\partial}{\partial x} \tag{6.143}$$

⊖ 首先，电子和质子都不是简单的点电荷，它们都具有自旋磁矩，两种磁矩分别会让能级产生精细结构和超精细结构. 其次，相对论效应和电磁场的量子化都会对体系的能量产生影响. 作为最低级近似，在这一章我们只计入库仑力.

进而得到二阶导数

$$\frac{\partial^2}{\partial x_1^2}=\frac{m_e^2}{(m_e+m_p)^2}\frac{\partial^2}{\partial X^2}+\frac{2m_e}{m_e+m_p}\frac{\partial^2}{\partial X\,\partial x}+\frac{\partial^2}{\partial x^2} \tag{6.144}$$

类似地，可以算出哈密顿算符(6.139)中其他二阶导数，从而将其改写为

$$\hat{H}=-\frac{\hbar^2}{2M}\nabla_R^2-\frac{\hbar^2}{2\mu}\nabla^2+V(r) \tag{6.145}$$

式中，M 和 μ 分别是二体系统的总质量和约化质量[㊀]

$$M=m_e+m_p,\quad \mu=\frac{m_e m_p}{m_e+m_p} \tag{6.146}$$

两个新的拉普拉斯算符为

$$\nabla_R^2=\frac{\partial^2}{\partial X^2}+\frac{\partial^2}{\partial Y^2}+\frac{\partial^2}{\partial Z^2},\qquad \nabla^2=\frac{\partial^2}{\partial x^2}+\frac{\partial^2}{\partial y^2}+\frac{\partial^2}{\partial z^2} \tag{6.147}$$

这样方程(6.140)化为

$$\left[-\frac{\hbar^2}{2M}\nabla_R^2-\frac{\hbar^2}{2\mu}\nabla^2+V(r)\right]\widetilde{\Psi}(\boldsymbol{R},\boldsymbol{r})=E_T\widetilde{\Psi}(\boldsymbol{R},\boldsymbol{r}) \tag{6.148}$$

式中，$\widetilde{\Psi}(\boldsymbol{R},\boldsymbol{r})=\Psi(\boldsymbol{r}_1,\boldsymbol{r}_2)$。采用分离变量法来求解，令

$$\widetilde{\Psi}(\boldsymbol{R},\boldsymbol{r})=\phi(\boldsymbol{R})\psi(\boldsymbol{r}) \tag{6.149}$$

可将方程(6.148)分解为两个方程

$$\boxed{-\frac{\hbar^2}{2M}\nabla_R^2\phi(\boldsymbol{R})=E_C\phi(\boldsymbol{R})} \tag{6.150}$$

$$\boxed{\left[-\frac{\hbar^2}{2\mu}\nabla^2+V(r)\right]\psi(\boldsymbol{r})=E\psi(\boldsymbol{r})} \tag{6.151}$$

式中，$E_C+E=E_T$。方程(6.150)只与质心坐标有关，描述了氢原子的质心运动，E_C 是质心运动能量。方程(6.150)是个自由粒子方程，因为我们假定氢原子是孤立的，氢原子整体上是个自由粒子。方程(6.151)与方程(6.6)是一样的，表示一个质量为 μ 的粒子在势场 $V(r)$ 中运动，这是一个单体问题。

6.5.2 能量本征态

在经典力学中，氢原子中电子绕核运动和地球绕日运动的规律是一样的。经典电动力学预言电子绕核运动会辐射电磁波，导致了原子行星模型的不稳定，这成为发展量子力学的诱因之一。实验上完全证实了电子做圆周运动时可以产生辐射，利用这种辐射可以得到环形加速器的副产品——同步辐射光源。与之相比的是万有引力的问题。在牛顿力学中行星绕日运动并不产生辐射，因此并不威胁到太阳系的稳定性。而在广义相对论(牛顿引力理论的推广)中，行星绕日运动也会辐射引力波，不过这个辐射过于微弱，因而对行星轨道没有太大影响[㊁]。

㊀ 如果将原子核质量当作无穷大处理，则约化质量等于电子质量，质心参考系等同于原子核参考系. 因此，采用约化质量相当于考虑了原子核质量有限的效应.

㊁ 引力波辐射通常过于微弱而难以探测，直到2015年9月(2016年2月发布结果)才被发现. 这个引力波信号来自距离我们13亿光年的一次双黑洞合并过程.

当行星能量(机械能)小于无穷远处的势能时轨道是椭圆，构成束缚态；当行星能量大于无穷远处的势能时轨道是双曲线，构成散射态。如果行星能量正好等于无穷远处势能，则轨道是抛物线，也构成散射态。我们将看到，在量子力学中也是如此。我们已经将势能零点在无穷远处，因此当$E<0$时，对应束缚态；当$E>0$时，对应散射态。我们对临界状态$E=0$不感兴趣。

1. 径向方程

电子和质子之间的库仑势能为

$$V(r)=-\frac{\bar{e}^2}{r},\qquad 其中\ \bar{e}=\frac{e}{\sqrt{4\pi\varepsilon_0}} \tag{6.152}$$

将库仑势能代入径向方程(6.20)，得

$$\left[-\frac{\hbar^2}{2\mu}\frac{\mathrm{d}^2}{\mathrm{d}r^2}+\frac{l(l+1)\hbar^2}{2\mu r^2}-\frac{\bar{e}^2}{r}\right]u(r)=Eu(r) \tag{6.153}$$

先做一下简单整理，得

$$\left[\frac{\mathrm{d}^2}{\mathrm{d}r^2}+\frac{2\mu E}{\hbar^2}+\frac{2\mu\bar{e}^2}{\hbar^2 r}-\frac{l(l+1)}{r^2}\right]u(r)=0 \tag{6.154}$$

设$E<0$，这是束缚态情形。在玻尔理论中，氢原子基态能量为

$$E_1=-\frac{\bar{e}^2}{2a_0},\qquad 其中\quad a_0=\frac{\hbar^2}{\mu\bar{e}^2} \tag{6.155}$$

这里玻尔半径a_0是用约化质量μ来计算的。由于质子质量比电子质量大得多，约化质量与电子质量差别不大。基态能量的绝对值就是氢原子的电离能，记为E_0，即$E_0=|E_1|$。a_0和E_0是氢原子的两个特征量，分别代表氢原子的几何大小和能级的数量级。量子力学的结果并不依赖于玻尔理论，但我们可以借助于a_0和E_0来构建无量纲的量，从而化简方程。引入无量纲变量和参量

$$\rho=r/a_0,\qquad \varepsilon=E/E_0 \tag{6.156}$$

分别代表以a_0为单位的径向坐标和以E_0为单位的能量。引入新变量的函数

$$\tilde{u}(\rho)=\sqrt{a_0}\,u(r)\big|_{r=\rho a_0} \tag{6.157}$$

其中比例系数来自条件$|\tilde{u}(\rho)|^2\mathrm{d}\rho=|u(r)|^2\mathrm{d}r$。由此将径向方程化为

$$\left[\frac{\mathrm{d}^2}{\mathrm{d}\rho^2}+\varepsilon+\frac{2}{\rho}-\frac{l(l+1)}{\rho^2}\right]\tilde{u}(\rho)=0 \tag{6.158}$$

当$\rho\to\infty$时，径向方程(6.158)的渐近形式为

$$\frac{\mathrm{d}^2\tilde{u}(\rho)}{\mathrm{d}\rho^2}+\varepsilon\,\tilde{u}(\rho)=0 \tag{6.159}$$

由于参数$\varepsilon<0$，根据方程的特点，比较方便的是引入如下正值参数

$$\beta=\sqrt{-\varepsilon} \tag{6.160}$$

由此可将方程的通解写为

$$\tilde{u}(\rho)=A\mathrm{e}^{-\beta\rho}+B\mathrm{e}^{\beta\rho},\quad \rho\to\infty \tag{6.161}$$

由于$\rho\to\infty$时，$\mathrm{e}^{\beta\rho}\to\infty$，为了避免发散，必须令$B=0$。此外，根据式(6.24)可知，$\rho\to0$时径向波函数的行为符合$\tilde{u}(\rho)=\rho^{l+1}$。由以上分析，可令

$$\tilde{u}(\rho)=\rho^{l+1}\mathrm{e}^{-\beta\rho}\chi(\rho) \tag{6.162}$$

代入径向方程(6.158)，得

$$\rho \frac{\mathrm{d}^2\chi}{\mathrm{d}\rho^2} + 2(l+1-\beta\rho)\frac{\mathrm{d}\chi}{\mathrm{d}\rho} - 2(\beta l + \beta - 1)\chi = 0 \tag{6.163}$$

令 $\xi=2\beta\rho$，$f(\xi)=\chi(\rho)$，得

$$\xi \frac{\mathrm{d}^2 f}{\mathrm{d}\xi^2} + (2l+2-\xi)\frac{\mathrm{d}f}{\mathrm{d}\xi} - \left(l+1-\frac{1}{\beta}\right)f = 0 \tag{6.164}$$

对比合流超几何方程(附录E)，方程(6.164)相当于将参数 α 和 γ 取为

$$\alpha = l+1-\frac{1}{\beta},\quad \gamma = 2l+2 \tag{6.165}$$

处理氢原子的径向方程还有一种常见方法，与上面方法只是细节不同。为方便读者查阅，兹阐述如下。观察方程(6.154)，出于简化记号的目的，并考虑到 $E<0$，引入正值参数 $k=\sqrt{-2\mu E}/\hbar$，这跟处理一维自由粒子或者方势阱类似。引入无量纲变量 $\xi=2kr$(因子2是为了化简方程细节方便)，并引入新函数

$$\bar{u}(\xi) = \frac{1}{\sqrt{2k}}u(r)\Big|_{r=\frac{\xi}{2k}} \tag{6.166}$$

比例系数来自条件 $|\bar{u}(\xi)|^2\mathrm{d}\xi = |u(r)|^2\mathrm{d}r$。利用参数 k 和 a_0，将方程(6.154)化为

$$\frac{\mathrm{d}^2\bar{u}(\xi)}{\mathrm{d}\xi^2} + \left[\frac{1}{ka_0\xi} - \frac{1}{4} - \frac{l(l+1)}{\xi^2}\right]\tilde{u}(\xi) = 0 \tag{6.167}$$

引入无量纲参数 $\beta=ka_0$，进一步将方程(6.167)化为

$$\frac{\mathrm{d}^2\bar{u}(\xi)}{\mathrm{d}\xi^2} + \left[\frac{1}{\beta\xi} - \frac{1}{4} - \frac{l(l+1)}{\xi^2}\right]\bar{u}(\xi) = 0 \tag{6.168}$$

这是一个纯数值方程，不依赖于任何单位制。

当 $\xi\to\infty$ 时，方程(6.168)的渐近形式为

$$\frac{\mathrm{d}^2\bar{u}(\xi)}{\mathrm{d}\rho^2} - \frac{1}{4}\bar{u}(\xi) = 0 \tag{6.169}$$

方程的通解为

$$\bar{u}(\xi) = A\mathrm{e}^{-\frac{\xi}{2}} + B\mathrm{e}^{\frac{\xi}{2}},\quad \xi\to\infty \tag{6.170}$$

由于 $\xi\to\infty$ 时，$\mathrm{e}^{\xi/2}\to\infty$，为避免发散，必须令 $B=0$。此外，根据式(6.24)可知，$\xi\to0$ 时径向波函数的行为符合 $\bar{u}(\xi)=\xi^{l+1}$。由以上分析，可令

$$\bar{u}(\xi) = \xi^{l+1}\mathrm{e}^{-\frac{\xi}{2}}f(\xi) \tag{6.171}$$

将式(6.171)代入方程(6.168)，可得

$$\xi \frac{\mathrm{d}^2 f}{\mathrm{d}\xi^2} + (2l+2-\xi)\frac{\mathrm{d}f}{\mathrm{d}\xi} - \left(l+1-\frac{1}{\beta}\right)f = 0 \tag{6.172}$$

这样又得到了合流超几何方程。

2. 能级

用级数解法可以得到合流超几何方程(6.164)的幂级数解(附录E)，称为合流超几何函数。对于方程(6.164)，合流超几何函数中断为多项式解的条件为

$$l+1-\frac{1}{\beta}=-n_r,\quad n_r=0,1,2,\cdots \tag{6.173}$$

如果合流超几何函数没有中断为多项式，则对应的波函数(6.162)不满足无穷远处的边界条件，而方程的另一个线性无关解不满足坐标原点的边界条件，均被排除(附录E)。条件(6.173)中的 n_r 称为径量子数(radial quantum number)。由式(6.173)可以得到 β 满足的条件

$$1/\beta=n_r+l+1\equiv n,\quad n=1,2,\cdots \tag{6.174}$$

式中，n 称为主量子数(principal quantum number)。根据参数定义 $\beta=\sqrt{-\varepsilon}$，$\varepsilon=E/E_0$，并根据式(6.174)，可得能量本征值为

$$\boxed{E_n=-\frac{\bar{e}^2}{2a_0}\frac{1}{n^2}=-\frac{\mu\,\bar{e}^4}{2\hbar^2}\frac{1}{n^2}} \tag{6.175}$$

由于 E_n 只依赖于主量子数 n，除了 $n=1$ 外，给定 n 值仍有不同的 (n_r,l) 组合，如图6-4所示。

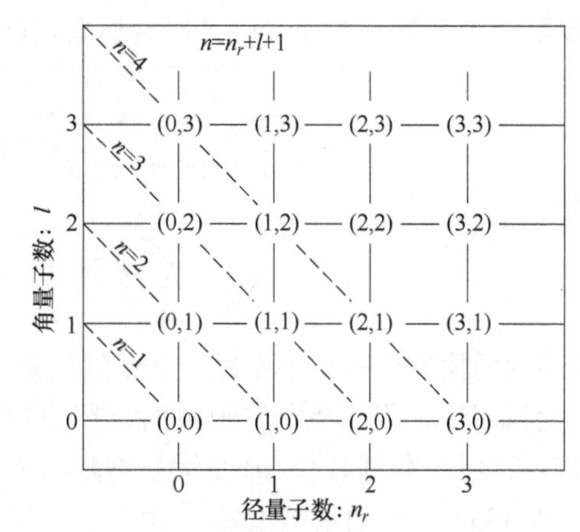

图6-4 主量子数给定后的 (n_r,l) 组合

根据式(6.174)，给定 n 值，l 的取值范围为 $0,1,2,\cdots,n-1$；给定 l 值，又有 $2l+1$ 个球谐函数 $Y_{lm}(\theta,\varphi)$，因此能级 E_n 的简并度为

$$g_n=\sum_{l=0}^{n-1}(2l+1)=n^2 \tag{6.176}$$

利用电子电荷、质子与电子的质量以及各个物理常数，可以算出氢原子基态能量

$$E_1=-13.6\text{eV} \tag{6.177}$$

氢原子能级分布如图6-5所示。

图6-5 氢原子能级分布

3. 径向波函数

在满足条件(6.173)时，方程(6.164)的解为

$$f(\xi)\propto F(l+1-n,2l+2,\xi) \tag{6.178}$$

这里 $F(l+1-n,2l+2,\xi)$ 就是合流超几何函数，它是一个规定好了最低次幂系数的多项式。在式(6.178)中采用正比记号 $\propto$ 而不是等号，是因为我们想要归一化的能量本征函数，因此 $f(\xi)$ 可能跟合流超几何函数 $F(l+1-n,2l+2,\xi)$ 相差一个常数因子。根据式(6.162)和式(6.178)，并注意 $\chi(\rho)=f(\xi)$，$\xi=2\beta\rho$，得

$$\tilde{u}_{nl}(\rho)=\tilde{N}_{nl}(2\beta\rho)^{l+1}e^{-\beta\rho}F(l+1-n,2l+2,2\beta\rho) \tag{6.179}$$

式中，$\tilde{N}_{nl}$ 是归一化常数。为了统一起见，这里已经把 ρ^{l+1} 凑成 $(2\beta\rho)^{l+1}$。$\tilde{N}_{nl}$ 的模可以通过归一化条件

$$\int_0^\infty|\tilde{u}(\rho)|^2d\rho=1 \tag{6.180}$$

而定出。取 $\widetilde{N}_{nl}$ 为正实数，利用合流超几何函数和广义拉盖尔多项式的关系以及相关的积分公式(附录 E)，并注意 $\beta=1/n$，可以得到

$$\widetilde{N}_{nl}=\frac{1}{(2l+1)!n}\sqrt{\frac{(n+l)!}{(n-l-1)!}} \tag{6.181}$$

利用式(6.157)可得 $u_{nl}(r)$，然后根据式(6.19)，可得径向波函数为

$$\boxed{R_{nl}(r)=\frac{u_{nl}(r)}{r}=N_{nl}\left(\frac{2r}{na_0}\right)^{l}\mathrm{e}^{-\frac{r}{na_0}}\mathrm{F}\left(l+1-n,2l+2,\frac{2r}{na_0}\right)} \tag{6.182}$$

其中

$$N_{nl}=\frac{2\widetilde{N}_{nl}}{na_0^{3/2}}=\frac{2}{(2l+1)!n^2a_0^{3/2}}\sqrt{\frac{(n+l)!}{(n-l-1)!}} \tag{6.183}$$

波函数的模方代表概率密度，其量纲应该为 L^{-3}，因此波函数本身的量纲为 $\mathrm{L}^{-3/2}$。球谐函数是无量纲量，因此径向波函数的量纲也应为 $\mathrm{L}^{-3/2}$。在径向波函数(6.182)中，玻尔半径 a_0 具有长度量纲，因此 r/a_0 是无量纲量。由此可知对量纲有贡献的只有归一化因子 N_{nl}。根据式(6.183)，N_{nl} 的量纲由 $a_0^{-3/2}$ 决定，其量纲正是 $\mathrm{L}^{-3/2}$，符合波函数的要求。

如前所述，径向方程看作等效的一维问题的方程。根据自伴算符的性质，相同 l 值的径向波函数两两正交

$$(R_{nl},R_{n'l})=\int_0^{\infty}R_{nl}^{*}(r)R_{n'l}(r)r^2\mathrm{d}r=\delta_{nn'} \tag{6.184}$$

虽然径向波函数是实函数，但作为内积定义，这里保留复共轭。不同 l 值的径向波函数代表不同方程的解，彼此没有明显关系(可能正交也可能不正交)。

前几个径向波函数的表达式为

$$R_{10}(r)=\frac{2}{a_0^{3/2}}\mathrm{e}^{-\frac{r}{a_0}} \tag{6.185}$$

$$\begin{aligned}R_{20}(r)&=\frac{1}{2^{1/2}a_0^{3/2}}\left(1-\frac{r}{2a_0}\right)\mathrm{e}^{-\frac{r}{2a_0}}\\R_{21}(r)&=\frac{1}{2^{3/2}3^{1/2}a_0^{3/2}}\frac{r}{a_0}\mathrm{e}^{-\frac{r}{2a_0}}\end{aligned} \tag{6.186}$$

$$\begin{aligned}R_{30}(r)&=\frac{2}{3^{3/2}a_0^{3/2}}\left(1-\frac{2r}{3a_0}+\frac{2}{27}\frac{r^2}{a_0^2}\right)\mathrm{e}^{-\frac{r}{3a_0}}\\R_{31}(r)&=\frac{2^{5/2}}{3^{7/2}a_0^{3/2}}\frac{r}{a_0}\left(1-\frac{r}{6a_0}\right)\mathrm{e}^{-\frac{r}{3a_0}}\\R_{32}(r)&=\frac{2^{3/2}}{3^{7/2}5^{1/2}a_0^{3/2}}\frac{r^2}{a_0^2}\mathrm{e}^{-\frac{r}{3a_0}}\end{aligned} \tag{6.187}$$

在表达式中凡是涉及 r 的地方，我们均保留为无量纲变量 r/a_0 的形式。

4. 能量本征态

将径向波函数配上球谐函数，就得到能量本征函数

$$\psi_{nlm}(r,\theta,\varphi)=R_{nl}(r)\mathrm{Y}_{lm}(\theta,\varphi) \tag{6.188}$$

当 $\boldsymbol{r}\to-\boldsymbol{r}$ 时，球坐标变化为

$$r \to r, \quad \theta \to \pi - \theta, \quad \varphi \to \pi + \varphi \tag{6.189}$$

因此径向波函数不变，而球谐函数变化为(附录 E)

$$Y_{lm}(\theta,\varphi) \to (-1)^l Y_{lm}(\theta,\varphi) \tag{6.190}$$

由此可知 ψ_{nlm} 宇称算符 $\hat{P}$ 的本征函数，波函数的宇称为 $(-1)^l$

$$\hat{P}\psi_{nlm} = (-1)^l \psi_{nlm} \tag{6.191}$$

$\psi_{nlm}(r,\theta,\varphi)$ 是 $(\hat{H},\hat{L}^2,\hat{L}_z)$ 的共同本征函数

$$\boxed{\begin{aligned} &\hat{H}\psi_{nlm} = E_n\psi_{nlm} \\ &\hat{L}^2\psi_{nlm} = l(l+1)\hbar^2\psi_{nlm} \\ &\hat{L}_z\psi_{nlm} = m\hbar\psi_{nlm} \end{aligned}} \tag{6.192}$$

函数组 $\{\psi_{nlm}\}$ 满足正交归一条件

$$\boxed{(\psi_{nlm},\psi_{n'l'm'}) = \delta_{nn'}\delta_{ll'}\delta_{mm'}} \tag{6.193}$$

当 $l=l'$，$m=m'$ 时，式(6.193)退化为式(6.184)。氢原子波函数可以展开为

$$\psi(r,\theta,\varphi) = \sum_{n=1}^{\infty}\sum_{l=0}^{n-1}\sum_{m=-l}^{l} c_{nlm}\psi_{nlm}(r,\theta,\varphi) \tag{6.194}$$

式中，$c_{nlm} = (\psi_{nlm},\psi)$。将能量本征函数添上时间因子 $e^{-iE_nt/\hbar}$，就得到定态波函数

$$\psi_{nlm}(r,\theta,\varphi,t) = \psi_{nlm}(r,\theta,\varphi)e^{-\frac{i}{\hbar}E_nt} \tag{6.195}$$

根据态叠加原理，如果在 $t=0$ 时刻体系的波函数为式(6.194)，则

$$\psi(r,\theta,\varphi,t) = \sum_{n=1}^{\infty}\sum_{l=0}^{n-1}\sum_{m=-l}^{l} c_{nlm}\psi_{nlm}(r,\theta,\varphi)e^{-\frac{i}{\hbar}E_nt} \tag{6.196}$$

讨论：量子力学与玻尔理论对比

在氢原子的玻尔模型中，电子绕着原子核做圆周运动，电子的轨道半径、角动量和能量都是确定的，每个时刻电子的位置、速度和动量也是确定的。在量子力学中，ψ_{nlm} 描述的态具有确定的能量、角动量大小和角动量 z 分量，但电子的位置、速度和动量都是不确定的，而是有一个概率分布。除了 S 态之外，角动量的另外两个分量也是不确定的。

玻尔理论包含两个合理的内容：定态和跃迁。在量子力学中，通过求解氢原子的薛定谔方程，得到的能级式(6.175)与玻尔理论的结果是相同的。然而在玻尔理论中，对于给定的 n，角动量大小只有一个取值 $n\hbar$；而在量子力学中，对于给定的 n，角动量的大小为 n 个取值 $\sqrt{l(l+1)}\,\hbar$，$l=0,1,2,\cdots,n-1$。量子力学中并没有轨道概念，但是保留了定态概念，定态是一种特殊量子态，即能量本征态。

在量子力学中，定态之间并不会自发地发生跃迁，这根据式(6.195)就可以知道。这说明到目前介绍的理论为止，我们对氢原子的处理方案还缺少一些合理因素。这个因素就是电磁场的量子化。在量子力学中，电子与原子核的作用是由一个经典的势能函数 $V(r)$ 来刻画的，而电磁场的量子效应并未记入。对电磁场进行量子化后，才能解释自发跃迁的概念。不过在量子力学中，能级在外场作用下的受激跃迁过程是可以解释的，我们将在第 16 章介绍这个理论。

6.5.3 概率分布

1. 概率密度

设氢原子处于定态(6.195)，则电子的概率密度为

$$\rho_{nlm}=|\psi_{nlm}|^2=|R_{nl}(r)|^2|\mathrm{Y}_{lm}(\theta,\varphi)|^2 \tag{6.197}$$

球谐函数仅仅通过因子 $e^{im\varphi}$依赖于方位角 φ，其模方与方位角无关。由此可见，概率密度是关于 z 轴旋转对称的，只要研究纵切面的概率分布就行了。化学家常用点的密度表示 $|\psi|^2$，称为电子云。由于径向波函数(6.182)含有 r^l，因此

(1) $l>0$，$R_{nl}(0)=0$，故坐标原点的概率密度为零。

(2) $l=0$，即S态，球谐函数只能是 Y_{00}，此时概率密度为

$$\rho_{n00}=|R_{n0}(r)|^2|\mathrm{Y}_{00}(\theta,\varphi)|^2=\frac{1}{4\pi}|R_{n0}(r)|^2 \tag{6.198}$$

所以概率密度是球对称分布的。根据径向波函数(6.182)，得

$$R_{n0}(r)=N_{n0}e^{-\frac{r}{na_0}}\mathrm{F}\left(1-n,2,\frac{2r}{na_0}\right) \tag{6.199}$$

当 $r=0$ 时，合流超几何函数等于1，因此

$$R_{n0}(0)=N_{n0}=\frac{2}{n^{3/2}a_0^{3/2}} \tag{6.200}$$

代入式(6.198)，可得坐标原点的概率密度 $(\pi n^3a_0^3)^{-1}$，这个概率密度并不为零。基态是S态的特例，波函数为

$$\psi_{100}=R_{10}\mathrm{Y}_{00}=\frac{1}{\sqrt{\pi a_0^3}}e^{-\frac{r}{a_0}} \tag{6.201}$$

由此可得概率密度

$$|\psi_{100}|^2=\frac{1}{\pi a_0^3}e^{-\frac{2r}{a_0}} \tag{6.202}$$

在坐标原点概率密度取得最大值。

我们还记得，发展量子力学的诱因之一，就是原子的行星模型不稳定，电子绕核运动会因为辐射电磁波而落入原子核。在玻尔理论中，由于基态轨道是能量最低态，从而避免了电子落入原子核。在量子力学中，基态也是能量最小态，因此电子不能进一步通过跃迁的方式释放能量。

按照相对坐标的定义，其大小 r 表示电子和原子核的距离。根据式(6.202)，基态电子是有很大概率出现在原子核上的，因此就面临着跟原子核发生反应的可能。实际上，对于某些原子而言，的确会发生原子核吸收最内层电子的现象，称为K电子俘获。在这个过程中，质子和电子反应，产生一个中子和一个中微子[⊖]。对于氢原子，虽然电子可以出现在原子核上，但K电子俘获过程并不会发生。这很容易解释，查阅粒子的参数可知

$$m_ec^2=0.511\mathrm{MeV},\quad m_pc^2=938.3\mathrm{MeV},\quad m_nc^2=939.6\mathrm{MeV} \tag{6.203}$$

容易看出，中子的质量大于质子与电子的质量之和，而氢原子的质量却小于质子与电子的质量之和，因此即使忽略中微子的能量，一个氢原子的能量也不够变成一个中子。氢原子的质量为何会小于质子与电子的质量之和？因为自由的质子和电子结合为氢原子时，会放出能量，因此减少了体系的总质量。

⊖ 中微子是一种不带电的粒子，与电子有关的中微子称为电子型中微子，目前实验数据表明其质量小于 $1\mathrm{eV}/c^2$，也许为零点几个eV，跟电子的静质量511keV相比是微不足道的，但并不为零.

2. 径向概率分布

根据波函数的概率解释，可以得到 $r\sim r+\mathrm{d}r$ 范围内找到电子的概率

$$W_{nl}(r)\,\mathrm{d}r = r^2\mathrm{d}r\int_0^{2\pi}\mathrm{d}\varphi\int_0^{\pi}\sin\theta\mathrm{d}\theta\,|\,\psi_{nlm}\,|^2 = r^2\,|\,R_{nl}(r)\,|^2\mathrm{d}r \tag{6.204}$$

其中利用了球谐函数的归一化条件(6.15)。$W_{nl}(r)$称为径向概率分布。

根据基态波函数(6.201)，可以算出径向概率分布

$$W_{10}(r) = \frac{4r^2}{a_0^3}\mathrm{e}^{-\frac{2r}{a_0}} \tag{6.205}$$

图 6-6 中给出了氢原子基态的径向概率分布。

利用式(6.205)可以算出(留作练习)，径向概率分布的极大值出现在 $r=a_0$ 处，正如图 6-6 中所示的那样。注意径向概率密度并非概率密度，如前所说，基态概率密度最大值出现在坐标原点。

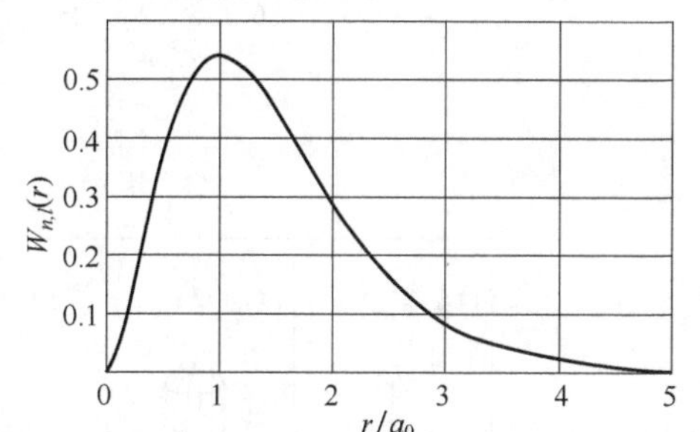

图 6-6　氢原子基态径向概率分布

当 $n_r=0$，即 $l=n-1$ 时，在径向波函数中合流超几何函数等于 1，此时

$$R_{n,n-1}(r)\,\propto\,r^{n-1}\mathrm{e}^{-\frac{r}{na_0}} \tag{6.206}$$

根据式(6.204)，径向概率密度为

$$W_{n,n-1}(r)\,\propto\,r^{2n}\mathrm{e}^{-\frac{2r}{na_0}} \tag{6.207}$$

这个函数有一个极大值点，也是最大值点，由如下条件给出

$$\frac{\mathrm{d}W_{n,n-1}}{\mathrm{d}r}\propto\left(2nr^{2n-1}-\frac{2r^{2n}}{na_0}\right)\mathrm{e}^{-\frac{2r}{na_0}}=0 \tag{6.208}$$

由此可得，$W_{n,n-1}(r)$的唯一极值点

$$r = r_n = n^2a_0 \tag{6.209}$$

这正好等于玻尔轨道的半径。在 $r=r_n$ 处，电子的径向概率密度最大，因此可以将 r_n 称为电子的最可几半径。在玻尔理论中，电子绕着原子核做圆周运动，借用这个术语，我们将 $l=n-1$ 时电子的状态称为圆轨道(这当然不意味着电子在做轨道运动)。基态也是圆轨道的情形。

图 6-7 中给出了几种情况的径向概率分布，其中曲线上面的数字代表 nl 的值。从图 6-7 可以验证，径向概率分布曲线的节点(即零点，但不包括坐标原点和无穷远点)数目等于径向量子数 $n_r=n-l-1$。对于圆轨道(包括基态)，$n_r=0$，因此径向概率分布曲线无节点，这个结果也可以根据式(6.207)而得到。

3. 角向概率分布

根据波函数的概率解释，在(θ,φ)方向的立体角元 $\mathrm{d}\Omega=\sin\theta\mathrm{d}\theta\mathrm{d}\varphi$内找到电子的概率为

$$W_{lm}(\theta,\varphi)\,\mathrm{d}\Omega = \mathrm{d}\Omega\int_0^{\infty}r^2\mathrm{d}r\,|\,\psi_{nlm}(r,\theta,\varphi)\,|^2 = |\,\mathrm{Y}_{lm}(\theta,\varphi)\,|^2\mathrm{d}\Omega \tag{6.210}$$

$W_{lm}(\theta,\varphi)$称为角向概率分布。以 $W_{lm}(\theta,\varphi)$为点的径向坐标，(θ,φ)为点的角向坐标，可以画出角向概率分布曲面，图 6-8 中给出了几种角向概率分布。

根据球谐函数的表达式可知$|\,\mathrm{Y}_{lm}(\theta,\varphi)\,|^2$与方位角 φ无关，因此图 6-8 中的曲面都是关

于 z 轴旋转对称的。对于 S 态，由于 $Y_{00}=1/\sqrt{4\pi}$，因此角向概率分布是球对称的。此外，根据球谐函数的性质可知 $|Y_{lm}(\theta,\varphi)|^2=|Y_{l,-m}(\theta,\varphi)|^2$，因此我们只画出 m 取非负值的情形。在图 6-8 中，曲面包围的体积并没有确切含义。

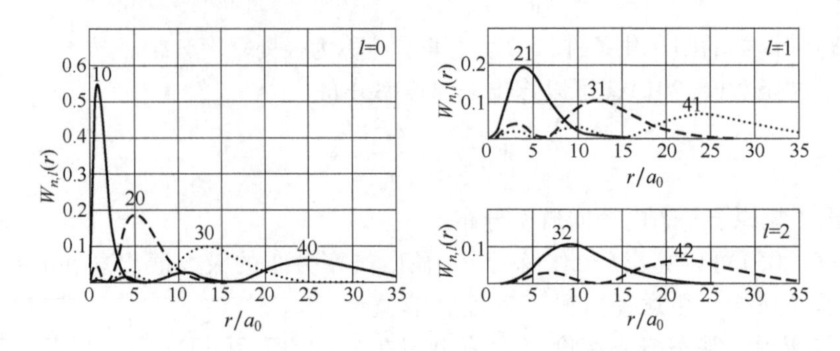

图 6-7　氢原子径向概率分布

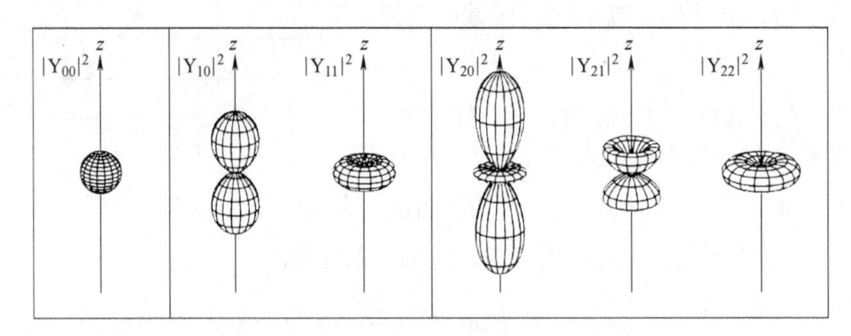

图 6-8　氢原子角向概率分布

由于角向概率分布具有轴对称性，因此也可以只画出纵切面，如图 6-9 所示。

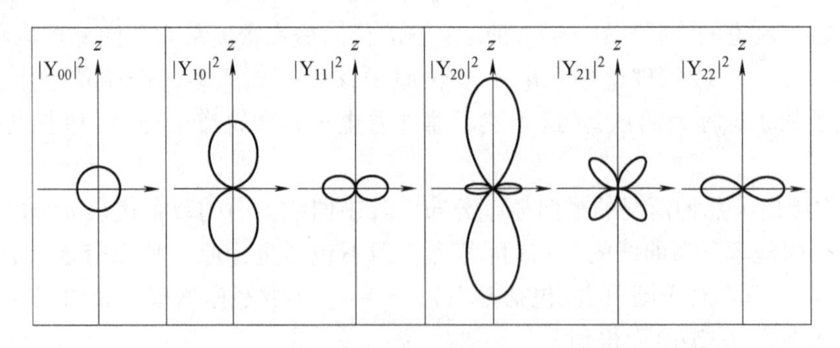

图 6-9　氢原子角向概率分布纵切面

$|Y_{lm}(\theta,\varphi)|^2=0$ 的地方取决于连带勒让德函数 $P_l^m(\cos\theta)$ 的零点，零点一共有 $l-m$ 个（不包括 $\cos\theta=\pm1$ 处可能的零点）。

类似于角向概率分布，我们尝试画出如下函数的图

$$h(\theta,\varphi)=1+W_{lm}(\theta,\varphi)=1+|Y_{lm}(\theta,\varphi)|^2 \tag{6.211}$$

这只是将角向概率密度加上了 1 而已。函数 $h(\theta,\varphi)$ 的图像如图 6-10 所示，常数 1 代表半径为 1 的球面，角向概率密度相当于单位球面上的“海拔高度”，曲面和单位球面所夹的空间

仿佛覆盖在球面上的“地层”。为了便于观察，我们将图像挖去一个卦限中的一块，以便看到单位球面(在图中呈深灰色)。除南北极外，$|Y_{lm}(\theta,\varphi)|^2=0$ 的地方在图6-10中形成节线(节点的推广)，一共有 $l-m$ 条。图6-10中的纬线包括赤道和节线(当然赤道也可能正好是节线)，而经线只是为了增加图形的立体感，没有特别含义。

对于半径为 R 的球面，$\mathrm{d}S=R^2\mathrm{d}\Omega$，单位球面的面元数值上等于立体角元。在图6-10中，单位球面面元上方和曲面下方之间的体积为

$$\mathrm{d}V = W_{lm}(\theta,\varphi)\mathrm{d}S = W_{lm}(\theta,\varphi)\mathrm{d}\Omega \tag{6.212}$$

这正是立体角元 $\mathrm{d}\Omega$ 内的概率密度。由此可见，球面上任意区域的“地层”体积都代表相应立体角内的概率。

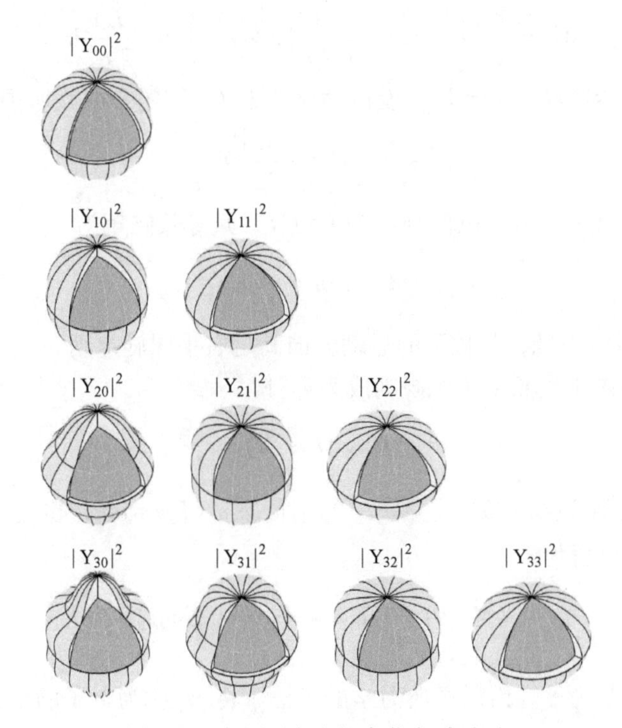

图6-10　氢原子角向概率分布-高度法

4. 概率流密度

对归一化的波函数 $\psi(\boldsymbol{r},t)$，概率流密度为

$$\boldsymbol{J} = -\frac{\mathrm{i}\hbar}{2\mu}(\psi^*\nabla\psi - \psi\nabla\psi^*) \tag{6.213}$$

根据梯度算符的球坐标表达式(6.1)，可知概率流密度的球坐标分量为

$$\begin{aligned} J_r &= -\frac{\mathrm{i}\hbar}{2\mu}\left(\psi^*\frac{\partial\psi}{\partial r} - \psi\frac{\partial\psi^*}{\partial r}\right) \\ J_\theta &= -\frac{\mathrm{i}\hbar}{2\mu}\left(\psi^*\frac{1}{r}\frac{\partial\psi}{\partial\theta} - \psi\frac{1}{r}\frac{\partial\psi^*}{\partial\theta}\right) \\ J_\varphi &= -\frac{\mathrm{i}\hbar}{2\mu}\left(\psi^*\frac{1}{r\sin\theta}\frac{\partial\psi}{\partial\varphi} - \psi\frac{1}{r\sin\theta}\frac{\partial\psi^*}{\partial\varphi}\right) \end{aligned} \tag{6.214}$$

对于定态波函数(6.195)，在计算概率流密度时时间因子 $e^{-iE_nt/\hbar}$会自动约去，只剩下能量本征函数 $\psi_{nlm}(\boldsymbol{r})$。根据式(6.214)直接计算(留作练习)，得

$$\boldsymbol{J}=\frac{m\hbar}{\mu r\sin\theta}|\psi_{nlm}|^2\boldsymbol{e}_\varphi \tag{6.215}$$

由此可见，概率流密度只有 $\boldsymbol{e}_\varphi$方向的分量。

6.5.4 轨道磁矩

在经典力学中，质量为μ，电荷为 q 的粒子受中心力作用做平面闭合曲线周期运动(比如圆周运动)，径矢 $\boldsymbol{r}$ 在 $\mathrm{d}t$ 时间内扫过的面积为

$$\mathrm{d}A=\frac{1}{2}|\boldsymbol{r}\times\boldsymbol{v}\mathrm{d}t|=\frac{1}{2\mu}|\boldsymbol{r}\times\boldsymbol{p}|\mathrm{d}t=\frac{|\boldsymbol{L}|}{2\mu}\mathrm{d}t \tag{6.216}$$

式中，$\boldsymbol{L}$ 是以力心为参考点的角动量。设运动周期为 T，则闭合曲线所围面积为

$$A=\int_0^T\mathrm{d}A=\frac{|\boldsymbol{L}|}{2\mu}T \tag{6.217}$$

粒子的运动形成一个环形电流，电流强度为 $I=q/T$，其等效磁矩为

$$\boldsymbol{M}=IA\boldsymbol{n}=\frac{q}{2\mu}\boldsymbol{L} \tag{6.218}$$

这里 $\boldsymbol{n}$ 是 $\boldsymbol{L}$ 方向的单位矢量，与粒子的运动方向满足右手螺旋定则。

在量子力学中，磁矩按照量子化规则成为算符

$$\boldsymbol{M}\rightarrow\hat{\boldsymbol{M}}=\frac{q}{2\mu}\hat{\boldsymbol{L}} \tag{6.219}$$

对于氢原子的定态波函数(6.195)，这是 $\hat{L}_z$ 的本征态，$\langle L_z\rangle=m\hbar$，也是 $\hat{M}_z$ 的本征态。电子电量 $q=-e$，$\hat{M}_z$ 的期待值为[⊖]

$$\langle M_z\rangle=\frac{q}{2\mu}\langle L_z\rangle=-\frac{em\hbar}{2\mu}=-m\mu_B \tag{6.220}$$

式中，$\mu_B=\dfrac{e\hbar}{2\mu}$称为玻尔磁子。借用经典力学的术语，将 M_z 称为电子的轨道磁矩。

根据概率流密度也可以计算磁矩的期待值。概率流密度乘以电子的电荷量$-e$ 就是统计意义上的电流密度，也就是电流的期待值，因此电子的运动(在统计意义上)形成了一个绕着 z 轴的环形电流。取一个绕着 z 轴的细圆环，如图 6-11 所示，细圆环的半径为 $r\sin\theta$。设圆环的横截面积为 $\mathrm{d}\sigma$，则通过细圆环横截面的电流强度为

$$\mathrm{d}I=-e\boldsymbol{J}\cdot\boldsymbol{e}_\varphi\mathrm{d}\sigma \tag{6.221}$$

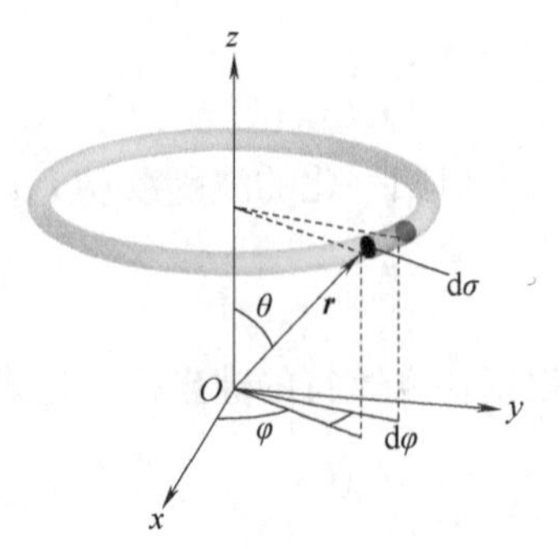

图 6-11 细圆环

在经典力学中，一个质量为 μ 的粒子以速度 v 绕着 z 轴做圆周运动，设圆周半径为 a，则粒子对 z 轴的角动量为 $L_z=\mu av$。在式(6.215)中，$m\hbar$ 是电子对 z 轴的角动量 L_z，因此

⊖ 根据上一章结尾的选读材料，角动量的另外两个分量期待值为零，因此磁矩的相应分量期待值也为零.

$m\hbar/(\mu r\sin\theta)$相当于细圆环中电子的“速度”，而$|\psi_{nlm}|^2$表示概率密度ρ，二者乘积就是概率流密度。细圆环中的电荷密度为$\rho_e=-e\rho$，电流密度为$\boldsymbol{J}_e=-e\boldsymbol{J}$，它正好是电荷密度与电子“速度”的乘积。应当注意，电子“速度”依赖于细圆环位置(由r,θ确定)。

细圆环面积为$\pi(r\sin\theta)^2$，其电流贡献一个沿着z轴方向的磁矩

$$dM_z=\pi(r\sin\theta)^2dI \tag{6.222}$$

将全空间中所有细圆环电流贡献的磁矩相加，就得到总磁矩

$$M_z=\int dM_z=-\frac{em\hbar}{\mu}\int_{对所有电流环}|\psi_{nlm}|^2\pi r\sin\theta d\sigma \tag{6.223}$$

为了计算这个积分，我们对结果稍做一下改造。由于$|\psi_{nlm}|^2$与方位角φ无关，从而M_z也跟方位角无关，因此$\int_0^{2\pi}M_z d\varphi=2\pi M_z$。由此将式(6.223)改造为

$$M_z=\frac{1}{2\pi}\int_0^{2\pi}M_z d\varphi=-\frac{em\hbar}{2\mu}\int_0^{2\pi}d\varphi\int_{对所有电流环}|\psi_{nlm}|^2 r\sin\theta d\sigma \tag{6.224}$$

由图 6-11 可知，细圆环上角度为$d\varphi$的体元的体积为$dV=r\sin\theta d\varphi d\sigma$，上述积分就是$|\psi_{nlm}|^2$对全空间的积分。为了便于理解，在图 6-12 中我们按照球坐标系的坐标网格画了一个细圆环。这个特殊的细圆环横截面积为$d\sigma=rd\theta dr$，因此式(6.224)改写为

$$M_z=-\frac{em\hbar}{2\mu}\int_0^{2\pi}d\varphi\int_0^{\pi}d\theta\int_0^{\infty}dr\,|\psi_{nlm}|^2r^2\sin\theta \tag{6.225}$$

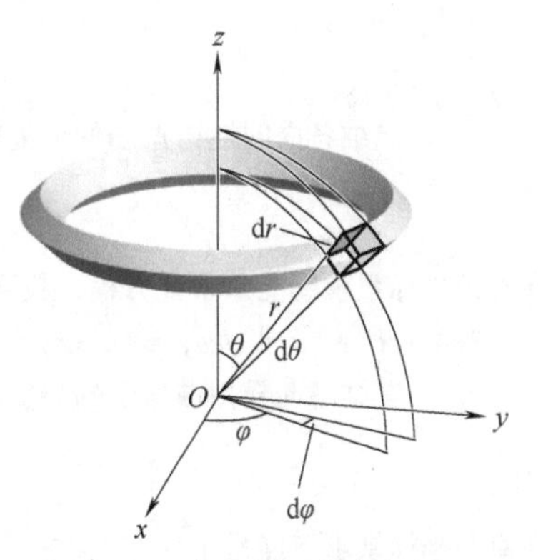

图 6-12 球坐标网格的细圆环

细圆环上角度为$d\varphi$的体元正是球坐标体元，其体积为

$$dV=r\sin\theta d\varphi d\sigma=r^2\sin\theta drd\theta d\varphi \tag{6.226}$$

由此可得

$$M_z=-\frac{em\hbar}{2\mu}\int_{\infty}|\psi_{nlm}|^2dV \tag{6.227}$$

我们强调，从式(6.224)就能直接得到这个结果，采用球坐标只是为了方便理解而已。利用波函数归一化条件，可得定态波函数对应的(统计意义上的)磁矩为

$$M_z=-\frac{em\hbar}{2\mu} \tag{6.228}$$

结果与式(6.220)一致。

6.5.5 类氢离子

对于核电荷数大于 1 的原子，将核外电子剥离得只剩一个电子后形成的离子称为类氢离子，比如He^+,Li^{++},Be^{+++}等。类氢离子的哈密顿算符为

$$\hat{H}=-\frac{\hbar^2}{2\mu}\nabla^2-\frac{1}{4\pi\varepsilon_0}\frac{Ze^2}{r} \tag{6.229}$$

将氢原子结果中的e^2换成Ze^2，就得到类氢原子的结果。类氢离子能级为

$$E_n=-\frac{Z^2\bar{e}^2}{2a_0}\frac{1}{n^2},\quad n=1,2,\cdots \tag{6.230}$$

式中，$a_0=\hbar^2/\mu\bar{e}^2$仍然是玻尔半径。类氢离子的径向波函数为

$$R_{nl}(r)=N_{nl}\left(\frac{2Zr}{na_0}\right)^l \mathrm{e}^{-\frac{Zr}{na_0}}\mathrm{F}\left(l+1-n,2l+2,\frac{2Zr}{na_0}\right) \tag{6.231}$$

其中归一化常数为

$$N_{nl}=\frac{2}{(2l+1)!n^2}\left(\frac{Z}{a_0}\right)^{\frac{3}{2}}\sqrt{\frac{(n+l)!}{(n-l-1)!}} \tag{6.232}$$

$(\hat{H},\hat{L}^2,\hat{L}_z)$的共同本征函数为

$$\psi_{nlm}(\boldsymbol{r})=R_{nl}(r)\mathrm{Y}_{lm}(\theta,\varphi) \tag{6.233}$$

比如基态波函数

$$\psi_{100}(\boldsymbol{r})=R_{10}(r)\mathrm{Y}_{00}(\theta,\varphi)=\frac{1}{\sqrt{\pi}}\left(\frac{Z}{a_0}\right)^{\frac{3}{2}}\mathrm{e}^{-\frac{Zr}{a_0}} \tag{6.234}$$

6.1 二维各向同性谐振子的势能函数为

$$V(x,y)=\frac{1}{2}\mu\omega^2(x^2+y^2)$$

在直角坐标系求解能量本征方程，找到能量本征值和简并度。

答案：$E_n=(n+1)\hbar\omega$，$n=n_1+n_2$，$n,n_1,n_2=0,1,2,\cdots$，简并度 $g_n=n+1$。

6.2 二维各向异性谐振子的势能函数为

$$V(x,y)=\frac{1}{2}\mu(\omega_1^2x^2+\omega_2^2y^2)$$

在直角坐标系求解能量本征方程，找到能量本征值。设 $\omega_2=2\omega_1$，讨论前五个能级的简并度。

答案：$E_{n_1n_2}=\left(n_1+\frac{1}{2}\right)\hbar\omega_1+\left(n_2+\frac{1}{2}\right)\hbar\omega_2$，$n_1,n_2=0,1,2,\cdots$。

当 $\omega_2=2\omega_1$ 时，$E_n=\left(n+\frac{3}{2}\right)\hbar\omega_1$，$n=n_1+2n_2$。

E_0,E_1 不简并，E_2,E_3 二重简并，E_4 三重简并。

6.3 根据氢原子基态的径向概率分布，计算最可几半径。

6.4 氢原子处于基态，求电子处于经典禁区的概率。

提示：经典禁区就是电子的经典动能为负值的区域，条件是 $E_1-V(r)<0$。

6.5 对于氢原子的基态波函数 $\psi_{100}(\boldsymbol{r})=\frac{1}{\sqrt{\pi a_0^3}}\mathrm{e}^{-\frac{r}{a_0}}$，求动量概率分布。

6.6 对于氢原子的基态波函数 $\psi_{100}(\boldsymbol{r})=\frac{1}{\sqrt{\pi a_0^3}}\mathrm{e}^{-\frac{r}{a_0}}$，计算

(1) $\langle r\rangle$和$\langle r^2\rangle$；

(2) $\langle x\rangle$和$\langle x^2\rangle$；

(3) $\langle T\rangle$和$\langle V\rangle$。

提示：无须积分，利用$\langle x^2\rangle$和$\langle r^2\rangle$的关系计算$\langle x^2\rangle$。

6.7 设氢原子处于能量本征态 $\psi_{nlm}(\boldsymbol{r})$，计算概率流密度。

答案：$\boldsymbol{J}=\frac{m\hbar}{\mu r\sin\theta}|\psi_{nlm}|^2\boldsymbol{e}_\varphi$。

6.8 根据位力定理可知，氢原子定态的势能期待值为$\langle V\rangle_n=2E_n$。设$t=0$时刻氢原子波函数为

$$\psi(\boldsymbol{r},0)=\frac{1}{\sqrt{2}}[\psi_{211}(\boldsymbol{r})+\psi_{21,-1}(\boldsymbol{r})]$$

(1) 求$t>0$时刻含时波函数$\psi(\boldsymbol{r},t)$，并判断体系是否处于定态；

(2) 求势能期待值，它是否依赖于时间？

说明：势能期待值不依赖于时间，因为这是定态。

6.9 根据位力定理可知，氢原子定态的势能期待值为$\langle V\rangle_n=2E_n$。设$t=0$时刻氢原子波函数为

$$\psi(\boldsymbol{r},0)=\frac{1}{\sqrt{2}}[\psi_{100}(\boldsymbol{r})+\psi_{210}(\boldsymbol{r})]$$

(1) 求$t>0$时刻含时波函数$\psi(\boldsymbol{r},t)$；

(2) 求势能期待值，它是否依赖于时间？

提示：利用球谐函数的正交性。答案：$\langle V\rangle=E_1+E_2$。

6.10 类氢原子是电荷为Ze的原子核与一个电子构成的束缚态体系，比如H,He^+,Li^{++},Be^{+++}等，根据氢原子的能级，写出类氢原子的能级$E_n(Z)$。

6.11 正电子(positron)e^+是电子e^-的反粒子，其质量与电子相同，电荷与电子相反。正电子碰到电子会发生湮灭，主要过程是产生两个γ光子。在湮灭前e^+和e^-可能形成束缚态，称为电子偶素(positronium)。以m_e表示电子质量，求电子偶素的能级和“玻尔半径”的表达式，并计算基态能量和“玻尔半径”的数值，分别以eV和nm为单位。

提示：电子偶素相当于以正电子替代氢原子中的质子，将氢原子相关公式的约化质量改为这里的约化质量即可。

6.12 μ^-轻子(muon)是一种不稳定粒子，其电荷与电子相同，质量为105.7MeV，平均寿命为2.2×10^{-6}s，其主要衰变过程为$\mu^-\to e^-+\bar{\nu}_e+\nu_\mu$，其中$\bar{\nu}_e$是电子型反中微子，$\nu_\mu$是$\mu$型中微子。以$\mu^-$子替代氢原子中的电子，称为$\mu^-$氢原子。分别以$m_e$和$m_\mu$表示电子和$\mu^-$轻子的质量，求能级和“玻尔半径”的表达式，并计算基态能量和“玻尔半径”的数值，分别以keV和pm为单位。

7

第 7 章 电磁场中的粒子

在这一章，我们将讨论带电粒子与电磁场相互作用的量子力学，并讨论电子在均匀磁场中的运动。此外我们还将介绍电磁势的非局域效应——AB 效应，这种效应在经典电动力学中并不存在。

7.1 经典电动力学回顾

我们先简要回顾经典电动力学的主要内容，并将其纳入分析力学框架，这是过渡到量子力学的基础。

7.1.1 运动方程

真空中电磁场 $\boldsymbol{E}$ 和 $\boldsymbol{B}$ 满足麦克斯韦方程组(Maxwell's equations)

$$\nabla \cdot \boldsymbol{E} = \frac{\rho_e}{\varepsilon_0} \tag{7.1}$$

$$\nabla \times \boldsymbol{E} = -\frac{\partial \boldsymbol{B}}{\partial t} \tag{7.2}$$

$$\nabla \cdot \boldsymbol{B} = 0 \tag{7.3}$$

$$\nabla \times \boldsymbol{B} = \mu_0 \boldsymbol{J}_e + \mu_0 \varepsilon_0 \frac{\partial \boldsymbol{E}}{\partial t} \tag{7.4}$$

式中，ε_0 和 μ_0 分别是真空电容率和真空磁导率；ρ_e 和 $\boldsymbol{J}_e$ 分别是电荷密度和电流密度矢量。带电粒子在电磁场中所受的力遵守洛伦兹力定律(Lorentz force law)

$$\boldsymbol{F} = q(\boldsymbol{E} + \boldsymbol{v} \times \boldsymbol{B}) \tag{7.5}$$

式中，q 是粒子所带电荷；$\boldsymbol{v}$ 是带电粒子的速度。麦克斯韦方程组、洛伦兹力公式和牛顿方程一起，决定了真空中带电粒子和电磁场的动力学。

7.1.2 规范不变性

根据式(7.3)可知，磁场 $\boldsymbol{B}$ 可以表达为某个矢量场 $\boldsymbol{A}$ 的旋度㊀

$$\boldsymbol{B} = \nabla \times \boldsymbol{A} \tag{7.6}$$

㊀ 若矢量场散度为零，则可表达为另一矢量场的旋度；若矢量场旋度为零，则可表达为标量场的梯度.

$\boldsymbol{A}$ 称为磁矢势。将式(7.6)代入式(7.2)，得

$$\nabla \times \left(\boldsymbol{E} + \frac{\partial \boldsymbol{A}}{\partial t}\right) = 0 \tag{7.7}$$

括号内的组合矢量场可以表达为某个标量场$-\phi$的梯度

$$\boldsymbol{E} + \frac{\partial \boldsymbol{A}}{\partial t} = -\nabla\phi \tag{7.8}$$

由此可得

$$\boldsymbol{E} = -\nabla\phi - \frac{\partial \boldsymbol{A}}{\partial t} \tag{7.9}$$

对于给定电磁场，满足要求的电磁势并不唯一。设$\chi(\boldsymbol{r},t)$是任意具有足够阶偏导数的函数，根据式(7.6)和式(7.9)易验证，对电磁势做如下变换不改变电磁场

$$\boldsymbol{A} \to \boldsymbol{A}' = \boldsymbol{A} + \nabla\chi, \qquad \phi \to \phi' = \phi - \frac{\partial \chi}{\partial t} \tag{7.10}$$

也就是说，从 $\boldsymbol{A}$，ϕ和 $\boldsymbol{A}'$，ϕ'能够得出相同的 $\boldsymbol{E},\boldsymbol{B}$。变换(7.10)称为电磁势的规范变换(gauge transformation)，在规范变换下不变的物理量称为规范不变量(gauge invariant)。由于麦克斯韦方程组和洛伦兹力公式中只含有 $\boldsymbol{E},\boldsymbol{B}$ 这样的规范不变量，因此规范变换不改变体系的动力学。因此我们说，$\boldsymbol{A}$，ϕ不具有独立于 $\boldsymbol{E},\boldsymbol{B}$ 的观测效应，它们仅仅是辅助研究的场。

在处理具体问题时，可以选择使用方便的电磁势，称为选择一种规范，这可以通过对 $\boldsymbol{A}$，ϕ附加一些条件来实现。比较常用的规范有

(1) 库仑规范(Coulomb gauge)

$$\nabla \cdot \boldsymbol{A} = 0 \tag{7.11}$$

(2) 洛伦兹规范(Lorentz gauge)

$$\nabla \cdot \boldsymbol{A} + \frac{1}{c^2}\frac{\partial \phi}{\partial t} = 0 \tag{7.12}$$

式中，c 是光速。根据规范变换(7.10)，可以证明条件式(7.11)或式(7.12)总能满足，而且实际上满足条件的 $\boldsymbol{A}$，ϕ仍然有很多。比如，考虑沿着 z 轴方向的均匀磁场 $\boldsymbol{B} = B\boldsymbol{e}_z$，如下三种磁矢势都满足库仑规范

$$A_x = -By, \qquad A_y = 0, \qquad A_z = 0 \tag{7.13}$$

$$A_x = -\frac{1}{2}By, \qquad A_y = \frac{1}{2}Bx, \qquad A_z = 0 \tag{7.14}$$

$$A_x = 0, \qquad A_y = Bx, \qquad A_z = 0 \tag{7.15}$$

其中式(7.13)称为朗道规范(Landau gauge)，式(7.14)称为费曼规范(Feynman gauge)，费曼规范可以看作另外两种规范的算术平均。在规范变换(7.10)中选择$\chi(\boldsymbol{r},t) = -Bxy/2$，就可以从费曼规范变换到朗道规范。朗道规范和费曼规范都满足在坐标原点 $\boldsymbol{A} = 0$，但坐标原点并不特殊，因为这是均匀磁场。选择一个坐标原点，相应地就定义了一种朗道规范(费曼规范)，不同的朗道规范(费曼规范)下的磁矢势仅仅相差一个常数。容易验证，费曼规范能够写为矢量形式

$$\boldsymbol{A} = \frac{1}{2}\boldsymbol{B} \times \boldsymbol{r} \tag{7.16}$$

还可以验证，对于任何方向的均匀磁场，磁矢势都可以用式(7.16)表示。

7.1.3 分析力学的方法

为了从经典力学过渡到量子力学，我们需要找到带电粒子的经典哈密顿量。考虑一种简单情形，假设质量为 m、电荷为 q 的粒子在电磁场中的运动，在非相对论情形，粒子的哈密顿量为

$$H = \frac{1}{2m}(\boldsymbol{p} - q\boldsymbol{A})^2 + q\phi \tag{7.17}$$

式中，$\boldsymbol{p}$ 是正则动量(canonical momentum)。粒子的运动遵守哈密顿正则方程

$$\dot{x}_i = \frac{\partial H}{\partial p_i},\quad \dot{p}_i = -\frac{\partial H}{\partial x_i},\quad i = 1,2,3 \tag{7.18}$$

根据正则方程(7.18)第一式可得

$$\dot{x}_i = \frac{1}{m}(p_i - qA_i),\quad i = 1,2,3 \tag{7.19}$$

为与正则动量区别，通常将 $m\boldsymbol{v}$ 称为粒子的运动学动量(kinematical momentum)或力学动量(mechanical momentum)，中文教材通常称为机械动量。由式(7.19)可知带电粒子的机械动量为

$$\boldsymbol{\Pi} = \boldsymbol{p} - q\boldsymbol{A} \tag{7.20}$$

或者写为分量形式

$$\Pi_i = m\dot{x}_i = p_i - qA_i,\quad i = 1,2,3 \tag{7.21}$$

机械动量取决于粒子的速度，与电磁势的规范选择无关，因此在磁矢势做规范变换(7.10)时，正则动量必须做如下变换，以保证机械动量不变

$$\boldsymbol{p} \to \boldsymbol{p}' = \boldsymbol{p} + q\nabla\chi \tag{7.22}$$

如何找到一个物理体系的拉格朗日量或哈密顿量，这是个复杂的问题。我们不去讨论一般理论，而只需要明白，由哈密顿量(7.17)出发，根据正则方程(7.18)可得到牛顿运动方程。为此将式(7.19)再次对时间求导，得

$$\ddot{x}_i = \frac{1}{m}(\dot{p}_i - q\dot{A}_i),\quad i = 1,2,3 \tag{7.23}$$

首先，由正则方程(7.18)的第二式和式(7.19)，得(注意对重复指标求和，下同)

$$\dot{p}_i = \frac{q}{m}(p_j - qA_j)\frac{\partial A_j}{\partial x_i} - q\frac{\partial \phi}{\partial x_i} = q\dot{x}_j\frac{\partial A_j}{\partial x_i} - q\frac{\partial \phi}{\partial x_i} \tag{7.24}$$

其次，在 $A_i = A_i(x,y,z,t)$ 中，空间坐标 x,y,z 就是粒子的位置坐标，它们都是 t 的函数，$x_i = x_i(t)$，因此对 A_i 的时间变量求全导的结果为

$$\dot{A}_i = \frac{\partial A_i}{\partial t} + \frac{\partial A_i}{\partial x_j}\dot{x}_j \tag{7.25}$$

将式(7.23)两端乘以 m，并利用式(7.24)和式(7.25)，得

$$m\ddot{x}_i = q\dot{x}_j\left(\frac{\partial A_j}{\partial x_i} - \frac{\partial A_i}{\partial x_j}\right) - q\left(\frac{\partial \phi}{\partial x_i} + \frac{\partial A_i}{\partial t}\right) \tag{7.26}$$

根据电磁场和电磁势的关系式(7.6)和式(7.9)，可知

$$E_i = -\frac{\partial \phi}{\partial x_i} - \frac{\partial A_i}{\partial t}, \qquad B_i = \varepsilon_{ijk}\frac{\partial A_k}{\partial x_j} \tag{7.27}$$

由此可知式(7.26)右端第二项正是qE_i。另一方面

$$(\boldsymbol{v} \times \boldsymbol{B})_i = \varepsilon_{ijk} v_j B_k = \varepsilon_{ijk}\varepsilon_{klm} v_j \frac{\partial A_m}{\partial x_l} \tag{7.28}$$

根据列维-奇维塔符号的性质，得

$$\varepsilon_{ijk}\varepsilon_{klm} = \varepsilon_{ijk}\varepsilon_{lmk} = \delta_{il}\delta_{jm} - \delta_{im}\delta_{jl} \tag{7.29}$$

因此

$$(\boldsymbol{v} \times \boldsymbol{B})_i = (\delta_{il}\delta_{jm} - \delta_{im}\delta_{jl}) v_j \frac{\partial A_m}{\partial x_l} = v_j\left(\frac{\partial A_j}{\partial x_i} - \frac{\partial A_i}{\partial x_j}\right) \tag{7.30}$$

注意$v_j = \dot{x}_j$，由此可知式(7.26)右端第一项正是$q(\boldsymbol{v} \times \boldsymbol{B})_i$。由此可得

$$m\ddot{x}_i = qE_i + q(\boldsymbol{v} \times \boldsymbol{B})_i, \quad i = 1,2,3 \tag{7.31}$$

方程右端是洛伦兹力公式，因此式(7.31)正是牛顿方程。

7.2 带电粒子的量子力学

从经典力学过渡到量子力学，要将经典哈密顿量替换为算符。量子化规则仍然同以前一样，但需要记住的是，替换规则是针对正则变量进行的。

7.2.1 哈密顿算符

根据量子化规则，要将正则动量(而不是机械动量)做如下替换

$$\boldsymbol{p} \to \hat{\boldsymbol{p}} = -\mathrm{i}\hbar\nabla \tag{7.32}$$

$\boldsymbol{A}$和ϕ都是坐标的函数，在坐标表象中其算符就是函数本身

$$\boldsymbol{A} \to \hat{\boldsymbol{A}} = \boldsymbol{A}(\boldsymbol{r},t), \qquad \phi \to \hat{\phi} = \phi(\boldsymbol{r},t) \tag{7.33}$$

对经典哈密顿量(7.17)进行上述替换，就得到哈密顿算符

$$\boxed{\hat{H} = \frac{1}{2m}(\hat{\boldsymbol{p}} - q\boldsymbol{A})^2 + q\phi} \tag{7.34}$$

算符$\hat{\boldsymbol{p}}$与$\boldsymbol{A}$并不对易，容易验证分量对易关系为

$$[\hat{p}_i, A_j] = \hat{p}_i A_j - A_j\hat{p}_i = -\mathrm{i}\hbar\frac{\partial A_j}{\partial x_i} \tag{7.35}$$

令$i=j$，并对i求和，得

$$\hat{\boldsymbol{p}} \cdot \boldsymbol{A} - \boldsymbol{A} \cdot \hat{\boldsymbol{p}} = -\mathrm{i}\hbar\nabla \cdot \boldsymbol{A} \tag{7.36}$$

直接用动量算符(7.32)也能验证式(7.36)成立：对任意波函数ψ，可得

$$\begin{aligned}(\hat{\boldsymbol{p}} \cdot \boldsymbol{A} - \boldsymbol{A} \cdot \hat{\boldsymbol{p}})\psi &= -\mathrm{i}\hbar\nabla \cdot (\boldsymbol{A}\psi) + \mathrm{i}\hbar\boldsymbol{A} \cdot \nabla\psi \\ &= -\mathrm{i}\hbar(\nabla \cdot \boldsymbol{A})\psi - \mathrm{i}\hbar\boldsymbol{A} \cdot \nabla\psi + \mathrm{i}\hbar\boldsymbol{A} \cdot \nabla\psi = -\mathrm{i}\hbar(\nabla \cdot \boldsymbol{A})\psi\end{aligned} \tag{7.37}$$

根据式(7.20)可知机械动量算符为

$$\hat{\boldsymbol{\Pi}} = \hat{\boldsymbol{p}} - q\boldsymbol{A} = -\mathrm{i}\hbar\nabla - q\boldsymbol{A} \tag{7.38}$$

利用式(7.35)容易证明(留作练习)

$$[\hat{\Pi}_i, \hat{\Pi}_j] = \mathrm{i}\hbar q\,\varepsilon_{ijk}B_k \tag{7.39}$$

或者写为矢量形式

$$\hat{\boldsymbol{\Pi}} \times \hat{\boldsymbol{\Pi}} = \mathrm{i}\hbar q \boldsymbol{B} \tag{7.40}$$

将哈密顿算符(7.34)中的平方展开

$$(\hat{\boldsymbol{p}} - q\boldsymbol{A})^2 = \hat{\boldsymbol{p}}^2 - q(\hat{\boldsymbol{p}} \cdot \boldsymbol{A} + \boldsymbol{A} \cdot \hat{\boldsymbol{p}}) + q^2\boldsymbol{A}^2 \tag{7.41}$$

并利用式(7.36)，可得

$$\hat{H} = \frac{1}{2m}(\hat{\boldsymbol{p}}^2 - 2q\boldsymbol{A} \cdot \hat{\boldsymbol{p}} + \mathrm{i}\hbar q \nabla \cdot \boldsymbol{A} + q^2\boldsymbol{A}^2) + q\phi \tag{7.42}$$

对于经典量，由于$\boldsymbol{p} \cdot \boldsymbol{A}=\boldsymbol{A} \cdot \boldsymbol{p}$，因此可以写出很多等价表达式

$$\boldsymbol{p} \cdot \boldsymbol{A} = \boldsymbol{A} \cdot \boldsymbol{p} = \frac{1}{2}(\boldsymbol{p} \cdot \boldsymbol{A} + \boldsymbol{A} \cdot \boldsymbol{p}) \tag{7.43}$$

等。由于$\hat{\boldsymbol{p}} \cdot \boldsymbol{A} \neq \boldsymbol{A} \cdot \hat{\boldsymbol{p}}$，对式(7.43)的每种表达式应用替换规则(7.32)和(7.33)，得到的算符彼此并不等价。如果先把经典哈密顿量(7.17)中的平方项展开

$$H = \frac{1}{2m}(\boldsymbol{p}^2 - 2q\boldsymbol{A} \cdot \boldsymbol{p} + q^2\boldsymbol{A}^2) + q\phi \tag{7.44}$$

在过渡到量子力学时，由$\boldsymbol{A} \cdot \boldsymbol{p}$的各种等价表达式出发会得到不同的算符。在式(7.34)中，我们选择对经典哈密顿量(7.17)在未展开平方项之前直接应用替换规则(7.32)和(7.33)。根据式(7.41)可知，这相当于选择式(7.43)中的第三种表达式。这样做的理由是，由此得到的算符$(\hat{\boldsymbol{p}} \cdot \boldsymbol{A}+\boldsymbol{A} \cdot \hat{\boldsymbol{p}})/2$是自伴算符，而$\hat{\boldsymbol{p}} \cdot \boldsymbol{A}$，$\boldsymbol{A} \cdot \hat{\boldsymbol{p}}$等算符都不是自伴算符。巧合的是，如果选择库仑规范$\nabla \cdot \boldsymbol{A}=0$，则由式(7.36)会得到

$$\hat{\boldsymbol{p}} \cdot \boldsymbol{A} = \boldsymbol{A} \cdot \hat{\boldsymbol{p}} \tag{7.45}$$

上述问题不复存在，此时哈密顿算符式(7.34)可写为

$$\hat{H} = \frac{1}{2m}(\hat{\boldsymbol{p}}^2 - 2q\boldsymbol{A} \cdot \hat{\boldsymbol{p}} + q^2\boldsymbol{A}^2) + q\phi \tag{7.46}$$

但应明白，即使采用库仑规范，$\hat{\boldsymbol{p}}$与$\boldsymbol{A}$的分量也不对易，如式(7.35)所示。

讨论

在经典力学中，由于牛顿方程中只出现$\boldsymbol{E},\boldsymbol{B}$而不出现$\boldsymbol{A},\phi$，因此$\boldsymbol{E},\boldsymbol{B}$完全决定了体系的动力学演化。对电磁势$\boldsymbol{A},\phi$做规范变换并不影响$\boldsymbol{E},\boldsymbol{B}$，也就不影响体系的动力学。因此在经典力学中$\boldsymbol{A},\phi$没有独立于$\boldsymbol{E},\boldsymbol{B}$的观测效应，它们只是辅助工具。顺便一说，从正则方程(7.18)出发会面临着如下担忧：在哈密顿量(7.17)中出现的是$\boldsymbol{A},\phi$，是否意味着不同规范下$\boldsymbol{A},\phi$会导致不同演化过程？用牛顿方程则可以打消这个顾虑。

在量子力学中，体系的演化遵守薛定谔方程。和经典力学不同，我们没有一个等价于薛定谔方程而且只含有$\boldsymbol{E},\boldsymbol{B}$的运动方程，因此面临刚刚提到的担忧：在哈密顿算符中出现的是$\boldsymbol{A},\phi$，是否意味着不同规范下的$\boldsymbol{A},\phi$会导致不同的演化过程？如果是，则意味着在量子力学中，电磁场的规范不变性遭到破坏，$\boldsymbol{A},\phi$具有独立于$\boldsymbol{E},\boldsymbol{B}$的可观测效应，也决不允许人为选择任何规范。然而我们将表明，量子力学附加了波函数的变换规则，从而保持了规范不变性。

7.2.2 运动方程

根据哈密顿算符(7.34)，电磁场中的带电粒子的薛定谔方程为

$$\boxed{\mathrm{i}\hbar\frac{\partial}{\partial t}\psi(\boldsymbol{r},t)=\left[\frac{1}{2m}(\hat{\boldsymbol{p}}-q\boldsymbol{A})^2+q\phi\right]\psi(\boldsymbol{r},t)} \tag{7.47}$$

我们将证明，薛定谔方程(7.47)在以下变换中保持不变：

$$\boldsymbol{A}\rightarrow\boldsymbol{A}'=\boldsymbol{A}+\nabla\chi,\qquad \phi\rightarrow\phi'=\phi-\frac{\partial\chi}{\partial t} \tag{7.48}$$

$$\psi\rightarrow\psi'=\mathrm{e}^{\frac{\mathrm{i}}{\hbar}q\chi}\psi \tag{7.49}$$

式(7.48)就是电磁势的规范变换，式(7.49)将波函数$\psi(\boldsymbol{r},t)$改变了一个相位因子，称为波函数的定域规范变换。“定域”的意思是相位$\mathrm{i}q\chi/\hbar$与坐标$\boldsymbol{r}$有关。今后我们将式(7.48)和式(7.49)的联合变换称为规范变换。规范变换有个简单特点：如果$\chi(\boldsymbol{r},t)$将$\boldsymbol{A},\phi,\psi$变为$\boldsymbol{A}',\phi',\psi'$，则其负值$-\chi(\boldsymbol{r},t)$将$\boldsymbol{A}',\phi',\psi'$重新变回$\boldsymbol{A},\phi,\psi$。

现在我们要证明，$\boldsymbol{A}',\phi',\psi'$满足与式(7.47)形式完全一样的方程

$$\mathrm{i}\hbar\frac{\partial}{\partial t}\psi'(\boldsymbol{r},t)=\left[\frac{1}{2m}(\hat{\boldsymbol{p}}-q\boldsymbol{A}')^2+q\phi'\right]\psi'(\boldsymbol{r},t) \tag{7.50}$$

证明：首先，在变换式(7.48)和式(7.49)下

$$(\hat{\boldsymbol{p}}-q\boldsymbol{A})\psi\rightarrow(\hat{\boldsymbol{p}}-q\boldsymbol{A}')\psi'=-\mathrm{i}\hbar\nabla(\mathrm{e}^{\frac{\mathrm{i}}{\hbar}q\chi}\psi)-q(\boldsymbol{A}+\nabla\chi)\mathrm{e}^{\frac{\mathrm{i}}{\hbar}q\chi}\psi \tag{7.51}$$

根据莱布尼茨法则，并利用$\nabla\,\mathrm{e}^{\mathrm{i}q\chi/\hbar}=\mathrm{e}^{\mathrm{i}q\chi/\hbar}(\mathrm{i}q/\hbar)\nabla\chi$，可得如下变换规则

$$(\hat{\boldsymbol{p}}-q\boldsymbol{A})\psi\rightarrow(\hat{\boldsymbol{p}}-q\boldsymbol{A}')\psi'=\mathrm{e}^{\frac{\mathrm{i}}{\hbar}q\chi}(\hat{\boldsymbol{p}}-q\boldsymbol{A})\psi \tag{7.52}$$

由此可见，$(\hat{\boldsymbol{p}}-q\boldsymbol{A})\psi$ 整体上就像波函数一样变换，都是乘以相位因子 $\mathrm{e}^{\mathrm{i}q\chi/\hbar}$。按照这个规律立刻得到

$$(\hat{\boldsymbol{p}}-q\boldsymbol{A})^2\psi\rightarrow(\hat{\boldsymbol{p}}-q\boldsymbol{A}')^2\psi'=\mathrm{e}^{\frac{\mathrm{i}}{\hbar}q\chi}(\hat{\boldsymbol{p}}-q\boldsymbol{A})^2\psi \tag{7.53}$$

同样，根据变换式(7.48)和式(7.49)，可以证明

$$\left(\mathrm{i}\hbar\frac{\partial}{\partial t}-q\phi\right)\psi\rightarrow\left(\mathrm{i}\hbar\frac{\partial}{\partial t}-q\phi'\right)\psi'=\mathrm{e}^{\frac{\mathrm{i}}{\hbar}q\chi}\left(\mathrm{i}\hbar\frac{\partial}{\partial t}-q\phi\right)\psi \tag{7.54}$$

根据方程(7.47)，并利用变换规则(7.53)和(7.54)，就得到方程(7.50)。

规范变换式(7.48)必须与式(7.49)同时存在，薛定谔方程才能保持形式不变。换句话说，如果承认$\boldsymbol{A}',\phi'$与$\boldsymbol{A},\phi$描述了同一个电磁场，则必须承认ψ与$\psi'=\mathrm{e}^{\mathrm{i}q\chi/\hbar}\psi$ 描述量子态的同一个演化，才能保证理论的规范不变性。由于 $\mathrm{e}^{\mathrm{i}q\chi/\hbar}$并非常数相因子，这意味着带电粒子具有一种新的复杂性。实验完全证实了$\boldsymbol{A},\phi,\psi$ 等价于$\boldsymbol{A}',\phi',\psi'$，这说明带电粒子的量子力学具有规范不变性。

讨论

(1) 需要明白的是，即便没有外加电磁场，描述带电粒子的量子力学也要涉及电磁场。粗略地说，这是因为带电粒子能够产生电磁场，而这个电磁场反过来也能作用于粒子本身。以后我们会明白，带电粒子的概念本身就意味着粒子与电磁场发生了相互作用，而描述相互作用强度的参数正是粒子的电荷。

(2) 前面我们强调，如果电磁场保持规范不变性，则波函数必须具有定域规范不变性。在现代物理中，物理学家经常采用相反的思路：如果要求一种粒子具有定域规范不变性，那么必须存在与之相互作用的规范场(这里是电磁场)。矢量场与粒子的相互作用强度由参数 q

来表征，它被称为粒子“荷”(这里是电荷)。这种思路可以推广到更复杂的定域规范变换，与之相关的是更复杂的规范场。

7.2.3 概率守恒定律

为了方便推导，利用式(7.42)，将薛定谔方程(7.47)改写为

$$\mathrm{i}\hbar\frac{\partial\psi}{\partial t}=\left[\frac{1}{2m}(-\hbar^2\nabla^2+2\mathrm{i}\hbar q\boldsymbol{A}\cdot\nabla+\mathrm{i}\hbar q\nabla\cdot\boldsymbol{A}+q^2\boldsymbol{A}^2)+q\phi\right]\psi \tag{7.55}$$

对方程(7.55)取复共轭，注意电磁势$\boldsymbol{A}$和ϕ为实函数[㊀]，得

$$-\mathrm{i}\hbar\frac{\partial\psi^*}{\partial t}=\left[\frac{1}{2m}(-\hbar^2\nabla^2-2\mathrm{i}\hbar q\boldsymbol{A}\cdot\nabla-\mathrm{i}\hbar q\nabla\cdot\boldsymbol{A}+q^2\boldsymbol{A}^2)+q\phi\right]\psi^* \tag{7.56}$$

由此可得

$$\begin{aligned}\mathrm{i}\hbar\frac{\partial}{\partial t}(\psi^*\psi)&=\mathrm{i}\hbar\psi^*\frac{\partial\psi}{\partial t}+\mathrm{i}\hbar\frac{\partial\psi^*}{\partial t}\psi\\&=-\frac{\hbar^2}{2m}(\psi^*\nabla^2\psi-\psi\nabla^2\psi^*)+\frac{\mathrm{i}\hbar q}{m}[\boldsymbol{A}\cdot\nabla(\psi^*\psi)+(\nabla\cdot\boldsymbol{A})\psi^*\psi]\end{aligned} \tag{7.57}$$

利用求导的莱布尼茨法则，很容易证明如下公式

$$\nabla\cdot(\psi^*\nabla\psi-\psi\nabla\psi^*)=\psi^*\nabla^2\psi-\psi\nabla^2\psi^* \tag{7.58}$$

$$\nabla\cdot(\boldsymbol{A}\psi^*\psi)=\boldsymbol{A}\cdot\nabla(\psi^*\psi)+(\nabla\cdot\boldsymbol{A})\psi^*\psi \tag{7.59}$$

将结果用于式(7.57)，得

$$\mathrm{i}\hbar\frac{\partial}{\partial t}(\psi^*\psi)=-\frac{\hbar^2}{2m}\nabla\cdot(\psi^*\nabla\psi-\psi\nabla\psi^*)+\frac{\mathrm{i}\hbar q}{m}\nabla\cdot(\psi^*\boldsymbol{A}\psi) \tag{7.60}$$

右端第二项把$\boldsymbol{A}\psi^*\psi$写为$\psi^*\boldsymbol{A}\psi$只是为了形式美观，并无他意。引入记号

$$\rho=\psi^*\psi=|\psi|^2,\qquad \boldsymbol{J}=-\frac{\mathrm{i}\hbar}{2m}(\psi^*\nabla\psi-\psi\nabla\psi^*)-\frac{q}{m}\psi^*\boldsymbol{A}\psi \tag{7.61}$$

可将式(7.60)改写为

$$\frac{\partial\rho}{\partial t}+\nabla\cdot\boldsymbol{J}=0 \tag{7.62}$$

如果波函数ψ是归一化的，则ρ就是概率密度，$\boldsymbol{J}$是概率流密度。式(7.62)表示带电粒子的概率守恒定律。

7.2.4 观测量

在规范变换下，一切观测量必须是规范不变的。在规范变换(7.48)和(7.49)下，以下类型的量

$$\psi^*(\hat{\boldsymbol{p}}-q\boldsymbol{A})^n\psi,\quad n=0,1,2,3,\cdots \tag{7.63}$$

都是规范不变量。首先，概率密度是规范不变量；其次，将概率流密度改写为

$$\boldsymbol{J}=\frac{1}{2m}[\psi^*(\hat{\boldsymbol{p}}-q\boldsymbol{A})\psi+\psi(\hat{\boldsymbol{p}}-q\boldsymbol{A})^*\psi^*] \tag{7.64}$$

㊀ 在电动力学中也用复数形式的电磁势，但复数只是作为一个工具，真正有意义的是复数量的实部.

其中方括号内两项互为复共轭，将含 $\boldsymbol{A}$ 的两项合并一下就能看出它等价于原式。因此概率流密度也是规范不变量。

坐标算符的期待值为

$$\langle \boldsymbol{r} \rangle = \int_\infty |\psi|^2 \boldsymbol{r} \mathrm{d}^3 r \tag{7.65}$$

因此也是规范不变量。坐标算符的函数 $f(\boldsymbol{r})$ 的期待值当然也是规范不变的。需要注意，这里对比的是不同规范下同一个函数的期待值。势能 $q\phi(\boldsymbol{r},t)$ 虽然也是坐标的函数，但不同规范下的势能不同，因此势能期待值不是规范不变量。

机械动量算符的期待值为

$$\langle \boldsymbol{\Pi} \rangle = \int_\infty \mathrm{d}^3 r \psi^* (\boldsymbol{p} - q\boldsymbol{A}) \psi \tag{7.66}$$

因此也是规范不变量。机械动量的函数，比如动能算符 $\hat{T}=\hat{\boldsymbol{\Pi}}^2/2m$ 的期待值也是规范不变量。至于角动量 $\hat{\boldsymbol{L}}=\hat{\boldsymbol{r}}\times\hat{\boldsymbol{\Pi}}$，作为坐标和机械动量的函数，其期待值自然也是规范不变的，模仿式(7.66)的证明过程很容易得出这个结论。

与实验对比的是机械动量，正则动量不是可观测量，谈不上期待值一说。作为对比，我们来计算新规范下正则动量的"期待值"

$$\langle \boldsymbol{p}' \rangle = \int_\infty \mathrm{d}^3 r (\mathrm{e}^{\mathrm{i}q\chi/\hbar}\psi)^* \hat{\boldsymbol{p}} (\mathrm{e}^{\mathrm{i}q\chi/\hbar}\psi) = \langle \boldsymbol{p} \rangle + q \int_\infty \mathrm{d}^3 r \psi^* \nabla\chi \psi \tag{7.67}$$

式中，$\langle \boldsymbol{p} \rangle$是旧规范下的"期待值"。将第二项积分记为$\langle \nabla\chi \rangle$，则

$$\langle \boldsymbol{p}' \rangle = \langle \boldsymbol{p} \rangle + q\langle \nabla\chi \rangle \tag{7.68}$$

正则动量的"期待值"不是规范不变的，完全符合预期。χ 不是力学量，当然也谈不上期待值，这里$\langle \nabla\chi \rangle$只是个记号。式(7.68)的结果与经典力学中正则动量的规范变换(7.22)规律相同。由此可见，在量子力学中，虽然正则动量的算符表达式与规范无关，但它的"期待值"却仍然保留了经典关系。

讨论

在经典力学中正则动量不是规范不变量，在电磁势做规范变换时，正则动量必须按照式(7.22)进行变换。按照这个思路，在量子力学中，如果在某个规范下将正则动量按照替换法则(7.32)替换为算符，则另一个规范下的正则动量仿佛应该替换为如下算符

$$\boldsymbol{p}' \xrightarrow{?} -\mathrm{i}\hbar\nabla + q\nabla\chi \tag{7.69}$$

然而规范变换(7.48)和(7.49)中，我们仅仅对电磁势 $\boldsymbol{A},\phi$ 和波函数 ψ 进行了规范变换，而对正则动量我们一直采用算符 $\hat{\boldsymbol{p}}=-\mathrm{i}\hbar\nabla$，并未做任何变换。也就是说，无论采用哪个规范，正则动量一律替换为算符$-\mathrm{i}\hbar\nabla$。这意味着在量子力学中，不同规范下的正则动量并不满足类似于经典情形的式(7.22)那样的关系。与之相应的是，在规范变换(7.48)下机械动量算符发生变化

$$\hat{\boldsymbol{\Pi}} \to \hat{\boldsymbol{\Pi}}' = -\mathrm{i}\hbar\nabla - q\boldsymbol{A}' \tag{7.70}$$

力学量算符并不是直接可观测的量，算符的期待值才是。虽然根据式(7.70)，机械动量算符随着规范而变化，但正如式(7.66)表明的那样，机械动量的期待值是规范不变量。机械动量算符和波函数的共同变化，导致了不变的期待值。两种规范下的正则动量和机械动量的关系如表 7-1 所示。

表 7-1 两种规范下的正则动量与机械动量

	规范($\boldsymbol{A},\phi$)	规范($\boldsymbol{A}',\phi'$)	正则动量	机械动量
经典量	$\boldsymbol{\Pi}=\boldsymbol{p}-q\boldsymbol{A}$	$\boldsymbol{\Pi}'=\boldsymbol{p}'-q\boldsymbol{A}'$	$\boldsymbol{p}'=\boldsymbol{p}+q\nabla\chi$	$\boldsymbol{\Pi}'=\boldsymbol{\Pi}$
算符	$\hat{\boldsymbol{\Pi}}=\hat{\boldsymbol{p}}-q\boldsymbol{A}$	$\hat{\boldsymbol{\Pi}}'=\hat{\boldsymbol{p}}'-q\boldsymbol{A}'$	$\hat{\boldsymbol{p}}'=\hat{\boldsymbol{p}}$	$\hat{\boldsymbol{\Pi}}'=\hat{\boldsymbol{\Pi}}-q\nabla\chi$
期待值	$\langle\boldsymbol{\Pi}\rangle=\langle\boldsymbol{p}\rangle-q\langle\boldsymbol{A}\rangle$	$\langle\boldsymbol{\Pi}'\rangle=\langle\boldsymbol{p}'\rangle-q\langle\boldsymbol{A}'\rangle$	$\langle\boldsymbol{p}'\rangle=\langle\boldsymbol{p}\rangle+q\langle\nabla\chi\rangle$	$\langle\boldsymbol{\Pi}'\rangle=\langle\boldsymbol{\Pi}\rangle$

7.3 朗道能级

作为一个简单的例子，我们考虑电子在均匀磁场中运动，设电子质量为 μ，电荷为 $-e$。将 z 轴选为磁场 $\boldsymbol{B}$ 的方向。为了表明规范的影响，我们分别采用朗道规范和费曼规范来讨论，二者都属于库仑规范。

7.3.1 运动的分解

在朗道规范和费曼规范下均有 $A_z=0$，由此可将电子的哈密顿算符写为

$$\hat{H}_{\text{total}}=\hat{H}+\hat{H}',\quad 其中\quad \hat{H}'=\frac{1}{2\mu}\hat{p}_z^2 \tag{7.71}$$

如果采用朗道规范(7.13)，则

$$\hat{H}=\frac{1}{2\mu}[(\hat{p}_x-eBy)^2+\hat{p}_y^2] \tag{7.72}$$

如果采用费曼规范(7.14)，则

$$\hat{H}=\frac{1}{2\mu}\left[\left(\hat{p}_x-\frac{1}{2}eBy\right)^2+\left(\hat{p}_y+\frac{1}{2}eBx\right)^2\right] \tag{7.73}$$

将电子的能量本征函数记为 $\Psi(x,y,z)$，能量本征方程为

$$\hat{H}_{\text{total}}\Psi(x,y,z)=E_{\text{total}}\Psi(x,y,z) \tag{7.74}$$

采用分离变量法，令 $\Psi(x,y,z)=\phi(x,y)Z(z)$，可将方程(7.74)分解为两个方程

$$\hat{H}\phi(x,y)=E\phi(x,y) \tag{7.75}$$

$$\hat{H}'Z(z)=E'Z(z) \tag{7.76}$$

式中，$E+E'=E_{\text{total}}$。电子运动被分解为两部分，方程(7.75)描述电子在 xy 平面的运动，方程(7.76)描述电子在 z 方向的自由运动。方程(7.76)的解可取为平面波

$$Z(z)=C\mathrm{e}^{\frac{\mathrm{i}}{\hbar}p_z z},\qquad p_z=\sqrt{2\mu E'} \tag{7.77}$$

式中，p_z 是正则动量算符 $\hat{p}_z$ 的本征值。根据机械动量与正则动量的关系式(7.20)，这个问题中有 $\hat{p}_z=\hat{\Pi}_z$，因此 p_z 就是电子在 z 方向动量。取 $C=1$，得

$$\Psi(x,y,z)=\phi(x,y)\mathrm{e}^{\frac{\mathrm{i}}{\hbar}p_z z} \tag{7.78}$$

假如没有采用分离变量法求解方程，也有办法将波函数写为式(7.78)的形式。由于 $\hat{p}_z$ 与 $\hat{H}_{\text{total}}$ 对易，因此 $\Psi(x,y,z)$ 可以取为二者的共同本征函数。由于现在是在三维空间讨论，因此一维情形中 $\hat{p}_z$ 的本征函数(7.77)中的常数因子 C 应换成不依赖于 z(但可以依赖于 x,y)的因子，将其记为 $\phi(x,y)$，于是就得到了式(7.78)。将式(7.78)代入方程(7.74)就会得到

方程(7.75)。这个技巧将会在下面继续用到。

7.3.2　朗道规范

在朗道规范下，方程(7.75)写为

$$\frac{1}{2\mu}[(\hat{p}_x - eBy)^2 + \hat{p}_y^2]\phi(x,y) = E\phi(x,y) \tag{7.79}$$

由于 $\hat{p}_x$ 与 $\hat{H}$ 对易，因此 $\phi(x,y)$ 可以取为 $\hat{p}_x$ 与 $\hat{H}$ 的共同本征函数。将 $\hat{p}_x$ 的本征值记为 p_x，本征函数为不依赖于 x(但可以依赖于 y)的因子乘以 $e^{ip_x x/\hbar}$

$$\phi(x,y) = e^{\frac{i}{\hbar}p_x x}Y(y) \tag{7.80}$$

代入方程(7.79)，得

$$\frac{1}{2\mu}[(p_x - eBy)^2 + \hat{p}_y^2]Y(y) = EY(y) \tag{7.81}$$

注意本征值 p_x 是个实数而不是算符，先将上式整理为

$$\frac{1}{2\mu}\left[e^2B^2\left(y - \frac{p_x}{eB}\right)^2 + \hat{p}_y^2\right]Y(y) = EY(y) \tag{7.82}$$

引入参数

$$y_0 = \frac{p_x}{eB}, \quad \omega_c = 2\omega_L = \frac{eB}{\mu} \tag{7.83}$$

式中，ω_c 称为回旋(cyclotron)角频率；ω_L是拉莫尔(Larmor)频率。在经典力学中，带电粒子在磁场 $\boldsymbol{B}$ 中做圆周运动时回旋角频率正是 ω_c。将方程(7.82)整理为

$$\left[-\frac{\hbar^2}{2\mu}\frac{d^2}{dy^2} + \frac{1}{2}\mu\omega_c^2(y - y_0)^2\right]Y(y) = EY(y) \tag{7.84}$$

作变量替换 $\eta = y - y_0$，方程(7.84)化为

$$\left[-\frac{\hbar^2}{2\mu}\frac{d^2}{d\eta^2} + \frac{1}{2}\mu\omega_c^2\eta^2\right]\tilde{Y}(\eta) = E\tilde{Y}(\eta) \tag{7.85}$$

式中，$\tilde{Y}(\eta) = Y(y)$。这正是一维线性谐振子的方程，其能级为

$$E = \left(n + \frac{1}{2}\right)\hbar\omega_c, \quad n = 0,1,2,\cdots \tag{7.86}$$

注意 $\omega_c = 2\omega_L$，可将能级写为

$$E = E_N = (N+1)\hbar\omega_L, \quad N = 0,2,4,\cdots \tag{7.87}$$

相应的能量本征函数为

$$\tilde{Y}(\eta) = N_n e^{-\frac{1}{2}\alpha_c^2\eta^2}H_n(\alpha_c\eta) = N_n e^{-\frac{1}{2}\alpha_c^2(y-y_0)^2}H_n[\alpha_c(y - y_0)] \tag{7.88}$$

式中，$\alpha_c = \sqrt{\mu\omega_c/\hbar}$；$H_n$ 是厄米多项式；N_n 是归一化常数。对于任何一个能级 E_N，波函数中的参数 y_0 可以取一切实数值，因此能级的简并度是无穷大。

7.3.3　费曼规范

1. 哈密顿算符

根据式(7.73)，并考虑到 $\hat{p}_x$ 与 y 对易，$\hat{p}_y$ 与 x 也对易，得

$$\hat{H} = \hat{H}_0 + \omega_{\mathrm{L}}\hat{L}_z, \qquad \hat{H}_0 = \frac{1}{2\mu}(\hat{p}_x^2 + \hat{p}_y^2) + \frac{1}{2}\mu\omega_{\mathrm{L}}^2(x^2 + y^2) \tag{7.89}$$

$\hat{H}_0$ 可以看作二维谐振子的哈密顿算符。在平面极坐标系中

$$\hat{H}_0 = -\frac{\hbar^2}{2\mu}\left(\frac{\partial^2}{\partial\rho^2} + \frac{1}{\rho}\frac{\partial}{\partial\rho}\right) + \frac{\hat{L}_z^2}{2\mu\rho^2} + \frac{1}{2}\mu\omega_{\mathrm{L}}^2\rho^2, \qquad \hat{L}_z = -\mathrm{i}\hbar\frac{\partial}{\partial\varphi} \tag{7.90}$$

容易发现 $\hat{L}_z$ 与 $\hat{H}_0$ 对易，$\hat{H}_0$ 与 $\hat{L}_z$ 的共同本征函数也是 $\hat{H}$ 的本征函数。

2. 二维谐振子

将 $\hat{H}_0$ 与 $\hat{L}_z$ 的共同本征函数记为 $\psi(\rho,\varphi)$。$\hat{L}_z$ 的本征函数等于不依赖于 φ（但可以依赖于 ρ）的因子乘以 $\mathrm{e}^{\mathrm{i}m\varphi}$，将其写为如下形式

$$\psi(\rho,\varphi) = \frac{1}{\sqrt{2\pi}}R(\rho)\mathrm{e}^{\mathrm{i}m\varphi} \tag{7.91}$$

常数因子 $1/\sqrt{2\pi}$ 是为了归一化方便。$\psi(\rho,\varphi)$ 应当满足归一化条件

$$\int_0^{2\pi}\mathrm{d}\varphi\int_0^{\infty}\rho\mathrm{d}\rho\,|\psi(\rho,\varphi)|^2 = 1 \tag{7.92}$$

这导致径向波函数的归一化条件为

$$\boxed{\int_0^{\infty}|R(\rho)|^2\rho\mathrm{d}\rho = 1} \tag{7.93}$$

设 $\hat{H}_0$ 的本征值为 $\widetilde{E}$，将式(7.91)代入 $\hat{H}_0$ 的本征方程，得

$$\left[-\frac{\hbar^2}{2\mu}\left(\frac{\mathrm{d}^2}{\mathrm{d}\rho^2} + \frac{1}{\rho}\frac{\mathrm{d}}{\mathrm{d}\rho} - \frac{m^2}{\rho^2}\right) + \frac{1}{2}\mu\omega_{\mathrm{L}}^2\rho^2\right]R(\rho) = \widetilde{E}R(\rho) \tag{7.94}$$

3. 径向方程

先将径向方程(7.94)整理为

$$\left[\left(\frac{\mathrm{d}^2}{\mathrm{d}\rho^2} + \frac{1}{\rho}\frac{\mathrm{d}}{\mathrm{d}\rho} - \frac{m^2}{\rho^2}\right) - \frac{\mu^2\omega_{\mathrm{L}}^2}{\hbar^2}\rho^2\right]R(\rho) = -\frac{2\mu\widetilde{E}}{\hbar^2}R(\rho) \tag{7.95}$$

引入参数 $\alpha_{\mathrm{L}} = \sqrt{\mu\omega_{\mathrm{L}}/\hbar}$ 和 $\lambda = 2\widetilde{E}/\hbar\omega_{\mathrm{L}}$，得

$$\left[\left(\frac{\mathrm{d}^2}{\mathrm{d}\rho^2} + \frac{1}{\rho}\frac{\mathrm{d}}{\mathrm{d}\rho} - \frac{m^2}{\rho^2}\right) - \alpha_{\mathrm{L}}^4\rho^2\right]R(\rho) = -\lambda\alpha_{\mathrm{L}}^2R(\rho) \tag{7.96}$$

引入无量纲变量 $\xi=\alpha_{\mathrm{L}}\rho$ 和新变量的函数 $\widetilde{R}(\xi)=R(\rho)$，将式(7.96)化为

$$\left[\left(\frac{\mathrm{d}^2}{\mathrm{d}\xi^2} + \frac{1}{\xi}\frac{\mathrm{d}}{\mathrm{d}\xi} - \frac{m^2}{\xi^2}\right) + (\lambda - \xi^2)\right]\widetilde{R}(\xi) = 0 \tag{7.97}$$

为了求解这个方程，我们先讨论其在坐标原点和无穷远处的渐近行为。

在坐标原点，$\xi\to0$ 时，方程(7.97)的渐近行为是

$$\left(\frac{\mathrm{d}^2}{\mathrm{d}\xi^2} + \frac{1}{\xi}\frac{\mathrm{d}}{\mathrm{d}\xi} - \frac{m^2}{\xi^2}\right)\widetilde{R}(\xi) = 0 \tag{7.98}$$

这是欧拉方程。当 $m=0$ 时，方程的通解为 $A+B\ln\xi$。$\hat{H}_0$ 的极坐标表达式仅在 $\rho>0$ 时成立，因此求得的解不一定是原方程(7.75)的解。利用如下公式[1]

[1] APPEL W. Mathematics for Physics and Physicists[M]. 北京：世界图书出版公司，2012，208 页.

$$\boxed{\nabla^2 \ln\rho = 2\pi\delta(\rho)} \tag{7.99}$$

式中，∇^2是二维拉普拉斯算符。可以证明由 $\ln\xi$ 得到的波函数 $\psi(\rho,\varphi)$ 不是原方程(7.75)的解。为了排除这个解，我们必须选择 $B=0$。当 $m\neq 0$ 时，方程(7.98)的通解为 $A\xi^{|m|}+B\xi^{-|m|}$。$\xi^{-|m|}$在坐标原点发散，不能满足归一化条件(7.93)，因此选择 $B=0$。取 $A=1$，两种情形下合理的解可以统一写为 $\xi^{|m|}$。这个结果可以总结为坐标原点的边界条件

$$\boxed{\lim_{\rho\to 0} R(\rho) = \text{有限值}} \tag{7.100}$$

当 $\xi\to\pm\infty$ 时，方程(7.97)的渐近行为是

$$\frac{\mathrm{d}^2 \tilde{R}(\xi)}{\mathrm{d}\xi^2} - \xi^2 \tilde{R}(\xi) = 0 \tag{7.101}$$

这跟一维谐振子的能量本征方程渐近行为完全相同，方程的近似解为 $\mathrm{e}^{\pm\xi^2/2}$。正指数解在无穷远处发散，必须排除，因此 $\tilde{R}(\xi)$ 在无穷远处的渐近行为是 $\mathrm{e}^{-\xi^2/2}$。

根据以上分析，引入

$$\tilde{R}(\xi) = \xi^{|m|}\mathrm{e}^{-\frac{1}{2}\xi^2} u(\xi) \tag{7.102}$$

代入方程(7.97)，得

$$\frac{\mathrm{d}^2 u}{\mathrm{d}\xi^2} + \left(\frac{2|m|+1}{\xi} - 2\xi\right)\frac{\mathrm{d}u}{\mathrm{d}\xi} + [\lambda - 2(|m|+1)]u = 0 \tag{7.103}$$

令 $\eta=\xi^2$，$f(\eta)=u(\xi)$，将方程(7.103)化为

$$\eta\frac{\mathrm{d}^2 f}{\mathrm{d}\eta^2} + (|m|+1-\eta)\frac{\mathrm{d}f}{\mathrm{d}\eta} - \left(\frac{|m|+1}{2} - \frac{\lambda}{4}\right)f = 0 \tag{7.104}$$

这正是合流超几何方程，其标准形式的参数为

$$\alpha = \frac{|m|+1}{2} - \frac{\lambda}{4}, \qquad \gamma = |m|+1 \tag{7.105}$$

束缚态条件要求

$$\frac{|m|+1}{2} - \frac{\lambda}{4} = -n_\rho, \quad n_\rho = 0,1,2,\cdots \tag{7.106}$$

由于径向坐标 $\rho>0$，$\xi=\alpha_{\mathrm{L}}\rho>0$，因此方程(7.104)在 $\eta>0$ 范围内求解即可。

4. 能量本征态

根据条件(7.106)，并利用 $\lambda=2\tilde{E}/\hbar\omega_{\mathrm{L}}$，可得二维谐振子能级

$$\tilde{E} = (2n_\rho + |m| + 1)\hbar\omega_{\mathrm{L}} \tag{7.107}$$

根据式(7.89)可知，$\hat{H}_0$ 与 $\hat{L}_z$ 的共同本征函数也是 $\hat{H}$ 的本征函数，$\hat{H}$ 的本征值就是磁场中带电粒子的能级

$$E = \tilde{E} + m\hbar\omega_{\mathrm{L}} = (N+1)\hbar\omega_{\mathrm{L}} \equiv E_N \tag{7.108}$$

其中

$$N = 2n_\rho + |m| + m, \quad n_\rho = 0,1,2,\cdots \tag{7.109}$$

根据 n_ρ的取值可知 $N=0,2,4,\cdots$，因此式(7.108)与式(7.87)的结果完全相同。

与 E_N相应的径向函数为

$$R_{n_\rho|m|}(\rho)=N_{n_\rho|m|}(\alpha_L\rho)^{|m|}e^{-\frac{1}{2}\alpha_L^2\rho^2}F(-n_\rho,|m|+1,\alpha_L^2\rho^2) \tag{7.110}$$

式中，$F(\alpha,\gamma,\xi)$是合流超几何函数；$N_{n_\rho|m|}$是归一化常数。$R_{n_\rho|m|}(\rho)$满足归一化条件(7.92)，利用合流超几何函数和广义拉盖尔多项式的关系，并利用广义拉盖尔多项式的正交归一关系(附录E)，可以算出

$$N_{n_\rho|m|}=\frac{\alpha_L}{|m|!}\sqrt{\frac{2(n_\rho+|m|)!}{n_\rho!}} \tag{7.111}$$

对于固定的N，当$n_\rho=0,1,2,\cdots,N/2$时

$$|m|+m=N,N-2,\cdots,0 \tag{7.112}$$

由于m取一切负整数和0都会导致$|m|+m=0$，因此任何一个能级的简并度均为无穷大。相比之下，二维谐振子的能量本征值简并度是有限的。

需要特别注意，虽然能量本征函数(7.88)和式(7.110)都对应能级E_N，但它们分别是$\hat{L}_z$和$\hat{p}_x$的本征函数，二者之间并非只差一个定域规范变换。

*7.4 AB效应

薛定谔方程的规范不变性表明，影响体系动力学的是由$\boldsymbol{A},\phi$构成的规范不变量。在电磁学中，最重要的规范不变量是电磁场$\boldsymbol{E},\boldsymbol{B}$。在经典力学中，体系动力学仅仅取决于$\boldsymbol{E},\boldsymbol{B}$，换句话说，$\boldsymbol{E},\boldsymbol{B}$描述了电磁场的所有经典效应。除了$\boldsymbol{E},\boldsymbol{B}$之外，由$\boldsymbol{A},\phi$还可以构成其他规范不变量——不可积相因子，它在量子力学中才会出现可观测效应。

7.4.1 零场区域

我们将$\boldsymbol{E},\boldsymbol{B}=0$的区域称为零场区域。根据洛伦兹力公式(7.5)，带电粒子在零场区域中是不受力的。下面我们分别讨论零场区域的电势和磁矢势。

(1) 零场区域的电势

对于连通区域，由于$\boldsymbol{E}=0$，因此电势为常数。设$\phi=C$，C是常数，根据规范变换(7.48)，只要选择$\chi=Ct$，就能让新的电势等于0，而不改变磁矢势

$$\boldsymbol{A}'=\boldsymbol{A},\quad \phi'=\phi-C=0 \tag{7.113}$$

这个规范变换仅仅相当于重新选择了电势零点。

对于不连通的区域，虽然$\boldsymbol{E}=0$，但不同区域可能存在电势差。比如，在静电场中导体都是等势体，但两个空间上分离的导体可能具有不同电势。重新选择电势的零点，可以让其中一个导体的电势为零，但不能让二者电势同时为零。

(2) 零场区域的磁矢势

对于单连通区域，由于$\boldsymbol{B}=\nabla\times\boldsymbol{A}=0$，此时$\boldsymbol{A}$是(不含时)无旋场，因此可以用一个不含时标量场$u(\boldsymbol{r})$的梯度表示，$\boldsymbol{A}=\nabla u$。根据规范变换(7.48)，只要选择$\chi=-u$，就可以让新的磁矢势为零，而不改变电势

$$\boldsymbol{A}'=\boldsymbol{A}-\nabla u=0,\quad \phi'=\phi \tag{7.114}$$

对于复连通区域，将其划分为几个单连通区域，假设在第n个单连通区域中

$$\boldsymbol{A}=\nabla u_n,\quad n=1,2,\cdots \tag{7.115}$$

选择$\chi_n=-u_n$，就可以让该区域的新磁矢势为零。这是在每个单连通区域各自规范下磁矢势

均为零，同一个规范下复连通区域的磁矢势不一定能够处处为零。

根据上述讨论可得如下结论：假设在单连通零场区域中$\boldsymbol{A},\phi$不为零

$$\boldsymbol{A}=\nabla u,\quad \phi=C,\quad C\text{ 是常数} \tag{7.116}$$

根据规范变换(7.48)，只需要选择$\chi=-u+Ct$，就可以让新的电磁势为零

$$\boldsymbol{A}'=\boldsymbol{A}-\nabla u=0,\quad \phi'=\phi-Ct=0 \tag{7.117}$$

由此可见，在单连通零场区域总可以选择电磁势为零。

7.4.2 电AB效应

设带电粒子在$\boldsymbol{E},\boldsymbol{B}=0$的单连通区域运动，我们选择合适规范让$\boldsymbol{A},\phi=0$，并假设$\psi(\boldsymbol{r},t)$是该规范下的自由粒子波包。现在利用函数$\chi=\chi(t)$进行规范变换

$$\boldsymbol{A}'=\boldsymbol{A}=0,\qquad \phi'=\phi-\frac{\partial\chi}{\partial t},\qquad \psi'=\mathrm{e}^{\frac{\mathrm{i}}{\hbar}q\chi(t)}\psi \tag{7.118}$$

规范变换引起的电势能的变化为

$$V_0(t)=q(\phi'-\phi)=-q\frac{\partial\chi}{\partial t} \tag{7.119}$$

这不过意味着在每个时刻都重新选择了一个电势能零点。由式(7.119)可知

$$q\chi(t)=-\int_0^t V_0(t')\mathrm{d}t'+q\chi(0) \tag{7.120}$$

选择合适的$\chi(t)$，使得$\chi(0)=0$，由此可得

$$\psi'=\mathrm{e}^{-\frac{\mathrm{i}}{\hbar}\int_0^t V_0(t')\mathrm{d}t'}\psi \tag{7.121}$$

按照规范不变性的要求，ψ'与ψ描述同一个量子态。

考虑如下实验，让一束电子分裂为两部分——这是指每个电子波包分裂为两个子波包，然后各自进入一个金属管(法拉第圆筒)，金属管之间通过导线连接一个电源，如图7-1所示，两束电子出来后相遇并发生干涉。在开关始终断开情形，假设电子波函数为$\psi=\psi_1+\psi_2$，ψ_1和ψ_2分别代表两个子波包，子波包尺度远远小于金属管长度。

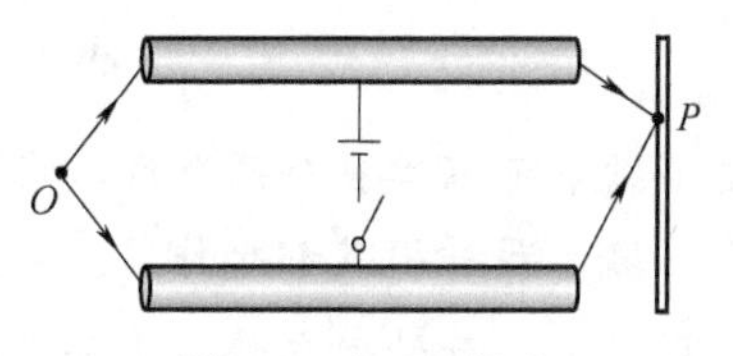

图7-1 电AB效应

当电子进入金属管后闭合开关，从金属管出来之前断开开关。由于静电屏蔽，金属管内部$\boldsymbol{E}=\boldsymbol{0}$。如果单独考虑一束电子，总可以选择电势零点让金属管内电势为零，然而两个金属管之间存在电势差，仅仅通过选择$\chi=\chi(t)$进行规范变换，是无法将两管内电势同时变为0的。如果选择一般规范变换$\chi=\chi(\boldsymbol{r},t)$，则无法保证$\boldsymbol{A}=0$。假设开关闭合时间为$t_1\sim t_2$，开关闭合后两个金属管电势能改变分别为$V_1(t)$和$V_2(t)$。在上述实验情景中电子波函数为

$$\psi=\mathrm{e}^{-\frac{\mathrm{i}}{\hbar}\int_{t_1}^{t_2}V_1(t)\mathrm{d}t}\psi_1+\mathrm{e}^{-\frac{\mathrm{i}}{\hbar}\int_{t_1}^{t_2}V_2(t)\mathrm{d}t}\psi_2 \tag{7.122}$$

与开关始终断开的情形相比，ψ_1和ψ_2之间附加了如下相位差

$$-\frac{1}{\hbar}\int_{t_1}^{t_2}[V_2(t)-V_1(t)]\mathrm{d}t \tag{7.123}$$

由此可见，尽管电子在金属管内没有受到电场力，然而开关闭合与否却影响着两束电子的相位差，从而影响着干涉条纹。

7.4.3 磁 AB 效应

1. 无限长直螺线管

在电磁学中知道，无限长直螺线管内部磁场是均匀的，而外部磁场为0。设螺线管半径为R，选择柱坐标系，并取z轴沿着螺线管轴线，方向与磁场$\boldsymbol{B}$一致，则螺线管外部的磁矢势可以写为(暂不管如何得出这个结果)

$$\boldsymbol{A}=\frac{\Phi}{2\pi\rho}\boldsymbol{e}_{\varphi},\quad \rho>R \tag{7.124}$$

式中，$\boldsymbol{e}_{\varphi}$是柱坐标系极角方向的单位矢量；Φ是通过螺线管横截面的磁通量。根据柱坐标系中梯度算符的表达式

$$\nabla=\boldsymbol{e}_{\rho}\frac{\partial}{\partial\rho}+\boldsymbol{e}_{\varphi}\frac{1}{r}\frac{\partial}{\partial\varphi}+\boldsymbol{e}_{z}\frac{\partial}{\partial z} \tag{7.125}$$

并利用$\boldsymbol{e}_{\varphi}=-\sin\varphi\,\boldsymbol{e}_{x}+\cos\varphi\,\boldsymbol{e}_{y}$，可以验证式(7.124)确实满足$\nabla\times\boldsymbol{A}=0$，而且满足库仑规范$\nabla\cdot\boldsymbol{A}=0$。根据斯托克斯定理，$\boldsymbol{A}$的回路积分应该等于以回路为边界的曲面上穿过的磁通量。在螺线管通电时，虽然外部磁场处处为0，但不论采用哪种规范，外部磁矢势都不可能处处为0。在数学上，这是由于螺线管外部并非单连通区域，因此不能通过规范变换让整个外部区域的磁矢势为零0。

我们尝试选择如下函数进行规范变换

$$\chi=-\frac{\Phi}{2\pi}\varphi \tag{7.126}$$

作为规范变换，我们要求函数χ在每个空间点仅有一个取值。将螺线管外部区域取为$0\leqslant\varphi<2\pi$，则χ在$\varphi=0$处有一个跃变。类似地，将螺线管外部区域取为$-\pi\leqslant\varphi<\pi$，则χ在$\varphi=-\pi$处有一个跃变。我们暂时避开对跃变点的求导，把φ的取值限制在一个略小的区间上，比如$-\pi<\varphi<\pi$和$0<\varphi<2\pi$，二者均代表单连通区域。根据式(7.48)进行规范变换，得

$$\boldsymbol{A}\rightarrow\boldsymbol{A}'=\boldsymbol{A}+\nabla\chi=\frac{\Phi}{2\pi\rho}\boldsymbol{e}_{\varphi}-\frac{\Phi}{2\pi\rho}\boldsymbol{e}_{\varphi}=0 \tag{7.127}$$

这个结果可以单独对每个区域成立，但并非在螺线管外部区域处处成立。在这两个区域的重叠区域，两种规范都起作用，而且都给出$\boldsymbol{A}=0$。但在处理整个螺线管的外部区域时，必须采用同一规范的磁矢势，比如式(7.124)。

2. 束缚态

假定一个电荷为q的粒子被约束在与螺线管同轴的圆周上运动，圆的半径大于螺线管半径，如图7-2所示。

采用库仑规范，粒子的哈密顿算符由式(7.46)给出。由于粒子被约束在圆周上运动，因此波函数与r和z无关，设圆周半径为R，梯度算符(7.125)可以写为

$$\nabla=\boldsymbol{e}_{\varphi}\frac{1}{R}\frac{\partial}{\partial\varphi} \tag{7.128}$$

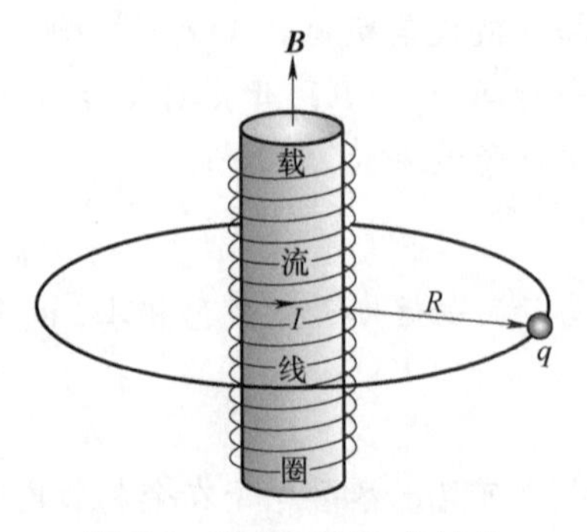

图7-2 磁AB效应-束缚态

将磁矢势(7.124)和梯度算符(7.128)代入式(7.46)，得

$$\hat{H} = \frac{1}{2m}\left[-\frac{\hbar^2}{R^2}\frac{d^2}{d\varphi^2} + i\frac{\hbar q\Phi}{\pi R^2}\frac{\partial}{\partial\varphi} + \left(\frac{q\Phi}{2\pi R}\right)^2\right] \tag{7.129}$$

由此写出能量本征方程

$$\frac{1}{2m}\left[-\frac{\hbar^2}{R^2}\frac{d^2}{d\varphi^2} + i\frac{\hbar q\Phi}{\pi R^2}\frac{d}{d\varphi} + \left(\frac{q\Phi}{2\pi R}\right)^2\right]\psi(\varphi) = E\psi(\varphi) \tag{7.130}$$

先将其整理为

$$\left[\frac{d^2}{d\varphi^2} - i\frac{q\Phi}{\pi\hbar}\frac{d}{d\varphi} - \left(\frac{q\Phi}{2\pi\hbar}\right)^2 + \frac{2mER^2}{\hbar^2}\right]\psi(\varphi) = 0 \tag{7.131}$$

方位角φ是无量纲的，由此可知式(7.131)的方括号内每一项都是无量纲量。

引入两个无量纲参数

$$\beta = \frac{q\Phi}{2\pi\hbar}, \quad k = \frac{\sqrt{2mE}}{\hbar} \tag{7.132}$$

将方程(7.131)化简为

$$\frac{d^2\psi}{d\varphi^2} - 2i\beta\frac{d\psi}{d\varphi} + (k^2R^2 - \beta^2)\psi = 0 \tag{7.133}$$

这个二阶常微分方程的通解为

$$\psi(\varphi) = C_1 e^{i\lambda_1\varphi} + C_2 e^{i\lambda_2\varphi} \tag{7.134}$$

其中

$$\lambda_{1,2} = \beta \pm kR \tag{7.135}$$

根据周期性条件

$$\psi(\varphi) = \psi(\varphi + 2\pi) \tag{7.136}$$

要么 $C_1=0$，λ_2 为整数；要么 $C_2=0$，λ_1 为整数。因此

$$\beta \pm kR = n \tag{7.137}$$

根据式(7.132)中参数 k 的定义和式(7.137)，可得能量本征值

$$E = E_n = \frac{\hbar^2}{2mR^2}\left(n - \frac{q\Phi}{2\pi\hbar}\right)^2, \quad n = 0, \pm 1, \pm 2, \cdots \tag{7.138}$$

当螺线管不通电时 $\Phi=0$，此时能级为

$$E = E_n = \frac{\hbar^2 n^2}{2mR^2}, \quad n = 0, \pm 1, \pm 2, \cdots \tag{7.139}$$

当整数 n 不为零时，能级是二重简并的。螺线管通电后，简并的能级发生分裂。这个例子表明，虽然圆环上 $\boldsymbol{E},\boldsymbol{B}$ 均为零，然而螺线管内磁通量却影响着能级。

3. 一般情形

如前所述，如果零场区域是单连通的，可以选择规范让电磁势 $\boldsymbol{A},\phi$ 为零。假设在这个规范下，粒子在此单连通区域内的波函数为 $\psi(\boldsymbol{r},t)$。现在进行规范变换，根据式(7.48)，选择$\chi=\chi(\boldsymbol{r})$，则电势保持为零，磁矢势变为 $\boldsymbol{A}=\nabla\chi$。反过来，可以写出

$$\chi(\boldsymbol{r}) = \chi(\boldsymbol{r}_0) + \int_{\boldsymbol{r}_0}^{\boldsymbol{r}} \boldsymbol{A}(\boldsymbol{r}')d\boldsymbol{r}' \tag{7.140}$$

式中，$\boldsymbol{r}_0$ 和 $\boldsymbol{r}$ 是积分曲线的初末端位置矢量。由于 $\boldsymbol{B}=\nabla\times\boldsymbol{A}=0$，积分结果只依赖于曲线初末端，而与曲线形状无关。假定$\chi(\boldsymbol{r}_0)=0$，根据式(7.49)，波函数变为

$$\psi \rightarrow \psi' = \mathrm{e}^{\frac{\mathrm{i}}{\hbar}q\int_{r_0}^{r}\boldsymbol{A}(\boldsymbol{r}')\cdot\mathrm{d}\boldsymbol{r}'}\psi \tag{7.141}$$

考虑电子的双缝干涉实验，在双缝屏幕后面放置一根长直螺线管，如图 7-3 所示。实验室中的螺线管当然不可能是无限长的，但只要长度足够，就能够忽略管外磁场。

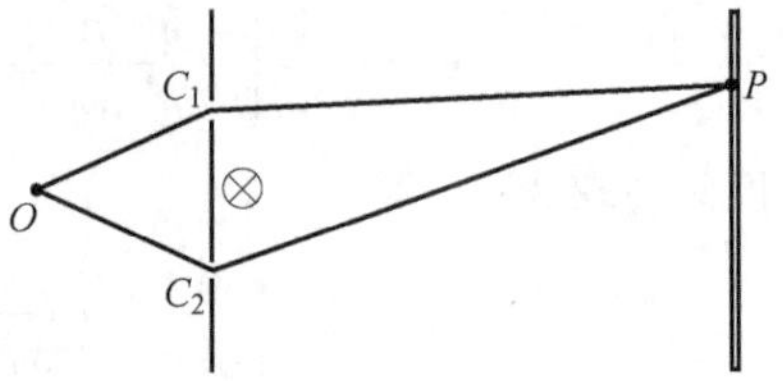

图 7-3　磁 AB 效应-双缝干涉

电子分别从两条路径通过，假定螺线管未通电时，电子的波函数为

$$\psi = \psi_1 + \psi_2 \tag{7.142}$$

式中，ψ_1和ψ_2分别代表两条路径的波函数，它们都是电子波函数的一部分。每条路径都可以包含在一个单连通区域内，根据式(7.141)，对于螺线管通电的情形，电子波函数将变为

$$\psi = \mathrm{e}^{\frac{\mathrm{i}}{\hbar}q\int_{C_1}\boldsymbol{A}\cdot\mathrm{d}\boldsymbol{r}}\psi_1 + \mathrm{e}^{\frac{\mathrm{i}}{\hbar}q\int_{C_2}\boldsymbol{A}\cdot\mathrm{d}\boldsymbol{r}}\psi_2 \tag{7.143}$$

式中，C_1 和 C_2 代表两条积分曲线 OC_1P 和 OC_2P。

虽然曲线 OC_1P 和 OC_2P 的初末端相同，但由于螺线管内部是 $\boldsymbol{B}\neq\boldsymbol{0}$ 的区域，外部 $\boldsymbol{B}=\boldsymbol{0}$ 的区域并非是单连通的，因此这两个曲线积分并不相等。只有当曲线在单连通区域改变形状时，积分结果才保持不变。比如，对于螺线管上方的曲线，只要它保持从螺线管上方通过，积分结果就与曲线形状无关；对于螺线管下方的曲线积分，也是如此。也就是说，当曲线形状发生变化时，只要不跨越螺线管，积分就保持不变。总而言之，积分结果除了依赖于曲线的初末位置以外，还依赖于曲线是从螺线管上方还是下方通过，但不依赖于曲线形状。

将波函数(7.143)整理为

$$\psi = \mathrm{e}^{\frac{\mathrm{i}}{\hbar}q\int_{C_1}\boldsymbol{A}\cdot\mathrm{d}\boldsymbol{r}}\left[\psi_1 + \mathrm{e}^{\frac{\mathrm{i}}{\hbar}q\left(\int_{C_2}\boldsymbol{A}\cdot\mathrm{d}\boldsymbol{r}-\int_{C_1}\boldsymbol{A}\cdot\mathrm{d}\boldsymbol{r}\right)}\psi_2\right] \tag{7.144}$$

积分曲线反向会使积分值差一个负号，我们将括号内的积分曲线 C_1 反向，从而与曲线 C_2 构成闭合回路积分

$$\int_{C_2}\boldsymbol{A}\cdot\mathrm{d}\boldsymbol{r} - \int_{C_1}\boldsymbol{A}\cdot\mathrm{d}\boldsymbol{r} = \oint\boldsymbol{A}\cdot\mathrm{d}\boldsymbol{r} \tag{7.145}$$

回路积分绕着螺线管一周。根据斯托克斯定理

$$\oint\boldsymbol{A}\cdot\mathrm{d}\boldsymbol{r} = \int_{\Sigma}(\nabla\times\boldsymbol{A})\cdot\mathrm{d}\boldsymbol{S} = \int_{\Sigma}\boldsymbol{B}\cdot\mathrm{d}\boldsymbol{S} = \varPhi \tag{7.146}$$

式中，Σ 是以积分曲线为边界的曲面；$\mathrm{d}\boldsymbol{S}$ 是有向面元；$\varPhi$ 是螺线管内部的磁通量。由此可以将式(7.144)写为

$$\psi = \mathrm{e}^{\frac{\mathrm{i}}{\hbar}q\int_{C_1}\boldsymbol{A}\cdot\mathrm{d}\boldsymbol{r}}\left[\psi_1 + \mathrm{e}^{\frac{\mathrm{i}}{\hbar}q\varPhi}\psi_2\right] \tag{7.147}$$

与螺线管未通电的情况相比，ψ_1和ψ_2之间出现了附加相位差，电子的干涉条纹将发生移动。在这个实验中，电子通过的区域 $\boldsymbol{B}=\boldsymbol{0}$，但仍然受到了磁场影响。这个效应称为**阿哈罗诺夫-玻姆效应**(Aharonov-Bohm effect)，简称 **AB 效应**。

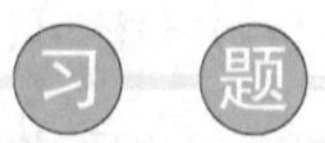

7.1　证明：电磁场中粒子的机械动量算符满足对易关系

$$[\hat{\Pi}_i, \hat{\Pi}_j] = \mathrm{i}\hbar q\ \varepsilon_{ijk} B_k$$

并证明矢量形式的算符恒等式

$$\hat{\boldsymbol{\Pi}} \times \hat{\boldsymbol{\Pi}} = \mathrm{i}\hbar q \boldsymbol{B}$$

7.2　引入速度算符

$$\hat{\boldsymbol{v}} = \frac{\hat{\boldsymbol{\Pi}}}{m} = \frac{1}{m}(\hat{\boldsymbol{p}} - q\hat{\boldsymbol{A}})$$

证明

$$[\hat{v}_i, \hat{v}_j] = \mathrm{i}\hbar \frac{q}{m^2} \varepsilon_{ijk} B_k$$

并证明矢量形式的算符恒等式

$$\hat{\boldsymbol{v}} \times \hat{\boldsymbol{v}} = \mathrm{i}\hbar \frac{q}{m^2} \boldsymbol{B}$$

7.3　质量为 m，电荷为 q 的粒子在与磁场 $\boldsymbol{B}$ 垂直的平面内运动，选择 z 轴沿着磁场方向，并取磁矢势为 $\boldsymbol{A} = (0, Bx, 0)$。

（1）写出哈密顿算符；

（2）求出能量本征值和本征函数。

7.4　粒子在均匀磁场 $\boldsymbol{B}$ 中运动，磁场沿着 z 轴方向，$\boldsymbol{B} = B\boldsymbol{e}_z$。

（1）引入如下算符 $\hat{Q}$ 和 $\hat{P}$

$$\hat{v}_x = \sqrt{\frac{\hbar qB}{m^2}} \hat{Q}, \qquad \hat{v}_y = \sqrt{\frac{\hbar qB}{m^2}} \hat{P}$$

证明：$[\hat{Q}, \hat{P}] = \mathrm{i}$；

（2）引入算符 $\hat{x}$ 和 $\hat{P}_x$（这不是坐标和动量，只是记号）

$$\hat{Q} = \alpha \hat{x}, \qquad \hat{P} = \frac{1}{\hbar\alpha} \hat{P}_x$$

证明 $\hat{x}$ 和 $\hat{P}_x$ 满足类似于坐标和动量的对易关系：$[\hat{x}, \hat{P}_x] = \mathrm{i}\hbar$。

7.5　质量为 m，电荷为 q 的粒子在与磁场 $\boldsymbol{B}$ 垂直的平面内运动，选择 z 轴沿着磁场方向，写出哈密顿算符，然后

（1）利用习题 7.2 引入的速度算符 $\hat{v}_x, \hat{v}_y$ 来表达哈密顿算符；

（2）利用习题 7.4 引入的算符 $\hat{x}$ 和 $\hat{P}_x$ 来表达哈密顿算符；

（3）求体系的能量本征值。

7.6　质量为 μ，电荷为 q，频率为 ω_0 的各向同性谐振子，置于均匀外磁场 $\boldsymbol{B}$ 中，选 z 轴沿着磁场方向，求能级公式。

提示：哈密顿算符为 $\hat{H} = \frac{\hat{\boldsymbol{p}}^2}{2\mu} + \frac{1}{2}\mu\omega_0^2(x^2+y^2+z^2) + \frac{1}{2}\omega_{\mathrm{L}}^2(x^2+y^2) - \omega_{\mathrm{L}}\hat{L}_z$，$\omega_{\mathrm{L}} = \frac{qB}{2\mu}$

将 $\hat{H}$ 写为三部分之和：$\hat{H} = \hat{H}_1 + \hat{H}_2 - \omega_{\mathrm{L}}\hat{L}_z$，其中 $\hat{H}_1 = \frac{\hat{p}_z^2}{2\mu} + \frac{1}{2}m\omega_0^2 z^2$，

$\hat{H}_2 = \frac{1}{2\mu}(\hat{p}_x^2 + \hat{p}_y^2) + \frac{1}{2}m\omega^2(x^2+y^2)$，$\omega = \sqrt{\omega_0^2 + \omega_{\mathrm{L}}^2}$

答案：$E_{n_1 n_2 m} = E_{n_1} + E_{n_2 m} - m\hbar\omega_{\mathrm{L}}$，其中 $E_{n_1} = \left(n_1 + \frac{1}{2}\right)\hbar\omega_0$，$E_{n_2 m} = (2n_2 + 1 + |m|)\hbar\omega$，

$n_1, n_2 = 0, 1, 2, \cdots, m = 0, \pm1, \pm2, \cdots$

第 8 章 狄拉克符号

用$\psi(\boldsymbol{r})$表示波函数空间的矢量，就像用A_i表达矢量$\boldsymbol{A}$一样，有时候不太方便。为了区分波函数取值和矢量本身，我们引入一种抽象的矢量记号，这就是狄拉克(Dirac)符号。

8.1 态空间和线性算符

8.1.1 态空间

我们将矢量本身的集合称为态空间(state space)，记为$\mathcal{V}$。态空间$\mathcal{V}$中的矢量称为态矢量(state vector)，简称为态。

1. 右矢

按照狄拉克符号的约定，用记号$|\,\rangle$来表示$\mathcal{V}$中的矢量，称为右矢(ket)，与波函数$\psi(\boldsymbol{r})$相应的态矢量记为$|\psi\rangle$，因此我们也把态空间$\mathcal{V}$称为右矢空间。根据定义，态空间$\mathcal{V}$和波函数空间$\mathcal{L}^2(\mathbb{R}^3)$中的矢量是一一对应的，这种对应关系保持加法和数乘运算

$$c_1|\psi_1\rangle + c_2|\psi_2\rangle \to c_1\psi_1(\boldsymbol{r}) + c_2\psi_2(\boldsymbol{r}) \tag{8.1}$$

换句话说，态空间$\mathcal{V}$与波函数空间$\mathcal{L}^2(\mathbb{R}^3)$线性同构。态空间中内积的定义直接从波函数空间移植过来

$$(|\psi_1\rangle, |\psi_2\rangle) \equiv (\psi_1, \psi_2) \tag{8.2}$$

因此态矢量的范数等于波函数的范数

$$\||\psi\rangle\|^2 = (|\psi\rangle, |\psi\rangle) = (\psi, \psi) = \|\psi\|^2 \tag{8.3}$$

2. 左矢

设$|\,\rangle$是给定态矢量，利用态空间的内积可以定义态空间$\mathcal{V}$上的一个泛函，即$\mathcal{V}\to\mathbb{C}$映射

$$|\psi\rangle \to (|\,\rangle, |\psi\rangle), \quad \forall\, |\psi\rangle \in \mathcal{V} \tag{8.4}$$

这是由态矢量$|\,\rangle$诱导出的一个连续线性泛函，记为$\langle\,|$，称为左矢[㊀](bra)。每个右矢都可以诱导出一个左矢，右矢$|\varphi\rangle$对应的左矢就记为$\langle\varphi|$。全体左矢的集合构成一个线性空间，称为态空间$\mathcal{V}$的对偶空间[㊁]，记为$\mathcal{V}^*$，也称为左矢空间。泛函是一种特殊算符，我们将左矢

㊀ 两个名称 bra 和 ket 是狄拉克的发明，分别来自英文 bracket 的前后三个字母.

㊁ 详见第 4 章.

$\langle\varphi|$ 对右矢 $|\psi\rangle$ 的作用记为 $\langle\varphi\|\psi\rangle$，简记为 $\langle\varphi|\psi\rangle$。按照左矢定义，这个作用是通过内积 $(|\varphi\rangle,|\psi\rangle)$ 来实现的

$$\langle\varphi|\psi\rangle=(|\varphi\rangle,|\psi\rangle) \tag{8.5}$$

根据内积的性质

$$\langle\varphi|\psi\rangle^*=\langle\psi|\varphi\rangle \tag{8.6}$$

为了行文方便，我们将记号 $\langle\varphi\|\psi\rangle$ 称为左矢和右矢"相乘"，这当然并没有赋予记号更多含义。根据定义，在 $\mathcal{V}$ 和 $\mathcal{V}^*$ 之间可以建立一一对应的映射，将右矢线性组合变成左矢的复共轭线性组合

$$a|\psi\rangle+b|\varphi\rangle\longleftrightarrow a^*\langle\psi|+b^*\langle\varphi| \tag{8.7}$$

对于 $v_p(\boldsymbol{r}),u_{\boldsymbol{r}'}(\boldsymbol{r})$ 等非平方可积的函数，可以按照(扩大的)内积引入波函数空间 $\mathcal{L}^2(\mathbb{R}^3)$ 上的线性泛函

$$\psi\rightarrow(v_p,\psi),\qquad\psi\rightarrow(u_{\boldsymbol{r}'},\psi) \tag{8.8}$$

态空间上的相应泛函也采用左矢记号 $\langle v_p|,\langle u_{\boldsymbol{r}'}|$ 或 $\langle\boldsymbol{p}|,\langle\boldsymbol{r}'|$，分别表示

$$|\psi\rangle\rightarrow\langle v_p|\psi\rangle,\qquad|\psi\rangle\rightarrow\langle u_{\boldsymbol{r}'}|\psi\rangle \tag{8.9}$$

为了让右矢和左矢一样多，我们引入与波函数 $v_p(\boldsymbol{r}),u_{\boldsymbol{r}'}(\boldsymbol{r})$ 等相应的右矢，记为 $|v_p\rangle,|u_{\boldsymbol{r}'}\rangle$ 或 $|\boldsymbol{p}\rangle,|\boldsymbol{r}'\rangle$，称为广义右矢。必须注意

$$|\boldsymbol{p}\rangle,|\boldsymbol{r}'\rangle\notin\mathcal{V},\qquad\langle\boldsymbol{p}|,\langle\boldsymbol{r}'|\notin\mathcal{V}^* \tag{8.10}$$

广义右矢并不描述量子态，它们只是数学工具[㊀]。

为了便于对比，我们将波函数和态矢量的对应关系列于表 8-1 左半边。将一维问题的态空间记为 $\mathcal{V}_x$，波函数和态矢量的对应关系列于表 8-1 右半边。在表 8-1 中用 $\boldsymbol{r}'$ 来表示 $\hat{\boldsymbol{r}}$ 的本征值，是为了避免与 $u_{\boldsymbol{r}'}(\boldsymbol{r})$ 的自变量重复，相应的左矢和右矢分别记为 $\langle\boldsymbol{r}'|$ 和 $|\boldsymbol{r}'\rangle$。

表 8-1　波函数与态矢量

$\mathcal{L}^2(\mathbb{R}^3)$	$\mathcal{V}$	$\mathcal{V}^*$	$\mathcal{L}^2(\mathbb{R})$	$\mathcal{V}_x$	$\mathcal{V}_x^*$
$\psi(\boldsymbol{r})$	$\|\psi\rangle$	$\langle\psi\|$	$\psi(x)$	$\|\psi\rangle$	$\langle\psi\|$
$u_{\boldsymbol{r}'}(\boldsymbol{r})$	$\|\boldsymbol{r}'\rangle$	$\langle\boldsymbol{r}'\|$	$u_{x'}(x)$	$\|x'\rangle$	$\langle x'\|$
$v_{\boldsymbol{p}}(\boldsymbol{r})$	$\|\boldsymbol{p}\rangle$	$\langle\boldsymbol{p}\|$	$v_p(x)$	$\|p\rangle$	$\langle p\|$

8.1.2　线性算符

1. 态空间的算符

根据算符定义，态空间 $\mathcal{V}$ 中的算符是一个 $\mathcal{V}\rightarrow\mathcal{V}$ 的映射

$$\hat{T}:\qquad|\psi\rangle\rightarrow|\varphi\rangle=\hat{T}|\psi\rangle \tag{8.11}$$

量子力学中使用的算符主要有两种引入方式：

(1) 直接在态空间 $\mathcal{V}$ 中定义。比如投影算符，设 $|\varphi\rangle$ 是归一化态矢量，则 $|\varphi\rangle$ 上的投影算符定义为

㊀ 原则上可以建立一个更大的线性空间以包括广义右矢. 左矢记号也面临类似问题. 不过就本书目标而言很没必要，我们只需要记住相关记号的功能就行了.

$$\hat{P}_{\varphi}|\psi\rangle=\langle\varphi|\psi\rangle|\varphi\rangle \tag{8.12}$$

（2）先在特定表象引入，然后将算符移植到态空间和其他表象。比如在坐标表象中规定算符的功能，然后按照波函数和态矢量的对应关系，在态空间 $\mathcal{V}$ 中定义相应算符。具体来说，在 $\mathcal{L}^2(\mathbb{R}^3)$ 中的线性算符

$$\hat{A}\psi(\boldsymbol{r})=\varphi(\boldsymbol{r}) \tag{8.13}$$

在态空间 $\mathcal{V}$ 中，相应地存在一个线性算符

$$\hat{A}|\psi\rangle=|\varphi\rangle \tag{8.14}$$

在不引起混淆的情况下，我们用同一个记号 $\hat{A}$ 既表示 $\mathcal{L}^2(\mathbb{R}^3)$ 中的算符，也表示态空间 $\mathcal{V}$ 中相应的算符。在有必要区分两个空间的算符时，我们将采用不同记号，并辅之以上下文进行说明。在本书中坐标算符、动量算符、宇称算符等，都是先在坐标表象引入的。当然也可以基于动量表象来引入算符。

还有一些算符，在不同表象采用相似方式引入，但移植到态空间的算符并不等价。比如，在坐标表象中对波函数求复共轭运算的算符 $\hat{K}$：$\hat{K}\psi(\boldsymbol{r})=\psi^*(\boldsymbol{r})$。$\hat{K}$ 不是线性算符，但我们用起来毫无压力。复共轭本质上是对复数进行的，而态矢量本身并不是复数，其分量才是。态矢量的复共轭是通过求分量的复共轭来定义的，因此密切依赖于表象。设波函数 $\psi(\boldsymbol{r})$ 相应的动量表象波函数为 $c(\boldsymbol{p})$，根据傅里叶变换的性质可知，$\psi^*(\boldsymbol{r})$ 的傅里叶变换为 $c^*(-\boldsymbol{p})$ 而不是 $c^*(\boldsymbol{p})$。由此可知，在坐标表象和动量表象应用算符 $\hat{K}$，其作用效果是不同的。如果要在态空间引入态矢量复共轭运算，就必须声明这是基于哪个表象定义的。

2. 算符对左矢的作用

设 $\hat{A}$ 是 $\mathcal{V}$ 中的线性算符，其伴算符 $\hat{A}^\dagger$ 将 $|\psi\rangle$ 映射为 $|\varphi\rangle$

$$|\varphi\rangle=\hat{A}^\dagger|\psi\rangle \tag{8.15}$$

引入一个联合映射，分三步进行：先将左矢 $\langle\psi|$ 映射为右矢 $|\psi\rangle$，再将 $|\psi\rangle$ 映射为 $|\varphi\rangle=\hat{A}^\dagger|\psi\rangle$，最后将右矢 $|\varphi\rangle$ 映射为左矢 $\langle\varphi|$，如下式所示

$$\langle\psi|\to|\psi\rangle\to|\varphi\rangle=\hat{A}^\dagger|\psi\rangle\to\langle\varphi| \tag{8.16}$$

联合映射将左矢 $\langle\psi|$ 映射为另一个左矢 $\langle\varphi|$，因此代表左矢空间 $\mathcal{V}^*$ 中的算符，将其记为 $\hat{T}_A$，即 $\langle\varphi|=\hat{T}_A\langle\psi|$。算符 $\hat{T}_A$ 与 $\hat{A}$ 的关系如下所示

$$\begin{array}{ccc} |\psi\rangle & \longleftrightarrow & \langle\psi| \\ \Downarrow & & \Downarrow \\ |\varphi\rangle=\hat{A}^\dagger|\psi\rangle & \longleftrightarrow & \langle\varphi|=\hat{T}_A\langle\psi| \end{array} \tag{8.17}$$

$\mathcal{V}^*$ 中的算符 $\hat{T}_A$ 是由 $\mathcal{V}$ 中的算符 $\hat{A}^\dagger$ 诱导出来的。我们约定：将算符 $\hat{A}$ 写在左矢的右边，表示算符 $\hat{T}_A$ 对左矢的作用

$$\langle\psi|\hat{A}\equiv\hat{T}_A\langle\psi| \tag{8.18}$$

用同一个记号 $\hat{A}$ 既表示右矢空间的算符，也表示左矢空间的相应算符 $\hat{T}_A$，从而节省了记号。按照这个约定，式(8.17)的最后一行可以写为

$$\hat{A}^\dagger|\psi\rangle\longleftrightarrow\langle\psi|\hat{A} \tag{8.19}$$

根据式(8.19)的约定，按照内积和伴算符的定义(8.5)，可知

$$(\langle\varphi|\hat{A})|\psi\rangle=(\hat{A}^\dagger|\varphi\rangle,|\psi\rangle)=(|\varphi\rangle,\hat{A}|\psi\rangle)=\langle\varphi|(\hat{A}|\psi\rangle) \tag{8.20}$$

也就是说，$\langle\varphi|\hat{A}$ 与 $|\psi\rangle$ 的乘积等于 $\langle\varphi|$ 与 $\hat{A}|\psi\rangle$ 的乘积，因此统一记为 $\langle\varphi|\hat{A}|\psi\rangle$，有时也

称为算符 $\hat{A}$ 在 $|\varphi\rangle$ 和 $|\psi\rangle$ 之间的矩阵元。根据内积性质，容易发现

$$(\langle\varphi|\hat{A}|\psi\rangle)^* = \langle\psi|\hat{A}^\dagger|\varphi\rangle \tag{8.21}$$

作为一种等价思路，可以利用 $(\langle\varphi|\hat{A})|\psi\rangle = \langle\varphi|(\hat{A}|\psi\rangle)$ 定义 $\hat{A}$ 对左矢的作用，然后利用式(8.19)定义 $\hat{A}^\dagger$。当然这跟前面的思路是两回事，不可混为一谈。

3. 厄米共轭

我们约定用记号 † 来表达左矢和右矢的关系

$$|\ \rangle^\dagger = \langle\ |, \qquad \langle\ |^\dagger = |\ \rangle \tag{8.22}$$

记号 † 原本是求算符的厄米共轭(即伴算符)的，借用这个术语，我们也经常说 $\langle\ |$ 和 $|\ \rangle$ 互为厄米共轭。此外，我们约定将 † 用于复数 c 时表示复共轭，即

$$c^\dagger = c^* \tag{8.23}$$

因此记号 † 有三种含义：算符的厄米共轭、左右矢关系和复数的复共轭。根据以上约定，可以将式(8.7)、式(8.6)、式(8.19)和式(8.21)写为

$$(a|\psi\rangle + b|\varphi\rangle)^\dagger = a^*\langle\psi| + b^*\langle\varphi| \tag{8.24}$$

$$\langle\varphi|\psi\rangle^\dagger = \langle\psi|\varphi\rangle \tag{8.25}$$

$$(\hat{A}^\dagger|\psi\rangle)^\dagger = \langle\psi|\hat{A} \tag{8.26}$$

$$(\langle\varphi|\hat{A}|\psi\rangle)^\dagger = \langle\psi|\hat{A}^\dagger|\varphi\rangle \tag{8.27}$$

由于单位算符 $\hat{I}$ 经常省略不写，公式 $(c\hat{I})^\dagger = c^*\hat{I}$ 就变成了式(8.23)。然而这个约定有时会导致表达式含义不清，必要时需要用上下文进行说明。

4. 外积形式的算符

引入记号 $|\psi\rangle\langle\varphi|$，称为右矢 $|\psi\rangle$ 与左矢 $\langle\varphi|$ 的外积(outer product)。将其分别和右矢与左矢相乘，得

$$|\psi\rangle\langle\varphi\|u\rangle = |\psi\rangle\langle\varphi|u\rangle, \quad \langle u\|\psi\rangle\langle\varphi| = \langle u|\psi\rangle\langle\varphi| \tag{8.28}$$

内积 $\langle\varphi|u\rangle$ 和 $\langle u|\psi\rangle$ 均是复数，上述结果分别表示一个右矢和一个左矢，因此外积 $|\psi\rangle\langle\varphi|$ 是一个算符，跟右矢相乘就得到右矢，跟左矢相乘就得到左矢。

设 $\hat{A} = |\psi\rangle\langle\varphi|$，我们来求 $\hat{A}^\dagger$。根据式(8.21)和内积性质，得

$$\langle v|\hat{A}^\dagger|u\rangle = (\langle u|\hat{A}|v\rangle)^* = (\langle u|\psi\rangle\langle\varphi|v\rangle)^* = \langle v|\varphi\rangle\langle\psi|u\rangle \tag{8.29}$$

内积 $\langle u|\psi\rangle$ 和 $\langle\varphi|v\rangle$ 为复数，复数相乘可以交换次序。由此可知

$$\hat{A}^\dagger = (|\psi\rangle\langle\varphi|)^\dagger = |\varphi\rangle\langle\psi| \tag{8.30}$$

也就是说，交换左右矢名称就会得到其伴算符。作为外积的应用，我们来讨论投影算符和宇称算符。

(1) 投影算符。设 $|\varphi\rangle$ 是归一化矢量，根据定义(8.12)，易验证

$$|\varphi\rangle\langle\varphi|\psi\rangle = \hat{P}_\varphi|\psi\rangle \tag{8.31}$$

因此可以将投影算符写为

$$\boxed{\hat{P}_\varphi = |\varphi\rangle\langle\varphi|} \tag{8.32}$$

根据式(8.30)，极易看出投影算符为自伴算符和幂等算符

$$\hat{P}_\varphi^\dagger = (|\varphi\rangle\langle\varphi|)^\dagger = |\varphi\rangle\langle\varphi| = \hat{P}_\varphi \tag{8.33}$$

$$\hat{P}_\varphi\hat{P}_\varphi = |\varphi\rangle\langle\varphi|\varphi\rangle\langle\varphi| = |\varphi\rangle\langle\varphi| = \hat{P}_\varphi \tag{8.34}$$

(2) 宇称算符。宇称算符可以用外积表达为

$$\boxed{\hat{P} = \int_{\infty} \mathrm{d}^3 r \, |\boldsymbol{r}\rangle\langle -\boldsymbol{r}|} \tag{8.35}$$

我们将在后面验证 $\hat{P}$ 的确是态空间的宇称算符，参见式(8.94)。

求表达式的厄米共轭

我们将式(8.24)~式(8.27)、式(8.30)和算符乘积的厄米共轭的规则总结为：对于一个由左矢、右矢和算符组成的表达式，求厄米共轭包括如下两方面操作。

(1) 替换：将所有的左矢换成右矢，右矢换成左矢，线性算符换成其伴算符，复数换成其复共轭。

(2) 反序：将替换之后的所有复数、矢量和算符反序排列。

这两个操作是同时完成的，不能写出一个只做了替换而没有进行反序的中间步骤表达式。

8.2 狄拉克符号体系

我们将以前得到的主要结果用狄拉克符号重新表达，以方便后来使用。这些结果包括算符的本征方程、态矢量的展开和薛定谔方程等。此外，我们还将介绍力学量算符的谱分解。

8.2.1 态空间的基

1. 离散谱

假设线性算符 $\hat{A}$ 具有离散的本征值谱 $\{a_n \mid n=1,2,\cdots\}$。将本征值 a_n 对应的本征子空间记为 $\mathcal{V}_n$，设 $\mathcal{V}_n$ 的维数为 g_n，即本征值 a_n 的简并度为 g_n，选择 g_n 个线性无关的本征矢量，记为 $|\phi_{ni}\rangle$ 或 $|ni\rangle$，其中 $i=1,2,\cdots,g_n$。$\hat{A}$ 的本征方程为

$$\hat{A}\,|ni\rangle = a_n\,|ni\rangle \tag{8.36}$$

如果 $\hat{A}$ 是自伴算符，则不同的本征子空间互相正交，即对于 $n \neq n'$，$\mathcal{V}_n \perp \mathcal{V}_{n'}$。换句话说，属于不同本征值的本征矢量互相正交，因此

$$\langle ni \mid mj\rangle = \delta_{nm}\langle ni \mid nj\rangle \tag{8.37}$$

如果进一步选择 $\mathcal{V}_n$ 中的矢量组 $\{|ni\rangle, i=1,2,\cdots,g_n\}$ 中满足正交归一关系

$$\langle ni \mid nj\rangle = \delta_{ij} \tag{8.38}$$

则整个本征矢量组 $\{|ni\rangle \mid n=1,2,\cdots; i=1,2,\cdots,g_n\}$ 是正交归一的

$$\boxed{\langle ni \mid mj\rangle = \delta_{nm}\delta_{ij}} \tag{8.39}$$

从而构成态空间的正交归一基。

▼举例

(1) 球面函数

将 $\mathcal{L}_{\Omega}^2$ 空间对应的态空间记为 $\mathcal{V}_{\Omega}$，$\mathrm{Y}_{lm}(\theta,\varphi)$ 对应的矢量记为 $|\mathrm{Y}_{lm}\rangle$ 或 $|lm\rangle$，它们是 $\hat{L}^2$ 和 $\hat{L}_z$ 共同本征矢量

$$\hat{L}^2\,|lm\rangle = l(l+1)\hbar^2\,|lm\rangle, \qquad \hat{L}_z\,|lm\rangle = m\hbar\,|lm\rangle \tag{8.40}$$

本征矢量组 $\{|lm\rangle, l=0,1,2,\cdots;\ m=l,l-1,\cdots,-l\}$ 构成 $\mathcal{V}_{\Omega}$ 的正交归一基

$$\langle lm \mid l'm' \rangle = \delta_{ll'}\delta_{mm'} \tag{8.41}$$

$\hat{L}^2$ 的本征值 $l(l+1)\hbar^2$ 标记 $\mathcal{V}_\Omega$ 的一个 $2l+1$ 维子空间，记为 $\mathcal{V}_l$，基矢量为

$$\text{固定 } l: \quad |lm\rangle, \quad m = l, l-1, \cdots, -l \tag{8.42}$$

$\mathcal{V}_\Omega$ 是各个子空间 $\mathcal{V}_l$ 的直和

$$\mathcal{V}_\Omega = \mathcal{V}_0 \oplus \mathcal{V}_1 \oplus \mathcal{V}_2 \oplus \cdots \oplus \mathcal{V}_l \oplus \cdots \tag{8.43}$$

设 $|\phi\rangle \in \mathcal{V}_l$，根据 $[\hat{L}^2, \hat{L}_x] = 0$，可得

$$\hat{L}^2\hat{L}_x \mid \phi\rangle = \hat{L}_x\hat{L}^2 \mid \phi\rangle = l(l+1)\hbar^2\hat{L}_x \mid \phi\rangle \tag{8.44}$$

因此 $\hat{L}_x|\phi\rangle$ 仍是 $\hat{L}^2$ 的本征矢量，且属于本征值 $l(l+1)\hbar^2$，这表明 $\hat{L}_x|\phi\rangle \in \mathcal{V}_l$。由此可见，$\mathcal{V}_l$ 是算符 $\hat{L}_x$ 的不变子空间。类似地，$\mathcal{V}_l$ 也是 $\hat{L}_y$ 和 $\hat{L}_z$ 的不变子空间。根据算符的加法、数乘和乘积可知，$\hat{L}_x, \hat{L}_y, \hat{L}_z$ 的任意相乘和线性组合所得算符都以 $\mathcal{V}_l$ 为不变子空间。

$\hat{L}_z$ 的本征值 $m\hbar$ 标记 $\mathcal{V}_\Omega$ 的一个无限维子空间，记为 $\widetilde{\mathcal{V}}_m$，基矢量为

$$\text{固定 } m: \quad |lm\rangle, \quad l = |m|, |m|+1, |m|+2, \cdots \tag{8.45}$$

设 $|\phi\rangle \in \widetilde{\mathcal{V}}_m$，由于 $[\hat{L}^2, \hat{L}_z] = 0$，因此

$$\hat{L}_z\hat{L}^2 \mid \phi\rangle = \hat{L}^2\hat{L}_z \mid \phi\rangle = m\hbar\,\hat{L}^2 \mid \phi\rangle \tag{8.46}$$

因此 $\hat{L}^2|\phi\rangle \in \widetilde{\mathcal{V}}_m$，这表明 $\widetilde{\mathcal{V}}_m$ 是 $\hat{L}^2$ 的不变子空间。需要注意，$\widetilde{\mathcal{V}}_m$ 不是 $\hat{L}_x$ 和 $\hat{L}_y$ 的不变子空间[⊖]。

（2）三维谐振子

在直角坐标系中求解，会得到 $(\hat{H}_1, \hat{H}_2, \hat{H}_3)$ 的共同本征函数 $\psi_{n_1n_2n_3}(\boldsymbol{r})$。过渡到态空间 $\mathcal{V}$，将 $\psi_{n_1n_2n_3}(\boldsymbol{r})$ 相应的矢量记为 $|\psi_{n_1n_2n_3}\rangle$，它是 $\hat{H}_1, \hat{H}_2, \hat{H}_3$ 的共同本征矢量

$$\hat{H}_i \mid \psi_{n_1n_2n_3}\rangle = E_i \mid \psi_{n_1n_2n_3}\rangle, \quad i = 1,2,3 \tag{8.47}$$

式中，$E_i = (n_i + 1/2)\hbar\omega$。本征矢量组 $\{|\psi_{n_1n_2n_3}\rangle\}$ 满足正交归一关系

$$\langle \psi_{n_1n_2n_3} \mid \psi_{n_1'n_2'n_3'}\rangle = \delta_{n_1n_1'}\delta_{n_2n_2'}\delta_{n_3n_3'} \tag{8.48}$$

构成态空间 $\mathcal{V}$ 的一个正交归一基。E_n 对应的能量本征子空间 $\mathcal{V}_n$ 的维数为 $g_n = (n+1)(n+2)/2$，基矢量为

$$\text{固定 } n: \quad |\varphi_{n_1n_2n_3}\rangle, \quad n_1 + n_2 + n_3 = n, \quad n_1, n_2, n_3 = 0,1,2,\cdots,n \tag{8.49}$$

态空间 $\mathcal{V}$ 是各个能量本征子空间的直和

$$\mathcal{V} = \mathcal{V}_1 \oplus \mathcal{V}_2 \oplus \cdots \oplus \mathcal{V}_n \oplus \cdots \tag{8.50}$$

不同的能量本征子空间互相正交

$$\mathcal{V}_n \perp \mathcal{V}_{n'}, \quad n \neq n' \tag{8.51}$$

在球坐标系中求解，会得到 $(\hat{H}, \hat{L}^2, \hat{L}_z)$ 的共同本征函数 $\psi_{nlm}(\boldsymbol{r})$，为了避免混淆，现在改记为 $\varphi_{nlm}(\boldsymbol{r})$。过渡到态空间 $\mathcal{V}$，将 $\varphi_{nlm}(\boldsymbol{r})$ 相应的矢量记为 $|\varphi_{nlm}\rangle$，它是 $\hat{H}, \hat{L}^2, \hat{L}_z$ 的共同本征矢量

$$\hat{H} \mid \varphi_{nlm}\rangle = E_n \mid \varphi_{nlm}\rangle, \quad \hat{L}^2 \mid \varphi_{nlm}\rangle = l(l+1)\hbar^2 \mid \varphi_{nlm}\rangle, \quad \hat{L}_z \mid \varphi_{nlm}\rangle = m\hbar \mid \varphi_{nlm}\rangle \tag{8.52}$$

式中，E_n 是三维谐振子能级。本征矢量组 $\{|\varphi_{nlm}\rangle\}$ 满足正交归一关系

$$\langle \varphi_{nlm} \mid \varphi_{n'l'm'}\rangle = \delta_{nn'}\delta_{ll'}\delta_{mm'} \tag{8.53}$$

构成态空间 $\mathcal{V}$ 的另一个正交归一基。$\mathcal{V}_n$ 的基矢量为

⊖ 利用磁量子数升降算符（第 11 章）很容易理解这个结论.

$$\text{固定}\,n:\quad |\varphi_{nlm}\rangle,\quad l=n,n-2,\cdots,0\text{ 或 }1;\quad m=l,l-1,\cdots,-l \tag{8.54}$$

(3) 氢原子

在球坐标系中求解，会得到$(\hat{H},\hat{L}^2,\hat{L}_z)$的共同本征函数$\psi_{nlm}(\boldsymbol{r})$。将态空间记为$\mathcal{V}_-$，$\psi_{nlm}(\boldsymbol{r})$相应的矢量记为$|nlm\rangle$。狄拉克符号中的字母只是态矢量的名称，只要含义明确就行。$|nlm\rangle$是$\hat{H},\hat{L}^2,\hat{L}_z$共同本征矢量

$$\begin{aligned}\hat{H}|nlm\rangle&=E_n|nlm\rangle,\\ \hat{L}^2|nlm\rangle&=l(l+1)\hbar^2|nlm\rangle,\\ \hat{L}_z|nlm\rangle&=m\hbar|nlm\rangle\end{aligned} \tag{8.55}$$

式中，E_n是玻尔能级。本征矢量组$\{|\psi_{nlm}\rangle\}$满足正交归一关系

$$\langle nlm|n'l'm'\rangle=\delta_{nn'}\delta_{ll'}\delta_{mm'} \tag{8.56}$$

构成氢原子态空间的正交归一基。

E_n对应的能量本征子空间$\mathcal{V}_n$的维数为$g_n=n^2$，n^2个基矢量为

$$\text{固定}\,n:\quad |nlm\rangle,\quad l=0,1,2,\cdots,n-1;\quad m=l,l-1,\cdots,-l \tag{8.57}$$

态空间是各个能量本征子空间的直和

$$\mathcal{V}_-=\mathcal{V}_1\oplus\mathcal{V}_2\oplus\cdots\oplus\mathcal{V}_n\oplus\cdots \tag{8.58}$$

不同的能量本征子空间互相正交。在图8-1中展示了$n=4$时$\mathcal{V}_n$的基矢量。

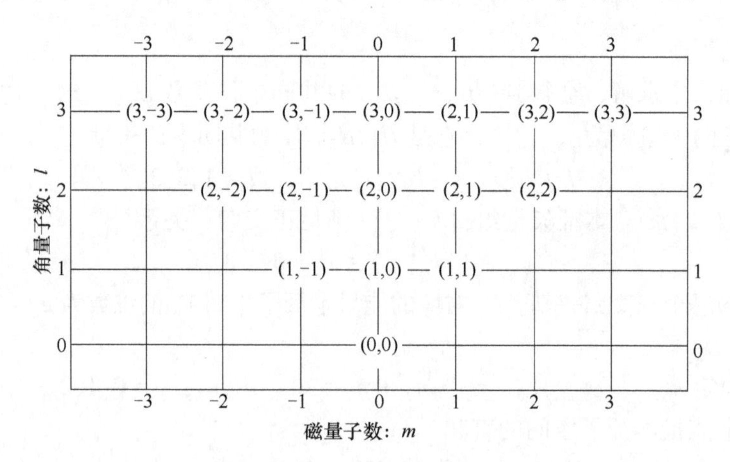

图8-1 能量本征子空间$\mathcal{V}_n$的基矢量

按照$\hat{L}^2$的本征值或者角量子数l可以将$\mathcal{V}_n$划分为更小的子空间

$$\mathcal{V}_n=\mathcal{V}_{n0}\oplus\mathcal{V}_{n1}\oplus\cdots\oplus\mathcal{V}_{nl}\oplus\cdots\oplus\mathcal{V}_{n,n-1} \tag{8.59}$$

子空间$\mathcal{V}_{nl}$是$2l+1$维的，$2l+1$个基矢量为

$$\text{固定}\,n,l:\quad |nlm\rangle,\quad m=l,l-1,\cdots,-l \tag{8.60}$$

这正是图8-1中固定l的那行基矢量。设$|\psi\rangle\in\mathcal{V}_{nl}$，由于$[\hat{H},\hat{L}_x]=[\hat{L}^2,\hat{L}_x]=0$，因此

$$\begin{aligned}\hat{H}\hat{L}_x|\psi\rangle&=\hat{L}_x\hat{H}|\psi\rangle=E_n\hat{L}_x|\psi\rangle\\ \hat{L}^2\hat{L}_x|\psi\rangle&=\hat{L}_x\hat{L}^2|\psi\rangle=l(l+1)\hbar^2\hat{L}_x|\psi\rangle\end{aligned} \tag{8.61}$$

因此$\hat{L}_x|\psi\rangle\in\mathcal{V}_{nl}$，这表明$\mathcal{V}_{nl}$是$\hat{L}_x$的不变子空间。类似地，$\mathcal{V}_{nl}$也是$\hat{L}_y$和$\hat{L}_z$的不变子空间。对比式(8.42)和式(8.60)可知，$\mathcal{V}_l$的基矢量$|lm\rangle$对应$\mathcal{V}_{nl}$的基矢量$|nlm\rangle$，二者关系参看本章后面式(8.145)。因此$\mathcal{V}_l$和$\mathcal{V}_{nl}$是同构的。

直接按照 l 的取值，可以将 $\mathcal{V}_-$ 划分为 $\hat{L}^2$ 的本征子空间，基矢量为

$$\text{固定 } l\text{：}\quad |nlm\rangle,\quad n=l+1,l+2,\cdots;\quad m=l,l-1,\cdots,-l \tag{8.62}$$

直接按照 m 的取值，可以将 $\mathcal{V}_-$ 划分为 $\hat{L}_z$ 的本征子空间，基矢量为

$$\text{固定 } m\text{：}\quad |nlm\rangle,\quad l=|m|,|m|+1,\cdots;\quad n=l+1,l+2,\cdots \tag{8.63}$$

这两种本征子空间都是无限维的。

---

2. 连续谱

对于一维问题，$\hat{x}$ 和 $\hat{p}_x$ 的本征值均不简并。$\hat{x}$ 的本征方程为

$$\hat{x}|x\rangle = x|x\rangle \tag{8.64}$$

本征矢量的正交归一关系为

$$\langle x|x'\rangle = \delta(x-x') \tag{8.65}$$

$\hat{p}_x$ 的本征方程为

$$\hat{p}_x|p\rangle = p|p\rangle \tag{8.66}$$

本征矢量的正交归一关系为

$$\langle p|p'\rangle = \delta(p-p') \tag{8.67}$$

对于三维问题，$\hat{x},\hat{y},\hat{z}$ 的共同本征矢量为 $|\boldsymbol{r}\rangle=|x,y,z\rangle$，本征方程为

$$\hat{x}|\boldsymbol{r}\rangle = x|\boldsymbol{r}\rangle,\quad \hat{y}|\boldsymbol{r}\rangle = y|\boldsymbol{r}\rangle,\quad \hat{z}|\boldsymbol{r}\rangle = z|\boldsymbol{r}\rangle \tag{8.68}$$

这三个本征方程可以合并为

$$\hat{\boldsymbol{r}}|\boldsymbol{r}\rangle = \boldsymbol{r}|\boldsymbol{r}\rangle \tag{8.69}$$

本征矢量的正交归一关系为

$$\langle \boldsymbol{r}|\boldsymbol{r}'\rangle = \delta(\boldsymbol{r}-\boldsymbol{r}') \tag{8.70}$$

类似地，$\hat{p}_x,\hat{p}_y,\hat{p}_z$ 的共同本征矢量为 $|\boldsymbol{p}\rangle=|p_x,p_y,p_z\rangle$，本征方程为

$$\hat{p}_x|\boldsymbol{p}\rangle = p_x|\boldsymbol{p}\rangle,\quad \hat{p}_y|\boldsymbol{p}\rangle = p_y|\boldsymbol{p}\rangle,\quad \hat{p}_z|\boldsymbol{p}\rangle = p_z|\boldsymbol{p}\rangle \tag{8.71}$$

这三个方程可以合并为

$$\hat{\boldsymbol{p}}|\boldsymbol{p}\rangle = \boldsymbol{p}|\boldsymbol{p}\rangle \tag{8.72}$$

本征矢量的正交归一关系为

$$\langle \boldsymbol{p}|\boldsymbol{p}'\rangle = \delta(\boldsymbol{p}-\boldsymbol{p}') \tag{8.73}$$

8.2.2　投影算符

1. 离散谱

假设自伴算符 $\hat{A}$ 具有离散谱，如式(8.36)所示，其本征矢量组满足正交归一关系(8.39)，构成态空间的正交归一基。引入基矢量 $|ni\rangle$ 上的投影算符

$$\hat{P}_{ni} = |ni\rangle\langle ni| \tag{8.74}$$

容易证明

$$\boxed{\hat{P}_{ni}\hat{P}_{mj} = \delta_{nm}\delta_{ij}\hat{P}_{ni}} \tag{8.75}$$

证明如下：利用正交归一关系(8.39)，得

$$\hat{P}_{ni}\hat{P}_{mj} = |ni\rangle\langle ni|mj\rangle\langle mj| = \delta_{nm}\delta_{ij}|ni\rangle\langle mj| \tag{8.76}$$

利用克罗内克符号的性质，将 $\langle mj|$ 换成 $\langle ni|$，便得到式(8.75)。

当 $n=m$ 且 $i=j$ 时，式(8.75)就是 $\hat{P}_{ni}$ 的幂等性：$\hat{P}_{ni}\hat{P}_{ni}=\hat{P}_{ni}$；当 $n\neq m$ 或 $i\neq j$ 时，由式(8.75)可得 $\hat{P}_{ni}\hat{P}_{mj}=0$，这是基矢量两两正交的体现。这是容易理解的：比如在三维空间中，将矢量 $\boldsymbol{A}$ 先对 x 轴投影再对 y 轴投影，最后只能得到零矢量。

引入本征子空间 $\mathcal{V}_n$ 中的投影算符

$$\hat{P}_n = \sum_{i=1}^{g_n}\hat{P}_{ni} \tag{8.77}$$

$\hat{P}_n|\psi\rangle$ 就是 $|\psi\rangle$ 在 $\mathcal{V}_n$ 中的分矢量

$$\hat{P}_n|\psi\rangle = \sum_{i=1}^{g_n}\hat{P}_{ni}|\psi\rangle = \sum_{i=1}^{g_n}|ni\rangle\langle ni|\psi\rangle \tag{8.78}$$

利用式(8.75)容易证明

$$\boxed{\hat{P}_n\hat{P}_m = \delta_{nm}\hat{P}_n} \tag{8.79}$$

当 $n=m$ 时，式(8.79)就是 $\hat{P}_n$ 的幂等性：$\hat{P}_n\hat{P}_n=\hat{P}_n$；当 $n\neq m$ 时，$\hat{P}_n\hat{P}_{n'}=0$，这反映了不同的本征子空间互相正交的特性。

根据投影定理(第4章)，$\mathcal{V}_n$ 中的投影算符是唯一的，换一个基只不过是将 $\hat{P}_n$ 表达为另一组基矢量上的投影算符之和而已。在三维矢量空间，将矢量投影到 xy 平面的结果，等于分别向 x 轴和 y 轴投影所得分矢量之和。将坐标系绕着 z 轴转动会影响矢量在 x 轴和 y 轴的分量，但不会影响在 xy 平面的分矢量。

2. 连续谱

以一维问题为例，对于坐标本征态 $|x\rangle$，引入算符

$$\hat{P}_x = |x\rangle\langle x| \tag{8.80}$$

根据正交归一关系(8.65)，可以证明

$$\hat{P}_x\hat{P}_{x'} = \delta(x-x')\hat{P}_x \tag{8.81}$$

设 $|\psi\rangle\in\mathcal{V}$，将 $\hat{P}_x$ 作用于态矢量，得

$$\hat{P}_x|\psi\rangle = |x\rangle\langle x|\psi\rangle \tag{8.82}$$

$\hat{P}_x$ 的作用就是将 $|\psi\rangle$ 投影到 $|x\rangle$ 上。然而 $|x\rangle\notin\mathcal{V}$，因此 $\hat{P}_x|\psi\rangle\notin\mathcal{V}$，这表明 $\hat{P}_x$ 不是态空间中的算符，而是从态空间到某个更大空间(本书没引入)的算符。从式(8.81)可知 $\hat{P}_x$ 并不满足幂等性。不过为了行文方便，今后也将 $\hat{P}_x$ 称为投影算符。

同样，引入动量本征态 $|p\rangle$ 上的投影算符

$$\hat{P}_p = |p\rangle\langle p| \tag{8.83}$$

利用正交归一关系(8.67)，容易证明

$$\hat{P}_p\hat{P}_{p'} = \delta(p-p')\hat{P}_p \tag{8.84}$$

8.2.3 态矢量的展开

1. 离散谱

假设自伴算符 $\hat{A}$ 具有离散谱，如式(8.36)所示，其本征矢量组满足正交归一关系(8.39)，构成态空间的正交归一基。$\forall\ |\psi\rangle\in\mathcal{V}$，可以将其展开为

$$|\psi\rangle = \sum_{n=1}^{\infty}\sum_{i=1}^{g_n}c_{ni}|ni\rangle,\quad c_{ni} = \langle ni|\psi\rangle \tag{8.85}$$

利用正交归一关系(8.39)，很容易验证展开系数

$$\langle ni \mid \psi \rangle = \sum_{m=1}^{\infty}\sum_{j=1}^{g_m} c_{mj}\langle ni \mid mj \rangle = \sum_{m=1}^{\infty}\sum_{j=1}^{g_m} c_{mj}\delta_{nm}\delta_{ij} = c_{ni} \tag{8.86}$$

将展开系数代入展开式，得

$$\mid \psi \rangle = \sum_{n=1}^{\infty}\sum_{i=1}^{g_n} \mid ni \rangle \langle ni \mid \psi \rangle \tag{8.87}$$

这里将系数$\langle ni \mid \psi \rangle$写到了矢量$\mid ni \rangle$的后面。式(8.87)对任意态矢量都成立，因此

$$\boxed{\sum_{n=1}^{\infty}\sum_{i=1}^{g_n} \mid ni \rangle \langle ni \mid = \hat{I}} \tag{8.88}$$

这就是封闭性关系，它表明所有基矢量上的投影算符之和等于单位算符。如果$\hat{A}$的所有本征值都不简并，则可以省略指标i，封闭性关系(8.88)退化为

$$\boxed{\sum_{n=1}^{\infty} \mid n \rangle \langle n \mid = \hat{I}} \tag{8.89}$$

2. 连续谱

坐标算符的本征矢量组$\{\mid \boldsymbol{r} \rangle \mid x, y, z \in \mathbb{R}\}$构成态空间$\mathcal{V}$的连续基。将态矢量$\mid \psi \rangle$展开为

$$\mid \psi \rangle = \int_{\infty} \mathrm{d}^3 r\, \psi(\boldsymbol{r}) \mid \boldsymbol{r} \rangle, \qquad \psi(\boldsymbol{r}) = \langle \boldsymbol{r} \mid \psi \rangle \tag{8.90}$$

展开系数就是坐标表象的波函数。利用正交归一关系(8.70)，容易验证

$$\langle \boldsymbol{r} \mid \psi \rangle = \int_{\infty} \mathrm{d}^3 r'\, \psi(\boldsymbol{r}') \langle \boldsymbol{r} \mid \boldsymbol{r}' \rangle = \int_{\infty} \mathrm{d}^3 r'\, \psi(\boldsymbol{r}')\delta(\boldsymbol{r} - \boldsymbol{r}') = \psi(\boldsymbol{r}) \tag{8.91}$$

将式(8.90)中的展开系数代入展开式，得

$$\mid \psi \rangle = \int_{\infty} \mathrm{d}^3 r \mid \boldsymbol{r} \rangle \langle \boldsymbol{r} \mid \psi \rangle \tag{8.92}$$

这对于任意态矢量都成立，因此

$$\boxed{\int_{\infty} \mathrm{d}^3 r \mid \boldsymbol{r} \rangle \langle \boldsymbol{r} \mid = \hat{I}} \tag{8.93}$$

这就是坐标算符的本征矢量组的封闭性关系。

将式(8.35)定义的宇称算符$\hat{P}$作用于态矢量，得

$$\hat{P} \mid \psi \rangle = \int_{\infty} \mathrm{d}^3 r \mid \boldsymbol{r} \rangle \langle -\boldsymbol{r} \mid \psi \rangle = \int_{\infty} \mathrm{d}^3 r\, \psi(-\boldsymbol{r}) \mid \boldsymbol{r} \rangle \tag{8.94}$$

$\hat{P}$的效果是将$\psi(\boldsymbol{r})$变成$\psi(-\boldsymbol{r})$，的确是态空间中的宇称算符。

动量算符的本征矢量组$\{\mid \boldsymbol{p} \rangle \mid p_x, p_y, p_z \in \mathbb{R}\}$也构成了态空间$\mathcal{V}$的连续基。将态矢量$\mid \psi \rangle$展开为

$$\mid \psi \rangle = \int_{\infty} \mathrm{d}^3 p\; c(\boldsymbol{p}) \mid \boldsymbol{p} \rangle, \qquad c(\boldsymbol{p}) = \langle \boldsymbol{p} \mid \psi \rangle \tag{8.95}$$

展开系数就是动量表象的波函数。利用正交归一关系(8.73)容易验证

$$\langle \boldsymbol{p} \mid \psi \rangle = \int_{\infty} \mathrm{d}^3 p'\; c(\boldsymbol{p}') \langle \boldsymbol{p} \mid \boldsymbol{p}' \rangle = \int_{\infty} \mathrm{d}^3 p'\; c(\boldsymbol{p}')\delta(\boldsymbol{p} - \boldsymbol{p}') = c(\boldsymbol{p}) \tag{8.96}$$

将式(8.95)中展开系数代入展开式，得

$$|\psi\rangle = \int_{\infty} \mathrm{d}^3 p \, |\boldsymbol{p}\rangle\langle\boldsymbol{p}|\psi\rangle \tag{8.97}$$

这对于任意态矢量都成立，因此

$$\boxed{\int_{\infty} \mathrm{d}^3 p \, |\boldsymbol{p}\rangle\langle\boldsymbol{p}| = \hat{I}} \tag{8.98}$$

这就是动量算符的本征矢量组的封闭性关系。

8.2.4 算符的谱分解

1. 离散谱

假设自伴算符 $\hat{A}$ 具有离散谱，如式(8.36)所示，其本征矢量组满足正交归一关系(8.39)，构成态空间的正交归一基。根据封闭性关系(8.88)，可得

$$\hat{A} = \hat{A}\hat{I} = \hat{A}\left(\sum_{n=1}^{\infty}\sum_{i=1}^{g_n} |ni\rangle\langle ni|\right) = \sum_{n=1}^{\infty}\sum_{i=1}^{g_n} \hat{A}\,|ni\rangle\langle ni| \tag{8.99}$$

利用 $\hat{A}$ 的本征方程(8.36)，可得

$$\hat{A} = \sum_{n=1}^{\infty}\sum_{i=1}^{g_n} a_n |ni\rangle\langle ni| = \sum_{n=1}^{\infty}\sum_{i=1}^{g_n} a_n \hat{P}_{ni} = \sum_{n=1}^{\infty} a_n \hat{P}_n \tag{8.100}$$

称为算符 $\hat{A}$ 的谱分解。由此可知，一个力学量算符由它的全部本征值和本征矢量完全确定。设 $f(\hat{A})$ 是由函数 $f(x)$ 定义的算符

$$f(\hat{A}) = \sum_{k=0}^{\infty} c_k \hat{A}^k, \quad c_k = \frac{f^{(k)}(0)}{k!} \tag{8.101}$$

根据式(8.100)，得

$$f(\hat{A}) = \sum_{n=1}^{\infty}\sum_{i=1}^{g_n} f(a_n)\,|ni\rangle\langle ni| = \sum_{n=1}^{\infty}\sum_{i=1}^{g_n} f(a_n)\hat{P}_{ni} = \sum_{n=1}^{\infty} f(a_n)\hat{P}_n \tag{8.102}$$

2. 连续谱

如果力学量算符具有连续谱，比如坐标算符 $\hat{x}$，根据封闭性关系(8.93)

$$\hat{x} = \hat{x}\hat{I} = \hat{x}\left(\int_{\infty} \mathrm{d}^3 r \, |\boldsymbol{r}\rangle\langle\boldsymbol{r}|\right) = \int_{\infty} \mathrm{d}^3 r \, \hat{x}\,|\boldsymbol{r}\rangle\langle\boldsymbol{r}| \tag{8.103}$$

利用 $\hat{x}$ 的本征方程(8.64)，就得到 $\hat{x}$ 的谱分解表达式

$$\hat{x} = \int_{\infty} \mathrm{d}^3 r \, x\,|\boldsymbol{r}\rangle\langle\boldsymbol{r}| \tag{8.104}$$

同样可以得到 $\hat{y},\hat{z}$ 的谱分解。坐标算符的谱分解可以合写为

$$\hat{\boldsymbol{r}} = \int_{\infty} \mathrm{d}^3 r \, \boldsymbol{r}\,|\boldsymbol{r}\rangle\langle\boldsymbol{r}| \tag{8.105}$$

类似地，对于动量算符，根据封闭性关系(8.98)

$$\hat{p}_x = \hat{p}_x\hat{I} = \hat{p}_x\left(\int_{\infty} \mathrm{d}^3 p \, |\boldsymbol{p}\rangle\langle\boldsymbol{p}|\right) = \int_{\infty} \mathrm{d}^3 p \, \hat{p}_x\,|\boldsymbol{p}\rangle\langle\boldsymbol{p}| \tag{8.106}$$

由此得到 $\hat{p}_x$ 的谱分解表达式

$$\hat{p}_x = \int_{\infty} \mathrm{d}^3 p \, p_x\,|\boldsymbol{p}\rangle\langle\boldsymbol{p}| \tag{8.107}$$

同样可以得到 $\hat{p}_y,\hat{p}_z$ 的谱分解。动量算符的谱分解可以合写为

$$\hat{\boldsymbol{p}} = \int_{\infty} \mathrm{d}^3 p\, \boldsymbol{p}\, |\boldsymbol{p}\rangle\langle\boldsymbol{p}| \tag{8.108}$$

设$f(\hat{\boldsymbol{r}})$和$f(\hat{\boldsymbol{p}})$是由函数$f(x)$定义的算符，则

$$f(\hat{\boldsymbol{r}}) = \int_{\infty} \mathrm{d}^3 r\, f(\boldsymbol{r})\, |\boldsymbol{r}\rangle\langle\boldsymbol{r}|, \qquad f(\hat{\boldsymbol{p}}) = \int_{\infty} \mathrm{d}^3 p\, f(\boldsymbol{p})\, |\boldsymbol{p}\rangle\langle\boldsymbol{p}| \tag{8.109}$$

力学量算符的谱分解与测量密切相关。当力学量具有连续谱或混合谱时，广义本征矢量是必要的，由此可以给出力学量的本征值在某个取值范围的测量概率。数学家可以不用广义本征矢量而写出自伴算符的谱分解（谱定理），并进一步给出测量概率。量子力学原则上可以不用广义本征矢量，而且这样做在数学上也更加严格。不过这样的理论需要较多的数学知识，因而在物理上并不常用。

8.2.5　薛定谔方程

设t时刻体系的态矢量为$|\psi(t)\rangle$，根据式(8.90)，可知

$$|\psi(t)\rangle = \int_{\infty} \mathrm{d}^3 r\, \psi(\boldsymbol{r},t)\, |\boldsymbol{r}\rangle, \qquad \psi(\boldsymbol{r},t) = \langle\boldsymbol{r}|\psi(t)\rangle \tag{8.110}$$

态矢量为$|\psi(t)\rangle$满足薛定谔方程

$$\mathrm{i}\hbar \frac{\mathrm{d}}{\mathrm{d}t}|\psi(t)\rangle = \hat{H}(t)\,|\psi(t)\rangle \tag{8.111}$$

式中，$\hat{H}(t)$是系统的哈密顿算符。设$\hat{H}$不显含时间，能量本征方程为

$$\hat{H}\,|\psi_E\rangle = E\,|\psi_E\rangle \tag{8.112}$$

态矢量$|\psi_E\rangle$与波函数$\psi_E(\boldsymbol{r})$的关系为

$$|\psi_E\rangle = \int_{\infty} \mathrm{d}^3 r\, \psi_E(\boldsymbol{r})\, |\boldsymbol{r}\rangle, \quad \psi_E(\boldsymbol{r}) = \langle\boldsymbol{r}|\psi_E\rangle \tag{8.113}$$

式(8.52)和式(8.55)的第一个方程均为能量本征方程的特例。

8.2.6　本节小结

在坐标表象中，坐标算符$\hat{\boldsymbol{r}}$和动量算符$\hat{\boldsymbol{p}}$的本征矢量分别为

$$u_{\boldsymbol{r}'}(\boldsymbol{r}) = \delta(\boldsymbol{r}-\boldsymbol{r}'), \qquad v_{\boldsymbol{p}}(\boldsymbol{r}) = \frac{1}{(2\pi\hbar)^{3/2}}\mathrm{e}^{\frac{\mathrm{i}}{\hbar}\boldsymbol{p}\cdot\boldsymbol{r}} \tag{8.114}$$

为了便于对比，坐标表象与态空间的公式对应关系列于表 8-2。在表中我们用$|\boldsymbol{r}'\rangle$而不是$|\boldsymbol{r}\rangle$表示态空间中坐标算符的本征矢量，是为了方便直接对比。

表 8-2　坐标表象与狄拉克符号

序号	坐标表象	狄拉克符号
1	$\hat{A}\psi(\boldsymbol{r})=\varphi(\boldsymbol{r})$	$\hat{A}\,|\psi\rangle = |\varphi\rangle$
2	$\hat{F}\phi_{ni}(\boldsymbol{r})=a_n\phi_{ni}(\boldsymbol{r})$	$\hat{F}\,|ni\rangle = a_n\,|ni\rangle$
3	$(\phi_{ni},\phi_{n'i'})=\delta_{nn'}\delta_{ii'}$	$\langle ni\,|\,n'i'\rangle=\delta_{nn'}\delta_{ii'}$
4	$\hat{\boldsymbol{r}}u_{\boldsymbol{r}'}(\boldsymbol{r})=\boldsymbol{r}'u_{\boldsymbol{r}'}(\boldsymbol{r})$	$\hat{\boldsymbol{r}}\,|\boldsymbol{r}'\rangle=\boldsymbol{r}'\,|\boldsymbol{r}'\rangle$
5	$(u_{\boldsymbol{r}'},u_{\boldsymbol{r}''})=\delta(\boldsymbol{r}'-\boldsymbol{r}'')$	$\langle\boldsymbol{r}'\,|\,\boldsymbol{r}''\rangle=\delta(\boldsymbol{r}'-\boldsymbol{r}'')$

（续）

序号	坐标表象	狄拉克符号
6	$-\mathrm{i}\hbar\nabla v_{\boldsymbol{p}}(\boldsymbol{r})=\boldsymbol{p}v_{\boldsymbol{p}}(\boldsymbol{r})$	$\hat{\boldsymbol{p}}\|\boldsymbol{p}\rangle=\boldsymbol{p}\|\boldsymbol{p}\rangle$
7	$(v_{\boldsymbol{p}},v_{\boldsymbol{p}'})=\delta(\boldsymbol{p}-\boldsymbol{p}')$	$\langle\boldsymbol{p}\|\boldsymbol{p}'\rangle=\delta(\boldsymbol{p}-\boldsymbol{p}')$
8	$\psi(\boldsymbol{r})=\sum_{n=1}^{\infty}\sum_{i=1}^{g_n}c_{ni}\phi_{ni}(\boldsymbol{r})$	$\|\psi\rangle=\sum_{n=1}^{\infty}\sum_{i=1}^{g_n}c_{ni}\|ni\rangle$
9	$c_{ni}=(\phi_{ni},\psi)$	$c_{ni}=\langle ni\|\psi\rangle$
10	$\sum_{n=1}^{\infty}\sum_{i=1}^{g_n}\phi_{ni}(\boldsymbol{r})\phi_{ni}^{*}(\boldsymbol{r}')=\delta(\boldsymbol{r}-\boldsymbol{r}')$	$\sum_{n=1}^{\infty}\sum_{i=1}^{g_n}\|ni\rangle\langle ni\|=\hat{I}$
11	$\psi(\boldsymbol{r})=\int_{\infty}\mathrm{d}^3r'\psi(\boldsymbol{r}')u_{\boldsymbol{r}'}(\boldsymbol{r})$	$\|\psi\rangle=\int_{\infty}\mathrm{d}^3r'\psi(\boldsymbol{r}')\|\boldsymbol{r}'\rangle$
12	$\psi(\boldsymbol{r}')=(u_{\boldsymbol{r}'},\psi)$	$\psi(\boldsymbol{r}')=\langle\boldsymbol{r}'\|\psi\rangle$
13	$\int_{\infty}\mathrm{d}^3r\,u_{\boldsymbol{r}}(\boldsymbol{r}')u_{\boldsymbol{r}}^{*}(\boldsymbol{r}'')=\delta(\boldsymbol{r}'-\boldsymbol{r}'')$	$\int_{\infty}\mathrm{d}^3r\|\boldsymbol{r}\rangle\langle\boldsymbol{r}\|=\hat{I}$
14	$\psi(\boldsymbol{r})=\int_{\infty}\mathrm{d}^3p\,c(\boldsymbol{p})v_{\boldsymbol{p}}(\boldsymbol{r})$	$\|\psi\rangle=\int_{\infty}\mathrm{d}^3p\,c(\boldsymbol{p})\|\boldsymbol{p}\rangle$
15	$c(\boldsymbol{p})=(v_{\boldsymbol{p}},\psi)$	$c(\boldsymbol{p})=\langle\boldsymbol{p}\|\psi\rangle$
16	$\int_{\infty}\mathrm{d}^3p\,v_{\boldsymbol{p}}(\boldsymbol{r}')v_{\boldsymbol{p}}^{*}(\boldsymbol{r}'')=\delta(\boldsymbol{r}'-\boldsymbol{r}'')$	$\int_{\infty}\mathrm{d}^3p\|\boldsymbol{p}\rangle\langle\boldsymbol{p}\|=\hat{I}$
17	$\mathrm{i}\hbar\frac{\partial}{\partial t}\psi(\boldsymbol{r},t)=\hat{H}(t)\psi(\boldsymbol{r},t)$	$\mathrm{i}\hbar\frac{\mathrm{d}}{\mathrm{d}t}\|\psi(t)\rangle=\hat{H}(t)\|\psi(t)\rangle$
18	$\hat{H}\psi_E(\boldsymbol{r})=E\psi_E(\boldsymbol{r})$	$\hat{H}\|\psi_E\rangle=E\|\psi_E\rangle$

8.3 张量积

这一节我们简要介绍态空间的张量积㊀，并讨论相关问题。在量子力学中，构成张量积的各个态空间分别代表不同的运动自由度。

8.3.1 态空间的张量积

设 $\mathcal{V}_1$ 和 $\mathcal{V}_2$ 是两个线性空间，矢量组 $\{|u_n\rangle|n=1,2,\cdots\}$ 和 $\{|v_k\rangle|k=1,2,\cdots\}$ 分别为 $\mathcal{V}_1$ 和 $\mathcal{V}_2$ 的正交归一基。为了记号简单，这里用单指标 n 和 k 标记基矢量。这并不失去一般性，因为对于多指标基矢量，只要按字典序㊁排列，然后跟正整数一一对应，就化成了单指标。

利用 $|u_n\rangle$ 和 $|v_k\rangle$ 定义一个映射：$\forall\langle\psi^{\mathrm{I}}|\in\mathcal{V}_1^*$，$\langle\psi^{\mathrm{II}}|\in\mathcal{V}_2^*$，该映射将任意一对左矢㊂

㊀ 读者可以从本书第 4 章初步了解张量积的概念，或者进一步查阅相关资料.

㊁ 所谓字典序，就是字典中排列英文单词的次序. 先比较开头字母，从前到后按照 $a,b,c,\cdots$ 的次序排列；同是 a 开头的单词，根据第二个字母按照 $a,b,c,\cdots$ 的次序排列，以此类推. 汉语字典通常也是根据汉语拼音按照这样的次序排列条目的.

㊂ 这对左矢是 $\mathcal{V}_1^*\times\mathcal{V}_2^*$ 中的矢量，参见第 4 章.

$\langle\psi^{\mathrm{I}}|,\langle\psi^{\mathrm{II}}|$映射为复数

$$\langle\psi^{\mathrm{I}}|,\langle\psi^{\mathrm{II}}| \to \langle\psi^{\mathrm{I}}|u_n\rangle\langle\psi^{\mathrm{II}}|v_k\rangle \tag{8.115}$$

将这个映射称为$|u_n\rangle$和$|v_k\rangle$的张量积，记为$|u_n\rangle\otimes|v_k\rangle$或者$|v_k\rangle\otimes|u_n\rangle$。我们将把映射$|u_n\rangle\otimes|v_k\rangle$作为某个线性空间的矢量。每一对基矢量$|u_n\rangle$，$|v_k\rangle$定义了一个新矢量$|u_n\rangle\otimes|v_k\rangle$，由此便得到一组矢量

$$\{|u_n\rangle\otimes|v_k\rangle \mid n,k=1,2,\cdots\} \tag{8.116}$$

矢量组(8.116)张成的线性空间称为态空间 $\mathcal{V}_1$ 和 $\mathcal{V}_2$ 的张量积，记为 $\mathcal{V}_1\otimes\mathcal{V}_2$，即

$$\mathcal{V}_1\otimes\mathcal{V}_2=\left\{\sum_{n=1}^{\infty}\sum_{k=1}^{\infty}c_{nk}|u_n\rangle\otimes|v_k\rangle \,\middle|\, |u_n\rangle\in\mathcal{V}_1,|v_k\rangle\in\mathcal{V}_2,c_{nk}\in\mathbb{C}\right\} \tag{8.117}$$

为了简化表达式，引入记号

$$|u_nv_k\rangle=|u_n\rangle\otimes|v_k\rangle \tag{8.118}$$

对于张量积空间 $\mathcal{V}_1\otimes\mathcal{V}_2$ 中两个矢量

$$|\psi\rangle=\sum_{n=1}^{\infty}\sum_{k=1}^{\infty}c_{nk}|u_nv_k\rangle,\qquad |\varphi\rangle=\sum_{n=1}^{\infty}\sum_{k=1}^{\infty}d_{nk}|u_nv_k\rangle \tag{8.119}$$

加法和数乘的定义为

$$|\psi\rangle+|\varphi\rangle=\sum_{n=1}^{\infty}\sum_{k=1}^{\infty}(c_{nk}+d_{nk})|u_nv_k\rangle \tag{8.120}$$

$$a|\psi\rangle=\sum_{n=1}^{\infty}\sum_{k=1}^{\infty}ac_{nk}|u_nv_k\rangle,\quad \forall a\in\mathbb{C} \tag{8.121}$$

可以验证 $\mathcal{V}_1\otimes\mathcal{V}_2$ 关于这样的加法和数乘的确满足封闭性，并满足线性空间的 8 个条件。按照 $\mathcal{V}_1\otimes\mathcal{V}_2$ 的定义，矢量组$\{|u_n\rangle\otimes|v_k\rangle\}$就是 $\mathcal{V}_1\otimes\mathcal{V}_2$ 的一个基。如果在 $\mathcal{V}_1$ 和 $\mathcal{V}_2$ 中选择了别的基，仍然会得到同一个张量积空间 $\mathcal{V}_1\otimes\mathcal{V}_2$，同时得到 $\mathcal{V}_1\otimes\mathcal{V}_2$ 中的另一个基。

8.3.2　态矢量的张量积

式(8.115)定义了基矢量$|u_n\rangle$和$|v_k\rangle$的张量积，这种运算可以推广到 $\mathcal{V}_1$ 和 $\mathcal{V}_2$ 中的任意态矢量。设$|\alpha\rangle$和$|\beta\rangle$分别是 $\mathcal{V}_1$ 和 $\mathcal{V}_2$ 中的态矢量

$$|\alpha\rangle=\sum_{n=1}^{\infty}a_n|u_n\rangle,\quad |\beta\rangle=\sum_{k=1}^{\infty}b_k|v_k\rangle \tag{8.122}$$

其张量积定义为

$$|\alpha\rangle\otimes|\beta\rangle=\sum_{n=1}^{\infty}\sum_{k=1}^{\infty}a_nb_k|u_nv_k\rangle \tag{8.123}$$

根据式(8.117)可知$|\alpha\rangle\otimes|\beta\rangle$是 $\mathcal{V}_1\otimes\mathcal{V}_2$ 中的矢量，称为张量积(类型的)矢量。应当明白，并非所有 $\mathcal{V}_1\otimes\mathcal{V}_2$ 中的矢量都能写成张量积类型的矢量。

容易验证，$\forall\, |\alpha\rangle\in\mathcal{V}_1$，$|\beta\rangle,|\beta'\rangle\in\mathcal{V}_2$，$c\in\mathbb{C}$，有

(1) 数乘：$c(|\alpha\rangle\otimes|\beta\rangle)=(c|\alpha\rangle)\otimes|\beta\rangle=|\alpha\rangle\otimes(c|\beta\rangle)$

(2) 交换律：$|\alpha\rangle\otimes|\beta\rangle=|\beta\rangle\otimes|\alpha\rangle$

(3) 分配律：$|\alpha\rangle\otimes(|\beta\rangle+|\beta'\rangle)=|\alpha\rangle\otimes|\beta\rangle+|\alpha\rangle\otimes|\beta'\rangle$

8.3.3 张量积空间的内积

设 $|\psi\rangle, |\varphi\rangle \in \mathcal{V}_1 \otimes \mathcal{V}_2$，如式(8.119)所示，将 $|\psi\rangle$ 和 $|\varphi\rangle$ 的内积定义为

$$\langle\psi|\varphi\rangle = \sum_{n=1}^{\infty}\sum_{k=1}^{\infty} c_{nk}^* d_{nk} \tag{8.124}$$

可以验证式(8.124)满足内积的三个条件。根据这个定义，可得

$$\langle u_n v_k | u_{n'} v_{k'}\rangle = \delta_{nn'}\delta_{kk'} \tag{8.125}$$

由此可见 $\{|u_n\rangle \otimes |v_k\rangle\}$ 是 $\mathcal{V}_1 \otimes \mathcal{V}_2$ 的正交归一基。

设 $|\alpha\rangle, |\alpha'\rangle \in \mathcal{V}_1, |\beta\rangle, |\beta'\rangle \in \mathcal{V}_2$，对于两个张量积矢量

$$|\psi\rangle = |\alpha\rangle \otimes |\beta\rangle, \quad |\varphi\rangle = |\alpha'\rangle \otimes |\beta'\rangle \tag{8.126}$$

容易证明

$$\langle\psi|\varphi\rangle = \langle\alpha|\alpha'\rangle\langle\beta|\beta'\rangle \tag{8.127}$$

式(8.125)也可以看作这个结果的特例。

8.3.4 算符的张量积

设 $\hat{A}$ 和 $\hat{B}$ 分别是 $\mathcal{V}_1$ 和 $\mathcal{V}_2$ 中的线性算符，引入张量积空间 $\mathcal{V}_1 \otimes \mathcal{V}_2$ 中的线性算符 $\hat{A} \otimes \hat{B}$，它对矢量 $|\psi\rangle$ 的作用定义为

$$(\hat{A} \otimes \hat{B})|\psi\rangle = \sum_{n=1}^{\infty}\sum_{k=1}^{\infty} c_{nk}(\hat{A}|u_n\rangle) \otimes (\hat{B}|v_k\rangle) \tag{8.128}$$

$\hat{A} \otimes \hat{B}$ 称为算符 $\hat{A}$ 和 $\hat{B}$ 的张量积。此外我们约定

$$\hat{A} \otimes \hat{B} = \hat{B} \otimes \hat{A} \tag{8.129}$$

设 $|\alpha\rangle \in \mathcal{V}_1, |\beta\rangle \in \mathcal{V}_2$，容易证明

$$(\hat{A} \otimes \hat{B})(|\alpha\rangle \otimes |\beta\rangle) = (\hat{A}|\alpha\rangle) \otimes (\hat{B}|\beta\rangle) \tag{8.130}$$

设 $\hat{A}, \hat{A}'$ 是 $\mathcal{V}_1$ 中的算符，$\hat{B}, \hat{B}'$ 是 $\mathcal{V}_2$ 中的算符，根据式(8.130)可知

$$(\hat{A} \otimes \hat{B})(\hat{A}' \otimes \hat{B}') = (\hat{A}\hat{A}') \otimes (\hat{B}\hat{B}') \tag{8.131}$$

利用 $\mathcal{V}_1$ 和 $\mathcal{V}_2$ 中的单位算符 $\hat{I}_1$ 和 $\hat{I}_2$，可以定义如下算符

$$\hat{A}(\sim) = \hat{A} \otimes \hat{I}_2, \quad \hat{B}(\sim) = \hat{I}_1 \otimes \hat{B} \tag{8.132}$$

分别称为算符 $\hat{A}$ 和 $\hat{B}$ 在张量积空间 $\mathcal{V}_1 \otimes \mathcal{V}_2$ 中的延伸算符。延伸算符是张量积算符的特例。根据式(8.131)可知

$$\hat{A}(\sim)\hat{B}(\sim) = \hat{A} \otimes \hat{B} \tag{8.133}$$

根据式(8.129)可知 $\hat{A}(\sim)$ 和 $\hat{B}(\sim)$ 的乘积满足交换律，即二者互相对易

$$[\hat{A}(\sim), \hat{B}(\sim)] = 0 \tag{8.134}$$

8.3.5 张量积空间的应用

1. 单粒子体系

设 x, y, z 方向运动的一维问题波函数空间分别为 $\mathcal{L}_x^2(\mathbb{R}), \mathcal{L}_y^2(\mathbb{R}), \mathcal{L}_z^2(\mathbb{R})$，相应的态空间分别记为 $\mathcal{V}_x, \mathcal{V}_y, \mathcal{V}_z$，则三维问题态空间就是 $\mathcal{V}_x, \mathcal{V}_y, \mathcal{V}_z$ 的张量积

$$\mathcal{V} = \mathcal{V}_x \otimes \mathcal{V}_y \otimes \mathcal{V}_z \tag{8.135}$$

如果 $\mathcal{V}_x,\mathcal{V}_y,\mathcal{V}_z$ 的基分别选择为坐标算符 $\hat{x},\hat{y},\hat{z}$ 的本征矢量组

$$\{|x\rangle \mid x\in\mathbb{R}\},\quad \{|y\rangle \mid y\in\mathbb{R}\},\quad \{|z\rangle \mid z\in\mathbb{R}\} \tag{8.136}$$

则可以得到 $\mathcal{V}$ 的基

$$\{|\boldsymbol{r}\rangle \equiv |x\rangle\otimes|y\rangle\otimes|z\rangle \mid x,y,z\in\mathbb{R}\} \tag{8.137}$$

$\mathcal{V}$ 中态矢量的一般形式为

$$|\psi\rangle=\int_{-\infty}^{\infty}\mathrm{d}x\int_{-\infty}^{\infty}\mathrm{d}y\int_{-\infty}^{\infty}\mathrm{d}z\,\psi(\boldsymbol{r})\,|\boldsymbol{r}\rangle \tag{8.138}$$

在某些特殊情形，态矢量 $|\psi\rangle$ 具有张量积形式

$$|\psi\rangle=|\psi_1\rangle\otimes|\psi_2\rangle\otimes|\psi_3\rangle \tag{8.139}$$

则 $\psi(\boldsymbol{r})$ 具有分离变量形式

$$\psi(\boldsymbol{r})=\langle\boldsymbol{r}|\psi\rangle=\langle x|\psi_1\rangle\langle y|\psi_2\rangle\langle z|\psi_3\rangle=\psi_1(x)\,\psi_2(y)\,\psi_3(z) \tag{8.140}$$

引入 $\hat{x},\hat{y},\hat{z}$ 在 $\mathcal{V}$ 中的延伸算符

$$\hat{x}(\sim)=\hat{x}\otimes\hat{I}_y\otimes\hat{I}_z,\qquad \hat{y}(\sim)=\hat{I}_x\otimes\hat{y}\otimes\hat{I}_z,\qquad \hat{z}(\sim)=\hat{I}_x\otimes\hat{I}_y\otimes\hat{z} \tag{8.141}$$

式中，$\hat{I}_x,\hat{I}_y,\hat{I}_z$ 分别为 $\mathcal{V}_x,\mathcal{V}_y,\mathcal{V}_z$ 中的单位算符。根据式(8.130)，容易验证

$$\hat{x}(\sim)\,|\boldsymbol{r}\rangle=(\hat{x}\,|x\rangle)\otimes|y\rangle\otimes|z\rangle=x\,|\boldsymbol{r}\rangle \tag{8.142}$$

以及 $\hat{y}(\sim),\hat{z}(\sim)$ 的类似公式。因此 $|\boldsymbol{r}\rangle$ 是 $\hat{x}(\sim),\hat{y}(\sim),\hat{z}(\sim)$ 的共同本征矢量。

将 $\mathcal{L}_r^2$ 和 $\mathcal{L}_\Omega^2$ 对应的态空间分别记为 $\mathcal{V}_r$ 和 $\mathcal{V}_\Omega$，则

$$\mathcal{V}=\mathcal{V}_r\otimes\mathcal{V}_\Omega \tag{8.143}$$

氢原子的能量本征函数具有分离变量的形式

$$\psi_{nlm}(\boldsymbol{r})=R_{nl}(r)\,\mathrm{Y}_{lm}(\theta,\varphi) \tag{8.144}$$

相应态矢量 $|nlm\rangle$ 为张量积形式

$$|nlm\rangle=|nl\rangle\otimes|lm\rangle \tag{8.145}$$

式中，$|nl\rangle\in\mathcal{V}_r$，$|lm\rangle\in\mathcal{V}_\Omega$，分别代表 $R_{nl}(r)$ 和 $\mathrm{Y}_{lm}(\theta,\varphi)$ 对应的矢量。根据径向波函数的性质可知

$$\langle nl|n'l\rangle=\delta_{nn'} \tag{8.146}$$

不同 l 值的矢量 $|nl\rangle$ 彼此没有明显关系(可能正交也可能不正交)。三个正交归一关系式(8.41)、式(8.56)和式(8.146)，任意两个式子合起来可以导出第三个式子。

2. 二粒子体系

考虑一个二粒子体系，假定粒子 1 和粒子 2 是不同种类的粒子[⊖]，态空间分别记为 $\mathcal{V}(1)$ 和 $\mathcal{V}(2)$。设 $\mathcal{V}(1)$ 和 $\mathcal{V}(2)$ 的正交归一基为

$$\{|u_n\rangle,\quad n=1,2,\cdots\}\qquad 和 \qquad \{|v_k\rangle,\quad k=1,2,\cdots\} \tag{8.147}$$

二粒子态空间为 $\mathcal{V}(1)\otimes\mathcal{V}(2)$，正交归一基可以选为

$$\{|u_nv_k\rangle\equiv|u_n\rangle\otimes|v_k\rangle \mid n,k=1,2,\cdots\} \tag{8.148}$$

基矢量 $|u_nv_k\rangle$ 表示粒子 1 和粒子 2 的状态分别为 $|u_n\rangle$ 和 $|v_k\rangle$。态矢量一般形式为

$$|\psi\rangle=\sum_{n=1}^{\infty}\sum_{k=1}^{\infty}c_{nk}\,|u_nv_k\rangle \tag{8.149}$$

对于非张量积类型的态矢量，比如

⊖ 全同粒子体系将在第 14 章讨论.

$$|\psi\rangle=\frac{1}{\sqrt{2}}(|u_1v_2\rangle+|u_2v_1\rangle) \tag{8.150}$$

不能说粒子 1 和粒子 2 分别处于什么状态。在这种情形中，不存在粒子 1 和粒子 2 的单独态矢量。

在 $\mathcal{V}(1)$ 和 $\mathcal{V}(2)$ 中选择连续基 $\{|1,\boldsymbol{r}_1\rangle|x_1,y_1,z_1\in\mathbb{R}\}$ 和 $\{|2,\boldsymbol{r}_2\rangle|x_2,y_2,z_2\in\mathbb{R}\}$，可以得到 $\mathcal{V}(1)\otimes\mathcal{V}(2)$ 的连续基

$$\{|\boldsymbol{r}_1\boldsymbol{r}_2\rangle\equiv|1,\boldsymbol{r}_1\rangle\otimes|2,\boldsymbol{r}_2\rangle\,|\,x_1,y_1,z_1,x_2,y_2,z_2\in\mathbb{R}\} \tag{8.151}$$

态矢量(8.149)在坐标表象的波函数为

$$\langle\boldsymbol{r}_1\boldsymbol{r}_2|\psi\rangle=\sum_{n=1}^{\infty}\sum_{k=1}^{\infty}c_{nk}\langle1,\boldsymbol{r}_1|u_n\rangle\langle2,\boldsymbol{r}_2|v_k\rangle \tag{8.152}$$

引入波函数记号

$$\psi(\boldsymbol{r}_1,\boldsymbol{r}_2)=\langle\boldsymbol{r}_1\boldsymbol{r}_2|\psi\rangle,\quad u_n(\boldsymbol{r}_1)=\langle1,\boldsymbol{r}_1|u_n\rangle,\quad v_k(\boldsymbol{r}_2)=\langle2,\boldsymbol{r}_2|v_k\rangle \tag{8.153}$$

可得

$$\psi(\boldsymbol{r}_1,\boldsymbol{r}_2)=\sum_{n=1}^{\infty}\sum_{k=1}^{\infty}c_{nk}u_n(\boldsymbol{r}_1)v_k(\boldsymbol{r}_2) \tag{8.154}$$

若二粒子态矢量具有张量积形式

$$|\psi\rangle=|\psi_1\rangle\otimes|\psi_2\rangle,\qquad|\psi_1\rangle\in\mathcal{V}(1),\quad|\psi_2\rangle\in\mathcal{V}(2) \tag{8.155}$$

则波函数为两个单粒子波函数乘积

$$\psi(\boldsymbol{r}_1,\boldsymbol{r}_2)=\langle\boldsymbol{r}_1\boldsymbol{r}_2|\psi\rangle=\langle1,\boldsymbol{r}_1|\psi_1\rangle\langle2,\boldsymbol{r}_2|\psi_2\rangle=\psi_1(\boldsymbol{r}_1)\psi_2(\boldsymbol{r}_2) \tag{8.156}$$

8.3.6 记号的简化

在不引起混淆时，我们约定采用如下简化记号。

(1) 态矢量的张量积 $|\alpha\rangle\otimes|\beta\rangle$ 简记为 $|\alpha\rangle|\beta\rangle$。需要明白，两个属于不同态空间的矢量才能做张量积，同一个态空间的两个矢量是谈不上张量积的。

(2) 在不发生混淆时，将算符 $\hat{A}$ 和 $\hat{B}$ 的延伸算符 $\hat{A}(\sim)$ 和 $\hat{B}(\sim)$ 重新记为 $\hat{A}$ 和 $\hat{B}$。通常情况下，根据算符作用的对象和上下文交待能够辨认 $\hat{A}$ 和 $\hat{B}$ 是指它们本身还是它们的延伸算符。

(3) 将算符 $\hat{A}$ 和 $\hat{B}$ 的张量积 $\hat{A}\otimes\hat{B}$ 简记为 $\hat{A}\hat{B}$。因为式(8.133)的关系，$\hat{A}\hat{B}$ 既可以理解为算符 $\hat{A}$ 和 $\hat{B}$ 的张量积 $\hat{A}\otimes\hat{B}$，也可以理解为两个延伸算符的普通乘积 $\hat{A}(\sim)\hat{B}(\sim)$。

8.1 计算：

(1) 设 $|\psi\rangle=(1+2\mathrm{i})|\psi_1\rangle+(3-\mathrm{i})|\psi_2\rangle$，则 $\langle\psi|=?$

(2) 设 $\langle\psi|\varphi\rangle=5-3\mathrm{i}$，则 $\langle\varphi|\psi\rangle=?$

8.2 设 $|u\rangle,|v\rangle,|\psi\rangle,|\varphi\rangle\in\mathcal{V}$，$a$ 是一个复数。对于如下表达式，指出结果为复数、左矢、右矢还是算符，并求出其厄米共轭。

(1) $a\langle\varphi|\hat{A}|\psi\rangle\langle u|v\rangle$；

(2) $\hat{A}\hat{B}|u\rangle\langle v|\psi\rangle\langle\varphi|a$；

(3) $\langle\varphi|\psi\rangle|u\rangle\langle v|a\hat{A}|\varphi\rangle$；

(4) $\langle u|\hat{A}|v\rangle\langle\psi|\hat{B}\hat{C}a$。

说明：在第(3)问中，右矢 $|\psi\rangle$ 与左矢 $\langle\varphi|$ 构成内积，这是有意义的，乘以右矢 $|u\rangle$ 同样有意义，但两个右矢 $|\psi\rangle$ 和 $|u\rangle$ 直接结合却属于不合法的记号。因此，在由复数、左矢、右矢和算符组成表达式中，结合律不一定满足，交换律就更谈不上，但复数的位置是任意的。

8.3　将一维谐振子的能量本征矢量记为 $|n\rangle$，用狄拉克符号体系：

(1) 写出 $\hat{H}$ 的本征方程；

(2) 写出基矢量组 $\{|n\rangle\}$ 的正交归一关系和封闭性关系；

(3) 写出 $\hat{x}$ 和 $\hat{p}$ 作用于 $|n\rangle$ 的递推公式；

(4) 将态矢量 $|\psi\rangle$ 按照基 $\{|n\rangle\}$ 进行展开，写出展开系数。

8.4　将氢原子 $(\hat{H},\hat{L}^2,\hat{L}_z)$ 的共同本征矢量的集合 $\{|nlm\rangle\}$ 作为态空间的基，写出能量本征子空间 $\mathcal{V}_n$ 的投影算符 $\hat{P}_n$。

8.5　设 $|\psi\rangle$ 是氢原子的一个态，将其按照负能态空间的基 $\{|nlm\rangle\}$ 展开，并写出基的封闭性关系。

8.6　对于氢原子的态空间，写出 $\hat{H},\hat{L}^2,\hat{L}_z$ 的谱分解表达式。

8.7　对于一维问题，分别写出两个基 $\{|x\rangle\}$ 和 $\{|p\rangle\}$ 的封闭性关系。

8.8　对于一维问题，将态矢量 $|\psi\rangle$ 分别按照 $\{|x\rangle\}$ 和 $\{|p\rangle\}$ 展开。

8.9　求薛定谔方程和能量本征方程的厄米共轭方程。

第 9 章 态空间的表象

在态空间中选择一个正交归一基，可以得到矢量分量构成的列矩阵。用一组数来表示态矢量的具体方式称为表象(representation)。态空间中的算符，也将用矩阵或者某种表达式(比如求导)来表示。由力学量算符 $\hat{A}$ 的本征矢量组确定的表象称为 $\hat{A}$ 表象，以一对力学量$(\hat{A},\hat{B})$的共同本征矢量组为基的表象称为$(\hat{A}, \hat{B})$表象，等等。也可以采用约定俗成的名称，比如坐标表象、动量表象、能量表象和角动量表象等。

9.1 离散基表象

对于离散基表象而言，一维问题和三维问题公式区别不大，因此下面统一讨论。假定力学量算符 $\hat{A}$ 具有离散的本征值谱，且所有本征值均不简并，将其本征方程写为

$$\hat{A}\,|n\rangle = a_n\,|n\rangle, \quad n = 1,2,\cdots \tag{9.1}$$

本征矢量满足正交归一关系

$$\langle n \mid n'\rangle = \delta_{nn'} \tag{9.2}$$

$\hat{A}$ 的本征矢量组$\{|n\rangle|n=1,2,\cdots\}$构成态空间的一个基，满足封闭性关系

$$\sum_{n=1}^{\infty}|n\rangle\langle n| = \hat{I} \tag{9.3}$$

以$\{|n\rangle|n=1,2,\cdots\}$为基的表象称为 $\hat{A}$ 表象。对于以一组力学量的共同本征矢量组为基的表象，讨论是类似的，区别仅在于基矢量用多个指标来标记。对于表象理论而言，这只是带来了记号烦琐而没有本质区别。

9.1.1 态矢量的内积

利用封闭性关系(9.3)，可以得到$|\psi\rangle$和$|\varphi\rangle$的内积

$$\langle\psi \mid \varphi\rangle = \sum_{n=1}^{\infty}\langle\psi \mid n\rangle\langle n \mid \varphi\rangle \tag{9.4}$$

其中$\langle n|\varphi\rangle$和$\langle n|\psi\rangle=\langle\psi|n\rangle^*$正是态矢量$|\varphi\rangle$和$|\psi\rangle$在基矢量$|n\rangle$上的分量。将矢量$|\varphi\rangle$和$|\psi\rangle$的分量排成列矩阵，分别记为

$$[\varphi] = \begin{pmatrix} \langle 1 \mid \varphi\rangle \\ \langle 2 \mid \varphi\rangle \\ \vdots \\ \langle n \mid \varphi\rangle \\ \vdots \end{pmatrix}, \qquad [\psi] = \begin{pmatrix} \langle 1 \mid \psi\rangle \\ \langle 2 \mid \psi\rangle \\ \vdots \\ \langle n \mid \psi\rangle \\ \vdots \end{pmatrix} \tag{9.5}$$

$[\varphi]$和$[\psi]$可以看作$|\varphi\rangle$和$|\psi\rangle$在$\hat{A}$表象的波函数。列矩阵$[\psi]$的厄米共轭(即转置并取复共轭)矩阵$[\psi]^{\dagger}$是一个行矩阵

$$[\psi]^{\dagger} = (\langle\psi|1\rangle,\ \langle\psi|2\rangle,\ \cdots,\ \langle\psi|n\rangle,\ \cdots) \tag{9.6}$$

它可以看成左矢$\langle\psi|$对应的矩阵。由此可以将内积(9.4)写为

$$\langle\psi|\varphi\rangle = [\psi]^{\dagger}[\varphi] \tag{9.7}$$

基矢量$|n\rangle$是一种特殊的矢量，当然也可以写为列矩阵形式。将$|n\rangle$对应的列矩阵记为$[u_n]$，$[u_n]$的第m个分量为

$$\langle m|n\rangle = \delta_{mn} \tag{9.8}$$

因此

$$[u_1] = \begin{pmatrix} 1 \\ 0 \\ 0 \\ 0 \\ \vdots \end{pmatrix},\quad [u_2] = \begin{pmatrix} 0 \\ 1 \\ 0 \\ 0 \\ \vdots \end{pmatrix},\quad [u_3] = \begin{pmatrix} 0 \\ 0 \\ 1 \\ 0 \\ \vdots \end{pmatrix},\quad \cdots \tag{9.9}$$

9.1.2 算符的矩阵元

设线性算符$\hat{F}$将态矢量$|\psi\rangle$映射为$|\varphi\rangle$

$$\hat{F}|\psi\rangle = |\varphi\rangle \tag{9.10}$$

两端用$\langle n|$左乘，得

$$\langle n|\hat{F}|\psi\rangle = \langle n|\varphi\rangle,\quad n = 1,2,\cdots \tag{9.11}$$

在方程左端$\hat{F}$与$|\psi\rangle$之间插入单位算符，并利用封闭性关系(9.3)，得

$$\sum_{n'=1}^{\infty}\langle n|\hat{F}|n'\rangle\langle n'|\psi\rangle = \langle n|\varphi\rangle \tag{9.12}$$

引入如下无穷维的方阵$[F]$，称为算符$\hat{F}$在$\hat{A}$表象的矩阵

$$[F] = \begin{pmatrix} \langle 1|\hat{F}|1\rangle & \langle 1|\hat{F}|2\rangle & \cdots & \langle 1|\hat{F}|n'\rangle & \cdots \\ \langle 2|\hat{F}|1\rangle & \langle 2|\hat{F}|2\rangle & \cdots & \langle 2|\hat{F}|n'\rangle & \cdots \\ \vdots & \vdots & & \vdots & \\ \langle n|\hat{F}|1\rangle & \langle n|\hat{F}|2\rangle & \cdots & \langle n|\hat{F}|n'\rangle & \cdots \\ \vdots & \vdots & & \vdots & \end{pmatrix} \tag{9.13}$$

矩阵$[F]$的元素

$$[F]_{nn'} = \langle n|\hat{F}|n'\rangle \tag{9.14}$$

称为算符$\hat{F}$的矩阵元。根据式(9.5)定义的列矩阵，可以将式(9.12)写为

$$\sum_{n'=1}^{\infty}[F]_{nn'}[\psi]_{n'} = [\varphi]_n \tag{9.15}$$

或者写为矩阵形式

$$[F][\psi] = [\varphi] \tag{9.16}$$

算符的矩阵形式也可以从另一个角度引入。利用封闭性关系(9.3)，得

$$\hat{F} = \hat{I}\hat{F}\hat{I} = \sum_{n=1}^{\infty}\sum_{n'=1}^{\infty}|n\rangle\langle n|\hat{F}|n'\rangle\langle n'| = \sum_{n=1}^{\infty}\sum_{n'=1}^{\infty}|n\rangle[F]_{nn'}\langle n'| \tag{9.17}$$

矩阵元$[F]_{nn'}$是一个数，将其移动到右矢前面，得

$$\boxed{\hat{F}=\sum_{n=1}^{\infty}\sum_{n'=1}^{\infty}[F]_{nn'}|n\rangle\langle n'|} \tag{9.18}$$

外积$|n\rangle\langle n'|$表示一个算符，式(9.18)表示算符$\hat{F}$的分解。由此可见，算符的矩阵完全决定了算符本身。按照求厄米共轭的规则，对式(9.17)中$\hat{F}$的展开式求厄米共轭，得

$$\sum_{n=1}^{\infty}\sum_{n'=1}^{\infty}(|n\rangle\langle n|\hat{F}|n'\rangle\langle n'|)^{\dagger}=\sum_{n=1}^{\infty}\sum_{n'=1}^{\infty}|n'\rangle\langle n'|\hat{F}^{\dagger}|n\rangle\langle n|=\hat{I}\hat{F}^{\dagger}\hat{I}=\hat{F}^{\dagger} \tag{9.19}$$

由此可见，狄拉克符号的运算规则能够自动给出正确的伴算符。$\hat{F}^{\dagger}$的矩阵元为

$$\langle n|\hat{F}^{\dagger}|n'\rangle=(\langle n'|\hat{F}|n\rangle)^{*}=[F]_{n'n}^{*}=[F]_{nn'}^{\dagger} \tag{9.20}$$

式中，$[F]_{nn'}^{\dagger}$表示$[F]^{\dagger}$的(n,n')元素。特别注意，如果对复数采用$c^{\dagger}=c^{*}$这样的记号约定，则记号$[F]_{nn'}^{\dagger}$的含义是不明确的，它可以理解为矩阵$[F]^{\dagger}$的(n,n')元；也可以理解为矩阵元$[F]_{nn'}$的复共轭。在式(9.20)中，我们约定†是对矩阵$[F]$作用

$$[F]_{nn'}^{\dagger}\equiv([F]^{\dagger})_{nn'} \tag{9.21}$$

换句话说，约定†运算的优先级高于提取矩阵元。

由式(9.20)可知算符$\hat{F}^{\dagger}$的矩阵是$[F]^{\dagger}$，因此，若$\hat{F}$是自伴(幺正)算符，则$[F]$是厄米(幺正)矩阵。下面我们验证此结论，并讨论外积算符。

(1) 设算符$\hat{F}$为自伴算符，$\hat{F}^{\dagger}=\hat{F}$，有$\langle n|\hat{F}^{\dagger}|n'\rangle=\langle n|\hat{F}|n'\rangle$，因此

$$[F]^{\dagger}=[F] \tag{9.22}$$

由此可知，在正交归一基中自伴算符(物理上也称为厄米算符)的矩阵为厄米矩阵。

(2) 设算符$\hat{F}$为幺正算符，$\hat{F}^{\dagger}\hat{F}=\hat{F}\hat{F}^{\dagger}=\hat{I}$，用$\langle n|$左乘，并用$|n'\rangle$右乘此方程，并利用封闭性关系(9.3)，可以证明

$$\langle n|n'\rangle=\langle n|\hat{F}^{\dagger}\hat{F}|n'\rangle=\sum_{m=1}^{\infty}\langle n|\hat{F}^{\dagger}|m\rangle\langle m|\hat{F}|n'\rangle=\sum_{m=1}^{\infty}[F]_{nm}^{\dagger}[F]_{mn'} \tag{9.23}$$

$$\langle n|n'\rangle=\langle n|\hat{F}\hat{F}^{\dagger}|n'\rangle=\sum_{m=1}^{\infty}\langle n|\hat{F}|m\rangle\langle m|\hat{F}^{\dagger}|n'\rangle=\sum_{m=1}^{\infty}[F]_{nm}[F]_{mn'}^{\dagger} \tag{9.24}$$

根据正交归一关系$\langle n|n'\rangle=\delta_{nn'}$，可知

$$[F]^{\dagger}[F]=[F][F]^{\dagger}=I \tag{9.25}$$

由此可见，在正交归一基中幺正算符的矩阵为幺正矩阵。

(3) 设算符$\hat{F}$是两个态矢量的外积，$\hat{F}=|\psi\rangle\langle\varphi|$。按照矩阵元定义(9.14)

$$[F]_{nn'}=\langle n|\hat{F}|n'\rangle=\langle n|\psi\rangle\langle\varphi|n'\rangle \tag{9.26}$$

利用态矢量的列矩阵(9.5)，可将式(9.26)写为矩阵形式

$$[F]=[\psi][\varphi]^{\dagger} \tag{9.27}$$

式(9.27)右端称为两个列矩阵(作为线性空间的矢量)的外积。

两个列矩阵的内积和外积的区别是：对于内积，要把第一个列矩阵取厄米共轭变为行矩阵，然后与第二个列矩阵做矩阵乘积，结果是一个复数；而对于外积，要把第二个矩阵取厄米共轭，然后与第一个列矩阵做矩阵乘积，结果是一个方阵。当然，这里的列矩阵和方阵一般都是无限维的。

9.1.3　本征值问题

设线性算符 $\hat{F}$ 的本征方程为

$$\hat{F}|\phi\rangle=\lambda|\phi\rangle \tag{9.28}$$

在式(9.16)中令$[\psi]=[\phi]$，$[\varphi]=\lambda[\phi]$，就得到本征方程(9.28)的矩阵形式

$$[F][\phi]=\lambda[\phi] \tag{9.29}$$

由此将算符 $\hat{F}$ 的本征值问题变成了矩阵$[F]$的本征值问题。为了求出本征值，需要求解如下久期方程(特征方程)

$$\det([F]-\lambda I)=0 \tag{9.30}$$

其中 I 是单位矩阵。应当明白的是，如果算符 $\hat{F}$ 定义在无限维态空间，则$[F]$是个无限维方阵，此时$[F]-\lambda I$ 的行列式是否有定义，久期方程是否有意义均尚未详细讨论，因此方程(9.30)只具有形式上的意义。如果 $\hat{F}$ 是某个有限维态空间的算符，则$[F]$是有限维方阵，方程(9.29)就是普通的矩阵本征值问题。

设 $\hat{F}$ 是一个力学量算符，且具有离散的本征值谱$\{\lambda_m|m=1,2,\cdots\}$，本征值 λ_m 的简并度为 g_m，本征方程为

$$\hat{F}|\phi_{mi}\rangle=\lambda_m|\phi_{mi}\rangle \tag{9.31}$$

本征矢量的正交归一关系为

$$\langle\phi_{mi}|\phi_{m'i'}\rangle=\delta_{mm'}\delta_{ii'} \tag{9.32}$$

本征矢量组$\{|\phi_{mi}\rangle\}$构成态空间的基，满足封闭性关系

$$\sum_{m=1}^{\infty}\sum_{i=1}^{g_m}|\phi_{mi}\rangle\langle\phi_{mi}|=\hat{I} \tag{9.33}$$

在 $\hat{A}$ 表象中，本征方程(9.31)的矩阵形式为

$$[F][\phi_{mi}]=\lambda_m[\phi_{mi}] \tag{9.34}$$

式中，$[\phi_{mi}]$是本征矢量$|\phi_{mi}\rangle$在 $\hat{A}$ 表象的列矩阵，其元素为$\langle n|\phi_{mi}\rangle,n=1,2,\cdots$。根据内积的矩阵形式(9.7)，可以将内积(9.32)写为

$$[\phi_{mi}]^{\dagger}[\phi_{m'i'}]=\delta_{mm'}\delta_{ii'} \tag{9.35}$$

对封闭性关系(9.33)分别用$\langle n|$左乘和$|n'\rangle$右乘，得

$$\sum_{m=1}^{\infty}\sum_{i=1}^{g_m}\langle n|\phi_{mi}\rangle\langle\phi_{mi}|n'\rangle=\langle n|n'\rangle=\delta_{nn'} \tag{9.36}$$

注意$\langle n|\phi_{mi}\rangle$是列矩阵$[\phi_{mi}]$的第 n 个分量，$\langle\phi_{mi}|n'\rangle$行矩阵$[\phi_{mi}]^{\dagger}$的第 n'个分量，因此式(9.36)左端求和的每一项表示列矩阵$[\phi_{mi}]$与$[\phi_{mi}]$的外积$[\phi_{mi}][\phi_{mi}]^{\dagger}$的元素，而 $\delta_{nn'}$是单位矩阵 I 的元素，因此式(9.36)表示如下矩阵关系

$$\sum_{m=1}^{\infty}\sum_{i=1}^{g_m}[\phi_{mi}][\phi_{mi}]^{\dagger}=I \tag{9.37}$$

这就是在 $\hat{A}$ 表象表达的封闭性关系。

讨论

(1) 所有态矢量的列矩阵集合构成一个线性空间，并按照内积(9.7)构成内积空间。这个内积空间跟态空间同构，可以看作态空间的表示空间，算符的矩阵就是表示空间的算符，

按照式(9.16)的方式作用于列矩阵。态空间和表示空间中矢量的线性组合是对应的

$$|\psi\rangle = a_1|\psi_1\rangle + a_2|\psi_2\rangle \quad \Leftrightarrow \quad [\psi] = a_1[\psi_1] + a_2[\psi_2] \tag{9.38}$$

算符的矩阵表达了算符的功能，将算符作用于态矢量时，表示空间也有相应作用，即式(9.10)和式(9.16)

$$\hat{F}|\psi\rangle = |\varphi\rangle \quad \Leftrightarrow \quad [F][\psi] = [\varphi] \tag{9.39}$$

算符的矩阵也保留了算符的各种运算关系，比如相乘和对易关系

$$\begin{aligned} \hat{A}\hat{B} = \hat{C} \quad &\Leftrightarrow \quad [A][B] = [C] \\ \hat{A}\hat{B} - \hat{B}\hat{A} = \hat{F} \quad &\Leftrightarrow \quad [A][B] - [B][A] = [F] \end{aligned} \tag{9.40}$$

也就是说，态空间中关于矢量和算符的整套内容可以照搬到表示空间。

(2) 在上面采用的记号体系中，有如下对应

量子态名称ψ	力学量名称 F
态矢量 $\|\psi\rangle$	力学量算符 $\hat{F}$
列矩阵$[\psi]$	力学量矩阵$[F]$
坐标表象波函数$\psi(\boldsymbol{r})$	坐标表象算符，比如$-\mathrm{i}\hbar\nabla$

在上下文含义自明的情况下，也可以用ψ和 F 表示$[\psi]$和$[F]$。对于算符记号，也可以去掉记号顶端的“帽子”，比如写为力学量算符 F。当容易发生含义不明时，需要及时声明记号的含义，比如 F 究竟代表力学量算符还是其方阵。对于初学者，我们强烈建议给算符“戴帽子”。不过，态矢量 $|\psi\rangle$ 和力学量算符 $\hat{F}$ 总可以指代相应的量子态和力学量，因此我们也经常说量子态 $|\psi\rangle$ 和力学量 $\hat{F}$。

9.2 常见表象

这一节我们介绍几种常见的表象，它们是初等量子力学的核心问题之一，也是处理相关问题的趁手工具。

9.2.1 自身表象

对于力学量算符 $\hat{A}$ 而言，$\hat{A}$ 表象称为自身表象。$\hat{A}$ 的矩阵元为

$$[A]_{nn'} = \langle n|\hat{A}|n'\rangle = a_n\langle n|n'\rangle = a_n\delta_{nn'} \tag{9.41}$$

由此可见，算符 $\hat{A}$ 在自身表象中的方阵是对角矩阵，对角元是其本征值

$$[A] = \begin{pmatrix} a_1 & 0 & \cdots & 0 & \cdots \\ 0 & a_2 & \cdots & 0 & \cdots \\ \vdots & \vdots & \ddots & \vdots & \cdots \\ 0 & 0 & \cdots & a_n & \cdots \\ \vdots & \vdots & \vdots & \vdots & \ddots \end{pmatrix} \tag{9.42}$$

为了书写方便，对角矩阵(9.42)经常写为

$$[A] = \mathrm{diag}\{a_1, a_2, \cdots, a_n, \cdots\} \tag{9.43}$$

这里 diag 是对角元(diagonal element)的意思，表示以花括号内元素为对角元的对角矩阵。反

之，如果力学量 $\hat{A}$ 在某表象的矩阵为对角的，则该表象就是 $\hat{A}$ 的自身表象，态空间的基就是 $\hat{A}$ 的本征矢量。根据式(9.41)，可得算符 $\hat{A}$ 的分解

$$\hat{A} = \sum_{n=1}^{\infty}\sum_{n'=1}^{\infty} a_n \delta_{nn'} |n\rangle\langle n'| = \sum_{n=1}^{\infty} a_n |n\rangle\langle n| \tag{9.44}$$

这正是算符 $\hat{A}$ 的谱分解。

9.2.2 能量表象：一维谐振子

考虑一维线性谐振子，哈密顿算符 $\hat{H}$ 的本征方程为

$$\hat{H}|n\rangle = E_n|n\rangle, \quad n = 0,1,2,\cdots \tag{9.45}$$

式中，$E_n=(n+1/2)\hbar\omega$，$|n\rangle$ 是能量本征函数 $\psi_n(x)$ 相应的态矢量。能量本征矢量组 $\{|n\rangle | n=0,1,2,\cdots\}$ 构成一维问题的态空间 $\mathcal{V}_x$ 的基

$$\langle n | n'\rangle = \delta_{nn'}, \qquad \sum_{n=0}^{\infty} |n\rangle\langle n| = \hat{I} \tag{9.46}$$

相应表象称为谐振子的能量表象。利用封闭性关系可将任何态矢量展开

$$|\psi\rangle = \sum_{n=0}^{\infty} |n\rangle\langle n|\psi\rangle \tag{9.47}$$

下面我们来计算坐标算符 $\hat{x}$ 和动量算符 $\hat{p}_x$ 的矩阵元。在讨论一维谐振子时，我们曾得到能量本征函数的递推公式

$$x\psi_n(x) = \frac{1}{\sqrt{2}\alpha}[\sqrt{n}\psi_{n-1}(x) + \sqrt{n+1}\psi_{n+1}(x)] \tag{9.48}$$

$$\frac{\mathrm{d}}{\mathrm{d}x}\psi_n(x) = \frac{\alpha}{\sqrt{2}}[\sqrt{n}\psi_{n-1}(x) - \sqrt{n+1}\psi_{n+1}(x)] \tag{9.49}$$

式中，$\alpha=\sqrt{m\omega/\hbar}$。由此可得

$$\hat{x}|n\rangle = \frac{1}{\sqrt{2}\alpha}[\sqrt{n}|n-1\rangle + \sqrt{n+1}|n+1\rangle] \tag{9.50}$$

$$\hat{p}_x|n\rangle = -\frac{\mathrm{i}\hbar\alpha}{\sqrt{2}}[\sqrt{n}|n-1\rangle - \sqrt{n+1}|n+1\rangle] \tag{9.51}$$

根据正交归一关系(9.46)，可得 $\hat{x}$ 和 $\hat{p}_x$ 的矩阵元为

$$\langle n'|\hat{x}|n\rangle = \frac{1}{\sqrt{2}\alpha}[\sqrt{n}\delta_{n',n-1} + \sqrt{n+1}\delta_{n',n+1}] \tag{9.52}$$

$$\langle n'|\hat{p}_x|n\rangle = -\frac{\mathrm{i}\hbar\alpha}{\sqrt{2}}[\sqrt{n}\delta_{n',n-1} - \sqrt{n+1}\delta_{n',n+1}] \tag{9.53}$$

明显的矩阵形式为

$$[x] = \frac{1}{\sqrt{2}\alpha}\begin{pmatrix} 0 & \sqrt{1} & 0 & 0 & \cdots \\ \sqrt{1} & 0 & \sqrt{2} & 0 & \cdots \\ 0 & \sqrt{2} & 0 & \sqrt{3} & \cdots \\ 0 & 0 & \sqrt{3} & 0 & \cdots \\ \vdots & \vdots & \vdots & \vdots & \ddots \end{pmatrix} \tag{9.54}$$

$$[p_x]=-\frac{\mathrm{i}\hbar\alpha}{\sqrt{2}}\begin{pmatrix}0 & \sqrt{1} & 0 & 0 & \cdots\\ -\sqrt{1} & 0 & \sqrt{2} & 0 & \cdots\\ 0 & -\sqrt{2} & 0 & \sqrt{3} & \cdots\\ 0 & 0 & -\sqrt{3} & 0 & \cdots\\ \vdots & \vdots & \vdots & \vdots & \ddots\end{pmatrix} \tag{9.55}$$

其中矩阵的行指标为 n'，列指标为 n。

能量表象是 $\hat{H}$ 的自身表象，$\hat{H}$ 的矩阵是对角的，对角元就是能量本征值

$$\langle n'|\hat{H}|n\rangle=E_n\delta_{n'n},\quad E_n=\left(n+\frac{1}{2}\right)\hbar\omega \tag{9.56}$$

按照对角矩阵的写法

$$[H]=\mathrm{diag}\{E_0,E_1,\cdots,E_n,\cdots\} \tag{9.57}$$

9.2.3 角动量表象

对于 $\mathcal{V}_\Omega$空间，$|lm\rangle$是 $\hat{L}^2$ 和 $\hat{L}_z$ 共同本征矢量

$$\hat{L}^2|lm\rangle=l(l+1)\hbar^2|lm\rangle,\qquad \hat{L}_z|lm\rangle=m\hbar|lm\rangle \tag{9.58}$$

以本征矢量组

$$\{|lm\rangle,l=0,1,2,\cdots;\ m=l,l-1,\cdots,-l\} \tag{9.59}$$

为基的表象称为**角动量表象**，或称为$(\hat{L}^2,\hat{L}_z)$表象。基的正交归一关系为

$$\langle lm|l'm'\rangle=\delta_{ll'}\delta_{mm'} \tag{9.60}$$

封闭性关系为

$$\sum_{l=0}^{\infty}\sum_{m=-l}^{l}|lm\rangle\langle lm|=\hat{I} \tag{9.61}$$

(1) 矢量的列矩阵

设 $|f\rangle\in\mathcal{V}_\Omega$，利用封闭性关系(9.61)将其展开为

$$|f\rangle=\sum_{l=0}^{\infty}\sum_{m=-l}^{l}|lm\rangle\langle lm|f\rangle \tag{9.62}$$

式中，$\langle lm|f\rangle$是态矢量$|f\rangle$的分量。矢量$|f\rangle$可以分解为 $\hat{L}^2$ 的各个本征子空间 $\mathcal{V}_l$ 的分矢量之和

$$|f\rangle=\sum_{l=0}^{\infty}|f_l\rangle,\qquad |f_l\rangle=\sum_{m=-l}^{l}|lm\rangle\langle lm|f\rangle\in\mathcal{V}_l \tag{9.63}$$

分量$\langle lm|f\rangle$由两个指标 l 和 m 来标记，要将其排成列矩阵，需要约定排列次序。比如按照字典序，先比较 l，按照 $l=0,1,2,\cdots$的次序排列；对于相同的 l 值，按照 m 值从大到小的次序[⊖]，即按照 $m=l,l-1,\cdots,-l$ 的次序排列。按照这个方案，先把$|f_l\rangle$的分量排成列矩阵

$$[f_0]=(\langle 0,0|f\rangle),\quad [f_1]=\begin{pmatrix}\langle 1,1|f\rangle\\ \langle 1,0|f\rangle\\ \langle 1,-1|f\rangle\end{pmatrix},\quad [f_2]=\begin{pmatrix}\langle 2,2|f\rangle\\ \langle 2,1|f\rangle\\ \langle 2,0|f\rangle\\ \langle 2,-1|f\rangle\\ \langle 2,-2|f\rangle\end{pmatrix},\quad\cdots \tag{9.64}$$

⊖ 当然也可以约定按照 m 值从小到大的次序排列.

然后将各个$[f_l]$拼成$|f\rangle$的列矩阵

$$[f]=\begin{pmatrix}[f_0]\\ [f_1]\\ \vdots\\ [f_l]\\ \vdots\end{pmatrix},\quad [f_l]=\begin{pmatrix}\langle l,l|f\rangle\\ \langle l,l-1|f\rangle\\ \vdots\\ \langle l,m|f\rangle\\ \vdots\\ \langle l,-l|f\rangle\end{pmatrix},\quad l=0,1,2,\cdots \tag{9.65}$$

(2) 算符的矩阵

角动量表象是$\hat{L}^2$和$\hat{L}_z$的自身表象，$\hat{L}^2$和$\hat{L}_z$的矩阵都是对角矩阵，对角矩阵元就是算符的本征值

$$\begin{aligned}\langle lm|\hat{L}^2|l'm'\rangle&=l(l+1)\hbar^2\delta_{ll'}\delta_{mm'}\\ \langle lm|\hat{L}_z|l'm'\rangle&=m\hbar\delta_{ll'}\delta_{mm'}\end{aligned} \tag{9.66}$$

以l,m为行指标，l',m'为列指标，可以将上述矩阵元排列成矩阵，其中行指标和列指标分别按照上述字典序排列。按照对角矩阵的写法

$$[L^2]=\mathrm{diag}\{[L^2]_0,\quad [L^2]_1,\quad \cdots,\quad [L^2]_l,\quad \cdots\} \tag{9.67}$$

其中

$$[L^2]_l=l(l+1)\hbar^2 I_{2l+1} \tag{9.68}$$

这里用I_{2l+1}表示$2l+1$维单位矩阵。同样，$\hat{L}_z$的矩阵形式写为

$$[L_z]=\mathrm{diag}\{[L_z]_0,\quad [L_z]_1,\quad \cdots,\quad [L_z]_l,\quad \cdots\} \tag{9.69}$$

其中

$$[L_z]_l=\hbar\mathrm{diag}\{l,l-1,\cdots,-l\} \tag{9.70}$$

下面计算$\hat{L}_x$的矩阵元。由于$\mathcal{V}_l$是$\hat{L}_x$的不变子空间，因此

$$\langle lm|\hat{L}_x|l'm'\rangle=0,\quad l\neq l' \tag{9.71}$$

这表明$\hat{L}_x$的矩阵是一个分块对角矩阵

$$[L_x]=\mathrm{diag}\{[L_x]_0,\quad [L_x]_1,\quad \cdots,\quad [L_x]_l,\quad \cdots\} \tag{9.72}$$

其中子矩阵$[L_x]_l$是$2l+1$维方阵，其矩阵元为$\langle lm|\hat{L}_x|lm'\rangle$。式(9.72)的记号diag仅表示花括号内的各个子矩阵要排列在大矩阵的对角元上，对子矩阵的形式并没有要求。下面表明当$l>0$时，$[L_x]_l$并不是对角矩阵。

将$\hat{L}^2$和$\hat{L}_x$的共同本征矢量记为$|\mathrm{X}_{lm}\rangle$，m用来标记$\hat{L}_x$的本征值

$$\hat{L}^2|\mathrm{X}_{lm}\rangle=l(l+1)\hbar^2|\mathrm{X}_{lm}\rangle \tag{9.73}$$

$$\hat{L}_x|\mathrm{X}_{lm}\rangle=m\hbar|\mathrm{X}_{lm}\rangle \tag{9.74}$$

当$l=0$时，$\hat{L}^2$和$\hat{L}_z$只有一个共同本征矢量$|00\rangle$，并且也是$\hat{L}_x$的本征矢量，$|00\rangle=|\mathrm{X}_{00}\rangle$，因此$[L_x]_0$仅有的一个元素为

$$\langle 00|\hat{L}_x|00\rangle=0 \tag{9.75}$$

我们曾由球谐函数的直角坐标形式出发，经过坐标轮换(以后有更好方法)而得到$\mathrm{X}_{lm}(\theta,\varphi)$，并得到了$l=1$时$\mathrm{X}_{lm}(\theta,\varphi)$与$\mathrm{Y}_{lm}(\theta,\varphi)$的关系(第5章)，这个关系用狄拉克符号表示为

$$|X_{11}\rangle = -\frac{i}{2}(|1,1\rangle + \sqrt{2}|1,0\rangle + |1,-1\rangle)$$
$$|X_{10}\rangle = -\frac{1}{\sqrt{2}}(|1,1\rangle - |1,-1\rangle) \tag{9.76}$$
$$|X_{1,-1}\rangle = \frac{i}{2}(|1,1\rangle - \sqrt{2}|1,0\rangle + |1,-1\rangle)$$

解出式(9.76)的逆变换(以后有更好方法)为

$$|1,1\rangle = \frac{i}{2}(|X_{11}\rangle + i\sqrt{2}|X_{10}\rangle - |X_{1,-1}\rangle)$$
$$|1,0\rangle = \frac{i}{\sqrt{2}}(|X_{11}\rangle + |X_{1,-1}\rangle) \tag{9.77}$$
$$|1,-1\rangle = \frac{i}{2}(|X_{11}\rangle - i\sqrt{2}|X_{10}\rangle - |X_{1,-1}\rangle)$$

根据 $\hat{L}_x$ 的本征方程(9.74)，并利用式(9.76)，得

$$\hat{L}_x|1,1\rangle = \frac{i\hbar}{2}(|X_{11}\rangle + |X_{1,-1}\rangle) = \frac{\hbar}{\sqrt{2}}|1,0\rangle$$
$$\hat{L}_x|1,0\rangle = \frac{i\hbar}{\sqrt{2}}(|X_{11}\rangle - |X_{1,-1}\rangle) = \frac{\hbar}{\sqrt{2}}(|1,1\rangle + |1,-1\rangle) \tag{9.78}$$
$$\hat{L}_x|1,-1\rangle = \frac{i\hbar}{2}(|X_{11}\rangle + |X_{1,-1}\rangle) = \frac{\hbar}{\sqrt{2}}|1,0\rangle$$

利用式(9.78)计算矩阵元 $\langle lm|\hat{L}_x|lm'\rangle$，比如

$$\langle 1,1|\hat{L}_x|1,1\rangle = 0, \qquad \langle 1,1|\hat{L}_x|1,0\rangle = \frac{\hbar}{\sqrt{2}} \tag{9.79}$$

等。由此得到 $\hat{L}_x$ 在 $l=1$ 时的子矩阵，以 m 为行指标，m' 为列指标

$$[L_x]_1 = \frac{\hbar}{\sqrt{2}}\begin{pmatrix} 0 & 1 & 0 \\ 1 & 0 & 1 \\ 0 & 1 & 0 \end{pmatrix} \tag{9.80}$$

我们不再按照这种方法计算 $l>1$ 的子矩阵，因为以后有更好方法。

根据子空间 $\mathcal{V}_l$ 中矢量列矩阵写法，可以将式(9.76)的矢量写为如下列矩阵

$$[X_{11}^{(l=1)}] = -\frac{i}{2}\begin{pmatrix} 1 \\ \sqrt{2} \\ 1 \end{pmatrix}, \quad [X_{10}^{(l=1)}] = -\frac{1}{\sqrt{2}}\begin{pmatrix} 1 \\ 0 \\ -1 \end{pmatrix}, \quad [X_{1,-1}^{(l=1)}] = \frac{i}{2}\begin{pmatrix} 1 \\ -\sqrt{2} \\ 1 \end{pmatrix} \tag{9.81}$$

这三个矢量均为式(9.80)中矩阵 $[L_x]_1$ 的归一化本征矢量(这完全不是巧合)，本征值分别为 $\hbar, 0, -\hbar$。反过来讲，如果通过别的方式得到了矩阵 $[L_x]_1$，也可以求解矩阵的本征方程得到这三个本征矢量(只能确定到一个常数相因子的差别)。

9.2.4 能量表象：氢原子

对于氢原子的态空间 $\mathcal{V}_-$，选择 $(\hat{H}, \hat{L}^2, \hat{L}_z)$ 的共同本征矢量组 $\{|nlm\rangle\}$ 为正交归一基

$$\langle nlm | n'l'm' \rangle = \delta_{nn'}\delta_{ll'}\delta_{mm'}, \qquad \sum_{n=1}^{\infty}\sum_{l=0}^{n-1}\sum_{m=-l}^{l} | nlm \rangle\langle nlm | = \hat{I} \tag{9.82}$$

(1) 矢量的列矩阵

将态矢量 $|\psi\rangle$ 展开为

$$|\psi\rangle = \sum_{n=1}^{\infty}\sum_{l=0}^{n-1}\sum_{m=-l}^{l} | nlm \rangle\langle nlm | \psi \rangle \tag{9.83}$$

根据 nlm 按照字典序排列各个分量，其中 n,l 从小到大排列，m 从大到小排列，将分量排列为列矩阵

$$[\psi] = \begin{pmatrix} [\psi_1] \\ [\psi_2] \\ \vdots \\ [\psi_n] \\ \vdots \end{pmatrix}, \quad [\psi_n] = \begin{pmatrix} [\psi_{n0}] \\ [\psi_{n1}] \\ \vdots \\ [\psi_{nl}] \\ \vdots \\ [\psi_{n,n-1}] \end{pmatrix}, \quad [\psi_{nl}] = \begin{pmatrix} \langle nl,l | \psi \rangle \\ \langle nl,l-1 | \psi \rangle \\ \vdots \\ \langle nlm | \psi \rangle \\ \vdots \\ \langle nl,-l | \psi \rangle \end{pmatrix} \tag{9.84}$$

$[\psi_n]$ 是由 $\mathcal{V}_n$ 中的分量构成的子列矩阵，而 $[\psi_{nl}]$ 是由 $\mathcal{V}_{nl}$ 中的分量构成的子列矩阵。

(2) 算符的矩阵形式

根据 $\hat{H},\hat{L}^2,\hat{L}_z$ 的本征方程和基 $\{|nlm\rangle\}$ 的正交归一关系，可得矩阵元

$$\begin{aligned} \langle nlm | \hat{H} | n'l'm' \rangle &= E_n\delta_{nn'}\delta_{ll'}\delta_{mm'} \\ \langle nlm | \hat{L}^2 | n'l'm' \rangle &= l(l+1)\hbar^2\delta_{nn'}\delta_{ll'}\delta_{mm'} \\ \langle nlm | \hat{L}_z | n'l'm' \rangle &= m\hbar\delta_{nn'}\delta_{ll'}\delta_{mm'} \end{aligned} \tag{9.85}$$

以 nlm 为矩阵行指标，$n'l'm'$ 为矩阵列指标，行列指标均按照字典序排列。根据式(9.85)可知，$\hat{H},\hat{L}^2,\hat{L}_z$ 的矩阵都是对角矩阵，它们在本征子空间 $\mathcal{V}_n$ 中的子矩阵都是 n^2 维的方阵。首先，$\hat{H}$ 在 $\mathcal{V}_n$ 中的矩阵为

$$[H(n)] = E_n I_{n^2} \tag{9.86}$$

式中，I_{n^2} 是 n^2 维单位矩阵。其次，$\hat{L}^2$ 和 $\hat{L}_z$ 在 $\mathcal{V}_n$ 中的矩阵为

$$[L^2(n)] = \mathrm{diag}\{[L^2]_{n0},[L^2]_{n1},\cdots,[L^2]_{nl},\cdots,[L^2]_{n,n-1}\} \tag{9.87}$$

$$[L_z(n)] = \mathrm{diag}\{[L_z]_{n0},[L_z]_{n1},\cdots,[L_z]_{nl},\cdots,[L_z]_{n,n-1}\} \tag{9.88}$$

根据矩阵元(9.85)可知 $[L^2]_{nl}$ 和 $[L_z]_{nl}$ 并不依赖于 n，而且

$$[L^2]_{nl} = [L^2]_l, \qquad [L_z]_{nl} = [L_z]_l \tag{9.89}$$

最后，我们来计算 $\hat{L}_x$ 在 $\mathcal{V}_n$ 中的矩阵。由于 $\mathcal{V}_{nl}$ 是 $\hat{L}_x$ 的不变子空间，因此

$$\langle nlm | \hat{L}_x | n'l'm' \rangle = \delta_{nn'}\delta_{ll'}\langle nlm | \hat{L}_x | nlm' \rangle \tag{9.90}$$

由此可知 $\hat{L}_x$ 的矩阵是分块对角的

$$[L_x(n)] = \mathrm{diag}\{[L_x]_{n0},[L_x]_{n1},\cdots,[L_x]_{nl},\cdots,[L_x]_{n,n-1}\} \tag{9.91}$$

由于 $|nlm\rangle = |nl\rangle|lm\rangle$，$\langle nl | nl \rangle = 1$，因此

$$\langle nlm | \hat{L}_x | nlm' \rangle = \langle lm | \hat{L}_x | lm' \rangle \tag{9.92}$$

这个结果正好是式(9.72)中 $[L_x]_l$ 的矩阵元，因此 $[L_x]_{nl} = [L_x]_l$，与 n 无关。

将算符在子空间 $\mathcal{V}_n$ 中的矩阵作为一个大矩阵的对角元，就得到氢原子的态空间中各个

算符 $\hat{H},\hat{L}^2,\hat{L}_z,\hat{L}_x$ 的矩阵形式

$$[H]=\mathrm{diag}\{[H(1)],\ [H(2)],\ \cdots,\ [H(n)],\ \cdots\} \tag{9.93}$$

$$[L^2]=\mathrm{diag}\{[L^2(1)],\ [L^2(2)],\ \cdots,\ [L^2(n)],\ \cdots\} \tag{9.94}$$

$$[L_z]=\mathrm{diag}\{[L_z(1)],\ [L_z(2)],\ \cdots,\ [L_z(n)],\ \cdots\} \tag{9.95}$$

$$[L_x]=\mathrm{diag}\{[L_x(1)],\ [L_x(2)],\ \cdots,\ [L_x(n)],\ \cdots\} \tag{9.96}$$

9.3 力学量完全集

自伴算符所有线性无关的本征矢量(包括广义本征矢量，如果有的话)构成态空间的基。如果算符的本征值有简并，或者说本征子空间高于1维，就引入额外指标来区分该子空间的基矢量。比如，氢原子的每个能级 E_n 的简并度为 n^2，除了基态之外能级都是简并的。我们用三个量子数 n,l,m 来标记基矢量，这三个量子数分别对应于三个力学量算符 $\hat{H},\hat{L}^2,\hat{L}_z$ 的本征值，每个基矢量 $|nlm\rangle$ 都是 $\hat{H},\hat{L}^2,\hat{L}_z$ 的共同本征矢量。哪些算符的共同本征矢量可以构成态空间的基？我们用两个定理来回答这个问题。

9.3.1 相互对易的自伴算符

定理1 设 $\hat{A},\hat{B}$ 是态空间 $\mathcal{V}$ 中的自伴算符，若 $\hat{A}$ 和 $\hat{B}$ 的全体线性无关的共同本征矢量构成态空间 $\mathcal{V}$ 的一个基，则 $[\hat{A},\hat{B}]=0$。

证明：将 $\hat{A}$ 和 $\hat{B}$ 的共同本征矢量记为 $|nki\rangle$，其中 $n,k=1,2,\cdots$ 用来标记 $\hat{A}$ 和 $\hat{B}$ 的本征值，附加指标 i 用来标记可能存在的简并。将 $\hat{A}$ 和 $\hat{B}$ 的本征方程写为

$$\hat{A}|nki\rangle=a_n|nki\rangle,\qquad \hat{B}|nki\rangle=b_k|nki\rangle \tag{9.97}$$

设本征矢量组 $\{|nki\rangle\}$ 构成 $\mathcal{V}$ 空间的正交归一基[⊖]

$$\langle nki|n'k'i'\rangle=\delta_{nn'}\delta_{kk'}\delta_{ii'},\qquad \sum_{nki}|nki\rangle\langle nki|=\hat{I} \tag{9.98}$$

根据式(9.97)，得

$$[\hat{A},\hat{B}]|nki\rangle=(\hat{A}\hat{B}-\hat{B}\hat{A})|nki\rangle=(b_ka_n-a_nb_k)|nki\rangle=0 \tag{9.99}$$

$\forall\ |\psi\rangle\in\mathcal{V}$，将其展开为

$$|\psi\rangle=\sum_{nki}|nki\rangle\langle nki|\psi\rangle \tag{9.100}$$

根据式(9.99)，得

$$[\hat{A},\hat{B}]|\psi\rangle=\sum_{nki}[\hat{A},\hat{B}]|nki\rangle\langle nki|\psi\rangle=0 \tag{9.101}$$

由于 $|\psi\rangle$ 是任意的，根据零算符定义可知 $[\hat{A},\hat{B}]=0$。

定理2 设 $\hat{A},\hat{B}$ 是态空间 $\mathcal{V}$ 中的自伴算符，若 $[\hat{A},\hat{B}]=0$，则 $\hat{A}$ 和 $\hat{B}$ 的全体线性无关的共同本征矢量构成态空间 $\mathcal{V}$ 的一个基。

证明：分两种情形讨论。

(1) $\hat{A}$ 和 $\hat{B}$ 至少有一个算符的所有本征值不简并，比如设为 $\hat{A}$，假定其本征值谱为 $\{a_n|n=1,2,\cdots\}$，本征方程为

⊖ 基矢量总可以正交归一化。以下用一个 Σ 表示三重求和，并省略求和范围.

$$\hat{A}\mid n\rangle = a_n \mid n\rangle,\quad n=1,2,\cdots \tag{9.102}$$

根据$[\hat{A},\hat{B}]=0$，可得

$$\hat{A}\hat{B}\mid n\rangle = \hat{B}\hat{A}\mid n\rangle = a_n\hat{B}\mid n\rangle \tag{9.103}$$

由此可知$\hat{B}\mid n\rangle$也是$\hat{A}$的本征矢量，本征值仍是a_n。根据假定，a_n不简并，因此$\hat{B}\mid n\rangle$与$\mid n\rangle$只能相差一个常数因子，记为b_n，因此

$$\hat{B}\mid n\rangle = b_n\mid n\rangle \tag{9.104}$$

由此可知$\mid n\rangle$也是$\hat{B}$的本征矢量，本征值为b_n。由于$\hat{A}$是自伴算符，其线性无关的本征矢量全体$\{\mid n\rangle \mid n=1,2,\cdots\}$构成态空间的一个基，这也是$\hat{A}$和$\hat{B}$的共同本征矢量全体，因此定理成立。

(2) $\hat{A}$和$\hat{B}$的本征值均可能有简并。设$\hat{A}$的本征值谱为$\{a_n\mid n=1,2,\cdots\}$，将本征值a_n标记的本征子空间记为$\mathcal{V}_n$。假定$\mathcal{V}_n$的维数为g_n，并选择正交归一矢量组$\{\mid ni\rangle \mid i=1,2,\cdots,g_n\}$作为$\mathcal{V}_n$的基。$\forall\ \mid\psi\rangle\in\mathcal{V}_n$，根据$[\hat{A},\hat{B}]=0$，可得

$$\hat{A}\hat{B}\mid\psi\rangle = \hat{B}\hat{A}\mid\psi\rangle = a_n\hat{B}\mid\psi\rangle \tag{9.105}$$

这表明$\hat{B}\mid\psi\rangle$也是$\hat{A}$的本征矢量，而且本征值仍为a_n，因此$\hat{B}\mid\psi\rangle\in\mathcal{V}_n$。也就是说，$\mathcal{V}_n$是算符$\hat{B}$的不变子空间。

由于$\hat{A}$的本征子空间两两正交，因此

$$\langle ni\mid\hat{B}\mid mj\rangle = 0,\quad n\neq m \tag{9.106}$$

这表明$\hat{B}$的矩阵是分块对角的

$$B = \mathrm{diag}\{B^{(1)},B^{(2)},\cdots,B^{(n)},\cdots\} \tag{9.107}$$

式中，$B^{(n)}$是$\hat{B}$在子空间$\mathcal{V}_n$中的矩阵

$$B^{(n)} = \begin{pmatrix} \langle n1\mid\hat{B}\mid n1\rangle & \langle n1\mid\hat{B}\mid n2\rangle & \cdots & \langle n1\mid\hat{B}\mid ng_n\rangle \\ \langle n2\mid\hat{B}\mid n1\rangle & \langle n2\mid\hat{B}\mid n2\rangle & \cdots & \langle n2\mid\hat{B}\mid ng_n\rangle \\ \vdots & \vdots & & \vdots \\ \langle ng_n\mid\hat{B}\mid n1\rangle & \langle ng_n\mid\hat{B}\mid n2\rangle & \cdots & \langle ng_n\mid\hat{B}\mid ng_n\rangle \end{pmatrix} \tag{9.108}$$

由于$\hat{B}$是自伴算符，子矩阵$B^{(n)}$是g_n维的厄米矩阵。根据厄米矩阵的性质，$B^{(n)}$具有g_n个正交归一的本征列矩阵，记为$X_k,k=1,2,\cdots,g_n$。将X_k对应的本征值记为b_k，如果g_n个本征值b_k出现重复值，则表明该本征值有简并。

将列矩阵X_k相应的态矢量记为

$$\mid\phi_{nk}\rangle = \sum_{i=1}^{g_n}(X_k)_i\mid ni\rangle,\quad k=1,2,\cdots,g_n \tag{9.109}$$

矢量组$\{\mid\phi_{nk}\rangle \mid k=1,2,\cdots,g_n\}$也构成子空间$\mathcal{V}_n$的正交归一基。每个$\mathcal{V}_n$都能找到这样一个基，它们构成了态空间$\mathcal{V}$的新正交归一基。由于$\mid\phi_{nk}\rangle\in\mathcal{V}_n$，且$\mathcal{V}_n$是算符$\hat{B}$的不变子空间，因此

$$\langle\phi_{ml}\mid\hat{B}\mid\phi_{nk}\rangle = 0,\quad m\neq n \tag{9.110}$$

$\hat{B}$在子空间$\mathcal{V}_n$中的矩阵元为

$$\langle\phi_{nl}\mid\hat{B}\mid\phi_{nk}\rangle = X_l^{\dagger}B^{(n)}X_k = b_k\delta_{lk} \tag{9.111}$$

由此可见，算符$\hat{B}$在新基中的矩阵是对角化的

$$\langle\phi_{ml}\mid\hat{B}\mid\phi_{nk}\rangle = b_k\delta_{mn}\delta_{lk} \tag{9.112}$$

因此 $|\phi_{nk}\rangle$ 是算符 $\hat{B}$ 的本征矢量。

综上所述，$\hat{A},\hat{B}$ 的共同本征矢量组 $\{|\phi_{nk}\rangle | n=1,2,\cdots;k=1,2,\cdots,g_n\}$ 构成了态空间 $\mathcal{V}$ 的正交归一基。

讨论

（1）在证明定理 2 时，最后得到 $\hat{A},\hat{B}$ 的共同本征矢量为 $|\phi_{nk}\rangle$，并没有出现额外的指标 i，似乎表明 $\hat{A},\hat{B}$ 的本征值 a_n,b_k 足以区分每个本征矢量。其实不然，因为 g_n 个本征值 b_k 可能会有重复值。假如不相等的 b_k 一共有 c_n 个，则本征列矩阵可记为 $X_{ki},k=1,2,\cdots,c_n$，而指标 i 则用来区分对应同一个 b_k 值的不同本征列矩阵。假如与 b_k 对应的本征矢量有 f_k 个，则有 $\sum_{k=1}^{c_n} f_k=g_n$。为了不让记号过于复杂，证明中采用了 g_n 个记号 b_k，而允许有重复值。这是很特别的记号，一般情况下我们总是让指标与本征值一一对应。

（2）在证明定理 2 的过程中，我们得到如下重要结论：如果力学量算符 $\hat{A}$ 和 $\hat{B}$ 对易，则 $\hat{A}$ 的本征子空间是 $\hat{B}$ 的不变子空间(当然 $\hat{B}$ 的本征子空间也是 $\hat{A}$ 的不变子空间)。

（3）互相不对易的算符，也可以有共同本征矢量。比如，轨道角动量算符 $\hat{L}_x,\hat{L}_y,\hat{L}_z$ 有一个共同本征矢量 $|\mathrm{Y}_{00}\rangle$。然而不对易算符的共同本征矢量数目太少，不足以构成态空间的基。

根据两个定理可知，两个自伴算符 $\hat{A},\hat{B}$ 的共同本征矢量组构成态空间 $\mathcal{V}$ 的一个基的充要条件是 $\hat{A},\hat{B}$ 互相对易。

定理的推广：态空间中的一组自伴算符 $\hat{A}_1,\hat{A}_2,\cdots,\hat{A}_n$ 的共同本征矢量组构成态空间 $\mathcal{V}$ 的一个基的充要条件是这组算符两两对易。

▼举例

（1）自由粒子，$\hat{p}_x,\hat{p}_y,\hat{p}_z$ 两两对易，它们的共同本征矢量为 $v_p(\boldsymbol{r})$，所有的本征矢量构成 $\mathcal{V}$ 的一个基。

（2）$\hat{L}^2$ 和 $\hat{L}_z$ 互相对易，二者的共同本征函数为球谐函数。全体球谐函数 $\{\mathrm{Y}_{lm}(\theta,\varphi)\}$ 构成 $\mathcal{L}_\Omega^2$ 的一个基。

9.3.2 可对易观测量完全集

设 $\hat{A}_1$ 是一个力学量算符，其全体线性无关的本征矢量(包括广义本征矢量，如果有的话)构成态空间 $\mathcal{V}$ 的一个基。当 $\hat{A}_1$ 的本征值有简并时，通常选择另一个与 $\hat{A}_1$ 对易的力学量算符 $\hat{A}_2$，根据上面定理，$\hat{A}_1$ 和 $\hat{A}_2$ 的全体线性无关的共同本征矢量构成 $\mathcal{V}$ 的一个基。当 $\hat{A}_1$ 的某个本征子空间维数大于 1 时，由 $\hat{A}_2$ 的本征值来标记该子空间中线性无关的本征矢量。如果给定了 $\hat{A}_1$ 和 $\hat{A}_2$ 的本征值，线性无关的本征矢量仍然多于一个，再选择与 $\hat{A}_1,\hat{A}_2$ 均对易的力学量算符 $\hat{A}_3$，用 $\hat{A}_3$ 的本征值进一步标记本征矢量。

这个过程一直进行下去，我们会找到一组两两互相对易的力学量算符，记为 $(\hat{A}_1,\hat{A}_2,\cdots,\hat{A}_n)$，给定它们的一组本征值就能够(在相差一个常数因子的意义上)标记唯一一个共同本征矢量。这组力学量(也称为观测量)算符 $(\hat{A}_1,\hat{A}_2,\cdots,\hat{A}_n)$ 称为态空间的可对易观测量完全集

(complete set of commutable observables)，简称 CSCO。在中文教材中，通常把 CSCO 称为力学量完全集。

▼举例

(1) $\hat{p}_x,\hat{p}_y,\hat{p}_z$ 均为态空间 $\mathcal{V}$ 中的力学量算符，且它们两两互相对易，它们的共同本征矢量 $|\boldsymbol{p}\rangle$ 构成 $\mathcal{V}$ 的一个连续基。$|\boldsymbol{p}\rangle$ 由三个量子数来标记，即 p_x,p_y,p_z，它们分别是 $\hat{p}_x,\hat{p}_y,\hat{p}_z$ 的本征值。因此 $(\hat{p}_x,\hat{p}_y,\hat{p}_z)$ 构成了 $\mathcal{V}$ 空间的 CSCO。

同样，$\hat{x},\hat{y},\hat{z}$ 的共同本征矢量 $|\boldsymbol{r}\rangle$ 也构成 $\mathcal{V}$ 空间的一个基，这组函数也是由三个量子数 x,y,z 标记，它们分别是 $\hat{x},\hat{y},\hat{z}$ 的本征值。因此，$(\hat{x},\hat{y},\hat{z})$ 也构成了 $\mathcal{V}$ 空间的 CSCO。

(2) 在 $\mathcal{L}^2_\Omega$ 空间中，$(\hat{L}^2,\hat{L}_z)$ 构成 CSCO，它们的共同本征矢量，即球谐函数 $\mathrm{Y}_{lm}(\theta,\varphi)$ 的全体构成 $\mathcal{L}^2_\Omega$ 空间的一个基。$\mathrm{Y}_{lm}(\theta,\varphi)$ 由角量子数 l 和磁量子数 m 来标记，它们分别对应 $\hat{L}^2$ 和 $\hat{L}_z$ 的本征值 $l(l+1)\hbar^2$ 和 $m\hbar$。$(\hat{L}^2,\hat{L}_z)$ 并不构成 $\mathcal{L}^2(\mathbb{R}^3)$ 空间的 CSCO。为了标记三维波函数，还需要其他量子数，比如粒子的能量。

(3) 设 $\hat{H}$ 是氢原子的哈密顿算符，$(\hat{H},\hat{L}^2,\hat{L}_z)$ 也构成了态空间的 CSCO，其共同本征矢量组 $\{|\psi_{nlm}\rangle\}$ 构成态空间的离散基。

9.4 连续基表象 I

如果力学量算符具有连续的本征值谱，则其广义本征矢量组构成态空间的一个连续基，由此可以定义连续基表象。坐标表象和动量表象是两种典型的连续基表象。本节先介绍一维情形。在算符记号中，$f(\hat{x},\hat{p}_x)$ 通常既表示态空间 $\mathcal{V}$ 中的算符，也表示波函数空间中的相应算符。本节同时涉及态空间和波函数空间，我们约定：坐标算符 $\hat{x}$ 和动量算符 $\hat{p}_x$ 以及它们的函数 $f(\hat{x},\hat{p}_x)$ 仅用来表示态空间 $\mathcal{V}$ 中的算符，而不表示其在任何表象的表达式⊖。

9.4.1 表象的引入

矢量组 $\{\,|x\rangle\,|\,x\in\mathbb{R}\}$ 和 $\{\,|p\rangle\,|\,p\in\mathbb{R}\}$ 均构成一维问题态空间的连续基，它们分别定义了坐标表象和动量表象

$$\hat{x}\,|x\rangle = x\,|x\rangle,\quad \langle x\,|\,x'\rangle = \delta(x-x'),\quad \int_{-\infty}^{\infty}\mathrm{d}x\,|x\rangle\langle x| = \hat{I} \tag{9.113}$$

$$\hat{p}_x\,|p\rangle = p\,|p\rangle,\quad \langle p\,|\,p'\rangle = \delta(p-p'),\quad \int_{-\infty}^{\infty}\mathrm{d}p\,|p\rangle\langle p| = \hat{I} \tag{9.114}$$

坐标表象的波函数构成 $\mathcal{L}^2(\mathbb{R})$ 空间，这是态空间一种表示空间；动量表象的波函数构成态空间的另一种表示空间。态空间中算符和态矢量的各种运算，跟表示空间中的各种运算是完全平行的。

⊖ 式(9.169)和式(9.170)是例外.

9.4.2 坐标表象

1. 态矢量的内积

利用式(9.113)中的封闭性关系，可以得到$|\psi\rangle$和$|\varphi\rangle$的内积

$$\langle\psi\mid\varphi\rangle=\int_{-\infty}^{\infty}\mathrm{d}x\langle\psi\mid x\rangle\langle x\mid\varphi\rangle \tag{9.115}$$

$\langle x|\psi\rangle$和$\langle x|\varphi\rangle$分别是$|\psi\rangle$和$|\varphi\rangle$的坐标表象波函数。通常引入记号

$$\psi(x)=\langle x\mid\psi\rangle,\qquad\varphi(x)=\langle x\mid\varphi\rangle \tag{9.116}$$

容易发现式(9.115)右端就是$\mathcal{L}^2(\mathbb{R})$空间内积的定义。

动量本征态$|p\rangle$在坐标表象的波函数为

$$\boxed{\langle x\mid p\rangle=\frac{1}{\sqrt{2\pi\hbar}}\mathrm{e}^{\frac{\mathrm{i}}{\hbar}px}} \tag{9.117}$$

根据式(9.117)，可得

$$-\mathrm{i}\hbar\frac{\partial}{\partial x}\langle x\mid p\rangle=p\langle x\mid p\rangle \tag{9.118}$$

2. 算符的矩阵元

设线性算符$\hat{F}$将态矢量$|\psi\rangle$映射为$|\varphi\rangle$

$$\hat{F}\mid\psi\rangle=\mid\varphi\rangle \tag{9.119}$$

两端用$\langle x|$左乘，过渡到坐标表象

$$\langle x\mid\hat{F}\mid\psi\rangle=\langle x\mid\varphi\rangle \tag{9.120}$$

下面的任务是计算$\langle x|\hat{F}|\psi\rangle$。

（1）如果$\hat{F}=f(\hat{x})$，对$\hat{x}$的本征方程求厄米共轭，得

$$\langle x\mid\hat{x}=x\langle x\mid \tag{9.121}$$

由此可得

$$\boxed{\langle x\mid\hat{x}\mid\psi\rangle=x\psi(x)} \tag{9.122}$$

利用式(9.121)，得

$$\langle x\mid f(\hat{x})\mid\psi\rangle=f(x)\psi(x) \tag{9.123}$$

（2）如果$\hat{F}=f(\hat{p}_x)$，根据式(9.114)，可得动量算符的谱分解

$$\hat{p}_x=\int_{-\infty}^{\infty}\mathrm{d}p\ p\mid p\rangle\langle p\mid \tag{9.124}$$

由此可得

$$\langle x\mid\hat{p}_x\mid\psi\rangle=\int_{-\infty}^{\infty}\mathrm{d}p\ p\langle x\mid p\rangle\langle p\mid\psi\rangle \tag{9.125}$$

将式(9.118)代入式(9.125)，并交换积分与求导次序，得

$$\langle x\mid\hat{p}_x\mid\psi\rangle=-\mathrm{i}\hbar\frac{\partial}{\partial x}\int_{-\infty}^{\infty}\langle x\mid p\rangle\langle p\mid\psi\rangle\mathrm{d}p \tag{9.126}$$

利用式(9.114)中的封闭性关系，得

$$\boxed{\langle x\mid\hat{p}_x\mid\psi\rangle=-\mathrm{i}\hbar\frac{\partial}{\partial x}\psi(x)} \tag{9.127}$$

利用式(9.127)，得

$$\langle x|f(\hat{p}_x)|\psi\rangle = f\left(-\mathrm{i}\hbar\frac{\partial}{\partial x}\right)\psi(x) \tag{9.128}$$

(3) 如果 $\hat{F}=f(\hat{x},\hat{p}_x)$。由于 $\hat{x}$ 与 $\hat{p}_x$ 不对易，在经典力学中等价的表达式，经过量子化规则 $x\to\hat{x}$，$p_x\to\hat{p}_x$ 后可能不等价。我们假定已经选择了其中一种表达式，则有

$$\langle x|f(\hat{x},\hat{p}_x)|\psi\rangle = f\left(x,-\mathrm{i}\hbar\frac{\partial}{\partial x}\right)\psi(x) \tag{9.129}$$

▼举例

式(9.129)并非显而易见，这里举个例子。我们还记得，算符的函数是通过普通函数的泰勒展开来定义的，假定 $f(\hat{x},\hat{p}_x)$ 有一项是 $\hat{p}_x\hat{x}^3\hat{p}_x^2$，首先，利用式(9.128)，得

$$\langle x|\hat{p}_x\hat{x}^3\hat{p}_x^2|\psi\rangle = -\mathrm{i}\hbar\frac{\partial}{\partial x}\langle x|\hat{x}^3\hat{p}_x^2|\psi\rangle \tag{9.130}$$

其次，利用式(9.123)，得

$$\langle x|\hat{p}_x\hat{x}^3\hat{p}_x^2|\psi\rangle = -\mathrm{i}\hbar\frac{\partial}{\partial x}[x^3\langle x|\hat{p}_x^2|\psi\rangle] \tag{9.131}$$

最后，利用式(9.128)，得

$$\langle x|\hat{p}_x\hat{x}^3\hat{p}_x^2|\psi\rangle = -\mathrm{i}\hbar\frac{\partial}{\partial x}\left[x^3\left(-\mathrm{i}\hbar\frac{\partial}{\partial x}\right)^2\psi(x)\right] \tag{9.132}$$

这就是式(9.129)的特例。对于任意函数 $f(\hat{x},\hat{p}_x)$，反复利用式(9.123)和式(9.128)就得到它在坐标表象的作用。

利用式(9.129)，可得算符 $f(\hat{x},\hat{p}_x)$ 的矩阵元

$$\langle x|f(\hat{x},\hat{p}_x)|x'\rangle = f\left(x,-\mathrm{i}\hbar\frac{\partial}{\partial x}\right)\delta(x-x') \tag{9.133}$$

$\hat{x}$ 和 $\hat{p}_x$ 的矩阵元是式(9.133)的特例

$$\langle x|\hat{x}|x'\rangle = x\delta(x-x'),\quad \langle x|\hat{p}_x|x'\rangle = -\mathrm{i}\hbar\frac{\partial}{\partial x}\delta(x-x') \tag{9.134}$$

利用式(9.113)中的封闭性关系，可得

$$\langle\varphi|f(\hat{x},\hat{p}_x)|\psi\rangle = \int_{-\infty}^{\infty}\mathrm{d}x\,\varphi^*(x)f\left(x,-\mathrm{i}\hbar\frac{\partial}{\partial x}\right)\psi(x) \tag{9.135}$$

本结果的一个特例是算符在 A 表象的矩阵元，设 $\phi_n(x)=\langle n|\phi\rangle$，则

$$\langle n|f(\hat{x},\hat{p}_x)|n'\rangle = \int_{-\infty}^{\infty}\mathrm{d}x\,\phi_n^*(x)f\left(x,-\mathrm{i}\hbar\frac{\partial}{\partial x}\right)\phi_{n'}(x) \tag{9.136}$$

利用式(9.129)，可将式(9.120)写为

$$\boxed{f\left(x,-\mathrm{i}\hbar\frac{\partial}{\partial x}\right)\psi(x)=\varphi(x)} \tag{9.137}$$

这正是坐标表象中算符对波函数作用的方式。

动量算符有两种引入和运用方式。第一，在坐标表象中引入动量算符(第 2 章)，求出

其本征矢量(第5章)，从而得到式(9.117)和式(9.124)；第二，假定式(9.117)和式(9.124)成立，从而得到动量算符在坐标表象中的作用效果式(9.127)。后一种方法理由如下：首先，由于平面波具有确定的动量，因此假定平面波$|p\rangle$为动量算符的本征矢量；其次，假定$\{|p\rangle|p\in\mathbb{R}\}$为动量算符的全部本征矢量，从而得到动量算符的谱分解。

式(9.127)对任意态矢量都成立，因此可以写为简洁的算符等式

$$\langle x|\hat{p}_x=-\mathrm{i}\hbar\frac{\partial}{\partial x}\langle x| \tag{9.138}$$

将算符等式作用于态矢量$|\psi\rangle$就回到式(9.127)。类似地，式(9.129)的算符形式为

$$\langle x|f(\hat{x},\hat{p}_x)=f\left(x,-\mathrm{i}\hbar\frac{\partial}{\partial x}\right)\langle x| \tag{9.139}$$

将算符等式作用于态矢量$|\psi\rangle$就回到式(9.129)。根据式(9.121)和式(9.138)可以导出式(9.139)，反过来，式(9.121)和式(9.138)可以作为式(9.139)的特例。

式(9.134)可以等价写为

$$\langle x|\hat{x}|x'\rangle=x'\delta(x-x'),\quad \langle x|\hat{p}_x|x'\rangle=\mathrm{i}\hbar\frac{\partial}{\partial x'}\delta(x-x') \tag{9.140}$$

将左端矩阵元中$\hat{x}$往右作用，就可以得到第一个公式右端结果。两个结果的等价性也可以通过δ函数的性质来验证。第二个公式的来源是：对函数$f(x-x')$，令$u=x-x'$，根据复合函数求导法则，得

$$\frac{\partial}{\partial x}f(x-x')=\frac{\partial f(u)}{\partial u}\frac{\partial u}{\partial x}=-\frac{\partial f(u)}{\partial u}\frac{\partial u}{\partial x'}=-\frac{\partial}{\partial x'}f(x-x') \tag{9.141}$$

我们不推荐式(9.140)的写法，但如果在运算时得到这种结果，应当明白它们跟式(9.134)等价。由于δ函数是偶函数，原则上可将各公式中的$\delta(x-x')$改为$\delta(x'-x)$，但我们强烈不推荐这样做。作为一种良好习惯，我们坚持用左矢参数减去右矢参数。

3. 本征值问题

设$\hat{F}=f(\hat{x},\hat{p}_x)$是一维问题态空间$\mathcal{V}_x$中的力学量算符，本征方程、正交归一关系和封闭性关系如式(9.31)、式(9.32)和式(9.33)所示。这三个公式都是坐标表象用狄拉克符号表达的，没有使用任何表象。在式(9.33)后面，已经讨论了$\hat{A}$表象的公式，现在要讨论坐标表象的公式。

对$\hat{F}$的本征方程，用$\langle x|$左乘，得

$$\langle x|\hat{F}|\phi_{mi}\rangle=\lambda_m\langle x|\phi_{mi}\rangle \tag{9.142}$$

引入记号$\phi_{mi}(x)=\langle x|\phi_{mi}\rangle$，并利用式(9.129)，可得

$$f\left(x,-\mathrm{i}\hbar\frac{\partial}{\partial x}\right)\phi_{mi}(x)=\lambda_m\phi_{mi}(x) \tag{9.143}$$

这是式(9.137)的特定情形。对于正交归一关系(9.32)，根据内积(9.115)，可得

$$\int_{-\infty}^{\infty}\mathrm{d}x\,\phi_{mi}^*(x)\phi_{m'i'}(x)=\delta_{mm'}\delta_{ii'} \tag{9.144}$$

对于封闭性关系(9.33)，分别用$\langle x|$左乘和$|x'\rangle$右乘，得

$$\sum_{m=1}^{\infty}\sum_{i=1}^{g_m}\langle x|\phi_{mi}\rangle\langle\phi_{mi}|x'\rangle=\langle x|x'\rangle \tag{9.145}$$

利用式(9.113)中的正交归一关系，得

$$\sum_{m=1}^{\infty}\sum_{i=1}^{g_m}\phi_{mi}(x)\phi_{mi}^{*}(x')=\delta(x-x') \tag{9.146}$$

9.4.3　动量表象

1. 态矢量的内积

利用式(9.114)中的封闭性关系，可以得到 $|\psi\rangle$ 和 $|\varphi\rangle$ 的内积

$$\langle\psi|\varphi\rangle=\int_{-\infty}^{\infty}\mathrm{d}p\langle\psi|p\rangle\langle p|\varphi\rangle \tag{9.147}$$

$\langle p|\psi\rangle$ 和 $\langle p|\varphi\rangle$ 分别是态矢量 $|\psi\rangle$ 和 $|\varphi\rangle$ 在动量表象的波函数。通常引入记号

$$c(p)=\langle p|\psi\rangle,\qquad b(p)=\langle p|\varphi\rangle \tag{9.148}$$

式(9.147)右端正是动量表象的内积。

坐标本征态 $|x\rangle$ 在动量表象的波函数为

$$\langle p|x\rangle=\langle x|p\rangle^{*}=\frac{1}{\sqrt{2\pi\hbar}}\mathrm{e}^{-\frac{\mathrm{i}}{\hbar}px} \tag{9.149}$$

表 9-1 中列出了 $|x'\rangle$ 和 $|p'\rangle$ 在两种表象的波函数，这里采用带撇记号标记两种本征态，是为了避免与自身表象中波函数自变量重复。

表 9-1　坐标本征态和动量本征态

态矢量	坐标表象	动量表象
$\|x'\rangle$	$\langle x\|x'\rangle=\delta(x-x')$	$\langle p\|x'\rangle=\frac{1}{\sqrt{2\pi\hbar}}\mathrm{e}^{-\frac{\mathrm{i}}{\hbar}px'}$
$\|p'\rangle$	$\langle x\|p'\rangle=\frac{1}{\sqrt{2\pi\hbar}}\mathrm{e}^{\frac{\mathrm{i}}{\hbar}p'x}$	$\langle p\|p'\rangle=\delta(p-p')$

根据式(9.149)，可得

$$\mathrm{i}\hbar\frac{\partial}{\partial p}\langle p|x\rangle=x\langle p|x\rangle \tag{9.150}$$

2. 算符的矩阵元

设线性算符 $\hat{F}$ 将态矢量 $|\psi\rangle$ 映射为 $|\varphi\rangle$

$$\hat{F}|\psi\rangle=|\varphi\rangle \tag{9.151}$$

两端用 $\langle p|$ 左乘，过渡到动量表象

$$\langle p|\hat{F}|\psi\rangle=\langle p|\varphi\rangle \tag{9.152}$$

下面的任务是计算 $\langle p|\hat{F}|\psi\rangle$。

（1）如果 $\hat{F}=f(\hat{x})$，根据式(9.113)，可得坐标算符的谱分解

$$\hat{x}=\int_{-\infty}^{\infty}\mathrm{d}x\,x|x\rangle\langle x| \tag{9.153}$$

由此可得

$$\langle p|\hat{x}|\psi\rangle=\int_{-\infty}^{\infty}\mathrm{d}x\,x\langle p|x\rangle\langle x|\psi\rangle \tag{9.154}$$

将式(9.150)代入式(9.154)，并交换积分和求导次序，得

$$\langle p | \hat{x} | \psi \rangle = \mathrm{i}\hbar \frac{\partial}{\partial p} \int_{-\infty}^{\infty} \mathrm{d}x \langle p | x \rangle \langle x | \psi \rangle \tag{9.155}$$

利用式(9.113)中的封闭性关系，得

$$\boxed{\langle p | \hat{x} | \psi \rangle = \mathrm{i}\hbar \frac{\partial}{\partial p} c(p)} \tag{9.156}$$

利用式(9.156)，可得

$$\langle p | f(\hat{x}) | \psi \rangle = f\left(\mathrm{i}\hbar \frac{\partial}{\partial p}\right) c(p) \tag{9.157}$$

（2）如果 $\hat{F}=f(\hat{p}_x)$，对方程(9.114)求厄米共轭，得

$$\langle p | \hat{p}_x = p \langle p | \tag{9.158}$$

由此可得

$$\boxed{\langle p | \hat{p}_x | \psi \rangle = pc(p)} \tag{9.159}$$

利用式(9.158)，可得

$$\langle p | f(\hat{p}_x) | \psi \rangle = f(p) c(p) \tag{9.160}$$

（3）当 $\hat{F}=f(\hat{x},\hat{p}_x)$时，结果为

$$\langle p | f(\hat{x},\hat{p}_x) | \psi \rangle = f\left(\mathrm{i}\hbar \frac{\partial}{\partial p}, p\right) c(p) \tag{9.161}$$

利用式(9.161)，可得算符$f(\hat{x},\hat{p}_x)$的矩阵元

$$\langle p | f(\hat{x},\hat{p}_x) | p' \rangle = f\left(\mathrm{i}\hbar \frac{\partial}{\partial p}, p\right) \delta(p - p') \tag{9.162}$$

$\hat{x}$ 和 $\hat{p}_x$ 的矩阵元是式(9.162)的特例

$$\langle p | \hat{x} | p' \rangle = \mathrm{i}\hbar \frac{\partial}{\partial p} \delta(p - p'), \quad \langle p | \hat{p}_x | p' \rangle = p\delta(p - p') \tag{9.163}$$

利用式(9.114)中的封闭性关系，得

$$\langle \varphi | f(\hat{x},\hat{p}_x) | \psi \rangle = \int_{-\infty}^{\infty} \mathrm{d}p \; b^*(p) f\left(\mathrm{i}\hbar \frac{\partial}{\partial p}, p\right) c(p) \tag{9.164}$$

本结果的一个特例是算符在 $\hat{A}$ 表象的矩阵元，设 $\tilde{\phi}_n(p)=\langle p | n \rangle$，则

$$\langle n | f(\hat{x},\hat{p}_x) | n' \rangle = \int_{-\infty}^{\infty} \mathrm{d}p \; \tilde{\phi}_n^*(p) f\left(\mathrm{i}\hbar \frac{\partial}{\partial p}, p\right) \phi_{n'}(p) \tag{9.165}$$

利用式(9.161)，可将式(9.152)写为

$$\boxed{f\left(\mathrm{i}\hbar \frac{\partial}{\partial p}, p\right) c(p) = b(p)} \tag{9.166}$$

这正是动量表象中算符对波函数作用的方式。

式(9.156)对任意态矢量都成立，因此可以写为简洁的算符等式

$$\langle p | \hat{x} = \mathrm{i}\hbar \frac{\partial}{\partial p} \langle p | \tag{9.167}$$

将算符等式作用于态矢量 $|\psi\rangle$ 就回到式(9.156)。类似地，式(9.161)的算符形式为

$$\langle p | f(\hat{x},\hat{p}_x) = f\left(\mathrm{i}\hbar \frac{\partial}{\partial p}, p\right) \langle p | \tag{9.168}$$

将算符等式作用于态矢量 $|\psi\rangle$ 就回到式(9.161)。根据式(9.158)和式(9.167)可以导出式(9.168)，反过来，式(9.158)和式(9.167)也可以作为式(9.168)的特例。

讨论

$\hat{x}$ 和 $\hat{p}_x$ 对 $|\psi\rangle$ 的作用，在坐标表象中等价于用 x 和 $-\mathrm{i}\hbar\dfrac{\partial}{\partial x}$ 作用于 $\psi(x)$，动量表象中等价于用 $\mathrm{i}\hbar\dfrac{\partial}{\partial p}$ 和 p 作用于 $c(p)$。$\hat{x}$ 和 $\hat{p}_x$ 是 $\mathcal{V}$ 中的算符，x 和 $-\mathrm{i}\hbar\dfrac{\partial}{\partial x}$ 是 $\mathcal{L}^2(\mathbb{R})$ 中的算符，$\mathrm{i}\hbar\dfrac{\partial}{\partial p}$ 和 p 是动量表象波函数空间的算符，其关系如表 9-2 所示。

表 9-2　坐标表象与动量表象中的算符

坐标表象	动量表象
$\langle x\mid\hat{x}\mid\psi\rangle=x\psi(x)$	$\langle p\mid\hat{x}\mid\psi\rangle=\mathrm{i}\hbar\dfrac{\partial}{\partial p}c(p)$
$\langle x\mid\hat{p}_x\mid\psi\rangle=-\mathrm{i}\hbar\dfrac{\partial}{\partial x}\psi(x)$	$\langle p\mid\hat{p}_x\mid\psi\rangle=pc(p)$
$\langle x\mid f(\hat{x},\hat{p}_x)\mid\psi\rangle=f\left(x,-\mathrm{i}\hbar\dfrac{\partial}{\partial x}\right)\psi(x)$	$\langle p\mid f(\hat{x},\hat{p}_x)\mid\psi\rangle=f\left(\mathrm{i}\hbar\dfrac{\partial}{\partial p},p\right)c(p)$

如果讨论的问题只涉及一种表象，可以用记号 $\hat{x}$ 和 $\hat{p}_x$ 表示该表象的表达式。比如，如果只涉及坐标表象，则

$$\hat{x}=x,\qquad \hat{p}_x=-\mathrm{i}\hbar\frac{\partial}{\partial x}\tag{9.169}$$

如果只涉及动量表象，则

$$\hat{x}=\mathrm{i}\hbar\frac{\partial}{\partial p},\qquad \hat{p}_x=p\tag{9.170}$$

如本节开头声明所示，除了式(9.169)和式(9.170)本身，本节不采用这种记号约定。

3. 本征值问题

设 $\hat{F}=f(\hat{x},\hat{p}_x)$ 是一维问题态空间 $\mathcal{V}_x$ 中的力学量算符，本征方程、正交归一关系和封闭性关系如式(9.31)、式(9.32)和式(9.33)所示。我们已经将这三个公式写为 A 表象和坐标表象的公式，现在我们要写出动量表象的公式。

对 $\hat{F}$ 的本征方程(9.31)，用 $\langle p|$ 左乘，得

$$\langle p\mid\hat{F}\mid\phi_{mi}\rangle=\lambda_m\langle p\mid\phi_{mi}\rangle\tag{9.171}$$

引入记号 $\tilde{\phi}_{mi}(p)=\langle p\mid\phi_{mi}\rangle$，并利用式(9.161)，可得

$$f\left(\mathrm{i}\hbar\frac{\mathrm{d}}{\mathrm{d}p},p\right)\tilde{\phi}_{mi}(p)=\lambda_m\tilde{\phi}_{mi}(p)\tag{9.172}$$

这是式(9.166)的特定情形。对于正交归一关系(9.32)，根据内积(9.147)，可得

$$\int_{-\infty}^{\infty}\mathrm{d}p\,\tilde{\phi}^*_{mi}(p)\;\tilde{\phi}_{m'i'}(p)=\delta_{mm'}\delta_{ii'}\tag{9.173}$$

对于封闭性关系(9.33)，分别用 $\langle p|$ 左乘和 $|p'\rangle$ 右乘，得

$$\sum_{m=1}^{\infty}\sum_{i=1}^{g_m}\langle p\mid\phi_{mi}\rangle\langle\phi_{mi}\mid p'\rangle=\langle p\mid p'\rangle\tag{9.174}$$

利用式(9.114)中的正交归一关系，得

$$\sum_{m=1}^{\infty}\sum_{i=1}^{g_m}\tilde{\phi}_{mi}(p)\,\tilde{\phi}_{mi}^{*}(p')=\delta(p-p') \tag{9.175}$$

*4. 平移算符

考虑一维问题波函数的平移算符

$$\hat{T}(x_0)=\mathrm{e}^{-\frac{\mathrm{i}}{\hbar}\hat{p}x_0} \tag{9.176}$$

为了简化记号，这里 $\hat{p}\equiv\hat{p}_x$。由于 $\hat{p}$ 是自伴算符，因此 $\hat{T}(x_0)$ 是一个幺正算符。利用式(9.114)中的封闭性关系，得

$$\hat{T}(x_0)\,|x\rangle=\int_{-\infty}^{\infty}\mathrm{d}p\ \mathrm{e}^{-\frac{\mathrm{i}}{\hbar}\hat{p}x_0}\,|p\rangle\langle p\,|\,x\rangle=\int_{-\infty}^{\infty}\mathrm{d}p\ \mathrm{e}^{-\frac{\mathrm{i}}{\hbar}px_0}\,|p\rangle\langle p\,|\,x\rangle \tag{9.177}$$

然后利用式(9.149)，得

$$\hat{T}(x_0)\,|x\rangle=\frac{1}{\sqrt{2\pi\hbar}}\int_{-\infty}^{\infty}\mathrm{d}p\ \mathrm{e}^{-\frac{\mathrm{i}}{\hbar}p(x+x_0)}\,|p\rangle=\int_{-\infty}^{\infty}\mathrm{d}p\,|p\rangle\langle p\,|\,x+x_0\rangle \tag{9.178}$$

再次利用式(9.114)中的封闭性关系，得

$$\boxed{\hat{T}(x_0)\,|x\rangle=|x+x_0\rangle} \tag{9.179}$$

$\hat{T}(x_0)$ 的作用是将基矢量 $|x\rangle$ 向右平移 x_0，完全符合预期。

*9.4.4 线性势

考虑如下势能函数

$$V(x)=\alpha x,\quad \alpha>0 \tag{9.180}$$

称为**线性势**(能)。在线性势中物体受到一个恒力 $\boldsymbol{F}=-\nabla V=-\alpha\boldsymbol{e}_x$。电子在均匀电场所受的力就是这样。在经典力学中，能量为 E 的电子在 $x=E/\alpha$ 处折返。重力场的势能函数也是线性的，物体受到竖直向下的恒力。

坐标表象的能量本征方程为

$$\left(-\frac{\hbar^2}{2m}\frac{\mathrm{d}^2}{\mathrm{d}x^2}+\alpha x\right)\psi(x)=E\psi(x) \tag{9.181}$$

首先将方程整理为

$$\frac{\mathrm{d}^2\psi(x)}{\mathrm{d}x^2}-\frac{2m\alpha}{\hbar^2}\left(x-\frac{E}{\alpha}\right)\psi(x)=0 \tag{9.182}$$

然后引入新变量

$$z=\lambda\left(x-\frac{E}{\alpha}\right),\quad \lambda=\left(\frac{2m\alpha}{\hbar^2}\right)^{1/3} \tag{9.183}$$

并引入新变量的函数 $\tilde{\psi}(z)=\psi(x)$，则方程(9.182)化为

$$\frac{\mathrm{d}^2\tilde{\psi}(z)}{\mathrm{d}z^2}-z\tilde{\psi}(z)=0 \tag{9.184}$$

这是**艾里(Airy)方程**。

艾里方程可以用幂级数法找到通解，也可以用傅里叶变换法求解，这等价于转换到动量表象。作为动量表象的一个应用，下面我们从头开始，直接用动量表象来讨论。根据式(9.161)可知

$$\langle p|\hat{H}|\psi\rangle=\left(\frac{p^2}{2m}+\alpha\mathrm{i}\hbar\frac{\mathrm{d}}{\mathrm{d}p}\right)c(p),\qquad \text{其中 } c(p)=\langle p|\psi\rangle \tag{9.185}$$

由此可得动量表象的能量本征方程

$$\left(\frac{p^2}{2m}+\alpha\mathrm{i}\hbar\frac{\mathrm{d}}{\mathrm{d}p}\right)c(p)=Ec(p) \tag{9.186}$$

这是个一阶微分方程，其解很容易求得

$$c(p)=A\exp\left[-\frac{\mathrm{i}}{\hbar\alpha}\left(Ep-\frac{p^3}{6m}\right)\right]\equiv c_E(p) \tag{9.187}$$

式中，A 是归一化常数。由于 $|c_E(p)|^2=|A|^2$ 为常数，因此动量空间的概率分布是均匀的。这也表明 $c_E(p)$ 并非平方可积的函数，这正是连续谱的特征。如果选择 $A=1/\sqrt{2\pi\hbar\alpha}$，则容易验证正交归一关系

$$\int_{-\infty}^{\infty}c_E^*(p)c_{E'}(p)\mathrm{d}p=\delta(E-E') \tag{9.188}$$

以及封闭性关系

$$\int_{-\infty}^{\infty}c_E(p)c_E^*(p')\mathrm{d}E=\delta(p-p') \tag{9.189}$$

由傅里叶逆变换可以得到坐标表象波函数。采用上述归一化方案，得

$$\begin{aligned}\psi_E(x)&=\frac{1}{\sqrt{2\pi\hbar}}\int_{-\infty}^{\infty}\mathrm{d}p\ c(p)\mathrm{e}^{\frac{\mathrm{i}}{\hbar}px}\\&=\frac{1}{2\pi\hbar\sqrt{\alpha}}\int_{-\infty}^{\infty}\mathrm{d}p\exp\left\{\frac{\mathrm{i}}{\hbar}\left[p\left(x-\frac{E}{\alpha}\right)+\frac{p^3}{6m\alpha}\right]\right\}\end{aligned} \tag{9.190}$$

按照式(9.183)做变量替换，并引入新的积分变量 $s=p/\lambda\hbar$，得

$$\widetilde{\psi}_E(z)=\frac{\lambda}{2\pi\sqrt{\alpha}}\int_{-\infty}^{\infty}\mathrm{d}s\exp\left[\mathrm{i}\left(sz+\frac{s^3}{3}\right)\right] \tag{9.191}$$

将虚指数函数按照欧拉公式展开

$$\exp\left\{\mathrm{i}\left(sz+\frac{s^3}{3}\right)\right\}=\cos\left(sz+\frac{s^3}{3}\right)+\mathrm{i}\sin\left(sz+\frac{s^3}{3}\right) \tag{9.192}$$

由于被积函数虚部是 s 的奇函数，因此积分为零；而实部是偶函数，因此

$$\widetilde{\psi}_E(z)=\frac{\lambda}{\pi\sqrt{\alpha}}\int_0^{\infty}\mathrm{d}s\ \cos\left(sz+\frac{s^3}{3}\right) \tag{9.193}$$

这是艾里方程的一个特解，它无法表达为初等函数。

艾里方程是个二阶常微分方程，有两个线性无关的特解，称为**艾里(Airy)函数**，其积分表示为㊀

$$\mathrm{Ai}(z)=\frac{1}{\pi}\int_0^{\infty}\mathrm{d}s\ \cos\left(sz+\frac{s^3}{3}\right) \tag{9.194}$$

$$\mathrm{Bi}(z)=\frac{1}{\pi}\int_0^{\infty}\mathrm{d}s\left[\sin\left(sz+\frac{s^3}{3}\right)+\exp\left(sz-\frac{s^3}{3}\right)\right] \tag{9.195}$$

㊀ 格里菲斯. 量子力学概论[M]. 贾瑜，胡行，李玉晓，译. 北京：机械工业出版社，2009，214页.

其中 $\mathrm{Ai}(z)$ 就是与 $\widetilde{\psi}_E(z)$ 差了一个常数因子。因此方程的通解为

$$\widetilde{\psi}(z)=c_1\mathrm{Ai}(z)+c_2\mathrm{Bi}(z) \tag{9.196}$$

艾里函数 $\mathrm{Ai}(z)$ 和 $\mathrm{Bi}(z)$ 的图像[⊖]如图 9-1 所示。

$\mathrm{Bi}(z)$ 在 $z\to+\infty$ 时发散，不满足傅里叶变换的条件，在使用傅里叶变换法或动量表象求解时被排除。如果求解区间没有延伸到$+\infty$，$\mathrm{Bi}(z)$ 是有意义的解。

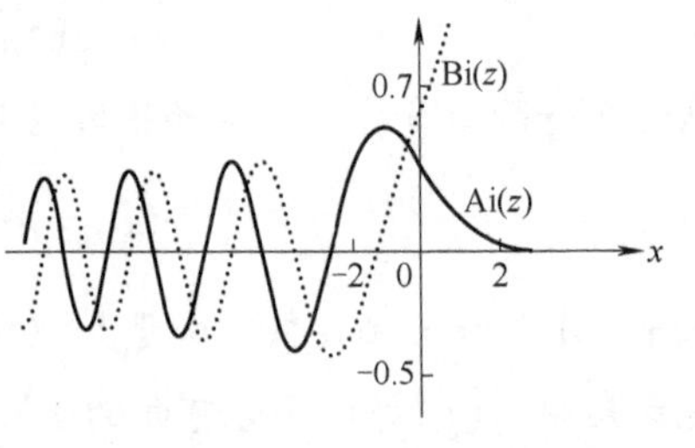

图 9-1　艾里函数

考虑一个在地板上弹跳的小球，重力势能为线性势，地板的作用是造成小球弹跳，可以用无穷大的势能来表示。这种情形势能函数为

$$V(x)=\begin{cases}\infty, & x<0\\ \alpha x, & x>0\end{cases},\quad \alpha>0 \tag{9.197}$$

由于 $\mathrm{Bi}(z)$ 在 $z\to\infty$ 时发散，因此这种情形能量本征函数只能是 $\mathrm{Ai}(z)$。此外，在 $x=0$，即 $z=-\lambda E/\alpha$ 处存在边界条件 $\psi(x)=0$，这使得粒子的能量仅能取某些离散值。在超过经典折返点 $x=E/\alpha$ 的区域，小球的概率将很快减小。如果把经典折返点看作小球的弹起高度，能量量子化将导致一个有趣的现象，就是这个弹起高度只能取离散值。这种效应已经在超冷中子实验中观察到。

线性势的另一个情形是

$$V(x)=\alpha|x|,\quad \alpha>0 \tag{9.198}$$

由于势能函数是偶函数，因此能量本征函数要么是偶宇称的，要么是奇宇称的。因此，我们只需要根据 $x>0$ 的能量本征函数 $\mathrm{Ai}(z)$（排除 $\mathrm{Bi}(z)$）做偶延拓或者奇延拓即可。如果做偶延拓，则要求 $\psi(x)=0$；如果做奇延拓，则要求 $\psi'(x)=0$。这两种条件同样导致能量的量子化。

9.5 连续基表象Ⅱ

本节约定：坐标算符 $\hat{\boldsymbol{r}}$ 和动量算符 $\hat{\boldsymbol{p}}$ 以及它们的函数 $f(\hat{\boldsymbol{r}},\hat{\boldsymbol{p}})$ 仅用来表示态空间 $\mathcal{V}$ 中的算符，而不表示其在任何表象的表达式。三维情形的讨论和一维情形是类似的，我们直接列出主要结果，推导过程留给读者自行补出。

9.5.1 表象的引入

矢量组 $\{|\boldsymbol{r}\rangle \mid x,y,z\in\mathbb{R}\}$ 和 $\{|\boldsymbol{p}\rangle \mid p_x,p_y,p_z\in\mathbb{R}\}$ 均构成三维问题态空间的连续基，它们分别定义了坐标表象和动量表象

$$\hat{\boldsymbol{r}}|\boldsymbol{r}\rangle=\boldsymbol{r}|\boldsymbol{r}\rangle,\qquad \langle\boldsymbol{r}|\boldsymbol{r}'\rangle=\delta(\boldsymbol{r}-\boldsymbol{r}'),\qquad \int_\infty \mathrm{d}^3r\,|\boldsymbol{r}\rangle\langle\boldsymbol{r}|=\hat{I} \tag{9.199}$$

$$\hat{\boldsymbol{p}}|\boldsymbol{p}\rangle=\boldsymbol{p}|\boldsymbol{p}\rangle,\qquad \langle\boldsymbol{p}|\boldsymbol{p}'\rangle=\delta(\boldsymbol{p}-\boldsymbol{p}'),\qquad \int_\infty \mathrm{d}^3p\,|\boldsymbol{p}\rangle\langle\boldsymbol{p}|=\hat{I} \tag{9.200}$$

⊖ 艾里函数的自变量取值可以推广到复数，但现在只需要取实数的情形.

9.5.2　坐标表象

1. 态矢量的内积

根据式(9.199)中的封闭性关系，可以得到态矢量 $|\psi\rangle$ 和 $|\varphi\rangle$ 的内积为

$$\langle\psi\mid\varphi\rangle=\int_{\infty}\mathrm{d}^3r\langle\psi\mid\boldsymbol{r}\rangle\langle\boldsymbol{r}\mid\varphi\rangle \tag{9.201}$$

$\langle\boldsymbol{r}|\psi\rangle$ 和 $\langle\boldsymbol{r}|\varphi\rangle$ 分别是态矢量 $|\psi\rangle$ 和 $|\varphi\rangle$ 的坐标表象波函数。通常引入记号

$$\psi(\boldsymbol{r})=\langle\boldsymbol{r}\mid\psi\rangle,\qquad\varphi(\boldsymbol{r})=\langle\boldsymbol{r}\mid\varphi\rangle \tag{9.202}$$

容易发现式(9.201)右端就是 $\mathcal{L}^2(\mathbb{R}^3)$ 空间内积的定义。

动量本征态 $|\boldsymbol{p}\rangle$ 在坐标表象的波函数为

$$\boxed{\langle\boldsymbol{r}|\boldsymbol{p}\rangle=\frac{1}{(2\pi\hbar)^{3/2}}\mathrm{e}^{\frac{\mathrm{i}}{\hbar}\boldsymbol{p}\cdot\boldsymbol{r}}} \tag{9.203}$$

2. 算符的矩阵元

对于矢量算符 $\hat{\boldsymbol{r}}$ 和 $\hat{\boldsymbol{p}}$ 的矩阵元等，我们分别给出分量形式和矢量形式。

（1）坐标算符

$$\langle\boldsymbol{r}\mid\hat{x}_i\mid\psi\rangle=x_i\psi(\boldsymbol{r}),\quad i=1,2,3 \tag{9.204}$$

或写为矢量形式

$$\langle\boldsymbol{r}\mid\hat{\boldsymbol{r}}\mid\psi\rangle=\boldsymbol{r}\psi(x) \tag{9.205}$$

（2）动量算符

$$\langle\boldsymbol{r}\mid\hat{p}_i\mid\psi\rangle=-\mathrm{i}\hbar\frac{\partial}{\partial x_i}\psi(\boldsymbol{r}),\quad i=1,2,3 \tag{9.206}$$

或写为矢量形式

$$\langle\boldsymbol{r}\mid\hat{\boldsymbol{p}}\mid\psi\rangle=-\mathrm{i}\hbar\nabla\psi(\boldsymbol{r}) \tag{9.207}$$

（3）对于坐标与动量的函数，$\hat{F}=f(\hat{\boldsymbol{r}},\hat{\boldsymbol{p}})$，有

$$\langle\boldsymbol{r}|f(\hat{\boldsymbol{r}},\hat{\boldsymbol{p}})\mid\psi\rangle=f(\boldsymbol{r},-\mathrm{i}\hbar\nabla)\psi(\boldsymbol{r}) \tag{9.208}$$

利用式(9.208)，可得算符 $f(\hat{\boldsymbol{r}},\hat{\boldsymbol{p}})$ 的矩阵元

$$\langle\boldsymbol{r}|f(\hat{\boldsymbol{r}},\hat{\boldsymbol{p}})\mid\boldsymbol{r}'\rangle=f(\boldsymbol{r},-\mathrm{i}\hbar\nabla)\delta(\boldsymbol{r}-\boldsymbol{r}') \tag{9.209}$$

利用式(9.199)中的封闭性关系，得

$$\langle\varphi|f(\hat{\boldsymbol{r}},\hat{\boldsymbol{p}})\mid\psi\rangle=\int_{\infty}\mathrm{d}^3r\varphi^*(\boldsymbol{r})f(\boldsymbol{r},-\mathrm{i}\hbar\nabla)\psi(\boldsymbol{r}) \tag{9.210}$$

三维 δ 函数是三个一维 δ 函数的乘积

$$\delta(\boldsymbol{r}-\boldsymbol{r}')=\delta(x-x')\delta(y-y')\delta(z-z') \tag{9.211}$$

对 x 求偏导仅与 $\delta(x-x')$ 有关

$$\frac{\partial}{\partial x}\delta(\boldsymbol{r}-\boldsymbol{r}')=\left[\frac{\partial}{\partial x}\delta(x-x')\right]\delta(y-y')\delta(z-z') \tag{9.212}$$

对于 y,z 求偏导也是类似的。

作为一个例子，我们来验证角动量算符

$$\hat{L}_x=\hat{y}\hat{p}_z-\hat{z}\hat{p}_y \tag{9.213}$$

在坐标表象的作用确实能够由式(9.208)得到。首先

$$\langle \boldsymbol{r} | \hat{L}_x | \psi \rangle = \langle \boldsymbol{r} | \hat{y}\hat{p}_z | \psi \rangle - \langle \boldsymbol{r} | \hat{z}\hat{p}_y | \psi \rangle \tag{9.214}$$

利用式(9.204)和式(9.206)，得

$$\langle \boldsymbol{r} | \hat{y}\hat{p}_z | \psi \rangle = y\langle \boldsymbol{r} | \hat{p}_z | \psi \rangle = y\left(-\mathrm{i}\hbar\frac{\partial}{\partial z}\right)\psi(\boldsymbol{r}) \tag{9.215}$$

$$\langle \boldsymbol{r} | \hat{z}\hat{p}_y | \psi \rangle = z\langle \boldsymbol{r} | \hat{p}_y | \psi \rangle = z\left(-\mathrm{i}\hbar\frac{\partial}{\partial y}\right)\psi(\boldsymbol{r}) \tag{9.216}$$

由此可得

$$\langle \boldsymbol{r} | \hat{L}_x | \psi \rangle = \left[y\left(-\mathrm{i}\hbar\frac{\partial}{\partial z}\right) - z\left(-\mathrm{i}\hbar\frac{\partial}{\partial y}\right)\right]\psi(\boldsymbol{r}) \tag{9.217}$$

这正是在坐标表象中 $\hat{L}_x$ 对波函数 $\psi(\boldsymbol{r})$ 的作用。

9.5.3 动量表象

1. 波函数和内积

根据式(9.200)中的封闭性关系，可以得到态矢量 $|\psi\rangle$ 和 $|\varphi\rangle$ 的内积为

$$\langle \psi | \varphi \rangle = \int_{\infty} \mathrm{d}^3 p \langle \psi | \boldsymbol{p} \rangle \langle \boldsymbol{p} | \varphi \rangle \tag{9.218}$$

$\langle \boldsymbol{p} | \psi \rangle$ 和 $\langle \boldsymbol{p} | \varphi \rangle$ 分别是态矢量 $|\psi\rangle$ 和 $|\varphi\rangle$ 在动量表象的波函数。通常引入记号

$$c(\boldsymbol{p}) = \langle \boldsymbol{p} | \psi \rangle, \qquad b(\boldsymbol{p}) = \langle \boldsymbol{p} | \varphi \rangle \tag{9.219}$$

式(9.218)右端是动量表象的内积，是帕塞瓦尔等式的体现。

坐标本征态 $|\boldsymbol{r}\rangle$ 在动量表象的波函数为

$$\langle \boldsymbol{p} | \boldsymbol{r} \rangle = \langle \boldsymbol{r} | \boldsymbol{p} \rangle^* = \frac{1}{(2\pi\hbar)^{3/2}} \mathrm{e}^{-\frac{\mathrm{i}}{\hbar}\boldsymbol{p}\cdot\boldsymbol{r}} \tag{9.220}$$

为了便于对比，我们在表 9-3 中列出了 $|\boldsymbol{r}'\rangle$ 和 $|\boldsymbol{p}'\rangle$ 在两种表象的波函数，这里采用带撇记号标记两种本征态是为了避免与自身表象中波函数的自变量重复。

表 9-3　坐标本征态和动量本征态

态矢量	坐标表象	动量表象
$\|\boldsymbol{r}'\rangle$	$\langle \boldsymbol{r} \| \boldsymbol{r}' \rangle = \delta(\boldsymbol{r}-\boldsymbol{r}')$	$\langle \boldsymbol{p} \| \boldsymbol{r}' \rangle = \frac{1}{(2\pi\hbar)^{3/2}} \mathrm{e}^{-\frac{\mathrm{i}}{\hbar}\boldsymbol{p}\cdot\boldsymbol{r}'}$
$\|\boldsymbol{p}'\rangle$	$\langle \boldsymbol{r} \| \boldsymbol{p}' \rangle = \frac{1}{(2\pi\hbar)^{3/2}} \mathrm{e}^{\frac{\mathrm{i}}{\hbar}\boldsymbol{p}'\cdot\boldsymbol{r}}$	$\langle \boldsymbol{p} \| \boldsymbol{p}' \rangle = \delta(\boldsymbol{p}-\boldsymbol{p}')$

2. 算符的矩阵元

对于矢量算符 $\hat{\boldsymbol{r}}$ 和 $\hat{\boldsymbol{p}}$ 的矩阵元等，我们分别给出分量形式和矢量形式。

(1) 坐标算符

$$\langle \boldsymbol{p} | \hat{x}_i | \psi \rangle = \mathrm{i}\hbar\frac{\partial}{\partial p_i}c(\boldsymbol{p}), \quad i = 1,2,3 \tag{9.221}$$

或写为矢量形式

$$\langle \boldsymbol{p} | \hat{\boldsymbol{r}} | \psi \rangle = \mathrm{i}\hbar\nabla_p c(\boldsymbol{p}) \tag{9.222}$$

其中

$$\nabla_p = \boldsymbol{e}_x \frac{\partial}{\partial p_x} + \boldsymbol{e}_y \frac{\partial}{\partial p_y} + \boldsymbol{e}_z \frac{\partial}{\partial p_z} \tag{9.223}$$

（2）动量算符

$$\langle \boldsymbol{p} | \hat{p}_i | \psi \rangle = p_i c(\boldsymbol{p}), \quad i = 1,2,3 \tag{9.224}$$

或写为矢量形式

$$\langle \boldsymbol{p} | \hat{\boldsymbol{p}} | \psi \rangle = \boldsymbol{p} c(\boldsymbol{p}) \tag{9.225}$$

（3）对于坐标与动量的函数，$\hat{F}=f(\hat{\boldsymbol{r}},\hat{\boldsymbol{p}})$，有

$$\langle \boldsymbol{p} | f(\hat{\boldsymbol{r}},\hat{\boldsymbol{p}}) | \psi \rangle = f(\mathrm{i}\hbar \nabla_p, \boldsymbol{p}) c(\boldsymbol{p}) \tag{9.226}$$

利用式(9.226)，可得算符$f(\hat{\boldsymbol{r}},\hat{\boldsymbol{p}})$的矩阵元

$$\langle \boldsymbol{p} | f(\hat{\boldsymbol{r}},\hat{\boldsymbol{p}}) | \boldsymbol{p}' \rangle = f(\mathrm{i}\hbar \nabla_p, \boldsymbol{p}) \delta(\boldsymbol{p} - \boldsymbol{p}') \tag{9.227}$$

利用式(9.200)中的封闭性关系，得

$$\langle \varphi | f(\hat{\boldsymbol{r}},\hat{\boldsymbol{p}}) | \psi \rangle = \int_\infty \mathrm{d}^3 p\, b^*(\boldsymbol{p}) f(\mathrm{i}\hbar \nabla_p, \boldsymbol{p}) c(\boldsymbol{p}) \tag{9.228}$$

三维 δ 函数是三个一维 δ 函数的乘积

$$\delta(\boldsymbol{p} - \boldsymbol{p}') = \delta(p_x - p_x')\delta(p_y - p_y')\delta(p_z - p_z') \tag{9.229}$$

对 p_x 求偏导仅与 $\delta(p_x - p_x')$ 有关

$$\frac{\partial}{\partial p_x}\delta(\boldsymbol{p} - \boldsymbol{p}') = \left[\frac{\partial}{\partial p_x}\delta(p_x - p_x')\right]\delta(p_y - p_y')\delta(p_z - p_z') \tag{9.230}$$

对于 p_y, p_z 求偏导也是类似的。

作为一个例子，我们来验证角动量算符

$$\hat{L}_x = \hat{y}\hat{p}_z - \hat{z}\hat{p}_y \tag{9.231}$$

在动量表象的作用确实能够由式(9.226)得到。首先

$$\langle \boldsymbol{p} | \hat{L}_x | \psi \rangle = \langle \boldsymbol{p} | \hat{y}\hat{p}_z | \psi \rangle - \langle \boldsymbol{p} | \hat{z}\hat{p}_y | \psi \rangle \tag{9.232}$$

利用式(9.221)和式(9.224)，得

$$\langle \boldsymbol{p} | \hat{y}\hat{p}_z | \psi \rangle = \mathrm{i}\hbar \frac{\partial}{\partial p_y} \langle \boldsymbol{p} | \hat{p}_z | \psi \rangle = \mathrm{i}\hbar \frac{\partial}{\partial p_y}[p_z c(\boldsymbol{p})] \tag{9.233}$$

对 p_y 求偏导与 p_z 也无关，因此也可以将 p_z 提到求导前面，这里我们保留与 $\hat{y}\hat{p}_z$ 相同的次序。类似地可以求出

$$\langle \boldsymbol{p} | \hat{z}\hat{p}_y | \psi \rangle = \mathrm{i}\hbar \frac{\partial}{\partial p_z} \langle \boldsymbol{p} | \hat{p}_y | \psi \rangle = \mathrm{i}\hbar \frac{\partial}{\partial p_z}[p_y c(\boldsymbol{p})] \tag{9.234}$$

由此可得

$$\langle \boldsymbol{p} | \hat{L}_x | \psi \rangle = \left[\left(\mathrm{i}\hbar \frac{\partial}{\partial p_y}\right) p_z - \left(\mathrm{i}\hbar \frac{\partial}{\partial p_z}\right) p_y\right] c(\boldsymbol{p}) \tag{9.235}$$

这正是在动量表象中 $\hat{L}_x$ 对波函数 $c(\boldsymbol{p})$ 的作用。

9.6 占有数表象

我们将用代数方法讨论谐振子问题，并由此引入一种非常重要的离散基表象。这里的数学技巧不仅在处理谐振子问题时有用，也是从量子力学过渡到量子场论的必备工具。

9.6.1 从谐振子问题出发

1. 哈密顿算符的分解

为了记号简单，令 $\hat{p}=\hat{p}_x$。一维线性谐振子的哈密顿算符为

$$\hat{H}=\frac{\hat{p}^2}{2m}+\frac{1}{2}m\omega^2\hat{x}^2 \tag{9.236}$$

引入参数 $\alpha=\sqrt{m\omega/\hbar}$，量纲为 $\dim\alpha=\mathrm{L}^{-1}$，将哈密顿算符改写为

$$\hat{H}=\hbar\omega\left(\frac{\hat{p}^2}{2\hbar^2\alpha^2}+\frac{1}{2}\alpha^2\hat{x}^2\right) \tag{9.237}$$

式中，$\hbar\omega$ 具有能量量纲，而括号中的两项都是无量纲量。

作为一个启发性的讨论，先考虑经典谐振子的哈密顿量

$$H=\frac{p^2}{2m}+\frac{1}{2}m\omega^2x^2=\hbar\omega\left(\frac{p^2}{2\hbar^2\alpha^2}+\frac{1}{2}\alpha^2x^2\right) \tag{9.238}$$

经典力学并不需要普朗克常量，这里是为了辅助讨论量子情形。对哈密顿量(9.238)进行因式分解，得

$$H=\frac{1}{2}\hbar\omega\left(\alpha x-\frac{\mathrm{i}p}{\hbar\alpha}\right)\left(\alpha x+\frac{\mathrm{i}p}{\hbar\alpha}\right) \tag{9.239}$$

根据量子化规则，将式(9.239)中的坐标和动量替换为算符，得到如下算符

$$\hat{H}_{\mathrm{f}}=\frac{1}{2}\hbar\omega\left(\alpha\hat{x}-\frac{\mathrm{i}\hat{p}}{\hbar\alpha}\right)\left(\alpha\hat{x}+\frac{\mathrm{i}\hat{p}}{\hbar\alpha}\right) \tag{9.240}$$

经典力学中相互等价的表达式，根据量子化规则得到的算符未必等价。将 $\hat{H}_{\mathrm{f}}$的括号展开，并利用基本对易关系$[\hat{x},\hat{p}]=\mathrm{i}\hbar$，容易证明

$$\hat{H}_{\mathrm{f}}=\frac{1}{2}\hbar\omega\left(\alpha^2\hat{x}^2+\frac{\mathrm{i}}{\hbar}\hat{x}\hat{p}-\frac{\mathrm{i}}{\hbar}\hat{p}\hat{x}+\frac{\hat{p}^2}{\hbar^2\alpha^2}\right)=\frac{1}{2}\hbar\omega\left(\alpha^2\hat{x}^2+\frac{\hat{p}^2}{\hbar^2\alpha^2}-1\right) \tag{9.241}$$

容易看出

$$\hat{H}=\hat{H}_{\mathrm{f}}+\frac{1}{2}\hbar\omega \tag{9.242}$$

由此可见 $\hat{H}_{\mathrm{f}}$和 $\hat{H}$ 并不等价。如果将式(9.239)中相乘的两个括号互换次序，则经典表达式依然等价，但由此得到的算符与 $\hat{H},\hat{H}_{\mathrm{f}}$均不相同。值得强调，我们是把 $\hat{H}$ 作为谐振子的哈密顿算符，而把 $\hat{H}_{\mathrm{f}}$作为一个有用的辅助算符。借用因式分解的名称，我们将式(9.242)称为哈密顿算符 $\hat{H}$ 的因式分解。

2. 升降算符

式(9.240)启发我们引入两个无量纲算符

$$\hat{a}=\frac{1}{\sqrt{2}}\left(\alpha\hat{x}+\frac{\mathrm{i}}{\hbar\alpha}\hat{p}\right),\quad \hat{a}^{\dagger}=\frac{1}{\sqrt{2}}\left(\alpha\hat{x}-\frac{\mathrm{i}}{\hbar\alpha}\hat{p}\right) \tag{9.243}$$

$\hat{a}^{\dagger}$ 和 $\hat{a}$ 互为伴算符，它们都是 $\hat{x}$ 和 $\hat{p}$ 的函数。$\hat{a}^{\dagger}$ 和 $\hat{a}$ 分别称为升算符(raising operator)和降算符(lowering operator)，统称为阶梯算符(ladder operator)，稍后我们会知道这些名称的含义。式(9.243)的反变换为

$$\hat{x}=\frac{1}{\sqrt{2}\alpha}(\hat{a}+\hat{a}^{\dagger}),\quad \hat{p}=-\mathrm{i}\hbar\frac{\alpha}{\sqrt{2}}(\hat{a}-\hat{a}^{\dagger}) \tag{9.244}$$

由基本对易关系$[\hat{x},\hat{p}]=\mathrm{i}\hbar$，容易证明

$$\boxed{[\hat{a},\hat{a}^{\dagger}]=1} \tag{9.245}$$

根据式(9.242)，得

$$\hat{H}=\hbar\omega\left(\hat{a}^{\dagger}\hat{a}+\frac{1}{2}\right) \tag{9.246}$$

9.6.2　占有数算符

引入占有数算符

$$\hat{N}=\hat{a}^{\dagger}\hat{a} \tag{9.247}$$

由此可得

$$\hat{H}=\hbar\omega\left(\hat{N}+\frac{1}{2}\right) \tag{9.248}$$

很明显，如果

$$\hat{N}|\psi\rangle=\nu|\psi\rangle \tag{9.249}$$

则有

$$\hat{H}|\psi\rangle=\hbar\omega\left(\nu+\frac{1}{2}\right)|\psi\rangle \tag{9.250}$$

也就是说，$\hat{N}$和$\hat{H}$具有完全相同的本征矢量组。

1. 本征值问题

容易看出$\hat{N}$是一个自伴算符。根据对易关系(9.247)，容易证明

$$[\hat{N},\hat{a}]=-\hat{a} \tag{9.251}$$

两端取厄米共轭，得

$$[\hat{N},\hat{a}^{\dagger}]=\hat{a}^{\dagger} \tag{9.252}$$

这个公式也可以根据式(9.247)直接证明。将$\hat{N}$的本征方程写为

$$\hat{N}|\psi\rangle=\nu|\psi\rangle \tag{9.253}$$

定理3　$\hat{N}$本征值为全体非负整数。

证明：为了明确起见，以下用$|\underline{0}\rangle$表示$\mathcal{V}_x$中的零矢量，根据零矢量定义

$$\forall\ |\psi\rangle\in\mathcal{V}_x,\quad |\psi\rangle+|\underline{0}\rangle=|\psi\rangle \tag{9.254}$$

任何线性算符作用于零矢量，仍然得到零矢量。证明分五步进行。

(1) $\hat{N}$的本征值非负：$\nu\geqslant0$。证明如下：$\forall\ |\psi\rangle\in\mathcal{V}_x$，

$$\langle\psi|\hat{N}|\psi\rangle=\langle\psi|\hat{a}^{\dagger}\hat{a}|\psi\rangle=(\hat{a}|\psi\rangle,\hat{a}|\psi\rangle)\geqslant0 \tag{9.255}$$

若$|\psi\rangle$为$\hat{N}$的归一化本征矢

$$\hat{N}|\psi\rangle=\nu|\psi\rangle,\quad \langle\psi|\psi\rangle=1 \tag{9.256}$$

根据式(9.255)可知

$$\langle\psi|\hat{N}|\psi\rangle=\langle\psi|\nu|\psi\rangle=\nu\geqslant0 \tag{9.257}$$

由此可知$\hat{N}$的本征值非负。

(2) $\hat{N}|\psi\rangle=|\underline{0}\rangle$当且仅当$\hat{a}|\psi\rangle=|\underline{0}\rangle$。设$\hat{N}|\psi\rangle=|\underline{0}\rangle$，则

$$\langle\psi|\hat{N}|\psi\rangle=\langle\psi|\hat{a}^{\dagger}\hat{a}|\psi\rangle=(\hat{a}|\psi\rangle,\hat{a}|\psi\rangle)=0 \tag{9.258}$$

由内积性质可知 $\hat{a}|\psi\rangle=|\underline{0}\rangle$。反之，设 $\hat{a}|\psi\rangle=|\underline{0}\rangle$，则

$$\hat{N}|\psi\rangle=\hat{a}^{\dagger}\hat{a}|\psi\rangle=\hat{a}^{\dagger}|\underline{0}\rangle=|\underline{0}\rangle \tag{9.259}$$

(3) $\hat{N}$ 的本征值只能取非负整数。设 $|\psi\rangle$ 是 $\hat{N}$ 的本征矢，且本征值 $\nu>0$，由对易关系(9.251)可得

$$\hat{N}\hat{a}|\psi\rangle=(\hat{a}\hat{N}-\hat{a})|\psi\rangle=(\nu-1)\hat{a}|\psi\rangle \tag{9.260}$$

递推可得

$$\hat{N}\hat{a}^{n}|\psi\rangle=(\nu-n)\hat{a}^{n}|\psi\rangle \tag{9.261}$$

如果 $\hat{a}^{n}|\psi\rangle\neq|\underline{0}\rangle$，则 $\hat{a}^{n}|\psi\rangle$ 是 $\hat{N}$ 的本征矢量，本征值为 $\nu-n$。

首先，假定 ν 不是整数。设 $k<\nu<k+1$(k 是某个非负整数)，此时 $\nu-m>0$，$m=1,2,\cdots,k$。由于 $\nu>0$，且 $|\psi\rangle\neq|\underline{0}\rangle$，因此

$$(\hat{a}|\psi\rangle,\hat{a}|\psi\rangle)=\langle\psi|\hat{a}^{\dagger}\hat{a}|\psi\rangle=\langle\psi|\hat{N}|\psi\rangle=\nu>0 \tag{9.262}$$

根据内积的性质可知

$$\hat{a}|\psi\rangle\neq|\underline{0}\rangle \tag{9.263}$$

同样，由于 $\nu-1>0$ 且 $\hat{a}|\psi\rangle\neq|\underline{0}\rangle$，可得 $\hat{a}^{2}|\psi\rangle\neq|\underline{0}\rangle$。以此类推，可得 $\hat{a}^{3}|\psi\rangle\neq|\underline{0}\rangle,\cdots$，$\hat{a}^{k}|\psi\rangle\neq|\underline{0}\rangle$。由式(9.261)可知

$$\hat{a}|\psi\rangle,\hat{a}^{2}|\psi\rangle,\cdots,\hat{a}^{k}|\psi\rangle \tag{9.264}$$

也是 $\hat{N}$ 的本征矢，相应的本征值分别为

$$\nu-1,\nu-2,\cdots,\nu-k \tag{9.265}$$

由于 $\nu-k>0$，因此 $\hat{a}^{k+1}|\psi\rangle\neq|\underline{0}\rangle$，这表明 $\hat{a}^{k+1}|\psi\rangle$ 仍是 $\hat{N}$ 的本征矢量，本征值为 $\nu-(k+1)$。然而 $\nu-(k+1)<0$，这和 $\hat{N}$ 的本征值非负相矛盾，因此"ν 不是整数"的假定不成立。

其次，假定 ν 是正整数。设 $\nu=k$，和前面类似，可以证明

$$\hat{a}^{m}|\psi\rangle\neq|\underline{0}\rangle,\quad m=1,2,\cdots,k-1 \tag{9.266}$$

由式(9.261)可知

$$\hat{a}|\psi\rangle,\hat{a}^{2}|\psi\rangle,\cdots,\hat{a}^{k-1}|\psi\rangle \tag{9.267}$$

均为 $\hat{N}$ 的本征矢，本征值分别为

$$k-1,k-2,\cdots,1 \tag{9.268}$$

由于 $\nu-k=0$，因此

$$\hat{N}\hat{a}^{k}|\psi\rangle=(\nu-k)\hat{a}^{k}|\psi\rangle=|\underline{0}\rangle \tag{9.269}$$

这表明 $\hat{a}^{k}|\psi\rangle$ 仍是 $\hat{N}$ 的本征矢，本征值为 0，由第(2)步证明可知，$\hat{a}^{k+1}|\psi\rangle=|\underline{0}\rangle$。继续用算符 $\hat{a}$ 作用只能得到零矢量。由于没有出现负的本征值，与"ν 是正整数"的假定并不构成矛盾。

由此可见，$\hat{N}$ 的本征值最多只能取非负整数。图 9-2 展示了上述两种本征值，左边的本征值可以存在，而右边的本征值不存在。

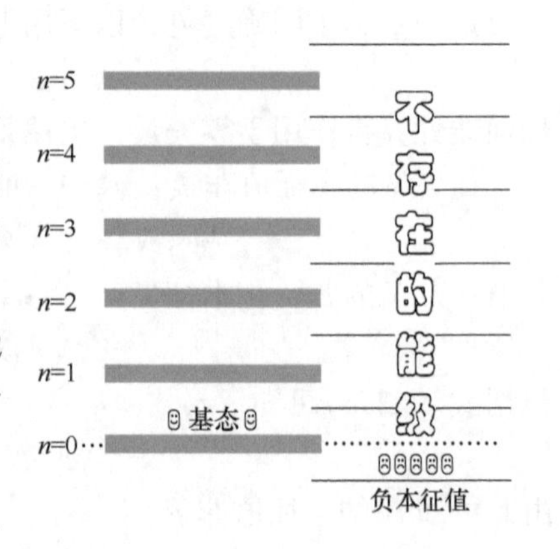

图 9-2　能量梯

(4) $\hat{N}$ 的本征值无上限。设 $|\psi\rangle$ 是 $\hat{N}$ 的本征矢，$\hat{N}|\psi\rangle=\nu|\psi\rangle$，且本征值 $\nu\geqslant0$，由对易关系(9.252)可得

$$\hat{N}\hat{a}^{\dagger}|\psi\rangle=(\hat{a}^{\dagger}\hat{N}+\hat{a}^{\dagger})|\psi\rangle=(\nu+1)\hat{a}^{\dagger}|\psi\rangle \tag{9.270}$$

由于

$$(\hat{a}^{\dagger}|\psi\rangle,\hat{a}^{\dagger}|\psi\rangle)=\langle\psi|\hat{a}\hat{a}^{\dagger}|\psi\rangle=\langle\psi|(1+\hat{a}^{\dagger}\hat{a})|\psi\rangle=\nu+1>0 \tag{9.271}$$

因此 $\hat{a}^{\dagger}|\psi\rangle\neq|\underline{0}\rangle$，由此可知 $\hat{a}^{\dagger}|\psi\rangle$ 是 $\hat{N}$ 的本征矢，本征值为 $\nu+1$。由此可得，若 $\hat{N}$ 有一个本征值为 0 的本征矢 $|\psi\rangle$，则 $(\hat{a}^{\dagger})^k|\psi\rangle$ 也是 $\hat{N}$ 的本征矢，本征值为 k，即

$$\hat{N}(\hat{a}^{\dagger})^k|\psi\rangle=k(\hat{a}^{\dagger})^k|\psi\rangle \tag{9.272}$$

式中，k 是任何正整数。

(5) 基态的存在性。$\hat{N}$ 的最小本征值为0，相应的本征矢体系的基态，将其记为 $|0\rangle$（注意这不是零矢量 $|\underline{0}\rangle$）

$$\hat{N}|0\rangle=0|0\rangle=|\underline{0}\rangle \tag{9.273}$$

由第(2)步可知

$$\hat{a}|0\rangle=|\underline{0}\rangle \tag{9.274}$$

根据降算符定义

$$\langle x|\hat{a}|\psi\rangle=\frac{1}{\sqrt{2}}\left(\alpha x+\frac{1}{\alpha}\frac{\mathrm{d}}{\mathrm{d}x}\right)\psi(x) \tag{9.275}$$

由此可得

$$\langle x|\hat{a}|0\rangle=\frac{1}{\sqrt{2}}\left(\alpha x+\frac{1}{\alpha}\frac{\mathrm{d}}{\mathrm{d}x}\right)\psi_0(x)=0 \tag{9.276}$$

式中，$\psi_0(x)=\langle x|0\rangle$。解方程(9.276)，得

$$\psi_0(x)=C\,\mathrm{e}^{-\frac{1}{2}\alpha^2x^2} \tag{9.277}$$

因此基态是存在的，而且基态本征值不简并。

至此，我们证明了算符 $\hat{N}$ 的本征值为全体非负整数。

2. 本征值的简并度

将 $\hat{N}$ 的本征值为 n 的本征矢记为 $|n,i\rangle$，指标 $i=1,2,\cdots,g_n$ 用来标记可能出现的简并，由此将本征方程(9.253)写为

$$\hat{N}|n,i\rangle=n|n,i\rangle \tag{9.278}$$

定理4 $\hat{N}$ 的所有本征值都不简并。

证明：用数学归纳法。(1) 通过求解坐标表象的微分方程，已经证明了基态不简并。(2) 假定 $n=k$ 时，本征值不简并，此时 $\hat{N}$ 的本征矢量不需要指标 i，记为 $|k\rangle$。我们要证明本征值 $n=k+1$ 也不简并。假设 $|k+1,i\rangle$ 属于本征值 $k+1$，由前面证明可知 $\hat{a}|k+1,i\rangle$ 也是 $\hat{N}$ 的本征矢，本征值为 k。根据归纳假定，k 不简并，因此 $\hat{a}|k+1,i\rangle$ 与 $|k\rangle$ 只差一个常数因子

$$\hat{a}|k+1,i\rangle=C_k|k\rangle \tag{9.279}$$

用 $\hat{a}^{\dagger}$ 作用于方程(9.279)，得

$$\hat{a}^{\dagger}\hat{a}|k+1,i\rangle=\hat{N}|k+1,i\rangle=(k+1)|k+1,i\rangle=C_k\hat{a}^{\dagger}|k\rangle \tag{9.280}$$

因此

$$|k+1,i\rangle=\frac{C_k}{k+1}\hat{a}^{\dagger}|k\rangle \tag{9.281}$$

由前面证明可知，$\hat{a}^{\dagger}|k\rangle$ 是 $\hat{N}$ 的本征矢，本征值为 $k+1$。由式(9.281)可知，对应于 $k+1$ 的本征矢 $|k+1,i\rangle$ 和 $\hat{a}^{\dagger}|k\rangle$ 只差常数因子，对应同一量子态。这就是说，$\hat{N}$ 的本征值 $k+1$ 不简

并。综上，$\hat{N}$的所有本征值都不简并。

由于$\hat{N}$的所有本征值都不简并，今后取消指标 i，将本征值为 n 的本征矢量记为$|n\rangle$，而本征方程(9.278)写为

$$\boxed{\hat{N}|n\rangle = n|n\rangle,\quad n=0,1,2,\cdots} \tag{9.282}$$

正交归一关系为

$$\boxed{\langle n|n'\rangle = \delta_{nn'}} \tag{9.283}$$

封闭性关系为

$$\boxed{\sum_{n=0}^{\infty}|n\rangle\langle n| = \hat{I}} \tag{9.284}$$

3. 升降算符的性质

根据前面讨论，矢量$\hat{a}|n\rangle$和$\hat{a}^\dagger|n\rangle$也是$\hat{N}$的本征矢量，其本征值分别为$n-1$和$n+1$。由于$\hat{N}$的本征值不简并，$\hat{a}|n\rangle$和$\hat{a}^\dagger|n\rangle$只能分别与$|n-1\rangle$和$|n+1\rangle$相差一个常数因子，因此

$$\hat{a}|n\rangle = C_n|n-1\rangle,\qquad \hat{a}^\dagger|n\rangle = D_n|n+1\rangle \tag{9.285}$$

求态矢量$\hat{a}|n\rangle$的模方，得

$$n = \langle n|\hat{a}^\dagger\hat{a}|n\rangle = |C_n|^2\langle n-1|n-1\rangle = |C_n|^2 \tag{9.286}$$

约定系数 C_n 为正实数，因此 $C_n=\sqrt{n}$，由此可得降算符的作用

$$\boxed{\hat{a}|n\rangle = \sqrt{n}|n-1\rangle} \tag{9.287}$$

用升算符 $\hat{a}^\dagger$ 作用于式(9.287)，得

$$\hat{a}^\dagger\hat{a}|n\rangle = n|n\rangle = \sqrt{n}\hat{a}^\dagger|n-1\rangle \tag{9.288}$$

因此

$$\hat{a}^\dagger|n-1\rangle = \sqrt{n}|n\rangle \tag{9.289}$$

由此可得升算符的作用

$$\boxed{\hat{a}^\dagger|n\rangle = \sqrt{n+1}|n+1\rangle} \tag{9.290}$$

根据升算符的作用，从基态$|0\rangle$出发，只要连续用$\hat{a}^\dagger$作用 n 次，(在相差一个常数因子的意义上)就能得到本征矢量$|n\rangle$

$$\boxed{|n\rangle = \frac{(\hat{a}^\dagger)^n}{\sqrt{n!}}|0\rangle} \tag{9.291}$$

由式(9.287)和式(9.290)，还可以得到递推公式

$$\hat{x}|n\rangle = \frac{1}{\sqrt{2}\alpha}\left[\sqrt{n}|n-1\rangle + \sqrt{n+1}|n+1\rangle\right] \tag{9.292}$$

$$\hat{p}|n\rangle = -\frac{\mathrm{i}\hbar\alpha}{\sqrt{2}}\left[\sqrt{n}|n-1\rangle - \sqrt{n+1}|n+1\rangle\right] \tag{9.293}$$

4. 算符的矩阵形式

以$\hat{N}$的本征矢量组$\{|n\rangle\}$为基表象，称为**占有数表象**。占有数表象虽然是在讨论谐振子问题时引出的，但并不依赖于谐振子，参数 α 只需要理解为一个量纲为 L^{-1} 的常数就行，而不必非要跟谐振子相联系。但应注意，不同的参数 α 定义的是不同的占有数表象。

在占有数表象中，占有数算符 $\hat{N}$ 的矩阵为对角矩阵，矩阵元是其本征值

$$[N]=\mathrm{diag}\{0,1,2,3,\cdots\} \tag{9.294}$$

利用升降算符 $\hat{a}$ 和 $\hat{a}^\dagger$ 的递推公式(9.287)和(9.290)，可知它们的矩阵元为

$$\langle n'|\hat{a}|n\rangle=\sqrt{n}\delta_{n',n-1},\quad \langle n'|\hat{a}^\dagger|n\rangle=\sqrt{n+1}\delta_{n',n+1} \tag{9.295}$$

由此可以写出算符 $\hat{a}$ 和 $\hat{a}^\dagger$ 的矩阵形式，两个矩阵互为厄米共轭矩阵

$$[a]=\begin{pmatrix} 0 & \sqrt{1} & 0 & 0 & \cdots \\ 0 & 0 & \sqrt{2} & 0 & \cdots \\ 0 & 0 & 0 & \sqrt{3} & \cdots \\ 0 & 0 & 0 & 0 & \cdots \\ \vdots & \vdots & \vdots & \vdots & \ddots \end{pmatrix},\quad [a]^\dagger=\begin{pmatrix} 0 & 0 & 0 & 0 & \cdots \\ \sqrt{1} & 0 & 0 & 0 & \cdots \\ 0 & \sqrt{2} & 0 & 0 & \cdots \\ 0 & 0 & \sqrt{3} & 0 & \cdots \\ \vdots & \vdots & \vdots & \vdots & \ddots \end{pmatrix} \tag{9.296}$$

利用这个结果，并注意式(9.244)，可以得到坐标算符和动量算符的矩阵形式

$$[x]=\frac{1}{\sqrt{2}\alpha}([a]+[a]^\dagger),\qquad [p]=-\mathrm{i}\hbar\frac{\alpha}{\sqrt{2}}([a]-[a]^\dagger) \tag{9.297}$$

直接根据递推公式(9.292)和式(9.293)也可以得到相应结果，这是一回事。坐标算符和动量算符的矩阵形式在9.1节就已经给出过。

9.6.3 回到谐振子问题

根据 $\hat{N}$ 的本征值，可以得到谐振子能量本征值为

$$E_n=\hbar\omega\left(n+\frac{1}{2}\right),\quad n=0,1,2,\cdots \tag{9.298}$$

与以前通过求解微分方程得到的结果一致。在求解谐振子的能量本征方程时，我们用了波函数在无穷远处趋于零的边界条件，才得到了能量的离散取值。在这一节，是根据粒子数算符 $\hat{N}$ 的代数性质而求得其本征值的。在波函数空间 $\mathcal{L}^2(\mathbb{R}^3)$ 中，根据波函数在无穷远处趋于零的条件，才能证明 $\hat{x}$ 和 $\hat{p}$ 都是对称算符，并进一步证明二者为自伴算符。因此由式(9.243)定义的升算符 $\hat{a}$ 和降算符 $\hat{a}^\dagger$ 互为伴算符，这个特点保证了 $\hat{N}$ 是自伴算符，且本征值非负。因此，在态空间中讨论问题时自动计入了波函数在无穷远处的条件。

求出基态波函数(9.277)的归一化常数(取为正实数)，得

$$\psi_0(x)=\sqrt{\frac{\alpha}{\sqrt{\pi}}}\mathrm{e}^{-\frac{1}{2}\alpha^2x^2} \tag{9.299}$$

从基态波函数出发，根据递推公式可以找到激发态波函数。根据升算符定义

$$\langle x|\hat{a}^\dagger|\psi\rangle=\frac{1}{\sqrt{2}}\left(\alpha x-\frac{1}{\alpha}\frac{\mathrm{d}}{\mathrm{d}x}\right)\psi(x) \tag{9.300}$$

利用式(9.291)，可得

$$\psi_n(x)=\langle x|n\rangle=\frac{1}{\sqrt{n!}}\langle x|(a^\dagger)^n|0\rangle=\sqrt{\frac{\alpha}{2^n n!\sqrt{\pi}}}\left(\alpha x-\frac{1}{\alpha}\frac{\mathrm{d}}{\mathrm{d}x}\right)^n\mathrm{e}^{-\frac{1}{2}\alpha^2x^2} \tag{9.301}$$

令 $\xi=\alpha x$，用数学归纳法可以证明

$$\left(\xi-\frac{\mathrm{d}}{\mathrm{d}\xi}\right)^n\mathrm{e}^{-\frac{\xi^2}{2}}=(-1)^n\mathrm{e}^{\frac{\xi^2}{2}}\frac{\mathrm{d}^n}{\mathrm{d}\xi^n}\mathrm{e}^{-\xi^2} \tag{9.302}$$

这个公式也可以写成更加对称的形式，以便于记忆

$$e^{\frac{\xi^2}{2}}\left(\xi-\frac{d}{d\xi}\right)^n e^{-\frac{\xi^2}{2}}=(-1)^n e^{\xi^2}\frac{d^n}{d\xi^n}e^{-\xi^2} \tag{9.303}$$

方程(9.303)右端正是厄米多项式 $H_n(\xi)$ 的微分表达式。由此可得

$$\psi_n(x)=\sqrt{\frac{\alpha}{2^n n!\sqrt{\pi}}}e^{-\frac{1}{2}\alpha^2x^2}H_n(\alpha x) \tag{9.304}$$

与前面求解微分方程得到的结果一致。

用 $\langle x|$ 左乘递推公式(9.292)和式(9.293)，可得

$$\begin{aligned} x\psi_n(x)&=\frac{1}{\sqrt{2}\alpha}[\sqrt{n}\psi_{n-1}(x)+\sqrt{n+1}\psi_{n+1}(x)] \\ \frac{d}{dx}\psi_n(x)&=\frac{\alpha}{\sqrt{2}}[\sqrt{n}\psi_{n-1}(x)-\sqrt{n+1}\psi_{n+1}(x)] \end{aligned} \tag{9.305}$$

这正是以前根据厄米多项式的性质导出的递推公式。

讨论

我们讨论的是单粒子理论，即一个粒子在谐振子势场中的运动。哈密顿算符的本征值和本征矢量由量子数 n 来标记，升算符的作用是将能量本征态 $|n\rangle$ 变为 $|n+1\rangle$，降算符的作用是将激发态 $|n\rangle$ 变为 $|n-1\rangle$，将基态变为零矢量，$\hat{a}|0\rangle=0$，这里我们按照习惯，用 0 表示零矢量 $|\underline{0}\rangle$。有一种等效观点，是把能量本征态 $|n\rangle$ 看作由 n 个等效的粒子组成，这些等效粒子称为声子(phonon)。每个声子的能量为 $\hbar\omega$，体系的基态称为真空态(vacuum state)，真空态能量就是谐振子零点能，称为真空能。算符 $\hat{N}$ 也称为粒子数算符(particle number operator)，而 $\hat{a}$ 和 $\hat{a}^\dagger$ 的作用是给系统减少或增加一个声子，因此分别称为声子的消灭算符(也译作湮灭算符)(annihilation operator)和产生算符(production operator)。由于 $\hat{a}|0\rangle=0$，也称算符 $\hat{a}$ 消灭真空。对于谐振子而言，声子语言只是提供一种等效的观点，并不比单粒子语言包含更多意义。然而这个理论模型是极为有用的。在量子场论中，将用同样的理论来表示电子、光子等真正粒子的产生和消灭。

*9.7 相干态表象

谐振子相干态(coherent state)是一种最接近于经典粒子的态，它还提供了一种新的表象——相干态表象，具有广泛的应用。

9.7.1 寻找准经典态

经典谐振子的运动学方程为[⊖]

$$x(t)=A\cos(\omega t+\delta) \tag{9.306}$$

根据式(9.306)，可得经典谐振子的动量为

$$p(t)=m\dot{x}(t)=-m\omega A\sin(\omega t+\delta) \tag{9.307}$$

⊖ 运动学方程也可以用正弦函数表达，这里写为余弦是为了后面方便.

引入复数量

$$a(t)=\frac{1}{\sqrt{2}}\left(\alpha x+\frac{\mathrm{i}}{\hbar\alpha}p\right)=\frac{1}{\sqrt{2}}\alpha A\mathrm{e}^{-\mathrm{i}(\omega t+\delta)} \tag{9.308}$$

式中，$\alpha=\sqrt{m\omega/\hbar}$。在复平面上，复数 $a(t)$ 对应的点在半径为 $|a(0)|$ 的圆周上顺时针转动，角速度大小为 ω。经典情形并不需要普朗克常量，这里是为了跟量子情形对比才这样定义复数量。降算符 $\hat{a}$ 可以看作复数量 a 按照量子化规则 $x\rightarrow\hat{x}$，$p\rightarrow\hat{p}_x$ 而得到的。经典谐振子能量为

$$E=T+V=\frac{1}{2}m\omega^2A^2=\hbar\omega\,|a(0)|^2 \tag{9.309}$$

对于量子谐振子，设态矢量为 $|\psi(t)\rangle$，则降算符 $\hat{a}$ 的期待值为

$$\langle a\rangle=\langle\psi(t)|\hat{a}|\psi(t)\rangle \tag{9.310}$$

期待值 $\langle a\rangle$ 的演化遵守如下方程[㊀]

$$\frac{\mathrm{d}\langle a\rangle}{\mathrm{d}t}=\frac{1}{\mathrm{i}\hbar}\langle[\hat{a},\hat{H}]\rangle \tag{9.311}$$

根据式(9.245)和式(9.246)可得 $[\hat{a},\hat{H}]=\hbar\omega\hat{a}$，由此可得

$$\frac{\mathrm{d}\langle a\rangle}{\mathrm{d}t}=-\mathrm{i}\omega\langle a\rangle \tag{9.312}$$

方程的解为

$$\langle a\rangle=\langle\psi(0)|\hat{a}|\psi(0)\rangle\,\mathrm{e}^{-\mathrm{i}\omega t} \tag{9.313}$$

其中 $\langle\psi(0)|\hat{a}|\psi(0)\rangle$ 是 $\langle a\rangle$ 的初值。对比式(9.308)和式(9.313)可知 $\langle a\rangle$ 与经典量 $a(t)$ 的演化规律相同，如果进一步选择 $\langle a\rangle$ 的初值等于 $a(t)$ 的初值

$$\boxed{\langle\psi(0)|\hat{a}|\psi(0)\rangle=a(0)=\frac{1}{\sqrt{2}}\alpha A\mathrm{e}^{-\mathrm{i}\delta}} \tag{9.314}$$

则 $\langle a\rangle=a(t)$。根据式(9.244)，可得

$$\langle x\rangle=\frac{1}{\sqrt{2}\alpha}(\langle a\rangle+\langle a^{\dagger}\rangle),\quad \langle p\rangle(t)=-\mathrm{i}\hbar\frac{\alpha}{\sqrt{2}}(\langle a\rangle-\langle a^{\dagger}\rangle) \tag{9.315}$$

其中升算符的期待值为 $\langle a^{\dagger}\rangle=\langle a\rangle^*$。在满足条件(9.314)时

$$\langle x\rangle=A\cos(\omega t+\delta),\quad \langle p\rangle=-m\omega A\sin(\omega t+\delta) \tag{9.316}$$

$\langle x\rangle$ 和 $\langle p\rangle$ 的演化跟经典量完全相同：$\langle x\rangle=x(t)$，$\langle p\rangle=p(t)$。

量子谐振子的能量期待值[㊁]为

$$\langle H\rangle=\langle\psi(0)|\hat{H}|\psi(0)\rangle=\langle\psi(0)|\hat{a}^{\dagger}\hat{a}|\psi(0)\rangle\hbar\omega+\frac{1}{2}\hbar\omega \tag{9.317}$$

当能量很大时可以忽略零点能。对比式(9.309)和式(9.317)，如果选择

$$\boxed{\langle\psi(0)|\hat{a}^{\dagger}\hat{a}|\psi(0)\rangle=|a(0)|^2} \tag{9.318}$$

则量子谐振子能量期待值(忽略零点能)等于经典谐振子能量。

式(9.314)和式(9.318)称为**准经典态条件**。

㊀ 力学量期待值的演化方程将在第13章介绍，初学者可以跳过这一部分.

㊁ 根据第13章，谐振子能量为守恒量，故计算初值即可.

9.7.2 格劳伯相干态

可以证明，满足准经典态条件的态矢量$|\psi(0)\rangle$是降算符$\hat{a}$的本征矢量。

证明：引入算符

$$\hat{b} = \hat{a} - a(0) \tag{9.319}$$

利用式(9.314)和式(9.318)，可得

$$\|\hat{b}\,|\,\psi(0)\rangle\,\|^2 = \langle\psi(0)\,|\,[\hat{a}^\dagger\hat{a} - \hat{a}^\dagger a(0) - a^*(0)\hat{a} + |\,a(0)\,|^2]\,|\,\psi(0)\rangle = 0 \tag{9.320}$$

态矢量$\hat{b}\,|\psi(0)\rangle$范数为0，表明它是一个零矢量

$$\hat{b}\,|\,\psi(0)\rangle = [\hat{a} - a(0)]\,|\,\psi(0)\rangle = 0 \tag{9.321}$$

由此可得

$$\hat{a}\,|\,\psi(0)\rangle = a(0)\,|\,\psi(0)\rangle \tag{9.322}$$

由此可见，$|\psi(0)\rangle$是$\hat{a}$的本征矢量，本征值为$a(0)$。

为了记号简单起见，将降算符$\hat{a}$的本征值记为z，相应的本征矢量记为$|z\rangle$，由此把$\hat{a}$的本征方程(9.322)改写为

$$\hat{a}\,|z\rangle = z\,|z\rangle \tag{9.323}$$

由于$\hat{a}$不是自伴算符，因此其本征值并不限于实数。现在我们求解这个本征方程。利用封闭性关系(9.284)，将$|z\rangle$展开为

$$|z\rangle = \sum_{n=0}^{\infty} c_n\,|n\rangle, \quad c_n = \langle n\,|z\rangle \tag{9.324}$$

用$\langle n\,|$左乘方程(9.323)，得

$$\langle n\,|\hat{a}\,|z\rangle = z\langle n\,|z\rangle \tag{9.325}$$

根据升算符的作用(9.290)，得

$$\langle n\,|\hat{a} = \sqrt{n+1}\langle n+1\,| \tag{9.326}$$

由此可得

$$\sqrt{n+1}\langle n+1\,|z\rangle = z\langle n\,|z\rangle \tag{9.327}$$

由此便得到递推公式

$$c_{n+1} = \frac{zc_n}{\sqrt{n+1}} \tag{9.328}$$

根据这个递推公式，只要确定了c_0，就得到了所有的展开系数

$$c_n = \frac{z^n}{\sqrt{n!}}c_0 \tag{9.329}$$

最后根据归一化条件

$$\langle z\,|z\rangle = \sum_{n=0}^{\infty}|\,c_n\,|^2 = |\,c_0\,|^2\sum_{n=0}^{\infty}\frac{|\,z\,|^{2n}}{n!} = |\,c_0\,|^2\mathrm{e}^{|z|^2} = 1 \tag{9.330}$$

约定c_0取正实数，因此$c_0 = \mathrm{e}^{-|z|^2/2}$。由此可得

$$|z\rangle = \mathrm{e}^{-\frac{1}{2}|z|^2}\sum_{n=0}^{\infty}\frac{z^n}{\sqrt{n!}}\,|n\rangle \tag{9.331}$$

对于任意复数z，式(9.331)给出的$|z\rangle$都是$\hat{a}$的本征矢量。当$z=0$时，$|z\rangle$正好是谐振子的

基态 $|0\rangle$。但应注意，当 z 取正整数时并不是能量本征矢量，比如 $|z=1\rangle$ 和 $|n=1\rangle$ 并不相等。由式(9.331)定义的态矢量 $|z\rangle$ 称为格劳伯相干态。除了 $z=0$ 的情形之外，相干态 $|z\rangle$ 是无穷多个能量本征态的叠加。$z=0$ 的态矢量虽然不是不同能量本征态的叠加，但为了行文方便，我们将其作为相干态的特例。

9.7.3　薛定谔相干态

从谐振子基态 $|0\rangle$ 出发，在坐标空间和动量空间分别平移也可以得到准经典态。引入两个幺正算符

$$\hat{T}_1(x_0)=\exp\left(-\frac{\mathrm{i}}{\hbar}\hat{p}x_0\right),\qquad \hat{T}_2(p_0)=\exp\left(\frac{\mathrm{i}}{\hbar}p_0\hat{x}\right) \tag{9.332}$$

其中 $\hat{T}_1(x_0)$ 是坐标空间的平移算符，满足

$$\langle x|\hat{T}_1(x_0)|\psi\rangle=\langle x-x_0|\psi\rangle \tag{9.333}$$

算符 $\hat{T}_2(p_0)$ 是动量空间的平移算符，满足

$$\begin{aligned}\langle p|\hat{T}_2(p_0)|\psi\rangle&=\int_{-\infty}^{\infty}\mathrm{d}x\langle p|x\rangle\langle x|\hat{T}_2(p_0)|\psi\rangle\\&=\int_{-\infty}^{\infty}\mathrm{d}x\ \exp\left[-\frac{\mathrm{i}}{\hbar}(p-p_0)x\right]\langle x|\psi\rangle\\&=\int_{-\infty}^{\infty}\mathrm{d}x\langle p-p_0|x\rangle\langle x|\psi\rangle=\langle p-p_0|\psi\rangle\end{aligned} \tag{9.334}$$

这个效果等价于坐标表象波函数乘以相因子 $\exp(\mathrm{i}p_0x/\hbar)$

$$\langle x|\hat{T}_2(p_0)|\psi\rangle=\exp\left(\frac{\mathrm{i}}{\hbar}p_0x\right)\langle x|\psi\rangle \tag{9.335}$$

由于 $\hat{x}$ 和 $\hat{p}$ 不对易，$\hat{T}_1(x_0)$ 和 $\hat{T}_2(p_0)$ 也不对易，因此对态矢量做不同次序平移会得到不同结果。为了平等起见，引入算符

$$\hat{D}(x_0,p_0)=\exp\left[\frac{\mathrm{i}}{\hbar}(p_0\hat{x}-\hat{p}x_0)\right] \tag{9.336}$$

利用第4章引入的格劳伯公式可知

$$\hat{D}(x_0,p_0)=\hat{T}_2(p_0)\hat{T}_1(x_0)\exp\left(-\frac{\mathrm{i}}{2\hbar}p_0x_0\right)=\hat{T}_1(x_0)\hat{T}_2(p_0)\exp\left(\frac{\mathrm{i}}{2\hbar}p_0x_0\right) \tag{9.337}$$

由此可见，两种平移次序仅仅相差一个不重要的常数相因子 $\exp(\mathrm{i}p_0x_0/\hbar)$，而算符 $\hat{D}$ 只不过是两种平移次序的折中。两个平移算符都是幺正算符，因此 $\hat{D}$ 也是幺正算符。$\hat{D}$ 的幺正性也可以直接证明。令 $\hat{A}=\mathrm{i}(p_0\hat{x}-\hat{p}x_0)/\hbar$，易得 $\hat{A}^\dagger=-\hat{A}$，因此 $\hat{D}^\dagger=\exp(-\hat{A})$，由此可知 $\hat{D}(z)$ 满足幺正算符条件 $\hat{D}^\dagger\hat{D}=\hat{D}\hat{D}^\dagger=\hat{I}$。利用式(9.244)可将算符(9.336)表示为

$$\hat{D}(z)=\exp(z\,\hat{a}^\dagger-z^*\,\hat{a}) \tag{9.338}$$

其中

$$z=\frac{1}{\sqrt{2}}\left(\alpha x_0+\frac{\mathrm{i}p_0}{\hbar\alpha}\right) \tag{9.339}$$

x_0 和 p_0 可以取任意实数，因此 z 可以取任意复数。

利用算符 $\hat{D}(z)$ 定义如下态矢量

$$|z\rangle = \hat{D}(z)|0\rangle = \exp(z\hat{a}^{\dagger} - z^{*}\hat{a})|0\rangle \tag{9.340}$$

称为薛定谔相干态。态矢量$|z\rangle$只是对基态$|0\rangle$做了一个幺正变换。幺正变换不改变矢量的范数，因此态矢量$|z\rangle$是归一化的

$$\langle z|z\rangle = \langle 0|0\rangle = 1 \tag{9.341}$$

谐振子基态$|0\rangle$的坐标和动量平均值皆为零，根据$\hat{D}(z)$的作用可知相干态$|z\rangle$的坐标和动量平均值分别为x_0和p_0。

利用第4章引入的豪斯多夫公式，可得

$$\hat{D}^{-1}(z)\hat{a}\hat{D}(z) = \hat{a} + z \tag{9.342}$$

因此

$$\hat{a}|z\rangle = \hat{a}\hat{D}(z)|0\rangle = \hat{D}(z)(\hat{a}+z)|0\rangle \tag{9.343}$$

注意$\hat{a}|0\rangle=0$，得

$$\hat{a}|z\rangle = z\hat{D}(z)|0\rangle = z|z\rangle \tag{9.344}$$

由此可见，式(9.340)定义的$|z\rangle$正是降算符$\hat{a}$的本征态，本征值为z。因此，谐振子的薛定谔相干态就是格劳伯相干态。直接求出薛定谔相干态的具体表达式，也可以表明它就是格劳伯相干态。利用格劳伯公式，得

$$\hat{D}(z) = e^{-\frac{1}{2}|z|^2}\exp(z\hat{a}^{\dagger})\exp(-z^{*}\hat{a}) \tag{9.345}$$

由于$\hat{a}|0\rangle=0$，当$n>0$时，$\hat{a}^n|0\rangle=0$。因此

$$\exp(-z^{*}\hat{a})|0\rangle = \sum_{n=0}^{\infty}\frac{1}{n!}(-z^{*})^n\hat{a}^n|0\rangle = |0\rangle \tag{9.346}$$

由此可将态矢量(9.340)写为

$$|z\rangle = e^{-\frac{1}{2}|z|^2}\exp(z\hat{a}^{\dagger})|0\rangle \tag{9.347}$$

将算符的函数$\exp(z\hat{a}^{\dagger})$展开为泰勒级数，并利用公式(9.291)，可以将态矢量$|z\rangle$用占有数算符$\hat{N}$的本征态$|n\rangle$展开

$$|z\rangle = e^{-\frac{1}{2}|z|^2}\sum_{n=0}^{\infty}\frac{z^n}{\sqrt{n!}}|n\rangle \tag{9.348}$$

这正是降算符$\hat{a}$的本征矢量(9.331)。

9.7.4 相干态的演化

设$|\psi(0)\rangle=|z\rangle$，根据式(9.348)可知态矢量的演化为

$$|\psi(t)\rangle = e^{-\frac{1}{2}|z|^2}\sum_{n=0}^{\infty}\frac{z^n}{\sqrt{n!}}|n\rangle e^{-\frac{i}{\hbar}E_n t} \tag{9.349}$$

利用谐振子能级$E_n=(n+1/2)\hbar\omega$，得

$$|\psi(t)\rangle = e^{-\frac{1}{2}|z|^2}e^{-\frac{i}{2}\omega t}\sum_{n=0}^{\infty}\frac{z^n e^{-in\omega t}}{\sqrt{n!}}|n\rangle \tag{9.350}$$

引入$z'=ze^{-i\omega t}$，得

$$|\psi(t)\rangle = e^{-\frac{i}{2}\omega t}|z'\rangle \tag{9.351}$$

这里时间因子$e^{-i\omega t/2}$是无关紧要的。仿照式(9.339)引入记号

$$z' = \frac{1}{\sqrt{2}}\left(\alpha x_0' + \frac{\mathrm{i}p_0'}{\hbar\alpha}\right) \tag{9.352}$$

则 x_0' 和 p_0' 分别代表态矢量 $|z'\rangle$ 在坐标空间和动量空间的波包中心。设 $z=\rho\mathrm{e}^{\mathrm{i}\delta}$，则

$$z' = z\mathrm{e}^{-\mathrm{i}\omega t} = \rho\mathrm{e}^{-\mathrm{i}(\omega t-\delta)} \tag{9.353}$$

根据式(9.352)，得

$$x_0'(t) = \frac{\sqrt{2}}{\alpha}\rho\cos(\omega t-\delta),\quad p_0'(t) = -\sqrt{2}\hbar\alpha\rho\sin(\omega t-\delta) \tag{9.354}$$

这表明坐标空间和动量空间的波包中心均以角频率 ω 做简谐振动，正是经典谐振子的行为。当然，我们要记得这个态不具有确定的能量。

9.7.5　相干态的性质

由于算符 $\hat{a}$ 不是自伴算符，因此并不能保证属于不同本征值的本征矢量互相正交。实际上，可以证明两个相干态的内积为

$$\langle z_1 | z_2\rangle = \mathrm{e}^{-\frac{1}{2}(|z_1|^2+|z_2|^2-2z_1^* z_2)} \tag{9.355}$$

证明：根据相干态的表达式(9.331)，得

$$\langle z_1 | z_2\rangle = \mathrm{e}^{-\frac{1}{2}|z_1|^2}\mathrm{e}^{-\frac{1}{2}|z_2|^2}\sum_{n=0}^{\infty}\sum_{m=0}^{\infty}\frac{(z_1^*)^n}{\sqrt{n!}}\frac{z_2^m}{\sqrt{m!}}\langle n | m\rangle \tag{9.356}$$

利用正交归一关系 $\langle n | m\rangle = \delta_{nm}$，得

$$\langle z_1 | z_2\rangle = \mathrm{e}^{-\frac{1}{2}|z_1|^2}\mathrm{e}^{-\frac{1}{2}|z_2|^2}\sum_{n=0}^{\infty}\frac{(z_1^* z_2)^n}{n!} = \mathrm{e}^{-\frac{1}{2}(|z_1|^2+|z_2|^2-2z_1^* z_2)} \tag{9.357}$$

由此便证明了式(9.355)。

根据式(9.355)，可得

$$|\langle z_1 | z_2\rangle|^2 = \langle z_1 | z_2\rangle\langle z_2 | z_1\rangle = \mathrm{e}^{-(|z_1|^2+|z_2|^2-z_1^* z_2-z_2^* z_1)} = \mathrm{e}^{-|z_1-z_2|^2} \tag{9.358}$$

这个内积总大于零，因此任何两个本征矢量都不会正交。

可以证明，所有的相干态的集合 $\{|z\rangle | z\in\mathbb{C}\}$ 满足如下封闭性关系

$$\frac{1}{\pi}\int_{\mathrm{C}}\mathrm{d}\xi\mathrm{d}\eta\, |z\rangle\langle z| = \hat{I} \tag{9.359}$$

式中，$z=\xi+\mathrm{i}\eta$；积分号的下标 C 表示积分区域为整个复平面。

证明：利用式(9.348)，得

$$\int_{\mathrm{C}}\mathrm{d}\xi\mathrm{d}\eta\, |z\rangle\langle z| = \int_{-\infty}^{\infty}\mathrm{d}\xi\int_{-\infty}^{\infty}\mathrm{d}\eta\ \mathrm{e}^{-|z|^2}\sum_{n=0}^{\infty}\sum_{m=0}^{\infty}\frac{z^n z^{*m}}{\sqrt{n!m!}}|n\rangle\langle m| \tag{9.360}$$

令 $z=\rho\mathrm{e}^{\mathrm{i}\theta}$，利用极坐标计算积分，得

$$\int_{-\infty}^{\infty}\mathrm{d}\xi\int_{-\infty}^{\infty}\mathrm{d}\eta\, |z\rangle\langle z| = \int_0^{\pi}\mathrm{d}\theta\int_0^{\infty}\rho\mathrm{d}\rho\ \mathrm{e}^{-\rho^2}\sum_{n=0}^{\infty}\sum_{m=0}^{\infty}\frac{\rho^{n+m}\mathrm{e}^{\mathrm{i}(n-m)\theta}}{\sqrt{n!m!}}|n\rangle\langle m| \tag{9.361}$$

利用积分公式

$$\int_0^{\pi}\mathrm{d}\theta\ \mathrm{e}^{\mathrm{i}(n-m)\theta} = 2\pi\delta_{nm} \tag{9.362}$$

可得

$$\int_{-\infty}^{\infty}\mathrm{d}\xi\mathrm{d}\eta\ |z\rangle\langle z| = 2\pi\sum_{n=0}^{\infty}\frac{1}{n!}|n\rangle\langle n|\int_{0}^{\infty}\rho^{2n+1}\mathrm{e}^{-\rho^2}\mathrm{d}\rho \tag{9.363}$$

利用积分公式

$$\int_{0}^{\infty}\rho^{2n+1}\mathrm{e}^{-\rho^2}\mathrm{d}\rho = \frac{n!}{2} \tag{9.364}$$

可得

$$\frac{1}{\pi}\int_{-\infty}^{\infty}\mathrm{d}\xi\int_{-\infty}^{\infty}\mathrm{d}\eta\ |z\rangle\langle z| = \sum_{n=0}^{\infty}|n\rangle\langle n| = \hat{I} \tag{9.365}$$

全体相干态矢量的集合$\{|z\rangle|z\in\mathbb{C}\}$类似于态空间的基，任何态矢量都可以按照相干态集合进行展开，这样的表象称为**相干态表象**。

与自伴算符相比，算符$\hat{a}$具有如下特点：

(1) $\hat{a}$的本征值是连续取值的复数，而本征矢量的范数是有限的。对于自伴算符，本征值为实数，当本征值取离散值时本征矢量的范数是有限的，从而能够归一化；而当本征值取连续值时本征矢量的范数为无穷大，是广义本征矢量。

(2) $\hat{a}$的任意两个本征矢量都不正交。对于自伴算符，属于不同本征值的本征矢量互相正交。

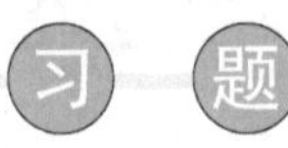

9.1 设一维无限深方势阱宽度为a，求$\hat{x}$和$\hat{p}$在能量表象中的矩阵元。

9.2 求矩阵$[L_x]_1$的本征值和归一化本征矢量。

9.3 将$\hat{L}^2$和$\hat{L}_y$的共同本征矢量记为Z_{lm}，根据坐标轮换关系，求出$l=1$时Z_{lm}的直角坐标表达式，并将其用$\hat{L}^2$和$\hat{L}_z$的共同本征矢量Y_{lm}展开，由此求出$\hat{L}_y$的子矩阵$[L_y]_1$。

提示：模仿正文，将$|lm\rangle$用$\{|\mathrm{Z}_{lm}\rangle\}$展开，然后求出$\hat{L}_y$的每个矩阵元。

9.4 利用$\hat{L}_z$和$\hat{L}_x$的子矩阵$[L_z]_1$和$[L_x]_1$，根据对易关系$[\hat{L}_z,\hat{L}_x]=\mathrm{i}\hbar\hat{L}_y$，求出$(\hat{L}^2,\hat{L}_z)$表象中$\hat{L}_y$的子矩阵$[L_y]_1$。

提示：算符的矩阵遵守与算符相同的对易关系。

9.5 设$\hat{F}$是体系的一个力学量算符，$\hat{H}$是体系的哈密顿算符，证明能量表象中如下求和规则

$$\sum_n(E_n-E_k)|F_{nk}|^2=\frac{1}{2}\langle k|[\hat{F},[\hat{H},\hat{F}]]|k\rangle$$

提示：将对易子按照定义展开，利用$\hat{H}|n\rangle=E_n|n\rangle$和$\sum_n|n\rangle\langle n|=\hat{I}$。

9.6 设$\hat{F}$是体系的一个线性算符(不一定是自伴算符)，$\hat{H}$是体系的哈密顿算符，证明能量表象中如下求和规则

$$\sum_n(E_n-E_k)(|F_{nk}|^2+|F_{kn}|^2)=\langle k|[\hat{F}^{\dagger},[\hat{H},\hat{F}]]|k\rangle$$

提示：将对易子按照定义展开，利用$\hat{H}|n\rangle=E_n|n\rangle$和$\sum_n|n\rangle\langle n|=\hat{I}$。

9.7 对于一维问题，设$\hat{A}$表象的正交归一基为$\{|n\rangle|n=1,2,\cdots\}$，写出基矢量在坐标表象和动量表象的波函数，并写出坐标本征态$|x\rangle$和动量本征态$|p\rangle$在$\hat{A}$表象的波函数(列矩阵)。

9.8 对于三维问题，设$\hat{A}$表象的正交归一基为$\{|n\rangle|n=1,2,\cdots\}$，写出基矢量在坐标表象和动量表象的波函数，并写出坐标本征态$|\boldsymbol{r}\rangle$和动量本征态$|\boldsymbol{p}\rangle$在$\hat{A}$表象的波函数(列矩阵)。

9.9　对于一维问题，试根据坐标表象中的波函数的记号约定

$$u_{x'}(x)=\langle x\,|\,x'\rangle,\quad v_p(x)=\langle x\,|\,p\rangle,\quad |\psi\rangle=\langle x\,|\psi\rangle$$

完成如下任务：

(1) 采用狄拉克符号，写出 $\hat{x}$ 和 $\hat{p}_x$ 的本征方程，以及本征矢量组的正交归一关系和封闭性关系；

(2) 在坐标表象中，写出 $\hat{x}$ 和 $\hat{p}_x$ 的本征方程，以及本征矢量组的正交归一关系和封闭性关系；

(3) 以 $\hat{x}$ 和 $\hat{p}_x$ 对态矢量 $|\psi\rangle$ 的作用为例，讨论狄拉克符号和坐标表象的关系。

9.10　设 $|\psi\rangle=\int_{-\infty}^{\infty}\mathrm{d}x\, A\mathrm{e}^{-3x^2}\,|x\rangle$，分别求坐标表象和动量表象波函数。

9.11　设 $|\psi\rangle=\int_{-\infty}^{\infty}\mathrm{d}p\, A\mathrm{e}^{-\frac{1}{2}p^2}\,|p\rangle$，分别求坐标表象和动量表象波函数。

9.12　设 $\hat{F}=f(\hat{\boldsymbol{r}},\hat{\boldsymbol{p}})$ 是态空间 $\mathcal{V}$ 中的力学量算符，本征方程、本征矢量组的正交归一关系和封闭性关系分别为

$$\hat{F}\,|\,\phi_{mi}\rangle = \lambda_m\,|\,\phi_{mi}\rangle,\quad \langle\phi_{mi}\,|\,\phi_{m'i'}\rangle = \delta_{mm'}\delta_{ii'},\quad \sum_{m=1}^{\infty}\sum_{i=1}^{g_m}|\,\phi_{mi}\rangle\langle\phi_{mi}\,| = \hat{I}$$

试讨论三个方程的坐标表象公式。

9.13　设 $\hat{F}=f(\hat{\boldsymbol{r}},\hat{\boldsymbol{p}})$ 是态空间 $\mathcal{V}$ 中的力学量算符，本征方程、本征矢量组的正交归一关系和封闭性关系分别为

$$\hat{F}\,|\,\phi_{mi}\rangle = \lambda_m\,|\,\phi_{mi}\rangle,\quad \langle\phi_{mi}\,|\,\phi_{m'i'}\rangle = \delta_{mm'}\delta_{ii'},\quad \sum_{m=1}^{\infty}\sum_{i=1}^{g_m}|\,\phi_{mi}\rangle\langle\phi_{mi}\,| = \hat{I}$$

试讨论三个方程的动量表象公式。

9.14　求动量表象中 $\hat{L}_x^2$ 的矩阵元。

9.15　求动量表象中一维线性谐振子的哈密顿算符的矩阵元。

9.16　写出动量表象中一维线性谐振子的能量本征方程。不必求解动量表象的能量本征方程，类比坐标表象中能量本征函数 $\psi_n(x)$，写出动量表象的波函数。提示：对比坐标表象和动量表象中哈密顿算符的形式。

9.17　证明：(1) $[\hat{a},(\hat{a}^\dagger)^n]=n(\hat{a}^\dagger)^{n-1}$；(2) $[\hat{a}^n,\hat{a}^\dagger]=n\hat{a}^{n-1}$。

9.18　证明：(1) $[\hat{N},(\hat{a}^\dagger)^n]=n(\hat{a}^\dagger)^n$；(2) $[\hat{N},\hat{a}^n]=-n\hat{a}^n$。

9.19　试推导升降算符的递推公式，要求先讨论升算符。

9.20　设有两类升降算符 $\hat{a}_1^\dagger,\hat{a}_1$ 和 $\hat{a}_2^\dagger,\hat{a}_2$，满足如下对易关系

$$[\hat{a}_i,\hat{a}_j^\dagger]=\delta_{ij},\quad [\hat{a}_i,\hat{a}_j]=[\hat{a}_i^\dagger,\hat{a}_j^\dagger]=0,\quad i,j=1,2$$

定义算符

$$\hat{J}_1=\frac{\hbar}{2}(\hat{a}_1^\dagger a_2+\hat{a}_2^\dagger\hat{a}_1)$$

$$\hat{J}_2=\frac{\hbar}{2\mathrm{i}}(\hat{a}_1^\dagger a_2-\hat{a}_2^\dagger\hat{a}_1)$$

$$\hat{J}_3=\frac{\hbar}{2}(\hat{a}_1^\dagger\hat{a}_1-\hat{a}_2^\dagger\hat{a}_2)$$

证明对易关系：

$$[\hat{J}_i,\hat{J}_j]=\mathrm{i}\hbar\varepsilon_{ijk}\hat{J}_k,\quad i,j=1,2,3$$

第 10 章 表象变换

在不同表象中，态矢量的分量和算符的矩阵元并不相同，但相互之间有着确定的关系。有时我们需要从一个表象过渡到另一个表象，因此需要专门对不同表象之间的变换进行讨论。

10.1 二维空间的变换

我们从一个启发性的例子——二维空间的转动变换出发。

10.1.1 表象变换

将一个二维矢量 $\boldsymbol{A}$ 在正交归一基 $\{\boldsymbol{e}_x,\boldsymbol{e}_y\}$ 中展开

$$\boldsymbol{A} = A_x\boldsymbol{e}_x + A_y\boldsymbol{e}_y \tag{10.1}$$

其中

$$A_x = \boldsymbol{e}_x \cdot \boldsymbol{A}, \quad A_y = \boldsymbol{e}_y \cdot \boldsymbol{A} \tag{10.2}$$

现在考虑另外一个正交归一基 $\{\boldsymbol{e}_u,\boldsymbol{e}_v\}$，它是将 $\{\boldsymbol{e}_x,\boldsymbol{e}_y\}$ 逆时针旋转 θ 角而得到的，如图 10-1 所示。

由图 10-1 可知

$$\begin{aligned} \boldsymbol{e}_u &= \boldsymbol{e}_x\cos\theta + \boldsymbol{e}_y\sin\theta \\ \boldsymbol{e}_v &= -\boldsymbol{e}_x\sin\theta + \boldsymbol{e}_y\cos\theta \end{aligned} \tag{10.3}$$

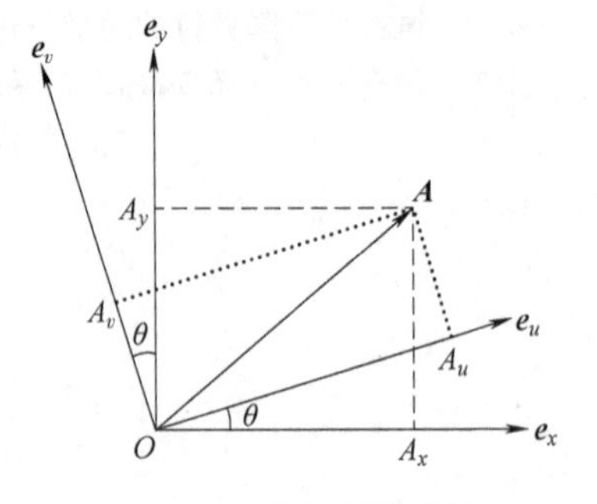

图 10-1　基矢量的旋转

同样，也可以将 $\boldsymbol{A}$ 按照基 $\{\boldsymbol{e}_u,\boldsymbol{e}_v\}$ 进行展开

$$\boldsymbol{A} = A_u\boldsymbol{e}_u + A_v\boldsymbol{e}_v \tag{10.4}$$

其中

$$A_u = \boldsymbol{e}_u \cdot \boldsymbol{A}, \quad A_v = \boldsymbol{e}_v \cdot \boldsymbol{A} \tag{10.5}$$

根据两个基的关系(10.3)，可以求出两组分量 (A_x,A_y) 和 (A_u,A_v) 的关系

$$\begin{aligned} A_u &= \boldsymbol{e}_u \cdot \boldsymbol{A} = A_x\cos\theta + A_y\sin\theta \\ A_v &= \boldsymbol{e}_v \cdot \boldsymbol{A} = -A_x\sin\theta + A_y\cos\theta \end{aligned} \tag{10.6}$$

基矢量变换(10.3)和矢量分量变换(10.6)可以采用矩阵形式表达。按照习惯，将矢量在两个基上的分量排成列矩阵，而将两组基矢量排成行矩阵，式(10.1)和式(10.4)可用矩阵乘法表示

$$\boldsymbol{A}=(\boldsymbol{e}_x,\boldsymbol{e}_y)\begin{pmatrix}A_x\\A_y\end{pmatrix}=(\boldsymbol{e}_u,\boldsymbol{e}_v)\begin{pmatrix}A_u\\A_v\end{pmatrix}\tag{10.7}$$

基矢量变换(10.3)可用矩阵表示为

$$(\boldsymbol{e}_u,\boldsymbol{e}_v)=(\boldsymbol{e}_x,\boldsymbol{e}_y)R(\theta)\tag{10.8}$$

其中 $R(\theta)$ 是由 $\boldsymbol{e}_u$ 和 $\boldsymbol{e}_v$ 的列矩阵组成的方阵

$$R(\theta)=\begin{pmatrix}\cos\theta & -\sin\theta\\\sin\theta & \cos\theta\end{pmatrix}\tag{10.9}$$

$\boldsymbol{e}_u$ 和 $\boldsymbol{e}_v$ 的列矩阵都是归一化的且互相正交，这表明 $R(\theta)$ 是实正交矩阵

$$R^{\mathrm{T}}=R^{-1},\qquad R^{\mathrm{T}}R=RR^{\mathrm{T}}=I\tag{10.10}$$

由此可得

$$(\boldsymbol{e}_x,\boldsymbol{e}_y)=(\boldsymbol{e}_u,\boldsymbol{e}_v)R^{\mathrm{T}}(\theta)\tag{10.11}$$

根据式(10.7)和式(10.11)，得

$$\boldsymbol{A}=(\boldsymbol{e}_x,\boldsymbol{e}_y)\begin{pmatrix}A_x\\A_y\end{pmatrix}=(\boldsymbol{e}_u,\boldsymbol{e}_v)R^{\mathrm{T}}(\theta)\begin{pmatrix}A_x\\A_y\end{pmatrix}=(\boldsymbol{e}_u,\boldsymbol{e}_v)\begin{pmatrix}A_u\\A_v\end{pmatrix}\tag{10.12}$$

由此得到分量的变换

$$\begin{pmatrix}A_u\\A_v\end{pmatrix}=R^{\mathrm{T}}(\theta)\begin{pmatrix}A_x\\A_y\end{pmatrix}=\begin{pmatrix}\cos\theta & \sin\theta\\-\sin\theta & \cos\theta\end{pmatrix}\begin{pmatrix}A_x\\A_y\end{pmatrix}\tag{10.13}$$

这是式(10.6)的矩阵形式。

*10.1.2 系统变换

基矢量变换(10.8)可以看成刚体定轴转动的效果，将$(\boldsymbol{e}_x,\boldsymbol{e}_y)$看作实验室坐标系，而将$(\boldsymbol{e}_u,\boldsymbol{e}_v)$看作刚体的随动坐标系。前面讨论的是同一个矢量分别在实验室坐标系和随动坐标系的分量之间的关系，这种变换称为被动变换(passive transformation)。现在我们考虑一个固定在刚体上的矢量 $\boldsymbol{A}$，它随着刚体一起转动。假定 $t=0$ 时刻随动坐标系与实验室坐标系重合，当刚体绕着 z 轴转动 θ 角的时候，矢量 $\boldsymbol{A}$ 变成 $\boldsymbol{A}'$，这个变换是对刚体系统进行的变换，称为系统变换，或者主动变换(active transformation)，如图 10-2 所示。

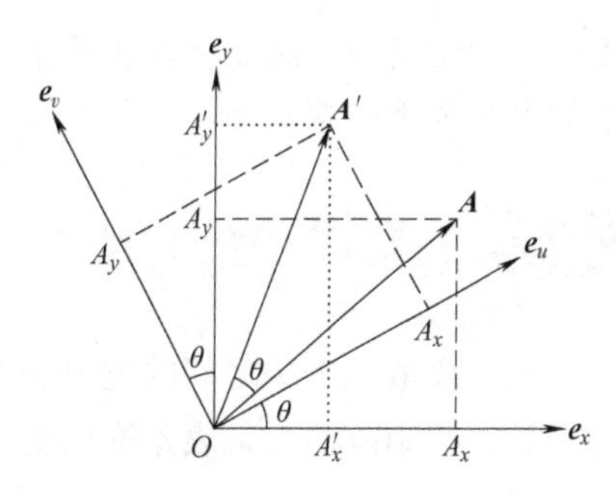

图 10-2 系统变换

将 $\boldsymbol{A}'$ 在实验室坐标系$(\boldsymbol{e}_x,\boldsymbol{e}_y)$上的分量记为 A'_x,A'_y，由此可将 $\boldsymbol{A}'$ 写为

$$\boldsymbol{A}'=A'_x\boldsymbol{e}_x+A'_y\boldsymbol{e}_y=(\boldsymbol{e}_x,\boldsymbol{e}_y)\begin{pmatrix}A'_x\\A'_y\end{pmatrix}\tag{10.14}$$

由于矢量和随动坐标系都是固定在刚体上的，因此转动的矢量在随动坐标系中的分量不随转动而改变，由此可知

$$\boldsymbol{A}'=A_x\boldsymbol{e}_u+A_y\boldsymbol{e}_v=(\boldsymbol{e}_u,\boldsymbol{e}_v)\begin{pmatrix}A_x\\A_y\end{pmatrix}\tag{10.15}$$

$(\boldsymbol{e}_x,\boldsymbol{e}_y)$和$(\boldsymbol{e}_u,\boldsymbol{e}_v)$的关系仍然由式(10.8)给出，因此

$$\boldsymbol{A}' = (\boldsymbol{e}_x,\boldsymbol{e}_y)R(\theta)\begin{pmatrix} A_x \\ A_y \end{pmatrix} \tag{10.16}$$

对比式(10.14)和式(10.16)，得

$$\begin{pmatrix} A'_x \\ A'_y \end{pmatrix} = R(\theta)\begin{pmatrix} A_x \\ A_y \end{pmatrix} = \begin{pmatrix} \cos\theta & -\sin\theta \\ \sin\theta & \cos\theta \end{pmatrix}\begin{pmatrix} A_x \\ A_y \end{pmatrix} \tag{10.17}$$

我们有两种观点理解系统变换：(1) 按照式(10.14)，基矢量不变，矢量的分量改变；(2) 按照式(10.15)，基矢量改变，矢量的分量不变。两种观点描述的都是$\boldsymbol{A}\to\boldsymbol{A}'$的过程，二者关系可以表达如下

$$\boldsymbol{A}' = (\boldsymbol{e}_u,\boldsymbol{e}_v)\begin{pmatrix} A_x \\ A_y \end{pmatrix} = (\boldsymbol{e}_x,\boldsymbol{e}_y)R(\theta)\begin{pmatrix} A_x \\ A_y \end{pmatrix} = (\boldsymbol{e}_x,\boldsymbol{e}_y)\begin{pmatrix} A'_x \\ A'_y \end{pmatrix} \tag{10.18}$$

两种观点的区别仅在于先把中间的变换矩阵$R(\theta)$跟谁相乘。

式(10.17)也可以从被动变换观点来理解。考虑由基矢量$(\boldsymbol{e}_x,\boldsymbol{e}_y)$到$(\boldsymbol{e}_u,\boldsymbol{e}_v)$的逆时针转动变换，矢量$\boldsymbol{A}'$变换前分量是$A'_x,A'_y$，变换后分量是$A_x,A_y$。根据表象变换的式(10.13)，可得

$$\begin{pmatrix} A_x \\ A_y \end{pmatrix} = R^{\mathrm{T}}(\theta)\begin{pmatrix} A'_x \\ A'_y \end{pmatrix} \tag{10.19}$$

$R(\theta)$是正交矩阵，于是便得到式(10.17)。

在第4章介绍线性算符时，我们引入过$\mathbb{R}^3$中的变换

$$\hat{U}:\quad A' = UA,\quad A'_i = \sum_{j=1}^{3} U_{ij}A_j \tag{10.20}$$

这是三维空间的系统变换。在量子力学中，对物理体系的平移、转动等操作就是对态空间$\mathcal{V}$中的态矢量进行系统变换。

10.2 离散基表象变换

两个离散基表象之间的表象变换是最简单的情形，而我们几乎也只需要处理这种情形。对于算符的矩阵而言，表象变换就是线性代数中的相似变换。

10.2.1 两个表象

设$\hat{A},\hat{B}$是两个自伴算符，且$\hat{A},\hat{B}$的所有本征值不简并，本征矢量组分别为$\{|u_n\rangle|n=1,2,\cdots\}$和$\{|v_k\rangle|k=1,2,\cdots\}$，它们构成态空间的两个基

$$\hat{A}\text{ 表象：}\quad \hat{A}|u_n\rangle = a_n|u_n\rangle,\quad \langle u_n|u_{n'}\rangle = \delta_{nn'},\quad \sum_n |u_n\rangle\langle u_n| = \hat{I} \tag{10.21}$$

$$\hat{B}\text{ 表象：}\quad \hat{B}|v_k\rangle = b_k|v_k\rangle,\quad \langle v_k|v_{k'}\rangle = \delta_{kk'},\quad \sum_k |v_k\rangle\langle v_k| = \hat{I} \tag{10.22}$$

指标求和范围默认为全部基矢量。今后除非特别必要，在求和表达式中我们总是仅写出求和指标而省略求和范围。

10.2.2 幺正算符

引入如下线性算符

$$\hat{U}=\sum_k |v_k\rangle\langle u_k| \tag{10.23}$$

将 $\hat{U}$ 作用于基矢量 $|u_n\rangle$ 可以看出其功能

$$\hat{U}|u_n\rangle=\sum_k |v_k\rangle\langle u_k|u_n\rangle=\sum_k |v_k\rangle\delta_{kn}=|v_n\rangle \tag{10.24}$$

$\hat{U}$ 将正交归一基变成正交归一基，因此是幺正算符。直接计算也可以证明这一点

$$\hat{U}^\dagger\hat{U}=\sum_{kl}|u_k\rangle\langle v_k|v_l\rangle\langle u_l|=\sum_{kl}|u_k\rangle\delta_{kl}\langle u_l|=\sum_k|u_k\rangle\langle u_k|=\hat{I} \tag{10.25}$$

同理可得 $\hat{U}\hat{U}^\dagger=\hat{I}$，因此 $\hat{U}$ 是幺正算符。根据式(10.24)，得

$$\langle u_n|\hat{U}|u_k\rangle=\langle u_n|v_k\rangle \tag{10.26}$$

这是 $\hat{U}$ 在 $\hat{A}$ 表象的矩阵元，由此可得 $\hat{U}$ 在 $\hat{A}$ 表象的矩阵

$$[U]=\begin{pmatrix}\langle u_1|v_1\rangle & \langle u_1|v_2\rangle & \cdots & \langle u_1|v_k\rangle & \cdots\\ \langle u_2|v_1\rangle & \langle u_2|v_2\rangle & \cdots & \langle u_2|v_k\rangle & \cdots\\ \vdots & \vdots & & \vdots & \\ \langle u_n|v_1\rangle & \langle u_n|v_2\rangle & \cdots & \langle u_n|v_k\rangle & \cdots\\ \vdots & \vdots & & \vdots & \end{pmatrix} \tag{10.27}$$

由于 $\hat{U}$ 是幺正算符，因此$[U]$是幺正矩阵

$$[U]^\dagger=[U]^{-1},\qquad [U]^\dagger[U]=[U][U]^\dagger=I \tag{10.28}$$

10.2.3 波函数的变换

分别利用基$\{|u_n\rangle\}$和$\{|v_k\rangle\}$的封闭性关系，将态矢量$|\psi\rangle$分别展开为

$$|\psi\rangle=\sum_n|u_n\rangle\langle u_n|\psi\rangle=\sum_k|v_k\rangle\langle v_k|\psi\rangle \tag{10.29}$$

$\langle u_n|\psi\rangle$和$\langle v_k|\psi\rangle$分别代表态矢量$|\psi\rangle$在两个基中的分量。将两组分量分别排成列矩阵，就得到$|\psi\rangle$在 $\hat{A}$ 表象和 $\hat{B}$ 表象的列矩阵(波函数)

$$[\psi_A]=\begin{pmatrix}\langle u_1|\psi\rangle\\ \langle u_2|\psi\rangle\\ \vdots\\ \langle u_n|\psi\rangle\\ \vdots\end{pmatrix},\qquad [\psi_B]=\begin{pmatrix}\langle v_1|\psi\rangle\\ \langle v_2|\psi\rangle\\ \vdots\\ \langle v_k|\psi\rangle\\ \vdots\end{pmatrix} \tag{10.30}$$

利用式(10.21)和式(10.22)中的封闭性关系，可以得出两组分量的关系

$$\langle v_k|\psi\rangle=\sum_n\langle v_k|u_n\rangle\langle u_n|\psi\rangle,\qquad \langle u_n|\psi\rangle=\sum_k\langle u_n|v_k\rangle\langle v_k|\psi\rangle \tag{10.31}$$

利用式(10.27)和式(10.30)，可将式(10.31)写为矩阵形式

$$\boxed{[\psi_B]=[U]^\dagger[\psi_A],\qquad [\psi_A]=[U][\psi_B]} \tag{10.32}$$

10.2.4 基矢量的变换

和二维空间的变换一样，态矢量的变换取决于基矢量的变换。两组基矢量可以互相展开

$$|u_n\rangle=\sum_k|v_k\rangle\langle v_k|u_n\rangle,\quad |v_k\rangle=\sum_n|u_n\rangle\langle u_n|v_k\rangle \tag{10.33}$$

在 $\hat{A}$ 表象中，$|v_k\rangle$的列矩阵为

$$[v_k]=\begin{pmatrix}\langle u_1|v_k\rangle\\ \langle u_2|v_k\rangle\\ \langle u_3|v_k\rangle\\ \vdots\end{pmatrix},\quad k=1,2,\cdots \tag{10.34}$$

幺正矩阵$[U]$是由列矩阵(10.34)排列而成的

$$[U]=([v_1],[v_2],\cdots,[v_k],\cdots) \tag{10.35}$$

将基$\{|u_n\rangle\}$和$\{|v_k\rangle\}$中的矢量排成行矩阵，分别记为$[|u\rangle]$和$[|v\rangle]$

$$[|u\rangle]=(|u_1\rangle,|u_2\rangle,\cdots,|u_n\rangle,\cdots),\qquad [|v\rangle]=(|v_1\rangle,|v_2\rangle,\cdots,|v_k\rangle,\cdots) \tag{10.36}$$

行矩阵(10.36)的元素都右矢，不要把它跟左矢的行矩阵形式弄混了，后者的元素是复数。按照式(10.36)的记号，可以将基矢量变换(10.33)写为矩阵形式

$$[|u\rangle]=[|v\rangle][U]^{\dagger},\quad [|v\rangle]=[|u\rangle][U] \tag{10.37}$$

在表象变换中，基的变换引起了态矢量分量的变换，这个关系可总结为

$$|\psi\rangle=[|u\rangle][\psi_A]=[|u\rangle][U][U]^{\dagger}[\psi_A]=[|v\rangle][\psi_B] \tag{10.38}$$

其中第二步利用了矩阵$[U]$的幺正性，最后利用了式(10.32)和式(10.37)。

10.2.5 矩阵元的变换

线性算符 $\hat{F}$ 在两个基$\{|u_n\rangle\}$和$\{|v_k\rangle\}$的矩阵元分别为$\langle u_n|\hat{F}|u_m\rangle$和$\langle v_k|\hat{F}|v_l\rangle$，利用封闭性关系，很容易得到

$$\begin{aligned}\langle v_k|\hat{F}|v_l\rangle&=\sum_{nm}\langle v_k|u_n\rangle\langle u_n|\hat{F}|u_m\rangle\langle u_m|v_l\rangle\\ \langle u_n|\hat{F}|u_m\rangle&=\sum_{kl}\langle u_n|v_k\rangle\langle v_k|\hat{F}|v_l\rangle\langle v_l|u_m\rangle\end{aligned} \tag{10.39}$$

将 $\hat{F}$ 在 $\hat{A}$ 表象和 $\hat{B}$ 表象的方阵分别记为$[F_A]$和$[F_B]$

$$[F_A]=\begin{pmatrix}\langle u_1|\hat{F}|u_1\rangle & \langle u_1|\hat{F}|u_2\rangle & \cdots & \langle u_1|\hat{F}|u_m\rangle & \cdots\\ \langle u_2|\hat{F}|u_1\rangle & \langle u_2|\hat{F}|u_2\rangle & \cdots & \langle u_2|\hat{F}|u_m\rangle & \cdots\\ \vdots & \vdots & & \vdots & \\ \langle u_n|\hat{F}|u_1\rangle & \langle u_n|\hat{F}|u_2\rangle & \cdots & \langle u_n|\hat{F}|u_m\rangle & \cdots\\ \vdots & \vdots & & \vdots & \end{pmatrix} \tag{10.40}$$

$$[F_B]=\begin{pmatrix}\langle v_1|\hat{F}|v_1\rangle & \langle v_1|\hat{F}|v_2\rangle & \cdots & \langle v_1|\hat{F}|v_l\rangle & \cdots\\ \langle v_2|\hat{F}|v_1\rangle & \langle v_2|\hat{F}|v_2\rangle & \cdots & \langle v_2|\hat{F}|v_l\rangle & \cdots\\ \vdots & \vdots & & \vdots & \\ \langle v_k|\hat{F}|v_1\rangle & \langle v_k|\hat{F}|v_2\rangle & \cdots & \langle v_k|\hat{F}|v_l\rangle & \cdots\\ \vdots & \vdots & & \vdots & \end{pmatrix} \tag{10.41}$$

利用矩阵$[F_A]$,$[F_B]$和$[U]$，可将式(10.39)表达为

$$\boxed{[F_B]=[U]^{\dagger}[F_A][U],\qquad [F_A]=[U][F_B][U]^{\dagger}} \tag{10.42}$$

算符 $\hat{B}$ 在自身表象的矩阵为对角矩阵

$$[B_B] = \mathrm{diag}\{b_1, b_2, \cdots, b_n, \cdots\} \tag{10.43}$$

设算符 $\hat{B}$ 在 $\hat{A}$ 表象的矩阵为 $[B_A]$，则幺正矩阵 $[U]$ 可以将 $[B_A]$ 对角化

$$[B_B] = [U]^{\dagger}[B_A][U] \tag{10.44}$$

这并不奇怪，因为由式(10.35)可知，幺正矩阵 $[U]$ 正是由算符 $\hat{B}$ 在 $\hat{A}$ 表象的本征列矩阵排列而成，正是将矩阵 $[B_A]$ 对角化的相似变换矩阵。假如先通过某种方法得到了 $[B_A]$，就可以通过求解矩阵的本征值问题来找到相似变换矩阵 $[U]$。如果态空间是有限维的，这种方法原则上可用。

综上所述，幺正算符 $\hat{U}$ 及其在 $\hat{A}$ 表象的矩阵 $[U]$ 的作用如下

$$\begin{aligned}
|u_n\rangle &\quad\rightarrow\quad |v_n\rangle = \hat{U}|u_n\rangle \\
[\psi_A] &\quad\rightarrow\quad [\psi_B] = [U]^{\dagger}[\psi_A] \\
[F_A] &\quad\rightarrow\quad [F_B] = [U]^{\dagger}[F_A][U]
\end{aligned} \tag{10.45}$$

利用矩阵 $[U]$ 的幺正性 $[U]^{\dagger} = [U]^{-1}$，根据由 $\hat{A}$ 表象到 $\hat{B}$ 表象的变换公式，很容易得到由 $\hat{B}$ 表象到 $\hat{A}$ 表象的变换公式。

讨论

(1) 如果 $\hat{A}$ 和 $\hat{B}$ 的本征值有简并，则需要更多量子数来标记基矢量。表象变换是两个基之间的变换，不论这个基由多少个量子数来标记，变换公式并没有本质区别，不过是把原来对一个量子数的求和，改成了对一组量子数的求和而已。当然，由于态矢量的分量和算符的矩阵的行列指标都是由多个量子数来标记的，此时需要约定一个排列次序，比如字典序。

(2) 在以上讨论中，基矢量是用狄拉克符号来表示的，并未使用具体表象。如果采用具体表象，比如坐标表象来讨论，那么 $\hat{A}$ 表象和 $\hat{B}$ 表象的基都要用坐标表象波函数来表达。假定讨论的是一维问题，则两个基应该写为 $\{u_n(x)\}$ 和 $\{v_k(x)\}$。需要明白的是，讨论哪个表象和利用哪个表象进行讨论是两回事。

10.2.6 初步应用

1. 表象变换的不变量

(1) 内积是根据态矢量定义的，其结果与表象无关，但不同表象波函数和算符的矩阵不同，所以计算公式也不同。利用两个表象的封闭性关系，可得

$$\begin{aligned}
\langle\psi|\varphi\rangle &= \sum_n \langle\psi|u_n\rangle\langle u_n|\varphi\rangle = [\psi_A]^{\dagger}[\varphi_A] \\
&= \sum_k \langle\psi|v_k\rangle\langle v_k|\varphi\rangle = [\psi_B]^{\dagger}[\varphi_B]
\end{aligned} \tag{10.46}$$

直接利用式(10.32)，也可以得到

$$[\psi_A]^{\dagger}[\varphi_A] = ([U][\psi_B])^{\dagger}\cdot[U][\varphi_B] = [\psi_B]^{\dagger}[U]^{\dagger}[U][\varphi_B] = [\psi_B]^{\dagger}[\varphi_B] \tag{10.47}$$

其中利用了 $[U]^{\dagger}[U] = I$。对于矩阵元(带算符的内积)

$$\begin{aligned}
\langle\psi|\hat{F}|\varphi\rangle &= \sum_{nm} \langle\psi|u_n\rangle\langle u_n|\hat{F}|u_m\rangle\langle u_m|\varphi\rangle = [\psi_A]^{\dagger}[F_A][\varphi_A] \\
&= \sum_{kl} \langle\psi|v_k\rangle\langle v_k|\hat{F}|v_l\rangle\langle v_l|\varphi\rangle = [\psi_B]^{\dagger}[F_B][\varphi_B]
\end{aligned} \tag{10.48}$$

直接利用式(10.32)和式(10.42)，也可以得到

$$
\begin{aligned}
[\psi_A]^\dagger[F_A][\varphi_A] &= ([U][\psi_B])^\dagger \cdot [U][F_B][U]^\dagger \cdot [U][\varphi_B] \\
&= [\psi_B]^\dagger[U]^\dagger[U][F_B][U]^\dagger[U][\varphi_B] = [\psi_B]^\dagger[F_B][\varphi_B]
\end{aligned} \tag{10.49}
$$

(2) 算符 $\hat{F}$ 在 $\hat{A}$ 表象和 $\hat{B}$ 表象中的矩阵迹分别为

$$
\mathrm{Tr}[F_A] = \sum_n \langle u_n | \hat{F} | u_n \rangle, \qquad \mathrm{Tr}[F_B] = \sum_k \langle v_k | \hat{F} | v_k \rangle \tag{10.50}
$$

相似变换不改变矩阵的迹，因此

$$
\mathrm{Tr}[F_A] = \mathrm{Tr}[F_B] \tag{10.51}
$$

这个结论也可以证明如下

$$
\begin{aligned}
\mathrm{Tr}[F_A] &= \sum_n \langle u_n | \hat{F} | u_n \rangle = \sum_n \sum_k \langle u_n | \hat{F} | v_k \rangle \langle v_k | u_n \rangle \\
&= \sum_k \sum_n \langle v_k | u_n \rangle \langle u_n | \hat{F} | v_k \rangle = \sum_n \langle v_k | \hat{F} | v_k \rangle = \mathrm{Tr}[F_B]
\end{aligned} \tag{10.52}
$$

我们把 $\hat{F}$ 在任意一个表象的矩阵迹称为算符 $\hat{F}$ 的迹，记为 $\mathrm{Tr}\,\hat{F}$。

2. 本征值问题

我们以算符的本征值问题为例，来讨论方程的表象变换。假设线性算符 $\hat{F}$ 具有离散的本征值，本征方程为

$$
\hat{F} | \phi_{mi} \rangle = \lambda_m | \phi_{mi} \rangle \tag{10.53}
$$

分别采用 $\hat{A}$ 表象和 $\hat{B}$ 表象，本征方程(10.53)的矩阵形式为

$$
[F_A][\phi_{mi}^A] = \lambda_m [\phi_{mi}^A] \tag{10.54}
$$

$$
[F_B][\phi_{mi}^B] = \lambda_m [\phi_{mi}^B] \tag{10.55}
$$

其中 $[F_A]$ 和 $[F_B]$ 仍然是由式(10.40)和式(10.41)定义的方阵，而 $[\phi_{mi}^A]$ 和 $[\phi_{mi}^B]$ 分别是 $|\phi_{mi}\rangle$ 在 $\hat{A}$ 表象和 $\hat{B}$ 表象的列矩阵

$$
[\phi_{mi}^A] = \begin{pmatrix} \langle u_1 | \phi_{mi} \rangle \\ \langle u_2 | \phi_{mi} \rangle \\ \vdots \\ \langle u_n | \phi_{mi} \rangle \\ \vdots \end{pmatrix}, \qquad [\phi_{mi}^B] = \begin{pmatrix} \langle v_1 | \phi_{mi} \rangle \\ \langle v_2 | \phi_{mi} \rangle \\ \vdots \\ \langle v_k | \phi_{mi} \rangle \\ \vdots \end{pmatrix} \tag{10.56}
$$

利用表象变换的方法，可以从式(10.54)变换到式(10.55)。用 $[U]^\dagger$ 左乘方程(10.54)，并利用 $[U][U]^\dagger = I$，得

$$
[U]^\dagger[F_A][\phi_{mi}^A] = [U]^\dagger[F_A][U][U]^\dagger[\phi_{mi}^A] = \lambda_m [U]^\dagger[\phi_{mi}^A] \tag{10.57}
$$

然后根据式(10.32)和式(10.42)，就得到式(10.55)。

10.3 离散基表象变换举例

两个角动量表象之间的变换是典型的离散基变换。

10.3.1 两个表象

将 $(\hat{L}^2, \hat{L}_z)$ 的共同本征矢量记为 $|\mathrm{Y}_{lm}\rangle$，$(\hat{L}^2, \hat{L}_x)$ 的共同本征矢量记为 $|\mathrm{X}_{lm}\rangle$，两组共同

本征矢量$\{|\mathrm{Y}_{lm}\rangle\}$和$\{|\mathrm{X}_{lm}\rangle\}$分别构成态空间$\mathcal{V}_\Omega$的正交归一基，由此定义了两个角动量表象

$$(\hat{L}^2,\hat{L}_z)\text{ 表象：}\langle \mathrm{Y}_{lm}|\mathrm{Y}_{l'm'}\rangle=\delta_{ll'}\delta_{mm'},\qquad \sum_{l=0}^{\infty}\sum_{m=-l}^{l}|\mathrm{Y}_{lm}\rangle\langle \mathrm{Y}_{lm}|=\hat{I} \tag{10.58}$$

$$(\hat{L}^2,\hat{L}_x)\text{ 表象：}\langle \mathrm{X}_{lm}|\mathrm{X}_{l'm'}\rangle=\delta_{ll'}\delta_{mm'},\qquad \sum_{l=0}^{\infty}\sum_{m=-l}^{l}|\mathrm{X}_{lm}\rangle\langle \mathrm{X}_{lm}|=\hat{I} \tag{10.59}$$

角量子数l标记一个$2l+1$维的线性子空间$\mathcal{V}_l$，$\mathcal{V}_\Omega$是各个子空间的直和

$$\mathcal{V}_\Omega=\mathcal{V}_0\oplus\mathcal{V}_1\oplus\mathcal{V}_2\oplus\cdots\oplus\mathcal{V}_l\oplus\cdots \tag{10.60}$$

$\mathcal{V}_l$是$\hat{L}_x,\hat{L}_y,\hat{L}_z$及其函数的不变子空间，基矢量可以选为

$$\{|\mathrm{Y}_{lm}\rangle, m=l,l-1,\cdots,-l\} \tag{10.61}$$

也可以选为

$$\{|\mathrm{X}_{lm}\rangle, m=l,l-1,\cdots,-l\} \tag{10.62}$$

10.3.2 幺正算符

引入$\mathcal{V}_l$上的算符

$$\hat{U}_l=\sum_{m=-l}^{l}|\mathrm{X}_{lm}\rangle\langle \mathrm{Y}_{lm}| \tag{10.63}$$

$\hat{U}_l$的作用是将基矢量$|\mathrm{Y}_{lm}\rangle$变成$|\mathrm{X}_{lm}\rangle$

$$\hat{U}_l|\mathrm{Y}_{lm}\rangle=\sum_{m'=-l}^{l}|\mathrm{X}_{lm'}\rangle\langle \mathrm{Y}_{lm'}|\mathrm{Y}_{lm}\rangle=|\mathrm{X}_{lm}\rangle \tag{10.64}$$

将$\hat{U}_l$在$(\hat{L}^2,\hat{L}_z)$表象的矩阵记为$[U_l]$，矩阵元为

$$[U_l]_{mm'}=\langle \mathrm{Y}_{lm}|\hat{U}_l|\mathrm{Y}_{lm'}\rangle=\langle \mathrm{Y}_{lm}|\mathrm{X}_{lm'}\rangle \tag{10.65}$$

子空间$\mathcal{V}_l$的投影算符可以分别用两个基表达为

$$\hat{P}_l=\sum_{m=-l}^{l}|\mathrm{Y}_{lm}\rangle\langle \mathrm{Y}_{lm}|=\sum_{m=-l}^{l}|\mathrm{X}_{lm}\rangle\langle \mathrm{X}_{lm}| \tag{10.66}$$

容易证明

$$\hat{U}_l^\dagger\hat{U}_l=\hat{U}_l\hat{U}_l^\dagger=\hat{P}_l \tag{10.67}$$

$\hat{P}_l$相当于$\mathcal{V}_l$上的单位算符，因此$\hat{U}_l$就相当于$\mathcal{V}_l$上的幺正算符，由此可知$[U_l]$是$2l+1$阶幺正矩阵，$[U_l]^\dagger=[U_l]^{-1}$。

10.3.3 波函数的变换

设$|f\rangle\in\mathcal{V}_\Omega$，将其分解为各个子空间的分矢量

$$|f\rangle=\sum_{l=0}^{\infty}|f_l\rangle,\quad |f_l\rangle\in\mathcal{V}_l \tag{10.68}$$

利用投影算符(10.66)，得

$$|f_l\rangle=\sum_{m=-l}^{l}|\mathrm{Y}_{lm}\rangle\langle \mathrm{Y}_{lm}|f_l\rangle=\sum_{m=-l}^{l}|\mathrm{X}_{lm}\rangle\langle \mathrm{X}_{lm}|f_l\rangle \tag{10.69}$$

将分量$\langle \mathrm{Y}_{lm}|f\rangle$和$\langle \mathrm{X}_{lm}|f\rangle$分别排成列矩阵

$$[f_l^Z] = \begin{pmatrix} \langle Y_{l,l} | f \rangle \\ \langle Y_{l,l-1} | f \rangle \\ \vdots \\ \langle Y_{l,-l} | f \rangle \end{pmatrix}, \qquad [f_l^X] = \begin{pmatrix} \langle X_{l,l} | f \rangle \\ \langle X_{l,l-1} | f \rangle \\ \vdots \\ \langle X_{l,-l} | f \rangle \end{pmatrix} \tag{10.70}$$

根据投影算符(10.66)，可得分量变换

$$\langle X_{lm} | f_l \rangle = \sum_{m=-l}^{l} \langle X_{lm} | Y_{lm'} \rangle \langle Y_{lm'} | f_l \rangle \tag{10.71}$$

根据式(10.65)和式(10.70)，将分量变换改写为矩阵形式

$$\boxed{[f_l^X] = [U_l]^\dagger [f_l^Z], \quad l = 0,1,2,\cdots} \tag{10.72}$$

10.3.4 基矢量的变换

利用投影算符(10.66)，得

$$| X_{lm} \rangle = \sum_{m=-l}^{l} | Y_{lm'} \rangle \langle Y_{lm'} | X_{lm} \rangle \tag{10.73}$$

将两组基矢量按照字典序排列为行矩阵

$$\begin{aligned} [| Y_l \rangle] &= (| Y_{l,l} \rangle, \quad | Y_{l,l-1} \rangle, \quad \cdots, \quad | Y_{l,-l} \rangle) \\ [| X_l \rangle] &= (| X_{l,l} \rangle, \quad | X_{l,l-1} \rangle, \quad \cdots, \quad | X_{l,-l} \rangle) \end{aligned} \tag{10.74}$$

由此可将基矢量变换(10.73)改写为矩阵形式

$$[| X_l \rangle] = [| Y_l \rangle][U_l], \quad l = 0,1,2,\cdots \tag{10.75}$$

当 $l=0$ 时，$\mathcal{V}_{l=0}$是个一维空间，而且两个基矢量相等$| Y_{00} \rangle = | X_{00} \rangle$，态矢量的唯一分量和算符的唯一矩阵元都不变。

当 $l=1$ 时，在上一章我们已经给出了子空间 $\mathcal{V}_{l=1}$的两个基$\{| Y_{1,1} \rangle, | Y_{1,0} \rangle, | Y_{1,-1} \rangle\}$与$\{| X_{1,1} \rangle, | X_{1,0} \rangle, | X_{1,-1} \rangle\}$的关系——注意那里将$| Y_{lm} \rangle$记为$| lm \rangle$，现在将其写为矩阵形式，这相当于式(10.75)在 $l=1$ 时的情形

$$(| X_{1,1} \rangle, | X_{1,0} \rangle, | X_{1,-1} \rangle) = (| Y_{1,1} \rangle, | Y_{1,0} \rangle, | Y_{1,-1} \rangle)[U_1] \tag{10.76}$$

其中

$$[U_1] = \begin{pmatrix} -\frac{\mathrm{i}}{2} & -\frac{1}{\sqrt{2}} & \frac{\mathrm{i}}{2} \\ -\frac{\mathrm{i}}{\sqrt{2}} & 0 & -\frac{\mathrm{i}}{\sqrt{2}} \\ -\frac{\mathrm{i}}{2} & \frac{1}{\sqrt{2}} & \frac{\mathrm{i}}{2} \end{pmatrix} \tag{10.77}$$

$[U_1]$是个幺正矩阵，因此很容易求出式(10.76)的逆变换

$$(| Y_{1,1} \rangle, | Y_{1,0} \rangle, | Y_{1,-1} \rangle) = (| X_{1,1} \rangle, | X_{1,0} \rangle, | X_{1,-1} \rangle)[U_1]^{\dagger} \tag{10.78}$$

而不用像上一章那样麻烦地求解了。

10.3.5 矩阵元的变换

假设算符 $\hat{F}$ 是由角动量算符 $\hat{L}_x, \hat{L}_y, \hat{L}_z$ 构成的，则 $\mathcal{V}_l$ 为 $\hat{F}$ 的不变子空间，$[F]$是个分块

对角矩阵

$$\langle \mathrm{Y}_{lm} | \hat{F} | \mathrm{Y}_{l'm'} \rangle = \langle \mathrm{X}_{lm} | \hat{F} | \mathrm{X}_{l'm'} \rangle = 0, \quad l \neq l' \tag{10.79}$$

因此只需要讨论 $\hat{F}$ 在子空间 $\mathcal{V}_l$ 的矩阵如何变换。利用投影算符(10.66)，得

$$\langle \mathrm{X}_{lm} | \hat{F} | \mathrm{X}_{lm'} \rangle = \sum_{m_1=-l}^{l} \sum_{m_2=-l}^{l} \langle \mathrm{X}_{lm} | \mathrm{Y}_{lm_1} \rangle \langle \mathrm{Y}_{lm_1} | \hat{F} | \mathrm{Y}_{lm_2} \rangle \langle \mathrm{Y}_{lm_2} | \mathrm{X}_{lm'} \rangle \tag{10.80}$$

根据$[U_l]$的矩阵元定义(10.65)，可将式(10.80)写为矩阵形式

$$\boxed{[F_X]_l = [U_l]^{\dagger}[F_Z]_l[U_l], \quad l = 0,1,2,\cdots} \tag{10.81}$$

(1) 假设 $\hat{F}=\hat{L}^2$。$(\hat{L}^2,\hat{L}_z)$表象和$(\hat{L}^2,\hat{L}_x)$表象都是$\hat{L}^2$的自身表象，在这两个表象中$[L^2]$为同一个对角矩阵，对角元就是$\hat{L}^2$的本征值

$$[L_X^2]_l = [L_Z^2]_l = l(l+1)\hbar^2 I_{2l+1} \tag{10.82}$$

(2) 假设 $\hat{F}=\hat{L}_z$。$\hat{L}_z$ 在自身表象$(\hat{L}^2,\hat{L}_z)$为对角矩阵，对角元就是其本征值 $m\hbar$，在子空间 $\mathcal{V}_{l=1}$中的子矩阵为

$$[L_z^Z]_1 = \hbar\begin{pmatrix} 1 & 0 & 0 \\ 0 & 0 & 0 \\ 0 & 0 & -1 \end{pmatrix} \tag{10.83}$$

在过渡到$(\hat{L}^2,\hat{L}_x)$表象时，算符的矩阵按照式(10.81)变换

$$[L_z^X]_1 = [U_1]^{\dagger}[L_z^Z]_1[U_1] \tag{10.84}$$

将式(10.77)和式(10.83)代入式(10.84)，可得

$$[L_z^X]_1 = \frac{\mathrm{i}\hbar}{\sqrt{2}}\begin{pmatrix} 0 & -1 & 0 \\ 1 & 0 & -1 \\ 0 & 1 & 0 \end{pmatrix} \tag{10.85}$$

(3) 假设 $\hat{F}=\hat{L}_x$。按照式(10.81)

$$[L_x^X]_1 = [U_1]^{\dagger}[L_x^Z]_1[U_1] \tag{10.86}$$

$\hat{L}_x$ 在自身表象$(\hat{L}^2,\hat{L}_x)$为对角矩阵，对角元是 $\hat{L}_x$ 的本征值 $m\hbar$，在子空间 $\mathcal{V}_{l=1}$中的子矩阵为

$$[L_x^X]_1 = \hbar\begin{pmatrix} 1 & 0 & 0 \\ 0 & 0 & 0 \\ 0 & 0 & -1 \end{pmatrix} \tag{10.87}$$

根据式(10.86)可以反过来求出

$$[L_x^Z]_1 = [U_1][L_x^X]_1[U_1]^{\dagger} \tag{10.88}$$

将式(10.77)和式(10.87)代入式(10.88)，得

$$[L_x^Z]_1 = \frac{\hbar}{\sqrt{2}}\begin{pmatrix} 0 & 1 & 0 \\ 1 & 0 & 1 \\ 0 & 1 & 0 \end{pmatrix} \tag{10.89}$$

与上一章得到的结果相同。

如果通过别的方法(第11章)求出了矩阵(10.89)，可以通过求解$[L_x^Z]_1$的本征值问题找到将其对角化的相似变换矩阵，这只需要将$[L_x^Z]_1$的本征列矩阵按照 $m=1,0,-1$ 的次序排列成方阵即可。不过由于归一化本征矢量有个不定相因子，因此求出的相似变换矩阵与式(10.77)可能会有差异。

*10.3.6 扩展资料

1. 波函数的复共轭

设$|f_1\rangle \in \mathcal{V}_{l=1}$，在$(\hat{L}^2,\hat{L}_z)$表象和$(\hat{L}^2,\hat{L}_x)$表象的列矩阵分别为$[f_1^Z]$和$[f_1^X]$，两个列矩阵的关系由式(10.72)给出

$$[f_1^X] = [U_1]^\dagger [f_1^Z] \tag{10.90}$$

对两个列矩阵求复共轭，分别得到$[f_1^Z]^*$和$[f_1^X]^*$。将$[f_1^Z]^*$变换到$(\hat{L}^2,\hat{L}_x)$表象，会得到列矩阵$[U_1]^\dagger[f_1^Z]^*$，它不等于$[f_1^X]^*$，因为

$$[f_1^X]^* = ([U_1]^\dagger [f_1^Z])^* = [U_1]^{\mathrm{T}} [f_1^Z]^* \tag{10.91}$$

因此，对不同表象波函数取复共轭效果是不同的。

2. 矩阵元的变换

表象变换也可以直接在整个$\mathcal{V}_\Omega$空间进行。引入幺正算符

$$\hat{U} = \sum_{l=0}^{\infty} \hat{U}_l = \sum_{l=0}^{\infty} \sum_{m=-l}^{l} |\mathrm{X}_{lm}\rangle\langle \mathrm{Y}_{lm}| \tag{10.92}$$

$\hat{U}$的作用是将基矢量$|\mathrm{Y}_{lm}\rangle$变成$|\mathrm{X}_{lm}\rangle$

$$\hat{U}|\mathrm{Y}_{lm}\rangle = \sum_{l'=0}^{\infty} \sum_{m'=-l}^{l} |\mathrm{X}_{l'm'}\rangle\langle \mathrm{Y}_{l'm'}|\mathrm{Y}_{lm}\rangle = |\mathrm{X}_{lm}\rangle \tag{10.93}$$

由此可得矩阵元

$$\langle \mathrm{Y}_{lm}|\hat{U}|\mathrm{Y}_{l'm'}\rangle = \langle \mathrm{Y}_{lm}|\mathrm{X}_{l'm'}\rangle \tag{10.94}$$

当$l \neq l'$时$\mathcal{V}_l \perp \mathcal{V}_{l'}$，因此$[U]$是分块对角的

$$[U] = \mathrm{diag}\{[U_0],[U_1],\cdots,[U_l],\cdots\} \tag{10.95}$$

设$|f\rangle \in \mathcal{V}_\Omega$，如式(10.68)所示，将其分量按照字典序排列为列矩阵

$$[f^Z] = \begin{pmatrix} [f_0^Z] \\ [f_1^Z] \\ \vdots \\ [f_l^Z] \\ \vdots \end{pmatrix}, \qquad [f^X] = \begin{pmatrix} [f_0^X] \\ [f_1^X] \\ \vdots \\ [f_l^X] \\ \vdots \end{pmatrix} \tag{10.96}$$

其中$[f_l^Z]$和$[f_l^X]$如式(10.70)所示。根据式(10.32)，得

$$[f^X] = [U]^\dagger [f^Z] \tag{10.97}$$

将式(10.95)代入式(10.97)便得到式(10.72)。

对于线性算符$\hat{F}$，利用式(10.58)中的封闭性关系，可得

$$\langle \mathrm{X}_{lm}|\hat{F}|\mathrm{X}_{l'm'}\rangle = \sum_{l_1=0}^{\infty} \sum_{m_1=-l_1}^{l_1} \sum_{l_2=0}^{\infty} \sum_{m_2=-l_2}^{l_2} \langle \mathrm{X}_{lm}|\mathrm{Y}_{l_1m_1}\rangle\langle \mathrm{Y}_{l_1m_1}|\hat{F}|\mathrm{Y}_{l_2m_2}\rangle\langle \mathrm{Y}_{l_2m_2}|\mathrm{X}_{l'm'}\rangle \tag{10.98}$$

当$l \neq l'$时$\mathcal{V}_l \perp \mathcal{V}_{l'}$，因此只有当$l_1 = l$，$l_2 = l'$时，求和项才非零。由此可得

$$\langle \mathrm{X}_{lm}|\hat{F}|\mathrm{X}_{l'm'}\rangle = \sum_{m_1=-l}^{l} \sum_{m_2=-l'}^{l'} \langle \mathrm{X}_{lm}|\mathrm{Y}_{lm_1}\rangle\langle \mathrm{Y}_{lm_1}|\hat{F}|\mathrm{Y}_{l'm_2}\rangle\langle \mathrm{Y}_{l'm_2}|\mathrm{X}_{l'm'}\rangle \tag{10.99}$$

如果$\hat{F}$是由角动量算符$\hat{L}_x,\hat{L}_y,\hat{L}_z$构成的，则$[F]$是个分块对角矩阵。根据式(10.79)可知，

当 $l\neq l'$ 时式(10.99)是 $0=0$ 的恒等式；当 $l=l'$ 时，得

$$\langle \mathrm{X}_{lm}|\hat{F}|\mathrm{X}_{lm'}\rangle=\sum_{m_1=-l}^{l}\sum_{m_2=-l}^{l}\langle \mathrm{X}_{lm}|\mathrm{Y}_{lm_1}\rangle\langle \mathrm{Y}_{lm_1}|\hat{F}|\mathrm{Y}_{lm_2}\rangle\langle \mathrm{Y}_{lm_2}|\mathrm{X}_{lm'}\rangle \tag{10.100}$$

这正是式(10.80)。

3. 三个角动量表象

习惯上将球谐函数记为 $\mathrm{Y}_{lm}(\theta,\varphi)$，因此相应的态矢量记为 $|\mathrm{Y}_{lm}\rangle$。$(\hat{L}^2,\hat{L}_y)$ 的共同本征矢量可以记作 $|\mathrm{Z}_{lm}\rangle$。不过在讨论表象变换时，这种颠倒的记号很不方便，因此我们暂时引入如下记号

$$|\tilde{\mathrm{X}}_{lm}\rangle=|\mathrm{X}_{lm}\rangle,\quad |\tilde{\mathrm{Y}}_{lm}\rangle=|\mathrm{Z}_{lm}\rangle,\quad |\tilde{\mathrm{Z}}_{lm}\rangle=|\mathrm{Y}_{lm}\rangle \tag{10.101}$$

记号 $|\mathrm{X}_{lm}\rangle$ 并无不妥，这里引入新记号 $|\tilde{\mathrm{X}}_{lm}\rangle$ 只是为了统一起见。现在新记号 $|\tilde{\mathrm{X}}_{lm}\rangle$，$|\tilde{\mathrm{Y}}_{lm}\rangle$，$|\tilde{\mathrm{Z}}_{lm}\rangle$ 分别表示 $\hat{L}_x,\hat{L}_y,\hat{L}_z$ 的本征矢量，当然它们也都是 $\hat{L}^2$ 的本征矢量。

$\hat{L}_x,\hat{L}_y,\hat{L}_z$ 的直角坐标表达式具有**坐标轮换对称性**

$$当\ x\rightarrow y\rightarrow z\rightarrow x\ 时，\quad \hat{L}_x\rightarrow\hat{L}_y\rightarrow\hat{L}_z\rightarrow\hat{L}_x \tag{10.102}$$

因此共同本征矢量也做相同轮换

$$|\tilde{\mathrm{X}}_{lm}\rangle\rightarrow|\tilde{\mathrm{Y}}_{lm}\rangle\rightarrow|\tilde{\mathrm{Z}}_{lm}\rangle\rightarrow|\tilde{\mathrm{X}}_{lm}\rangle \tag{10.103}$$

由此可得矩阵元(带算符的内积)的关系

$$\begin{aligned}
&\langle \tilde{\mathrm{X}}_{lm}|\hat{L}_x|\tilde{\mathrm{X}}_{lm}\rangle=\langle \tilde{\mathrm{Y}}_{lm}|\hat{L}_y|\tilde{\mathrm{Y}}_{lm}\rangle=\langle \tilde{\mathrm{Z}}_{lm}|\hat{L}_z|\tilde{\mathrm{Z}}_{lm}\rangle\\
&\langle \tilde{\mathrm{Y}}_{lm}|\hat{L}_x|\tilde{\mathrm{Y}}_{lm}\rangle=\langle \tilde{\mathrm{Z}}_{lm}|\hat{L}_y|\tilde{\mathrm{Z}}_{lm}\rangle=\langle \tilde{\mathrm{X}}_{lm}|\hat{L}_z|\tilde{\mathrm{X}}_{lm}\rangle\\
&\langle \tilde{\mathrm{Z}}_{lm}|\hat{L}_x|\tilde{\mathrm{Z}}_{lm}\rangle=\langle \tilde{\mathrm{X}}_{lm}|\hat{L}_y|\tilde{\mathrm{X}}_{lm}\rangle=\langle \tilde{\mathrm{Y}}_{lm}|\hat{L}_z|\tilde{\mathrm{Y}}_{lm}\rangle
\end{aligned} \tag{10.104}$$

这里每一个等式中，从前一个表达式出发经过坐标轮换会得到后一个表达式，第三个表达式经轮换得到第一个表达式。由此可见，三个表象中的子矩阵满足关系

$$[L_x^X]_l=[L_y^Y]_l=[L_z^Z]_l,\quad [L_x^Y]_l=[L_y^Z]_l=[L_z^X]_l,\quad [L_x^Z]_l=[L_y^X]_l=[L_z^Y]_l \tag{10.105}$$

我们已经求出了三个矩阵式(10.83)、式(10.85)和式(10.89)，由此可得三个表象中 $\hat{L}_x,\hat{L}_y,\hat{L}_z$ 在子空间 $\mathcal{V}_{l=1}$ 中的矩阵形式，其中第一组为对角矩阵(自身表象)，第二组非零矩阵元是纯虚数，第三组为实矩阵，如表10-1所示。

表 10-1 $\hat{L}_x,\hat{L}_y,\hat{L}_z$ 在子空间 $\mathcal{V}_{l=1}$ 中的矩阵形式

	$(\hat{L}^2,\hat{L}_x)$ 表象	$(\hat{L}^2,\hat{L}_y)$ 表象	$(\hat{L}^2,\hat{L}_z)$ 表象
$\hat{L}_x$	$\hbar\begin{pmatrix}1&0&0\\0&0&0\\0&0&-1\end{pmatrix}$	$\frac{\mathrm{i}\hbar}{\sqrt{2}}\begin{pmatrix}0&-1&0\\1&0&-1\\0&1&0\end{pmatrix}$	$\frac{\hbar}{\sqrt{2}}\begin{pmatrix}0&1&0\\1&0&1\\0&1&0\end{pmatrix}$
$\hat{L}_y$	$\frac{\hbar}{\sqrt{2}}\begin{pmatrix}0&1&0\\1&0&1\\0&1&0\end{pmatrix}$	$\hbar\begin{pmatrix}1&0&0\\0&0&0\\0&0&-1\end{pmatrix}$	$\frac{\mathrm{i}\hbar}{\sqrt{2}}\begin{pmatrix}0&-1&0\\1&0&-1\\0&1&0\end{pmatrix}$
$\hat{L}_z$	$\frac{\mathrm{i}\hbar}{\sqrt{2}}\begin{pmatrix}0&-1&0\\1&0&-1\\0&1&0\end{pmatrix}$	$\frac{\hbar}{\sqrt{2}}\begin{pmatrix}0&1&0\\1&0&1\\0&1&0\end{pmatrix}$	$\hbar\begin{pmatrix}1&0&0\\0&0&0\\0&0&-1\end{pmatrix}$

由式(10.102)和式(10.103)可知在相邻两个表象之间的变换是同一个变换矩阵

$$
\begin{aligned}
(\hat{L}^2,L_z) \rightarrow (\hat{L}^2,L_x), &\quad [L_i^X]_l = [U_l]^\dagger [L_i^Z]_l [U_l] \\
(\hat{L}^2,L_x) \rightarrow (\hat{L}^2,L_y), &\quad [L_i^Y]_l = [U_l]^\dagger [L_i^X]_l [U_l] \\
(\hat{L}^2,L_y) \rightarrow (\hat{L}^2,L_z), &\quad [L_i^Z]_l = [U_l]^\dagger [L_i^Y]_l [U_l]
\end{aligned}
\tag{10.106}
$$

其中 $i=x,y,z$，这里三个变换用的是同一个幺正矩阵$[U]_l$。由于三次连续表象变换必须回到自身，因此$[U]_l^3=I$。对于幺正矩阵(10.77)，可以直接验证此结论。

10.4 连续基表象变换

连续基的基矢量是由连续变化的实数来标记的，无法像离散基那样将态矢量的分量排列为列矩阵。我们以坐标表象和动量表象之间的变换为例来讨论两个连续基表象之间波函数的变换，这不过是把傅里叶变换纳入表象变换理论。

10.4.1 一维情形

$$
\text{坐标表象：}\quad \langle x \mid x' \rangle = \delta(x - x'),\quad \int_{-\infty}^{\infty} \mathrm{d}x \mid x \rangle \langle x \mid = \hat{I} \tag{10.107}
$$

$$
\text{动量表象：}\quad \langle p \mid p' \rangle = \delta(p - p'),\quad \int_{-\infty}^{\infty} \mathrm{d}p \mid p \rangle \langle p \mid = \hat{I} \tag{10.108}
$$

1. 波函数的变换

态矢量$|\psi\rangle$在坐标表象和动量表象的波函数分别为

$$
\psi(x) = \langle x \mid \psi \rangle,\qquad c(p) = \langle p \mid \psi \rangle \tag{10.109}
$$

利用式(10.107)和式(10.108)中的封闭性关系，可得二者关系

$$
\psi(x) = \langle x \mid \psi \rangle = \int_{-\infty}^{\infty} \mathrm{d}p \langle x \mid p \rangle \langle p \mid \psi \rangle = \frac{1}{\sqrt{2\pi\hbar}} \int_{-\infty}^{\infty} c(p) \mathrm{e}^{\frac{\mathrm{i}}{\hbar}px} \mathrm{d}p \tag{10.110}
$$

$$
c(p) = \langle p \mid \psi \rangle = \int_{-\infty}^{\infty} \mathrm{d}x \langle p \mid x \rangle \langle x \mid \psi \rangle = \frac{1}{\sqrt{2\pi\hbar}} \int_{-\infty}^{\infty} \psi(x) \mathrm{e}^{-\frac{\mathrm{i}}{\hbar}px} \mathrm{d}x \tag{10.111}
$$

这正是傅里叶变换。利用封闭性关系还可以将两组基矢量互相展开

$$
\mid p \rangle = \int_{-\infty}^{\infty} \mathrm{d}x \mid x \rangle \langle x \mid p \rangle = \frac{1}{\sqrt{2\pi\hbar}} \int_{-\infty}^{\infty} \mathrm{d}x \mid x \rangle \mathrm{e}^{\frac{\mathrm{i}}{\hbar}px} \tag{10.112}
$$

$$
\mid x \rangle = \int_{-\infty}^{\infty} \mathrm{d}p \mid p \rangle \langle p \mid x \rangle = \frac{1}{\sqrt{2\pi\hbar}} \int_{-\infty}^{\infty} \mathrm{d}p \mid p \rangle \mathrm{e}^{-\frac{\mathrm{i}}{\hbar}px} \tag{10.113}
$$

式中，$\langle x \mid p \rangle$是$|p\rangle$在基$\{|x\rangle\}$上的分量；$\langle p \mid x \rangle$是$|x\rangle$在基$\{|p\rangle\}$上的分量。

设$\hat{F}=f(\hat{x},\hat{p}_x)$，态矢量$\hat{F}|\psi\rangle$在坐标表象和动量表象的波函数分别为

$$
\langle x \mid \hat{F} \mid \psi \rangle = f\left(x,\ -\mathrm{i}\hbar\frac{\partial}{\partial x}\right)\psi(x),\quad \langle p \mid \hat{F} \mid \psi \rangle = f\left(\mathrm{i}\hbar\frac{\partial}{\partial p}, p\right) c(p) \tag{10.114}
$$

根据式(10.110)和式(10.111)可知二者通过傅里叶变换相联系

$$
\langle x \mid \hat{F} \mid \psi \rangle = \frac{1}{\sqrt{2\pi\hbar}} \int_{-\infty}^{\infty} \mathrm{d}p \langle p \mid \hat{F} \mid \psi \rangle \mathrm{e}^{\frac{\mathrm{i}}{\hbar}px} \tag{10.115}
$$

$$\langle p \mid \hat{F} \mid \psi\rangle = \frac{1}{\sqrt{2\pi\hbar}}\int_{-\infty}^{\infty}\mathrm{d}x\langle x \mid \hat{F} \mid \psi\rangle \mathrm{e}^{-\frac{\mathrm{i}}{\hbar}px} \tag{10.116}$$

2. 内积的计算

利用式(10.107)和式(10.108)中的封闭性关系，得

$$\langle\psi \mid \varphi\rangle = \int_{-\infty}^{\infty}\mathrm{d}x\langle\psi \mid x\rangle\langle x \mid \varphi\rangle = \int_{-\infty}^{\infty}\mathrm{d}p\langle\psi \mid p\rangle\langle p \mid \varphi\rangle \tag{10.117}$$

利用记号

$$\psi(x) = \langle x \mid \psi\rangle,\quad \varphi(x) = \langle x \mid \varphi\rangle,\quad c(p) = \langle p \mid \psi\rangle,\quad b(p) = \langle p \mid \varphi\rangle \tag{10.118}$$

可将式(10.117)写为

$$\langle\psi \mid \varphi\rangle = \int_{-\infty}^{\infty}\mathrm{d}x\,\psi^*(x)\varphi(x) = \int_{-\infty}^{\infty}\mathrm{d}p\,c^*(p)b(p) \tag{10.119}$$

这正是帕塞瓦尔等式。总结一下，态矢量 $|\psi\rangle$ 和 $|\varphi\rangle$ 的内积在 $\hat{A}$ 表象、$\hat{B}$ 表象、坐标表象和动量表象中的计算方法为

$$\begin{aligned}\langle\psi \mid \varphi\rangle &= \sum_n\langle\psi \mid u_n\rangle\langle u_n \mid \varphi\rangle = \sum_k\langle\psi \mid v_k\rangle\langle v_k \mid \varphi\rangle \\ &= \int_{-\infty}^{\infty}\mathrm{d}x\langle\psi \mid x\rangle\langle x \mid \varphi\rangle = \int_{-\infty}^{\infty}\mathrm{d}p\langle\psi \mid p\rangle\langle p \mid \varphi\rangle\end{aligned} \tag{10.120}$$

其中任何两个表达式相等的公式，都称为帕塞瓦尔等式。

10.4.2 三维情形

$$\text{坐标表象：}\quad \langle \boldsymbol{r} \mid \boldsymbol{r}'\rangle = \delta(\boldsymbol{r}-\boldsymbol{r}'),\quad \int_\infty \mathrm{d}^3r\,|\boldsymbol{r}\rangle\langle\boldsymbol{r}| = \hat{I} \tag{10.121}$$

$$\text{动量表象：}\quad \langle \boldsymbol{p} \mid \boldsymbol{p}'\rangle = \delta(\boldsymbol{p}-\boldsymbol{p}'),\quad \int_\infty \mathrm{d}^3p\,|\boldsymbol{p}\rangle\langle\boldsymbol{p}| = \hat{I} \tag{10.122}$$

1. 波函数的变换

态矢量 $|\psi\rangle$ 在坐标表象和动量表象的波函数分别为

$$\psi(\boldsymbol{r}) = \langle\boldsymbol{r} \mid \psi\rangle,\qquad c(\boldsymbol{p}) = \langle\boldsymbol{p} \mid \psi\rangle \tag{10.123}$$

利用式(10.121)和式(10.122)中的封闭性关系，得

$$\psi(\boldsymbol{r}) = \langle\boldsymbol{r} \mid \psi\rangle = \int_\infty \mathrm{d}^3p\langle\boldsymbol{r} \mid \boldsymbol{p}\rangle\langle\boldsymbol{p} \mid \psi\rangle = \frac{1}{(2\pi\hbar)^{3/2}}\int_\infty c(\boldsymbol{p})\mathrm{e}^{\frac{\mathrm{i}}{\hbar}\boldsymbol{p}\cdot\boldsymbol{r}}\mathrm{d}^3p \tag{10.124}$$

$$c(\boldsymbol{p}) = \langle\boldsymbol{p} \mid \psi\rangle = \int_\infty \mathrm{d}^3r\langle\boldsymbol{p} \mid \boldsymbol{r}\rangle\langle\boldsymbol{r} \mid \psi\rangle = \frac{1}{(2\pi\hbar)^{3/2}}\int_\infty \psi(\boldsymbol{r})\mathrm{e}^{-\frac{\mathrm{i}}{\hbar}\boldsymbol{p}\cdot\boldsymbol{r}}\mathrm{d}^3r \tag{10.125}$$

这正是傅里叶变换。利用封闭性关系还可以将两组基矢量互相展开

$$|\boldsymbol{p}\rangle = \int_{-\infty}^{\infty}\mathrm{d}^3r\,|\boldsymbol{r}\rangle\langle\boldsymbol{r} \mid \boldsymbol{p}\rangle = \frac{1}{(2\pi\hbar)^{3/2}}\int_\infty \mathrm{d}^3r\,|\boldsymbol{r}\rangle\mathrm{e}^{\frac{\mathrm{i}}{\hbar}\boldsymbol{p}\cdot\boldsymbol{r}} \tag{10.126}$$

$$|\boldsymbol{r}\rangle = \int_\infty \mathrm{d}^3p\,|\boldsymbol{p}\rangle\langle\boldsymbol{p} \mid \boldsymbol{r}\rangle = \frac{1}{(2\pi\hbar)^{3/2}}\int_\infty \mathrm{d}^3p\,|\boldsymbol{p}\rangle\mathrm{e}^{-\frac{\mathrm{i}}{\hbar}\boldsymbol{p}\cdot\boldsymbol{r}} \tag{10.127}$$

式中，$\langle\boldsymbol{r} \mid \boldsymbol{p}\rangle$ 是 $|\boldsymbol{p}\rangle$ 在基 $\{|\boldsymbol{r}\rangle\}$ 上的分量；$\langle\boldsymbol{p} \mid \boldsymbol{r}\rangle$ 是 $|\boldsymbol{r}\rangle$ 在基 $\{|\boldsymbol{p}\rangle\}$ 上的分量。

2. 内积的计算

利用式(10.121)和式(10.122)中的封闭性关系，得

$$\langle\psi\mid\varphi\rangle=\int_{\infty}\mathrm{d}^3r\langle\psi\mid\boldsymbol{r}\rangle\langle\boldsymbol{r}\mid\varphi\rangle=\int_{\infty}\mathrm{d}^3p\langle\psi\mid\boldsymbol{p}\rangle\langle\boldsymbol{p}\mid\varphi\rangle \tag{10.128}$$

利用记号

$$\psi(\boldsymbol{r})=\langle\boldsymbol{r}\mid\psi\rangle,\quad \varphi(\boldsymbol{r})=\langle\boldsymbol{r}\mid\varphi\rangle,\quad c(\boldsymbol{p})=\langle\boldsymbol{p}\mid\psi\rangle,\quad b(\boldsymbol{p})=\langle\boldsymbol{p}\mid\varphi\rangle \tag{10.129}$$

可将式(10.117)写为

$$\langle\psi\mid\varphi\rangle=\int_{\infty}\mathrm{d}^3r\,\psi^*(\boldsymbol{r})\varphi(\boldsymbol{r})=\int_{\infty}\mathrm{d}^3p\,c^*(\boldsymbol{p})b(\boldsymbol{p}) \tag{10.130}$$

这正是帕塞瓦尔等式。

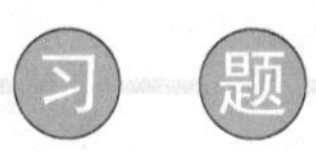

习题

10.1 在$(\hat{L}^2,\hat{L}_z)$表象中，$\hat{L}_x,\hat{L}_y$在子空间$\mathcal{V}_{l=1}$中的矩阵为

$$[L_x^Z]_1=\frac{\hbar}{\sqrt{2}}\begin{pmatrix}0&1&0\\1&0&1\\0&1&0\end{pmatrix},\qquad [L_y^Z]_1=\frac{\mathrm{i}\hbar}{\sqrt{2}}\begin{pmatrix}0&-1&0\\1&0&-1\\0&1&0\end{pmatrix}$$

(1) 利用相似变换矩阵$[U_1]$将$(\hat{L}^2,\hat{L}_z)$表象中的矩阵$[L_y^Z]_1$变换到$(\hat{L}^2,\hat{L}_x)$表象；

(2) 不用坐标轮换法，求幺正相似变换矩阵，将$[L_x^Z]_1$对角化。

提示：将$[L_x^Z]_1$的本征列矩阵按照次序排列起来，就是将其对角化的相似变换矩阵。由于本征矢量有个不定相因子，这种方法求出的相似变换矩阵与$[U_1]$可以有所区别。

10.2 设体系的哈密顿算符为

$$\hat{H}=\frac{\hat{p}^2}{2m}+V(\hat{x})$$

(1) 写出坐标表象和动量表象中$\hat{H}$的矩阵元；

(2) 利用表象变换的方式，将$\hat{H}$的矩阵元从坐标表象变换到动量表象。

10.3 考虑一维问题，设$\hat{A}$表象的正交归一关系和封闭性关系为

$$\langle u_n\mid u_{n'}\rangle=\delta_{nn'},\qquad \sum_n|u_n\rangle\langle u_n|=\hat{I}$$

试讨论：

(1) $\hat{A}$表象和坐标表象之间波函数的变换和内积的计算；

(2) $\hat{A}$表象和动量表象之间波函数的变换和内积的计算。

第 11 章 角动量理论

角动量理论是量子力学中非常精彩的内容之一。和占有数算符一样，仅通过角动量算符的代数关系就能得到其本征值。角动量理论还预言了半奇数角量子数，这为自旋的描述提供了数学基础。

11.1 一般角动量

我们将从算符的角度定义角动量，由此可以将轨道角动量和自旋角动量纳入同一个理论体系。不同种类的角动量算符属于不同的线性空间，轨道角动量算符与坐标算符、动量算符是同一个态空间的算符，而自旋角动量算符则是另一个态空间的算符。

11.1.1 角动量算符

1. 算符的定义

设态空间 $\mathcal{V}$ 中有三个力学量算符 $\hat{J}_x,\hat{J}_y,\hat{J}_z$，如果它们满足如下对易关系

$$[\hat{J}_\alpha,\hat{J}_\beta]=\mathrm{i}\hbar\varepsilon_{\alpha\beta\gamma}\hat{J}_\gamma,\quad \alpha,\beta=x,y,z \tag{11.1}$$

则将 $\hat{J}_x,\hat{J}_y,\hat{J}_z$ 称为角动量算符(angular momentum operator)，并将其作为一个矢量算符 $\hat{\boldsymbol{J}}$ 的直角坐标分量。角动量平方算符定义为

$$\hat{J}^2=\hat{J}_\alpha\hat{J}_\alpha=\hat{J}_x^2+\hat{J}_y^2+\hat{J}_z^2 \tag{11.2}$$

根据对易关系(11.1)，可以证明(留作练习)

$$[\hat{J}^2,\hat{J}_\alpha]=0,\quad \alpha=x,y,z \tag{11.3}$$

若算符 $\hat{A}$ 与角动量的三个分量算符 $\hat{J}_x,\hat{J}_y,\hat{J}_z$ 均对易

$$[\hat{A},\hat{J}_\alpha]=0,\quad \alpha=x,y,z \tag{11.4}$$

则称为标量算符(scalar operator)。$\hat{J}^2$ 就是一个标量算符。

2. 角量子数和磁量子数

设 $|\psi\rangle$ 为任意非零态矢量，则

$$\begin{aligned}\langle\psi|\hat{J}^2|\psi\rangle&=\langle\psi|\hat{J}_x^2|\psi\rangle+\langle\psi|\hat{J}_y^2|\psi\rangle+\langle\psi|\hat{J}_z^2|\psi\rangle\\&=\|\hat{J}_x|\psi\rangle\|^2+\|\hat{J}_y|\psi\rangle\|^2+\|\hat{J}_z|\psi\rangle\|^2\geqslant 0\end{aligned} \tag{11.5}$$

当 $|\psi\rangle$ 为 $\hat{J}^2$ 的本征矢量时，$\langle\psi|\hat{J}^2|\psi\rangle=$本征值$\times\langle\psi|\psi\rangle\geqslant 0$，由于自内积$\langle\psi|\psi\rangle\geqslant 0$，因此本

征值必须是个非负实数。

将 $\hat{J}^2$ 的本征值记为 $\lambda\hbar^2$，由于 $\hbar$ 具有角动量的量纲，因此 λ 是个无量纲的实数。根据上一步分析，$\lambda \geqslant 0$。为了进一步分析问题，我们将 λ 写为

$$\lambda = j(j+1), \quad j \geqslant 0 \tag{11.6}$$

这个记号只是为了后来方便，对 λ 的数值并没有进一步限制。λ 和 j 的关系如图 11-1 所示。当 $j \geqslant 0$ 时，λ 和 j 有一一对应关系。

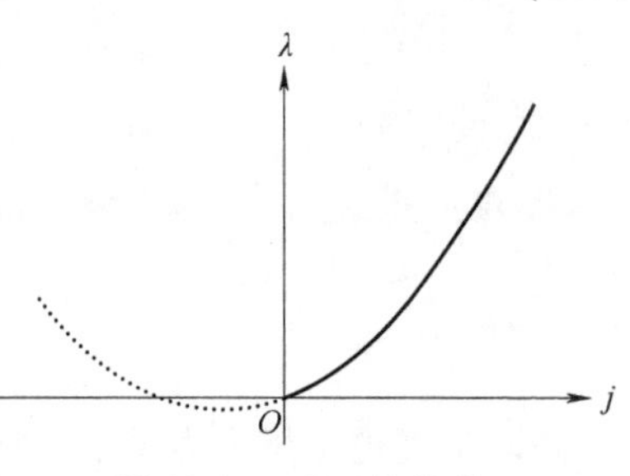

图 11-1　λ 和 j 的关系

将 $\hat{J}_z$ 的本征值记为 $m\hbar$，其中 m 是无量纲实数。j 和 m 分别称为角量子数和磁量子数。可以证明[㊀]，角量子数的取值范围是

$$\boxed{j = 0, \quad \frac{1}{2}, \quad 1, \quad \frac{3}{2}, \quad 2, \quad \frac{5}{2}, \quad \cdots} \tag{11.7}$$

这个范围包括非负整数和正半奇数。对于给定的 j，磁量子数 m 的取值为

$$\boxed{m = j, \quad j-1, \quad \cdots, \quad -j+1, \quad -j} \tag{11.8}$$

一共有 $2j+1$ 个取值。

讨论

式(11.7)表示 j 的容许值。对于一个具体的角动量，这些值未必能够全部出现。比如对于轨道角动量，j 的取值范围只能是非负整数，而不能是正半奇数。而对于一种粒子的自旋，j 只有唯一取值(见 11.3 节)。

3. 磁量子数升降算符

引入两个线性算符

$$\hat{J}_+ = \hat{J}_x + \mathrm{i}\hat{J}_y, \quad \hat{J}_- = \hat{J}_x - \mathrm{i}\hat{J}_y \tag{11.9}$$

二者互为伴算符。$\hat{J}_+$ 和 $\hat{J}_-$ 分别称为磁量子数的升算符和降算符，后面我们将会知道这个名称的含义。利用对易关系(11.1)，容易证明(留作练习)

$$[\hat{J}_z, \hat{J}_+] = \hbar\hat{J}_+, \qquad [\hat{J}_z, \hat{J}_-] = -\hbar\hat{J}_-, \qquad [\hat{J}_+, \hat{J}_-] = 2\hbar\hat{J}_z \tag{11.10}$$

由式(11.3)可知，$\hat{J}^2$ 与 $\hat{J}_x, \hat{J}_y, \hat{J}_z$ 的任意线性组合均对易，因此

$$[\hat{J}^2, \hat{J}_+] = [\hat{J}^2, \hat{J}_-] = 0 \tag{11.11}$$

我们来计算乘积 $\hat{J}_+\hat{J}_-$ 和 $\hat{J}_-\hat{J}_+$。利用角动量算符对易关系(11.1)，可得

$$\hat{J}_+\hat{J}_- = (\hat{J}_x + \mathrm{i}\hat{J}_y)(\hat{J}_x - \mathrm{i}\hat{J}_y) = \hat{J}_x^2 + \hat{J}_y^2 - \mathrm{i}[\hat{J}_x, \hat{J}_y] = \hat{J}_x^2 + \hat{J}_y^2 + \hbar\hat{J}_z \tag{11.12}$$

$$\hat{J}_-\hat{J}_+ = (\hat{J}_x - \mathrm{i}\hat{J}_y)(\hat{J}_x + \mathrm{i}\hat{J}_y) = \hat{J}_x^2 + \hat{J}_y^2 + \mathrm{i}[\hat{J}_x, \hat{J}_y] = \hat{J}_x^2 + \hat{J}_y^2 - \hbar\hat{J}_z \tag{11.13}$$

利用角动量平方算符(11.2)，可以将这两个结果写为

$$\hat{J}_+\hat{J}_- = \hat{J}^2 - \hat{J}_z^2 + \hbar\hat{J}_z, \qquad \hat{J}_-\hat{J}_+ = \hat{J}^2 - \hat{J}_z^2 - \hbar\hat{J}_z \tag{11.14}$$

两式相加，还可以得到

$$\hat{J}^2 = \frac{1}{2}(\hat{J}_+\hat{J}_- + \hat{J}_-\hat{J}_+) + \hat{J}_z^2 \tag{11.15}$$

㊀ 参见后面选读材料.

11.1.2 态空间的结构

1. 子空间和基

考虑某个物理体系的态空间 $\mathcal{V}$，将由 $(\hat{J}^2,\hat{J}_z)$ 的本征值组 $j(j+1)\hbar^2$ 和 $m\hbar$ 标记的本征子空间记为 $\mathcal{V}(j,m)$，态空间 $\mathcal{V}$ 是各个子空间的直和

$$\mathcal{V}=\sum_j\sum_{m=-j}^{j}\oplus\mathcal{V}(j,m) \tag{11.16}$$

$\oplus$表示这个公式中的 Σ 求和为求直和。

假定 $(\hat{A},\hat{J}^2,\hat{J}_z)$ 构成态空间 $\mathcal{V}$ 的 CSCO，其共同本征矢量记为 $|kjm\rangle$，指标 k 用来标记 $\hat{A}$ 的本征值。$\hat{A},\hat{J}^2,\hat{J}_z$ 的本征方程分别为

$$\begin{aligned}\hat{A}\,|kjm\rangle &=\mu_k\,|kjm\rangle\\ \hat{J}^2\,|kjm\rangle &=j(j+1)\hbar^2\,|kjm\rangle\\ \hat{J}_z\,|kjm\rangle &=m\hbar\,|kjm\rangle\end{aligned} \tag{11.17}$$

如果 $\hat{A}$ 具有离散谱，则正交归一关系和封闭性关系为

$$\langle kjm\,|\,k'j'm'\rangle=\delta_{kk'}\delta_{jj'}\delta_{mm'},\quad \sum_{kjm}|kjm\rangle\langle kjm|=\hat{I} \tag{11.18}$$

如果 $\hat{A}$ 具有连续谱，则正交归一关系和封闭性关系为

$$\langle kjm\,|\,k'j'm'\rangle=\delta(k-k')\delta_{jj'}\delta_{mm'},\quad \int_{R(k)}\mathrm{d}k\sum_{jm}|kjm\rangle\langle kjm|=\hat{I} \tag{11.19}$$

其中 $R(k)$ 是 k 的取值集合。

2. 不变子空间

设 $(\hat{A},\hat{J}^2,\hat{J}_z)$ 构成 CSCO，其中 $\hat{A}$ 是标量算符且具有离散谱。由式(11.17)，得

$$\hat{A}\hat{J}_\alpha\,|kjm\rangle=\hat{J}_\alpha\hat{A}\,|kjm\rangle=\mu_k\hat{J}_\alpha\,|kjm\rangle,\quad \alpha=x,y,z \tag{11.20}$$

由此可知，当 $\hat{J}_i\,|kjm\rangle$ 为非零矢量时，也是 $\hat{A}$ 的本征值为 μ_k 本征矢量。同理，$\hat{J}_i\,|kjm\rangle$ 也是 $\hat{J}^2$ 的本征值为 $j(j+1)\hbar^2$ 的本征矢量。由此可见，由 k,j 标记的子空间 $\mathcal{V}(k,j)$ 是 $\hat{\boldsymbol{J}}$ 的不变子空间。态空间 $\mathcal{V}$ 是各个不变子空间的直和

$$\mathcal{V}=\sum_{kj}\oplus\mathcal{V}(k,j) \tag{11.21}$$

式(11.16)和式(11.21)分别代表态空间的两种不同分解。

3. 升降算符的作用

设 $(\hat{A},\hat{J}^2,\hat{J}_z)$ 构成 CSCO，其中 $\hat{A}$ 是标量算符且具有离散谱。可以证明[⊖]，$\hat{J}_\pm\,|kjm\rangle$ 也是 $(\hat{A},\hat{J}^2,\hat{J}_z)$ 的共同本征矢量，本征值分别为 μ_k，$j(j+1)\hbar^2$ 和 $(m\pm1)\hbar$。根据假定，$(\hat{A},\hat{J}^2,\hat{J}_z)$ 构成一个 CSCO，三个量子数 k,j,m 可以确定 $\hat{A},\hat{J}^2,\hat{J}_z$ 的唯一共同本征矢量，因此 $\hat{J}_\pm\,|kjm\rangle$ 与 $|kj,m\pm1\rangle$ 只能相差一个常数因子。设

$$\hat{J}_+\,|kjm\rangle=C_{jm}\,|kj,m+1\rangle \tag{11.22}$$

$$\hat{J}_-\,|kjm\rangle=D_{jm}\,|kj,m-1\rangle \tag{11.23}$$

首先，对式(11.22)两端求范数平方，并利用式(11.14)，得

$$\|\hat{J}_+\,|kjm\rangle\|^2=[j(j+1)-m(m+1)]\hbar^2=|C_{jm}|^2 \tag{11.24}$$

⊖ 参见后面选读材料引理 3.

取 C_{jm} 为非负实数，得

$$C_{jm} = \sqrt{j(j+1) - m(m+1)}\,\hbar \tag{11.25}$$

其次，用 $\hat{J}_+$ 作用于式(11.23)两端，并利用式(11.14)，可得左端为

$$\hat{J}_+\hat{J}_- \mid kjm\rangle = [j(j+1) - m(m-1)]\hbar^2 \mid kjm\rangle \tag{11.26}$$

根据式(11.22)，可得式(11.23)右端为

$$D_{jm}\hat{J}_+ \mid kj,m-1\rangle = D_{jm}C_{j,m-1} \mid kjm\rangle \tag{11.27}$$

由此可得

$$[j(j+1) - m(m-1)]\hbar^2 = D_{jm}C_{j,m-1} \tag{11.28}$$

根据式(11.25)，可得

$$D_{jm} = \sqrt{j(j+1) - m(m-1)}\,\hbar \tag{11.29}$$

将 C_{jm} 和 D_{jm} 的表达式代入式(11.22)和式(11.23)，并注意到

$$\begin{aligned} j(j+1) - m(m+1) &= (j-m)(j+m+1) \\ j(j+1) - m(m-1) &= (j+m)(j-m+1) \end{aligned} \tag{11.30}$$

可得

$$\boxed{\hat{J}_+ \mid kjm\rangle = \sqrt{(j-m)(j+m+1)}\,\hbar \mid kj,m+1\rangle} \tag{11.31}$$

$$\boxed{\hat{J}_- \mid kjm\rangle = \sqrt{(j+m)(j-m+1)}\,\hbar \mid kj,m-1\rangle} \tag{11.32}$$

由于 $\hat{J}_+$ 和 $\hat{J}_-$ 分别使磁量子数 m 加 1 和减 1，因此我们将 $\hat{J}_+$ 和 $\hat{J}_-$ 称为磁量子数 m 的升算符和降算符。

由于系数 C_{jm} 和 D_{jm} 只与 j,m 有关而与 k 无关，因此 $\hat{\boldsymbol{J}}$ 对 $\mathcal{V}(k,j)$ 内任意矢量作用效果与 k 无关。也就是说，对 $\hat{\boldsymbol{J}}$ 而言所有 j 相同的子空间 $\mathcal{V}(k,j)$ 完全相同。在不需要声明 k 值时可将 $\mid kjm\rangle$ 简记为 $\mid jm\rangle$，比如将 $\hat{J}^2$ 和 $\hat{J}_z$ 本征方程简写为

$$\begin{aligned} \hat{J}^2 \mid jm\rangle &= j(j+1)\hbar^2 \mid jm\rangle \\ \hat{J}_z \mid jm\rangle &= m\hbar \mid jm\rangle \end{aligned} \tag{11.33}$$

也可以将升降算符的作用简写为

$$\boxed{\hat{J}_+ \mid jm\rangle = \sqrt{(j-m)(j+m+1)}\,\hbar \mid j,m+1\rangle} \tag{11.34}$$

$$\boxed{\hat{J}_- \mid jm\rangle = \sqrt{(j+m)(j-m+1)}\,\hbar \mid j,m-1\rangle} \tag{11.35}$$

根据式(11.9)，可得

$$\hat{J}_x \mid jm\rangle = \frac{\hbar}{2}\left[\sqrt{(j-m)(j+m+1)} \mid j,m+1\rangle + \sqrt{(j+m)(j-m+1)} \mid j,m-1\rangle\right] \tag{11.36}$$

$$\hat{J}_y \mid jm\rangle = \frac{\hbar}{2\mathrm{i}}\left[\sqrt{(j-m)(j+m+1)} \mid j,m+1\rangle - \sqrt{(j+m)(j-m+1)} \mid j,m-1\rangle\right] \tag{11.37}$$

讨论

归一化态矢量 $\mid kjm\rangle$ 具有常数相因子不定性。将系数 C_{jm} 的相位选择为 0，相当于约定了对应同一个 k,j 值、不同 m 值的各个基矢量 $\mid kjm\rangle$ 的相位差，只要固定了其中一个基矢量(比如 $\mid kjj\rangle$)的相位，其他基矢量的相位就都确定了。

4. 角动量算符的矩阵

设$(\hat{A},\hat{J}^2,\hat{J}_z)$构成 CSCO，其中 $\hat{A}$ 是标量算符且具有离散谱。根据递推公式(11.31)

和(11.32)，可得 $\hat{J}_+$和 $\hat{J}_-$的矩阵元为

$$\langle k'j'm' | \hat{J}_+ | kjm \rangle = \sqrt{(j-m)(j+m+1)}\,\hbar\delta_{k'k}\delta_{j'j}\delta_{m',m+1} \tag{11.38}$$

$$\langle k'j'm' | \hat{J}_- | kjm \rangle = \sqrt{(j+m)(j-m+1)}\,\hbar\delta_{k'k}\delta_{j'j}\delta_{m',m-1} \tag{11.39}$$

根据式(11.9)，可得 $\hat{J}_x$ 和 $\hat{J}_y$ 的矩阵元为

$$\langle k'j'm' | \hat{J}_x | kjm \rangle = \frac{\hbar}{2}\left[\sqrt{(j-m)(j+m+1)}\,\delta_{k'k}\delta_{j'j}\delta_{m',m+1} + \sqrt{(j+m)(j-m+1)}\,\delta_{k'k}\delta_{j'j}\delta_{m',m-1}\right] \tag{11.40}$$

$$\langle k'j'm' | \hat{J}_y | kjm \rangle = \frac{\hbar}{2\mathrm{i}}\left[\sqrt{(j-m)(j+m+1)}\,\delta_{k'k}\delta_{j'j}\delta_{m',m+1} - \sqrt{(j+m)(j-m+1)}\,\delta_{k'k}\delta_{j'j}\delta_{m',m-1}\right] \tag{11.41}$$

由此可知，$\hat{J}_+,\hat{J}_-,\hat{J}_x$ 和 $\hat{J}_y$ 的矩阵形式都是分块对角矩阵。对于固定的 k 和 j，相应的子矩阵为 $2j+1$ 阶的。比如，对于 $j=1$ 和任意给定的 k 值，根据式(11.40)和式(11.41)，可得 $\hat{J}_x$ 和 $\hat{J}_y$ 的子矩阵，其中以 m'为行指标，m 为列指标，m'和 m 均按照 $1,0,-1$ 的次序排列

$$[J_x]_{j=1} = \frac{\hbar}{\sqrt{2}}\begin{pmatrix} 0 & 1 & 0 \\ 1 & 0 & 1 \\ 0 & 1 & 0 \end{pmatrix} \quad [J_y]_{j=1} = \frac{\mathrm{i}\hbar}{\sqrt{2}}\begin{pmatrix} 0 & -1 & 0 \\ 1 & 0 & -1 \\ 0 & 1 & 0 \end{pmatrix} \tag{11.42}$$

至于 $\hat{J}_z$ 的矩阵，当然是对角矩阵

$$[J_z]_{j=1} = \hbar\begin{pmatrix} 1 & 0 & 0 \\ 0 & 0 & 0 \\ 0 & 0 & -1 \end{pmatrix} \tag{11.43}$$

这三个矩阵与以前求出的轨道角动量的矩阵完全相同。同样，对于 $j>1$ 的子矩阵，也可以根据式(11.40)和式(11.41)直接写出。前面我们提到求角动量算符的子矩阵有“更好方法”，就是指此而言。

*11.1.3　本征值问题

1. 三个引理

如果 $\hat{J}^2$ 和 $\hat{J}_z$ 并不构成态空间的 CSCO，则 $\mathcal{V}(j,m)$ 的维数可能大于 1，需要引入额外指标标记 $\mathcal{V}(j,m)$ 的基矢量。为了简单起见，我们假定只需要补充一个指标 k，将子空间 $\mathcal{V}(j,m)$ 的归一化基矢量记为 $|kjm\rangle$。

引理 1　同一个态矢量 $|kjm\rangle$ 的 j 和 m 满足如下不等式

$$-j \leqslant m \leqslant j \tag{11.44}$$

证明：考虑到 $\hat{J}_+$与 $\hat{J}_-$互为伴算符，并利用式(11.14)，得

$$\| \hat{J}_+ | kjm \rangle \|^2 = \langle kjm | \hat{J}_- \hat{J}_+ | kjm \rangle = [j(j+1) - m(m+1)]\hbar^2 \tag{11.45}$$

$$\| \hat{J}_- | kjm \rangle \|^2 = \langle kjm | \hat{J}_+ \hat{J}_- | kjm \rangle = [j(j+1) - m(m-1)]\hbar^2 \tag{11.46}$$

由于矢量的范数的平方为非负值，因此

$$j(j+1) - m(m+1) = (j-m)(j+m+1) \geqslant 0 \tag{11.47}$$

$$j(j+1) - m(m-1) = (j+m)(j-m+1) \geqslant 0 \tag{11.48}$$

根据式(11.47)，两因子 $j-m$ 和 $j+m+1$ 或者具有相同符号，或者其中一个为零。如果二者都是正值或 0，则有

$$-(j+1) \leqslant m \leqslant j \tag{11.49}$$

如果两因子都是负值，则有$j<m<-(j+1)$，这跟$j\geqslant 0$矛盾，不取。类似地，根据式(11.48)，可得

$$-j \leqslant m \leqslant j+1 \tag{11.50}$$

条件(11.49)和(11.50)是同时成立的，由此便证明了式(11.44)。

引理2 (1) $\hat{J}_+|kjm\rangle=0$当且仅当$m=j$；

(2) $\hat{J}_-|kjm\rangle=0$当且仅当$m=-j$。

证明：(1) 设$m=j$，根据式(11.45)

$$\| \hat{J}_+ |kj,m=j\rangle \|^2 = [j(j+1)-j(j+1)]\hbar^2 = 0 \tag{11.51}$$

由此可知$\hat{J}_+|kj,m=j\rangle=0$。反过来，设$\hat{J}_+|kjm\rangle=0$，用$\hat{J}_-$作用于方程两端，得

$$\hat{J}_-\hat{J}_+|kjm\rangle = [j(j+1)-m(m+1)]\hbar^2|kjm\rangle = 0 \tag{11.52}$$

由此可得

$$j(j+1)-m(m+1)=0 \tag{11.53}$$

方程(11.53)的解为$m=j$和$m=-(j+1)$。由于$m=-(j+1)$被引理1排除，因此唯一合理的解为$m=j$。

(2) 设$m=-j$，根据式(11.46)

$$\| \hat{J}_- |kj,m=-j\rangle \|^2 = [j(j+1)-j(j+1)]\hbar^2 = 0 \tag{11.54}$$

因此$\hat{J}_-|kj,m=-j\rangle=0$。反过来，设$\hat{J}_-|kjm\rangle=0$，则

$$\hat{J}_+\hat{J}_-|kjm\rangle = [j(j+1)-m(m-1)]\hbar^2|kjm\rangle = 0 \tag{11.55}$$

由此可得

$$j(j+1)-m(m-1)=0 \tag{11.56}$$

方程(11.56)的解为$m=-j$和$m=j+1$。由于$m=j+1$被引理1排除，因此唯一合理的解为$m=-j$。

引理3 设对于$-j<m<j$，$|kjm\rangle$是$\hat{J}^2$与$\hat{J}_z$的共同本征矢量，则

(1) $\hat{J}_+|kjm\rangle$也是$\hat{J}^2$与$\hat{J}_z$的共同本征矢量，本征值为$j(j+1)\hbar^2$和$(m+1)\hbar$；

(2) $\hat{J}_-|kjm\rangle$也是$\hat{J}^2$与$\hat{J}_z$的共同本征矢量，本征值为$j(j+1)\hbar^2$和$(m-1)\hbar$。

证明：(1) 由于$m<j$，由引理2可知$\hat{J}_+|kjm\rangle\neq 0$。根据式(11.11)，可知

$$\hat{J}^2\hat{J}_+|kjm\rangle = \hat{J}_+\hat{J}^2|kjm\rangle = j(j+1)\hbar^2\hat{J}_+|kjm\rangle \tag{11.57}$$

这表示$\hat{J}_+|kjm\rangle$是$\hat{J}^2$的本征矢量，本征值为$j(j+1)\hbar^2$。根据式(11.10)第一个对易关系，可知

$$\hat{J}_z\hat{J}_+|kjm\rangle = (\hat{J}_+\hat{J}_z+\hbar\hat{J}_+)|kjm\rangle = (m+1)\hbar\hat{J}_+|kjm\rangle \tag{11.58}$$

这表示$\hat{J}_+|kjm\rangle$是$\hat{J}_z$的本征矢量，本征值为$(m+1)\hbar$。

(2) 由于$m>-j$，由引理2可知$\hat{J}_-|kjm\rangle\neq 0$。根据式(11.11)，可知

$$\hat{J}^2\hat{J}_-|kjm\rangle = \hat{J}_-\hat{J}^2|kjm\rangle = j(j+1)\hbar^2\hat{J}_-|kjm\rangle \tag{11.59}$$

这表示$\hat{J}_-|kjm\rangle$是$\hat{J}^2$的本征矢量，本征值为$j(j+1)\hbar^2$。根据式(11.10)第二个对易关系，可知

$$\hat{J}_z\hat{J}_-|kjm\rangle = (\hat{J}_-\hat{J}_z-\hbar\hat{J}_-)|kjm\rangle = (m-1)\hbar\hat{J}_-|kjm\rangle \tag{11.60}$$

这表示$\hat{J}_-|kjm\rangle$是$\hat{J}_z$的本征矢量，本征值为$(m-1)\hbar$。

2. 本征值

根据三个引理，我们来确定j和m的可能取值。这个过程与确定占有数算符$\hat{N}$的本征值

的过程是类似的。现在假定：对于$-j<m<j$，$|kjm\rangle$是$\hat{J}^2$与$\hat{J}_z$的共同本征矢量。为了行文方便，下面将这个假定称为命题(A)，从两个方面来探讨命题(A)成立的必要条件。

(1) 根据引理 3，$\hat{J}_-|kjm\rangle$也是$\hat{J}^2$与$\hat{J}_z$的共同本征矢量，本征值分别为$j(j+1)\hbar^2$和$(m-1)\hbar$；如果$m-1$仍满足$-j<m-1<j$，则继续使用引理 3，可得$\hat{J}_-^2|kjm\rangle$也是$\hat{J}^2$与$\hat{J}_z$的共同本征矢量，本征值分别为$j(j+1)\hbar^2$和$(m-2)\hbar$。这个过程可以一直进行下去，得到如下序列

$$\hat{J}_-|kjm\rangle,\quad \hat{J}_-^2|kjm\rangle,\quad \cdots,\quad \hat{J}_-^p|kjm\rangle \tag{11.61}$$

其中p是非负整数，且满足

$$-j \leqslant m-p < -j+1 \tag{11.62}$$

矢量序列(11.61)均是$\hat{J}^2$与$\hat{J}_z$的共同本征矢量，其中$\hat{J}^2$的本征值为$j(j+1)\hbar^2$，而$\hat{J}_z$的本征值则分别为

$$(m-1)\hbar,\quad (m-2)\hbar,\quad \cdots,\quad (m-p)\hbar \tag{11.63}$$

如果式(11.62)中等号不成立，即$-j<m-p<-j+1$，则仍然可以利用引理 3，由此可知$\hat{J}_-^{p+1}|kjm\rangle$也是$\hat{J}^2$与$\hat{J}_z$的共同本征矢量，本征值分别为$j(j+1)\hbar^2$和$(m-p-1)\hbar$。根据式(11.62)，$m-p-1<-j$，这个本征值与引理 1 矛盾，这种情况下假定不成立。反之，如果式(11.62)中等号成立，即

$$m-p=-j \tag{11.64}$$

则根据引理 2 可知，$\hat{J}_-^{p+1}|kjm\rangle=0$。因为得到了零矢量，所以非零矢量序列终止于$\hat{J}_-^p|kjm\rangle$。由此可知，命题(A)成立的必要条件之一是$m$与$-j$之间相差一个非负整数$p$。

(2) 根据引理 3，$\hat{J}_+|kjm\rangle$也是$\hat{J}^2$与$\hat{J}_z$的共同本征矢量，本征值分别为$j(j+1)\hbar^2$和$(m+1)\hbar$；如果$m+1$仍满足$-j<m+1<j$，则继续使用引理 3，可得$\hat{J}_+^2|kjm\rangle$也是$\hat{J}^2$与$\hat{J}_z$的共同本征矢量，本征值分别为$j(j+1)\hbar^2$和$(m+2)\hbar$。这个过程可以一直进行下去，得到如下序列

$$\hat{J}_+|kjm\rangle,\quad \hat{J}_+^2|kjm\rangle,\quad \cdots,\quad \hat{J}_+^q|kjm\rangle \tag{11.65}$$

其中q是非负整数，且满足

$$j-1 < m+q \leqslant j \tag{11.66}$$

矢量序列(11.65)均是$\hat{J}^2$与$\hat{J}_z$的共同本征矢量，其中$\hat{J}^2$的本征值为$j(j+1)\hbar^2$，而$\hat{J}_z$的本征值则分别为

$$(m+1)\hbar,\quad (m+2)\hbar,\quad \cdots,\quad (m+q)\hbar \tag{11.67}$$

如果式(11.66)中等号不成立，即$j-1<m+q<j$，则仍然可以利用引理 3，由此可知$\hat{J}_+^{q+1}|kjm\rangle$也是$\hat{J}^2$与$\hat{J}_z$的共同本征矢量，本征值分别为$j(j+1)\hbar^2$和$(m+q+1)\hbar$。根据式(11.66)，$m+q+1>j$，这个本征值与引理 1 矛盾，这种情况下命题(A)不成立。反之，如果式(11.66)中等号成立，即

$$m+q=j \tag{11.68}$$

则根据引理 2 可知，$\hat{J}_+^{q+1}|kjm\rangle=0$。因为得到了零矢量，所以非零矢量序列终止于$\hat{J}_+^q|kjm\rangle$。由此可知，命题(A)成立的必要条件之一是$m$与$j$之间相差一个非负整数$q$。

综合两个必要条件式(11.64)和式(11.68)，可知

$$p+q=2j \tag{11.69}$$

这表明$2j$的取值只能是非负整数，因此j的取值范围是式(11.7)。从推导过程可知，如果对于式(11.7)中的一个j的取值，$|kjm\rangle$是$\hat{J}^2$与$\hat{J}_z$的共同本征矢量，则序列(11.61)和(11.65)也是$\hat{J}^2$与$\hat{J}_z$的共同本征矢量，其中$\hat{J}^2$的本征值均为$j(j+1)\hbar^2$，而$\hat{J}_z$的本征值为

$$j\hbar,\quad (j-1)\hbar,\quad \cdots,\quad (-j+1)\hbar,\quad -j\hbar \tag{11.70}$$

或者说m的取值范围为式(11.8)。

*11.1.4 标准表象

假定$(\hat{A},\hat{J}^2,\hat{J}_z)$构成CSCO，其中$\hat{A}$具有离散谱，但不是标量算符。此时，我们无法证明$\hat{J}_+|kjm\rangle$或$\hat{J}_-|kjm\rangle$也是$\hat{A}$的本征矢量，$\mathcal{V}(k,j)$不一定是$\hat{J}_+$和$\hat{J}_-$的不变子空间，也无法得到递推公式(11.31)和公式(11.32)。我们将证明，从态空间的正交归一基$\{|kjm\rangle\}$出发可以找到另一个正交归一基$\{|\phi_{kjm}\rangle\}$，新的基矢量满足递推公式。在此基础上可以构造标量算符$\hat{B}$，使得$(\hat{B},\hat{J}^2,\hat{J}_z)$构成CSCO。

1. 构造新正交归一基

先构造新的正交归一基，我们分四步来完成目标。

(1) 设$|\psi\rangle\in\mathcal{V}(j,m)$，当$m<j$时，$\hat{J}_+|\psi\rangle\in\mathcal{V}(j,m+1)$。

证明：设$m<j$，由引理2可知$\hat{J}_+|kjm\rangle\neq0$；由引理3可知$\hat{J}_+|kjm\rangle\in\mathcal{V}(j,m+1)$。设$|\psi\rangle\in\mathcal{V}(j,m)$，则

$$\hat{J}_+|\psi\rangle=\hat{J}_+\sum_k|kjm\rangle\langle kjm|\psi\rangle=\sum_k\hat{J}_+|kjm\rangle\langle kjm|\psi\rangle\in\mathcal{V}(j,m+1) \tag{11.71}$$

类似地可以证明：当$m>-j$时，$\hat{J}_-|\psi\rangle\in\mathcal{V}(j,m-1)$。

(2) 设$m<j$，$\hat{J}_+|k_1jm\rangle\perp\hat{J}_+|k_2jm\rangle$当且仅当$|k_1jm\rangle\perp|k_2jm\rangle$。

证明：根据式(11.14)，得

$$\begin{aligned}(\hat{J}_+|k_1jm\rangle,\hat{J}_+|k_2jm\rangle)&=\langle k_1jm|\hat{J}_-\hat{J}_+|k_2jm\rangle\\&=[j(j+1)-m(m+1)]\hbar^2\langle k_1jm|k_2jm\rangle=0\end{aligned} \tag{11.72}$$

当$m<j$时$j(j+1)-m(m+1)\neq0$，因此$\langle k_1jm|k_2jm\rangle=0$。

由此可知，算符$\hat{J}_+$将子空间$\mathcal{V}(j,m)$的正交归一基$\{|kjm\rangle\}$映射为子空间$\mathcal{V}(j,m+1)$中的一组互相正交的矢量$\{\hat{J}_+|kjm\rangle\}$。

(3) $\{\hat{J}_+|kjm\rangle\}$构成$\mathcal{V}(j,m+1)$的一个正交基。为证明这一点，只需要证明$\mathcal{V}(j,m+1)$不存在与$\{\hat{J}_+|kjm\rangle\}$中所有矢量正交的非零矢量。设$|\psi\rangle\in\mathcal{V}(j,m+1)$，且对所有$k$值均成立$\langle\psi|\hat{J}_+|kjm\rangle=0$，取复共轭，并注意$\hat{J}_+$和$\hat{J}_-$互为伴算符，可得$\langle kjm|\hat{J}_-|\psi\rangle=0$。根据第(1)步最后结论，$\hat{J}_-|\psi\rangle\in\mathcal{V}(j,m)$。由于$\hat{J}_-|\psi\rangle$在$\mathcal{V}(j,m)$的所有基矢量上分量为零，因此$\hat{J}_-|\psi\rangle=0$。由此可得

$$\begin{aligned}\langle kj,m+1|\hat{J}_+\hat{J}_-|\psi\rangle&=\langle kj,m+1|(\hat{J}^2-\hat{J}_z^2+\hbar\hat{J}_z)|\psi\rangle\\&=[j(j+1)-m(m+1)]\hbar^2\langle kj,m+1|\psi\rangle=0\end{aligned} \tag{11.73}$$

因此$|\psi\rangle$的所有分量$\langle kj,m+1|\psi\rangle=0$，从而$|\psi\rangle=0$。

(4) 引入归一化矢量

$$|\phi_{kj,m+1}\rangle=N_{jm}\hat{J}_+|kjm\rangle,\qquad 其中\ N_{jm}=\|\hat{J}_+|kjm\rangle\|^{-1} \tag{11.74}$$

矢量组$\{|\phi_{kj,m+1}\rangle\}$构成$\mathcal{V}(j,m+1)$的正交归一基。如前所述，$\hat{J}_+|kjm\rangle$不一定是算符$\hat{A}$的本征

矢量，因此$\{|\phi_{kj,m+1}\rangle\}$不同于原来的基$\{|kj,m+1\rangle\}$。如果$m+1<j$，从$\{|\phi_{kj,m+1}\rangle\}$出发，由同样过程可以找到$\mathcal{V}(j,m+2)$的正交归一基。由此可见，从$\mathcal{V}(j,-j)$的正交归一基$\{|kj,-j\rangle\}$出发，用升算符$\hat{J}_+$作用$2j$次，就找到了另外$2j$个子空间的正交归一基。对所有$j$值的子空间$\mathcal{V}(j,-j)$采用相同的方案，就找到了整个态空间的正交归一基$\{|\phi_{kjm}\rangle\}$，称为标准基，相应的表象称为标准表象。基的正交归一关系为

$$\langle\phi_{kjm}|\phi_{k'j'm'}\rangle=\delta_{kk'}\delta_{jj'}\delta_{mm'} \tag{11.75}$$

根据正交归一基$\{|\phi_{kjm}\rangle\}$的构造过程，不同子空间的基矢量通过升降算符建立一一对应的关系。类似地可以证明递推公式

$$\hat{J}_+|\phi_{kjm}\rangle=\sqrt{(j-m)(j+m+1)}\hbar|\phi_{kj,m+1}\rangle \tag{11.76}$$

$$\hat{J}_-|\phi_{kjm}\rangle=\sqrt{(j+m)(j-m+1)}\hbar|\phi_{kj,m-1}\rangle \tag{11.77}$$

同样，从子空间$\mathcal{V}(j,j)$的正交归一基$\{|kjj\rangle\}$出发，用降算符$\hat{J}_-$作用$2j$次，就找到了另外$2j$个子空间的正交归一基。也可以选定了某个子空间$\mathcal{V}(j,m)$的正交归一基，分别通过升降算符的作用确定其他$2j$个子空间正交归一基。不同的方案得到的正交归一基是不同的，但不管采用哪种方案，得到的正交归一基均满足式(11.76)和式(11.77)。

2. 构造标量算符

根据新的正交归一基，我们来构造一个标量算符$\hat{B}$，使得$(\hat{B},\hat{J}^2,\hat{J}_z)$构成态空间的CSCO，分两步完成。

(1) 设λ_k是由k标记的一组实数，且满足当$k\neq k'$时，$\lambda_k\neq\lambda_{k'}$。引入算符

$$\hat{B}=\sum_{kjm}\lambda_k|\phi_{kjm}\rangle\langle\phi_{kjm}| \tag{11.78}$$

算符$\hat{B}$的自伴性是显然的。根据算符构造可知$|\phi_{kjm}\rangle$是$\hat{B}$的本征矢量，本征值为λ_k。式(11.78)就是$\hat{B}$的谱分解。很容易验证$\hat{B}$与$\hat{J}^2,\hat{J}_z$均对易，而且λ_k,j,m能够确定唯一一个基矢量，因此$(\hat{B},\hat{J}^2,\hat{J}_z)$构成一个CSCO。

(2) 利用递推公式(11.76)可知，对任意基矢量$|\phi_{kjm}\rangle$

$$[\hat{B},\hat{J}_+]|\phi_{kjm}\rangle=(\hat{B}\hat{J}_+-\hat{J}_+\hat{B})|\phi_{kjm}\rangle=0 \tag{11.79}$$

因此$[\hat{B},\hat{J}_+]=0$。同理可证$[\hat{B},\hat{J}_-]=0$。根据升降算符的定义，可得

$$[\hat{B},\hat{J}_x]=[\hat{B},\hat{J}_y]=0 \tag{11.80}$$

由此可知，$\hat{B}$与角动量的三个分量均对易，它是个标量算符。

*11.2 轨道角动量

对于轨道角动量，角量子数l的取值为自然数(0和正整数)，比一般角动量的量子数j取值要少。这并不奇怪，因为轨道角动量有个特殊定义$\hat{\boldsymbol{L}}=\hat{\boldsymbol{r}}\times\hat{\boldsymbol{p}}$，角动量的取值具有更多的限制应在意料之中。在这一节，我们把角动量理论应用于轨道角动量这一特殊情形，从而重新得到角量子数l的取值，并以一种不同的方式重新得到球谐函数。

11.2.1 本征值

在坐标表象中，角动量算符(第5章)为

$$\hat{L}_x = \mathrm{i}\hbar\left(\sin\varphi\frac{\partial}{\partial\theta} + \cot\theta\cos\varphi\frac{\partial}{\partial\varphi}\right)$$

$$\hat{L}_y = -\mathrm{i}\hbar\left(\cos\varphi\frac{\partial}{\partial\theta} - \cot\theta\sin\varphi\frac{\partial}{\partial\varphi}\right) \tag{11.81}$$

$$\hat{L}_z = -\mathrm{i}\hbar\frac{\partial}{\partial\varphi}$$

$$\hat{L}^2 = -\hbar^2\left[\frac{1}{\sin\theta}\frac{\partial}{\partial\theta}\left(\sin\theta\frac{\partial}{\partial\theta}\right) + \frac{1}{\sin^2\theta}\frac{\partial^2}{\partial\varphi^2}\right] \tag{11.82}$$

在第5章，我们在球面函数空间 $\mathcal{L}_{\Omega}^2$ 中讨论轨道角动量算符。$\hat{L}^2$ 的本征方程正好是球函数方程。通过分离变量法求解球函数方程，可以得到球谐函数 $\mathrm{Y}_{lm}(\theta,\varphi)$，经过验证可以发现它也是 $\hat{L}_z$ 的本征函数。现在我们换个角度讨论轨道角动量算符。将 $\hat{L}^2$ 和 $\hat{L}_z$ 对应于量子数 l,m 的共同本征函数记为 $\mathrm{Y}_{lm}(\theta,\varphi)$，现在这是一个未知函数，我们将证明它就是球谐函数。

在 $\mathcal{L}_{\Omega}^2$ 空间中求解 $\hat{L}_z$ 的本征方程，可得本征函数为(第5章)

$$\mathrm{Y}_{lm}(\theta,\varphi) = \Theta(\theta)\mathrm{e}^{\mathrm{i}m\varphi},\quad m = 0,\ \pm 1,\ \pm 2,\cdots \tag{11.83}$$

根据式(11.8)可知，l 只能取非负整数而不能取正半奇数。

11.2.2 本征函数

根据升降算符的定义(11.9)，对于轨道角动量

$$\hat{L}_+ = \hat{L}_x + \mathrm{i}\hat{L}_y,\qquad \hat{L}_- = \hat{L}_x - \mathrm{i}\hat{L}_y \tag{11.84}$$

将递推公式(11.31)和(11.32)应用于轨道角动量，得

$$\hat{L}_+\mathrm{Y}_{lm} = \sqrt{(l-m)(l+m+1)}\,\hbar\mathrm{Y}_{l,m+1} \tag{11.85}$$

$$\hat{L}_-\mathrm{Y}_{lm} = \sqrt{(l+m)(l-m+1)}\,\hbar\mathrm{Y}_{l,m-1} \tag{11.86}$$

当 $m=l$ 和 $m=-l$ 时，分别由式(11.85)和式(11.86)，得

$$\hat{L}_+\mathrm{Y}_{l,l}(\theta,\varphi) = 0,\qquad \hat{L}_-\mathrm{Y}_{l,-l}(\theta,\varphi) = 0 \tag{11.87}$$

在讨论占有数算符时，我们先求出基态波函数，然后利用递推公式求出激发态波函数。现在我们用同样的技巧，先求出 $\mathrm{Y}_{l,l}$ 或 $\mathrm{Y}_{l,-l}$，然后再用递推公式求出其他 Y_{lm}。作为一种方案，我们从磁量子数最高态 $\mathrm{Y}_{l,l}(\theta,\varphi)$ 出发。

1. 磁量子数最高态

根据式(11.81)，得

$$\hat{L}_+ = \hbar\mathrm{e}^{\mathrm{i}\varphi}\left(\frac{\partial}{\partial\theta} + \mathrm{i}\cot\theta\frac{\partial}{\partial\varphi}\right),\qquad \hat{L}_- = \hbar\mathrm{e}^{-\mathrm{i}\varphi}\left(-\frac{\partial}{\partial\theta} + \mathrm{i}\cot\theta\frac{\partial}{\partial\varphi}\right) \tag{11.88}$$

将 $\hat{L}_+$ 代入式(11.87)中关于 $\hat{L}_+$ 的方程，并利用式(11.83)，得

$$\left(\frac{\mathrm{d}}{\mathrm{d}\theta} - l\cot\theta\right)\Theta(\theta) = 0 \tag{11.89}$$

由此可得

$$\frac{\mathrm{d}\Theta}{\Theta} = l\cot\theta\mathrm{d}\theta = l\frac{\mathrm{d}(\sin\theta)}{\sin\theta} \tag{11.90}$$

两端积分，然后两端取指数，就得到方程(11.89)的解

$$\Theta(\theta) = C_l\sin^l\theta \tag{11.91}$$

由此可得

$$\boxed{Y_{l,l}(\theta,\varphi)=C_l\sin^l\theta e^{il\varphi}} \tag{11.92}$$

利用归一化条件可以确定常数 C_l 的模

$$\int_0^{2\pi}d\varphi\int_0^{\pi}\sin\theta d\theta\,|Y_{l,l}(\theta,\varphi)|^2=|C_l|^2\int_0^{2\pi}d\varphi\int_0^{\pi}\sin\theta d\theta(\sin\theta)^{2l}=1 \tag{11.93}$$

方位角φ的积分是简单的，等于 2π。将极角 θ 的积分记为

$$I_l=\int_0^{\pi}\sin\theta d\theta(\sin\theta)^{2l} \tag{11.94}$$

做变量替换 $u=\cos\theta$，得

$$I_l=-\int_0^{\pi}d(\cos\theta)(\sin\theta)^{2l}=\int_{-1}^{1}du(1-u^2)^l \tag{11.95}$$

先做一次分部积分，得

$$I_l=u(1-u^2)^l\Big|_{-1}^{1}-\int_{-1}^{1}ud(1-u^2)^l=2l\int_{-1}^{1}u^2(1-u^2)^{l-1}du \tag{11.96}$$

另一方面

$$I_l=\int_{-1}^{1}du(1-u^2)(1-u^2)^{l-1}=I_{l-1}-\int_{-1}^{1}du\,u^2(1-u^2)^{l-1} \tag{11.97}$$

将式(11.96)+2l×式(11.97)，得

$$(2l+1)I_l=2lI_{l-1} \tag{11.98}$$

由此得到递推公式

$$I_l=\frac{2l}{2l+1}I_{l-1} \tag{11.99}$$

容易证明 $I_0=2$，由此得到

$$I_l=\frac{2l\cdot 2(l-1)\cdots 2}{(2l+1)(2l-1)\cdots 3}I_0=\frac{2^{2l+1}(l!)^2}{(2l+1)!} \tag{11.100}$$

由此可得

$$|C_l|=\frac{1}{2^l l!}\sqrt{\frac{(2l+1)!}{4\pi}} \tag{11.101}$$

通常选择 C_l 的辐角，使得

$$C_l=\frac{(-1)^l}{2^l l!}\sqrt{\frac{(2l+1)!}{4\pi}} \tag{11.102}$$

这个选择是为了将来能让 $Y_{l0}(0,\varphi)$ 为正实数(稍后会验证)。

2. 递推公式

递推公式(11.86)的坐标表象形式为

$$\hat{L}_-Y_{lm}(\theta,\varphi)=\sqrt{(l+m)(l-m+1)}\hbar Y_{l,m-1}(\theta,\varphi) \tag{11.103}$$

其中 $\hat{L}_-$ 的坐标表象表达式由式(11.86)给出。将 $\hat{L}_-$ 反复作用于 $Y_{l,l}$，就会依次得到 $Y_{l,l-1}$，$Y_{l,l-2},\cdots,Y_{l,-l}$。比如

$$\hat{L}_-Y_{l,l}=\sqrt{(2l)\cdot 1}\hbar Y_{l,l-1},\qquad \hat{L}_-Y_{l,l-1}=\sqrt{(2l-1)2}\hbar Y_{l,l-2} \tag{11.104}$$

等。由此可见，将 $\hat{L}_-$ 对 $Y_{l,l}$ 作用 $l-m$ 次，就会得到

$$\hat{L}_-^{l-m}\mathrm{Y}_{l,l}(\theta,\varphi)=\sqrt{\frac{(2l)!(l-m)!}{(l+m)!}}\hbar^{l-m}\mathrm{Y}_{lm}(\theta,\varphi) \tag{11.105}$$

由此可得

$$\mathrm{Y}_{lm}(\theta,\varphi)=\sqrt{\frac{(l+m)!}{(2l)!(l-m)!}}\left(\frac{\hat{L}_-}{\hbar}\right)^{l-m}\mathrm{Y}_{l,l}(\theta,\varphi) \tag{11.106}$$

代入$\mathrm{Y}_{l,l}$的表达式(11.92)，得

$$\boxed{\mathrm{Y}_{lm}(\theta,\varphi)=\frac{(-1)^l}{2^l l!}\sqrt{\frac{2l+1}{4\pi}\frac{(l+m)!}{(l-m)!}}\left(\frac{\hat{L}_-}{\hbar}\right)^{l-m}\sin^l\theta\mathrm{e}^{\mathrm{i}l\varphi}} \tag{11.107}$$

类似地，求解式(11.87)中关于$\hat{L}_-$的方程，得

$$\mathrm{Y}_{l,-l}(\theta,\varphi)=\frac{1}{2^l l!}\sqrt{\frac{(2l+1)!}{4\pi}}\sin^l\theta\mathrm{e}^{-\mathrm{i}l\varphi} \tag{11.108}$$

这里已经选择了相因子，以便让式(11.108)与将来由式(11.107)得到的$\mathrm{Y}_{l,-l}$相等。用$\hat{L}_+$对$\mathrm{Y}_{l,-l}$反复作用，并利用递推公式(11.85)，可得

$$\mathrm{Y}_{lm}(\theta,\varphi)=\sqrt{\frac{(l-m)!}{(2l)!(l+m)!}}\left(\frac{\hat{L}_+}{\hbar}\right)^{l+m}\mathrm{Y}_{l,-l}(\theta,\varphi) \tag{11.109}$$

代入$\mathrm{Y}_{l,-l}$的表达式(11.108)，得

$$\boxed{\mathrm{Y}_{lm}(\theta,\varphi)=\frac{1}{2^l l!}\sqrt{\frac{2l+1}{4\pi}\frac{(l-m)!}{(l+m)!}}\left(\frac{\hat{L}_+}{\hbar}\right)^{l+m}\sin^l\theta\mathrm{e}^{-\mathrm{i}l\varphi}} \tag{11.110}$$

式(11.107)和式(11.110)均代表球谐函数，二者是相等的，下面我们来证明这一点。

3. 球谐函数

为把球谐函数(11.107)和(11.110)化为熟悉的形式，先介绍两个公式[㊀]：设函数$f(\theta)$具有足够阶导数，则

$$(\hat{L}_+)^p[f(\theta)\mathrm{e}^{\mathrm{i}n\varphi}]=(-\hbar)^p(\sin\theta)^{p+n}\frac{\mathrm{d}^p}{\mathrm{d}(\cos\theta)^p}[(\sin\theta)^{-n}f(\theta)]\mathrm{e}^{\mathrm{i}(n+p)\varphi} \tag{11.111}$$

$$(\hat{L}_-)^p[f(\theta)\mathrm{e}^{\mathrm{i}n\varphi}]=\hbar^p(\sin\theta)^{p-n}\frac{\mathrm{d}^p}{\mathrm{d}(\cos\theta)^p}[(\sin\theta)^{n}f(\theta)]\mathrm{e}^{\mathrm{i}(n-p)\varphi} \tag{11.112}$$

将式(11.111)取$n=-l$，$p=l+m$，代入式(11.110)，就会得到球谐函数的熟悉形式

$$\mathrm{Y}_{lm}(\theta,\varphi)=N_{lm}\mathrm{P}_l^m(\cos\theta)\mathrm{e}^{\mathrm{i}m\varphi} \tag{11.113}$$

其中连带勒让德函数为

$$\mathrm{P}_l^m(x)=\frac{1}{2^l l!}(1-x^2)^{\frac{m}{2}}\frac{\mathrm{d}^{l+m}}{\mathrm{d}x^{l+m}}(x^2-1)^l,\quad m\text{ 可正可负} \tag{11.114}$$

归一化常数为

$$N_{lm}=(-1)^m\sqrt{\frac{2l+1}{4\pi}\frac{(l-m)!}{(l+m)!}} \tag{11.115}$$

模为1的因子$(-1)^m$是递推公式的结果，它并不影响归一化。在通过解球函数方程引入球谐函数时，也可以不要因子$(-1)^m$。

㊀ 塔诺季，迪于，拉洛埃. 量子力学：第一卷[M]. 刘家谟，陈星奎，译. 北京：高等教育出版社，2014，685页.

同样，将式(11.112)取 $n=l$，$p=l-m$，代入式(11.107)，得

$$Y_{lm}(\theta,\varphi)=\frac{(-1)^l}{2^l l!}\sqrt{\frac{2l+1}{4\pi}\frac{(l+m)!}{(l-m)!}}(\sin\theta)^{-m}\frac{\mathrm{d}^{l-m}}{\mathrm{d}(\cos\theta)^{l-m}}(\sin\theta)^{2l}\mathrm{e}^{\mathrm{i}m\varphi} \tag{11.116}$$

连带勒让德函数(11.114)满足如下公式(附录 E)

$$\mathrm{P}_l^m(x)=(-1)^m\frac{(l+m)!}{(l-m)!}\mathrm{P}_l^{-m}(x),\quad m\ \text{可正可负} \tag{11.117}$$

将式(11.117)代入式(11.113)就会得到式(11.116)。因此两种结果是等价的。

4. 相因子约定

现在我们来解释归一化常数(11.102)中选择相因子 $(-1)^l$ 的原因。由式(11.113)可得

$$Y_{l0}(\theta,\varphi)=\sqrt{\frac{2l+1}{4\pi}}\mathrm{P}_l(\cos\theta) \tag{11.118}$$

式中，$\mathrm{P}_l(x)$ 为勒让德多项式。由于 $\mathrm{P}_l(1)=1$，$\mathrm{P}_l(-1)=(-1)^l$，因此

$$Y_{l0}(0,\varphi)=\sqrt{\frac{2l+1}{4\pi}},\qquad Y_{l0}(\pi,\varphi)=(-1)^l\sqrt{\frac{2l+1}{4\pi}} \tag{11.119}$$

因此 $Y_{l0}(0,\varphi)$ 为正实数，这正是在式(11.102)中选择 $(-1)^l$ 的目的。如果在式(11.102)中去掉 $(-1)^l$，则 $Y_{l0}(0,\varphi)$ 就会多出 $(-1)^l$ 因子，而 $Y_{l0}(\pi,\varphi)$ 成为正实数。

在确定球谐函数时，我们对相因子采用了两次约定。第一次约定是采用式(11.102)，从而完全确定了 $Y_{l,l}$；第二次约定是采用递推公式(11.103)，从而确定了 $Y_{l,l}$ 与其他 Y_{lm} 的关系。我们还记得，在推导一般角动量的递推公式(11.31)和(11.32)时，曾约定系数 C_{jm} 或 D_{jm} 为正实数，这正是利用了态矢量的相因子不定性。

我们以 $l=1$ 的三个球谐函数为例，来说明相因子约定如何能够将递推公式的系数确定为正实数。这三个球谐函数我们是熟悉的(见附录 E)

$$Y_{1,1}=\mathrm{e}^{\mathrm{i}\alpha}\sqrt{\frac{3}{8\pi}}\sin\theta\mathrm{e}^{\mathrm{i}\varphi},\quad Y_{1,0}=\mathrm{e}^{\mathrm{i}\beta}\sqrt{\frac{3}{4\pi}}\cos\theta,\quad Y_{1,-1}=\mathrm{e}^{\mathrm{i}\gamma}\sqrt{\frac{3}{8\pi}}\sin\theta\mathrm{e}^{-\mathrm{i}\varphi} \tag{11.120}$$

在以前使用球谐函数时，已经约定好了不定相因子。为了研究相因子的确定，现在保留相因子不定性。首先，将 $\hat{L}_+$ 作用于 $Y_{1,-1}$，利用式(11.88)，得

$$\hat{L}_+Y_{1,-1}=\sqrt{2}\hbar\mathrm{e}^{-\mathrm{i}(\beta-\gamma)}Y_{1,0} \tag{11.121}$$

按照递推公式的系数，这相当于 $C_{1,-1}=\sqrt{2}\hbar\mathrm{e}^{-\mathrm{i}(\beta-\gamma)}$。若选择相对相位 $\beta-\gamma=0$，则 $C_{1,-1}$ 就是正实数。其次，将 $\hat{L}_+$ 继续作用于 $Y_{1,0}$(已选择 $\beta=\gamma$)，得

$$\hat{L}_+Y_{1,0}=-\sqrt{2}\hbar\mathrm{e}^{-\mathrm{i}(\alpha-\gamma)}Y_{1,1} \tag{11.122}$$

这相当于 $C_{1,0}=-\sqrt{2}\hbar\mathrm{e}^{-\mathrm{i}(\alpha-\gamma)}$。若选择相对相位 $\alpha-\gamma=\pi$，则 $C_{1,0}$ 就是正实数。最后，选择 $\gamma=0$。此时 $\alpha=\pi$，$\beta=0$，由此得到熟悉的结果

$$Y_{1,1}=-\sqrt{\frac{3}{8\pi}}\sin\theta\mathrm{e}^{\mathrm{i}\varphi},\quad Y_{1,0}=\sqrt{\frac{3}{4\pi}}\cos\theta,\quad Y_{1,-1}=\sqrt{\frac{3}{8\pi}}\sin\theta\mathrm{e}^{-\mathrm{i}\varphi} \tag{11.123}$$

$\gamma=0$ 的选择使得这里 $Y_{1,1}$ 的归一化常数与式(11.102)的约定一致。

11.3 自旋角动量

施特恩-盖拉赫实验中原子束的偶数条分裂、原子光谱的精细结构、反常塞曼效应等现

象表明，除了轨道角动量之外，电子本身还带有一种新的角动量。历史上曾认为这种角动量是由电子绕着自身的旋转产生的，因此称之为自旋角动量，简称自旋(spin)。虽然后来发现电子自转的观点并不正确，但“自旋”这个术语保留了下来。实际上，粒子的自旋在经典力学中没有对应概念。自旋的存在表明，电子等微观粒子并非仅仅是带着质量和电荷的“点粒子”。轨道角动量和自旋角动量都属于角动量，二者之和代表体系的总角动量。对于孤立体系，总角动量是守恒的，而轨道角动量和自旋不一定分别守恒。

粒子的自旋状态也用态矢量描述，自旋态矢量的集合构成自旋态空间(state space of spin)，记为$\mathcal{V}_S$。为了明确起见，我们将波函数空间$\mathcal{L}^2(\mathbb{R}^3)$对应的态空间称为位形态空间(state space of configuration)，记为$\mathcal{V}_C$。粒子的态空间是$\mathcal{V}_C$和$\mathcal{V}_S$的张量积

$$\mathcal{V} = \mathcal{V}_C \otimes \mathcal{V}_S \tag{11.124}$$

原本属于$\mathcal{V}_C$和$\mathcal{V}_S$的算符，均理解为在$\mathcal{V}$中的延伸算符。

11.3.1 自旋的描述

自旋算符$\hat{S}_x, \hat{S}_y, \hat{S}_z$遵守角动量算符的对易关系

$$[\hat{S}_i, \hat{S}_j] = \mathrm{i}\hbar\varepsilon_{ijk}\hat{S}_k, \qquad [\hat{S}^2, \hat{S}_i] = 0 \tag{11.125}$$

将$\hat{S}^2$与$\hat{S}_z$的本征值分别记为$s(s+1)\hbar^2$和$m_s\hbar$，其共同本征矢量记为$|sm_s\rangle$

$$\hat{S}^2 |sm_s\rangle = s(s+1)\hbar^2 |sm_s\rangle \tag{11.126}$$

$$\hat{S}_z |sm_s\rangle = m_s\hbar |sm_s\rangle \tag{11.127}$$

根据角动量理论，自旋量子数s的允许值为

$$s = 0, \quad \frac{1}{2}, \quad 1, \quad \frac{3}{2}, \quad \cdots \tag{11.128}$$

对于固定的s，m_s有$2s+1$个取值

$$m_s = s, s-1, \cdots, -s \tag{11.129}$$

实验表明：对每一种粒子，自旋量子数只能取唯一数值。习惯上也把自旋量子数简称为自旋。自旋为0的粒子称为无自旋粒子，$s>0$的粒子称为有自旋粒子。与粒子的质量、电荷一样，自旋也是每一种粒子的标签。在粒子物理中，正是根据粒子的质量、电荷、自旋等参数来区分不同种类粒子的。实际上，粒子还有其他参数，比如(内禀)宇称、同位旋、奇异数、轻子数、重子数等。

对于自旋为s的粒子，矢量组$\{|sm_s\rangle\}$构成$\mathcal{V}_S$的基

$$\langle sm_s | sm_s' \rangle = \delta_{m_s m_s'}, \qquad \sum_{m_s=-s}^{s} |sm_s\rangle\langle sm_s| = \hat{I}_S \tag{11.130}$$

$\hat{I}_S$是$\mathcal{V}_S$中的单位算符。基矢量$|sm_s\rangle$一共有$2s+1$个，因此$\mathcal{V}_S$是个$2s+1$维空间。这是个有限维线性空间，性质非常简单。$\mathcal{V}_S$中的任意态矢量$|\chi\rangle$可以展开为

$$|\chi\rangle = \sum_{m_s=-s}^{s} |sm_s\rangle\langle sm_s|\chi\rangle \tag{11.131}$$

根据式(11.126)可知

$$\hat{S}^2 |\chi\rangle = s(s+1)\hbar^2 |\chi\rangle \tag{11.132}$$

因此在$\mathcal{V}_S$中

$$\hat{S}^2 = s(s+1)\hbar^2\hat{I}_S \tag{11.133}$$

单位算符 $\hat{I}_S$ 经常省略不写。由于 $\hat{S}_z$ 的本征值就足以确定唯一基矢量 $|sm_s\rangle$，因此单独 $\hat{S}_z$ 就能构成 $\mathcal{V}_S$ 空间的 CSCO。

11.3.2　电子的自旋

1. 泡利算符

电子是自旋为 1/2 的粒子，$s=1/2$，因此 $m_s=\pm 1/2$。根据式(11.133)可知

$$\hat{S}^2 = \frac{3}{4}\hbar^2\hat{I}_S \tag{11.134}$$

再根据式(11.127)可知

$$\hat{S}_z|sm_s\rangle = m_s\hbar|sm_s\rangle, \quad s=\frac{1}{2}, \quad m_s=\pm\frac{1}{2} \tag{11.135}$$

因此

$$\hat{S}_z^2|sm_s\rangle = \frac{\hbar^2}{4}|sm_s\rangle \tag{11.136}$$

$\hat{S}_x$ 和 $\hat{S}_y$ 的本征值也只能取 $\pm\hbar/2$。将电子的自旋态空间记为 $\mathcal{V}_S^{1/2}$，在 $\mathcal{V}_S^{1/2}$ 中

$$\hat{S}_x^2 = \hat{S}_y^2 = \hat{S}_z^2 = \frac{\hbar^2}{4}\hat{I}_S \tag{11.137}$$

式(11.137)是自旋为 1/2 时特有的算符恒等式。

引入三个无量纲算符 $\hat{\sigma}_x,\hat{\sigma}_y,\hat{\sigma}_z$，称为泡利(Pauli)算符

$$\hat{S}_i = \frac{\hbar}{2}\hat{\sigma}_i, \quad i=x,y,z \tag{11.138}$$

根据对易关系(11.125)，可知

$$\boxed{[\hat{\sigma}_i,\hat{\sigma}_j] = 2\mathrm{i}\varepsilon_{ijk}\hat{\sigma}_k} \tag{11.139}$$

根据式(11.137)可知

$$\hat{\sigma}_x^2 = \hat{\sigma}_y^2 = \hat{\sigma}_z^2 = \hat{I}_S \tag{11.140}$$

设 $\hat{A}$ 和 $\hat{B}$ 是两个线性算符，如果 $\hat{A}\hat{B}=-\hat{B}\hat{A}$，则称 $\hat{A}$ 和 $\hat{B}$ 反对易。引入 $\hat{A}$ 和 $\hat{B}$ 的反对易子(anti-commutator)

$$\{\hat{A},\hat{B}\} = \hat{A}\hat{B} + \hat{B}\hat{A} \tag{11.141}$$

如果 $\hat{A}$ 和 $\hat{B}$ 的反对易子为零，则二者反对易，反之亦然。反对易子并不依赖于两个算符的次序

$$\{\hat{A},\hat{B}\} = \{\hat{B},\hat{A}\} \tag{11.142}$$

根据式(11.139)和式(11.140)，可以证明泡利算符满足如下反对易关系

$$\boxed{\{\hat{\sigma}_i,\hat{\sigma}_j\} = 2\delta_{ij}\hat{I}_S} \tag{11.143}$$

证明：如果 $i=j$，利用式(11.140)立刻得证。下面设 $i\neq j$，比如

$$\{\hat{\sigma}_x,\hat{\sigma}_y\} = \hat{\sigma}_x\hat{\sigma}_y + \hat{\sigma}_y\hat{\sigma}_x \tag{11.144}$$

利用式(11.139)可知

$$\hat{\sigma}_y = \frac{1}{2\mathrm{i}}[\hat{\sigma}_z,\hat{\sigma}_x] = \frac{1}{2\mathrm{i}}(\hat{\sigma}_z\hat{\sigma}_x - \hat{\sigma}_x\hat{\sigma}_z) \tag{11.145}$$

将式(11.145)代入式(11.144)，可得

$$\{\hat{\sigma}_x,\hat{\sigma}_y\}=\frac{1}{2\mathrm{i}}\hat{\sigma}_x(\hat{\sigma}_z\hat{\sigma}_x-\hat{\sigma}_x\hat{\sigma}_z)+\frac{1}{2\mathrm{i}}(\hat{\sigma}_z\hat{\sigma}_x-\hat{\sigma}_x\hat{\sigma}_z)\hat{\sigma}_x=\frac{1}{2\mathrm{i}}(\hat{\sigma}_z\hat{\sigma}_x^2-\hat{\sigma}_x^2\hat{\sigma}_z) \tag{11.146}$$

利用式(11.140)，可知式(11.146)右端为0，因此

$$\{\hat{\sigma}_x,\hat{\sigma}_y\}=\hat{\sigma}_x\hat{\sigma}_y+\hat{\sigma}_y\hat{\sigma}_x=0 \tag{11.147}$$

类似地，可以证明

$$\{\hat{\sigma}_y,\hat{\sigma}_z\}=\hat{\sigma}_y\hat{\sigma}_z+\hat{\sigma}_z\hat{\sigma}_y=0 \tag{11.148}$$

$$\{\hat{\sigma}_z,\hat{\sigma}_x\}=\hat{\sigma}_z\hat{\sigma}_x+\hat{\sigma}_x\hat{\sigma}_z=0 \tag{11.149}$$

由此便证明了反对易关系(11.143)。

将对易关系(11.139)和反对易关系(11.143)相加，可以得到

$$\boxed{\hat{\sigma}_i\hat{\sigma}_j=\delta_{ij}\hat{I}_{\mathrm{S}}+\mathrm{i}\varepsilon_{ijk}\hat{\sigma}_k} \tag{11.150}$$

利用这个关系式容易重新得出对易关系和反对易关系。当 $i=j$ 时，式(11.150)回到式(11.140)，当 $i\neq j$ 时，利用式(11.150)容易得到

$$\begin{aligned}\hat{\sigma}_x\hat{\sigma}_y&=-\hat{\sigma}_y\hat{\sigma}_x=\mathrm{i}\hat{\sigma}_z\\ \hat{\sigma}_y\hat{\sigma}_z&=-\hat{\sigma}_z\hat{\sigma}_y=\mathrm{i}\hat{\sigma}_x\\ \hat{\sigma}_z\hat{\sigma}_x&=-\hat{\sigma}_x\hat{\sigma}_z=\mathrm{i}\hat{\sigma}_y\end{aligned} \tag{11.151}$$

式(11.140)和式(11.151)是讨论泡利算符时常用的代数恒等式。

2. 自旋态空间

电子的自旋态空间 $\mathcal{V}_{\mathrm{S}}^{1/2}$ 是一个二维空间，基矢量可以选为

$$|sm_s\rangle,\quad s=\frac{1}{2},\quad m_s=\pm\frac{1}{2} \tag{11.152}$$

为了简化记号，引入

$$|\alpha\rangle=\left|\frac{1}{2},\frac{1}{2}\right\rangle,\qquad |\beta\rangle=\left|\frac{1}{2},-\frac{1}{2}\right\rangle \tag{11.153}$$

在文献中，$|\alpha\rangle$，$|\beta\rangle$ 也常被记为 $|+\rangle$，$|-\rangle$ 或者 $|\uparrow\rangle$，$|\downarrow\rangle$，等等。

由式(11.138)可知 $|\alpha\rangle$，$|\beta\rangle$ 也是 $\hat{\sigma}_z$ 的本征矢量，本征值分别为 1，-1

$$\hat{\sigma}_z|\alpha\rangle=|\alpha\rangle,\qquad \hat{\sigma}_z|\beta\rangle=-|\beta\rangle \tag{11.154}$$

以 $\{|\alpha\rangle,|\beta\rangle\}$ 为基的表象称为 S_z 表象或者 σ_z 表象，也称为**泡利表象**。泡利表象的基矢量的正交归一关系为

$$\langle\alpha|\alpha\rangle=\langle\beta|\beta\rangle=1,\qquad \langle\alpha|\beta\rangle=0 \tag{11.155}$$

而封闭性关系为

$$|\alpha\rangle\langle\alpha|+|\beta\rangle\langle\beta|=\hat{I}_{\mathrm{S}} \tag{11.156}$$

$\mathcal{V}_{\mathrm{S}}^{1/2}$ 中任意态矢量 $|\chi\rangle$ 可以展开为

$$|\chi\rangle=c_1|\alpha\rangle+c_2|\beta\rangle \tag{11.157}$$

其中

$$c_1=\langle\alpha|\chi\rangle,\qquad c_2=\langle\beta|\chi\rangle \tag{11.158}$$

根据习惯，我们将态矢量的分量排成列矩阵

$$\alpha=\begin{pmatrix}1\\0\end{pmatrix},\qquad \beta=\begin{pmatrix}0\\1\end{pmatrix},\qquad \chi=\begin{pmatrix}c_1\\c_2\end{pmatrix} \tag{11.159}$$

这些列矩阵是 2 维复欧氏空间 $\mathbb{E}^2$ 中的矢量，其中$\{\alpha,\beta\}$构成 $\mathbb{E}^2$ 的正交归一基。由此可将展开式(11.157)写为矩阵形式

$$\chi = c_1\alpha + c_2\beta \tag{11.160}$$

而展开系数(11.158)则变成了 $\mathbb{E}^2$ 中的内积

$$c_1 = \alpha^\dagger\chi, \qquad c_2 = \beta^\dagger\chi \tag{11.161}$$

设另有一个态矢量

$$|\zeta\rangle = b_1|\alpha\rangle + b_2|\beta\rangle, \quad \zeta = \begin{pmatrix} b_1 \\ b_2 \end{pmatrix} \tag{11.162}$$

则$|\zeta\rangle$与$|\chi\rangle$的内积变成了 $\mathbb{E}^2$ 中列矩阵ζ和χ的内积

$$\langle\zeta|\chi\rangle = \zeta^\dagger\chi = b_1^* c_1 + b_2^* c_2 \tag{11.163}$$

3. 算符的矩阵

在泡利表象中，将 $\hat{S}_x,\hat{S}_y,\hat{S}_z$ 的矩阵形式记为 S_x,S_y,S_z，这些矩阵都是 $\mathbb{E}^2$ 中的算符。首先，S_z 是个对角矩阵，对角元为 $\hat{S}_z$ 的本征值，因此

$$S_z = \frac{\hbar}{2}\begin{pmatrix} 1 & 0 \\ 0 & -1 \end{pmatrix} \tag{11.164}$$

引入磁量子数 m_s 的升降算符

$$\hat{S}_+ = \hat{S}_x + \mathrm{i}\hat{S}_y, \qquad \hat{S}_- = \hat{S}_x - \mathrm{i}\hat{S}_y \tag{11.165}$$

升降算符的作用式(11.34)和式(11.35)在自旋的特例中写为

$$\hat{S}_+|sm_s\rangle = \hbar\sqrt{(s-m_s)(s+m_s+1)}\,|s,m_s+1\rangle \tag{11.166}$$

$$\hat{S}_-|sm_s\rangle = \hbar\sqrt{(s+m_s)(s-m_s+1)}\,|s,m_s-1\rangle \tag{11.167}$$

式中，$s=1/2,m_s=\pm1/2$。采用记号(11.153)，可得

$$\begin{aligned} &\hat{S}_+|\alpha\rangle = 0, &\quad &\hat{S}_+|\beta\rangle = \hbar|\alpha\rangle \\ &\hat{S}_-|\alpha\rangle = \hbar|\beta\rangle, &\quad &\hat{S}_-|\beta\rangle = 0 \end{aligned} \tag{11.168}$$

将矩阵元以 m_s' 和 m_s 为行列指标，并按照 1/2,−1/2 的次序排列成矩阵，得

$$S_+ = \begin{pmatrix} \langle\alpha|\hat{S}_+|\alpha\rangle & \langle\alpha|\hat{S}_+|\beta\rangle \\ \langle\beta|\hat{S}_+|\alpha\rangle & \langle\beta|\hat{S}_+|\beta\rangle \end{pmatrix} = \hbar\begin{pmatrix} 0 & 1 \\ 0 & 0 \end{pmatrix} \tag{11.169}$$

$$S_- = \begin{pmatrix} \langle\alpha|\hat{S}_-|\alpha\rangle & \langle\alpha|\hat{S}_-|\beta\rangle \\ \langle\beta|\hat{S}_-|\alpha\rangle & \langle\beta|\hat{S}_-|\beta\rangle \end{pmatrix} = \hbar\begin{pmatrix} 0 & 0 \\ 1 & 0 \end{pmatrix} \tag{11.170}$$

根据 $\hat{S}_x,\hat{S}_y$ 与 $\hat{S}_+,\hat{S}_-$的关系(11.165)，可得

$$S_x = \frac{1}{2}(S_+ + S_-) = \frac{\hbar}{2}\begin{pmatrix} 0 & 1 \\ 1 & 0 \end{pmatrix}, \qquad S_y = \frac{1}{2\mathrm{i}}(S_+ - S_-) = \frac{\hbar}{2}\begin{pmatrix} 0 & -\mathrm{i} \\ \mathrm{i} & 0 \end{pmatrix} \tag{11.171}$$

由此可得泡利算符的矩阵，称为**泡利矩阵**[⊖]

$$\sigma_x = \begin{pmatrix} 0 & 1 \\ 1 & 0 \end{pmatrix}, \quad \sigma_y = \begin{pmatrix} 0 & -\mathrm{i} \\ \mathrm{i} & 0 \end{pmatrix}, \quad \sigma_z = \begin{pmatrix} 1 & 0 \\ 0 & -1 \end{pmatrix} \tag{11.172}$$

S_x,S_y,S_z 和 $\sigma_x,\sigma_y,\sigma_z$ 都是无迹厄米矩阵。

⊖ 很多文献不区分泡利算符和泡利矩阵. 这很正常，因为在泡利表象中讨论时泡利矩阵就是算符.

自旋算符的矩阵元也可以在泡利表象中计算，比如

$$\langle\zeta|\hat{S}_x|\chi\rangle=\zeta^{\dagger}S_x\chi=(b_1^*,b_2^*)\frac{\hbar}{2}\begin{pmatrix}0&1\\1&0\end{pmatrix}\begin{pmatrix}c_1\\c_2\end{pmatrix}\tag{11.173}$$

$$\langle\zeta|\hat{\sigma}_y|\chi\rangle=\zeta^{\dagger}\sigma_y\chi=(b_1^*,b_2^*)\begin{pmatrix}0&-\mathrm{i}\\\mathrm{i}&0\end{pmatrix}\begin{pmatrix}c_1\\c_2\end{pmatrix}\tag{11.174}$$

11.3.3 电子状态的描述

1. 态空间

电子的态空间是位形态空间 $\mathcal{V}_{\mathrm{C}}$ 与自旋态空间 $\mathcal{V}_{\mathrm{S}}^{1/2}$ 的张量积

$$\mathcal{V}=\mathcal{V}_{\mathrm{C}}\otimes\mathcal{V}_{\mathrm{S}}^{1/2}\tag{11.175}$$

在 $\mathcal{V}_{\mathrm{C}}$ 中选择$\{|\boldsymbol{r}\rangle|x,y,z\in\mathbb{R}\}$为基，$\mathcal{V}_{\mathrm{S}}^{1/2}$ 中选择$\{|\alpha\rangle,|\beta\rangle\}$为基，可得 $\mathcal{V}_{\mathrm{C}}\otimes\mathcal{V}_{\mathrm{S}}^{1/2}$ 的基

$$\{|\boldsymbol{r}\rangle|\varepsilon\rangle|x,y,z\in\mathbb{R},\quad\varepsilon=\alpha,\beta\}\tag{11.176}$$

引入记号

$$|\boldsymbol{r}\alpha\rangle=|\boldsymbol{r}\rangle|\alpha\rangle,\quad|\boldsymbol{r}\beta\rangle=|\boldsymbol{r}\rangle|\beta\rangle\tag{11.177}$$

基(11.176)的正交归一关系为

$$\langle\boldsymbol{r}\varepsilon|\boldsymbol{r}'\varepsilon'\rangle=\langle\boldsymbol{r}|\boldsymbol{r}'\rangle\langle\varepsilon|\varepsilon'\rangle=\delta(\boldsymbol{r}-\boldsymbol{r}')\delta_{\varepsilon\varepsilon'}\tag{11.178}$$

封闭性关系为

$$\int_{\infty}\mathrm{d}^3r\sum_{\varepsilon=\alpha,\beta}|\boldsymbol{r}\varepsilon\rangle\langle\boldsymbol{r}\varepsilon|=\int_{\infty}\mathrm{d}^3r(|\boldsymbol{r}\alpha\rangle\langle\boldsymbol{r}\alpha|+|\boldsymbol{r}\beta\rangle\langle\boldsymbol{r}\beta|)=\hat{I}\tag{11.179}$$

由此可以将任意态矢量展开为

$$|\psi(t)\rangle=\int_{\infty}\mathrm{d}^3r(|\boldsymbol{r}\alpha\rangle\langle\boldsymbol{r}\alpha|\psi(t)\rangle+|\boldsymbol{r}\beta\rangle\langle\boldsymbol{r}\beta|\psi(t)\rangle)\tag{11.180}$$

2. 波函数

根据式(11.180)，可得电子的波函数为

$$\psi(\boldsymbol{r},s_z,t)=\langle\boldsymbol{r}\varepsilon|\psi(t)\rangle\tag{11.181}$$

当 $\varepsilon=\alpha$ 时，$s_z=\hbar/2$；当 $\varepsilon=\beta$ 时，$s_z=-\hbar/2$。由于多了一个自旋自由度，电子的波函数除了依赖于 $\boldsymbol{r}$ 之外，还依赖于自旋的信息。通常引入记号

$$\begin{aligned}\xi(\boldsymbol{r},t)&\equiv\psi\left(\boldsymbol{r},\frac{\hbar}{2},t\right)=\langle\boldsymbol{r}\alpha|\psi(t)\rangle\\\eta(\boldsymbol{r},t)&\equiv\psi\left(\boldsymbol{r},-\frac{\hbar}{2},t\right)=\langle\boldsymbol{r}\beta|\psi(t)\rangle\end{aligned}\tag{11.182}$$

根据习惯，将分量按照 $m_s=1/2,-1/2$ 的次序排成列矩阵

$$\Psi(\boldsymbol{r},t)=\begin{pmatrix}\xi(\boldsymbol{r},t)\\\eta(\boldsymbol{r},t)\end{pmatrix}\tag{11.183}$$

称为二分量波函数。

如果态矢量为正好是一个张量积

$$|\psi(t)\rangle=|\phi(t)\rangle|\chi(t)\rangle\tag{11.184}$$

根据式(11.182)

$$\begin{aligned}\xi(\boldsymbol{r},t)&=\langle\boldsymbol{r}\alpha\mid\psi\rangle=\langle\boldsymbol{r}\mid\phi(t)\rangle\langle\alpha\mid\chi(t)\rangle\\ \eta(\boldsymbol{r},t)&=\langle\boldsymbol{r}\beta\mid\psi\rangle=\langle\boldsymbol{r}\mid\phi(t)\rangle\langle\beta\mid\chi(t)\rangle\end{aligned}\tag{11.185}$$

引入记号

$$\phi(\boldsymbol{r},t)=\langle\boldsymbol{r}\mid\phi(t)\rangle,\quad c_1(t)=\langle\alpha\mid\chi(t)\rangle,\quad c_2(t)=\langle\beta\mid\chi(t)\rangle\tag{11.186}$$

按照二分量波函数定义，得

$$\Psi(\boldsymbol{r},t)=\phi(\boldsymbol{r},t)\chi(t),\qquad\chi(t)=\begin{pmatrix}c_1(t)\\c_2(t)\end{pmatrix}\tag{11.187}$$

根据式(11.160)，当电子处于 $s_z=\hbar/2$ 的状态时，$c_2(t)=0$，因此

$$\Psi(\boldsymbol{r},t)=\begin{pmatrix}\xi(\boldsymbol{r},t)\\0\end{pmatrix}\tag{11.188}$$

当电子处于 $s_z=-\hbar/2$ 的状态时，$c_1(t)=0$，因此

$$\Psi(\boldsymbol{r},t)=\begin{pmatrix}0\\\eta(\boldsymbol{r},t)\end{pmatrix}\tag{11.189}$$

$|\psi_1(t)\rangle$ 和 $|\psi_2(t)\rangle$ 的内积按照如下方法计算。首先，将态矢量展开为

$$\begin{aligned}|\psi_1(t)\rangle&=\int_\infty\mathrm{d}^3r[\xi_1(\boldsymbol{r},t)\mid\boldsymbol{r}\alpha\rangle+\eta_1(\boldsymbol{r},t)\mid\boldsymbol{r}\beta\rangle]\\ |\psi_2(t)\rangle&=\int_\infty\mathrm{d}^3r[\xi_2(\boldsymbol{r},t)\mid\boldsymbol{r}\alpha\rangle+\eta_2(\boldsymbol{r},t)\mid\boldsymbol{r}\beta\rangle]\end{aligned}\tag{11.190}$$

其中

$$\begin{aligned}\xi_1(\boldsymbol{r},t)&=\langle\boldsymbol{r}\alpha\mid\psi_1(t)\rangle,\qquad\eta_1(\boldsymbol{r},t)=\langle\boldsymbol{r}\beta\mid\psi_1(t)\rangle\\ \xi_2(\boldsymbol{r},t)&=\langle\boldsymbol{r}\alpha\mid\psi_2(t)\rangle,\qquad\eta_2(\boldsymbol{r},t)=\langle\boldsymbol{r}\beta\mid\psi_2(t)\rangle\end{aligned}\tag{11.191}$$

由此可得

$$\langle\psi_1\mid\psi_2\rangle=\int_\infty\mathrm{d}^3r(\xi_1^*\xi_2+\eta_1^*\eta_2)\tag{11.192}$$

用二分量波函数可以将内积(11.192)写为

$$\langle\psi_1\mid\psi_2\rangle=\int_\infty\mathrm{d}^3r(\xi_1^*,\eta_1^*)\begin{pmatrix}\xi_2\\\eta_2\end{pmatrix}=\int_\infty\mathrm{d}^3r\ \Psi_1^\dagger\Psi_2\tag{11.193}$$

因此态矢量(11.180)的归一化条件为

$$\langle\psi\mid\psi\rangle=\int_\infty\mathrm{d}^3r(|\xi(\boldsymbol{r},t)|^2+|\eta(\boldsymbol{r},t)|^2)=1\tag{11.194}$$

概率解释：$|\xi(\boldsymbol{r},t)|^2\mathrm{d}^3r$ 表示在空间 $\boldsymbol{r}$ 点附近体元 d^3r 内找到电子且 $s_z=\hbar/2$ 的概率，$|\eta(\boldsymbol{r},t)|^2\mathrm{d}^3r$ 表示在空间 $\boldsymbol{r}$ 点附近体元 d^3r 内找到电子且 $s_z=-\hbar/2$ 的概率。归一化条件(11.194)表示在全空间找到电子(不管自旋状态如何)的概率为 1。

3. 线性算符

设 $|\psi\rangle\in\mathcal{V}_\mathrm{C}\otimes\mathcal{V}_\mathrm{S}^{1/2}$，$\hat{A}=A(\hat{\boldsymbol{r}},\hat{\boldsymbol{p}})$ 和 $\hat{B}$ 分别是 $\mathcal{V}_\mathrm{C}$ 和 $\mathcal{V}_\mathrm{S}^{1/2}$ 中的线性算符。$\hat{A}$ 和 $\hat{B}$ 用于 $\mathcal{V}_\mathrm{C}\otimes\mathcal{V}_\mathrm{S}^{1/2}$ 时分别理解为算符 $\hat{A}\hat{I}_\mathrm{S}$ 和 $\hat{I}_\mathrm{C}\hat{B}$，其中 $\hat{I}_\mathrm{C}$ 和 $\hat{I}_\mathrm{S}$ 分别是 $\mathcal{V}_\mathrm{C}$ 和 $\mathcal{V}_\mathrm{S}^{1/2}$ 中的单位算符。原本属于不同空间的算符互相对易，即

$$[\hat{A},\hat{B}]=0\tag{11.195}$$

首先，利用式(11.180)和式(11.182)，得

$$\langle \boldsymbol{r}\alpha | \hat{A} | \psi \rangle = \int_{\infty} \mathrm{d}^3 r' [\langle \boldsymbol{r}\alpha | \hat{A} | \boldsymbol{r}'\alpha \rangle \xi(\boldsymbol{r}',t) + \langle \boldsymbol{r}\alpha | \hat{A} | \boldsymbol{r}'\beta \rangle \eta(\boldsymbol{r}',t)] \tag{11.196}$$

根据式(11.177)，并考虑自旋基矢量的正交归一关系(11.155)，得

$$\langle \boldsymbol{r}\alpha | \hat{A} | \boldsymbol{r}'\alpha \rangle = \hat{A}(\boldsymbol{r}, -\mathrm{i}\hbar \nabla)\delta(\boldsymbol{r} - \boldsymbol{r}'), \quad \langle \boldsymbol{r}\alpha | \hat{A} | \boldsymbol{r}'\beta \rangle = 0 \tag{11.197}$$

由此可得

$$\langle \boldsymbol{r}\alpha | \hat{A} | \psi \rangle = A(\boldsymbol{r}, -\mathrm{i}\hbar \nabla)\xi(\boldsymbol{r},t) \tag{11.198}$$

同理可得

$$\langle \boldsymbol{r}\beta | \hat{A} | \psi \rangle = A(\boldsymbol{r}, -\mathrm{i}\hbar \nabla)\eta(\boldsymbol{r},t) \tag{11.199}$$

由此可得态矢量 $\hat{A}|\psi\rangle$ 的二分量波函数

$$\boxed{\begin{pmatrix} \langle \boldsymbol{r}\alpha | \hat{A} | \psi \rangle \\ \langle \boldsymbol{r}\beta | \hat{A} | \psi \rangle \end{pmatrix} = A(\boldsymbol{r}, -\mathrm{i}\hbar \nabla)\begin{pmatrix} \xi(\boldsymbol{r},t) \\ \eta(\boldsymbol{r},t) \end{pmatrix}} \tag{11.200}$$

也就是说，算符 $\hat{A}$ 对态矢量的作用，在坐标表象中相当于将 $\hat{A}(\boldsymbol{r},-\mathrm{i}\hbar\nabla)$ 直接作用于二分量波函数。与无自旋情形相比，只是波函数的分量增多了而已。比如

$$\begin{pmatrix} \langle \boldsymbol{r}\alpha | \hat{L}_z | \psi \rangle \\ \langle \boldsymbol{r}\beta | \hat{L}_z | \psi \rangle \end{pmatrix} = -\mathrm{i}\hbar \frac{\partial}{\partial \varphi}\begin{pmatrix} \xi(\boldsymbol{r},t) \\ \eta(\boldsymbol{r},t) \end{pmatrix} \tag{11.201}$$

其次，利用式(11.180)和式(11.182)，得

$$\langle \boldsymbol{r}\alpha | \hat{B} | \psi \rangle = \int_{\infty} \mathrm{d}^3 r' [\langle \boldsymbol{r}\alpha | \hat{B} | \boldsymbol{r}'\alpha \rangle \xi(\boldsymbol{r}',t) + \langle \boldsymbol{r}\alpha | \hat{B} | \boldsymbol{r}'\beta \rangle \eta(\boldsymbol{r}',t)] \tag{11.202}$$

根据式(11.177)，并考虑到 $\langle \boldsymbol{r} | \boldsymbol{r}' \rangle = \delta(\boldsymbol{r}-\boldsymbol{r}')$，得

$$\begin{aligned} \langle \boldsymbol{r}\alpha | \hat{B} | \boldsymbol{r}'\alpha \rangle &= \langle \alpha | \hat{B} | \alpha \rangle \delta(\boldsymbol{r} - \boldsymbol{r}') \\ \langle \boldsymbol{r}\alpha | \hat{B} | \boldsymbol{r}'\beta \rangle &= \langle \alpha | \hat{B} | \beta \rangle \delta(\boldsymbol{r} - \boldsymbol{r}') \end{aligned} \tag{11.203}$$

由此可得

$$\langle \boldsymbol{r}\alpha | \hat{B} | \psi \rangle = (\langle \alpha | \hat{B} | \alpha \rangle, \quad \langle \alpha | \hat{B} | \beta \rangle)\begin{pmatrix} \xi(\boldsymbol{r},t) \\ \eta(\boldsymbol{r},t) \end{pmatrix} \tag{11.204}$$

同理可得

$$\langle \boldsymbol{r}\beta | \hat{B} | \psi \rangle = (\langle \beta | \hat{B} | \alpha \rangle, \quad \langle \beta | \hat{B} | \beta \rangle)\begin{pmatrix} \xi(\boldsymbol{r},t) \\ \eta(\boldsymbol{r},t) \end{pmatrix} \tag{11.205}$$

由此可得态矢量 $\hat{B}|\psi\rangle$ 的二分量波函数

$$\boxed{\begin{pmatrix} \langle \boldsymbol{r}\alpha | \hat{B} | \psi \rangle \\ \langle \boldsymbol{r}\beta | \hat{B} | \psi \rangle \end{pmatrix} = \begin{pmatrix} \langle \alpha | \hat{B} | \alpha \rangle & \langle \alpha | \hat{B} | \beta \rangle \\ \langle \beta | \hat{B} | \alpha \rangle & \langle \beta | \hat{B} | \beta \rangle \end{pmatrix}\begin{pmatrix} \xi(\boldsymbol{r},t) \\ \eta(\boldsymbol{r},t) \end{pmatrix}} \tag{11.206}$$

也就是说，自旋态空间的算符对态矢量的作用，相当于将泡利表象中的矩阵乘以二分量波函数。比如

$$\begin{pmatrix} \langle \boldsymbol{r}\alpha | \hat{S}_x | \psi \rangle \\ \langle \boldsymbol{r}\beta | \hat{S}_x | \psi \rangle \end{pmatrix} = \frac{\hbar}{2}\begin{pmatrix} 0 & 1 \\ 1 & 0 \end{pmatrix}\begin{pmatrix} \xi(\boldsymbol{r},t) \\ \eta(\boldsymbol{r},t) \end{pmatrix} \tag{11.207}$$

最后，利用前两个结果容易得到 $\hat{A}\hat{B}$ 的作用

$$\boxed{\begin{pmatrix} \langle \boldsymbol{r}\alpha | \hat{A}\hat{B} | \psi \rangle \\ \langle \boldsymbol{r}\beta | \hat{A}\hat{B} | \psi \rangle \end{pmatrix} = A(\boldsymbol{r}, -\mathrm{i}\hbar \nabla)\begin{pmatrix} \langle \alpha | \hat{B} | \alpha \rangle & \langle \alpha | \hat{B} | \beta \rangle \\ \langle \beta | \hat{B} | \alpha \rangle & \langle \beta | \hat{B} | \beta \rangle \end{pmatrix}\begin{pmatrix} \xi(\boldsymbol{r},t) \\ \eta(\boldsymbol{r},t) \end{pmatrix}} \tag{11.208}$$

很明显，$A(\boldsymbol{r},-\mathrm{i}\hbar\nabla)$ 和 $\hat{B}$ 的矩阵是可以对易的。比如

$$\begin{pmatrix}\langle \boldsymbol{r}\alpha \mid \hat{L}_z\hat{S}_z \mid \psi\rangle \\ \langle \boldsymbol{r}\beta \mid \hat{L}_z\hat{S}_z \mid \psi\rangle\end{pmatrix} = -\mathrm{i}\hbar\frac{\partial}{\partial\varphi}\frac{\hbar}{2}\begin{pmatrix}1 & 0\\ 0 & -1\end{pmatrix}\begin{pmatrix}\xi(\boldsymbol{r},t)\\ \eta(\boldsymbol{r},t)\end{pmatrix} \tag{11.209}$$

假定另有一个归一化态矢量 $|\bar{\psi}\rangle$，引入记号 $\bar{\xi}(\boldsymbol{r},t)=\langle \boldsymbol{r}\alpha|\bar{\psi}\rangle$，$\bar{\eta}(\boldsymbol{r},t)=\langle \boldsymbol{r}\beta|\bar{\psi}\rangle$，根据内积(11.193)和结果(11.208)，可得算符 $\hat{A}\hat{B}$ 的矩阵元

$$\langle\bar{\psi}\mid\hat{A}\hat{B}\mid\psi\rangle = \int_\infty \mathrm{d}^3r(\bar{\xi}^*,\bar{\eta}^*)\hat{A}(\boldsymbol{r},-\mathrm{i}\hbar\nabla)\begin{pmatrix}\langle\alpha|\hat{B}|\alpha\rangle & \langle\alpha|\hat{B}|\beta\rangle\\ \langle\beta|\hat{B}|\alpha\rangle & \langle\beta|\hat{B}|\beta\rangle\end{pmatrix}\begin{pmatrix}\xi\\ \eta\end{pmatrix} \tag{11.210}$$

对于张量积形式的态矢量(11.184)，只需将算符作用于相应空间的态矢量

$$(\hat{A}\hat{B})\mid\psi\rangle = (\hat{A}\mid\phi\rangle)(\hat{B}\,|\chi\rangle) \tag{11.211}$$

比如

$$\hat{L}_z\mid\psi\rangle = (\hat{L}_z\mid\phi\rangle)\,|\chi\rangle \tag{11.212}$$

$$\hat{S}_x\mid\psi\rangle = \mid\phi\rangle(\hat{S}_x\,|\chi\rangle) \tag{11.213}$$

$$\hat{\boldsymbol{L}}\cdot\hat{\boldsymbol{S}}\mid\psi\rangle = (\hat{L}_i\mid\phi\rangle)(\hat{S}_i\,|\chi\rangle) \tag{11.214}$$

等。利用记号(11.186)，式(11.201)、式(11.207)和式(11.209)在这种特殊情形分别化为

$$\begin{pmatrix}\langle \boldsymbol{r}\alpha \mid \hat{L}_z \mid \psi\rangle \\ \langle \boldsymbol{r}\beta \mid \hat{L}_z \mid \psi\rangle\end{pmatrix} = -\mathrm{i}\hbar\frac{\partial\phi(\boldsymbol{r},t)}{\partial\varphi}\begin{pmatrix}c_1(t)\\ c_2(t)\end{pmatrix} \tag{11.215}$$

$$\begin{pmatrix}\langle \boldsymbol{r}\alpha \mid \hat{S}_x \mid \psi\rangle \\ \langle \boldsymbol{r}\beta \mid \hat{S}_x \mid \psi\rangle\end{pmatrix} = \phi(\boldsymbol{r},t)\,\frac{\hbar}{2}\begin{pmatrix}0 & 1\\ 1 & 0\end{pmatrix}\begin{pmatrix}c_1(t)\\ c_2(t)\end{pmatrix} \tag{11.216}$$

$$\begin{pmatrix}\langle \boldsymbol{r}\alpha \mid \hat{L}_z\hat{S}_z \mid \psi\rangle \\ \langle \boldsymbol{r}\beta \mid \hat{L}_z\hat{S}_z \mid \psi\rangle\end{pmatrix} = -\mathrm{i}\hbar\frac{\partial\phi(\boldsymbol{r},t)}{\partial\varphi}\frac{\hbar}{2}\begin{pmatrix}1 & 0\\ 0 & -1\end{pmatrix}\begin{pmatrix}c_1(t)\\ c_2(t)\end{pmatrix} \tag{11.217}$$

11.4 角动量相加

如果研究的物理体系包括两个角动量，比如两个粒子的轨道角动量，或者一个粒子的轨道角动量和自旋角动量等，就需要把两个角动量相加。角动量相加又称为角动量耦合。

11.4.1 总角动量

设 $\mathcal{V}_1$ 和 $\mathcal{V}_2$ 是两个态空间，$\hat{A}_1,\hat{A}_2$ 分别是 $\mathcal{V}_1,\mathcal{V}_2$ 中的算符，$\hat{I}_1,\hat{I}_2$ 分别是 $\mathcal{V}_1,\mathcal{V}_2$ 中的单位算符。$\hat{A}_1\hat{A}_2$ 是张量积空间 $\mathcal{V}_1\otimes\mathcal{V}_2$ 中的算符，对于张量积形式的态矢量

$$\mid\psi\rangle = \mid\psi_1\rangle\mid\psi_2\rangle,\quad \mid\psi_1\rangle\in\mathcal{V}_1,\quad \mid\psi_2\rangle\in\mathcal{V}_2 \tag{11.218}$$

算符的作用为

$$\hat{A}_1\hat{A}_2\mid\psi\rangle = (\hat{A}_1\mid\psi_1\rangle)(\hat{A}_2\mid\psi_2\rangle) \tag{11.219}$$

$\hat{A}_1$ 和 $\hat{A}_2$ 单独用于 $\mathcal{V}_1\otimes\mathcal{V}_2$ 时分别理解为延伸算符 $\hat{A}_1\hat{I}_2$ 和 $\hat{I}_1\hat{A}_2$

$$\hat{A}_1\mid\psi\rangle = (\hat{A}_1\mid\psi_1\rangle)\mid\psi_2\rangle,\quad \hat{A}_2\mid\psi\rangle = \mid\psi_1\rangle(\hat{A}_2\mid\psi_2\rangle) \tag{11.220}$$

分别属于 $\mathcal{V}_1$ 或 $\mathcal{V}_2$ 中的算符互相对易

$$[\hat{A}_1,\hat{A}_2] = 0 \tag{11.221}$$

根据这些规则，可以得到算符对 $\mathcal{V}_1\otimes\mathcal{V}_2$ 中任意态矢量的作用。

将 $\mathcal{V}_1$ 和 $\mathcal{V}_2$ 中的角动量算符分别记为 $\hat{\boldsymbol{J}}_1$ 和 $\hat{\boldsymbol{J}}_2$，当它们作为 $\mathcal{V}_1\otimes\mathcal{V}_2$ 中的延伸算符时仍然

满足角动量算符的对易关系

$$[\hat{J}_{1\alpha},\hat{J}_{1\beta}]=\mathrm{i}\hbar\varepsilon_{\alpha\beta\gamma}\hat{J}_{1\gamma},\qquad[\hat{J}_1^2,\hat{J}_{1\alpha}]=0,\qquad\alpha=x,y,z \tag{11.222}$$

$$[\hat{J}_{2\alpha},\hat{J}_{2\beta}]=\mathrm{i}\hbar\varepsilon_{\alpha\beta\gamma}\hat{J}_{2\gamma},\qquad[\hat{J}_2^2,\hat{J}_{2\alpha}]=0,\qquad\alpha=x,y,z \tag{11.223}$$

用 $\hat{J}_{1\pm}$ 和 $\hat{J}_{2\pm}$ 分别表示与 $\hat{\boldsymbol{J}}_1$ 和 $\hat{\boldsymbol{J}}_2$ 相应的升降算符

$$\hat{J}_{1\pm}=\hat{J}_{1x}\pm\mathrm{i}\hat{J}_{1y},\qquad\hat{J}_{2\pm}=\hat{J}_{2x}\pm\mathrm{i}\hat{J}_{2y} \tag{11.224}$$

下标为 1 和 2 的算符分别属于不同态空间，因此互相对易，比如

$$[\hat{A}_1,\hat{A}_2]=[\hat{A}_1,\hat{J}_{2\alpha}]=[\hat{A}_2,\hat{J}_{1\alpha}]=0 \tag{11.225}$$

$$[\hat{J}_{1\alpha},\hat{J}_{2\beta}]=[\hat{J}_1^2,\hat{J}_{2\alpha}]=[\hat{J}_2^2,\hat{J}_{1\alpha}]=[\hat{J}_1^2,\hat{J}_2^2]=0 \tag{11.226}$$

体系的总角动量为

$$\hat{\boldsymbol{J}}=\hat{\boldsymbol{J}}_1+\hat{\boldsymbol{J}}_2 \tag{11.227}$$

$\hat{\boldsymbol{J}}_1$ 和 $\hat{\boldsymbol{J}}_2$ 原本分别属于态空间 $\mathcal{V}_1$ 和 $\mathcal{V}_2$，它们在式(11.227)中作为 $\mathcal{V}_1\otimes\mathcal{V}_2$ 中的算符，分别理解为 $\hat{\boldsymbol{J}}_1\hat{I}_2$ 和 $\hat{I}_1\hat{\boldsymbol{J}}_2$。式(11.227)是个矢量等式，其分量形式为

$$\hat{J}_\alpha=\hat{J}_{1\alpha}+\hat{J}_{2\alpha},\qquad\alpha=x,y,z \tag{11.228}$$

根据式(11.222)和式(11.225)，可以证明 $\hat{J}_x,\hat{J}_y,\hat{J}_z$ 满足如下对易关系（留作练习）

$$[\hat{J}_\alpha,\hat{J}_\beta]=\mathrm{i}\hbar\varepsilon_{\alpha\beta\gamma}\hat{J}_\gamma \tag{11.229}$$

这表明 $\hat{J}_x,\hat{J}_y,\hat{J}_z$ 满足角动量算符定义，关于角动量算符的一切普遍结果都成立。比如，$\hat{J}^2=\hat{J}_x^2+\hat{J}_y^2+\hat{J}_z^2$ 跟 $\hat{J}^2$ 的三个分量均对易

$$\boxed{[\hat{J}^2,\hat{J}_\alpha]=0,\quad\alpha=x,y,z} \tag{11.230}$$

需要注意，虽然 $\hat{J}^2$ 与 $\hat{J}_z$ 对易，但 $\hat{J}^2$ 与 $\hat{J}_{1z}$，$\hat{J}_{2z}$均不对易（留作练习）

$$\boxed{[\hat{J}^2,\hat{J}_{1z}]\neq0,\qquad[\hat{J}^2,\hat{J}_{2z}]\neq0} \tag{11.231}$$

根据式(11.226)可知 $\hat{\boldsymbol{J}}_1\cdot\hat{\boldsymbol{J}}_2=\hat{\boldsymbol{J}}_2\cdot\hat{\boldsymbol{J}}_1$，因此

$$\hat{J}^2=(\hat{\boldsymbol{J}}_1+\hat{\boldsymbol{J}}_2)^2=\hat{J}_1^2+\hat{J}_2^2+2\hat{\boldsymbol{J}}_1\cdot\hat{\boldsymbol{J}}_2 \tag{11.232}$$

再次利用式(11.226)，可得

$$\boxed{[\hat{J}^2,\hat{J}_1^2]=[\hat{J}^2,\hat{J}_2^2]=0} \tag{11.233}$$

引入与 $\hat{\boldsymbol{J}}$ 相应的升降算符

$$\hat{J}_+=\hat{J}_x+\mathrm{i}\hat{J}_y,\quad\hat{J}_-=\hat{J}_x-\mathrm{i}\hat{J}_y \tag{11.234}$$

根据式(11.224)和式(11.228)可知

$$\hat{J}_+=\hat{J}_{1+}+\hat{J}_{2+},\quad\hat{J}_-=\hat{J}_{1-}+\hat{J}_{2-} \tag{11.235}$$

此外，根据式(11.224)可知

$$\hat{\boldsymbol{J}}_1\cdot\hat{\boldsymbol{J}}_2=\hat{J}_{1x}\hat{J}_{2x}+\hat{J}_{1y}\hat{J}_{2y}+\hat{J}_{1z}\hat{J}_{2z}=\frac{1}{2}(\hat{J}_{1+}\hat{J}_{2-}+\hat{J}_{1-}\hat{J}_{2+})+\hat{J}_{1z}\hat{J}_{2z} \tag{11.236}$$

将式(11.236)代入式(11.232)，得

$$\hat{J}^2=\hat{J}_1^2+\hat{J}_2^2+2\hat{J}_{1z}\hat{J}_{2z}+\hat{J}_{1+}\hat{J}_{2-}+\hat{J}_{1-}\hat{J}_{2+} \tag{11.237}$$

11.4.2 二电子体系

1. 耦合方案

考虑一个二电子体系[⊖]，将电子 1 和电子 2 的态空间分别记为 $\mathcal{V}(1)$ 和 $\mathcal{V}(2)$，它们分别为

⊖ 粒子的全同性带来的影响将在第 14 章考虑.

$$\mathcal{V}(1)=\mathcal{V}_{\mathrm{C}}(1)\otimes\mathcal{V}_{\mathrm{S}}^{1/2}(1),\qquad \mathcal{V}(2)=\mathcal{V}_{\mathrm{C}}(2)\otimes\mathcal{V}_{\mathrm{S}}^{1/2}(2) \tag{11.238}$$

二电子体系的态空间为

$$\mathcal{V}(1)\otimes\mathcal{V}(2)=\mathcal{V}_{\mathrm{C}}\otimes\mathcal{V}_{\mathrm{S}} \tag{11.239}$$

其中

$$\mathcal{V}_{\mathrm{C}}=\mathcal{V}_{\mathrm{C}}(1)\otimes\mathcal{V}_{\mathrm{C}}(2),\qquad \mathcal{V}_{\mathrm{S}}=\mathcal{V}_{\mathrm{S}}^{1/2}(1)\otimes\mathcal{V}_{\mathrm{S}}^{1/2}(2) \tag{11.240}$$

我们将遇到四个角动量：两个电子的轨道角动量 $\hat{\boldsymbol{L}}_1,\hat{\boldsymbol{L}}_2$ 和自旋角动量 $\hat{\boldsymbol{S}}_1,\hat{\boldsymbol{S}}_2$，它们分别是 $\mathcal{V}_{\mathrm{C}}(1),\mathcal{V}_{\mathrm{C}}(2),\mathcal{V}_{\mathrm{S}}^{1/2}(1)$ 和 $\mathcal{V}_{\mathrm{S}}^{1/2}(2)$ 中的算符。四个角动量相加时，有如下两种常用的耦合方案。

（1）***LS*** 耦合：$\hat{\boldsymbol{L}}=\hat{\boldsymbol{L}}_1+\hat{\boldsymbol{L}}_2$，$\hat{\boldsymbol{S}}=\hat{\boldsymbol{S}}_1+\hat{\boldsymbol{S}}_2$，$\hat{\boldsymbol{J}}=\hat{\boldsymbol{L}}+\hat{\boldsymbol{S}}$；

（2）***JJ*** 耦合：$\hat{\boldsymbol{J}}_1=\hat{\boldsymbol{L}}_1+\hat{\boldsymbol{S}}_1$，$\hat{\boldsymbol{J}}_2=\hat{\boldsymbol{L}}_2+\hat{\boldsymbol{S}}_2$，$\hat{\boldsymbol{J}}=\hat{\boldsymbol{J}}_1+\hat{\boldsymbol{J}}_2$。

需要注意：前面式(11.227)中的 $\hat{\boldsymbol{J}}_1$ 和 $\hat{\boldsymbol{J}}_2$ 表示任何两个相加的角动量，既可以指 ***JJ*** 耦合中的 $\hat{\boldsymbol{J}}_1$ 和 $\hat{\boldsymbol{J}}_2$，也可以指 $\hat{\boldsymbol{L}}_1$ 和 $\hat{\boldsymbol{S}}_1$，$\hat{\boldsymbol{S}}_1$ 和 $\hat{\boldsymbol{S}}_2$，$\hat{\boldsymbol{L}}$ 和 $\hat{\boldsymbol{S}}$，等等。

2. 无耦合表象

先讨论两个电子的自旋角动量相加。仍用 $|\alpha\rangle,|\beta\rangle$ 表示 $s_z=\hbar/2,-\hbar/2$ 的自旋态矢量，将这两个态矢量用于电子 1 和电子 2，记为

$$\begin{aligned}&\text{电子 1：}\quad |\alpha_1\rangle=|s_1,m_{s1}=1/2\rangle,\quad |\beta_1\rangle=|s_1,m_{s1}=-1/2\rangle\\&\text{电子 2：}\quad |\alpha_2\rangle=|s_2,m_{s2}=1/2\rangle,\quad |\beta_2\rangle=|s_2,m_{s2}=-1/2\rangle\end{aligned} \tag{11.241}$$

$\mathcal{V}_{\mathrm{S}}^{1/2}(1)$ 和 $\mathcal{V}_{\mathrm{S}}^{1/2}(2)$ 都是二维的，因此 $\mathcal{V}_{\mathrm{S}}$ 是四维的，基矢量可以选为

$$|s_1s_2m_{s1}m_{s2}\rangle=|s_1m_{s1}\rangle|s_2m_{s2}\rangle,\quad s_1=s_2=1/2,\quad m_{s1},m_{s2}=\pm1/2 \tag{11.242}$$

这样的基矢量一共有四个

$$\boxed{|\alpha_1\rangle|\alpha_2\rangle,\quad |\alpha_1\rangle|\beta_2\rangle,\quad |\beta_1\rangle|\alpha_2\rangle,\quad |\beta_1\rangle|\beta_2\rangle} \tag{11.243}$$

它们是 $(\hat{S}_{1z},\hat{S}_{2z})$ 的共同本征矢量，因此 $(\hat{S}_{1z},\hat{S}_{2z})$ 就是 $\mathcal{V}_{\mathrm{S}}$ 空间的 CSCO。原则上在这个 CSCO 中可以添加 $\hat{S}_1^2$ 和 $\hat{S}_2^2$，但它们都正比于单位算符

$$\hat{S}_1^2=\hat{S}_2^2=\frac{3}{4}\hbar^2\hat{I}_{\mathrm{S}} \tag{11.244}$$

没有实际作用。基矢量(11.242)也是 $\hat{S}_z=\hat{S}_{1z}+\hat{S}_{2z}$ 的本征矢量

$$\hat{S}_z|s_1s_2m_{s1}m_{s2}\rangle=m_s\hbar|s_1s_2m_{s1}m_{s2}\rangle,\quad m_s=m_{s1}+m_{s2} \tag{11.245}$$

按照式(11.243)的次序，$m_s=1,0,0,-1$。本征值 $m_s=1$ 和 $m_s=-1$ 均不简并，相应的本征矢量 $|\alpha_1\rangle|\alpha_2\rangle$ 和 $|\beta_1\rangle|\beta_2\rangle$ 分别张成 $\hat{S}_z$ 的一维本征子空间；本征值 $m_s=0$ 是二重简并的，本征矢量组 $\{|\alpha_1\rangle|\beta_2\rangle,|\beta_1\rangle|\alpha_2\rangle\}$ 张成 $\hat{S}_z$ 的二维本征子空间。

3. 耦合表象

总自旋 $\hat{\boldsymbol{S}}$ 遵循角动量的普遍性质，因此 $\hat{S}^2$ 和 $\hat{S}_z$ 的本征值为 $s(s+1)\hbar^2$ 和 $m_s\hbar$。稍后将证明 $(\hat{S}^2,\hat{S}_z)$ 构成总自旋态空间 $\mathcal{V}_{\mathrm{S}}$ 中的 CSCO，因此 $(\hat{S}^2,\hat{S}_z)$ 的共同本征矢量仍记为 $|sm_s\rangle$（没有附加指标），我们要确定属于 $\mathcal{V}_{\mathrm{S}}$ 的矢量。式(11.243)的四个基矢量都是 $\hat{S}_z$ 的本征矢量，可能有一部分正好也是 $\hat{S}^2$ 的本征矢量。但由于 $\hat{S}^2$ 与 $\hat{S}_{1z}$ 和 $\hat{S}_{2z}$ 均不对易，它们不可能都是 $\hat{S}^2$ 的本征矢量。我们来验证这一点。

首先，本征值 $m_s=\pm1$ 均不简并，因此 $|\alpha_1\rangle|\alpha_2\rangle$ 和 $|\beta_1\rangle|\beta_2\rangle$ 必然是 $\hat{S}^2$ 的本征矢量（参见

第 9 章对易算符的定理证明)。这个结论也可以直接验证。将式(11.237)用于自旋算符

$$\hat{S}^2 = \hat{S}_1^2 + \hat{S}_2^2 + 2\hat{S}_{1z}\hat{S}_{2z} + \hat{S}_{1+}\hat{S}_{2-} + \hat{S}_{1-}\hat{S}_{2+} \tag{11.246}$$

根据升降算符的作用 $\hat{S}_{1+}|\alpha_1\rangle=0$，$\hat{S}_{2+}|\alpha_2\rangle=0$，并考虑到式(11.244)，得

$$\hat{S}^2|\alpha_1\rangle|\alpha_2\rangle = (\hat{S}_1^2 + \hat{S}_2^2 + 2\hat{S}_{1z}\hat{S}_{2z})|\alpha_1\rangle|\alpha_2\rangle = 2\hbar^2|\alpha_1\rangle|\alpha_2\rangle \tag{11.247}$$

根据 $\hat{S}_{1-}|\beta_1\rangle=0$，$\hat{S}_{2-}|\beta_2\rangle=0$，可得

$$\hat{S}^2|\beta_1\rangle|\beta_2\rangle = (\hat{S}_1^2 + \hat{S}_2^2 + 2\hat{S}_{1z}\hat{S}_{2z})|\beta_1\rangle|\beta_2\rangle = 2\hbar^2|\beta_1\rangle|\beta_2\rangle \tag{11.248}$$

因此 $|\alpha_1\rangle|\alpha_2\rangle$ 和 $|\beta_1\rangle|\beta_2\rangle$ 是 $\hat{S}^2$ 的本征矢量，相当于 $s=1$ 的情形。由此可得

$$\boxed{|1,1\rangle = |\alpha_1\rangle|\alpha_2\rangle, \qquad |1,-1\rangle = |\beta_1\rangle|\beta_2\rangle} \tag{11.249}$$

其次，对于 $m_s=0$ 的两个基矢量，根据 $\hat{S}_{1-}|\alpha_1\rangle=\hbar|\beta_1\rangle$，$\hat{S}_{2+}|\beta_2\rangle=\hbar|\alpha_2\rangle$，得

$$\hat{S}^2|\alpha_1\rangle|\beta_2\rangle = \hbar^2|\alpha_1\rangle|\beta_2\rangle + \hbar^2|\beta_1\rangle|\alpha_2\rangle \tag{11.250}$$

根据 $\hat{S}_{1+}|\beta_1\rangle=\hbar|\alpha_1\rangle$，$\hat{S}_{2-}|\alpha_2\rangle=\hbar|\beta_2\rangle$，可得

$$\hat{S}^2|\beta_1\rangle|\alpha_2\rangle = \hbar^2|\beta_1\rangle|\alpha_2\rangle + \hbar^2|\alpha_1\rangle|\beta_2\rangle \tag{11.251}$$

因此 $|\alpha_1\rangle|\beta_2\rangle$ 和 $|\beta_1\rangle|\alpha_2\rangle$ 均不是 $\hat{S}^2$ 的本征矢量。

由于 $\hat{S}^2$ 和 $\hat{S}_z$ 对易，$\hat{S}_z$ 的本征子空间是 $\hat{S}^2$ 的不变子空间(参见第 9 章对易算符的定理证明)，因此 $\hat{S}^2$ 的矩阵是分块对角的，即

$$S^2 = \hbar^2\begin{pmatrix} \square & 0 & 0 & 0 \\ 0 & \square & \square & 0 \\ 0 & \square & \square & 0 \\ 0 & 0 & 0 & \square \end{pmatrix} \tag{11.252}$$

其中行列指标按照基矢量(11.243)的顺序排列，中间空着的是非零矩阵元。用基矢量(11.243)的左矢作用于式(11.247)、式(11.248)和式(11.250)，可得 $\hat{S}^2$ 的非零矩阵元，比如

$$\langle\alpha_1|\langle\alpha_2|\hat{S}^2|\alpha_1\rangle|\alpha_2\rangle = 2\hbar^2, \quad \langle\alpha_1|\langle\beta_2|\hat{S}^2|\alpha_1\rangle|\beta_2\rangle = \hbar^2 \tag{11.253}$$

等，由此可得 $\hat{S}^2$ 的矩阵

$$S^2 = \hbar^2\begin{pmatrix} 2 & 0 & 0 & 0 \\ 0 & 1 & 1 & 0 \\ 0 & 1 & 1 & 0 \\ 0 & 0 & 0 & 2 \end{pmatrix} \tag{11.254}$$

$(\hat{S}^2,\hat{S}_z)$ 的其余共同本征矢量在 $m_s=0$ 的子空间，设

$$|\chi\rangle = c_1|\alpha_1\rangle|\beta_2\rangle + c_2|\beta_1\rangle|\alpha_2\rangle \tag{11.255}$$

相应的列矩阵为 $\chi=(0,c_1,c_2,0)^{\mathrm{T}}$，由此写出 S^2 的本征方程

$$\hbar^2\begin{pmatrix} 2 & 0 & 0 & 0 \\ 0 & 1 & 1 & 0 \\ 0 & 1 & 1 & 0 \\ 0 & 0 & 0 & 2 \end{pmatrix}\begin{pmatrix} 0 \\ c_1 \\ c_2 \\ 0 \end{pmatrix} = s(s+1)\hbar^2\begin{pmatrix} 0 \\ c_1 \\ c_2 \\ 0 \end{pmatrix} \tag{11.256}$$

这个方程等价于如下方程

$$\begin{pmatrix} 1 & 1 \\ 1 & 1 \end{pmatrix}\begin{pmatrix} c_1 \\ c_2 \end{pmatrix} = s(s+1)\begin{pmatrix} c_1 \\ c_2 \end{pmatrix} \tag{11.257}$$

方程左端的 2 阶矩阵就是 $\hat{S}^2$ 在 $m_s=0$ 的子空间的矩阵。求解久期方程

$$\det\begin{pmatrix} 1-s(s+1) & 1 \\ 1 & 1-s(s+1) \end{pmatrix} = [1-s(s+1)]^2 - 1 = 0 \tag{11.258}$$

可得 $s=1,0$。将本征值代入式(11.257)，求得归一化本征矢量为

$$s=1,\quad \frac{1}{\sqrt{2}}\begin{pmatrix}1\\1\end{pmatrix};\qquad s=0,\quad \frac{1}{\sqrt{2}}\begin{pmatrix}1\\-1\end{pmatrix} \tag{11.259}$$

这里已经人为选择了常数相因子。这两个列矩阵代表 $m_s=0$ 的子空间的矢量

$$\boxed{|1,0\rangle = \frac{1}{\sqrt{2}}(|\alpha_1\rangle|\beta_2\rangle + |\beta_1\rangle|\alpha_2\rangle),\quad |0,0\rangle = \frac{1}{\sqrt{2}}(|\alpha_1\rangle|\beta_2\rangle - |\beta_1\rangle|\alpha_2\rangle)} \tag{11.260}$$

到此为止，我们得到了$(\hat{S}^2,\hat{S}_z)$的四个共同本征矢量

$$\boxed{|0,0\rangle,\quad |1,1\rangle,\quad |1,0\rangle,\quad |1,-1\rangle} \tag{11.261}$$

它们也构成 $\mathcal{V}_S$ 的正交归一基。量子数 s,m_s 足以确定唯一的基矢量，因此$(\hat{S}^2,\hat{S}_z)$也是 $\mathcal{V}_S$ 的 CSCO。当 $s=1$ 时，$m_s=1,0,-1$，称为自旋三重态；当 $s=0$ 时，$m_s=0$，称为自旋单态。由此可以将 $\mathcal{V}_S$ 分解为

$$\mathcal{V}_S = \mathcal{V}_S^{1/2}(1)\otimes\mathcal{V}_S^{1/2}(2) = \mathcal{V}_S^0 \oplus \mathcal{V}_S^1 \tag{11.262}$$

其中 $\mathcal{V}_S^0$ 和 $\mathcal{V}_S^1$ 分别是 1 维和 3 维子空间，二者的正交归一基分别为

$$\{|0,0\rangle\}\quad 和\quad \{|1,1\rangle,\ |1,0\rangle,\ |1,-1\rangle\} \tag{11.263}$$

以式(11.243)和式(11.261)为基的表象分别称为无耦合表象(uncoupling representation)和耦合表象(coupling representation)。两组基矢量如图 11-2 所示。

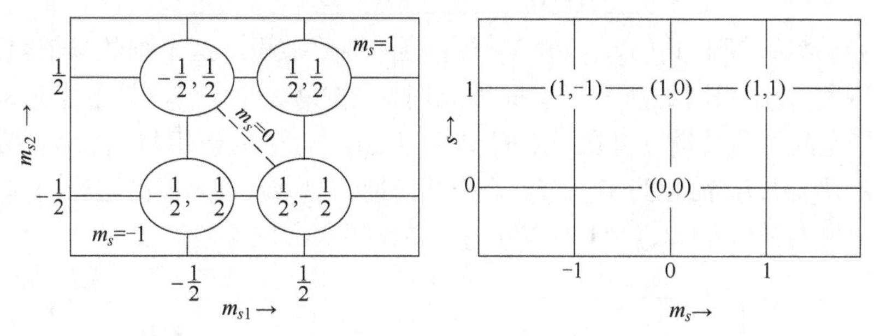

图 11-2　无耦合表象(左图)和耦合表象(右图)的基矢量

讨论

尽管 $\hat{S}^2$ 与 $\hat{S}_{1z},\hat{S}_{2z}$均不对易，但它们仍有两个共同本征矢量 $|1,1\rangle$ 和 $|1,-1\rangle$，不过这两个本征矢量不足以构成自旋态空间的基。

11.4.3　态空间的分解

继续讨论一般态空间 $\mathcal{V}_1\otimes\mathcal{V}_2$，设$(\hat{A}_1,\hat{J}_1^2,\hat{J}_{1z})$和$(\hat{A}_2,\hat{J}_2^2,\hat{J}_{2z})$分别为 $\mathcal{V}_1$ 和 $\mathcal{V}_2$ 的 CSCO，其中 $\hat{A}_1$ 和 $\hat{A}_2$ 分别为 $\mathcal{V}_1$ 和 $\mathcal{V}_2$ 中的标量算符㊀。将$(\hat{A}_1,\hat{J}_1^2,\hat{J}_{1z})$和$(\hat{A}_2,\hat{J}_2^2,\hat{J}_{2z})$的共同本征矢量分别记为 $|k_1j_1m_1\rangle$ 和 $|k_2j_2m_2\rangle$，$\mathcal{V}_1$ 和 $\mathcal{V}_2$ 的基可以选为$\{|k_1j_1m_1\rangle\}$和$\{|k_2j_2m_2\rangle\}$。根据角

㊀ 自旋态空间不需要附加标量算符.

动量的一般理论，$\mathcal{V}_1$ 和 $\mathcal{V}_2$ 可以分解为

$$\mathcal{V}_1=\sum_{k_1,j_1}\oplus\mathcal{V}_1(k_1,j_1),\qquad \mathcal{V}_2=\sum_{k_2,j_2}\oplus\mathcal{V}_2(k_2,j_2) \tag{11.264}$$

式中，$\mathcal{V}_1(k_1,j_1)$ 是 $\hat{\boldsymbol{J}}_1$ 的 $2j_1+1$ 维不变子空间；$\mathcal{V}_2(k_2,j_2)$ 是 $\hat{\boldsymbol{J}}_2$ 的 $2j_2+1$ 维不变子空间。

选择态空间 $\mathcal{V}_1\otimes\mathcal{V}_2$ 的一个 CSCO，以各个算符的共同本征矢量组为基，就得到一个表象。根据力学量算符的对易关系，有两种常用方案。

1. 无耦合表象

根据张量积空间的特点，态空间 $\mathcal{V}_1\otimes\mathcal{V}_2$ 中的基矢量可以选为 $\mathcal{V}_1$ 和 $\mathcal{V}_2$ 中的基矢量的张量积

$$|k_1k_2j_1\,j_2m_1m_2\rangle=|k_1\,j_1m_1\rangle\,|k_2\,j_2m_2\rangle \tag{11.265}$$

由此可见，六个互相对易的观测量算符$(\hat{A}_1,\hat{A}_2,\hat{J}_1^2,\hat{J}_2^2,\hat{J}_{1z},\hat{J}_{2z})$，构成态空间 $\mathcal{V}_1\otimes\mathcal{V}_2$ 的 CSCO，基矢量(11.265)是它们的共同本征矢量。$\hat{A}_1,\hat{J}_1^2,\hat{J}_{1z}$的本征方程分别为

$$\hat{A}_1\,|k_1k_2j_1\,j_2m_1m_2\rangle=\mu_{k_1}\,|k_1k_2j_1\,j_2m_1m_2\rangle \tag{11.266}$$

$$\hat{J}_1^2\,|k_1k_2j_1\,j_2m_1m_2\rangle=j_1(j_1+1)\hbar^2\,|k_1k_2j_1\,j_2m_1m_2\rangle \tag{11.267}$$

$$\hat{J}_{1z}\,|k_1k_2j_1\,j_2m_1m_2\rangle=m_1\hbar\,|k_1k_2j_1\,j_2m_1m_2\rangle \tag{11.268}$$

$\hat{A}_2,\hat{J}_2^2,\hat{J}_{2z}$的本征方程是类似的。

当给定 k_1,k_2,j_1,j_2 时，磁量子数组合(m_1,m_2)的取值一共有$(2j_1+1)(2j_2+1)$个，这些基矢量张成 $\mathcal{V}_1\otimes\mathcal{V}_2$ 的一个$(2j_1+1)(2j_2+1)$维子空间，记为 $\mathcal{V}(k_1,k_2,j_1,j_2)$，它是 $\mathcal{V}_1(k_1,j_1)$ 和 $\mathcal{V}_2(k_2,j_2)$ 的张量积

$$\boxed{\mathcal{V}(k_1,k_2,j_1,j_2)=\mathcal{V}_1(k_1,j_1)\otimes\mathcal{V}_2(k_2,j_2)} \tag{11.269}$$

$\mathcal{V}(k_1,k_2,j_1,j_2)$的维数等于 $\mathcal{V}_1(k_1,j_1)$ 和 $\mathcal{V}_2(k_2,j_2)$ 的维数乘积，这个维数只依赖于 j_1,j_2 而与 k_1,k_2 无关，因此 j_1,j_2 相同的所有子空间彼此同构。$\mathcal{V}(k_1,k_2,j_1,j_2)$ 是各个角动量算符 $\hat{\boldsymbol{J}}_1$，$\hat{\boldsymbol{J}}_2,\hat{\boldsymbol{J}}$ 的不变子空间。角动量算符在子空间 $\mathcal{V}(k_1,k_2,j_1,j_2)$ 中的作用与 k_1,k_2 无关。为了简化记号，将 $\mathcal{V}(k_1,k_2,j_1,j_2)$ 简记为 $\mathcal{V}(j_1,j_2)$，将基矢量 $|k_1k_2j_1j_2m_1m_2\rangle$ 简记为 $|j_1j_2m_1m_2\rangle$。

图 11-3 中列出了当 $j_1=2,j_2=1$ 时 $\mathcal{V}(j_1,j_2)$ 中无耦合表象的基矢量。

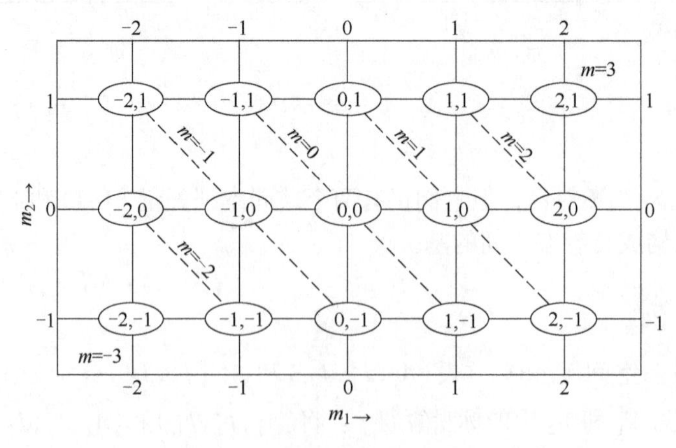

图 11-3　无耦合表象的基矢量

无耦合表象的基矢量 $|j_1j_2m_1m_2\rangle$ 均为 $\hat{J}_z$ 的本征矢量

$$\hat{J}_z|j_1 j_2 m_1 m_2\rangle = (\hat{J}_{1z} + \hat{J}_{2z})|j_1 j_2 m_1 m_2\rangle = m\hbar|j_1 j_2 m_1 m_2\rangle \tag{11.270}$$

其中

$$m = m_1 + m_2 \tag{11.271}$$

由于$-j_1 \leqslant m_1 \leqslant j_1$，$-j_2 \leqslant m_2 \leqslant j_2$，因此

$$\boxed{-(j_1 + j_2) \leqslant m \leqslant j_1 + j_2} \tag{11.272}$$

一共$2(j_1+j_2)+1$个取值。每一个m值对应的基矢量如图 11-3 中的斜线所示。对于固定的m值，斜线上的基矢量的线性组合张成一个子空间，记为$\mathcal{V}(j_1,j_2,m)$。$\mathcal{V}(j_1,j_2)$是各个子空间的直和

$$\mathcal{V}(j_1,j_2) = \sum_{m=-(j_1+j_2)}^{j_1+j_2} \oplus \mathcal{V}(j_1,j_2,m) \tag{11.273}$$

由图 11-3 可知，当$j_1=2$，$j_2=1$时，由m标记各个子空间的维数为

$$\begin{aligned} m &= 3 \quad 2 \quad 1 \quad 0 \quad -1 \quad -2 \quad -3 \\ \dim\mathcal{V}(j_1,j_2,m) &= 1 \quad 2 \quad 3 \quad 3 \quad 3 \quad 2 \quad 1 \end{aligned} \tag{11.274}$$

根据式(11.272)，m的最大值是$j_1+j_2=3$，m的最小值是$-j_1-j_2=-3$。从$m=j_1+j_2$开始，随着m的减小，图 11-3 中的斜线往左下方移动。当斜线通过右下角基矢量(对应$m_1=j_1$，$m_2=-j_2$)时，子空间$\mathcal{V}(j_1,j_2,m)$的维数达到最高，等于图 11-3 中基矢量的行数，也就是$2j_2+1$。维数最高的子空间从$m=j_1-j_2$开始，随着m的减小和斜线的移动，直到斜线通过左上角基矢量(对应$m_1=-j_1$，$m_2=j_2$)。

2. 耦合表象

根据对易关系式(11.226)、式(11.230)和式(11.233)，六个观测量算符$(\hat{A}_1,\hat{A}_2,\hat{J}_1^2,\hat{J}_2^2,\hat{J}^2,\hat{J}_z)$两两对易。后面会知道这六个算符也构成态空间的 CSCO，现在姑且承认这点。将$(\hat{A}_1,\hat{A}_2,\hat{J}_1^2,\hat{J}_2^2,\hat{J}^2,\hat{J}_z)$的共同本征矢量记为$|k_1k_2j_1j_2jm\rangle$，$\hat{A}_1$和$\hat{J}_1^2$的本征方程分别为

$$\hat{A}_1|k_1k_2j_1j_2jm\rangle = \mu_{k_1}|k_1k_2j_1j_2jm\rangle \tag{11.275}$$

$$\hat{J}_1^2|k_1k_2j_1j_2jm\rangle = j_1(j_1+1)\hbar^2|k_1k_2j_1j_2jm\rangle \tag{11.276}$$

$\hat{A}_2$和$\hat{J}_2^2$的本征方程是类似的。$\hat{J}^2$和$\hat{J}_z$本征方程分别为

$$\begin{aligned} \hat{J}^2|k_1k_2j_1j_2jm\rangle &= j(j+1)\hbar^2|k_1k_2j_1j_2jm\rangle \\ \hat{J}_z|k_1k_2j_1j_2jm\rangle &= m\hbar|k_1k_2j_1j_2jm\rangle \end{aligned} \tag{11.277}$$

给定k_1,k_2,j_1,j_2时也会得到子空间$\mathcal{V}(j_1,j_2)$，但现在选择的基矢量为$|k_1k_2j_1j_2jm\rangle$。今后将$|k_1k_2j_1j_2jm\rangle$简记为$|j_1j_2jm\rangle$。根据式(11.231)，$\hat{J}^2$与$\hat{J}_{1z},\hat{J}_{2z}$均不对易，因此在无耦合表象的 CSCO 中不能添加$\hat{J}^2$，在耦合表象的 CSCO 中也不能添加$\hat{J}_{1z}$或$\hat{J}_{2z}$。

图 11-4 中列出了耦合表象中j取非负整数时的基矢量(j取正半奇数的基矢量未画出)，我们的任务是找到属于$\mathcal{V}(j_1,j_2)$的那些基矢量。首先，根据式(11.272)可以确定这些基矢量所在的列；其次，我们要确定这些基矢量所在的行，即确定角量子数j的取值范围。

角量子数j的可能取值将在稍后求出，现在先给出结果

$$\boxed{j = j_1 + j_2, \quad j_1 + j_2 - 1, \quad \cdots, \quad |j_1 - j_2|} \tag{11.278}$$

取值范围可以用不等式表达

$$|j_1 - j_2| \leqslant j \leqslant j_1 + j_2 \tag{11.279}$$

由不等式(11.279)可以得出

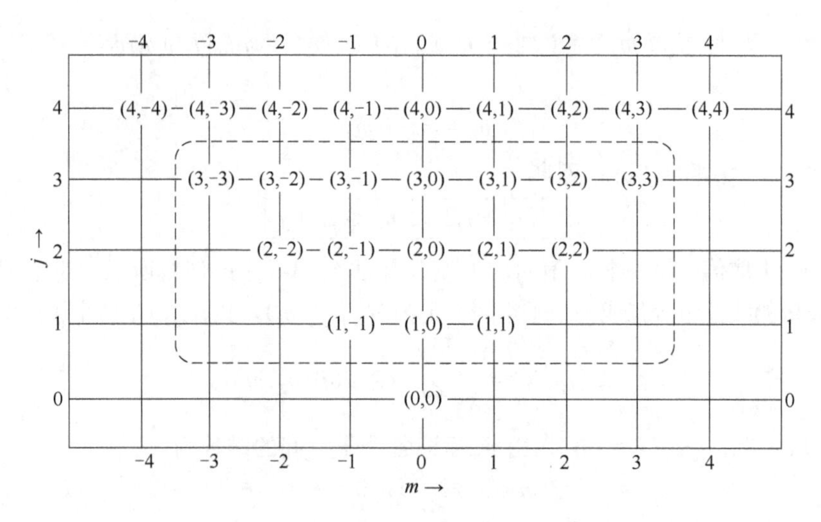

图 11-4 耦合表象的基矢量

$$|j-j_2| \leqslant j_1 \leqslant j+j_2 \tag{11.280}$$

$$|j-j_1| \leqslant j_2 \leqslant j+j_1 \tag{11.281}$$

由此可见，j_1,j_2,j 之间的相互约束关系，就好像一个边长分别为 j_1,j_2,j 的三角形的边长之间的约束关系：三角形两边之和大于第三边，两边之差小于第三边(取等号情形可以看作三角形的极限)。因此可以把式(11.279)、式(11.280)和式(11.281)称为**三角形规则**，记为 $\Delta(j_1j_2j)$。

$\hat{A}_1$ 和 $\hat{A}_2$ 都是标量算符，$\hat{J}_\pm$ 与 $\hat{A}_1$，$\hat{A}_2$ 均对易。由式(11.226)和式(11.235)可知，$\hat{J}_\pm$ 与 $\hat{J}_1^2,\hat{J}_2^2$ 也对易。因此 $\mathcal{V}(j_1,j_2)$ 是 $\hat{J}_\pm$ 的不变子空间。根据升降算符的作用，$\hat{J}_\pm$ 会让基矢量的磁量子数 m 加减 1。由此可见，如果 $|j_1j_2jm\rangle$ 属于 $\mathcal{V}(j_1,j_2)$，则图 11-4 中那一行的 $2j+1$ 个基矢量都属于 $\mathcal{V}(j_1,j_2)$。对于式(11.278)范围内的每一个 j 值，$2j+1$ 个基矢量张成 $\mathcal{V}(j_1,j_2)$ 的 $2j+1$ 维子空间，记为 $\mathcal{V}(j_1,j_2,j)$。因此，张量积空间 $\mathcal{V}(j_1,j_2)\equiv\mathcal{V}(k_1,k_2,j_1,j_2)$ 可以分解为各个子空间 $\mathcal{V}(j_1,j_2,j)$ 的直和

$$\boxed{\mathcal{V}_1(k_1,j_1)\otimes\mathcal{V}_2(k_2,j_2)=\sum_{j=|j_1-j_2|}^{j_1+j_2}\oplus\,\mathcal{V}(j_1,j_2,j)} \tag{11.282}$$

其中每个 $\mathcal{V}(j_1,j_2,j)$ 都是总角动量算符 $\hat{\boldsymbol{J}}$ 的不变子空间。容易验证，所有子空间 $\mathcal{V}(j_1,j_2,j)$ 的维数之和等于 $\mathcal{V}(j_1,j_2)$ 的维数

$$\sum_{j=|j_1-j_2|}^{j_1+j_2}(2j+1)=(2j_1+1)(2j_2+1) \tag{11.283}$$

对于每一个 m 值，图 11-4 中这一列中满足条件(11.279)的基矢量也张成 $\mathcal{V}(j_1,j_2)$ 的一个子空间，这个子空间是用 j_1,j_2,m 来标记的，因此正是无耦合表象中讨论过的子空间 $\mathcal{V}(j_1,j_2,m)$，只是现在选择的是耦合表象的基。

*3. j 的取值

如果耦合表象的六个观测量算符($\hat{A}_1,\hat{A}_2,\hat{J}_1^2,\hat{J}_2^2,\hat{J}^2,\hat{J}_z$)没有构成 CSCO，则还需要添加其他观测量算符，基矢量 $|j_1j_2jm\rangle$ 中也需要相应地添加指标，用来标记添加算符的本征值。这

意味着图 11-4 中基矢量 $|j_1j_2jm\rangle$ 可能出现一次以上，相应的子空间 $\mathcal{V}(j_1,j_2,j)$ 也会出现一次以上。然而下面将表明并非如此。我们只讨论 $j_1\geqslant j_2$ 的情形，以 $j_1=2$，$j_2=1$ 为例。

首先，考虑子空间 $\mathcal{V}(j_1,j_2,m=j_1+j_2)$，基矢量只有 $|j_1,j_2,m_1=j_1,m_2=j_2\rangle$，即图 11-3 右上角的那个基矢量，因此这是个一维子空间。在图 11-4 中，这个子空间的基矢量在 $m=j_1+j_2$ 那一列。

如果 $j<j_1+j_2$，则 m 的取值达不到 j_1+j_2。

如果 $j>j_1+j_2$，比如 $j=j_1+j_2+1$（见图 11-4 中最上面一行），虽然存在相应 m 值的基矢量 $|j_1j_2,j=j_1+j_2+1,\ m=j_1+j_2\rangle$，但这个基矢量根据升算符 $\hat{J}_+$ 可以得到 $m=j_1+j_2+1$ 的基矢量，不符合式(11.272)给出的 m 的范围。

因此，这个子空间中耦合表象的基矢量只能来自图 11-4 中 $j=j_1+j_2$ 这一行最右端的基矢量 $|j_1j_2,j=j_1+j_2,m=j_1+j_2\rangle$。

按照前面分析，$j=j_1+j_2$ 这一行的 $2j+1$ 个基矢量都属于 $\mathcal{V}(j_1,j_2)$，它们分别属于相应 m 值的子空间 $\mathcal{V}(j_1,j_2,m)$。由于 $\mathcal{V}(j_1,j_2,m=j_1+j_2)$ 是个一维子空间，因此 $j=j_1+j_2$ 这组矢量只能出现一次，或者说 $j=j_1+j_2$ 这个值只能出现一次。由此可见，至少在 $j=j_1+j_2$ 的情形，(j_1,j_2,j,m) 能够唯一确定一个基矢量。

子空间 $\mathcal{V}(j_1,j_2,m=-j_1-j_2)$ 也是个一维子空间，对应 $m_1=-j_1$，$m_2=-j_2$（见图 11-3 左下角）的基矢量 $|j_1j_2,\ m_1=-j_1,\ m_2=-j_2\rangle$。无耦合表象的基矢量来自 $j=j_1+j_2$ 这一行最左端的基矢量 $|j_1j_2,j=j_1+j_2,m=-j_1-j_2\rangle$。

其次，考虑子空间 $\mathcal{V}(j_1,j_2,m=j_1+j_2-1)$，由图 11-3 可知这是个二维子空间，对应的 (m_1,m_2) 只有两种组合

$$(m_1,m_2)=(j_1,j_2-1),\quad (j_1-1,j_2) \tag{11.284}$$

耦合表象的一个基矢量是图 11-4 中的 $|j_1,j_2,j=j_1+j_2,m=j_1+j_2-1\rangle$，另一个基矢量只能来自图 11-4 中 $j=j_1+j_2-1$ 的子空间，这一行的 m 才能取到 j_1+j_2-1。由于 $\mathcal{V}(j_1,j_2,\ m=j_1+j_2-1)$ 是个二维子空间，因此 $j=j_1+j_2-1$ 这个值也只能出现一次。$j=j_1+j_2-1$ 这一行的其他基矢量也属于 $\mathcal{V}(j_1,j_2)$，它们分别属于相应 m 值的子空间 $\mathcal{V}(j_1,j_2,m)$。

子空间 $\mathcal{V}(j_1,j_2,m=-j_1-j_2+1)$ 也是一个二维子空间，耦合表象的基矢量分别由 $j=j_1+j_2$ 和 $j=j_1+j_2-1$ 这两行的相应 m 值基矢量提供。

接着继续考虑子空间 $\mathcal{V}(j_1,j_2,m=j_1+j_2-2)$，这是个三维子空间，对应的 (m_1,m_2) 的组合有三种

$$(m_1,m_2)=(j_1,j_2-2),\quad (j_1-1,j_2-1),\quad (j_1-2,j_2) \tag{11.285}$$

图 11-3 中 $j=j_1+j_2$ 和 $j=j_1+j_2-1$ 这两行分别提供一个 $m=m_1+m_2-2$ 的基矢量，耦合表象的剩下一个基矢量只能来自图 11-4 中 $j=j_1+j_2-2$ 的子空间。

子空间 $\mathcal{V}(j_1,j_2,\ m=-j_1-j_2+2)$ 也是一个三维子空间，耦合表象的基矢量分别由 $j=j_1+j_2$，$j=j_1+j_2-1$ 和 $j=j_1+j_2-2$ 这三行的相应 m 值基矢量提供。

往下依次类推。

如前所述，$\mathcal{V}(j_1,j_2,m)$ 的最高维数为 $2j_2+1$，对应的 m 值为

$$m=j_1-j_2,\quad j_1-j_2-1,\quad \cdots,\quad -(j_1-j_2) \tag{11.286}$$

当 m 的值从 j_1+j_2 降到 j_1-j_2 时，依次出现的 j 值为

$$j=j_1+j_2,\quad j_1+j_2-1,\quad \cdots,\quad j_1-j_2 \tag{11.287}$$

一共 $2j_2+1$ 个取值。对于式(11.286)中的 m 值标记的所有子空间 $\mathcal{V}(j_1,j_2,m)$，每个 j 值提供一个基矢量，正好也是 $2j_2+1$ 个。因此，式(11.287)中的 j 值代表了它的取值范围。

类似地，当 $j_1\leqslant j_2$ 时 j 的范围是

$$j=j_1+j_2,\quad j_1+j_2-1,\quad \cdots,\quad j_2-j_1 \tag{11.288}$$

式(11.287)和式(11.288)可以合并为

$$j=j_1+j_2,\quad j_1+j_2-1,\quad \cdots,\quad |j_1-j_2| \tag{11.289}$$

这正是式(11.278)的范围。

根据证明过程可知，式(11.287)中的每个 j 值仅出现一次。换句话说，四个量子数(j_1,j_2,j,m)能够唯一确定 $\mathcal{V}(j_1,j_2)$ 中耦合表象的唯一基矢量。这就说明$(\hat{A}_1,\hat{A}_2,\hat{J}_1^2,\hat{J}_2^2,\hat{J}^2,\hat{J}_z)$的确构成 CSCO。

11.4.4 表象变换

无耦合表象和耦合表象之间的变换，就是子空间 $\mathcal{V}(j_1,j_2,m)$ 的两个基之间的变换。根据表象变换理论，给出两组基矢量的关系，也就确定了波函数和算符的矩阵元的变换。将 $\mathcal{V}(j_1,j_2,m)$ 中的两组基矢量互相展开，相应的展开系数称为**克莱布希-戈登**(Clebsch-Gordan)**系数**，简称 **CG 系数**。

将子空间 $\mathcal{V}(j_1,j_2)$ 的投影算符记为 $\hat{P}(j_1,j_2)$，它可以分别利用无耦合表象和耦合表象的基来表达

$$\hat{P}(j_1,j_2)=\sum_{m_1,m_2}|j_1\,j_2m_1m_2\rangle\langle j_1\,j_2m_1m_2|=\sum_{j,m}|j_1\,j_2\,jm\rangle\langle j_1\,j_2\,jm| \tag{11.290}$$

对子空间 $\mathcal{V}(j_1,j_2)$ 中的任意态矢量 $|\psi\rangle$，根据投影算符的定义可知

$$\hat{P}(j_1,j_2)\,|\psi\rangle=|\psi\rangle \tag{11.291}$$

换句话说，投影算符 $\hat{P}(j_1,j_2)$ 相当于子空间 $\mathcal{V}(j_1,j_2)$ 的单位算符。

两种表象的基矢量 $|j_1j_2m_1m_2\rangle$ 和 $|j_1j_2\,jm\rangle$ 均为子空间 $\mathcal{V}(j_1,j_2)$ 中的矢量，二者可以互相展开。利用投影算符(11.290)的第一种表达式，可得

$$|j_1\,j_2\,jm\rangle=\hat{P}(j_1,j_2)\,|j_1\,j_2\,jm\rangle=\sum_{m_1,m_2}|j_1\,j_2m_1m_2\rangle\langle j_1\,j_2m_1m_2|j_1\,j_2\,jm\rangle \tag{11.292}$$

这相当于将耦合表象的基矢量 $|j_1j_2\,jm\rangle$ 用无耦合表象的基展开。由于 $|j_1j_2m_1m_2\rangle$ 也是 $\hat{J}_z$ 的本征矢量，对应的量子数 $m=m_1+m_2$，因此

$$\langle j_1\,j_2m_1m_2|j_1\,j_2\,jm\rangle=\langle j_1\,j_2m_1m_2|j_1\,j_2\,jm\rangle\delta_{m_1+m_2,m} \tag{11.293}$$

因此式(11.292)的求和受到约束 $m=m_1+m_2$，由此将其修改为

$$\boxed{|j_1\,j_2\,jm\rangle=\sum_{m_1}|j_1\,j_2m_1,m-m_1\rangle\langle j_1\,j_2m_1,m-m_1|j_1\,j_2\,jm\rangle} \tag{11.294}$$

或者

$$\boxed{|j_1\,j_2\,jm\rangle=\sum_{m_2}|j_1\,j_2,m-m_2,m_2\rangle\langle j_1\,j_2,m-m_2,m_2|j_1\,j_2\,jm\rangle} \tag{11.295}$$

这相当于将 $|j_1j_2\,jm\rangle$ 用子空间 $\mathcal{V}(j_1,j_2,m)$ 中无耦合表象的基矢量(见图 11-3 中的斜线)展开。这是在意料之中的，因为 $|j_1j_2\,jm\rangle$ 属于子空间 $\mathcal{V}(j_1,j_2,m)$。式(11.294)中 m_1 的求和范围要满足 $-j_1\leqslant m_1\leqslant j_1$ 和 $-j_2\leqslant m-m_1\leqslant j_2$，因此

$$\max\{-j_2+m,\ -j_1\}\leqslant m_1\leqslant \min\{j_2+m,j_1\} \tag{11.296}$$

式(11.295)中 m_2 的求和范围要满足 $-j_2\leqslant m_2\leqslant j_2$ 和 $-j_1\leqslant m-m_2\leqslant j_1$，因此

$$\max\{-j_1+m,\ -j_2\}\leqslant m_2\leqslant \min\{j_1+m,j_2\} \tag{11.297}$$

不满足式(11.296)或式(11.297)的 CG 系数为零。

同样，利用投影算符(11.290)的第二种表达式，可得

$$|j_1\,j_2 m_1 m_2\rangle=\hat{P}(j_1,j_2)\,|j_1\,j_2 m_1 m_2\rangle=\sum_{j,m}|j_1\,j_2\,jm\rangle\langle j_1\,j_2\,jm\,|j_1\,j_2 m_1 m_2\rangle \tag{11.298}$$

这相当于将无耦合表象的基矢量 $|j_1 j_2 m_1 m_2\rangle$ 用耦合表象的基展开。根据约束条件 $m=m_1+m_2$，可以取消对 m 的求和

$$\boxed{|j_1\,j_2 m_1 m_2\rangle=\sum_{j}|j_1\,j_2\,j,m_1+m_2\rangle\langle j_1\,j_2\,j,m_1+m_2\,|j_1\,j_2 m_1 m_2\rangle} \tag{11.299}$$

当 m 取定时，$j\geqslant|m|$，再根据式(11.279)，可知 j 的求和范围是

$$\max\{|j_1-j_2|,\ |m_1+m_2|\}\leqslant j\leqslant j_1+j_2 \tag{11.300}$$

不满足这个条件的 CG 系数为零。

11.5 CG 系数的计算

角动量耦合的方案可以用于任何两种角动量，比如将一个粒子的轨道角动量和自旋角动量进行相加，或者将两个粒子的轨道角动量相加，或者将两个粒子的自旋角动量相加，等等。

11.5.1 自旋-自旋耦合

1. 基矢量的展开

前面已经通过初等方法将耦合表象基矢量用无耦合表象的基展开，如式(11.249)和式(11.260)所示，展开系数就是 CG 系数。这一次我们将用升降算符的作用计算 CG 系数，这个方法容易推广到一般情形。

首先，对于 $m_s=1$ 的一维子空间，无耦合表象和耦合表象的归一化基矢量为 $|\alpha_1\rangle|\alpha_2\rangle$ 和 $|1,1\rangle$，二者最多相差一个常数相因子。我们约定

$$|1,1\rangle=|\alpha_1\rangle|\alpha_2\rangle \tag{11.301}$$

然后，用降算符 $\hat{S}_-=\hat{S}_{1-}+\hat{S}_{2-}$ 作用于方程(11.301)两端，得

$$\hat{S}_-\,|1,1\rangle=\hat{S}_{1-}\,|\alpha_1\rangle|\alpha_2\rangle+\hat{S}_{2-}\,|\alpha_1\rangle|\alpha_2\rangle \tag{11.302}$$

利用降算符的递推公式，可得

$$|1,0\rangle=\frac{1}{\sqrt{2}}(|\beta_1\rangle|\alpha_2\rangle+|\alpha_1\rangle|\beta_2\rangle) \tag{11.303}$$

继续用 $\hat{S}_-=\hat{S}_{1-}+\hat{S}_{2-}$ 作用于式(11.303)，并注意降算符作用于磁量子数最小值的态矢量会得到零矢量，可得

$$\begin{aligned}\hat{S}_-\,|1,0\rangle&=\frac{1}{\sqrt{2}}(\hat{S}_{1-}+\hat{S}_{2-})\,|\beta_1\rangle|\alpha_2\rangle+\frac{1}{\sqrt{2}}(\hat{S}_{1-}+\hat{S}_{2-})\,|\alpha_1\rangle|\beta_2\rangle\\&=\frac{1}{\sqrt{2}}\hat{S}_{2-}\,|\beta_1\rangle|\alpha_2\rangle+\frac{1}{\sqrt{2}}\hat{S}_{1-}\,|\alpha_1\rangle|\beta_2\rangle\end{aligned} \tag{11.304}$$

由此可得

$$|1,-1\rangle=|\beta_1\rangle|\beta_2\rangle \tag{11.305}$$

最后，为了计算 $|0,0\rangle$，设

$$|0,0\rangle=c_1|\beta_1\rangle|\alpha_2\rangle+c_2|\alpha_1\rangle|\beta_2\rangle \tag{11.306}$$

根据 $|0,0\rangle$ 与 $|1,0\rangle$ 互相正交，得

$$\langle 1,0|0,0\rangle=\frac{1}{\sqrt{2}}(c_1+c_2)=0 \tag{11.307}$$

因此 $c_2=-c_1$。利用归一化条件 $|c_1|^2+|c_2|^2=1$，便可得到两个 CG 系数 c_1 和 c_2 的模 $|c_1|=|c_2|=\frac{1}{\sqrt{2}}$，如果选择 $c_2>0$，便可得到

$$|0,0\rangle=\frac{1}{\sqrt{2}}(-|\beta_1\rangle|\alpha_2\rangle+|\alpha_1\rangle|\beta_2\rangle) \tag{11.308}$$

将式(11.301)、式(11.303)、式(11.305)和式(11.308)汇总整理如下

$$\boxed{\begin{aligned}&|1,1\rangle=|\alpha_1\rangle|\alpha_2\rangle\\&|1,0\rangle=\frac{1}{\sqrt{2}}(|\alpha_1\rangle|\beta_2\rangle+|\beta_1\rangle|\alpha_2\rangle)\\&|1,-1\rangle=|\beta_1\rangle|\beta_2\rangle\\&|0,0\rangle=\frac{1}{\sqrt{2}}(|\alpha_1\rangle|\beta_2\rangle-|\beta_1\rangle|\alpha_2\rangle)\end{aligned}} \tag{11.309}$$

自旋三重态对于交换两个电子的编号是对称的，而自旋单态对于这种交换是反对称的。后面我们会知道，这个特点有利于构造两个电子的波函数。

*2. 波函数

使用狄拉克符号来讨论态空间的基矢量和力学量算符是方便的。在选定了态空间的基之后，也可以过渡到相应的表象，从而建立理论的矩阵形式。采用无耦合表象，将自旋态空间的四个基矢量(11.243)按照字典序进行编号

$$|u_1\rangle=|\alpha_1\rangle|\alpha_2\rangle,\quad |u_2\rangle=|\alpha_1\rangle|\beta_2\rangle,\quad |u_3\rangle=|\beta_1\rangle|\alpha_2\rangle,\quad |u_4\rangle=|\beta_1\rangle|\beta_2\rangle \tag{11.310}$$

则耦合表象的基矢量(11.309)对应的列矩阵为

$$|0,0\rangle\doteq\frac{1}{\sqrt{2}}\begin{pmatrix}0\\1\\-1\\0\end{pmatrix},\quad |1,1\rangle\doteq\begin{pmatrix}1\\0\\0\\0\end{pmatrix},\quad |1,0\rangle\doteq\frac{1}{\sqrt{2}}\begin{pmatrix}0\\1\\1\\0\end{pmatrix},\quad |1,-1\rangle\doteq\begin{pmatrix}0\\0\\0\\1\end{pmatrix} \tag{11.311}$$

这里仍用 $\doteq$ 连接态矢量与列矩阵。当然基矢量(11.310)也能写成列矩阵

$$|u_1\rangle\doteq\begin{pmatrix}1\\0\\0\\0\end{pmatrix},\quad |u_2\rangle\doteq\begin{pmatrix}0\\1\\0\\0\end{pmatrix},\quad |u_3\rangle\doteq\begin{pmatrix}0\\0\\1\\0\end{pmatrix},\quad |u_4\rangle\doteq\begin{pmatrix}0\\0\\0\\1\end{pmatrix} \tag{11.312}$$

*3. 算符的矩阵

原本属于 $\mathcal{V}_S^{1/2}(1)$ 和 $\mathcal{V}_S^{1/2}(2)$ 的算符，比如 $\hat{S}_{1x},\hat{S}_{2y}$ 等，在用于 $\mathcal{V}_S^{1/2}(1)\otimes\mathcal{V}_S^{1/2}(2)$ 时分别理

解为 $\hat{S}_{1x}\hat{I}_S(2)$ 和 $\hat{I}_S(1)\hat{S}_{2y}$。我们已经知道，在 $\mathcal{V}_S^{1/2}(1)$ 中 $\hat{S}_{1x}$ 的矩阵形式为

$$S_{1x}(1)=\frac{\hbar}{2}\begin{pmatrix}0&1\\1&0\end{pmatrix}\tag{11.313}$$

将 $\hat{S}_{1x}$ 在 $\mathcal{V}_S^{1/2}(1)\otimes\mathcal{V}_S^{1/2}(2)$ 中的矩阵记为 S_{1x}，这是个 4 阶矩阵，矩阵元为

$$\begin{aligned}\langle u_i\mid\hat{S}_{1x}\mid u_j\rangle&=\langle s_1s_2m_{s1}m_{s2}\mid\hat{S}_{1x}\mid s_1s_2m'_{s1}m'_{s2}\rangle\\&=\langle s_1m_{s1}\mid\hat{S}_{1x}\mid s_1m'_{s1}\rangle\langle s_2m_{s2}\mid\hat{I}_S(2)\mid s_2m'_{s2}\rangle\end{aligned}\tag{11.314}$$

其中

$$\langle s_2m_{s2}\mid\hat{I}_S(2)\mid s_2m'_{s2}\rangle=\delta_{m_{s2},m'_{s2}}\tag{11.315}$$

根据这样的计算可知，S_{1x} 的前两行前两列是如下 2 阶矩阵

$$\begin{pmatrix}\langle u_1\mid\hat{S}_{1x}\mid u_1\rangle&\langle u_1\mid\hat{S}_{1x}\mid u_2\rangle\\\langle u_2\mid\hat{S}_{1x}\mid u_1\rangle&\langle u_2\mid\hat{S}_{1x}\mid u_2\rangle\end{pmatrix}=\left\langle s_1,\frac{1}{2}\middle|\hat{S}_{1x}\middle|s_1,\frac{1}{2}\right\rangle\begin{pmatrix}1&0\\0&1\end{pmatrix}=\begin{pmatrix}0&0\\0&0\end{pmatrix}\tag{11.316}$$

前两行后两列是如下 2 阶矩阵

$$\begin{pmatrix}\langle u_1\mid\hat{S}_{1x}\mid u_3\rangle&\langle u_1\mid\hat{S}_{1x}\mid u_4\rangle\\\langle u_2\mid\hat{S}_{1x}\mid u_3\rangle&\langle u_2\mid\hat{S}_{1x}\mid u_4\rangle\end{pmatrix}=\left\langle s_1,\frac{1}{2}\middle|\hat{S}_{1x}\middle|s_1,-\frac{1}{2}\right\rangle\begin{pmatrix}1&0\\0&1\end{pmatrix}=\frac{\hbar}{2}\begin{pmatrix}1&0\\0&1\end{pmatrix}\tag{11.317}$$

同样可以算出其他 2 阶矩阵，矩阵 S_{1x} 是由四个 2 阶矩阵拼成的

$$S_{1x}=\left(\begin{array}{c:c}\begin{pmatrix}0&0\\0&0\end{pmatrix}&\frac{\hbar}{2}\begin{pmatrix}1&0\\0&1\end{pmatrix}\\\hdashline\frac{\hbar}{2}\begin{pmatrix}1&0\\0&1\end{pmatrix}&\begin{pmatrix}0&0\\0&0\end{pmatrix}\end{array}\right)\tag{11.318}$$

这四个矩阵分别是用矩阵(11.313)中相应位置的四个元素乘以单位矩阵得到的。

引入两个矩阵 A 和 B 的直乘

$$C=A\times B\tag{11.319}$$

其中 C 的元素定义为

$$C_{im,jn}=A_{ij}B_{mn}\tag{11.320}$$

在矩阵 C 中，行列指标都是双指标，它们按照字典序排列。也就是说，矩阵 C 是由子矩阵 $A_{ij}B$ 拼成的

$$C=\begin{pmatrix}A_{11}B&A_{12}B&A_{13}B&\cdots\\A_{21}B&A_{22}B&A_{23}B&\cdots\\A_{31}B&A_{32}B&A_{33}B&\cdots\\\vdots&\vdots&\vdots&\ddots\end{pmatrix}\tag{11.321}$$

矩阵直乘和普通乘积之间满足如下规则

$$(A_1\times B_1)(A_2\times B_2)=A_1A_2\times B_1B_2\tag{11.322}$$

其中左端两个括号之间是矩阵的普通乘积，右端 A_1A_2 和 B_1B_2 都是普通乘积。我们约定普通乘积的运算优先级高于直乘。

根据式(11.318)的推导过程，不难发现 $\hat{C}=\hat{A}\otimes\hat{B}$ 的矩阵为算符 $\hat{A}$ 和 $\hat{B}$ 在各自态空间的矩阵的直乘

$$C = A(1) \times B(2) \tag{11.323}$$

由此很容易写出两个电子的自旋算符的各个分量在$\mathcal{V}$中的矩阵

$$S_{1i} = S_{1i}(1) \times I_2, \quad S_{2i} = I_2 \times S_{2i}(2), \quad i = x, y, z \tag{11.324}$$

其中I_2为2阶单位矩阵，$S_{1i}(1)$表示$\hat{S}_{1i}$在$\mathcal{V}_1$中的矩阵，$S_{2i}(2)$表示$\hat{S}_{2i}$在$\mathcal{V}_2$的矩阵，二者是一样的

$$S_{1i}(1) = S_{2i}(2) = \frac{\hbar}{2}\sigma_i, \quad i = x, y, z \tag{11.325}$$

根据矩阵直乘的定义(11.321)，可以得到

$$S_{1x} = \frac{\hbar}{2}\begin{pmatrix} 0 & 0 & 1 & 0 \\ 0 & 0 & 0 & 1 \\ 1 & 0 & 0 & 0 \\ 0 & 1 & 0 & 0 \end{pmatrix}, \quad S_{2x} = \frac{\hbar}{2}\begin{pmatrix} 0 & 1 & 0 & 0 \\ 1 & 0 & 0 & 0 \\ 0 & 0 & 0 & 1 \\ 0 & 0 & 1 & 0 \end{pmatrix} \tag{11.326}$$

$$S_{1y} = \frac{\hbar}{2}\begin{pmatrix} 0 & 0 & -\mathrm{i} & 0 \\ 0 & 0 & 0 & -\mathrm{i} \\ \mathrm{i} & 0 & 0 & 0 \\ 0 & \mathrm{i} & 0 & 0 \end{pmatrix}, \quad S_{2y} = \frac{\hbar}{2}\begin{pmatrix} 0 & -\mathrm{i} & 0 & 0 \\ \mathrm{i} & 0 & 0 & 0 \\ 0 & 0 & 0 & -\mathrm{i} \\ 0 & 0 & \mathrm{i} & 0 \end{pmatrix} \tag{11.327}$$

$$S_{1z} = \frac{\hbar}{2}\begin{pmatrix} 1 & 0 & 0 & 0 \\ 0 & 1 & 0 & 0 \\ 0 & 0 & -1 & 0 \\ 0 & 0 & 0 & -1 \end{pmatrix}, \quad S_{2z} = \frac{\hbar}{2}\begin{pmatrix} 1 & 0 & 0 & 0 \\ 0 & -1 & 0 & 0 \\ 0 & 0 & 1 & 0 \\ 0 & 0 & 0 & -1 \end{pmatrix} \tag{11.328}$$

无耦合表象是$\hat{S}_{1z}$和$\hat{S}_{2z}$的自身表象，因此其矩阵是对角的。

有了这6个矩阵，可以算出其他自旋算符的矩阵

$$S_x = S_{1x} + S_{2x} = \frac{\hbar}{2}\begin{pmatrix} 0 & 1 & 1 & 0 \\ 1 & 0 & 0 & 1 \\ 1 & 0 & 0 & 1 \\ 0 & 1 & 1 & 0 \end{pmatrix} \tag{11.329}$$

$$S_y = S_{1y} + S_{2y} = \frac{\mathrm{i}\hbar}{2}\begin{pmatrix} 0 & -1 & -1 & 0 \\ 1 & 0 & 0 & -1 \\ 1 & 0 & 0 & -1 \\ 0 & 1 & 1 & 0 \end{pmatrix} \tag{11.330}$$

$$S_z = S_{1z} + S_{2z} = \hbar\begin{pmatrix} 1 & 0 & 0 & 0 \\ 0 & 0 & 0 & 0 \\ 0 & 0 & 0 & 0 \\ 0 & 0 & 0 & -1 \end{pmatrix} \tag{11.331}$$

$$S^2 = S_x^2 + S_y^2 + S_z^2 = \hbar^2\begin{pmatrix} 2 & 0 & 0 & 0 \\ 0 & 1 & 1 & 0 \\ 0 & 1 & 1 & 0 \\ 0 & 0 & 0 & 2 \end{pmatrix} \tag{11.332}$$

其中 S^2 的结果与式(11.254)完全一致。

矩阵 S^2 也可以这样计算。首先，根据算符关系

$$\hat{\boldsymbol{S}}^2=(\hat{\boldsymbol{S}}_1+\hat{\boldsymbol{S}}_2)^2=\hat{\boldsymbol{S}}_1^2+\hat{\boldsymbol{S}}_2^2+2\hat{\boldsymbol{S}}_1\cdot\hat{\boldsymbol{S}}_2=\frac{3}{2}\hbar^2 I_4+2S_{1i}S_{2i} \tag{11.333}$$

其次，利用式(11.322)和式(11.324)，得

$$S_{1i}S_{2i}=S_{1i}(1)\times S_{2i}(2) \tag{11.334}$$

最后，根据矩阵直乘的规则，得

$$S_{1x}(1)\times S_{2x}(2)=\frac{\hbar^2}{4}\begin{pmatrix}0&1\\1&0\end{pmatrix}\times\begin{pmatrix}0&1\\1&0\end{pmatrix}=\frac{\hbar^2}{4}\begin{pmatrix}0&0&0&1\\0&0&1&0\\0&1&0&0\\1&0&0&0\end{pmatrix} \tag{11.335}$$

$$S_{1y}(1)\times S_{2y}(2)=\frac{\hbar^2}{4}\begin{pmatrix}0&-\mathrm{i}\\\mathrm{i}&0\end{pmatrix}\times\begin{pmatrix}0&-\mathrm{i}\\\mathrm{i}&0\end{pmatrix}=\frac{\hbar^2}{4}\begin{pmatrix}0&0&0&-1\\0&0&1&0\\0&1&0&0\\-1&0&0&0\end{pmatrix} \tag{11.336}$$

$$S_{1z}(1)\times S_{2z}(2)=\frac{\hbar^2}{4}\begin{pmatrix}1&0\\0&-1\end{pmatrix}\times\begin{pmatrix}1&0\\0&-1\end{pmatrix}=\frac{\hbar^2}{4}\begin{pmatrix}1&0&0&0\\0&-1&0&0\\0&0&-1&0\\0&0&0&1\end{pmatrix} \tag{11.337}$$

由此可得

$$S^2=\hbar^2\begin{pmatrix}2&0&0&0\\0&1&1&0\\0&1&1&0\\0&0&0&2\end{pmatrix} \tag{11.338}$$

和式(11.332)中 S^2 的结果完全一致。

*4. 表象变换

作为表象变换的练习，现在我们将总自旋算符的矩阵变换到耦合表象。根据表象变换的理论，将式(11.311)中的四个列矩阵根据 (s,m_s) 的取值按照字典序排列，就得到从无耦合表象到耦合表象进行变换的幺正矩阵

$$U=\begin{pmatrix}0&1&0&0\\\frac{1}{\sqrt{2}}&0&\frac{1}{\sqrt{2}}&0\\-\frac{1}{\sqrt{2}}&0&\frac{1}{\sqrt{2}}&0\\0&0&0&1\end{pmatrix} \tag{11.339}$$

比如，$\hat{S}^2$ 在耦合表象中的矩阵为

$$U^{\dagger}S^2U=\mathrm{diag}\{0,2\hbar^2,2\hbar^2,2\hbar^2\}=\mathrm{diag}\{0,2\hbar^2 I_3\} \tag{11.340}$$

式中，I_3 是 3 阶单位矩阵；0 和 $2\hbar^2$ 分别代表 $\hat{S}^2$ 的两个本征值，分别对应 $s=0,1$。类似地，

可得 $\hat{S}_i$ 在耦合表象中的矩阵

$$U^{\dagger}S_iU=\mathrm{diag}\{S_i^{(0)},S_i^{(1)}\},\quad i=x,y,z \tag{11.341}$$

其中 $S_i^{(0)}$ 是个 1 阶矩阵，其元素为 0；$S_i^{(1)}$ 是 3 阶矩阵，其表示为

$$S_x^{(1)}=\frac{\hbar}{\sqrt{2}}\begin{pmatrix}0&1&0\\1&0&1\\0&1&0\end{pmatrix},\quad S_y^{(1)}=\frac{\mathrm{i}\hbar}{\sqrt{2}}\begin{pmatrix}0&-1&0\\1&0&-1\\0&1&0\end{pmatrix},\quad S_z^{(1)}=\begin{pmatrix}1&0&0\\0&0&0\\0&0&-1\end{pmatrix} \tag{11.342}$$

由于自旋态空间被分解为总自旋算符 $\hat{\boldsymbol{S}}$ 的两个不变子空间的直和

$$\mathcal{V}_{\mathrm{S}}=\mathcal{V}_{\mathrm{S}}^{1/2}(1)\otimes\mathcal{V}_{\mathrm{S}}^{1/2}(2)=\mathcal{V}_{\mathrm{S}}^{0}\oplus\mathcal{V}_{\mathrm{S}}^{1} \tag{11.343}$$

因此总自旋算符的矩阵必然是式(11.341)那样的分块对角矩阵。实际上，式(11.342)的三个矩阵与 11.1 节求出的三个矩阵完全相同。这不奇怪，因为无论哪种角动量都是这样。只有在求其他算符的矩阵时，表象变换才具有实用价值。

引入矩阵 A,B 的直和

$$A\oplus B=\mathrm{diag}\{A,B\} \tag{11.344}$$

可将式(11.341)改写为

$$U^{\dagger}S_iU=S_i^{(0)}\oplus S_i^{(1)},\quad i=x,y,z \tag{11.345}$$

11.5.2 自旋-轨道耦合

设单电子体系的位形态空间 $\mathcal{V}_{\mathrm{C}}$ 中的 CSCO 为$(\hat{H},\hat{L}^2,\hat{L}_z)$，其中 $\hat{H}$ 是体系的哈密顿算符。$(\hat{H},\hat{L}^2,\hat{L}_z)$的共同本征矢量$|klm_l\rangle$的集合构成 $\mathcal{V}_{\mathrm{C}}$ 中的正交归一基，根据量子数 k，l 可以将态空间 $\mathcal{V}_{\mathrm{C}}$ 分解为一系列子空间的直和

$$\mathcal{V}_{\mathrm{C}}=\sum_{k,l}\oplus\mathcal{V}_{\mathrm{C}}(k,l) \tag{11.346}$$

$\mathcal{V}_{\mathrm{C}}(k,l)$的维数为 $2l+1$。相应地，电子的态空间 $\mathcal{V}$ 可以分解为

$$\mathcal{V}=\mathcal{V}_{\mathrm{C}}\otimes\mathcal{V}_{\mathrm{S}}^{1/2}=\sum_{k,l}\oplus\mathcal{V}_{\mathrm{C}}(k,l)\otimes\mathcal{V}_{\mathrm{S}}^{1/2} \tag{11.347}$$

子空间 $\mathcal{V}_{\mathrm{C}}(k,l)\otimes\mathcal{V}_{\mathrm{S}}^{1/2}$ 的维数为$(2l+1)\times2$。将自旋态空间的基矢量选为$(\hat{S}^2,\hat{S}_z)$的共同本征矢量$|sm_s\rangle$，由此可得力学量算符$(\hat{H},\hat{L}^2,\hat{S}^2,\hat{L}_z,\hat{S}_z)$的共同本征矢量

$$|klsm_lm_s\rangle=|klm_l\rangle|sm_s\rangle,\quad m_l=l,l-1,\cdots,-l;\quad m_s=\pm\frac{1}{2} \tag{11.348}$$

这些基矢量的集合构成无耦合表象的基。

电子的总角动量为

$$\hat{\boldsymbol{J}}=\hat{\boldsymbol{L}}+\hat{\boldsymbol{S}} \tag{11.349}$$

式(11.349)右端应理解为 $\hat{\boldsymbol{L}}\hat{I}_{\mathrm{S}}+\hat{I}_{\mathrm{C}}\hat{\boldsymbol{S}}$，其中 $\hat{I}_{\mathrm{C}}$ 和 $\hat{I}_{\mathrm{S}}$ 分别表示 $\mathcal{V}_{\mathrm{C}}$ 和 $\mathcal{V}_{\mathrm{S}}^{1/2}$ 中的单位算符。耦合表象的基矢量是$(\hat{H},\hat{L}^2,\hat{S}^2,\hat{J}^2,\hat{J}_z)$的共同本征矢量$|klsjm_j\rangle$。由于 CG 系数并不依赖于指标 k，因此下面将两种矢量分别简记为$|lsm_lm_s\rangle$和$|lsjm_j\rangle$。

根据式(11.279)，如果 $l=0$，则 $j=1/2$；当 $l>0$ 时，j 的取值为

$$j=l+\frac{1}{2},\quad l-\frac{1}{2} \tag{11.350}$$

子空间 $\mathcal{V}_{\mathrm{C}}(k,l)\otimes\mathcal{V}_{\mathrm{S}}^{1/2}$ 中两个表象的基矢量分别如图 11-5 和图 11-6 所示。

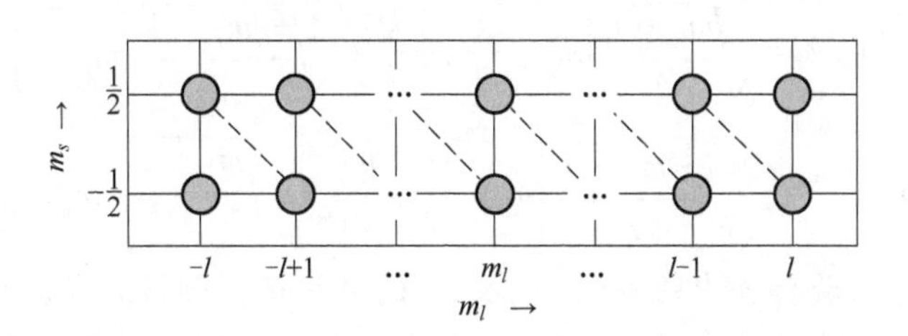

图 11-5　自旋-轨道耦合，无耦合表象的基矢量

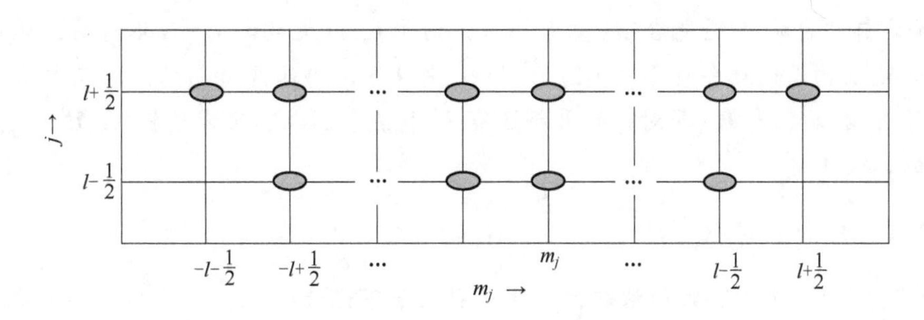

图 11-6　自旋-轨道耦合，耦合表象的基矢量

CG 系数$\langle lsm_lm_s \mid lsjm_j\rangle$（其中 $m_j=m_l+m_s$）的计算公式如下[⊖]

$s=1/2$	$m_s=1/2$	$m_s=-1/2$
$j=l+1/2$	C_1	C_2
$j=l-1/2$	$-C_2$	C_1

，其中

$$C_1=\sqrt{\frac{l+m_j+1/2}{2l+1}},\quad C_2=\sqrt{\frac{l-m_j+1/2}{2l+1}} \tag{11.351}$$

根据定义，CG 系数就是将耦合表象基矢量$\mid lsjm_j\rangle$用无耦合表象基矢量$\mid lsm_lm_s\rangle$展开的系数，根据式(11.180)，可得

$$j=l+\frac{1}{2},\quad \mid lsjm_j\rangle = C_1\left|ls,m_j-\frac{1}{2},\frac{1}{2}\right\rangle + C_2\left|ls,m_j+\frac{1}{2},-\frac{1}{2}\right\rangle \tag{11.352}$$

$$j=l-\frac{1}{2},\quad \mid lsjm_j\rangle = -C_2\left|ls,m_j-\frac{1}{2},\frac{1}{2}\right\rangle + C_1\left|ls,m_j+\frac{1}{2},-\frac{1}{2}\right\rangle \tag{11.353}$$

写出展开式也是表达 CG 系数的常用方式。

式(11.352)和式(11.353)是二维复空间的幺正变换，变换矩阵为

$$U=\begin{pmatrix}\cos\theta & -\sin\theta \\ \sin\theta & \cos\theta\end{pmatrix} \tag{11.354}$$

式中，$\cos\theta=C_1$；$\sin\theta=C_2$。式(11.352)和式(11.353)适用于任意角动量和 $s=1/2$ 的耦合，只要把 l 替换为相应的角量子数即可，自旋-自旋耦合的式(11.309)可作为式(11.352)和式(11.353)的特例。省略式(11.352)和式(11.353)中态矢量的前两个量子数 l,s，将条件中

⊖ 樱井纯，J. 拿波里塔诺. 现代量子力学[M]. 2 版. 丁亦兵，沈彭年，译. 北京：世界图书出版公司，2014，169 页.

的 l 替换为1/2，得

$$j=1,\quad |jm_j\rangle=\sqrt{\frac{m_j+1}{2}}\left|m_j-\frac{1}{2},\frac{1}{2}\right\rangle+\sqrt{\frac{-m_j+1}{2}}\left|m_j+\frac{1}{2},-\frac{1}{2}\right\rangle \tag{11.355}$$

$$j=0,\quad |jm_j\rangle=-\sqrt{\frac{-m_j+1}{2}}\left|m_j-\frac{1}{2},\frac{1}{2}\right\rangle+\sqrt{\frac{m_j+1}{2}}\left|m_j+\frac{1}{2},-\frac{1}{2}\right\rangle \tag{11.356}$$

这里的 jm_j 就是自旋-自旋耦合中的 sm_s，代入 m_j 的允许值，就得到式(11.309)。

无耦合表象的优点在于基矢量(11.348)是位形态矢量和自旋态矢量的张量积。如前所述，如果电子态矢量具有这种形式，则电子的位形和自旋可以分开讨论。然而，假设 $\hat{H}$ 中含有 $\hat{\boldsymbol{L}}\cdot\hat{\boldsymbol{S}}$ 这样的自旋-轨道耦合项(第15章)，由于 $\hat{L}_z$ 和 $\hat{S}_z$ 均与 $\hat{\boldsymbol{L}}\cdot\hat{\boldsymbol{S}}$ 不对易，从而与 $\hat{H}$ 不对易，因此无法构造无耦合表象。不过 $\hat{L}^2$ 和 $\hat{S}^2$ 与 $\hat{\boldsymbol{L}}\cdot\hat{\boldsymbol{S}}$ 仍然是对易的，从而与哈密顿算符对易。除了 $\hat{L}^2$ 和 $\hat{S}^2$，与 $\hat{\boldsymbol{L}}\cdot\hat{\boldsymbol{S}}$ 对易的算符还有 $\hat{J}^2$ 和 $\hat{J}_z$。因此，可以选择$(\hat{H},\hat{L}^2,\hat{S}^2,\hat{J}^2,\hat{J}_z)$作为态空间的CSCO。

*11.5.3 其他情形举例

设 $j_1=2,j_2=1$。为了公式简洁起见，这里引入如下记号

$$|m_1m_2\rangle_{\mathrm{U}}=|j_1\,j_2m_1m_2\rangle,\qquad |jm\rangle_{\mathrm{C}}=|j_1\,j_2\,jm\rangle \tag{11.357}$$

式中，下标C和U分别表示无耦合(uncoupling)表象和耦合(coupling)表象。

首先，计算图11-4中 $j=3$ 这一行。对于一维子空间 $\mathcal{V}(j_1,j_2,m=3)$，无耦合表象和耦合表象的归一化基矢量分别为 $|21\rangle_{\mathrm{U}}$ 和 $|33\rangle_{\mathrm{C}}$，二者最多相差一个常数相因子。我们约定

$$|33\rangle_{\mathrm{C}}=|21\rangle_{\mathrm{U}} \tag{11.358}$$

利用降算符 $\hat{J}_-=\hat{J}_{1-}+\hat{J}_{2-}$，可得

$$\hat{J}_-|33\rangle_{\mathrm{C}}=\hat{J}_{1-}|21\rangle_{\mathrm{U}}+\hat{J}_{2-}|21\rangle_{\mathrm{U}} \tag{11.359}$$

根据降算符的作用，可得

$$D_{33}|32\rangle_{\mathrm{C}}=D_{21}|11\rangle_{\mathrm{U}}+D_{10}|20\rangle_{\mathrm{U}} \tag{11.360}$$

其中 D_{jm} 由式(11.29)给出。方程(11.360)两端除以 D_{33}，便得到了基矢量 $|32\rangle_{\mathrm{C}}$ 的展开式，其中展开系数为实数。继续用降算符作用，将会得到图11-4中 $j=3$ 这行其他基矢量的展开式。降算符的作用只会产生实数，因此所有展开系数都是实数。

其次，计算图11-4中 $j=2$ 这一行。最右端是基矢量 $|22\rangle_{\mathrm{C}}$，这是子空间 $\mathcal{V}(j_1,j_2,m=2)$ 的另一个基矢量，它与图11-4中同一列的基矢量 $|32\rangle_{\mathrm{C}}$ 正交。首先将其展开为

$$|22\rangle_{\mathrm{C}}=c_1|11\rangle_{\mathrm{U}}+c_2|20\rangle_{\mathrm{U}} \tag{11.361}$$

$|22\rangle_{\mathrm{C}}$ 与 $|32\rangle_{\mathrm{C}}$ 正交，考虑到 D_{33},D_{21},D_{10} 为实数，可得

$$D_{21}c_1+D_{10}c_2=0 \tag{11.362}$$

因此 c_1,c_2 只有一个自由常数，比如选为 c_2，利用归一化条件可确定 c_2 的模。将式(11.361)右端磁量子数 m_1 最高态 $|20\rangle_{\mathrm{U}}$ 的系数 c_2 约定为正实数，这样就确定了两个CG系数。由式(11.362)可知，当 c_2 为实数时 c_1 也为实数。用降算符 $\hat{J}_-=\hat{J}_{1-}+\hat{J}_{2-}$ 对式(11.361)逐次作用，就会得到 $j=2$ 这行其他基矢量的展开式，展开系数均为实数。

最后，计算图11-4中 $j=1$ 这一行。最右端是基矢量 $|11\rangle_{\mathrm{C}}$，这是三维子空间 $\mathcal{V}(j_1,j_2,m=1)$ 的一个基矢量，其展开式含有三个CG系数

$$|11\rangle_C = c_1|0,1\rangle_U + c_2|1,0\rangle_U + c_3|2,-1\rangle_U \tag{11.363}$$

$|11\rangle_C$ 与 $|31\rangle_C$ 和 $|21\rangle_C$ 均正交，两个正交条件将建立三个 CG 系数的关系，剩下一个自由常数，归一化条件将确定自由常数的模。将式(11.363)右端磁量子数 m_1 最高态 $|2,-1\rangle_U$ 的系数 c_3 约定为正实数，这样就确定了三个 CG 系数，并且 c_1,c_2 也是实数。用降算符继续作用，就会得到这行其他基矢量的展开式，展开系数均为实数。

*11.5.4 一般情形

一般情形可以类似讨论，但我们有更加便捷的流程。利用升降算符的作用，可以得到各个 CG 系数的之间递推关系。比如，利用降算符 $\hat{J}_-=\hat{J}_{1-}+\hat{J}_{2-}$，可得

$$\langle j_1 j_2 m_1 m_2|\hat{J}_-|j_1 j_2 jm\rangle = \langle j_1 j_2 m_1 m_2|\hat{J}_{1-}|j_1 j_2 jm\rangle + \langle j_1 j_2 m_1 m_2|\hat{J}_{2-}|j_1 j_2 jm\rangle \tag{11.364}$$

然后将式(11.364)中的 $\hat{J}_-$ 作用于右矢，$\hat{J}_{1-}$ 和 $\hat{J}_{2-}$ 作用于左矢。注意 $\hat{J}_{1-}$ 和 $\hat{J}_{2-}$ 作用于左矢时，相当于 $\hat{J}_{1+}$ 和 $\hat{J}_{2+}$ 对相应右矢的作用效果，根据升降算符的作用可知

$$\begin{aligned}
&\hat{J}_-|j_1 j_2 jm\rangle = \sqrt{(j+m)(j-m+1)}\,|j_1 j_2 j,m-1\rangle\\
&\hat{J}_{1+}|j_1 j_2 m_1 m_2\rangle = \sqrt{(j_1-m_1)(j_1+m_1+1)}\,|j_1 j_2,m_1+1,m_2\rangle\\
&\hat{J}_{2+}|j_1 j_2 m_1 m_2\rangle = \sqrt{(j_2-m_2)(j_2+m_2+1)}\,|j_1 j_2,m_1,m_2+1\rangle
\end{aligned} \tag{11.365}$$

将式(11.365)代入式(11.364)，便得到 CG 系数的递推关系

$$\begin{aligned}
&\sqrt{(j+m)(j-m+1)}\langle j_1 j_2 m_1 m_2|j_1 j_2 j,m-1\rangle\\
&=\sqrt{(j_1-m_1)(j_1+m_1+1)}\langle j_1 j_2,m_1+1,m_2|j_1 j_2 jm\rangle\\
&\quad+\sqrt{(j_2-m_2)(j_2+m_2+1)}\langle j_1 j_2,m_1,m_2+1|j_1 j_2 jm\rangle
\end{aligned} \tag{11.366}$$

在这个递推关系中，CG 系数非零的约束条件为 $m_1+m_2=m-1$。同样，利用升算符 $\hat{J}_+=\hat{J}_{1+}+\hat{J}_{2+}$，也可以得到 CG 系数的递推关系

$$\begin{aligned}
&\sqrt{(j-m)(j+m+1)}\langle j_1 j_2 m_1 m_2|j_1 j_2 j,m+1\rangle\\
&=\sqrt{(j_1+m_1)(j_1-m_1+1)}\langle j_1 j_2,m_1-1,m_2|j_1 j_2 jm\rangle\\
&\quad+\sqrt{(j_2+m_2)(j_2-m_2+1)}\langle j_1 j_2,m_1,m_2-1|j_1 j_2 jm\rangle
\end{aligned} \tag{11.367}$$

在这个递推关系中，CG 系数非零的约束条件为 $m_1+m_2=m+1$。

利用两个递推公式，附加一些相位约定，就可以得到所有 CG 系数。首先，在式(11.367)中令 $m=j$，得

$$\langle j_1 j_2,m_1-1,m_2|j_1 j_2 jj\rangle = -\sqrt{\frac{(j_2+m_2)(j_2-m_2+1)}{(j_1+m_1)(j_1-m_1+1)}}\langle j_1 j_2,m_1,m_2-1|j_1 j_2 jj\rangle \tag{11.368}$$

这个递推公式给出了 $|j_1 j_2 jj\rangle$ 的展开系数之间的关系。如果约定分量 $\langle j_1 j_2 j_1,j-j_1|j_1 j_2 jj\rangle$ 为正实数(这不是唯一方案)，则根据式(11.368)可知其他展开系数也是实数。其次，根据式(11.366)可得 $m<j$ 的基矢量 $|j_1 j_2 jm\rangle$ 的展开系数，这样得到的所有 CG 系数均为实数。今后我们总假定 CG 系数为实数。

在实际计算中，CG 系数的计算有现成公式可用。比如 Racah 公式(为了让公式形式对称，将 j,m 改记为 j_3,m_3)

$$\begin{aligned}&\langle j_1 j_2 m_1 m_2 | j_1 j_2 j_3 m_3\rangle \\ &=\delta_{m_3,m_1+m_2}\left\{(2j_3+1)\frac{(j_1+j_2-j_3)!(j_2+j_3-j_1)!(j_3+j_1-j_2)}{(j_1+j_2+j_3+1)!}\right\}^{1/2} \\ &\times\left\{\prod_{i=1,2,3}(j_i+m_i)!(j_i-m_i)!\right\}^{1/2} \\ &\times\sum_{\nu}[(-1)^{\nu}\nu!(j_1+j_2-j_3-\nu)!(j_1-m_1-\nu)!(j_2+m_2-\nu)! \\ &\times(j_3-j_1-m_2+\nu)!(j_3-j_2+m_1+\nu)!]^{-1}\end{aligned} \tag{11.369}$$

求和指标ν的范围是：让所有阶乘因子中的数为非负整数。比如，对于$m_1=j_1$和$m_2=-j_2$的情形，公式中分别出现了$\nu!$和$(-\nu)!$，这表明求和中只有$\nu=0$这一项。由于阶乘和开方的结果都是非负实数，且$(-1)^0=1$，因此这个CG系数为正实数，跟前面约定一致。Racah公式给出的CG系数全部为实数。利用Racah公式可以得出CG系数的各种对称性，比如

$$\langle j_1 j_2 m_1 m_2 | j_1 j_2 j_3 m_3\rangle=(-1)^{j_1+j_2+j_3}\langle j_1 j_2,-m_1,-m_2 | j_1 j_2 j_3,-m_3\rangle \tag{11.370}$$

这是子空间$\mathcal{V}(j_1,j_2)$的两个CG系数之间的关系。再如

$$\langle j_1 j_2 m_1 m_2 | j_1 j_2 j_3 m_3\rangle=(-1)^{j_1+j_2-j_3}\langle j_2 j_1 m_2 m_1 | j_2 j_1 j_3 m_3\rangle \tag{11.371}$$

这是子空间$\mathcal{V}(j_1,j_2)$和$\mathcal{V}(j_2,j_1)$中两个CG系数的关系。

当$j_1=j_2$时，根据式(11.296)和式(11.297)可知m_1和m_2的取值范围相同。这意味着在展开式(11.292)中，当$m_1\neq m_2$时，CG系数总是成对出现的。根据式(11.371)，要么每一对CG系数相等，要么每一对CG系数相差一个负号。当$m_1=m_2$时，如果$2j_1-j_3$为奇数，则CG系数为零。由此可见，如果在展开式(11.292)右端将右矢$|j_1j_2m_1m_2\rangle$换成$|j_2j_1m_2m_1\rangle$(左矢不变)，则所得态矢量只能是$|j_1j_2jm\rangle$或者$-|j_1j_2jm\rangle$。也就是说，耦合表象的基矢量在这种操作下具有对称性(第14章)。

在利用计算机进行编程时，可以利用Racah公式。专业计算软件(比如Mathematica)通常自带CG系数的函数，可以直接算出CG系数。此外，还可以查阅CG系数表，该表格可以在粒子数据组网站(http://pdg.lbl.gov/)下载。

习题

11.1 根据角动量算符的对易关系，证明：$[\hat{J}^2,\hat{J}_\alpha]=0$，$\alpha=x,y,z$。

11.2 证明下列对易关系：

(1) $[\hat{J}_z,\hat{J}_+]=\hbar\hat{J}_+$；

(2) $[\hat{J}_z,\hat{J}_-]=-\hbar\hat{J}_-$；

(3) $[\hat{J}_+,\hat{J}_-]=2\hbar\hat{J}_z$。

11.3 设$(\hat{A},\hat{J}^2,\hat{J}_z)$构成CSCO，$\hat{A}$是标量算符且具有离散谱。试推导磁量子数升降算符的递推公式，要求先讨论降算符。

11.4 设$(\hat{A},\hat{J}^2,\hat{J}_z)$构成CSCO，$\hat{A}$是标量算符且具有连续谱。试推导磁量子数升降算符的递推公式。

11.5 根据角动量算符的矩阵元公式，写出$j=2$时$\hat{J}_x,\hat{J}_y,\hat{J}_z$的子矩阵，矩阵的行列指标均按照$m$的取值从大到小排列。

提示：这三个矩阵都是5阶方阵，其中$[J_z]_{j=2}$是个对角矩阵。

在下面几道题中，我们在常数项中省略了相应的单位算符。

11.6　设 λ 为任意复数，证明如下公式

$$e^{i\lambda\hat{\sigma}_i} = \cos\lambda + i\hat{\sigma}_i\sin\lambda, \quad i = x,y,z$$

提示：只要利用 e 指数和正余弦的泰勒展开，并注意到 $\hat{\sigma}_i^2=1$，就可以证明这个公式。

11.7　设 $\hat{\boldsymbol{A}},\hat{\boldsymbol{B}}$ 是 $\mathcal{V}_C$ 中的矢量算符，它们都是 $\hat{\boldsymbol{r}},\hat{\boldsymbol{p}}$ 的函数，证明

$$(\hat{\boldsymbol{\sigma}}\cdot\hat{\boldsymbol{A}})(\hat{\boldsymbol{\sigma}}\cdot\hat{\boldsymbol{B}}) = \hat{\boldsymbol{A}}\cdot\hat{\boldsymbol{B}} + i\hat{\boldsymbol{\sigma}}\cdot(\hat{\boldsymbol{A}}\times\hat{\boldsymbol{B}})$$

提示：利用点乘和叉乘的分量表达式，比如 $\hat{\boldsymbol{\sigma}}\cdot\hat{\boldsymbol{A}}=\hat{\sigma}_i\hat{A}_i$，$\hat{\boldsymbol{A}}\times\hat{\boldsymbol{B}}=\varepsilon_{ijk}\hat{A}_i\hat{B}_j\boldsymbol{e}_k$ 等，再利用泡利算符的性质 $\hat{\sigma}_i\hat{\sigma}_j=\delta_{ij}+i\varepsilon_{ijk}\hat{\sigma}_k$（这里已经省略了常数项的单位算符）。注意，泡利算符是自旋态空间中的算符，与 $\mathcal{V}_C$ 中的任何算符对易。

11.8　设 λ 为任意复数，利用 $\hat{\sigma}_n^2=1$，证明如下公式

$$e^{i\lambda\hat{\sigma}_n} = \cos\lambda + i\hat{\sigma}_n\sin\lambda$$

11.9　证明：$\mathrm{Tr}\, e^{i\boldsymbol{\sigma}\cdot\boldsymbol{A}}=2\cos A$，其中 $\boldsymbol{A}$ 是常矢量，$A=|\boldsymbol{A}|$，Tr 表示求矩阵的迹。

提示：利用 11.8 题公式（算符等式在任何表象中都成立）。

11.10　证明：$e^{i\lambda\hat{\sigma}_z}\hat{\sigma}_x e^{-i\lambda\hat{\sigma}_z}=\hat{\sigma}_x\cos 2\lambda-\hat{\sigma}_y\sin 2\lambda$。

11.11　设 $\boldsymbol{n}$ 是 (θ,φ) 方向的单位矢量，在泡利表象中证明如下公式

$$\sigma_n^2 = (\boldsymbol{\sigma}\cdot\boldsymbol{n})^2 = 1$$

11.12　在泡利表象中，求 $\sigma_n=\boldsymbol{\sigma}\cdot\boldsymbol{n}$ 的本征值和归一化本征矢量。

11.13　在泡利表象中，求 $\hat{S}_n=\hat{\boldsymbol{S}}\cdot\boldsymbol{n}$ 的本征值和归一化本征矢量。

11.14　求幺正相似变换矩阵 S，将 $\hat{\sigma}_z$ 表象变换到 $\hat{\sigma}_x$ 表象，并求出 $\hat{\sigma}_x$ 表象中 $\hat{\sigma}_x,\hat{\sigma}_y,\hat{\sigma}_z$ 的矩阵形式。

提示：在 $\hat{\sigma}_z$ 表象中求出 σ_x 的本征列矩阵，按顺序排列起来就是相似变换矩阵。

11.15　对于自旋为 3/2 的粒子，求泡利表象中自旋算符 $\hat{S}_x,\hat{S}_y,\hat{S}_z$ 的矩阵。

提示：$\hat{S}_z$ 的矩阵是对角的，对角元就是其本征值，$\hat{S}_x,\hat{S}_y$ 的矩阵可利用 $\hat{S}_+,\hat{S}_-$ 的递推公式给出。

11.16　对于自旋为 s 的粒子，求泡利表象中自旋算符 $\hat{S}_x,\hat{S}_y,\hat{S}_z$ 的矩阵。

11.17　设体系总角动量为 $\hat{\boldsymbol{J}}=\hat{\boldsymbol{J}}_1+\hat{\boldsymbol{J}}_2$，证明

$$[\hat{J}_\alpha,\hat{J}_\beta] = i\hbar\varepsilon_{\alpha\beta\gamma}\hat{J}_\gamma$$

11.18　设体系总角动量为 $\hat{\boldsymbol{J}}=\hat{\boldsymbol{J}}_1+\hat{\boldsymbol{J}}_2$，证明

$$[\hat{J}^2,\hat{J}_{1z}]\neq 0, \qquad [\hat{J}^2,\hat{J}_{2z}]\neq 0$$

第12章 测量理论

态矢量和力学量算符都是理论工具，它们不是可以直接测量的东西。从态矢量和算符出发预言的力学量观测值，才能跟实验测量结果直接对比。这一套预言规则称为测量理论[㊀]。

12.1 测量问题

在经典力学中，我们总假定测量对体系的影响可以减小到被忽略的程度。比如在测量一杯水的温度时，由于温度计与水会交换一定热量，从而改变了水的温度，但只要交换的热量比较少，测量到的数值就会足够准确。然而量子力学中，测量一般而言会显著改变体系的状态。为了说明这个问题，我们先来回顾施特恩-盖拉赫(Stern-Gerlach，SG)实验，并由此引入测量的定义。如图12-1所示，从高温炉出来的一束氢原子[㊁]通过一个不均匀磁场。

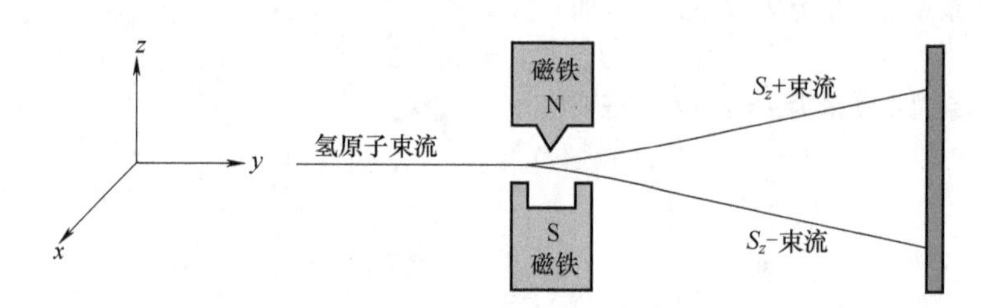

图12-1 SG实验示意图

氢原子是中性的，在磁场中运动不受洛伦兹力。然而氢原子具有永久磁矩，在不均匀磁场中会受到横向偏转力。实验中的氢原子处于基态，电子的轨道角动量为零，原子核(质子)的自旋磁矩可以忽略，因此跟实验相关的就是电子的自旋磁矩。设电子的自旋磁矩为 $\boldsymbol{M}$，则氢原子在不均匀磁场中的势能函数为

$$V=-\boldsymbol{M}\cdot\boldsymbol{B} \tag{12.1}$$

所受的力为

$$\boldsymbol{F}=-\nabla V=\nabla(\boldsymbol{M}\cdot\boldsymbol{B}) \tag{12.2}$$

㊀ 经典力学并不需要测量理论，因为实验测量的量，比如位置、速度、加速度、动量、能量等，与理论(各种定律、定理)中的量是一回事.

㊁ 历史上，施特恩-盖拉赫实验最初是用银原子做的，不是用氢原子.

假设磁场的前两个分量 B_x,B_y 在磁场区是近似均匀的，B_z 在 x,y 方向也是近似均匀的，只在 z 方向有较大不均匀性，则原子受力为

$$\boldsymbol{F} = M_z \frac{\partial B_z}{\partial z}\boldsymbol{e}_z \tag{12.3}$$

这是沿着 z 轴方向的力。对电子而言，$\boldsymbol{M}=-(e/m_e)\hat{\boldsymbol{S}}$。根据电子的自旋指向不同，氢原子会朝 z 轴的正或负方向偏转。电子的自旋 z 分量只有两个取值 $s_z=\pm\hbar/2$，因此氢原子束流通过磁场后将分裂为两条，分别称为 S_z+束流和 S_z-束流，如图 12-1 所示。

从高温炉出来的氢原子，电子的自旋状态各不相同，各种状态的氢原子出现的概率(注意，这是个经典意义的概率)相等，这样的氢原子束流通过不均匀磁场后，将分裂为两条相等强度的束流。根据两条束流分裂的距离，可以算出电子自旋的 z 分量。

如果入射束流中所有氢原子的电子自旋指向相同，则两条出射束流强度反映了单个氢原子向上和向下偏转的概率。如果让一个氢原子通过 SG 实验装置，在屏幕上将会到达两个位置之一，由此便“测出”了电子的自旋 z 分量。根据多次实验结果，还可以给出得到两个分量的概率。不管测量前电子的指向如何，测量后电子的自旋状态必然是两个状态之一，我们正是根据测量后电子的状态来定义测得的数值的。在这个意义上，SG 实验装置具有测量自旋 z 分量的作用。然而这种测量不是简单地“观测”一下被测对象，而是让被测对象经历某个过程，根据过程的结果来定义测量数值，某结果发生的概率就是测得相应数值的概率。测量后，被测对象的状态一般会明显不同于测量前。从这个意义上讲，量子力学中的测量是破坏性的。

虽然我们一直在说自旋的 z 分量，但 z 轴方向并不具有特别的意义。将 SG 实验装置绕着 y 轴转动，就会测量自旋在 xz 平面其他方向的分量。自旋在空间其他方向的分量，也可以通过改变装置而测得。

根据 SG 实验可以抽象出一种理想测量：对于任何具有离散谱的力学量算符，我们假定有一个类似于 SG 实验装置的仪器(不管实际上有没有)，待测体系经过该仪器之后，一定处于该力学量的某个本征态，这个本征态对应的本征值被定义为仪器的测得数值。测量装置不仅能测量物理体系，也可以用来进行量子态的制备。作为理论探讨，我们假定任何合理的量子态都能被某种装置制备出来。

对于具有连续谱的力学量算符，比如粒子的位置坐标，仪器不可能将其变为力学量的本征态，因为现实中不存在这样的状态。对于这样的力学量，测量将使粒子处于接近于该力学量的某个本征态的一种状态。比如，一个电子被屏幕接收后，屏幕上产生一个亮点。我们可以推测，电子在刚刚测量后的状态，可以由一个局域在亮点的波包来描述。

12.2 测量假定

理论对实验测量结果的预言称为测量假定，它是量子力学五个基本假定之一。测量假定包括三部分内容：测量结果、测值概率和量子态的坍缩(collapse)。由于内容较多，这一节我们只讨论前两个内容，态矢量的坍缩将在后面讨论。

设 $|\psi\rangle$ 为归一化态矢量，对力学量 $\hat{F}$ 有如下测量假定。

12.2.1 测量结果和测值概率

测量假定：每次测量力学量 $\hat{F}$ 得到的结果，只能是算符 $\hat{F}$ 的本征值之一。根据 $\hat{F}$ 的本征值谱的特点，得到各个本征值的概率分以下几种情况。

1. 离散谱

设 $\hat{F}$ 具有离散的本征值谱

$$\hat{F}\,|ni\rangle = \lambda_n\,|ni\rangle,\quad n=1,2,\cdots,\quad i=1,2,\cdots,g_n \tag{12.4}$$

$$\langle ni\,|\,n'i'\rangle = \delta_{nn'}\delta_{ii'} \tag{12.5}$$

$$\sum_{n=1}^{\infty}\sum_{i=1}^{g_n}|ni\rangle\langle ni| = \hat{I} \tag{12.6}$$

将 λ_n 标记的本征子空间记为 $\mathcal{V}_n$，子空间的投影算符为

$$\hat{P}_n = \sum_{i=1}^{g_n}|ni\rangle\langle ni| \tag{12.7}$$

测量假定：测到 λ_n 的概率为

$$\mathcal{P}(\lambda_n) = \|\hat{P}_n\,|\psi\rangle\|^2 = \sum_{i=1}^{g_n}|\langle ni\,|\,\psi\rangle|^2 \tag{12.8}$$

利用投影算符的幂等性，容易证明

$$\boxed{\mathcal{P}(\lambda_n) = \langle\psi\,|\,\hat{P}_n\,|\,\psi\rangle} \tag{12.9}$$

当 $g_n=1$ 时 λ_n 不简并，本征矢量可以省略指标 i，此时测到 λ_n 的概率为

$$\mathcal{P}(\lambda_n) = |\langle n\,|\,\psi\rangle|^2 \tag{12.10}$$

如果体系态矢量正好是 $\hat{F}$ 的本征矢量 $|n\rangle$，$|\psi\rangle=|n\rangle$，则 $\mathcal{P}(\lambda_n)=1$。也就是说，这种情况测量力学量 $\hat{F}$ 一定能够得到本征值 λ_n，我们说体系的力学量 $\hat{F}$ 具有确定值，这种状态称为力学量 $\hat{F}$ 的本征态。由此可知，自伴算符 $\hat{F}$ 的本征矢量描述的量子态是对应的力学量 $\hat{F}$ 的本征态。

根据封闭性关系(12.6)，容易证明所有测值的概率之和为 1

$$\sum_{n=1}^{\infty}\mathcal{P}(\lambda_n) = \sum_{n=1}^{\infty}\langle\psi\,|\,\hat{P}_n\,|\,\psi\rangle = \langle\psi\,|\,\psi\rangle = 1 \tag{12.11}$$

▼举例：谐振子

将能量本征值和本征态记为 E_n 和 $|n\rangle$，设 t 时刻体系的态矢量为

$$|\psi(t)\rangle = \sum_{n=0}^{\infty}c_n\,|n\rangle\mathrm{e}^{-\frac{\mathrm{i}}{\hbar}E_nt},\quad c_n = \langle n\,|\,\psi(0)\rangle \tag{12.12}$$

在 t 时刻测量粒子的能量得到 E_n 的概率为

$$\mathcal{P}(E_n) = |\langle n\,|\,\psi(t)\rangle|^2 = |c_n|^2 \tag{12.13}$$

这个概率跟时间无关，后面我们会知道这是因为谐振子能量是守恒量。

---

2. 连续谱

设 $\hat{F}$ 具有连续的本征值谱(比如粒子坐标)，且本征值不简并

$$\hat{F}|a\rangle = a|a\rangle,\quad a\in R_a \tag{12.14}$$

$$\langle a|a'\rangle = \delta(a-a') \tag{12.15}$$

$$\int_{R_a}\mathrm{d}a\,|a\rangle\langle a| = \hat{I} \tag{12.16}$$

测量假定：测值介于 $a\sim a+\mathrm{d}a$ 之间的概率为

$$\mathrm{d}\mathcal{P}(a) = |\langle a|\psi\rangle|^2\mathrm{d}a \tag{12.17}$$

引入 $|a\rangle$ 上的投影算符

$$\hat{P}_a = |a\rangle\langle a| \tag{12.18}$$

可将式(12.17)改写为

$$\boxed{\mathrm{d}\mathcal{P}(a) = \langle\psi|\hat{P}_a|\psi\rangle\mathrm{d}a} \tag{12.19}$$

根据封闭性关系(12.16)，容易证明所有测值的概率之和为1

$$\int_{R_a}\mathrm{d}\mathcal{P}(a) = \int_{R_a}\langle\psi|\hat{P}_a|\psi\rangle\mathrm{d}a = \langle\psi|\psi\rangle = 1 \tag{12.20}$$

当本征值有简并时，处理方法与离散谱相同。

3. 混合谱

如果 $\hat{F}$ 的本征值谱是混合谱(比如一维有限深方势阱的能量，束缚态是离散谱，散射态是连续谱)，根据已有的规则不难写出结果。为了简单起见，我们假定没有简并的本征值。$\hat{F}$ 的本征方程分为两种

$$\begin{aligned}&\hat{F}|n\rangle = \lambda_n|n\rangle,\quad n=1,2,\cdots\\&\hat{F}|a\rangle = a|a\rangle,\quad a\in R_a\end{aligned} \tag{12.21}$$

并假定 $\lambda_n\notin R_a$。正交归一关系为

$$\langle n|n'\rangle = \delta_{nn'},\quad \langle a|a'\rangle = \delta(a-a'),\quad \langle a|n\rangle = 0 \tag{12.22}$$

封闭性关系为

$$\sum_{n=1}^{\infty}|n\rangle\langle n| + \int_{R_a}\mathrm{d}a\,|a\rangle\langle a| = \hat{I} \tag{12.23}$$

测量假定：测到 λ_n 的概率和测值介于 $a\sim a+\mathrm{d}a$ 之间的概率分别由式(12.8)和式(12.17)给出

$$\begin{aligned}&\mathcal{P}(\lambda_n) = |\langle n|\psi\rangle|^2 = \langle\psi|\hat{P}_n|\psi\rangle\\&\mathrm{d}\mathcal{P}(a) = |\langle a|\psi\rangle|^2\mathrm{d}a = \langle\psi|\hat{P}_a|\psi\rangle\mathrm{d}a\end{aligned} \tag{12.24}$$

根据封闭性关系(12.23)，容易证明所有测值的概率之和为1

$$\sum_{n=1}^{\infty}\mathcal{P}(\lambda_n) + \int_{R_a}\mathrm{d}\mathcal{P}(a) = \sum_{n=1}^{\infty}\langle\psi|\hat{P}_n|\psi\rangle + \int_{R_a}\langle\psi|\hat{P}_a|\psi\rangle\mathrm{d}a = \langle\psi|\psi\rangle = 1 \tag{12.25}$$

讨论

(1) 对于离散谱情形，可能需要用连续指标来标记本征矢量；对于连续谱和混合谱情形，也存在本征值简并的可能。根据已有规则，不难得到这些情形中的测值的相应概率。我们将在后面举例说明。

(2) 自伴算符的本征矢量组能够提供态空间的一个基，从而保证了测量概率的归一化。这正是用自伴算符(而不是一般对称算符)来表达力学量的原因。

12.2.2 期待值和方差

有了测量概率，我们就可以定义多次测量力学量 $\hat{F}$ 的统计平均值，称为力学量的期待值(expectation value)。设体系的归一化态矢量为 $|\psi\rangle$，将力学量 $\hat{F}$ 的期待值记为 $\langle F\rangle_\psi$。如果上下文中态矢量是明确的，则简记为 $\langle F\rangle$(很多书中记为 $\overline{F}$)。根据概率论，力学量 $\hat{F}$ 的统计方差(variance)定义为偏差的方均值，记为 σ_F^2。而 σ_F 本身称为标准差(standard deviation)，它是偏差的方均根值。

引入自伴算符

$$\Delta\hat{F} = \hat{F} - \langle F\rangle\hat{I} \tag{12.26}$$

测量偏差 $\lambda_n - \langle F\rangle$ 或 $a - \langle F\rangle$ 是 $\Delta\hat{F}$ 的本征值

$$\Delta\hat{F}\,|ni\rangle = (\lambda_n - \langle F\rangle)\,|ni\rangle,\quad \Delta\hat{F}\,|a\rangle = (a - \langle F\rangle)\,|a\rangle \tag{12.27}$$

设 $|\psi\rangle$ 是归一化态矢量，可以证明，无论 $\hat{F}$ 的本征值谱是离散谱、连续谱，还是混合谱，也不管本征值是否也有简并，期待值和方差都可以表达为

$$\boxed{\langle F\rangle = \langle\psi\,|\,\hat{F}\,|\,\psi\rangle \quad \sigma_F^2 = \langle\psi\,|\,(\Delta\hat{F})^2\,|\,\psi\rangle} \tag{12.28}$$

证明：(1) 离散谱

根据期待值定义

$$\langle F\rangle = \sum_{n=1}^{\infty}\mathcal{P}(\lambda_n)\lambda_n \tag{12.29}$$

利用封闭性关系(12.6)可得算符 $\hat{F}$ 的谱分解

$$\hat{F} = \sum_{n=1}^{\infty}\sum_{i=1}^{g_n}\lambda_n\,|ni\rangle\langle ni| = \sum_{n=1}^{\infty}\lambda_n\hat{P}_n \tag{12.30}$$

由此可得

$$\langle F\rangle = \sum_{n=1}^{\infty}\langle\psi\,|\,\hat{P}_n\,|\,\psi\rangle\lambda_n = \langle\psi\,|\,\hat{F}\,|\,\psi\rangle \tag{12.31}$$

式(12.9)表明测到 λ_n 的概率等于投影算符 $\hat{P}_n$ 的期待值。

根据方差定义

$$\sigma_F^2 = \sum_{n=1}^{\infty}\mathcal{P}(\lambda_n)(\lambda_n - \langle F\rangle)^2 \tag{12.32}$$

利用封闭性关系(12.6)，得

$$(\Delta\hat{F})^2 = \sum_{n=1}^{\infty}\sum_{i=1}^{g_n}(\hat{F} - \langle F\rangle)^2\,|ni\rangle\langle ni| = \sum_{n=1}^{\infty}(\lambda_n - \langle F\rangle)^2\hat{P}_n \tag{12.33}$$

由此可得

$$\sigma_F^2 = \sum_{n=1}^{\infty}\langle\psi\,|\,\hat{P}_n\,|\,\psi\rangle(\lambda_n - \langle F\rangle)^2 = \langle\psi\,|\,(\Delta\hat{F})^2\,|\,\psi\rangle \tag{12.34}$$

(2) 连续谱

根据期待值定义

$$\langle F\rangle = \int_{R_a} a\,\mathrm{d}\mathcal{P}(a) \tag{12.35}$$

利用封闭性关系(12.16)可得算符 $\hat{F}$ 的谱分解

$$\hat{F} = \int_{R_a} a \, \mathrm{d}a \, | a \rangle \langle a | \tag{12.36}$$

由此可得

$$\langle F \rangle = \int_{R_a} a \langle \psi | \hat{P}_a | \psi \rangle \mathrm{d}a = \langle \psi | \hat{F} | \psi \rangle \tag{12.37}$$

式(12.19)表明力学量的概率密度等于 $\hat{P}_a$ 的期待值。

根据方差定义

$$\sigma_F^2 = \int_{R_a} (a - \langle F \rangle)^2 \mathrm{d}\mathcal{P}(a) \tag{12.38}$$

利用封闭性关系(12.16)，得

$$\begin{aligned}(\Delta \hat{F})^2 &= \int_{R_a} (\hat{F} - \langle F \rangle)^2 \mathrm{d}a \, | a \rangle \langle a | \\ &= \int_{R_a} (a - \langle F \rangle)^2 \mathrm{d}a \, | a \rangle \langle a |\end{aligned} \tag{12.39}$$

由此可得

$$\sigma_F^2 = \int_{R_a} (a - \langle F \rangle)^2 \langle \psi | \hat{P}_a | \psi \rangle \mathrm{d}a = \langle \psi | (\Delta \hat{F})^2 | \psi \rangle \tag{12.40}$$

(3) 混合谱

按根据期待值和方差的定义

$$\langle F \rangle = \sum_{n=1}^{\infty} \mathcal{P}(\lambda_n) \lambda_n + \int_{R_a} a \, \mathrm{d}\mathcal{P}(a) \tag{12.41}$$

$$\sigma_F^2 = \sum_{n=1}^{\infty} \mathcal{P}(\lambda_n)(\lambda_n - \langle F \rangle)^2 + \int_{R_a} (a - \langle F \rangle)^2 \mathrm{d}\mathcal{P}(a) \tag{12.42}$$

证明是类似的，这里从略。

对于更复杂情形，比如连续谱和混合谱的本征值有简并，以及本征值的简并度为无穷大的情形，均可以证明力学量 $\hat{F}$ 的期待值与方差由式(12.28)给出。由于$(\Delta \hat{F})^2$ 也是自伴算符，可以代表一个新的力学量。式(12.28)表明，力学量 $\hat{F}$ 的方差等于力学量$(\Delta \hat{F})^2$ 的期待值。如果 $|\psi\rangle$ 不是归一化的，则应该先将其归一化，再代入上述公式，结果为

$$\boxed{\langle F \rangle = \frac{\langle \psi | \hat{F} | \psi \rangle}{\langle \psi | \psi \rangle}, \qquad \sigma_F^2 = \frac{\langle \psi | (\Delta \hat{F})^2 | \psi \rangle}{\langle \psi | \psi \rangle}} \tag{12.43}$$

*12.3 仪器性能

在测量假定中，我们默认仪器的性能足够良好：(1) 仪器的读数能够显示每一个本征值；(2) 如果体系的态矢量恰好是 $\hat{F}$ 的某个本征矢量 $|n\rangle$，则仪器一定能够给出读数 λ_n，而不会出现错误读数。这是一种理想测量，在现实中很多仪器不具备这样的条件。

1. 离散谱

设 $|\psi\rangle$ 为归一化态矢量，力学量 $\hat{F}$ 的所有本征值不简并，将本征方程写为

$$\hat{F} | n \rangle = \lambda_n | n \rangle, \qquad n = 1, 2, \cdots \tag{12.44}$$

本征矢量组$\{ |n\rangle | n=1,2,\cdots \}$构成态空间的正交归一基

$$\langle n | n' \rangle = \delta_{nn'}, \qquad \sum_{n=1}^{\infty} | n \rangle \langle n | = \hat{I} \tag{12.45}$$

设 Δ 是量子数 n 的某些取值的集合，矢量组 $\{ |n\rangle | n \in \Delta \}$ 和 $\{ |n\rangle | n \notin \Delta \}$ 张成的子空间分别记为 $\mathcal{V}_\Delta$ 和 $\mathcal{V}_{\bar{\Delta}}$。两个线性子空间互相正交，整个态空间 $\mathcal{V}$ 为两个子空间的直和

$$\mathcal{V}_\Delta \perp \mathcal{V}_{\bar{\Delta}}, \qquad \mathcal{V} = \mathcal{V}_\Delta \oplus \mathcal{V}_{\bar{\Delta}} \tag{12.46}$$

引入子空间 $\mathcal{V}_\Delta$ 和 $\mathcal{V}_{\bar{\Delta}}$ 的投影算符

$$\hat{P}_\Delta = \sum_{n \in \Delta} | n \rangle \langle n |, \qquad \hat{P}_{\bar{\Delta}} = \sum_{n \notin \Delta} | n \rangle \langle n | \tag{12.47}$$

容易发现

$$\hat{P}_\Delta \hat{P}_{\bar{\Delta}} = 0, \qquad \hat{P}_\Delta + \hat{P}_{\bar{\Delta}} = \hat{I} \tag{12.48}$$

任意态矢量 $|\psi\rangle$ 可以分解为

$$| \psi \rangle = | \Delta \rangle + | \bar{\Delta} \rangle \tag{12.49}$$

其中

$$| \Delta \rangle = \hat{P}_\Delta | \psi \rangle = \sum_{n \in \Delta} c_n | n \rangle, \qquad | \bar{\Delta} \rangle = \hat{P}_{\bar{\Delta}} | \psi \rangle = \sum_{n \notin \Delta} c_n | n \rangle \tag{12.50}$$

$|\Delta\rangle$ 和 $|\bar{\Delta}\rangle$ 是 $\hat{P}_\Delta$ 的本征矢量，本征值分别为 1 和 0

$$\hat{P}_\Delta | \Delta \rangle = | \Delta \rangle, \qquad \hat{P}_\Delta | \bar{\Delta} \rangle = 0 \tag{12.51}$$

也是 $\hat{P}_{\bar{\Delta}}$ 的本征矢量，本征值分别为 0 和 1

$$\hat{P}_{\bar{\Delta}} | \Delta \rangle = 0, \qquad \hat{P}_{\bar{\Delta}} | \bar{\Delta} \rangle = | \bar{\Delta} \rangle \tag{12.52}$$

与 $\hat{P}_\Delta$ 的本征值正好相反。

现在我们考虑一个测量性能不佳的仪器，其功能为：对于 $\mathcal{V}_\Delta$ 中的矢量，仪器给出读数 1；对于 $\mathcal{V}_{\bar{\Delta}}$ 中的矢量，仪器给出读数 0。这种仪器测量的不是力学量 $\hat{F}$，而是由投影算符 $\hat{P}_\Delta$ 定义的力学量。由此可见，由于仪器性能不佳(或者故意设计)，导致了测量的初衷(测量 $\hat{F}$)和实际情况(测量 $\hat{P}_\Delta$)不同。

现在的问题是，对于一般态矢量(12.49)，仪器将给出什么读数？根据前面的分析，这相当于测量力学量 $\hat{P}_\Delta$。根据测量假定，仪器给出读数 1 的概率为

$$\mathcal{P}(1) = \| \hat{P}_\Delta | \psi \rangle \|^2 = \langle \psi | \hat{P}_\Delta | \psi \rangle = \sum_{n \in \Delta} | \langle n | \psi \rangle |^2 \tag{12.53}$$

仪器给出读数 0 的概率为

$$\mathcal{P}(0) = \| \hat{P}_{\bar{\Delta}} | \psi \rangle \|^2 = \langle \psi | \hat{P}_{\bar{\Delta}} | \psi \rangle = \sum_{n \notin \Delta} | \langle n | \psi \rangle |^2 \tag{12.54}$$

容易发现

$$\mathcal{P}(1) + \mathcal{P}(0) = \langle \psi | \hat{P}_\Delta | \psi \rangle + \langle \psi | \hat{P}_{\bar{\Delta}} | \psi \rangle = \langle \psi | \psi \rangle = 1 \tag{12.55}$$

2. 连续谱

如果 $\hat{F}$ 的本征值谱是连续谱，仪器必然是测量性能不佳的。连续谱力学量都是类似的，我们以一维问题的坐标测量为例进行讨论。

设 $\Delta x = [x_1, x_2]$，假定有这样一个仪器，如果体系态矢量为

$$| \Delta x \rangle = \int_{x_1}^{x_2} \mathrm{d}x \, \psi(x) \, | x \rangle \tag{12.56}$$

仪器给出读数为 1；如果体系的态矢量为

$$| \overline{\Delta x} \rangle = \left(\int_{-\infty}^{x_1} \mathrm{d}x + \int_{x_2}^{\infty} \mathrm{d}x \right) \psi(x) \, | x \rangle \tag{12.57}$$

仪器给出读数0。所有$|\Delta x\rangle$类型和$|\overline{\Delta x}\rangle$类型的态矢量集合均构成态空间$\mathcal{V}_x$的子空间，分别记为$\mathcal{V}_{\Delta x}$和$\mathcal{V}_{\overline{\Delta x}}$。两个子空间互相正交，$\mathcal{V}_x$为两个子空间的直和

$$\mathcal{V}_{\Delta x} \perp \mathcal{V}_{\overline{\Delta x}}, \qquad \mathcal{V}_x = \mathcal{V}_{\Delta x} \oplus \mathcal{V}_{\overline{\Delta x}} \tag{12.58}$$

引入子空间$\mathcal{V}_{\Delta x}$和$\mathcal{V}_{\overline{\Delta x}}$的投影算符

$$\hat{P}_{\Delta x} = \int_{x_1}^{x_2} \mathrm{d}x \, |x\rangle\langle x|, \qquad \hat{P}_{\overline{\Delta x}} = \left(\int_{-\infty}^{x_1} \mathrm{d}x + \int_{x_2}^{\infty} \mathrm{d}x\right) |x\rangle\langle x| \tag{12.59}$$

容易发现

$$\hat{P}_{\Delta x}\hat{P}_{\overline{\Delta x}} = 0, \qquad \hat{P}_{\Delta x} + \hat{P}_{\overline{\Delta x}} = \hat{I} \tag{12.60}$$

设$|\psi\rangle \in \mathcal{V}_x$，则

$$\hat{P}_{\Delta x}|\psi\rangle = \int_{x_1}^{x_2} \mathrm{d}x \, \psi(x) \, |x\rangle \tag{12.61}$$

这正是$|\Delta x\rangle$类型的态矢量。容易发现$\hat{P}_{\Delta x}\hat{P}_{\Delta x}|\psi\rangle = \hat{P}_{\Delta x}|\psi\rangle$，因此$\hat{P}_{\Delta x}$是个幂等算符。同理，$\hat{P}_{\overline{\Delta x}}$也是个幂等算符。它们都是真正的投影算符(相比之下，算符$|x\rangle\langle x|$并不满足幂等性)。

$|\Delta x\rangle$和$|\overline{\Delta x}\rangle$是$\hat{P}_{\Delta x}$的本征矢量，本征值分别为1和0

$$\hat{P}_{\Delta x}|\Delta x\rangle = |\Delta x\rangle, \qquad \hat{P}_{\Delta x}|\overline{\Delta x}\rangle = 0 \tag{12.62}$$

也是$\hat{P}_{\overline{\Delta x}}$的本征矢量，本征值分别为0和1

$$\hat{P}_{\overline{\Delta x}}|\Delta x\rangle = 0, \qquad \hat{P}_{\Delta x}|\overline{\Delta x}\rangle = |\overline{\Delta x}\rangle \tag{12.63}$$

与$\hat{P}_{\Delta x}$的本征值正好相反。任意态矢量$|\psi\rangle$可以分解为

$$|\psi\rangle = \hat{P}_{\Delta x}|\psi\rangle + \hat{P}_{\overline{\Delta x}}|\psi\rangle \tag{12.64}$$

其中$\hat{P}_{\Delta x}|\psi\rangle$和$\hat{P}_{\overline{\Delta x}}|\psi\rangle$如式(12.56)和式(12.57)所示。

仪器测量的是力学量$\hat{P}_{\Delta x}$，读数为1的概率为

$$\mathcal{P}(1) = \|\hat{P}_{\Delta x}|\psi\rangle\|^2 = \langle\psi|\hat{P}_{\Delta x}|\psi\rangle = \int_{x_1}^{x_2} |\psi(x)|^2 \mathrm{d}x \tag{12.65}$$

仪器读数为0的概率为

$$\mathcal{P}(0) = \|\hat{P}_{\overline{\Delta x}}|\psi\rangle\|^2 = \langle\psi|\hat{P}_{\overline{\Delta x}}|\psi\rangle = \left(\int_{-\infty}^{x_1} \mathrm{d}x + \int_{x_2}^{\infty} \mathrm{d}x\right) |\psi(x)|^2 \tag{12.66}$$

满足

$$\mathcal{P}(1) + \mathcal{P}(0) = \int_{-\infty}^{\infty} |\psi(x)|^2 \mathrm{d}x = 1 \tag{12.67}$$

假设区间Δx趋于无穷小，比如$x \sim x+\mathrm{d}x$，将$\mathcal{P}(1)$记为$\mathrm{d}\mathcal{P}(x)$，在这个本征值的无穷小区间内，$\psi(x)$可以视为常数，此时根据式(12.65)可得

$$\mathrm{d}\mathcal{P}(x) = |\psi(x)|^2 \mathrm{d}x \tag{12.68}$$

这正是测量假定的内容。

根据以上分析，如果被测力学量具有连续谱，实际上测量的总是另外一个力学量，因此测量总是近似的。上述测量方案仍然是理想化的，现在考虑一个稍微实际的测量。设$|\varphi\rangle$是个给定的归一化态矢量，代表局域在x_0点附近的波包，体系的归一化态矢量为$|\psi\rangle$。如果$|\psi\rangle = |\varphi\rangle$，仪器给出读数1；如果$|\psi\rangle \perp |\varphi\rangle$，仪器给出读数0。态矢量$|\varphi\rangle$取决于仪器本

身，可以称为探测态矢量。测量的力学量是由如下投影算符定义的

$$\hat{P}_\varphi = |\varphi\rangle\langle\varphi| \tag{12.69}$$

对于任意归一化态矢量 $|\psi\rangle$，仪器读数为 1 的概率为

$$\mathcal{P}(1) = \|\hat{P}_\varphi|\psi\rangle\|^2 = \langle\psi|\hat{P}_\varphi|\psi\rangle = |\langle\varphi|\psi\rangle|^2 \tag{12.70}$$

仪器读数为 0 的概率为

$$\mathcal{P}(0) = \|(\hat{I} - \hat{P}_\varphi)|\psi\rangle\|^2 = \langle\psi|(\hat{I} - \hat{P}_\varphi)|\psi\rangle = 1 - |\langle\varphi|\psi\rangle|^2 \tag{12.71}$$

将探测态矢量用坐标本征态或动量本征态展开

$$|\varphi\rangle = \int_{-\infty}^{\infty} \mathrm{d}x\, \varphi(x)\,|x\rangle = \int_{-\infty}^{\infty} \mathrm{d}p\; c(p)\,|p\rangle \tag{12.72}$$

$\varphi(x)$和 $c(p)$ 可以称为探测波函数。

12.4 量子态的坍缩

在量子力学中测量是破坏性的，一般而言会对体系造成剧烈改变，除非体系处于待测力学量的本征态。体系状态的改变称为量子态坍缩。

12.4.1 离散谱

设刚要测量时体系的状态由归一化的态矢量 $|\psi\rangle$ 描述，待测力学量对应的力学量算符为 $\hat{F}$，我们要给出刚刚测量后体系的态矢量。无论在测量前还是测量后，态矢量都是随着时间演化的，我们要讨论的不是态矢量的演化，而是测量行为发生前那一刻的态矢量和测量行为刚刚完成那一刻的态矢量的关系。

测量假定：对于具有离散谱的力学量，测量后体系的状态变为测量结果对应的本征态。如果测得本征值 λ_n，则刚刚测量后体系的态矢量为 $|\psi\rangle$ 在本征子空间 $\mathcal{V}_n$ 中的分矢量（确定到一个常数因子）

$$|\psi\rangle \xrightarrow{\lambda_n} \frac{\hat{P}_n|\psi\rangle}{\|\hat{P}_n|\psi\rangle\|} = \frac{\hat{P}_n|\psi\rangle}{\sqrt{\langle\psi|\hat{P}_n|\psi\rangle}} \tag{12.73}$$

这里选择归一化矢量代表测量后的状态。如果本征值 λ_n 不简并，则

$$|\psi\rangle \xrightarrow{\lambda_n} |n\rangle \tag{12.74}$$

如果刚要测量前体系的态正好是 $\hat{F}$ 的本征态，即态矢量 $|\psi\rangle \in \mathcal{V}_n$（$\lambda_n$ 不简并时 $|\psi\rangle = |n\rangle$），则刚刚测量后体系的状态不变。

*12.4.2 连续谱

接着式(12.65)往下讨论。

测量假定：如果仪器的读数为 1，则刚刚测量后体系态矢量为 $|\psi\rangle$ 在子空间 $\mathcal{V}_{\Delta x}$ 的分矢量（确定到一个常数因子）

$$|\psi\rangle \xrightarrow{\text{读数为 1}} \frac{\hat{P}_{\Delta x}|\psi\rangle}{\|\hat{P}_{\Delta x}|\psi\rangle\|} = \frac{\hat{P}_{\Delta x}|\psi\rangle}{\sqrt{\langle\psi|\hat{P}_{\Delta x}|\psi\rangle}} \tag{12.75}$$

反之，如果仪器的读数为0，则刚刚测量后体系的态矢量为$|\psi\rangle$在子空间$\mathcal{V}_{\overline{\Delta x}}$的分矢量(确定到一个常数因子)

$$|\psi\rangle \xrightarrow{\text{读数为}0} \frac{\hat{P}_{\overline{\Delta x}}|\psi\rangle}{\|\hat{P}_{\overline{\Delta x}}|\psi\rangle\|} = \frac{\hat{P}_{\overline{\Delta x}}|\psi\rangle}{\sqrt{\langle\psi|\hat{P}_{\overline{\Delta x}}|\psi\rangle}} \tag{12.76}$$

令$|\psi_1\rangle = \hat{P}_{\Delta x}|\psi\rangle$，根据式(12.61)，得

$$\psi_1(x) = \langle x|\hat{P}_{\Delta x}|\psi\rangle = \begin{cases}\psi(x), & x_1 \leqslant x \leqslant x_2 \\ 0, & x < x_1\text{或}\ x > x_2\end{cases} \tag{12.77}$$

由此可知，$\psi_1(x)$是将波函数$\psi(x)$切掉了$x_1 \sim x_2$范围之外的部分而得到的，这个范围可以称为坐标窗口。对$\psi_1(x)$再次切掉$x_1 \sim x_2$范围之外的部分并不会造成什么改变，这又一次说明$\hat{P}_{\Delta x}$是个幂等算符。投影算符$\hat{P}_{\Delta x}$也可以直接采用式(12.77)来定义[⊖]。根据式(12.77)，得

$$\|\hat{P}_{\Delta x}|\psi\rangle\| = \sqrt{\int_{-\infty}^{\infty}|\psi_1(x)|^2 \mathrm{d}x} = \sqrt{\int_{x_1}^{x_2}|\psi(x)|^2 \mathrm{d}x} \tag{12.78}$$

类似地可以考虑能量窗口：当粒子通过仪器时，如果粒子的能量在一定区间$E_1 \sim E_2$内，仪器做出响应，这相当于给出读数1，表示测到了粒子；反之，如果粒子的能量低于或者高于这个能量范围，则仪器不响应。

12.5 两个力学量的测量

在经典力学中，任意两个力学量都可以同时取得确定的值，互不干扰。然而我们将看到，在量子力学中并非如此，力学量能否同时取得确定值，与力学量算符的对易性密切相关。

12.5.1 相容力学量

考虑两个对易的力学量算符，$[\hat{F},\hat{G}]=0$。根据对易算符的性质，$\hat{F}$和$\hat{G}$的共同本征矢量构成态空间的一个基。如果体系的态矢量是$\hat{F}$和$\hat{G}$的共同本征矢量，本征值分别为λ_n和μ_k，则根据测量假定，测量$\hat{F}$一定会得到λ_n，测量$\hat{G}$一定会得到μ_k，此时称力学量$\hat{F}$和$\hat{G}$同时具有确定值。反过来，对于$\hat{F}$和$\hat{G}$的任何指定的本征值组合(λ_n,μ_k)，都存在态矢量使得$\hat{F}$和$\hat{G}$具有确定值λ_n和μ_k。这样两个力学量称为相容力学量(compatible observables)。

为了简单起见，设$(\hat{F},\hat{G})$构成态空间的CSCO，且具有离散谱

$$\begin{aligned}\hat{F}|nk\rangle &= \lambda_n|nk\rangle, \quad n = 1,2,\cdots \\ \hat{G}|nk\rangle &= \mu_k|nk\rangle, \quad k = 1,2,\cdots\end{aligned} \tag{12.79}$$

本征矢量组$\{|nk\rangle | n,k=1,2,\cdots\}$构成态空间的正交归一基。设体系的归一化态矢量为$|\psi\rangle$，现在按照两种方案进行测量。

(1) 先测量$\hat{F}$，再测量$\hat{G}$。

两次测量之间，体系以第一次测量后的状态为初始态矢量，并根据薛定谔方程进行演化，直到刚要进行第二次测量之前。为了简单起见，我们假定两次测量的时间间隔很短，从

⊖ 对任何合理区域(可测集)都可以定义投影算符并得到测值概率. 这种做法不需要广义本征矢量.

而可以近似忽略这段时间态矢量的演化。

根据测量假定，测量力学量 $\hat{F}$ 得到 λ_n 的概率为

$$\mathcal{P}(\lambda_n)=\sum_k|\langle nk|\psi\rangle|^2 \tag{12.80}$$

如果测到了某个本征值 λ_n，则刚刚测量后，态矢量坍缩为

$$|\psi\rangle\xrightarrow{\lambda_n}|\psi_n'\rangle=\frac{\sum_k|nk\rangle\langle nk|\psi\rangle}{\sqrt{\sum_k|\langle nk|\psi\rangle|^2}} \tag{12.81}$$

紧接着测量 $\hat{G}$，注意在测量 $\hat{F}$ 得到了 λ_n 的前提下，刚要测量时体系的态矢量为 $|\psi_n'\rangle$ 而不是 $|\psi\rangle$。再次根据测量假定，此时测量 $\hat{G}$ 得到 μ_k 的概率为

$$\mathcal{P}_{\lambda_n}(\mu_k)=|\langle nk|\psi_n'\rangle|^2=\frac{|\langle nk|\psi\rangle|^2}{\sum_k|\langle nk|\psi\rangle|^2} \tag{12.82}$$

如果测到 μ_k，体系的态矢量进一步坍缩为

$$|\psi_n'\rangle\xrightarrow{\mu_k}|\psi_{n,k}''\rangle=\frac{|nk\rangle\langle nk|\psi_n'\rangle}{\sqrt{|\langle nk|\psi_n'\rangle|^2}}\propto|nk\rangle \tag{12.83}$$

先测量 $\hat{F}$ 得到 λ_n，再测量 $\hat{G}$ 得到 μ_k 的复合事件的概率为

$$\mathcal{P}(\lambda_n)\mathcal{P}_{\lambda_n}(\mu_k)=|\langle nk|\psi\rangle|^2 \tag{12.84}$$

(2) 先测量 $\hat{G}$，后测量 $\hat{F}$。

根据测量假定，测量 $\hat{G}$ 得到 μ_k 的概率为

$$\mathcal{P}(\mu_k)=\sum_n|\langle nk|\psi\rangle|^2 \tag{12.85}$$

如果测量结果为某个 μ_k，则刚刚测量后态矢量坍缩为

$$|\psi\rangle\xrightarrow{\mu_k}|\varphi_k'\rangle=\frac{\sum_n|nk\rangle\langle nk|\psi\rangle}{\sqrt{\sum_n|\langle nk|\psi\rangle|^2}} \tag{12.86}$$

紧接着测量 $\hat{F}$，注意在测量 $\hat{G}$ 得到 μ_k 的前提下，刚要测量时的态矢量是 $|\varphi_k'\rangle$ 而不是 $|\psi\rangle$，再次根据测量假定，此时测量 $\hat{F}$ 得到 λ_n 的概率为

$$\mathcal{P}_{\mu_k}(\lambda_n)=|\langle nk|\varphi_k'\rangle|^2=\frac{|\langle nk|\psi\rangle|^2}{\sum_n|\langle nk|\psi\rangle|^2} \tag{12.87}$$

如果测到 λ_n，体系的态矢量进一步坍缩为

$$|\varphi_k'\rangle\xrightarrow{\lambda_n}|\varphi_{k,n}''\rangle=\frac{|nk\rangle\langle nk|\varphi_k'\rangle}{\sqrt{|\langle nk|\varphi_k'\rangle|^2}}\propto|nk\rangle \tag{12.88}$$

先测量 $\hat{G}$ 得到 μ_k，再测量 F 得到 λ_n 的复合事件的概率为

$$\mathcal{P}(\mu_k)\mathcal{P}_{\mu_k}(\lambda_n)=|\langle nk|\psi\rangle|^2 \tag{12.89}$$

由此可见，无论两个力学量的测量次序如何，得到本征值组 (λ_n,μ_k) 的复合事件的概率是相同的，刚刚测量后体系的态矢量也相同。由于这个原因，我们声称相容力学量可以同时测量。这里“同时测量”的意思并不是在同一个时间测量两个力学量，而是指测量两个相容

力学量所得结果同时有效(即能够代表测量后体系的状态)，而且不依赖于测量的先后次序。

▼举例

设氢原子处于第三激发态，即主量子数 $n=4$，归一化态矢量为

$$|\psi\rangle=\sum_{l=0}^{3}\sum_{m=-l}^{l}|4lm\rangle\langle 4lm|\psi\rangle \tag{12.90}$$

(1) 先测量 $\hat{L}^2$，再测量 $\hat{L}_z$。

根据测量假定，测量 $\hat{L}^2$ 得到 $l=2$ 的概率为

$$\mathcal{P}(l=2)=\sum_{m=-2}^{2}|\langle 42m|\psi\rangle|^2 \tag{12.91}$$

如果得到 $l=2$，则刚刚测量后态矢量坍缩为

$$|\psi'\rangle=N^{-1}\sum_{m=-2}^{2}|42m\rangle\langle 42m|\psi\rangle,\quad N=\sqrt{\sum_{m=-2}^{2}|\langle 42m|\psi\rangle|^2} \tag{12.92}$$

如果上一步得到 $l=2$，则测量 $\hat{L}_z$ 得到 $m=0$ 的概率为

$$\mathcal{P}_{l=2}(m=0)=\frac{|\langle 420|\psi\rangle|^2}{\sum_{m=-2}^{2}|\langle 42m|\psi\rangle|^2} \tag{12.93}$$

如果测到 $m=0$，则刚刚测量后态矢量进一步坍缩为(准确到一个常数相因子)

$$|\psi''\rangle=|420\rangle \tag{12.94}$$

两次测量先后得到 $l=2$ 和 $m=0$ 的复合事件的概率为

$$\mathcal{P}(l=2)\mathcal{P}_{l=2}(m=0)=|\langle 420|\psi\rangle|^2 \tag{12.95}$$

(2) 先测量 $\hat{L}_z$，再测量 $\hat{L}^2$。

测量 $\hat{L}_z$ 得到 $m=0$ 的概率为

$$\mathcal{P}(m=0)=\sum_{l=0}^{3}|\langle 4l0|\psi\rangle|^2 \tag{12.96}$$

如果测到 $m=0$，则刚刚测量后态矢量坍缩为

$$|\varphi'\rangle=\widetilde{N}^{-1}\sum_{l=0}^{3}|4l0\rangle\langle 4l0|\psi\rangle,\quad \widetilde{N}=\sqrt{\sum_{l=0}^{3}|\langle 4l0|\psi\rangle|^2} \tag{12.97}$$

如果上一步得到 $m=0$，则测量 $\hat{L}^2$ 得到 $l=2$ 的概率为

$$\mathcal{P}_{m=0}(l=2)=\frac{|\langle 420|\psi\rangle|^2}{\sum_{l=0}^{3}|\langle 4l0|\psi\rangle|^2} \tag{12.98}$$

如果得到 $l=2$，则态矢量进一步坍缩为(准确到一个常数相因子)

$$|\varphi''\rangle=|420\rangle \tag{12.99}$$

两次测量先后得到和 $l=2$，$m=0$ 的复合事件的概率为

$$\mathcal{P}(m=0)\mathcal{P}_{m=0}(l=2)=|\langle 420|\psi\rangle|^2 \tag{12.100}$$

两种测量方案，复合事件的概率和终态的态矢量均相同。态矢量坍缩情况如图 12-2 所示，主量子数 $n=4$ 与讨论无关，因此图中没有显示。测量前态矢量 $|\psi\rangle$ 是图中的 $\sum_{l=0}^{3}(2l+1)=16$ 个基矢

量的线性叠加。先测量 $\hat{L}^2$ 得到 $l=2$ 时，$|\psi\rangle$ 坍缩为 $l=2$ 那一行的五个基矢量的线性叠加 $|\psi'\rangle$，再测量 $\hat{L}_z$ 得到 $m=0$ 时，态矢量进一步坍缩为 $|\psi''\rangle=|420\rangle$。反之，先测量 $\hat{L}_z$ 得到 $m=0$ 时，$|\psi\rangle$ 坍缩为 $m=0$ 那一列的四个基矢量（之所以是四个，是因为我们限制了 $l\leqslant3$）的线性叠加 $|\varphi'\rangle$，再测量 $\hat{L}^2$ 得到 $l=2$ 时，态矢量进一步坍缩为 $|\varphi''\rangle=|420\rangle$。

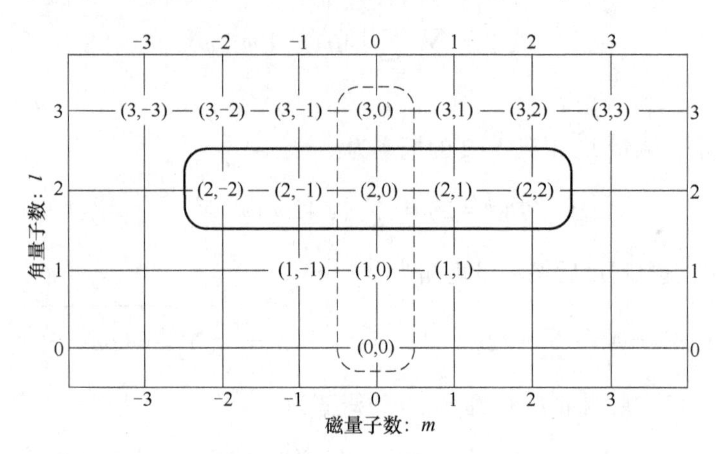

图 12-2 $\hat{L}^2$ 和 $\hat{L}_z$ 的相继测量

12.5.2 不相容力学量

如果 $\hat{F}$ 和 $\hat{G}$ 不对易，$[\hat{F},\hat{G}]\neq0$，则二者的共同本征矢量组不能构成态空间的一个基。当然，这不排除 $\hat{F}$ 和 $\hat{G}$ 会有少量共同本征矢量。比如，角动量的分量 $\hat{L}_x$ 和 $\hat{L}_y$ 不对易，二者只有一个共同本征矢量 $|Y_{00}\rangle$。对于任意指定的 $\hat{F}$ 和 $\hat{G}$ 的本征值组合 (λ_n,μ_k)，可能并不存在对应这两个数值的共同本征矢量。比如对于 $\hat{L}_x$ 和 $\hat{L}_y$，我们无法找到与本征值组 $(m\hbar,m'\hbar)$（m 和 m' 不全为零）对应的共同本征矢量。这种情况下，根据测量假定，不可能找到这样的态矢量，使得力学量 F 和 G 同时具有确定的值。这样的两个力学量称为**不相容力学量**（incompatible observables）。

考虑一个二维态空间，设力学量 $\hat{F}$ 和 $\hat{G}$ 的本征方程为

$$\hat{F}|u_i\rangle=\lambda_i|u_i\rangle,\quad \hat{G}|v_i\rangle=\mu_i|v_i\rangle,\quad i,j=1,2 \tag{12.101}$$

其中 $\lambda_1\neq\lambda_2$，$\mu_1\neq\mu_2$。本征矢量组 $\{u_1,u_2\}$ 和 $\{v_1,v_2\}$ 均构成正交归一基

$$\langle u_i|u_j\rangle=\langle v_i|v_j\rangle=\delta_{ij},\quad i,j=1,2 \tag{12.102}$$

假定这几个归一化矢量如图 12-3 所示，$\hat{F}$ 和 $\hat{G}$ 没有共同本征矢量。

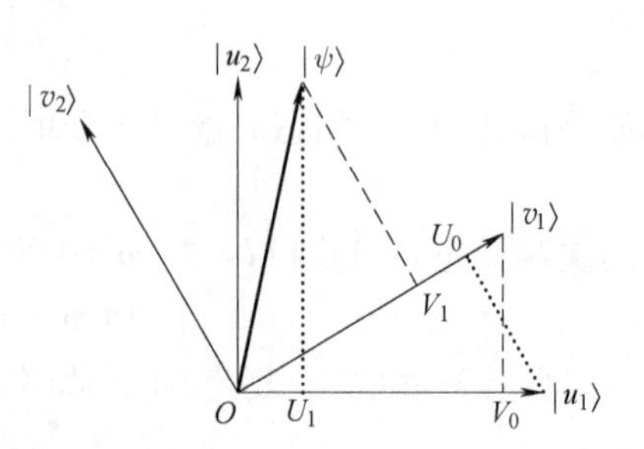

图 12-3 不相容力学量的相继测量

设体系的归一化态矢量为 $|\psi\rangle$。相继测量 $\hat{F}$ 和 $\hat{G}$，分别得到 λ_1 和 μ_1 的概率为

$$\mathcal{P}(\lambda_1,\mu_1)=|OU_1|^2|OU_0|^2 \tag{12.103}$$

两次刚刚测量后态矢量相继坍缩为

$$|\psi\rangle\xrightarrow{\lambda_1}|u_1\rangle\xrightarrow{\mu_1}|v_1\rangle \tag{12.104}$$

同样，相继测量 $\hat{G}$ 和 $\hat{F}$，分别得到 μ_1 和 λ_1 的概率为

$$\mathcal{P}(\mu_1,\lambda_1)=|OV_1|^2|OV_0|^2 \tag{12.105}$$

两次刚刚测量后态矢量相继坍缩为

$$|\psi\rangle \xrightarrow{\mu_1} |v_1\rangle \xrightarrow{\lambda_1} |u_1\rangle \tag{12.106}$$

从图 12-3 可以看出 $|OU_0|=|OV_0|$，但一般来说 $|OU_1|\neq|OV_1|$，因此两种次序测量的概率并不相等，两种测量方案的终态也不相同。由此可见，对于两个不相容的力学量，测量结果的理论预测密切依赖于力学量的测量顺序，而且第二次测量通常会破坏第一次测量结果的有效性，这种情况下无法将测量假定推广到两个力学量的同时测量。这个结果通常被表述为：不相容的力学量不能同时测量。

考虑一般情形，假定 $\hat{F}$ 和 $\hat{G}$ 的所有本征值不简并，将其本征方程写为

$$\hat{F}|\phi_n\rangle=\lambda_n|\phi_n\rangle,\quad \hat{G}|\varphi_k\rangle=\mu_k|\varphi_k\rangle,\quad n,k=1,2,\cdots \tag{12.107}$$

假定各个本征矢量都是归一化的，两组矢量 $\{|\phi_n\rangle|n=1,2,\cdots\}$ 和 $\{|\varphi_k\rangle|k=1,2,\cdots\}$ 分别构成态空间的正交归一基。由于 $[\hat{F},\hat{G}]\neq0$，两组矢量不可能完全相同。否则这组作为 $\hat{F}$ 和 $\hat{G}$ 的共同本征矢量组构成态空间的基，根据 9.3 节定理 1，会导致 $[\hat{F},\hat{G}]=0$，违反这里的假定。但两组矢量中可能会有少量相同矢量。

设体系的归一化态矢量为 $|\psi\rangle$，将其在两个表象分别展开为

$$|\psi\rangle=\sum_{n=1}^{\infty}|\phi_n\rangle\langle\phi_n|\psi\rangle=\sum_{n=1}^{\infty}|\varphi_k\rangle\langle\varphi_k|\psi\rangle \tag{12.108}$$

假定两次测量的时间间隔很短，从而可以近似忽略这段时间态矢量的演化。

(1) 先测量 $\hat{F}$，再测量 $\hat{G}$。

根据测量假定，测量 $\hat{F}$ 得到 λ_n 的概率为

$$\mathcal{P}(\lambda_n)=|\langle\phi_n|\psi\rangle|^2 \tag{12.109}$$

如果测得 λ_n，则刚刚测量后体系的态矢量坍缩为

$$|\psi\rangle \xrightarrow{\lambda_n} |\phi_n\rangle \tag{12.110}$$

紧接着测量 $\hat{G}$，如果前面测量 $\hat{F}$ 时已经得到了 λ_n，则测量 $\hat{G}$ 得到 μ_k 的概率为

$$\mathcal{P}_{\lambda_n}(\mu_k)=|\langle\varphi_k|\phi_n\rangle|^2 \tag{12.111}$$

如果测得 μ_k，则刚刚测量后体系的态矢量坍缩为

$$|\phi_n\rangle \xrightarrow{\mu_k} |\varphi_k\rangle \tag{12.112}$$

因此，两次测量分别得到 λ_n 和 μ_k 的复合事件的概率为

$$\mathcal{P}(\lambda_n)\mathcal{P}_{\lambda_n}(\mu_k)=|\langle\varphi_k|\phi_n\rangle|^2|\langle\phi_n|\psi\rangle|^2 \tag{12.113}$$

经过两次测量，态矢量发生了两次坍缩

$$|\psi\rangle \xrightarrow{\lambda_n} |\phi_n\rangle \xrightarrow{\mu_k} |\varphi_k\rangle \tag{12.114}$$

如果第二次仍然是测量力学量 $\hat{F}$，由于此时态矢量为 $|\phi_n\rangle$，一定会得到 λ_n 这个数值，这本身肯定了第一次测量的有效性。否则的话，如果第二次测量得到了一个不同于 λ_n 的数值，那么第一次测量结果就不可信了。然而现在第二次测量的是力学量 $\hat{G}$，最终态矢量是 $|\varphi_k\rangle$。假设 $|\phi_n\rangle\neq|\varphi_k\rangle$，此时再次测量力学量 $\hat{F}$，则不一定得到 λ_n。也就是说，在第二次测量之后，不能说体系处于 (λ_n,μ_k) 描述的状态，因为第一次测量的结果，在进行完第二次测量之后就失效了。

(2) 先测量 $\hat{G}$，再测量 $\hat{F}$。

由于讨论是类似的，我们直接给出结果。两次测量分别得到 μ_k 和 λ_n 的复合事件的概率为

$$\mathcal{P}(\mu_k)\mathcal{P}_{\mu_k}(\lambda_n) = |\langle\phi_n|\varphi_k\rangle|^2|\langle\varphi_k|\psi\rangle|^2 \tag{12.115}$$

经过两次测量，态矢量发生了两次坍缩

$$|\psi\rangle \xrightarrow{\mu_k} |\varphi_k\rangle \xrightarrow{\lambda_n} |\phi_n\rangle \tag{12.116}$$

在这种测量方案中，同样可以得出结论：假设 $|\phi_n\rangle \neq |\varphi_k\rangle$，则第二次测量会彻底破坏第一次测量结果的有效性。如果 $|\phi_n\rangle \neq |\varphi_k\rangle$，两种方案下测得同一组本征值的概率并不相等，最终态矢量也不相同。

12.5.3 不确定关系

设 $\hat{F}$ 和 $\hat{G}$ 是两个力学量算符，$|\psi\rangle$ 是归一化态矢量。根据测量假定，二者的期待值为

$$\langle F\rangle = \langle\psi|\hat{F}|\psi\rangle,\qquad \langle G\rangle = \langle\psi|\hat{G}|\psi\rangle \tag{12.117}$$

引入两个自伴算符

$$\Delta\hat{F} = \hat{F} - \langle F\rangle\hat{I},\qquad \Delta\hat{G} = \hat{G} - \langle G\rangle\hat{I} \tag{12.118}$$

其中 $\hat{I}$ 是单位算符，则力学量 $\hat{F}$ 和 $\hat{G}$ 的统计方差分别为

$$\sigma_F^2 = \langle\psi|(\Delta\hat{F})^2|\psi\rangle,\qquad \sigma_G^2 = \langle\psi|(\Delta\hat{G})^2|\psi\rangle \tag{12.119}$$

下面我们要证明 σ_F 和 σ_G 满足如下约束条件

$$\boxed{\sigma_F\sigma_G \geqslant \left|\frac{1}{2\mathrm{i}}\langle[\hat{F},\hat{G}]\rangle\right|} \tag{12.120}$$

称为力学量 $\hat{F}$ 和 $\hat{G}$ 的不确定关系(uncertainty relation)。

证明：首先，容易证明

$$[\Delta\hat{F},\Delta\hat{G}] = [\hat{F},\hat{G}] \tag{12.121}$$

其次，由于 $\Delta\hat{F}$ 和 $\Delta\hat{G}$ 都是自伴算符，因此方差 σ_F^2 和 σ_G^2 分别是 $\Delta\hat{F}|\psi\rangle$ 和 $\Delta\hat{G}|\psi\rangle$ 的自内积

$$\sigma_F^2 = (\Delta\hat{F}|\psi\rangle,\Delta\hat{F}|\psi\rangle),\quad \sigma_G^2 = (\Delta\hat{G}|\psi\rangle,\Delta\hat{G}|\psi\rangle) \tag{12.122}$$

根据施瓦兹不等式，得

$$\sigma_F^2\sigma_G^2 \geqslant |\langle\psi|\Delta\hat{F}\Delta\hat{G}|\psi\rangle|^2 \geqslant [\mathrm{Im}\langle\psi|\Delta\hat{F}\Delta\hat{G}|\psi\rangle]^2 \tag{12.123}$$

其中第二个不等号是因为任意复数的模不小于其虚部的绝对值。

式(12.123)右端可以这样计算

$$\mathrm{Im}\langle\psi|\Delta\hat{F}\Delta\hat{G}|\psi\rangle = \frac{1}{2\mathrm{i}}[\langle\psi|\Delta\hat{F}\Delta\hat{G}|\psi\rangle - \langle\psi|\Delta\hat{F}\Delta\hat{G}|\psi\rangle^*] \tag{12.124}$$

根据狄拉克符号的运算规则，$\langle\psi|\Delta\hat{F}\Delta\hat{G}|\psi\rangle^* = \langle\psi|\Delta\hat{G}\Delta\hat{F}|\psi\rangle$，因此

$$\mathrm{Im}\langle\psi|\Delta\hat{F}\Delta\hat{G}|\psi\rangle = \frac{1}{2\mathrm{i}}\langle\psi|[\Delta\hat{F},\Delta\hat{G}]|\psi\rangle \tag{12.125}$$

根据式(12.121)，得

$$\mathrm{Im}\langle\psi|\Delta\hat{F}\Delta\hat{G}|\psi\rangle = \frac{1}{2\mathrm{i}}\langle\psi|[\hat{F},\hat{G}]|\psi\rangle = \frac{1}{2\mathrm{i}}\langle[\hat{F},\hat{G}]\rangle \tag{12.126}$$

作为复数虚部，这个结果应为实数。容易证明，当 $\hat{F}$ 和 $\hat{G}$ 是自伴算符时，$\mathrm{i}[\hat{F},\hat{G}]$ 也是自伴

算符。自伴算符期待值为实数，因此式(12.126)右端确实是实数。

将式(12.126)代入式(12.123)，得

$$\sigma_F^2\sigma_G^2 \geqslant \left[\frac{1}{2\mathrm{i}}\langle[\hat{F},\hat{G}]\rangle\right]^2 \tag{12.127}$$

或者写为

$$\sigma_F\sigma_G \geqslant \left|\frac{1}{2\mathrm{i}}\langle[\hat{F},\hat{G}]\rangle\right| \tag{12.128}$$

这就是不确定关系。虚数单位 i 的模为 1，因此式(12.128)右端分母上的 i 是无关紧要的，这里保留它纯属习惯。

讨论

对于两个相容的力学量，$[\hat{F},\hat{G}]=0$，则 $\sigma_F\sigma_G\geqslant 0$。标准差本来就是个非负实数，因此不确定关系对二者的方差并无约束。对于不相容的力学量，$[\hat{F},\hat{G}]\neq 0$，根据不确定关系，二者的标准差互相制约。

▼举例

(1) 考虑一维问题，根据基本对易关系 $[\hat{x},\hat{p}]=\mathrm{i}\hbar$，可知

$$\sigma_x\sigma_p \geqslant \frac{\hbar}{2} \tag{12.129}$$

可以对比一维高斯波包的演化，体会坐标和动量的方差之间的相互制约。能够让不确定关系(12.129)取等号的波包，称为坐标和动量的最小不确定度波包。

(2) 根据角动量算符的三个分量的对易关系，可知

$$\sigma_{L_x}\sigma_{L_y} \geqslant \left|\frac{1}{2\mathrm{i}}\langle[\hat{L}_x,\hat{L}_y]\rangle\right| = \frac{\hbar}{2}|\langle L_z\rangle| \tag{12.130}$$

如果粒子的状态正好是 $\hat{L}^2$ 和 $\hat{L}_z$ 的共同本征矢量 $\psi(\boldsymbol{r})=R(r)\mathrm{Y}_{lm}(\theta,\varphi)$，则

$$\langle L_z\rangle = \langle\psi|\hat{L}_z|\psi\rangle = m\hbar \tag{12.131}$$

因此

$$\sigma_{L_x}\sigma_{L_y} \geqslant \frac{1}{2}|m|\hbar^2 \tag{12.132}$$

我们在第 2 章讨论过自由粒子高斯波包的演化，$t=0$ 时刻波包宽度最小，而且也满足 $\sigma_x\sigma_p=\hbar/2$，因此是一个最小不确定度波包。随着时间增加，位形波包的宽度 σ_x 增大而动量波包的宽度 σ_p 保持不变(这是因为自由粒子动量守恒)，从而偏离了最小不确定度关系。

对于一维谐振子的能量本征态 $|n\rangle$，$\langle x\rangle=\langle p\rangle=0$，因此

$$\sigma_x^2 = \langle n|\hat{x}^2|n\rangle = \frac{1}{\alpha^2}\left(n+\frac{1}{2}\right),\quad \sigma_p^2 = \langle n|\hat{p}^2|n\rangle = \hbar^2\alpha^2\left(n+\frac{1}{2}\right) \tag{12.133}$$

式中，$\alpha=\sqrt{m\omega/\hbar}$。因此

$$\sigma_x\sigma_p = \left(n+\frac{1}{2}\right)\hbar \tag{12.134}$$

符合不确定关系(12.129)的限制。对于基态，$\sigma_x\sigma_p=\hbar/2$，也是一个最小不确定度波包。我们记得，谐振子基态波函数也是个高斯波包。

以上两个例子中最小不确定度波包都是高斯波包，这不是巧合。我们可以证明，最小不确定度波包只能是高斯波包。回顾不确定关系的证明，我们发现，不等号是在式(12.123)出现的，第一个不等号来自施瓦兹不等式，第二个不等号是因为复数的模不小于虚部的绝对值。当这两个不等号中的等号同时成立时，我们就得到最小不确定度波包。

施瓦兹不等式中等号成立的条件是做内积的两个矢量只能相差一个倍数

$$\Delta\hat{p}\mid\psi\rangle=c\Delta\hat{x}\mid\psi\rangle,\qquad c\text{ 是比例常数}\tag{12.135}$$

另一方面，若复数的模等于虚部的绝对值，则复数的实部为零，即

$$\mathrm{Re}[\langle\psi\mid\Delta\hat{x}\Delta\hat{p}\mid\psi\rangle]=\mathrm{Re}[c\langle\psi\mid\Delta\hat{x}\Delta\hat{x}\mid\psi\rangle]=\mathrm{Re}[c\|\Delta\hat{x}\mid\psi\rangle\|^2]=0\tag{12.136}$$

矢量的范数为非负值，对于非零矢量只能为正值，因此式(12.136)成立的条件是 c 为纯虚数。设 $c=\mathrm{i}a$，a 为实数，由式(12.135)得

$$(\hat{p}-\langle p\rangle)\mid\psi\rangle=\mathrm{i}a(\hat{x}-\langle x\rangle)\mid\psi\rangle\tag{12.137}$$

过渡到坐标表象，得

$$\left(-\mathrm{i}\hbar\frac{\mathrm{d}}{\mathrm{d}x}-\langle p\rangle\right)\psi(x)=\mathrm{i}a(x-\langle x\rangle)\psi(x)\tag{12.138}$$

虽然期待值$\langle x\rangle$和$\langle p\rangle$依赖于波函数，但并不直接依赖于 x，因此在求解方程时可以当作常数对待。求解这个一阶微分方程，得

$$\psi(x)=A\mathrm{e}^{-\frac{a}{2\hbar}(x^2-2\langle x\rangle x)}\mathrm{e}^{\frac{\mathrm{i}}{\hbar}\langle p\rangle x}=A'\mathrm{e}^{-\frac{a}{2\hbar}(x-\langle x\rangle)^2}\mathrm{e}^{\frac{\mathrm{i}}{\hbar}\langle p\rangle x}\tag{12.139}$$

在最后一步，我们进行了配平方，并将与 x 无关的常数因子整理到新的归一化常数之中。最终结果正是一个高斯波包。

12.6 常见测量

在这一节，我们讨论几种常见的测量。前面介绍测量假定时没讨论过的情形，将会在这些例子中得到补充。

12.6.1 坐标和动量

本小节只考虑无自旋粒子，有自旋粒子(比如电子)的测量将在后面讨论。我们将表明，测量假定与波函数的概率解释是一致的。

1. 粒子的坐标

粒子的位置由坐标描述，对应的力学量算符就是坐标算符。

(1) 一维情形。设粒子的归一化态矢量为$|\psi\rangle$，根据测量假定，测量粒子位置得到介于 $x\sim x+\mathrm{d}x$ 的概率为

$$\mathrm{d}\mathcal{P}(x)=|\langle x\mid\psi\rangle|^2\mathrm{d}x=|\psi(x)|^2\mathrm{d}x\tag{12.140}$$

式(12.140)的结果与波函数的概率解释完全一致。因此，波函数的统计解释已经包含在测量假定之中，是将测量假定用于坐标算符的情形。

(2) 三维情形。设粒子的归一化态矢量为$|\psi\rangle$，根据测量假定，测量粒子位置得到介于

$x \sim x+\mathrm{d}x$，$y \sim y+\mathrm{d}y$，$z \sim z+\mathrm{d}z$ 的概率为

$$\mathrm{d}\mathcal{P}(\boldsymbol{r}) = |\langle \boldsymbol{r} | \psi \rangle|^2 \mathrm{d}^3 r = |\psi(\boldsymbol{r})|^2 \mathrm{d}^3 r \tag{12.141}$$

如果只测量 x 坐标，而不测量粒子的 y,z 取值，得到 $x \sim x+\mathrm{d}x$ 的概率为

$$\mathrm{d}\mathcal{P}(x) = \mathrm{d}x \int_{-\infty}^{\infty} \mathrm{d}y \int_{-\infty}^{\infty} \mathrm{d}z \, |\langle \boldsymbol{r} | \psi \rangle|^2 = \mathrm{d}x \int_{-\infty}^{\infty} \mathrm{d}y \int_{-\infty}^{\infty} \mathrm{d}z \, |\psi(\boldsymbol{r})|^2 \tag{12.142}$$

2. 粒子的动量

（1）一维情形。设粒子的归一化态矢量为 $|\psi\rangle$，根据测量假定，测量粒子动量得到介于 $p \sim p+\mathrm{d}p$ 的概率为（这里 $p \equiv p_x$）

$$\mathrm{d}\mathcal{P}(p) = |\langle p | \psi \rangle|^2 \mathrm{d}p = |c(p)|^2 \mathrm{d}p \tag{12.143}$$

式中，$c(p) = \langle p | \psi \rangle$ 是动量表象的波函数。式(12.143)与前面对动量表象波函数的概率解释是一致的。

（2）三维情形。设粒子的归一化态矢量为 $|\psi\rangle$，根据测量假定，测量粒子动量得到介于 $p_x \sim p_x+\mathrm{d}p_x$，$p_y \sim p_y+\mathrm{d}p_y$，$p_z \sim p_z+\mathrm{d}p_z$ 的概率为

$$\mathrm{d}\mathcal{P}(\boldsymbol{p}) = |\langle \boldsymbol{p} | \psi \rangle|^2 \mathrm{d}^3 p = |c(\boldsymbol{p})|^2 \mathrm{d}^3 p \tag{12.144}$$

如果只测量 $\hat{p}_x$ 分量，而不管 $\hat{p}_y, \hat{p}_z$ 如何，则得到 $p_x \sim p_x+\mathrm{d}p_x$ 的概率为

$$\mathrm{d}\mathcal{P}(p_x) = \mathrm{d}p_x \int_{-\infty}^{\infty} \mathrm{d}p_y \int_{-\infty}^{\infty} \mathrm{d}p_z \, |\langle \boldsymbol{p} | \psi \rangle|^2 = \mathrm{d}p_x \int_{-\infty}^{\infty} \mathrm{d}p_y \int_{-\infty}^{\infty} \mathrm{d}p_z \, |c(\boldsymbol{p})|^2 \tag{12.145}$$

3. 概率和概率流

设 t 时刻粒子的归一化态矢量为 $|\psi(t)\rangle$，相应的波函数为

$$\psi(\boldsymbol{r},t) = \langle \boldsymbol{r} | \psi(t) \rangle \tag{12.146}$$

引入两个算符

$$\hat{\rho} = |\boldsymbol{r}\rangle\langle \boldsymbol{r}|, \qquad \hat{\boldsymbol{J}}_\rho = \frac{1}{2m}(\hat{\rho}\hat{\boldsymbol{p}} + \hat{\boldsymbol{p}}\hat{\rho}) \tag{12.147}$$

分别称为粒子数密度算符和粒子流密度算符。在经典力学中，一个位于 $\boldsymbol{r}'$ 的粒子对应的粒子数密度为 $\delta(\boldsymbol{r}-\boldsymbol{r}')$（类比一下点电荷的电荷密度），它经过坐标表象中的量子化规则 $\boldsymbol{r} \to \hat{\boldsymbol{r}} = \boldsymbol{r}$ 变成粒子数算符，形式上仍为 $\delta(\boldsymbol{r}-\boldsymbol{r}')$。在坐标表象中，粒子数密度算符 $\hat{\rho} = |\boldsymbol{r}'\rangle\langle \boldsymbol{r}'|$ 对态矢量的作用正是 $\delta(\boldsymbol{r}-\boldsymbol{r}')$

$$\langle \boldsymbol{r} | \hat{\rho} | \psi \rangle = \langle \boldsymbol{r} | \boldsymbol{r}' \rangle \langle \boldsymbol{r}' | \psi \rangle = \delta(\boldsymbol{r} - \boldsymbol{r}')\psi(\boldsymbol{r}') = \delta(\boldsymbol{r} - \boldsymbol{r}')\psi(\boldsymbol{r}) \tag{12.148}$$

由于 $\hat{\boldsymbol{v}} = \hat{\boldsymbol{p}}/m$ 表示速度算符，因此 $\hat{\boldsymbol{J}}_\rho$ 正是粒子数密度算符和速度算符的乘积经过对称化而得到的

$$\hat{\boldsymbol{J}}_\rho = \frac{1}{2}(\hat{\rho}\hat{\boldsymbol{v}} + \hat{\boldsymbol{v}}\hat{\rho}) \tag{12.149}$$

采用对称化手续是为了得到一个自伴算符，就像定义径向动量那样。

算符 $\hat{\rho}$ 和 $\hat{\boldsymbol{J}}_\rho$ 的期待值分别为

$$\langle \psi | \hat{\rho} | \psi \rangle = \langle \psi | \boldsymbol{r} \rangle \langle \boldsymbol{r} | \psi \rangle = |\psi(\boldsymbol{r},t)|^2 \tag{12.150}$$

$$\langle \psi | \hat{\boldsymbol{J}}_\rho | \psi \rangle = -\frac{\mathrm{i}\hbar}{2m}[\psi^*(\boldsymbol{r},t)\nabla\psi(\boldsymbol{r},t) - \psi(\boldsymbol{r},t)\nabla\psi^*(\boldsymbol{r},t)] \tag{12.151}$$

这正是概率密度和概率流密度。以上讨论表明，概率密度和概率流密度本质上是力学量的期待值（统计平均值）。

12.6.2 电子的测量

1. 位置和自旋

电子态空间是位形态空间 $\mathcal{V}_C$ 与自旋态空间 $\mathcal{V}_S^{1/2}$ 的张量积

$$\mathcal{V} = \mathcal{V}_C \otimes \mathcal{V}_S^{1/2} \tag{12.152}$$

设 t 时刻电子态矢量为 $|\psi(t)\rangle$，按照张量积空间 $\mathcal{V}_C \otimes \mathcal{V}_S^{1/2}$ 的基展开为

$$|\psi(t)\rangle = \int_\infty d^3r[\xi(\boldsymbol{r},t)|\boldsymbol{r}\alpha\rangle + \eta(\boldsymbol{r},t)|\boldsymbol{r}\beta\rangle] \tag{12.153}$$

其中

$$\begin{aligned} |\boldsymbol{r}\alpha\rangle &= |\boldsymbol{r}\rangle|\alpha\rangle, \quad \xi(\boldsymbol{r},t) = \langle \boldsymbol{r}\alpha|\psi(t)\rangle \\ |\boldsymbol{r}\beta\rangle &= |\boldsymbol{r}\rangle|\beta\rangle, \quad \eta(\boldsymbol{r},t) = \langle \boldsymbol{r}\beta|\psi(t)\rangle \end{aligned} \tag{12.154}$$

按照测量假定，t 时刻在空间点 $\boldsymbol{r}$ 附近体元 d^3r 内找到电子的概率为

$$d\mathcal{P} = [|\langle \boldsymbol{r}\alpha|\psi(t)\rangle|^2 + |\langle \boldsymbol{r}\beta|\psi(t)\rangle|^2]d^3r \tag{12.155}$$

因此电子的概率密度为

$$w(\boldsymbol{r},t) = |\xi(\boldsymbol{r},t)|^2 + |\eta(\boldsymbol{r},t)|^2 \tag{12.156}$$

如果测量电子位置时，同时测量了电子的自旋 z 分量，则得到 s_z 分别等于 $\hbar/2$ 和 $-\hbar/2$，且位置在 $\boldsymbol{r}$ 附近的单位体积的概率分别为

$$w_1(\boldsymbol{r},t) = |\xi(\boldsymbol{r},t)|^2, \qquad w_2(\boldsymbol{r},t) = |\eta(\boldsymbol{r},t)|^2 \tag{12.157}$$

如果只测量电子的自旋 z 分量，而不管电子的位置如何，则得到 s_z 分别等于 $\hbar/2$ 和 $-\hbar/2$ 的概率为

$$\mathcal{P}(s_z = \hbar/2) = \int_\infty |\xi(\boldsymbol{r},t)|^2 d^3r, \quad \mathcal{P}(s_z = -\hbar/2) = \int_\infty |\eta(\boldsymbol{r},t)|^2 d^3r \tag{12.158}$$

实验室中待测电子总是一个局域波包，在距离波包中心达到宏观尺度时，找到电子的概率就可以忽略不计了。也就是说，实验验证的其实是如下近似结果

$$\mathcal{P}(s_z = \hbar/2) \approx \int_V |\xi(\boldsymbol{r},t)|^2 d^3r, \quad \mathcal{P}(s_z = -\hbar/2) \approx \int_V |\eta(\boldsymbol{r},t)|^2 d^3r \tag{12.159}$$

式中，V 代表电子波包的显著非零区域。

设电子的归一化态矢量具有张量积形式

$$|\psi(t)\rangle = |\phi(t)\rangle|\chi(t)\rangle, \quad |\phi\rangle \in \mathcal{V}_C, \quad |\chi\rangle \in \mathcal{V}_S \tag{12.160}$$

则

$$\xi(\boldsymbol{r},t) = \phi(\boldsymbol{r},t)c_1(t), \qquad \eta(\boldsymbol{r},t) = \phi(\boldsymbol{r},t)c_2(t) \tag{12.161}$$

其中

$$\phi(\boldsymbol{r},t) = \langle \boldsymbol{r}|\phi(t)\rangle, \quad c_1(t) = \langle \alpha|\chi(t)\rangle, \quad c_2(t) = \langle \beta|\chi(t)\rangle \tag{12.162}$$

设 $|\phi\rangle$ 和 $|\chi\rangle$ 均为归一化态矢量

$$\begin{aligned} \langle \phi|\phi\rangle &= \int_\infty |\phi(\boldsymbol{r},t)|^2 d^3r = 1 \\ \langle \chi|\chi\rangle &= |c_1(t)|^2 + |c_2(t)|^2 = 1 \end{aligned} \tag{12.163}$$

根据式(12.156)，可得

$$w(\boldsymbol{r},t)=|\phi(\boldsymbol{r},t)|^2 \tag{12.164}$$

根据式(12.158)，可得

$$\mathcal{P}(s_z=\hbar/2)=|c_1(t)|^2,\qquad \mathcal{P}(s_z=-\hbar/2)=|c_2(t)|^2 \tag{12.165}$$

这个结果代表了两种常见处理方案：第一，忽略电子自旋，用标量波函数 $\phi(\boldsymbol{r},t)$ 描述电子；第二，忽略电子的空间运动，单独讨论电子的自旋态矢量 $|\chi\rangle$。

现在考虑一个问题：假如在式(12.160)中 $|\chi\rangle=|\alpha\rangle$，即电子处于自旋 $s_z=\hbar/2$ 的状态，测量自旋的 x 分量，会得到什么结果？得到各个结果的概率是多大？在回答这个问题之前，让我们停留片刻，先考虑经典力学情形：假如一个经典陀螺的角动量方向沿着 z 轴，那么角动量在 x 轴上的分量是多大？答案当然是0。然而，当电子处于自旋 $s_z=\hbar/2$ 的状态时，测量自旋的 x 分量不会得到0。因为根据测量假定，测量自旋的 x 分量只能得到 $\hat{S}_x$ 的本征值 $\pm\hbar/2$。在泡利表象中，S_x 和泡利矩阵 σ_x 具有相同的本征列矩阵

$$s_x=\frac{\hbar}{2},\quad \bar{\alpha}=\frac{1}{\sqrt{2}}\begin{pmatrix}1\\1\end{pmatrix};\qquad s_x=-\frac{\hbar}{2},\quad \bar{\beta}=\frac{1}{\sqrt{2}}\begin{pmatrix}1\\-1\end{pmatrix} \tag{12.166}$$

根据测量假定，得到 $s_x=\pm\hbar/2$ 的概率为

$$\mathcal{P}(s_x=\hbar/2)=|\langle\bar{\alpha}|\alpha\rangle|^2=\frac{1}{2},\qquad \mathcal{P}(s_x=-\hbar/2)=|\langle\bar{\beta}|\alpha\rangle|^2=\frac{1}{2} \tag{12.167}$$

这两个概率均为非零值，但可以证明 $\hat{S}_x$ 的期待值为零

$$\langle S_x\rangle=\mathcal{P}\left(s_x=\frac{\hbar}{2}\right)\times\frac{\hbar}{2}+\mathcal{P}\left(s_x=-\frac{\hbar}{2}\right)\times\left(-\frac{\hbar}{2}\right)=0 \tag{12.168}$$

这在一定程度上体现了经典力学的结果。对于轨道角动量和各种总角动量，完全可以做类似讨论。

2. 期待值

假设算符 $\hat{A}=A(\hat{\boldsymbol{r}},\hat{\boldsymbol{p}})$ 属于态空间 $\mathcal{V}_{\mathrm{C}}$，而 $\hat{B}$ 属于态空间 $\mathcal{V}_{\mathrm{S}}^{1/2}$。设 t 时刻电子的态矢量为 $|\psi(t)\rangle$，根据上一章结果，将 $\hat{A}\hat{B}$ 作用于态矢量展开式(12.153)，得

$$\begin{pmatrix}\langle\boldsymbol{r}\alpha|\hat{A}\hat{B}|\psi\rangle\\ \langle\boldsymbol{r}\beta|\hat{A}\hat{B}|\psi\rangle\end{pmatrix}=\hat{A}(\boldsymbol{r},-\mathrm{i}\hbar\nabla)B\begin{pmatrix}\xi(\boldsymbol{r},t)\\ \eta(\boldsymbol{r},t)\end{pmatrix} \tag{12.169}$$

其中 B 是算符 $\hat{B}$ 在泡利表象中的矩阵

$$B=\begin{pmatrix}\langle\alpha|\hat{B}|\alpha\rangle & \langle\alpha|\hat{B}|\beta\rangle\\ \langle\beta|\hat{B}|\alpha\rangle & \langle\beta|\hat{B}|\beta\rangle\end{pmatrix} \tag{12.170}$$

利用期待值公式(12.28)，可得力学量 $\hat{A}\hat{B}$ 的期待值为

$$\langle\psi|\hat{A}\hat{B}|\psi\rangle=\int_\infty \mathrm{d}^3r(\xi^*,\quad \eta^*)A(\boldsymbol{r},-\mathrm{i}\hbar\nabla)B\begin{pmatrix}\xi\\ \eta\end{pmatrix} \tag{12.171}$$

比如 $\hat{L}_z$ 与 $\hat{S}_z$(理解为延伸算符 $\hat{L}_z\hat{I}_{\mathrm{S}}$ 和 $\hat{I}_{\mathrm{C}}\hat{S}_z$)的期待值为

$$\langle\psi|\hat{L}_z|\psi\rangle=\int_\infty \mathrm{d}^3r(\xi^*,\quad \eta^*)\left(-\mathrm{i}\hbar\frac{\partial}{\partial\varphi}\right)\begin{pmatrix}\xi\\ \eta\end{pmatrix} \tag{12.172}$$

$$\langle\psi|\hat{S}_z|\psi\rangle=\int_\infty \mathrm{d}^3r(\xi^*,\quad \eta^*)\frac{\hbar}{2}\begin{pmatrix}1 & 0\\ 0 & -1\end{pmatrix}\begin{pmatrix}\xi\\ \eta\end{pmatrix} \tag{12.173}$$

其他算符的期待值也是类似计算。

设电子态矢量具有张量积形式(12.160)，则

$$\langle\psi|\hat{A}|\psi\rangle=\int_{\infty}\mathrm{d}^3r\,\phi^*(\boldsymbol{r},t)A(\boldsymbol{r},-\mathrm{i}\hbar\nabla)\phi(\boldsymbol{r},t) \tag{12.174}$$

$$\langle\psi|\hat{B}|\psi\rangle=\chi^{\dagger}B\chi \tag{12.175}$$

设电子处于自旋 $s_z=\hbar/2$ 的状态，$\chi=\alpha$，则 $\hat{S}_x$ 的期待值为

$$\langle\psi|\hat{S}_x|\psi\rangle=\alpha^{\dagger}S_x\alpha=(1\quad 0)\,\frac{\hbar}{2}\begin{pmatrix}0&1\\1&0\end{pmatrix}\begin{pmatrix}1\\0\end{pmatrix}=0 \tag{12.176}$$

跟式(12.168)的结果一致。

3. 氢原子

我们考虑电子的自旋自由度，但暂时不考虑自旋对哈密顿算符的贡献，氢原子哈密顿算符仍写为以前的形式

$$\hat{H}=-\frac{\hbar^2}{2m_{\mathrm{e}}}\nabla^2-\frac{1}{4\pi\varepsilon_0}\frac{e^2}{r} \tag{12.177}$$

态空间的 CSCO 可以选为$(\hat{H},\hat{L}^2,\hat{L}_z,\hat{S}_z)$，其共同本征矢量记为 $|nlm_lm_s\rangle$

$$|nlm_lm_s\rangle=|nlm_l\rangle|sm_s\rangle \tag{12.178}$$

这是无耦合表象的基矢量，满足各个算符的本征方程

$$\begin{aligned}
&\hat{H}|nlm_lm_s\rangle=E_n|nlm_lm_s\rangle,\quad n=1,2,\cdots\\
&\hat{L}^2|nlm_lm_s\rangle=l(l+1)\hbar^2|nlm_lm_s\rangle,\quad l=0,1,2,\cdots,n-1\\
&\hat{L}_z|nlm_lm_s\rangle=m_l\hbar|nlm_lm_s\rangle,\quad m_l=l,l-1,\cdots,-l\\
&\hat{S}_z|nlm_lm_s\rangle=m_s\hbar|nlm_lm_s\rangle,\quad m_s=\pm 1/2
\end{aligned} \tag{12.179}$$

设 $|\psi\rangle$ 是归一化态矢量

$$|\psi\rangle=\sum_{n=1}^{\infty}\sum_{l=0}^{n-1}\sum_{m_l=-l}^{l}\sum_{m_s=\pm1/2}a_{nlm_lm_s}|nlm_lm_s\rangle,\quad a_{nlm_lm_s}=\langle nlm_lm_s|\psi\rangle \tag{12.180}$$

根据测量假定，如果只测量电子的能量，得到 E_n 的概率为

$$\mathcal{P}(n)=\sum_{l=0}^{n-1}\sum_{m_l=-l}^{l}\sum_{m_s=\pm1/2}|\langle nlm_lm_s|\psi\rangle|^2=\sum_{l=0}^{n-1}\sum_{m_l=-l}^{l}\sum_{m_s=\pm1/2}|a_{nlm_lm_s}|^2 \tag{12.181}$$

如果只测量 $\hat{L}^2$，得到 $l(l+1)\hbar^2$ 的概率为

$$\mathcal{P}(l)=\sum_{n=l+1}^{\infty}\sum_{m_l=-l}^{l}\sum_{m_s=\pm1/2}|\langle nlm_lm_s|\psi\rangle|^2=\sum_{n=l+1}^{\infty}\sum_{m_l=-l}^{l}\sum_{m_s=\pm1/2}|a_{nlm_lm_s}|^2 \tag{12.182}$$

如果只测量 $\hat{L}_z$，得到 $m_l\hbar$ 的概率为

$$\mathcal{P}(m_l)=\sum_{l=|m|}^{\infty}\sum_{n=l+1}^{\infty}\sum_{m_s=\pm1/2}|\langle nlm_lm_s|\psi\rangle|^2=\sum_{l=|m|}^{\infty}\sum_{n=l+1}^{\infty}\sum_{m_s=\pm1/2}|a_{nlm_lm_s}|^2 \tag{12.183}$$

如果只测量 $\hat{S}_z$，得到 $m_s\hbar$ 的概率为

$$\mathcal{P}(m_s)=\sum_{n=1}^{\infty}\sum_{l=0}^{n-1}\sum_{m_l=-l}^{l}|\langle nlm_lm_s|\psi\rangle|^2=\sum_{n=1}^{\infty}\sum_{l=0}^{n-1}\sum_{m_l=-l}^{l}|a_{nlm_lm_s}|^2 \tag{12.184}$$

如果同时测量 $\hat{L}^2$ 和 $\hat{L}_z$，得到 $l(l+1)\hbar^2$ 和 $m_l\hbar$ 的概率为

$$\mathcal{P}(l,m_l)=\sum_{n=l+1}^{\infty}\sum_{m_s=\pm1/2}|\langle nlm_lm_s|\psi\rangle|^2=\sum_{n=l+1}^{\infty}\sum_{m_s=\pm1/2}|a_{nlm_lm_s}|^2 \tag{12.185}$$

如果同时测量 $\hat{H},L^2$ 和 L_z，得到 $E_n,l(l+1)\hbar^2$ 和 $m\hbar$ 的概率为

$$\mathcal{P}(n,l,m_l)=\sum_{m_s=\pm1/2}|\langle nlm_lm_s|\psi\rangle|^2=\sum_{m_s=\pm1/2}|a_{nlm_lm_s}|^2 \tag{12.186}$$

12.6.3 序列 SG 实验

从高温炉子里出来的氢原子束流，经准直后依次迅速通过三个 SG 实验装置，如图 12-4 所示。这里“迅速”的意思是两次测量之间的态矢量演化可以忽略。设氢原子束流沿着 y 轴方向前进，SG1 实验装置的磁场方向沿着 z 轴，SG2 实验装置的磁场方向沿着 x 轴，SG3 实验装置的磁场方向沿着 z 轴。

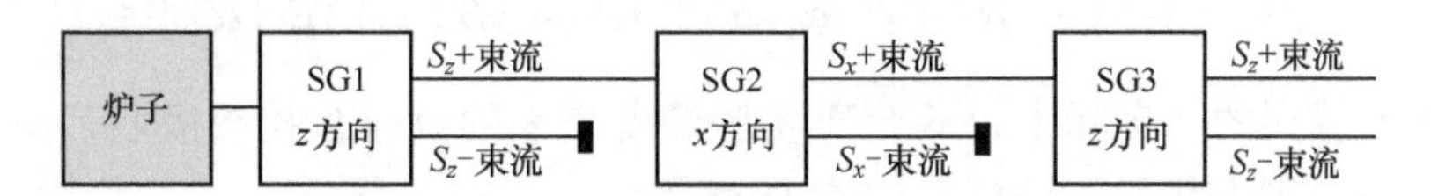

图 12-4 序列 SG 实验

和从前一样，将 $s_z=\hbar/2$ 和 $s_z=-\hbar/2$ 的自旋态分别记为 $|\alpha\rangle$ 和 $|\beta\rangle$。$s_x=\hbar/2$ 和 $s_x=-\hbar/2$ 的自旋态，即 $\hat{S}_x$ 的两个本征矢量分别记为 $|\bar{\alpha}\rangle$ 和 $|\bar{\beta}\rangle$。在泡利表象中 S_x 的本征列矩阵如式(12.166)所示，因此

$$|\bar{\alpha}\rangle=\frac{1}{\sqrt{2}}(|\alpha\rangle+|\beta\rangle),\qquad |\bar{\beta}\rangle=\frac{1}{\sqrt{2}}(|\alpha\rangle-|\beta\rangle) \tag{12.187}$$

炉子中出来的氢原子，电子自旋指向哪个方向的都有。当氢原子束流通过 SG1 实验装置后，在不均匀磁场的作用下，分为两条束流，分别称为 S_z+束流和 S_z-束流，束流中氢原子的自旋态分别为 $|\alpha\rangle$ 和 $|\beta\rangle$。在 SG1 实验装置后面，用一个挡板吸收 S_z-的束流，只剩下 S_z+的束流，这相当于制备了自旋态为 $|\alpha\rangle$ 的氢原子。

S_z+束流通过 SG2 实验装置，根据测量假定，测到 $s_x=\pm\hbar/2$ 的概率分别为

$$\mathcal{P}(s_x=\hbar/2)=|\langle\bar{\alpha}|\alpha\rangle|^2=\frac{1}{2},\qquad \mathcal{P}(s_x=-\hbar/2)=|\langle\bar{\beta}|\alpha\rangle|^2=\frac{1}{2} \tag{12.188}$$

测量后态矢量坍缩，S_x+束流和 S_x-束流中原子的自旋态分别为 $|\bar{\alpha}\rangle$ 和 $|\bar{\beta}\rangle$。在 SG2 实验装置后面，用挡板吸收 S_x-束流。S_x+原子束流继续前进并通过 SG3 实验装置，根据测量假定，测到 $s_z=\pm\hbar/2$ 概率分别为

$$\mathcal{P}(s_z=\hbar/2)=|\langle\alpha|\bar{\alpha}\rangle|^2=\frac{1}{2},\qquad \mathcal{P}(s_z=-\hbar/2)=|\langle\beta|\bar{\alpha}\rangle|^2=\frac{1}{2} \tag{12.189}$$

由此可见，通过 SG1 实验装置后的 S_z+束流，在 SG3 实验装置后面测到 $s_z=\pm\hbar/2$ 概率分别为

$$\begin{aligned}\mathcal{P}_+(+)&=\mathcal{P}(s_z=\hbar/2)\mathcal{P}(s_x=\hbar/2)=|\langle\alpha|\bar{\alpha}\rangle|^2|\langle\bar{\alpha}|\alpha\rangle|^2=\frac{1}{4}\\ \mathcal{P}_+(-)&=\mathcal{P}(s_z=-\hbar/2)\mathcal{P}(s_x=\hbar/2)=|\langle\beta|\bar{\alpha}\rangle|^2|\langle\bar{\alpha}|\alpha\rangle|^2=\frac{1}{4}\end{aligned} \tag{12.190}$$

类似地，我们可以在 SG2 实验装置后面用挡板吸收 S_x+束流，留下 S_x-束流通过 SG3 实验装置，此时测到 $s_z=\pm\hbar/2$ 概率分别为

$$\mathcal{P}_-(+)=\mathcal{P}(s_z=\hbar/2)\mathcal{P}(s_x=-\hbar/2)=|\langle\alpha|\bar{\beta}\rangle|^2|\langle\bar{\beta}|\alpha\rangle|^2=\frac{1}{4}$$
$$\mathcal{P}_-(-)=\mathcal{P}(s_z=-\hbar/2)\mathcal{P}(s_x=-\hbar/2)=|\langle\beta|\bar{\beta}\rangle|^2|\langle\bar{\beta}|\alpha\rangle|^2=\frac{1}{4} \tag{12.191}$$

现在考虑一个问题：如果将 SG2 实验装置和之后的挡板撤除，则在 SG3 实验装置后面测到 $s_z=\hbar/2$ 的概率是多大？初学者可能会认为，这两种情形已经穷尽了氢原子通过 SG2 实验装置后的各种可能，因此最终概率为

$$\begin{aligned}\mathcal{P}(s_z=\hbar/2)&=\mathcal{P}_+(+)+\mathcal{P}_-(+)\\&=|\langle\alpha|\bar{\alpha}\rangle|^2|\langle\bar{\alpha}|\alpha\rangle|^2+|\langle\alpha|\bar{\beta}\rangle|^2|\langle\bar{\beta}|\alpha\rangle|^2=\frac{1}{2}\end{aligned} \tag{12.192}$$

这个结果当然是错误的。实际上，从 SG1 实验装置出来的束流被挡板吸收后只剩下 S_z+束流，它通过 SG3 实验装置时，测到 $s_z=\hbar/2$ 的概率为

$$\mathcal{P}(s_z=\hbar/2)=|\langle\alpha|\alpha\rangle|^2=1 \tag{12.193}$$

也就是说，SG1 实验装置后面出来的 S_z+束流通过第三个 SG 实验装置后，将百分之百朝着正 z 轴方向偏转。也正因为如此，我们才能够相信 SG1 实验装置测量的结果。如若不然，假如 SG1 实验装置后面的 S_z+束流通过 SG3 实验装置后，竟然出现了 S_z-束流，那我们凭什么相信第一次测量结果？

式(12.192)的结果代表的是保留 SG2 实验装置，但不要挡板吸收束流时，在 SG3 实验装置后测到 S_z+的概率。由此可见，第二次测量是否进行过密切影响着第三次测量的结果。为了比较式(12.192)和式(12.193)的结果，利用封闭性关系

$$|\bar{\alpha}\rangle\langle\bar{\alpha}|+|\bar{\beta}\rangle\langle\bar{\beta}|=\hat{I} \tag{12.194}$$

将式(12.193)改写为

$$\mathcal{P}(s_z=\hbar/2)=|\langle\alpha|\bar{\alpha}\rangle\langle\bar{\alpha}|\alpha\rangle+\langle\alpha|\bar{\beta}\rangle\langle\bar{\beta}|\alpha\rangle|^2 \tag{12.195}$$

与式(12.192)相比，式(12.195)是表示将两种情形的概率振幅相加，而不是将概率直接相加。将式(12.195)的模方展开

$$\begin{aligned}\mathcal{P}(s_z=\hbar/2)=&|\langle\alpha|\bar{\alpha}\rangle|^2|\langle\bar{\alpha}|\alpha\rangle|^2+|\langle\alpha|\bar{\beta}\rangle|^2|\langle\bar{\beta}|\alpha\rangle|^2\\&+\langle\alpha|\bar{\alpha}\rangle\langle\bar{\alpha}|\alpha\rangle\langle\alpha|\bar{\beta}\rangle^*\langle\bar{\beta}|\alpha\rangle^*\\&+\langle\alpha|\bar{\alpha}\rangle^*\langle\bar{\alpha}|\alpha\rangle^*\langle\alpha|\bar{\beta}\rangle\langle\bar{\beta}|\alpha\rangle\end{aligned} \tag{12.196}$$

可以看出，前两项正是式(12.192)的两项概率，后两项是交叉干涉项，代表两个振幅的相互干涉。

式(12.190)和式(12.191)的结果代表了量子力学中非常奇异的情形。假如我们不知道测量会导致态矢量坍缩，该怎样理解上述实验结果呢？在氢原子通过 SG1 实验装置之后，S_z-束流已经被挡板吸收，剩下的 S_z+束流代表电子的自旋 z 分量为 $\hbar/2$；原子束流通过 SG2 装置后分为两束，分别代表电子的自旋 x 分量为 $\hbar/2$ 和$-\hbar/2$。按照经典力学的观念，测量可以尽量不影响体系本身。因此仿佛可以说，既然进入 SG2 实验装置的原子中的电子自旋 z 分量为 $\hbar/2$，那么可以假定“从 SG2 实验出来的两条束流仍然代表电子自旋 z 分量为 $\hbar/2$”，其中 S_x+束流电子自旋 x 分量为 $\hbar/2$；S_x-束流电子自旋 x 分量为$-\hbar/2$。然而，无论是 S_x+束流还是 S_x-束流，在通过 SG3 实验装置后，均又出现了 S_z-束流。这说明假定“从 SG2 实验出

来的两条束流仍然代表电子自旋 z 分量为 $\hbar/2$”是不成立的。

由此可见，为了解释实验结果，必须引入态矢量坍缩。SG1 实验装置相当于测量自旋 z 分量，S_z+束流包含了自旋 z 分量为 $\hbar/2$ 的信息；SG2 实验装置相当于测量自旋的 x 分量，测量之后态矢量产生坍缩，电子的自旋 x 分量具有确定值，而自旋 z 分量的信息丧失了；同样，SG3 实验装置又重新测量了自旋 z 分量，测量后自旋 z 分量具有确定值，而自旋 x 分量的信息丧失了。

这个实验结果通常被解释为：自旋 z 分量和 x 分量无法同时确定。在这个序列 SG 实验中，原子束流是沿着 y 轴方向前进的。如果让原子束流沿着 x 轴方向前进，也可以讨论自旋 z 分量和 y 分量的关系。类似地，让原子束流沿着 z 轴方向前进，就可以讨论自旋 x 分量和 y 分量的关系。虽然我们一直讨论的是自旋角动量，然而结论对于轨道角动量同样成立，它表明非零角动量的任何两个直角坐标分量不能同时取确定值。相比之下，在经典力学中一个陀螺的角动量三个分量是同时确定的。

*12.6.4　自由粒子

考虑无自旋自由粒子，采用坐标表象，$(\hat{H},\hat{L}^2,\hat{L}_z)$ 的共同本征矢量为

$$\psi_{klm}(r,\theta,\varphi)=R_{kl}(r)\,\mathrm{Y}_{lm}(\theta,\varphi) \tag{12.197}$$

一般的波函数可以表达为 $\psi_{klm}(r,\theta,\varphi)$ 的线性叠加

$$\psi(r,\theta,\varphi)=\int_0^\infty \mathrm{d}k\sum_{l=0}^{\infty}\sum_{m=-l}^{l}a_{lm}(k)\,\psi_{klm}(r,\theta,\varphi) \tag{12.198}$$

叠加系数为

$$a_{lm}(k)=(\psi_{klm},\psi) \tag{12.199}$$

现在考虑一种特殊情况

$$\psi(r,\theta,\varphi)=R(r)\,\mathrm{Y}(\theta,\varphi) \tag{12.200}$$

$R(r)$ 和 $\mathrm{Y}(\theta,\varphi)$ 分别为径向波函数和角向波函数

$$R(r)=\int_0^\infty b(k)R_{kl}(r)\,\mathrm{d}k,\qquad \mathrm{Y}(\theta,\varphi)=\sum_{l=0}^{\infty}\sum_{m=-l}^{l}c_{lm}\mathrm{Y}_{lm}(\theta,\varphi) \tag{12.201}$$

这相当于式(12.198)取 $a_{lm}(k)=b(k)c_{lm}$ 的情形。作为一种方案，通常要求 $R(r)$ 和 $\mathrm{Y}(\theta,\varphi)$ 各自满足归一化条件

$$\int_0^\infty |R(r)|^2r^2\mathrm{d}r=\int_0^\infty |b(k)|^2\mathrm{d}k=1 \tag{12.202}$$

$$\int_0^{2\pi}\mathrm{d}\varphi\int_0^{\pi}\sin\theta\,\mathrm{d}\theta\,|\mathrm{Y}(\theta,\varphi)|^2=\sum_{l=0}^{\infty}\sum_{m=-l}^{l}|c_{lm}|^2=1 \tag{12.203}$$

根据测量假定，如果只是测量 k 值，得到结果介于 $k\sim k+\mathrm{d}k$ 的概率为

$$\mathrm{d}\mathcal{P}(k)=\sum_{l=0}^{\infty}\sum_{m=-l}^{l}|(\psi_{klm},\psi)|^2\mathrm{d}k=|b(k)|^2\mathrm{d}k\sum_{l=0}^{\infty}\sum_{m=-l}^{l}|c_{lm}|^2=|b(k)|^2\mathrm{d}k \tag{12.204}$$

粒子的能量为 $E(k)=\hbar^2k^2/2m$，因此 $\mathrm{d}E=\hbar^2k\mathrm{d}k/m$，测量 k 值和测量能量是一回事，得到结果介于 $E(k)\sim E(k)+\mathrm{d}E$ 的概率同样由式(12.204)给出

$$\mathrm{d}\mathcal{P}(k)=|b(k)|^2\mathrm{d}k=\frac{m}{\hbar^2k}|b(k)|^2\mathrm{d}E \tag{12.205}$$

如果只测量 L^2，得到 $l(l+1)\hbar^2$ 的概率为

$$\mathcal{P}(l)=\sum_{m=-l}^{l}\int_0^{\infty}\mathrm{d}k\,|(\psi_{klm},\psi)|^2=\int_0^{\infty}|b(k)|^2\mathrm{d}k\sum_{m=-l}^{l}|c_{lm}|^2=\sum_{m=-l}^{l}|c_{lm}|^2 \tag{12.206}$$

如果只测量 L_z，得到 $m\hbar$ 的概率为

$$\mathcal{P}(m)=\sum_{l=|m|}^{\infty}\int_0^{\infty}\mathrm{d}k\,|(\psi_{klm},\psi)|^2=\int_0^{\infty}|b(k)|^2\mathrm{d}k\sum_{l=|m|}^{\infty}|c_{lm}|^2=\sum_{l=|m|}^{\infty}|c_{lm}|^2 \tag{12.207}$$

如果同时测量 L^2 和 L_z，得到 $l(l+1)\hbar^2$ 和 $m\hbar$ 的概率为

$$\mathcal{P}(l,m)=\int_0^{\infty}\mathrm{d}k\,|(\psi_{klm},\psi)|^2=\int_0^{\infty}|b(k)|^2\mathrm{d}k\,|c_{lm}|^2=|c_{lm}|^2 \tag{12.208}$$

由此可见，$\mathrm{d}\mathcal{P}(k)$ 与波函数的角向部分 $Y(\theta,\varphi)$ 无关，而 $\mathcal{P}(l)$，$\mathcal{P}(m)$ 和 $\mathcal{P}(l,m)$ 与波函数的径向部分 $R(r)$ 无关。

本章结语

在量子力学中，量子态的演化分为两种：一种是没有进行测量时，态矢量按照薛定谔方程随着时间连续变化；另一种是进行测量时，态矢量按照测量假定发生不连续的跳变，即态矢量的坍缩。概率是在测量时引入的，没有测量就谈不上概率。必须明白的是，在量子力学中谈到一次"测量"，并不总是意味着人为安排的一次测量，而是指量子体系与宏观的、拥有大量自由度的体系的一次相互作用过程。比如，一个放射性原子核的衰变产物与周围环境产生了相互作用，就相当于完成了一次测量。

量子力学中的测量是个非常复杂的问题，本章讨论的测量过程仅仅是个物理模型，这个模型在多大程度上接近现实中的测量，是另一回事。一次实际测量必然涉及被测粒子与测量仪器之间复杂的相互作用。虽然原则上可以将被测粒子和测量仪器一起作为一个大的体系，并讨论其状态的演化，然而描述复杂的相互作用的理论超出了量子力学的范畴。当然，这不妨碍我们采用一些合理假定，从而给出理论预测值。测量假定就是对实际测量过程的抽象和近似描述。

习题

12.1 假设体系的哈密顿算符为

$$\hat{H}=\frac{\hat{\boldsymbol{p}}^2}{2m}+V(\boldsymbol{r})$$

证明：对于束缚定态，$\langle\boldsymbol{p}\rangle=0$。

12.2 不考虑电子的自旋，设氢原子处于状态

$$|\psi\rangle=\frac{1}{2}|311\rangle-\frac{\sqrt{2}}{2}|32,-2\rangle+\frac{1}{2}|421\rangle$$

其中 $|nlm\rangle$ 表示 $\hat{H},\hat{L}^2,\hat{L}_z$ 的共同本征矢量。求测量 $\hat{H},\hat{L}^2,\hat{L}_z$ 的可能结果、测量概率、期待值和标准差。用 E_1 表示氢原子基态能量，不必代入数值。

12.3 考虑氢原子中电子的自旋自由度，但不考虑自旋对能级的影响。设氢原子处于自旋和位置结合态(即不是空间部分与自旋部分的张量积)

$$|\psi\rangle = \frac{1}{\sqrt{3}}|211\rangle|\alpha\rangle + \sqrt{\frac{2}{3}}|210\rangle|\beta\rangle$$

（1）测量轨道角动量平方 $\hat{L}^2$ 和 z 分量 $\hat{L}_z$，求可能测值及其测量概率；

（2）测量自旋角动量平方 $\hat{S}^2$ 和 z 分量 $\hat{S}_z$，求可能测值及其测量概率；

设总角动量为 $\hat{\boldsymbol{J}}=\hat{\boldsymbol{L}}+\hat{\boldsymbol{S}}$，

（3）测量总角动量平方 $\hat{J}^2$ 和 z 分量 $\hat{J}_z$，求可能测值及其测量概率；

（4）测量粒子的位置，求测到粒子在 $\boldsymbol{r}$ 处附近的概率密度；

（5）测量粒子的径向坐标和自旋 z 分量，求测到粒子在 $r\sim r+\mathrm{d}r$ 且 $s_z=\hbar/2$ 的概率。

12.4　考虑氢原子中电子的自旋自由度，但不考虑自旋对能级的影响。设氢原子的二分量波函数为

$$\psi(\boldsymbol{r}) = \begin{pmatrix} \frac{1}{2}R_{21}(r)\mathrm{Y}_{11}(\theta,\varphi) \\ -\frac{\sqrt{3}}{2}R_{21}(r)\mathrm{Y}_{10}(\theta,\varphi) \end{pmatrix}$$

求 $\hat{L}_z$ 和 $\hat{S}_z$ 的期待值和标准差。

12.5　设电子处于 $\hat{S}_z$ 的本征态 $|\alpha\rangle$，测量力学量 $\hat{S}_n=\hat{\boldsymbol{S}}\cdot\boldsymbol{n}$，求可能测值及其概率。

12.6　将 $\hat{S}_n=\hat{\boldsymbol{S}}\cdot\boldsymbol{n}$ 的本征值为 $\pm\frac{\hbar}{2}$ 的本征矢量记为 $|\pm\rangle$，设电子处于 $|+\rangle$ 态，测量 $\hat{S}_x,\hat{S}_y,\hat{S}_z$，求可能测值及其概率。

12.7　设电子处于 $\hat{S}_z$ 的本征态 $|\alpha\rangle$，求测量 $\hat{S}_x$ 和 $\hat{S}_y$ 方差 $\langle(\Delta\hat{S}_x)^2\rangle$ 和 $\langle(\hat{S}_y)^2\rangle$，验证二者乘积满足不确定关系，这里 $\Delta\hat{S}_x=\hat{S}_x-\langle S_x\rangle$，$\Delta\hat{S}_y=\hat{S}_y-\langle S_y\rangle$。

第 13 章 体系的演化

本章继续讨论体系演化问题，包括量子态的演化和力学量的演化。我们将介绍运动方程的三种不同绘景，并由此弄明白，用态矢量来描述体系只是理论的一半，态矢量和力学量算符合起来才构成对物理体系的完整描述。

13.1 量子态的演化

态矢量 $|\psi(t)\rangle$ 的演化遵守薛定谔方程

$$\mathrm{i}\hbar \frac{\mathrm{d}}{\mathrm{d}t}|\psi(t)\rangle = \hat{H}|\psi(t)\rangle \tag{13.1}$$

13.1.1 全空间概率守恒

对薛定谔方程(13.1)取厄米共轭，得

$$-\mathrm{i}\hbar \frac{\mathrm{d}}{\mathrm{d}t}\langle\psi(t)| = \langle\psi(t)|\hat{H} \tag{13.2}$$

根据方程(13.1)和方程(13.2)，得

$$\begin{aligned}\frac{\mathrm{d}}{\mathrm{d}t}\langle\psi(t)|\psi(t)\rangle &= \left(\frac{\mathrm{d}}{\mathrm{d}t}\langle\psi(t)|\right)|\psi(t)\rangle + \langle\psi(t)|\frac{\mathrm{d}}{\mathrm{d}t}|\psi(t)\rangle \\ &= -\frac{1}{\mathrm{i}\hbar}\langle\psi(t)|\hat{H}|\psi(t)\rangle + \frac{1}{\mathrm{i}\hbar}\langle\psi(t)|\hat{H}|\psi(t)\rangle = 0\end{aligned} \tag{13.3}$$

因此态矢量的范数不随时间变化。根据概率解释，式(13.3)表示全空间概率守恒。类似地，设 $|\psi_1(t)\rangle$ 和 $|\psi_2(t)\rangle$ 满足薛定谔方程，可以证明(留作练习)

$$\frac{\mathrm{d}}{\mathrm{d}t}\langle\psi_1(t)|\psi_2(t)\rangle = 0 \tag{13.4}$$

这表示两个态矢量的内积不随时间变化。式(13.3)可以看作式(13.4)的特例。类比三维空间，式(13.3)表示态矢量随着时间的演化就好像在态空间的转动一样，而式(13.4)表示两个态矢量在转动时“夹角”不随时间变化。

假设 $|\psi_1\rangle$ 和 $|\psi_2\rangle$ 是归一化态矢量，则内积 $\langle\psi_1|\psi_2\rangle$ 表示 $|\psi_2\rangle$ 在 $|\psi_1\rangle$ 上的分量，因此内积 $\langle\psi_1|\psi_2\rangle$ 衡量了量子态 $|\psi_1\rangle$ 和 $|\psi_2\rangle$ 的**重叠**(overlap)。如果 $\langle\psi_1|\psi_2\rangle=0$，则 $|\psi_1\rangle$ 和 $|\psi_2\rangle$ 互相正交。式(13.4)表明量子态重叠不随时间变化，内积 $\langle\psi_1|\psi_2\rangle$ 完全由初始时刻确定。假定 $|\psi_1(0)\rangle=|\psi_1\rangle$，$|\psi_2(0)\rangle=|\psi_2\rangle$，在坐标表象和动量表象中重叠分别为

$$\langle\psi_1 \mid \psi_2\rangle = \int_\infty \psi_1^*(\boldsymbol{r})\psi_2(\boldsymbol{r})\mathrm{d}^3r = \int_\infty c_1^*(\boldsymbol{p})c_2(\boldsymbol{p})\mathrm{d}^3p \tag{13.5}$$

在全空间发现粒子的概率守恒，这表示研究对象是一个稳定粒子，这种粒子不会被发射或者吸收，也不会发生衰变。现在我们要尝试构建一种描述不稳定粒子的理论。考虑如下哈密顿算符

$$\hat{H} = \hat{T} + \hat{V} \tag{13.6}$$

式中，$\hat{T}=\hat{\boldsymbol{p}}^2/2m$ 是动能算符；$\hat{V}$ 是势能算符。

在经典力学中，势能是坐标的实函数，这导致 $\hat{V}$ 是自伴算符。作为一种理论探讨，我们讨论一下经典势能函数取复数值的情形。设

$$\hat{V} = \hat{V}_1 + \mathrm{i}\hat{V}_2 \tag{13.7}$$

式中，$\hat{V}_1$ 和 $\hat{V}_2$ 是自伴算符。当 $\hat{V}_2 \neq 0$ 时，$\hat{V}$ 不是自伴算符

$$\hat{V}^\dagger = \hat{V}_1^\dagger - \mathrm{i}\hat{V}_2^\dagger = \hat{V}_1 - \mathrm{i}\hat{V}_2 \neq \hat{V} \tag{13.8}$$

根据薛定谔方程(13.1)，得

$$\mathrm{i}\hbar\frac{\mathrm{d}}{\mathrm{d}t}|\psi(t)\rangle = (\hat{T} + \hat{V}_1 + \mathrm{i}\hat{V}_2)|\psi(t)\rangle \tag{13.9}$$

其厄米共轭为

$$-\mathrm{i}\hbar\frac{\mathrm{d}}{\mathrm{d}t}\langle\psi(t)| = \langle\psi(t)|(\hat{T} + \hat{V}_1 - \mathrm{i}\hat{V}_2) \tag{13.10}$$

由此可得

$$\frac{\mathrm{d}}{\mathrm{d}t}\langle\psi(t)\mid\psi(t)\rangle = \frac{2}{\hbar}\langle\psi(t)|\hat{V}_2|\psi(t)\rangle \tag{13.11}$$

设 $\hat{V}_2=-\Gamma\hbar/2$，其中 Γ 是个正值常数，在这个特例中

$$\frac{\mathrm{d}}{\mathrm{d}t}\langle\psi(t)\mid\psi(t)\rangle = -\Gamma\langle\psi(t)\mid\psi(t)\rangle \tag{13.12}$$

引入记号

$$\rho(t) = \langle\psi(t)\mid\psi(t)\rangle \tag{13.13}$$

求解方程(13.12)，得

$$\rho(t) = \rho(0)\mathrm{e}^{-\Gamma t} \tag{13.14}$$

如果仍将 $\rho(t)$ 解释为在全空间找到粒子的概率，则式(13.14)表示全空间概率不守恒，它随着时间指数衰减。这种情形 $|\psi(t)\rangle$ 不能在任意时刻归一化，但我们可以选择比如 $t=0$ 时归一化，即选择 $\rho(0)=1$。这个模型可以描述不稳定粒子的衰变。$\rho(t)<1$ 表示在全空间可能找不到粒子，即在 t 时刻粒子有一定概率发生衰变。当 $t=\Gamma^{-1}$ 时，在全空间找到粒子的概率衰减到初始时刻的 $\mathrm{e}^{-1}\approx 36.8\%$，$\Gamma^{-1}$ 可以看作粒子的平均寿命。

13.1.2　保守体系

在经典力学中，若哈密顿量不显含时间，则体系的能量守恒。在后面讨论力学量的演化时，我们将看到量子力学中也是如此。哈密顿量不显含时间的体系称为保守体系(conservative system)。

1. 能量表象

为了简单起见，假定 $\hat{H}$ 的所有本征值不简并，其本征方程为

$$\hat{H}|n\rangle = E_n|n\rangle \tag{13.15}$$

将体系在 t 时刻的态矢量 $|\psi(t)\rangle$ 用 $\hat{H}$ 的本征矢量展开为

$$|\psi(t)\rangle = \sum_n a_n(t)|n\rangle, \quad a_n(t) = \langle n|\psi(t)\rangle \tag{13.16}$$

用 $\langle n|$ 左乘薛定谔方程(13.1)，并利用式(13.15)，得

$$\mathrm{i}\hbar\,\dot{a}_n(t) = E_n a_n(t) \tag{13.17}$$

这里 $\dot{a}_n$ 表示 a_n 对时间的一阶导数。

方程(13.17)相当于能量表象的薛定谔方程，容易解得

$$a_n(t) = a_n(0)\mathrm{e}^{-\frac{\mathrm{i}}{\hbar}E_n t} \tag{13.18}$$

将式(13.18)代入展开式(13.16)，便得到态矢量随着时间的演化

$$|\psi(t)\rangle = \sum_n a_n(0)\mathrm{e}^{-\frac{\mathrm{i}}{\hbar}E_n t}|n\rangle \tag{13.19}$$

用 $\langle \boldsymbol{r}|$ 左乘式(13.19)，即可过渡到坐标表象

$$\psi(\boldsymbol{r},t) = \sum_n a_n(0)\psi_n(\boldsymbol{r})\mathrm{e}^{-\frac{\mathrm{i}}{\hbar}E_n t} \tag{13.20}$$

其中 $\psi(\boldsymbol{r},t)=\langle \boldsymbol{r}|\psi(t)\rangle$，$\psi_n(\boldsymbol{r})=\langle \boldsymbol{r}|n\rangle$。在坐标表象中用分离变量法求解薛定谔方程，我们也得到过这个结果(第2章)。

对于保守体系，能量本征态称为定态(stationary state)。设在 $t=0$ 时刻，体系的态矢量为 $\hat{H}$ 的某个本征矢量

$$|\psi(0)\rangle = |n\rangle \tag{13.21}$$

这相当于 $a_m(0)=\delta_{mn}$，根据式(13.19)，可得

$$|\psi(t)\rangle = \sum_m a_m(0)\mathrm{e}^{-\frac{\mathrm{i}}{\hbar}E_m t}|m\rangle = \mathrm{e}^{-\frac{\mathrm{i}}{\hbar}E_n t}|n\rangle \tag{13.22}$$

对于给定时刻 t，态矢量 $|\psi(t)\rangle$ 与 $|n\rangle$ 相比仅仅增加了一个时间因子 $\mathrm{e}^{-\mathrm{i}E_n t/\hbar}$，这是一个常数相因子，因此 $|\psi(t)\rangle$ 和 $|n\rangle$ 描述同一个量子态。换句话说，体系的状态不随时间演化，这正是将保守体系的能量本征态称为定态的原因。

如果选择初始时刻为 t_0，则方程(13.17)的解为

$$a_n(t) = a_n(t_0)\mathrm{e}^{-\frac{\mathrm{i}}{\hbar}E_n(t-t_0)} \tag{13.23}$$

态矢量的演化式(13.19)相应地修改为

$$|\psi(t)\rangle = \sum_n a_n(t_0)\mathrm{e}^{-\frac{\mathrm{i}}{\hbar}E_n(t-t_0)}|n\rangle \tag{13.24}$$

2. 时间演化算符

引入时间演化算符(time evolution operator)

$$\hat{U}(t,0) = \mathrm{e}^{-\frac{\mathrm{i}}{\hbar}\hat{H}t} \tag{13.25}$$

根据算符函数的定义，式(13.25)的含义是

$$\hat{U}(t,0) = 1 - \frac{\mathrm{i}}{\hbar}\hat{H}t + \frac{1}{2!}\left(-\frac{\mathrm{i}}{\hbar}\hat{H}t\right)^2 + \cdots \tag{13.26}$$

容易验证这是一个幺正算符。根据 $\hat{H}$ 的本征方程(13.15)可知

$$\hat{U}(t,0)|n\rangle = \mathrm{e}^{-\frac{\mathrm{i}}{\hbar}\hat{H}t}|n\rangle = \mathrm{e}^{-\frac{\mathrm{i}}{\hbar}E_n t}|n\rangle \tag{13.27}$$

由此可以将薛定谔方程的解式(13.19)表达为

$$|\psi(t)\rangle = \hat{U}(t,0)|\psi(0)\rangle \tag{13.28}$$

由此可见，从 $|\psi(0)\rangle$ 到 $|\psi(t)\rangle$ 只需要进行幺正变换即可。

如果初始时刻选为 $t=t_0$，则时间演化算符定义为

$$\hat{U}(t,t_0) = \mathrm{e}^{-\frac{\mathrm{i}}{\hbar}\hat{H}\cdot(t-t_0)} \tag{13.29}$$

原则上在 $\hat{H}\cdot(t-t_0)$ 中表示乘法的圆点可以省略，写为 $\hat{H}(t-t_0)$，但要牢记这是 $\hat{H}$ 乘以 $(t-t_0)$，而不要将 $(t-t_0)$ 误认为 $\hat{H}$ 的自变量。这里讨论的是保守体系，$\hat{H}$ 不显含时间。态矢量的演化式(13.24)可以表达为

$$|\psi(t)\rangle = \hat{U}(t,t_0)|\psi(t_0)\rangle \tag{13.30}$$

13.1.3　非保守体系

如果体系的哈密顿算符显含时间，则属于非保守体系。比如磁场中的电子，哈密顿算符中含有 $\hat{\boldsymbol{S}}\cdot\boldsymbol{B}$ 项(参见13.4节)。如果磁场随时间变化，则哈密顿算符也随着时间变化。不同时刻的 $\hat{H}(t)$ 视为不同算符。

1. 能量表象

考虑磁场中的电子，如果只有磁场强度随着时间变化而磁场方向不变，则不同时刻的哈密顿算符互相对易。如果磁场方向随着时间变化，比如在 t_1 时刻指向 x 方向，而在 t_2 时刻指向 y 方向，由于 $\hat{S}_x$ 与 $\hat{S}_y$ 不对易，所以 $\hat{H}(t_1)$ 和 $\hat{H}(t_2)$ 也不对易。因此我们分两种情形进行讨论。

(1) 假设不同时刻的哈密顿算符对易，则它们的共同本征矢量组构成态空间的正交归一基。假设所有时刻的 $\hat{H}(t)$ 的所有本征值不简并，$\{|n\rangle|n=1,2,\cdots\}$ 是其共同本征矢量组

$$\hat{H}(t)|n\rangle = \varepsilon_n(t)|n\rangle \tag{13.31}$$

注意不同的 $\hat{H}(t)$ 的本征值 $\varepsilon_n(t)$ 可以不同。将态矢量 $|\psi(t)\rangle$ 展开为

$$|\psi(t)\rangle = \sum_n a_n(t)|n\rangle,\qquad a_n(t) = \langle n|\psi(t)\rangle \tag{13.32}$$

用 $\langle n|$ 左乘薛定谔方程(13.1)，并利用式(13.31)和式(13.32)，得

$$\mathrm{i}\hbar\,\dot{a}_n(t) = \langle n|\hat{H}(t)|\psi(t)\rangle = \varepsilon_n(t)a_n(t) \tag{13.33}$$

由此解得

$$a_n(t) = a_n(t_0)\exp\left[-\frac{\mathrm{i}}{\hbar}\int_{t_0}^{t}\varepsilon_n(t')\,\mathrm{d}t'\right] \tag{13.34}$$

如果初态是 $\hat{H}(t_0)$ 的某本征态，$|\psi(t_0)\rangle=|m\rangle$，则 $a_n(t_0)=\delta_{nm}$，由式(13.32)，得

$$|\psi(t)\rangle = \exp\left[-\frac{\mathrm{i}}{\hbar}\int_{t_0}^{t}\varepsilon_m(t')\,\mathrm{d}t'\right]|m\rangle \tag{13.35}$$

也就是说，体系保持在同一个态 $|m\rangle$，只是多了一个含时相因子。

(2) 假设不同时刻的哈密顿算符不对易，并假设在 $t=0$ 时的哈密顿算符 $\hat{H}(0)$ 的本征值谱是离散的、不简并的

$$\hat{H}(0)|n\rangle = \varepsilon_n(0)|n\rangle,\quad n=1,2,\cdots \tag{13.36}$$

本征矢量组 $\{|n\rangle|n=1,2,\cdots\}$ 构成态空间的正交归一基。态矢量 $|\psi(t)\rangle$ 仍然可以展开为式(13.32)，但应注意现在 $|n\rangle$ 仅是 $\hat{H}(0)$ 的本征矢量。任意时刻哈密顿算符的本征矢量组

均构成态空间的正交归一基，这里我们选择用 $\hat{H}(0)$ 的本征矢量组来展开仅是一种方案，并不意味着这个基优于其他基。用 $\langle n|$ 左乘薛定谔方程(13.1)，并利用式(13.32)，得

$$\mathrm{i}\hbar\,\dot{a}_n(t)=\langle n|\hat{H}(t)|\psi(t)\rangle=\sum_m a_m(t)\langle n|\hat{H}(t)|m\rangle \tag{13.37}$$

由于 $|n\rangle$ 未必是 $t>0$ 时 $\hat{H}(t)$ 的本征矢量，$\hat{H}(t)$ 作用于 $|n\rangle$ 没有简单结果。这种情况下态矢量的演化比较复杂。然而，如果 $\hat{H}(t)$ 的变化比较缓慢，则能够做一些近似处理，我们将在第 17 章中的"绝热近似"这一节回到这一话题。

2. 时间演化算符

引入时间演化算符 $\hat{U}(t,t_0)$，使得

$$|\psi(t)\rangle=\hat{U}(t,t_0)|\psi(t_0)\rangle \tag{13.38}$$

根据式(13.3)可知算符 $\hat{U}(t,t_0)$ 不改变态矢量的范数，因此是幺正算符。对于保守体系，$\hat{U}(t,t_0)$ 由式(13.29)给出。现在讨论一般情形。根据式(13.38)可知，时间演化算符必须满足如下性质

$$\hat{U}^{-1}(t,t_0)=\hat{U}(t_0,t) \tag{13.39}$$

$$\hat{U}(t,t_0)=\hat{U}(t,t_1)\hat{U}(t_1,t_0) \tag{13.40}$$

设 $t_0<t_1<t$，式(13.40)表示态矢量 $|\psi(t_0)\rangle$ 先演化到 $|\psi(t_1)\rangle$，再演化到 $|\psi(t)\rangle$

$$\hat{U}(t,t_1)\hat{U}(t_1,t_0)|\psi(t_0)\rangle=\hat{U}(t,t_1)|\psi(t_1)\rangle=|\psi(t)\rangle \tag{13.41}$$

将体系的哈密顿算符记为 $\hat{H}(t)$，把式(13.38)代入薛定谔方程(13.1)，得

$$\mathrm{i}\hbar\frac{\mathrm{d}\hat{U}(t,t_0)}{\mathrm{d}t}|\psi(t_0)\rangle=\hat{H}(t)\hat{U}(t,t_0)|\psi(t_0)\rangle \tag{13.42}$$

此方程对任意初始态矢量 $|\psi(t_0)\rangle$ 都成立，由此得到算符 $\hat{U}(t,t_0)$ 满足的方程

$$\boxed{\mathrm{i}\hbar\frac{\mathrm{d}\hat{U}(t,t_0)}{\mathrm{d}t}=\hat{H}(t)\hat{U}(t,t_0)} \tag{13.43}$$

求出了 $\hat{U}(t,t_0)$，也就求出了态矢量的演化。算符方程(13.43)与薛定谔方程是等价的，二者是用不同方式表达的同一种东西。下面简略介绍方程的解[㊀]。

(1) $\hat{H}$ 不显含时间。方程(13.43)的解为式(13.29)，即

$$\hat{U}(t,t_0)=\mathrm{e}^{-\frac{\mathrm{i}}{\hbar}\hat{H}\cdot(t-t_0)} \tag{13.44}$$

(2) $\hat{H}$ 可能显含时间，但不同时刻的 $\hat{H}(t)$ 互相对易。方程(13.43)的解为

$$\hat{U}(t,t_0)=\exp\left[-\frac{\mathrm{i}}{\hbar}\int_{t_0}^{t}\hat{H}(t')\,\mathrm{d}t'\right] \tag{13.45}$$

(3) $\hat{H}$ 显含时间，且不同时刻的 $\hat{H}(t)$ 彼此不对易。将方程(13.43)两端对 t 做积分，积分限为 $t_0\sim t$，并注意到 $\hat{U}(t_0,t_0)=\hat{I}$，得

$$\hat{U}(t,t_0)=1-\frac{\mathrm{i}}{\hbar}\int_{t_0}^{t}\mathrm{d}t_1\hat{H}(t_1)\hat{U}(t_1,t_0) \tag{13.46}$$

右端的 1 代表单位算符。式(13.46)右端仍然含有算符 $\hat{U}$，这不是方程(13.43)的解，而是一个积分方程。利用积分方程迭代一次，得

㊀ 倪光炯，陈苏卿. 高等量子力学[M]. 2 版. 上海：复旦大学出版社，2004，18 页.

$$\hat{U}(t,t_0)=1+\left(-\frac{\mathrm{i}}{\hbar}\right)\int_{t_0}^{t}\mathrm{d}t_1\hat{H}(t_1)+\left(-\frac{\mathrm{i}}{\hbar}\right)^2\int_{t_0}^{t}\mathrm{d}t_1\int_{t_0}^{t_1}\mathrm{d}t_2\hat{H}(t_1)\hat{H}(t_2)\hat{U}(t_2,t_0) \tag{13.47}$$

逐次迭代可以得到一个级数[1]，称为戴森级数(Dyson series)。这个技巧通常是在相互作用绘景中对哈密顿量的含时部分使用(参见 13.5 节)。

13.2 力学量的演化

在经典力学中，能量、动量和角动量都有相应的守恒定律[2]。在量子力学中，这三个力学量的守恒定律依然存在。量子力学中特有的力学量，比如宇称，也存在相应的守恒定律。量子体系不一定正好处于某个力学量的本征态，力学量守恒的意义在于期待值和测值概率不随时间而变。

13.2.1 力学量的期待值

假定态矢量 $|\psi(t)\rangle$ 是归一化的，根据测量假定，在 t 时刻测量力学量 $\hat{F}$ 的期待值为

$$\langle F\rangle=\langle\psi|\hat{F}|\psi\rangle \tag{13.48}$$

如果要通过实验验证这个理论预测，则需要准备一个由大量相同状态的体系构成的系综。在任意时刻，都需要经过多次测量，然后计算出各个结果的统计平均值，才能跟该时刻的期待值 $\langle F\rangle$ 进行对比。由于态矢量是随着时间演化的，因此理论预测的期待值也随着时间演化。在准备的系综中，所有粒子的初态态矢量相同，它们随着时间同步演化。在任意时刻，都需要对系综当中的足够多的体系进行测量，以得到该时刻力学量 F 的统计平均值。对不同时刻的理论预测值和实验测量值进行对比，不仅衡量了测量假定的精度，也衡量了薛定谔方程的精度。

根据薛定谔方程可以求得 $\langle F\rangle$ 的演化规律。由于 $\hat{F}$ 可能显含时间，比如势能算符 $V(\hat{\boldsymbol{r}},t)$，因此

$$\frac{\mathrm{d}}{\mathrm{d}t}\langle F\rangle=\frac{\mathrm{d}}{\mathrm{d}t}\langle\psi|\hat{F}|\psi\rangle=\left(\frac{\mathrm{d}}{\mathrm{d}t}\langle\psi|\right)\hat{F}|\psi\rangle+\langle\psi|\frac{\partial\hat{F}}{\partial t}|\psi\rangle+\langle\psi|\hat{F}\frac{\mathrm{d}}{\mathrm{d}t}|\psi\rangle \tag{13.49}$$

这里只用了内积定义和求导的莱布尼茨法则。利用薛定谔方程(13.1)及其共轭方程(13.2)，得

$$\begin{aligned}\frac{\mathrm{d}}{\mathrm{d}t}\langle F\rangle&=-\frac{1}{\mathrm{i}\hbar}\langle\psi|\hat{H}\hat{F}|\psi\rangle+\langle\psi|\frac{\partial\hat{F}}{\partial t}|\psi\rangle+\frac{1}{\mathrm{i}\hbar}\langle\psi|\hat{F}\hat{H}|\psi\rangle\\&=\frac{1}{\mathrm{i}\hbar}\langle\psi|[\hat{F},\hat{H}]|\psi\rangle+\langle\psi|\frac{\partial\hat{F}}{\partial t}|\psi\rangle\end{aligned} \tag{13.50}$$

根据期待值记号

$$\left\langle\frac{\partial\hat{F}}{\partial t}\right\rangle=\langle\psi|\frac{\partial\hat{F}}{\partial t}|\psi\rangle,\quad\langle[\hat{F},\hat{H}]\rangle=\langle\psi|[\hat{F},\hat{H}]|\psi\rangle \tag{13.51}$$

可将式(13.50)写为

---

[1] 喀兴林. 高等量子力学[M]. 2 版. 北京：高等教育出版社，2001，158 页.

[2] 顺便一说，在哲学中曾有物质不灭的思想. 如果将“物质不灭”理解为每种基本粒子的数目不变，那么这个观点是不对的. 在高能物理中，粒子可以产生和湮灭，不变的东西只有几种守恒量.

$$\boxed{\frac{\mathrm{d}}{\mathrm{d}t}\langle F\rangle = \frac{1}{\mathrm{i}\hbar}\langle[\hat{F},\hat{H}]\rangle + \left\langle\frac{\partial\hat{F}}{\partial t}\right\rangle} \tag{13.52}$$

若 $\hat{F}$ 不显含时间，$\frac{\partial\hat{F}}{\partial t}=0$，则

$$\frac{\mathrm{d}}{\mathrm{d}t}\langle F\rangle = \frac{1}{\mathrm{i}\hbar}\langle[\hat{F},\hat{H}]\rangle \tag{13.53}$$

13.2.2 时间-能量不确定关系

对力学量算符 $\hat{F}$ 和体系的哈密顿算符 $\hat{H}$ 应用不确定关系，得

$$\sigma_F\sigma_H \geqslant \left|\frac{1}{2\mathrm{i}}\langle[\hat{F},\hat{H}]\rangle\right| \tag{13.54}$$

式中，σ_F和 σ_H 分别表示对体系测量力学量 F 和能量的标准差。设 $\hat{F}$ 不显含 t，根据式(13.53)和式(13.54)，得

$$\sigma_F\sigma_H \geqslant \frac{\hbar}{2}\left|\frac{\mathrm{d}}{\mathrm{d}t}\langle F\rangle\right| \tag{13.55}$$

引入记号

$$\Delta t = \left|\frac{\mathrm{d}}{\mathrm{d}t}\langle F\rangle\right|^{-1}\sigma_F,\quad \Delta E = \sigma_H \tag{13.56}$$

可将式(13.55)写为

$$\boxed{\Delta t\Delta E \geqslant \frac{\hbar}{2}} \tag{13.57}$$

称为时间-能量不确定关系。

从形式上看，式(13.57)与坐标-动量的不确定关系 $\sigma_x\sigma_p \geqslant \hbar/2$ 非常相似，然而二者的含义完全不同。在坐标与动量的关系中，σ_x 和 σ_p 表示坐标和动量在同一时刻的标准差。在式(13.57)中，$\Delta E=\sigma_H$当然也表示能量的标准差，然而 Δt 并不表示时间 t 的“标准差”，其含义为力学量 $\hat{F}$ 的期待值$\langle F\rangle$变化一个标准差 σ_F所需要的时间。对于不同力学量，或者不同物理过程，这个 Δt 是不同的。在量子力学中，时间 t 是一个参数，而不是一个力学量。

时间-能量不确定关系式(13.57)表明，力学量 $\hat{F}$ 的期待值$\langle F\rangle$的变化与体系的能量不确定度之间满足一个约束关系。能量不确定度越大，则$\langle F\rangle$的变化越快；反之，如果体系处于能量本征态，此时 $\Delta E=0$，由式(13.57)可知 $\Delta t\to\infty$，此时$\langle F\rangle$不随时间变化。

13.2.3 守恒量

下面讨论保守体系。假定力学量 $\hat{F}$ 不显含时间，且与哈密顿算符对易

$$[\hat{F},\hat{H}] = 0 \tag{13.58}$$

首先，$\hat{F}$ 的期待值

$$\boxed{\frac{\mathrm{d}}{\mathrm{d}t}\langle F\rangle = 0} \tag{13.59}$$

其次，我们来计算 $\hat{F}$ 的测值概率。由于$[\hat{F},\hat{H}]=0$，则 $\hat{F}$ 和 $\hat{H}$ 的共同本征矢量构成态空

间的一个基。为了简单起见，设算符 $\hat{F}$ 和 $\hat{H}$ 的本征值谱是离散的，将二者的本征方程写为

$$\hat{F}\,|\,nki\rangle = \lambda_n\,|\,nki\rangle,\quad \hat{H}\,|\,nki\rangle = E_k\,|\,nki\rangle \tag{13.60}$$

指标 i 用来区分发生简并的本征矢量。由于 $\hat{H}$ 和 $\hat{F}$ 均不显含时间，因此其共同本征矢量 $|\,nki\rangle$ 与时间无关。设体系的归一化态矢量为 $|\psi(t)\rangle$，根据测量假定，如果只测量 F，则得到 λ_n 的概率为

$$\mathcal{P}(\lambda_n) = \sum_{ki} |\langle nki\,|\,\psi(t)\rangle|^2 \tag{13.61}$$

测值概率随着时间的演化为

$$\begin{aligned}\frac{\mathrm{d}\mathcal{P}(\lambda_n)}{\mathrm{d}t} &= \frac{\mathrm{d}}{\mathrm{d}t}\sum_{ki}\langle\psi\,|\,nki\rangle\langle nki\,|\,\psi\rangle\\ &= \sum_{ki}\left[\left(\frac{\mathrm{d}}{\mathrm{d}t}\langle\psi\,|\right)|\,nki\rangle\langle nki\,|\,\psi\rangle + \langle\psi\,|\,nki\rangle\langle nki\,|\frac{\mathrm{d}}{\mathrm{d}t}|\,\psi\rangle\right]\end{aligned} \tag{13.62}$$

根据薛定谔方程(13.1)及其共轭方程(13.2)，可得

$$\frac{\mathrm{d}\mathcal{P}(\lambda_n)}{\mathrm{d}t} = -\frac{1}{\mathrm{i}\hbar}\sum_{ki}\left[\langle\psi\,|\,\hat{H}\,|\,nki\rangle\langle nki\,|\,\psi\rangle - \langle\psi\,|\,nki\rangle\langle nki\,|\,\hat{H}\,|\,\psi\rangle\right] \tag{13.63}$$

再根据式(13.60)中 $\hat{H}$ 的本征方程及其共轭，得

$$\boxed{\frac{\mathrm{d}\mathcal{P}(\lambda_n)}{\mathrm{d}t} = 0} \tag{13.64}$$

由此可见，对于保守体系，如果 $\hat{F}$ 不显含 t 且 $[\hat{F},\hat{H}]=0$，则 F 的期待值和测值概率都不随时间变化，这样的力学量称为守恒量(conserved quantity)。

设 $\hat{F},\hat{G}$ 是两个力学量，且 $[\hat{F},\hat{H}]=0$ 及 $[\hat{G},\hat{H}]=0$，根据雅克比恒等式

$$[\hat{F},[\hat{G},\hat{H}]] + [\hat{G},[\hat{H},\hat{F}]] + [\hat{H},[\hat{F},\hat{G}]] = 0$$

可知

$$[\hat{H},[\hat{F},\hat{G}]] = 0$$

由此可见，对于保守体系，守恒量 $\hat{F}$ 和 $\hat{G}$ 的对易子 $[\hat{F},\hat{G}]$ 也是守恒量。这个结论的一个典型应用是角动量。比如，对于轨道角动量，由于

$$[\hat{L}_x,\hat{L}_y] = \mathrm{i}\hbar\hat{L}_z$$

因此，只要保守体系的 $\hat{L}_x$ 和 $\hat{L}_y$ 是守恒量，则 $\hat{L}_z$ 是守恒量。由此可知，角动量的任意两个分量守恒，则剩下的分量也守恒。这个结论在经典力学中也成立[㊀]。

▼举例

(1) 对于保守体系，由于 $[\hat{H},\hat{H}]=0$，因此体系的能量是守恒量。

(2) 自由粒子的哈密顿算符为

$$\hat{H} = \frac{\hat{\boldsymbol{p}}^2}{2m} = \frac{1}{2m}(\hat{p}_x^2 + \hat{p}_y^2 + \hat{p}_z^2) \tag{13.65}$$

容易证明

$$[\hat{p}_i,\hat{H}] = [\hat{L}_i,\hat{H}] = 0,\quad i = 1,2,3 \tag{13.66}$$

因此自由粒子的动量和角动量都是守恒量。当然，自由粒子的能量也是守恒量。

㊀ 周衍柏. 理论力学教程[M]. 2 版. 北京：高等教育出版社，1985，320 页.

(3) 中心力场 $V(\boldsymbol{r})=V(r)$，此时体系的哈密顿算符为

$$\hat{H}=\frac{\hat{\boldsymbol{p}}^2}{2m}+V(r)=\frac{\hat{p}_r^2}{2m}+\frac{\hat{L}^2}{r^2}+V(r) \tag{13.67}$$

其中

$$\hat{p}_r=-\mathrm{i}\hbar\left(\frac{\partial}{\partial r}+\frac{1}{r}\right) \tag{13.68}$$

是径向动量算符。由于角动量只依赖于角坐标 θ,φ，因此

$$[\hat{L}_i,\hat{H}]=0,\quad i=1,2,3 \tag{13.69}$$

因此体系的角动量是守恒量。能量当然也是守恒量。由于角动量的三个分量算符两两不对易，除了 $l=0$ 的态(S 态)之外，角动量的三个分量算符没有共同本征矢量，因此角动量的三个分量不能同时取得确定值。

将哈密顿算符的动能部分用直角坐标表达

$$\hat{H}=\frac{\hat{\boldsymbol{p}}^2}{2m}+V(r)=-\frac{\hbar^2}{2m}\left(\frac{\partial^2}{\partial x^2}+\frac{\partial^2}{\partial y^2}+\frac{\partial^2}{\partial z^2}\right)+V(r) \tag{13.70}$$

在宇称算符 $\hat{P}$ 的作用下，$\boldsymbol{r}\to-\boldsymbol{r}$，直角坐标和球坐标的变化为

$$\begin{cases}x\to -x\\ y\to -y,\\ z\to -z\end{cases}\qquad \begin{cases}r\to r\\ \theta\to\pi-\theta\\ \varphi\to\pi+\varphi\end{cases} \tag{13.71}$$

因此对任意的波函数 $\psi(\boldsymbol{r})$，有

$$\begin{aligned}\hat{P}\hat{H}\psi(\boldsymbol{r})&=\hat{P}\left[-\frac{\hbar^2}{2m}\left(\frac{\partial^2}{\partial x^2}+\frac{\partial^2}{\partial y^2}+\frac{\partial^2}{\partial z^2}\right)+V(r)\right]\psi(\boldsymbol{r})\\&=\left[-\frac{\hbar^2}{2m}\left(\frac{\partial^2}{\partial x^2}+\frac{\partial^2}{\partial y^2}+\frac{\partial^2}{\partial z^2}\right)+V(r)\right]\psi(-\boldsymbol{r})=\hat{H}\hat{P}\psi(\boldsymbol{r})\end{aligned} \tag{13.72}$$

由此可知

$$[\hat{P},\hat{H}]=0 \tag{13.73}$$

因此，中心力场的宇称也是守恒量。宇称(parity)这个词既表示力学量名称，也表示宇称算符的本征值。自由粒子的宇称当然也是守恒量。

13.2.4 艾伦费斯特定理

考虑质量为 m 的粒子在势场 $V(\boldsymbol{r},t)$ 中的运动，设粒子的哈密顿算符为

$$\hat{H}=\frac{\hat{\boldsymbol{p}}^2}{2m}+V(\boldsymbol{r},t) \tag{13.74}$$

并假定粒子的状态由归一化态矢量 $|\psi(t)\rangle$ 描述。粒子的坐标和动量的平均值为

$$\frac{\mathrm{d}}{\mathrm{d}t}\langle\boldsymbol{r}\rangle=\frac{1}{\mathrm{i}\hbar}\langle[\hat{\boldsymbol{r}},\hat{H}]\rangle=\frac{\langle\boldsymbol{p}\rangle}{m} \tag{13.75}$$

$$\frac{\mathrm{d}}{\mathrm{d}t}\langle\boldsymbol{p}\rangle=\frac{1}{\mathrm{i}\hbar}\langle[\hat{\boldsymbol{p}},\hat{H}]\rangle=-\langle\nabla V\rangle \tag{13.76}$$

由式(13.75)和式(13.76)可以得到

$$m\frac{\mathrm{d}^2}{\mathrm{d}t^2}\langle \boldsymbol{r}\rangle = -\langle \nabla V\rangle \tag{13.77}$$

称为艾伦费斯特(Ehrenfest)定理。

容易发现，上述几个方程形似经典哈密顿方程和牛顿方程

$$\frac{\mathrm{d}\boldsymbol{r}}{\mathrm{d}t} = \frac{\boldsymbol{p}}{m}, \qquad \frac{\mathrm{d}\boldsymbol{p}}{\mathrm{d}t} = -\nabla V, \qquad m\frac{\mathrm{d}^2\boldsymbol{r}}{\mathrm{d}t^2} = -\nabla V \tag{13.78}$$

式中，$-\nabla V$ 是物体所受的力。不过一般来说$\langle \nabla V(\boldsymbol{r})\rangle$并不等于$\nabla V(\langle \boldsymbol{r}\rangle)$，因此方程(13.77)不同于牛顿方程，不能认为$\langle \boldsymbol{r}\rangle$就是牛顿方程的解。假如在某种条件(稍后讨论)下

$$\langle \nabla V(\boldsymbol{r})\rangle = \nabla V(\langle \boldsymbol{r}\rangle) \tag{13.79}$$

则方程(13.77)变为

$$m\frac{\mathrm{d}^2}{\mathrm{d}t^2}\langle \boldsymbol{r}\rangle = -\nabla V(\langle \boldsymbol{r}\rangle) \tag{13.80}$$

方程(13.80)与牛顿方程完全相同，或者说$\langle \boldsymbol{r}\rangle$满足牛顿方程。

以一维情形为例，如果 $V(x)\sim x^3$，则 $V'(x)\sim x^2$，由此可得

$$\langle V'(x)\rangle \sim \langle x^2\rangle, \qquad V'(\langle x\rangle) \sim \langle x\rangle^2 \tag{13.81}$$

因此$\langle V'(x)\rangle \neq V'(\langle x\rangle)$。如果势能函数是不超过二次的多项式

$$V(x) = ax^2 + bx + c \tag{13.82}$$

则有

$$\langle V'(x)\rangle = \langle 2ax+b\rangle = 2a\langle x\rangle + b = V'(\langle x\rangle) \tag{13.83}$$

这种情形$\langle x\rangle$满足牛顿方程。自由粒子、线性势和谐振子势均为式(13.82)的特例。在谐振子势的情形，我们曾经讨论过波包中心的运动满足经典力学规律的态，即谐振子相干态(第 9 章)。对于一般情形，在 $x=\langle x\rangle$ 附近将 $V'(x)$ 展开为

$$V'(x) = V'(\langle x\rangle) + V''(\langle x\rangle)(x-\langle x\rangle) + \frac{1}{2!}V'''(\langle x\rangle)(x-\langle x\rangle)^2 + \cdots \tag{13.84}$$

由此可得

$$\langle V'(x)\rangle = V'(\langle x\rangle) + \frac{1}{2!}V'''(\langle x\rangle)\langle (x-\langle x\rangle)^2\rangle + \cdots \tag{13.85}$$

如果高阶项可以忽略，则

$$\langle V'(x)\rangle \approx V'(\langle x\rangle) \tag{13.86}$$

此时$\langle x\rangle$近似满足牛顿方程。设波包中心坐标为 x_{C}，对称波包$\langle x\rangle = x_{\mathrm{C}}$，不对称波包只要足够窄，也有$\langle x\rangle \approx x_{\mathrm{C}}$。当波包很窄时，波包中心近似代表经典粒子的位置，这样便重现了经典力学的结果。由以上分析可知，波包中心的运动近似满足经典规律的条件为：(1) 波包比较窄，而且在运动过程中波包扩散可以忽略；(2) 势能函数在波包范围内缓慢变化，从而导致式(13.85)中高阶导数项可以忽略。

13.3 体系的定态

13.3.1 力学量的特点

在第 2 章我们曾经证明，若体系处于定态，则概率密度和概率流密度不随时间变化。根

据测量理论，在空间某区域找到粒子的概率，就是测量粒子的坐标时所得数值落在该区域的概率。实际上，除了概率密度和概率流密度，根据定态的特点，可以预料体系的一切力学量的期待值和测值概率都不会随时间变化。我们就来验证这一点。

假设 $\hat{F}$ 不显含时间，对于定态(13.22)，根据期待值公式

$$\langle F\rangle = \langle\psi(t)\mid\hat{F}\mid\psi(t)\rangle = \langle n\mid\hat{F}\mid n\rangle \tag{13.87}$$

这个结果跟时间无关。假设 $\hat{F}$ 的本征值谱是离散的，本征方程为

$$\hat{F}\mid\phi_{mi}\rangle = \lambda_m\mid\phi_{mi}\rangle \tag{13.88}$$

根据测量假定，在 t 时刻测量 $\hat{F}$ 得到 λ_m 的概率为

$$\mathcal{P}(\lambda_m) = \sum_i\mid\langle\phi_{mi}\mid\psi(t)\rangle\mid^2 = \sum_i\mid\langle\phi_{mi}\mid n\rangle\mid^2 \tag{13.89}$$

这个结果同样不随时间变化。假设 $\hat{F}$ 的本征值谱是连续谱或混合谱，同样可以证明期待值和测值概率不随时间变化。

综上所述，当保守体系处于定态时，一切不显含时间的力学量(不管是否为守恒量)的期待值和测值概率都不随时间变化，这正是定态这个名称的含义。另一方面，在13.2节讨论过体系的守恒量，对于体系的一切状态(不管是否为定态)，守恒量期待值和测值概率都不随时间变化。由此可见，只有当体系处于非定态，而力学量又不是守恒量时，我们才需要讨论力学量的期待值和测值概率随着时间的演化。

13.3.2 体系的能量

关于定态的能量，有几个重要定理，它们在讨论某些问题时有用。

1. 赫尔曼-费曼定理

设体系的哈密顿算符为 $\hat{H}(\lambda)$，λ 是某一参量。假定体系处于定态，归一化能量本征矢量为 $|\psi(\lambda)\rangle$

$$\hat{H}(\lambda)\mid\psi(\lambda)\rangle = E(\lambda)\mid\psi(\lambda)\rangle \tag{13.90}$$

根据期待值的定义

$$E(\lambda) = \langle\psi(\lambda)\mid\hat{H}(\lambda)\mid\psi(\lambda)\rangle \tag{13.91}$$

将此式对 λ 求导，得

$$\frac{\partial E(\lambda)}{\partial\lambda} = \left(\frac{\partial}{\partial\lambda}\langle\psi\mid\right)\hat{H}(\lambda)\mid\psi\rangle + \langle\psi\mid\frac{\partial\hat{H}(\lambda)}{\partial\lambda}\mid\psi\rangle + \langle\psi\mid\hat{H}(\lambda)\frac{\partial}{\partial\lambda}\mid\psi\rangle \tag{13.92}$$

将右端的第一项中的 $\hat{H}(\lambda)$ 作用于右矢，第三项中的 $\hat{H}(\lambda)$ 作用于左矢，并利用式(13.90)及其共轭方程，得

$$\frac{\partial E(\lambda)}{\partial\lambda} = \langle\psi\mid\frac{\partial\hat{H}(\lambda)}{\partial\lambda}\mid\psi\rangle + E(\lambda)\frac{\partial}{\partial\lambda}\langle\psi\mid\psi\rangle \tag{13.93}$$

注意 $\langle\psi(\lambda)\mid\psi(\lambda)\rangle=1$，因此第二项为零，由此得到

$$\boxed{\frac{\partial E(\lambda)}{\partial\lambda} = \langle\psi\mid\frac{\partial\hat{H}(\lambda)}{\partial\lambda}\mid\psi\rangle} \tag{13.94}$$

这个结论称为赫尔曼-费曼(Hellmann-Feynman)定理，简称HF定理。

▼举例

对于中心力场，$u(r)=rR(r)$ 满足径向方程 $\hat{H}u(r)=Eu(r)$，其中

$$\hat{H} = -\frac{\hbar^2}{2\mu}\frac{\mathrm{d}^2}{\mathrm{d}r^2} + \frac{l(l+1)\hbar^2}{2\mu r^2} + V(r) \tag{13.95}$$

氢原子能级为

$$E_n = -\frac{\bar{e}^2}{2a_0}\frac{1}{n^2} = -\frac{\bar{e}^2}{2a_0}\frac{1}{(n_r + l + 1)^2} \tag{13.96}$$

式中，n_r 是径量子数；a_0 是玻尔半径。根据 HF 定理，以 l 为参数，得

$$\frac{\partial E_n}{\partial l} = \left\langle \frac{\partial \hat{H}}{\partial l} \right\rangle = \left\langle \frac{(2l+1)\hbar^2}{2\mu r^2} \right\rangle \tag{13.97}$$

由此可得 r^{-2} 的期待值

$$\boxed{\left\langle \frac{1}{r^2} \right\rangle = \frac{2\mu}{(2l+1)\hbar^2}\frac{\partial E_n}{\partial l} = \frac{1}{a_0^2}\frac{2}{2l+1}\frac{1}{n^3}} \tag{13.98}$$

---

2. 位力定理

设体系的哈密顿算符为 $\hat{H} = \hat{T} + \hat{V}$，对于体系的任一束缚定态，设归一化态矢量为 $|\psi\rangle$，则

$$\boxed{2\langle T\rangle = \langle \boldsymbol{r} \cdot \nabla V\rangle} \tag{13.99}$$

如果势能 V 是坐标的 n 次齐次函数，则有 $\boldsymbol{r} \cdot \nabla V = nV$，此时

$$2\langle T\rangle = n\langle V\rangle \tag{13.100}$$

这个结论称为束缚态的位力(Virial)定理。

证明：首先，利用能量本征方程 $\hat{H}|\psi\rangle = E|\psi\rangle$ 及其厄米共轭，可得

$$\langle\psi|[\hat{\boldsymbol{r}} \cdot \hat{\boldsymbol{p}}, \hat{H}]|\psi\rangle = \langle\psi|\hat{\boldsymbol{r}} \cdot \hat{\boldsymbol{p}}\hat{H}|\psi\rangle - \langle\psi|\hat{H}\hat{\boldsymbol{r}} \cdot \hat{\boldsymbol{p}}|\psi\rangle = 0 \tag{13.101}$$

其次，动能算符为 $\hat{T} = \hat{\boldsymbol{p}}^2/2m$，根据基本对易关系 $[\hat{x}_i, \hat{p}_j] = \mathrm{i}\hbar\delta_{ij}$，可得

$$[\hat{\boldsymbol{r}} \cdot \hat{\boldsymbol{p}}, \hat{T}] = 2\mathrm{i}\hbar\hat{T}, \quad [\hat{\boldsymbol{r}} \cdot \hat{\boldsymbol{p}}, \hat{V}] = -\mathrm{i}\hbar\hat{\boldsymbol{r}} \cdot \nabla\hat{V} \tag{13.102}$$

式中，$\nabla\hat{V}$ 表示与坐标表象中的函数 $\nabla V(\boldsymbol{r})$ 对应的算符。由于 $\hat{H} = \hat{T} + \hat{V}$，因此

$$\langle\psi|[\hat{\boldsymbol{r}} \cdot \hat{\boldsymbol{p}}, \hat{H}]|\psi\rangle = 2\mathrm{i}\hbar\langle\psi|\hat{T}|\psi\rangle - \mathrm{i}\hbar\langle\psi|\hat{\boldsymbol{r}} \cdot \nabla\hat{V}|\psi\rangle \tag{13.103}$$

根据式(13.101)和式(13.103)，得

$$2\langle\psi|\hat{T}|\psi\rangle - \langle\psi|\hat{\boldsymbol{r}} \cdot \nabla\hat{V}|\psi\rangle = 0 \tag{13.104}$$

由此便得到式(13.99)。

▼举例

对于一些特殊的势能函数，根据位力定理，并考虑到定态中

$$\langle T\rangle + \langle V\rangle = E \tag{13.105}$$

可以方便地算出束缚定态的动能和势能的平均值。

（1）谐振子势，相当于式(13.100)中 $n=2$ 的情形，因此 $\langle T\rangle = \langle V\rangle$。再利用式(13.105)，可得

$$\langle T\rangle = \langle V\rangle = E/2 \tag{13.106}$$

（2）库仑势，相当于式(13.100)中 $n=-1$ 的情形，因此 $\langle T\rangle = -\langle V\rangle/2$。再利用式(13.105)，可得

$$\langle T\rangle = -E, \qquad \langle V\rangle = 2E \tag{13.107}$$

对于氢原子，根据能级式(13.96)，可得r^{-1}的期待值

$$\boxed{\left\langle\frac{1}{r}\right\rangle=-\frac{1}{\bar{e}^{2}}\langle V\rangle=\frac{1}{a_0}\frac{1}{n^2}} \tag{13.108}$$

3. 克拉默斯关系

对于库仑势情形，期待值$\langle r^\nu\rangle$有如下递推公式㊀

$$\frac{\nu+1}{n^2}\langle r^\nu\rangle-(2\nu+1)a_0\langle r^{\nu-1}\rangle+\frac{\nu}{4}[(2l+1)^2-\nu^2]a_0^2\langle r^{\nu-2}\rangle=0 \tag{13.109}$$

称为克拉默斯(Kramers)关系。

(1) 将$\nu=0$代入式(13.109)，$\langle r^0\rangle=\langle\psi|\psi\rangle=1$，$\langle r^{-2}\rangle$为有限值，由此可得$\langle r^{-1}\rangle$，结果与式(13.108)一致。

(2) 正幂情形。将$\nu=1$代入式(13.109)，得

$$\frac{2}{n^2}\langle r\rangle-3a_0+\frac{1}{4}[(2l+1)^2-1]a_0^2\langle r^{-1}\rangle=0 \tag{13.110}$$

利用$\langle r^{-1}\rangle$可得$\langle r\rangle$。当$l=0$时，式(13.110)中$\langle r^{-1}\rangle$项为0，此时$\langle r\rangle=3a_0n^2/2$。

将$\nu=2$代入式(13.109)，得

$$\frac{3}{n^2}\langle r^2\rangle-5a_0\langle r\rangle+\frac{1}{2}[(2l+1)^2-4]a_0^2=0 \tag{13.111}$$

利用$\langle r\rangle$可得$\langle r^2\rangle$。

将$\nu=3$代入式(13.109)，得

$$\frac{4}{n^2}\langle r^3\rangle-7a_0\langle r^2\rangle+\frac{3}{4}[(2l+1)^2-9]a_0^2\langle r\rangle=0 \tag{13.112}$$

利用$\langle r\rangle$和$\langle r^2\rangle$，可得$\langle r^3\rangle$。当$l=1$时式(13.112)中含$\langle r\rangle$的项为0，因此只需要$\langle r^2\rangle$就能得到$\langle r^3\rangle$。以此类推，可得更高次幂的$\langle r^\nu\rangle$。

(3) 负幂情形。将$\nu=-1$代入式(13.109)，得

$$a_0\langle r^{-2}\rangle-\frac{1}{4}[(2l+1)^2-1]a_0^2\langle r^{-3}\rangle=0 \tag{13.113}$$

当$l>0$时，根据式(13.98)得到的$\langle r^{-2}\rangle$就可以算出$\langle r^{-3}\rangle$

$$\boxed{\langle r^{-3}\rangle=\frac{1}{l(l+1/2)(l+1)n^3a_0^3}} \tag{13.114}$$

当$l=0$时，由此$\langle r^{-2}\rangle=2/n^3a_0^2>0$，而式(13.113)中$(2l+1)^2-1=0$，因此只有当$\langle r^{-3}\rangle=\infty$时才有可能。现在我们来验证这个结果。利用氢原子波函数，得

$$\langle r^{-3}\rangle=\int_0^\infty r^2\mathrm{d}r\int_0^\pi\sin\theta\mathrm{d}\theta\int_0^{2\pi}\mathrm{d}\varphi\,|\psi_{nlm}(\boldsymbol{r})|^2r^{-3}=\int_0^\infty r^{-1}|R_{nl}(r)|^2\mathrm{d}r \tag{13.115}$$

对于S态，径向波函数在坐标原点不为零。在坐标原点附近，用$|R_{n0}(0)|^2$代替$|R_{n0}(r)|^2$来估算式(13.115)积分，可以发现积分结果发散

㊀ 格里菲斯. 量子力学概论[M]. 贾瑜，胡行，李玉晓，译. 北京：机械工业出版社，2009，189页.

$$\langle r^{-3}\rangle > \int_0^{\varepsilon} r^{-1}\,|R_{n0}(r)|^2\mathrm{d}r \sim |R_{n0}(0)|^2\int_0^{\varepsilon} r^{-1}\mathrm{d}r = \infty\,,\quad l=0 \tag{13.116}$$

其中 ε 是个小的正数。如果把式(13.114)中的 l 当作连续变量，求 $l\to 0$ 的极限也会得到 $\langle r^{-3}\rangle=\infty$，在这个意义上可以认为式(13.114)适用于所有 l 值。

容易理解，对于更低次幂的 $\langle r^{\nu}\rangle$，S 态结果总是发散的

$$\langle r^{\nu}\rangle = \infty\,,\quad l=0,\quad \nu<-3 \tag{13.117}$$

同样，由于 r^{ν} 在坐标原点发散很快，$l>0$ 的态也会出现 $\langle r^{\nu}\rangle$ 发散的情形。

讨论

在记入电子自旋时，采用无耦合表象，基矢量为

$$|nlm_lm_s\rangle = |nlm_l\rangle\,|sm_s\rangle \tag{13.118}$$

其中 $|nlm_l\rangle=|nl\rangle|lm_l\rangle$。由于 $\langle lm_l|lm_l\rangle=\langle sm_s|sm_s\rangle=1$，因此

$$\langle nlm_lm_s|r^{\nu}|nlm_lm_s\rangle = \langle nlm_l|r^{\nu}|nlm_l\rangle = \langle nl|r^{\nu}|nl\rangle \tag{13.119}$$

由此可见，期待值 $\langle r^{\nu}\rangle$ 仅仅与 n，l 有关。将 n,l 标记的子空间记为 $\mathcal{V}(n,l)$，上述结果表明，期待值 $\langle r^{\nu}\rangle$ 对于子空间 $\mathcal{V}(n,l)$ 任何态矢量均有效，因此采用无耦合表象和耦合表象计算，结果都一样。

*13.4 自旋进动

设一个电子处于沿 x 轴方向的均匀磁场中，并设 $\boldsymbol{B}=B\boldsymbol{e}_x$，暂不考虑电子的空间自由度，与磁场有关的哈密顿算符为

$$\hat{H} = -\hat{\boldsymbol{M}}_{\mathrm{S}}\cdot\boldsymbol{B} = \frac{eB}{m_{\mathrm{e}}}\hat{S}_x = \frac{e\hbar B}{2m_{\mathrm{e}}}\hat{\sigma}_x = \hbar\omega_{\mathrm{L}}\hat{\sigma}_x \tag{13.120}$$

式中，$\hat{\boldsymbol{M}}_{\mathrm{S}}$ 是电子的自旋磁矩；ω_{L} 称为拉莫尔(Larmor)频率。

$$\hat{\boldsymbol{M}}_{\mathrm{S}} = -\frac{e}{m_{\mathrm{e}}}\hat{\boldsymbol{S}},\qquad \omega_{\mathrm{L}} = \frac{eB}{2m_{\mathrm{e}}} \tag{13.121}$$

13.4.1 量子态的演化

采用泡利表象

$$H = \hbar\omega_{\mathrm{L}}\sigma_x = \hbar\omega_{\mathrm{L}}\begin{pmatrix}0 & 1\\ 1 & 0\end{pmatrix} \tag{13.122}$$

设在 $t=0$ 时电子的自旋态为 $\hat{S}_z$ 的本征值为 $\hbar/2$ 的本征态

$$\chi(0) = \begin{pmatrix}1\\ 0\end{pmatrix} \tag{13.123}$$

根据薛定谔方程，可以求出 t 时刻电子的自旋态矢量 $\chi(t)$。这是讨论态矢量演化的一个极好例子，我们采用三种方法来讨论。

1. 利用演化公式

按照态矢量的演化公式，只要求出 H 的本征值和本征矢量，即可得到态矢量的演化。由式(13.122)可知，H 的本征矢量就是 σ_x 的本征矢量。σ_x 的本征值为±1，H 的对应本征值为 $\pm\hbar\omega_{\mathrm{L}}$。在泡利表象中，$H$ 的两个本征矢量为

$$E = E_+ = \hbar\omega_L, \quad \varphi_+ = \frac{1}{\sqrt{2}}\begin{pmatrix}1\\1\end{pmatrix}$$
$$E = E_- = -\hbar\omega_L, \quad \varphi_- = \frac{1}{\sqrt{2}}\begin{pmatrix}1\\-1\end{pmatrix} \tag{13.124}$$

将式(13.123)按照式(13.124)展开为

$$\chi(0) = \frac{1}{\sqrt{2}}(\varphi_+ + \varphi_-) \tag{13.125}$$

由此可得

$$\chi(t) = \frac{1}{\sqrt{2}}(\varphi_+ e^{-\frac{i}{\hbar}E_+ t} + \varphi_- e^{-\frac{i}{\hbar}E_- t}) = \begin{pmatrix}\cos\omega_L t\\ -i\sin\omega_L t\end{pmatrix} \tag{13.126}$$

2. 直接计算

直接在泡利表象中求解薛定谔方程，令

$$\chi(t) = \begin{pmatrix}a(t)\\b(t)\end{pmatrix} \tag{13.127}$$

$\chi(t)$满足薛定谔方程

$$i\hbar\frac{d\chi}{dt} = H\chi \tag{13.128}$$

也就是

$$i\hbar\frac{d}{dt}\begin{pmatrix}a\\b\end{pmatrix} = \hbar\omega_L\begin{pmatrix}0 & 1\\1 & 0\end{pmatrix}\begin{pmatrix}a\\b\end{pmatrix} \tag{13.129}$$

由此可得

$$\dot{a} = -i\omega_L b, \quad \dot{b} = -i\omega_L a \tag{13.130}$$

将两个方程分别相加和相减，得

$$\frac{d}{dt}(a+b) = -i\omega_L(a+b), \quad \frac{d}{dt}(a-b) = i\omega_L(a-b) \tag{13.131}$$

由此便得到了 $a+b$ 和 $a-b$ 分别满足的一阶方程。容易解得

$$a(t)+b(t) = [a(0)+b(0)]e^{-i\omega_L t}, \quad a(t)-b(t) = [a(0)-b(0)]e^{i\omega_L t} \tag{13.132}$$

根据初条件 $a(0)=1$，$b(0)=0$，可得

$$a(t)+b(t) = e^{-i\omega_L t}, \quad a(t)-b(t) = e^{i\omega_L t} \tag{13.133}$$

由此便求得方程的解

$$a(t) = \cos\omega_L t, \quad b(t) = -i\sin\omega_L t \tag{13.134}$$

这个方法带有幸运成分，当态空间维数很高时就不容易找到经验。实际上，方程(13.130)之所以是两个联立方程，是因为在泡利表象中矩阵 H 是非对角的。如果 H 是个对角矩阵，就会得到两个独立的方程。由于 H 是厄米矩阵，它一定能够通过幺正相似变换对角化。求解矩阵的本征方程，将其本征列矩阵排列起来，就构成了相似变换矩阵 T，$T^\dagger HT$ 的对角元就是 H 的本征值。设 H 的本征值为 E_+和 E_-，相应的本征列矩阵为 φ_+和 φ_-，则

$$T^\dagger HT = \begin{pmatrix}E_+ & 0\\0 & E_-\end{pmatrix}, \quad T = (\varphi_+, \quad \varphi_-) \tag{13.135}$$

由于 T 是幺正矩阵，根据方程(13.128)，可得

$$\mathrm{i}\hbar\frac{\mathrm{d}}{\mathrm{d}t}T^\dagger\chi = T^\dagger HTT^\dagger\chi \tag{13.136}$$

方程(13.136)是态矢量 $T^\dagger\chi(t)$ 满足的方程。令 $T^\dagger\chi=(c_+,c_-)^{\mathrm{T}}$，将方程(13.136)化为

$$\mathrm{i}\hbar\frac{\mathrm{d}}{\mathrm{d}t}\begin{pmatrix}c_+\\c_-\end{pmatrix}=\begin{pmatrix}E_+ & 0\\0 & E_-\end{pmatrix}\begin{pmatrix}c_+\\c_-\end{pmatrix} \tag{13.137}$$

这相当于过渡到 H 的自身表象，由此可得

$$\mathrm{i}\hbar\dot{c}_+ = E_+c_+,\quad \mathrm{i}\hbar\dot{c}_- = E_-c_- \tag{13.138}$$

这是两个独立的一阶微分方程，由此解得

$$c_+(t)=c_+(0)\mathrm{e}^{-\frac{\mathrm{i}}{\hbar}E_+t},\quad c_-(t)=c_-(0)\mathrm{e}^{-\frac{\mathrm{i}}{\hbar}E_-t} \tag{13.139}$$

由此可得

$$\chi(t)=T\begin{pmatrix}c_+\\c_-\end{pmatrix}=c_+(0)\mathrm{e}^{-\frac{\mathrm{i}}{\hbar}E_+t}\varphi_++c_-(0)\mathrm{e}^{-\frac{\mathrm{i}}{\hbar}E_-t}\varphi_- \tag{13.140}$$

这正是第一种方法的出发点。

在第一种方法中，我们已经求出了 φ_+ 和 φ_-，如式(13.124)所示。因此

$$T=\frac{1}{\sqrt{2}}\begin{pmatrix}1 & 1\\1 & -1\end{pmatrix} \tag{13.141}$$

由此可得

$$c_+(t)=\frac{1}{\sqrt{2}}[a(t)+b(t)],\quad c_-(t)=\frac{1}{\sqrt{2}}[a(t)-b(t)] \tag{13.142}$$

代入方程(13.138)便得到方程(13.131)。由此可见，仅仅从解方程角度来看，也要先找到相似变换将 H 对角化。而这样做的结果，正好会得到第一种方法。

3. 利用时间演化算符

利用如下公式

$$\mathrm{e}^{\mathrm{i}\lambda\hat{\sigma}_x}=\cos\lambda+\mathrm{i}\hat{\sigma}_x\sin\lambda \tag{13.143}$$

式中，λ 是任意复数。由此可见，时间演化算符可以写为

$$\hat{U}(t)=\mathrm{e}^{-\frac{\mathrm{i}}{\hbar}\hat{H}t}=\mathrm{e}^{-\mathrm{i}\omega_{\mathrm{L}}\hat{\sigma}_xt}=\cos\omega_{\mathrm{L}}t-\mathrm{i}\hat{\sigma}_x\sin\omega_{\mathrm{L}}t \tag{13.144}$$

在泡利表象中，$\hat{U}(t)$ 的矩阵形式为

$$U(t)=\cos\omega_{\mathrm{L}}t-\mathrm{i}\sigma_x\sin\omega_{\mathrm{L}}t=\begin{pmatrix}\cos\omega_{\mathrm{L}}t & -\mathrm{i}\sin\omega_{\mathrm{L}}t\\-\mathrm{i}\sin\omega_{\mathrm{L}}t & \cos\omega_{\mathrm{L}}t\end{pmatrix} \tag{13.145}$$

由此可得

$$\chi(t)=U(t)\chi(0)=\begin{pmatrix}\cos\omega_{\mathrm{L}}t & -\mathrm{i}\sin\omega_{\mathrm{L}}t\\-\mathrm{i}\sin\omega_{\mathrm{L}}t & \cos\omega_{\mathrm{L}}t\end{pmatrix}\begin{pmatrix}1\\0\end{pmatrix}=\begin{pmatrix}\cos\omega_{\mathrm{L}}t\\-\mathrm{i}\sin\omega_{\mathrm{L}}t\end{pmatrix} \tag{13.146}$$

这个例子中时间演化算符碰巧能化成简单形式，一般情况下未必如此。

13.4.2　自旋期待值

根据态矢量的演化 $\chi(t)$，可以算出自旋分量的期待值为

$$\langle S_x \rangle = \frac{\hbar}{2}\chi^\dagger \sigma_x \chi = 0$$
$$\langle S_y \rangle = \frac{\hbar}{2}\chi^\dagger \sigma_y \chi = -\frac{\hbar}{2}\sin(2\omega_L t) \tag{13.147}$$
$$\langle S_z \rangle = \frac{\hbar}{2}\chi^\dagger \sigma_z \chi = \frac{\hbar}{2}\cos(2\omega_L t)$$

因此电子的自旋期待值为

$$\langle \boldsymbol{S} \rangle = -\frac{\hbar}{2}\sin(2\omega_L t)\boldsymbol{e}_y + \frac{\hbar}{2}\cos(2\omega_L t)\boldsymbol{e}_z \tag{13.148}$$

这是一个在 yz 平面内转动的矢量。从 x 轴正向看去，$\langle \boldsymbol{S} \rangle$ 以角频率 $2\omega_L$ 逆时针转动。在 $t=0$ 时，自旋指向沿着 z 轴，正是设定的条件。

如前所述，不管体系处于什么状态，守恒量的期待值和概率分布不随时间变化；如果体系处于定态，则一切力学量的期待值和概率分布不随时间变化。在这个例子中，$\chi(t)$ 并非 $\hat{H}$ 的本征矢量，因此并非定态。由于 $[\hat{S}_x, \hat{H}]=0$，因此自旋的 x 分量是守恒量，如式(13.147)所示，$\langle S_x \rangle$ 不随时间变化；然而 $\hat{S}_y$ 和 $\hat{S}_z$ 均与 $\hat{H}$ 不对易，它们都不是守恒量，因此二者的期待值随着时间发生变化。

根据测量假定，在 t 时刻测量自旋 z 分量得到 $\hbar/2$ 和 $-\hbar/2$ 的概率分别为

$$\begin{aligned}\mathcal{P}\left(s_z = \frac{\hbar}{2}\right) &= |\langle \alpha | \chi(t) \rangle| = \cos^2\omega_L t \\ \mathcal{P}\left(s_z = -\frac{\hbar}{2}\right) &= |\langle \beta | \chi(t) \rangle| = \sin^2\omega_L t\end{aligned} \tag{13.149}$$

如果测得 $\hbar/2$，则态矢量收缩为 $|\alpha\rangle$；如果测得 $-\hbar/2$，则态矢量收缩为 $|\beta\rangle$。

当 $t=\pi/\omega_L$ 时，自旋期待值 $\langle \boldsymbol{S} \rangle$ 正好转动一周。根据式(13.126)，波函数本身并没有复原，而是与 $t=0$ 时刻相差一个负号

$$\chi(\pi/\omega_L) = -\chi(0) \tag{13.150}$$

由于 $-1=e^{i\pi}$ 是一个常数相因子，因此 $\chi(\pi/\omega_L)$ 和 $\chi(0)$ 描述同一个量子态。然而，如果磁场仅仅影响波函数的一部分，则这个负号将具有非平庸的意义。我们可以像双缝干涉实验那样，把粒子束流一分为二(这是将每个粒子的波函数一分为二，不是将粒子分为两组)，只让其中一部分经历磁场，两束粒子相遇叠加时将体现出磁场带来的相位差⊖。改变磁场强度，可以看到干涉区束流强度的变化，此时负号的作用就体现出来了。

*13.5 绘景变换

这一节我们将介绍量子力学常用的三种绘景：薛定谔绘景(Schrödinger picture)、海森伯绘景(Heisenberg picture)和相互作用绘景(interaction picture)。

13.5.1 薛定谔绘景

到目前为止，我们一直是用态矢量的演化来描述体系的演化，而粒子的坐标算符、动量

⊖ 樱井纯，J. 拿波里塔诺. 现代量子力学[M]. 2版. 丁亦兵，沈彭年，译. 北京：世界图书出版公司，2014，123页.

算符、动能算符等则不依赖于时间。这种描述方式称为薛定谔绘景。为了明确起见，在这一节我们将薛定谔绘景中的态矢量 $|\psi(t)\rangle$ 改记为 $|\psi^{S}(t)\rangle$，力学量 $\hat{F}$ 改记为 $\hat{F}^{S}$。

在薛定谔绘景中，态矢量的演化遵守薛定谔方程

$$i\hbar\frac{d}{dt}|\psi^{S}(t)\rangle=\hat{H}^{S}|\psi^{S}(t)\rangle \tag{13.151}$$

根据式(13.30)，态矢量的演化可用幺正算符表达为

$$|\psi^{S}(t)\rangle=\hat{U}(t,t_0)|\psi^{S}(t_0)\rangle \tag{13.152}$$

对于归一化态矢量，力学量 $\hat{F}^{S}$ 的期待值为

$$\langle F(t)\rangle=\langle\psi^{S}(t)|\hat{F}^{S}|\psi^{S}(t)\rangle \tag{13.153}$$

13.5.2　海森伯绘景

引入新的态矢量和算符

$$|\psi^{H}\rangle=\hat{U}^{\dagger}(t,t_0)|\psi^{S}(t)\rangle \tag{13.154}$$

$$\hat{F}^{H}(t)=\hat{U}^{\dagger}(t,t_0)\hat{F}^{S}\hat{U}(t,t_0) \tag{13.155}$$

由于 $\hat{U}(t,t_0)$ 是个幺正算符，因此

$$|\psi^{H}\rangle=|\psi^{S}(t_0)\rangle \tag{13.156}$$

将式(13.152)代入式(13.153)，可得

$$\langle F(t)\rangle=\langle\psi^{S}(t_0)|\hat{U}^{\dagger}(t,t_0)\hat{F}^{S}\hat{U}(t,t_0)|\psi^{S}(t_0)\rangle \tag{13.157}$$

根据定义(13.154)和(13.155)，可得

$$\langle F(t)\rangle=\langle\psi^{H}|\hat{F}^{H}|\psi^{H}\rangle \tag{13.158}$$

式(13.153)和式(13.158)是等价的。实际上，量子力学理论完全可以利用新的态矢量和算符来表达，这种描述方式称为海森伯绘景。应当注意，不同初始时刻 t_0 定义了不同的海森伯绘景。

利用 $\hat{U}\hat{U}^{\dagger}=\hat{I}$，容易证明算符乘积和对易子像算符一样变换

$$\hat{U}^{\dagger}\hat{F}^{S}\hat{G}^{S}\hat{U}=\hat{U}^{\dagger}\hat{F}^{S}\hat{U}\hat{U}^{\dagger}\hat{G}^{S}\hat{U}=\hat{F}^{H}\hat{G}^{H} \tag{13.159}$$

$$\hat{U}^{\dagger}[\hat{F}^{S},\hat{G}^{S}]\hat{U}=[\hat{F}^{H},\hat{G}^{H}] \tag{13.160}$$

因此，若 $[\hat{A}^{S},\hat{B}^{S}]=\hat{C}^{S}$，则 $[\hat{A}^{H},\hat{B}^{H}]=\hat{C}^{H}$，即幺正变换不改变对易子恒等式。

我们来计算海森伯绘景中的算符随着时间的演化，注意薛定谔绘景中的算符 $\hat{F}^{S}$ 本身可能显含时间。由定义(13.155)，得

$$\frac{d\hat{F}^{H}(t)}{dt}=\frac{d\hat{U}^{\dagger}}{dt}\hat{F}^{S}\hat{U}+\hat{U}^{\dagger}\hat{F}^{S}\frac{d\hat{U}}{dt}+\hat{U}^{\dagger}\frac{d\hat{F}^{S}}{dt}\hat{U} \tag{13.161}$$

利用方程(13.43)及其厄米共轭，得

$$\frac{d\hat{F}^{H}(t)}{dt}=\frac{1}{i\hbar}\hat{U}^{\dagger}[\hat{F}^{S},\hat{H}^{S}]\hat{U}+\hat{U}^{\dagger}\frac{d\hat{F}^{S}}{dt}\hat{U} \tag{13.162}$$

引入记号

$$\left(\frac{d\hat{F}}{dt}\right)^{H}=\hat{U}^{\dagger}\frac{d\hat{F}^{S}}{dt}\hat{U} \tag{13.163}$$

并利用式(13.160)，得

$$\frac{\mathrm{d}\hat{F}^{\mathrm{H}}(t)}{\mathrm{d}t}=\frac{1}{\mathrm{i}\hbar}[\hat{F}^{\mathrm{H}},\hat{H}^{\mathrm{H}}]+\left(\frac{\mathrm{d}\hat{F}}{\mathrm{d}t}\right)^{\mathrm{H}} \tag{13.164}$$

这就是海森伯绘景中力学量算符的演化方程，称为**海森伯方程**。

若 $\hat{H}^{\mathrm{S}}$ 不显含时间，即保守系统，$\hat{U}(t,t_0)$ 可由式(13.29)给出，此时

$$\hat{F}^{\mathrm{H}}(t)=\mathrm{e}^{\frac{\mathrm{i}}{\hbar}\hat{H}^{\mathrm{S}}(t-t_0)}\hat{F}^{\mathrm{S}}\mathrm{e}^{-\frac{\mathrm{i}}{\hbar}\hat{H}^{\mathrm{S}}(t-t_0)} \tag{13.165}$$

特别是，哈密顿算符本身为

$$\hat{H}^{\mathrm{H}}(t)=\mathrm{e}^{\frac{\mathrm{i}}{\hbar}\hat{H}^{\mathrm{S}}(t-t_0)}\hat{H}^{\mathrm{S}}\mathrm{e}^{-\frac{\mathrm{i}}{\hbar}\hat{H}^{\mathrm{S}}(t-t_0)}=\hat{H}^{\mathrm{S}} \tag{13.166}$$

这就是说，对于保守系统，海森伯绘景中的哈密顿算符不依赖于时间，并且等于薛定谔绘景中的哈密顿算符。

设系统的哈密顿算符由式(13.74)描述，由式(13.155)可知

$$\hat{H}^{\mathrm{H}}(t)=\frac{(\hat{\boldsymbol{p}}^{\mathrm{H}})^2}{2m}+\hat{V}^{\mathrm{H}} \tag{13.167}$$

根据海森伯运动方程(13.164)，可知

$$\frac{\mathrm{d}\hat{\boldsymbol{r}}^{\mathrm{H}}}{\mathrm{d}t}=\frac{1}{\mathrm{i}\hbar}[\hat{\boldsymbol{r}}^{\mathrm{H}},\hat{H}^{\mathrm{H}}]=\frac{1}{m}\hat{\boldsymbol{p}}^{\mathrm{H}} \tag{13.168}$$

$$\frac{\mathrm{d}\hat{\boldsymbol{p}}^{\mathrm{H}}}{\mathrm{d}t}=\frac{1}{\mathrm{i}\hbar}[\hat{\boldsymbol{p}}^{\mathrm{H}},\hat{H}^{\mathrm{H}}]=-(\nabla\hat{V})^{\mathrm{H}} \tag{13.169}$$

由此可以进一步得到

$$m\frac{\mathrm{d}^2\hat{\boldsymbol{r}}^{\mathrm{H}}}{\mathrm{d}t^2}=-(\nabla\hat{V})^{\mathrm{H}} \tag{13.170}$$

这就是海森伯绘景的艾伦费斯特定理。相比之下，式(13.77)仅仅是个期待值方程，而式(13.170)是个算符方程，跟经典方程(13.78)中的牛顿定律更加相似。

13.5.3 相互作用绘景

设体系的哈密顿算符可以分为两部分

$$\hat{H}^{\mathrm{S}}(t)=\hat{H}_0^{\mathrm{S}}+\hat{H}_1^{\mathrm{S}}(t) \tag{13.171}$$

其中 $\hat{H}_0^{\mathrm{S}}$ 不显含时间。通常 $\hat{H}_1^{\mathrm{S}}(t)$ 描述体系与外界的相互作用，而 $\hat{H}_0^{\mathrm{S}}$ 则表示体系与外界无相互作用时的哈密顿算符。如果没有外界的作用，即 $\hat{H}_1^{\mathrm{S}}(t)=0$，则薛定谔方程(13.151)变为

$$\mathrm{i}\hbar\frac{\mathrm{d}}{\mathrm{d}t}|\psi^{\mathrm{S}}(t)\rangle=\hat{H}_0^{\mathrm{S}}|\psi^{\mathrm{S}}(t)\rangle \tag{13.172}$$

由于 $\hat{H}_0^{\mathrm{S}}$ 不显含时间，是保守体系的情形，由式(13.28)可知态矢量的演化为

$$|\psi^{\mathrm{S}}(t)\rangle=\mathrm{e}^{-\frac{\mathrm{i}}{\hbar}\hat{H}_0^{\mathrm{S}}t}|\psi^{\mathrm{S}}(0)\rangle \tag{13.173}$$

现在假定 $\hat{H}_1^{\mathrm{S}}(t)$ 不为零，态矢量的演化遵守薛定谔方程(13.151)。引入新的态矢量和算符

$$|\psi^{\mathrm{I}}(t)\rangle=\mathrm{e}^{\frac{\mathrm{i}}{\hbar}\hat{H}_0^{\mathrm{S}}t}|\psi^{\mathrm{S}}(t)\rangle \tag{13.174}$$

$$\hat{F}^{\mathrm{I}}(t)=\mathrm{e}^{\frac{\mathrm{i}}{\hbar}\hat{H}_0^{\mathrm{S}}t}\hat{F}^{\mathrm{S}}\mathrm{e}^{-\frac{\mathrm{i}}{\hbar}\hat{H}_0^{\mathrm{S}}t} \tag{13.175}$$

根据薛定谔方程(13.151)，可得

$$
\begin{aligned}
\mathrm{i}\hbar \frac{\mathrm{d}}{\mathrm{d}t} | \psi^{\mathrm{I}}(t) \rangle &= - \mathrm{e}^{\frac{\mathrm{i}}{\hbar}\hat{H}_0^{\mathrm{S}}t} \hat{H}_0^{\mathrm{S}} | \psi^{\mathrm{S}}(t) \rangle + \mathrm{e}^{\frac{\mathrm{i}}{\hbar}\hat{H}_0^{\mathrm{S}}t} \hat{H}^{\mathrm{S}} | \psi^{\mathrm{S}}(t) \rangle \\
&= \mathrm{e}^{\frac{\mathrm{i}}{\hbar}\hat{H}_0^{\mathrm{S}}t} (\hat{H}^{\mathrm{S}} - \hat{H}_0^{\mathrm{S}}) | \psi^{\mathrm{S}}(t) \rangle = \hat{H}_1^{\mathrm{I}}(t) | \psi^{\mathrm{I}}(t) \rangle
\end{aligned} \tag{13.176}
$$

由此可见，态矢量演化完全由 $\hat{H}_1^{\mathrm{I}}(t)$ 决定。引入态矢量的时间演化算符，可以得到一个类似于式(13.43)的微分方程，以及类似于式(13.46)的积分方程，用积分方程进行迭代可以得到相应的戴森级数㊀。如果 $\hat{H}_1^{\mathrm{I}}(t)$ 足够小，则戴森级数是收敛的。

根据式(13.175)，得

$$
\frac{\mathrm{d}}{\mathrm{d}t}\hat{F}^{\mathrm{I}}(t) = \frac{1}{\mathrm{i}\hbar}\mathrm{e}^{\frac{\mathrm{i}}{\hbar}\hat{H}_0^{\mathrm{S}}t} [\hat{F}^{\mathrm{S}}, \hat{H}_0^{\mathrm{S}}] \mathrm{e}^{-\frac{\mathrm{i}}{\hbar}\hat{H}_0^{\mathrm{S}}t} + \mathrm{e}^{\frac{\mathrm{i}}{\hbar}\hat{H}_0^{\mathrm{S}}t} \frac{\mathrm{d}\hat{F}^{\mathrm{S}}}{\mathrm{d}t} \mathrm{e}^{-\frac{\mathrm{i}}{\hbar}\hat{H}_0^{\mathrm{S}}t} \tag{13.177}
$$

容易证明

$$
\mathrm{e}^{\frac{\mathrm{i}}{\hbar}\hat{H}_0^{\mathrm{S}}t} [\hat{F}^{\mathrm{S}}, \hat{H}_0^{\mathrm{S}}] \mathrm{e}^{-\frac{\mathrm{i}}{\hbar}\hat{H}_0^{\mathrm{S}}t} = [\hat{F}^{\mathrm{I}}, \hat{H}_0^{\mathrm{I}}] \tag{13.178}
$$

引入记号

$$
\left(\frac{\mathrm{d}\hat{F}}{\mathrm{d}t}\right)^{\mathrm{I}} = \mathrm{e}^{\frac{\mathrm{i}}{\hbar}\hat{H}_0^{\mathrm{S}}t} \frac{\mathrm{d}\hat{F}^{\mathrm{S}}}{\mathrm{d}t} \mathrm{e}^{-\frac{\mathrm{i}}{\hbar}\hat{H}_0^{\mathrm{S}}t} \tag{13.179}
$$

将式(13.178)和式(13.179)代入方程(13.177)，得

$$
\frac{\mathrm{d}}{\mathrm{d}t}\hat{F}^{\mathrm{I}}(t) = \frac{1}{\mathrm{i}\hbar}[\hat{F}^{\mathrm{I}}, \hat{H}_0^{\mathrm{I}}] + \left(\frac{\mathrm{d}\hat{F}}{\mathrm{d}t}\right)^{\mathrm{I}} \tag{13.180}
$$

如果算符 $\hat{F}^{\mathrm{S}}$ 不显含时间，则有

$$
\frac{\mathrm{d}}{\mathrm{d}t}\hat{F}^{\mathrm{I}}(t) = \frac{1}{\mathrm{i}\hbar}[\hat{F}^{\mathrm{I}}, \hat{H}_0^{\mathrm{I}}] \tag{13.181}
$$

由此可见，算符的演化由 $\hat{H}_0^{\mathrm{I}}$ 决定。根据定义(13.175)，可知

$$
\hat{H}_0^{\mathrm{I}} = \mathrm{e}^{\frac{\mathrm{i}}{\hbar}\hat{H}_0^{\mathrm{S}}t} \hat{H}_0^{\mathrm{S}} \mathrm{e}^{-\frac{\mathrm{i}}{\hbar}\hat{H}_0^{\mathrm{S}}t} = \hat{H}_0^{\mathrm{S}} \tag{13.182}
$$

以上描述方式称为相互作用绘景，也称为狄拉克绘景。相互作用绘景是一种介于薛定谔绘景与海森伯绘景之间的描述方式。根据对哈密顿算符的划分方案，可以得到不同的相互作用绘景。

我们将三种绘景对比总结如下。

(1) 薛定谔绘景：不显含时间的力学量 $\hat{F}^{\mathrm{S}}$ 不随时间演化，而态矢量的演化遵守薛定谔方程

$$
\mathrm{i}\hbar \frac{\mathrm{d}}{\mathrm{d}t} | \psi^{\mathrm{S}}(t) \rangle = \hat{H}^{\mathrm{S}} | \psi^{\mathrm{S}}(t) \rangle \tag{13.183}
$$

(2) 海森伯绘景：态矢量 $|\psi^{\mathrm{H}}\rangle$ 不随时间变化，力学量的演化遵守海森伯方程

$$
\frac{\mathrm{d}\hat{F}^{\mathrm{H}}(t)}{\mathrm{d}t} = \frac{1}{\mathrm{i}\hbar}[\hat{F}^{\mathrm{H}}, \hat{H}^{\mathrm{H}}] + \left(\frac{\mathrm{d}\hat{F}}{\mathrm{d}t}\right)^{\mathrm{H}} \tag{13.184}
$$

(3) 相互作用绘景：态矢量和算符的演化方程分别为

$$
\mathrm{i}\hbar \frac{\mathrm{d}}{\mathrm{d}t} | \psi^{\mathrm{I}}(t) \rangle = \hat{H}_1^{\mathrm{I}}(t) | \psi^{\mathrm{I}}(t) \rangle \tag{13.185}
$$

㊀ 苏汝铿. 量子力学[M]. 2 版. 北京：高等教育出版社，2002，210 页.

$$\frac{\mathrm{d}}{\mathrm{d}t}\hat{F}^{\mathrm{I}}(t)=\frac{1}{\mathrm{i}\hbar}[\hat{F}^{\mathrm{I}},\hat{H}_0^{\mathrm{I}}]+\left(\frac{\mathrm{d}\hat{F}}{\mathrm{d}t}\right)^{\mathrm{I}} \tag{13.186}$$

态矢量和力学量算符都不是直接在实验中测量的对象，关于力学量的测值预言才能跟实验测量值直接比较。在描述体系的演化时，不同的绘景涉及的运动方程也不相同。

*13.6 量子化方案

在这一节，我们将介绍如何从经典力学过渡到量子力学。这包括两个内容，一是力学量算符的构造，二是体系运动方程的建立。在量子力学中，运动方程是基本假定之一，构建运动方程不是理论框架的一部分，而应该看作量子力学之前的故事。从经典力学过渡到量子力学是在分析力学的框架内进行的，为此我们先简要复习一下分析力学的理论。

13.6.1 分析力学简要回顾

1. 经典体系的描述

考虑一个仅受到 k 个理想完整约束的 n 粒子体系，体系的自由度为 $s=3n-k$，设体系的广义坐标为 $q_1,\cdots,q_s$。广义坐标描述了粒子体系中各粒子位置和体系的形状，简称为位形(configuration)。为了研究体系的位形，将广义坐标 $q_1,\cdots,q_s$ 看作 s 维空间中的一个点 Q 的坐标，这个空间称为位形空间(configuration space)。体系的演化对应位形空间中点 Q 的运动。点 Q 的运动可以用矢量函数 $Q(t)$ 来表示，$Q(t)$ 的分量就是各个广义坐标 $q_i(t)$

$$Q(t)=(q_1(t),q_2(t),\cdots,q_s(t)) \tag{13.187}$$

时间 t 和该时刻粒子体系的位形合起来称为一个事件(event)。对于 s 个自由度的体系，可以用 $s+1$ 维空间中的一个点来表达一个事件，这个 $s+1$ 维空间称为事件空间(event space)，也称为位形世界。体系的演化可以用事件空间的一条曲线表示。比如，一个粒子被限制在 x 轴上运动，粒子的运动可以用(x,t)平面内的一条曲线 $x=x(t)$ 来表示。

如果力 $\boldsymbol{F}$ 仅依赖于粒子的位置，且满足$\nabla\times\boldsymbol{F}=0$，则力 $\boldsymbol{F}$ 可以表达为势能函数 V 的负梯度

$$\boldsymbol{F}=-\nabla V \tag{13.188}$$

这样的力称为有势力。当势能函数不显含时间时，称为保守力。众所周知，保守力所做的功只依赖于粒子的初末位置，而与粒子运动的路径无关。如果势能函数显含时间，有势力所做的功与路径是有关的。如果体系中粒子之间的力和粒子在外场中的力均为有势力，则称为有势体系[⊖]。式(13.190)中的势能 V 包括粒子之间的相互作用势能 V_{in}，也包括粒子体系在外场中的势能 V_{ex}。V_{in}取决于各个粒子的相对位置，它仅仅通过粒子的广义坐标间接依赖于时间，而 V_{in}本身并不显含时间。V_{ex}除了依赖于各个粒子的坐标之外，也可能显含时间。

2. 最小作用量原理

粒子体系的拉格朗日函数 $\mathcal{L}$ 是所有广义坐标 q_i 和广义速度 $\dot{q}_i$ 的函数

$$\mathcal{L}=\mathcal{L}(q_1,\cdots,q_s;\dot{q}_1,\cdots,\dot{q}_s;t) \tag{13.189}$$

(1) 有势体系的拉格朗日函数就是动能与势能之差

⊖ 有些教科书中将一般的有势力直接称为保守力，相应地将有势体系称为保守体系.

$$\mathcal{L} = T - V \tag{13.190}$$

当势能函数显含时间时，$\mathcal{L}$ 也显含时间。

(2) 磁相互作用不仅依赖于粒子的位置，也依赖于粒子的速度，它不能表达为势能函数的负梯度。设一个电荷为 q_e 的粒子在电磁场中运动，电磁势为 $\boldsymbol{A},\phi$，则粒子的拉格朗日函数为

$$\mathcal{L} = \frac{1}{2}mv^2 - q_e\phi + q_e\boldsymbol{v}\cdot\boldsymbol{A} \tag{13.191}$$

拉格朗日函数的最后一项并非势能的负值。

(3) 在相对论情形，一个自由粒子的拉格朗日函数为

$$\mathcal{L} = -mc^2\sqrt{1-\frac{v^2}{c^2}} = -\sqrt{m^2c^4 - m^2c^2(\dot{x}^2+\dot{y}^2+\dot{z}^2)} \tag{13.192}$$

后两种情形的拉格朗日函数都不是动能与势能之差。

假设对于体系的某个实际演化过程，t_1 和 t_2 时刻体系的状态在位形空间中的点分别为 Q_1 和 Q_2，即

$$Q_1 = Q(t_1), \quad Q_2 = Q(t_2) \tag{13.193}$$

在事件空间中，连接点(t_1,Q_1)和点(t_2,Q_2)的时空路径有无穷多条，其中只有一条对应真实的运动。现在的问题是，如果已知 Q_1 和 Q_2 的坐标，如何确定哪条路径对应真实的运动？这可以由最小作用量原理(least action principle)给出。

采用记号(13.187)，体系的拉格朗日函数(13.189)可以简写为

$$\mathcal{L} = \mathcal{L}(Q,\dot{Q},t) \tag{13.194}$$

在 $t_1 \sim t_2$ 时间段体系的作用量[㊀]定义为矢量函数 $Q(t)$ 和 $\dot{Q}(t)$ 的泛函

$$\mathcal{S}[Q(t),\dot{Q}(t)] = \int_{t_1}^{t_2}\mathrm{d}t\mathcal{L}(Q,\dot{Q},t) \tag{13.195}$$

泛函的自变量为函数 $Q(t)$ 和 $\dot{Q}(t)$ 整体，而不是某时刻的函数值。此外，作用量 $\mathcal{S}$ 并不是一个线性泛函。在路径端点固定时，路径的无穷小变化引起的作用量 $\mathcal{S}$ 的改变称为作用量的**变分**，记为 $\delta\mathcal{S}$。

最小作用量原理：在连接时空点(t_1,Q_1)和(t_2,Q_2)的所有路径中，体系的演化遵循的路径必须让作用量 $\mathcal{S}$ 取极小值。作用量取极值的条件为

$$\delta\mathcal{S} = 0 \tag{13.196}$$

这个条件已经可以导出体系的动力学方程。由于别的原因，才需要进一步要求作用量取极小值而不是极大值。

在前面的讨论中，我们没有考虑摩擦力那样的非保守力。摩擦力是一种耗散力，伴随着机械能向内能的转化，因此问题就不是纯力学的。摩擦力也能纳入分析力学体系，但无论如何，摩擦力是电磁力的宏观效果，微观上并不存在摩擦力。因此在微观层次的意义上，作用量原理对一切孤立的粒子体系都成立。

㊀ 本书中的“作用量”和“最小作用量原理”，在有些教科书中称为“哈密顿作用量”和“哈密顿原理”，这些书中也可能定义“作用量”和“最小作用量原理”，但指的是别的含义.

3. 拉格朗日力学

根据最小作用量原理，可以得到体系的拉格朗日(Lagrange)方程。作用量的变分为

$$\begin{aligned}\delta\mathcal{S}&=\int_{t_1}^{t_2}\mathrm{d}t\delta\mathcal{L}=\int_{t_1}^{t_2}\mathrm{d}t\left[\sum_{i=1}^{s}\frac{\partial\mathcal{L}}{\partial q_i}\delta q_i+\sum_{i=1}^{s}\frac{\partial\mathcal{L}}{\partial\dot{q}_i}\delta\dot{q}_i\right]\\&=\int_{t_1}^{t_2}\mathrm{d}t\left[\sum_{i=1}^{s}\frac{\partial\mathcal{L}}{\partial q_i}\delta q_i+\sum_{i=1}^{s}\frac{\partial\mathcal{L}}{\partial\dot{q}_i}\frac{\mathrm{d}}{\mathrm{d}t}\delta q_i\right]\end{aligned}\tag{13.197}$$

根据莱布尼茨法则

$$\frac{\mathrm{d}}{\mathrm{d}t}\left(\frac{\partial\mathcal{L}}{\partial\dot{q}_i}\delta q_i\right)=\left[\frac{\mathrm{d}}{\mathrm{d}t}\left(\frac{\partial\mathcal{L}}{\partial\dot{q}_i}\right)\right]\delta q_i+\frac{\partial\mathcal{L}}{\partial\dot{q}_i}\frac{\mathrm{d}}{\mathrm{d}t}\delta q_i\tag{13.198}$$

代入式(13.197)，得

$$\delta\mathcal{S}=\int_{t_1}^{t_2}\mathrm{d}t\sum_{i=1}^{s}\left[\frac{\partial\mathcal{L}}{\partial q_i}-\frac{\mathrm{d}}{\mathrm{d}t}\left(\frac{\partial\mathcal{L}}{\partial\dot{q}_i}\right)\right]\delta q_i+\sum_{i=1}^{s}\int_{t_1}^{t_2}\mathrm{d}t\frac{\mathrm{d}}{\mathrm{d}t}\left(\frac{\partial\mathcal{L}}{\partial\dot{q}_i}\delta q_i\right)\tag{13.199}$$

右端第二个求和项的各个积分容易算出，由于

$$\int_{t_1}^{t_2}\mathrm{d}t\frac{\mathrm{d}}{\mathrm{d}t}\left(\frac{\partial\mathcal{L}}{\partial\dot{q}_i}\delta q_i\right)=\frac{\partial\mathcal{L}}{\partial\dot{q}_i}\delta q_i\bigg|_{t_1}^{t_2}\tag{13.200}$$

根据 $\delta q_i(t_1)=\delta q_i(t_2)=0$，结果为0，由此可得

$$\delta\mathcal{S}=\int_{t_1}^{t_2}\mathrm{d}t\sum_{i=1}^{s}\left[\frac{\partial\mathcal{L}}{\partial q_i}-\frac{\mathrm{d}}{\mathrm{d}t}\left(\frac{\partial\mathcal{L}}{\partial\dot{q}_i}\right)\right]\delta q_i\tag{13.201}$$

根据最小作用量原理，体系演化遵守的真正路径满足 $\delta\mathcal{S}=0$。根据式(13.201)，由于各个变分 δq_i 是独立变化的，$\delta\mathcal{S}=0$ 的充分必要条件是

$$\frac{\mathrm{d}}{\mathrm{d}t}\left(\frac{\partial\mathcal{L}}{\partial\dot{q}_i}\right)-\frac{\partial\mathcal{L}}{\partial q_i}=0,\quad i=1,2,\cdots,s\tag{13.202}$$

这就是拉格朗日方程，其中 $\mathrm{d}/\mathrm{d}t$ 表示对时间的全导数

$$\frac{\mathrm{d}}{\mathrm{d}t}=\frac{\partial}{\partial t}+\sum_{i=1}^{s}\dot{q}_i\frac{\partial}{\partial q_i}+\sum_{i=1}^{s}\ddot{q}_i\frac{\partial}{\partial\dot{q}_i}\tag{13.203}$$

式(13.202)表示 s 个联立的方程，它们都是时间的二阶微分方程。

4. 哈密顿力学

除了采用拉格朗日形式之外，分析力学体系还可以采用哈密顿形式，二者是等价的。引入广义坐标 q_i 的共轭动量 p_i，称为广义动量

$$p_i=\frac{\partial\mathcal{L}}{\partial\dot{q}_i},\quad i=1,2,\cdots,s\tag{13.204}$$

利用勒让德变换㊀，可以得到体系的经典哈密顿量

$$H=\sum_{i=1}^{s}p_i\dot{q}_i-\mathcal{L}\tag{13.205}$$

在哈密顿量中自变量是 s 个广义坐标和 s 个广义动量，它们都是时间的函数

$$\{q_i(t),p_i(t);\quad i=1,2,\cdots,s\}\tag{13.206}$$

㊀ 勒让德变换是一种重要的理论工具，在本书附录F中我们对其做了简要介绍.

根据拉格朗日方程(13.202)和哈密顿量(13.205)，可得 q_i 和 p_i 随着时间的演化的方程

$$\dot{q}_i = \frac{\partial H}{\partial p_i}, \quad \dot{p}_i = -\frac{\partial H}{\partial q_i}, \quad i = 1,2,\cdots,s \tag{13.207}$$

称为哈密顿方程。哈密顿方程也称为正则方程，因此 q_i 和 p_i 也称为正则坐标和正则动量。正则方程包括 $2s$ 个联立的方程，它们都是时间的一阶微分方程。

体系的所有力学量都可以看作正则坐标和正则动量(13.206)的函数。当然，也可以显含时间。利用全导数定义(13.203)和正则方程(13.207)，可得力学量 F 的演化

$$\frac{\mathrm{d}F}{\mathrm{d}t} = \sum_{i=1}^{s}\left[\frac{\partial F}{\partial q_i}\frac{\partial H}{\partial p_i} - \frac{\partial F}{\partial p_i}\frac{\partial H}{\partial q_i}\right] + \frac{\partial F}{\partial t} \tag{13.208}$$

力学量 A 和 B 的泊松括号(Poisson bracket)定义为

$$[A,B]_{\mathrm{PB}} = \sum_{i=1}^{s}\left(\frac{\partial A}{\partial q_i}\frac{\partial B}{\partial p_i} - \frac{\partial A}{\partial p_i}\frac{\partial B}{\partial q_i}\right) \tag{13.209}$$

根据定义，可以证明泊松括号满足如下性质

$$[A,c]_{\mathrm{PB}} = 0, \quad c\text{ 是常数} \tag{13.210}$$

$$[A,B]_{\mathrm{PB}} = -[B,A]_{\mathrm{PB}} \tag{13.211}$$

$$[A,BC]_{\mathrm{PB}} = [A,B]_{\mathrm{PB}}C + B[A,C]_{\mathrm{PB}} \tag{13.212}$$

$$[A,[B,C]_{\mathrm{PB}}]_{\mathrm{PB}} + [B,[C,A]_{\mathrm{PB}}]_{\mathrm{PB}} + [C,[A,B]_{\mathrm{PB}}]_{\mathrm{PB}} = 0 \tag{13.213}$$

等。式(13.213)称为雅克比恒等式。

正则坐标和正则动量满足如下泊松括号关系

$$[q_i,p_j]_{\mathrm{PB}} = \delta_{ij}, \quad i,j = 1,2,\cdots,s \tag{13.214}$$

利用泊松括号，可以将正则方程写为

$$\dot{q}_i = [p_i,H]_{\mathrm{PB}}, \quad \dot{p}_i = [q_i,H]_{\mathrm{PB}}, \quad i = 1,2,\cdots,s \tag{13.215}$$

而力学量 F 的运动方程(13.208)可写为

$$\frac{\mathrm{d}F}{\mathrm{d}t} = [F,H]_{\mathrm{PB}} + \frac{\partial F}{\partial t} \tag{13.216}$$

考虑一个单粒子体系，选择直角坐标 $x_i, i=1,2,3$ 为正则坐标，相应的正则动量为 $p_i, i=1,2,3$。在这个特例中，式(13.214)写为

$$[x_i,p_j]_{\mathrm{PB}} = \delta_{ij}, \quad i,j = 1,2,3 \tag{13.217}$$

粒子的角动量 $\boldsymbol{L}=\boldsymbol{r}\times\boldsymbol{p}$ 的分量满足(下面用了求和约定)

$$[L_i,L_j]_{\mathrm{PB}} = \varepsilon_{ijk}L_k, \quad i,j = 1,2,3 \tag{13.218}$$

5. 哈密顿-雅克比方程

在作用量的定义式(13.195)中，初末时刻 t_1,t_2 是固定的，作用量 $\mathcal{S}$ 为矢量函数 $Q(t)$ 和 $\dot{Q}(t)$ 的泛函，因此记为 $\mathcal{S}[Q(t),\dot{Q}(t)]$。根据哈密顿原理，粒子的真实轨道只有一条，它可以通过 $\delta\mathcal{S}=0$ 给出。现在考虑粒子运动的真实轨道，并引入如下函数

$$\mathcal{S}(q_1,\cdots,q_s,t) = \int_{t_0}^{t}\mathrm{d}t\mathcal{L}(q_1,\cdots,q_s;\ \dot{q}_1,\cdots,\dot{q}_s;\ t) \tag{13.219}$$

根据哈密顿原理，粒子的初末端点确定了唯一一条真实的路径，当固定初始端点时，式(13.219)右端的积分仅仅取决于路径的终止端点，从而定义了一个 $q_1,\cdots,q_s$ 和 t 的函数。

在省略自变量时，函数 $\mathcal{S}(q_1,\cdots,q_s,t)$ 和作用量 $\mathcal{S}[Q(t),\dot{Q}(t)]$ 均记为 $\mathcal{S}$，此时应根据上下文判断符号含义。可以证明[㊀]，函数 $\mathcal{S}(q_1,\cdots,q_s,t)$ 满足如下方程

$$\frac{\partial \mathcal{S}}{\partial t}=-H(q_1,\cdots,q_s;\, p_1,\cdots,p_s;\, t) \tag{13.220}$$

$$\frac{\partial \mathcal{S}}{\partial q_i}=p_i,\quad i=1,2,\cdots,s \tag{13.221}$$

将第二个方程代入第一个方程，得

$$\frac{\partial \mathcal{S}}{\partial t}+H\left(q_1,\cdots,q_s;\frac{\partial \mathcal{S}}{\partial q_1},\cdots,\frac{\partial \mathcal{S}}{\partial q_s};t\right)=0 \tag{13.222}$$

称为**哈密顿-雅克比方程**，它表示真实运动的作用量应该满足的方程。哈密顿-雅克比方程和哈密顿正则方程是等价的。

13.6.2 薛定谔绘景量子化

对于薛定谔绘景，可以通过坐标表象的量子化规则找到有经典对应的算符，现在我们介绍如何构建运动方程。由于在全空间找到粒子的概率应当守恒，这要求体系的态矢量满足

$$\frac{\mathrm{d}}{\mathrm{d}t}\langle\psi(t)\mid\psi(t)\rangle=0 \tag{13.223}$$

态矢量随着时间的演化用一个算符 $\hat{U}(t,t_0)$ 来表示

$$|\psi(t)\rangle=\hat{U}(t,t_0)\,|\psi(t_0)\rangle \tag{13.224}$$

式(13.223)要求 $\hat{U}(t,t_0)$ 必须是一个幺正算符。

当 $t\to t_0$ 时，$|\psi(t)\rangle\to|\psi(t_0)\rangle$，因此 $\hat{U}(t,t_0)\to\hat{I}$。由于 $t-t_0$ 是个无穷小量，我们将 $\hat{U}(t,t_0)$ 在 t_0 附近展开，并保留到一次项，得

$$\hat{U}(t,t_0)=\hat{I}+\frac{1}{\mathrm{i}\hbar}\hat{H}(t_0)(t-t_0) \tag{13.225}$$

这里分离出因子 $1/\mathrm{i}\hbar$，使得算符 $\hat{H}(t_0)$ 具有能量量纲，同时 $\hat{U}(t,t_0)$ 的幺正性保证了算符 $\hat{H}(t_0)$ 的自伴性。证明如下：

$$\hat{I}=\hat{U}^{\dagger}(t,t_0)\hat{U}(t,t_0)=\left[\hat{I}-\frac{1}{\mathrm{i}\hbar}\hat{H}^{\dagger}(t_0)(t-t_0)\right]\left[\hat{I}+\frac{1}{\mathrm{i}\hbar}\hat{H}(t_0)(t-t_0)\right] \tag{13.226}$$

将括号相乘展开，并保留到一次项，得

$$\hat{I}=\hat{U}^{\dagger}(t,t_0)\hat{U}(t,t_0)=\hat{I}+\frac{1}{\mathrm{i}\hbar}[\hat{H}(t_0)-\hat{H}^{\dagger}(t_0)](t-t_0) \tag{13.227}$$

因此 $t-t_0$ 的一次项的系数为零，由此可得

$$\hat{H}(t_0)=\hat{H}^{\dagger}(t_0) \tag{13.228}$$

(约化)普朗克常量 $\hbar$ 从式(13.225)开始进入理论。

将式(13.225)代入式(13.224)，得

$$|\psi(t)\rangle=|\psi(t_0)\rangle+\frac{1}{\mathrm{i}\hbar}\hat{H}(t_0)(t-t_0)\,|\psi(t_0)\rangle \tag{13.229}$$

㊀ 刘川. 理论力学[M]. 北京：北京大学出版社，2019，151 页.

将方程整理为

$$\frac{|\psi(t)\rangle - |\psi(t_0)\rangle}{t - t_0} = \frac{1}{\mathrm{i}\hbar}\hat{H}(t_0)\,|\psi(t_0)\rangle \tag{13.230}$$

当 $t\to t_0$ 时，方程(13.230)左端正是 $|\psi(t)\rangle$ 在 t_0 处的一阶导数，由此得到

$$\left(\frac{\mathrm{d}}{\mathrm{d}t}|\psi(t)\rangle\right)_{t=t_0} = \frac{1}{\mathrm{i}\hbar}\hat{H}(t_0)\,|\psi(t_0)\rangle \tag{13.231}$$

将 t_0 重新改记为 t，得

$$\mathrm{i}\hbar\frac{\mathrm{d}}{\mathrm{d}t}|\psi(t)\rangle = \hat{H}(t)\,|\psi(t)\rangle \tag{13.232}$$

这里 $\hat{H}$ 是一个具有能量量纲的自伴算符，如果进一步假定 $\hat{H}$ 是由经典哈密顿量按照量子化规则 $\boldsymbol{r}\to\hat{\boldsymbol{r}}$ 和 $\boldsymbol{p}\to\hat{\boldsymbol{p}}$ 而得到的算符，则方程(13.232)就是薛定谔方程。应该说明的是，这里我们讲述的并不是历史上找到薛定谔方程的方法，而是采用了较为现代的观点的一种方法。

13.6.3　海森伯绘景量子化

从经典力学过渡到量子力学，只需要做如下替换

$$[A,B]_{\mathrm{PB}} \to \frac{1}{\mathrm{i}\hbar}[\hat{A},\hat{B}] \tag{13.233}$$

也就是说，将所有力学量替换为算符，同时将泊松括号替换为对易子除以 $\mathrm{i}\hbar$，则经典力学的方程就过渡为量子力学的方程。由此(约化)普朗克常量 $\hbar$ 开始进入理论。由于经典力学中所有力学量都是 q_i,p_i 的函数，因此只需要将 q_i,p_i 替换为算符，所有的经典力学量就成了算符。比如，对式(13.214)做替换，就得到基本对易关系

$$[\hat{q}_i,\hat{p}_j] = \mathrm{i}\hbar\delta_{ij},\quad i,j=1,2,\cdots,s \tag{13.234}$$

这里并不需要算符的坐标表象表达式，$\hat{q}_i$ 和 $\hat{p}_i$ 都是态空间中的算符。实际上，仅仅利用对易子(13.234)就可以求出 $\hat{q}_i$ 和 $\hat{p}_i$ 的本征值，并由此定义坐标表象和动量表象，从而求出两个表象中算符的表达式[㊀]。

对式(13.215)做替换，就得到

$$\dot{q}_i = \frac{1}{\mathrm{i}\hbar}[\hat{p}_i,\hat{H}],\quad \dot{p}_i = \frac{1}{\mathrm{i}\hbar}[\hat{q}_i,\hat{H}],\quad i=1,2,\cdots,s \tag{13.235}$$

对式(13.216)做替换，就得到

$$\frac{\mathrm{d}\hat{F}}{\mathrm{d}t} = \frac{1}{\mathrm{i}\hbar}[\hat{F},\hat{H}] + \frac{\partial\hat{F}}{\partial t} \tag{13.236}$$

这正是海森伯绘景中力学量的运动方程，方程(13.235)是这个方程的特例。按照替换规则(13.233)过渡到量子力学时，力学量算符应当理解为海森伯绘景中的算符。

对式(13.218)做替换，就得到角动量算符的对易关系(下面用了求和约定)

$$[\hat{L}_i,\hat{L}_j] = \mathrm{i}\hbar\varepsilon_{ijk}\hat{L}_k,\quad i,j=1,2,3 \tag{13.237}$$

㊀ 塔诺季，迪于，拉洛埃. 量子力学：第一卷[M]. 刘家谟，陈星奎，译. 北京：高等教育出版社，2014，第 2 章补充材料 E，189-194 页.

讨论

(1) 对泊松括号满足的恒等式(13.210)~(13.213)做替换，就得到海森伯绘景中相应的对易子恒等式。注意，常数 c 应当替换为算符$c\hat{I}$，虽然单位算符 $\hat{I}$ 经常省略不写。

(2) 在过渡到其他绘景时，由于绘景变换是一个幺正变换，因此不改变对易子恒等式。比如，从海森伯绘景过渡到薛定谔绘景时，算符的对易关系保持形式不变。因此，从泊松括号恒等式得到的对易子恒等式对任何绘景都成立。

(3) 运动方程(13.235)和(13.236)并不是算符恒等式，它们只是海森伯绘景的方程。

*13.7 路径积分

薛定谔绘景与海森伯绘景都与正则方程有关，称为量子力学的正则形式。除此之外，量子力学还有一种路径积分形式，与体系的拉格朗日量有关。

13.7.1 传播子

薛定谔方程(13.1)是个微分方程，给定了哈密顿算符就可以得到任意时刻态矢量的变化率,从而给出该时刻附近的态矢量。根据方程(13.1)，若已知 t_0 时刻的态矢量为 $|\psi(t_0)\rangle$，则在 t_0~t_0+dt 时间内态矢量的变化为

$$\mathrm{d}\,|\,\psi(t)\rangle = |\,\psi(t_0+\mathrm{d}t)\rangle - |\,\psi(t_0)\rangle = \frac{1}{\mathrm{i}\hbar}\hat{H}\,|\,\psi(t_0)\rangle\mathrm{d}t \tag{13.238}$$

由此可知 t_0+dt 时刻的态矢量为

$$|\,\psi(t_0+\mathrm{d}t)\rangle = |\,\psi(t_0)\rangle + \frac{1}{\mathrm{i}\hbar}\hat{H}\,|\,\psi(t_0)\rangle\mathrm{d}t \tag{13.239}$$

如前所述，态矢量的演化也可用时间演化算符表达。时间演化算符 $U(t,t_0)$包含了态矢量演化的所有信息，可将 t_0 时刻的态矢量直接变换到 t 时刻。用$\langle\boldsymbol{r}\,|$左乘式(13.38)，转换到坐标表象，并利用封闭性关系，得

$$\langle\boldsymbol{r}\,|\,\psi(t)\rangle = \langle\boldsymbol{r}\,|\,\hat{U}(t,t_0)\,|\,\psi(t_0)\rangle = \int_\infty \mathrm{d}^3 r_0 \langle\boldsymbol{r}\,|\,\hat{U}(t,t_0)\,|\,\boldsymbol{r}_0\rangle\langle\boldsymbol{r}_0\,|\,\psi(t_0)\rangle \tag{13.240}$$

引入如下传播子(propagator)

$$K(\boldsymbol{r},t;\boldsymbol{r}_0,t_0) = \langle\boldsymbol{r}\,|\,\hat{U}(t,t_0)\,|\,\boldsymbol{r}_0\rangle \tag{13.241}$$

可将式(13.240)改写为

$$\psi(\boldsymbol{r},t) = \int_\infty \mathrm{d}^3 r_0\, K(\boldsymbol{r},t;\boldsymbol{r}_0,t_0)\,\psi(\boldsymbol{r}_0,t_0) \tag{13.242}$$

根据式(13.241)，若 t_0 时刻体系的态矢量为 $|\psi(t_0)\rangle = |\,\boldsymbol{r}_0\rangle$，则 t 时刻波函数就是 $K(\boldsymbol{r},t;\boldsymbol{r}_0,t_0)$。根据测量假定，传播子的物理含义是，若 t_0 时刻粒子处于 $\boldsymbol{r}_0$ 点，由位置本征态$|\,\boldsymbol{r}_0\rangle$描述，那么 t 时刻在 $\boldsymbol{r}$ 点发现粒子的概率幅就是 $K(\boldsymbol{r},t;\boldsymbol{r}_0,t_0)$。

由此可见，由 t_0 时刻体系状态找到 t 时刻体系状态有两种方式，一种是利用式(13.239)，从 t_0 时刻体系的状态出发，先找到 t_0+dt 时刻的状态，按照这种方式一步一步接近 t 时刻体系的状态；另一种是利用式(13.38)或式(13.242)，从 t_0 时刻体系的状态出发直接找到 t 时刻体系的状态。在后一种方法中，我们并不关注在 t_0~t 之间的时刻体系的状态

如何。

时间演化算符满足方程(13.43)，因此

$$\mathrm{i}\hbar \frac{\mathrm{d}K(\boldsymbol{r},t;\boldsymbol{r}_0,t_0)}{\mathrm{d}t} = \langle \boldsymbol{r} \mid \mathrm{i}\hbar \frac{\mathrm{d}\hat{U}(t,t_0)}{\mathrm{d}t} \mid \boldsymbol{r}_0\rangle = \langle \boldsymbol{r} \mid \hat{H}(t)\hat{U}(t,t_0) \mid \boldsymbol{r}_0\rangle \tag{13.243}$$

利用坐标表象中算符的作用(第 9 章)，得

$$\mathrm{i}\hbar \frac{\mathrm{d}K(\boldsymbol{r},t;\boldsymbol{r}_0,t_0)}{\mathrm{d}t} = H(\boldsymbol{r}, -\mathrm{i}\hbar\nabla,t)\langle \boldsymbol{r} \mid \hat{U}(t,t_0) \mid \boldsymbol{r}_0\rangle \tag{13.244}$$

哈密顿算符当中也可以含有粒子的自旋算符，为了记号简单起见，这里没有写出来。根据传播子定义，得

$$\boxed{\mathrm{i}\hbar \frac{\mathrm{d}K(\boldsymbol{r},t;\boldsymbol{r}_0,t_0)}{\mathrm{d}t} = H(\boldsymbol{r}, -\mathrm{i}\hbar\nabla,t)K(\boldsymbol{r},t;\boldsymbol{r}_0,t_0)} \tag{13.245}$$

这就是传播子满足的方程，它在形式上与薛定谔方程(13.1)、时间演化算符满足的方程(13.43)一模一样。这三个方程描述的是同一内容，只是分别用 $|\psi(t)\rangle$, $U(t,t_0)$ 和 $K(\boldsymbol{r},t;\boldsymbol{r}_0,t_0)$ 表达而已。将方程(13.245)改写为

$$\left[\mathrm{i}\hbar \frac{\mathrm{d}}{\mathrm{d}t} - H(\boldsymbol{r}, -\mathrm{i}\hbar\nabla,t)\right]K(\boldsymbol{r},t;\boldsymbol{r}_0,t_0) = 0 \tag{13.246}$$

根据式(13.242)，只要有了传播子，就可以直接根据 t_0 时刻的波函数 $\psi(\boldsymbol{r}_0,t_0)$ 得到任意 t 时刻的波函数 $\psi(\boldsymbol{r},t)$。无论 $t>t_0$ 还是 $t<t_0$，式(13.242)均成立。在很多情况下只需要讨论波源对未来的影响，为此引入推迟传播子(retarded propagator)

$$K_+(\boldsymbol{r},t;\boldsymbol{r}_0,t_0) = \langle \boldsymbol{r} \mid \hat{U}(t,t_0) \mid \boldsymbol{r}_0\rangle u(t-t_0) \tag{13.247}$$

其中 $u(t)$ 是阶跃函数。根据式(13.242)，得

$$u(t-t_0)\psi(\boldsymbol{r},t) = \int_\infty \mathrm{d}^3 r_0\, K_+(\boldsymbol{r},t;\boldsymbol{r}_0,t_0)\psi(\boldsymbol{r}_0,t_0) \tag{13.248}$$

当 $t>t_0$ 时，式(13.248)等价于式(13.242)；当 $t<t_0$ 时，式(13.248)给出平庸的恒等式 $0=0$。因此 t_0 时刻体系状态只影响 $t>t_0$ 时刻体系状态，而不会影响 t_0 时刻之前的状态。

引入推迟传播子在数学上也是有用的。根据式(13.247)可得

$$\begin{aligned}\mathrm{i}\hbar \frac{\mathrm{d}K_+(\boldsymbol{r},t;\boldsymbol{r}_0,t_0)}{\mathrm{d}t} &= \langle \boldsymbol{r} \mid \mathrm{i}\hbar \frac{\mathrm{d}\hat{U}(t,t_0)}{\mathrm{d}t} \mid \boldsymbol{r}_0\rangle u(t-t_0) \\ &\quad + \mathrm{i}\hbar\langle \boldsymbol{r} \mid \hat{U}(t,t_0) \mid \boldsymbol{r}_0\rangle \frac{\mathrm{d}}{\mathrm{d}t}u(t-t_0)\end{aligned} \tag{13.249}$$

根据公式 $\delta(t)=u'(t)$，并利用方程(13.43)，得

$$\left[\mathrm{i}\hbar \frac{\mathrm{d}}{\mathrm{d}t} - H(\boldsymbol{r}, -\mathrm{i}\hbar\nabla,t)\right]K_+(\boldsymbol{r},t;\boldsymbol{r}_0,t_0) = \mathrm{i}\hbar\langle \boldsymbol{r} \mid \hat{U}(t,t_0) \mid \boldsymbol{r}_0\rangle\delta(t-t_0) \tag{13.250}$$

根据 δ 函数的性质，可以将式(13.250)右端 $\hat{U}(t,t_0)$ 中的 t 换成 t_0，由于

$$\hat{U}(t_0,t_0) = \hat{I}, \quad \langle \boldsymbol{r} \mid \boldsymbol{r}_0\rangle = \delta(\boldsymbol{r}-\boldsymbol{r}_0) \tag{13.251}$$

因此

$$\left[\mathrm{i}\hbar \frac{\mathrm{d}}{\mathrm{d}t} - H(\boldsymbol{r}, -\mathrm{i}\hbar\nabla,t)\right]K_+(\boldsymbol{r},t;\boldsymbol{r}_0,t_0) = \mathrm{i}\hbar\delta(t-t_0)\delta(\boldsymbol{r}-\boldsymbol{r}_0) \tag{13.252}$$

由此可见，$K_+(\boldsymbol{r},t;\boldsymbol{r}_0,t_0)$ 是方程(13.246)的格林函数(Green's function)，它满足边界条件

为：$t<t_0$ 时，$K_+(\boldsymbol{r},t;\boldsymbol{r}_0,t_0)=0$。

13.7.2 振幅的分解

先考虑一维问题，态矢量的演化仍由式(13.38)给出。类似于式(13.242)，波函数的演化为

$$\psi(x,t)=\int_{-\infty}^{\infty}\mathrm{d}x\,K(x,t;x_0,t_0)\,\psi(x_0,t_0) \tag{13.253}$$

其中 $K(x,t;x_0,t_0)$ 是一维问题的传播子

$$K(x,t;x_0,t_0)=\langle x\,|\,\hat{U}(t,t_0)\,|\,x_0\rangle \tag{13.254}$$

假设某个一维保守体系具有离散能谱

$$\hat{H}\,|\,n\rangle=E_n\,|\,n\rangle,\quad n=1,2,\cdots \tag{13.255}$$

根据时间演化算符的定义(13.29)，并利用封闭性关系 $\sum\limits_{n=1}^{\infty}|\,n\rangle\langle n\,|=\hat{I}$，得

$$\langle x\,|\,\hat{U}(t,t_0)\,|\,x_0\rangle=\sum_{n=1}^{\infty}\langle x\,|\,\mathrm{e}^{-\frac{\mathrm{i}}{\hbar}\hat{H}\cdot(t-t_0)}\,|\,n\rangle\langle n\,|\,x_0\rangle=\sum_{n=1}^{\infty}\langle x\,|\,n\rangle\langle n\,|\,x_0\rangle\,\mathrm{e}^{-\frac{\mathrm{i}}{\hbar}E_n(t-t_0)} \tag{13.256}$$

引入波函数记号 $\psi_n(x)=\langle x\,|\,n\rangle$，由此可得坐标表象的传播子

$$K(x,t;x_0,t_0)=\sum_{n=1}^{\infty}\psi_n(x)\,\psi_n^*(x_0)\,\mathrm{e}^{-\frac{\mathrm{i}}{\hbar}E_n(t-t_0)} \tag{13.257}$$

一维无限深方势阱或者谐振子都是这样的情形(当然谐振子能级从0开始编号)。

设 $t_0<t_1<t$，根据时间演化算符的性质(13.40)，得

$$\begin{aligned}K(x,t;x_0,t_0)&=\langle x\,|\,\hat{U}(t,t_1)\hat{U}(t_1,t_0)\,|\,x_0\rangle\\&=\int_{-\infty}^{\infty}\mathrm{d}x_1\langle x\,|\,\hat{U}(t,t_1)\,|\,x_1\rangle\langle x_1\,|\,\hat{U}(t_1,t_0)\,|\,x_0\rangle\end{aligned} \tag{13.258}$$

容易看出，被积函数是两个传播子的乘积，由此得到传播子的结合规则

$$K(x,t;x_0,t_0)=\int_{-\infty}^{\infty}\mathrm{d}x_1\,K(x,t;x_1,t_1)K(x_1,t_1;x_0,t_0) \tag{13.259}$$

根据传播子的含义，$K(x_1,t_1;x_0,t_0)$ 表示 t_0 时刻位于 x_0 处的粒子在 t_1 时刻 x_1 处发现粒子的概率幅，$K(x_2,t_2;x_1,t_1)$ 表示 t_1 时刻位于 x_1 处的粒子在 t_2 时刻 x_2 处发现粒子的概率幅，式(13.259)的被积函数 $K(x_2,t_2;x_1,t_1)K(x_1,t_1;x_0,t_0)$ 表示粒子从时空点 (x_0,t_0) 出发，穿过时空点 (x_1,t_1)，最终到达 (x,t) 的概率幅。式(13.259)中含有对 x_1 的积分，表示 t_1 时刻粒子经历了空间的每一个位置，每种情况的概率幅进行相干叠加，得到总的概率幅。

在时间段 $t_0\sim t$ 中取 $N-1$ 个等间隔分布的时刻

$$t_0<t_1<t_2<\cdots<t_{N-1}<t \tag{13.260}$$

利用时间演化算符的性质(13.40)，可得

$$\hat{U}(t,t_0)=\hat{U}(t,t_{N-1})\cdots\hat{U}(t_2,t_1)\hat{U}(t_1,t_0) \tag{13.261}$$

利用坐标表象的封闭性关系，得

$$\begin{aligned}K(x,t;x_0,t_0)=&\int_{-\infty}^{\infty}\mathrm{d}x_{N-1}\cdots\int_{-\infty}^{\infty}\mathrm{d}x_2\int_{-\infty}^{\infty}\mathrm{d}x_1\\&\times\langle x\,|\,\hat{U}(t,t_{N-1})\,|\,x_{N-1}\rangle\cdots\langle x_2\,|\,\hat{U}(t_2,t_1)\,|\,x_1\rangle\langle x_1\,|\,\hat{U}(t_1,t_0)\,|\,x_0\rangle\end{aligned} \tag{13.262}$$

根据传播子的定义(13.254)，可得

$$K(x,t;x_0,t_0)=\int_{-\infty}^{\infty}\mathrm{d}x_{N-1}\cdots\int_{-\infty}^{\infty}\mathrm{d}x_2\int_{-\infty}^{\infty}\mathrm{d}x_1 \times K(x,t;x_{N-1},t_{N-1})\cdots K(x_2,t_2;x_1,t_1)K(x_1,t_1;x_0,t_0) \tag{13.263}$$

式(13.263)中的被积函数

$$K(x,t;x_{N-1},t_{N-1})\cdots K(x_2,t_2;x_1,t_1)K(x_1,t_1;x_0,t_0) \tag{13.264}$$

表示粒子从时空点(x_0,t_0)出发，顺次穿过时空点(x_i,t_i)，$i=1,2,\cdots,N-1$，最终到达(x,t)的概率幅。

图 13-1 中显示了三条可能的路径。这里将时空点连接为折线，仅仅是为了表明相应的时空点属于同一条路径，并非意味着在相邻时刻之间粒子是沿着折线段传播的。任何一个传播子都仅仅涉及两个时空点，并不涉及两个时刻之间的运动状态，折线段中间的点并不出现在式(13.263)中，并不具有任何物理意义。在式(13.263)中包括对每个中间时刻t_i的一切可能位置x_i求积分，这表示最终的概率幅是所有路径的概率幅的相干叠加。

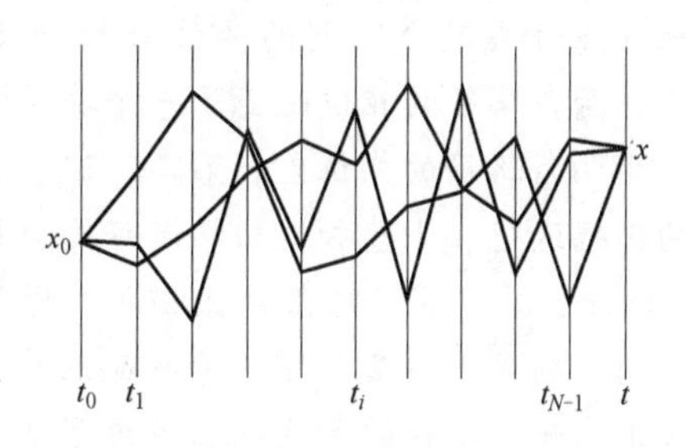

图 13-1　粒子通过的路径

当$N\to\infty$时，所有时空点(x_i,t_i)的序列构成了一条从(x_0,t_0)到(x,t)的路径，记为$x(t)$。当然，由于相邻时刻的空间点并不一定十分邻近，因此这样的路径不一定能够代表一条光滑曲线，函数$x(t)$不一定能够对t求导。然而详细分析表明，只有光滑曲线对概率幅的贡献是主要的。

13.7.3　费曼假设

将粒子从时空点$(\boldsymbol{r}_0,t_0)$到$(\boldsymbol{r},t)$的概率幅记为$K(x,t;x_0,t_0)$，作为量子力学的一种新的理论出发点，费曼(Feynman)做了如下假设：

(1) 时空中点$(\boldsymbol{r}_0,t_0)$到点$(\boldsymbol{r},t)$之间每一条路径贡献一个部分振幅$\mathrm{e}^{\mathrm{i}S/\hbar}$，其中$S$是经典作用量；

(2) $K(x,t;x_0,t_0)$等于所有路径贡献的部分振幅之和

$$K(x,t;x_0,t_0)=C\sum_{\text{所有路径}}\mathrm{e}^{\frac{\mathrm{i}}{\hbar}S} \tag{13.265}$$

式中，C是归一化常数。

可以证明㊀，根据这两条假设能够定义出波函数并得到薛定谔方程，也能够定义出力学量算符并得出相应的对易关系。这种从经典力学过渡到量子力学的方式，称为**路径积分量子化**。这种方案本身并不含有算符。如果在上一小节计算$N\to\infty$时的传播子，将会得到式(13.265)。因此，量子力学的正则形式和路径积分形式是等价的。

13.7.4　光学类比

路径积分的方法可以用光的狭缝干涉实验形象地进行演示。先考虑双缝干涉的情形，如

㊀　参见高等量子力学或者量子场论相关教材.

图 13-2 所示。O 代表单缝衍射板，从狭缝 S 出发的光，经过板 A 的两条狭缝 A_1 和 A_2，到达屏幕 Q。从 S 点到 P 点的振幅，等于通过两条路径 SA_1P 和 SA_2P 的振幅的相干叠加，由于两条路径的长短不同，因此两条路径的振幅存在相位差，从而在屏幕上形成了明暗相间的条纹。

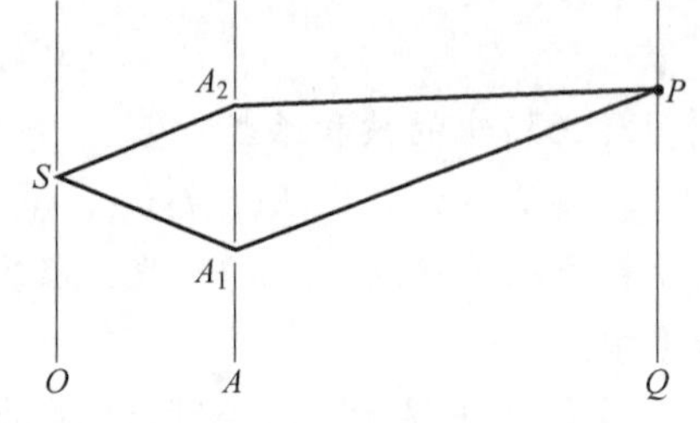

图 13-2　双缝干涉

需要注意：第一，讨论双缝干涉时通常是将光场当作稳定场处理的。光在两条传播路径 SA_1P 和 SA_2P 的相位变化，指的是同一时刻 P 点与 S 点的相位差。如果用波包来讨论，光信号从 S 到 P 需要一定时间，因此经过每条路径到达 P 点的光的相位，应该理解为跟 S 点过去某个时刻的相位进行相比。当然，这不过是将两条路径的相位改变了一个共同常数而已，并不影响最后结果，因为条纹的明暗仅仅取决于两条路径的相位差。第二，波包从 S 出发经过两条路径到达 P 点时，应该取同一时刻的振幅进行相干叠加。初学者可能会怀疑，两条路径的长度不同，为什么波包在同一时刻从 S 出发，并能够同时在 P 点相遇？原因是，波包有一定大小而非点粒子。如果两条路径长度不同，则来自两条路径的子波包的中心不会相遇，但二者通过 P 点的时间有一定重叠。如果来自一条路径的子波包已经过了 P 点，而另一条路径的子波包尚未到达，此时就失去了相干性。

双缝干涉很容易推广到多缝干涉，如图 13-3 所示。很明显，P 点的光等于来自各条路径的光的相干叠加。按照这个思路，假如板 A 上的狭缝越开越多，最后相当于直接拿掉板 A，此时从 S 点传播到 P 点的振幅可以理解为从 S 点经过板 A 原来所在平面的所有位置而到达 P 点的所有路径的振幅的相干叠加。这是惠更斯-菲涅耳原理的体现。当然，由于现在没有板 A，可以用一个传播子表示从 S 到 P 的振幅。两种理解是等价的，这正是式(13.259)的含义。

如果在多缝板 A 之后插入另一块多缝板 B，如图 13-4 所示。光从狭缝 S 出发，依次经过多缝板 A 和 B 到达 P 点的振幅，等于从 S 到 P 的各条路径的振幅的相干叠加。在图 13-4 中，从 S 到 P 一共有 6 条路径。按照这个思路，在单缝衍射板 O 和屏幕 Q 之间插入更多的多缝板，随着每个多缝板上的狭缝越开越多，最后等于单缝衍射板 O 和屏幕 Q 之间什么也没有，这就相当于对从 S 出发，并且经过原来每个多缝板所在平面的所有位置而到达 P 点的所有路径的振幅的相干叠加。当然，由于单缝衍射板 O 和屏幕 Q 之间什么也没有，可以用一个传播子表示从 S 到 P 的振幅。这两种理解的等价性，就是式(13.263)的含义。

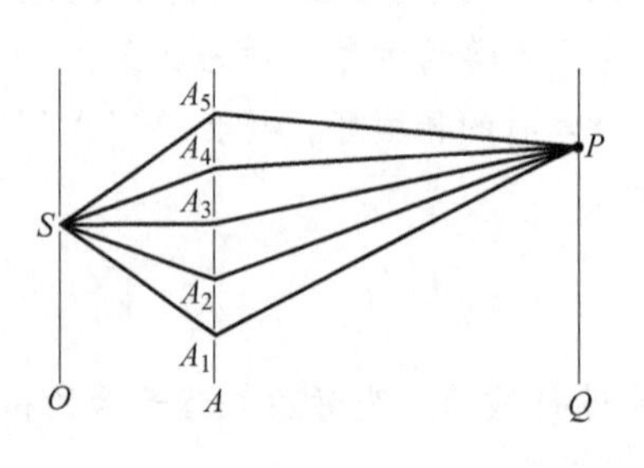

图 13-3　多缝干涉

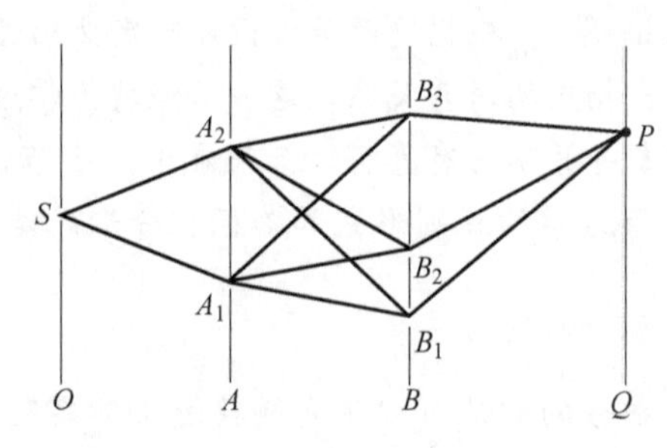

图 13-4　双板多缝干涉

在 O 和 Q 之间的每个平面都可以看作多缝板所在的位置。由此可见，要计算从 S 到 P 的振幅，可以将从 S 到 P 的所有可能路径的振幅进行相干叠加，这正是路径积分的思想。

讨论

在上述光学类比中，我们忽略了平行于狭缝方向的自由度，这样便于和量子力学中一维情形的路径积分公式进行类比。此外在路径积分公式中，我们是对时间段 $t_0 \sim t$ 进行分割，而在图 13-4 的光学类比中，是对 A 和 B 之间的空间进行分割。由于量子力学处理的是初值问题，而光学中处理的是稳定场的边值问题，所以二者并不完全雷同。如果愿意，我们可以把多缝板换成多孔板，这相当于量子力学中二维情形的路径积分。然而，对于量子力学中三维情形的路径积分，在上述光学类比中找不到类似物。

*13.8 经典极限

经典力学是量子力学在 $\hbar \to 0$ 时的极限。当然，物理常数 $\hbar$ 的数值不会真的发生变化，更不会趋于零。$\hbar \to 0$ 的意思是它跟某些量相比很小，从而使得公式中某些项贡献可以忽略，我们将在下面看到这个说法的具体含义。

13.8.1 路径积分形式

从量子力学的路径积分形式出发最容易得到经典极限。根据费曼假设，将粒子从时空点 $(\boldsymbol{r}_0, t_0)$ 移到点 $(\boldsymbol{r}, t)$ 的概率幅为

$$K(x,t;x_0,t_0) = \sum_{\text{所有路径}} \mathrm{e}^{\frac{\mathrm{i}}{\hbar}\mathcal{S}} \tag{13.266}$$

假如每条路径的作用量 $\mathcal{S} \gg \hbar$，当路径变化时，作用量将在一个非常巨大的范围内变化。即使两条相邻路径之间作用量之差 $\Delta\mathcal{S} \ll \mathcal{S}$，$\Delta\mathcal{S}$ 一般也比 $\hbar$ 大得多。当路径改变时，式(13.266)中的因子 $\mathrm{e}^{\mathrm{i}\mathcal{S}/\hbar}$ 中相位变化十分迅速，这使得式(13.266)中绝大多数路径 Γ 彼此发生相消干涉，因此对总振幅的贡献可以忽略。然而可能有一条特殊的路径 Γ_0，它和邻近路径的作用量之差在一级近似下为 0，此时 Γ_0 附近的各条路径对振幅的贡献将会发生相加干涉而不是相互抵消。Γ_0 提供了粒子通过的一条最主要的路径，其他路径的贡献都可以忽略，这种情况发生的条件是作用量的变分为零

$$\delta\mathcal{S} = 0 \tag{13.267}$$

这正是经典力学的最小作用量原理。

13.8.2 正则形式

我们在薛定谔绘景中讨论。波函数 $\psi(\boldsymbol{r}, t)$ 写为指数形式

$$\psi(\boldsymbol{r},t) = A(\boldsymbol{r},t)\,\mathrm{e}^{\frac{\mathrm{i}}{\hbar}S(\boldsymbol{r},t)} \tag{13.268}$$

在经典力学中，作用量的量纲是“能量×时间”，与 $\hbar$ 的量纲相同。指数上的因子 $S/\hbar$ 是无量纲的，因此式(13.268)中的 S 与作用量具有相同量纲。

设体系的哈密顿算符为

$$\hat{H}=-\frac{\hbar^2}{2m}\nabla^2+V(\boldsymbol{r}) \tag{13.269}$$

将式(13.268)代入薛定谔方程，得

$$\left(\mathrm{i}\hbar\frac{\partial A}{\partial t}-A\frac{\partial S}{\partial t}\right)\mathrm{e}^{\frac{\mathrm{i}}{\hbar}S}=\left(-\frac{\hbar^2}{2m}\nabla^2+V\right)A\mathrm{e}^{\frac{\mathrm{i}}{\hbar}S} \tag{13.270}$$

先计算拉普拉斯算符的作用，根据莱布尼茨法则

$$\nabla^2(A\mathrm{e}^{\mathrm{i}S/\hbar})=(\nabla^2A)\mathrm{e}^{\mathrm{i}S/\hbar}+A\nabla^2(\mathrm{e}^{\mathrm{i}S/\hbar})+2\nabla A\cdot\nabla\mathrm{e}^{\mathrm{i}S/\hbar} \tag{13.271}$$

再根据如下公式

$$\nabla\mathrm{e}^{\mathrm{i}S/\hbar}=\frac{\mathrm{i}}{\hbar}\mathrm{e}^{\mathrm{i}S/\hbar}\nabla S \tag{13.272}$$

$$\nabla^2\mathrm{e}^{\mathrm{i}S/\hbar}=\frac{\mathrm{i}}{\hbar}\nabla\cdot(\mathrm{e}^{\mathrm{i}S/\hbar}\nabla S)=\left[-\frac{1}{\hbar^2}(\nabla S)^2+\frac{\mathrm{i}}{\hbar}\nabla^2S\right]\mathrm{e}^{\mathrm{i}S/\hbar} \tag{13.273}$$

可得

$$\nabla^2(A\mathrm{e}^{\mathrm{i}S/\hbar})=\left[\nabla^2A-\frac{1}{\hbar^2}A(\nabla S)^2+\frac{\mathrm{i}}{\hbar}A\nabla^2S+\frac{2\mathrm{i}}{\hbar}\nabla A\cdot\nabla S\right]\mathrm{e}^{\mathrm{i}S/\hbar} \tag{13.274}$$

代入式(13.270)，得

$$\mathrm{i}\hbar\frac{\partial A}{\partial t}-A\frac{\partial S}{\partial t}=-\frac{\hbar^2}{2m}\left[\nabla^2A-\frac{1}{\hbar^2}A(\nabla S)^2+\frac{\mathrm{i}}{\hbar}A\nabla^2S+\frac{2\mathrm{i}}{\hbar}\nabla A\cdot\nabla S\right]+VA \tag{13.275}$$

令方程(13.275)两端实部和虚部分别相等，得到两个方程

$$\frac{\partial S}{\partial t}+\frac{1}{2m}(\nabla S)^2+V-\frac{\hbar^2}{2mA}\nabla^2A=0 \tag{13.276}$$

$$\frac{\partial A}{\partial t}=-\frac{1}{2m}(A\nabla^2S+2\nabla A\cdot\nabla S) \tag{13.277}$$

对于宏观物体，质量 m 很大，在式(13.276)中 $\hbar^2$ 项很小，忽略这一项，得

$$\frac{\partial S}{\partial t}+\frac{1}{2m}(\nabla S)^2+V=0 \tag{13.278}$$

如果将 S 理解为经典作用量，则式(13.278)正是单粒子的哈密顿-雅克比方程。由此可见，当 $\hbar\to0$ 时，量子力学的方程近似过渡到经典力学的方程。

将另一个方程(13.277)乘以 $2A$，得

$$2A\frac{\mathrm{d}A}{\mathrm{d}t}=\frac{\mathrm{d}A^2}{\mathrm{d}t}=-\frac{1}{m}(A^2\nabla^2S+2A\nabla A\cdot\nabla S) \tag{13.279}$$

注意

$$A^2\nabla^2S=\nabla\cdot(A^2\nabla S)-2A\nabla A\cdot\nabla S \tag{13.280}$$

因此

$$\frac{\mathrm{d}A^2}{\mathrm{d}t}+\frac{1}{m}\nabla\cdot(A^2\nabla S)=0 \tag{13.281}$$

利用式(13.268)可知概率密度为 $|\psi|^2=A^2$，而概率流密度为 $\boldsymbol{J}=A^2\nabla S/m$，因此式(13.281)正是概率守恒定律。将概率流密度与电流密度 $\boldsymbol{J}_{\mathrm{e}}=\rho_{\mathrm{e}}\boldsymbol{v}$ 比较，我们发现 $\nabla S/m$ 相当于与波函

数相关联的某种速度。实际上，如果将 S 理解为经典粒子的真实轨道的作用量，根据式(13.221)可知$\nabla S/m$ 就是经典粒子的速度。

习题

13.1　设 $|\psi_1(t)\rangle$ 和 $|\psi_2(t)\rangle$ 满足薛定谔方程，证明

$$\frac{\mathrm{d}}{\mathrm{d}t}\langle\psi_1(t)|\psi_2(t)\rangle=0$$

13.2　一个自旋为1/2，磁矩为 $\hat{\boldsymbol{M}}=\mu\hat{\boldsymbol{\sigma}}$，电荷为0的粒子置于磁场中。在 $t=0$ 时刻，磁场是均匀的且沿着 z 轴方向，$\boldsymbol{B}_0=(0,0,B_0)$，粒子处于 $\hat{\sigma}_z$ 的本征态 $|\beta\rangle$。$t>0$ 时加上沿 x 轴方向的较弱的均匀磁场 $\boldsymbol{B}_1=(B_1,0,0)$，求态矢量的演化。

提示：粒子与外磁场的相互作用哈密顿算符为

$$\hat{H}'=-\hat{\boldsymbol{M}}\cdot(\boldsymbol{B}_0+\boldsymbol{B}_1)=-\mu(B_1\hat{\sigma}_x+B_0\hat{\sigma}_z)$$

13.3　自旋为1/2的非全同二粒子体系，粒子间的相互作用为 $\hat{H}=A\hat{\boldsymbol{S}}_1\cdot\hat{\boldsymbol{S}}_2$，其中 A 是常数。设 $t=0$ 时刻二粒子体系的自旋态为 $|\alpha(1)\rangle|\beta(2)\rangle$，求 $t>0$ 时刻，

(1) 态矢量的演化；

(2) 粒子1自旋向上的概率；

(3) 粒子1和粒子2自旋均向上的概率；

(4) 总自旋 s 等于0和1的概率；

(5) $\langle\boldsymbol{S}_1\rangle$ 和 $\langle\boldsymbol{S}_2\rangle$。

13.4　设三能级体系哈密顿算符的矩阵为

$$H=\begin{pmatrix}a&0&b\\0&c&0\\b&0&a\end{pmatrix}，其中 a,b,c 均为实数$$

对以下三种初始状态，求 $t>0$ 时刻的态矢量列矩阵 $\psi(t)$。

$$(1)\ \psi(0)=\begin{pmatrix}1\\0\\0\end{pmatrix};\ (2)\ \psi(0)=\begin{pmatrix}0\\1\\0\end{pmatrix};\ (3)\ \psi(0)=\begin{pmatrix}0\\0\\1\end{pmatrix}。$$

13.5　设三能级体系的哈密顿算符和另外两个力学量的矩阵分别为

$$H=\hbar\omega\begin{pmatrix}1&0&0\\0&2&0\\0&0&2\end{pmatrix},\quad A=\lambda\begin{pmatrix}0&1&0\\1&0&0\\0&0&2\end{pmatrix},\quad B=\mu\begin{pmatrix}2&0&0\\0&0&1\\0&1&0\end{pmatrix}，其中 \omega,\lambda,\mu>0$$

(1) 求 H,A,B 的本征值和归一化本征矢量；

(2) 设体系的初始状态为

$$\psi(0)=\begin{pmatrix}c_1\\c_2\\c_3\end{pmatrix},\quad |c_1|^2+|c_2|^2+|c_3|^2=1$$

求 H,A,B 的期待值；

(3) 求 $t>0$ 时刻体系的状态列矩阵 $\psi(t)$；

(4) 在 $t>0$ 时刻测量 H,A,B，能够得到什么值？求测值概率。

13.6　一个电子处于振荡磁场中

$$\boldsymbol{B}=B_0\cos\omega t\,\boldsymbol{e}_z，B_0 和 \omega 为常数$$

(1) 构造体系的哈密顿矩阵；

(2) 设 $t=0$ 时刻电子处于 $s_x=\hbar/2$ 自旋态，求态矢量的演化；

(3) 在 $t>0$ 时刻测量 $\hat{S}_x$，求得到 $\hbar/2$ 和 $-\hbar/2$ 的概率；

(4) 要使 $\hat{S}_x$ 完全翻转，即让电子演化到 $s_x=-\hbar/2$ 的自旋态，B_0 至少为多大？

提示：哈密顿算符为 $\hat{H}=-\hat{\boldsymbol{M}}_S\cdot\boldsymbol{B}$，$\hat{\boldsymbol{M}}_S=-\dfrac{e}{m}\hat{\boldsymbol{S}}$ 是电子的自旋磁矩。由于哈密顿量含时，最好直接求解薛定谔方程来得到态矢量的演化。有余力的同学可以考虑如下方法：由于不同时刻的哈密顿算符互相对易，因此可以构造其共同本征矢量，利用瞬时本征值的积分来构造相因子。

第 14 章 全同粒子体系

我们把质量、电荷、自旋等参数相同的粒子称为全同粒子(identical particle)。比如，宇宙中所有电子都是全同的，所有的质子也是全同的。电子和正电子(positron)质量、自旋相同，但电荷相反，二者不是全同粒子。粒子的全同性与其运动状态无关。

14.1 体系的描述

通过分析全同粒子体系的特征，我们发现需要附加一个新的原理——全同性原理，理论才是完备的。

14.1.1 全同粒子的特征

在经典力学中，两个相互作用的物体如果参数相同，有时候会带来一些特别的物理现象。比如两个小球的质量、大小、材料均相同，二者发生正面弹性碰撞时会交换速度。对于这种特殊情形，每个物体仍然由位置和动量表述，它们按照牛顿定律遵循各自的轨道运动，我们不需要额外的理论假设就能描述这个过程。即使物体之间发生相互作用，各个物体的轨道也绝不相混。

到了量子力学中，情况发生了根本改变。图 14-1 表示三维波包碰撞的大致过程，其中图 14-1a 表示质心系中两个相向而行的全同粒子，两个波包的非零区域不重叠，此时可以对其进行编号；图 14-1b 表示碰撞时两个波包重叠；图 14-1c 表示碰撞以后形成出射球面波。

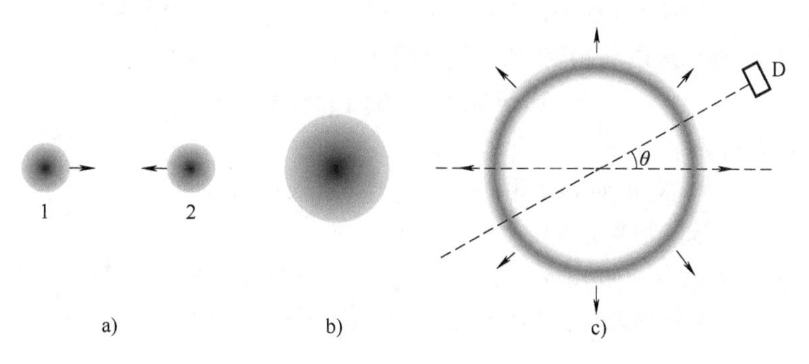

图 14-1 全同粒子的碰撞示意图

假如探测器 D 接收到一个粒子，根据动量守恒可知另一个粒子去了相反方向。从图 14-1a 的初态到图 14-1c 的测量中发现的末态，理论上可以分为两种情形，如图 14-2 所示㊀。如果两个粒子是可以区分的，比如一个电子和一个质子发生碰撞，那么两种末态代表的过程各有一定的概率发生。如果两个粒子是全同的，比如两个电子发生碰撞，由于两个粒子的质量、电荷、自旋等参数不可区分，因此只能说“探测到了一个粒子”，而不能说探测到了哪个粒子，这意味着图 14-2 的两种情形是无法区分的。

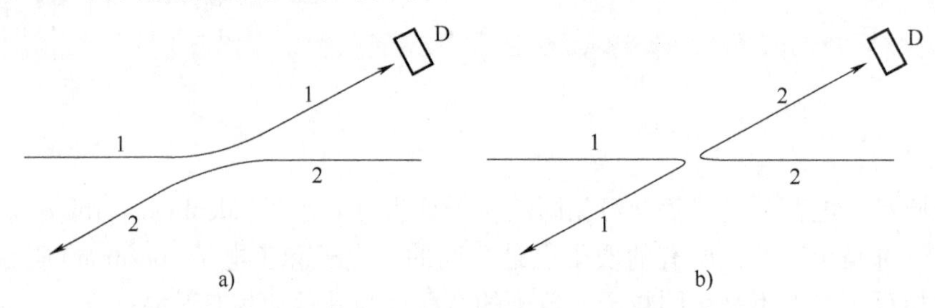

图 14-2　全同粒子碰撞路径

也许有人认为：探测到的粒子“客观上”代表粒子 1 或者粒子 2，只是我们碰巧不知道而已。但这仍然是错的。全同粒子的含义是：由于粒子的不可区分性，只能采用“记账”方式处理全同粒子体系。换句话说，我们仅能谈论粒子数目，而不能谈及粒子的个体身份。这正如银行账户的使用，我们可以说支出了 1 块钱，而不能说支出的是账户中的“哪个 1 块钱”。全同粒子体系的这个特点，将使理论结构发生深刻改变。比如在上述散射过程中，探测器接收到一个粒子代表散射过程的一种末态，那么，末态矢量究竟是图 14-2 中哪种情形？或者是两种情形的某种组合？我们必须有一种规则能够确切给出末态矢量。

14.1.2　二电子体系

我们以二电子体系的自旋态空间为例，初步讨论粒子的全同性带来的影响。我们将表明，粒子的全同性是能够影响实验结果的，是一个实验结论。

1. 态空间的基

先假设电子可以区分，从而可以编号。设电子 1 和电子 2 的自旋态空间分别为 $\mathcal{V}_S^{1/2}(1)$ 和 $\mathcal{V}_S^{1/2}(2)$，基矢量分别选为 $\hat{S}_{1z}$ 的本征矢量 $|s_1 m_{s1}\rangle$ 和 $\hat{S}_{2z}$ 的本征矢量 $|s_2 m_{s2}\rangle$，并引入记号

$$
\begin{aligned}
|\alpha_1\rangle &= |s_1, m_{s1}=1/2\rangle, \quad |\beta_1\rangle = |s_1, m_{s1}=-1/2\rangle \\
|\alpha_2\rangle &= |s_2, m_{s2}=1/2\rangle, \quad |\beta_2\rangle = |s_2, m_{s2}=-1/2\rangle
\end{aligned} \tag{14.1}
$$

二电子体系的自旋空间是 $\mathcal{V}_S^{1/2}(1)$ 和 $\mathcal{V}_S^{1/2}(2)$ 的张量积

$$
\mathcal{V}_S = \mathcal{V}_S^{1/2}(1) \otimes \mathcal{V}_S^{1/2}(2) \tag{14.2}
$$

无耦合表象的基矢量为

$$
|s_1 s_2 m_{s1} m_{s2}\rangle = |s_1 m_{s1}\rangle |s_2 m_{s2}\rangle, \quad m_{s1}, m_{s2} = \pm 1/2 \tag{14.3}
$$

按照式(14.1)，四个基矢量可记为

$$
|s_1 s_2 m_{s1} m_{s2}\rangle = |\alpha_1\rangle|\alpha_2\rangle, \quad |\alpha_1\rangle|\beta_2\rangle, \quad |\beta_1\rangle|\alpha_2\rangle, \quad |\beta_1\rangle|\beta_2\rangle \tag{14.4}
$$

为了讨论方便，将这四个基矢量根据 (m_{s1}, m_{s2}) 取值按照字典序编号

㊀ 图中“路径”并不是粒子的轨道，只是用来区分探测器接收的粒子来自哪一个.

$$|u_1\rangle = |\alpha_1\rangle|\alpha_2\rangle,\quad |u_2\rangle = |\alpha_1\rangle|\beta_2\rangle,\quad |u_3\rangle = |\beta_1\rangle|\alpha_2\rangle,\quad |u_4\rangle = |\beta_1\rangle|\beta_2\rangle \tag{14.5}$$

耦合表象的基矢量是$(\hat{\boldsymbol{S}},\hat{S}_z)$的共同本征矢量

$$|sm_s\rangle = |0,0\rangle,\quad |1,1\rangle,\quad |1,0\rangle,\quad |1,-1\rangle \tag{14.6}$$

两个基的关系为

$$\begin{aligned}
|1,1\rangle &= |\alpha_1\rangle|\alpha_2\rangle\\
|1,0\rangle &= \frac{1}{\sqrt{2}}(|\alpha_1\rangle|\beta_2\rangle + |\beta_1\rangle|\alpha_2\rangle)\\
|1,-1\rangle &= |\beta_1\rangle|\beta_2\rangle\\
|0,0\rangle &= \frac{1}{\sqrt{2}}(|\alpha_1\rangle|\beta_2\rangle - |\beta_1\rangle|\alpha_2\rangle)
\end{aligned} \tag{14.7}$$

采用类似方法处理自旋 x 分量，可以得到另外两个基。将电子 1 的自旋态空间 $\mathcal{V}_S^{1/2}(1)$ 的基矢量选为 $\hat{S}_{1x}$ 的本征矢量 $|\overline{s_1m_{s1}}\rangle$，电子 2 的自旋态空间 $\mathcal{V}_S^{1/2}(2)$ 的基矢量选为 $\hat{S}_{2x}$ 的本征矢量 $|\overline{s_2m_{s2}}\rangle$，这里 m_{s1},m_{s2} 表示与 $\hat{S}_{1x},\hat{S}_{2x}$ 相关的磁量子数。引入记号

$$\begin{aligned}
|\bar{\alpha}_1\rangle &= |\overline{s_1,m_{s1}=1/2}\rangle,\quad |\bar{\beta}_1\rangle = |\overline{s_1,m_{s1}=-1/2}\rangle\\
|\bar{\alpha}_2\rangle &= |\overline{s_2,m_{s2}=1/2}\rangle,\quad |\bar{\beta}_2\rangle = |\overline{s_2,m_{s2}=-1/2}\rangle
\end{aligned} \tag{14.8}$$

无耦合表象的基矢量为

$$|\overline{s_1s_2m_{s1}m_{s2}}\rangle = |\overline{s_1m_{s1}}\rangle|\overline{s_2m_{s2}}\rangle,\quad m_{s1},m_{s2} = \pm 1/2 \tag{14.9}$$

按照式(14.8)，四个基矢量可记为

$$|\overline{s_1s_2m_{s1}m_{s2}}\rangle = |\bar{\alpha}_1\rangle|\bar{\alpha}_2\rangle,\quad |\bar{\alpha}_1\rangle|\bar{\beta}_2\rangle,\quad |\bar{\beta}_1\rangle|\bar{\alpha}_2\rangle,\quad |\bar{\beta}_1\rangle|\bar{\beta}_2\rangle \tag{14.10}$$

为了讨论方便，将这四个基矢量根据(m_{s1},m_{s2})取值按照字典序记为

$$|\bar{u}_1\rangle = |\bar{\alpha}_1\rangle|\bar{\alpha}_2\rangle,\quad |\bar{u}_2\rangle = |\bar{\alpha}_1\rangle|\bar{\beta}_2\rangle,\quad |\bar{u}_3\rangle = |\bar{\beta}_1\rangle|\bar{\alpha}_2\rangle,\quad |\bar{u}_4\rangle = |\bar{\beta}_1\rangle|\bar{\beta}_2\rangle \tag{14.11}$$

将$(\hat{S}^2,\hat{S}_x)$的共同本征矢量记为 $|\overline{sm_s}\rangle$，这里的 m_s 是指与 $\hat{S}_x$ 相关的磁量子数。这样的本征矢量也有四个

$$|\overline{sm_s}\rangle = |\overline{0,0}\rangle,\quad |\overline{1,1}\rangle,\quad |\overline{1,0}\rangle,\quad |\overline{1,-1}\rangle \tag{14.12}$$

构成耦合表象的基。类比式(14.7)，两个基的关系为

$$\begin{aligned}
|\overline{1,1}\rangle &= |\bar{\alpha}_1\rangle|\bar{\alpha}_2\rangle\\
|\overline{1,0}\rangle &= \frac{1}{\sqrt{2}}(|\bar{\alpha}_1\rangle|\bar{\beta}_2\rangle + |\bar{\beta}_1\rangle|\bar{\alpha}_2\rangle)\\
|\overline{1,-1}\rangle &= |\bar{\beta}_1\rangle|\bar{\beta}_2\rangle\\
|\overline{0,0}\rangle &= \frac{1}{\sqrt{2}}(|\bar{\alpha}_1\rangle|\bar{\beta}_2\rangle - |\bar{\beta}_1\rangle|\bar{\alpha}_2\rangle)
\end{aligned} \tag{14.13}$$

对于单电子体系，在泡利表象中 $\hat{S}_x$ 的矩阵形式为

$$S_x = \frac{\hbar}{2}\begin{pmatrix}0 & 1\\ 1 & 0\end{pmatrix} \tag{14.14}$$

由此可得 $\hat{S}_x$ 的本征值和本征矢量为

$$s_x = \frac{\hbar}{2}, \quad \bar{\alpha} = \frac{1}{\sqrt{2}}\begin{pmatrix}1\\1\end{pmatrix}, \quad |\bar{\alpha}\rangle = \frac{1}{\sqrt{2}}(|\alpha\rangle + |\beta\rangle)$$
$$s_x = -\frac{\hbar}{2}, \quad \bar{\beta} = \frac{1}{\sqrt{2}}\begin{pmatrix}1\\-1\end{pmatrix}, \quad |\bar{\beta}\rangle = \frac{1}{\sqrt{2}}(|\alpha\rangle - |\beta\rangle) \tag{14.15}$$

式(14.15)对任何一个电子都成立，因此

$$\text{电子1：} \quad |\bar{\alpha}_1\rangle = \frac{1}{\sqrt{2}}(|\alpha_1\rangle + |\beta_1\rangle), \quad |\bar{\beta}_1\rangle = \frac{1}{\sqrt{2}}(|\alpha_1\rangle - |\beta_1\rangle)$$
$$\text{电子2：} \quad |\bar{\alpha}_2\rangle = \frac{1}{\sqrt{2}}(|\alpha_2\rangle + |\beta_2\rangle), \quad |\bar{\beta}_2\rangle = \frac{1}{\sqrt{2}}(|\alpha_2\rangle - |\beta_2\rangle) \tag{14.16}$$

由此可将式(14.11)的四个基矢量用式(14.5)中的四个矢量来表示，这是两个无耦合表象的基矢量的关系

$$|\bar{u}_1\rangle = \frac{1}{2}(|u_1\rangle + |u_2\rangle + |u_3\rangle + |u_4\rangle), \quad |\bar{u}_2\rangle = \frac{1}{2}(|u_1\rangle - |u_2\rangle + |u_3\rangle - |u_4\rangle)$$
$$|\bar{u}_3\rangle = \frac{1}{2}(|u_1\rangle + |u_2\rangle - |u_3\rangle - |u_4\rangle), \quad |\bar{u}_4\rangle = \frac{1}{2}(|u_1\rangle - |u_2\rangle - |u_3\rangle + |u_4\rangle) \tag{14.17}$$

综上所述，我们在二电子自旋态空间 $\mathcal{V}_S = \mathcal{V}_S(1) \otimes \mathcal{V}_S(2)$ 引入了四个基，分别如式(14.4)、式(14.6)、式(14.10)和式(14.12)所示，其中前两个基与自旋 z 分量相关，后两个基与自旋 x 分量相关。四个基的关系如式(14.7)、式(14.13)和式(14.17)所示。

2. 交换简并

虽然电子1和电子2不可区分，但式(14.5)中 $|u_1\rangle$ 和 $|u_4\rangle$ 的含义仍是明确的：$|u_1\rangle$ 表示两个电子 $s_z=\hbar/2$；$|u_4\rangle$ 表示两个电子 $s_z=-\hbar/2$。而 $|u_2\rangle$ 和 $|u_3\rangle$ 的含义就不太明确了。如果电子1和电子2可以区分，则

(1) $|u_2\rangle$ 表示电子1自旋 z 分量是 $\hbar/2$，电子2自旋 z 分量是 $-\hbar/2$；

(2) $|u_3\rangle$ 表示电子1自旋 z 分量是 $-\hbar/2$，电子2自旋 z 分量是 $\hbar/2$。

但电子1和电子2是不可区分的，我们仅能说“一个电子 $s_z=\hbar/2$，另一个电子 $s_z=-\hbar/2$”。为了简化表述，我们暂时引入记号 $z+-$，用来表示“一个电子 $s_z=\hbar/2$，另一个电子 $s_z=-\hbar/2$”。基矢量 $|u_2\rangle$ 和 $|u_3\rangle$ 张成一个二维子空间，其中所有非零态矢量都有资格表示 $z+-$。这种情况称为交换简并(exchange degeneracy)。由于交换简并，似乎可以认为子空间中所有非零态矢量描述了同一个物理状态，然而这种观点与测量理论不相容。我们通过分析一个测量过程来阐明这一点。

假定现在测量的是电子的自旋分量 $\hat{S}_x$，我们要求出测量到两个电子的自旋 x 分量均为 $\hbar/2$ 的概率。在张量积空间 $\mathcal{V}_S = \mathcal{V}_S^{1/2}(1) \otimes \mathcal{V}_S^{1/2}(2)$ 中，两个电子的自旋分量 $\hat{S}_x$ 的本征值均为 $\hbar/2$ 的态矢量由式(14.11)中的 $|\bar{u}_1\rangle$ 描述。假设二电子体系的自旋状态为

$$|\chi\rangle = a|u_2\rangle + b|u_3\rangle \tag{14.18}$$

并假定它满足归一化条件 $|a|^2+|b|^2=1$。根据测量假定，并利用式(14.17)中 $|\bar{u}_1\rangle$ 的表达式，可得测到两个电子的自旋 x 分量的结果均为 $\hbar/2$ 的概率为

$$|\langle\bar{u}_1|\chi\rangle|^2 = \left|\frac{1}{2}(a+b)\right|^2 \tag{14.19}$$

归一化条件并不能唯一确定 $a+b$ 的数值，因此式(14.19)并没有给出测量概率的唯一预言。

这同时说明，粒子的全同性不仅仅是一种观念，而且是一个实验结论：如果两个电子不是全同的，那么式(14.18)中每一种态矢量都是z+-的特例，式(14.19)的每一种预言都应该能被测到。然而事实上却只能测到一个值，从而表明z+-仅代表一种状态，也迫使我们承认两个电子是全同的。我们需要一个规则从式(14.18)中找到符合实验结果的态矢量。

14.1.3　全同性原理

从全同粒子体系特点出发，我们来推测体系态矢量应当具有的特点。假设体系态矢量为$|\psi\rangle$，由于粒子是全同的，那么交换粒子 1 和粒子 2 的编号应当不改变体系状态，这要求态矢量最多只能变为$C|\psi\rangle$。再次交换粒子 1 和粒子 2 的编号后态矢量应该复原，这要求$C^2|\psi\rangle=|\psi\rangle$。由此可见，$C$只能取 1 和−1。类似地，交换粒子 2 和粒子 3 应该也是这个效果。满足这些要求的态矢量仍然有很多。为了挑选唯一合理的态矢量，需要附加如下对称化假定(symmetrization postulate)，也称为全同性原理(identical principle)。

对于全同粒子体系，交换任何两个粒子，态矢量只能

（1）不变，这种态矢量称为交换对称的(symmetric)；

（2）相差一个负号，这种态矢量称为交换反对称的(antisymmetric)。

对于同一种粒子，只能取上述两种情形之一。

由交换对称的态矢量描述的粒子称为玻色子(boson)，由交换反对称的态矢量描述的粒子称为费米子(fermion)。玻色子体系服从玻色-爱因斯坦(Bose-Einstein)统计，费米子体系服从费米-狄拉克(Fermi-Dirac)统计。实验表明，全同粒子的统计性质与粒子的自旋有关，自旋为非负整数的粒子是玻色子，自旋为正半奇数的粒子是费米子。

全同性原理的表述可能会让初学者困惑：既然粒子是不可区分的，那么交换两个粒子又是什么意思？答案是，作为理论出发点，将全同粒子作为可分辨粒子来处理。也就是说，我们可以对粒子进行编号。先建立普通粒子态空间，然后根据全同性原理挑出满足条件的态矢量。原理中所说的交换两个粒子，就是交换二者的身份编号。在后面我们处理二粒子体系、三粒子体系和N粒子体系，都是这样做的。专门处理全同粒子的态空间称为福克(Fock)空间，我们将在本章最后予以简单介绍。在非相对论量子力学中，自旋和统计的关系是从实验得到的，这个关系不能从全同性原理推导出来。在相对论量子场论中，根据某些普遍成立的假定可以证明自旋与统计的关系。

14.2　二粒子体系

作为一个最简单的例子，我们来讨论两个全同粒子组成的体系。作为理论出发点，我们暂时忽略粒子的全同性带来的干扰，用普通的(对粒子可以编号的)二粒子态空间，即两个单粒子态空间的张量积来描述二粒子体系，然后根据全同性原理挑出需要的态矢量。为了简单起见，我们忽略粒子之间的相互作用。

14.2.1　态空间

1. 初步讨论

设单粒子态空间为$\mathcal{V}_0$，正交归一基为$\{|\varphi_i\rangle, i=1,2,\cdots\}$。为了简单起见，这里仅用一个

指标 i 标记基矢量，使用多个指标只不过带来记号的复杂。对于全同性二粒子体系，将粒子 1 和粒子 2 的态空间分别记为 $\mathcal{V}(1)$ 和 $\mathcal{V}(2)$，二者在数学意义上都是 $\mathcal{V}_0$，区别仅在于表达的物理内容。相应的，我们将 $\mathcal{V}(1)$ 和 $\mathcal{V}(2)$ 中的基矢量都添加上粒子编号，因此 $\mathcal{V}(1)$ 和 $\mathcal{V}(2)$ 的正交归一基分别为

$$\{|1,\varphi_i\rangle, i=1,2,\cdots\} \quad 和 \quad \{|2,\varphi_i\rangle, i=1,2,\cdots\} \tag{14.20}$$

二粒子态空间为 $\mathcal{V}(1)$ 和 $\mathcal{V}(2)$ 的张量积

$$\mathcal{V}=\mathcal{V}(1)\otimes\mathcal{V}(2) \tag{14.21}$$

张量积空间中的正交归一基可以选为

$$\{|1,\varphi_i\rangle|2,\varphi_j\rangle \mid i,j=1,2,\cdots\} \tag{14.22}$$

基矢量 $|1,\varphi_i\rangle|2,\varphi_j\rangle$ 表示粒子 1 处于单粒子态 $|\varphi_i\rangle$，粒子 2 处于单粒子态 $|\varphi_j\rangle$。我们尝试构建如下态矢量(尚未归一化)

$$\begin{aligned}|\psi_S\rangle &= |1,\varphi_i\rangle|2,\varphi_j\rangle+|2,\varphi_i\rangle|1,\varphi_j\rangle\\ |\psi_A\rangle &= |1,\varphi_i\rangle|2,\varphi_j\rangle-|2,\varphi_i\rangle|1,\varphi_j\rangle\end{aligned} \tag{14.23}$$

对式(14.23)右端交换编号 1 和 2，$|\psi_S\rangle$ 不变，是**交换对称**的态矢量，可以描述玻色子；$|\psi_A\rangle$ 增加一个负号，是**交换反对称**的态矢量，可以描述费米子。交换操作前后的态矢量描述体系的同一状态，因此 $|\psi_S\rangle$ 和 $|\psi_A\rangle$ 不受编号影响。

当 $i\neq j$ 时，$|\psi_S\rangle$ 和 $|\psi_A\rangle$ 表示单粒子态 $|\varphi_i\rangle$ 和 $|\varphi_j\rangle$ 上各有一个粒子，但不能说粒子 1 和粒子 2 分别处于什么状态。当 $i=j$ 时，$|\psi_S\rangle$ 表示单粒子态 $|\varphi_i\rangle$ 上有两个粒子。然而，当 $i=j$ 时 $|\psi_A\rangle=0$，这表明不能由两个相同的单粒子态构建交换反对称的态，或者说，两个全同费米子不能占有相同的单粒子态，这个特点称为**泡利不相容原理**(Pauli exclusion principle)。

对于非全同二粒子体系，假设粒子 1 和粒子 2 具有一组完全相同的单粒子态。比如，在一维无限深势阱中有两个质量相同的可分辨粒子，忽略二者相互作用，则粒子 1 和粒子 2 独立运动，二者具有相同的能级和能量本征函数[⊖]。假定 $\mathcal{V}(1)$ 和 $\mathcal{V}(2)$ 的正交归一基仍为式(14.20)，则二粒子态空间 $\mathcal{V}(1)\otimes\mathcal{V}(2)$ 的正交归一基仍为式(14.22)。在表 14-1 中，我们以单粒子态 $|\varphi_1\rangle$ 和 $|\varphi_2\rangle$ 构成的二粒子态为例，比较了可分辨粒子与全同粒子的区别。

表 14-1 单粒子态语言

	非全同粒子	全同粒子
$\|1,\varphi_1\rangle\|2,\varphi_1\rangle$	两个粒子处于 $\|\varphi_1\rangle$	两个粒子处于 $\|\varphi_1\rangle$
$\|1,\varphi_2\rangle\|2,\varphi_2\rangle$	两个粒子处于 $\|\varphi_2\rangle$	两个粒子处于 $\|\varphi_2\rangle$
$\|1,\varphi_1\rangle\|2,\varphi_2\rangle$	粒子 1 处于 $\|\varphi_1\rangle$ 粒子 2 处于 $\|\varphi_2\rangle$	该状态不存在
$\|1,\varphi_1\rangle\|2,\varphi_2\rangle\pm\|2,\varphi_1\rangle\|1,\varphi_2\rangle$	不能谈及各粒子状态	$\|\varphi_1\rangle$ 和 $\|\varphi_2\rangle$ 上各有 1 个粒子

2. 置换算符

为了描述粒子的交换对称性，我们引入**置换算符**(permutation operator)$\hat{P}_{12}$，它的作用是

⊖ 这种设定只是讨论需要，不要深究实际上有没有可能.

将粒子 1 和粒子 2 的编号互换

$$\hat{P}_{12}|1,\varphi_i\rangle|2,\varphi_j\rangle = |2,\varphi_i\rangle|1,\varphi_j\rangle \tag{14.24}$$

由于张量积满足交换律，因此

$$\hat{P}_{12}|1,\varphi_i\rangle|2,\varphi_j\rangle = |1,\varphi_j\rangle|2,\varphi_i\rangle \tag{14.25}$$

由此可见，交换粒子编号等价于交换单粒子态编号。两种写法各有所长。当 $i=j$ 时式(14.24)右端可以明显看出 $\hat{P}_{12}$ 作用过一次，而式(14.25)能够保持单粒子态编号次序。很明显，两次互换等于没换

$$\hat{P}_{12}^2 = \hat{P}_{12}\hat{P}_{12} = \hat{I} \tag{14.26}$$

式中，$\hat{I}$ 是单位算符。这表明 $\hat{P}_{12}$ 是个自逆算符。按照定义，当 $\hat{P}_{12}$ 作用到式(14.22)中所有基矢量上时仍然得到同一组基矢量，只是改变了排列次序而已。也就是说，$\hat{P}_{12}$ 将正交归一基变成正交归一基，因此是个幺正算符。结合自逆性和幺正性可知 $\hat{P}_{12}$ 也是个自伴算符。总结如下：$\hat{P}_{12}$ 是个自逆、自伴和幺正算符，即

$$\boxed{\hat{P}_{12} = \hat{P}_{12}^{\dagger} = \hat{P}_{12}^{-1}} \tag{14.27}$$

引入两个算符

$$\boxed{\hat{P}_{\mathrm{S}} = \frac{1}{2}(\hat{I} + \hat{P}_{12}), \qquad \hat{P}_{\mathrm{A}} = \frac{1}{2}(\hat{I} - \hat{P}_{12})} \tag{14.28}$$

分别称为对称化(symmetrization)算符和反对称化(anti-symmetrization)算符，它们都是自伴算符。根据 $\hat{P}_{12}$ 的自逆性，容易证明 $\hat{P}_{\mathrm{S}}$ 和 $\hat{P}_{\mathrm{A}}$ 均为幂等算符

$$\hat{P}_{\mathrm{S}}^2 = \hat{P}_{\mathrm{S}}, \qquad \hat{P}_{\mathrm{A}}^2 = \hat{P}_{\mathrm{A}} \tag{14.29}$$

由此可知 $\hat{P}_{\mathrm{S}}$ 和 $\hat{P}_{\mathrm{A}}$ 均为投影算符。由式(14.28)可知

$$\hat{P}_{\mathrm{S}} + \hat{P}_{\mathrm{A}} = \hat{I} \tag{14.30}$$

利用 $\hat{P}_{\mathrm{S}}$ 和 $\hat{P}_{\mathrm{A}}$ 可以构造交换对称和反对称的态矢量

$$\boxed{|\varphi_{\mathrm{S}}\rangle = C_{\mathrm{S}}\hat{P}_{\mathrm{S}}|1,\varphi_i\rangle|2,\varphi_j\rangle, \qquad |\varphi_{\mathrm{A}}\rangle = C_{\mathrm{A}}\hat{P}_{\mathrm{A}}|1,\varphi_i\rangle|2,\varphi_j\rangle} \tag{14.31}$$

式中，C_{S} 和 C_{A} 是归一化常数。$|\varphi_{\mathrm{S}}\rangle$ 和 $|\varphi_{\mathrm{A}}\rangle$ 就是与 $|\psi_{\mathrm{S}}\rangle$ 和 $|\psi_{\mathrm{A}}\rangle$ 相应的归一化矢量。根据性质(14.26)，容易证明

$$\hat{P}_{12}|\varphi_{\mathrm{S}}\rangle = |\varphi_{\mathrm{S}}\rangle, \qquad \hat{P}_{12}|\varphi_{\mathrm{A}}\rangle = -|\varphi_{\mathrm{A}}\rangle \tag{14.32}$$

也就是说，$|\varphi_{\mathrm{S}}\rangle$ 和 $|\varphi_{\mathrm{A}}\rangle$ 都是置换算符 $\hat{P}_{12}$ 的本征矢量，本征值分别为 1 和-1。

3. 归一化态矢量

对于 $|\varphi_{\mathrm{S}}\rangle$，如果 $i=j$，则[㊀]

$$|\varphi_{\mathrm{S}}\rangle = C_{\mathrm{S}}\hat{P}_{\mathrm{S}}|1,\varphi_i\rangle|2,\varphi_i\rangle = C_{\mathrm{S}}|1,\varphi_i\rangle|2,\varphi_i\rangle \tag{14.33}$$

因此 $C_{\mathrm{S}}=1$。如果 $i\neq j$，则

$$|\varphi_{\mathrm{S}}\rangle = C_{\mathrm{S}}\hat{P}_{\mathrm{S}}|1,\varphi_i\rangle|2,\varphi_j\rangle = \frac{C_{\mathrm{S}}}{2}(|1,\varphi_i\rangle|2,\varphi_j\rangle + |1,\varphi_j\rangle|2,\varphi_i\rangle) \tag{14.34}$$

括号内的两个基矢量是正交归一的，因此 $C_{\mathrm{S}}=\sqrt{2}$。根据以上结果，可以得到一组交换对称的态矢量

㊀ 在构建态矢量时，交换量子态编号更加方便.

$$
\begin{aligned}
&|1,\varphi_1\rangle|2,\varphi_1\rangle,\quad |1,\varphi_2\rangle|2,\varphi_2\rangle,\quad |1,\varphi_3\rangle|2,\varphi_3\rangle,\cdots\\
&\frac{1}{\sqrt{2}}(|1,\varphi_1\rangle|2,\varphi_2\rangle+|1,\varphi_2\rangle|2,\varphi_1\rangle),\quad \frac{1}{\sqrt{2}}(|1,\varphi_1\rangle|2,\varphi_3\rangle+|1,\varphi_3\rangle|2,\varphi_1\rangle),\cdots\\
&\frac{1}{\sqrt{2}}(|1,\varphi_2\rangle|2,\varphi_3\rangle+|1,\varphi_3\rangle|2,\varphi_2\rangle),\cdots\\
&\cdots\cdots
\end{aligned}
\tag{14.35}
$$

按照单粒子态语言，这些矢量分别表示：单粒子态 $|\varphi_1\rangle$ 上有两个粒子，单粒子态 $|\varphi_2\rangle$ 上有两个粒子，单粒子态 $|\varphi_3\rangle$ 上有两个粒子，……；单粒子态 $|\varphi_1\rangle$ 和 $|\varphi_2\rangle$ 上各有一个粒子，单粒子态 $|\varphi_1\rangle$ 和 $|\varphi_3\rangle$ 上各有一个粒子，……；单粒子态 $|\varphi_2\rangle$ 和 $|\varphi_3\rangle$ 上各有一个粒子，……；等等。式(14.35)中任意两个态矢量涉及的基矢量并不重复，因此是互相正交的。由此可见，这是一组正交归一的态矢量。

对于 $|\varphi_A\rangle$，只有 $i\neq j$ 时才是非零矢量，$C_A=\sqrt{2}$，因此

$$
|\varphi_A\rangle=\frac{1}{\sqrt{2}}(|1,\varphi_i\rangle|2,\varphi_j\rangle-|1,\varphi_j\rangle|2,\varphi_i\rangle),\quad i\neq j \tag{14.36}
$$

由此可以得到一组交换反对称的态矢量

$$
\begin{aligned}
&\frac{1}{\sqrt{2}}(|1,\varphi_1\rangle|2,\varphi_2\rangle-|1,\varphi_2\rangle|2,\varphi_1\rangle),\quad \frac{1}{\sqrt{2}}(|1,\varphi_1\rangle|2,\varphi_3\rangle-|1,\varphi_3\rangle|2,\varphi_1\rangle),\cdots\\
&\frac{1}{\sqrt{2}}(|1,\varphi_2\rangle|2,\varphi_3\rangle-|1,\varphi_3\rangle|2,\varphi_2\rangle),\cdots\\
&\cdots\cdots
\end{aligned}
\tag{14.37}
$$

这些矢量分别表示：单粒子态 $|\varphi_1\rangle$ 和 $|\varphi_2\rangle$ 上各有一个粒子，单粒子态 $|\varphi_1\rangle$ 和 $|\varphi_3\rangle$ 上各有一个粒子，……；单粒子态 $|\varphi_2\rangle$ 和 $|\varphi_3\rangle$ 上各有一个粒子，……；等等。这同样是一组正交归一的态矢量。

4. 态空间的分解

矢量组(14.35)张成态空间 $\mathcal{V}$ 的子空间，称为**交换对称子空间**，记为 $\mathcal{V}_{SY}$。类似地，矢量组(14.37)张成态空间 $\mathcal{V}$ 的子空间，称为**交换反对称子空间**，记为 $\mathcal{V}_{ASY}$。矢量组(14.35)和(14.37)分别构成 $\mathcal{V}_{SY}$ 和 $\mathcal{V}_{ASY}$ 的正交归一基。$\hat{P}_S$ 和 $\hat{P}_A$ 的功能就是将二粒子态空间 $\mathcal{V}(1)\otimes\mathcal{V}(2)$ 中任意态矢量分别投影到 $\mathcal{V}_{SY}$ 和 $\mathcal{V}_{ASY}$。设

$$
|\psi\rangle=\sum_{i=1}^{\infty}\sum_{j=1}^{\infty}c_{ij}|1,\varphi_i\rangle|2,\varphi_j\rangle \tag{14.38}
$$

则

$$
\hat{P}_S|\psi\rangle=\sum_{i=1}^{\infty}\sum_{j=1}^{\infty}c_{ij}\hat{P}_S|1,\varphi_i\rangle|2,\varphi_j\rangle\in\mathcal{V}_{SY} \tag{14.39}
$$

$$
\hat{P}_A|\psi\rangle=\sum_{i=1}^{\infty}\sum_{j=1}^{\infty}c_{ij}\hat{P}_A|1,\varphi_i\rangle|2,\varphi_j\rangle\in\mathcal{V}_{ASY} \tag{14.40}
$$

这也表明，从任何态矢量出发都可以构建交换对称和反对称的态矢量。根据式(14.30)可知，任意态矢量总可以分解为 $\mathcal{V}_{SY}$ 和 $\mathcal{V}_{ASY}$ 中的态矢量之和

$$
|\psi\rangle=\hat{P}_S|\psi\rangle+\hat{P}_A|\psi\rangle,\quad \hat{P}_S|\psi\rangle\in\mathcal{V}_{SY},\quad \hat{P}_A|\psi\rangle\in\mathcal{V}_{ASY} \tag{14.41}
$$

由此可见，态空间 $\mathcal{V}$ 等于两个子空间的直和

$$\mathcal{V}=\mathcal{V}_{\mathrm{SY}}\oplus\mathcal{V}_{\mathrm{ASY}} \tag{14.42}$$

这种分解是二粒子体系特有的，当粒子数目大于 2 时不成立。

14.2.2　有自旋粒子

对于自旋为 s 的粒子，设粒子 1 和粒子 2 的态空间分别为

$$\mathcal{V}(1)=\mathcal{V}_{\mathrm{C}}(1)\otimes\mathcal{V}_{\mathrm{S}}(1),\qquad \mathcal{V}(2)=\mathcal{V}_{\mathrm{C}}(2)\otimes\mathcal{V}_{\mathrm{S}}(2) \tag{14.43}$$

其中 $\mathcal{V}_{\mathrm{C}}(1)$ 和 $\mathcal{V}_{\mathrm{C}}(2)$ 分别是粒子 1 和粒子 2 的位形态空间，$\mathcal{V}_{\mathrm{S}}(1)$ 和 $\mathcal{V}_{\mathrm{S}}(2)$ 分别是粒子 1 和粒子 2 的自旋态空间。无自旋粒子的自旋态空间是平庸的一维空间。二粒子态空间为

$$\mathcal{V}=\mathcal{V}(1)\otimes\mathcal{V}(2)=\mathcal{V}_{\mathrm{C}}\otimes\mathcal{V}_{\mathrm{S}} \tag{14.44}$$

其中 $\mathcal{V}_{\mathrm{C}}$ 和 $\mathcal{V}_{\mathrm{S}}$ 分别是二粒子体系的位形态空间和自旋态空间

$$\mathcal{V}_{\mathrm{C}}=\mathcal{V}_{\mathrm{C}}(1)\otimes\mathcal{V}_{\mathrm{C}}(2),\qquad \mathcal{V}_{\mathrm{S}}=\mathcal{V}_{\mathrm{S}}(1)\otimes\mathcal{V}_{\mathrm{S}}(2) \tag{14.45}$$

考虑张量积形式的态矢量[⊖]

$$|\psi\rangle=|\varphi\rangle|\chi\rangle,\quad 其中\ |\varphi\rangle\in\mathcal{V}_{\mathrm{C}},\quad |\chi\rangle\in\mathcal{V}_{\mathrm{S}} \tag{14.46}$$

全同玻色子态矢量应该是交换对称的，因此

（1）若 $|\varphi\rangle$ 是交换对称的，则 $|\chi\rangle$ 是交换对称的；

（2）若 $|\varphi\rangle$ 是交换反对称的，则 $|\chi\rangle$ 是交换反对称的。

全同费米子态矢量应该是交换反对称的，因此有

（1）若 $|\varphi\rangle$ 是交换对称的，则 $|\chi\rangle$ 是交换反对称的；

（2）若 $|\varphi\rangle$ 是交换反对称的，则 $|\chi\rangle$ 是交换对称的。

对于两个非全同粒子（比如一个电子和一个正电子），并没有这个限制。

设 $\mathcal{V}_{\mathrm{C}}(1)$，$\mathcal{V}_{\mathrm{S}}(1)$，$\mathcal{V}_{\mathrm{C}}(2)$ 和 $\mathcal{V}_{\mathrm{S}}(2)$ 的基矢量分别为

$$\begin{aligned}&|1,\varphi_i\rangle,\quad i=1,2,\cdots;\quad |1,\chi_k\rangle,\quad k=s,s-1,\cdots,-s\\&|2,\varphi_j\rangle,\quad j=1,2,\cdots;\quad |2,\chi_l\rangle,\quad l=s,s-1,\cdots,-s\end{aligned} \tag{14.47}$$

$\mathcal{V}(1)$ 和 $\mathcal{V}(2)$ 的基矢量可分别选为

$$|1,\varphi_i\rangle|1,\chi_k\rangle,\quad i=1,2,\cdots;\quad k=s,s-1,\cdots,-s \tag{14.48}$$

$$|2,\varphi_j\rangle|2,\chi_l\rangle,\quad j=1,2,\cdots;\quad l=s,s-1,\cdots,-s \tag{14.49}$$

$\mathcal{V}_{\mathrm{C}}$ 和 $\mathcal{V}_{\mathrm{S}}$ 的基矢量可分别选为

$$|1,\varphi_i\rangle|2,\varphi_j\rangle,\quad i,j=1,2,\cdots \tag{14.50}$$

$$|1,\chi_k\rangle|2,\chi_l\rangle,\quad k,l=s,s-1,\cdots,-s \tag{14.51}$$

$\mathcal{V}_{\mathrm{C}}\otimes\mathcal{V}_{\mathrm{S}}$ 的基矢量可以选为

$$|1,\varphi_i\rangle|2,\varphi_j\rangle|1,\chi_k\rangle|2,\chi_l\rangle,\quad i,j=1,2,\cdots;\quad k,l=s,s-1,\cdots,-s \tag{14.52}$$

将 $\mathcal{V}_{\mathrm{C}}$ 和 $\mathcal{V}_{\mathrm{S}}$ 各自分解为交换对称子空间和交换反对称子空间的直和

$$\mathcal{V}_{\mathrm{C}}=\mathcal{V}_{\mathrm{C,SY}}\oplus\mathcal{V}_{\mathrm{C,ASY}},\qquad \mathcal{V}_{\mathrm{S}}=\mathcal{V}_{\mathrm{S,SY}}\oplus\mathcal{V}_{\mathrm{S,ASY}} \tag{14.53}$$

其中 $\mathcal{V}_{\mathrm{C,SY}}$ 和 $\mathcal{V}_{\mathrm{C,ASY}}$ 的基矢量可选为

$$|\varphi_{\mathrm{S}}\rangle=C_{\mathrm{S}}\hat{P}_{\mathrm{S}}|1,\varphi_i\rangle|2,\varphi_j\rangle,\qquad |\varphi_{\mathrm{A}}\rangle=C_{\mathrm{A}}\hat{P}_{\mathrm{A}}|1,\varphi_i\rangle|2,\varphi_j\rangle \tag{14.54}$$

⊖ 当忽略自旋-轨道相互作用时，体系的态矢量可以具有这种形式.

$\mathcal{V}_{S,SY}$和$\mathcal{V}_{S,ASY}$的矢量可选为

$$|\chi_S\rangle = D_S\hat{P}_S|1,\chi_k\rangle|2,\chi_l\rangle, \quad |\chi_A\rangle = D_A\hat{P}_A|1,\chi_k\rangle|2,\chi_l\rangle \tag{14.55}$$

根据这些基矢量，可以构造式(14.46)形式的态矢量

$$|\varphi_S\rangle|\chi_S\rangle, \quad |\varphi_A\rangle|\chi_A\rangle, \quad |\varphi_S\rangle|\chi_A\rangle, \quad |\varphi_A\rangle|\chi_S\rangle \tag{14.56}$$

前两种态矢量是交换对称的，后两种态矢量是交换反对称的。

根据式(14.53)，可将二粒子态空间$\mathcal{V}$分解为

$$\mathcal{V} = \mathcal{V}_C \otimes \mathcal{V}_S = \mathcal{V}_{SY} \oplus \mathcal{V}_{ASY} \tag{14.57}$$

其中$\mathcal{V}_{SY}$和$\mathcal{V}_{ASY}$分别代表交换对称子空间和交换反对称子空间

$$\mathcal{V}_{SY} = \mathcal{V}_{C,SY} \otimes \mathcal{V}_{S,SY} \quad \oplus \quad \mathcal{V}_{C,ASY} \otimes \mathcal{V}_{S,ASY} \tag{14.58}$$

$$\mathcal{V}_{ASY} = \mathcal{V}_{C,SY} \otimes \mathcal{V}_{S,ASY} \quad \oplus \quad \mathcal{V}_{C,ASY} \otimes \mathcal{V}_{S,SY} \tag{14.59}$$

在式(14.58)中，$\mathcal{V}_{C,SY} \otimes \mathcal{V}_{S,SY}$的基可选为$\{|\varphi_S\rangle|\chi_S\rangle\}$，$\mathcal{V}_{C,ASY} \otimes \mathcal{V}_{S,ASY}$的基可选为$\{|\varphi_A\rangle|\chi_A\rangle\}$。在式(14.59)中，$\mathcal{V}_{C,SY}\otimes\mathcal{V}_{S,ASY}$的基可选为$\{|\varphi_S\rangle|\chi_A\rangle\}$，$\mathcal{V}_{C,ASY}\otimes\mathcal{V}_{S,SY}$的基可选为$\{|\varphi_A\rangle|\chi_S\rangle\}$。这四种基矢量都是张量积形式的。由此可见，对于二粒子体系，不管是全同玻色子还是全同费米子，只需要寻找式(14.46)那样的张量积形式的态矢量，就能找到体系所有可能的态矢量[⊖]。

假设体系态矢量不具有张量积形式，这时再使用张量积形式的基矢量就没有必要了。因此我们直接从基矢量(14.52)出发构建交换对称和交换反对称态空间的基矢量

$$\begin{aligned} |\psi_S\rangle &= B_S\hat{P}_S|1,\varphi_i\rangle|2,\varphi_j\rangle|1,\chi_k\rangle|2,\chi_l\rangle \in \mathcal{V}_{SY} \\ |\psi_A\rangle &= B_A\hat{P}_A|1,\varphi_i\rangle|2,\varphi_j\rangle|1,\chi_k\rangle|2,\chi_l\rangle \in \mathcal{V}_{ASY} \end{aligned} \tag{14.60}$$

$\{|\psi_S\rangle\}$和$\{|\psi_A\rangle\}$分别构成$\mathcal{V}_{SY}$和$\mathcal{V}_{ASY}$的基，这个基不同于前一种基。应该说明的是，式(14.54)、式(14.55)和式(14.60)中的$\hat{P}_S$,$\hat{P}_A$分别是$\mathcal{V}_C$,$\mathcal{V}_S$和$\mathcal{V}$中的算符。在式(14.60)中，当置换算符$\hat{P}_{12}$作用于态矢量时，应当同时交换两组粒子编号

$$\hat{P}_{12}|1,\varphi_i\rangle|2,\varphi_j\rangle|1,\chi_k\rangle|2,\chi_l\rangle = |2,\varphi_i\rangle|1,\varphi_j\rangle|2,\chi_k\rangle|1,\chi_l\rangle \tag{14.61}$$

14.2.3 自旋态空间

对于二电子体系的自旋态空间，由式(14.4)中的四个基矢量可以构建三个交换对称态矢量和一个交换反对称态矢量

$$\begin{aligned} |1,1\rangle &= |\alpha_1\rangle|\alpha_2\rangle \\ |1,0\rangle &= \frac{1}{\sqrt{2}}(|\alpha_1\rangle|\beta_2\rangle + |\beta_1\rangle|\alpha_2\rangle) \\ |1,-1\rangle &= |\beta_1\rangle|\beta_2\rangle \\ |0,0\rangle &= \frac{1}{\sqrt{2}}(|\alpha_1\rangle|\beta_2\rangle - |\beta_1\rangle|\alpha_2\rangle) \end{aligned} \tag{14.62}$$

这正是耦合表象的四个基矢量(14.7)，$\{|1,1\rangle, |1,0\rangle, |1,-1\rangle\}$代表$s=1$的自旋三重态，$|0,0\rangle$代表$s=0$的自旋单态。自旋三重态空间的基并不是唯一的，比如可用如下两个基矢量

⊖ 当粒子数目大于2时，情况就不是这样.

$$|\chi_{\pm}\rangle = \frac{1}{\sqrt{2}}(|1,1\rangle \pm |1,-1\rangle) = \frac{1}{\sqrt{2}}(|\alpha_1\rangle|\alpha_2\rangle \pm |\beta_1\rangle|\beta_2\rangle) \tag{14.63}$$

代替 $|1,1\rangle$ 和 $|1,-1\rangle$，$\{|1,0\rangle, |\chi_+\rangle, |\chi_-\rangle\}$ 也构成自旋三重态空间的正交归一基。电子自旋为 1/2，是费米子，态矢量应该是交换反对称的。如果位形态矢量 $|\varphi\rangle$ 是交换对称的，自旋部分就应该是单态；如果位形态矢量 $|\varphi\rangle$ 是交换反对称的，自旋部分就应该是三重态空间中的矢量。

当两个自旋角动量 $\hat{S}_1$ 和 $\hat{S}_2$ 耦合时，利用 CG 系数的对称性可以证明[⊖]，如果 $s_1=s_2$，则耦合表象的基矢量都是 $\hat{P}_{12}$ 的本征矢量。因此对于两个全同粒子的自旋态空间而言，耦合表象基矢量就是交换对称或反对称的态矢量。

考虑自旋为 1 的二粒子体系，将无耦合表象基矢记为

$$|m_{s1}, m_{s2}\rangle_{\mathrm{U}} \equiv |s_1 m_{s1} s_2 m_{s2}\rangle = |s_1 m_{s1}\rangle |s_2 m_{s2}\rangle \tag{14.64}$$

耦合表象基矢记为

$$|s, m_s\rangle_{\mathrm{C}} \equiv |s_1 s_2 s m\rangle \tag{14.65}$$

由于数组 (m_{s1}, m_{s2}) 和 (s, m_s) 有可能取值相同，而它们代表不同的含义，因此这里使用下标 U 和 C 来区分无耦合(uncoupling)表象和耦合(coupling)表象的基矢量。根据角动量耦合的规则，总角量子数 $s=2,1,0$。根据 CG 系数(可以查表，或者用软件 Mathematica 计算)，可得

$$s=2,\quad \begin{cases} |2,2\rangle_{\mathrm{C}} = |1,1\rangle_{\mathrm{U}} \\ |2,1\rangle_{\mathrm{C}} = \dfrac{1}{\sqrt{2}}[|1,0\rangle_{\mathrm{U}} + |0,1\rangle_{\mathrm{U}}] \\ |2,0\rangle_{\mathrm{C}} = \dfrac{1}{\sqrt{6}}[|1,-1\rangle_{\mathrm{U}} + 2|0,0\rangle_{\mathrm{U}} + |-1,1\rangle_{\mathrm{U}}] \\ |2,-1\rangle_{\mathrm{C}} = \dfrac{1}{\sqrt{2}}[|0,-1\rangle_{\mathrm{U}} + |-1,0\rangle_{\mathrm{U}}] \\ |2,-2\rangle_{\mathrm{C}} = |-1,-1\rangle_{\mathrm{U}} \end{cases} \tag{14.66}$$

$$s=1,\quad \begin{cases} |1,1\rangle_{\mathrm{C}} = \dfrac{1}{\sqrt{2}}[|1,0\rangle_{\mathrm{U}} - |0,1\rangle_{\mathrm{U}}] \\ |1,0\rangle_{\mathrm{C}} = \dfrac{1}{\sqrt{2}}[|1,-1\rangle_{\mathrm{U}} - |-1,1\rangle_{\mathrm{U}}] \\ |1,1\rangle_{\mathrm{C}} = \dfrac{1}{\sqrt{2}}[|0,-1\rangle_{\mathrm{U}} - |-1,0\rangle_{\mathrm{U}}] \end{cases} \tag{14.67}$$

$$s=0,\quad |0,0\rangle_{\mathrm{C}} = \frac{1}{\sqrt{3}}(|1,-1\rangle_{\mathrm{U}} - |0,0\rangle_{\mathrm{U}} + |-1,1\rangle_{\mathrm{U}}) \tag{14.68}$$

容易看出，在耦合表象的 9 个基矢量中 $s=2,0$ 的 6 个基矢量是交换对称的，$s=1$ 的 3 个基矢量是交换反对称的。

⊖ 参见第 11 章 CG 系数的计算，Racah 公式后面的讨论.

如果用式(14.31)的方式来寻找交换对称和反对称的态矢量，则得到的9个态矢量中没有$|2,0\rangle_C$和$|0,0\rangle_C$，而是代之以另外两个交换对称的态矢量

$$|0,0\rangle_S \equiv |0,0\rangle_U \quad 和 \quad |1,-1\rangle_S \equiv \frac{1}{\sqrt{2}}(|1,-1\rangle_U + |-1,1\rangle_U) \tag{14.69}$$

两种选择有不同物理含义。一方面，$|2,0\rangle_C$和$|0,0\rangle_C$是$(\hat{\boldsymbol{S}}^2,\hat{S}_z)$的共同本征矢量，$s$和$m_s$的取值是明确的，但不能说每一个粒子处于什么单粒子态。另一方面，$|0,0\rangle_S$是$(\hat{S}_{1z},\hat{S}_{2z})$的共同本征矢量，表示两个粒子的自旋$z$分量均为0；$|1,-1\rangle_S$表示一个粒子自旋$z$分量为$\hbar$，另一个粒子自旋$z$分量为$-\hbar$。然而，$|1,-1\rangle_S$仅仅是$\hat{S}_z$的本征矢量，而不是$\hat{\boldsymbol{S}}^2$的本征矢量，二粒子体系的总角动量$z$分量为0，而总角动量大小并没有确定值。

*14.2.4 自旋的测量

假定二电子体系的态矢量具有张量积形式，如式(14.46)所示。现在我们可以回答本章开头的问题：如果二电子体系的状态为z+-，测量其自旋x分量，得到各种结果的概率为多大？为了简化表述，我们暂时引入如下记号表示二电子体系的自旋状态：

z++：两个电子自旋$s_z=\hbar/2$

z+-：一个电子$s_z=\hbar/2$，另一个电子$s_z=-\hbar/2$

z--：两个电子自旋$s_z=-\hbar/2$

x++：两个电子自旋$s_x=\hbar/2$

x+-：一个电子$s_x=\hbar/2$，另一个电子$s_x=-\hbar/2$

x--：两个电子自旋$s_x=-\hbar/2$

(1) 假定二电子体系的位形态矢量是交换对称的，为了表示z+-，自旋态矢量应当选择自旋单态$|0,0\rangle$。

首先，根据测量假定，测到x++的概率，也就是总自旋x分量为$\hbar$的概率为

$$\mathcal{P}(x++) = |\langle\overline{1,1}|0,0\rangle|^2 \tag{14.70}$$

根据式(14.62)和式(14.13)，并注意式(14.5)和式(14.11)的记号，可得

$$\mathcal{P}(x++) = \frac{1}{2}|\langle\bar{u}_1|u_2\rangle - \langle\bar{u}_1|u_3\rangle|^2 \tag{14.71}$$

然后，利用两个无耦合表象的基矢量关系式(14.17)，可得

$$\mathcal{P}(x++) = 0 \tag{14.72}$$

其次，测到x--的概率，也就是总自旋的x分量为$-\hbar$的概率为

$$\mathcal{P}(x--) = |\langle\overline{1,-1}|0,0\rangle|^2 = \frac{1}{2}|\langle\bar{u}_4|u_2\rangle - \langle\bar{u}_4|u_3\rangle|^2 = 0 \tag{14.73}$$

然后，由于位形态矢量是交换对称的，因此测到x+-的概率应考虑态矢量$|\overline{0,0}\rangle$

$$\mathcal{P}(x+-) = |\langle\overline{0,0}|0,0\rangle|^2 = \frac{1}{4}|\langle\bar{u}_2|u_2\rangle - \langle\bar{u}_2|u_3\rangle - \langle\bar{u}_3|u_2\rangle + \langle\bar{u}_3|u_3\rangle|^2 = 1 \tag{14.74}$$

这个结果有个简单解释。$(\hat{S}^2,\hat{S}_z)$的共同本征矢量$|0,0\rangle$和$(\hat{S}^2,\hat{S}_x)$的共同本征矢量$|\overline{0,0}\rangle$均属于总自旋量子数$s=0$的本征子空间。这个子空间是一维的，两个归一化态矢量$|0,0\rangle$与$|\overline{0,0}\rangle$最多相差一个常数相因子。实际上，$|0,0\rangle$或$|\overline{0,0}\rangle$是总自旋算符的三个分量

$\hat{S}_x,\hat{S}_y,\hat{S}_z$ 的共同本征矢量。二电子体系的自旋态矢量为 $|0,0\rangle$，就意味着总自旋的 x 分量为零。

(2) 假定二电子体系的位形态矢量是交换反对称的，为了表示 z+-，自旋态矢量应当选择自旋三重态 $|1,0\rangle$。

首先，根据测量假定，测到 x++的概率，也就是总自旋 x 分量为 $\hbar$ 的概率为

$$\mathcal{P}(x++) = |\langle\overline{1,1}|1,0\rangle|^2 = \frac{1}{2}|\langle\bar{u}_1|u_2\rangle + \langle\bar{u}_1|u_3\rangle|^2 = \frac{1}{2} \tag{14.75}$$

其次，测到 x--的概率，也就是总自旋 x 分量为 $-\hbar$ 的概率为

$$\mathcal{P}(x--) = |\langle\overline{1,-1}|1,0\rangle|^2 = \frac{1}{2}|\langle\bar{u}_4|u_2\rangle + \langle\bar{u}_4|u_3\rangle|^2 = \frac{1}{2} \tag{14.76}$$

最后，测到 x+-的概率应该考虑态矢量 $|\overline{1,0}\rangle$

$$\mathcal{P}(x+-) = |\langle\overline{1,0}|1,0\rangle|^2 = \frac{1}{4}|\langle\bar{u}_2|u_2\rangle + \langle\bar{u}_2|u_3\rangle + \langle\bar{u}_3|u_2\rangle + \langle\bar{u}_3|u_3\rangle|^2 = 0 \tag{14.77}$$

*14.2.5 交换力

考虑一个二粒子体系，假设体系态矢量具有式(14.46)的形式，且 $|\varphi\rangle$ 和 $|\chi\rangle$ 都是归一化的。以一维情形为例，设 $\hat{x}_1$ 和 $\hat{x}_2$ 分别表示粒子 1 和粒子 2 的坐标算符，算符 $\hat{A}=A(\hat{x}_1,\hat{x}_2)$ 的期待值为

$$\langle A\rangle = \langle\psi|\hat{A}|\psi\rangle = \langle\varphi|\hat{A}|\varphi\rangle\langle\chi|\chi\rangle = \langle\varphi|\hat{A}|\varphi\rangle \tag{14.78}$$

假定单粒子位形态空间有两个正交归一的单粒子态 $|\varphi_a\rangle$ 和 $|\varphi_b\rangle$

$$\langle\varphi_a|\varphi_a\rangle = \langle\varphi_b|\varphi_b\rangle = 1, \qquad \langle\varphi_a|\varphi_b\rangle = 0 \tag{14.79}$$

将单粒子态矢量添上编号，分别表示粒子 1 和粒子 2 的相应态矢量。由此可以构造二粒子位形态空间 $\mathcal{V}_C(1)\times\mathcal{V}_C(2)$ 的如下两个态矢量

$$|\varphi_1\rangle = |1,\varphi_a\rangle|2,\varphi_b\rangle, \qquad |\varphi_2\rangle = |1,\varphi_b\rangle|2,\varphi_a\rangle \tag{14.80}$$

并由此构造交换对称和反对称的态矢量

$$|\varphi_+\rangle = \frac{1}{\sqrt{2}}(|\varphi_1\rangle + |\varphi_2\rangle), \qquad |\varphi_-\rangle = \frac{1}{\sqrt{2}}(|\varphi_1\rangle - |\varphi_2\rangle) \tag{14.81}$$

$\{|\varphi_1\rangle,|\varphi_2\rangle\}$ 张成 $\mathcal{V}_C(1)\otimes\mathcal{V}_C(2)$ 的二维子空间，$\{|\varphi_1\rangle,|\varphi_2\rangle\}$ 和 $\{|\varphi_+\rangle,|\varphi_-\rangle\}$ 均构成这个二维子空间的正交归一基。现在我们要计算两个粒子的相对坐标 x_1-x_2 的方差

$$\langle(\hat{x}_1-\hat{x}_2)^2\rangle = \langle x_1^2\rangle + \langle x_2^2\rangle - 2\langle x_1x_2\rangle \tag{14.82}$$

(1) 自旋为 0，非全同粒子

自旋态空间是个平庸的 1 维空间，因此我们忽略它。设粒子 1 处于 $|\varphi_a\rangle$，粒子 2 处于 $|\varphi_b\rangle$，即二粒子态矢量为 $|\varphi_1\rangle$，利用正交归一关系(14.79)，得

$$\langle x_1^2\rangle = \langle\varphi_1|\hat{x}_1^2|\varphi_1\rangle = \langle 1,\varphi_a|\hat{x}_1^2|1,\varphi_a\rangle \equiv \langle x_1^2\rangle_a \tag{14.83}$$

$$\langle x_2^2\rangle = \langle\varphi_1|\hat{x}_2^2|\varphi_1\rangle = \langle 2,\varphi_b|\hat{x}_2^2|2,\varphi_b\rangle \equiv \langle x_2^2\rangle_b \tag{14.84}$$

$$\langle x_1x_2\rangle = \langle\varphi_1|\hat{x}_1\hat{x}_2|\varphi_1\rangle = \langle 1,\varphi_a|\hat{x}_1|1,\varphi_a\rangle\langle 2,\varphi_b|\hat{x}_2|2,\varphi_b\rangle \equiv \langle x_1\rangle_a\langle x_2\rangle_b \tag{14.85}$$

因此

$$\langle(\hat{x}_1-\hat{x}_2)^2\rangle = \langle x_1^2\rangle_a + \langle x_2^2\rangle_b - 2\langle x_1\rangle_a\langle x_2\rangle_b \tag{14.86}$$

期待值$\langle x_1\rangle_a$和$\langle x_2\rangle_a$除了编号不同外，涉及的算符和态矢量都一样，因此这两个数值相等，只不过分别在$\mathcal{V}_C(1)$和$\mathcal{V}_C(2)$中计算罢了。为了看出这一点，我们采用坐标表象来计算

$$\begin{aligned}\langle x_1\rangle_a &= \langle 1,\varphi_a|\hat{x}_1|1,\varphi_a\rangle = \int_{-\infty}^{\infty}\mathrm{d}x_1\varphi_a^*(x_1)x_1\varphi_b(x_1)\\ \langle x_2\rangle_a &= \langle 2,\varphi_a|\hat{x}_2|2,\varphi_a\rangle = \int_{-\infty}^{\infty}\mathrm{d}x_2\varphi_a^*(x_2)x_2\varphi_b(x_2)\end{aligned}\tag{14.87}$$

两个积分只不过是积分变量采用了不同字母，结果完全相同。因此我们将其统一记为$\langle x\rangle_a$。同样道理，$\langle x_1\rangle_b$和$\langle x_2\rangle_b$也相等，统一记为$\langle x\rangle_b$，即

$$\langle x_1\rangle_a = \langle x_2\rangle_a \equiv \langle x\rangle_a,\quad \langle x_1\rangle_b = \langle x_2\rangle_b \equiv \langle x\rangle_b \tag{14.88}$$

类似地，有

$$\langle x_1^2\rangle_a = \langle x_2^2\rangle_a \equiv \langle x^2\rangle_a,\quad \langle x_1^2\rangle_b = \langle x_2^2\rangle_b \equiv \langle x^2\rangle_b,\quad \langle x_1\rangle_{ab} = \langle x_2\rangle_{ab} \equiv \langle x\rangle_{ab} \tag{14.89}$$

由此将式(14.86)写为

$$\boxed{\langle(\hat{x}_1-\hat{x}_2)^2\rangle = \langle x^2\rangle_a + \langle x^2\rangle_b - 2\langle x\rangle_a\langle x\rangle_b} \tag{14.90}$$

(2) 全同粒子

当二粒子态由式(14.46)描述时，位形态矢量可以选择$|\varphi_+\rangle$和$|\varphi_-\rangle$，然后根据玻色子和费米子的要求，选择相应的自旋态矢量。

首先，若二粒子体系的位形态矢量为$|\varphi_+\rangle$，利用正交归一关系(14.79)，得

$$\begin{aligned}\langle x_1^2\rangle &= \langle\varphi_+|\hat{x}_1^2|\varphi_+\rangle\\ &= \frac{1}{2}[\langle\varphi_1|\hat{x}_1^2|\varphi_1\rangle + \langle\varphi_1|\hat{x}_1^2|\varphi_2\rangle + \langle\varphi_2|\hat{x}_1^2|\varphi_1\rangle + \langle\varphi_2|\hat{x}_1^2|\varphi_2\rangle]\\ &= \frac{1}{2}[\langle 1,\varphi_a|\hat{x}_1^2|1,\varphi_a\rangle + \langle 1,\varphi_b|\hat{x}_1^2|1,\varphi_b\rangle] = \frac{1}{2}(\langle x_1^2\rangle_a + \langle x_1^2\rangle_b)\end{aligned}\tag{14.91}$$

类似地

$$\langle x_2^2\rangle = \frac{1}{2}(\langle x_2^2\rangle_a + \langle x_2^2\rangle_b) \tag{14.92}$$

此外，式(14.82)中的交叉项

$$\langle x_1x_2\rangle = \frac{1}{2}[\langle x_1\rangle_a\langle x_2\rangle_b + \langle x_1\rangle_{ba}\langle x_2\rangle_{ab} + \langle x_1\rangle_{ab}\langle x_2\rangle_{ba} + \langle x_1\rangle_b\langle x_2\rangle_a] \tag{14.93}$$

采用式(14.88)和式(14.89)的记号，可得

$$\boxed{\langle(\hat{x}_1-\hat{x}_2)^2\rangle = \langle x^2\rangle_a + \langle x^2\rangle_b - 2\langle x\rangle_a\langle x\rangle_b - 2|\langle x\rangle_{ab}|^2} \tag{14.94}$$

其次，若二粒子体系的位形态矢量为$|\varphi_-\rangle$，则

$$\langle x_1^2\rangle = \frac{1}{2}(\langle x_1^2\rangle_a + \langle x_1^2\rangle_b),\quad \langle x_2^2\rangle = \frac{1}{2}(\langle x_2^2\rangle_a + \langle x_2^2\rangle_b) \tag{14.95}$$

$$\langle x_1x_2\rangle = \frac{1}{2}[\langle x_1\rangle_a\langle x_2\rangle_b - \langle x_1\rangle_{ba}\langle x_2\rangle_{ab} - \langle x_1\rangle_{ab}\langle x_2\rangle_{ba} + \langle x_1\rangle_b\langle x_2\rangle_a] \tag{14.96}$$

采用式(14.88)和式(14.89)的记号，可得

$$\boxed{\langle(\hat{x}_1-\hat{x}_2)^2\rangle = \langle x^2\rangle_a + \langle x^2\rangle_b - 2\langle x\rangle_a\langle x\rangle_b + 2|\langle x\rangle_{ab}|^2} \tag{14.97}$$

自旋为0的全同玻色子，态矢量是交换对称的，位形态矢量为$|\varphi_+\rangle$，与可分辨粒子的

情况相比，若$\langle x\rangle_{ab}\neq 0$，则式(14.94)给出的数值比式(14.90)给出的数值更小，因此二粒子趋向于相互靠近。自旋为 1/2 的全同费米子，态矢量是交换反对称的。若位形态矢量选择$|\varphi_+\rangle$，则自旋态矢量应当选择交换反对称的自旋单态；若位形态矢量选择$|\varphi_-\rangle$，则自旋态矢量应当选择交换对称的自旋三重态。对于后一种情形，若$\langle x\rangle_{ab}\neq 0$，式(14.97)给出的数值比式(14.90)给出的数值更大，因此二粒子趋向于相互远离。

如果单粒子波函数$\langle x|\varphi_a\rangle$和$\langle x|\varphi_b\rangle$的非零区域没有重叠，则$\langle x\rangle_{ab}=0$，因此三种情况没有区别。因此当全同粒子没有重叠时，不妨当作可分辨粒子对待。实际上这也是一贯做法，否则就无法工作。比如，当研究电子体系时，如果不能够将不同区域的电子视为可分辨的，我们就需要同时考虑宇宙中所有的电子，并构造一个交换反对称的波函数，这当然是不可能做到的。

当全同粒子波函数有重叠时，粒子体系仿佛受到一种“力”的作用。自旋为 0 的玻色子体系受到“吸引力”；而自旋为 1/2 的费米子体系，自旋单态体系受到“吸引力”，自旋三重态体系受到“排斥力”。这个“力”称为交换力。交换力并不是一种力(没有施力物体，也没有相应的势能函数)，而是一种量子现象，经典力学中并没有这种现象。

14.3 三粒子体系

现在我们来讨论一个稍微复杂的情形：三粒子体系。先将粒子视为可分辨的并进行编号，然后根据全同性原理挑出需要的态矢量。这一次我们直接从置换算符开始。

14.3.1 置换算符

将粒子 1、粒子 2 和粒子 3 的态空间分别记为$\mathcal{V}(1)$、$\mathcal{V}(2)$和$\mathcal{V}(3)$，相应的正交归一基记为$\{|1,\varphi_i\rangle\}$、$\{|2,\varphi_i\rangle\}$和$\{|3,\varphi_i\rangle\}$。三粒子态空间为

$$\mathcal{V}=\mathcal{V}(1)\otimes\mathcal{V}(2)\otimes\mathcal{V}(3) \tag{14.98}$$

基矢量可以选为

$$|1,\varphi_i\rangle|2,\varphi_j\rangle|3,\varphi_k\rangle,\quad i,j,k=1,2,\cdots \tag{14.99}$$

$|1,\varphi_i\rangle|2,\varphi_j\rangle|3,\varphi_k\rangle$表示粒子 1 处于单粒子态$|\varphi_i\rangle$，粒子 2 处于单粒子态$|\varphi_j\rangle$，粒子 3 处于单粒子态$|\varphi_k\rangle$。

引入置换算符

$$\hat{P}(n_1,n_2,n_3)|1,\varphi_i\rangle|2,\varphi_j\rangle|3,\varphi_k\rangle=|n_1,\varphi_i\rangle|n_2,\varphi_j\rangle|n_3,\varphi_k\rangle \tag{14.100}$$

式中，n_1,n_2,n_3是 1,2,3 的某种排列。置换算符将正交归一基仍然变成正交归一基，因此是个幺正算符

$$\hat{P}^{\dagger}(n_1,n_2,n_3)=\hat{P}^{-1}(n_1,n_2,n_3) \tag{14.101}$$

根据 1,2,3 的排列种类可知，这样的置换算符一共有 6 个

$$\begin{matrix}\hat{P}(1,2,3), & \hat{P}(2,1,3), & \hat{P}(3,1,2)\\ \hat{P}(1,3,2), & \hat{P}(2,3,1), & \hat{P}(3,2,1)\end{matrix} \tag{14.102}$$

按定义，$\hat{P}(1,2,3)$等于没有交换，因此$\hat{P}(1,2,3)=\hat{I}$。$\hat{P}(1,3,2)$、$\hat{P}(2,1,3)$和$\hat{P}(3,2,1)$只交换了两个粒子的编号，称为对换(transposition)算符，也称为二粒子交换(exchange)算符。对换是最简单的置换，我们引入如下记号

$$\hat{P}(2,1,3) \equiv \hat{P}_{12}, \quad \hat{P}(3,2,1) \equiv \hat{P}_{13}, \quad \hat{P}(1,3,2) \equiv \hat{P}_{23} \tag{14.103}$$

也就是说，$\hat{P}_{mn}$ 表示粒子 m 和粒子 n 相互交换编号，$\hat{P}_{mn}$ 和 $\hat{P}_{nm}$ 是一个意思。对换算符都是自逆算符

$$\hat{P}_{mn}^2 = \hat{P}_{mn}\hat{P}_{mn} = \hat{I} \tag{14.104}$$

因此也是自伴算符。

两个置换算符的乘积一般不对易。比如，$\hat{P}_{12}\hat{P}_{13}$ 表示对态矢量先用 $\hat{P}_{13}$ 作用，再用 $\hat{P}_{12}$ 作用

$$(1,2,3) \xrightarrow{\hat{P}_{13}} (3,2,1) \xrightarrow{\hat{P}_{12}} (3,1,2) \tag{14.105}$$

由此可知

$$\hat{P}_{12}\hat{P}_{13} = \hat{P}(3,1,2) \tag{14.106}$$

我们再计算 $\hat{P}_{13}\hat{P}_{12}$

$$(1,2,3) \xrightarrow{\hat{P}_{12}} (2,1,3) \xrightarrow{\hat{P}_{13}} (2,3,1) \tag{14.107}$$

由此可知

$$\hat{P}_{13}\hat{P}_{12} = \hat{P}(2,3,1) \tag{14.108}$$

因此这两个对换算符不对易

$$\hat{P}_{12}\hat{P}_{13} \neq \hat{P}_{13}\hat{P}_{12} \tag{14.109}$$

根据上述计算可知，式(14.102)中的6个算符，包括一个单位算符，三个对换算符，剩下两个算符可以分解为两个对换算符的乘积。需要注意的是，这种分解不是唯一的。利用式(14.105)和式(14.107)的技巧，容易证明

$$\begin{aligned}\hat{P}(3,1,2) &= \hat{P}_{12}\hat{P}_{13} = \hat{P}_{13}\hat{P}_{23} = \hat{P}_{23}\hat{P}_{12} \\ \hat{P}(2,3,1) &= \hat{P}_{12}\hat{P}_{23} = \hat{P}_{13}\hat{P}_{12} = \hat{P}_{23}\hat{P}_{13}\end{aligned} \tag{14.110}$$

利用对换算符的自逆性，容易算出

$$\hat{P}(3,1,2)\hat{P}(3,1,2) = \hat{P}(2,3,1), \quad \hat{P}(2,3,1)\hat{P}(2,3,1) = \hat{P}(3,1,2) \tag{14.111}$$

由此可见，$\hat{P}(2,3,1)$ 和 $\hat{P}(3,1,2)$ 不是自逆算符(也不是自伴算符)。

式(14.102)包含了所有置换操作，因此两个置换算符的乘积必然等于其中的一个置换算符。进一步，任意多个置换算符的乘积也等于其中一个置换算符。设 $\hat{P}, \hat{P}', \hat{P}''$ 是从式(14.102)中挑出的三个算符，它们可以相同或不同。若 $\hat{P}\hat{P}' = \hat{P}\hat{P}''$，两端乘以 $\hat{P}$ 的逆算符，可得 $\hat{P}' = \hat{P}''$。由此可知，若 $\hat{P}' \neq \hat{P}''$，则 $\hat{P}\hat{P}' \neq \hat{P}\hat{P}''$。设 $\hat{P}_0$ 为式(14.102)中的一个置换算符，将其分别左乘式(14.102)中的6个算符，得

$$\begin{aligned}&\hat{P}_0\hat{P}(1,2,3), \quad \hat{P}_0\hat{P}(2,1,3), \quad \hat{P}_0\hat{P}(3,1,2) \\ &\hat{P}_0\hat{P}(1,3,2), \quad \hat{P}_0\hat{P}(2,3,1), \quad \hat{P}_0\hat{P}(3,2,1)\end{aligned} \tag{14.112}$$

首先，这6个新算符中每一个都属于式(14.102)中的置换算符；其次，这6个新算符各不相同。因此这6个新算符只是式(14.102)中的算符变换了排列次序而已。同样道理，将式(14.102)中的6个置换算符右乘任何一个置换算符，结果也一样。

置换算符的乘积如表14-2所示，称为乘法表[㊀]。利用式(14.110)容易写出前四行前四列，再利用对换算符的自逆性就可以算出其余乘积。在乘法表中，每一行(列)元素仍然是这6个置换算符，不同行(列)中元素排列次序不同。

㊀ 这里讲的其实是"置换群"的性质，详情参见群论相关教材.

表 14-2　置换元素的乘法表

	$\hat{I}$	$\hat{P}_{12}$	$\hat{P}_{13}$	$\hat{P}_{23}$	$\hat{P}(3,1,2)$	$\hat{P}(2,3,1)$
$\hat{I}$	$\hat{I}$	$\hat{P}_{12}$	$\hat{P}_{13}$	$\hat{P}_{23}$	$\hat{P}(3,1,2)$	$\hat{P}(2,3,1)$
$\hat{P}_{12}$	$\hat{P}_{12}$	$\hat{I}$	$\hat{P}(3,1,2)$	$\hat{P}(2,3,1)$	$\hat{P}_{13}$	$\hat{P}_{23}$
$\hat{P}_{13}$	$\hat{P}_{13}$	$\hat{P}(2,3,1)$	$\hat{I}$	$\hat{P}(3,1,2)$	$\hat{P}_{23}$	$\hat{P}_{12}$
$\hat{P}_{23}$	$\hat{P}_{23}$	$\hat{P}(3,1,2)$	$\hat{P}(2,3,1)$	$\hat{I}$	$\hat{P}_{12}$	$\hat{P}_{13}$
$\hat{P}(3,1,2)$	$\hat{P}(3,1,2)$	$\hat{P}_{23}$	$\hat{P}_{12}$	$\hat{P}_{13}$	$\hat{P}(2,3,1)$	$\hat{I}$
$\hat{P}(2,3,1)$	$\hat{P}(2,3,1)$	$\hat{P}_{13}$	$\hat{P}_{23}$	$\hat{P}_{12}$	$\hat{I}$	$\hat{P}(3,1,2)$

由于对换算符的自逆性式(14.104)，我们可以将分解式随意乘以偶数个对换算符，比如对于式(14.110)，可以写为

$$\hat{P}(3,1,2)=\hat{P}_{12}^2\hat{P}_{13}\hat{P}_{23}\hat{P}_{13}^2,\quad \hat{P}_{12}^2\hat{P}_{13}\hat{P}_{23}^5\hat{P}_{13}^4 \tag{14.113}$$

等。可以证明，将置换算符分解为对换算符的个数奇偶性是不变的。由此引入置换宇称的概念：如果某个置换算符 $\hat{P}(n_1,n_2,n_3)$ 能被分解为 $\nu(n_1,n_2,n_3)$ 个对换算符的乘积，则置换算符 $\hat{P}(n_1,n_2,n_3)$ 的置换宇称为 $(-1)^{\nu(n_1,n_2,n_3)}$。如前所述，$\nu(n_1,n_2,n_3)$ 并不是唯一的，但置换宇称是唯一的。且

(1) 如果 $\hat{P}(n_1,n_2,n_3)$ 的置换宇称是+1，就称为偶置换；

(2) 如果 $\hat{P}(n_1,n_2,n_3)$ 的置换宇称是-1，就称为奇置换。

单位算符 $\hat{P}(1,2,3)=\hat{I}$ 是偶置换；根据式(14.106)和式(14.108)可知，$\hat{P}(3,1,2)$ 和 $\hat{P}(2,3,1)$ 也是偶置换；而式(14.103)中的三个对换算符则是奇置换。

14.3.2　态矢量

引入对称化算符和反对称化算符

$$\boxed{\hat{P}_S=\frac{1}{3!}[\hat{I}+\hat{P}_{12}+\hat{P}_{13}+\hat{P}_{23}+\hat{P}(3,1,2)+\hat{P}(2,3,1)]} \tag{14.114}$$

$$\boxed{\hat{P}_A=\frac{1}{3!}[\hat{I}-\hat{P}_{12}-\hat{P}_{13}-\hat{P}_{23}+\hat{P}(3,1,2)+\hat{P}(2,3,1)]} \tag{14.115}$$

在式(14.114)中我们对 6 个置换算符求和，在式(14.115)中同样对 6 个置换算符求和，但是带上了置换宇称，因此奇置换 $\hat{P}_{12}$,$\hat{P}_{13}$ 和 $\hat{P}_{23}$ 前面是负号。可以证明 $\hat{P}_S$ 和 $\hat{P}_A$ 均为自伴算符和幂等算符，因此它们都是投影算符。利用 $\hat{P}_S$ 和 $\hat{P}_A$，可以构造交换对称和反对称的态矢量

$$\boxed{|\varphi_S\rangle=C_S\hat{P}_S|1,\varphi_i\rangle|2,\varphi_j\rangle|3,\varphi_k\rangle,\quad |\varphi_A\rangle=C_A\hat{P}_A|1,\varphi_i\rangle|2,\varphi_j\rangle|3,\varphi_k\rangle} \tag{14.116}$$

式中，C_S 和 C_A 是归一化常数。

首先，$|\varphi_S\rangle$ 是交换对称的。先讨论 $\hat{P}_{12}$ 的作用，根据表 14-2 得

$$\hat{P}_{12}|\varphi_S\rangle=\frac{C_S}{3!}[\hat{P}_{12}+\hat{I}+\hat{P}(3,1,2)+\hat{P}(2,3,1)+\hat{P}_{13}+\hat{P}_{23}]|1,\varphi_i\rangle|2,\varphi_j\rangle|3,\varphi_k\rangle \tag{14.117}$$

式(14.117)右端括号内相加的 6 个算符，正是式(14.114)右端括号内相加的 6 个算符，只是相加的次序不同而已。由此可得

$$\hat{P}_{12}|\varphi_S\rangle=|\varphi_S\rangle \tag{14.118}$$

对于其他对换算符，根据乘法表，可得

$$\hat{P}_{13}|\varphi_S\rangle=|\varphi_S\rangle,\qquad \hat{P}_{23}|\varphi_S\rangle=|\varphi_S\rangle \tag{14.119}$$

因此 $|\varphi_S\rangle$ 是交换对称的态矢量。

其次，$|\varphi_A\rangle$ 是交换反对称的。先讨论 $\hat{P}_{12}$ 的作用，根据乘法表，得

$$\hat{P}_{12}|\varphi_A\rangle=\frac{C_A}{3!}[\hat{P}_{12}-\hat{I}-\hat{P}(3,1,2)-\hat{P}(2,3,1)+\hat{P}_{13}+\hat{P}_{23}]|1,\varphi_i\rangle|2,\varphi_j\rangle|3,\varphi_k\rangle \tag{14.120}$$

式(14.120)右端括号内的6个置换算符，正是式(14.115)右端括号内的6个置换算符，只是每个置换算符前面的正负号跟自身的置换宇称相反。由此可得

$$\hat{P}_{12}|\varphi_A\rangle=-|\varphi_A\rangle \tag{14.121}$$

对于其他对换算符，同样可以证明

$$\hat{P}_{13}|\varphi_A\rangle=-|\varphi_A\rangle,\qquad \hat{P}_{23}|\varphi_A\rangle=-|\varphi_A\rangle \tag{14.122}$$

因此 $|\varphi_A\rangle$ 是交换反对称的态矢量。实际上，根据行列式定义可知

$$|\varphi_A\rangle=\frac{C_A}{3!}\begin{vmatrix}|1,\varphi_i\rangle & |2,\varphi_i\rangle & |3,\varphi_i\rangle\\ |1,\varphi_j\rangle & |2,\varphi_j\rangle & |3,\varphi_j\rangle\\ |1,\varphi_k\rangle & |2,\varphi_k\rangle & |3,\varphi_k\rangle\end{vmatrix} \tag{14.123}$$

交换两个粒子的编号相当于交换行列式的两列，会产生一个负号。根据行列式的性质，如果有两个或两个以上单粒子态相同，则会得到零矢量，这正是泡利不相容原理的体现。

综上所述，$|\varphi_S\rangle$ 和 $|\varphi_A\rangle$ 是所有对换算符的共同本征矢量，本征值分别为1和-1。$|\varphi_S\rangle$ 和 $|\varphi_A\rangle$ 也是其他置换算符的本征矢量，本征值分别等于1和置换宇称。两种矢量组分别张成交换对称和反对称的子空间 $\mathcal{V}_{SY}$ 和 $\mathcal{V}_{ASY}$，投影算符 $\hat{P}_S$ 和 $\hat{P}_A$ 的功能是将三粒子态矢量分别投影到 $\mathcal{V}_{SY}$ 和 $\mathcal{V}_{ASY}$。由式(14.114)和式(14.115)可知

$$\hat{P}_S+\hat{P}_A=\frac{1}{3}[\hat{I}+\hat{P}(3,1,2)+\hat{P}(2,3,1)]\neq\hat{I} \tag{14.124}$$

因此，三粒子态空间不能分解为 $\mathcal{V}_{SY}$ 和 $\mathcal{V}_{ASY}$ 的直和

$$\mathcal{V}\neq\mathcal{V}_{SY}\oplus\mathcal{V}_{ASY} \tag{14.125}$$

对于玻色子体系，态矢量 $C_S\hat{P}_S|1,\varphi_1\rangle|2,\varphi_1\rangle|3,\varphi_1\rangle$ 表示单粒子态 $|\varphi_1\rangle$ 上有三个粒子；态矢量 $C_S\hat{P}_S|1,\varphi_1\rangle|2,\varphi_1\rangle|3,\varphi_2\rangle$ 表示单粒子态 $|\varphi_1\rangle$ 上有两个粒子，单粒子态 $|\varphi_2\rangle$ 上有一个粒子；态矢量 $C_S\hat{P}_S|1,\varphi_1\rangle|2,\varphi_2\rangle|3,\varphi_3\rangle$ 表示单粒子态 $|\varphi_1\rangle$，$|\varphi_2\rangle$，$|\varphi_3\rangle$ 上各有一个粒子；等等。对于费米子体系，根据泡利不相容原理，每个单粒子态上最多只能有一个粒子，比如态矢量 $C_A\hat{P}_A|1,\varphi_1\rangle|2,\varphi_2\rangle|3,\varphi_3\rangle$ 表示单粒子态 $|\varphi_1\rangle$，$|\varphi_2\rangle$，$|\varphi_3\rangle$ 上各有一个粒子。

14.4 N粒子体系

对于固定粒子数的体系，讨论方式都是类似的。先将粒子视为可分辨的并进行编号，然后根据全同性原理挑出需要的态矢量。我们同样从置换算符出发来构建交换对称和反对称的态矢量。

14.4.1 态矢量

设体系由 N 个全同粒子构成，假定粒子之间的相互作用可以忽略。将编号为 n 的单粒

子态空间记为 $\mathcal{V}(n)$，基矢量为 $\{|n,\varphi_i\rangle\}$，N 粒子态空间为

$$\mathcal{V} = \mathcal{V}(1) \otimes \mathcal{V}(2) \otimes \cdots \otimes \mathcal{V}(N) \tag{14.126}$$

基矢量可以选为

$$|1,\varphi_{i_1}\rangle |2,\varphi_{i_2}\rangle \cdots |N,\varphi_{i_N}\rangle, \quad i_1,i_2,\cdots,i_N = 1,2,\cdots \tag{14.127}$$

引入 N 粒子置换算符

$$\hat{P}(n_1,n_2,\cdots,n_N) |1,\varphi_{i_1}\rangle |2,\varphi_{i_2}\rangle \cdots |N,\varphi_{i_N}\rangle = |n_1,\varphi_{i_1}\rangle |n_2,\varphi_{i_2}\rangle \cdots |n_N,\varphi_{i_N}\rangle \tag{14.128}$$

式中，$n_1,n_2,\cdots,n_N$代表 $1,2,\cdots,N$ 的一种排列。只交换两个数字的置换称为对换，每个置换都可以分解为若干次对换。置换分解为对换的次数不是唯一的，而对换次数的奇偶性是唯一的。如果置换可以分解为偶次对换，则称为偶置换；如果置换可以分解为奇次对换，则称为奇置换。

引入对称化算符和反对称化算符

$$\boxed{\begin{aligned} \hat{P}_\mathrm{S} &= \frac{1}{N!}\sum_{\text{所有置换}} \hat{P}(n_1,n_2,\cdots,n_N) \\ \hat{P}_\mathrm{A} &= \frac{1}{N!}\sum_{\text{所有置换}} \varepsilon_{\hat{P}} \hat{P}(n_1,n_2,\cdots,n_N) \end{aligned}} \tag{14.129}$$

式中，$\varepsilon_{\hat{P}}$是置换字称，对于奇置换取-1，对于偶置换取$+1$。式(14.129)中求和是对所有置换算符进行的。由此构建交换对称的和交换反对称的态矢量

$$\boxed{\begin{aligned} |\varphi_\mathrm{S}\rangle &= C_\mathrm{S}\hat{P}_\mathrm{S} |1,\varphi_{i_1}\rangle |2,\varphi_{i_2}\rangle \cdots |N,\varphi_{i_N}\rangle \\ |\varphi_\mathrm{A}\rangle &= C_\mathrm{A}\hat{P}_\mathrm{A} |1,\varphi_{i_1}\rangle |2,\varphi_{i_2}\rangle \cdots |N,\varphi_{i_N}\rangle \end{aligned}} \tag{14.130}$$

式中，C_S 和 C_A 是归一化常数。根据置换算符的作用，可以将其明显写出为

$$|\varphi_\mathrm{S}\rangle = \frac{C_\mathrm{S}}{N!}\sum_{(n_1 n_2 \cdots n_N)} |n_1,\varphi_{i_1}\rangle |n_2,\varphi_{i_2}\rangle \cdots |n_N,\varphi_{i_N}\rangle \tag{14.131}$$

$$|\varphi_\mathrm{A}\rangle = \frac{C_\mathrm{A}}{N!}\sum_{(n_1 n_2 \cdots n_N)} \varepsilon_{\hat{P}} |n_1,\varphi_{i_1}\rangle |n_2,\varphi_{i_2}\rangle \cdots |n_N,\varphi_{i_N}\rangle \tag{14.132}$$

两个求和都是对 $n_1,n_2,\cdots,n_N$的所有排列进行。

在 $|\varphi_\mathrm{S}\rangle$或 $|\varphi_\mathrm{A}\rangle$的任一项中，$|\varphi_i\rangle$的出现次数 N_i 称为 $|\varphi_i\rangle$的占有数(occupation number)，表示有 N_i 个粒子占有 $|\varphi_i\rangle$。各个单粒子态的占有数满足

$$\sum_i N_i = N \tag{14.133}$$

对于费米子体系，还要求 N_i 只能是 0 和 1。对于 $|\varphi_\mathrm{S}\rangle$，归一化常数(留作练习) $C_\mathrm{S} = \sqrt{N!/(N_1!N_2!\cdots)}$。对于 $|\varphi_\mathrm{A}\rangle$，非零矢量必须由 N 个互不相同的单粒子态来构建，归一化常数 $C_\mathrm{A} = \sqrt{N!}$。

对式(14.131)右端两个粒子编号进行交换，只不过改变了求和项的次序，因此 $|\varphi_\mathrm{S}\rangle$是交换对称的。$|\varphi_\mathrm{A}\rangle$可用行列式表达

$$|\varphi_\mathrm{A}\rangle = \frac{1}{\sqrt{N!}}\begin{vmatrix} |1,\varphi_{i_1}\rangle & |2,\varphi_{i_1}\rangle & \cdots & |N,\varphi_{i_1}\rangle \\ |1,\varphi_{i_2}\rangle & |2,\varphi_{i_2}\rangle & \cdots & |N,\varphi_{i_2}\rangle \\ \vdots & \vdots & & \vdots \\ |1,\varphi_{i_N}\rangle & |2,\varphi_{i_N}\rangle & \cdots & |N,\varphi_{i_N}\rangle \end{vmatrix} \tag{14.134}$$

称为斯莱特(Slater)行列式。根据式(14.134)，交换两个粒子编号相当于交换行列式的两列，根据行列式的性质，结果会相差一个负号，因此$|\psi_A\rangle$是交换反对称的。根据行列式的性质，如果有两个或两个以上单粒子态相同，则会得到零矢量，这同样是泡利不相容原理的体现。由此可见，对任意对换算符$\hat{P}_{mn}$，均有

$$\hat{P}_{mn}|\varphi_S\rangle = |\varphi_S\rangle, \qquad \hat{P}_{mn}|\varphi_A\rangle = -|\varphi_A\rangle \tag{14.135}$$

式中，$m,n=1,2,\cdots,N$。$|\varphi_S\rangle$和$|\varphi_A\rangle$是所有对换算符的共同本征矢量，本征值分别为1和-1。$|\varphi_S\rangle$和$|\varphi_A\rangle$也是其他置换算符的本征矢量，本征值分别等于1和置换宇称。两种矢量组分别张成子空间$\mathcal{V}_{SY}$和$\mathcal{V}_{ASY}$。

14.4.2 微观状态数

物理体系的能量、体积、压强、温度等描述了体系的宏观状态，而体系的态矢量描述了体系的微观状态。对于全同粒子体系，式(14.130)中的每个基矢量都代表体系的一种微观状态，基矢量的线性叠加也代表体系的微观状态。我们关心的问题是，在某个宏观条件下体系线性无关的微观状态有多少个？很明显，这等于满足条件的基矢量数目，称为体系的微观状态数。

现在考虑一个问题：设某条件下N粒子体系一共有n个单粒子态

$$|\varphi_i\rangle, \quad i=1,2,\cdots,n \tag{14.136}$$

则体系的微观状态数等于多少？

(1) 非全同粒子

粒子是可分辨的，每个粒子都可以处于任何一个单粒子态。这相当于用N粒子去填充n个空位，每个粒子都有n种选择，体系的微观状态数为

$$\Omega_{\text{M.B.}}(N,n) = n^N \tag{14.137}$$

体系的微观状态可由态空间(14.126)中n^N个基矢量代表

$$|1,\varphi_{i_1}\rangle|2,\varphi_{i_2}\rangle\cdots|N,\varphi_{i_N}\rangle, \quad i_1,i_2,\cdots,i_N = 1,2,\cdots,n \tag{14.138}$$

(2) 全同玻色子

基矢量$|\varphi_S\rangle$取决于各个单粒子态的占有数$N_1,N_2,\cdots,N_n$，每一组占有数都要满足条件

$$N = N_1 + N_2 + \cdots + N_n \tag{14.139}$$

这相当于N拆分成n个非负整数的和，拆分方式的数目就是体系的微观状态数。拆分过程可以这样考虑：将N个粒子排成一行，然后使用$n-1$个分隔符将其分为n组，或者等价描述为，在$N+n-1$个对象中挑选出$n-1$个对象作为分隔符(或者挑出N个对象作为粒子)。挑选方式的数目，就是拆分方式的数目。因此体系的微观状态数为

$$\Omega_{\text{B.E.}}(N,n) = C_{N+n-1}^N = \frac{(N+n-1)!}{N!(n-1)!} \tag{14.140}$$

式中，C_{N+n-1}^N表示从$N+n-1$个对象中挑选出N个对象的组合数。$\Omega_{\text{B.E.}}(N,n)$个交换对称的态矢量张成了一个$\Omega_{\text{B.E.}}(N,n)$维的交换对称子空间$\mathcal{V}_{SY}$，子空间$\mathcal{V}_{SY}$中所有的态矢量都是交换对称的。

(3) 全同费米子

根据泡利不相容原理，每个单粒子态上最多只能容纳一个粒子，将N个粒子填充到n个空位上，相当于从n个空位中挑出N个空位用来填充粒子，这要求$N\leqslant n$。体系的微观状态数为

$$\Omega_{\text{F.D.}}(N,n) = C_n^N = \frac{n!}{N!(n-N)!} \tag{14.141}$$

$\Omega_{\text{F.D.}}(N,n)$个交换反对称的态矢量张成了一个$\Omega_{\text{B.E.}}(N,n)$维交换反对称子空间$\mathcal{V}_{ASY}$，子空间

$\mathcal{V}_{\mathrm{ASY}}$中所有的态矢量都是交换反对称的。

对于二粒子体系

$$\Omega_{\mathrm{M.B.}}(2,n)=n^2,\quad \Omega_{\mathrm{B.E.}}(2,n)=\frac{1}{2}n(n+1),\quad \Omega_{\mathrm{F.D.}}(2,n)=\frac{1}{2}n(n-1) \tag{14.142}$$

容易验证

$$\Omega_{\mathrm{M.B.}}(2,n)=\Omega_{\mathrm{B.E.}}(2,n)+\Omega_{\mathrm{F.D.}}(2,n) \tag{14.143}$$

这个结果并不意外，因为对于二粒子体系，态空间正好能够分解为交换对称子空间 $\mathcal{V}_{\mathrm{SY}}$ 和交换反对称子空间 $\mathcal{V}_{\mathrm{ASY}}$的直和，如式(14.42)所示。比如，两个电子的自旋态空间是四维的，可以分解为一维的自旋单态空间和三维的自旋三重态空间。

当 $N>2$ 时，$\mathcal{V}$ 大于 $\mathcal{V}_{\mathrm{SY}}\oplus\mathcal{V}_{\mathrm{ASY}}$，此时

$$\Omega_{\mathrm{M.B.}}(N,n)>\Omega_{\mathrm{B.E.}}(N,n)+\Omega_{\mathrm{F.D.}}(N,n),\quad N>2 \tag{14.144}$$

14.4.3　线性算符

1. 算符的变换

二粒子态空间的算符是由单粒子态空间的算符的张量积构成的，如果我们交换两个粒子的编号，这些算符也会发生相应的改变。

设 $\hat{A}(1,2)$是二粒子态空间的一个线性算符

$$|\varphi\rangle=\hat{A}(1,2)|\psi\rangle \tag{14.145}$$

这里用1,2表示 $\hat{A}$ 是由粒子1和粒子2的算符构成的，比如 $\hat{A}(1,2)=A(\hat{x}_1,\hat{p}_2)$等。设

$$|\psi'\rangle=\hat{P}_{12}|\psi\rangle,\quad |\varphi'\rangle=\hat{P}_{12}|\varphi\rangle \tag{14.146}$$

交换粒子的编号后，$\hat{A}(1,2)$变成了 $\hat{A}(2,1)$。交换粒子的编号只是改变了描述体系的方式，而算符对态矢量的作用应该保持不变。也就是说，应有下式成立

$$|\varphi'\rangle=\hat{A}(2,1)|\psi'\rangle \tag{14.147}$$

根据式(14.147)的要求，我们将证明 $\hat{A}(1,2)\to\hat{A}(2,1)$ 的变换可由 $\hat{P}_{12}$来实现。将方程(14.145)两端用 $\hat{P}_{12}$作用，得

$$\hat{P}_{12}|\varphi\rangle=\hat{P}_{12}\hat{A}(1,2)|\psi\rangle=\hat{P}_{12}\hat{A}(1,2)\hat{P}_{12}^{-1}\hat{P}_{12}|\psi\rangle \tag{14.148}$$

根据记号(14.146)，可知

$$|\varphi'\rangle=\hat{P}_{12}\hat{A}(1,2)\hat{P}_{12}^{-1}|\psi'\rangle \tag{14.149}$$

若要方程(14.147)成立，则必须有

$$\boxed{\hat{A}(2,1)=\hat{P}_{12}\hat{A}(1,2)\hat{P}_{12}^{-1}} \tag{14.150}$$

由此便实现了用二粒子对换算符 $\hat{P}_{12}$表示对其他算符的变换。实际上，体系的一切对称变换，比如平移、旋转、空间反射等，都可以用对态矢量的对称变换算符来表达对其他算符的变换。

若算符 $\hat{A}(1,2)$对于交换两个编号不变，即 $\hat{A}(2,1)=\hat{A}(1,2)$，则由式(14.150)可知 $\hat{P}_{12}$ 与 $\hat{A}(1,2)$对易

$$[\hat{P}_{12},\hat{A}(1,2)]=0 \tag{14.151}$$

类似地，对于 N 粒子体系，算符 $\hat{A}(1,2,\cdots,N)$的交换不变性可以表述为

$$\hat{P}_{mn}\hat{A}\hat{P}_{mn}^{-1}=\hat{A},\quad 或\quad [\hat{A},\hat{P}_{mn}]=0 \tag{14.152}$$

2. 哈密顿算符

对于由 N 个全同粒子组成的体系，设哈密顿算符为

$$\hat{H}=\sum_{k=1}^{N}\left[-\frac{\hbar^2}{2\mu}\nabla_k^2+V(\boldsymbol{r}_k)\right]+\sum_{i<j}^{N}W(|\boldsymbol{r}_i-\boldsymbol{r}_j|) \tag{14.153}$$

由于粒子是全同的，因此质量均为μ，在外场中的势能函数也都相同，两个全同粒子之间的相互作用势能函数也都相同。哈密顿算符(14.153)对于交换任何两个指标n和m均不改变

$$\hat{H}(\boldsymbol{r}_1,\cdots,\boldsymbol{r}_m,\cdots,\boldsymbol{r}_n,\cdots,\boldsymbol{r}_N)=\hat{H}(\boldsymbol{r}_1,\cdots,\boldsymbol{r}_n,\cdots,\boldsymbol{r}_m,\cdots,\boldsymbol{r}_N) \tag{14.154}$$

因此，任意对换算符与哈密顿算符对易

$$[\hat{P}_{mn},\hat{H}]=0,\quad n,m=1,2,\cdots,N \tag{14.155}$$

对换算符$\hat{P}_{mn}$是自伴的，可以代表体系的一个力学量。式(14.155)表明所有对换算符都是守恒量。如果$t=0$时刻的态矢量$|\psi(0)\rangle$是$\hat{P}_{mn}$的本征矢量，则在任意t时刻的态矢量$|\psi(t)\rangle$也是$\hat{P}_{mn}$的本征矢量，而且属于同一个本征值。由此可见，如果体系初态属于$\mathcal{V}_{\mathrm{SY}}$，则体系状态将一直在$\mathcal{V}_{\mathrm{SY}}$；如果体系初态属于$\mathcal{V}_{\mathrm{ASY}}$，则体系状态将一直在$\mathcal{V}_{\mathrm{ASY}}$。换句话说，玻色子体系保持为玻色子体系，费米子体系保持为费米子体系。实验表明，全同粒子体系的统计性质与时间无关。也就是说，对于任何全同粒子体系的时间演化，玻色子体系保持为玻色子体系，费米子体系保持为费米子体系。因此，任何体系哈密顿算符都必须满足式(14.155)。

任意置换算符$\hat{P}(n_1,n_2,\cdots,n_N)$可以分解为若干对换算符的乘积，因此置换算符与哈密顿算符也对易

$$[\hat{P}(n_1,n_2,\cdots,n_N),\hat{H}]=0 \tag{14.156}$$

$\hat{P}(n_1,n_2,\cdots,n_N)$不一定是个自伴算符，因而不一定能代表一个力学量，它仅代表体系的一个对称变换。

*14.5 福克空间

我们来介绍描述全同粒子体系的专用工具——福克(Fock)空间，这个空间可以描述真实粒子的产生和消灭。

14.5.1 空间的构建

在式(14.130)中，$|\varphi_{\mathrm{S}}\rangle$和$|\varphi_{\mathrm{A}}\rangle$分别描述全同玻色子体系和全同费米子体系。先考虑玻色子体系。根据单粒子态的占有数$N_1,N_2,\cdots$，可将$|\varphi_{\mathrm{S}}\rangle$记为[⊖]

$$\begin{aligned}|N_1,N_2,\cdots\rangle=C_{\mathrm{S}}\hat{P}_{\mathrm{S}}&\underbrace{|1,\varphi_1\rangle|2,\varphi_1\rangle\cdots|N_1,\varphi_1\rangle}_{N_1个}\\&\otimes\underbrace{|N_1+1,\varphi_2\rangle|N_1+2,\varphi_2\rangle\cdots|N_1+N_2,\varphi_2\rangle}_{N_2个}\otimes\quad\cdots\end{aligned} \tag{14.157}$$

将N粒子态空间记为$\mathcal{V}^{(N)}$，所有满足条件(14.133)的态矢量都是$\mathcal{V}^{(N)}$中的矢量，它们可以作为$\mathcal{V}^{(N)}$的基矢量。不同基矢量的区别在于单粒子态的占有数分布不同。费米子体系的讨论完全是类似的，区别仅在于单粒子态占有数只能是0和1。

⊖ 从基矢量出发构建交换对称和交换反对称的态矢量时，可以只考虑单粒子态编号从小到大排列的基矢量，因此这里编号为1的单粒子态出现在最前面，接着是编号为2的单粒子态，以此类推. 读者可以在本章的习题14.4中找到理由.

引入如下态空间，称为福克空间，它是各种粒子数的全同粒子体系的态空间的直和

$$\mathcal{V}=\mathcal{V}^{(0)}\oplus\mathcal{V}^{(1)}\oplus\mathcal{V}^{(2)}\oplus\cdots\oplus\mathcal{V}^{(N)}\oplus\cdots \tag{14.158}$$

$\mathcal{V}^{(0)}$表示一个粒子也没有的态空间，这是个一维态空间，其中的归一化态矢量为$|0,0,\cdots\rangle$，表示所有单粒子态的占有数为零的态，称为真空态(vacuum state)。福克空间也称为占有数空间，或者粒子数空间。以$|N_1,N_2,\cdots\rangle$为基矢量所确定的表象称为福克表象或粒子数表象。

14.5.2　升降算符

我们分两种情形讨论。

(1) 玻色子

引入占有数N_i的升降算符$\hat{a}_i$和$\hat{a}_i^\dagger$，它们是单粒子态$|\varphi_i\rangle$上的粒子的消灭算符和产生算符，并假定它们满足如下对易关系

$$[\hat{a}_i,\hat{a}_j]=[\hat{a}_i^\dagger,\hat{a}_j^\dagger]=0,\quad [\hat{a}_i,\hat{a}_j^\dagger]=\delta_{ij} \tag{14.159}$$

这些对易关系与线性谐振子的升降算符的对易关系相同，但这里的消灭算符和产生算符不是由单粒子的坐标算符和动量算符来定义的。根据谐振子的占有数表象的讨论，可知

$$\hat{a}_i|N_1,N_2,\cdots\rangle=\sqrt{n_i}\,|N_1,N_2,\cdots,N_i-1,\cdots\rangle \tag{14.160}$$

$$\hat{a}_i^\dagger|N_1,N_2,\cdots\rangle=\sqrt{n_i+1}\,|N_1,N_2,\cdots,N_i+1,\cdots\rangle \tag{14.161}$$

引入$|\varphi_i\rangle$上的粒子数算符$\hat{N}_i=\hat{a}_i^\dagger\hat{a}_i$，态矢量$|N_1,N_2,\cdots\rangle$是所有$\hat{N}_i$的本征矢量

$$\hat{N}_i|N_1,N_2,\cdots\rangle=N_i|N_1,N_2,\cdots\rangle \tag{14.162}$$

将真空态$|0,0,\cdots\rangle$简记为$|0\rangle$，利用式(14.161)可将$|N_1,N_2,\cdots\rangle$表达为

$$|N_1,N_2,\cdots\rangle=\frac{1}{\sqrt{N_1!N_2!\cdots}}[(a_1^\dagger)^{N_1}(a_2^\dagger)^{N_2}\cdots]|0\rangle \tag{14.163}$$

根据式(14.163)，我们来定义一个二粒子态

$$|\varphi_i\varphi_j\rangle=\hat{a}_i^\dagger\hat{a}_j^\dagger|0\rangle,\quad i\neq j \tag{14.164}$$

根据对易关系(14.159)可知

$$|\varphi_i\varphi_j\rangle=\hat{a}_i^\dagger\hat{a}_j^\dagger|0\rangle=\hat{a}_j^\dagger\hat{a}_i^\dagger|0\rangle=|\varphi_j\varphi_i\rangle \tag{14.165}$$

即态矢量是交换对称的，这正是玻色子体系的特征。

(2) 费米子

引入占有数N_i的升降算符$\hat{b}_i$和$\hat{b}_i^\dagger$，它们是单粒子态上粒子的消灭算符和产生算符，并假定它们满足如下反对易关系

$$\{\hat{b}_i,\hat{b}_j\}=\{\hat{b}_i^\dagger,\hat{b}_j^\dagger\}=0,\qquad \{\hat{b}_i,\hat{b}_j^\dagger\}=\delta_{ij} \tag{14.166}$$

和玻色子一样，当$\hat{b}_i^\dagger$作用于真空态$|0\rangle$时，会产生一个单粒子态$\hat{b}_i^\dagger|0\rangle$。由式(14.166)可知$\hat{b}_i^\dagger\hat{b}_i^\dagger=0$，因此$\hat{b}_i^\dagger$再次作用于$\hat{b}_i^\dagger|0\rangle$会得到零矢量，这保证了同一个单粒子态上最多只能占有一个粒子，从而自动满足泡利不相容原理。

N个费米子态的表达式为

$$|N_1,N_2,\cdots\rangle=[(b_1^\dagger)^{N_1}(b_2^\dagger)^{N_2}\cdots]|0\rangle \tag{14.167}$$

这里所有的占有数N_i只能取0和1。根据式(14.167)，我们来定义一个二粒子态

$$|\varphi_i\varphi_j\rangle = \hat{b}_i^\dagger \hat{b}_j^\dagger |0\rangle, \quad i \neq j \tag{14.168}$$

根据反对易关系(14.166)可知

$$|\varphi_i\varphi_j\rangle = \hat{b}_i^\dagger \hat{b}_j^\dagger |0\rangle = -\hat{b}_j^\dagger \hat{b}_i^\dagger |0\rangle = -|\varphi_j\varphi_i\rangle \tag{14.169}$$

即态矢量是交换反对称的，这正是费米子体系的特征。

福克空间的内容在高等量子力学中会有详细介绍，因此这里就不深入研究了。通过上面的简单介绍，我们已经看到了福克空间的一个重要特点，即粒子数是可变的，这正是高能物理的特征。福克空间的理论本质上属于量子场论，前面引入的消灭算符和产生算符本质上都是“场算符”。

★量子力学基本假定★

量子力学的理论体系是建立在五个基本假定之上的，兹分述如下。

假定1：体系的状态由态空间的矢量 $|\psi\rangle$ 描述。对于无自旋单粒子体系，坐标表象中的波函数为

$$\psi(\boldsymbol{r}) = \langle \boldsymbol{r} | \psi\rangle \tag{14.170}$$

说明：(1) 态空间是个线性空间，本假定蕴含态叠加原理；(2) 波函数 $\psi(\boldsymbol{r})$ 属于 $\mathcal{L}^2(\mathbb{R}^3)$ 空间。

假定2：力学量由态空间的自伴算符表示。以单粒子体系为例，对于有经典对应的力学量，其算符由经典表达式采用如下替换规则给出

$$\boldsymbol{r} \to \hat{\boldsymbol{r}}, \qquad \boldsymbol{p} \to \hat{\boldsymbol{p}} \tag{14.171}$$

在坐标表象中，算符 $\hat{\boldsymbol{r}}$ 和 $\hat{\boldsymbol{p}}$ 对波函数的作用为

$$\langle \boldsymbol{r} | \hat{\boldsymbol{r}} | \psi\rangle = \boldsymbol{r}\psi(\boldsymbol{r}), \qquad \langle \boldsymbol{r} | \hat{\boldsymbol{p}} | \psi\rangle = -\mathrm{i}\hbar\nabla\psi(\boldsymbol{r}) \tag{14.172}$$

说明：经典力学中所有的力学量都是正则坐标和正则动量的函数，或者说，是相空间的函数。

假定3：设力学量算符 $\hat{F}$ 具有离散谱和连续谱

$$\hat{F}|n\rangle = \lambda_n |n\rangle, \quad n = 1,2,\cdots \tag{14.173}$$

$$\hat{F}|\phi_\lambda\rangle = \lambda |\phi_\lambda\rangle, \quad \lambda \neq \lambda_n \tag{14.174}$$

将归一化态矢量 $|\psi\rangle$ 用力学量算符 $\hat{F}$ 的本征矢量展开

$$|\psi\rangle = \sum_n c_n |n\rangle + \int c(\lambda) |\phi_\lambda\rangle \mathrm{d}\lambda \tag{14.175}$$

则测量力学量 F 得到 λ_n 的概率为 $|c_n|^2$，得到 $\lambda \sim \lambda+\mathrm{d}\lambda$ 的概率为 $|c(\lambda)|^2\mathrm{d}\lambda$。

假定4：设体系的哈密顿算符为 $\hat{H}$，则体系的态矢量的演化满足薛定谔方程

$$\mathrm{i}\hbar\frac{\mathrm{d}}{\mathrm{d}t}|\psi\rangle = \hat{H}|\psi\rangle \tag{14.176}$$

说明：薛定谔方程是个线性方程，满足叠加原理。

假定5：全同性原理：对于由全同粒子组成的体系，交换两个粒子不改变体系的状态。当交换两个粒子时，体系的态矢量要么不变，要么相差一个负号。同一种类的粒子只能取上述两种情形之一。

这个理论框架将在高等量子力学中进一步完善，为过渡到相对论性量子场论打下必要的基础。从下一章开始，我们将介绍量子力学的初步应用。

14.1　一维势阱具有下列单粒子能量本征态：$|\varphi_1\rangle$，$|\varphi_2\rangle$，$|\varphi_3\rangle$，⋯，对应的能级为 $E_1<E_2<E_3<\cdots$。两个无相互作用的粒子置于该势阱中，对于下列不同情况写出：基态和第一激发态的能量、简并度和相应的态矢量。

（1）两个自旋为 0 的非全同粒子；

（2）两个自旋为 1/2 的非全同粒子；

（3）两个自旋为 0 的全同粒子；

（4）两个自旋为 1/2 的全同粒子。

14.2　设两个质量为 m 的粒子处于一维无限深方势阱中，势阱内部为 $0<x<a$。忽略粒子之间的一切相互作用，对于下列不同情况写出：基态、第一激发态和第二激发态的能量、简并度和相应的态矢量。

（1）两个自旋为 0 的非全同粒子；

（2）两个自旋为 1/2 的非全同粒子；

（3）两个自旋为 0 的全同粒子；

（4）两个自旋为 1/2 的全同粒子。

14.3　设两个质量为 m 的粒子处于一维线性谐振子势中，忽略粒子之间的一切相互作用，对于下列不同情况写出：基态、第一激发态和第二激发态的能量、简并度和相应的态矢量。

（1）两个自旋为 0 的非全同粒子；

（2）两个自旋为 1/2 的非全同粒子；

（3）两个自旋为 0 的全同粒子；

（4）两个自旋为 1/2 的全同粒子。

14.4　对于全同三粒子体系，根据对称化算符和反对称化算符的定义

$$\hat{P}_{\mathrm{S}} = \frac{1}{3!}[\hat{I} + \hat{P}_{12} + \hat{P}_{13} + \hat{P}_{23} + \hat{P}(3,1,2) + \hat{P}(2,3,1)]$$

$$\hat{P}_{\mathrm{A}} = \frac{1}{3!}[\hat{I} - \hat{P}_{12} - \hat{P}_{13} - \hat{P}_{23} + \hat{P}(3,1,2) + \hat{P}(2,3,1)]$$

证明：（1）$\hat{P}_{\mathrm{S}}\hat{P}_{12}=\hat{P}_{\mathrm{S}}$；（2）$\hat{P}_{\mathrm{A}}\hat{P}_{12}=-\hat{P}_{\mathrm{A}}$。

14.5　考虑一个全同三粒子体系，对如下情形计算归一化常数。

（1）玻色子：$|\varphi_{\mathrm{S}}\rangle=C_{\mathrm{S}}\hat{P}_{\mathrm{S}}|1,\varphi_i\rangle|2,\varphi_j\rangle|3,\varphi_k\rangle$，　$i,j,k=1,2,3,\cdots$；

（2）费米子：$|\varphi_{\mathrm{A}}\rangle=C_{\mathrm{A}}\hat{P}_{\mathrm{A}}|1,\varphi_i\rangle|2,\varphi_j\rangle|3,\varphi_k\rangle$　$i,j,k=1,2,3,\cdots$。

14.6　有三个粒子和三个正交归一的单粒子态，对于以下三种情形，试构造三粒子态矢量。

（1）非全同粒子；

（2）全同玻色子；

（3）全同费米子。

14.7　设某一维势阱的能级由低到高为 $E_1<E_2<E_3<\cdots$，并假定能级跟粒子自旋无关。若势阱中存在三个电子，忽略电子之间的一切相互作用，求基态能量和简并度。

提示：按照能级从低到高的次序，将电子填上去。

答案：基态能量为 $2E_1+E_2$，简并度为 2。

14.8　一维无限深方势阱中有三个电子，忽略电子之间的一切相互作用，已知在基态情形，三个电子的平均能量为 76eV，问：若势阱中存在四个电子，体系处于基态时电子的平均能量是多少？

14.9　对于全同 N 粒子体系，对如下情形计算归一化常数。

（1）玻色子：$|\varphi_{\mathrm{S}}\rangle=C_{\mathrm{S}}\hat{P}_{\mathrm{S}}|1,\varphi_{i_1}\rangle|2,\varphi_{i_2}\rangle\cdots|N,\varphi_{i_N}\rangle$；

（2）费米子：$|\varphi_{\mathrm{A}}\rangle=C_{\mathrm{A}}\hat{P}_{\mathrm{A}}|1,\varphi_{i_1}\rangle|2,\varphi_{i_2}\rangle\cdots|N,\varphi_{i_N}\rangle$。

第 15 章 定态微扰论

能够严格求解的物理体系是很少的，一般情况总是要采取各种近似方法计算。微扰论是一种常见的近似方法，在这一章我们将用这一理论来处理定态问题。

15.1 双态体系

我们先通过一个双态体系的例子观察体系能量如何受到参数调节。设某表象中体系的哈密顿量为

$$H(\lambda) = H_0 + H'(\lambda) \tag{15.1}$$

这里 H_0 称为未微扰哈密顿量，$H'(\lambda)$称为微扰哈密顿量，它们都是 2 阶厄米矩阵。H_0 的本征值称为无微扰能级。λ 是一个实参数，它可以代表实验室中外加条件，比如电场、磁场等的强度。通过调节参数 λ，体系能级将会发生变化。

15.1.1 无微扰能级不简并

假设在式(15.1)中

$$H_0 = \begin{pmatrix} \varepsilon_1 & 0 \\ 0 & \varepsilon_2 \end{pmatrix}, \qquad H'(\lambda) = \begin{pmatrix} 0 & \lambda \\ \lambda & 0 \end{pmatrix} \tag{15.2}$$

式中，$\varepsilon_2>\varepsilon_1$ 为常数；$\lambda>0$ 是可调参数。由此

$$H(\lambda) = H_0 + H'(\lambda) = \begin{pmatrix} \varepsilon_1 & \lambda \\ \lambda & \varepsilon_2 \end{pmatrix} \tag{15.3}$$

当 $\lambda\to 0$ 时，$H(\lambda)\to H_0$。

H_0 是个对角矩阵，对角元 ε_1 和 ε_2 就是其本征值，相应的本征矢量为

$$\varepsilon_1, \quad \alpha = \begin{pmatrix} 1 \\ 0 \end{pmatrix}; \qquad \varepsilon_2, \quad \beta = \begin{pmatrix} 0 \\ 1 \end{pmatrix} \tag{15.4}$$

为了方便讨论，引入

$$\varepsilon = \frac{\varepsilon_1 + \varepsilon_2}{2}, \quad d = \frac{\varepsilon_2 - \varepsilon_1}{2} \tag{15.5}$$

反过来

$$\varepsilon_1 = \varepsilon - d, \qquad \varepsilon_2 = \varepsilon + d \tag{15.6}$$

现在求解 $H(\lambda)$的本征方程

$$\begin{pmatrix} \varepsilon_1 & \lambda \\ \lambda & \varepsilon_2 \end{pmatrix} \begin{pmatrix} c_1 \\ c_2 \end{pmatrix} = E(\lambda) \begin{pmatrix} c_1 \\ c_2 \end{pmatrix} \tag{15.7}$$

首先，求解久期方程

$$\begin{vmatrix} \varepsilon_1 - E(\lambda) & \lambda \\ \lambda & \varepsilon_2 - E(\lambda) \end{vmatrix} = 0 \tag{15.8}$$

容易得到 $H(\lambda)$ 的本征值为

$$E_1(\lambda) = \varepsilon - s(\lambda), \qquad E_2(\lambda) = \varepsilon + s(\lambda) \tag{15.9}$$

其中

$$s(\lambda) = \sqrt{d^2 + \lambda^2} \tag{15.10}$$

加上微扰之后，两个能级之差为

$$E_2 - E_1 = 2s(\lambda) \geqslant 2d \tag{15.11}$$

也就是说，在微扰作用下能级产生了推斥。$E_1(\lambda)$ 和 $E_2(\lambda)$ 随着参数 λ 的变化如图 15-1 所示。当 $\lambda \to 0$ 时，$E_1(\lambda) \to \varepsilon_1$，$E_2(\lambda) \to \varepsilon_2$。

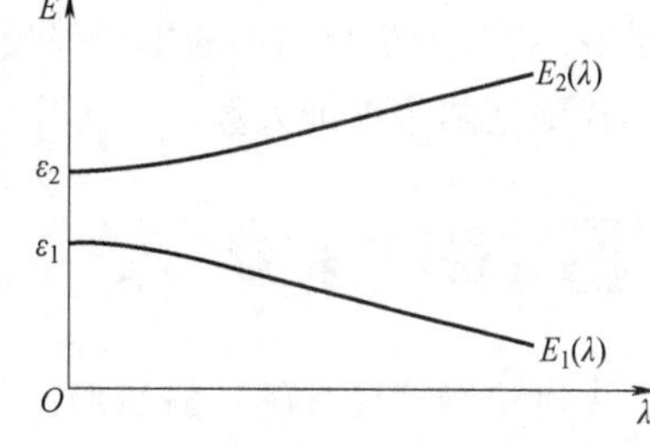

图 15-1　二能级体系

其次，将本征值 $E_1(\lambda)$ 代入 H 的本征方程(15.7)，得

$$\begin{pmatrix} s - d & \lambda \\ \lambda & s + d \end{pmatrix} \begin{pmatrix} c_1 \\ c_2 \end{pmatrix} = 0 \tag{15.12}$$

利用式(15.10)可得 $\lambda = \sqrt{(s+d)(s-d)}$，由此可得

$$\frac{c_2}{c_1} = -\sqrt{\frac{s - d}{s + d}} \tag{15.13}$$

适当选取常数相因子，求出归一化本征矢量

$$\phi_1(\lambda) = \frac{1}{\sqrt{2s}} \begin{pmatrix} \sqrt{s + d} \\ -\sqrt{s - d} \end{pmatrix} \tag{15.14}$$

同样，将本征值 $E_2(\lambda)$ 代入 H 的本征方程，可得

$$\phi_2(\lambda) = \frac{1}{\sqrt{2s}} \begin{pmatrix} \sqrt{s - d} \\ \sqrt{s + d} \end{pmatrix} \tag{15.15}$$

当 $\lambda \to 0$ 时，$s(\lambda) \to d$，由此可得

$$\phi_1(\lambda) \to \begin{pmatrix} 1 \\ 0 \end{pmatrix}, \qquad \phi_2(\lambda) \to \begin{pmatrix} 0 \\ 1 \end{pmatrix} \tag{15.16}$$

这正是 H_0 的两个本征矢量。

15.1.2　无微扰能级有简并

假设在式(15.1)中

$$H_0 = \begin{pmatrix} \varepsilon & 0 \\ 0 & \varepsilon \end{pmatrix}, \quad H'(\lambda) = \begin{pmatrix} 0 & \lambda - \mathrm{i}\lambda^2 \\ \lambda + \mathrm{i}\lambda^2 & 0 \end{pmatrix} \tag{15.17}$$

式中，ε 是实常数；$\lambda > 0$ 是可调参数。令 $\lambda + \mathrm{i}\lambda^2 = A\mathrm{e}^{\mathrm{i}\theta}$，其中 $A = \lambda\sqrt{1+\lambda^2}$，$\tan\theta = \lambda$，由此可得

$$H(\lambda)=\begin{pmatrix}\varepsilon & Ae^{-i\theta}\\ Ae^{i\theta} & \varepsilon\end{pmatrix} \tag{15.18}$$

H_0 正比于单位矩阵，本征值为 ε，它是二重简并的。任何二维列矩阵都是 H_0 的本征矢量。求解 H 的本征方程，可得能级

$$E_1(\lambda)=\varepsilon-A(\lambda),\quad E_2(\lambda)=\varepsilon+A(\lambda) \tag{15.19}$$

$E_1(\lambda)$ 和 $E_2(\lambda)$ 随着 λ 的变化如图 15-2 所示。相应的两个归一化本征矢量为

$$\phi_1(\lambda)=\frac{1}{\sqrt{2}}\begin{pmatrix}1\\ -e^{i\theta}\end{pmatrix},\quad \phi_2(\lambda)=\frac{1}{\sqrt{2}}\begin{pmatrix}1\\ e^{i\theta}\end{pmatrix} \tag{15.20}$$

当 $\lambda\to 0$ 时，$H(\lambda)\to H_0$，$E_{1,2}(\lambda)\to\varepsilon$，$\theta\to 0$。由式(15.20)可知

$$\phi_1(\lambda)\to\frac{1}{\sqrt{2}}\begin{pmatrix}1\\ -1\end{pmatrix},\quad \phi_2(\lambda)\to\frac{1}{\sqrt{2}}\begin{pmatrix}1\\ 1\end{pmatrix} \tag{15.21}$$

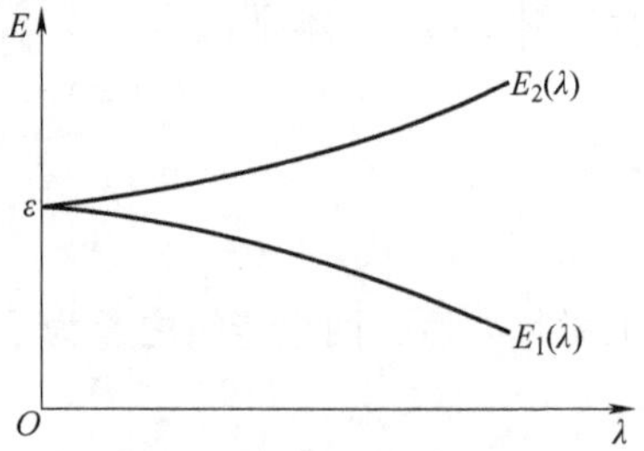

图 15-2　二重简并的能级

这是 H_0 的两个正交归一的本征矢量。需要注意的是，在这种情形下无法通过求解 H_0 的本征方程找到这两个本征矢量。

15.2 微扰论基础

先讨论微扰展开的一般情形，为后面的应用做准备。

15.2.1 微扰级数

设体系的哈密顿算符 $\hat{H}$ 不显含时间，并假定 $\hat{H}$ 可分为两部分

$$\hat{H}=\hat{H}_0+\hat{H}' \tag{15.22}$$

其中 $\hat{H}_0$ 的本征值和本征矢量是已知的，另一部分 $\hat{H}'$ 称为微扰。在量子力学中 $\hat{H}'$ 是个算符，它可以视为微扰的条件将在后面给出。为了方便讨论，令

$$\hat{H}'=\lambda\hat{H}^{(1)} \tag{15.23}$$

式中，λ 是一个可调节的实参数，当 $\lambda\to 0$ 时微扰消失。

设 $|\varphi\rangle$ 是 $\hat{H}$ 的归一化本征矢量

$$\hat{H}|\varphi\rangle=E|\varphi\rangle \tag{15.24}$$

能量本征值 E 可能有简并，也可能无简并。由于 $\hat{H}'$ 和 $\hat{H}$ 中含有参数 λ，E 和 $|\varphi\rangle$ 均可能与 λ 有关。将 E 和 $|\varphi\rangle$ 按照 λ 的幂次展开为

$$E=E^{(0)}+\lambda E^{(1)}+\lambda^2E^{(2)}+\cdots \tag{15.25}$$

$$|\varphi\rangle=|\varphi^{(0)}\rangle+\lambda|\varphi^{(1)}\rangle+\lambda^2|\varphi^{(2)}\rangle+\cdots \tag{15.26}$$

当 $\lambda\to 0$ 时，方程(15.24)变为

$$\hat{H}_0|\varphi^{(0)}\rangle=E^{(0)}|\varphi^{(0)}\rangle \tag{15.27}$$

因此 $E^{(0)}$ 和 $|\varphi^{(0)}\rangle$ 是 $\hat{H}_0$ 的本征值和本征矢量。对于任何 λ 取值 $|\varphi\rangle$ 都是归一化的，因此 $|\varphi^{(0)}\rangle$ 也是归一化的。用 $\langle\varphi^{(0)}|$ 左乘式(15.26)，得

$$\langle\varphi^{(0)}|\varphi\rangle=1+\lambda\langle\varphi^{(0)}|\varphi^{(1)}\rangle+\lambda^2\langle\varphi^{(0)}|\varphi^{(2)}\rangle+\cdots \tag{15.28}$$

式(15.28)左端代表态矢量 $|\varphi\rangle$ 在 $|\varphi^{(0)}\rangle$ 上的分量，如图 15-3 所示，而右端各项分别代表式(15.26)中展开的各项在 $|\varphi^{(0)}\rangle$ 上的分量。

为了后面计算方便，我们希望在态矢量的幂级数展开式中，λ 的非零次幂中不含有 $|\varphi^{(0)}\rangle$ 的成分。在图 15-3 中给出了一个态矢量 $|\psi\rangle$，它是由归一化态矢量 $|\varphi\rangle$ 延长而得到的，而且在 $|\varphi^{(0)}\rangle$ 上的分矢量正好等于 $|\varphi^{(0)}\rangle$。当 $\lambda\to0$ 时 $|\varphi\rangle\to|\varphi^{(0)}\rangle$，因此 $|\psi\rangle\to|\varphi^{(0)}\rangle$。很明显

$$|\psi\rangle=\langle\varphi^{(0)}|\varphi\rangle^{-1}|\varphi\rangle \tag{15.29}$$

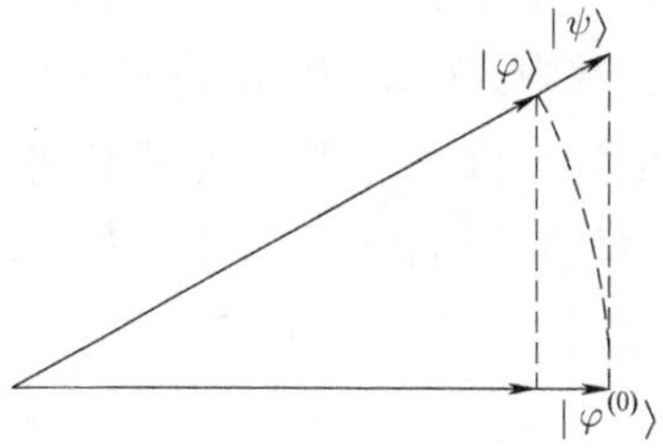

$|\psi\rangle$ 仍然满足方程(15.24)，只是没有归一化。在微扰论中使用 $|\psi\rangle$ 会更加方便，归一化态矢量可以在计算最后求出。

$|\psi\rangle$
$|\varphi\rangle$
$|\varphi^{(0)}\rangle$

图 15-3　非归一化态矢量示意图

将 $|\psi\rangle$ 按照 λ 的幂次展开，零级部分仍为 $|\varphi^{(0)}\rangle$，得

$$|\psi\rangle=|\varphi^{(0)}\rangle+\lambda|\psi^{(1)}\rangle+\lambda^2|\psi^{(2)}\rangle+\cdots \tag{15.30}$$

按照定义

$$\langle\varphi^{(0)}|\psi\rangle=1 \tag{15.31}$$

因此式(15.30)中非零次幂部分跟 $|\varphi^{(0)}\rangle$ 正交

$$\lambda\langle\varphi^{(0)}|\psi^{(1)}\rangle+\lambda^2\langle\varphi^{(0)}|\psi^{(2)}\rangle+\cdots=0 \tag{15.32}$$

这个结果对任何 λ 取值均成立，因此各次幂系数为零

$$\langle\varphi^{(0)}|\psi^{(k)}\rangle=0,\quad k=1,2,\cdots \tag{15.33}$$

也就是说，各个 $|\psi^{(k)}\rangle$ 均与 $|\varphi^{(0)}\rangle$ 正交，这正是我们想要的结果。

15.2.2　各级修正

根据式(15.29)，$|\psi\rangle$ 也是 $\hat{H}$ 的本征矢量

$$\hat{H}|\psi\rangle=E|\psi\rangle \tag{15.34}$$

用 $\langle\varphi^{(0)}|$ 左乘方程(15.34)，得

$$\langle\varphi^{(0)}|(\hat{H}_0+\lambda\hat{H}^{(1)})|\psi\rangle=E\langle\varphi^{(0)}|\psi\rangle \tag{15.35}$$

考虑到 $|\varphi^{(0)}\rangle$ 是 $\hat{H}_0$ 的本征矢量，并利用式(15.31)，得

$$E=E^{(0)}+\lambda\langle\varphi^{(0)}|\hat{H}^{(1)}|\psi\rangle \tag{15.36}$$

其中第二项表示对无微扰能级的修正。将 $|\psi\rangle$ 的展开式(15.30)代入式(15.36)，得

$$E=E^{(0)}+\lambda\langle\varphi^{(0)}|\hat{H}^{(1)}|\varphi^{(0)}\rangle+\lambda^2\langle\varphi^{(0)}|\hat{H}^{(1)}|\psi^{(1)}\rangle+\cdots \tag{15.37}$$

与 E 的展开式(15.25)比较 λ 的同幂次系数，便得到其各级修正

$$E^{(1)}=\langle\varphi^{(0)}|\hat{H}^{(1)}|\varphi^{(0)}\rangle,\quad E^{(k)}=\langle\varphi^{(0)}|\hat{H}^{(1)}|\psi^{(k-1)}\rangle,\quad k=2,3,\cdots \tag{15.38}$$

由此可知，得到了态矢量的 k 级修正 $|\psi^{(k)}\rangle$，就能得到能级的 $k+1$ 级修正。

为了得到态矢量各级修正，将展开式(15.25)和式(15.30)代入方程(15.34)，得

$$\begin{aligned}&(\hat{H}_0+\lambda\hat{H}^{(1)})(|\varphi^{(0)}\rangle+\lambda|\psi^{(1)}\rangle+\lambda^2|\psi^{(2)}\rangle+\cdots)\\&=(E^{(0)}+\lambda E^{(1)}+\lambda^2E^{(2)}+\cdots)(|\varphi^{(0)}\rangle+\lambda|\psi^{(1)}\rangle+\lambda^2|\psi^{(2)}\rangle+\cdots)\end{aligned} \tag{15.39}$$

比较相同 λ 的相同幂次的系数，可得态矢量的各级修正满足的方程

$$\lambda^0:\quad(\hat{H}_0-E^{(0)})|\varphi^{(0)}\rangle=0 \tag{15.40}$$

$$\lambda^1:\quad(\hat{H}_0-E^{(0)})|\psi^{(1)}\rangle=(E^{(1)}-\hat{H}^{(1)})|\varphi^{(0)}\rangle \tag{15.41}$$

$$\lambda^2:\quad (\hat{H}_0 - E^{(0)})\,|\psi^{(2)}\rangle = (E^{(1)} - \hat{H}^{(1)})\,|\psi^{(1)}\rangle + E^{(2)}\,|\varphi^{(0)}\rangle \tag{15.42}$$

$$\lambda^3:\quad (\hat{H}_0 - E^{(0)})\,|\psi^{(3)}\rangle = (E^{(1)} - \hat{H}^{(1)})\,|\psi^{(2)}\rangle + E^{(2)}\,|\psi^{(1)}\rangle + E^{(3)}\,|\varphi^{(0)}\rangle \tag{15.43}$$

等，其中式(15.40)正是 $\hat{H}_0$ 的本征方程(15.27)。参数 λ 的作用是找到能量各级修正，并分离出各级修正方程，完成任务后 λ 就没用了。取 $\lambda=1$，则 $\hat{H}^{(1)}=\hat{H}'$，由此式(15.25)、式(15.30)和式(15.38)变为

$$E = E^{(0)} + E^{(1)} + E^{(2)} + \cdots \tag{15.44}$$

$$|\psi\rangle = |\varphi^{(0)}\rangle + |\psi^{(1)}\rangle + |\psi^{(2)}\rangle + \cdots \tag{15.45}$$

$$E^{(1)} = \langle\varphi^{(0)}|\hat{H}'|\varphi^{(0)}\rangle,\quad E^{(k)} = \langle\varphi^{(0)}|\hat{H}'|\psi^{(k-1)}\rangle,\quad k=2,3,\cdots \tag{15.46}$$

方程(15.41)~(15.43)变为

$$(\hat{H}_0 - E^{(0)})\,|\psi^{(1)}\rangle = (E^{(1)} - \hat{H}')\,|\varphi^{(0)}\rangle \tag{15.47}$$

$$(\hat{H}_0 - E^{(0)})\,|\psi^{(2)}\rangle = (E^{(1)} - \hat{H}')\,|\psi^{(1)}\rangle + E^{(2)}\,|\varphi^{(0)}\rangle \tag{15.48}$$

$$(\hat{H}_0 - E^{(0)})\,|\psi^{(3)}\rangle = (E^{(1)} - \hat{H}')\,|\psi^{(2)}\rangle + E^{(2)}\,|\psi^{(1)}\rangle + E^{(3)}\,|\varphi^{(0)}\rangle \tag{15.49}$$

能级和态矢量各级微扰计算流程如下：首先，根据式(15.46)求出 $E^{(1)}$，根据方程(15.47)求出 $|\psi^{(1)}\rangle$；其次，根据式(15.46)求出 $E^{(2)}$，根据方程(15.48)求出 $|\psi^{(2)}\rangle$；接着，根据式(15.46)求出 $E^{(3)}$，根据方程(15.49)求出 $|\psi^{(3)}\rangle$；以此类推。由此可知，只要知道了 $\hat{H}_0$ 的本征值和本征矢量，原则上可以求出 $\hat{H}$ 的本征值和本征矢量的任意级修正。当无微扰能级不简并时计算比较简单，我们先讨论这种情形。

15.3 非简并情形

假定 $\hat{H}_0$ 与 $\hat{H}=\hat{H}_0+\hat{H}'$(其中 $\hat{H}'=\lambda\hat{H}^{(1)}$)的所有本征值均不简并

$$\hat{H}_0\,|n\rangle = E_n^{(0)}\,|n\rangle,\qquad \hat{H}\,|\psi_n\rangle = E_n\,|\psi_n\rangle,\qquad n=1,2,\cdots \tag{15.50}$$

当 $\lambda\to0$ 时，$E_n\to E_n^{(0)}$，$|\psi_n\rangle\to|n\rangle$。本征矢量组 $\{|n\rangle|\,n=1,2,\cdots\}$ 构成态空间的正交归一基。在前一节各公式中，令

$$\begin{aligned}&E = E_n, &&|\psi\rangle = |\psi_n\rangle\\ &E^{(k)} = E_n^{(k)}, &&k=0,1,2,\cdots\\ &|\varphi^{(0)}\rangle = |n\rangle, &&|\psi^{(k)}\rangle = |\psi_n^{(k)}\rangle,\quad k=1,2,\cdots\end{aligned} \tag{15.51}$$

本征矢量 $|\psi_n\rangle$ 未归一化，它满足条件(15.33)

$$\langle n|\psi_n^{(k)}\rangle = 0,\quad k=1,2,\cdots \tag{15.52}$$

现在取 $\lambda=1$。根据式(15.51)，展开式(15.44)和(15.45)变为

$$E_n = E_n^{(0)} + E_n^{(1)} + E_n^{(2)} + \cdots \tag{15.53}$$

$$|\psi_n\rangle = |n\rangle + |\psi_n^{(1)}\rangle + |\psi_n^{(2)}\rangle + \cdots \tag{15.54}$$

能量各级修正式(15.46)变为

$$E_n^{(1)} = \langle n|\hat{H}'|n\rangle,\quad E_n^{(2)} = \langle n|\hat{H}'|\psi_n^{(1)}\rangle,\quad E_n^{(3)} = \langle n|\hat{H}'|\psi_n^{(2)}\rangle,\quad \cdots \tag{15.55}$$

各级修正方程(15.47)~(15.49)变为

$$(\hat{H}_0 - E_n^{(0)})\,|\psi_n^{(1)}\rangle = (E_n^{(1)} - \hat{H}')\,|n\rangle \tag{15.56}$$

$$(\hat{H}_0 - E_n^{(0)})\,|\psi_n^{(2)}\rangle = (E_n^{(1)} - \hat{H}')\,|\psi_n^{(1)}\rangle + E_n^{(2)}\,|n\rangle \tag{15.57}$$

$$(\hat{H}_0 - E_n^{(0)})\,|\,\psi_n^{(3)}\rangle = (E_n^{(1)} - \hat{H}')\,|\,\psi_n^{(2)}\rangle + E_n^{(2)}\,|\,\psi_n^{(1)}\rangle + E_n^{(3)}\,|\,n\rangle \tag{15.58}$$

微扰计算的目标是：已知 $E_n^{(0)}$ 和 $|n\rangle$，求出 E_n 和 $|\psi_n\rangle$ 的各级近似值。

15.3.1　一级修正

根据式(15.55)，已经求得了能量一级修正

$$E_n^{(1)} = \langle n\,|\,\hat{H}'\,|\,n\rangle \tag{15.59}$$

接下来要计算态矢量一级修正

$$|\,\psi_n^{(1)}\rangle = \sum_m |\,m\rangle\langle m\,|\,\psi_n^{(1)}\rangle \tag{15.60}$$

首先，由条件(15.52)可知 $\langle n\,|\psi_n^{(1)}\rangle = 0$；

其次，设 $m \neq n$，用 $\langle m\,|$ 左乘方程(15.56)，得

$$(E_m^{(0)} - E_n^{(0)})\langle m\,|\,\psi_n^{(1)}\rangle = -\langle m\,|\,\hat{H}'\,|\,n\rangle, \quad m \neq n \tag{15.61}$$

方程(15.56)中 $E_n^{(1)}$ 项并没有贡献，比我们预想的要简单。由式(15.61)可得

$$\langle m\,|\,\psi_n^{(1)}\rangle = \frac{\langle m\,|\,\hat{H}'\,|\,n\rangle}{E_n^{(0)} - E_m^{(0)}}, \quad m \neq n \tag{15.62}$$

引入矩阵元记号 $H'_{mn} = \langle m\,|\,\hat{H}'\,|\,n\rangle$，由此得到态矢量的一级修正

$$|\,\psi_n^{(1)}\rangle = \sum_{m\neq n} \frac{H'_{mn}}{E_n^{(0)} - E_m^{(0)}}\,|\,m\rangle \tag{15.63}$$

15.3.2　二级修正

根据式(15.55)可以求得能量二级修正

$$E_n^{(2)} = \sum_{m\neq n} \frac{H'_{nm}H'_{mn}}{E_n^{(0)} - E_m^{(0)}} \tag{15.64}$$

由于 $\hat{H}'$ 是自伴算符，因此 $H'_{mn} = H'^{*}_{nm}$，由此将式(15.64)写为

$$E_n^{(2)} = \sum_{m\neq n} \frac{|\,H'_{nm}\,|^2}{E_n^{(0)} - E_m^{(0)}} \tag{15.65}$$

在式(15.65)求和的每一项中，当 $H'_{mn} \neq 0$ 时分子为正值。如果 $E_m > E_n$，则这一项贡献负值修正，且 $|\,E_m - E_n\,|$ 越小数值越大；如果 $E_m < E_n$，则这一项贡献正值修正，且 $|\,E_m - E_n\,|$ 越小数值越大。因此可以说，在二级能量修正中所有能级 E_m 仿佛都在“排斥”E_n，比 E_n 高的将其下压，比 E_n 低的将其抬高，而且离 E_n 越近，“排斥”越强。到此为止，我们得到

$$\boxed{E_n = E_n^{(0)} + H'_{nn} + \sum_{m\neq n} \frac{|\,H'_{nm}\,|^2}{E_n^{(0)} - E_m^{(0)}} + \cdots} \tag{15.66}$$

$$\boxed{|\,\psi_n\rangle = |\,n\rangle + \sum_{m\neq n} \frac{H'_{mn}}{E_n^{(0)} - E_m^{(0)}}\,|\,m\rangle + \cdots} \tag{15.67}$$

由式(15.67)可知，由于 $\hat{H}'$ 的存在，态矢量 $|\psi_n\rangle$ 中“沾染”了 $|\,m\rangle\,(m \neq n)$ 的影响。观察式(15.66)和式(15.67)，可知微扰级数收敛的条件为

$$\boxed{|\,H'_{nm}\,| \ll |\,E_n^{(0)} - E_m^{(0)}\,|, \quad n \neq m} \tag{15.68}$$

条件(15.68)是相当谨慎的(用了≪号)。因为我们不知道级数的通项，所以我们只能小心翼翼地要求每一项都远远小于它前面一项。这个要求也是出于实用考虑，它保证只计算级数前几项就能得到较好结果。

按照微扰论流程，可以继续讨论态矢量二级修正

$$|\psi_n^{(2)}\rangle=\sum_m |m\rangle\langle m|\psi_n^{(2)}\rangle \tag{15.69}$$

首先，由条件(15.52)可知$\langle n|\psi_n^{(2)}\rangle=0$。

其次，设$m\neq n$，用$\langle m|$左乘方程(15.57)，得

$$(E_m^{(0)}-E_n^{(0)})\langle m|\psi_n^{(2)}\rangle=E_n^{(1)}\langle m|\psi_n^{(1)}\rangle-\langle m|\hat{H}'|\psi_n^{(1)}\rangle \tag{15.70}$$

利用式(15.62)，注意$E_n^{(1)}=H'_{nn}$，可得

$$\langle m|\psi_n^{(2)}\rangle=-\frac{H'_{mn}H'_{nn}}{(E_n^{(0)}-E_m^{(0)})^2}+\sum_{l\neq n}\frac{H'_{ml}H'_{ln}}{(E_n^{(0)}-E_m^{(0)})(E_n^{(0)}-E_l^{(0)})} \tag{15.71}$$

由此可得

$$|\psi_n^{(2)}\rangle=\sum_{m\neq n}\left[-\frac{H'_{mn}H'_{nn}}{(E_n^{(0)}-E_m^{(0)})^2}+\sum_{l\neq n}\frac{H'_{ml}H'_{ln}}{(E_n^{(0)}-E_m^{(0)})(E_n^{(0)}-E_l^{(0)})}\right]|m\rangle \tag{15.72}$$

*15.3.3 三级修正

根据式(15.55)可得能量三级修正

$$E_n^{(3)}=-H'_{nn}\sum_{m\neq n}\frac{|H'_{mn}|^2}{(E_n^{(0)}-E_m^{(0)})^2}+\sum_{m\neq n}\sum_{l\neq n}\frac{H'_{nm}H'_{ml}H'_{ln}}{(E_n^{(0)}-E_m^{(0)})(E_n^{(0)}-E_l^{(0)})} \tag{15.73}$$

按照同样思路，可以进一步计算态矢量三级修正。

微扰论并不一定非要按部就班地进行，实际上不需要$|\psi_n^{(2)}\rangle$也能得到$E_n^{(3)}$。用$\langle\psi_n^{(1)}|$左乘式(15.57)，并利用$\langle n|\psi_n^{(1)}\rangle=0$，得

$$\langle\psi_n^{(1)}|(\hat{H}_0-E_n^{(0)})|\psi_n^{(2)}\rangle=\langle\psi_n^{(1)}|(E_n^{(1)}-\hat{H}')|\psi_n^{(1)}\rangle \tag{15.74}$$

用$\langle\psi_n^{(2)}|$左乘式(15.56)，并利用$\langle n|\psi_n^{(2)}\rangle=0$，得

$$\langle\psi_n^{(2)}|(\hat{H}_0-E_n^{(0)})|\psi_n^{(1)}\rangle=-\langle\psi_n^{(2)}|\hat{H}'|n\rangle \tag{15.75}$$

根据$\hat{H}_0$的自伴性可知式(15.74)和式(15.75)左端相等，根据$\hat{H}'$的自伴性可知式(15.75)右端就是$-E_n^{(3)}$，由此可得

$$E_n^{(3)}=\langle\psi_n^{(1)}|(-E_n^{(1)}+\hat{H}')|\psi_n^{(1)}\rangle \tag{15.76}$$

由此可见，在求得态矢量一级修正后，就可以直接求能量三级修正。

*15.3.4 形式记号

利用投影算符$\hat{P}_m=|m\rangle\langle m|$，可将态矢量一级修正和能量二级修正改写为

$$|\psi_n^{(1)}\rangle=\sum_{m\neq n}\frac{\hat{P}_m\hat{H}'|n\rangle}{E_n^{(0)}-E_m^{(0)}},\qquad E_n^{(2)}=\sum_{m\neq n}\frac{\langle n|\hat{H}'\hat{P}_m\hat{H}'|n\rangle}{E_n^{(0)}-E_m^{(0)}} \tag{15.77}$$

引入算符

$$\hat{Q}=\sum_{m\neq n}\frac{\hat{P}_m}{E_n^{(0)}-E_m^{(0)}} \tag{15.78}$$

可将式(15.77)简写为

$$|\psi_n^{(1)}\rangle = \hat{Q}\hat{H}'|n\rangle \qquad E_n^{(2)} = \langle n|\hat{H}'\hat{Q}\hat{H}'|n\rangle \tag{15.79}$$

利用投影算符的性质 $\hat{P}_l\hat{P}_m=\delta_{lm}\hat{P}_m$，可得

$$\hat{Q}^2 = \sum_{l\neq n}\sum_{m\neq n}\frac{\hat{P}_l}{E_n^{(0)}-E_l^{(0)}}\frac{\hat{P}_m}{E_n^{(0)}-E_m^{(0)}} = \sum_{m\neq n}\frac{\hat{P}_m}{(E_n^{(0)}-E_m^{(0)})^2} \tag{15.80}$$

由此可将态矢量二级修正改写为

$$|\psi_n^{(2)}\rangle = \hat{Q}(-H'_{nn}+\hat{H}')\hat{Q}\hat{H}'|n\rangle \tag{15.81}$$

利用式(15.55)，可得能量三级修正

$$E_n^{(3)} = \langle n|\hat{H}'\hat{Q}(-H'_{nn}+\hat{H}')\hat{Q}\hat{H}'|n\rangle \tag{15.82}$$

利用式(15.76)和式(15.79)也能得到这个结果。

*15.3.5 结论推广

为了简单起见，上面假定 $\hat{H}_0$ 的所有本征值都不简并。现在仍假定将要处理的能级 $E_n^{(0)}$ 不简并，但 $m\neq n$ 的能级 $E_m^{(0)}$ 的简并度为 g_m。

首先，能量的一级修正仍由式(15.59)给出。

其次，将 $E_m^{(0)}(m\neq n)$ 对应的正交归一的本征矢量记为 $|mi\rangle$，$i=1,2,\cdots,g_m$，将 $|\psi_n^{(1)}\rangle$ 展开为

$$|\psi_n^{(1)}\rangle = \sum_{m\neq n}\sum_{i=1}^{g_m}|mi\rangle\langle mi|\psi_n^{(1)}\rangle \tag{15.83}$$

设 $m\neq n$，用 $\langle mi|$ 左乘方程(15.56)，可以得到

$$(E_m^{(0)}-E_n^{(0)})\langle mi|\psi_n^{(1)}\rangle = -\langle mi|\hat{H}'|n\rangle \tag{15.84}$$

由于 $E_n^{(0)}$ 不简并，因此 $|n\rangle$ 中并不添加额外指标。由式(15.84)，得

$$\langle mi|\psi_n^{(1)}\rangle = \frac{\langle mi|\hat{H}'|n\rangle}{E_n^{(0)}-E_m^{(0)}} \tag{15.85}$$

由此得到态矢量一级修正

$$|\psi_n^{(1)}\rangle = \sum_{m\neq n}\sum_{i=1}^{g_m}\frac{H'_{mi,n}}{E_n^{(0)}-E_m^{(0)}}|mi\rangle \tag{15.86}$$

同样，可以得到能量的二级修正为

$$E_n^{(2)} = \sum_{m\neq n}\sum_{i=1}^{g_m}\frac{|H'_{mi,n}|^2}{E_n^{(0)}-E_m^{(0)}} \tag{15.87}$$

由此可知，只要 $E_n^{(0)}$ 不简并，当 $E_m^{(0)}(m\neq n)$ 有简并时只需要对附加指标求和，就像它们是不同能级一样。

利用子空间 $\mathcal{V}_m$ 中的投影算符

$$\hat{P}_m = \sum_{i=1}^{g_m}|mi\rangle\langle mi| \tag{15.88}$$

可将式(15.86)和式(15.87)改写为

$$|\psi_n^{(1)}\rangle = \sum_{m\neq n}\frac{\hat{P}_m\hat{H}'|n\rangle}{E_n^{(0)}-E_m^{(0)}}, \qquad E_n^{(2)} = \sum_{m\neq n}\frac{\langle n|\hat{H}'\hat{P}_m\hat{H}'|n\rangle}{E_n^{(0)}-E_m^{(0)}} \tag{15.89}$$

这个结果不依赖于子空间 $\mathcal{V}_m$ 的维数和基的选择。引入算符

$$\hat{Q}=\sum_{m\neq n}\frac{\hat{P}_m}{E_n^{(0)}-E_m^{(0)}} \tag{15.90}$$

可将式(15.89)简写为

$$|\psi_n^{(1)}\rangle=\hat{Q}\hat{H}'|n\rangle,\qquad E_n^{(2)}=\langle n|\hat{H}'\hat{Q}\hat{H}'|n\rangle \tag{15.91}$$

式(15.89)~式(15.91)和式(15.77)~式(15.79)形式上完全相同，后者是前者的特例。

15.4 简并情形

假设$(\hat{H}_0,\hat{A})$构成态空间的CSCO，$|ni\rangle$是$(\hat{H}_0,\hat{A})$的共同本征矢量

$$\hat{H}_0|ni\rangle=E_n^{(0)}|ni\rangle,\quad n=1,2,\cdots \tag{15.92}$$

$$\hat{A}|ni\rangle=\lambda_i|ni\rangle,\quad i=1,2,\cdots,g_n \tag{15.93}$$

将本征值$E_n^{(0)}$相应的本征子空间记为$\mathcal{V}_n$，本征矢量组$\{|ni\rangle|i=1,2,\cdots,g_n\}$构成$\mathcal{V}_n$的正交归一基。设$|\psi_n\rangle$是$\hat{H}=\hat{H}_0+\hat{H}'$(其中$\hat{H}'=\lambda\hat{H}^{(1)}$)的本征矢量

$$\hat{H}|\psi_n\rangle=E_n|\psi_n\rangle \tag{15.94}$$

其中E_n和$|\psi_n\rangle$满足条件：当$\lambda\to 0$时，$E_n\to E_n^{(0)}$，$|\psi_n\rangle\to|\phi_n\rangle\in\mathcal{V}_n$。

现在取$\lambda=1$。根据本节记号约定，展开式(15.44)和式(15.45)变为

$$E_n=E_n^{(0)}+E_n^{(1)}+E_n^{(2)}+\cdots \tag{15.95}$$

$$|\psi_n\rangle=|\phi_n\rangle+|\psi_n^{(1)}\rangle+|\psi_n^{(2)}\rangle+\cdots \tag{15.96}$$

能量各级修正式(15.46)变为

$$E_n^{(1)}=\langle\phi_n|\hat{H}'|\phi_n\rangle,\quad E_n^{(2)}=\langle\phi_n|\hat{H}'|\psi_n^{(1)}\rangle,\quad E_n^{(3)}=\langle\phi_n|\hat{H}'|\psi_n^{(2)}\rangle,\quad\cdots \tag{15.97}$$

各级修正方程(15.47)~(15.49)变为

$$(\hat{H}_0-E_n^{(0)})|\psi_n^{(1)}\rangle=(E_n^{(1)}-\hat{H}')|\phi_n\rangle \tag{15.98}$$

$$(\hat{H}_0-E_n^{(0)})|\psi_n^{(2)}\rangle=(E_n^{(1)}-\hat{H}')|\psi_n^{(1)}\rangle+E_n^{(2)}|\phi_n\rangle \tag{15.99}$$

$$(\hat{H}_0-E_n^{(0)})|\psi_n^{(3)}\rangle=(E_n^{(1)}-\hat{H}')|\psi_n^{(2)}\rangle+E_n^{(2)}|\psi_n^{(1)}\rangle+E_n^{(3)}|\phi_n\rangle \tag{15.100}$$

与非简并情形各方程(15.53)~(15.58)相比，只是将$|n\rangle$换成了$|\phi_n\rangle$。然而现在$|\phi_n\rangle\in\mathcal{V}_n$是未知的，为了计算能级和态矢量的修正，先要找到零级态矢量$|\phi_n\rangle$。

15.4.1 能量一级修正

将$|\phi_n\rangle$按照子空间$\mathcal{V}_n$的基展开为

$$|\phi_n\rangle=\sum_{i=1}^{g_n}|ni\rangle\langle ni|\phi_n\rangle \tag{15.101}$$

用$\langle ni|$左乘方程(15.98)，并利用方程(15.92)和(15.101)，得

$$0=E_n^{(1)}\langle ni|\phi_n\rangle-\sum_{j=1}^{g_n}\langle ni|\hat{H}'|nj\rangle\langle nj|\phi_n\rangle \tag{15.102}$$

令$c_i=\langle ni|\phi_n\rangle$，$H'_{ij}=\langle ni|\hat{H}'|nj\rangle$，得

$$\sum_{j=1}^{g_n}H'_{ij}c_j=E_n^{(1)}c_i \tag{15.103}$$

或者写为明显的矩阵形式

$$\begin{pmatrix} H'_{11} & H'_{12} & \cdots & H'_{1g_n} \\ H'_{21} & H'_{22} & \cdots & H'_{2g_n} \\ \vdots & \vdots & & \vdots \\ H'_{g_n1} & H'_{g_n2} & \cdots & H'_{g_ng_n} \end{pmatrix} \begin{pmatrix} c_1 \\ c_2 \\ \vdots \\ c_{g_n} \end{pmatrix} = E_n^{(1)} \begin{pmatrix} c_1 \\ c_2 \\ \vdots \\ c_{g_n} \end{pmatrix} \tag{15.104}$$

这正是 $\hat{H}'$ 在子空间 $\mathcal{V}_n$ 中的子矩阵 $H'(n)$ 的本征方程。$H'(n)$ 是个厄米矩阵，其本征值为实数，并且有 g_n 个正交归一的本征列矩阵。

首先，求解 $H'(n)$ 的久期方程

$$\det[H'(n) - E_n^{(1)} I_n] = 0 \tag{15.105}$$

这里 I_n 是 n 阶单位矩阵。久期方程的详细表达式为

$$\begin{vmatrix} H'_{11} - E_n^{(1)} & H'_{12} & \cdots & H'_{1g_n} \\ H'_{21} & H'_{22} - E_n^{(1)} & \cdots & H'_{2g_n} \\ \vdots & \vdots & & \vdots \\ H'_{g_n1} & H'_{g_n2} & \cdots & H'_{g_ng_n} - E_n^{(1)} \end{vmatrix} = 0 \tag{15.106}$$

这是关于 $E_n^{(1)}$ 的一元 g_n 次代数方程，一共有 g_n 个根（重根按重数计算），而且都是实数根（厄米矩阵的本征值为实数），将其从小到大编号（k 重根写 k 次）

$$E_{ni}^{(1)}, \quad i = 1,2,\cdots,g_n \tag{15.107}$$

其次，将每个 $E_{ni}^{(1)}$ 代入方程（15.104），求出相应的本征矢量（k 重根标记 k 维子空间，可选择 k 个正交归一的矢量），由此便得到 g_n 个正交归一的本征矢量

$$X_1 = \begin{pmatrix} c_1^{(1)} \\ c_2^{(1)} \\ \vdots \\ c_{g_n}^{(1)} \end{pmatrix}, \quad X_2 = \begin{pmatrix} c_1^{(2)} \\ c_2^{(2)} \\ \vdots \\ c_{g_n}^{(2)} \end{pmatrix}, \quad \cdots, \quad X_{g_n} = \begin{pmatrix} c_1^{(g_n)} \\ c_2^{(g_n)} \\ \vdots \\ c_{g_n}^{(g_n)} \end{pmatrix} \tag{15.108}$$

将本征值 $E_{ni}^{(1)}$ 和本征矢量 X_i 代回方程（15.104），得

$$H'(n) X_i = E_{ni}^{(1)} X_i, \quad i = 1,2,\cdots,g_n \tag{15.109}$$

本征矢量的正交归一关系为

$$X_i^{\dagger} X_j = \delta_{ij} \tag{15.110}$$

根据式（15.109）和式（15.110），得

$$X_i^{\dagger} H'(n) X_j = E_{ni}^{(1)} \delta_{ij} \tag{15.111}$$

将列矩阵（15.108）按照顺序排列为方阵

$$U(n) = (X_1, \quad X_2, \quad \cdots, \quad X_{g_n}) \tag{15.112}$$

根据式（15.111），得

$$U^{\dagger}(n) H'(n) U(n) = \mathrm{diag}\{E_{n1}^{(1)}, \quad E_{n2}^{(1)}, \quad \cdots, \quad E_{ng_n}^{(1)}\} \tag{15.113}$$

$U(n)$ 就是将 $H'(n)$ 对角化的相似变换矩阵，这是线性代数中熟知的内容。

列矩阵 X_i 对应的态矢量为

$$|\phi_{ni}\rangle = \sum_{j=1}^{g_n} c_j^{(i)} |nj\rangle, \quad i = 1,2,\cdots,g_n \tag{15.114}$$

这些态矢量提供了 $\mathcal{V}_n$ 的一个新的正交归一基

$$\langle\phi_{ni}\mid\phi_{nj}\rangle=\delta_{ij} \tag{15.115}$$

在新基定义的表象中 $\hat{H}'$的子矩阵是对角化的

$$\langle\phi_{ni}\mid\hat{H}'\mid\phi_{nj}\rangle=E_{ni}^{(1)}\delta_{ij} \tag{15.116}$$

根据式(15.116)，可将能量一级修正表示为

$$\boxed{E_{ni}^{(1)}=\langle\phi_{ni}\mid\hat{H}'\mid\phi_{ni}\rangle,\quad i=1,2,\cdots,g_n} \tag{15.117}$$

这正是式(15.97)的具体情形。这个结果与非简并情形式(15.59)类似，只不过分成了 g_n 个修正值(可能有重复值)，每个 $|\phi_{ni}\rangle$ 各自对能级 $E_n^{(0)}$ 产生一个修正值。不过从计算流程上讲，$E_{ni}^{(1)}$ 是通过久期方程(15.106)求出来的，而不是用公式(15.117)计算出来的，因为 $|\phi_{ni}\rangle$ 需要在求出 $E_{ni}^{(1)}$ 后才能得到。

如果 g_n 个 $E_{ni}^{(1)}$ 各不相同，则意味着加入微扰 $\hat{H}'$后(在一级近似下)能级 $E_n^{(0)}$ 分裂为 g_n 个不同能级，完全解除了简并。对于不简并的本征值 $E_{ni}^{(1)}$，态矢量 $|\phi_{ni}\rangle$ 就是式(15.96)中零级态矢量，因此 g_n 个 $|\phi_{ni}\rangle$ 都是零级态矢量。也就是说，有 g_n 组 E_n 和 $|\psi_n\rangle$ 具有相同的零级近似，跟 $|\phi_{ni}\rangle$ 相应的 E_n 和 $|\psi_n\rangle$ 可记为 E_{ni} 和 $|\psi_{ni}\rangle$。如果 g_n 个 $E_{ni}^{(1)}$ 中有重复值，比如 $E_{n1}^{(1)}=E_{n2}^{(1)}$，则表明在一级修正近似下仍然有一个二重简并的能级，相应的零级态矢量在 $|\phi_{n1}\rangle$ 和 $|\phi_{n2}\rangle$ 张成的 2 维子空间中，但无法将其完全确定。这种情形需要进一步考虑二级修正方程(15.99)。

在某些特殊情况下，$\hat{H}'$ 与 $\hat{A}$ 正好对易，$[\hat{H}',\hat{A}]=0$，则

$$\hat{A}\hat{H}'\mid ni\rangle=\hat{H}'\hat{A}\mid ni\rangle=\lambda_i\hat{H}'\mid ni\rangle \tag{15.118}$$

由此可见，$\hat{H}'\mid ni\rangle$ 仍是 $\hat{A}$ 的本征矢量，而且本征值仍是 λ_i，因此

$$H'_{ij}=\langle ni\mid\hat{H}'\mid nj\rangle=0,\quad i\neq j \tag{15.119}$$

这表明矩阵 $H'(n)$ 已经是对角化的，对角元正是其本征值，因此能量一级修正为

$$\boxed{E_{ni}^{(1)}=\langle ni\mid\hat{H}'\mid ni\rangle,\quad i=1,2,\cdots,g_n} \tag{15.120}$$

当 CSCO 多于两个力学量时也有类似结论：如果 $\hat{H}'$ 与 CSCO 中除了 $\hat{H}_0$ 以外的所有力学量算符对易，则 $\hat{H}'$在能量本征子空间中的矩阵是对角化的，对角元就是能量一级修正。在将要讨论的实例中，我们将充分利用这个规则来简化计算。

如果 $\hat{H}'$ 与 $\hat{H}_0$ 对易，则 $|\phi_{ni}\rangle$ 就是 $\hat{H}_0$ 和 $\hat{H}'$ 的共同本征矢量(参见第 9 章“力学量完全集”一节定理 2 的证明)，从而也是 $\hat{H}$ 的本征矢量。当 $\hat{H}'$ 与 $\hat{H}_0$ 不对易时，一般来说 $|\phi_{ni}\rangle$ 并不是 $\hat{H}'$ 的本征矢量。

如果 $\hat{H}'$ 与 $\hat{H}_0$ 和 $\hat{A}$ 均对易，则 $\hat{H}'$ 在整个态空间的矩阵是对角的

$$\langle ni\mid\hat{H}'\mid mj\rangle=\langle ni\mid\hat{H}'\mid ni\rangle\delta_{nm}\delta_{ij} \tag{15.121}$$

因此 $|ni\rangle$ 是 $\hat{H}'$ 的本征矢量，从而也是 $\hat{H}$ 的本征矢量，能量本征值(精确值)为

$$E_{ni}=\langle ni\mid\hat{H}\mid ni\rangle=E_{ni}^{(0)}+\langle ni\mid\hat{H}'\mid ni\rangle \tag{15.122}$$

这种情形不需要微扰论。

如果 $\hat{H}'$ 仅仅与 $\hat{A}$ 对易，但与 $\hat{H}_0$ 不对易，则 $\hat{H}'$ 在不同能级之间的矩阵元 $\langle ni\mid\hat{H}'\mid mj\rangle$(其中 $n\neq m$)一般并不为零。也就是说，虽然子矩阵 $H'(n)$ 是对角化的，但 $\hat{H}'$ 在整个态空间的矩阵未必是对角化的。

*15.4.2　能量二级修正

假定 $|\phi_{ni}\rangle$ 是零级态矢量，将其对应的 E_n 和 $|\psi_n\rangle$ 记为 E_{ni} 和 $|\psi_{ni}\rangle$，由此把展开式(15.95)和(15.96)明确写为

$$E_{ni} = E_n^{(0)} + E_{ni}^{(1)} + E_{ni}^{(2)} + \cdots \tag{15.123}$$

$$|\psi_{ni}\rangle = |\phi_{ni}\rangle + |\psi_{ni}^{(1)}\rangle + |\psi_{ni}^{(2)}\rangle + \cdots \tag{15.124}$$

相应地，能量各级修正式(15.97)变为

$$E_{ni}^{(1)} = \langle\phi_{ni}|\hat{H}'|\phi_{ni}\rangle,\quad E_{ni}^{(2)} = \langle\phi_{ni}|\hat{H}'|\psi_{ni}^{(1)}\rangle,\quad E_{ni}^{(3)} = \langle\phi_{ni}|\hat{H}'|\psi_{ni}^{(2)}\rangle,\cdots \tag{15.125}$$

各级修正方程(15.98)~(15.100)变为

$$(\hat{H}_0 - E_n^{(0)})|\psi_{ni}^{(1)}\rangle = (E_{ni}^{(1)} - \hat{H}')|\phi_{ni}\rangle \tag{15.126}$$

$$(\hat{H}_0 - E_n^{(0)})|\psi_{ni}^{(2)}\rangle = (E_{ni}^{(1)} - \hat{H}')|\psi_{ni}^{(1)}\rangle + E_{ni}^{(2)}|\phi_{ni}\rangle \tag{15.127}$$

$$(\hat{H}_0 - E_n^{(0)})|\psi_{ni}^{(3)}\rangle = (E_{ni}^{(1)} - \hat{H}')|\psi_{ni}^{(2)}\rangle + E_{ni}^{(2)}|\psi_{ni}^{(1)}\rangle + E_{ni}^{(3)}|\phi_{ni}\rangle \tag{15.128}$$

1. 一级能量无简并

假定 g_n 个能量一级修正 $E_{ni}^{(1)}$ 各不相同，则相应的 g_n 个 $|\phi_{ni}\rangle$ 都是零级态矢量。将 $|\psi_{ni}^{(1)}\rangle$ 按照各个子空间 $\mathcal{V}_m$ 的基展开时，对于子空间 $\mathcal{V}_n$ 采用新的基 $\{|\phi_{ni}\rangle\}$，根据条件(15.33)，$\langle\phi_{ni}|\psi_{ni}^{(1)}\rangle=0$。因此

$$|\psi_{ni}^{(1)}\rangle=\sum_{j\neq i}|\phi_{nj}\rangle\langle\phi_{nj}|\psi_{ni}^{(1)}\rangle+\sum_{m\neq n}\hat{P}_m|\psi_{ni}^{(1)}\rangle \tag{15.129}$$

式中，右侧第一项是子空间 $\mathcal{V}_n$ 中的分矢量；$\hat{P}_m|\psi_{ni}^{(1)}\rangle$ 是子空间 $\mathcal{V}_m$，$m\neq n$ 中的分矢量。根据投影算符的性质可知

$$\hat{H}_0\hat{P}_m = \hat{P}_m\hat{H}_0 = E_m^{(0)}\hat{P}_m \tag{15.130}$$

将 $\hat{H}_0\hat{P}_m$ 作用于任意右矢，将 $\hat{P}_m\hat{H}_0$ 作用于任意左矢，就能证明这个公式。

(1) $|\psi_{ni}^{(1)}\rangle$ 在子空间 $\mathcal{V}_m, m\neq n$ 中的分矢量

设 $m\neq n$，用 $\hat{P}_m$ 左乘方程(15.126)，利用式(15.130)，得

$$(E_m^{(0)} - E_n^{(0)})\hat{P}_m|\psi_{ni}^{(1)}\rangle = -\hat{P}_m\hat{H}'|\phi_{ni}\rangle \tag{15.131}$$

由此可得

$$\hat{P}_m|\psi_{ni}^{(1)}\rangle = \frac{\hat{P}_m\hat{H}'|\phi_{ni}\rangle}{E_n^{(0)} - E_m^{(0)}} \tag{15.132}$$

这个结果不需要在 $\mathcal{V}_m$ 中指定基。用 $\langle mj|$ 左乘式(15.132)并注意 $\langle mj|\hat{P}_m=\langle mj|$，便可得到分量 $\langle mj|\psi_{ni}^{(1)}\rangle$。利用式(15.90)定义的 $\hat{Q}$，可将式(15.129)第二项写为简洁形式

$$\sum_{m\neq n}\hat{P}_m|\psi_{ni}^{(1)}\rangle = \hat{Q}\hat{H}'|\phi_{ni}\rangle \tag{15.133}$$

实际上，直接用 $\hat{Q}$ 乘以方程(15.126)就可以得到这个结果。这个结果与非简并情形的式(15.91)类似，但现在这不是 $|\psi_{ni}^{(1)}\rangle$ 的全部。

(2) 能量二级修正

根据式(15.125)、式(15.129)和式(15.133)，得

$$E_{ni}^{(2)} =\sum_{j\neq i}\langle\phi_{ni}|\hat{H}'|\phi_{nj}\rangle\langle\phi_{nj}|\psi_{ni}^{(1)}\rangle + \langle\phi_{ni}|\hat{H}'\hat{Q}\hat{H}'|\phi_{ni}\rangle \tag{15.134}$$

根据式(15.116)可知等号右侧第一项为零，因此求 $E_{ni}^{(2)}$ 不需要 $|\psi_{ni}^{(1)}\rangle$ 在 $\mathcal{V}_n$ 中的分量。由此

可得

$$E_{ni}^{(2)} = \langle \phi_{ni} | \hat{H}'\hat{Q}\hat{H}' | \phi_{ni} \rangle \tag{15.135}$$

这与非简并情形的式(15.91)类似。这再次说明，采用新基时 g_n 个基矢量各自独立地对能级 $E_n^{(0)}$ 产生一个修正值，就像处理非简并定态一样。

(3) $|\psi_{ni}^{(1)}\rangle$在子空间 $\mathcal{V}_n$ 中的分量

设$k \neq i$，用$\langle \phi_{nk}|$左乘方程(15.127)，得

$$0 = E_{ni}^{(1)} \langle \phi_{nk} | \psi_{ni}^{(1)} \rangle - \langle \phi_{nk} | \hat{H}' | \psi_{ni}^{(1)} \rangle \tag{15.136}$$

根据式(15.129)和式(15.133)，并利用式(15.116)，得

$$\langle \phi_{nk} | \hat{H}' | \psi_{ni}^{(1)} \rangle = E_{nk}^{(1)} \langle \phi_{nk} | \psi_{ni}^{(1)} \rangle + \langle \phi_{nk} | \hat{H}'\hat{Q}\hat{H}' | \phi_{ni} \rangle \tag{15.137}$$

将这个结果代入式(15.136)，得

$$(E_{ni}^{(1)} - E_{nk}^{(1)}) \langle \phi_{nk} | \psi_{ni}^{(1)} \rangle = \langle \phi_{nk} | \hat{H}'\hat{Q}\hat{H}' | \phi_{ni} \rangle \tag{15.138}$$

根据假定 $E_{ni}^{(1)} \neq E_{nk}^{(1)}$，由此可得

$$\langle \phi_{nk} | \psi_{ni}^{(1)} \rangle = \frac{\langle \phi_{nk} | \hat{H}'\hat{Q}\hat{H}' | \phi_{ni} \rangle}{E_{ni}^{(1)} - E_{nk}^{(1)}} \tag{15.139}$$

2. 一级能量有简并

考虑一种极端情形

$$H'(n) = \varepsilon I_n \tag{15.140}$$

式中，I_n 是 n 阶单位矩阵；ε 是实常数，且 $|\varepsilon| \ll E_n^{(0)}$。这种情形 $H'(n)$ 只有一个本征值 ε，代表能量一级修正 $E_n^{(1)} = \varepsilon$，任意 g_n 维列矩阵都是 $H'(n)$ 的本征矢量。

由于零级态矢量尚未求出，因此仍然采用展开式(15.95)和(15.96)以及方程(15.98)和(15.99)。将$|\phi_n\rangle$和$|\psi_n^{(1)}\rangle$分别展开为

$$|\phi_n\rangle = \sum_{k=1}^{g_n} c_k |nk\rangle, \qquad c_k = \langle nk | \phi_n \rangle \tag{15.141}$$

$$|\psi_n^{(1)}\rangle = \sum_{j=1}^{g_n} |nj\rangle \langle nj | \psi_n^{(1)} \rangle + \sum_{m \neq n} \hat{P}_m |\psi_n^{(1)}\rangle \tag{15.142}$$

式(15.142)和式(15.129)都是$|\psi_n^{(1)}\rangle$的展开，区别在于子空间 $\mathcal{V}_n$ 中选择的基不同。现在的情形零级态矢量尚未求出，因此选择原来的基。

(1) $|\psi_{ni}^{(1)}\rangle$在子空间 $\mathcal{V}_m$，$m \neq n$ 中的分矢量

用 $\hat{Q}$ 左乘方程(15.98)，利用式(15.130)并注意 $\hat{Q}|\phi_n\rangle = 0$，得

$$\sum_{m \neq n} \hat{P}_m |\psi_n^{(1)}\rangle = \hat{Q}\hat{H}' |\phi_n\rangle \tag{15.143}$$

这个结果形式上就是式(15.133)，只是现在少了指标 i，零级态矢量$|\phi_n\rangle$是未知的。在求出 g_n 个零级态矢量$|\phi_{ni}\rangle$之后，这个结果就回到式(15.133)。

(2) 零级态矢量和能量二级修正

用$\langle nk|$左乘方程(15.99)，并注意 $E_n^{(1)} = \varepsilon$，得

$$0 = \varepsilon \langle nk | \psi_n^{(1)} \rangle - \langle nk | \hat{H}' | \psi_n^{(1)} \rangle + E_n^{(2)} \langle nk | \phi_n \rangle \tag{15.144}$$

利用式(15.140)、式(15.142)和式(15.143)，得

$$\langle nk | \hat{H}' | \psi_n^{(1)} \rangle = \varepsilon \langle nk | \psi_n^{(1)} \rangle + \langle nk | \hat{H}'\hat{Q}\hat{H}' | \phi_n \rangle \tag{15.145}$$

代入式(15.144)，得

$$\langle nk \mid \hat{H}'\hat{Q}\hat{H}' \mid \phi_n\rangle = E_n^{(2)}\langle nk \mid \phi_n\rangle \tag{15.146}$$

引入算符 $\hat{F}=\hat{H}'\hat{Q}\hat{H}'$，并利用展开式(15.141)，得

$$\sum_{l=1}^{g_n}\langle nk \mid \hat{F} \mid nl\rangle c_l = E_n^{(2)} c_k \tag{15.147}$$

引入记号 $F_{kl}=\langle nk \mid \hat{F} \mid nl\rangle$，得

$$\begin{pmatrix} F_{11} & F_{12} & \cdots & F_{1g_n} \\ F_{21} & F_{22} & \cdots & F_{2g_n} \\ \vdots & \vdots & & \vdots \\ F_{g_n1} & F_{g_n2} & \cdots & F_{g_ng_n} \end{pmatrix}\begin{pmatrix} c_1 \\ c_2 \\ \vdots \\ c_{g_n} \end{pmatrix} = E_n^{(2)}\begin{pmatrix} c_1 \\ c_2 \\ \vdots \\ c_{g_n} \end{pmatrix} \tag{15.148}$$

这是 $\hat{F}$ 在 $\mathcal{V}_n$ 中的子矩阵 $F(n)$ 的本征方程，与方程(15.104)形式上完全相同，只是把 $H'(n)$ 换成了 $F(n)$，$E_n^{(1)}$ 换成了 $E_n^{(2)}$。$\hat{F}$ 是自伴算符，因此 $F(n)$ 是厄米矩阵，有 g_n 个正交归一的本征列矩阵。本征列矩阵 X_i 的分量为 $c_j^{(i)}$，由此可以像式(15.114)那样定义态矢量

$$\mid \phi_{ni}\rangle = \sum_{j=1}^{g_n} c_j^{(i)} \mid nj\rangle,\quad i=1,2,\cdots,g_n \tag{15.149}$$

以矢量组 $\{|\phi_{ni}\rangle\}$ 为子空间 $\mathcal{V}_n$ 的新基，$\hat{F}$ 的子矩阵是对角化的

$$\langle\phi_{nk} \mid \hat{F} \mid \phi_{nl}\rangle = 0,\quad k\neq l \tag{15.150}$$

对角元就是能量二级修正

$$E_{ni}^{(2)} = \langle\phi_{ni} \mid \hat{F} \mid \phi_{ni}\rangle \tag{15.151}$$

这个结果与式(15.135)完全相同。当然，从计算流程上讲，这种情形 $E_{ni}^{(2)}$ 是通过求解 $F(n)$ 的本征方程而得到的。如果某个本征值 $E_{ni}^{(2)}$ 不简并，则对应的 $|\phi_{ni}\rangle$ 表示零级态矢量。对于简并的本征值，需要进一步考虑三级修正方程(15.100)，以此类推。

(3) $|\psi_{ni}^{(1)}\rangle$ 在子空间 $\mathcal{V}_n$ 中的分量

假定 g_n 个 $E_{ni}^{(2)}$ 各不相同，则 g_n 个 $|\phi_{ni}\rangle$ 都是零级态矢量，现在可以使用式(15.123)~式(15.128)。$|\psi_{ni}^{(1)}\rangle$ 仍按照式(15.129)展开，类似地将 $|\psi_{ni}^{(2)}\rangle$ 展开为

$$\mid \psi_n^{(2)}\rangle = \sum_{j\neq i} \mid \phi_{nj}\rangle\langle\phi_{nj} \mid \psi_{ni}^{(2)}\rangle + \sum_{m\neq n}\hat{P}_m \mid \psi_{ni}^{(2)}\rangle \tag{15.152}$$

首先，用 $\hat{Q}$ 左乘方程(15.127)，并注意 $E_{ni}^{(1)}=\varepsilon$，得

$$\sum_{m\neq n}\hat{P}_m \mid \psi_{ni}^{(2)}\rangle = \hat{Q}(-\varepsilon+\hat{H}') \mid \psi_{ni}^{(1)}\rangle \tag{15.153}$$

利用 $|\psi_{ni}^{(1)}\rangle$ 的展开式(15.129)，考虑到式(15.133)并注意 $\hat{Q}\,|\phi_{nj}\rangle=0$，得

$$\sum_{m\neq n}\hat{P}_m \mid \psi_{ni}^{(2)}\rangle - \sum_{j\neq i}\hat{Q}\hat{H}' \mid \phi_{nj}\rangle\langle\phi_{nj} \mid \psi_{ni}^{(1)}\rangle = \hat{Q}(-\varepsilon+\hat{H}')\hat{Q}\hat{H}' \mid \phi_{ni}\rangle \tag{15.154}$$

用 $\langle\phi_{nk} \mid \hat{H}'$ 左乘式(15.154)，得

$$\sum_{m\neq n}\langle\phi_{nk} \mid \hat{H}'\hat{P}_m \mid \psi_{ni}^{(2)}\rangle - \sum_{j\neq i}\langle\phi_{nk} \mid \hat{F} \mid \phi_{nj}\rangle\langle\phi_{nj} \mid \psi_{ni}^{(1)}\rangle = \langle\phi_{nk} \mid \hat{G} \mid \phi_{ni}\rangle \tag{15.155}$$

其中

$$\hat{F} = \hat{H}'\hat{Q}\hat{H}',\qquad \hat{G} = \hat{H}'\hat{Q}(-\varepsilon+\hat{H}')\hat{Q}\hat{H}' \tag{15.156}$$

根据式(15.150)和式(15.151)可知 $\langle\phi_{nk} \mid \hat{F} \mid\phi_{nj}\rangle = E_{nk}^{(2)}\delta_{kj}$，因此

$$\sum_{m\neq n}\langle\phi_{nk}|\hat{H}'\hat{P}_m|\psi_{ni}^{(2)}\rangle - E_{nk}^{(2)}\langle\phi_{nk}|\psi_{ni}^{(1)}\rangle = \langle\phi_{nk}|\hat{G}|\phi_{ni}\rangle \tag{15.157}$$

其次，设 $k\neq i$，用 $\langle\phi_{nk}|$ 左乘方程(15.128)，并注意 $E_{ni}^{(1)}=\varepsilon$，得

$$0=\varepsilon\langle\phi_{nk}|\psi_{ni}^{(2)}\rangle - \langle\phi_{nk}|\hat{H}'|\psi_{ni}^{(2)}\rangle + E_{ni}^{(2)}\langle\phi_{nk}|\psi_{ni}^{(1)}\rangle \tag{15.158}$$

根据 $|\psi_{ni}^{(2)}\rangle$ 的展开式(15.152)，并注意 $\langle\phi_{nk}|\hat{H}'|\phi_{nj}\rangle=\varepsilon\delta_{kj}$，得

$$\langle\phi_{nk}|\hat{H}'|\psi_{ni}^{(2)}\rangle = \varepsilon\langle\phi_{nk}|\psi_{ni}^{(2)}\rangle + \sum_{m\neq n}\langle\phi_{nk}|\hat{H}'\hat{P}_m|\psi_{ni}^{(2)}\rangle \tag{15.159}$$

将式(15.159)代入式(15.158)，并利用 $\hat{P}_m$ 的定义，得

$$0=-\sum_{m\neq n}\langle\phi_{nk}|\hat{H}'\hat{P}_m|\psi_{ni}^{(2)}\rangle + E_{ni}^{(2)}\langle\phi_{nk}|\psi_{ni}^{(1)}\rangle \tag{15.160}$$

将式(15.160)代入式(15.157)，得

$$(E_{ni}^{(2)}-E_{nk}^{(2)})\langle\phi_{nk}|\psi_{ni}^{(1)}\rangle = \langle\phi_{nk}|\hat{G}|\phi_{ni}\rangle \tag{15.161}$$

根据假定 $E_{ni}^{(2)}\neq E_{nk}^{(2)}$，由此可得

$$\langle\phi_{nk}|\psi_{ni}^{(1)}\rangle = \frac{\langle\phi_{nk}|\hat{G}|\phi_{ni}\rangle}{E_{ni}^{(2)}-E_{nk}^{(2)}} \tag{15.162}$$

讨论

如果 $\hat{H}'$ 在子空间 $\mathcal{V}_n$ 的子矩阵 $H'(n)$ 既有简并的本征值，也有不简并的本征值，则不简并的本征值对应的本征矢量就是零级态矢量，而对于简并的本征值，同样可以考虑能量的二级修正来寻找零级态矢量。需要注意，如果 $\hat{H}'$ 具有一定对称性，有可能考虑了所有级修正之后能级仍然存在简并。

15.5 微扰论的初步应用

由于通常不知道微扰级数是否收敛，因此微扰论的结果并不总是值得信赖。我们先通过一个简单实例——电场中的谐振子来检验微扰论，然后讨论一种实际情形：外电场对氢原子能级的影响。

15.5.1 电场中的谐振子

设电荷为 q 的线性谐振子受到均匀静电场 $\boldsymbol{E}$ 的作用，电场沿着 x 轴正方向。体系的哈密顿算符为

$$\hat{H}=\hat{H}_0+\hat{H}' \tag{15.163}$$

其中

$$\hat{H}_0=-\frac{\hbar^2}{2m}\frac{\mathrm{d}^2}{\mathrm{d}x^2}+\frac{1}{2}m\omega^2x^2,\quad \hat{H}'=-qEx \tag{15.164}$$

式中，$\hat{H}'$ 是谐振子在电场中的势能函数，势能零点选在坐标原点。谐振子势能和静电势能加起来构成体系的等效势能

$$V_{\mathrm{eff}}(x)=\frac{1}{2}m\omega^2x^2-qEx \tag{15.165}$$

这是 x 的二次函数，配平方，可得

$$V_{\text{eff}}(x)=\frac{1}{2}m\omega^2(x-x_0)^2-\frac{1}{2}m\omega^2x_0^2,\quad x_0=\frac{qE}{m\omega^2}\tag{15.166}$$

平方项仍然是谐振子势能，只是势能极小值位于 $x=x_0$ 处。对于经典情形，电场只是改变了谐振子的平衡点，并且平衡点能量减小了一个常数。在平衡点 $x=x_0$ 静电势能为负值，其绝对值等于谐振子势能的 2 倍。

1. 精确解

设 $\hat{H}_0$ 的本征值和本征矢量分别为 $E_n^{(0)}$ 和 $\psi_n^{(0)}(x)$（已知条件）

$$\hat{H}_0\psi_n^{(0)}(x)=E_n^{(0)}\psi_n^{(0)}(x),\quad n=1,2,\cdots\tag{15.167}$$

根据式(15.166)，得

$$\hat{H}=-\frac{\hbar^2}{2m}\frac{\mathrm{d}^2}{\mathrm{d}x^2}+\frac{1}{2}m\omega^2(x-x_0)^2-\frac{1}{2}m\omega^2x_0^2\tag{15.168}$$

做变量替换 $\xi=x-x_0$，可将 $\hat{H}$ 写为

$$\hat{H}=-\frac{\hbar^2}{2m}\frac{\mathrm{d}^2}{\mathrm{d}\xi^2}+\frac{1}{2}m\omega^2\xi^2-\frac{1}{2}m\omega^2x_0^2\tag{15.169}$$

对照式(15.164)中 $\hat{H}_0$ 的表达式，并根据式(15.167)，可知

$$\hat{H}\psi_n^{(0)}(\xi)=\left(E_n^{(0)}-\frac{1}{2}m\omega^2x_0^2\right)\psi_n^{(0)}(\xi)\tag{15.170}$$

由此可见，$\hat{H}$ 的本征值和本征函数为

$$E_n=E_n^{(0)}-\frac{1}{2}m\omega^2x_0^2\tag{15.171}$$

$$\varphi_n(x)=\psi_n^{(0)}(x-x_0)\tag{15.172}$$

电场中的谐振子能级相对于 $\hat{H}_0$ 的本征值只改变了一个常数，$\hat{H}$ 的本征函数只是 $\hat{H}_0$ 的本征函数向右平移了 x_0，这相当于谐振子的平衡点由坐标原点 $x=0$ 移动到 $x=x_0$。这个特点和经典力学是类似的，只是能量取离散值而已。

2. 微扰近似

将 $\hat{H}_0$ 的归一化本征矢量记为 $|n\rangle$，将 $\hat{H}'$ 视为微扰。根据非简并态微扰论，能量的一级修正为

$$E_n^{(1)}=\langle n|\hat{H}'|n\rangle=-qE\langle n|\hat{x}|n\rangle\tag{15.173}$$

根据坐标算符的矩阵元

$$x_{n'n}=\langle n'|\hat{x}|n\rangle=\frac{1}{\sqrt{2}\alpha}\left[\sqrt{n}\,\delta_{n',n-1}+\sqrt{n+1}\,\delta_{n',n+1}\right]\tag{15.174}$$

式中，$\alpha=\sqrt{m\omega/\hbar}$，由此可知 $E_n^{(1)}=0$。能量的二级修正为

$$E_n^{(2)}=\sum_{m\neq n}\frac{q^2E^2|x_{mn}|^2}{E_n^{(0)}-E_m^{(0)}}=\frac{q^2E^2|x_{n-1,n}|^2}{E_n^{(0)}-E_{n-1}^{(0)}}+\frac{q^2E^2|x_{n+1,n}|^2}{E_n^{(0)}-E_{n+1}^{(0)}}=-\frac{1}{2}m\omega^2x_0^2\tag{15.175}$$

由此可见，在记入能量二级修正时就得到了精确结果。

根据非简并态微扰论，态矢量一级修正为

$$|\psi_n^{(1)}\rangle=-\frac{qEx_{n-1,n}}{E_n^{(0)}-E_{n-1}^{(0)}}|n-1\rangle-\frac{qEx_{n+1,n}}{E_n^{(0)}-E_{n+1}^{(0)}}|n+1\rangle\tag{15.176}$$

利用矩阵元公式(15.174)，可得

$$|\psi_n^{(1)}\rangle = \frac{qE}{\sqrt{2\hbar m\omega^3}}(-\sqrt{n}\,|n-1\rangle + \sqrt{n+1}\,|n+1\rangle) \tag{15.177}$$

如果 $n=0$，则括号中没有第一项。因此，在一级近似下能量本征矢量为

$$|\psi_n\rangle = |n\rangle + |\psi_n^{(1)}\rangle = |n\rangle - \frac{qE}{\sqrt{2\hbar m\omega^3}}(\sqrt{n}\,|n-1\rangle - \sqrt{n+1}\,|n+1\rangle) \tag{15.178}$$

根据前文约定，态矢量 $|\psi_n\rangle$ 并不是归一化的，在一级近似下其模方为

$$\||\psi_n\rangle\|^2 = 1 + \frac{q^2E^2(2n+1)}{2\hbar m\omega^3} = 1 + \frac{|E_n^{(2)}|(2n+1)}{\hbar\omega} \tag{15.179}$$

未加电场时谐振子能量间隔是 $\hbar\omega$，在微扰论适应的范围内 $|E_n^{(2)}| \ll \hbar\omega$，因此式(15.179)第二项远远小于1，这表明态矢量(15.178)是近似归一化的。

将 $\hat{H}$ 的归一化本征矢量记为 $|\varphi_n\rangle$，根据式(15.172)，得

$$|\varphi_n\rangle = \hat{T}(x_0)\,|n\rangle = \mathrm{e}^{-\frac{\mathrm{i}}{\hbar}\hat{p}x_0}\,|n\rangle \tag{15.180}$$

将平移算符展开，得

$$\mathrm{e}^{-\frac{\mathrm{i}}{\hbar}\hat{p}x_0} = 1 - \frac{\mathrm{i}}{\hbar}\hat{p}x_0 + \cdots \tag{15.181}$$

当电场 E 很小时取到 x_0 的一次项，并根据动量算符的递推公式，正好得到式(15.178)。但进一步计算可以发现 $|\varphi_n\rangle$ 和 $|\psi_n\rangle$ 的二级项并不相同。

15.5.2 斯塔克效应

在外电场中原子的简并能级发生分裂，从而导致原子光谱线分裂，这种现象称为斯塔克(Stark)效应。不考虑电子自旋，外电场中氢原子哈密顿算符为

$$\hat{H} = \hat{H}_0 + \hat{H}' \tag{15.182}$$

式中，$\hat{H}_0$ 是未加外场时氢原子的哈密顿算符；$\hat{H}'$ 是电子在外场中的势能。设外电场 $\boldsymbol{E}$ 是均匀的，并沿着 z 轴方向，将势能零点选在坐标原点，注意电子的电荷量是 $-e$，因此

$$\hat{H}' = e\boldsymbol{E}\cdot\boldsymbol{r} = eEr\cos\theta \tag{15.183}$$

设外电场较弱，因此可将 $\hat{H}'$ 的影响当作微扰。实际上，外电场的均匀性和强弱都是相对于原子内部的电场而言的。与电子和原子核之间的库仑场相比，实验室所产生的外电场都是均匀而很弱的，因此 $\hat{H}'$ 可当作微扰。

不考虑电子自旋时，玻尔能级 E_n 的简并度为 n^2。第一激发态能级 E_2 是四重简并的，将其四个能量本征态编号如下

$$\begin{aligned}\phi_1 = \psi_{200} = R_{20}(r)\mathrm{Y}_{00}(\theta,\varphi),\quad \phi_2 = \psi_{210} = R_{21}(r)\mathrm{Y}_{10}(\theta,\varphi)\\ \phi_3 = \psi_{211} = R_{21}(r)\mathrm{Y}_{11}(\theta,\varphi),\quad \phi_4 = \psi_{21,-1} = R_{21}(r)\mathrm{Y}_{1,-1}(\theta,\varphi)\end{aligned} \tag{15.184}$$

这里没有严格按照字典序编号是为了后面计算方便。根据简并态微扰论，先计算 $\hat{H}'$ 在子空间 $\mathcal{V}_2$ 中的矩阵元

$$H'_{ij} = \langle\phi_i\,|\,\hat{H}'\,|\,\phi_j\rangle = \int_\infty \mathrm{d}^3r\,\phi_i^*\hat{H}'\phi_j \tag{15.185}$$

$\psi_{nlm}(\boldsymbol{r})$ 是 $(\hat{H},\hat{L}^2,\hat{L}_z)$ 的共同本征矢量，也是宇称算符 $\hat{P}$ 的本征矢量(第6章)

$$\hat{P}\psi_{nlm}(\boldsymbol{r}) = (-1)^l \psi_{nlm}(\boldsymbol{r}) \tag{15.186}$$

由于 $\hat{L}^2$ 中包含对 θ 的求导，因此 $\hat{H}'$ 与 $\hat{L}^2$ 不对易，这意味着 $\hat{H}'$ 在能量本征子空间的矩阵并不是对角的。不过 $\hat{H}'$ 仍有一些对称性，将导致很多矩阵元为零。

首先，$\hat{H}'$ 跟 $\hat{L}_z$ 是对易的，因此

$$0 = \langle nl'm' | (\hat{L}_z\hat{H}' - \hat{H}'\hat{L}_z) | nlm \rangle = (m' - m)\hbar \langle nl'm' | \hat{H}' | nlm \rangle \tag{15.187}$$

当 $m' \neq m$ 时 $\langle nl'm' | \hat{H}' | nlm \rangle = 0$。这表明 $\hat{H}'$ 在 ϕ_1 与 ϕ_3, ϕ_4 之间的矩阵元为零。

其次，当 $\boldsymbol{r} \to -\boldsymbol{r}$ 时 $\theta \to \pi - \theta$，因此 $\hat{H}' \to -\hat{H}'$，这表明 $\hat{H}'$ 与 $\hat{P}$ 反对易

$$\hat{P}\hat{H}'\psi(\boldsymbol{r}) = -\hat{H}'\psi(-\boldsymbol{r}) = -\hat{H}'\hat{P}\psi(\boldsymbol{r}) \tag{15.188}$$

由此可得

$$0 = \langle nl'm' | (\hat{P}\hat{H}' + \hat{H}'\hat{P}) | nlm \rangle = [(-1)^{l'} + (-1)^l] \langle nl'm' | \hat{H}' | nlm \rangle \tag{15.189}$$

如果 $|nl'm'\rangle$ 和 $|nlm\rangle$ 宇称相同，则 $\langle nl'm' | \hat{H}' | nlm \rangle = 0$。这表明 $\langle \phi_1 | \hat{H}' | \phi_1 \rangle = 0$，$\hat{H}'$ 在 ϕ_2，ϕ_3, ϕ_4 任意两个之间的矩阵元也为零。

从被积函数性质也能得到上述结论。首先，式(15.186)表明当 ϕ_i 和 ϕ_j 的角量子数相等时式(15.185)中被积函数是奇宇称的，从而导致积分为零。由此可知，矩阵的对角元为零，$\hat{H}'$ 在 ϕ_2, ϕ_3, ϕ_4 任意两个之间的那些矩阵元也为零。其次，设 ϕ_i 和 ϕ_j 的磁量子数分别为 m 和 m'，根据球谐函数可知式(15.185)中对 φ 的积分为 $\int_0^\infty e^{i(m'-m)\varphi} d\varphi$，积分非零的条件是 $m = m'$，因此 ϕ_1 与 ϕ_3, ϕ_4 之间的矩阵元也为零。

分析表明非零矩阵元只有 H'_{12} 和 H'_{21}。由于 $\hat{H}'$ 是自伴算符，因此 $H'_{12} = H'^*_{21}$。再考虑到 ϕ_1 和 ϕ_2 都是实函数，则 $H'_{12} = H'_{21}$。根据氢原子波函数，得

$$H'_{12} = eE \int_0^\infty R_{20}(r) r R_{21}(r) r^2 dr \int Y_{00}(\theta, \varphi) \cos\theta Y_{10}(\theta, \varphi) d\Omega \tag{15.190}$$

由于 $Y_{00} = 1/\sqrt{4\pi}$，$Y_{10} = \sqrt{3/4\pi}\cos\theta$，因此 $Y_{00}\cos\theta = Y_{10}/\sqrt{3}$，因此

$$\int Y_{00}(\theta, \varphi) \cos\theta Y_{10}(\theta, \varphi) d\Omega = \frac{1}{\sqrt{3}} \int |Y_{10}(\theta, \varphi)|^2 d\Omega = \frac{1}{\sqrt{3}} \tag{15.191}$$

这里利用了球谐函数的归一性。利用 $R_{20}(r)$ 和 $R_{21}(r)$（第 6 章），得

$$H'_{12} = \frac{eE}{12} \int_0^\infty \left(\frac{r}{a_0}\right)^4 \left(1 - \frac{r}{2a_0}\right) e^{-\frac{r}{a_0}} dr \tag{15.192}$$

做变量替换 $\rho = r/a_0$，得

$$H'_{12} = \frac{eEa_0}{12} \int_0^\infty \rho^4 \left(1 - \frac{\rho}{2}\right) e^{-\rho} d\rho = -3eEa_0 \tag{15.193}$$

最后一步可以利用 Γ 函数 $\Gamma(z) = \int_0^\infty t^{z-1} e^{-t} dt$，并考虑到 $\Gamma(n+1) = n!$ 而得到。因此 $\hat{H}'$ 在子空间 $\mathcal{V}_2$ 中的矩阵为

$$H'(E_2) = \begin{pmatrix} 0 & -3eEa_0 & 0 & 0 \\ -3eEa_0 & 0 & 0 & 0 \\ 0 & 0 & 0 & 0 \\ 0 & 0 & 0 & 0 \end{pmatrix} \tag{15.194}$$

首先，求解久期方程

$$\det[H'(E_2)-E_2^{(1)}I_4]=\begin{vmatrix}-E_2^{(1)} & -3eEa_0 & 0 & 0\\ -3eEa_0 & -E_2^{(1)} & 0 & 0\\ 0 & 0 & -E_2^{(1)} & 0\\ 0 & 0 & 0 & -E_2^{(1)}\end{vmatrix}=0 \tag{15.195}$$

可得能量的一级修正

$$E_{21}^{(1)}=3eEa_0,\quad E_{22}^{(1)}=-3eEa_0,\quad E_{23}^{(1)}=E_{24}^{(1)}=0 \tag{15.196}$$

原来四重简并的能级 E_2，现在分裂为三个能级，从高到低为

$$E_2+3eEa_0,\qquad E_2,\qquad E_2-3eEa_0 \tag{15.197}$$

其中中间的能级仍然是二重简并的。这表明在施加了外电场后，能级的简并性被部分地解除[⊖]。其次，将能量一级修正值式(15.196)代入 $H'(E_2)$ 的本征方程

$$\begin{pmatrix}0 & -3eEa_0 & 0 & 0\\ -3eEa_0 & 0 & 0 & 0\\ 0 & 0 & 0 & 0\\ 0 & 0 & 0 & 0\end{pmatrix}\begin{pmatrix}c_1\\ c_2\\ c_3\\ c_4\end{pmatrix}=E_2^{(1)}\begin{pmatrix}c_1\\ c_2\\ c_3\\ c_4\end{pmatrix} \tag{15.198}$$

求出相应的本征列矩阵。对于在一级修正下不简并的能级，相应的波函数就是零级波函数。

(1) 当 $E_2^{(1)}=E_{21}^{(1)}=3eEa_0$ 时，代入方程(15.198)，可得 $c_1=-c_2$，$c_3=c_4=0$。利用归一化条件并选择合适相因子，可得零级波函数为

$$\psi_{21}^{(0)}=\frac{1}{\sqrt{2}}(\phi_1-\phi_2)=\frac{1}{\sqrt{2}}(\psi_{200}-\psi_{210}) \tag{15.199}$$

(2) 当 $E_2^{(1)}=E_{22}^{(1)}=-3eEa_0$ 时，可得 $c_1=c_2$，$c_3=c_4=0$，由此可得

$$\psi_{22}^{(0)}=\frac{1}{\sqrt{2}}(\phi_1+\phi_2)=\frac{1}{\sqrt{2}}(\psi_{200}+\psi_{210}) \tag{15.200}$$

(3) 当 $E_2^{(1)}=E_{23}^{(1)}=E_{24}^{(1)}=0$ 时，这是久期方程(15.195)的二重根，因此有两个线性无关的本征矢量。将其代入方程(15.198)，可得 $c_1=c_2=0$，c_3 和 c_4 是自由常数，相应的本征矢量为

$$c_3\phi_3+c_4\phi_4=c_3\psi_{211}+c_4\psi_{21,-1} \tag{15.201}$$

如果只是要选择两个正交归一的本征矢量，可以选择原来的波函数

$$\psi_{23}^{(0)}=\phi_3,\quad \psi_{24}^{(0)}=\phi_4 \tag{15.202}$$

也可以选择二者的某种线性组合，比如

$$\psi_{23}^{(0)}=\frac{1}{\sqrt{2}}(\phi_3+\phi_4),\quad \psi_{24}^{(0)}=\frac{1}{\sqrt{2}}(\phi_3-\phi_4) \tag{15.203}$$

等。要找到零级波函数，需要考虑更高级修正方程。

*15.6 能级的精细结构

电子的相对论性波动方程是狄拉克方程，该方程采用相对论能量动量关系

⊖ 这是忽略电子自旋时的结论.

$$E^2 - p^2c^2 = m_e^2c^4 \tag{15.204}$$

而且正确计入了电子自旋。相对论性波动方程是高等量子力学的主要内容，这里我们只采用相关结果。

15.6.1　微扰项

在非相对论情形，未修正的氢原子的哈密顿算符为

$$\hat{H}_0 = \frac{\hat{\boldsymbol{p}}^2}{2m_e} + V(r) \tag{15.205}$$

$\hat{H}_0$ 的本征值就是玻尔能级

$$E_n = -\frac{\bar{e}^2}{2a_0}\frac{1}{n^2} = -\frac{1}{2}m_ec^2\alpha^2\frac{1}{n^2} \tag{15.206}$$

式中，$a_0 = \hbar^2/m_e\bar{e}^2$ 是玻尔半径[1]；$\alpha \approx 1/137$ 是精细结构常数（第 1 章）。

氢原子中电子动能期待值[2]为 13.6eV，远远小于电子静止能量 511keV，因此电子是非相对论性的。对狄拉克方程做非相对论近似，略去静能项和高级修正项，会重新得到薛定谔方程，但哈密顿算符多了相关的微扰修正项[3]

$$\hat{H} = \hat{H}_0 + \hat{H}_{FS}, \quad \hat{H}_{FS} = \hat{H}_{RE} + \hat{H}_{SO} + \hat{H}_D \tag{15.207}$$

式中，$\hat{H}_{RE}$是相对论（relativity）修正项；$\hat{H}_{SO}$是电子的自旋-轨道（spin-obit）耦合项，也称为托马斯（Thomas）项；$\hat{H}_D$是达尔文（Darwin）项。它们分别为

$$\hat{H}_{RE} = -\frac{\hat{\boldsymbol{p}}^4}{8m_e^3c^2}, \qquad \hat{H}_{SO} = \xi(r)\hat{\boldsymbol{S}}\cdot\hat{\boldsymbol{L}}, \qquad \hat{H}_D = \frac{\hbar^2}{8m_e^2c^2}\nabla^2 V \tag{15.208}$$

其中 $\xi(r)$ 将在稍后给出。$\hat{H}_{FS}$对玻尔能级的修正将产生能级的精细结构（fine structure），从而导致了原子光谱的精细结构。$\hat{H}_{FS}$对玻尔能级的修正很小，考虑原子核质量有限的效应已无必要。为了跟实验数据对比，只需要对玻尔能级采用约化质量即可。不过在这部分，我们将一直采用原子核参考系。

相对论效应 $\hat{H}_{RE}$和自旋轨道耦合 $\hat{H}_{SO}$都有直观的物理解释，甚至不用考虑狄拉克方程也能得到。

（1）相对论效应

对于非相对论性电子，利用泰勒展开公式

$$(1+x)^\alpha = 1 + \alpha x + \frac{\alpha(\alpha-1)}{2!}x^2 + \cdots, \quad |x| < 1 \tag{15.209}$$

将相对论的能量动量关系展开

$$E = \sqrt{p^2c^2 + m_e^2c^4} = m_ec^2\left(1 + \frac{p^2}{2m_e^2c^2} - \frac{p^4}{8m_e^4c^4} + \cdots\right) \tag{15.210}$$

其中等式右端第一项为静能项，第二项是非相对论动能。现在考虑 p^4 项的修正，它将在哈密顿算符中添加一项

---

[1] 这里采用原子核参考系，如果换到质心参考系，则需要将电子质量换成约化质量.

[2] 根据位力定理，对于库仑势能的情形，动能期待值等于总能量的绝对值.

[3] 倪光炯，陈苏卿. 高等量子力学[M]. 2 版. 上海：复旦大学出版社，2004，365 页.

$$\hat{H}_{\mathrm{RE}}=-\frac{\hat{\boldsymbol{p}}^{4}}{8m_{\mathrm{e}}^{3}c^{2}} \tag{15.211}$$

（2）自旋-轨道耦合

电子具有与自旋相联系的磁矩。在经典力学中，电子在库仑力的作用下绕着原子核运动。如果以电子为参考系，那么原子核将绕着电子运动，形成一个环形电流，其磁场会与电子的自旋磁矩产生作用，从而在哈密顿量中增加一项相互作用能。当然，从原子核参考系来看，电子受到的只是库仑静电场，而电场对磁矩是没有作用的，因此似乎很难理解这个附加作用。然而电子并非静止，而是绕着原子核高速运动，运动的磁矩会产生一个电偶极矩㊀，附加作用是通过电偶极矩来实现的。具体计算表明㊁，在原子核参考系中附加项为

$$\hat{H}_{\mathrm{SO}}=\xi(r)\hat{\boldsymbol{S}}\cdot\hat{\boldsymbol{L}},\qquad \xi(r)=\frac{\bar{e}^{2}}{2m_{\mathrm{e}}^{2}c^{2}}\frac{1}{r^{3}} \tag{15.212}$$

（3）达尔文项

在狄拉克方程中，$\boldsymbol{r}$ 处的电子仅受到当地电势 $V(r)$ 的作用。然而在做非相对论近似时，会出现一个非定域作用项，它表示在 $\boldsymbol{r}$ 处的电子所受的电势不仅取决于 $V(r)$，还取决于以点 $\boldsymbol{r}$ 为中心、大约为电子的康普顿波长的范围内的电势的作用，这就是达尔文项的来源。

对于库仑势情形，$V=-\bar{e}^{2}/r$，利用公式$\nabla^{2}\dfrac{1}{r}=-4\pi\delta(\boldsymbol{r})$，得

$$\hat{H}_{\mathrm{D}}=\frac{\pi\hbar^{2}\bar{e}^{2}}{2m_{\mathrm{e}}^{2}c^{2}}\delta(\boldsymbol{r}) \tag{15.213}$$

我们将采用微扰论来计算三个修正项对玻尔能级的修正。在计入电子自旋时，氢原子的能级 E_n 是 $2n^2$ 度简并，因此应该用简并态微扰论。

电子的总角动量算符为

$$\hat{\boldsymbol{J}}=\hat{\boldsymbol{L}}+\hat{\boldsymbol{S}} \tag{15.214}$$

态空间的 CSCO 通常有两种选择，从而得到两种表象

（1）无耦合表象$(\hat{H}_0,\hat{L}^2,\hat{L}_z,\hat{S}_z)$，基矢量为 $|nlm_lm_s\rangle$；

（2）耦合表象$(\hat{H}_0,\hat{L}^2,\hat{J}^2,\hat{J}_z)$，基矢量为 $|nljm_j\rangle$。

在计算时我们将充分利用如下技巧：如果微扰哈密顿量算符与态空间的某个 CSCO 中除了 $\hat{H}_0$ 以外的所有力学量算符对易，则微扰哈密顿量算符在 $\hat{H}_0$ 的本征子空间的矩阵就是对角化的，对角元就是能量一级修正。

15.6.2 相对论效应

我们将 $\hat{H}_{\mathrm{RE}}$ 当作微扰哈密顿量，来计算能量的一级修正，为此先讨论 $\hat{H}_{\mathrm{RE}}$ 与其他算符的对易关系。

首先，$\hat{\boldsymbol{p}}^2=\hat{p}_r^2+\hat{L}^2/r^2$，其中 $\hat{p}_r$ 是径向动量，仅与径向坐标 r 有关，而角动量算符 $\hat{\boldsymbol{L}}$ 仅与 θ，φ 有关，因此 $\hat{p}_r$ 与 $\hat{\boldsymbol{L}}$ 的任一分量 $\hat{L}_i$ 对易。又因为 $\hat{L}^2$ 与 $\hat{L}_i$ 对易，因此 $\hat{\boldsymbol{p}}^2$ 与 $\hat{L}_i$ 对易，这是在前面就已经熟知的结论。

㊀ 格里菲斯. 量子力学概论[M]. 贾瑜，胡行，李玉晓，译. 北京：机械工业出版社，2009，178 页脚注 12.

㊁ 杨福家. 原子物理学[M]. 4 版. 北京：高等教育出版社，2008，167 页.

其次，$\hat{\boldsymbol{p}}^2$ 与 $\hat{S}_i$ 分别是不同态空间的算符，因此二者对易。

最后，由于 $\hat{J}_i=\hat{L}_i+\hat{S}_i$，因此 $\hat{\boldsymbol{p}}^2$ 与总角动量的任一分量 $\hat{J}_i$ 对易。

由此可知，$\hat{H}_{\mathrm{RE}}\sim\hat{\boldsymbol{p}}^4$ 与无耦合表象的 $\hat{L}^2$，$\hat{L}_z$，$\hat{S}_z$ 均对易，与耦合表象的 $\hat{L}^2$，$\hat{J}^2$，$\hat{J}_z$ 也均对易。因此无论采用哪个表象，$\hat{H}_{\mathrm{RE}}$在 $\hat{H}_0$ 的本征子空间 $\mathcal{V}_n$ 中的矩阵都是对角化的，对角元就是能量一级修正。应当注意，由于 $\hat{H}_0$ 中含有势能项 $V(r)$，而 $\hat{\boldsymbol{p}}^2$ 与 $V(r)$ 并不对易，因此 $\hat{H}_{\mathrm{RE}}$与 $\hat{H}_0$ 也不对易。

采用无耦合表象计算，基矢量为张量积形式

$$|nlm_lm_s\rangle=|nlm_l\rangle|sm_s\rangle \tag{15.215}$$

式中，$|nlm_l\rangle$和 $|sm_s\rangle$分别表示态矢量的位形部分和自旋部分，由此可得

$$E_{\mathrm{RE}}^{(1)}=\langle nlm_lm_s|\hat{H}_{\mathrm{RE}}|nlm_lm_s\rangle=-\frac{1}{8m_{\mathrm{e}}^3c^2}\langle nlm_l|\hat{\boldsymbol{p}}^4|nlm_l\rangle \tag{15.216}$$

根据 $\hat{H}_0$ 的本征方程

$$\left[\frac{\hat{\boldsymbol{p}}^2}{2m_{\mathrm{e}}}+V(r)\right]|nlm_l\rangle=E_n|nlm_l\rangle \tag{15.217}$$

可得

$$\hat{\boldsymbol{p}}^2|nlm_l\rangle=2m_{\mathrm{e}}(E_n-V)|nlm_l\rangle \tag{15.218}$$

在式(15.216)中，将 $\hat{\boldsymbol{p}}^4$ 看作 $\hat{\boldsymbol{p}}^2\cdot\hat{\boldsymbol{p}}^2$，并将两个 $\hat{\boldsymbol{p}}^2$ 分别向左和向右作用，利用式(15.218)及其厄米共轭，得

$$E_{\mathrm{RE}}^{(1)}=-\frac{1}{2m_{\mathrm{e}}c^2}\langle nlm_l|(E_n-V)^2|nlm_l\rangle \tag{15.219}$$

代入库仑势 $V(r)=-\bar{e}^2/r$，得

$$E_{\mathrm{RE}}^{(1)}=-\frac{E_n^2}{2m_{\mathrm{e}}c^2}-\frac{E_n\bar{e}^2}{m_{\mathrm{e}}c^2}\langle r^{-1}\rangle-\frac{\bar{e}^4}{2m_{\mathrm{e}}c^2}\langle r^{-2}\rangle \tag{15.220}$$

其中

$$\langle r^{-1}\rangle=\langle nlm_l|r^{-1}|nlm_l\rangle,\qquad\langle r^{-2}\rangle=\langle nlm_l|r^{-2}|nlm_l\rangle \tag{15.221}$$

在第 13 章，我们分别利用位力定理和赫尔曼-费曼定理算出

$$\langle r^{-1}\rangle=\frac{1}{a_0}\frac{1}{n^2},\qquad\langle r^{-2}\rangle=\frac{1}{a_0^2}\frac{2}{2l+1}\frac{1}{n^3} \tag{15.222}$$

将式(15.222)代入式(15.220)，并利用玻尔能级公式(15.206)，可得

$$E_{\mathrm{RE}}^{(1)}=-\frac{E_n^2}{2m_{\mathrm{e}}c^2}\left(\frac{4n}{l+1/2}-3\right) \tag{15.223}$$

根据 l 取值，可将 $\mathcal{V}_n$ 划分为更小的子空间 $\mathcal{V}_{nl}$。式(15.223)表明 $E_{\mathrm{RE}}^{(1)}$ 只依赖于 n,l，因此 $\hat{H}_{\mathrm{RE}}$在子空间 $\mathcal{V}_{nl}$ 中的矩阵正比于单位矩阵。在变换到耦合表象时单位矩阵不变，这说明采用耦合表象计算能量一级修正仍会得到式(15.223)。

15.6.3 自旋-轨道耦合

当记入自旋轨道耦合项 $\hat{H}_{\mathrm{SO}}$时，由于 $\hat{L}_z$ 和 $\hat{S}_z$ 均与 $\hat{\boldsymbol{L}}\cdot\hat{\boldsymbol{S}}$ 不对易，因此 $\hat{H}$ 的本征矢量不一定是 $\hat{L}_z$ 和 $\hat{S}_z$ 的本征矢量，体系的能量本征矢量不一定能写成位形部分与自旋部分的张量积。

根据公式

$$\hat{J}^2 = \hat{L}^2 + \hat{S}^2 + 2\hat{\boldsymbol{L}} \cdot \hat{\boldsymbol{S}} \tag{15.224}$$

可得

$$\hat{\boldsymbol{L}} \cdot \hat{\boldsymbol{S}} = \frac{1}{2}(\hat{J}^2 - \hat{L}^2 - \hat{S}^2) \tag{15.225}$$

由此可知 $\hat{\boldsymbol{L}} \cdot \hat{\boldsymbol{S}}$ 与 $\hat{L}^2$，$\hat{J}^2$，$\hat{J}_z$ 均对易。

如果采用无耦合表象计算，由于 $\hat{\boldsymbol{L}} \cdot \hat{\boldsymbol{S}}$ 与 $\hat{L}_z$ 不对易，此时 $\hat{H}_{\mathrm{SO}}$ 在能量本征子空间中的矩阵不是对角化的，从而需要求解久期方程。如果采用耦合表象计算，由于因子 $\xi(r)$ 仅依赖于径向坐标 r，因此 $\hat{H}_{\mathrm{SO}}$ 与 $\hat{L}^2, \hat{J}^2, \hat{J}_z$ 也均对易，此时 $\hat{H}_{\mathrm{SO}}$ 在能量本征子空间中的矩阵是对角化的，对角元就是能量一级修正。注意 $\hat{H}_0$ 中动能项含有 $\hat{\boldsymbol{p}}^2$，而 $\xi(r)$ 与 $\hat{\boldsymbol{p}}^2$ 不对易，因此 $\hat{H}_{\mathrm{SO}}$ 与 $\hat{H}_0$ 不对易。

耦合表象的基矢量为 $|nljm_j\rangle$，由此可得能量一级修正

$$E_{\mathrm{SO}}^{(1)} = \langle nljm_j | \xi(r) \hat{\boldsymbol{L}} \cdot \hat{\boldsymbol{S}} | nljm_j \rangle \tag{15.226}$$

根据式(15.225)，得

$$\hat{\boldsymbol{L}} \cdot \hat{\boldsymbol{S}} | nljm_j \rangle = \frac{1}{2}\left[j(j+1) - l(l+1) - \frac{3}{4}\right] \hbar^2 | nljm_j \rangle \tag{15.227}$$

若 $l=0$，即 S 态情形，根据自旋-轨道耦合方案，$s=1/2$，$j=1/2$，因此

$$\hat{\boldsymbol{L}} \cdot \hat{\boldsymbol{S}} | nljm_j \rangle = 0 \tag{15.228}$$

此时

$$E_{\mathrm{SO}}^{(1)} = 0, \quad l = 0 \tag{15.229}$$

这个结果表明 $l=0$ 时没有自旋-轨道耦合，完全符合直观感受。

若 $l>0$，根据式(15.227)，并利用 $\xi(r)$ 的表达式，可得

$$E_{\mathrm{SO}}^{(1)} = \frac{1}{2}\left[j(j+1) - l(l+1) - \frac{3}{4}\right] \hbar^2 \frac{\bar{e}^2}{2m_{\mathrm{e}}^2 c^2} \langle r^{-3} \rangle, \quad l > 0 \tag{15.230}$$

其中

$$\langle r^{-3} \rangle = \langle nljm_j | r^{-3} | nljm_j \rangle \tag{15.231}$$

在第 13 章，我们利用克拉默斯关系求出了期待值

$$\langle r^{-3} \rangle = \frac{1}{l(l+1/2)(l+1) n^3 a_0^3} \tag{15.232}$$

将式(15.232)代入式(15.230)，并利用式(15.206)，可得

$$E_{\mathrm{SO}}^{(1)} = \frac{E_n^2}{m_{\mathrm{e}} c^2} \frac{n[j(j+1) - l(l+1) - 3/4]}{l(l+1/2)(l+1)}, \quad l > 0 \tag{15.233}$$

这个修正与 n,l,j 均有关。

根据自旋-轨道耦合方案，$s=1/2$，当 $l>0$ 时，$j=l\pm1/2$。由此可得

$$j = l + \frac{1}{2}, \quad E_{\mathrm{SO}}^{(1)} = \frac{E_n^2}{m_{\mathrm{e}} c^2} \frac{n}{(l+1/2)(l+1)}, \quad l > 0 \tag{15.234}$$

$$j = l - \frac{1}{2}, \quad E_{\mathrm{SO}}^{(1)} = -\frac{E_n^2}{m_{\mathrm{e}} c^2} \frac{n}{l(l+1/2)}, \quad l > 0 \tag{15.235}$$

值得注意的是，对于 $j=l+1/2$ 的情形，$l=0$ 是有意义的。然而，如果在式(15.234)中取 $l=0$ 的极限，会得到一个非零结果

$$l=0,\quad j=\frac{1}{2},\qquad E_{\mathrm{SO}}^{(1)}=\frac{2nE_n^2}{m_{\mathrm{e}}c^2}\text{（请思考是否正确）}\tag{15.236}$$

这当然是错误的。如前所述，S 态情形自旋-轨道耦合对能级的修正为零。这个错误给我们一个教训：在计算结果中求参数的极限，有可能得到无意义的东西。

15.6.4　达尔文项

采用无耦合表象计算达尔文项(15.213)的矩阵元，考虑到式(15.215)，可得

$$\begin{aligned}\langle nlm_lm_s\,|\,\delta(\boldsymbol{r})\,|\,nl'm_l'm_s'\rangle &= \delta_{m_sm_s'}\langle nlm_l\,|\,\delta(\boldsymbol{r})\,|\,nl'm_l'\rangle\\ &= \delta_{m_sm_s'}\psi_{nlm_l}^{*}(0)\,\psi_{nl'm_l'}(0)\end{aligned}\tag{15.237}$$

根据氢原子波函数，当 $l>0$ 时 $\psi_{nlm_l}(0)=0$，因此只有两个 S 态之间的矩阵元非零。这表明 $\hat{H}_{\mathrm{D}}$ 在 $\mathcal{V}_n$ 中的矩阵是对角的，对角元就是能量一级修正

$$E_{\mathrm{D}}^{(1)}=\langle nlm_lm_s\,|\,\hat{H}_{\mathrm{D}}\,|\,nlm_lm_s\rangle=\frac{\pi\hbar^2\bar{e}^2}{2m_{\mathrm{e}}^2c^2}\,|\,\psi_{nlm_l}(0)\,|^2\tag{15.238}$$

非零对角元只跟 S 态有关，因此达尔文项修正只影响 S 态能级。对于 S 态，无耦合表象和耦合表象没有区别。根据氢原子 S 态波函数，得

$$\psi(0)=R_{n0}(0)\,Y_{00}=\frac{1}{\sqrt{\pi n^3a_0^3}}\tag{15.239}$$

由此可得

$$E_{\mathrm{D}}^{(1)}=\frac{2nE_n^2}{m_{\mathrm{e}}c^2}\tag{15.240}$$

根据前面计算，自旋-轨道耦合产生的修正项对于 S 态能级修正为零，达尔文项的修正正好相反，它仅对 S 态能级进行修正。有趣的是，式(15.240)与式(15.236)正好相等。也就是说，式(15.236)虽然给出了错误的自旋-轨道耦合修正，却碰巧给出了达尔文项的修正。

根据式(15.223)、式(15.234)和式(15.240)的结果，可得总的能量一级修正

$$j=l+\frac{1}{2},\quad E_{\mathrm{FS}}^{(1)}=E_{\mathrm{RE}}^{(1)}+E_{\mathrm{SO}}^{(1)}+E_{\mathrm{D}}^{(1)}=\frac{E_n^2}{2m_{\mathrm{e}}c^2}\left(3-\frac{4n}{l+1}\right)\tag{15.241}$$

$$j=l-\frac{1}{2},\quad E_{\mathrm{FS}}^{(1)}=E_{\mathrm{RE}}^{(1)}+E_{\mathrm{SO}}^{(1)}+E_{\mathrm{D}}^{(1)}=\frac{E_n^2}{2m_{\mathrm{e}}c^2}\left(3-\frac{4n}{l}\right)\tag{15.242}$$

式(15.241)对所有 l 均成立，而式(15.242)仍须 $l>0$，这是角动量相加规则的要求。两种情况可以统一写为

$$\boxed{E_{\mathrm{FS}}^{(1)}=\frac{E_n^2}{2m_{\mathrm{e}}c^2}\left(3-\frac{4n}{j+1/2}\right)=\frac{\alpha^4m_{\mathrm{e}}c^2}{8n^4}\left(3-\frac{4n}{j+1/2}\right)}\tag{15.243}$$

总的能量一级修正仅仅与 n,j 有关，而与 l 无关。对于固定的 n，l 的最大值为 $n-1$，因此 j 的最大值为 $n-1/2$，因此式(15.243)中 $n/(j+1/2)\geqslant 1$，这使得 $E_{\mathrm{FS}}^{(1)}$ 总是负值。也就是说，精细结构修正降低了氢原子的能级。式(15.243)表明精细结构修正与玻尔能级间隔之比数

量级为 $\alpha^2 \approx 5\times10^{-5}$ 或者更小。

氢原子能级的精细结构如图 15-4 所示，虚线表示玻尔能级，实线表示加入精细结构修正的能级。由于精细结构修正比玻尔能级间隔小得多，因此无法将玻尔能级及其精细结构按比例画在同一张图上。图 15-4 中用四张子图展示了四个玻尔能级的精细结构。在每张子图中，精细结构能级与玻尔能级之间的距离是按比例画出的，能级下沉程度反映了精细结构修正的大小。但由于不同玻尔能级的精细结构修正相差很大，不同玻尔能级的分裂并非按照同一比例画出。

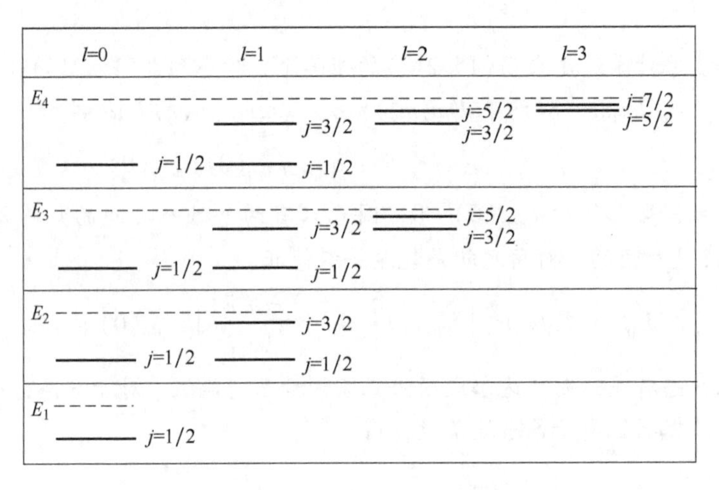

图 15-4　氢原子能级的精细结构

当 $n=1$ 时，玻尔能级的简并度是 $2n^2=2$，能级精细结构修正降低了该能级的能量，能级仍然是二重简并的。

当 $n=2$ 时，玻尔能级的简并度是 $2n^2=8$，计入精细结构修正后，分裂为两个四重简并的能级。$j=1/2$ 的情形对应 $l=0$，1 两种情形，磁量子数取值为 $m=\pm1/2$，由此可知这条能级是四重简并的。$n=2$ 时另外一条能级 $j=3/2$ 对应 $l=1$ 的情形，磁量子数取值为 $m=\pm1/2$，$\pm3/2$，也是四重简并的。$2\times2+4=8$。

当 $n=3$ 时，玻尔能级的简并度是 $2n^2=18$，计入精细结构修正后，分裂为三条能级。$j=1/2$ 的能级是四重简并的，$j=3/2$ 的能级是八重简并的，$j=5/2$ 的能级是六重简并的。$2\times2+4\times2+6=18$。

讨论

(1) 库仑场情形狄拉克方程是可以严格求解的，能级精确值为[⊖]

$$E_{nj} = m_e c^2 \left\{ 1 + \alpha^2 \left[n_r + \sqrt{\left(j + \frac{1}{2}\right)^2 - \alpha^2} \right]^{-2} \right\}^{-\frac{1}{2}} \tag{15.244}$$

式中，n_r 是狄拉克理论中的径量子数，它与主量子数 n 的关系为 $n = n_r + j + 1/2$。将式(15.244)按照 α^2 的幂次展开(对 α^2 求导较烦琐，可利用 Mathematica 软件)

$$E_{nj} = m_e c^2 \left[1 - \frac{\alpha^2}{2n^2} - \frac{\alpha^4}{2n^4}\left(\frac{n}{j + 1/2} - \frac{3}{4} \right) + \cdots \right] \tag{15.245}$$

⊖ 倪光炯，陈苏卿. 高等量子力学[M]. 2 版. 上海：复旦大学出版社，2004，371 页.

右侧展开后，第一项是电子静能，第二项是玻尔能级，第三项就是精细结构修正，它正好就是式(15.243)。

(2) 电磁场的量子化对能级也有微小影响，称为兰姆(Lamb)移位。原子核磁矩对能级也会有微小影响，使能级进一步产生超精细结构。这几种效应的数量级列于表 15-1 中，其中 m_e 和 m_p 分别是电子和质子的质量，α 是精细结构常数。

表 15-1 氢原子的能级修正

各级能量	数量级	各级能量	数量级
玻尔能级	$\alpha^2 m_e c^2$	兰姆移位	$\alpha^5 m_e c^2$
精细结构	$\alpha^4 m_e c^2$	超精细结构	$\frac{m_e}{m_p}\alpha^4 m_e c^2$

*15.7 塞曼效应

将原子放在均匀的静磁场中，则原子能级将会附加上电子与磁场的相互作用能。附加能量与量子态的细节有关，这导致原子能级结构发生改变，原本简并的能级可能会发生分裂，原子光谱也会发生相应变化，这种现象称为塞曼(Zeeman)效应。在这部分我们只讨论磁场导致的原子能级的变化。

15.7.1 哈密顿算符

将氢原子放在静磁场 $\boldsymbol{B}$ 中，哈密顿算符为(第 7 章)

$$\hat{H}=\frac{1}{2m_e}[\hat{\boldsymbol{p}}+e\boldsymbol{A}(\boldsymbol{r})]^2+V(r)+\hat{H}_{FS}+\frac{e}{m_e}\hat{\boldsymbol{S}}\cdot\boldsymbol{B} \tag{15.246}$$

式中，$\hat{\boldsymbol{p}}=-\mathrm{i}\hbar\nabla$表示正则动量，它跟机械动量 $\hat{\boldsymbol{\Pi}}$ 的关系为

$$\hat{\boldsymbol{\Pi}}=\hat{\boldsymbol{p}}+e\boldsymbol{A}(\boldsymbol{r}) \tag{15.247}$$

式(15.246)右侧第一项正是电子动能，第二项是库仑势能，$\hat{H}_{FS}$是精细结构微扰项，最后一项表示自旋磁矩与磁场的相互作用。对于均匀磁场，磁矢势可以取为

$$\boldsymbol{A}=\frac{1}{2}\boldsymbol{B}\times\boldsymbol{r} \tag{15.248}$$

式(15.248)满足$\nabla\cdot\boldsymbol{A}=0$，属于库仑规范。在库仑规范下 $\hat{\boldsymbol{p}}\cdot\boldsymbol{A}=\boldsymbol{A}\cdot\hat{\boldsymbol{p}}$，因此

$$[\hat{\boldsymbol{p}}+e\boldsymbol{A}(\boldsymbol{r})]^2=\hat{\boldsymbol{p}}^2+2e\boldsymbol{A}\cdot\hat{\boldsymbol{p}}+e^2\boldsymbol{A}^2 \tag{15.249}$$

考虑到 $\boldsymbol{B}$ 是常矢量，得

$$\boldsymbol{A}\cdot\hat{\boldsymbol{p}}=\frac{1}{2}(\boldsymbol{B}\times\boldsymbol{r})\cdot\hat{\boldsymbol{p}}=\frac{1}{2}(\boldsymbol{r}\times\hat{\boldsymbol{p}})\cdot\boldsymbol{B}=\frac{1}{2}\hat{\boldsymbol{L}}\cdot\boldsymbol{B} \tag{15.250}$$

利用上述结果，可得

$$\hat{H}=\frac{\hat{\boldsymbol{p}}^2}{2m_e}-\hat{\boldsymbol{M}}_L\cdot\boldsymbol{B}+\frac{e^2}{8m_e}(\boldsymbol{B}\times\boldsymbol{r})^2+V(r)+\hat{H}_{FS}-\boldsymbol{M}_S\cdot\boldsymbol{B} \tag{15.251}$$

其中 $\hat{\boldsymbol{M}}_L$和 $\boldsymbol{M}_S$ 分别表示轨道磁矩和自旋磁矩

$$\hat{\boldsymbol{M}}_L = -\frac{e}{2m_e}\hat{\boldsymbol{L}}, \qquad \hat{\boldsymbol{M}}_S = -\frac{e}{m_e}\hat{\boldsymbol{S}} \tag{15.252}$$

式(15.251)右侧前三项之和表示电子动能，初学者不要误以为电子动能仅仅是第一项，因为 $\hat{\boldsymbol{p}}$ 是正则动量而不是机械动量。将式(15.251)整理为

$$\hat{H} = \hat{H}_0 + \hat{H}_Z + \hat{H}_{FS} \tag{15.253}$$

其中

$$\hat{H}_0 = \frac{\hat{\boldsymbol{p}}^2}{2m_e} + V(r), \qquad \hat{H}_Z = -(\hat{\boldsymbol{M}}_L + \hat{\boldsymbol{M}}_S)\cdot\boldsymbol{B} + \frac{e^2}{8m_e}(\boldsymbol{B}\times\boldsymbol{r})^2 \tag{15.254}$$

设均匀磁场沿着 z 轴方向 $\boldsymbol{B}=B\boldsymbol{e}_z$，利用式(15.252)，得

$$\hat{H}_Z = \omega_L(\hat{L}_z + 2\hat{S}_z) + \frac{1}{2}m_e\omega_L^2(x^2+y^2) \tag{15.255}$$

式中，$\omega_L = eB/(2m_e)$ 是经典拉莫尔频率。在式(15.255)中，角动量期待值数量级 $\sim\hbar$，$x^2+y^2\sim a_0^2$，$a_0=\hbar^2/m_e\bar{e}^2$ 是玻尔半径，由此可知

$$\frac{\omega_L^2\text{项}}{\omega_L\text{项}} \sim \frac{m_e\omega_L^2a_0^2}{2\hbar\omega_L} = \frac{1}{2}\frac{m_ec^2a_0^2}{(\hbar c)^2}\hbar\omega_L \tag{15.256}$$

在实验室中 $B=10\text{T}$ 已经是很强的磁场了，注意到 $\hbar\omega_L=\mu_B B$，其中 $\mu_B=e\hbar/2m_e$ 是玻尔磁子，并利用

$$m_ec^2 = 511\text{keV}, \quad \mu_B = 5.788\times10^{-8}\text{keV}\cdot\text{T}^{-1}, \quad hc = 1.24\text{nm}\cdot\text{keV} \tag{15.257}$$

可得 ω_L^2项/ω_L项 $\sim10^{-5}$，因此式(15.255)中 ω_L^2项完全可以忽略。

$\hat{H}_Z$对能级的修正依赖于磁场强弱。如果磁场很强，$\hat{H}'_Z$对能级的修正远远大于 $\hat{H}_{FS}$对能级的修正，此时一条光谱线分为等间隔的三条谱线，称为正常塞曼效应。如果磁场很弱，$\hat{H}'_Z$对能级的修正远远小于 $\hat{H}_{FS}$对能级的修正，此时光谱线分裂的数目可以不是三个，而且间隔也不尽相同，称为反常塞曼效应。反常塞曼效应是自旋存在的证据之一。"正常""反常"这些修饰词，是历史上科学家思考的印记。有时将正常和反常塞曼效应分别称为简单塞曼效应和复杂塞曼效应，这仍是一种依赖于主观情绪的名称。

15.7.2 强场塞曼效应

强磁场作用下的塞曼效应也称为帕邢-巴克(Paschen-Back)效应。

1. 塞曼能级

设磁场沿着 z 轴方向，$\boldsymbol{B}=B\boldsymbol{e}_z$，在式(15.255)中忽略 ω_L^2项，得

$$\hat{H}_Z = \omega_L(\hat{L}_z + 2\hat{S}_z) \tag{15.258}$$

由于 $\hat{L}_z$ 和 $\hat{S}_z$ 均和 $\hat{H}_0$ 对易，因此 $\hat{H}_Z$也和 $\hat{H}_0$ 对易。$\hat{H}_Z$与无耦合表象的其他力学量算符 $\hat{L}^2$,$\hat{L}_z$,$\hat{S}_z$ 也均对易，因此无耦合表象基矢量 $|nlm_lm_s\rangle$就是 $\hat{H}_Z$的本征矢量

$$\hat{H}_Z|nlm_lm_s\rangle = (m_l+2m_s)\hbar\omega_L|nlm_lm_s\rangle \tag{15.259}$$

如果在 $\hat{H}$ 中完全忽略 $\hat{H}_{FS}$，则 $|nlm_lm_s\rangle$也是 $\hat{H}$ 的本征矢量

$$\hat{H}|nlm_lm_s\rangle = [E_n + (m_l+2m_s)\hbar\omega_L]|nlm_lm_s\rangle \tag{15.260}$$

式中，E_n 是玻尔能级。$\hat{H}_Z$对玻尔能级的修正就是其本征值

$$E_Z = (m_l+2m_s)\hbar\omega_L \tag{15.261}$$

这是精确结果。

为了对比，我们用微扰论来计算 $\hat{H}_Z$ 对玻尔能级的一级修正。采用无耦合表象计算可以不必求解久期方程，由此可得

$$E_Z^{(1)} = \langle nlm_lm_s | \hat{H}_Z | nlm_lm_s \rangle = \omega_L \langle nlm_lm_s | (\hat{L}_z + 2\hat{S}_z) | nlm_lm_s \rangle \tag{15.262}$$

注意 $|nlm_lm_s\rangle = |nlm_l\rangle |sm_s\rangle$，得

$$E_Z^{(1)} = \hbar\omega_L(m_l + 2m_s) = \mu_B B(m_l + 2m_s) \tag{15.263}$$

它正好等于式(15.261)给出的精确值。根据式(15.263)，塞曼能级修正取决于 m_l+2m_s 的取值。对于玻尔能级 E_2 而言，$m_l=1,0,-1$，$m_s=\pm1/2$，因此

$$m_l + 2m_s = 2,1,0,-1,-2 \tag{15.264}$$

这表明玻尔能级 E_2 分裂为五条能级，能级简并度依次为 1,2,2,2,1。由于 m_s 仅有两个取值，可将式(15.263)按照两种情形分别写出

$$\begin{aligned} E_Z^{(1)} &= \mu_B B(m_l + 1), \quad m_s = 1/2 \\ E_Z^{(1)} &= \mu_B B(m_l - 1), \quad m_s = -1/2 \end{aligned} \tag{15.265}$$

对于每个固定的 m_s 取值，能级的修正取决于 m_l。l 的取值影响 m_l 的取值个数，但能级修正的大小与 l 无关。

在磁场作用下，每个玻尔能级按照式(15.265)分裂为两套能级，每套能级的个数为 $2l_{\max}+1=2n-1$ 个，电子在两套能级之间并不跃迁(第 16 章)。两套塞曼能级如图 15-5 所示，粗黑线段和粗灰线段分别表示 $m_s=-1/2$ 和 $m_s=1/2$ 的情形。

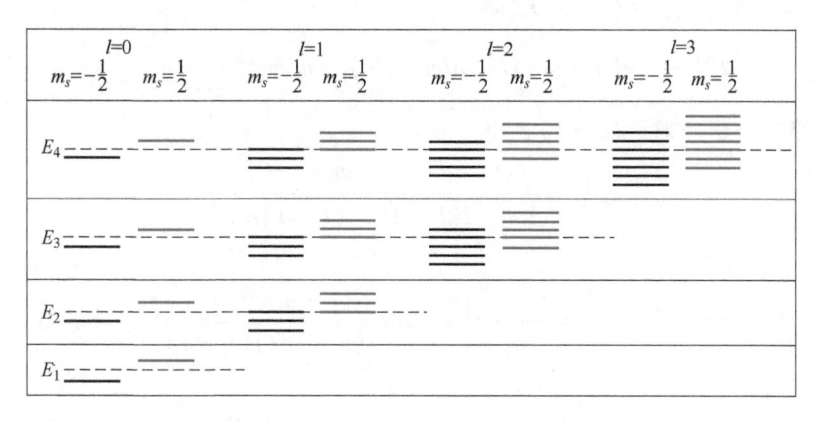

图 15-5 氢原子的强场塞曼效应

碱金属原子的最外层电子受到原子核和内层电子的作用，相互作用能可以用屏蔽库仑势能描述，这仍是中心力场情形。将碱金属原子放在静磁场中，最外层电子的哈密顿算符仍由式(15.246)给出，但 $V(r)$ 要理解为屏蔽库仑势。对于碱金属原子，玻尔能级依赖于主量子数 n 和角量子数 l，记为 E_{nl}。式(15.265)表明每个玻尔能级分裂为两套能级，每套能级 $2l+1$ 个。

2. 能级的精细结构

如果完全忽略 $\hat{H}_{FS}$ 产生的能级精细结构，式(15.265)就是我们想要的结果。当磁场很强时，$\hat{H}_{FS}$ 对能级附加的精细结构分裂远远小于塞曼能级分裂，我们可以在塞曼能级分裂的基础上计算 $\hat{H}_{FS}$ 对能级的修正。换句话说，将 $\hat{H}_0+\hat{H}_Z$ 作为无微扰哈密顿算符，其本征矢量就是无耦合表象基矢量 $|nlm_lm_s\rangle$，而将 $\hat{H}_{FS}$ 作为微扰来计算。

在磁场作用下，氢原子能级简并没有完全解除。比如在图15-5中，玻尔能级 E_2 分裂为5条塞曼能级，按照能级从低到高的次序，塞曼能级的简并度依次为1,2,2,2,1。对于不简并的塞曼能级，根据非简并态微扰论，能量一级修正就是 $\langle nlm_lm_s|\hat{H}_{\mathrm{FS}}|nlm_lm_s\rangle$；而对于简并的塞曼能级，则需要考虑 $\hat{H}_{\mathrm{FS}}$ 在这个能量本征子空间的矩阵。相对论修正项 $\hat{H}_{\mathrm{RE}}$ 和达尔文修正项 $\hat{H}_{\mathrm{D}}$ 的矩阵是对角化的，而自旋轨道耦合项 $\hat{H}_{\mathrm{SO}}$ 的矩阵则不是对角化的。作为一种近似处理方案，我们忽略 $\hat{H}_{\mathrm{FS}}$ 在无耦合表象矩阵的一切非对角元，因此能量一级修正为

$$E_{\mathrm{FS}}^{(1)}=\langle nlm_lm_s|\hat{H}_{\mathrm{FS}}|nlm_lm_s\rangle \tag{15.266}$$

这相当于用 $|nlm_lm_s\rangle$ 近似代替零级态矢量来做计算。

当 $l=0$ 时没有自旋-轨道耦合，$\hat{H}_{\mathrm{RE}}$ 和 $\hat{H}_{\mathrm{D}}$ 对能级的修正仍是式(15.223)和式(15.240)。根据角动量相加规则，总角量子数仅有一个取值 $j=1/2$，由式(15.243)可知 $\hat{H}_{\mathrm{FS}}$ 对塞曼能级的精细结构修正为

$$E_{\mathrm{FS}}^{(1)}=E_{\mathrm{RE}}^{(1)}+E_{\mathrm{D}}^{(1)}=\frac{\alpha^4m_{\mathrm{e}}c^2}{8n^4}(3-4n) \tag{15.267}$$

当 $l>0$ 时，达尔文项修正 $E_{\mathrm{D}}^{(1)}=0$，相对论修正 $E_{\mathrm{RE}}^{(1)}$ 仍由式(15.223)给出。自旋-轨道耦合对塞曼能级的修正为

$$E_{\mathrm{SO}}^{(1)}=\langle nlm_lm_s|\xi(r)\hat{\boldsymbol{L}}\cdot\hat{\boldsymbol{S}}|nlm_lm_s\rangle \tag{15.268}$$

与式(15.226)相比，耦合表象基矢量换成了无耦合表象基矢量。按定义(15.215)，得

$$E_{\mathrm{SO}}^{(1)}=\sum_{i=x,y,z}\langle nlm_l|\xi(r)\hat{L}_i|nlm_l\rangle\langle sm_s|\hat{S}_i|sm_s\rangle \tag{15.269}$$

对于 $\hat{S}_z$ 的本征矢量，$\langle S_x\rangle=\langle S_y\rangle=0$，因此

$$E_{\mathrm{SO}}^{(1)}=\langle nlm_l|\xi(r)\hat{L}_z|nlm_l\rangle\langle S_z\rangle=m_lm_s\hbar^2\frac{\bar{e}^2}{2m_{\mathrm{e}}^2c^2}\langle r^{-3}\rangle \tag{15.270}$$

利用式(15.232)给出的期待值 $\langle r^{-3}\rangle$，得

$$E_{\mathrm{SO}}^{(1)}=\frac{\bar{e}^2}{2m_{\mathrm{e}}^2c^2}\frac{m_lm_s\hbar^2}{l(l+1/2)(l+1)n^3a_0^3} \tag{15.271}$$

由此可得

$$E_{\mathrm{FS}}^{(1)}=E_{\mathrm{RE}}^{(1)}+E_{\mathrm{SO}}^{(1)}=\frac{\alpha^4m_{\mathrm{e}}c^2}{8n^4}\left[3-4n\frac{l(l+1)-m_lm_s}{l(l+1/2)(l+1)}\right],\quad l>0 \tag{15.272}$$

引入记号

$$F_l=\begin{cases}1, & l=0\\ \dfrac{l(l+1)-m_lm_s}{l(l+1/2)(l+1)}, & l>0\end{cases} \tag{15.273}$$

可将式(15.267)和式(15.272)统一写为

$$E_{\mathrm{FS}}^{(1)}=\frac{\alpha^4m_{\mathrm{e}}c^2}{8n^4}(3-4nF_l) \tag{15.274}$$

在这种近似下，$E_{\mathrm{FS}}^{(1)}$ 依赖于 l 而不依赖于 j，它给塞曼能级附加上新的修正。对于尚有简并的塞曼能级，将进一步产生精细结构分裂。

15.7.3 弱场塞曼效应

当磁场很弱时，能级的精细结构分裂是主要的，在此基础上进一步产生塞曼能级分裂。

将附加了精细结构的能级记为

$$E_{nlj} = E_{nl}^{(0)} + E_{\mathrm{FS}}^{(1)} \tag{15.275}$$

式中，$E_{nl}^{(0)}$是玻尔能级；$E_{\mathrm{FS}}^{(1)}$是由式(15.243)给出的能级精细结构修正。$E_{\mathrm{FS}}^{(1)}$依赖于量子数n,j，因此在加入磁场之前能级依赖于n,l,j。当然，氢原子的玻尔能级具有l简并，因此同一j值的能级仍然可能具有$l=j\pm1/2$的简并。计入精细结构之后，能级如图15-4所示。由于能级仍然是简并的，因此应该用简并态微扰论。利用$\hat{J}_z=\hat{L}_z+\hat{S}_z$，将微扰哈密顿算符(15.258)写为

$$\hat{H}_{\mathrm{Z}} = \omega_{\mathrm{L}}(\hat{J}_z + \hat{S}_z) \tag{15.276}$$

由于$\hat{H}_{\mathrm{Z}}$与$\hat{J}^2$不对易，因此$\hat{H}_{\mathrm{Z}}$在$\mathcal{V}_n$中的矩阵不是对角化的。将$\mathcal{V}_n$按照j的取值划分为更小的子空间$\mathcal{V}_{nj}$，基矢量由l,m_j来标记。这里m_j是与j相应的磁量子数，与l相应的磁量子数是m_l。由于$\hat{H}_{\mathrm{Z}}$与$\hat{L}^2,J_z$对易，因此$\hat{H}_{\mathrm{Z}}$在$\mathcal{V}_{nj}$中的子矩阵是对角化的。证明如下：在耦合表象中$\hat{J}_z$的矩阵是对角化的，因此只需要讨论$\hat{S}_z$。由于$\hat{S}_z$与$\hat{J}_z$对易，因此

$$0 = \langle nljm_j | (\hat{S}_z\hat{J}_z - \hat{J}_z\hat{S}_z) | nl'jm_j' \rangle = (m_j' - m_j)\hbar\langle nljm_j | \hat{S}_z | nl'jm_j' \rangle \tag{15.277}$$

若$m_j \neq m_j'$，则$\langle nljm_j | \hat{S}_z | nl'jm_j' \rangle = 0$。同样，由于$\hat{S}_z$与$\hat{L}^2$对易，可以证明当$l \neq l'$时，$\langle nljm_j | \hat{S}_z | nl'jm_j' \rangle = 0$。因此$\hat{S}_z$在$\mathcal{V}_{nj}$中的子矩阵是对角化的。由此可见，虽然$\hat{H}_{\mathrm{Z}}$在$\mathcal{V}_n$中的矩阵不是对角化的，但现在是在更小子空间$\mathcal{V}_{nj}$计算微扰修正，$\hat{H}_{\mathrm{Z}}$的矩阵已经是对角化的，对角元就是能量一级修正

$$E_{\mathrm{Z}}^{(1)} = \langle nljm_j | \hat{H}_{\mathrm{Z}} | nljm_j \rangle = m_j\hbar\omega_{\mathrm{L}} + \langle nljm_j | \hat{S}_z | nljm_j \rangle \omega_{\mathrm{L}} \tag{15.278}$$

耦合表象的基矢量$|nljm_j\rangle$通常不是$\hat{S}_z$的本征矢量，为了计算$\hat{S}_z$的期待值，需要将$|nljm_j\rangle$按照无耦合表象基矢量展开。在第 11 章，我们曾经给出自旋-轨道耦合的 CG 系数

$$j = l + \frac{1}{2}, \quad |lsjm_j\rangle = C_1\left|ls, m_j - \frac{1}{2}, \frac{1}{2}\right\rangle + C_2\left|ls, m_j + \frac{1}{2}, -\frac{1}{2}\right\rangle \tag{15.279}$$

$$j = l - \frac{1}{2}, \quad |lsjm_j\rangle = -C_2\left|ls, m_j - \frac{1}{2}, \frac{1}{2}\right\rangle + C_1\left|ls, m_j + \frac{1}{2}, -\frac{1}{2}\right\rangle \tag{15.280}$$

其中

$$C_1 = \sqrt{\frac{l + m_j + 1/2}{2l + 1}}, \qquad C_2 = \sqrt{\frac{l - m_j + 1/2}{2l + 1}} \tag{15.281}$$

这两个公式的$|lsjm_j\rangle$就是式(15.278)中的$|nljm_j\rangle$。由此可得，当$j=l+1/2$时

$$\langle nljm_j | \hat{S}_z | nljm_j \rangle = \frac{\hbar}{2}(|C_1|^2 - |C_2|^2) = \frac{m_j\hbar}{2l + 1} = \frac{m_j\hbar}{2j} \tag{15.282}$$

当$j=l-1/2$时

$$\langle nljm_j | \hat{S}_z | nljm_j \rangle = \frac{\hbar}{2}(|C_2|^2 - |C_1|^2) = -\frac{m_j\hbar}{2l + 1} = -\frac{m_j\hbar}{2(j + 1)} \tag{15.283}$$

由此便得到塞曼能级

$$E_{\mathrm{Z}}^{(1)} = m_j g_j \hbar\omega_{\mathrm{L}} = m_j g_j \mu_{\mathrm{B}} B \tag{15.284}$$

其中g_j称为朗德(Lande)g 因子

$$g_j = 1 + \begin{cases} \dfrac{1}{2j}, & j = l + 1/2 \\ -\dfrac{1}{2(j + 1)}, & j = l - 1/2 \end{cases} \tag{15.285}$$

$n=2$ 时氢原子能级精细结构和弱场塞曼能级分裂如图 15-6 所示。图中虚线表示玻尔能级，细实线表示能级精细结构，也就是图 15-4 中能级 E_2 的虚线及其下面的三个能级，粗实线表示塞曼能级。能级 E_2 的简并度为 $2n^2=8$，计入精细结构修正后，分裂为两条四重简并的能级。在磁场作用下，$j=3/2$ 的那条能级按照磁量子数 m_j 的取值分裂为四条；$j=1/2$ 的那条能级，按照 $l=0$ 和 $l=1$ 两种情形皆分裂为两条，但分裂大小不同，$l=0$ 时能级的塞曼分裂更大一些。因此 $j=1/2$ 的能级分裂为四条能级。到此为止，能级简并完全解除。

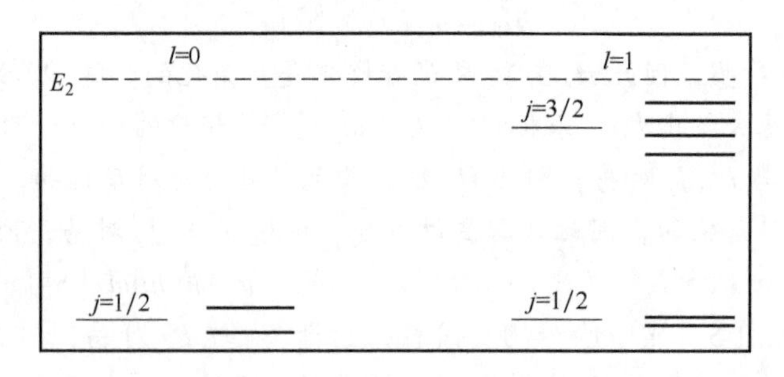

图 15-6 氢原子能级的精细结构和弱场塞曼效应

除了利用 CG 系数，量子力学中有一个投影定理㊀，可以帮助我们计算耦合表象中 $\hat{S}_z$ 的期待值。在用于自旋时，投影定理给出如下结果

$$\langle \boldsymbol{S} \rangle = \frac{\langle \hat{\boldsymbol{S}} \cdot \hat{\boldsymbol{J}} \rangle \langle \boldsymbol{J} \rangle}{j(j+1)\hbar^2} \tag{15.286}$$

这是个矢量方程，对任何一个分量都成立。注意 $\hat{S}_i$ 与 $\hat{J}_i$ 对易，因此

$$\hat{L}^2 = (\hat{\boldsymbol{J}} - \hat{\boldsymbol{S}})^2 = \hat{J}^2 - 2\hat{\boldsymbol{S}} \cdot \hat{\boldsymbol{J}} + \hat{S}^2 \tag{15.287}$$

由此可得

$$\hat{\boldsymbol{S}} \cdot \hat{\boldsymbol{J}} = \frac{1}{2}(\hat{J}^2 - \hat{L}^2 + \hat{S}^2) \tag{15.288}$$

根据投影定理，可得

$$\langle \boldsymbol{S} \rangle = \frac{j(j+1) - l(l+1) + s(s+1)}{2j(j+1)} \langle \boldsymbol{J} \rangle \tag{15.289}$$

将由此得到的 $\langle S_z \rangle$ 代入式(15.278)，也会得到式(15.284)的结果，g 因子为

$$g_j = 1 + \frac{j(j+1) - l(l+1) + s(s+1)}{2j(j+1)} \tag{15.290}$$

取 $s=1/2$，按照 $j=l\pm1/2$，可以验证式(15.290)与式(15.285)结果一致。式(15.284)表明，在弱磁场情形下电子与磁场的相互作用能可以用总磁矩表达，总磁矩的 z 分量为 $M_z=mg_j\mu_{\mathrm{B}}$。这个结果也可以用半经典的原子矢量模型㊁得到。在原子矢量模型中，各种角动量都作为经典量处理，但角动量大小采用量子力学给出的数值。原子矢量模型也得到单电子 g 因子公式(15.290)，在这个意义上，微扰论的结果提供了半经典模型的理论支持。

㊀ 樱井纯，J. 拿波里塔诺. 现代量子力学[M]. 2 版. 丁亦兵，沈彭年，译. 北京：世界图书出版公司，2014，187 页.

㊁ 杨福家. 原子物理学[M]. 4 版. 北京：高等教育出版社，2008，160 页.
褚圣麟. 原子物理学[M]. 北京：高等教育出版社，1979，171 页.

15.7.4　中强场塞曼效应

在 $\hat{H}_{FS}$和 $\hat{H}_Z$对能级修正大小旗鼓相当时，必须同时将两种修正作为玻尔能级的微扰

$$\hat{H}' = \hat{H}_{FS} + \hat{H}_Z \tag{15.291}$$

玻尔能级的简并度为 $2n^2$，计算在 $2n^2$ 维能量本征子空间 $\mathcal{V}(n)$ 中进行。在耦合表象中，$\hat{H}_{FS}$的矩阵是对角化的，但 $\hat{H}_Z$的矩阵不是；在无耦合表象中，情形相反。因此无论哪个表象来计算，$\hat{H}'$的矩阵都不是对角化的。

我们考虑 $n=2$ 的情形，玻尔能级的简并度为 $2n^2=8$。采用耦合表象计算，此时 $\hat{H}_{FS}$的矩阵是对角化的，对角元由式(15.243)给出。$\hat{H}_Z$的对角元由式(15.284)给出，但现在我们必须计入 $j\neq j'$时的非对角元。$\hat{H}_Z$ 中对非对角元有贡献的是 $\hat{S}_z$ 项，而且非对角元仅当 $l=l'$和 $m_j=m_j'$ 时才不为零，因此只有如下两个非对角元

$$\left\langle n,l=1,j=\frac{1}{2},m_j\left|\hat{S}_z\right|n,l=1,j=\frac{3}{2},m_j\right\rangle,\quad m_j=\pm\frac{1}{2} \tag{15.292}$$

及其复共轭是非零的。

为了写出 $\hat{H}'$的矩阵，先将耦合表象的基矢量编号如下

$$\begin{aligned}
|\psi_1\rangle &= |n,l=0,j=1/2,m_j=1/2\rangle, & |\psi_2\rangle &= |n,l=0,j=1/2,m_j=-1/2\rangle \\
|\psi_3\rangle &= |n,l=1,j=3/2,m_j=3/2\rangle, & |\psi_4\rangle &= |n,l=1,j=3/2,m_j=-3/2\rangle \\
|\psi_5\rangle &= |n,l=1,j=3/2,m_j=1/2\rangle, & |\psi_6\rangle &= |n,l=1,j=1/2,m_j=1/2\rangle \\
|\psi_7\rangle &= |n,l=1,j=3/2,m_j=-1/2\rangle, & |\psi_8\rangle &= |n,l=1,j=1/2,m_j=-1/2\rangle
\end{aligned} \tag{15.293}$$

这里没有严格按照字典序编号，而是尽量将非零非对角元涉及的态矢量相邻编号。根据式(15.292)，非对角元发生在 $|\psi_5\rangle$和 $|\psi_6\rangle$之间，以及 $|\psi_7\rangle$和 $|\psi_8\rangle$之间。根据 CG 系数，可以算出这些非对角元为

$$\langle\psi_5|\hat{S}_z|\psi_6\rangle = \langle\psi_7|\hat{S}_z|\psi_8\rangle = \frac{\sqrt{2}}{3}\hbar \tag{15.294}$$

由此可得 $\hat{H}'$在子空间 $\mathcal{V}(n=2)$ 中的子矩阵

$$H' = \mathrm{diag}\{H_1',H_2',H_3'\} \tag{15.295}$$

其中三个矩阵块为

$$\begin{gathered}
H_1' = -\mathrm{diag}\{5\gamma-\beta,5\gamma+\beta,\gamma-2\beta,\gamma+2\beta\}, \\
H_2' = -\begin{pmatrix} \gamma-\frac{2}{3}\beta & \frac{\sqrt{2}}{3}\beta \\ \frac{\sqrt{2}}{3}\beta & 5\gamma-\frac{1}{3}\beta \end{pmatrix},\quad H_3' = -\begin{pmatrix} \gamma+\frac{2}{3}\beta & \frac{\sqrt{2}}{3}\beta \\ \frac{\sqrt{2}}{3}\beta & 5\gamma+\frac{1}{3}\beta \end{pmatrix}
\end{gathered} \tag{15.296}$$

其中

$$\gamma = -\frac{\alpha^2}{64}E_1,\quad \beta = \mu_B B \tag{15.297}$$

对于分块对角矩阵，每个矩阵块的本征值也是该矩阵的本征值。矩阵块 H_1' 是对角矩阵，对角元就是 H'的本征值，我们只需要再求出矩阵块 H_2' 和 H_3' 的本征值就行了。对于 H_2'，求解久期方程

$$\begin{vmatrix} \gamma-\dfrac{2}{3}\beta+\lambda & \dfrac{\sqrt{2}}{3}\beta \\ \dfrac{\sqrt{2}}{3}\beta & 5\gamma-\dfrac{1}{3}\beta+\lambda \end{vmatrix}=\lambda^2+(6\gamma-\beta)\lambda+\left(5\gamma^2-\frac{11}{3}\beta\gamma\right)=0 \quad (15.298)$$

可得 H_2' 本征值为

$$\lambda_{\pm}=-\left(3\gamma-\frac{\beta}{2}\right)\pm\sqrt{4\gamma^2+\frac{2}{3}\gamma\beta+\frac{1}{4}\beta^2} \quad (15.299)$$

类似地，可以求得 H_3' 的本征值为

$$\mu_{\pm}=-\left(3\gamma+\frac{\beta}{2}\right)\pm\sqrt{4\gamma^2-\frac{2}{3}\gamma\beta+\frac{1}{4}\beta^2} \quad (15.300)$$

$\lambda_{\pm}$和$\mu_{\pm}$都是H'的本征值。由此我们便得到了H'的八个本征值，它们是$n=2$时的一级能量修正

$$\begin{aligned} &E_1^{(1)}=-5\gamma+\beta, \quad E_2^{(1)}=-5\gamma-\beta,\\ &E_3^{(1)}=-\gamma+2\beta, \quad E_4^{(1)}=-\gamma-2\beta,\\ &E_5^{(1)}=\lambda_{+}, \qquad\quad E_6^{(1)}=\lambda_{-},\\ &E_7^{(1)}=\mu_{+}, \qquad\quad E_8^{(1)}=\mu_{-}, \end{aligned} \quad (15.301)$$

精细结构能级的塞曼分裂随着磁场的变化如图 15-7 所示。当 $B=0$ 时，两条能级分别对应于图 15-4 中 $j=1/2$(较小值)和 $j=3/2$(较大值，注意它比 E_2 略低，参见图 15-4)两种情形。在弱场区，$j=1/2$ 的能级分裂为四条能级，$E_1^{(1)}$ 和 $E_2^{(1)}$ 对应 $l=0$ 的情形，$E_6^{(1)}$ 和 $E_8^{(1)}$ 对应 $l=1$ 的情形；$j=3/2$ 的能级也分裂为四条能级。在强场区，八条能级中有些能级互相靠拢，一共分为五组，代表强场的塞曼效应。

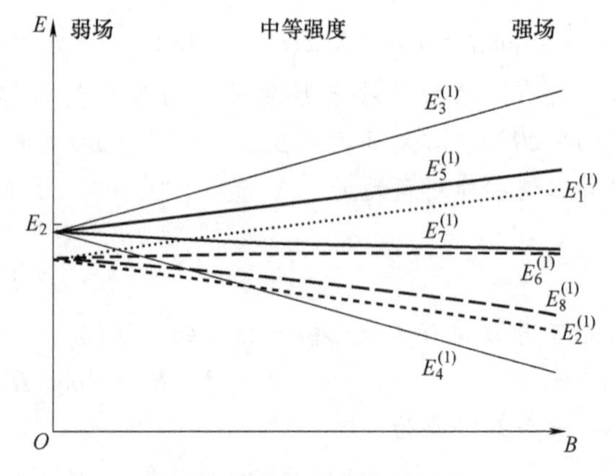

图 15-7　氢原子的塞曼效应

图 15-7 中的曲线有一些交叉点，代表在适当强度的磁场中能级会发生简并，这种情况下玻尔能级的简并并未完全解除。这也说明，随着磁场的变化，原本已经分裂的能级是有可能重新发生简并的。

15.1　设在某表象中，体系的哈密顿量为

$$H=\begin{pmatrix}\varepsilon_1 & a\\ a^* & \varepsilon_2\end{pmatrix}$$

其中 $\varepsilon_1,\varepsilon_2$ 为实数，a 为复数，辐角为 α。利用幺正矩阵 $U=\mathrm{diag}\{\mathrm{e}^{\mathrm{i}\alpha/2},\mathrm{e}^{-\mathrm{i}\alpha/2}\}$ 进行表象变换，求 H 在新表象的矩阵。

15.2 设在某表象中，体系的哈密顿量为

$$H(\lambda)=\varepsilon I_2-\lambda\sigma_z-\lambda^2\sigma_x$$

其中$\varepsilon>0$是实常数，$\lambda>0$是可调实参数。求$H(\lambda)$的本征值和本征矢量，并求出当$\lambda\to 0$时的极限。

15.3 设在某表象中，体系的哈密顿量为

$$H(\lambda)=\varepsilon I_2-\lambda\sigma_x-\lambda^2\sigma_z$$

其中$\varepsilon>0$是实常数，$\lambda>0$是可调实参数。求$H(\lambda)$的本征值和本征矢量，并求出当$\lambda\to 0$时的极限。

15.4 设在某表象中，体系的哈密顿量为

$$H(\lambda)=H_0+H'(\lambda),\quad H_0=\begin{pmatrix}\varepsilon_1 & 0\\ 0 & \varepsilon_2\end{pmatrix},\quad H'(\lambda)=\begin{pmatrix}0 & \lambda\\ \lambda & 0\end{pmatrix}$$

其中$\varepsilon_1<\varepsilon_2$，$\lambda>0$是实参数。先写出$H_0$的本征值和本征矢量，然后将$H'(\lambda)$当作微扰，用微扰论的方法求能量至二级修正值。

15.5 设在某表象中，体系的哈密顿量为

$$H(\lambda)=H_0+H'(\lambda),\quad H_0=\begin{pmatrix}\varepsilon & 0\\ 0 & \varepsilon\end{pmatrix},\quad H'(\lambda)=\begin{pmatrix}0 & \lambda\\ \lambda & 0\end{pmatrix}$$

其中ε是实常数，$\lambda>0$是实参数。H_0的本征矢量取为

$$\phi_1=\begin{pmatrix}1\\0\end{pmatrix},\quad \phi_2=\begin{pmatrix}0\\1\end{pmatrix}$$

将$H'(\lambda)$当作微扰，用微扰论的方法求能量至一级修正值，并确定零级归一化本征矢量。

15.6 宽度为L的一维无限深方势阱中存在两个质量为m、自旋为0的全同粒子，粒子之间的相互作用势能为$V(x_1,x_2)=A\delta(x_1-x_2)$，计算基态能量到一级近似。

提示：先求出无微扰的二粒子波函数，然后代入能量的一级微扰公式，注意微扰修正是个二重积分。

答案：零级能量为$E_{11}^{(0)}=\dfrac{\pi^2\hbar^2}{mL^2}$，一级修正为$E_{11}^{(1)}=\dfrac{3A}{2L}$，基态能量的一级近似为

$$E_{11}=E_{11}^{(0)}+E_{11}^{(1)}=\frac{\pi^2\hbar^2}{mL^2}+\frac{3A}{2L}$$

15.7 一维谐振子受到微扰

$$\hat{H}'=ax^3+bx^4$$

求能级E_n的一级修正。

15.8 三维无限深方势阱宽度为$a<b<c$，势阱中存在两个质量为m、自旋为1/2的粒子，粒子之间的相互作用势能为$V(\boldsymbol{r}_1,\boldsymbol{r}_2)=A\delta(\boldsymbol{r}_1-\boldsymbol{r}_2)$，计算基态能量的一级近似。

15.9 转动惯量为I、电偶极矩为$\boldsymbol{D}$的转子处在均匀电场$\boldsymbol{E}$中，如果电场较小，用微扰论求转子能量的一级修正。

15.10 如果氢原子核(质子)不是点电荷，而是半径为r_0、电荷均匀分布的小球，计算这种效应对基态能量的一级修正。

答案：$E_0^{(1)}=\dfrac{2r_0^2}{5a_0^2}\dfrac{\bar{e}^2}{a_0}$。能级修正与玻尔能级之比数量级为$\dfrac{r_0^2}{a_0^2}$，质子半径的数量级为fm，由此可得这个比例的数量级为10^{-10}。

15.11 设在$\hat{H}_0$表象中，体系的哈密顿量为

$$H(\lambda)=H_0+H'(\lambda),\quad H_0=\begin{pmatrix}\varepsilon_1 & 0 & 0\\ 0 & \varepsilon_1 & 0\\ 0 & 0 & \varepsilon_3\end{pmatrix},\quad H'=\begin{pmatrix}0 & a & b\\ a & 0 & c\\ b & c & 0\end{pmatrix}$$

其中 $\varepsilon_1<\varepsilon_3$，$a,b,c$ 是实参数，且 $a\geqslant 0$，b，$c>0$。

(1) 计算能级 ε_3 的修正值到二级；

(2) 设 $a>0$，计算能级 ε_1 的修正值到二级；

(3) 设 $a=0$，计算能级 ε_1 的修正值到二级。

15.12 当 $n=4$ 时，玻尔能级的简并度为多大？根据氢原子能级精细结构图，在计入精细结构修正时，该玻尔能级分裂为几条？每条能级的简并度为多大？

答案：$2\times2+4\times2+6\times2+8=32$。

16

第 16 章 量子跃迁

定态跃迁是玻尔理论的重要内容。这一章我们将用微扰论处理态矢量的演化。我们将看到，如果对体系施加微扰外场，量子态之间就会发生跃迁。

16.1 态矢量的演化

设体系的哈密顿算符可以写为两项之和

$$\hat{H}(t)=\hat{H}_0+\hat{H}'(t) \tag{16.1}$$

式中，$\hat{H}_0$ 不显含时间；$\hat{H}'(t)$ 可能显含时间，称为微扰。体系演化遵从薛定谔方程

$$\mathrm{i}\hbar\frac{\mathrm{d}}{\mathrm{d}t}|\psi(t)\rangle=[\hat{H}_0+\hat{H}'(t)]|\psi(t)\rangle \tag{16.2}$$

为了简单起见，设 $\hat{H}_0$ 具有离散谱且没有简并，能量本征方程为

$$\hat{H}_0|n\rangle=E_n|n\rangle,\quad n=1,2,\cdots \tag{16.3}$$

将 $|\psi(t)\rangle$ 按照 $\hat{H}_0$ 的本征矢量展开为

$$|\psi(t)\rangle=\sum_n a_n(t)|n\rangle,\quad a_n(t)=\langle n|\psi(t)\rangle \tag{16.4}$$

没有微扰 $\hat{H}'(t)$ 时，$a_n(t)=a_n(0)\mathrm{e}^{-\mathrm{i}E_nt/\hbar}$；引入微扰时，$a_n(t)$ 不再有简单规律，但可以合理猜想因子 $\mathrm{e}^{-\mathrm{i}E_nt/\hbar}$ 仍有意义，因此先将其分离出来，令

$$a_n(t)=b_n(t)\mathrm{e}^{-\frac{\mathrm{i}}{\hbar}E_nt} \tag{16.5}$$

我们期待剩下的 $b_n(t)$ 或许更易处理。由此可得

$$|\psi(t)\rangle=\sum_n b_n(t)\mathrm{e}^{-\frac{\mathrm{i}}{\hbar}E_nt}|n\rangle \tag{16.6}$$

其次，引入无微扰时间演化算符 $\hat{U}_0=\mathrm{e}^{-\mathrm{i}\hat{H}_0t/\hbar}$，将式(16.6)改写为

$$|\psi(t)\rangle=\hat{U}_0\sum_n b_n(t)|n\rangle \tag{16.7}$$

$\hat{H}_0$ 对态矢量的作用完全由 $\hat{U}_0$ 来承担㊀，而 $b_n(t)$ 完全取决于 $\hat{H}'(t)$。

将式(16.7)代入薛定谔方程(16.2)，得

㊀ 这相当于采用相互作用绘景，见稍后选读材料.

$$\hat{H}_0\hat{U}_0\sum_n b_n|n\rangle + \mathrm{i}\hbar\hat{U}_0\sum_n \dot{b}_n|n\rangle = (\hat{H}_0+\hat{H}')\hat{U}_0\sum_n b_n|n\rangle \tag{16.8}$$

按照习惯，我们用 $\dot{b}_n$ 表示 b_n 对时间求导。由此可得

$$\mathrm{i}\hbar\sum_n \dot{b}_n\hat{U}_0|n\rangle = \sum_n b_n\hat{H}'\hat{U}_0|n\rangle \tag{16.9}$$

用$\langle m|$左乘式(16.9)，并考虑到$\langle m|n\rangle=\delta_{mn}$，得

$$\mathrm{i}\hbar\,\dot{b}_m\,\mathrm{e}^{-\frac{\mathrm{i}}{\hbar}E_m t} = \sum_n b_n\mathrm{e}^{-\frac{\mathrm{i}}{\hbar}E_n t}\langle m|\hat{H}'|n\rangle \tag{16.10}$$

引入矩阵元记号 $H'_{mn}(t)=\langle m|\hat{H}'(t)|n\rangle$，根据式(16.10)，得

$$\boxed{\mathrm{i}\hbar\,\dot{b}_m(t) = \sum_n H'_{mn}(t)b_n(t)\mathrm{e}^{\mathrm{i}\omega_{mn}t}} \tag{16.11}$$

式中，$\omega_{mn}=(E_m-E_n)/\hbar$，其大小为能级 E_n 和 E_m 之间发生跃迁的玻尔频率。到此为止我们没做任何近似，方程(16.11)完全等价于薛定谔方程(16.2)。

假设在 $t<0$ 时 $\hat{H}'(t)=0$，从 $t=0$ 开始对物理体系施加微扰 $\hat{H}'(t)$，在 $t>0$ 时刻撤除 $\hat{H}'(t)$ 并测量体系能量。根据测量假定，得到 E_m 的概率为

$$\mathcal{P}(E_m)=|\langle m|\psi(t)\rangle|^2 \tag{16.12}$$

如果测得 E_m，则态矢量坍缩为$|m\rangle$。设 $t=0$ 时刻，体系态矢量为 $\hat{H}_0$ 的本征矢量$|n\rangle$，$|\psi(0)\rangle=|n\rangle$，式(16.12)表示在微扰 $H'(t)$ 的作用下，体系从$|n\rangle$跃迁到$|m\rangle$的概率为$|\langle m|\psi(t)\rangle|^2$。量子跃迁(quantum transition)不限于能量本征态之间。

利用相互作用绘景

$$|\psi^{\mathrm{I}}(t)\rangle=\hat{U}_0^{-1}|\psi(t)\rangle=\sum_n b_n(t)|n\rangle,\qquad \hat{H}'^{\mathrm{I}}(t)=\hat{U}_0^{-1}\hat{H}'(t)\hat{U}_0 \tag{16.13}$$

态矢量的演化满足方程

$$\mathrm{i}\hbar\frac{\mathrm{d}}{\mathrm{d}t}|\psi^{\mathrm{I}}(t)\rangle=\hat{H}'^{\mathrm{I}}(t)|\psi^{\mathrm{I}}(t)\rangle \tag{16.14}$$

将态矢量展开式代入演化方程，得

$$\mathrm{i}\hbar\sum_n \dot{b}_n(t)|n\rangle=\sum_n b_n(t)\hat{H}'^{\mathrm{I}}(t)|n\rangle \tag{16.15}$$

用$\langle m|$左乘方程(16.15)就会得到方程(16.11)。这个方法更简单也更系统。

16.2 微扰近似

设 $\hat{H}'(t)=\lambda\hat{H}^{(1)}(t)$，其中 λ 代表微扰强度。$b_n(t)$依赖于 λ，将其展开为

$$b_n(t)=b_n^{(0)}+\lambda b_n^{(1)}(t)+\lambda^2 b_n^{(2)}(t)+\cdots \tag{16.16}$$

将式(16.16)代入方程(16.11)，得

$$\mathrm{i}\hbar(\dot{b}_m^{(0)}+\lambda\,\dot{b}_m^{(1)}+\lambda^2\dot{b}_m^{(2)}+\cdots)=\sum_n\lambda H_{mn}^{(1)}(b_n^{(0)}+\lambda b_n^{(1)}+\lambda^2 b_n^{(2)}+\cdots)\mathrm{e}^{\mathrm{i}\omega_{mn}t} \tag{16.17}$$

比较 λ 同次幂系数，可得

$$\dot{b}_m^{(0)}=0,\quad \mathrm{i}\hbar\,\dot{b}_m^{(i)}=\sum_n H_{mn}^{(1)}b_n^{(i-1)}\mathrm{e}^{\mathrm{i}\omega_{mn}t},\quad i=1,2,\cdots \tag{16.18}$$

由此可知，$b_n^{(0)}$ 为常数，求出了 $b_n^{(i-1)}(t)$就可以求出 $b_n^{(i)}(t)$。

在 $t=0_-$时微扰尚未加入，因此 $b_n(0_-)$与 λ 无关。在式(16.16)中与 λ 无关的只有 $b_n^{(0)}$，

因此 $b_n^{(i)}(0_-)=0$，$i=1,2,\cdots$。假定在 $t=0$ 时刻 $b_n(t)$ 没有突变[㊀]，则

$$b_n^{(i)}(0_+)=b_n^{(i)}(0_-)=0,\quad i=1,2,\cdots \tag{16.19}$$

令 $\lambda=1$，展开式(16.16)和方程(16.18)变为

$$b_n(t)=b_n^{(0)}+b_n^{(1)}(t)+b_n^{(2)}(t)+\cdots \tag{16.20}$$

$$\dot{b}_m^{(0)}=0,\quad \mathrm{i}\hbar\,\dot{b}_m^{(i)}=\sum_n H'_{mn}b_n^{(i-1)}\mathrm{e}^{\mathrm{i}\omega_{mn}t} \tag{16.21}$$

设 $t=0$ 时体系态矢量正好是 $\hat{H}_0$ 的本征矢量 $|k\rangle$，根据式(16.5)可知

$$b_n(0)=a_n(0)=\langle n|k\rangle=\delta_{nk} \tag{16.22}$$

根据式(16.19)和式(16.20)，得

$$b_n^{(0)}=b_n(0)=\delta_{nk} \tag{16.23}$$

这表示零级态矢量保持为 $|k\rangle$。由方程(16.21)可得

$$\mathrm{i}\hbar\,\dot{b}_m^{(1)}=\sum_n H'_{mn}(t)\delta_{nk}\mathrm{e}^{\mathrm{i}\omega_{mn}t}=H'_{mk}(t)\mathrm{e}^{\mathrm{i}\omega_{mk}t} \tag{16.24}$$

利用初始条件(16.19)，可得一级修正

$$\boxed{b_m^{(1)}(t)=\frac{1}{\mathrm{i}\hbar}\int_0^t\mathrm{d}t'\,H'_{mk}(t')\mathrm{e}^{\mathrm{i}\omega_{mk}t'},\quad t>0} \tag{16.25}$$

同样，由方程(16.21)和初始条件(16.19)可得

$$b_m^{(i)}(t)=\frac{1}{\mathrm{i}\hbar}\sum_n\int_0^t\mathrm{d}t_1\,H'_{mn}(t_1)\mathrm{e}^{\mathrm{i}\omega_{mn}t_1}b_n^{(i-1)}(t_1),\quad i=2,3,\cdots \tag{16.26}$$

式(16.25)和式(16.26)合起来可以求出所有级修正，比如

$$b_m^{(2)}(t)=\left(\frac{1}{\mathrm{i}\hbar}\right)^2\sum_n\int_0^t\mathrm{d}t_1\int_0^{t_1}\mathrm{d}t_2\,H'_{mn}(t_1)\mathrm{e}^{\mathrm{i}\omega_{mn}t_1}H'_{nk}(t_2)\mathrm{e}^{\mathrm{i}\omega_{nk}t_2} \tag{16.27}$$

类似地可以求出更高级修正[㊁]。

假设 t 时刻撤除微扰并测量体系能量，根据测量假定，得到 E_m 的概率为

$$\mathcal{P}(E_m)=|a_m(t)|^2=|b_m(t)|^2 \tag{16.28}$$

当 $m\neq k$ 时，式(16.28)表示在微扰的作用下体系由 $|k\rangle$ 跃迁到 $|m\rangle$ 的概率，记为 $W_{k\to m}$。当 $m=k$ 时，式(16.28)表示在微扰作用下体系保留在 $|k\rangle$ 的概率，记为 $W_{k\to k}$。根据零级结果式(16.23)可知，在一级近似下跃迁概率为

$$W_{k\to m}\approx|b_m^{(0)}+b_m^{(1)}(t)|^2=|b_m^{(1)}(t)|^2,\quad m\neq k \tag{16.29}$$

当振幅为 λ^1 近似时，概率为 λ^2 近似。要得到 λ^2 近似下体系保持为初态 $|k\rangle$ 的概率，应计入 $b_k^{(2)}$ 的贡献

$$W_{k\to k}\approx|b_k^{(0)}+b_k^{(1)}(t)+b_k^{(2)}(t)|^2=|1+b_k^{(1)}(t)+b_k^{(2)}(t)|^2 \tag{16.30}$$

容易看出，在求模方时 $b_k^{(2)}$ 对概率的 λ^2 近似是有贡献的。求出模方之后，舍去幂次高于 λ^2 的近似项，就得到 λ^2 近似下体系保持为初态 $|k\rangle$ 的概率。

如果在 $t=0$ 时刻微扰 $\hat{H}'(t)$ 是连续变化的，或者具有有限跃变(下节讨论的周期微扰就是典型例子)，则 $b_n(t)$ 在 $t=0$ 时是连续的。理由是，如果 $b_n(t)$ 在 $t=0$ 时出现有限跃变，则方程(16.11)左端会出现 $\delta(t)$ 项，这与方程右端不一致。

㊀ 态矢量发生突变的判据参见稍后选读材料.

㊁ 利用相互作用绘景可以给出一个非常简洁的算符公式，参见高等量子力学相关教材.

如果$\hat{H}'$包含$\delta(t)$项，则在$t=0$时刻态矢量可能会有跃变。对于零级近似，可以直接采用式(16.23)的结果。也就是说，态矢量的跃变只能体现在修正项上。对于一级近似，只需要将式(16.25)中积分下限改为0_-就行了。不过，用这种方法讨论高级修正可能会遇到计算上的困难。对于一些具体例子，可以回到薛定谔方程本身来讨论，并采用一些特殊手段进行处理[⊖]。

16.3 周期微扰

设从$t=0$开始加入微扰

$$\hat{H}'(t)=\begin{cases}0, & t<0\\ \hat{A}\cos\omega t, & t>0\end{cases} \tag{16.31}$$

其中算符$\hat{A}$可以是$\hat{\boldsymbol{r}},\hat{\boldsymbol{p}},\hat{\boldsymbol{S}}$的函数，但不显含$t$。$\hat{H}'(t)$的矩阵元为

$$H'_{mn}(t)=A_{mn}\cos\omega t,\quad A_{mn}=\langle m|\hat{A}|n\rangle \tag{16.32}$$

16.3.1 跃迁概率和跃迁速率

采用一级近似，根据式(16.25)

$$b_m^{(1)}(t)=\frac{A_{mk}}{\mathrm{i}\hbar}\int_0^t \mathrm{d}t'\ \cos\omega t'\mathrm{e}^{\mathrm{i}\omega_{mk}t'}=-\frac{A_{mk}}{2\hbar}\left[\frac{\mathrm{e}^{\mathrm{i}(\omega_{mk}+\omega)t}-1}{\omega_{mk}+\omega}+\frac{\mathrm{e}^{\mathrm{i}(\omega_{mk}-\omega)t}-1}{\omega_{mk}-\omega}\right] \tag{16.33}$$

1. 跃迁概率

假设末态不同于初态，根据式(16.29)可知

$$W_{k\to m}(t,\omega)=\frac{|A_{mk}|^2}{4\hbar^2}\left|\frac{\mathrm{e}^{\mathrm{i}(\omega_{mk}+\omega)t}-1}{\omega_{mk}+\omega}+\frac{\mathrm{e}^{\mathrm{i}(\omega_{mk}-\omega)t}-1}{\omega_{mk}-\omega}\right|^2,\quad m\neq k \tag{16.34}$$

为了比较式(16.33)中两项的大小，引入记号

$$a_+=\frac{\mathrm{e}^{\mathrm{i}(\omega_{mk}+\omega)t}-1}{\omega_{mk}+\omega}=\mathrm{i}\ \mathrm{e}^{\mathrm{i}(\omega_{mk}+\omega)t/2}\ \frac{\sin[(\omega_{mk}+\omega)t/2]}{(\omega_{mk}+\omega)t/2}t \tag{16.35}$$

$$a_-=\frac{\mathrm{e}^{\mathrm{i}(\omega_{mk}-\omega)t}-1}{\omega_{mk}-\omega}=\mathrm{i}\ \mathrm{e}^{\mathrm{i}(\omega_{mk}-\omega)t/2}\ \frac{\sin[(\omega_{mk}-\omega)t/2]}{(\omega_{mk}-\omega)t/2}t \tag{16.36}$$

这里将分子分母同乘以t，凑成函数$x^{-1}\sin x$的形式以方便讨论。函数$x^{-1}\sin x$的曲线如图16-1所示，其主极大值在$x=0$处，两侧各有一系列次极大。

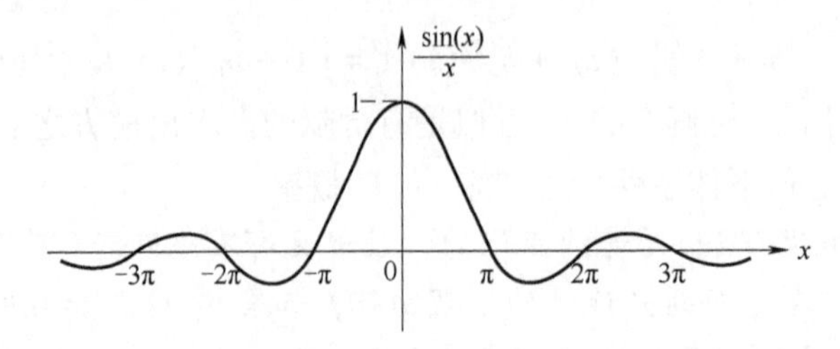

图16-1 函数$x^{-1}\sin x$

⊖ 钱伯初，曾谨言. 量子力学习题精选与剖析[M]. 3版. 北京：科学出版社，2008，380页13.3题.

对于给定时刻 $t>0$，我们来比较 a_- 和 a_+ 对跃迁振幅的贡献。根据前面假定，体系能级不简并，初末态能级不相等，$E_m \neq E_k$。

（1）若 $E_m>E_k$，此时 $\omega_{mk}>0$。以 ω 为自变量，$|a_+|$ 和 $|a_-|$ 的变化如图 16-2 所示。当 $\omega=\omega_{mk}$ 时，$|a_-|$ 达到主极大值，$|a_-|=t$，它随着时间线性增大。而对于 a_+，约去分子分母的 t，容易看出 $|a_+|$ 随着时间而振荡。因此，当 t 足够大时，a_- 项起主要作用。

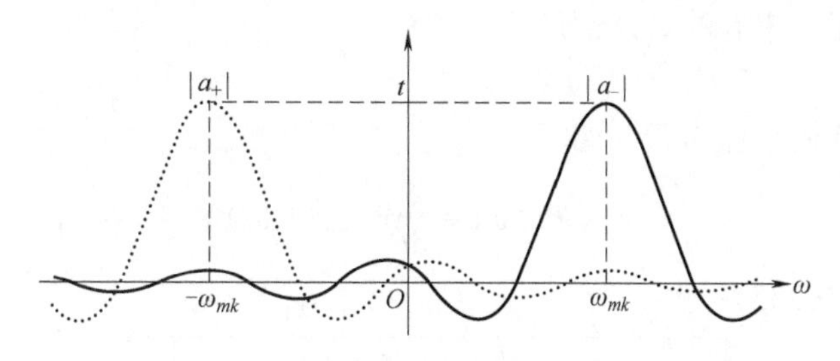

图 16-2　$\omega_{mk}>0$ 时，$|a_+|$ 和 $|a_-|$ 随着 ω 的变化

（2）若 $E_m<E_k$，此时 $\omega_{mk}<0$。以 ω 为自变量，$|a_+|$ 和 $|a_-|$ 的变化如图 16-3 所示。当 $\omega=-\omega_{mk}$ 时，$|a_+|$ 达到主极大值，$|a_+|=t$，它随着时间线性增大。而对于 a_-，约去分子分母的 t，容易看出 $|a_-|$ 随着时间而振荡。因此，当 t 足够大时，a_+ 项起主要作用。

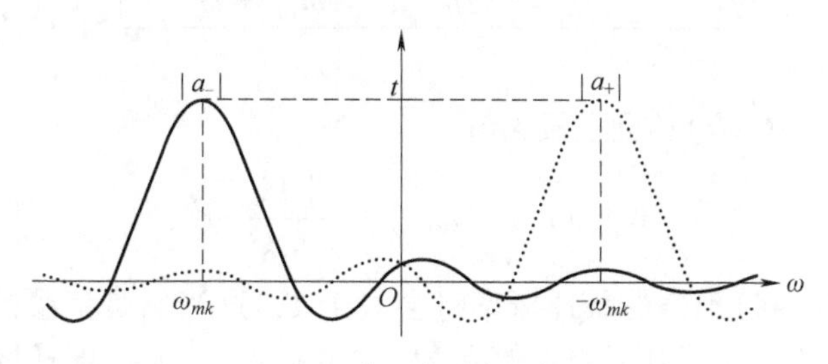

图 16-3　$\omega_{mk}<0$ 时，$|a_+|$ 和 $|a_-|$ 随着 ω 的变化

当 ω 远离 $|\omega_{mk}|$ 时，$|a_-|$ 和 $|a_+|$ 均未达到主极大值，发生跃迁的概率很小。由此可见，当外界驱动频率 ω 接近玻尔频率时，才会发生可观的“共振跃迁”，这正是氢原子的玻尔理论中定态之间发生跃迁的条件。当然，这里不限制驱动频率必须严格等于玻尔频率。

（1）设 $E_m>E_k$，当 $\omega\approx\omega_{mk}$ 时，根据式(16.34)，忽略 a_+ 的贡献，得

$$\boxed{W_{k\to m}(t,\omega)\approx\frac{|A_{mk}|^2}{4\hbar^2}\left\{\frac{\sin[(\omega_{mk}-\omega)t/2]}{(\omega_{mk}-\omega)t/2}\right\}^2 t^2}\tag{16.37}$$

$|k\rangle\to|m\rangle$ 跃迁时原子吸收能量 $\hbar\omega$，这可看作吸收了一个能量为 $\hbar\omega$ 的光子。

（2）设 $E_m<E_k$，当 $\omega\approx-\omega_{mk}$ 时，根据式(16.34)，忽略 a_- 的贡献，得

$$\boxed{W_{k\to m}(t,\omega)\approx\frac{|A_{mk}|^2}{4\hbar^2}\left\{\frac{\sin[(\omega_{mk}+\omega)t/2]}{(\omega_{mk}+\omega)t/2}\right\}^2 t^2}\tag{16.38}$$

$|k\rangle\to|m\rangle$ 跃迁时原子放出能量 $\hbar\omega$，这可看作放出了一个能量为 $\hbar\omega$ 的光子。

现在讨论 $|m\rangle\to|k\rangle$ 的跃迁，这只是初末态交换了一下角色，并无本质不同。设 $E_k<E_m$，现在 $|m\rangle$ 是初态，末态能量小于初态能量，因此跃迁概率应该用式(16.38)来计算，只要将其中的 k 和 m 对调，即可得到跃迁概率

$$W_{m\to k}(t,\omega)\approx\frac{|A_{km}|^2}{4\hbar^2}\left\{\frac{\sin[(\omega_{km}+\omega)t/2]}{(\omega_{km}+\omega)t/2}\right\}^2t^2 \tag{16.39}$$

由于 $\hat{A}$ 是自伴算符，因此 $|A_{km}|^2=|A_{mk}|^2$。注意 $\omega_{km}=-\omega_{mk}$，由此可见

$$W_{m\to k}(t,\omega)=W_{k\to m}(t,\omega),\quad \omega\approx\omega_{mk}=-\omega_{km} \tag{16.40}$$

由此可知，在能级不简并时高能态和低能态之间相互跃迁的概率相等。如果能级有简并，则跃迁概率还要取决于初末态的具体情形。

2. 跃迁速率

单位时间的跃迁概率称为跃迁速率

$$w_{k\to m}(t,\omega)=\frac{\mathrm{d}}{\mathrm{d}t}W_{k\to m}(t,\omega) \tag{16.41}$$

若 $E_m>E_k$，根据式(16.37)

$$\boxed{w_{k\to m}(t,\omega)=\frac{|A_{mk}|^2}{2\hbar^2}\frac{\sin[(\omega_{mk}-\omega)t]}{\omega_{mk}-\omega}} \tag{16.42}$$

若 $E_m<E_k$，根据式(16.38)

$$\boxed{w_{k\to m}(t,\omega)=\frac{|A_{mk}|^2}{2\hbar^2}\frac{\sin[(\omega_{mk}+\omega)t]}{\omega_{mk}+\omega}} \tag{16.43}$$

3. 一级近似成立的条件

当 $\omega=\omega_{mk}$ 时，式(16.37)达到主极大值

$$W_{k\to m}(t,\omega=\omega_{mk})\approx\frac{|A_{mk}|^2}{4\hbar^2}t^2 \tag{16.44}$$

当 t 足够大时，式(16.44)预言的跃迁概率将会大于1，这当然是荒谬的。这种情况说明一级近似不成立。实际上，为了让一级近似成立，在共振点 $\omega=\pm\omega_{mk}$ 跃迁概率应该远远小于1，由式(16.44)可知，这个条件应当写为

$$t\ll\frac{\hbar}{|A_{mk}|} \tag{16.45}$$

式(16.45)是个必要条件而不是充分条件，要保证一级近似足够精确，必须保证微扰展开式(16.16)中的高级项可以忽略。高级项中除了 A_{mk} 外通常还要包含 $\hat{A}$ 的更多矩阵元，这些矩阵元必须满足一定条件才能保证高级修正项可以忽略。

在第13章讨论过电子的自旋进动，电子自旋态矢量的演化为

$$\chi(t)=\begin{pmatrix}\cos\omega_{\mathrm{L}}t\\-\mathrm{i}\sin\omega_{\mathrm{L}}t\end{pmatrix} \tag{16.46}$$

现在把哈密顿算符 $\hat{H}=\hbar\omega_{\mathrm{L}}\hat{\sigma}_x$ 看作是 $t=0$ 时刻引入的微扰。在 $t=0$ 时，电子处于 $\hat{S}_z$ 的本征值为 $\hbar/2$ 的本征态 $|\alpha\rangle$，在 t 时刻经测量后，电子向 $\hat{S}_z$ 的本征值为 $-\hbar/2$ 的本征态 $|\beta\rangle$ 跃迁的概率为

$$P\left(s_z=-\frac{\hbar}{2}\right)=\sin^2\omega_{\mathrm{L}}t \tag{16.47}$$

这个概率随着时间在0和1之间振荡。将式(16.46)中矩阵的下分量展开

$$-\mathrm{i}\sin\omega_{\mathrm{L}}t=-\mathrm{i}\left(\omega_{\mathrm{L}}t-\frac{1}{3!}\omega_{\mathrm{L}}^3t^3+\cdots\right) \tag{16.48}$$

如果只取一级近似，这相当于用直线来模拟正弦函数，将会得到

$$P\left(s_z=-\frac{\hbar}{2}\right)\approx|-\mathrm{i}\omega_{\mathrm{L}}t|^2=\omega_{\mathrm{L}}^2t^2 \tag{16.49}$$

这个结果也正比于t^2。众所周知，只有当$\omega_{\mathrm{L}}t$足够小时正弦函数展开式才能取一级近似。随着t的增大，必须计入越来越多的高级项，才能保证近似结果足够精确。如果直接在式(16.49)中让$t\to\infty$，就会得到发散的、无意义的概率。

16.3.2　跃迁的特性

假设$E_m>E_k$，跃迁概率和跃迁速率分别由式(16.37)和式(16.42)给出，它们是t和ω的函数。当驱动频率ω约等于玻尔频率时，体系才会发生显著的量子跃迁。

1. 频率特性

在图16-4和图16-5中给出了给定t时刻$W_{k\to m}(t,\omega)$和$w_{k\to m}(t,\omega)$随着ω变化的图像，图中主极大值出现在$\omega=\omega_{mk}$处，主极大两侧各有一系列次极大。

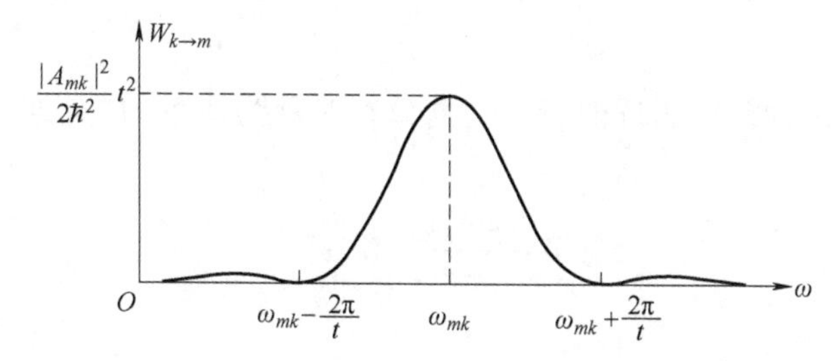

图16-4　跃迁概率$\omega_{k\to m}(t,\omega)$随着$\omega$的变化

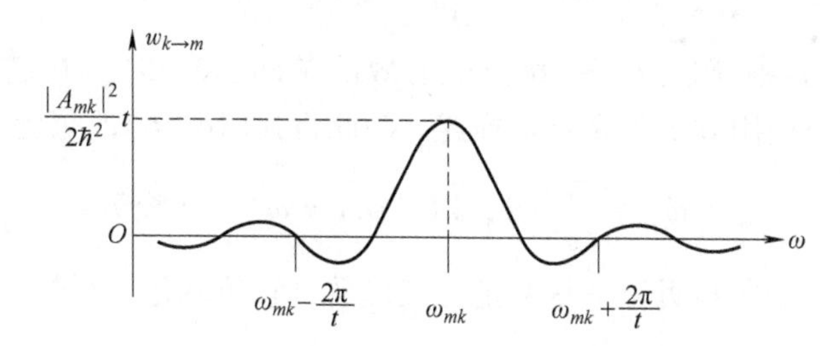

图16-5　跃迁速率$w_{k\to m}(t,\omega)$随着ω的变化

2. 时间特性

当ω不严格等于玻尔频率ω_{mk}时，跃迁概率(16.37)和跃迁速率(16.42)随着时间而发生振荡；当$\omega=\omega_{mk}$时，跃迁概率和跃迁速率达到主极大值

$$W_{k\to m}(t,\omega_{mk})=\frac{|A_{mk}|^2}{4\hbar^2}t^2,\qquad w_{k\to m}(t,\omega_{mk})=\frac{|A_{mk}|^2}{2\hbar^2}t \tag{16.50}$$

如前所述，为了使一级近似的结果有效，t不能太大。

在图16-4主极大值两侧，跃迁概率的第一个零点出现在

$$\omega-\omega_{mk}=\pm\frac{2\pi}{t} \tag{16.51}$$

将两个零点之间的能量宽度记为ΔE，则

$$\frac{\Delta E}{\hbar}=\frac{4\pi}{t} \tag{16.52}$$

时间越长 ΔE 越小，这表明从初态出发经历时间越长，跃迁条件就越接近于玻尔的条件。设 $t=10^{-9}$s，这是能级的典型寿命[㊀]，根据式(16.52)可知能级差为

$$\Delta E=\frac{4\pi\hbar}{t}\approx 8.27\times 10^{-6}\text{eV} \tag{16.53}$$

玻尔能级差的典型数量级为几个 eV，ΔE 与之相比是微不足道的。

3. 能级差的测量

假定我们给系统施加一个角频率为 ω 的微扰，并改变 ω 以便观察共振跃迁，根据跃迁概率的变化来测量末态与初态的能量差 $E_m-E_k=\hbar\omega_{mk}$。将 ΔE 看作能级差 E_m-E_k 的测量不确定度，如果微扰作用的时间为 t，根据式(16.52)

$$t\Delta E\sim\hbar \tag{16.54}$$

这个公式形式上类似于“时间-能量不确定关系”，它表示微扰打开的时间越长，测量能级差得到的不确定度越小。

4. 久期特征

我们关注 t 充分大时跃迁的近似行为，这里暂时称为体系的“久期特征”。当 $t\to\infty$ 时，利用公式

$$\lim_{k\to\infty}\frac{\sin kx}{\pi x}=\delta(x) \tag{16.55}$$

跃迁速率的极限为

$$\lim_{t\to\infty}w_{k\to m}(t,\omega)=\frac{\pi}{2\hbar^2}|A_{mk}|^2\delta(\omega_{mk}-\omega) \tag{16.56}$$

我们不能真让 $t\to\infty$，否则就违反了一级近似有效的条件(16.45)。在满足一级近似的前提下，当 t 充分大时就可以用 δ 函数来近似描述。为此将式(16.56)改写为

$$w_{k\to m}(t,\omega)=\frac{\pi}{2\hbar^2}|A_{mk}|^2\delta_s(\omega_{mk}-\omega),\quad t\text{ 充分大} \tag{16.57}$$

这里 $\delta_s(\omega_{mk}-\omega)$ 表示一个很接近于 δ 函数的连续函数，它仿佛是一个被涂抹过的(smeared)δ 函数。

16.3.3 复杂能谱情形

1. 离散谱有简并

设 $\hat{H}_0$ 的本征方程为

$$\hat{H}_0|ni\rangle=E_n|ni\rangle \tag{16.58}$$

仍然设 $E_m>E_k$，则从 $|ki\rangle\to|mj\rangle$ 的概率为

$$W_{ki\to mj}(t,\omega)\approx\frac{|A_{mj,ki}|^2}{4\hbar^2}\left\{\frac{\sin[(\omega_{mk}-\omega)t/2]}{(\omega_{mk}-\omega)/2}\right\}^2 \tag{16.59}$$

式中，$A_{mj,ki}=\langle mj|\hat{A}|ki\rangle$。假如只测量初末态能量而不区分这些简并态，则从 E_k 到 E_m 的跃

㊀ 能级寿命取决于原子的自发辐射(16.5节)，它代表了我们感兴趣的特征时间.

迁概率为

$$W_{k\to m}(t,\omega)=\sum_{i,j}W_{ki\to mj}(t,\omega) \tag{16.60}$$

如果要跟实验结果对比，还要根据实验安排确定计算方案。

2. 末态为连续谱

假定初末态能级不简并，初态能级 E_k 属于离散谱，而末态能级 E_a 属于连续谱，末态能谱范围是 $\underline{E}\sim\overline{E}$，初末态能级满足条件

$$\underline{E}<E_k+\hbar\omega<\overline{E} \tag{16.61}$$

离散谱部分 $\hat{H}_0$ 的本征方程仍为式(16.3)，连续谱部分 $\hat{H}_0$ 的本征方程假定为

$$\hat{H}_0|a\rangle=E_a|a\rangle \tag{16.62}$$

态矢量 $|a\rangle$ 归一化到 δ 函数，$\langle a|a'\rangle=\delta(a-a')$。这种情况式(16.37)修改为

$$W_{k\to a}(t,\omega)\approx\frac{|A_{ak}|^2}{4\hbar^2}\left\{\frac{\sin[(\omega_{ak}-\omega)t/2]}{(\omega_{ak}-\omega)/2}\right\}^2 \tag{16.63}$$

式中，$A_{ak}=\langle a|\hat{A}|k\rangle$。$W_{k\to a}(t,\omega)$ 代表跃迁概率的末态谱密度：在 $a\sim a+\mathrm{d}a$ 的范围内，初态到末态的跃迁概率为

$$W_{k\to a}(t,\omega)\mathrm{d}a=W_{k\to a}(t,\omega)\rho(E_a)\mathrm{d}E_a \tag{16.64}$$

其中 $\rho(E_a)$ 是做积分变量替换时出现的。

假设末态是自由粒子动量本征态 $|\boldsymbol{p}\rangle$，动量空间的球坐标体元为 $p^2\mathrm{d}p\mathrm{d}\Omega_p$，其中 $\mathrm{d}\Omega_p=\sin\theta_p\mathrm{d}\theta_p\mathrm{d}\varphi_p$ 是动量空间的立体角元。此时末态能级简并度为无穷大。根据 $E=p^2/2m$ 可知 $\mathrm{d}p=mp^{-1}\mathrm{d}E$，可得

$$p^2\mathrm{d}p\mathrm{d}\Omega_p=mp\mathrm{d}E\mathrm{d}\Omega_p=\sqrt{2m^3E}\,\mathrm{d}E\mathrm{d}\Omega_p \tag{16.65}$$

根据式(16.65)可知，初态向球坐标体元为 $p^2\mathrm{d}p\mathrm{d}\Omega_p$ 内所有末态的跃迁概率为

$$W_{k\to\boldsymbol{p}}(t,\omega)p^2\mathrm{d}p\mathrm{d}\Omega_p=W_{k\to\boldsymbol{p}}(t,\omega)\rho(E)\mathrm{d}E\mathrm{d}\Omega_p \tag{16.66}$$

其中 $\rho(E)=mp=\sqrt{2m^3E}$。$\rho(E)\mathrm{d}\Omega_p$ 相当于式(16.64)中的 $\rho(E_a)$。由此可得

$$\boxed{\begin{matrix}\text{初态}\to p\sim p+\mathrm{d}p\text{ 范围内}\\ \text{所有方向末态的跃迁概率}\end{matrix}}=\sqrt{2m^3E}\,\mathrm{d}E\int\mathrm{d}\Omega_pW_{k\to p}(t,\omega) \tag{16.67}$$

其中积分对整个球面进行。假如跃迁是各向同性的，$W_{k\to\boldsymbol{p}}(t,\omega)$ 与 θ_p,φ_p 无关，则

$$\boxed{\begin{matrix}\text{初态}\to p\sim p+\mathrm{d}p\text{ 范围内}\\ \text{所有方向末态的跃迁概率}\end{matrix}}=4\pi\sqrt{2m^3E}\,\mathrm{d}EW_{k\to p}(t,\omega) \tag{16.68}$$

此时 $4\pi\sqrt{2m^3E}$ 就相当于式(16.64)中的 $\rho(E_a)$。

根据式(16.64)，初态向 $\underline{E}\sim\overline{E}$ 范围内所有末态的跃迁速率为

$$w_k(t,\omega)=\frac{\mathrm{d}}{\mathrm{d}t}\int_{\underline{E}}^{\overline{E}}W_{k\to a}(t,\omega)\rho(E_a)\mathrm{d}E_a \tag{16.69}$$

将对时间的求导移到积分号内，根据式(16.63)，得

$$\frac{\mathrm{d}W_{k\to a}(t,\omega)}{\mathrm{d}t}=\frac{|A_{ak}|^2}{2\hbar^2}\frac{\sin[(\omega_{ak}-\omega)t]}{\omega_{ak}-\omega} \tag{16.70}$$

如果当 t 充分大时仍然满足一级近似的条件，则

$$\frac{\mathrm{d}W_{k\to a}(t,\omega)}{\mathrm{d}t}=\frac{\pi}{2\hbar^2}|A_{ak}|^2\delta_s(\omega_{ak}-\omega),\quad t\text{ 充分大} \tag{16.71}$$

$\delta_s(\omega_{ak}-\omega)$可以近似当作δ函数来处理，因此

$$\delta_s(\omega_{ak}-\omega)=\hbar\delta_s(E_a-E_k-\hbar\omega) \tag{16.72}$$

当t充分大时，根据式(16.69)和初末态能量条件(16.61)，得

$$\boxed{w_k=\frac{\pi}{2\hbar}\left|\langle a,E_a|\hat{A}|k,E_k\rangle\right|^2\rho(E_a)\Big|_{E_a=E_k+\hbar\omega}} \tag{16.73}$$

这里在态矢量中添加能量E_k和E_a，以表明初末态相应的能量。

16.3.4 常微扰

设从$t=0$开始加入微扰，但微扰加入后不随时间变化

$$\hat{H}'=\begin{cases}0, & t<0\\ \hat{A}, & t>0\end{cases} \tag{16.74}$$

这相当于周期微扰(16.31)取$\omega=0$的情形。假定初态属于离散谱，末态能谱可以是离散谱，也可以是连续谱，下面分别讨论。

1. 离散谱

当能级不简并时，式(16.34)中$a_+=a_-$，两项贡献相同，因此

$$W_{k\to m}(t,0)=\frac{|A_{mk}|^2}{\hbar^2}\left[\frac{\sin(\omega_{mk}t/2)}{\omega_{mk}/2}\right]^2,\quad m\neq k \tag{16.75}$$

由于式(16.29)限制末态和初态不同，式(16.75)中ω_{mk}不会等于零，因此跃迁概率函数达不到主极大值。当能级E_m与E_k相差很大时，跃迁概率就很小。反过来，如果能级很密集，或者说能级是准连续的，则对于相邻能级$\omega_{mk}\approx0$，常微扰能够产生可观的跃迁概率。跃迁速率为

$$w_{k\to m}(t,0)=\frac{\mathrm{d}}{\mathrm{d}t}W_{k\to m}(t,0)=\frac{2|A_{mk}|^2}{\hbar^2}\frac{\sin(\omega_{mk}t)}{\omega_{mk}} \tag{16.76}$$

当能级有简并时，跃迁概率为

$$W_{ki\to mj}(t,0)=\frac{|A_{mj,ki}|^2}{\hbar^2}\left[\frac{\sin(\omega_{mk}t/2)}{\omega_{mk}/2}\right]^2 \tag{16.77}$$

其中$\omega_{mk}=0$代表相同能级的两个不同量子态之间的跃迁。跃迁速率为

$$w_{ki\to mj}(t,0)=\frac{\mathrm{d}}{\mathrm{d}t}W_{ki\to mj}(t,0)=\frac{2|A_{mj,ki}|^2}{\hbar^2}\frac{\sin(\omega_{mk}t)}{\omega_{mk}} \tag{16.78}$$

如果当t充分大时仍然满足一级近似的条件，则

$$w_{ki\to mj}(t,0)=\frac{2\pi}{\hbar}|A_{mj,ki}|^2\delta_s(E_m-E_k),\quad t\text{ 充分大} \tag{16.79}$$

函数$\delta_s(E_m-E_k)=\hbar^{-1}\delta_s(\omega_{mk})$表示仅当$E_m=E_k$时才有可观的跃迁概率。

2. 连续谱

为了简单起见，设初末态能级均不简并。假定初态能级E_k属于离散谱，而末态能级E_a属于连续谱，末态能谱的范围是$\underline{E}\sim\overline{E}$，初末态能级满足

$$\underline{E} < E_k < \overline{E} \tag{16.80}$$

跃迁概率式(16.75)改为

$$W_{k\to a}(t,0)=\frac{|A_{ak}|^2}{\hbar^2}\left[\frac{\sin(\omega_{ak}t/2)}{\omega_{ak}/2}\right]^2 \tag{16.81}$$

这代表跃迁概率的末态谱密度，而初态跃迁到 $\underline{E}\sim\overline{E}$ 范围内所有末态的速率为

$$w_k(t,0)=\frac{\mathrm{d}}{\mathrm{d}t}\int_{\underline{E}}^{\overline{E}}W_{k\to a}(t,0)\rho(E_a)\,\mathrm{d}E_a \tag{16.82}$$

将对时间的求导移到积分号内，根据式(16.81)，得

$$\frac{\mathrm{d}}{\mathrm{d}t}W_{k\to a}(t,0)=\frac{2|A_{ak}|^2}{\hbar^2}\frac{\sin(\omega_{ak}t)}{\omega_{ak}} \tag{16.83}$$

如果当 t 充分大时仍然满足一级近似的条件，则

$$\frac{\mathrm{d}}{\mathrm{d}t}W_{k\to a}(t,0)=\frac{2\pi}{\hbar^2}|A_{ak}|^2\delta_{\mathrm{s}}(\omega_{ak}),\quad t\text{ 充分大} \tag{16.84}$$

其中 $\delta_{\mathrm{s}}(\omega_{ak})=\hbar\delta_{\mathrm{s}}(E_a-E_k)$，最后的跃迁速率为

$$\boxed{w_k=\frac{2\pi}{\hbar}\left|\langle a,E_a|\hat{A}|k,E_k\rangle\right|^2\rho(E_a)\bigg|_{E_a=E_k}} \tag{16.85}$$

这个结果称为黄金规则。

在式(16.85)中，体系初态属于离散能级而末态属于连续能级，因此要求未微扰能谱为混合谱。在前面见过的例子中，一维有限深方势阱和氢原子能谱均为混合谱，但离散谱和连续谱不重叠，无法满足条件(16.80)。下面考虑一个特殊的势能函数，如图16-6a所示。区间$[a,b]$中存在无限高势垒，粒子无法穿透。

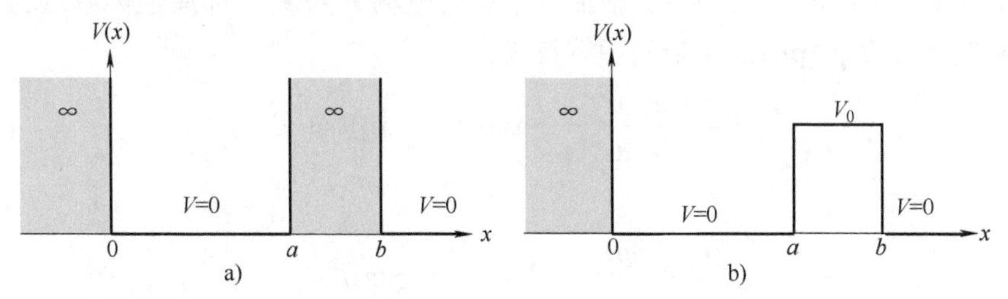

图16-6 一维势能函数

体系的能谱分为两种，一种是一维无限深方势阱的离散谱

$$E_n=\frac{\pi^2\hbar^2n^2}{2ma^2},\quad \psi_n(x)=\begin{cases}0, & x<0,x>a\\ \sqrt{\dfrac{2}{a}}\sin\dfrac{n\pi x}{a}, & 0<x<a\end{cases} \tag{16.86}$$

另一种是连续谱

$$\widetilde{E}_k=\frac{\hbar^2k^2}{2m},\quad \varphi_k(x)=\begin{cases}0, & x<b\\ \sin k(x-b), & x>b\end{cases} \tag{16.87}$$

满足 $\varphi_k(b)=0$。$\psi_n(x)$和$\varphi_k(x)$的非零区间不重叠，因此互相正交

$$(\psi_n,\varphi_k)=\int_{-\infty}^{\infty}\psi_n^*(x)\varphi_k(x)\,\mathrm{d}x=0 \tag{16.88}$$

在这个例子中，离散谱位于连续谱的范围内。

假设粒子被约束在势阱中，处于基态 $\psi_1(x)$。在 $t=0$ 时刻引入 $\hat{H}'$，使得势能函数在区间 $[a,b]$ 降为 V_0，如图 16-6b 所示。如果 $V_0<E_1$，则粒子可以越过势垒到 $x>b$ 的区域；如果 $V_0>E_1$，则粒子也可以通过隧道效应贯穿到 $x>b$ 的区域。总之，在 $\hat{H}'$ 的作用下粒子可以由离散能级跃迁到连续能级。

这样引入的 $\hat{H}'$ 也许无法当作微扰，毕竟势能函数在区间 $[a,b]$ 的值由无穷大变为有限值。作为一个更加实际的例子，可以考虑一个刚性盒子，假定盒子的材料具有一定厚度，内外壁之间波函数为 0，相当于势能函数取无穷大的区域，因此盒子是不可穿透的。盒子内部相当于三维无限深方势阱，当粒子被约束在盒子内部时，其能量取离散值。除了基态外，离散能谱是简并的。当粒子位于盒子外部时，其能量取连续正值。设想一个粒子被约束在盒子内，在 $t=0$ 时刻，从盒子上开凿一个小口，这相当于将这部分的势能函数由无穷大降为 0，此时粒子便可以从盒子内部跑出来。尽管势能函数在开口处变化量是无穷大，但由于开口足够小，描述势能函数的这一改变的 $\hat{H}'$ 可以当成微扰处理。

黄金规则这个名称是费米在研究原子核 β 衰变时给出的，因此被称为费米黄金规则(Fermi's golden rule)，而实际上这个公式是狄拉克最先提出的。在衰变前原子核的能谱是离散的，而衰变后的产物其能谱是连续的。对于 β 衰变过程，初末态的粒子种类不一样，这种情况比较复杂，我们就不深入了。

16.4 电场中的谐振子

考虑一维线性谐振子，质量为 m，角频率为 ω，电荷为 q，哈密顿算符为 $\hat{H}_0$，本征值和本征矢量记为 $E_n^{(0)}$ 和 $|n\rangle$。对谐振子施加一个均匀电场 $\boldsymbol{E}=E\boldsymbol{e}_x$，选择坐标原点为势能零点，则微扰哈密顿量为 $\hat{H}'=-qEx$，总哈密顿算符为

$$\hat{H}=-\frac{\hbar^2}{2m}\frac{\mathrm{d}^2}{\mathrm{d}x^2}+\frac{1}{2}m\omega^2(x-x_0)^2+E_{\mathrm{d}} \tag{16.89}$$

其中

$$x_0=\frac{qE}{m\omega^2},\qquad E_{\mathrm{d}}=-\frac{1}{2}m\omega^2x_0^2 \tag{16.90}$$

在式(16.75)中，矩阵元为

$$A_{mn}=-qEx_{mn}=-\frac{qE}{\sqrt{2}\alpha}(\sqrt{n}\,\delta_{m,n-1}+\sqrt{n+1}\,\delta_{m,n+1}) \tag{16.91}$$

式中，$\alpha=\sqrt{m\omega/\hbar}$。由此可见，在一级近似下只有相邻能级才能发生跃迁，相隔较远能级的跃迁只能在更高级近似中才会发生。根据式(16.75)，得

$$W_{n\to n+1}(t,0)=2(n+1)(\alpha x_0)^2\sin^2\left(\frac{\omega t}{2}\right) \tag{16.92}$$

α^{-1} 代表谐振子的特征长度(第 3 章)[⊖]，x_0 代表施加电场后谐振子平衡点的偏移量，因此 αx_0

⊖ 当时将特征长度 α^{-1} 记作 x_0，不要将其与这里的 x_0(平衡点的偏移量)弄混淆了.

代表平衡点的偏移量与特征长度的比值。电场越强该比值越大，相邻能级之间的跃迁概率越大。

将 $\hat{H}$ 的本征值和本征矢量记为 E_n 和 $|\varphi_n\rangle$，根据上一章结果

$$E_n = E_n^{(0)} + E_{\mathrm{d}}, \quad |\varphi_n\rangle = \hat{T}(x_0)|n\rangle = \mathrm{e}^{-\frac{\mathrm{i}}{\hbar}\hat{p}x_0}|n\rangle \tag{16.93}$$

$\{|n\rangle\}$ 和 $\{|\varphi_n\rangle\}$ 均构成态空间的基。引入与 $\hat{H}_0$ 和 $\hat{H}$ 相关的时间演化算符

$$\hat{U}_0 = \mathrm{e}^{-\frac{\mathrm{i}}{\hbar}\hat{H}_0 t}, \quad \hat{U} = \mathrm{e}^{-\frac{\mathrm{i}}{\hbar}\hat{H}t} \tag{16.94}$$

假设 $|\psi(0)\rangle = |n\rangle$，从 $t=0$ 开始加入电场 $\boldsymbol{E}=E\boldsymbol{e}_x$，则态矢量演化为

$$|\psi(t)\rangle = \hat{U}|n\rangle = \sum_{k=0}^{\infty}\mathrm{e}^{-\frac{\mathrm{i}}{\hbar}E_k t}|\varphi_k\rangle\langle\varphi_k|n\rangle \tag{16.95}$$

利用 $\hat{T}(x_0)$ 和 $\hat{U}_0$，得

$$|\psi(t)\rangle = \mathrm{e}^{-\frac{\mathrm{i}}{\hbar}E_{\mathrm{d}}t}\hat{T}(x_0)\hat{U}_0\hat{T}^{\dagger}(x_0)|n\rangle \tag{16.96}$$

在 $t>0$ 时刻撤除电场并测量能量，得到 E_m 的概率(精确解)为

$$\mathcal{P}(E_m) = |\langle m|\psi(t)\rangle|^2 = |\langle m|\hat{T}(x_0)\hat{U}_0\hat{T}^{\dagger}(x_0)|n\rangle|^2 \tag{16.97}$$

将平移算符按照指数函数展开，由此可得

$$\hat{T}(x_0)\hat{U}_0\hat{T}^{\dagger}(x_0) = \hat{U}_0 - \frac{\mathrm{i}}{\hbar}x_0[\hat{p},\hat{U}_0] + \cdots \tag{16.98}$$

当 $m\neq n$ 时，在一级近似下忽略 x_0 的高次项，得

$$\langle m|\hat{T}(x_0)\hat{U}_0\hat{T}^{\dagger}(x_0)|n\rangle = -\frac{\mathrm{i}}{\hbar}x_0\left(\mathrm{e}^{-\frac{\mathrm{i}}{\hbar}E_n^{(0)}t} - \mathrm{e}^{-\frac{\mathrm{i}}{\hbar}E_m^{(0)}t}\right)\langle m|\hat{p}|n\rangle \tag{16.99}$$

将结果代入式(16.97)，利用动量算符的矩阵元，当 $m=n+1$ 时，得

$$\mathcal{P}(E_{n+1}) = 2(n+1)(\alpha x_0)^2\sin^2\left(\frac{\omega t}{2}\right) \tag{16.100}$$

这正是式(16.92)的结果。

*16.5 光的发射和吸收

在玻尔理论中，当光与原子体系发生相互作用时，原子中的电子会在不同能级之间跃迁，同时伴随着光子的吸收和发射。在这一节，我们将用量子力学的方法处理定态跃迁问题。电磁场仍然作为经典场处理，因此理论中只能看到量子态跃迁，而看不到光子数目变化。如果将电磁场量子化，并建立相应的福克空间，将会看到在跃迁过程中具有相应频率和偏振模式的光子数目会加1或减1。

16.5.1 微扰哈密顿量

当一束光照射到原子上时，原子将受到电场 $\boldsymbol{E}$ 和磁场 $\boldsymbol{B}$ 的作用。在经典力学中，电子的电势能和轨道磁矩(不考虑自旋)与磁场的相互作用能分别为

$$V_{\mathrm{e}} = -\boldsymbol{D}\cdot\boldsymbol{E}, \quad V_{\mathrm{m}} = -\boldsymbol{M}\cdot\boldsymbol{B} \tag{16.101}$$

式中，$\boldsymbol{D}=-e\boldsymbol{r}$ 是电子的电偶极矩。在量子力学中，电势能(期待值)数量级为

$$\langle V_{\mathrm{e}}\rangle = e\boldsymbol{E}\cdot\langle\boldsymbol{r}\rangle \sim eEa_0 \tag{16.102}$$

式中，a_0 是玻尔半径。设磁场沿着 z 轴方向，氢原子轨道磁矩为

$$\hat{M}_z = -\frac{e}{2m_e}\hat{L}_z \tag{16.103}$$

由此可知磁相互作用能数量级为

$$\langle V_m \rangle = \frac{eB}{2m_e}\langle L_z \rangle \sim \frac{e\hbar}{m_e}B \tag{16.104}$$

对电磁波而言，电场与磁场满足 $E \approx Bc$，因此

$$\frac{\langle V_m \rangle}{\langle V_e \rangle} \sim \frac{e^2}{4\pi\varepsilon_0 \hbar c} \equiv \alpha \tag{16.105}$$

式中，$\alpha \approx 1/137$ 是精细结构常数。由此可见，在最低级近似计算中可以忽略电子与磁场的相互作用能。

电势能可以看作微扰哈密顿量

$$\hat{H}'(t) = -\hat{\boldsymbol{D}} \cdot \boldsymbol{E} = e\boldsymbol{E} \cdot \hat{\boldsymbol{r}} \tag{16.106}$$

也称为电偶极哈密顿算符，下面讨论的能级跃迁也称为电偶极跃迁，光子的发射过程也称为电偶极发射。

16.5.2 线偏振光入射

1. 单色光

考虑沿着 z 方向传播的平面单色线偏振光，偏振方向沿着 x 轴，电场为

$$\boldsymbol{E} = \boldsymbol{E}_0\cos(kz - \omega t), \qquad \boldsymbol{E}_0 = E_0\boldsymbol{e}_x \tag{16.107}$$

可见光波长约为 400~760nm，而原子尺度以玻尔半径 $a_0 = 0.053\text{nm}$ 为标志。在原子范围内 $\boldsymbol{k} \cdot \boldsymbol{r} \sim 2\pi a_0/\lambda \ll 1$，电磁波相位变化完全可以忽略，这表明可见光的电磁场对原子而言总可以看作均匀的。省略原子范围内的共同相位 kz，得

$$\boldsymbol{E} = \boldsymbol{E}_0\cos\omega t, \qquad \boldsymbol{E}_0 = E_0\boldsymbol{e}_x \tag{16.108}$$

微扰哈密顿量为

$$\hat{H}'(t) = eE_0 x\cos\omega t \tag{16.109}$$

设 $E_k < E_m$，考虑 $E_k \to E_m$ 的跃迁概率。根据式(16.37)，当 $\omega \approx \omega_{mk}$ 时

$$W_{k\to m}(t,\omega) \approx \frac{e^2E_0^2\,|x_{mk}|^2}{4\hbar^2}\left\{\frac{\sin[(\omega_{mk} - \omega)t/2]}{(\omega_{mk} - \omega)/2}\right\}^2 \tag{16.110}$$

这里仍然假定能级没有简并。在这个跃迁过程中，电子吸收一个能量为 $\hbar\omega$ 的光子从低能态跃迁到高能态。根据式(16.42)可知跃迁速率为

$$w_{k\to m}(t,\omega) = \frac{\mathrm{d}W_{k\to m}(t,\omega)}{\mathrm{d}t} \approx \frac{e^2E_0^2\,|x_{mk}|^2}{2\hbar^2}\frac{\sin[(\omega_{mk} - \omega)t]}{\omega_{mk} - \omega} \tag{16.111}$$

在式(16.110)中，ω 对 ω_{mk} 的少许偏离就会导致分母非常大，从而使得跃迁概率衰减到接近于0。如前所述，图16-4中主峰宽度 $4\pi/t$ 随着 t 的增大会越来越窄。设 $t \sim 10^{-9}\text{s}$，这是能级寿命的典型数量级，则主峰宽度为 $\Delta\omega \sim 4\pi\times10^9\text{rad}\cdot\text{s}^{-1}$，相应的频谱宽度为 $\Delta\nu \sim 2\times10^9\text{Hz}$。由于可见光的频率 $\sim10^{15}\text{Hz}$，主峰宽度相对于 ω_{mk} 是微不足道的。平面波能量密度为

$$I = \frac{1}{2}\varepsilon_0 E_0^2 \tag{16.112}$$

由此可将式(16.111)改写为

$$w_{k\to m}(t,\omega)=\frac{e^2|x_{mk}|^2}{\varepsilon_0\hbar^2}\frac{\sin[(\omega_{mk}-\omega)t]}{\omega_{mk}-\omega}I \tag{16.113}$$

当 t 充分大时，利用公式(16.56)，得

$$w_{k\to m}\approx\frac{\pi e^2|x_{mk}|^2}{\varepsilon_0\hbar^2}I\delta(\omega_{mk}-\omega) \tag{16.114}$$

2. 非单色光

假如入射光不是单色光，设 $\omega\sim\omega+\mathrm{d}\omega$ 范围内光场的能量密度为 $\rho(\omega)\mathrm{d}\omega$，将式(16.113)中光场的能量密度 I 换成 $\rho(\omega)\mathrm{d}\omega$，然后对 ω 积分，得

$$w_{k\to m}=\frac{e^2|x_{mk}|^2}{\varepsilon_0\hbar^2}\int_0^\infty\frac{\sin[(\omega_{mk}-\omega)t]}{\omega_{mk}-\omega}\rho(\omega)\mathrm{d}\omega \tag{16.115}$$

当 t 充分大时，比如 $t\sim10^{-9}\mathrm{s}$，被积函数中因子 $\sin[(\omega_{mk}-\omega)t]/(\omega_{mk}-\omega)$ 的图像是一个集中在 ω_{mk} 附近的尖峰，而 $\rho(\omega)$ 通常是个分布较宽的函数，在对积分有主要贡献的区间中，函数 $\rho(\omega)$ 可以代之以数值 $\rho(\omega_{mk})$，因此

$$w_{k\to m}=\frac{e^2|x_{mk}|^2}{\varepsilon_0\hbar^2}\rho(\omega_{mk})\int_0^\infty\frac{\sin[(\omega_{mk}-\omega)t]}{\omega_{mk}-\omega}\mathrm{d}\omega \tag{16.116}$$

由于对积分有主要贡献的区间集中在 $\omega=\omega_{mk}$ 附近，因此将积分下限扩展到 $-\infty$ 并不会带来很大误差。令 $x=(\omega-\omega_{mk})t$，并利用定积分 $\int_{-\infty}^{\infty}\frac{\sin x}{x}\mathrm{d}x=\pi$，得

$$\boxed{w_{k\to m}=\frac{\pi e^2|x_{mk}|^2}{\varepsilon_0\hbar^2}\rho(\omega_{mk})} \tag{16.117}$$

将式(16.114)中 I 换成 $\rho(\omega)\mathrm{d}\omega$，对 ω 积分也会得到式(16.117)。对比前一种方法可知，式(16.116)采用的近似相当于 δ 函数的挑选性，两种近似处理实际是一回事。

16.5.3 自然光入射

1. 任意偏振方向

仍然假定入射光为单色线偏振光，但偏振方向不一定在 x 轴方向

$$\boldsymbol{E}=\boldsymbol{E}_0\cos(\boldsymbol{k}\cdot\boldsymbol{r}-\omega t),\qquad \boldsymbol{E}_0=E_0\boldsymbol{n} \tag{16.118}$$

式中，$\boldsymbol{n}$ 是 $\boldsymbol{E}_0$ 方向的单位矢量。省略原子范围内的共同相位 $\boldsymbol{k}\cdot\boldsymbol{r}$，得

$$\boldsymbol{E}=\boldsymbol{E}_0\cos\omega t,\qquad \boldsymbol{E}_0=E_0\boldsymbol{n} \tag{16.119}$$

微扰哈密顿量为

$$\hat{H}'(t)=eE_0\boldsymbol{n}\cdot\boldsymbol{r}\cos\omega t \tag{16.120}$$

将式(16.114)中的矩阵元 $x_{mk}=\langle m|\hat{x}|k\rangle$ 换成

$$\langle m|\boldsymbol{n}\cdot\hat{\boldsymbol{r}}|k\rangle=\boldsymbol{n}\cdot\langle m|\hat{\boldsymbol{r}}|k\rangle=\boldsymbol{n}\cdot\boldsymbol{r}_{mk} \tag{16.121}$$

其中 $\boldsymbol{r}_{mk}$ 是如下复矢量(分量为复数)

$$\boldsymbol{r}_{mk}=x_{mk}\boldsymbol{e}_x+y_{mk}\boldsymbol{e}_y+z_{mk}\boldsymbol{e}_z \tag{16.122}$$

就得到这种情形电子的跃迁速率

$$w_{k\to m}\approx\frac{\pi e^2}{\varepsilon_0\hbar^2}|\boldsymbol{n}\cdot\boldsymbol{r}_{mk}|^2 I\delta(\omega_{mk}-\omega) \tag{16.123}$$

矢量矩阵元$\boldsymbol{r}_{mk}$可以分解为

$$\boldsymbol{r}_{mk}=\mathrm{Re}\,\boldsymbol{r}_{mk}+\mathrm{i}\,\mathrm{Im}\,\boldsymbol{r}_{mk} \tag{16.124}$$

其中实部和虚部均为矢量

$$\begin{aligned}\mathrm{Re}\,\boldsymbol{r}_{mk}&=\mathrm{Re}\,x_{mk}\boldsymbol{e}_x+\mathrm{Re}\,y_{mk}\boldsymbol{e}_y+\mathrm{Re}\,z_{mk}\boldsymbol{e}_z\\ \mathrm{Im}\,\boldsymbol{r}_{mk}&=\mathrm{Im}\,x_{mk}\boldsymbol{e}_x+\mathrm{Im}\,y_{mk}\boldsymbol{e}_y+\mathrm{Im}\,z_{mk}\boldsymbol{e}_z\end{aligned} \tag{16.125}$$

由此可得

$$\boldsymbol{n}\cdot\boldsymbol{r}_{mk}=\boldsymbol{n}\cdot\mathrm{Re}\,\boldsymbol{r}_{mk}+\mathrm{i}\,\boldsymbol{n}\cdot\mathrm{Im}\,\boldsymbol{r}_{mk} \tag{16.126}$$

式(16.126)表示一个复数，其模方为

$$|\boldsymbol{n}\cdot\boldsymbol{r}_{mk}|^2=(\boldsymbol{n}\cdot\mathrm{Re}\,\boldsymbol{r}_{mk})^2+(\boldsymbol{n}\cdot\mathrm{Im}\,\boldsymbol{r}_{mk})^2=|\mathrm{Re}\,\boldsymbol{r}_{mk}|^2\cos^2\theta_1+|\mathrm{Im}\,\boldsymbol{r}_{mk}|^2\cos^2\theta_2 \tag{16.127}$$

式中，θ_1和θ_2分别是$\boldsymbol{n}$与$\mathrm{Re}\,\boldsymbol{r}_{mk}$和$\mathrm{Im}\,\boldsymbol{r}_{mk}$的夹角。这里绝对值记号有时表示复数的模，有时表示矢量的模，根据记号中的内容可以确定其含义。

2. 偏振方向的平均

如果入射光是自然光，偏振方向在各个方向是均匀的，就需要对式(16.127)求各个方向的平均值，即对整个球面立体角积分，再除以球面立体角4π。首先，求式(16.127)中第一项的平均值。选择球坐标z轴沿着$\mathrm{Re}\,\boldsymbol{r}_{mk}$的方向，此时$\theta_1$就是极角，方位角记为$\varphi_1$，因此

$$\frac{1}{4\pi}\int_0^{2\pi}\mathrm{d}\varphi_1\int_0^{\pi}\sin\theta_1\mathrm{d}\theta_1|\mathrm{Re}\,\boldsymbol{r}_{mk}|^2\cos^2\theta_1=\frac{1}{3}|\mathrm{Re}\,\boldsymbol{r}_{mk}|^2 \tag{16.128}$$

其次，求式(16.127)中第二项的平均值。选择球坐标z轴沿着$\mathrm{Im}\,\boldsymbol{r}_{mk}$的方向，此时$\theta_2$就是极角，方位角记为$\varphi_2$，因此

$$\frac{1}{4\pi}\int_0^{2\pi}\mathrm{d}\varphi_2\int_0^{\pi}\sin\theta_2\mathrm{d}\theta_2|\mathrm{Im}\,\boldsymbol{r}_{mk}|^2\cos^2\theta_2=\frac{1}{3}|\mathrm{Im}\,\boldsymbol{r}_{mk}|^2 \tag{16.129}$$

由此可得式(16.127)的平均值为

$$|\boldsymbol{n}\cdot\boldsymbol{r}_{mk}|^2_{\text{平均}}=\frac{1}{3}(|\mathrm{Re}\,\boldsymbol{r}_{mk}|^2+|\mathrm{Im}\,\boldsymbol{r}_{mk}|^2)=\frac{1}{3}|\boldsymbol{r}_{mk}|^2 \tag{16.130}$$

为了使表达式简洁，这里引入了记号$|\boldsymbol{r}_{mk}|^2$，其中绝对值记号具有双重含义，既表示复数的模，又表示矢量的模

$$|\boldsymbol{r}_{mk}|^2=\|\mathrm{Re}\,\boldsymbol{r}_{mk}\|^2+\|\mathrm{Im}\,\boldsymbol{r}_{mk}\|^2=|x_{mk}|^2_{\mathrm{mod}}+|y_{mk}|^2_{\mathrm{mod}}+|z_{mk}|^2_{\mathrm{mod}} \tag{16.131}$$

这里我们改用范数记号“$\|\ \|$”表示矢量的模，用记号“$|\ |_{\mathrm{mod}}$”表示复数的模(modulus)。将式(16.123)中$|\boldsymbol{n}\cdot\boldsymbol{r}_{mk}|^2$替换为$|\boldsymbol{n}\cdot\boldsymbol{r}_{mk}|^2_{\text{平均}}$，便得到这种情形电子的跃迁速率

$$w_{k\to m}\approx\frac{\pi e^2}{3\varepsilon_0\hbar^2}|\boldsymbol{r}_{mk}|^2 I\delta(\omega_{mk}-\omega) \tag{16.132}$$

3. 非单色光

假如入射光不是单色光，将式(16.132)中光场的能量密度I替换为$\rho(\omega)\mathrm{d}\omega$，并对$\omega$积分，得

$$\boxed{w_{k\to m}\approx\frac{\pi e^2}{3\varepsilon_0\hbar^2}|\boldsymbol{r}_{mk}|^2\rho(\omega_{mk})} \tag{16.133}$$

式(16.133)描述的是从低能级 E_k 到高能级 E_m 的跃迁，称为光子的受激吸收。根据式(16.40)可知，从高能级 E_m 到低能级 E_k 的跃迁，即光子的受激发射的跃迁速率与前一个过程相同

$$w_{m\to k} \approx w_{k\to m} \tag{16.134}$$

讨论

在式(16.108)中，我们忽略了电场的不均匀性和磁场的效应。如果计入电场的不均匀性，将会得到电四极辐射以及更高级辐射。在计入磁场的效应时，将产生磁偶极辐射以及更高级辐射。在各种跃迁过程中，一般而言电偶极跃迁是最强烈的跃迁。如果电偶极跃迁被某种机制(见稍后“选择定则”)所禁戒，磁偶极跃迁和电四极跃迁就成为主要跃迁过程。此外，一级微扰近似对应的物理过程是单光子的发射和吸收，计入更高级微扰近似时，将会得到多光子发射过程。

16.5.4 选择定则

由式(16.132)和式(16.133)可知，在一级近似下跃迁概率依赖于矩阵元 $\boldsymbol{r}_{mk}$。在记号 $\boldsymbol{r}_{mk}$ 中，指标 k 和 m 分别代表初态和末态量子数。对于原子发光问题，以氢原子为例，$(\hat{H},\hat{L}^2,\hat{L}_z)$ 的共同本征矢量为 $|nlm\rangle$，矩阵元应该写为

$$\boldsymbol{r}_{n'l'm',nlm} = \langle n'l'm' | \hat{\boldsymbol{r}} | nlm\rangle \tag{16.135}$$

由于 $\hat{\boldsymbol{r}}$ 是个奇宇称算符，即在空间反射变换下变号，因此初末态宇称相同时矩阵元 $\boldsymbol{r}_{n'l'm',nlm}=0$。换句话说，跃迁只能发生在宇称不同的量子态之间。除此之外，根据球谐函数的递推公式(附录E)

$$\begin{aligned}
\cos\theta \mathrm{Y}_{lm} &= a_{l-1,m}\mathrm{Y}_{l-1,m} + a_{lm}\mathrm{Y}_{l+1,m} \\
\mathrm{e}^{\mathrm{i}\varphi}\sin\theta \mathrm{Y}_{lm} &= b_{l-1,-(m+1)}\mathrm{Y}_{l-1,m+1} - b_{lm}\mathrm{Y}_{l+1,m+1} \\
\mathrm{e}^{-\mathrm{i}\varphi}\sin\theta \mathrm{Y}_{lm} &= -b_{l-1,m-1}\mathrm{Y}_{l-1,m-1} + b_{l,-m}\mathrm{Y}_{l+1,m-1}
\end{aligned} \tag{16.136}$$

不必查阅附录中的几个系数，只要明白

$$z = r\cos\theta, \quad x \pm \mathrm{i}y = r\sin\theta\ \mathrm{e}^{\pm\mathrm{i}\varphi} \tag{16.137}$$

就会知道，在矩阵元(16.135)中坐标算符改变了右矢的 l 和 m，利用态矢量 $|nlm\rangle$ 的正交归一性可知，矩阵元(16.135)的分量不全为零的条件为

$$\boxed{\Delta l = l' - l = \pm 1, \quad \Delta m = 0, \ \pm 1} \tag{16.138}$$

实际上，根据角动量算符和坐标算符的对易关系就可以给出一种美妙证明[㊀]。这个结果可以解释为：由于光子自旋为1，根据角动量守恒和角动量相加规则，原子在吸收或放出光子时，初末态的角动量必须满足 $l'-l=1,0,-1$。而对于电偶极辐射，进一步排除了 $\Delta l=0$ 的情形(这里不讨论如何排除)。

在计入电子自旋时，式(16.138)修改为[㊁]

$$\boxed{\Delta l = \pm 1, \quad \Delta j = 0, \ \pm 1, \quad \Delta m_j = 0, \ \pm 1} \tag{16.139}$$

条件(16.138)和(16.139)称为电偶极跃迁的选择定则(selection rule)，不满足选择定则的电

㊀ 格里菲斯. 量子力学概论[M]. 贾瑜，胡行，李玉晓，译. 北京：机械工业出版社，2009，325页.

㊁ 钱伯初，曾谨言. 量子力学习题精选与剖析[M]. 3版. 北京：科学出版社，2008，387页13.7题.

偶极跃迁是禁戒的。如果某个能态向更低能级的电偶极跃迁是禁戒的，则它的寿命比其他能级要长得多，称为亚稳态。亚稳态最终会通过磁偶极跃迁、电四极跃迁、多光子发射过程，或通过碰撞而跃迁到低能态。

16.5.5 自发辐射

根据量子态演化规律，在没有光照射原子的情况下，处于定态(基态和激发态)的原子将永远处于该定态。然而实际上，处于激发态的原子会向基态自发跃迁并放出光子，称为原子的自发辐射。由于我们没有将电磁场量子化，因此无法解释原子的自发辐射现象。

在量子电动力学(一种量子场论)中，不仅电磁场是一种场，连电子等粒子也用场来表达。所有粒子都是从场中激发的：当各种场处于基态时称为真空，有粒子的状态是场的激发态。基态电磁场仍然具有非零的振动，就像谐振子具有零点能一样。基态电磁场引起的光子发射就是原子的自发辐射。因此，原子的自发辐射和受激辐射的机制是一样的，区别仅在于引起二者的根源不同。由于电磁场基态是最低能量态，原子不可能从基态电磁场吸收能量而跃迁到较高能级上去，因此并不存在“自发吸收”现象。

1. 热平衡状态

尽管非相对论量子力学无法处理原子的自发辐射问题，然而当电磁场与物理体系达到平衡时，可以建立自发辐射与受激辐射、受激吸收之间的关系，从而得到自发辐射的定量特征。历史上这个工作是由爱因斯坦(Einstein)首先做的。

设 $E_m>E_k$，引入吸收系数 B_{km} 和受激辐射系数 B_{mk}

$$w_{k\to m}=B_{km}\rho(\omega_{mk}),\quad w_{m\to k}=B_{mk}\rho(\omega_{mk}) \tag{16.140}$$

自然光入射时，由式(16.132)和式(16.134)可知

$$B_{km}=B_{mk}=\frac{\pi e^2}{3\varepsilon_0\hbar^2}|\boldsymbol{r}_{mk}|^2 \tag{16.141}$$

再引入自发辐射系数 A_{mk}，它表示单位时间内原子由高能级 E_m 向低能级 E_k 跃迁、并放出一个能量为 $\hbar\omega_{mk}$ 的光子的概率。和两个受激系数不同，自发辐射系数 A_{mk} 并不需要搭配光强就表示跃迁速率，因为自发跃迁是由基态电磁场引起的。

假设原子体系与辐射场达到了平衡，即单位时间内发射和吸收的光子数相等。设处于高能级 E_m 和低能级 E_k 的原子数分别为 N_m 和 N_k，热力学平衡条件为

$$N_m[A_{mk}+B_{mk}\,\rho(\omega_{mk})]=N_kB_{km}\,\rho(\omega_{mk}) \tag{16.142}$$

方程(16.142)两端分别表示单位时间内发射和吸收的光子数。根据麦克斯韦-玻尔兹曼分布，可知

$$\frac{N_k}{N_m}=\exp\left(-\frac{E_k-E_m}{k_\mathrm{B}T}\right)=\exp\left(\frac{\hbar\omega_{mk}}{k_\mathrm{B}T}\right) \tag{16.143}$$

式中，k_B 是玻尔兹曼常量；T 是热力学温度。由式(16.142)和式(16.143)可得

$$\rho(\omega_{mk})=\frac{A_{mk}}{B_{km}}\frac{1}{\exp\left(\frac{\hbar\omega_{mk}}{k_\mathrm{B}T}\right)-\frac{B_{mk}}{B_{km}}} \tag{16.144}$$

根据热力学与统计物理，黑体辐射满足普朗克公式(第1章)

$$\rho_\nu(\nu,T)\,\mathrm{d}\nu=\frac{8\pi h\nu^3}{c^3}\frac{1}{\exp\left(\frac{h\nu}{k_\mathrm{B}T}\right)-1}\mathrm{d}\nu \tag{16.145}$$

由于$\rho_\nu(\nu,T)\mathrm{d}\nu=\rho(\omega)\mathrm{d}\omega$，因此

$$\rho(\omega)=\frac{\hbar\omega^3}{\pi^2c^3}\frac{1}{\exp\left(\frac{\hbar\omega}{k_BT}\right)-1} \tag{16.146}$$

由式(16.144)和式(16.146)，可得

$$\rho(\omega_{mk})=\frac{A_{mk}}{B_{km}}\frac{1}{\exp\left(\frac{\hbar\omega_{mk}}{k_BT}\right)-\frac{B_{mk}}{B_{km}}}=\frac{\hbar\omega_{mk}^3}{\pi^2c^3}\frac{1}{\exp\left(\frac{\hbar\omega_{mk}}{k_BT}\right)-1} \tag{16.147}$$

由此可得

$$B_{km}=B_{mk} \tag{16.148}$$

$$A_{mk}=\frac{\hbar\omega_{mk}^3}{\pi^2c^3}B_{mk} \tag{16.149}$$

式(16.148)符合式(16.141)，因此量子力学支持了热力学的断言，而式(16.149)在这里还只是个热力学结论。由于式(16.149)与实验相符，因此可以预料在量子电动力学中也会得出这个结果。将式(16.141)代入式(16.149)，得

$$A_{mk}=\frac{e^2\omega_{mk}^3}{3\pi\varepsilon_0\hbar c^3}|\boldsymbol{r}_{mk}|^2 \tag{16.150}$$

自发辐射系数虽然是利用热平衡条件而得到的，但热平衡只是计算手段，A_{mk}本身用来描述真空诱发的辐射，与热平衡并没有关系。

2. 激发态寿命

假设只有两个能级，在t时刻激发态原子数目为N_m，则在$t\sim t+\mathrm{d}t$时间段内由激发态向基态跃迁的原子数为

$$-\mathrm{d}N_m=A_{mk}N_m\mathrm{d}t \tag{16.151}$$

由此可得

$$N_m(t)=N_m(0)\mathrm{e}^{-A_{mk}t} \tag{16.152}$$

也就是说，激发态原子数目按照指数方式减少。$N_m(t)$减少到初始时刻的e^{-1}所花的时间称为能级的寿命(lifetime)，记为τ。根据式(16.152)可知

$$\boxed{\tau=\frac{1}{A_{mk}}} \tag{16.153}$$

由此将式(16.152)改写为

$$N_m(t)=N_m(0)\mathrm{e}^{-\frac{t}{\tau}} \tag{16.154}$$

描述指数衰减规律的特征时间还有半衰期(half-life)，记为$t_{1/2}$，它是指激发态原子衰减到原来一半时所花时间，即$N_m(t_{1/2})=N_m(0)/2$，根据式(16.154)，可得

$$t_{1/2}=\tau\ln 2 \tag{16.155}$$

如果能级不止两个，或者低能级有简并，则原子可以有多种跃迁方式，每种方式产生的跃迁加起来才构成总的跃迁，此时方程(16.151)修改为

$$\mathrm{d}N_m=-\left(\sum_{\text{所有方式}}A_{mk}\right)N_m\mathrm{d}t \tag{16.156}$$

相应地，该激发态能级的寿命为

$$\boxed{\tau = \frac{1}{\sum\limits_{\text{所有方式}} A_{mk}}} \tag{16.157}$$

可以算出，在一级近似下氢原子 $n=2$ 的激发态 $\psi_{211}, \psi_{210}, \psi_{21,-1}$ 寿命为

$$\tau = 1.60 \times 10^{-9}\mathrm{s} \tag{16.158}$$

由于选择定则(16.138)，一级近似下剩下那个激发态 ψ_{200} 不能向基态跃迁。

16.1 考虑一个二能级体系，哈密顿算符 $\hat{H}_0$ 在自身表象中的矩阵为

$$H_0 = \begin{pmatrix} E_1 & 0 \\ 0 & E_2 \end{pmatrix}, \quad E_1 < E_2$$

在 $t=0$ 时刻体系处于基态，之后受到 H' 的影响

$$H' = \begin{pmatrix} \alpha & \gamma \\ \gamma & \beta \end{pmatrix}$$

设 $t>0$，求 t 时刻体系跃迁到激发态的概率，并用微扰论讨论一级近似的结果。

16.2 基态氢原子处于平行板电场中，电场为

$$E = E_0 \mathrm{e}^{-\frac{t}{\tau}} u(t), \quad \tau > 0$$

这里 $u(t)$ 是阶跃函数，在一级近似下，求 $t \to \infty$ 时氢原子跃迁到 $2p$ 态的概率。

16.3 氢原子处于基态，受到脉冲电场 $\boldsymbol{E}=\boldsymbol{E}_0\delta(t)$ 的作用，$\boldsymbol{E}_0$ 为常数。取 z 轴沿着 $\boldsymbol{E}_0$ 方向，在一级近似下，试计算一级近似下氢原子跃迁到各个激发态的概率之和，以及保持为基态的概率。

提示：微扰哈密顿算符为 $\hat{H}'=eE_0 z\delta(t)$。先计算跃迁到激发态的概率之和，保持为基态的概率等于 1 减去上述概率之和。如果你试图直接计算保持为基态的概率，将会遇到巨大的困难。

16.4 氢原子处于基态，从 $t=0$ 开始受到单色光的照射而电离，设单色光的电场可以近似表示为 $\boldsymbol{E}_0 \sin\omega t$，$\boldsymbol{E}_0, \omega$ 均为常量，电离后电子的波函数近似用平面波表示。在一级近似下，求散射光的最小频率和在 t 时刻(t 充分大)跃迁到电离态的速率。为了降低难度，坐标算符的矩阵元可以保留不计算。

16.5 电荷为 q 的谐振子处于基态，在电场 $E=E_0\mathrm{e}^{-t/\tau}u(t)$，$\tau>0$ 的作用下经过充分长的时间，在一级近似下，求谐振子跃迁到其他能级的概率。

16.6 电荷为 q 的粒子在平衡位置做简谐振动，受到光照射而发生跃迁。设照射光的能量密度的谱密度为 $\rho(\omega)$，在一级近似下，求：

(1) 跃迁的选择定则；

(2) 设粒子处于基态，求跃迁到第一激发态的跃迁速率。

16.7 在一级近似下，计算氢原子由第一激发态到基态的自发发射概率。

16.8 在一级近似下，计算氢原子由 $2p$ 态跃迁到 $1s$ 态时所发出的光谱线强度。

16.9 不考虑电子自旋，在一级近似下，计算氢原子 $n=2$ 时四个态寿命(以 s 为单位)。

答案：在一级近似下，由于选择定则 $\Delta l=\pm1$，ψ_{200} 无法跃迁到基态，因此寿命是无限的(最终当然不是这样)。另外三个激发态的寿命为 $\tau=1.60\times10^{-9}\mathrm{s}$。

第 17 章 非微扰近似

在这一章，我们简要介绍几种常见的非微扰近似方法，包括变分法、绝热近似和 WKB 近似。

17.1 变分法

变分法的理论基础是变分原理。这里我们不打算系统地引入“变分”的概念，而只是基于变分原理的思想做一些简单计算。

17.1.1 变分法的思想

设体系的哈密顿算符具有离散的本征值，并将其从小到大编号

$$\hat{H}\,|\,n\rangle = E_n\,|\,n\rangle,\quad n = 0,1,2,\cdots \tag{17.1}$$

为了记号简单起见，我们假定所有能量本征值不简并。设体系的归一化态矢量为 $|\psi\rangle$，$\hat{H}$ 的期待值为

$$\langle H\rangle = \langle\psi\,|\,\hat{H}\,|\,\psi\rangle = \sum_{n=0}^{\infty} E_n\,|\,\langle n\,|\,\psi\rangle\,|^2 \tag{17.2}$$

由于 $E_n \geqslant E_0$，利用归一化条件 $\langle\psi\,|\psi\rangle = \sum\limits_{n=0}^{\infty}\,|\,\langle n\,|\psi\rangle|^2 = 1$，得

$$\langle H\rangle \geqslant E_0\sum_{n=0}^{\infty}|\,\langle n\,|\,\psi\rangle\,|^2 = E_0 \tag{17.3}$$

由此可知 E_0 是 $\langle H\rangle$ 的下限。反过来讲，$\langle H\rangle$ 可以提供基态能量的一个上限。根据这个特点，我们可以用很多试探态矢量求得 $\langle H\rangle$，最小的值就是最接近于 E_0 的值，这就是用变分法寻找基态能量近似值的思想。如果试探态矢量选择的比较合理，利用变分法可以很方便地求得基态能量的近似值。

通常我们会让试探态矢量依赖于几个可以连续取值的参数，由此算出的 $\langle H\rangle$ 也将依赖于这几个参数。把参数作为 $\langle H\rangle$ 的自变量，按照求函数极值的方法，求得 $\langle H\rangle$ 的最小值，就是基态能量的近似值。比如试探态矢量只依赖于一个参数 λ，由此算出 $\hat{H}$ 的期待值 $\langle H\rangle$，并根据极值条件

$$\frac{\mathrm{d}}{\mathrm{d}\lambda}\langle H\rangle = 0 \tag{17.4}$$

找到$\langle H\rangle$的最小值即可。极值条件不能保证一定是极小值或最小值，但试探态矢量通常是经过物理考虑的，一般能够保证这一点。

上述方法只能求得基态能量的近似值，而对于激发态能量就无能为力了。然而，如果在某些特殊情形我们很幸运地求得了基态$|0\rangle$，那么就有了希望。此时可以选择与基态正交的各种归一化态矢量进行试探。设体系的归一化态矢量为$|\psi\rangle$，且$\langle 0|\psi\rangle=0$，此时$\hat{H}$的期待值为

$$\langle H\rangle=\langle\psi|\hat{H}|\psi\rangle=\sum_{n=1}^{\infty}E_n|\langle n|\psi\rangle|^2 \tag{17.5}$$

由于$n\geqslant 1$时，$E_n\geqslant E_1$，利用归一化条件$\langle\psi|\psi\rangle=\sum\limits_{n=1}^{\infty}|\langle n|\psi\rangle|^2=1$，得

$$\langle H\rangle\geqslant E_1\sum_{n=1}^{\infty}|\langle n|\psi\rangle|^2=E_1 \tag{17.6}$$

由此可知，这种情况下$\langle H\rangle$提供了E_1的一个上限。我们同样用很多与$|0\rangle$正交的态矢量进行试探，$\langle H\rangle$的最小值就是最接近于E_1的值。与$|0\rangle$正交的态矢量，可以从任何一个态矢量出发，通过施密特正交化方法而得到。比如，设归一化态矢量$|\varphi\rangle$与$|0\rangle$不正交，先引入$|\varphi'\rangle=|\varphi\rangle-|0\rangle\langle 0|\varphi\rangle$，然后将$|\varphi'\rangle$归一化即可。按照这个思路，如果我们更加幸运地求得了$|0\rangle$和$|1\rangle$，则可以选择同时与$|0\rangle$和$|1\rangle$正交的试探态矢量来估算E_2，以此类推。

我们还记得，在非简并定态微扰论中，一级近似公式为

$$E_n^{(1)}=\langle n|\hat{H}'|n\rangle \tag{17.7}$$

在一级近似下，基态能量为

$$E_0=E_0^{(0)}+E_0^{(1)}=\langle 0|(\hat{H}_0+\hat{H}')|0\rangle=\langle H\rangle \tag{17.8}$$

根据变分原理，必有$\langle H\rangle\geqslant E_0$，因此基态能量的一级修正永远为非负值，即

$$E_0^{(1)}\geqslant 0 \tag{17.9}$$

相比之下，基态能量的二级修正为

$$E_0^{(2)}=\sum_{m=1}^{\infty}\frac{|\langle 0|\hat{H}'|m\rangle|^2}{E_0^{(0)}-E_m^{(0)}} \tag{17.10}$$

求和的每一项中分子为非负值，而分母为负值，因此二级修正永远为负值或零。

17.1.2 初步应用

1. 一维谐振子

一维线性谐振子的哈密顿算符为

$$\hat{H}=-\frac{\hbar^2}{2m}\frac{\mathrm{d}^2}{\mathrm{d}x^2}+\frac{1}{2}m\omega^2x^2 \tag{17.11}$$

这种情况基态能量的精确值为$E_0=\hbar\omega/2$。作为对变分法的验证，我们选取两种试探波函数。

（1）将试探波函数选取为高斯函数

$$\psi(x)=A\mathrm{e}^{-bx^2},\quad b>0 \tag{17.12}$$

首先计算归一化常数

$$\int_{-\infty}^{\infty}|\psi(x)|^2\mathrm{d}x=|A|^2\int_{-\infty}^{\infty}\mathrm{e}^{-2bx^2}\mathrm{d}x=|A|^2\sqrt{\frac{\pi}{2b}}=1\Rightarrow|A|^2=\sqrt{2b/\pi} \tag{17.13}$$

然后计算 $\hat{H}$ 的期待值

$$\langle H\rangle = \langle T\rangle + \langle V\rangle \tag{17.14}$$

在计算动能的期待值时，注意动量算符 $\hat{p}$ 是个自伴算符，因此

$$\langle T\rangle = \frac{1}{2m}(\psi,\hat{p}^2\psi) = \frac{1}{2m}(\hat{p}\psi,\hat{p}\psi) \tag{17.15}$$

将试探波函数代入，得

$$\langle T\rangle = \frac{\hbar^2}{2m}|A|^2\int_{-\infty}^{\infty}\left(\frac{\mathrm{d}}{\mathrm{d}x}\mathrm{e}^{-bx^2}\right)^2\mathrm{d}x = \frac{\hbar^2 b}{2m} \tag{17.16}$$

同样可以求得势能期待值

$$\langle V\rangle = \frac{1}{2}m\omega^2|A|^2\int_{-\infty}^{\infty}x^2\mathrm{e}^{-2bx^2}\mathrm{d}x = \frac{m\omega^2}{8b} \tag{17.17}$$

因此

$$\langle H\rangle = \frac{\hbar^2 b}{2m} + \frac{m\omega^2}{8b} \tag{17.18}$$

根据变分原理，我们来求$\langle H\rangle$的极小值

$$\frac{\mathrm{d}}{\mathrm{d}b}\langle H\rangle = \frac{\hbar^2}{2m} - \frac{m\omega^2}{8b^2} = 0 \quad\Rightarrow\quad b = \frac{m\omega}{2\hbar} \tag{17.19}$$

容易验证此时$\langle H\rangle$的二阶导数大于 0，因此是$\langle H\rangle$的极小值点。此时

$$\langle H\rangle_{\min} = \frac{1}{2}\hbar\omega \tag{17.20}$$

这碰巧就是精确的基态能量。将 $A=(2b/\pi)^{1/4}$ 和 $b=m\omega/2\hbar$ 代入式(17.12)，碰巧也得到了谐振子的基态波函数。在这个例子中选用的试探波函数正好就是基态波函数的形式，因此得到了准确的基态能量和基态波函数。

(2) 将试探波函数选为如下函数

$$\psi(x) = \frac{A}{x^2+b^2},\quad b>0 \tag{17.21}$$

首先计算归一化常数

$$\int_{-\infty}^{\infty}|\psi(x)|^2\mathrm{d}x = |A|^2\int_{-\infty}^{\infty}\frac{1}{(x^2+b^2)^2}\mathrm{d}x = |A|^2\frac{\pi}{2b^3} = 1 \Rightarrow |A|^2 = \frac{2b^3}{\pi} \tag{17.22}$$

然后计算 $\hat{H}$ 的期待值

$$\langle H\rangle = \langle T\rangle + \langle V\rangle \tag{17.23}$$

利用公式(17.15)，可得动能期待值

$$\langle T\rangle = \frac{\hbar^2}{2m}|A|^2\int_{-\infty}^{\infty}\left(\frac{\mathrm{d}}{\mathrm{d}x}\frac{1}{x^2+b^2}\right)^2\mathrm{d}x = \frac{\hbar^2}{4mb^2} \tag{17.24}$$

同样可以算出势能期待值

$$\langle V\rangle = \frac{1}{2}m\omega^2|A|^2\int_{-\infty}^{\infty}\frac{x^2}{(x^2+b^2)^2}\mathrm{d}x = \frac{1}{2}m\omega^2 b^2 \tag{17.25}$$

因此

$$\langle H\rangle = \frac{\hbar^2}{4mb^2} + \frac{1}{2}m\omega^2 b^2 \tag{17.26}$$

根据变分原理，我们来求$\langle H\rangle$的极小值

$$\frac{\mathrm{d}}{\mathrm{d}b}\langle H\rangle=-\frac{\hbar^2}{2mb^3}+m\omega^2 b=0 \quad\Rightarrow\quad b^2=\frac{\hbar}{\sqrt{2}\,m\omega} \tag{17.27}$$

容易验证此时$\langle H\rangle$的二阶导数大于 0，因此是$\langle H\rangle$的极小值点。此时

$$\langle H\rangle_{\min}=\frac{\sqrt{2}}{2}\hbar\omega > E_0=\frac{1}{2}\hbar\omega \tag{17.28}$$

这个结果给出了基态能量的上限。试探波函数与基态波函数如图 17-1 所示。

2. 一维无限深方势阱

考虑宽度为 $2a$ 的一维无限深方势阱

$$V(x)=\begin{cases}0, & |x|<a\\ \infty, & |x|>a\end{cases} \tag{17.29}$$

基态能量的精确值为

$$E_1=\frac{\pi^2\hbar^2}{8ma^2} \tag{17.30}$$

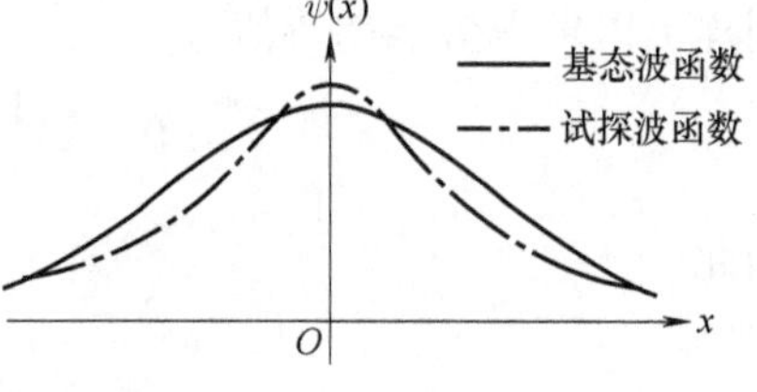

图 17-1　一维谐振子试探波函数

试探波函数在势阱外必须为 0，否则会得到$\langle V\rangle=\infty$，从而给不出有用的结果。

（1）采用如下三角形的试探波函数（这一次没有设置可调参数）

$$\psi(x)=\begin{cases}A(a-|x|), & |x|<a\\ 0, & |x|>a\end{cases} \tag{17.31}$$

计算归一化常数

$$\int_{-\infty}^{\infty}|\psi(x)|^2\mathrm{d}x=2|A|^2\int_0^a(x-a)^2\mathrm{d}x=\frac{2}{3}|A|^2a^3=1\Rightarrow|A|^2=\frac{3}{2a^3} \tag{17.32}$$

对于式(17.31)的波函数，$\langle V\rangle=0$，因此$\langle H\rangle=\langle T\rangle$。利用公式(17.15)，得

$$\langle H\rangle=\langle T\rangle=\frac{\hbar^2}{2m}2\int_0^a|A|^2\mathrm{d}x=\frac{3\hbar^2}{2ma^2}=\frac{12\hbar^2}{8ma^2} \tag{17.33}$$

由于 $12>\pi^2\approx9.87$，因此估算值大于基态能量的精确值 E_1，变分原理给出了基态能量上限。

（2）采用抛物线形试探波函数（没有设置可调参数）

$$\psi(x)=\begin{cases}A(a^2-x^2), & |x|<a\\ 0, & |x|>a\end{cases} \tag{17.34}$$

计算归一化常数

$$\int_{-\infty}^{\infty}|\psi(x)|^2\mathrm{d}x=2|A|^2\int_0^a(a^2-x^2)^2\mathrm{d}x=\frac{16}{15}|A|^2a^5=1\Rightarrow|A|^2=\frac{15}{16a^5} \tag{17.35}$$

由于$\langle V\rangle=0$，因此$\langle H\rangle=\langle T\rangle$。利用公式(17.15)，得

$$\langle H\rangle=\langle T\rangle=\frac{\hbar^2}{2m}2\int_0^a|A|^2(-2x)^2\mathrm{d}x=\frac{5\hbar^2}{4ma^2}=\frac{10\hbar^2}{8ma^2} \tag{17.36}$$

由于 $10>\pi^2\approx9.87$，因此估算值仍然大于基态能量的精确值 E_1，但比采用上一个试探波函数更加精确。

（3）采用试探波函数

$$\psi(x)=\begin{cases}A(a^\lambda-|x|^\lambda), & |x|<a\\ 0, & |x|>a\end{cases} \tag{17.37}$$

其中 $\lambda>1/2$。当 $\lambda=1$，2 时，就回到前面两种试探波函数。这种情况下可以算出

$$\langle H\rangle=\frac{(\lambda+1)(2\lambda+1)}{2\lambda-1}\frac{\hbar^2}{4ma^2} \tag{17.38}$$

根据极值条件

$$\frac{\mathrm{d}}{\mathrm{d}\lambda}\langle H\rangle=\frac{4\lambda^2-4\lambda-5}{(2\lambda-1)^2}\frac{\hbar^2}{4ma^2}=0 \quad\Rightarrow\quad \lambda_{\min}=\frac{1+\sqrt{6}}{2}\approx 1.723 \tag{17.39}$$

由此可得

$$\langle H\rangle_{\min}\approx\frac{4.95\hbar^2}{4ma^2}=\frac{9.90\hbar^2}{8ma^2} \tag{17.40}$$

$9.90>\pi^2\approx 9.87$，估算值仍然大于基态能量的精确值 E_1，但比采用上两个试探波函数更加精确。

三种试探波函数与精确波函数的差别如图 17-2 所示，其中阴影表示精确波函数，含参数波函数取 $\lambda_{\min}$。直观上抛物线比三角波误差更小，含参数波函数误差最小。单就这三个函数而言，与基态波函数越接近，估算的基态能量就越精确。但反过来不一定成立。原则上讲，即使试探波函数能够估算出较为精确的基态能量，也可能与基态波函数差别很大。变分法的目的是估算能量本征值，不是估算能量本征函数。

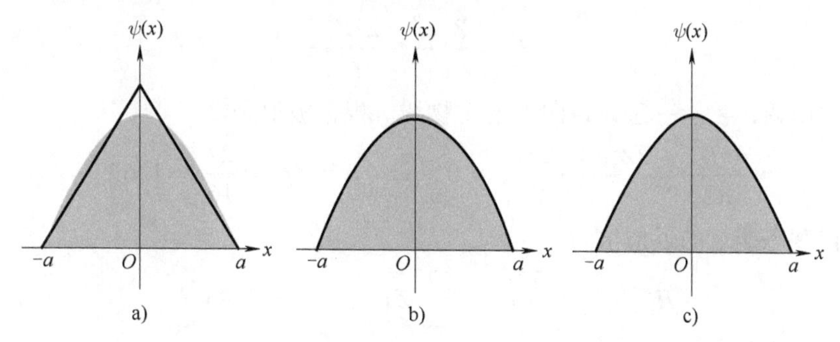

图 17-2 一维无限深方势阱试探波函数(阴影表示精确波函数)

a）三角形试探波函数 b）抛物线试探波函数 c）含参数试探波函数

17.1.3 氦原子基态

类氢离子的能级和基态波函数分别为(第 6 章)

$$E_n=-\frac{Z^2\bar{e}^2}{2a_0}\frac{1}{n^2},\quad n=1,2,\cdots \tag{17.41}$$

$$\psi_{100}(\boldsymbol{r})=\frac{1}{\sqrt{\pi}}\left(\frac{Z}{a_0}\right)^{\frac{3}{2}}\mathrm{e}^{-\frac{Z}{a_0}r} \tag{17.42}$$

类氦离子核外只有两个电子，比如 Li^+, Be^{++}, B^{+++} 等。为了行文方便，我们把氦原子作为类氦离子的特例。不考虑自旋，类氦离子的哈密顿算符为

$$\hat{H}=\hat{H}_1+\hat{H}_2+\hat{V}_{12} \tag{17.43}$$

其中

$$\hat{H}_1=-\frac{\hbar^2}{2m_{\mathrm{e}}}\nabla_1^2-\frac{Z\bar{e}^2}{r_1},\quad \hat{H}_2=-\frac{\hbar^2}{2m_{\mathrm{e}}}\nabla_2^2-\frac{Z\bar{e}^2}{r_2},\quad \hat{V}_{12}=\frac{\bar{e}^2}{r_{12}} \tag{17.44}$$

式中，$\hat{V}_{12}$是两个电子的相互作用势能；$r_{12}=|\boldsymbol{r}_1-\boldsymbol{r}_2|$是两个电子的相对坐标。我们仍然把参考系选在原子核上，并忽略由此带来的误差。

先忽略 $\hat{V}_{12}$，此时两个电子相互独立，电子状态与类氢离子一样。设电子 1 和电子 2 的基态波函数分别为$\psi_{100}(\boldsymbol{r}_1)$和$\psi_{100}(\boldsymbol{r}_2)$，则类氦离子的基态波函数为

$$\varphi(\boldsymbol{r}_1,\boldsymbol{r}_2)=\psi_{100}(\boldsymbol{r}_1)\psi_{100}(\boldsymbol{r}_2)=\frac{1}{\pi}\left(\frac{Z}{a_0}\right)^3\mathrm{e}^{-\frac{Z}{a_0}(r_1+r_2)} \tag{17.45}$$

将 Z 作为可调参数，从而得到一系列试探波函数。根据式(17.43)，可得

$$\langle H\rangle=\langle H_1\rangle+\langle H_2\rangle+\langle V_{12}\rangle \tag{17.46}$$

$\hat{H}_1$ 和 $\hat{H}_2$ 中核电荷数 Z 不是可调参数，比如氦原子应取 $Z=2$。对于氦原子基态，直接计算积分(留作练习)，可得

$$\langle H_1\rangle=\langle H_2\rangle=\frac{Z^2\bar{e}^2}{2a_0}-\frac{2Z\bar{e}^2}{a_0},\quad\langle V_{12}\rangle=\frac{5Z\bar{e}^2}{8a_0} \tag{17.47}$$

其中计算$\langle V_{12}\rangle$需要利用如下积分公式(附录 E)

$$\boxed{\frac{1}{\pi^2}\int_\infty \mathrm{d}^3r_1\int_\infty \mathrm{d}^3r_2\,\frac{\mathrm{e}^{-2(r_1+r_2)}}{r_{12}}=\frac{5}{8}} \tag{17.48}$$

由此可得

$$\langle H\rangle=\frac{Z^2\bar{e}^2}{a_0}-\frac{27Z\bar{e}^2}{8a_0} \tag{17.49}$$

$\langle H\rangle$作为 Z 的函数，表示一条开口向上的抛物线。根据极值条件

$$\frac{\mathrm{d}\langle H\rangle}{\mathrm{d}Z}=\frac{2Z\bar{e}^2}{a_0}-\frac{27\bar{e}^2}{8a_0}=0\quad\Rightarrow\quad Z=Z_{\min}=\frac{27}{16}\approx1.69 \tag{17.50}$$

由此可以求得基态能量的近似值为

$$\langle H\rangle_{Z=Z_{\min}}=\frac{\bar{e}^2}{a_0}\left(Z^2-\frac{27}{8}Z\right)_{Z=Z_{\min}}=-2.85\frac{\bar{e}^2}{a_0} \tag{17.51}$$

$\bar{e}^2/a_0=27.2\mathrm{eV}$ 为氢原子电离能的 2 倍，因此

$$\langle H\rangle_{Z=Z_{\min}}=-77.52\ \mathrm{eV} \tag{17.52}$$

实验测量氦原子基态能量为−79.01eV，计算结果式(17.52)的相对误差约为 1.9%。

*17.2 绝热近似

设体系的哈密顿算符显含时间，态矢量演化遵守薛定谔方程

$$\mathrm{i}\hbar\frac{\mathrm{d}}{\mathrm{d}t}|\psi(t)\rangle=\hat{H}(t)|\psi(t)\rangle \tag{17.53}$$

对每个时刻的 $\hat{H}(t)$ 可以写出瞬时能量本征方程

$$\hat{H}(t)|n,t\rangle=E_n(t)|n,t\rangle \tag{17.54}$$

式中，$E_n(t)$是瞬时能量本征值；$|n,t\rangle$是瞬时能量本征矢量；变量 t 表示它们与 t 时刻的 $\hat{H}(t)$有关，这不是态矢量的演化。这里还假定 $\hat{H}(t)$的所有本征值是离散的、不简并的。每个时刻的本征矢量组$\{|n,t\rangle\}$均构成态空间的正交归一基

$$\langle n,t|m,t\rangle=\delta_{nm} \tag{17.55}$$

$|\psi(t)\rangle$可按照与其同一时刻的本征矢量组展开

$$|\psi(t)\rangle = \sum_n a_n(t)\,|n,t\rangle, \quad a_n(t) = \langle n,t|\psi(t)\rangle \tag{17.56}$$

17.2.1 绝热定理

如果不同时刻的$\hat{H}(t)$不对易，则态矢量的演化比较复杂，即使体系的初态为$\hat{H}(0)$的某个本征态，比如

$$|\psi(0)\rangle = |m,0\rangle \tag{17.57}$$

在t时刻体系态矢量通常也不是$|m,t\rangle$。然而，如果$\hat{H}(t)$变化“足够缓慢”，则有如下简单结论。

绝热定理：设体系哈密顿算符$\hat{H}(t)$随时间变化足够缓慢，若体系的初态为$|\psi(0)\rangle = |m,0\rangle$，则当$t>0$时，体系将保持为$\hat{H}(t)$的相应瞬时本征态$|m,t\rangle$。

绝热定理是说，当$|\psi(0)\rangle = |m,0\rangle$时，式(17.56)中所有$n\neq m$的项满足$|a_n(t)|^2 \ll 1$，换句话说，体系从$|m,0\rangle$到$|n,t\rangle$的跃迁概率可以忽略，因此体系的状态为$|m,t\rangle$。下面证明绝热定理，同时说明$\hat{H}(t)$随时间变化“足够缓慢”的含义。

证明：首先，引入新的展开系数

$$a_n(t) = b_n(t)\,\mathrm{e}^{\mathrm{i}\theta_n(t)}, \quad \theta_n(t) = -\frac{1}{\hbar}\int_0^t E_n(t')\,\mathrm{d}t' \tag{17.58}$$

由此将式(17.56)改写为

$$|\psi(t)\rangle = \sum_n b_n(t)\,\mathrm{e}^{\mathrm{i}\theta_n(t)}\,|n,t\rangle \tag{17.59}$$

将式(17.59)代入薛定谔方程(17.53)，省写b_n和θ_n的自变量，得

$$\mathrm{i}\hbar\sum_n \mathrm{e}^{\mathrm{i}\theta_n}\left[\dot{b}_n|n,t\rangle + \mathrm{i}b_n\dot{\theta}|n,t\rangle + b_n|\dot{n},t\rangle\right] = \sum_n b_n \mathrm{e}^{\mathrm{i}\theta_n}\hat{H}|n,t\rangle \tag{17.60}$$

式中，$|\dot{n},t\rangle$表示$|n,t\rangle$对时间求导。根据方程(17.54)，并考虑到$\dot{\theta}_n(t) = -E_n(t)/\hbar$，得

$$\sum_n \mathrm{e}^{\mathrm{i}\theta_n}\left(\dot{b}_n|n,t\rangle + b_n|\dot{n},t\rangle\right) = 0 \tag{17.61}$$

用$\langle n,t|$左乘方程(17.61)，注意将求和指标改为m，并利用式(17.55)，得

$$\dot{b}_n \mathrm{e}^{\mathrm{i}\theta_n} + \sum_m b_m\langle n,t|\dot{m},t\rangle \mathrm{e}^{\mathrm{i}\theta_m} = 0 \tag{17.62}$$

将求和中$n=m$的项单独写出，得

$$\dot{b}_n = -b_n\langle n,t|\dot{n},t\rangle - \sum_{m\neq n} b_m\langle n,t|\dot{m},t\rangle \mathrm{e}^{\mathrm{i}(\theta_m-\theta_n)} \tag{17.63}$$

到此为止式(17.63)是精确的，没有采取任何近似。

其次，式(17.63)右端第二项反映了b_n的变化率跟其他系数$b_m, m\neq n$的关系，假定在某条件下这项可以忽略，则

$$\dot{b}_n = -b_n\langle n,t|\dot{n},t\rangle \tag{17.64}$$

求解方程(17.64)，得

$$b_n(t) = b_n(0)\,\mathrm{e}^{\mathrm{i}\gamma_n(t)}, \quad \gamma_n(t) = \mathrm{i}\int_0^t \langle n,t'|\dot{n},t'\rangle\,\mathrm{d}t' \tag{17.65}$$

根据狄拉克符号的运算规则，可得

$$\begin{aligned}\gamma_n(t)-\gamma_n^*(t)&=\mathrm{i}\int_0^t\langle n,t'\mid\dot{n},t'\rangle\,\mathrm{d}t'+\mathrm{i}\int_0^t\langle\dot{n},t'\mid n,t'\rangle\,\mathrm{d}t'\\&=\mathrm{i}\int_0^t\frac{\mathrm{d}}{\mathrm{d}t'}\langle n,t'\mid n,t'\rangle\,\mathrm{d}t'\end{aligned}\tag{17.66}$$

根据$\langle n,t'\mid n,t'\rangle=1$，可得$\gamma_n(t)-\gamma_n^*(t)=0$。由此可知$\gamma_n(t)$为实数，$\mathrm{e}^{\mathrm{i}\gamma_n(t)}$是个模为1的相因子。

最后，根据绝热定理的假定，体系的初态为$|m,0\rangle$，因此$b_n(0)=\delta_{nm}$，此时

$$b_n(t)=\delta_{nm}\mathrm{e}^{\mathrm{i}\gamma_n(t)}\tag{17.67}$$

将式(17.67)代入式(17.59)，得

$$\boxed{|\psi(t)\rangle=\mathrm{e}^{\mathrm{i}\theta_m(t)}\mathrm{e}^{\mathrm{i}\gamma_m(t)}\,|m,t\rangle}\tag{17.68}$$

因此体系处在$\hat{H}(t)$的第m个本征态，只不过多了两个相因子。我们把$\theta_m(t)$称为动力学相(dynamical phase)，$\gamma_m(t)$称为绝热相(adiabatic phase)。

下面讨论$\hat{H}(t)$变化"足够缓慢"的含义。将能量本征方程(17.54)中的n换成m，然后对时间求导，得

$$\dot{\hat{H}}(t)\,|m,t\rangle+\hat{H}(t)\,|\dot{m},t\rangle=\dot{E}_m(t)\,|m,t\rangle+E_m(t)\,|\dot{m},t\rangle\tag{17.69}$$

用$\langle n,t|$左乘方程(17.69)，并利用方程(17.54)的厄米共轭，得

$$\langle n,t|\,\dot{\hat{H}}(t)\,|m,t\rangle=\dot{E}_m(t)\delta_{nm}+[E_m(t)-E_n(t)]\langle n,t|\dot{m},t\rangle\tag{17.70}$$

当$m\neq n$时

$$\langle n,t|\,\dot{\hat{H}}(t)\,|m,t\rangle=[E_m(t)-E_n(t)]\langle n,t|\dot{m},t\rangle\tag{17.71}$$

由此可见，$\hat{H}(t)$变化"足够缓慢"的含义就是式(17.63)中第二项可以忽略。顺便一提，当$m=n$时，由式(17.70)可得

$$\frac{\mathrm{d}E_n(t)}{\mathrm{d}t}=\langle n,t|\,\frac{\mathrm{d}\hat{H}(t)}{\mathrm{d}t}\,|n,t\rangle\tag{17.72}$$

这是赫尔曼-费曼定理(第13章)以t为参数的特殊情形。

17.2.2 贝利相

假定哈密顿算符含有一个参数R，$\hat{H}=\hat{H}(R)$，则它的本征值和本征矢量也将依赖于这个参数。如果参数R随着时间而变化，则哈密顿算符也随着时间而变化。假定$\hat{H}$仅仅通过一个随时间变化的参数$R(t)$依赖于时间，则$\hat{H}$瞬时能量本征值和本征矢量也仅仅通过参数$R(t)$依赖于时间

$$\hat{H}=\hat{H}(R(t)),\quad |\psi\rangle=|\psi(R(t))\rangle\tag{17.73}$$

这里R可以是电场$\boldsymbol{E}$或磁场$\boldsymbol{B}$的某个分量，等等。对于$\hat{H}(t)$的瞬时本征矢量

$$\frac{\mathrm{d}}{\mathrm{d}t}|n,R\rangle=\frac{\mathrm{d}|n,R\rangle}{\mathrm{d}R}\frac{\mathrm{d}R}{\mathrm{d}t}\tag{17.74}$$

在绝热近似下，如果体系初态是$\hat{H}$的本征矢量，则态矢量的演化由式(17.68)给出，其中绝热相现在可写为

$$\gamma_n(t)=\mathrm{i}\int_0^t\langle n,R|\,\frac{\mathrm{d}}{\mathrm{d}R}\,|n,R\rangle\,\frac{\mathrm{d}R}{\mathrm{d}t'}\mathrm{d}t'=\mathrm{i}\int_{R(0)}^{R(t)}\langle n,R|\,\frac{\mathrm{d}}{\mathrm{d}R}\,|n,R\rangle\,\mathrm{d}R\tag{17.75}$$

如果一段时间 T 之后，参数 $R(t)$ 回到初值，即 $R(T)=R(0)$，则 $\gamma_n(T)=0$。这是个平庸的结果，然而当参数超过一个时，就会出现非平庸的现象。

假定 $\hat{H}$ 依赖于 N 个参数 $R_1(t),R_2(t),\cdots,R_N(t)$，引入矢量记号

$$\boldsymbol{R}=(R_1,R_2,\cdots,R_N) \tag{17.76}$$

$\boldsymbol{R}$ 是 N 维参数空间的矢量，此时

$$\frac{\mathrm{d}}{\mathrm{d}t}|n,\boldsymbol{R}\rangle=\frac{\partial|n,R_1\rangle}{\partial R_1}\frac{\mathrm{d}R_1}{\mathrm{d}t}+\frac{\partial|n,R_2\rangle}{\partial R_2}\frac{\mathrm{d}R_2}{\mathrm{d}t}+\cdots+\frac{\partial|n,R_N\rangle}{\partial R_N}\frac{\mathrm{d}R_N}{\mathrm{d}t} \tag{17.77}$$

引入参数空间的梯度算符

$$\nabla_R=\boldsymbol{e}_1\frac{\partial}{\partial R_1}+\boldsymbol{e}_2\frac{\partial}{\partial R_2}+\cdots+\boldsymbol{e}_N\frac{\partial}{\partial R_N} \tag{17.78}$$

可将式(17.77)改写为

$$\frac{\mathrm{d}}{\mathrm{d}t}|n,\boldsymbol{R}\rangle=(\nabla_R|n,\boldsymbol{R}\rangle)\cdot\frac{\mathrm{d}\boldsymbol{R}}{\mathrm{d}t} \tag{17.79}$$

此时绝热相为

$$\gamma_n(t)=\mathrm{i}\int_{\boldsymbol{R}(0)}^{\boldsymbol{R}(t)}\langle n,\boldsymbol{R}|(\nabla_R|n,\boldsymbol{R}\rangle)\cdot\mathrm{d}\boldsymbol{R} \tag{17.80}$$

这是在 N 维参数空间的曲线积分，$\boldsymbol{R}(0)$ 和 $\boldsymbol{R}(t)$ 分别表示曲线的初端和末端。积分结果一般是依赖于曲线的，仅仅知道曲线初末端无法算出积分，因此 $\mathrm{e}^{\mathrm{i}\gamma_n(t)}$ 被称为不可积相因子。如果一段时间 T 后参数 $\boldsymbol{R}(t)$ 回到初值，$\boldsymbol{R}(T)=\boldsymbol{R}(0)$，则

$$\gamma_n(T)=\mathrm{i}\oint_L\langle n,\boldsymbol{R}|(\nabla_R|n,\boldsymbol{R}\rangle)\cdot\mathrm{d}\boldsymbol{R} \tag{17.81}$$

式中，L 表示参数空间的积分路径。这个积分一般不为零。绝热相式(17.81)称为贝利几何相(Berry geometric phase)。

不管是动力学相还是几何相，都只是贡献了一个无关紧要的相因子而已，式(17.68) $|\psi(t)\rangle$ 和 $|n,t\rangle$ 对应着完全相同的量子态。然而，如果将一束粒子分为两束(每个粒子的波包分为两个子波包)

$$|\psi\rangle=|\psi_1\rangle+|\psi_2\rangle \tag{17.82}$$

只让其中一部分，比如 $|\psi_2\rangle$ 经历 $\hat{H}(t)$ 的作用，则动力学相和几何相就有了意义

$$|\psi(t)\rangle=|n,t\rangle+\mathrm{e}^{\mathrm{i}\alpha(t)}|n,t\rangle \tag{17.83}$$

式中，$\alpha(t)$ 包含了动力学相和几何相。当两束粒子重新相遇时，附加相位差会产生可以观测的干涉效应。

设参数 $\boldsymbol{R}$ 为磁矢势 $\boldsymbol{A}$，根据式(17.81)，得

$$\gamma_n(T)=\mathrm{i}\oint_L\langle n,\boldsymbol{A}|(\nabla_A|n,\boldsymbol{A}\rangle)\cdot\mathrm{d}\boldsymbol{A} \tag{17.84}$$

利用斯托克斯定理，可将上述闭曲线积分改写为曲面积分

$$\gamma_n(T)=\mathrm{i}\int_S\nabla_A\times[\langle n,\boldsymbol{A}|(\nabla_A|n,\boldsymbol{A}\rangle)]\cdot\mathrm{d}\boldsymbol{S} \tag{17.85}$$

式中，$\mathrm{d}\boldsymbol{S}$ 是参数 $\boldsymbol{A}$ 的空间的有向面元；积分曲面 S 以积分路径 L 为边界，且曲面法向跟曲线正向满足右手定则。

*17.3 WKB 近似

现在讨论一维能量本征方程

$$\left[-\frac{\hbar^2}{2m}\frac{\mathrm{d}^2}{\mathrm{d}x^2}+V(x)\right]\psi(x)=E\psi(x) \tag{17.86}$$

当势能函数在某区域为常数时，不考虑 $E=V$ 的临界状态，方程的解为

(1) $E>V$, $\psi(x)=A_1\mathrm{e}^{\mathrm{i}kx}+A_2\mathrm{e}^{-\mathrm{i}kx}$，$k=\sqrt{2m(E-V)}/\hbar$；

(2) $E<V$, $\psi(x)=B_1\mathrm{e}^{\beta x}+B_2\mathrm{e}^{-\beta x}$，$\beta=\sqrt{2m(V-E)}/\hbar$。

WKB 近似方法是温采(Wentzel)、克拉默斯(Kramers)和布里渊(Brillouin)提出的，用来得到一维能量本征方程的近似解。其基本思想是：如果 $V(x)$ 是个缓变函数，即在波长 $\lambda=2\pi/k$ 或特征长度 $1/\beta$ 的范围内变化很小，则能量本征函数仍然保持为这两种形式，只是振幅和相位换成 x 的缓变函数。

17.3.1 WKB 波函数

设 $E>V(x)$，将方程(17.86)改写为

$$\psi''(x)=-k^2(x)\psi(x) \tag{17.87}$$

其中

$$k(x)=\sqrt{\frac{2m}{\hbar^2}[E-V(x)]}>0 \tag{17.88}$$

波函数一般为复数值函数，现在将其写为指数形式

$$\psi(x)=A(x)\mathrm{e}^{\mathrm{i}q(x)} \tag{17.89}$$

式中，$A(x)$ 和 $q(x)$ 都是实数值函数。将式(17.89)代入方程(17.87)，得

$$A''+2\mathrm{i}A'q'+\mathrm{i}Aq''-Aq'^2=-k^2A \tag{17.90}$$

根据实部和虚部分别得到两个方程

$$A''-Aq'^2=-k^2A \tag{17.91}$$

$$2A'q'+Aq''=0 \tag{17.92}$$

方程(17.91)和方程(17.92)等价于能量本征方程(17.86)。

方程(17.92)相当于如下方程

$$(A^2q')'=0 \tag{17.93}$$

由此可得

$$A^2q'=\overline{C} \tag{17.94}$$

这里 $\overline{C}$ 是一个实积分常数。假如振幅 $A(x)$ 变化比较缓慢，$A'(x)$ 和 $A''(x)$ 都很小，作为最低级近似，在方程(17.91)中忽略 $A''(x)$ 项，得

$$q'^2=k^2,\quad\Rightarrow\quad q'=\pm k \tag{17.95}$$

由此可得近似的相位函数

$$q(x)=q(0)\pm\int_0^x k(x')\mathrm{d}x' \tag{17.96}$$

将式(17.95)代入式(17.94)求出振幅，由此可得

$$\boxed{\psi(x) \approx \frac{C}{\sqrt{k(x)}}\mathrm{e}^{\pm\mathrm{i}\int_0^x k(x')\mathrm{d}x'}} \tag{17.97}$$

所有常数相因子都吸收到未定常数 C 中。指数上的正负号表示两个线性无关的特解，通解为两个特解的线性组合。

如果 $E<V(x)$，则由式(17.88)引入的 $k(x)$ 为纯虚数，此时仍然可以得到方程(17.91)和(17.92)。为了明确起见，引入实值函数

$$\beta(x) = \sqrt{\frac{2m}{\hbar^2}[V(x) - E]} \tag{17.98}$$

类似讨论可得

$$\boxed{\psi(x) \approx \frac{C}{\sqrt{\beta(x)}}\mathrm{e}^{\pm\int_0^x \beta(x')\mathrm{d}x'}} \tag{17.99}$$

式(17.97)和式(17.99)就是采用了 WKB 近似的能量本征函数。

17.3.2　简单应用

1. 一维无限深势阱

假设一维无限深方势阱底部是不平的，如图 17-3 所示。

能量本征函数的 WKB 近似解为

$$\psi(x) \approx \frac{1}{\sqrt{k(x)}}[C_1\mathrm{e}^{\mathrm{i}q(x)} + C_2\mathrm{e}^{-\mathrm{i}q(x)}],\quad 0 < x < a \tag{17.100}$$

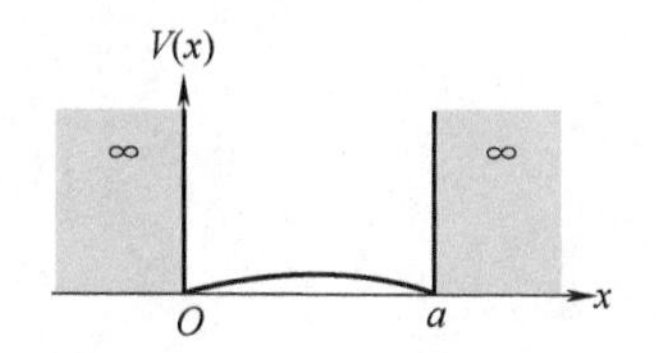

图 17-3　一维无限深不平势阱

其中

$$q(x) = \int_0^x k(x')\mathrm{d}x' \tag{17.101}$$

通解也可以写为

$$\psi(x) \approx \frac{1}{\sqrt{k(x)}}[A\cos q(x) + B\sin q(x)],\quad 0 < x < a \tag{17.102}$$

根据边界条件，在 $x=0$ 处 $\psi(x)=0$，因此 $A=0$；在 $x=a$ 处同样有

$$\psi(a) = \frac{B}{\sqrt{k(a)}}\sin q(a) = 0 \tag{17.103}$$

因此必须有

$$\boxed{q(a) = \int_0^a k(x')\mathrm{d}x' = n\pi,\quad n = 1,2,\cdots} \tag{17.104}$$

这里 n 不取 0 和负整数，因为它们分别对应平庸解和重复解。量子化条件(17.104)决定了能量的允许值。令 $p(x)=\hbar k(x)$，可将式(17.104)改写为

$$\oint p\mathrm{d}l = \int_0^a p(x)\mathrm{d}x + \int_a^0 p(x)(-\mathrm{d}x) = nh \tag{17.105}$$

式中，$h=2\pi\hbar$ 是普朗克常量。式(17.105)正是索末菲量子化条件。由此可见，在对量子力学

做半经典近似时，便重现了索末菲量子化条件，从而把索末菲理论容纳在量子力学的框架内。

2. 隧道效应

考虑一个顶部不平的势垒，如图 17-4 所示。假设在 $0<x<a$ 区域内，$E<V(x)$。引入记号

$$k_1=\sqrt{\frac{2mE}{\hbar^2}},\quad \beta(x)=\sqrt{\frac{2m}{\hbar^2}[V(x)-E]} \tag{17.106}$$

在势垒左边和右边，波函数分别为

$$\psi_1(x)=A_1\mathrm{e}^{\mathrm{i}k_1x}+A_1'\mathrm{e}^{-\mathrm{i}k_1x},\quad x<0 \tag{17.107}$$

$$\psi_3(x)=A_3\mathrm{e}^{\mathrm{i}k_1x},\quad x>a \tag{17.108}$$

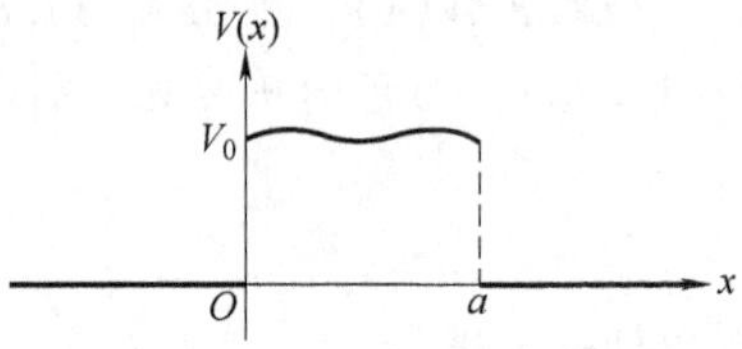

在势阱内部，WKB 近似波函数为

$$\psi_2(x)\approx\frac{1}{\sqrt{\beta(x)}}\left[B_2\mathrm{e}^{\int_0^x\beta(x')\mathrm{d}x'}+B_2'\mathrm{e}^{-\int_0^x\beta(x')\mathrm{d}x'}\right] \tag{17.109}$$

图 17-4　一维不平势垒

令 $\beta_+\equiv\beta(0_+)$，$\beta_-\equiv\beta(a_-)$，根据 $\psi_1(0)=\psi_2(0)$，得

$$A_1+A_1'=\frac{B_2+B_2'}{\sqrt{\beta_+}} \tag{17.110}$$

再根据 $\psi_1'(0)=\psi_2'(0)$，考虑到 $V(x)$ 是缓变函数，忽略 $\beta'(x)$ 项，得

$$\mathrm{i}k_1A_1-\mathrm{i}k_1A_1'=\sqrt{\beta_+}(B_2-B_2') \tag{17.111}$$

同样，根据 $x=a$ 处衔接条件，得

$$\frac{1}{\sqrt{\beta_-}}(B_2\mathrm{e}^{\gamma}+B_2'\mathrm{e}^{-\gamma})=A_3\mathrm{e}^{\mathrm{i}k_1a} \tag{17.112}$$

$$\sqrt{\beta_-}(B_2\mathrm{e}^{\gamma}-B_2'\mathrm{e}^{-\gamma})=\mathrm{i}k_1A_3\mathrm{e}^{\mathrm{i}k_1a} \tag{17.113}$$

其中

$$\gamma=\int_0^a\beta(x')\mathrm{d}x' \tag{17.114}$$

根据式(17.110)和式(17.111)，得

$$2\mathrm{i}k_1A_1=\left(\frac{\mathrm{i}k_1}{\sqrt{\beta_+}}+\sqrt{\beta_+}\right)B_2+\left(\frac{\mathrm{i}k_1}{\sqrt{\beta_+}}-\sqrt{\beta_+}\right)B_2' \tag{17.115}$$

根据式(17.112)和式(17.113)，得

$$B_2=\frac{1}{2}\left(\sqrt{\beta_-}+\frac{\mathrm{i}k_1}{\sqrt{\beta_-}}\right)A_3\mathrm{e}^{\mathrm{i}k_1a}\mathrm{e}^{-\gamma},\quad B_2'=\frac{1}{2}\left(\sqrt{\beta_-}-\frac{\mathrm{i}k_1}{\sqrt{\beta_-}}\right)A_3\mathrm{e}^{\mathrm{i}k_1a}\mathrm{e}^{\gamma} \tag{17.116}$$

将式(17.116)代入式(17.115)，得

$$\begin{aligned}2\mathrm{i}k_1A_1=&\frac{1}{2}\left(\frac{\mathrm{i}k_1}{\sqrt{\beta_+}}+\sqrt{\beta_+}\right)\left(\sqrt{\beta_-}+\frac{\mathrm{i}k_1}{\sqrt{\beta_-}}\right)A_3\mathrm{e}^{\mathrm{i}k_1a}\mathrm{e}^{-\gamma}\\&+\frac{1}{2}\left(\frac{\mathrm{i}k_1}{\sqrt{\beta_+}}-\sqrt{\beta_+}\right)\left(\sqrt{\beta_-}-\frac{\mathrm{i}k_1}{\sqrt{\beta_-}}\right)A_3\mathrm{e}^{\mathrm{i}k_1a}\mathrm{e}^{\gamma}\end{aligned} \tag{17.117}$$

方程两端乘以 $\sqrt{\beta_+\beta_-}\,\mathrm{e}^{-\mathrm{i}k_1a}$，整理为

$$2\mathrm{i}k_1\sqrt{\beta_+\beta_-}\,\mathrm{e}^{-\mathrm{i}k_1a}A_1=[\mathrm{i}k_1(\beta_-+\beta_+)\cosh\gamma+(k_1^2-\beta_+\beta_-)\sinh\gamma]A_3 \tag{17.118}$$

由此可得透射系数为

$$T=\left|\frac{A_3}{A_1}\right|^2=\frac{4k_1^2\beta_+\beta_-}{k_1^2(\beta_-+\beta_+)^2\cosh^2\gamma+(k_1^2-\beta_+\beta_-)^2\sinh^2\gamma} \tag{17.119}$$

讨论

(1) 如果在势垒内部 $E \ll V(x)$，则 $\gamma \gg 1$，因子 $e^{-\gamma}$ 接近于 0，从而导致 $|B_2|$ 很小。这是透射系数很小的情形。在双曲函数中忽略 $e^{-\gamma}$ 项，得

$$\cosh\gamma \approx \sinh\gamma \approx e^{\gamma}/2 \tag{17.120}$$

由此可得透射系数近似为

$$T \approx \frac{16k_1^2\beta_+\beta_-}{(k_1^2+\beta_+^2)(k_1^2+\beta_-^2)}e^{-2\gamma} \tag{17.121}$$

(2) 利用恒等式 $\cosh^2\gamma-\sinh^2\gamma=1$，可以将式(17.119)改写为

$$T=\frac{4k_1^2\beta_+\beta_-}{k_1^2(\beta_-+\beta_+)^2+(k_1^2+\beta_+^2)(k_1^2+\beta_-^2)\sinh^2\gamma} \tag{17.122}$$

在平顶势垒的情形，$\beta(x)=\beta$，此时透射系数为

$$T=\frac{4k_1^2\beta^2}{4k_1^2\beta^2+(k_1^2+\beta^2)^2\sinh^2\gamma} \tag{17.123}$$

这正是在第 3 章得到的结果。

17.3.3　缓变势阱

设粒子能量为 E，势能函数为如图 17-5 所示的形状，a, b 两点是粒子的经典运动折返点。经典折返点附近 $k(x)\to 0$，粒子的波长趋于无穷大，WKB 近似是不适应的，必须单独处理。除了两个经典折返点附近之外，可以使用 WKB 近似。因此必须用两种手段处理，才能得到完整的波函数。同样方法可以用来分析缓变势垒的隧道效应。

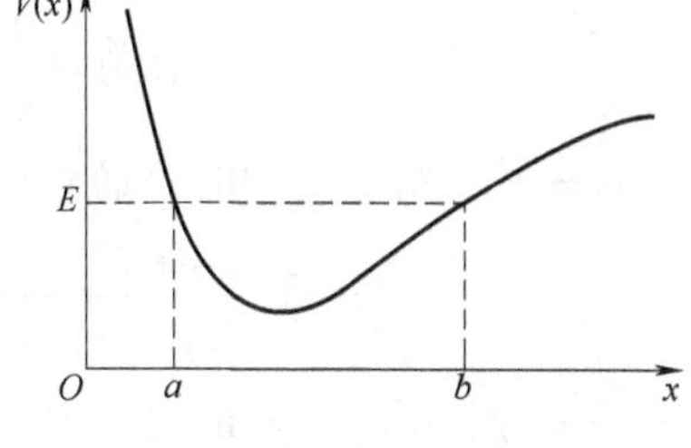

图 17-5　势能函数

1. WKB 波函数

WKB 近似适用的区域分为两种情形。

(1) $E>V$ 的区域

WKB 近似波函数由式(17.97)给出

$$\psi_2(x) \approx \frac{1}{\sqrt{k(x)}}\left[C_1 e^{i\int_0^x k(x')dx'}+C_2 e^{-i\int_0^x k(x')dx'}\right] \tag{17.124}$$

这个波函数的适用范围从 $x=a$ 右边附近到 $x=b$ 左边附近。

(2) $E<0$ 的区域

WKB 近似波函数由式(17.99)给出

$$\psi_1(x) \approx \frac{D_1}{\sqrt{\beta(x)}}e^{\int_a^x \beta(x')dx'},\quad \psi_3(x) \approx \frac{D_2}{\sqrt{\beta(x)}}e^{-\int_b^x \beta(x')dx'} \tag{17.125}$$

$\psi_1(x)$ 的适用范围从 $-\infty$ 到 $x=a$ 左边附近，$\psi_3(x)$ 的适用范围从 $x=b$ 右边附近到 $+\infty$。这里已经根据无穷远处的边界条件排除了发散解，并利用常数 D_1 和 D_2 的定义，将积分下限分别设置为 a 和 b，以方便后来的计算。

由于 WKB 波函数不适用于 $x=a,b$ 两处经典折返点，无法直接根据衔接条件求出 C_1,C_2,D_1,D_2 的关系。为了得到这个关系，需要利用两个经典折返点附近的波函数，把三个区域的 WKB 波函数连接起来。

2. 经典折返点

在 $x=b$ 附近的小区间内，将 $V(x)$ 展开为幂级数，并保留到线性项

$$V(x)=V(b)+V'(b)(x-b)+\cdots \tag{17.126}$$

考虑到 $E=V(b)$，能量本征方程(17.86)为

$$\left[-\frac{\hbar^2}{2m}\frac{\mathrm{d}^2}{\mathrm{d}x^2}+V'(b)(x-b)\right]\psi(x)=0 \tag{17.127}$$

这属于线性势情形(第9章)。引入

$$\alpha=V'(b),\quad \lambda=\left(\frac{2m\alpha}{\hbar^2}\right)^{1/3},\quad z=\lambda(x-b),\quad \widetilde{\psi}(z)=\psi(x) \tag{17.128}$$

将方程(17.127)简写为

$$\frac{\mathrm{d}^2\widetilde{\psi}(z)}{\mathrm{d}z^2}-z\widetilde{\psi}(z)=0 \tag{17.129}$$

这正是艾里(Airy)方程，其解为

$$\widetilde{\psi}(z)=c_1\mathrm{Ai}(z)+c_2\mathrm{Bi}(z) \tag{17.130}$$

其中艾里函数 $\mathrm{Ai}(z)$ 和 $\mathrm{Bi}(z)$ 的积分形式分别为

$$\mathrm{Ai}(z)=\frac{1}{\pi}\int_0^{\infty}\mathrm{d}s\cos\left(sz+\frac{s^3}{3}\right) \tag{17.131}$$

$$\mathrm{Bi}(z)=\frac{1}{\pi}\int_0^{\infty}\mathrm{d}s\left[\sin\left(sz+\frac{s^3}{3}\right)+\exp\left(sz-\frac{s^3}{3}\right)\right] \tag{17.132}$$

当 $z\to+\infty$ 时，$\mathrm{Ai}(z)$ 和 $\mathrm{Bi}(z)$ 的渐近形式分别为

$$\mathrm{Ai}(z)\xrightarrow{z\to+\infty}\frac{1}{\sqrt{4\pi}z^{1/4}}\mathrm{e}^{-\frac{2}{3}z^{3/2}},\quad \mathrm{Bi}(z)\xrightarrow{z\to+\infty}\frac{1}{\sqrt{\pi}z^{1/4}}\mathrm{e}^{\frac{2}{3}z^{3/2}} \tag{17.133}$$

当 $z\to-\infty$ 时，$\mathrm{Ai}(z)$ 和 $\mathrm{Bi}(z)$ 的渐近形式分别为

$$\begin{aligned}\mathrm{Ai}(z)&\xrightarrow{z\to-\infty}\frac{1}{\sqrt{\pi}(-z)^{1/4}}\sin\left[\frac{2}{3}(-z)^{3/2}+\frac{\pi}{4}\right]\\ \mathrm{Bi}(z)&\xrightarrow{z\to-\infty}\frac{1}{\sqrt{\pi}(-z)^{1/4}}\cos\left[\frac{2}{3}(-z)^{3/2}+\frac{\pi}{4}\right]\end{aligned} \tag{17.134}$$

$V(x)$ 是一个缓变函数，这导致两个结果：(1) 线性近似能够在距离 $x=b$ 稍远的地方足够精确，使得艾里函数与 WKB 波函数的适用区间有一个交叠，如图 17-6 所示；(2) 在交叠区域内，可以对艾里函数采用 $z\to\pm\infty$ 的渐近形式。注意艾里函数的自变量是 $z=\lambda(x-b)$，在 $x=b$ 附近稍远之处就有可能达到 z 充分大的效果。当然，方法是否有效还要看势能函数的具体情形。

3. 连接公式

波函数(17.130)的作用是将经典折返点两侧的 WKB 波函数连接起来，从而求出 C_1,C_2,D_1,D_2 的关系。我们以 $x=b$ 两侧为例进行讨论。

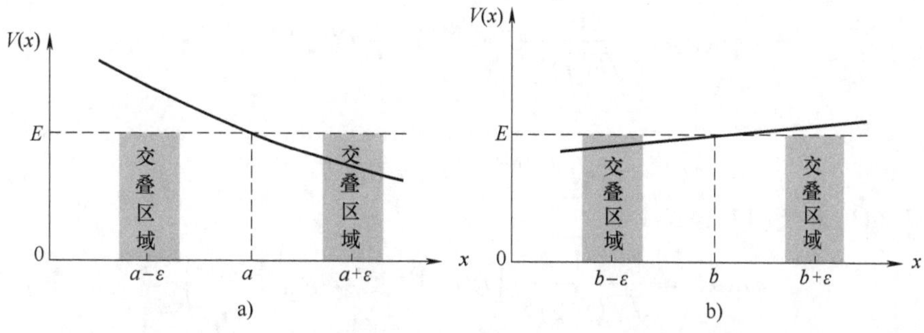

图 17-6　交叠区域

(1) 假定在 $x=b+\varepsilon$ 附近 $\psi_3(x)$ 和 $\widetilde{\psi}(z)$ 均有效，则二者相等。一方面，在 $x=b+\varepsilon$ 附近(交叠区域)对波函数(17.130)采用 $z\to+\infty$ 的渐近行为，得

$$\widetilde{\psi}(z)\xrightarrow{z\to+\infty}\frac{c_1}{\sqrt{4\pi}z^{1/4}}\mathrm{e}^{-\frac{2}{3}z^{3/2}}+\frac{c_2}{\sqrt{\pi}z^{1/4}}\mathrm{e}^{\frac{2}{3}z^{3/2}} \tag{17.135}$$

另一方面，在 $x=b+\varepsilon$ 附近采用线性势近似(17.126)，并考虑到 $E=V(b)$，有

$$\beta(x)\approx\sqrt{\frac{2m\alpha}{\hbar^2}(x-b)}=\lambda^{3/2}(x-b)^{1/2},\quad x>b \tag{17.136}$$

由此可得

$$\int_b^x\beta(x')\mathrm{d}x'\approx\int_b^x\lambda^{3/2}(x'-b)^{1/2}\mathrm{d}x'=\frac{2}{3}[\lambda(x-b)]^{\frac{3}{2}} \tag{17.137}$$

因此 WKB 波函数 $\psi_3(x)$ 近似为

$$\psi_3(x)\approx\frac{D_2}{\lambda^{3/4}(x-b)^{1/4}}\mathrm{e}^{-\frac{2}{3}[\lambda(x-b)]^{\frac{3}{2}}}=\frac{D_2}{\sqrt{\lambda}z^{1/4}}\mathrm{e}^{-\frac{2}{3}z^{3/2}} \tag{17.138}$$

式(17.135)和式(17.138)是相等的，对比正负指数函数的系数，得

$$\boxed{c_1=\sqrt{\frac{4\pi}{\lambda}}D_2,\quad c_2=0} \tag{17.139}$$

(2) 假定在 $x=b-\varepsilon$ 附近 $\psi_2(x)$ 和 $\widetilde{\psi}(z)$ 均有效，则二者相等。一方面，在 $x=b-\varepsilon$ 附近对波函数(17.130)采用 $z\to-\infty$ 的渐近行为，并考虑到 $c_2=0$，得

$$\begin{aligned}\widetilde{\psi}(z)&\xrightarrow{z\to-\infty}\frac{c_1}{\sqrt{\pi}(-z)^{1/4}}\sin\left[\frac{2}{3}(-z)^{3/2}+\frac{\pi}{4}\right]\\&=\frac{c_1}{\sqrt{\pi}(-z)^{1/4}}\frac{1}{2\mathrm{i}}\left\{\mathrm{e}^{\mathrm{i}\left[\frac{2}{3}(-z)^{3/2}+\frac{\pi}{4}\right]}-\mathrm{e}^{-\mathrm{i}\left[\frac{2}{3}(-z)^{3/2}+\frac{\pi}{4}\right]}\right\}\end{aligned} \tag{17.140}$$

另一方面，在 $x=b-\varepsilon$ 附近，采用线性势近似(17.126)，并考虑到 $E=V(b)$，有

$$k(x)\approx\sqrt{\frac{2m\alpha}{\hbar^2}(b-x)}=\lambda^{3/2}(b-x)^{1/2},\quad x<b \tag{17.141}$$

由此可得

$$\int_b^x k(x')\mathrm{d}x'=-\frac{2}{3}[\lambda(b-x)]^{3/2} \tag{17.142}$$

为了计算方便，将 WKB 波函数 $\psi_2(x)$ 改写为

$$\psi_2(x) \approx \frac{1}{\sqrt{k(x)}}\left[C_1' e^{i\int_b^x k(x')dx'} + C_2' e^{-i\int_b^x k(x')dx'}\right] \tag{17.143}$$

其中

$$C_1' = C_1 e^{i\int_0^b k(x')dx'}, \quad C_2' = C_2 e^{-i\int_0^b k(x')dx'} \tag{17.144}$$

根据式(17.141)和式(17.142)，得

$$\psi_2(x) \approx \frac{1}{\sqrt{\lambda}(-z)^{1/4}}\left[C_1' e^{-i\frac{2}{3}(-z)^{3/2}} + C_2' e^{i\frac{2}{3}(-z)^{3/2}}\right] \tag{17.145}$$

对比式(17.140)和式(17.145)正负虚指数的系数，得

$$c_1 = \sqrt{\frac{4\pi}{\lambda}} C_2' e^{i\frac{\pi}{4}}, \quad c_1 = \sqrt{\frac{4\pi}{\lambda}} C_1' e^{-i\frac{\pi}{4}} \tag{17.146}$$

结合式(17.139)和式(17.146)，可得 C_1', C_2', D_2 的关系

$$\boxed{C_1' = D_2 e^{i\frac{\pi}{4}}, \quad C_2' = D_2 e^{-i\frac{\pi}{4}}} \tag{17.147}$$

在 $x=a$ 处可以类似讨论。为了方便计算，将 $\psi_2(x)$ 等价地写为

$$\psi_2(x) \approx \frac{1}{\sqrt{k(x)}}\left[C_1'' e^{i\int_a^x k(x')dx'} + C_2'' e^{-i\int_a^x k(x')dx'}\right] \tag{17.148}$$

其中

$$C_1'' = C_1 e^{i\int_0^a k(x')dx'}, \quad C_2'' = C_2 e^{-i\int_0^a k(x')dx'} \tag{17.149}$$

类似分析可得(留作练习)

$$\boxed{C_1'' = D_1 e^{-i\frac{\pi}{4}}, \quad C_2'' = D_1 e^{i\frac{\pi}{4}}} \tag{17.150}$$

式(17.147)和式(17.150)称为**连接公式**。

4. 量子化条件

将式(17.147)代入式(17.143)，由此把 WKB 函数 $\psi_2(x)$ 用 D_2 表示出来

$$\psi_2(x) \approx \frac{2D_2}{\sqrt{k(x)}}\cos\left[\int_b^x k(x')dx' + \frac{\pi}{4}\right] \tag{17.151}$$

近似计算式(17.141)和式(17.142)只是为了得出连接公式，在最终的表达式(17.151)中，我们恢复了原来形式。类似地，将式(17.150)代入式(17.148)，得

$$\psi_2(x) \approx \frac{2D_1}{\sqrt{k(x)}}\cos\left[\int_a^x k(x')dx' - \frac{\pi}{4}\right] \tag{17.152}$$

式(17.151)和式(17.152)为同一个波函数，余弦函数中的相位函数最多相差 π 的整数倍(考虑到 D_1 与 D_2 的关系尚未确定，因此相位差不仅仅允许为 2π 的整数倍)，即

$$\int_a^x k(x')dx' - \frac{\pi}{4} = \int_b^x k(x')dx' + \frac{\pi}{4} + n\pi \tag{17.153}$$

由此可得

$$\boxed{\int_a^b k(x)dx = \left(n + \frac{1}{2}\right)\pi} \tag{17.154}$$

积分限中不再出现x，因此这里把积分变量x'换回x。条件(17.154)决定了能量E的允许值，这就是束缚态能量量子化条件。令$p(x)=\hbar k(x)$，可将式(17.154)改写为

$$\int_a^b p(x)\,\mathrm{d}x=\left(n+\frac{1}{2}\right)\pi\hbar \tag{17.155}$$

或者改写为回路积分的形式

$$\oint p\mathrm{d}l=\int_a^b p(x)\,\mathrm{d}x+\int_b^a p(x)(-\mathrm{d}x)=\left(n+\frac{1}{2}\right)h \tag{17.156}$$

式中，$h=2\pi\hbar$是普朗克常量。式(17.156)差不多仍然是索末菲量子化条件，只是右端括号里多了一个1/2。用索末菲条件分析谐振子能级会丢掉零点能，带上1/2可以找回零点能。不过索末菲条件是个半经典规则，没必要追求完全精确。

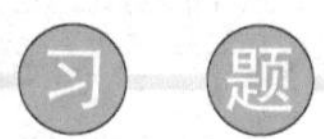

习　题

17.1　取高斯型函数试探波函数

$$\psi(x)=A\mathrm{e}^{-bx^2}$$

估算如下两种情况下基态能量的上限。

(1) 线性势能：$V(x)=\alpha|x|,\alpha>0$；

(2) 四次方势能：$V(x)=\alpha x^4,\alpha>0$。

17.2　采用三角形试探波函数

$$\psi(x)=\begin{cases}A(a-|x|), & |x|<a\\ 0, & |x|>a\end{cases}$$

估算δ势能函数$V(x)=-\alpha\delta(x),\alpha>0$的基态能量上限。

17.3　已知一维谐振子基态波函数为偶函数，采用如下奇函数(与偶函数正交)作为试探波函数

$$\psi(x)=Ax\mathrm{e}^{-bx^2}$$

求一维谐振子第一激发态能量上限。

17.4　对于教材中氦原子基态的试探波函数，计算$\langle H_1\rangle$和$\langle H_2\rangle$。

17.5　对于教材中氦原子基态的试探波函数，计算$\langle V_{12}\rangle$。

17.6　一个电子处在宽度为a的无限深方势阱的基态，在$t=0$时刻势阱两壁突然反向运动，使得阱宽变为$2a$，求电子留在新基态的概率。

提示：电子留在新基态的概率，就是势阱变宽后测得新基态能量的概率。

17.7　在半径为a的无限深球方势阱中，质量为m的粒子处于基态。在$t=0$时刻，势阱半径突然扩展到$2a$，求：

(1) 电子留在新基态的概率；

(2) 电子跃迁到第一激发态的概率；

(3) 势阱变化后的能量期待值。

17.8　设核电荷为Ze的原子核突然发生β^-衰变，核电荷变成$(Z+1)e$，求衰变前原子中的一个K电子(即1s电子)在衰变后仍然保持在新原子基态的概率。

提示：K电子波函数就是类氢离子的基态波函数。

17.9　对于教材中缓变势阱情形，试讨论$x=a$处的连接公式。

18

第 18 章 散射

研究粒子碰撞过程是探索微观粒子相互作用的重要方法，实际上几乎是唯一的方法。参与碰撞的粒子既可能是电子这样的“基本粒子”，也可能是原子核这样的“复合粒子”。在现有的粒子物理标准模型中，质子和中子也是复合粒子，它们由夸克(quark)组成[⊖]。碰撞也称为散射，如果在散射过程中粒子内部自由度没有变化，则体系的机械能守恒，称为弹性散射，反之称为非弹性散射。非弹性散射过程包含着丰富的物理现象，比如

(1) 复合粒子的内部自由度被激发，此时体系的机械能与复合粒子的内能发生转化，比如原子核由基态到激发态的转变；

(2) 复合粒子的成分重新排列组合，比如用中子轰击原子核，可能产生更重的原子核，或者让原子核产生裂变；

(3) 基本粒子的消灭产生，比如一对正负电子湮灭产生一对光子，一个电子和一个质子碰撞产生一个中子和一个中微子，等等。

重组碰撞和基本粒子消灭产生也称为碰撞反应。非弹性散射问题比较复杂，本章仅初步介绍弹性散射问题的处理。

18.1 散射的描述

在一维散射问题中，我们通过“散射定态”得到了反射系数和透射系数，并分析了共振透射、隧道效应等现象。本节将继续用散射定态来讨论散射过程。

18.1.1 散射截面

考虑两个非全同粒子的碰撞，和处理氢原子一样，可以将这个二体问题化为单体问题，这样就变成了质心系中 $V(\boldsymbol{r})$ 对单个粒子散射的问题。在质心系中，选择 z 轴沿着入射粒子传播方向，入射粒子的质量为二粒子约化质量。设入射粒子流的强度，即单位时间通过垂直于入射方向单位面积的粒子数为 N，单位时间在 (θ,φ) 方向的立体角元 $\mathrm{d}\Omega$ 内通过的粒子数为 $\mathrm{d}n$。如果入射粒子的相互作用可以忽略，则 $\mathrm{d}n$ 正比于入射粒子流强度 N。此外，$\mathrm{d}n$ 还应正比于立体角元 $\mathrm{d}\Omega$，但不同方向的比例系数可能不同。由以上分析可得

$$\mathrm{d}n = \sigma(\theta,\varphi)N\mathrm{d}\Omega \tag{18.1}$$

⊖ 这只是一个粗略说法，详细情况可参见粒子物理相关著作.

式中，比例系数$\sigma(\theta,\varphi)$称为微分散射截面，简称微分截面。这个名称是约定俗成的，$\sigma(\theta,\varphi)$的数学含义并不是微分。式(18.1)中几个物理量的量纲为

$$\dim \mathrm{d}n = \mathrm{T}^{-1}, \quad \dim N = \mathrm{L}^{-2}\mathrm{T}^{-1}, \quad \dim \mathrm{d}\Omega = 1 \tag{18.2}$$

由此可知$\sigma(\theta,\varphi)$的确具有面积量纲。将微分散射截面对整个球面立体角积分，就得到总截面

$$\sigma_{\mathrm{t}} = \int_0^{\pi} \sin\theta \mathrm{d}\theta \int_0^{2\pi} \mathrm{d}\varphi \sigma(\theta,\varphi) \tag{18.3}$$

18.1.2 散射振幅

在散射问题中，入射粒子源与粒子探测器距离散射中心为宏观距离，而粒子发生相互作用的区域是微观量级的，因此这个宏观距离相当于无穷大。我们不需要求得严格的散射定态，只需要关注其在无穷远处的渐近行为就足够了。

我们将使用散射定态来研究散射过程，能量本征方程为

$$\left[-\frac{\hbar^2}{2\mu}\nabla^2 + V(\boldsymbol{r})\right]\psi(\boldsymbol{r}) = E\psi(\boldsymbol{r}) \tag{18.4}$$

式中，μ是约化质量。设$V(\boldsymbol{r})$在$r\to\infty$时趋于零，此时正能态为散射态。后面将证明⊖，当$E>0$时方程(18.4)具有满足如下无穷远处边界条件的解

$$\psi \xrightarrow{r\to\infty} \psi_1 + \psi_2 = A\mathrm{e}^{\mathrm{i}kz} + f(\theta,\varphi)\frac{\mathrm{e}^{\mathrm{i}kr}}{r} \tag{18.5}$$

式中，$k=\sqrt{2\mu E}/\hbar$。方程(18.4)还有别的解，但这样的解是散射问题需要的。在式(18.5)中，ψ_1为入射波，ψ_2为散射波。虽然入射波用平面波来代表，但这是近似的，入射粒子束流的横截面并非无穷大。在入射方向上很小立体角范围内入射波和散射波相干叠加形成透射波，入射束流之外只有散射波。

入射波沿着z轴方向，其概率流密度为

$$\boldsymbol{J}_1 = \frac{1}{\mu}\mathrm{Re}(-\mathrm{i}\hbar\psi_1^*\nabla\psi_1) = |A|^2\frac{\hbar k}{\mu}\boldsymbol{e}_z \tag{18.6}$$

散射波的概率流密度为

$$\boldsymbol{J}_2 = \frac{1}{\mu}\mathrm{Re}(-\mathrm{i}\hbar\psi_2^*\nabla\psi_2) \tag{18.7}$$

在球坐标下计算，根据梯度算符

$$\nabla = \boldsymbol{e}_r\frac{\partial}{\partial r} + \boldsymbol{e}_\theta\frac{1}{r}\frac{\partial}{\partial\theta} + \boldsymbol{e}_\varphi\frac{1}{r\sin\theta}\frac{\partial}{\partial\varphi} \tag{18.8}$$

可得$\boldsymbol{J}_2$的三个分量为

$$J_{2r} = \frac{\hbar k}{\mu r^2}|f(\theta,\varphi)|^2 \tag{18.9}$$

$$J_{2\theta} = \frac{1}{\mu r^3}\mathrm{Re}\left[-\mathrm{i}\hbar f^*(\theta,\varphi)\frac{\partial}{\partial\theta}f(\theta,\varphi)\right] \tag{18.10}$$

⊖ 这里先给个简单证明：在无穷远处，先略去势能函数，得到方程的平面波解；然后采用球坐标分离变量法，继续略去离心势能便得到出射球面波解. 根据散射问题的需要，近似解为两种解的叠加.

$$J_{2\varphi}=\frac{1}{\mu r^{3}\sin\theta}\mathrm{Re}\left[-\mathrm{i}\hbar f^{*}(\theta,\varphi)\frac{\partial}{\partial\varphi}f(\theta,\varphi)\right] \tag{18.11}$$

可以看出，J_{2r}按照平方反比衰减，而$J_{2\theta}$和$J_{2\varphi}$按照立方反比衰减。当r充分大时，$J_{2\theta}$和$J_{2\varphi}$可以忽略，散射波基本沿着径向。

在入射束流之外没有入射波，只有散射波。在$\theta=\pi$的方向上，入射波和散射波传播方向相反，根据一维散射问题的经验，总概率流等于$\boldsymbol{J}_1$与$\boldsymbol{J}_2$之和。在$\theta=0$附近的方向上，既有入射波，也有向前散射波，二者会发生干涉，这种情形概率流密度不等于$\boldsymbol{J}_1$与$\boldsymbol{J}_2$之和。在散射实验中，束流中包含大量粒子，每个粒子都用式(18.5)描述。假定束流强度足够弱，从而忽略入射粒子之间的相互作用。粒子流强度应当正比于单粒子概率流密度，设比例系数为C。由式(18.6)可知入射粒子流的强度为(取$A=1$)

$$N=CJ_{1z}=C\frac{\hbar k}{\mu} \tag{18.12}$$

单位时间在(θ,φ)方向的立体角元$\mathrm{d}\Omega$内的散射粒子数为

$$\mathrm{d}n=C\boldsymbol{J}_2\cdot\mathrm{d}\boldsymbol{S}=C\frac{\hbar k}{\mu r^{2}}|f(\theta,\varphi)|^{2}\boldsymbol{e}_r\cdot\mathrm{d}\boldsymbol{S}=C\frac{\hbar k}{\mu}|f(\theta,\varphi)|^{2}\mathrm{d}\Omega \tag{18.13}$$

式中，$\mathrm{d}\boldsymbol{S}$是以散射源为中心的球面面元。由此可得微分散射截面为

$$\sigma(\theta,\varphi)=\frac{\mathrm{d}n}{N\mathrm{d}\Omega}=|f(\theta,\varphi)|^{2} \tag{18.14}$$

我们将$f(\theta,\varphi)$称为散射振幅。

*18.2 格林函数法

我们先把方程(18.4)化为积分方程，这在讨论散射问题时特别方便。

18.2.1 李普曼-施温格方程

在讨论能量本征方程之前，首先考虑如下方程

$$(\nabla^{2}+k^{2})\psi(\boldsymbol{r})=f(\boldsymbol{r}) \tag{18.15}$$

式中，函数$f(\boldsymbol{r})$是非齐次项，与待求函数$\psi(\boldsymbol{r})$无关。方程(18.15)的解可以写为

$$\psi(\boldsymbol{r})=\psi_0(\boldsymbol{r})+\int_{\infty}\mathrm{d}^{3}r_1\,G(\boldsymbol{r}-\boldsymbol{r}_1)f(\boldsymbol{r}_1) \tag{18.16}$$

其中$\psi_0(\boldsymbol{r})$是相应的齐次方程的解

$$(\nabla^{2}+k^{2})\psi_0(\boldsymbol{r})=0 \tag{18.17}$$

函数$G(\boldsymbol{r}-\boldsymbol{r}_1)$是如下方程的特解

$$(\nabla^{2}+k^{2})G(\boldsymbol{r}-\boldsymbol{r}_1)=\delta(\boldsymbol{r}-\boldsymbol{r}_1) \tag{18.18}$$

称为算符∇^2+k^2(或亥姆霍兹方程)的格林函数(Green's function)。方程(18.17)就是亥姆霍兹(Helmholtz)方程，其解是已知的。方程(18.15)通常也称为非齐次亥姆霍兹方程。容易验证式(18.16)的确为方程(18.15)的解。用算符∇^2+k^2作用于方程(18.16)两端，并利用方程(18.17)和(18.18)，得

$$
\begin{aligned}
(\nabla^2+k^2)\psi(\boldsymbol{r}) &= \int_\infty \mathrm{d}^3r_1(\nabla^2+k^2)G(\boldsymbol{r}-\boldsymbol{r}_1)f(\boldsymbol{r}_1) \\
&= \int_\infty \mathrm{d}^3r_1\delta(\boldsymbol{r}-\boldsymbol{r}_1)f(\boldsymbol{r}_1)=f(\boldsymbol{r})
\end{aligned} \tag{18.19}
$$

这正是方程(18.15)。

回到能量本征方程的讨论。设$E>0$，引入记号

$$
U(\boldsymbol{r})=\frac{2\mu}{\hbar^2}V(\boldsymbol{r}),\qquad k=\sqrt{2\mu E}/\hbar \tag{18.20}
$$

将方程(18.4)化为

$$
(\nabla^2+k^2)\psi(\boldsymbol{r})=U(\boldsymbol{r})\psi(\boldsymbol{r}) \tag{18.21}
$$

将式(18.16)中的非齐次项$f(\boldsymbol{r}_1)$换成$U(\boldsymbol{r}_1)\psi(\boldsymbol{r}_1)$，得

$$
\boxed{\psi(\boldsymbol{r})=\psi_0(\boldsymbol{r})+\int_\infty \mathrm{d}^3r_1\, G(\boldsymbol{r}-\boldsymbol{r}_1)U(\boldsymbol{r}_1)\psi(\boldsymbol{r}_1)} \tag{18.22}
$$

式(18.22)右端仍然含有未知函数$\psi(\boldsymbol{r}_1)$，因此并不是方程(18.21)的解。实际上，式(18.22)表示一个积分方程，称为李普曼-施温格(Lippman-Schwinger)方程，它是能量本征方程(18.21)的积分形式。

积分方程的优点是可以逐次迭代。将方程(18.22)迭代一次，得

$$
\begin{aligned}
\psi(\boldsymbol{r}) = \psi_0(\boldsymbol{r}) &+ \int_\infty \mathrm{d}^3r_1\, G(\boldsymbol{r}-\boldsymbol{r}_1)U(\boldsymbol{r}_1)\psi_0(\boldsymbol{r}_1) \\
&+ \int_\infty \mathrm{d}^3r_1\int_\infty \mathrm{d}^3r_2\, G(\boldsymbol{r}-\boldsymbol{r}_1)U(\boldsymbol{r}_1)G(\boldsymbol{r}_1-\boldsymbol{r}_2)U(\boldsymbol{r}_2)\psi(\boldsymbol{r}_2)
\end{aligned} \tag{18.23}
$$

假如能够证明式(18.22)中第二项远小于第一项，则迭代时可将积分号中的$\psi(\boldsymbol{r}_1)$近似替换为第一项$\psi_0(\boldsymbol{r}_1)$，这相当于在式(18.23)中忽略最后一项。

同样，也可以将方程(18.22)迭代两次，得

$$
\begin{aligned}
\psi(\boldsymbol{r}) = \psi_0(\boldsymbol{r}) &+ \int_\infty \mathrm{d}^3r_1\, G(\boldsymbol{r}-\boldsymbol{r}_1)U(\boldsymbol{r}_1)\psi_0(\boldsymbol{r}_1) \\
&+ \int_\infty \mathrm{d}^3r_1\int_\infty \mathrm{d}^3r_2\, G(\boldsymbol{r}-\boldsymbol{r}_1)U(\boldsymbol{r}_1)G(\boldsymbol{r}_1-\boldsymbol{r}_2)U(\boldsymbol{r}_2)\psi_0(\boldsymbol{r}_2) \\
&+ \int_\infty \mathrm{d}^3r_1\int_\infty \mathrm{d}^3r_2\int_\infty \mathrm{d}^3r_3\, G(\boldsymbol{r}-\boldsymbol{r}_1)U(\boldsymbol{r}_1)G(\boldsymbol{r}_1-\boldsymbol{r}_2)U(\boldsymbol{r}_2) \\
&\times G(\boldsymbol{r}_2-\boldsymbol{r}_3)U(\boldsymbol{r}_3)\psi(\boldsymbol{r}_3)
\end{aligned} \tag{18.24}
$$

如果追求更高精度，可将式(18.23)最后一项的$\psi(\boldsymbol{r}_2)$替换为$\psi_0(\boldsymbol{r}_2)$，这相当于在式(18.24)中忽略最后一项。迭代过程可以一直进行下去，直到满足需要的精度。

在这个方法中，关键是要求出亥姆霍兹方程的格林函数，即方程(18.18)的解。根据如下公式(附录D)

$$
(\nabla^2+k^2)\frac{\mathrm{e}^{\mathrm{i}kr}}{r}=-4\pi\delta(\boldsymbol{r}) \tag{18.25}
$$

可知方程(18.18)的一个解为

$$
G(\boldsymbol{r}-\boldsymbol{r}_1)=-\frac{1}{4\pi}\frac{\mathrm{e}^{\mathrm{i}k|\boldsymbol{r}-\boldsymbol{r}_1|}}{|\boldsymbol{r}-\boldsymbol{r}_1|}\equiv G_+(\boldsymbol{r}-\boldsymbol{r}_1) \tag{18.26}
$$

它代表球面发散波，是散射问题所需要的格林函数(参见下一节选读材料)。

*18.2.2 格林函数

方程(18.18)相当于将方程(18.15)的非齐次项取为$\delta(\boldsymbol{r}-\boldsymbol{r}_1)$，是一个相对简单的方程。但该方程对初学者而言并不简单，求解过程包括不少新颖内容。

令$\boldsymbol{R}=\boldsymbol{r}-\boldsymbol{r}_1$，分量为$X=x-x_1, Y=y-y_1, Z=z-z_1$。将$\boldsymbol{r}_1$视为常量，则

$$\nabla_R \equiv \boldsymbol{e}_x \frac{\partial}{\partial X}+\boldsymbol{e}_y \frac{\partial}{\partial Y}+\boldsymbol{e}_z \frac{\partial}{\partial Z}=\boldsymbol{e}_x \frac{\partial}{\partial x}+\boldsymbol{e}_y \frac{\partial}{\partial y}+\boldsymbol{e}_z \frac{\partial}{\partial z}=\nabla \tag{18.27}$$

由此将方程(18.18)改写为

$$(\nabla_{\boldsymbol{R}}^2+k^2) G(\boldsymbol{R})=\delta(\boldsymbol{R}) \tag{18.28}$$

其通解可以写为

$$G(\boldsymbol{R})=g(\boldsymbol{R})+G_0(\boldsymbol{R}) \tag{18.29}$$

其中$g(\boldsymbol{R})$代表方程(18.28)的一个特解，$G_0(\boldsymbol{R})$表示相应的齐次方程

$$(\nabla_{\boldsymbol{R}}^2+k^2) G_0(\boldsymbol{R})=0 \tag{18.30}$$

的通解。方程(18.30)和方程(18.17)在数学上没有区别，它们都是亥姆霍兹方程。

1. 傅里叶变换

考虑到方程(18.28)右端出现了广义函数$\delta(\boldsymbol{R})$，因此应该在广义函数范围内求解。首先，对格林函数做(广义)傅里叶变换

$$\widetilde{G}(\boldsymbol{q})=\frac{1}{(2\pi)^{3/2}} \int_{\infty} G(\boldsymbol{R}) \mathrm{e}^{-\mathrm{i} \boldsymbol{q} \cdot \boldsymbol{R}} \mathrm{d}^3 R \tag{18.31}$$

$$G(\boldsymbol{R})=\frac{1}{(2\pi)^{3/2}} \int_{\infty} \widetilde{G}(\boldsymbol{q}) \mathrm{e}^{\mathrm{i} \boldsymbol{q} \cdot \boldsymbol{R}} \mathrm{d}^3 q \tag{18.32}$$

其次，由式(18.32)可得

$$\nabla_{\boldsymbol{R}}^2 G(\boldsymbol{R})=\frac{1}{(2\pi)^{3/2}} \int_{\infty}[-q^2 \widetilde{G}(\boldsymbol{q})] \mathrm{e}^{\mathrm{i} \boldsymbol{q} \cdot \boldsymbol{R}} \mathrm{d}^3 q, \quad q^2=q_x^2+q_y^2+q_z^2 \tag{18.33}$$

由此可知$\nabla_R^2 G(\boldsymbol{R})$的傅里叶变换是$-q^2 \widetilde{G}(\boldsymbol{q})$。最后，$\delta(\boldsymbol{R})$的傅里叶变换为

$$\frac{1}{(2\pi)^{3/2}} \int_{\infty} \delta(\boldsymbol{R}) \mathrm{e}^{-\mathrm{i} \boldsymbol{q} \cdot \boldsymbol{R}} \mathrm{d}^3 R=\frac{1}{(2\pi)^{3/2}} \tag{18.34}$$

由以上结果，可得方程(18.28)的傅里叶变换

$$(-q^2+k^2) \widetilde{G}(\boldsymbol{q})=\frac{1}{(2\pi)^{3/2}} \tag{18.35}$$

两端除以$-q^2+k^2$，可以得到方程(18.35)的一个特解

$$\tilde{g}(\boldsymbol{q})=-\frac{1}{(2\pi)^{3/2}} \frac{1}{q^2-k^2} \tag{18.36}$$

而在广义函数范围内，方程(18.35)的通解应当写为

$$\widetilde{G}(\boldsymbol{q})=\tilde{g}(\boldsymbol{q})+\widetilde{G}_0(\boldsymbol{q}) \tag{18.37}$$

其中$\widetilde{G}_0(q)$满足如下方程

$$(q^2-k^2) \widetilde{G}_0(\boldsymbol{q})=0 \tag{18.38}$$

方程(18.38)的普通函数解只能是恒等于0的函数，但在广义函数范围内方程有非平庸解。

实际上方程(18.38)是 $\boldsymbol{q}$ 表象的方程(18.30)，因此 $\widetilde{G}_0(\boldsymbol{q})$ 是自由粒子方程的解。

2. 齐次解

自由粒子方程的解是已知的，但通过方程(18.38)得到一些特解也是有教益的。比如，利用性质 $x\delta(x)=0$，容易看出

$$\widetilde{G}_0(\boldsymbol{q}) = A\delta(q^2 - k^2) \tag{18.39}$$

满足方程(18.38)，其中 A 为任意常数。将 $\widetilde{G}_0(\boldsymbol{q})$ 变换到得到 $\boldsymbol{R}$ 表象，得

$$G_0(\boldsymbol{R}) = \frac{1}{(2\pi)^{3/2}}\int_\infty \widetilde{G}_0(\boldsymbol{q})\mathrm{e}^{\mathrm{i}\boldsymbol{q}\cdot\boldsymbol{R}}\mathrm{d}^3q \tag{18.40}$$

将 $\boldsymbol{q}$ 空间 z 轴选为 $\boldsymbol{R}$ 方向，$\boldsymbol{q}$ 空间的球坐标记为(q,θ_q,φ_q)，得

$$G_0(\boldsymbol{R}) = \frac{A}{(2\pi)^{3/2}}\int_0^{2\pi}\mathrm{d}\varphi_q\int_0^\pi \sin\theta_q\mathrm{d}\theta_q\int_0^\infty \delta(q^2-k^2)\mathrm{e}^{\mathrm{i}qR\cos\theta_q}q^2\mathrm{d}q \tag{18.41}$$

利用 δ 函数的性质

$$\delta(q^2-k^2) = \frac{1}{2k}[\delta(q-k)+\delta(q+k)] \tag{18.42}$$

并注意参数 $k>0$，$\delta(q+k)$ 的奇异点不在径向积分区间内，可得

$$\boxed{G_0(\boldsymbol{R}) = \frac{A}{\sqrt{2\pi}}\frac{\sin kR}{R}} \tag{18.43}$$

这正是自由粒子的 S 态球面波解。要从方程(18.38)猜出其他球面波解会比较困难，而我们也不需要，因此就不讨论了。可以验证 $\delta(\boldsymbol{q}-\boldsymbol{k})$ 也是方程(18.30)的解，代表平面波。平面波和球面波都是式(18.29)中 $G_0(\boldsymbol{R})$ 的特例。

3. 特解

在式(18.29)中 $g(\boldsymbol{R})$ 可以取为方程(18.28)的任何一个特解，现在将其取为 $\tilde{g}(\boldsymbol{q})$ 的傅里叶逆变换

$$g(\boldsymbol{R}) = \frac{1}{(2\pi)^{3/2}}\int_\infty \tilde{g}(\boldsymbol{q})\mathrm{e}^{\mathrm{i}\boldsymbol{q}\cdot\boldsymbol{R}}\mathrm{d}^3q \tag{18.44}$$

将 $\boldsymbol{q}$ 空间的 z 轴选在 $\boldsymbol{R}$ 方向，$\boldsymbol{q}$ 空间的球坐标仍然记为(q,θ_q,φ_q)，得

$$g(\boldsymbol{R}) = -\frac{1}{(2\pi)^3}\int_0^{2\pi}\mathrm{d}\varphi_q\int_0^\pi \sin\theta_q\mathrm{d}\theta_q\int_0^\infty \frac{\mathrm{e}^{\mathrm{i}qR\cos\theta_q}}{q^2-k^2}q^2\mathrm{d}q \tag{18.45}$$

先计算角向部分的积分，得

$$g(\boldsymbol{R}) = -\frac{1}{(2\pi)^2}\frac{2}{R}\int_0^\infty \frac{q\sin qR}{q^2-k^2}\mathrm{d}q \tag{18.46}$$

考虑到被积函数是 q 的偶函数，将积分改写为

$$g(\boldsymbol{R}) = -\frac{1}{(2\pi)^2}\frac{1}{\mathrm{i}R}\int_{-\infty}^\infty \frac{q\mathrm{e}^{\mathrm{i}qR}}{q^2-k^2}\mathrm{d}q \tag{18.47}$$

由于 $\mathrm{e}^{\mathrm{i}qR}=\cos qR+\mathrm{i}\sin qR$，被积函数中与 $\cos qR$ 相关的那一项是奇函数，积分为零，因此式(18.47)是正确的。将被积函数记为 $f(q)$，我们要计算的是积分主值。

在复 q 平面上，被积函数有两个一阶极点 $q=\pm k$。为了利用留数定理，我们构造如图 18-1a 所示的积分回路。由于 $R>0$，q 在上半平面趋于无穷远点时被积函数趋于零，因此大半圆弧

选在上半平面。如果愿意，也可以选择如图 18-1b 所示的积分回路。选取不同积分回路影响计算细节，但不影响积分主值。

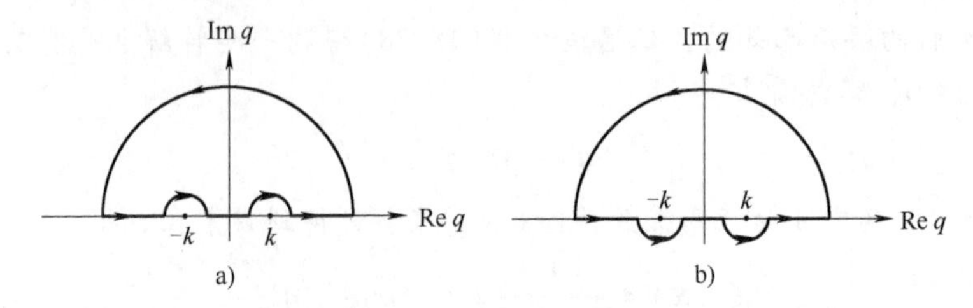

图 18-1　积分回路，两种均可以计算积分主值

按照图 18-1a，积分回路内部没有奇点，因此回路积分为零。根据约当引理，当大半圆的半径趋于无穷时，大半圆弧上的积分为零，因此

$$\text{积分主值} + \text{两个小半圆的积分} = 0 \tag{18.48}$$

两个小半圆对各自极点而言是顺时针的，当小半圆半径趋于 0 时，积分值分别等于各自极点处的留数乘以$-\pi\mathrm{i}$，因此

$$\text{积分主值} = \pi\mathrm{i}[\operatorname{Res} f(-k) + \operatorname{Res} f(k)] = \pi\mathrm{i}\cos kR \tag{18.49}$$

将积分主值代入式(18.47)，得

$$\boxed{g(\boldsymbol{R}) = -\frac{1}{4\pi}\frac{\cos kR}{R}} \tag{18.50}$$

4. 球面发散波和会聚波

将式(18.43)和式(18.50)代入式(18.29)，可得格林函数

$$G(\boldsymbol{R}) = \frac{A}{\sqrt{2\pi}}\frac{\sin kR}{R} - \frac{1}{4\pi}\frac{\cos kR}{R} \tag{18.51}$$

选择不同的 A 会得到不同格林函数，比较常用的有以下两种

$$\boxed{G_+(\boldsymbol{R}) = -\frac{1}{4\pi}\frac{\mathrm{e}^{\mathrm{i}kR}}{R} \quad \text{和} \quad G_-(\boldsymbol{R}) = -\frac{1}{4\pi}\frac{\mathrm{e}^{-\mathrm{i}kR}}{R}} \tag{18.52}$$

二者分别代表球面发散波和会聚波(乘以时间因子 $\mathrm{e}^{-\mathrm{i}\omega t}$会看得更清楚)。

对积分(18.47)中被积函数做一点特殊修改，可直接得到球面发散波和会聚波。将参数 k 添加正的小虚部，$k \to k+\mathrm{i}\varepsilon$，其中 ε 是个很小的正数，结果记为

$$g_+(\boldsymbol{R},\varepsilon) = -\frac{1}{(2\pi)^2}\frac{1}{\mathrm{i}R}\int_{-\infty}^{\infty}\frac{q\mathrm{e}^{\mathrm{i}qR}}{q^2-(k+\mathrm{i}\varepsilon)^2}\mathrm{d}q \tag{18.53}$$

$f(q)$在复 q 平面的两个一阶极点为 $k+\mathrm{i}\varepsilon$ 和$-k-\mathrm{i}\varepsilon$，均不在实轴上。同样选择上半平面的半圆作为积分回路，如图 18-2a 所示，积分回路中包括一阶极点 $k+\mathrm{i}\varepsilon$，因此

$$\text{回路积分} = \text{实轴积分} + \text{大半圆弧的积分} = 2\pi\mathrm{i}\operatorname{Res} f(k+\mathrm{i}\varepsilon) \tag{18.54}$$

当大半圆半径趋于无穷大时，大半圆弧的积分为零，因此

$$g_+(\boldsymbol{R},\varepsilon) = -\frac{1}{(2\pi)^2}\frac{1}{\mathrm{i}R}2\pi\mathrm{i}\operatorname{Res} f(k+\mathrm{i}\varepsilon) = -\frac{1}{4\pi}\frac{\mathrm{e}^{\mathrm{i}(k+\mathrm{i}\varepsilon)R}}{R} \tag{18.55}$$

最后求出 $\varepsilon \to 0_+$的极限

$$\lim_{\varepsilon\to 0} g_+(\boldsymbol{R},\varepsilon) = -\frac{1}{4\pi R}\lim_{\varepsilon\to 0}\mathrm{e}^{\mathrm{i}kR-\varepsilon R} = G_+(\boldsymbol{R}) \tag{18.56}$$

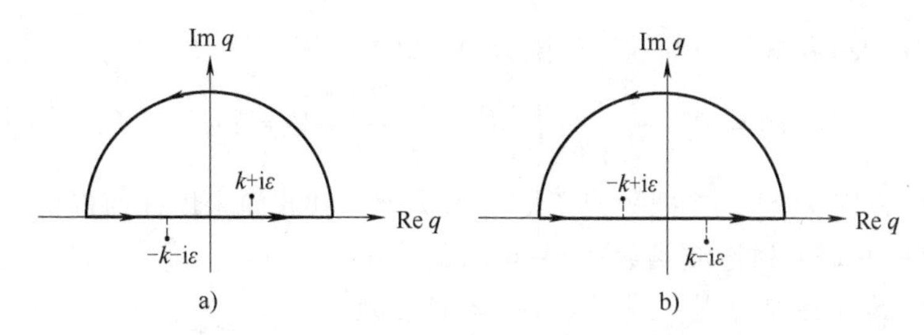

图 18-2 积分回路

a）球面发散波 b）球面会聚波

同样，引入负的小虚部 $k\to k-\mathrm{i}\varepsilon$ 会自动得到球面会聚波，被积函数极点和积分路径如图 18-2b 所示。这样做的依据如下。根据式(18.52)，引入正的小虚部 $k\to k+\mathrm{i}\varepsilon$，$G_+(\boldsymbol{R})$ 和 $G_-(\boldsymbol{R})$ 的指数因子分别变为 $\mathrm{e}^{\mathrm{i}kR-\varepsilon R}$ 和 $\mathrm{e}^{\mathrm{i}kR+\varepsilon R}$，当 $R\to\infty$ 时 $G_+(\boldsymbol{R})$ 收敛而 $G_-(\boldsymbol{R})$ 发散。在用傅里叶变换求解时，$G_-(\boldsymbol{R})$ 被排除，从而只能找到 $G_+(\boldsymbol{R})$。反之，如果引入负的小虚部 $k\to k-\mathrm{i}\varepsilon$，傅里叶变换会排除 $G_+(\boldsymbol{R})$。这种方法的要点是，必须先计算积分再让 $\varepsilon\to0$。

如果积分前让 $\varepsilon\to0$，被积函数极点会重新回到积分路径上来。我们通过改变积分路径来避免这一点。先保持极点位置不变，将图 18-2a 的积分回路改为图 18-3a 的积分回路。积分回路在变形中没有跨越极点，积分值保持不变。现在让 $\varepsilon\to0$，极点回到复 q 平面的实轴，积分结果仍由极点 $q=k$ 处的留数决定。由此可见，$G_+(\boldsymbol{R})$ 可以通过图 18-3a 所示的积分回路表示。在这个意义上，球面发散波与一阶极点 $q=k$ 有关。类似地，也可以用图 18-3b 所示的积分回路来得到球面会聚波。

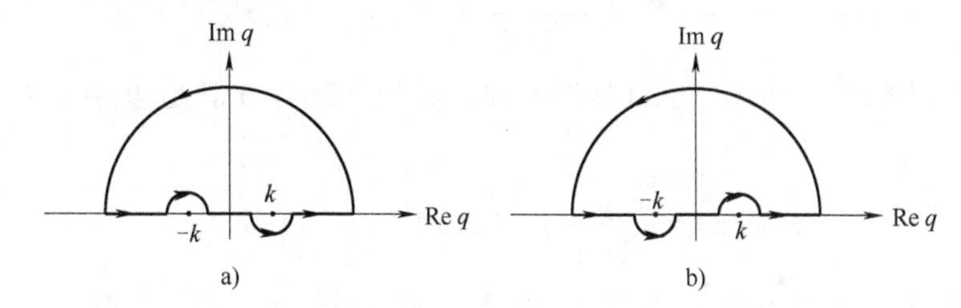

图 18-3 积分回路

a）球面发散波 b）球面会聚波

根据散射问题的特点，出射波应该取球面发散波

$$G(\boldsymbol{r}-\boldsymbol{r}_1)=G_+(\boldsymbol{r}-\boldsymbol{r}_1)=-\frac{1}{4\pi}\frac{\mathrm{e}^{\mathrm{i}k|\boldsymbol{r}-\boldsymbol{r}_1|}}{|\boldsymbol{r}-\boldsymbol{r}_1|}\tag{18.57}$$

这正是式(18.26)。

18.3 玻恩近似

玻恩(Born)近似的思想，就是利用积分方程逐次迭代，求出精度满足需要的近似解。

18.3.1 散射振幅

将方程(18.17)的解取为入射平面波，波矢 $\boldsymbol{k}$ 沿着 z 轴方向

$$\psi_0(\boldsymbol{r})=\mathrm{e}^{\mathrm{i}\boldsymbol{k}\cdot\boldsymbol{r}}=\mathrm{e}^{\mathrm{i}kz}\tag{18.58}$$

利用积分方程(18.22)和散射问题的格林函数(18.26)，得

$$\psi(\boldsymbol{r})=\mathrm{e}^{\mathrm{i}\boldsymbol{k}\cdot\boldsymbol{r}}-\frac{\mu}{2\pi\hbar^2}\int_\infty \mathrm{d}^3r'\,\frac{\mathrm{e}^{\mathrm{i}k|\boldsymbol{r}-\boldsymbol{r}'|}}{|\boldsymbol{r}-\boldsymbol{r}'|}V(\boldsymbol{r}')\psi(\boldsymbol{r}') \tag{18.59}$$

这里已经将 $U(\boldsymbol{r})$ 换回 $V(\boldsymbol{r})$，并把积分变量 $\boldsymbol{r}_1$ 改为 $\boldsymbol{r}'$。到此尚未做任何近似。

在散射问题中只需要讨论波函数在 $r\to\infty$ 时的形式就行了。设 $V(\boldsymbol{r})$ 具有有限力程，或者当 $r\to\infty$ 时衰减较快，则在方程(18.59)右端积分中，仅在 $r'=|\boldsymbol{r}'|$ 很小的区域(力程内)被积函数对积分才有显著贡献。在方程(18.59)中，$\boldsymbol{r}$ 代表粒子探测器所在的位置，如图 18-4所示。

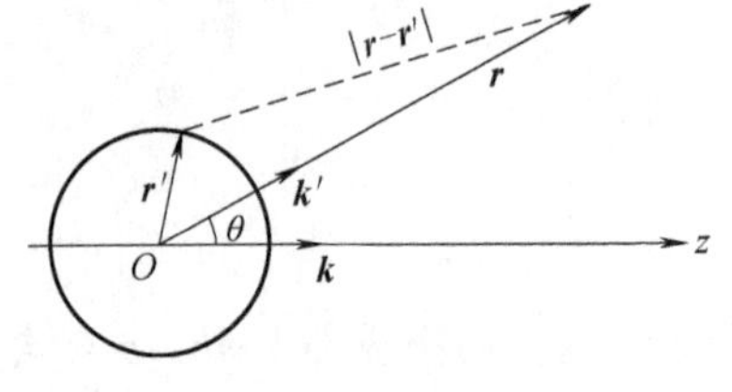

图 18-4　散射波矢

与 $V(\boldsymbol{r}')$ 的力程相比，探测器位置可视为 $r\to\infty$，因此可将 $|\boldsymbol{r}-\boldsymbol{r}'|$ 展开为

$$|\boldsymbol{r}-\boldsymbol{r}'|=(r^2-2\boldsymbol{r}\cdot\boldsymbol{r}'+r'^2)^{\frac{1}{2}}=r\left(1-\frac{2\boldsymbol{r}\cdot\boldsymbol{r}'}{r^2}+\frac{r'^2}{r^2}\right)^{\frac{1}{2}}\approx r\left(1-\frac{\boldsymbol{r}\cdot\boldsymbol{r}'}{r^2}+\frac{r'^2}{2r^2}\right) \tag{18.60}$$

忽略式(18.60)右端括号中更小的平方项，由此得到

$$\mathrm{e}^{-\mathrm{i}k|\boldsymbol{r}-\boldsymbol{r}'|}\approx\exp\left[\mathrm{i}kr\left(1-\frac{\boldsymbol{r}\cdot\boldsymbol{r}'}{r^2}\right)\right]=\exp[\mathrm{i}k(r-\boldsymbol{e}_r\cdot\boldsymbol{r}')]=\mathrm{e}^{\mathrm{i}kr}\mathrm{e}^{-\mathrm{i}\boldsymbol{k}'\cdot\boldsymbol{r}'} \tag{18.61}$$

式中，$\boldsymbol{e}_r=\boldsymbol{r}/r$；$\boldsymbol{k}'=k\boldsymbol{e}_r$ 是探测器所在方向的波矢量，如图 18-4 所示。$|\boldsymbol{k}'|=k$ 是能量守恒的要求。方程(18.59)被积函数分母取最低级近似 $|\boldsymbol{r}-\boldsymbol{r}'|\approx r$，由此可得

$$\psi(\boldsymbol{r})\xrightarrow{r\to\infty}\mathrm{e}^{\mathrm{i}\boldsymbol{k}\cdot\boldsymbol{r}}-\frac{\mathrm{e}^{\mathrm{i}kr}}{r}\frac{\mu}{2\pi\hbar^2}\int_\infty \mathrm{d}^3r'\mathrm{e}^{-\mathrm{i}\boldsymbol{k}'\cdot\boldsymbol{r}'}V(\boldsymbol{r}')\psi(\boldsymbol{r}') \tag{18.62}$$

这正是边界条件(18.5)的形式，也就是说方程(18.4)的确存在满足边界条件(18.5)的解，其中散射振幅为

$$f(\theta,\varphi)=-\frac{\mu}{2\pi\hbar^2}\int_\infty \mathrm{d}^3r'\mathrm{e}^{-\mathrm{i}\boldsymbol{k}'\cdot\boldsymbol{r}'}V(\boldsymbol{r}')\psi(\boldsymbol{r}') \tag{18.63}$$

当 $V(\boldsymbol{r})$ 是弱场或者力程很小时，式(18.62)中第二项贡献较小，迭代时取

$$\psi(\boldsymbol{r}')\approx\mathrm{e}^{\mathrm{i}\boldsymbol{k}\cdot\boldsymbol{r}'} \tag{18.64}$$

由此得到

$$\boxed{f(\theta,\varphi)=-\frac{\mu}{2\pi\hbar^2}\int_\infty \mathrm{d}^3r'\mathrm{e}^{-\mathrm{i}(\boldsymbol{k}'-\boldsymbol{k})\cdot\boldsymbol{r}'}V(\boldsymbol{r}')} \tag{18.65}$$

这就是玻恩一级近似下的散射振幅。如果想要得到二级近似解，则在用式(18.62)做第二次迭代时使用近似条件(18.64)。

18.3.2　散射截面

由式(18.65)可得微分散射截面为

$$\sigma(\theta,\varphi)=|f(\theta,\varphi)|^2=\left(\frac{\mu}{2\pi\hbar^2}\right)^2\left|\int_\infty \mathrm{d}^3r'\mathrm{e}^{-\mathrm{i}(\boldsymbol{k}'-\boldsymbol{k})\cdot\boldsymbol{r}'}V(\boldsymbol{r}')\right|^2 \tag{18.66}$$

对于中心力场 $V(r)$，可以完成角向的积分。令 $\boldsymbol{K}=\boldsymbol{k}'-\boldsymbol{k}$，设 $\boldsymbol{k}'$ 与 $\boldsymbol{k}$ 的夹角为 θ，注意 $|\boldsymbol{k}|=|\boldsymbol{k}'|$，如图 18-5 所示，因此 $K=2k\sin(\theta/2)$。

在计算式(18.66)的积分时，选择 z' 轴沿 $\boldsymbol{K}$ 方向，得

$$\begin{aligned}\int_{\infty} \mathrm{d}^3 r' \mathrm{e}^{\mathrm{i}(\boldsymbol{k}-\boldsymbol{k}')\cdot\boldsymbol{r}'} V(\boldsymbol{r}') &= \int_0^{\infty} r'^2 V(r')\,\mathrm{d}r' \int_0^{2\pi} \mathrm{d}\varphi' \int_0^{\pi} \sin\theta' \mathrm{d}\theta' \mathrm{e}^{\mathrm{i}Kr'\cos\theta'} \\ &= \frac{4\pi}{K}\int_0^{\infty} r' V(r')\sin(Kr')\,\mathrm{d}r'\end{aligned} \tag{18.67}$$

由此可得微分散射截面的玻恩一级近似

$$\boxed{\sigma(\theta,\varphi) = \frac{4\mu^2}{K^2\hbar^4}\left|\int_0^{\infty} rV(r)\sin(Kr)\,\mathrm{d}r\right|^2} \tag{18.68}$$

这里积分变量改用不带撇记号，以便让公式简洁。由于是中心力场，这个结果不依赖于 φ。玻恩近似适用于高能粒子散射，此时 $V(\boldsymbol{r})$ 可以当作弱场对待。

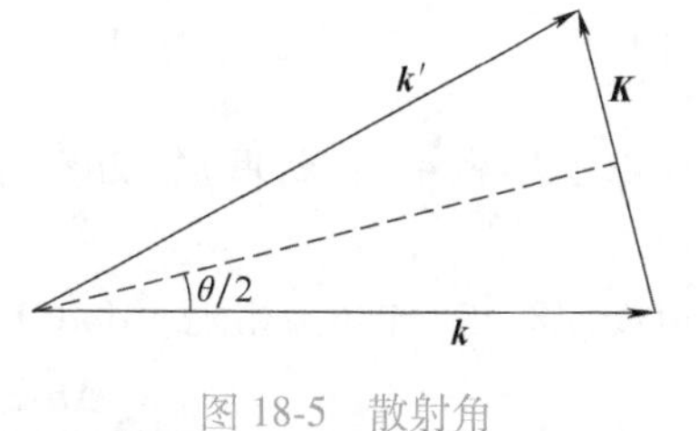

图 18-5 散射角

▼举例

考虑一个核电荷数为 Z' 的原子核被一个核电荷数为 Z 的中性原子散射的过程。由于核外电子的屏蔽，原子核与中性原子之间的相互作用势能函数并非库仑势，而是近似表达为汤川(Yukawa)势，或称为屏蔽库仑势

$$V(r) = -\frac{ZZ'\bar{e}^2}{r}\mathrm{e}^{-\frac{r}{a}} \tag{18.69}$$

其中 a 是汤川势的参数，描述相互作用力程。将 $V(r)$ 代入式(18.68)，可得

$$\sigma(\theta,\varphi) = \frac{4\mu^2 Z^2 Z'^2 \bar{e}^4}{K^2\hbar^4}\left|\int_0^{\infty} \mathrm{e}^{-\frac{r}{a}}\sin(Kr)\,\mathrm{d}r\right|^2 = \frac{4\mu^2 Z^2 Z'^2 \bar{e}^4}{\hbar^4(K^2+a^{-2})^2} \tag{18.70}$$

当 $a\to\infty$ 时，汤川势过渡到库仑势，此时忽略式(18.70)中分母的 a^{-2} 项，并注意到 $K=2k\sin(\theta/2)$，可得

$$\sigma(\theta,\varphi) = \frac{4\mu^2 Z^2 Z'^2 \bar{e}^4}{\hbar^4 K^4} = \frac{\mu^2 Z^2 Z'^2 \bar{e}^4}{4\hbar^4 k^4 \sin^4(\theta/2)} \tag{18.71}$$

令 $\hbar k/\mu = v$，v 相当于经典粒子的速度，由此可得

$$\sigma(\theta,\varphi) = \frac{Z^2 Z'^2 \bar{e}^4}{4\mu^2 v^4 \sin^4(\theta/2)} \tag{18.72}$$

这正是卢瑟福(Rutherford)散射公式。

*18.3.3 微扰法

将散射过程看作初态到末态的量子跃迁，这样就可以用含时微扰论来处理。将 $V(\boldsymbol{r})$ 当作微扰，初态仍由平面波描述。末态是球面波，但探测器只能接收球面波的一部分，在 $r\to\infty$ 时，球面波局部可以用平面波近似代替。

采用箱归一化方案，箱内粒子的动量取离散值

$$p_x = \frac{2\pi\hbar n_x}{L},\quad p_y = \frac{2\pi\hbar n_y}{L},\quad p_z = \frac{2\pi\hbar n_z}{L} \tag{18.73}$$

动量各分量取值间隔为 $2\pi\hbar/L$。设动量空间中直角坐标体元为 $\Delta p_x \Delta p_y \Delta p_z$，且 $\Delta p_x, \Delta p_y, \Delta p_z$

远远大于动量各分量取值间隔，在这个体元内量子态数为 $\Delta n_x \Delta n_y \Delta n_z$。由式(18.73)可知二者关系为

$$\Delta p_x \Delta p_y \Delta p_z = \left(\frac{2\pi\hbar}{L}\right)^3 \Delta n_x \Delta n_y \Delta n_z \tag{18.74}$$

因此，动量空间单位体积的量子态数目为

$$\frac{\Delta n_x \Delta n_y \Delta n_z}{\Delta p_x \Delta p_y \Delta p_z} = \left(\frac{L}{2\pi\hbar}\right)^3 \tag{18.75}$$

设粒子质量为 μ，利用 $p^2 = 2\mu E$ 可知 $p\mathrm{d}p = \mu\mathrm{d}E$，因此动量空间球坐标体元为

$$p^2 \mathrm{d}p\mathrm{d}\Omega = \mu p\mathrm{d}E\mathrm{d}\Omega \tag{18.76}$$

由式(18.75)可知，体元 $p^2\mathrm{d}p\mathrm{d}\Omega$ 内的量子态数目为

$$p^2 \mathrm{d}p\mathrm{d}\Omega \frac{\Delta n_x \Delta n_y \Delta n_z}{\Delta p_x \Delta p_y \Delta p_z} = \left(\frac{L}{2\pi\hbar}\right)^3 \mu p\mathrm{d}E\mathrm{d}\Omega \equiv \rho(E)\mathrm{d}E\mathrm{d}\Omega \tag{18.77}$$

式(18.77)右端表示 $E \sim E+\mathrm{d}E$ 范围内，$\boldsymbol{p}$ 方向的立体角元 $\mathrm{d}\Omega$ 内的量子态数，而

$$\rho(E) = \left(\frac{L}{2\pi\hbar}\right)^3 \mu p, \quad p = \sqrt{2\mu E} \tag{18.78}$$

式(18.78)第一式表示动量空间 $\boldsymbol{p}$ 点附近单位能量单位立体角的量子态数。

初态和末态分别用箱归一化平面波表示为

$$\psi_{\boldsymbol{k}}(\boldsymbol{r}) = \frac{1}{L^{3/2}}\mathrm{e}^{\mathrm{i}\boldsymbol{k}\cdot\boldsymbol{r}}, \quad \psi_{\boldsymbol{k}'}(\boldsymbol{r}) = \frac{1}{L^{3/2}}\mathrm{e}^{\mathrm{i}\boldsymbol{k}'\cdot\boldsymbol{r}} \tag{18.79}$$

根据常微扰下含时微扰论，初态 $\psi_{\boldsymbol{k}}$ 向末态 $\psi_{\boldsymbol{k}'}$ 跃迁的速率为

$$w_{\boldsymbol{k}\to\boldsymbol{k}'} = \frac{2\pi}{\hbar} |H'_{\boldsymbol{k}'\boldsymbol{k}}|^2 \delta_{\mathrm{s}}(E_{k'} - E_k) \tag{18.80}$$

根据初末态波函数可以算出矩阵元

$$H'_{\boldsymbol{k}'\boldsymbol{k}} = \frac{1}{L^3}\int_\infty \mathrm{d}^3 r\ \mathrm{e}^{\mathrm{i}(\boldsymbol{k}-\boldsymbol{k}')\cdot\boldsymbol{r}} V(\boldsymbol{r}) = \frac{4\pi}{L^3 K}\int_0^\infty rV(r)\sin(Kr)\mathrm{d}r \tag{18.81}$$

其中积分结果由式(18.67)给出。

将 $w_{\boldsymbol{k}\to\boldsymbol{k}'}$ 乘以末态动量 $\boldsymbol{p}=\hbar\boldsymbol{k}'$ 附近体元 $p'^2\mathrm{d}p'\mathrm{d}\Omega$ 内的量子态数目，然后对末态能量积分，就得到由初态 $\psi_{\boldsymbol{k}}$ 向 $\boldsymbol{k}'$ 方向立体角元 $\mathrm{d}\Omega$ 内所有末态 $\psi_{\boldsymbol{k}'}$ 的跃迁速率。将 $\delta_{\mathrm{s}}(E_{k'}-E_k)$ 近似当作 $\delta(E_{k'}-E_k)$ 处理，并注意 $p' = \sqrt{2\mu E_{k'}}$，得

$$\int_0^\infty \mathrm{d}E_{k'} w_{\boldsymbol{k}\to\boldsymbol{k}'}\rho(E_{k'})\mathrm{d}\Omega = \left(\frac{L}{2\pi\hbar}\right)^3 \frac{2\pi}{\hbar} |H'_{\boldsymbol{k}'\boldsymbol{k}}|^2 \mu p\mathrm{d}\Omega \tag{18.82}$$

粒子由初态 $\psi_{\boldsymbol{k}}$ 跃迁到末态 $\psi_{\boldsymbol{k}'}$，也就是经过 $V(\boldsymbol{r})$ 散射后在 $\boldsymbol{k}'$ 方向出射。因此式(18.82)就是 $\boldsymbol{k}'$ 方向立体角元 $\mathrm{d}\Omega$ 内出射粒子的概率流密度，相当于式(18.13)中的 $\boldsymbol{J}_2 \cdot \mathrm{d}\boldsymbol{S}$，由此可知 $\boldsymbol{k}'$ 方向立体角元 $\mathrm{d}\Omega$ 内的粒子流强度为

$$\mathrm{d}n = C\left(\frac{L}{2\pi\hbar}\right)^3 \frac{2\pi}{\hbar} |H'_{\boldsymbol{k}'\boldsymbol{k}}|^2 \mu p\mathrm{d}\Omega \tag{18.83}$$

入射粒子流强度仍由式(18.12)给出，由此可得散射截面为(注意 $p=\hbar k$)

$$\sigma(\theta,\varphi) = \frac{\mathrm{d}n}{N\mathrm{d}\Omega} = \frac{4\mu^2}{\hbar^4 K^2}\left|\int_0^\infty rV(r)\sin(Kr)\mathrm{d}r\right|^2 \tag{18.84}$$

最后让 $L\to\infty$，从而让初末态回到自由粒子平面波。由于式(18.84)已经不依赖于 L，因此 $L\to\infty$ 的极限仍是这个结果，它与式(18.68)完全一致。

18.3.4　玻恩近似的条件

如果在式(18.62)中第二项中的积分足够小，玻恩近似就比较精确。积分较小的条件是：(1) 势能函数 $V(\boldsymbol{r})$数值较小；(2) 势能函数 $V(\boldsymbol{r})$力程比较短，从而使得对积分有贡献的区域很小；(3) 入射粒子能量足够高。最后一个条件的理由可以从式(18.65)看出：由于被积函数中含有虚指数因子 $e^{i(\boldsymbol{k}-\boldsymbol{k}')\cdot\boldsymbol{r}'}$，注意 $|\boldsymbol{k}|=|\boldsymbol{k}'|$，如果入射粒子能量很高，则 $e^{i(\boldsymbol{k}-\boldsymbol{k}')\cdot\boldsymbol{r}'}$的实部和虚部快速振荡，相对而言势能函数 $V(\boldsymbol{r})$是个缓变函数，在很小范围内可认为 $V(\boldsymbol{r})$不变，而 $e^{i(\boldsymbol{k}-\boldsymbol{k}')\cdot\boldsymbol{r}'}$却快速振荡，根据正余弦函数的特点，正负值区间交替出现，从而使得积分值很小。

三个条件不需要同时满足，只要式(18.62)第二项足够小就行。如果势能函数足够弱，力程也足够短，使得对于低能入射粒子玻恩近似足够精确，那么同样势能函数下的高能散射，玻恩近似也会很精确。反过来，如果势能函数不是很弱，或者力程不是很短，那么只有对于足够高能量的入射粒子，玻恩近似才会足够精确。对积分进行具体评估，可以得到玻恩近似适用条件[⊖]

$$|V| \ll \frac{\hbar^2}{\mu a^2},\quad |V| \ll \frac{\hbar v}{a} \tag{18.85}$$

式中，a 是 $V(\boldsymbol{r})$显著不为零区域的尺寸；v 是入射粒子的经典速度。

18.4　分波法

这一节将讨论中心力场对无自旋粒子的散射。散射问题需要满足边界条件(18.5)的解。由于入射波和势能函数均不依赖于方位角 φ，这导致散射振幅 $f(\theta,\varphi)$不依赖于 φ，因此经常简记为 $f(\theta)$。

18.4.1　分波分析(一)

仍然假定 $r\to\infty$ 时 $V(r)\to 0$，因此 $E>0$ 的态为散射态。对于中心力场，轨道角动量算符 $\hat{\boldsymbol{L}}$ 的任一分量都与哈密顿算符对易，因此角动量是守恒量。在球坐标系中采用分离变量法求解方程(18.21)，会得到$(\hat{H},\hat{L}^2,\hat{L}_z)$的共同本征函数

$$\psi_{lm}(\boldsymbol{r}) = R_l(r)\,\mathrm{Y}_{lm}(\theta,\varphi) \tag{18.86}$$

径向波函数本应写作 $R_{El}(r)$或者 $R_{kl}(r)$，但散射问题中能量是给定的，因此这里省略了标记能量的下标。引入 $u_l(r)=rR_l(r)$，径向方程为(第 6 章)

$$\frac{\mathrm{d}^2u_l}{\mathrm{d}r^2} + \left[k^2 - \frac{2\mu}{\hbar^2}V(r) - \frac{l(l+1)}{r^2}\right]u_l = 0 \tag{18.87}$$

式中，$k=\sqrt{2\mu E}/\hbar$。这相当于一维能量本征方程，其中在 $r<0$ 区域势能为无穷大。

⊖ 朗道，栗弗席兹. 量子力学：非相对论理论[M]. 严肃，译. 北京：高等教育出版社，2008，469 页.

1. 分波振幅和相移

首先，散射振幅$f(\theta,\varphi)$可以用球谐函数基展开

$$f(\theta,\varphi)=\sum_{l=0}^{\infty}\sum_{m=-l}^{l}\tilde{f}_{lm}Y_{lm}(\cos\theta) \tag{18.88}$$

根据球谐函数的表达式

$$Y_{lm}(\theta,\varphi)=N_{lm}P_l^m(\cos\theta)e^{im\varphi} \tag{18.89}$$

只有$m=0$时球谐函数与φ无关，因此在展开式(18.88)中只包含$m=0$的项。注意$Y_{l0}=N_{l0}P_l^0$和$P_l^0\equiv P_l$，可得

$$f(\theta,\varphi)=\sum_{l=0}^{\infty}a_lP_l(\cos\theta),\quad 其中\ a_l=\tilde{f}_{l0}N_{l0} \tag{18.90}$$

其次，将式(18.5)中入射平面波展开为球面波[⊖]

$$e^{ikz}=e^{ikr\cos\theta}=\sum_{l=0}^{\infty}(2l+1)i^lj_l(kr)P_l(\cos\theta) \tag{18.91}$$

当$r\to\infty$时，球贝塞尔函数的渐近行为是

$$j_l(kr)\xrightarrow{r\to\infty}\frac{1}{kr}\sin\left(kr-\frac{1}{2}l\pi\right) \tag{18.92}$$

将式(18.90)和式(18.91)代入条件(18.5)，并利用式(18.92)，得

$$\psi\xrightarrow{r\to\infty}\sum_{l=0}^{\infty}\frac{(2l+1)i^l}{kr}\sin\left(kr-\frac{1}{2}l\pi\right)P_l(\cos\theta)+\sum_{l=0}^{\infty}a_lP_l(\cos\theta)\frac{e^{ikr}}{r} \tag{18.93}$$

利用欧拉公式，并注意$e^{\frac{i}{2}l\pi}=i^l$，可将式(18.93)改写为

$$\psi\xrightarrow{r\to\infty}\sum_{l=0}^{\infty}\frac{2l+1}{2ikr}\left[\left(1+\frac{2ika_l}{2l+1}\right)e^{ikr}-e^{-i(kr-l\pi)}\right]P_l(\cos\theta) \tag{18.94}$$

求和中每项都是式(18.86)在无穷远处的具体形式，称为l分波，并按照$l=0,1,2,\cdots$分别称为S波、P波、D波，等等。l分波中散射波系数a_l称为第l个分波振幅。由于角动量守恒，在散射过程中各个分波并不相互转化，每个分波均满足概率守恒定律。各个分波的径向波函数具有一维问题的普遍特征，式(18.94)中发散波e^{ikr}和会聚波e^{-ikr}分别相当于一维问题的反射波和入射波。对于半壁无限高势能，反射波和入射波概率流相等，因此e^{ikr}和e^{-ikr}的系数之模相等

$$\left|1+\frac{2ika_l}{2l+1}\right|=1 \tag{18.95}$$

这个要求称为l分波的幺正性关系。式(18.95)表示绝对值号中的复数之模为1，将其记为$e^{2i\delta_l}$(辐角写为$2\delta_l$只是出于习惯)，即

$$1+\frac{2ika_l}{2l+1}=e^{2i\delta_l} \tag{18.96}$$

式(18.94)中让各$a_l=0$就是入射平面波，在力场作用下每个分波的球面入射波e^{-ikr}不变，而出射波e^{ikr}仅仅改变了一个相因子$e^{2i\delta_l}$。根据式(18.96)，可得

$$\boxed{a_l=\frac{1}{k}(2l+1)e^{i\delta_l}\sin\delta_l} \tag{18.97}$$

⊖ 展开式称为瑞利(Rayleigh)公式，参见第6章选读材料.

由此可见，分波法的关键是求出各个分波的相移。分波振幅 a_l 是个复数，而现在只需要计算一个实数 δ_l 就行了，这正是使用相移的优点。

为了看出分波振幅的特点，引入 $b_l=(2l+1)^{-1}ka_l$，由式(18.96)，得

$$b_l=\frac{\mathrm{i}}{2}+\frac{1}{2}\mathrm{e}^{-\mathrm{i}\frac{\pi}{2}+\mathrm{i}2\delta_l} \tag{18.98}$$

这表示 b_l 位于复平面上以 i/2 为圆心、半径为 1/2 的圆，称为幺正圆，如图 18-6 所示。$\delta_l=0$ 时 $b_l=0$，意味着该分波直接穿透散射源，而没有被散射；$\delta_l=\pi/2$ 时 $|b_l|$ 取极大值，意味着该分波可能发生共振散射。

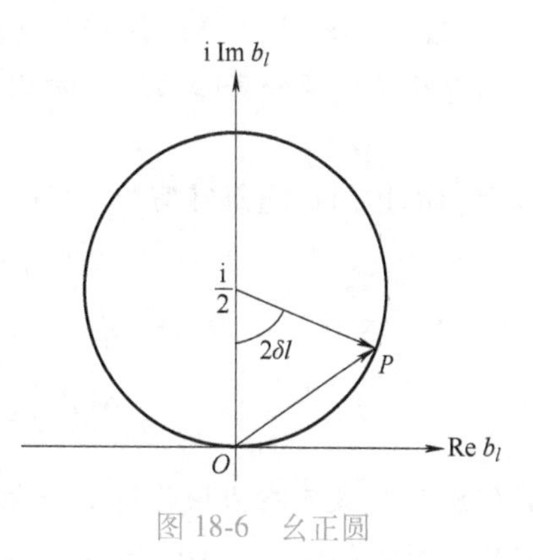

图 18-6 幺正圆

2. 散射振幅和总截面

根据散射振幅(18.90)，可以求出微分散射截面

$$\sigma(\theta,\varphi)=|f(\theta,\varphi)|^2=\left|\sum_{l=0}^{\infty}a_l\mathrm{P}_l(\cos\theta)\right|^2 \tag{18.99}$$

总截面为

$$\begin{aligned}\sigma_{\mathrm{t}}&=\int_0^{2\pi}\mathrm{d}\varphi\int_0^{\pi}\sin\theta\mathrm{d}\theta\ \sigma(\theta,\varphi)\\&=2\pi\sum_{l=0}^{\infty}\sum_{l'=0}^{\infty}a_l^*a_{l'}\int_0^{\pi}\sin\theta\mathrm{d}\theta\ \mathrm{P}_l(\cos\theta)\mathrm{P}_{l'}(\cos\theta)\end{aligned} \tag{18.100}$$

利用勒让德多项式 $\mathrm{P}_l(\cos\theta)$ 的正交性

$$\int_0^{\pi}\mathrm{P}_l(\cos\theta)\mathrm{P}_{l'}(\cos\theta)\sin\theta\mathrm{d}\theta=\frac{2}{2l+1}\delta_{ll'} \tag{18.101}$$

可得

$$\sigma_{\mathrm{t}}=\sum_{l=0}^{\infty}\sigma_l,\qquad \sigma_l=\frac{4\pi}{2l+1}|a_l|^2 \tag{18.102}$$

由此可见，总截面是各个分波的散射截面之和。在微分散射截面(18.99)中，各个分波之间的干涉项也是有贡献的，但干涉项对总截面没有贡献。

将 a_l 分别代入式(18.90)和式(18.102)，可得散射振幅和总截面

$$\boxed{f(\theta,\varphi)=\sum_{l=0}^{\infty}\frac{1}{k}(2l+1)\mathrm{e}^{\mathrm{i}\delta_l}\sin\delta_l\mathrm{P}_l(\cos\theta)} \tag{18.103}$$

$$\boxed{\sigma_{\mathrm{t}}=\frac{4\pi}{k^2}\sum_{l=0}^{\infty}(2l+1)\sin^2\delta_l} \tag{18.104}$$

*18.4.2 分波分析(二)

角动量守恒蕴含在能量本征方程之中，因此从能量本征函数出发应该可以直接得到分波振幅，这将从另一个角度引入相移。

1. 分波相移

由式(18.86)的叠加可以得到能量本征函数的一般形式

$$\psi(\boldsymbol{r})=\sum_{lm}c_{lm}R_l(r)\mathrm{Y}_{lm}(\theta,\varphi) \tag{18.105}$$

中心力场的散射问题与φ无关，因此求和只需包含$m=0$的项

$$\psi(\boldsymbol{r})=\sum_{l=0}^{\infty}c_{l0}N_{l0}R_l(r)\mathrm{P}_l(\cos\theta) \tag{18.106}$$

假设$r\to\infty$时，$r^2V(r)\to 0$，也就是说，势能函数$V(r)$比$1/r^2$更快趋于零。当$r\to\infty$时，先后忽略势能项和离心项，径向方程(18.87)变为

$$u_l''+k^2u_l=0 \tag{18.107}$$

方程(18.107)的通解可写为

$$u_l(r)\xrightarrow{r\to\infty}A\sin(kr+\theta_l) \tag{18.108}$$

取$A=1$，得

$$R_l(r)=\frac{u_l(r)}{r}\xrightarrow{r\to\infty}\frac{1}{r}\sin(kr+\theta_l) \tag{18.109}$$

式(18.109)表示在力场作用下径向波函数在$r\to\infty$时的渐近行为。与自由粒子的式(18.92)相比，附加相位为$\delta_l=\theta_l+l\pi/2$。由此可得

$$\psi(\boldsymbol{r})\xrightarrow{r\to\infty}\sum_{l=0}^{\infty}\frac{C_l}{kr}\sin\left(kr+\delta_l-\frac{1}{2}l\pi\right)\mathrm{P}_l(\cos\theta),\quad C_l=kc_{l0}N_{l0} \tag{18.110}$$

2. 分波振幅

式(18.93)给出了散射问题波函数，但没考虑角动量守恒；而式(18.110)满足角动量守恒，却没有将入射波和散射波分开。令式(18.110)和式(18.93)右端相等，得

$$\begin{aligned}&\sum_{l=0}^{\infty}\frac{C_l}{kr}\sin\left(kr+\delta_l-\frac{1}{2}l\pi\right)\mathrm{P}_l(\cos\theta)\\&=\sum_{l=0}^{\infty}\frac{(2l+1)\mathrm{i}^l}{kr}\sin\left(kr-\frac{1}{2}l\pi\right)\mathrm{P}_l(\cos\theta)+\sum_{l=0}^{\infty}a_l\mathrm{P}_l(\cos\theta)\frac{\mathrm{e}^{\mathrm{i}kr}}{r}\end{aligned} \tag{18.111}$$

由于勒让德多项式的正交性(18.101)，相同l值的$\mathrm{P}_l(\cos\theta)$前面的系数相等

$$\frac{C_l}{kr}\sin\left(kr+\delta_l-\frac{1}{2}l\pi\right)=\frac{(2l+1)\mathrm{i}^l}{kr}\sin\left(kr-\frac{1}{2}l\pi\right)+a_l\frac{\mathrm{e}^{\mathrm{i}kr}}{r} \tag{18.112}$$

这相当于单独处理各分波，并考虑了角动量守恒和散射问题特点，接下来将其分解为球面入射波和出射波。利用欧拉公式，将方程(18.112)按照$\mathrm{e}^{\mathrm{i}kr}$和$\mathrm{e}^{-\mathrm{i}kr}$整理为

$$[(2l+1)\mathrm{i}^l-C_l\mathrm{e}^{-\mathrm{i}\delta_l}]\mathrm{e}^{\frac{\mathrm{i}}{2}l\pi}\mathrm{e}^{-\mathrm{i}kr}=[(2l+1)\mathrm{i}^l-C_l\mathrm{e}^{\mathrm{i}\delta_l}]\mathrm{e}^{-\frac{\mathrm{i}}{2}l\pi}\mathrm{e}^{\mathrm{i}kr}+2\mathrm{i}ka_l\mathrm{e}^{\mathrm{i}kr} \tag{18.113}$$

由于$\mathrm{e}^{\mathrm{i}kr}$和$\mathrm{e}^{-\mathrm{i}kr}$是线性无关的，因此二者前面的系数分别为零

$$(2l+1)\mathrm{i}^l-C_l\mathrm{e}^{-\mathrm{i}\delta_l}=0 \tag{18.114}$$

$$[(2l+1)\mathrm{i}^l-C_l\mathrm{e}^{\mathrm{i}\delta_l}]\mathrm{e}^{-\frac{\mathrm{i}}{2}l\pi}+2\mathrm{i}ka_l=0 \tag{18.115}$$

将式(18.114)代入式(18.115)，并注意$\mathrm{e}^{-\frac{\mathrm{i}}{2}l\pi}=(-\mathrm{i})^l$，可得

$$(2l+1)(1-\mathrm{e}^{2\mathrm{i}\delta_l})+2\mathrm{i}ka_l=0 \tag{18.116}$$

利用$1-\mathrm{e}^{2\mathrm{i}\delta_l}=-2\mathrm{i}\mathrm{e}^{\mathrm{i}\delta_l}\sin\delta_l$，得

$$a_l=\frac{1}{k}(2l+1)\mathrm{e}^{\mathrm{i}\delta_l}\sin\delta_l \tag{18.117}$$

这正是式(18.97)的结果。

18.4.3　讨论

1. 光学定理

将散射振幅$f(\theta,\varphi)$简记为$f(\theta)$。$\theta=0$代表向前散射振幅，向前散射的波与入射波相干叠加形成透射波。透射波是散射中心对入射波进行削弱造成的，与之相伴的是产生其他方向的散射波。因此，向前散射的波与其他方向的散射波有密切联系。对比式(18.103)和式(18.104)可以发现向前散射振幅与总截面有如下关系

$$\boxed{\sigma_{\mathrm{t}}=\frac{4\pi}{k}\mathrm{Im}f(0)}\tag{18.118}$$

这个结果称为光学定理。

2. 分波法的条件

入射波动量是固定的，l越大的分波角动量越大。从经典力学图像来看，相同动量的粒子，角动量越大意味着瞄准距离越大，从而受到力场的影响越小，这导致量子散射图像中相移δ_l也会越小。假设$V(r)$的力程为a，也就是说在半径为a的球外$V(r)$可以忽略不计，则有贡献的分波满足的条件为[⊖]

$$l<ka\tag{18.119}$$

如果是入射粒子能量很低，$ka\ll1$，则只需要计算S波的贡献就行了。

18.5 球方势散射

如果入射粒子的能量很小，粒子的德布罗意波长远远大于势阱的参数，$\lambda\gg a$或者$ka\ll1$，则需要仅计算S波对总截面的贡献。在径向方程(18.87)中令$l=0$，并将径向波函数$u_0(r)$简记为$u(r)$，得

$$\frac{\mathrm{d}^2u}{\mathrm{d}r^2}+\left[k^2-\frac{2\mu}{\hbar^2}V(r)\right]u=0\tag{18.120}$$

设势能函数为

$$V(r)=\begin{cases}V_0, & r<a\\ 0, & r>a\end{cases},\quad 其中\ a>0\tag{18.121}$$

$V_0>0$代表球方势垒，$V_0<0$代表球方势阱。不管哪种情形，$E>0$均代表散射态。

18.5.1　方势阱

设$V_0<0$，引入参数

$$k'=\sqrt{2\mu(E-V_0)}/\hbar,\quad k_0=\sqrt{-2\mu V_0}/\hbar\tag{18.122}$$

参数k,k'和k_0满足条件$k^2+k_0^2=k'^2$。对于势阱内外，方程(18.120)分别写为

$$\begin{aligned}&u''+k'^2u=0,\quad r<a\\ &u''+k^2u=0,\quad r>a\end{aligned}\tag{18.123}$$

⊖ 周世勋. 量子力学教程[M]. 2版. 北京：高等教育出版社，2009，161页.

方程(18.123)的解为

$$u(r)=\begin{cases}A\sin(k'r+\alpha_0), & r<a\\ B\sin(kr+\delta_0), & r>a\end{cases}\tag{18.124}$$

δ_0 正是 S 分波的相移。

根据边界条件 $u(0)=0$，可得 $\alpha_0=0$。在 $r=a$ 处，$u(r)$ 及其一阶导数连续，或者说 u'/u 连续，后者可以避免未定常数 A,B 的干扰。由式(18.124)可知

$$\frac{k'\cos k'a}{\sin k'a}=\frac{k\cos(ka+\delta_0)}{\sin(ka+\delta_0)}\tag{18.125}$$

或者写为

$$\tan(ka+\delta_0)=\frac{k}{k'}\tan k'a\tag{18.126}$$

假定入射粒子的能量很低，即 $k\approx0$。如果调整势阱参数 V_0 或者 k_0，则 k' 相应地发生变化。我们先来讨论两种特殊情形。

(1) 当 $k'a=\pi/2+n\pi$ 时，$\tan k'a\to\pm\infty$，根据式(18.126)可知 $\tan(ka+\delta_0)\to\pm\infty$，由此可得

$$\sin\delta_0\approx\sin(\delta_0+ka)=\pm1\tag{18.127}$$

此时 S 分波对总截面的贡献为

$$\sigma_0=\frac{4\pi}{k^2}\sin^2\delta_0\approx\frac{4\pi}{k^2}\tag{18.128}$$

对于给定的 k，这导致了 S 波截面的一个极大值，称为共振散射。

(2) 当 $k'a=n\pi$ 时，$\tan k'a=0$，根据式(18.126)可知 $\tan(ka+\delta_0)=0$，因此

$$\sin\delta_0\approx\sin(\delta_0+ka)=0\tag{18.129}$$

此时 S 分波对总截面的贡献为

$$\sigma_0=\frac{4\pi}{k^2}\sin^2\delta_0\approx0\tag{18.130}$$

这表明入射波几乎完美地穿透了势阱而没有散射，称为冉绍尔-汤森(Ramsauer-Townsend)效应。该效应在波动力学建立前已通过电子被稀有气体散射观测到。

下面假定 $k'a$ 远离 $\pi/2$ 的整数倍，此时 $\tan k'a$ 远离无穷大。由式(18.126)可得

$$\delta_0=\arctan\left(\frac{k}{k'}\tan k'a\right)-ka\tag{18.131}$$

当 $k\approx0$ 时 $k'\approx k_0$，因此

$$\arctan\left(\frac{k}{k'}\tan k'a\right)\approx\frac{k}{k_0}\tan k_0a\tag{18.132}$$

由此可得

$$\delta_0\approx ka\left(\frac{\tan k_0a}{k_0a}-1\right)\equiv kr_0\ll1\tag{18.133}$$

式中，r_0 称为散射长度。S 分波对总截面的贡献为

$$\sigma_0=\frac{4\pi}{k^2}\sin^2\delta_0\approx\frac{4\pi}{k^2}\delta_0^2\approx4\pi r_0^2\tag{18.134}$$

我们换个角度来理解散射长度。$k\to0$，S 波散射的外部径向方程近似为

$$u''=0,\quad r>a \tag{18.135}$$

方程的解是一条直线

$$u(r)=\text{常数}\times(r-\bar{r}) \tag{18.136}$$

这相当于式(18.124)中的 $\sin(kr+\delta_0)$ 在 k 很小时的近似。由式(18.133)可知，当 k 很小时 δ_0 也很小，因此

$$\sin(kr+\delta_0)\xrightarrow{k\to 0}kr+\delta_0 \tag{18.137}$$

与式(18.136)对比可知那里常数=k，而 $\bar{r}=\delta_0/k$。根据式(18.133)可知 $\bar{r}=r_0$，因此散射长度就是直线(18.136)与 r 轴的截距。这里 r 轴范围是$(-\infty,\infty)$，散射长度可以取正值，也可以取负值。

18.5.2 方势垒

设 $V_0>0$，引入参数

$$\beta=\sqrt{2\mu(V_0-E)}/\hbar,\quad k_0=\sqrt{2\mu V_0}/\hbar \tag{18.138}$$

参数 k,β 和 k_0 满足条件 $\beta^2+k^2=k_0^2$。在势垒内外，方程(18.120)变为

$$\begin{aligned}u''-\beta^2u=0,\quad r<a\\ u''+k^2u=0,\quad r>a\end{aligned} \tag{18.139}$$

势垒内部属于经典禁区。方程(18.139)的解为

$$u(r)=\begin{cases}Ae^{\beta r}+A'e^{-\beta r}, & r<a\\ B\sin(kr+\delta_0), & r>a\end{cases} \tag{18.140}$$

由 $r=0$ 处 $u(0)=0$ 可知 $A'=-A$。再根据 $r=a$ 处 u'/u 连续，得

$$\frac{\beta(e^{\beta a}+e^{-\beta a})}{e^{\beta a}-e^{-\beta a}}=\frac{k\cos(ka+\delta_0)}{\sin(ka+\delta_0)} \tag{18.141}$$

或者写为

$$\frac{\beta}{\tanh\beta a}=\frac{k}{\tan(ka+\delta_0)} \tag{18.142}$$

其中 tanh 是双曲正切，也写作 th。由此可得

$$\delta_0=\arctan\left(\frac{k}{\beta}\tanh\beta a\right)-ka \tag{18.143}$$

由于入射粒子能量很低，$k\approx 0$，$\beta\approx k_0$，因此

$$\delta_0\approx\arctan\left(\frac{k}{k_0}\tanh k_0a\right)-ka\approx ka\left(\frac{\tanh k_0a}{k_0a}-1\right)\ll 1 \tag{18.144}$$

由此可得

$$\sigma_0=\frac{4\pi}{k^2}\sin^2\delta_0\approx\frac{4\pi}{k^2}\delta_0^2\approx 4\pi a^2\left(\frac{\tanh k_0a}{k_0a}-1\right)^2 \tag{18.145}$$

若势垒高度 $V_0\to\infty$，这相当于硬球散射情形，$\tanh k_0a\to 1$，因此

$$\sigma_0\approx 4\pi a^2 \tag{18.146}$$

这表明硬球散射截面等于球面面积[⊖]。在经典力学中，硬球散射截面是其最大横截面积

⊖ 在势阱情形不能取无限深势阱极限，因为正切函数结果不定.

πa^2。由实验测得截面和相移，可以反过来确定相互作用的形式和参数。

18.6 全同粒子散射

在质心系中考察二粒子体系，粒子的相对坐标为$\boldsymbol{r}=\boldsymbol{r}_1-\boldsymbol{r}_2$。交换粒子编号时，$\boldsymbol{r}\to-\boldsymbol{r}$，这相当于对$\boldsymbol{r}$做空间反射，直角坐标和球坐标变换为

$$\begin{aligned} &x\to -x,\quad y\to -y,\quad z\to -z \\ &r\to r,\quad \theta\to \pi-\theta,\quad \varphi=\pi+\varphi \end{aligned} \tag{18.147}$$

对于两个全同粒子的散射，假设相互作用与自旋无关，且体系波函数为空间部分和自旋部分乘积，则体系的空间波函数渐近形式为

$$\psi\to A(\mathrm{e}^{\mathrm{i}kz}\pm \mathrm{e}^{-\mathrm{i}kz})+[f(\theta,\varphi)\pm f(\pi-\theta,\varphi)]\frac{\mathrm{e}^{\mathrm{i}kr}}{r} \tag{18.148}$$

其中+号(−号)对应交换对称(反对称)空间波函数，相应的微分截面为

$$\begin{aligned} \sigma_{\mathrm{S}}(\theta,\varphi)&=|f(\theta,\varphi)+f(\pi-\theta,\varphi)|^2 \\ \sigma_{\mathrm{A}}(\theta,\varphi)&=|f(\theta,\varphi)-f(\pi-\theta,\varphi)|^2 \end{aligned} \tag{18.149}$$

对于自旋为0的玻色子体系，空间波函数为交换对称的，微分截面为σ_{S}。对于自旋为1/2的费米子体系，总的波函数交换反对称，对于自旋单态(交换反对称)和自旋三重态(交换对称)，微分截面分别为σ_{S}和σ_{A}。考虑二电子散射，假设入射电子束和靶电子都是自旋不极化的，各种情形以相等概率(这是经典概率)出现。从统计效果上讲，这相当于自旋单态和三重态的二电子体系各占1/4和3/4，因此有

$$\sigma(\theta,\varphi)=\frac{1}{4}\sigma_{\mathrm{S}}(\theta,\varphi)+\frac{3}{4}\sigma_{\mathrm{A}}(\theta,\varphi) \tag{18.150}$$

对半个球面立体角积分，或者对整个球面立体角积分后乘以1/2(称为统计因子)，可得总截面为

$$\sigma_{\mathrm{t}}=\frac{1}{2}\int_0^{\pi}\sin\theta\mathrm{d}\theta\int_0^{2\pi}\mathrm{d}\varphi\sigma(\theta,\varphi) \tag{18.151}$$

▼举例

设两个中子之间的相互作用势能为

$$V(\boldsymbol{r})=\begin{cases} V_0\hat{\boldsymbol{\sigma}}_1\cdot\hat{\boldsymbol{\sigma}}_2, & r<a \\ 0, & r>a \end{cases} \tag{18.152}$$

其中$V_0>0$，$\hat{\boldsymbol{\sigma}}_1,\hat{\boldsymbol{\sigma}}_2$为两个中子的泡利算符。假设入射中子和靶中子均未极化，求中子-中子低能$E\to0$情形的S波散射截面。

由于相互作用与自旋有关，所以不能直接套用式(18.150)来计算微分截面。中子是费米子，体系波函数是交换反对称的。S波空间波函数是交换对称的，因此应取自旋单态。设$\hat{\boldsymbol{S}}=\hat{\boldsymbol{S}}_1+\hat{\boldsymbol{S}}_2$，总自旋平方为

$$\boldsymbol{S}^2=\boldsymbol{S}_1^2+2\boldsymbol{S}_1\cdot\boldsymbol{S}_2+\boldsymbol{S}_2^2=\frac{3}{2}\hbar^2+\frac{\hbar^2}{2}\boldsymbol{\sigma}_1\cdot\boldsymbol{\sigma}_2 \tag{18.153}$$

$\boldsymbol{S}^2$ 的本征值为 $s(s+1)$，$\boldsymbol{S}^2$ 对自旋单态作用相当于 0 乘以态矢量，在式(18.153)中将其替换为 0，得 $\boldsymbol{\sigma}_1 \cdot \boldsymbol{\sigma}_2 = -3$。这不是算符恒等式，只是 $\boldsymbol{\sigma}_1 \cdot \boldsymbol{\sigma}_2$ 作用于自旋单态时的效果。由此可见，对于 S 波散射势能函数(18.152)相当于球方势阱

$$V(\boldsymbol{r}) = \begin{cases} -3V_0, & r < a \\ 0, & r > a \end{cases} \tag{18.154}$$

设中子质量为 m_n，在质心系中考察，引入 $u(r) = rR(r)$，$r = |\boldsymbol{r}_1 - \boldsymbol{r}_2|$，则 S 波的径向方程为

$$-\frac{\hbar^2}{2\mu}u''(r) + V(r)u(r) = Eu(r) \tag{18.155}$$

式中，$\mu = m_n/2$ 是二中子体系的约化质量。引入参数

$$k_0 = \sqrt{6\mu V_0}/\hbar, \quad k = \sqrt{2\mu E}/\hbar, \quad k' = \sqrt{2\mu(E + 3V_0)}/\hbar \tag{18.156}$$

将方程(18.155)改写为

$$\begin{cases} u''(r) + k'^2 u(r) = 0, & r < a \\ u''(r) + k^2 u(r) = 0, & r > a \end{cases} \tag{18.157}$$

这与方程(18.123)完全相同，$r = a$ 处的衔接条件也一样

$$\tan(ka + \delta_0) = \frac{k}{k'}\tan k'a \tag{18.158}$$

接下来的讨论也相同：

(1) 共振散射：当 $k'a = \pi/2 + n\pi$ 时，$\sin\delta_0 \approx \sin(\delta_0 + ka) = \pm 1$；

(2) 完美穿透：当 $k'a = n\pi$ 时，$\sin\delta_0 \approx \sin(\delta_0 + ka) = 0$；

(3) 当 $k'a$ 远离 $\pi/2$ 的整数倍时，可得

$$\delta_0 \approx ka\left(\frac{\tan k_0 a}{k_0 a} - 1\right) \ll 1 \tag{18.159}$$

散射振幅仍然可以用公式(18.103)计算，在只计入 S 波贡献时

$$f(\theta,\varphi) \approx \frac{1}{k}\mathrm{e}^{\mathrm{i}\delta_0}\sin\delta_0 \tag{18.160}$$

由于空间波函数是交换对称的，散射截面应选择 $\sigma_S(\theta,\varphi)$，由于入射中子和靶中子均为极化，自旋单态只占总数的 1/4，因此

$$\sigma(\theta,\varphi) = \frac{1}{4}\sigma_S(\theta,\varphi) = \frac{1}{4}|f(\theta,\varphi) + f(\pi - \theta,\varphi)|^2 \tag{18.161}$$

散射总截面根据式(18.151)计算。对上述三种情形：

(1) 共振散射，$\sin\delta_0 \approx \pm 1$，此时 $\sigma(\theta,\varphi) = 1/k^2$，$\sigma_t = 2\pi/k^2$；

(2) 完美穿透，$\sin\delta_0 \approx 0$，此时 $\sigma(\theta,\varphi) = 0$，$\sigma_t = 0$；

(3) $k'a$ 远离 $\pi/2$ 的整数倍，采用近似 $\sin\delta_0 \approx \delta_0$，得

$$\sigma(\theta,\varphi) = a^2\left(\frac{\tan k_0 a}{k_0 a} - 1\right)^2, \quad \sigma_t = 2\pi a^2\left(\frac{\tan k_0 a}{k_0 a} - 1\right)^2 \tag{18.162}$$

当 V_0 充分大时，这种情形有 $\sigma_t \approx 2\pi a^2$，它正好等于半个球面的面积。

18.1 用玻恩近似法计算如下势能散射的微分散射截面：

(1) 球方势：$V(r)=\begin{cases}V_0, & r<a\\ 0, & r>a\end{cases}$，其中 $a>0$；

(2) 指数势：$V(r)=V_0 e^{-\alpha r}, \alpha>0$；

(3) 高斯势：$V(r)=V_0 e^{-\alpha r^2}, \alpha>0$；

(4) 汤川势：$V(r)=\kappa\dfrac{e^{-\alpha r}}{r}, \kappa>0, \alpha>0$；

(5) 接触势：$V(r)=\gamma\delta(\boldsymbol{r})$，$\gamma>0$。

18.2 用玻恩近似法计算粒子在如下势场中的微分散射截面。

$$V(r)=\begin{cases}\dfrac{a}{r}-\dfrac{r}{a}, & r<a\\ 0, & r>a\end{cases}$$

18.3 对低能粒子散射，假如只考虑 S 波和 P 波，写出散射截面的一般形式。

18.4 低能粒子受到球方势垒散射，

$$V(r)=\begin{cases}V_0, & r<a,\\ 0, & r>a,\end{cases}\quad \text{其中 } V_0>0$$

a 为球半径，若 $E<V_0$，求微分散射截面。

18.5 只考虑 S 分波，求低能粒子受到下列势场散射的微分散射截面：

(1) $V(r)=\dfrac{a}{r^2}$；　(2) $V(r)=\dfrac{a}{r^4}$。

附　　录

为了便于查阅，我们将本书中用到的数学工具汇总于本附录。

附录 A　单　位　制

在真空情形，电磁理论中国际单位制(SI)和高斯单位制(CGS)之间的公式转换比较简单。两种单位制的主要公式对比如表 A-1 所示，表格的最后四行是麦克斯韦方程组。注意在电场的高斯定理中，电荷密度 ρ_e 和电流密度 $\boldsymbol{J}_e$ 的表达式中含有电荷 q。此外，表中库仑定律中的力 $\boldsymbol{F}_{12}$ 是指电荷 q_1 对电荷 q_2 的力，$\boldsymbol{e}_r$ 是从电荷 q_1 对电荷 q_2 的单位矢量。

表 A-1　高斯单位制与国际单位制的主要公式

	高斯单位制	国际单位制
库仑定律	$\boldsymbol{F}_{12}=\dfrac{q_1q_2}{r^2}\boldsymbol{e}_r$	$\boldsymbol{F}_{12}=\dfrac{1}{4\pi\varepsilon_0}\dfrac{q_1q_2}{r^2}\boldsymbol{e}_r$
库仑势能	$V=\dfrac{q_1q_2}{r}$	$V=\dfrac{1}{4\pi\varepsilon_0}\dfrac{q_1q_2}{r}$
毕奥-萨伐尔定律	$\mathrm{d}\boldsymbol{B}=\dfrac{1}{c}\dfrac{I\mathrm{d}\boldsymbol{l}\times\boldsymbol{e}_r}{r^2}$	$\mathrm{d}\boldsymbol{B}=\dfrac{\mu_0}{4\pi}\dfrac{I\mathrm{d}\boldsymbol{l}\times\boldsymbol{e}_r}{r^2}$
洛伦兹力定律	$\boldsymbol{F}=q\left(\boldsymbol{E}+\dfrac{\boldsymbol{v}}{c}\times\boldsymbol{B}\right)$	$\boldsymbol{F}=q(\boldsymbol{E}+\boldsymbol{v}\times\boldsymbol{B})$
高斯定理(电)	$\nabla\cdot\boldsymbol{E}=4\pi\rho_e$	$\nabla\cdot\boldsymbol{E}=\dfrac{\rho_e}{\varepsilon_0}$
高斯定理(磁)	$\nabla\cdot\boldsymbol{B}=0$	$\nabla\cdot\boldsymbol{B}=0$
安培定律	$\nabla\times\boldsymbol{B}-\dfrac{1}{c}\dfrac{\partial\boldsymbol{E}}{\partial t}=\dfrac{4\pi}{c}\boldsymbol{J}_e$	$\nabla\times\boldsymbol{B}-\varepsilon_0\mu_0\dfrac{\partial\boldsymbol{E}}{\partial t}=\mu_0\boldsymbol{J}_e$
法拉第定律	$\nabla\times\boldsymbol{E}+\dfrac{1}{c}\dfrac{\partial\boldsymbol{B}}{\partial t}=0$	$\nabla\times\boldsymbol{E}+\dfrac{\partial\boldsymbol{B}}{\partial t}=0$

在国际单位制中，ε_0，μ_0 和 c 的关系为

$$c=\frac{1}{\sqrt{\varepsilon_0\mu_0}} \tag{A.1}$$

根据表 A-1 中的公式，可以总结出两种单位制之间的转换规律。从国际单位制公式出

发，只需要做如下替换就过渡到高斯单位制公式

$$\boxed{\varepsilon_0 \to \frac{1}{4\pi},\quad \mu_0 \to \frac{4\pi}{c^2},\quad \boldsymbol{B} \to \frac{\boldsymbol{B}}{c}} \tag{A.2}$$

从高斯单位制公式出发，只需要做如下替换就能过渡到国际单位制公式

$$\boxed{q \to \frac{q}{\sqrt{4\pi\varepsilon_0}},\quad \boldsymbol{E} \to \sqrt{4\pi\varepsilon_0}\boldsymbol{E},\quad \boldsymbol{B} \to c\sqrt{4\pi\varepsilon_0}\boldsymbol{B} = \sqrt{\frac{4\pi}{\mu_0}}\boldsymbol{B}} \tag{A.3}$$

在两种单位制中，磁矩 $\boldsymbol{M}$ 在磁场 $\boldsymbol{B}$ 中的势能表达式均为

$$V = -\boldsymbol{M}\cdot\boldsymbol{B} \tag{A.4}$$

根据规则(A.2)，可知从国际单位制过渡到高斯单位制磁矩 $\boldsymbol{M}$ 的替换规则是

$$\text{SI} \to \text{CGS}:\quad \boldsymbol{M} \to c\boldsymbol{M} \tag{A.5}$$

根据规则(A.3)，可知从高斯单位制过渡到国际单位制磁矩 $\boldsymbol{M}$ 的替换规则是

$$\text{CGS} \to \text{SI}:\quad \boldsymbol{M} \to \frac{1}{c\sqrt{4\pi\varepsilon_0}}\boldsymbol{M} = \sqrt{\frac{\mu_0}{4\pi}}\boldsymbol{M} \tag{A.6}$$

本书用到的其他电磁公式如表 A-2 所示。表中 $e>0$ 是电子电量的绝对值，m_e 为电子质量，q 和 m 分别是形成电流环的带电粒子的电荷和质量，I 是电流环的电流强度，S 是电流环的面积，$\boldsymbol{L}$ 是带电粒子相对于电流环中心的角动量。

表 A-2　高斯单位制与国际单位制的其他电磁公式

	高斯单位制	国际单位制
玻尔半径	$a_0=\frac{\hbar^2}{m_e e^2}$	$a_0=\frac{4\pi\varepsilon_0\hbar^2}{m_e e^2}$
精细结构常数	$\alpha=\frac{e^2}{\hbar c}$	$\alpha=\frac{e^2}{4\pi\varepsilon_0\hbar c}$
电流环的磁矩	$\boldsymbol{M}=\frac{q}{2mc}\boldsymbol{L}$	$\boldsymbol{M}=\frac{q}{2m}\boldsymbol{L}$
电流环的磁矩大小	$\lvert\boldsymbol{M}\rvert=\frac{1}{c}IS$	$\lvert\boldsymbol{M}\rvert=IS$
玻尔磁子	$\mu_B=\frac{e\hbar}{2m_e c}$	$\mu_B=\frac{e\hbar}{2m_e}$

根据式(A.4)，轨道磁矩在磁场中的势能数量级为 $\mu_B B$

$$\text{CGS}:\quad V \sim \frac{e\hbar B}{2mc} = \mu_B B,\quad \text{SI}:\quad V \sim \frac{e\hbar B}{2m} = \mu_B B \tag{A.7}$$

附录 B　高斯函数的积分

在很多学科中常用到高斯函数的积分公式

$$\boxed{I(a,b) = \int_{-\infty}^{\infty} e^{-a(x-b)^2}dx = \sqrt{\frac{\pi}{a}}} \tag{B.1}$$

其中 Rea>0，b 为任意复数。

证明：利用留数方法可以证明(证明较烦琐，此处略)

$$I(a,b)=I(a,0)=\frac{1}{\sqrt{a}}I(1,0) \tag{B.2}$$

因此只需要证明

$$I(1,0)=\int_{-\infty}^{\infty}\mathrm{e}^{-x^2}\mathrm{d}x=\sqrt{\pi} \tag{B.3}$$

这个积分也称为无穷概率积分。首先，容易判断 $I(1,0)>0$；其次

$$[I(1,0)]^2=\int_{-\infty}^{\infty}\mathrm{e}^{-x^2}\mathrm{d}x\int_{-\infty}^{\infty}\mathrm{e}^{-y^2}\mathrm{d}y=\int_{-\infty}^{\infty}\int_{-\infty}^{\infty}\mathrm{e}^{-(x^2+y^2)}\,\mathrm{d}x\mathrm{d}y \tag{B.4}$$

将这个积分看成 xy 平面的二重积分，然后变换到极坐标(r,θ)，得

$$[I(1,0)]^2=\int_0^{2\pi}\int_0^{\infty}\mathrm{e}^{-r^2}r\,\mathrm{d}r\mathrm{d}\theta=2\pi\int_0^{\infty}\mathrm{e}^{-r^2}r\,\mathrm{d}r \tag{B.5}$$

做变量替换 $t=r^2$，得

$$[I(1,0)]^2=\pi\int_0^{\infty}\mathrm{e}^{-t}\mathrm{d}t=\pi\quad\Rightarrow\quad I(1,0)=\sqrt{\pi} \tag{B.6}$$

高斯函数还有如下积分公式

$$\boxed{\int_{-\infty}^{\infty}\mathrm{e}^{\mathrm{i}\alpha(x-\beta)^2}\mathrm{d}x=\sqrt{\frac{\pi}{\mathrm{i}\alpha}}} \tag{B.7}$$

式中，β 为任意实数；α 为非零实数。

高斯函数还有如下常用公式

$$\boxed{\int_{-\infty}^{\infty}x^{2n}\mathrm{e}^{-ax^2}\mathrm{d}x=\sqrt{\frac{\pi}{a}}\frac{(2n-1)!!}{(2a)^n},\quad a>0} \tag{B.8}$$

这里 n 是正整数。证明如下：

$$\int_{-\infty}^{\infty}x^{2n}\mathrm{e}^{-ax^2}\mathrm{d}x=\left(-\frac{\mathrm{d}}{\mathrm{d}a}\right)^n\int_{-\infty}^{\infty}\mathrm{e}^{-ax^2}\mathrm{d}x=\left(-\frac{\mathrm{d}}{\mathrm{d}a}\right)^n\sqrt{\frac{\pi}{a}} \tag{B.9}$$

做完参数求导就得到公式(B.8)。

附录 C　曲线坐标系

除了直角坐标系外，在很多场合也经常用到曲线坐标系。我们将各种公式汇总到这里，以方便查阅。曲线坐标系中的梯度、散度、旋度和拉普拉斯算符的表达式既可以根据定义直接得到㊀，也可以从直角坐标系的相关公式出发通过坐标变换而得到。前一种方法比较系统，但是比较抽象；后一种方法简单易懂，而且运算过程中会产生一些有用结果，因此我们

㊀ 梁昆淼. 数学物理方法[M]. 5 版. 北京：高等教育出版社，2010，360 页.
汪德新. 数学物理方法[M]. 4 版. 北京：科学出版社，2016，189 页.

将详细讨论这个过程。

C.1 平面极坐标系

C.1.1 极坐标

设平面极坐标系的径向坐标和极角分别为ρ,φ，它和直角坐标的关系为

$$\begin{cases} x=\rho\cos\varphi \\ y=\rho\sin\varphi \end{cases},\quad \begin{cases} \rho=\sqrt{x^2+y^2} \\ \tan\varphi=y/x \end{cases} \tag{C.1}$$

第一、第四象限的点，极角等于 $\arctan(y/x)$；第二、第三象限的点，极角等于 $\arctan(y/x)$ 加上或减去 π。将直角坐标轴的单位矢量记为 $\boldsymbol{e}_x,\boldsymbol{e}_y$，$\rho$ 方向和φ方向的单位矢量记为 $\boldsymbol{e}_\rho,\boldsymbol{e}_\varphi$，如图 C-1 所示。$\boldsymbol{e}_\rho,\boldsymbol{e}_\varphi$都不是常矢量，比如，图中 A 点和 B 点的 $\boldsymbol{e}_\rho$并不相同，实际上二者相互正交，B 点的 $\boldsymbol{e}_\rho$正好与 A 点的 $\boldsymbol{e}_\varphi$方向一致。

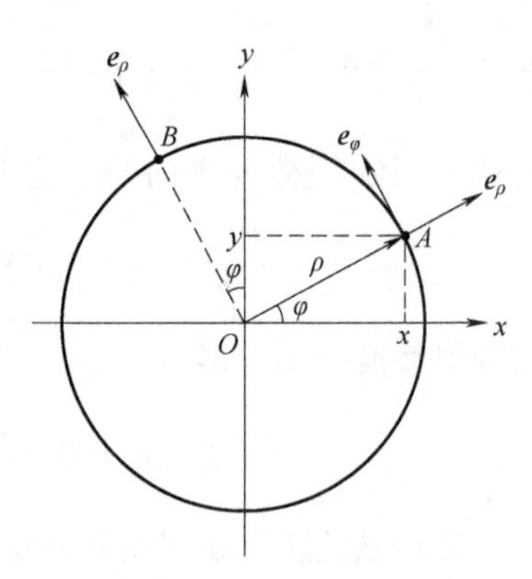

图 C-1 极坐标系

将 A 点的 $\boldsymbol{e}_\rho,\boldsymbol{e}_\varphi$分别向水平和竖直方向投影，可以得到

$$\boldsymbol{e}_\rho=\cos\varphi\boldsymbol{e}_x+\sin\varphi\boldsymbol{e}_y,\quad \boldsymbol{e}_\varphi=-\sin\varphi\boldsymbol{e}_x+\cos\varphi\boldsymbol{e}_y \tag{C.2}$$

根据 A,B 两点的关系可知 B 点极角为 $\varphi+\pi/2$，因此，将式(C.2)中 $\boldsymbol{e}_\rho$表达式中的φ换成$\varphi+\pi/2$，就会得到 B 点的 $\boldsymbol{e}_\rho$，也是 A 点的 $\boldsymbol{e}_\varphi$。由式(C.2)解出

$$\boldsymbol{e}_x=\cos\varphi\boldsymbol{e}_\rho-\sin\varphi\boldsymbol{e}_\varphi,\quad \boldsymbol{e}_y=\sin\varphi\boldsymbol{e}_\rho+\cos\varphi\boldsymbol{e}_\varphi \tag{C.3}$$

式(C.2)和式(C.3)可以写为矩阵形式

$$(\boldsymbol{e}_\rho,\boldsymbol{e}_\varphi)=(\boldsymbol{e}_x,\boldsymbol{e}_y)R(\varphi),\quad (\boldsymbol{e}_x,\boldsymbol{e}_y)=(\boldsymbol{e}_\rho,\boldsymbol{e}_\varphi)R^{\mathrm{T}}(\varphi) \tag{C.4}$$

其中 $R(\varphi)$是如下实正交矩阵

$$R(\varphi)=\begin{pmatrix}\cos\varphi & -\sin\varphi \\ \sin\varphi & \cos\varphi\end{pmatrix} \tag{C.5}$$

由图 C-1 可知，将坐标轴逆时针旋转φ所得新坐标轴的 $\boldsymbol{e}_x,\boldsymbol{e}_y$ 正好就是 A,B 两点的 $\boldsymbol{e}_\rho$，也就是 A 点的 $\boldsymbol{e}_\rho,\boldsymbol{e}_\varphi$。因此式(C.4)代表矢量旋转，$R(\varphi)$就是旋转矩阵。

C.1.2 梯度算符

在直角坐标系中，二维梯度算符为

$$\nabla=\boldsymbol{e}_x\frac{\partial}{\partial x}+\boldsymbol{e}_y\frac{\partial}{\partial y} \tag{C.6}$$

根据复合函数求导的链式规则，得

$$\frac{\partial}{\partial x}=\frac{\partial\rho}{\partial x}\frac{\partial}{\partial\rho}+\frac{\partial\varphi}{\partial x}\frac{\partial}{\partial\varphi},\quad \frac{\partial}{\partial y}=\frac{\partial\rho}{\partial y}\frac{\partial}{\partial\rho}+\frac{\partial\varphi}{\partial y}\frac{\partial}{\partial\varphi} \tag{C.7}$$

需要的四个偏导数可以根据式(C.1)而得到，比如

$$\frac{\partial\rho}{\partial x}=\frac{x}{\rho}=\cos\varphi,\quad \frac{\partial\rho}{\partial y}=\frac{y}{\rho}=\sin\varphi \tag{C.8}$$

将 $\tan\varphi=y/x$ 分别对 x,y 求偏导，得

$$\frac{1}{\cos^2\varphi}\frac{\partial\varphi}{\partial x}=-\frac{y}{x^2}=-\frac{\sin\varphi}{\rho\cos^2\varphi},\quad \frac{1}{\cos^2\varphi}\frac{\partial\varphi}{\partial y}=\frac{1}{x}=\frac{1}{\rho\cos\varphi} \tag{C.9}$$

由此可得

$$\frac{\partial\varphi}{\partial x}=-\frac{\sin\varphi}{\rho},\quad \frac{\partial\varphi}{\partial y}=\frac{\cos\varphi}{\rho} \tag{C.10}$$

将式(C.8)和式(C.10)代入式(C.7)，得

$$\frac{\partial}{\partial x}=\cos\varphi\frac{\partial}{\partial\rho}-\frac{1}{\rho}\sin\varphi\frac{\partial}{\partial\varphi},\quad \frac{\partial}{\partial y}=\sin\varphi\frac{\partial}{\partial\rho}+\frac{1}{\rho}\cos\varphi\frac{\partial}{\partial\varphi} \tag{C.11}$$

最后，将式(C.3)和式(C.11)代入式(C.6)，就得到梯度算符的极坐标表达式

$$\boxed{\nabla=\boldsymbol{e}_\rho\frac{\partial}{\partial\rho}+\boldsymbol{e}_\varphi\frac{1}{\rho}\frac{\partial}{\partial\varphi}} \tag{C.12}$$

C.1.3 拉普拉斯算符

根据二维拉普拉斯算符的直角坐标表达式

$$\nabla^2=\frac{\partial^2}{\partial x^2}+\frac{\partial^2}{\partial y^2} \tag{C.13}$$

可以求出极坐标表达式为

$$\boxed{\nabla^2=\frac{1}{\rho}\frac{\partial}{\partial\rho}\left(\rho\frac{\partial}{\partial\rho}\right)+\frac{1}{\rho^2}\frac{\partial^2}{\partial\varphi^2}} \tag{C.14}$$

或者将径向部分拆开，写为

$$\boxed{\nabla^2=\frac{\partial^2}{\partial\rho^2}+\frac{1}{\rho}\frac{\partial}{\partial\rho}+\frac{1}{\rho^2}\frac{\partial^2}{\partial\varphi^2}} \tag{C.15}$$

反复利用求导法则算出两个二阶偏导数，就可以证明这个公式。

C.2 柱坐标系

柱坐标系就是平面极坐标系加上直角坐标系的 z 轴，如图 C-2 所示，可以看出柱坐标体元为 $\rho\mathrm{d}\rho\mathrm{d}\varphi\mathrm{d}z$。

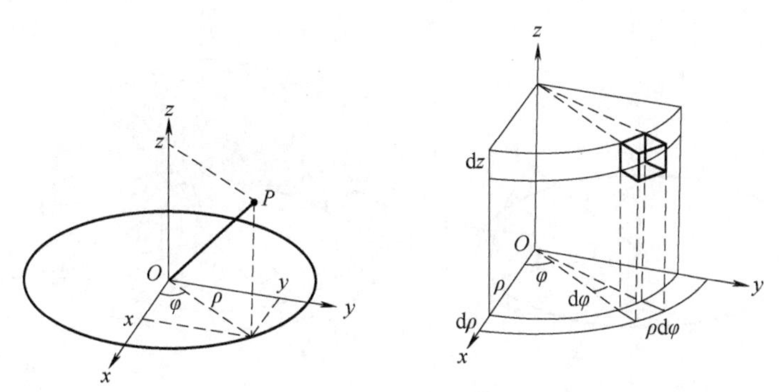

图 C-2　柱坐标系

根据式(C.4)可知柱坐标基 $\boldsymbol{e}_\rho,\boldsymbol{e}_\varphi,\boldsymbol{e}_z$ 和直角坐标基 $\boldsymbol{e}_x,\boldsymbol{e}_y,\boldsymbol{e}_z$ 的关系为

$$(\boldsymbol{e}_\rho,\boldsymbol{e}_\varphi,\boldsymbol{e}_z)=(\boldsymbol{e}_x,\boldsymbol{e}_y,\boldsymbol{e}_z)R_3(\varphi) \tag{C.16}$$

其中

$$R_3(\varphi)=\begin{pmatrix}\cos\varphi & -\sin\varphi & 0\\ \sin\varphi & \cos\varphi & 0\\ 0 & 0 & 1\end{pmatrix} \tag{C.17}$$

这个分块对角矩阵是由矩阵(C.5)扩充而来的，表示三维空间中绕着 z 轴的旋转。

在三维直角坐标系中，梯度算符和拉普拉斯算符分别为

$$\nabla = \boldsymbol{e}_x \frac{\partial}{\partial x} + \boldsymbol{e}_y \frac{\partial}{\partial y} + \boldsymbol{e}_z \frac{\partial}{\partial z} \tag{C.18}$$

$$\nabla^2 = \frac{\partial^2}{\partial x^2} + \frac{\partial^2}{\partial y^2} + \frac{\partial^2}{\partial z^2} \tag{C.19}$$

由式(C.12)，可得柱坐标系中的梯度算符

$$\boxed{\nabla = \boldsymbol{e}_\rho \frac{\partial}{\partial \rho} + \boldsymbol{e}_\varphi \frac{1}{\rho}\frac{\partial}{\partial \varphi} + \boldsymbol{e}_z \frac{\partial}{\partial z}} \tag{C.20}$$

由式(C.14)，可得柱坐标系中的拉普拉斯算符

$$\boxed{\nabla^2 = \frac{1}{\rho}\frac{\partial}{\partial \rho}\left(\rho \frac{\partial}{\partial \rho}\right) + \frac{1}{\rho^2}\frac{\partial^2}{\partial \varphi^2} + \frac{\partial^2}{\partial z^2}} \tag{C.21}$$

C.3 球坐标系

C.3.1 球坐标

将球坐标系的径向坐标、极角和方位角分别记为 r,θ,φ，如图 C-3 所示，球坐标和直角坐标的关系为

$$\begin{cases} x = r\sin\theta\cos\varphi, \\ y = r\sin\theta\sin\varphi, \\ z = r\cos\theta, \end{cases} \quad \begin{cases} r = \sqrt{x^2 + y^2 + z^2}, \\ \cos\theta = z/r, \\ \tan\varphi = y/x \end{cases} \tag{C.22}$$

由图中可以看出，与 $\mathrm{d}r,\mathrm{d}\theta,\mathrm{d}\varphi$ 对应的三条边的长度分别为 $\mathrm{d}r, r\mathrm{d}\theta$ 和 $r\sin\theta\mathrm{d}\varphi$，因此体元表达式为

$$\mathrm{d}^3 r = r^2 \sin\theta \mathrm{d}r\mathrm{d}\theta\mathrm{d}\varphi \tag{C.23}$$

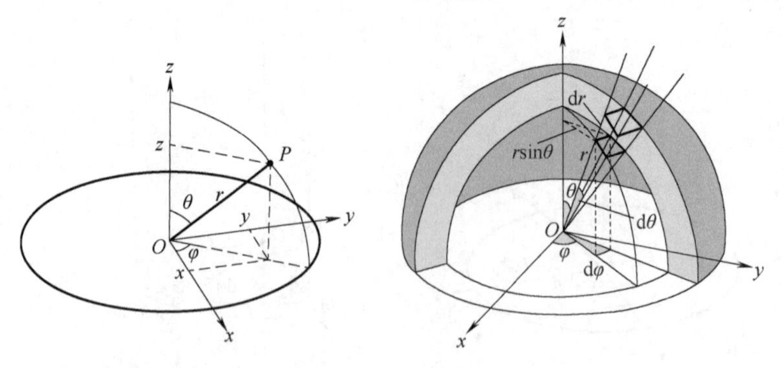

图 C-3　球坐标系

将矢量 $\boldsymbol{r}$ 对坐标原点做空间反演，$\boldsymbol{r}\to-\boldsymbol{r}$，直角坐标变化为

$$x \to -x, \quad y \to -y, \quad z \to -z \tag{C.24}$$

由图 C-4 可以看出球坐标的变化为

$$r \to r, \quad \theta \to \pi - \theta, \quad \varphi \to \pi + \varphi \tag{C.25}$$

将球坐标基矢量分别记为 $\boldsymbol{e}_r,\boldsymbol{e}_\theta,\boldsymbol{e}_\varphi$，如图 C-5 所示。球坐标基矢量因空间点而异，不是常矢量。将球坐标基分别向直角坐标基投影，可以得到二者关系。为了便于观察，我们引入

柱坐标系的径向单位矢量 $\boldsymbol{e}_\rho$ 作为过渡，如图 C-6 所示。图 C-6a 表示顺着 $\boldsymbol{e}_\varphi$ 方向观察，图 C-6b 表示从 z 轴正上方俯视。为了与图 C-5 对比，图 C-6b 中 x 轴没有按习惯置于水平向右方向。从图 C-6 可以看出 $\boldsymbol{e}_\rho$，$\boldsymbol{e}_\varphi$ 和 $\boldsymbol{e}_z$ 两两正交(图中未画出 $\boldsymbol{e}_z$)

$$\boldsymbol{e}_\rho \cdot \boldsymbol{e}_z = \boldsymbol{e}_\varphi \cdot \boldsymbol{e}_z = \boldsymbol{e}_\rho \cdot \boldsymbol{e}_\varphi = 0 \tag{C.26}$$

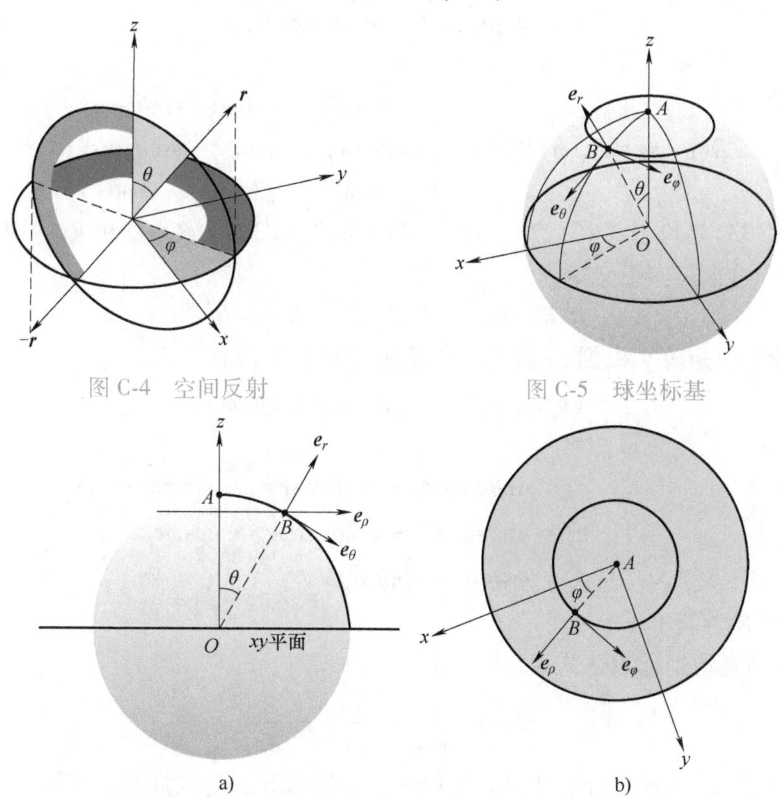

图 C-4　空间反射

图 C-5　球坐标基

图 C-6　球坐标基的投影

a) 顺着 e_φ 方向观察　b) 从 z 轴正上方俯视

首先，径向单位矢量 $\boldsymbol{e}_r$ 表达式为

$$\boldsymbol{e}_r = \frac{\boldsymbol{r}}{r} = \sin\theta\cos\varphi\boldsymbol{e}_x + \sin\theta\sin\varphi\boldsymbol{e}_y + \cos\theta\boldsymbol{e}_z \tag{C.27}$$

其次，将 $\boldsymbol{e}_\theta$ 分别向 xy 平面和 z 轴投影，得

$$\boldsymbol{e}_\theta = \cos\theta\boldsymbol{e}_\rho - \sin\theta\boldsymbol{e}_z \tag{C.28}$$

最后，球坐标系的 $\boldsymbol{e}_\varphi$ 等于柱坐标系的 $\boldsymbol{e}_\varphi$。根据式(C.2)，可得

$$\boldsymbol{e}_\theta = \cos\theta\cos\varphi\boldsymbol{e}_x + \cos\theta\sin\varphi\boldsymbol{e}_y - \sin\theta\,\boldsymbol{e}_z \tag{C.29}$$

$$\boldsymbol{e}_\varphi = -\sin\varphi\boldsymbol{e}_x + \cos\varphi\boldsymbol{e}_y \tag{C.30}$$

坐标基变换也可以通过旋转操作来实现。如式(C.16)所示，旋转矩阵 $R_3(\varphi)$ 将直角坐标基变为柱坐标基；类似地，在图 C-6a 中将 $(\boldsymbol{e}_\rho, \boldsymbol{e}_z)$ 绕着 B 点顺时针旋转 θ 角就得到 $(\boldsymbol{e}_\theta, \boldsymbol{e}_r)$，因此转动矩阵应为 $R(-\theta)$，由此可得

$$(\boldsymbol{e}_\theta, \boldsymbol{e}_\varphi, \boldsymbol{e}_r) = (\boldsymbol{e}_\rho, \boldsymbol{e}_\varphi, \boldsymbol{e}_z)R_2(\theta) \tag{C.31}$$

其中 $R_2(\theta)$ 由 $R(-\theta)$ 扩充而来

$$R_2(\theta)=\begin{pmatrix}\cos\theta & 0 & \sin\theta\\ 0 & 1 & 0\\ -\sin\theta & 0 & \cos\theta\end{pmatrix} \tag{C.32}$$

由以上分析，直角坐标基到球坐标基的变换可以写为

$$(\boldsymbol{e}_\theta,\boldsymbol{e}_\varphi,\boldsymbol{e}_r)=(\boldsymbol{e}_x,\boldsymbol{e}_y,\boldsymbol{e}_z)R(\theta,\varphi) \tag{C.33}$$

其中

$$R(\theta,\varphi)=R_3(\varphi)R_2(\theta)=\begin{pmatrix}\cos\theta\cos\varphi & -\sin\varphi & \sin\theta\cos\varphi\\ \cos\theta\sin\varphi & \cos\varphi & \sin\theta\sin\varphi\\ -\sin\theta & 0 & \cos\theta\end{pmatrix} \tag{C.34}$$

容易验证式(C.33)等价于式(C.27)、式(C.29)和式(C.30)。$R_3(\varphi)$和$R_2(\theta)$都是实正交矩阵，因此$R(\theta,\varphi)$也是实正交矩阵

$$R^{\mathrm{T}}R=RR^{\mathrm{T}}=I_3,\quad 即\quad R^{-1}=R^{\mathrm{T}} \tag{C.35}$$

其中I_3是3阶单位矩阵。根据式(C.33)和式(C.35)可以得到

$$(\boldsymbol{e}_x,\boldsymbol{e}_y,\boldsymbol{e}_z)=(\boldsymbol{e}_\theta,\boldsymbol{e}_\varphi,\boldsymbol{e}_r)R^{\mathrm{T}}(\theta,\varphi) \tag{C.36}$$

具体写出为

$$\begin{aligned}\boldsymbol{e}_x&=\sin\theta\cos\varphi\boldsymbol{e}_r+\cos\theta\cos\varphi\boldsymbol{e}_\theta-\sin\varphi\boldsymbol{e}_\varphi\\ \boldsymbol{e}_y&=\sin\theta\sin\varphi\boldsymbol{e}_r+\cos\theta\sin\varphi\boldsymbol{e}_\theta+\cos\varphi\boldsymbol{e}_\varphi\\ \boldsymbol{e}_z&=\cos\theta\ \boldsymbol{e}_r-\sin\theta\ \boldsymbol{e}_\theta\end{aligned} \tag{C.37}$$

C.3.2 梯度算符

梯度算符的直角坐标表达式为

$$\nabla=\boldsymbol{e}_x\frac{\partial}{\partial x}+\boldsymbol{e}_y\frac{\partial}{\partial y}+\boldsymbol{e}_z\frac{\partial}{\partial z} \tag{C.38}$$

利用坐标变换可以求出球坐标表达式。根据复合函数求导的链式规则，可知

$$\begin{aligned}\frac{\partial}{\partial x}&=\frac{\partial r}{\partial x}\frac{\partial}{\partial r}+\frac{\partial\theta}{\partial x}\frac{\partial}{\partial\theta}+\frac{\partial\varphi}{\partial x}\frac{\partial}{\partial\varphi}\\ \frac{\partial}{\partial y}&=\frac{\partial r}{\partial y}\frac{\partial}{\partial r}+\frac{\partial\theta}{\partial y}\frac{\partial}{\partial\theta}+\frac{\partial\varphi}{\partial y}\frac{\partial}{\partial\varphi}\\ \frac{\partial}{\partial z}&=\frac{\partial r}{\partial z}\frac{\partial}{\partial r}+\frac{\partial\theta}{\partial z}\frac{\partial}{\partial\theta}+\frac{\partial\varphi}{\partial z}\frac{\partial}{\partial\varphi}\end{aligned} \tag{C.39}$$

首先，将$r=\sqrt{x^2+y^2+z^2}$分别对x,y,z求偏导数，得

$$\frac{\partial r}{\partial x}=\sin\theta\cos\varphi,\quad \frac{\partial r}{\partial y}=\sin\theta\sin\varphi,\quad \frac{\partial r}{\partial z}=\cos\theta \tag{C.40}$$

其次，将$\cos\theta=z/r$两端对x求偏导数，得

$$-\sin\theta\frac{\partial\theta}{\partial x}=-\frac{zx}{r^3} \tag{C.41}$$

由此得到

$$\frac{\partial\theta}{\partial x}=\frac{1}{r}\cos\theta\cos\varphi \tag{C.42}$$

同样可以得到

$$\frac{\partial\theta}{\partial y}=\frac{1}{r}\cos\theta\sin\varphi,\quad \frac{\partial\theta}{\partial z}=-\frac{1}{r}\sin\theta \tag{C.43}$$

最后，将 $\tan\varphi=y/x$ 对 x 求偏导数，得

$$\frac{1}{\cos^2\varphi}\frac{\partial\varphi}{\partial x}=-\frac{y}{x^2} \tag{C.44}$$

由此得到

$$\frac{\partial\varphi}{\partial x}=-\frac{1}{r}\frac{\sin\varphi}{\sin\theta} \tag{C.45}$$

同样可以得到

$$\frac{\partial\varphi}{\partial y}=\frac{1}{r}\frac{\cos\varphi}{\sin\theta},\quad \frac{\partial\varphi}{\partial z}=0 \tag{C.46}$$

将上述各个偏导数代入式(C. 39)，得

$$\begin{aligned}
\frac{\partial}{\partial x}&=\sin\theta\cos\varphi\frac{\partial}{\partial r}+\frac{1}{r}\cos\theta\cos\varphi\frac{\partial}{\partial\theta}-\frac{1}{r}\frac{\sin\varphi}{\sin\theta}\frac{\partial}{\partial\varphi}\\
\frac{\partial}{\partial y}&=\sin\theta\sin\varphi\frac{\partial}{\partial r}+\frac{1}{r}\cos\theta\sin\varphi\frac{\partial}{\partial\theta}+\frac{1}{r}\frac{\cos\varphi}{\sin\theta}\frac{\partial}{\partial\varphi}\\
\frac{\partial}{\partial z}&=\cos\theta\frac{\partial}{\partial r}-\frac{1}{r}\sin\theta\frac{\partial}{\partial\theta}
\end{aligned} \tag{C.47}$$

将式(C. 37)和式(C. 47)代入式(C. 38)，可得球坐标表达式

$$\boxed{\nabla=\boldsymbol{e}_r\frac{\partial}{\partial r}+\boldsymbol{e}_\theta\frac{1}{r}\frac{\partial}{\partial\theta}+\boldsymbol{e}_\varphi\frac{1}{r\sin\theta}\frac{\partial}{\partial\varphi}} \tag{C.48}$$

利用式(C. 47)还可以得到角动量算符的球坐标表达式

$$\begin{aligned}
\hat{L}_x&=-\mathrm{i}\hbar\left(y\frac{\partial}{\partial z}-z\frac{\partial}{\partial y}\right)=\mathrm{i}\hbar\left(\sin\varphi\frac{\partial}{\partial\theta}+\cot\theta\cos\varphi\frac{\partial}{\partial\varphi}\right)\\
\hat{L}_y&=-\mathrm{i}\hbar\left(z\frac{\partial}{\partial x}-x\frac{\partial}{\partial z}\right)=-\mathrm{i}\hbar\left(\cos\varphi\frac{\partial}{\partial\theta}-\cot\theta\sin\varphi\frac{\partial}{\partial\varphi}\right)\\
\hat{L}_z&=-\mathrm{i}\hbar\left(x\frac{\partial}{\partial y}-y\frac{\partial}{\partial x}\right)=-\mathrm{i}\hbar\frac{\partial}{\partial\varphi}
\end{aligned} \tag{C.49}$$

C.3.3　拉普拉斯算符

根据拉普拉斯算符的直角坐标表达式(C. 19)，可以求出其球坐标表达式

$$\boxed{\nabla^2=\frac{1}{r^2}\frac{\partial}{\partial r}\left(r^2\frac{\partial}{\partial r}\right)+\frac{1}{r^2\sin\theta}\frac{\partial}{\partial\theta}\left(\sin\theta\frac{\partial}{\partial\theta}\right)+\frac{1}{r^2\sin^2\theta}\frac{\partial^2}{\partial\varphi^2}} \tag{C.50}$$

其中前两项具有如下等价形式，它们都可以用链式规则验证

$$\frac{1}{r^2}\frac{\partial}{\partial r}\left(r^2\frac{\partial}{\partial r}\right)=\frac{2}{r}\frac{\partial}{\partial r}+\frac{\partial^2}{\partial r^2}=\frac{1}{r}\frac{\partial^2}{\partial r^2}r \tag{C.51}$$

$$\frac{1}{r^2\sin\theta}\frac{\partial}{\partial\theta}\left(\sin\theta\frac{\partial}{\partial\theta}\right)=\frac{1}{r^2}\cot\theta\frac{\partial}{\partial\theta}+\frac{1}{r^2}\frac{\partial^2}{\partial\theta^2} \tag{C.52}$$

现在证明式(C. 50)。首先，根据式(C. 27)、式(C. 29)和式(C. 30)，并考虑到直角坐标基矢量 $\boldsymbol{e}_x,\boldsymbol{e}_y,\boldsymbol{e}_z$ 是常矢量，可得

$$\frac{\partial \boldsymbol{e}_r}{\partial r} = 0, \quad \frac{\partial \boldsymbol{e}_r}{\partial \theta} = \boldsymbol{e}_\theta, \quad \frac{\partial \boldsymbol{e}_r}{\partial \varphi} = \sin\theta \boldsymbol{e}_\varphi$$

$$\frac{\partial \boldsymbol{e}_\theta}{\partial r} = 0, \quad \frac{\partial \boldsymbol{e}_\theta}{\partial \theta} = -\boldsymbol{e}_r, \quad \frac{\partial \boldsymbol{e}_\theta}{\partial \varphi} = \cos\theta \boldsymbol{e}_\varphi \tag{C.53}$$

$$\frac{\partial \boldsymbol{e}_\varphi}{\partial r} = 0, \quad \frac{\partial \boldsymbol{e}_\varphi}{\partial \theta} = 0, \quad \frac{\partial \boldsymbol{e}_\varphi}{\partial \varphi} = -\boldsymbol{e}_\rho$$

利用式(C.2)容易算出

$$\frac{\partial \boldsymbol{e}_\rho}{\partial r} = \frac{\partial \boldsymbol{e}_\rho}{\partial \theta} = 0, \quad \frac{\partial \boldsymbol{e}_\rho}{\partial \varphi} = \boldsymbol{e}_\varphi \tag{C.54}$$

其次，将矢量场$\boldsymbol{A}(\boldsymbol{r})$按照球坐标基分解

$$\boldsymbol{A}(\boldsymbol{r}) = A_r(\boldsymbol{r})\boldsymbol{e}_r + A_\theta(\boldsymbol{r})\boldsymbol{e}_\theta + A_\varphi(\boldsymbol{r})\boldsymbol{e}_\varphi \tag{C.55}$$

然后求$\boldsymbol{A}(\boldsymbol{r})$的散度

$$\nabla\cdot\boldsymbol{A} = \boldsymbol{e}_r\cdot\nabla A_r + A_r\nabla\cdot\boldsymbol{e}_r + \boldsymbol{e}_\theta\cdot\nabla A_\theta + A_\theta\nabla\cdot\boldsymbol{e}_\theta + \boldsymbol{e}_\varphi\cdot\nabla A_\varphi + A_\varphi\nabla\cdot\boldsymbol{e}_\varphi \tag{C.56}$$

利用式(C.48)和式(C.53)，可得

$$\nabla\cdot\boldsymbol{e}_r = \frac{2}{r}, \quad \nabla\cdot\boldsymbol{e}_\theta = \frac{1}{r}\frac{\cos\theta}{\sin\theta}, \quad \nabla\cdot\boldsymbol{e}_\varphi = 0 \tag{C.57}$$

由此可得

$$\nabla\cdot\boldsymbol{A} = \frac{\partial A_r}{\partial r} + \frac{2}{r}A_r + \frac{1}{r}\frac{\partial A_\theta}{\partial \theta} + \frac{1}{r}\frac{\cos\theta}{\sin\theta}A_\theta + \frac{1}{r\sin\theta}\frac{\partial A_\varphi}{\partial \varphi} \tag{C.58}$$

利用求导的链式规则，容易验证

$$\frac{\partial A_r}{\partial r} + \frac{2}{r}A_r = \frac{1}{r^2}\frac{\partial}{\partial r}(r^2 A_r), \quad \frac{\partial A_\theta}{\partial \theta} + \frac{\cos\theta}{\sin\theta}A_\theta = \frac{1}{\sin\theta}\frac{\partial}{\partial \theta}(\sin\theta A_\theta) \tag{C.59}$$

因此也可将式(C.58)写为

$$\nabla\cdot\boldsymbol{A} = \frac{1}{r^2}\frac{\partial}{\partial r}(r^2 A_r) + \frac{1}{r\sin\theta}\frac{\partial}{\partial \theta}(\sin\theta A_\theta) + \frac{1}{r\sin\theta}\frac{\partial A_\varphi}{\partial \varphi} \tag{C.60}$$

最后，考虑一个特殊矢量场，它是标量场$u(\boldsymbol{r})$的梯度

$$\boldsymbol{A} = \nabla u = \boldsymbol{e}_r\frac{\partial u}{\partial r} + \boldsymbol{e}_\theta\frac{1}{r}\frac{\partial u}{\partial \theta} + \boldsymbol{e}_\varphi\frac{1}{r\sin\theta}\frac{\partial u}{\partial \varphi} \tag{C.61}$$

换句话说，矢量场的分量为

$$A_r = \frac{\partial u}{\partial r}, \quad A_\theta = \frac{1}{r}\frac{\partial u}{\partial \theta}, \quad A_\varphi = \frac{1}{r\sin\theta}\frac{\partial u}{\partial \varphi} \tag{C.62}$$

代入式(C.60)，得

$$\nabla^2 u = \frac{1}{r^2}\frac{\partial}{\partial r}\left(r^2\frac{\partial u}{\partial r}\right) + \frac{1}{r^2\sin\theta}\frac{\partial}{\partial \theta}\left(\sin\theta\frac{\partial u}{\partial \theta}\right) + \frac{1}{r^2\sin^2\theta}\frac{\partial^2 u}{\partial \varphi^2} \tag{C.63}$$

讨论

在式(C.48)和式(C.50)中，由于r和$\sin\theta$出现在分母上，这意味着这两个公式成立的条件为$r>0$和$0<\theta<\pi$。换句话说，在z轴上∇和∇^2没有球坐标表达式。当然这两个算符在z轴上是有定义的。在球坐标系下求解方程时，求解区域限制在z轴以外，所得解不一定都能推广到z轴上，而需要代回方程进行验证。幸运的是，大多数情况下基于物理条件正好可以排除掉多

余的解，所以我们暂时可以将这个问题抛诸脑后。本书中唯一需要代回方程验证才能排除的解，是在讨论中心力场的径向方程时碰到的，那种解在坐标原点不满足能量本征方程。

附录 D　广义函数简介

在数学分析中，函数的概念就是数域到数域的映射。比如，实变函数 $y=f(x)$ 表示 $\mathbb{R}\to\mathbb{R}$ 的映射，复变函数 $w=f(z)$ 是 $\mathbb{C}\to\mathbb{C}$ 的映射，等等。然而在很多场合，这样定义的函数已经不够用了。比如，物理上常用的 δ 函数就无法容纳于普通函数概念中。为了将 δ 函数的概念建立在坚实的数学基础上，在这一节我们简要介绍广义函数理论。我们将看到，使用广义函数在物理上是自然而然的事。

D.1　概念的引入

假如在一条直线上给定了一个电荷分布，我们用 $f(x)$ 表示区间 $(-\infty,x)$ 中的电荷，这是一个单调增加的函数，如果 $f(x)$ 在 x_0 点可导，则其导数

$$f'(x_0)=\lim_{h\to 0}\frac{f(x_0+h)-f(x_0-h)}{2h}\equiv\rho(x_0) \tag{D.1}$$

表示这一点的电荷线密度。利用电荷线密度，可知在直线上 $x\sim x+\mathrm{d}x$ 上的电荷为 $\mathrm{d}q=\rho(x)\mathrm{d}x$，由此可得

$$f(x)=\int_{-\infty}^{x}\rho(x')\mathrm{d}x' \tag{D.2}$$

假设在坐标原点有一个单位电荷，则

$$f(x)=\begin{cases}0, & x<0\\ 1, & x\geqslant 0\end{cases} \tag{D.3}$$

在 $x\neq 0$ 处，电荷线密度为 0；在 $x=0$ 处，函数 $f(x)$ 在传统意义上不可导。直观上看，可以认为在 $x=0$ 处电荷线密度为∞，由此便得到如下密度函数

$$\delta(x)=\begin{cases}0, & x\neq 0\\ +\infty, & x=0\end{cases} \tag{D.4}$$

为了说明坐标原点是单位电荷，还要求

$$\int_{-\infty}^{\infty}\delta(x)\mathrm{d}x=1 \tag{D.5}$$

在本书中，除非特别说明，一般用∞表示+∞，如式(D.5)的积分上限。而在式(D.4)中为了强调，我们特意采用了记号+∞。

假设将分布在直线上的电荷置于静电场中，并假定静电场的电势为 $V(x)$，则在直线上所有电荷的电势能为

$$U=\int_{-\infty}^{\infty}V(x)\mathrm{d}q=\int_{-\infty}^{\infty}V(x)\rho(x)\mathrm{d}x \tag{D.6}$$

如果单位点电荷位于坐标原点，则其电势能数值上等于 $V(0)$。用上述 δ 函数来表示电荷线密度，则根据式(D.6)可知

$$\int_{-\infty}^{\infty}V(x)\delta(x)\mathrm{d}x=V(0) \tag{D.7}$$

如果将单位点电荷放置在 $x=a$ 处，则电荷线密度可以写为 $\delta(x-a)$，从而得到

$$\int_{-\infty}^{\infty} V(x)\delta(x-a)\,\mathrm{d}x = V(a) \tag{D.8}$$

上面引入的 δ 函数无法容纳在数学分析中函数的概念中。注意 $+\infty$ 不属于实数域 $\mathbb{R}$，一元实变函数的定义域和值域都不能包括 $+\infty$。此外，由于 $\delta(x)$ 的定义尚不明确，方程(D.5)、(D.7)和(D.8)左端积分也只是形式上的，其意义有待讨论。除了应用上的限制，从数学角度看，普通函数有许多不便之处，比如求导和求极限不一定能够交换次序，常数函数 $f(x)=1$ 不能进行傅里叶变换，等等。由此可见，函数的概念有必要推广。除了点电荷外，物理上质点、瞬时冲量等集中的量，也会用到 δ 函数。我们需要做的，就是给 δ 函数一个合理的定义。

我们注意到，虽然 δ 函数的定义尚不明确，但在式(D.8)中 δ 函数的功能是非常明确的：它将函数 $V(x)$ 映射为一个数 $V(a)$。这相当于如下线性泛函

$$F_a[V(x)] = V(a) \tag{D.9}$$

F_a 的映射法则 $V(x)\to V(a)$ 简单明了，完全可以直接定义而不必先考虑式(D.8)。下面我们正要这样做，并将发现这个泛函能够反过来定义 δ 函数。

D.2 广义函数的定义

广义函数(general function)也称为分布(distribution)，是特定线性空间上的一种特殊泛函。为了介绍这个线性空间，先引入函数支集的概念。设 A 是一个非空集合，包含 A 的所有闭集的交集，称为 A 的闭包，记为 $\bar{A}$。将函数 $\varphi(x)$ 的非零点的集合 $\{x\,|\varphi(x)\neq 0\}$ 的闭包记为 S_φ，称为函数 $\varphi(x)$ 的支集。

将 $\mathbb{R}$ 上无限次可微而且支集有界的函数全体记为 $C_0^\infty(\mathbb{R})$。按照通常函数的加法和数乘，函数集 $C_0^\infty(\mathbb{R})$ 构成线性空间，称为基本函数空间。$C_0^\infty(\mathbb{R})$ 中的函数称为检验函数。检验函数的一个例子是

$$\varphi(x) = \begin{cases} \exp\left(\dfrac{1}{x^2-1}\right), & |x| < 1 \\ 0, & |x| \geqslant 1 \end{cases} \tag{D.10}$$

函数图像如图 D-1 所示。

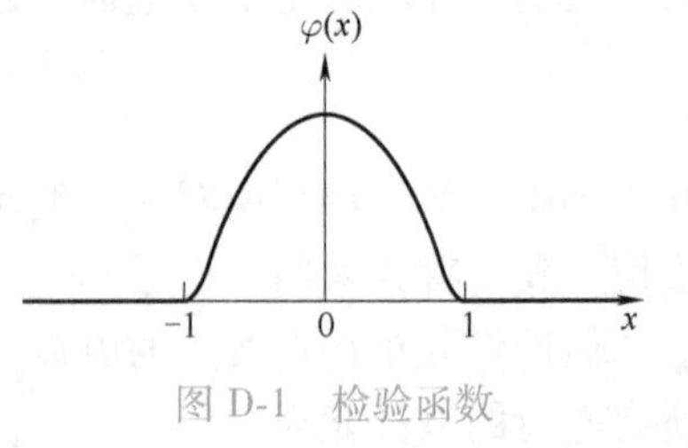

图 D-1 检验函数

检验函数具有如下性质：

(1) 若 $\varphi(x)\in C_0^\infty(\mathbb{R})$，则 $\varphi^{(n)}(x)\in C_0^\infty(\mathbb{R})$；

(2) 若 $\varphi(x)\in C_0^\infty(\mathbb{R})$，$a(x)$ 无限次可微，则 $a(x)\varphi(x)\in C_0^\infty(\mathbb{R})$。这里 $a(x)$ 的支集不必有界，即不必属于 $C_0^\infty(\mathbb{R})$。

类似地，基本空间也可以基于 $\mathbb{R}^n$ 而建立，记为 $C_0^\infty(\mathbb{R}^n)$。$C_0^\infty(\mathbb{R}^n)$ 中的元素是 n 元无限次可微且支集有限的函数。下面我们着重讨论 $C_0^\infty(\mathbb{R})$。

定义： 设 F 是 $C_0^\infty(\mathbb{R})$ 上的泛函，若 $\forall c_1, c_2\in\mathbb{R}$，$\varphi_1,\varphi_2\in C_0^\infty(\mathbb{R})$，均有

$$F[c_1\varphi_1 + c_2\varphi_2] = c_1F[\varphi_1] + c_2F[\varphi_2] \tag{D.11}$$

则称 F 为 $C_0^\infty(\mathbb{R})$ 上的线性泛函。

定义：若对 $C_0^\infty(\mathbb{R})$ 中每个收敛序列 $\{\varphi_n\}$，$\varphi_n \xrightarrow{C_0^\infty(\mathbb{R})} \varphi$，均有 $F[\varphi_n]\to F[\varphi]$，则称 F 是连续泛函。

定义：基本函数空间 $C_0^\infty(\mathbb{R})$ 上的连续线性泛函称为广义函数。

广义函数并不神秘，它不过是 $C_0^\infty(\mathbb{R})$ 上的特殊泛函。泛函的线性性质很好理解，检验起来也很容易。泛函的连续性跟普通函数的连续性类似：随着自变量(这里是函数列)趋近于某个值(一个特定函数)，函数值趋近于自变量的极限对应的函数值。唯一的麻烦在于，$C_0^\infty(\mathbb{R})$ 中函数列的收敛性是特别定义的。

定义：设 $\{\varphi_n\}$ 是 $C_0^\infty(\mathbb{R})$ 中的函数列，假如所有 $\varphi_n(x)$ 的支集可以包含在一个有界区间中，则称函数列 $\{\varphi_n\}$ 是一致有界的。若一致有界函数列 $\{\varphi_n\}$ 及其各阶导数 $\{\varphi_n^{(k)}\}$ 一致收敛于 $C_0^\infty(\mathbb{R})$ 中某函数的相应阶导数 $\varphi^{(k)}$($k=0$ 表示函数自身)，则称函数列 $\{\varphi_n\}$ 在 $C_0^\infty(\mathbb{R})$ 中收敛于 $\varphi(x)$，记为 $\varphi_n \xrightarrow{C_0^\infty(\mathbb{R})} \varphi$。

这种收敛性与度量空间中按照度量收敛并不相同。不过初学者需要的几种广义函数都是容易理解的，完全不需要专门讨论泛函的连续性。

定义：设 $f(x)$ 是 $\mathbb{R}$ 上的函数，若对于任何有界区间 $[a,b]$，满足[㊀]

$$\int_a^b |f(x)|\,\mathrm{d}x < +\infty \tag{D.12}$$

则称 $f(x)$ 为局部可积函数。所有局部可积函数的集合记为 L^*。在 L^* 中，将几乎处处相等的函数看作同一个函数。比如，若函数 $f(x)$ 几乎处处为零，则将其等同于函数 $f(x)=0$。

局部可积函数在 $(-\infty,+\infty)$ 上不一定是绝对可积的，比如常值函数 $f(x)=1$ 是局部可积函数，而在 $(-\infty,+\infty)$ 并非绝对可积。

设 $f(x)$ 是局部可积函数，$\forall\varphi\in C_0^\infty(\mathbb{R})$，定义如下映射 F

$$F[\varphi] = \int_{-\infty}^{\infty} f(x)\varphi(x)\,\mathrm{d}x \tag{D.13}$$

根据积分的线性性质，可知 F 是线性泛函。可以证明，泛函 F 也是一个广义函数。由此可知，每个局部可积函数都可以导出一个广义函数。若广义函数可以由局部可积函数按照积分式(D.13)定义，就称为正则的，否则就称为奇异的。

▼举例

如下函数都是局部可积函数，因此可以用来定义广义函数：

幂函数：$|x|^\alpha,\alpha>-1$；　　三角函数：$\sin x$，$\cos x$；

指数函数：e^x，e^{-x}；　　对数函数：$\ln|x|$；

符号函数：$\mathrm{sgn}x$；　　单位阶跃函数：$u(x)$；

单位阶跃(unit-step)函数简称阶跃函数，定义为

$$u(x)=\begin{cases}0, & x<0\\ 1, & x>0\end{cases} \tag{D.14}$$

㊀ 严格来说，这里的定积分是指“勒贝格积分”，但我们不妨暂时理解为通常的黎曼积分.

也称为阶梯函数、亥维赛德(Heaviside)函数等，文献中符号也不统一，也记为$\theta(x)$,$\eta(x)$,$\mathrm{H}(x)$等。在$x=0$这一点，有时候将$u(x)$的值定义为1/2。不过很多情况下这个值并不重要，因此在式(D.14)中我们没有定义$u(0)$的值。

当$-1<\alpha<0$时，幂函数$|x|^{\alpha}$在$x=0$时具有奇异性，但对于包含$x=0$的任意有限区间的反常积分是存在的，仍属于局部可积函数。对数函数$\ln|x|$也是如此。因此这两种情况都可以定义正则广义函数。

函数$f(x)=1/x$对包含$x=0$的有限区间的积分是发散的，因此不是局部可积函数，然而可以定义如下连续线性泛函

$$F[\varphi]=\mathrm{P.V.}\int_{-\infty}^{\infty}\frac{1}{x}\varphi(x)\,\mathrm{d}x \tag{D.15}$$

其中P.V.表示柯西主值(principal value)

$$\mathrm{P.V.}\int_{-\infty}^{\infty}f(x)\varphi(x)\,\mathrm{d}x=\lim_{\varepsilon\to0_+}\left[\int_{-\infty}^{-\varepsilon}\frac{1}{x}\varphi(x)\,\mathrm{d}x+\int_{\varepsilon}^{\infty}\frac{1}{x}\varphi(x)\,\mathrm{d}x\right] \tag{D.16}$$

其中$\varepsilon\to0_+$的意思是ε从正方向趋于零。式(D.15)是一个奇异的广义函数。

对于奇异的广义函数，通常也会约定一个形式的函数记号$f(x)$，将其形式上写为积分形式

$$F[\varphi]=\int_{-\infty}^{\infty}f(x)\varphi(x)\,\mathrm{d}x \tag{D.17}$$

这里的$f(x)$并不是一个局部可积函数，甚至根本不存在这个函数。这种记号约定是为了某些运算方便。

D.3 广义函数的运算

下面先介绍广义函数的几种简单运算，这些运算与普通函数的运算类似。

(1) 线性组合。设F_1和F_2是两个正则广义函数，分别由局部可积函数$f_1(x)$和$f_2(x)$定义

$$F_1[\varphi]=\int_{-\infty}^{\infty}f_1(x)\varphi(x)\,\mathrm{d}x,\quad F_2[\varphi]=\int_{-\infty}^{\infty}f_2(x)\varphi(x)\,\mathrm{d}x \tag{D.18}$$

则$\forall c_1,c_2\in\mathbb{R}$，$f_1(x)$和$f_2(x)$的线性组合$f=c_1f_1+c_2f_2$将定义如下广义函数

$$\begin{aligned}F[\varphi]&=\int_{-\infty}^{\infty}f(x)\varphi(x)\,\mathrm{d}x\\&=c_1\int_{-\infty}^{\infty}f_1(x)\varphi(x)\,\mathrm{d}x+c_2\int_{-\infty}^{\infty}f_2(x)\varphi(x)\,\mathrm{d}x\\&=c_1F_1[\varphi]+c_2F_2[\varphi]\end{aligned} \tag{D.19}$$

对于一般的广义函数F_1和F_2，将二者的线性组合$F=c_1F_1+c_2F_2$定义为

$$F[\varphi]=c_1F_1[\varphi]+c_2F_2[\varphi] \tag{D.20}$$

(2) 平移(translation)。假设F是由局部可积函数$f(x)$定义的正则广义函数

$$F[\varphi]=\int_{-\infty}^{\infty}f(x)\varphi(x)\,\mathrm{d}x \tag{D.21}$$

则由$f(x-a)$定义的广义函数为

$$\int_{-\infty}^{\infty} f(x-a)\varphi(x)\,\mathrm{d}x = \int_{-\infty}^{\infty} f(x')\varphi(x'+a)\,\mathrm{d}x' \tag{D.22}$$

称为广义函数的平移。对于一般的广义函数 F，定义其平移 F_a^{T} 如下

$$F_a^{\mathrm{T}}[\varphi(x)] = F[\varphi(x+a)] \tag{D.23}$$

（3）反射(reflex)。假设 F 是由局部可积函数 $f(x)$ 定义的正则广义函数，则由 $f(-x)$ 定义的广义函数如下

$$\int_{-\infty}^{\infty} f(-x)\varphi(x)\,\mathrm{d}x = \int_{-\infty}^{\infty} f(x')\varphi(-x')\,\mathrm{d}x' \tag{D.24}$$

称为广义函数的反射。对于一般的广义函数 F，定义其反射 F^{R} 如下

$$F^{\mathrm{R}}[\varphi(x)] = F[\varphi(-x)] \tag{D.25}$$

（4）相似变换或缩放(zoom)。假设 F 是由局部可积函数 $f(x)$ 定义的正则广义函数，设 $a>0$，则由 $f(ax)$ 定义的广义函数如下

$$\int_{-\infty}^{\infty} f(ax)\varphi(x)\,\mathrm{d}x = \frac{1}{a}\int_{-\infty}^{\infty} f(x')\varphi\left(\frac{x'}{a}\right)\mathrm{d}x' \tag{D.26}$$

称为广义函数的缩放。对于一般的广义函数 F，定义其缩放 F_a^{Z} 如下

$$F_a^{\mathrm{Z}}[\varphi(x)] = \frac{1}{a}F\left[\varphi\left(\frac{x}{a}\right)\right],\quad a>0 \tag{D.27}$$

（5）广义函数的导数。假设 F 是由局部可积函数 $f(x)$ 定义的广义函数，且 $f(x)$ 是可微函数，并假定其一阶导数 $f'(x)$ 也是局部可积的，则由 $f'(x)$ 可以定义如下广义函数的导数

$$F'[\varphi] = \int_{-\infty}^{\infty} f'(x)\varphi(x)\,\mathrm{d}x = f(x)\varphi(x)\,\Big|_{-\infty}^{\infty} - \int_{-\infty}^{\infty} f(x)\varphi'(x)\,\mathrm{d}x \tag{D.28}$$

注意检验函数的支集有界，即当 $|x|$ 充分大时 $\varphi(x)=0$，可得

$$\int_{-\infty}^{\infty} f'(x)\varphi(x)\,\mathrm{d}x = -\int_{-\infty}^{\infty} f(x)\varphi'(x)\,\mathrm{d}x \tag{D.29}$$

对于一般的广义函数，定义其导数如下

$$F'[\varphi(x)] = -F[\varphi'(x)] \tag{D.30}$$

类似地，可以定义广义函数的 n 阶导数

$$F^{(n)}[\varphi(x)] = (-1)^n F[\varphi^{(n)}(x)] \tag{D.31}$$

这个定义的前提是 $\varphi(x)$ 具有 n 阶导数。在数学上由于某种需要，通常要求广义函数具有无穷阶导数等优良性质，这让我们能够理解为什么要找一个满足严苛条件的基本函数空间。

在式(D.17)的约定下，广义函数的线性组合、平移、缩放和求导都可以按照式(D.19)、式(D.22)、式(D.26)和式(D.29)理解，只要将 $f(x)$ 等函数理解为形式的记号。

D.4　δ 函数

D.4.1　奇异广义函数 δ

设 $a\in\mathbb{R}$，定义如下 $C_0^{\infty}(\mathbb{R})\to\mathbb{R}$ 的线性泛函

$$\delta_a:\varphi\to\delta_a[\varphi] = \varphi(a) \tag{D.32}$$

称为 δ 泛函。当 $a=0$ 时，记为 $\delta_0\equiv\delta$，即

$$\delta[\varphi] = \varphi(0) \tag{D.33}$$

可以证明，广义函数(D.32)无法由局部可积函数导出，是奇异广义函数。不过按照记号约

定，在形式上也将其写为积分

$$\delta_a[\varphi] = \int_{-\infty}^{\infty} \delta(x-a)\varphi(x)\mathrm{d}x \tag{D.34}$$

形式记号 $\delta(x-a)$ 就是通常所说的 δ 函数。在式(D.34)中积分也是形式上的，其含义为左端的泛函 $\delta_a[\varphi]$。因此通常说，δ 函数只有积分号下面才有意义。

基本函数空间 $C_0^\infty(\mathbb{R})$ 太小了，而广义函数完全可以基于更大线性空间来定义，不过更大线性空间(比如速降函数空间[⊖])意味着能够定义的广义函数更少。但无论如何，δ 泛函的定义域明显可以扩大到 $C_0^\infty(\mathbb{R})$ 之外。在下面讨论 δ 泛函时，检验函数 $\varphi(x)$ 不限于 $C_0^\infty(\mathbb{R})$ 中的函数，仅仅要求 $\varphi(x)$ 具有一定的良好性质，比如分段连续、具有足够阶导数等。根据式(D.34)，式(D.32)可以写为

$$\boxed{\int_{-\infty}^{\infty} \delta(x-a)\varphi(x)\mathrm{d}x = \varphi(a)} \tag{D.35}$$

这个性质称为 δ 函数的挑选性，由此便重现了式(D.8)。设 $\varphi(x)=1$(这个常值函数不属于基本函数空间)，由式(D.35)可得

$$\int_{-\infty}^{\infty} \delta(x-a)\mathrm{d}x = 1 \tag{D.36}$$

这正是熟悉的性质。

很明显，如果检验函数的支集不包括 $x=a$，则式(D.35)的结果为零。在积分记号的意义下，就仿佛记号 $\delta(x-a)$ 在 $x\neq a$ 的地方都为零一样，这就是通常所说的，δ 函数在奇异点之外为零。在这个意义上，作为一种粗略表达，式(D.35)积分区间只需要包含 a 附近的一个小区间就行，即

$$\int_{a-\varepsilon}^{a+\varepsilon} \delta(x-a)\varphi(x)\mathrm{d}x = \varphi(a) \tag{D.37}$$

其中 ε 是个小的正数。这种写法在不太严格的推理中经常使用，注意只是推理过程不严格，而结果是严格的。

根据 δ 函数的挑选性，可以得到如下恒等式

$$\boxed{f(x)\delta(x-a) = f(a)\delta(x-a)} \tag{D.38}$$

等式(D.38)左端表示一个新的广义函数，其功能等价于右端的广义函数。式(D.38)在 $a=0$，$f(x)=x$ 时特别简单，但由于公式非常重要，我们将其单独写出来

$$\boxed{x\delta(x) = 0} \tag{D.39}$$

δ 函数还有一个常用的公式是

$$\boxed{\int_{-\infty}^{\infty} \delta(x-x')\delta(x-x'')\mathrm{d}x = \delta(x'-x'')} \tag{D.40}$$

这个性质很像 δ 函数的挑选性(D.35)的特殊情形。从形式上看，只要将其中一个 δ 函数，比如 $\delta(x-x'')$ 看作 $\varphi(x)$ 的特殊情形，就能得到右端的结果。然而在式(D.37)中 $\varphi(x)$ 是普通函数，而不是广义函数。式(D.40)另有根据，这里不再深入。无论如何，将式(D.40)与式(D.35)合并记忆是个不错的选择。

⊖ 邹光远，符策基. 数学物理方法[M]. 北京：北京大学出版社，2018，99 页.

D.4.2　δ 函数的性质

（1）奇偶性。利用广义函数的反射式(D.25)，很容易证明

$$\boxed{\delta(-x)=\delta(x)} \tag{D.41}$$

因此经常说，δ 函数是个偶函数。

（2）缩放(相似变换)。利用广义函数的缩放式(D.27)，很容易证明

$$\boxed{\delta(ax)=\frac{1}{|a|}\delta(x)} \tag{D.42}$$

（3）设连续函数 $f(x)$ 有 n 个零点 $x_1,x_2,\cdots,x_n$，而且都是一阶零点，即

$$f(x_i)=0,\quad 但\ f'(x_i)\neq 0,\quad i=1,2,\cdots,n \tag{D.43}$$

则有[㊀]

$$\boxed{\delta(f(x))=\sum_{i=1}^{n}\frac{1}{|f'(x_i)|}\delta(x-x_i)} \tag{D.44}$$

δ 函数的奇偶性和缩放性质都可以看作这个公式的特例。

根据式(D.44)，可以得到一个常用公式

$$\boxed{\delta(x^2-a^2)=\frac{1}{2|a|}[\delta(x-a)+\delta(x+a)]} \tag{D.45}$$

利用式(D.38)，也可以将结果写为

$$\delta(x^2-a^2)=\frac{1}{2|x|}[\delta(x-a)+\delta(x+a)] \tag{D.46}$$

（4）δ 函数是阶跃函数的导数

$$\boxed{\delta(x)=u'(x)} \tag{D.47}$$

证明：由阶跃函数(D.14)定义的广义函数为

$$\int_{-\infty}^{\infty}u(x)\varphi(x)\mathrm{d}x=\int_{0}^{\infty}\varphi(x)\mathrm{d}x \tag{D.48}$$

根据广义函数的导数定义，由 $u'(x)$ 定义的广义函数为

$$\int_{-\infty}^{\infty}u'(x)\varphi(x)\mathrm{d}x=-\int_{-\infty}^{\infty}u(x)\varphi'(x)\mathrm{d}x \tag{D.49}$$

在 $x=0$ 处 $u(x)$ 在普通求导意义下不可导，因此 $u'(x)$ 只是个形式记号，但式(D.49)右端有明确的含义，它定义了一个奇异广义函数，可以作为正则广义函数(D.48)的导数。注意检验函数 $\varphi(x)$ 在 $|x|\to+\infty$ 时为 0，得

$$\int_{-\infty}^{\infty}u'(x)\varphi(x)\mathrm{d}x=-\int_{0}^{\infty}\varphi'(x)\mathrm{d}x=-\varphi(x)\big|_0^{\infty}=\varphi(0) \tag{D.50}$$

根据定义(D.33)可知这个奇异广义函数就是 δ，由此可得到式(D.47)。类似地有

$$\delta(x-a)=u'(x-a) \tag{D.51}$$

（5）δ 函数的导数。根据广义函数的导数的定义

$$\delta_a'[\varphi]=-\varphi'(a) \tag{D.52}$$

约定式(D.52)用积分形式的记号表达为

㊀ 梁昆淼. 数学物理方法[M]. 5 版. 北京：高等教育出版社，2010，76 页.

$$\boxed{\int_{-\infty}^{\infty}\delta'(x-a)\varphi(x)\mathrm{d}x=-\varphi'(a)} \tag{D.53}$$

$\varphi(x)$可以推广到 $C_0^\infty(\mathbb{R})$空间以外的可微函数。当$\varphi(x)=1$时，式(D.53)变为

$$\int_{-\infty}^{\infty}\delta'(x-a)\mathrm{d}x=0 \tag{D.54}$$

容易证明 $\delta_0'\equiv\delta'$是个奇函数

$$\boxed{\delta'(-x)=-\delta'(x)} \tag{D.55}$$

类似地，δ 泛函的 n 阶导数定义为

$$\delta_a^{(n)}[\varphi]=(-1)^n\varphi^{(n)}(a) \tag{D.56}$$

用积分形式的记号，可以写为

$$\boxed{\int_{-\infty}^{\infty}\delta^{(n)}(x-a)\varphi(x)\mathrm{d}x=(-1)^n\varphi^{(n)}(a)} \tag{D.57}$$

在有的文献中，对积分(D.53)在形式上做分部积分，恰好也得到正确结果

$$\int_{-\infty}^{\infty}\delta'(x-a)\varphi(x)\mathrm{d}x=-\int_{-\infty}^{\infty}\delta(x-a)\varphi'(x)\mathrm{d}x=-\varphi'(a) \tag{D.58}$$

这说明 δ 函数在很多方面跟普通函数一样，也是引入记号 $\delta(x-a)$的原因之一。

(6) 广义函数$f(x)\delta'(x-a)$，其中$f(x)\in C_0^\infty(\mathbb{R})$。根据式(D.53)

$$\begin{aligned}\int_{-\infty}^{\infty}\delta'(x-a)f(x)\varphi(x)\mathrm{d}x&=-\frac{\mathrm{d}}{\mathrm{d}x}[f(x)\varphi(x)]_{x=a}\\&=-f(a)\varphi'(a)-f'(a)\varphi(a)\end{aligned} \tag{D.59}$$

根据式(D.35)和式(D.53)替换上式中的$\varphi(a)$和$\varphi'(a)$，得

$$\begin{aligned}&\int_{-\infty}^{\infty}\delta'(x-a)f(x)\varphi(x)\mathrm{d}x\\&=f(a)\int_{-\infty}^{\infty}\delta'(x-a)\varphi(x)\mathrm{d}x-f'(a)\int_{-\infty}^{\infty}\delta(x-a)\varphi(x)\mathrm{d}x\end{aligned} \tag{D.60}$$

由此可以得到

$$\boxed{f(x)\delta'(x-a)=f(a)\delta'(x-a)-f'(a)\delta(x-a)} \tag{D.61}$$

函数$f(x)$可以推广到 $C_0^\infty(\mathbb{R})$空间以外的可微函数。

D.4.3 广义极限

虽然 δ 泛函不能由局部可积函数来导出，但可以证明能够找到合适的函数序列，由此定义的广义函数序列的极限等于 δ 泛函。这样的函数序列不是唯一的，它们称为 **δ 型函数序列**。比如，考虑如下偶函数序列

$$f_b(x)=\frac{1}{b}\left[u\left(x+\frac{b}{2}\right)-u\left(x-\frac{b}{2}\right)\right],\quad b>0 \tag{D.62}$$

$u(x)$是单位阶跃函数。$f_b(x)$代表一个宽度为 b、高度为 $1/b$ 的“门函数”，由 $f_b(x)$可以定义广义函数

$$\int_{-\infty}^{\infty}f_b(x)\varphi(x)\mathrm{d}x=\frac{1}{b}\int_{-b/2}^{b/2}\varphi(x)\mathrm{d}x=\frac{1}{b}\cdot b\varphi(x_0)=\varphi(x_0) \tag{D.63}$$

其中倒数第二步是根据积分中值定理，x_0 是区间$[-b/2,b/2]$中的一个合适的数。当 $b\to0_+$

时，闭区间收缩为0，因此必有 $x_0=0$。因此

$$\lim_{b\to 0_+}\int_{-\infty}^{\infty} f_b(x)\varphi(x)\mathrm{d}x = \varphi(0) \tag{D.64}$$

这个积分的极限正是δ泛函

$$\lim_{b\to 0_+}\int_{-\infty}^{\infty} f_b(x)\varphi(x)\mathrm{d}x = \delta[\varphi] \tag{D.65}$$

根据式(D.34)的记号约定，可以写出如下形式上的极限

$$\lim_{b\to 0_+} f_b(x) = \delta(x) \tag{D.66}$$

不要忘记δ(x)只是个形式记号，极限的真正含义是式(D.65)。通常说δ函数可以看作某个函数序列的广义极限，就是上面这个意思。

在式(D.66)的意义下，这里再给出几个δ型函数序列的极限

$$\lim_{b\to 0_+}\frac{1}{2b}\mathrm{e}^{-\frac{|x|}{b}} = \delta(x) \tag{D.67}$$

$$\lim_{b\to 0_+}\frac{1}{\sqrt{2\pi}\,b}\mathrm{e}^{-\frac{x^2}{2b^2}} = \delta(x) \tag{D.68}$$

$$\lim_{b\to 0_+}\frac{b}{\pi(x^2+b^2)} = \delta(x) \tag{D.69}$$

$$\lim_{b\to 0_+}\frac{b\mathrm{e}^{-\frac{b^2}{4x}}}{\sqrt{4\pi}\,x^{3/2}}u(x) = \delta(x) \tag{D.70}$$

$$\lim_{\alpha\to +\infty}\frac{\sin\alpha x}{\pi x} = \delta(x) \tag{D.71}$$

$$\lim_{\alpha\to +\infty}\frac{\sin^2\alpha x}{\pi\alpha x^2} = \delta(x) \tag{D.72}$$

$$\lim_{\alpha\to +\infty}\frac{\mathrm{e}^{\mathrm{i}\alpha x}}{\mathrm{i}\pi x} = \delta(x) \tag{D.73}$$

$$\lim_{\alpha\to +\infty}\sqrt{\frac{\alpha}{\pi}}\mathrm{e}^{\mathrm{i}\frac{\pi}{4}}\mathrm{e}^{-\mathrm{i}\alpha x^2} = \delta(x) \tag{D.74}$$

其中式(D.70)并非偶函数序列,这说明δ函数不一定要作为偶函数序列的极限。

利用式(D.71)能够证明

$$\boxed{\int_{-\infty}^{\infty}\mathrm{e}^{\mathrm{i}kx}\mathrm{d}k = 2\pi\delta(x)} \tag{D.75}$$

左端积分理解为柯西主值

$$\int_{-\infty}^{\infty}\mathrm{e}^{\mathrm{i}kx}\mathrm{d}k = \lim_{\alpha\to +\infty}\int_{-\alpha}^{\alpha}\mathrm{e}^{\mathrm{i}kx}\mathrm{d}k \tag{D.76}$$

先算出如下积分

$$\frac{1}{2\pi}\int_{-\alpha}^{\alpha} e^{\mathrm{i}kx}\mathrm{d}k = \frac{\sin\alpha x}{\pi x} \tag{D.77}$$

再根据式(D.71)，便得到了式(D.75)。

D.4.4　三维δ函数

设 $f(\boldsymbol{r})$ 是三维局部可积函数，由此可以定义正则广义函数

$$F[\varphi] = \int_\infty f(\boldsymbol{r})\varphi(\boldsymbol{r})\mathrm{d}^3 r,\quad \forall\,\varphi(\boldsymbol{r})\in C_0^\infty(\mathbb{R}^3) \tag{D.78}$$

其各阶偏导数定义为

$$F^{(k_1,k_2,k_3)}[\varphi] = (-1)^{k_1+k_2+k_3}\int_\infty f(\boldsymbol{r})\varphi^{(k_1,k_2,k_3)}(\boldsymbol{r})\mathrm{d}^3 r \tag{D.79}$$

其中

$$\varphi^{(k_1,k_2,k_3)}(\boldsymbol{r}) = \frac{\partial^{k_1+k_2+k_3}}{\partial x^{k_1}\,\partial y^{k_2}\,\partial z^{k_3}}\varphi(\boldsymbol{r}) \tag{D.80}$$

k_1,k_2,k_3 均为非负整数，取 0 表示不求导。三维 δ 泛函定义如下

$$\delta_a : \varphi \to \delta_a[\varphi] = \varphi(\boldsymbol{a}) \tag{D.81}$$

这是一个奇异的广义函数，将其形式上写为

$$\delta_a[\varphi] = \int_\infty \delta(\boldsymbol{r}-\boldsymbol{a})\varphi(\boldsymbol{r})\,\mathrm{d}^3 r \tag{D.82}$$

由此得到熟悉的挑选性

$$\boxed{\int_\infty \delta(\boldsymbol{r}-\boldsymbol{a})\varphi(\boldsymbol{r})\,\mathrm{d}^3 r = \varphi(\boldsymbol{a})} \tag{D.83}$$

也可以写为泛函等式

$$\boxed{\varphi(\boldsymbol{r})\delta(\boldsymbol{r}-\boldsymbol{a}) = \varphi(\boldsymbol{a})\delta(\boldsymbol{r}-\boldsymbol{a})} \tag{D.84}$$

三维 δ 函数同样满足如下公式

$$\boxed{\int_\infty \delta(\boldsymbol{r}-\boldsymbol{r}')\delta(\boldsymbol{r}-\boldsymbol{r}'')\,\mathrm{d}^3 r = \delta(\boldsymbol{r}'-\boldsymbol{r}'')} \tag{D.85}$$

三维 δ 函数可以分解为三个一维 δ 函数的乘积

$$\delta(\boldsymbol{r}-\boldsymbol{r}') = \delta(x-x')\delta(y-y')\delta(z-z') \tag{D.86}$$

采用球坐标时

$$\delta(\boldsymbol{r}-\boldsymbol{r}') = \frac{1}{r^2\sin\theta}\delta(r-r')\delta(\theta-\theta')\delta(\varphi-\varphi') \tag{D.87}$$

这个公式成立的条件是 $r'\neq 0$，$\theta\neq 0,\pi$。

▼举例

（1）广义函数 $1/r$

设 $f(\boldsymbol{r})=1/r$，虽然在 $r=0$ 处函数发散，但这是个局部可积函数。根据定义(D.78)，并利用球坐标体元 $\mathrm{d}^3 r = r^2\sin\theta\mathrm{d}r\mathrm{d}\theta\mathrm{d}\varphi$，由 $1/r$ 定义的广义函数为

$$F[\varphi] = \int_\infty \frac{1}{r}\varphi(\boldsymbol{r})\,\mathrm{d}^3 r = \int_0^{2\pi}\mathrm{d}\varphi\int_0^{\pi}\sin\theta\mathrm{d}\theta\int_0^{\infty}\varphi(\boldsymbol{r})r\mathrm{d}r \tag{D.88}$$

（2）广义函数 $\nabla^2(1/r)$

在 $r\neq 0$ 时，利用式(C.50)和式(C.51)可以直接验证

$$\nabla^2\frac{1}{r} = 0,\quad r\neq 0 \tag{D.89}$$

$1/r$ 在 $r=0$ 处不可导。按照广义函数求导法则(D.79)，定义广义函数 $\nabla^2 F$ 为

$$(\nabla^2 F)[\varphi] = F[\nabla^2\varphi] = \int_\infty \frac{1}{r}\nabla^2\varphi(\boldsymbol{r})\,\mathrm{d}^3 r \tag{D.90}$$

这个泛函可以形式上记为

$$(\nabla^2 F)[\varphi] = \int_\infty\left(\nabla^2\frac{1}{r}\right)\varphi(\boldsymbol{r})\,\mathrm{d}^3 r \tag{D.91}$$

由于 $1/r$ 在 $r=0$ 处不可导，这里 $\nabla^2\frac{1}{r}$ 只是个形式记号。可以证明，这个广义函数的结果为

$$(\nabla^2 F)[\varphi] = -4\pi\varphi(0) \tag{D.92}$$

对比式(D.81)和式(D.92)，可知

$$(\nabla^2 F)[\varphi] = -4\pi\delta[\varphi] \tag{D.93}$$

利用式(D.82)和式(D.91)约定的形式记号，这个结果可以写为

$$\boxed{\nabla^2 \frac{1}{r} = -4\pi\delta(\boldsymbol{r})} \tag{D.94}$$

证明：根据定义(D.90)，利用球坐标系，得

$$(\nabla^2 F)[\varphi] = \int_\infty \nabla^2\varphi(\boldsymbol{r}) r\sin\theta \mathrm{d}r\mathrm{d}\theta\mathrm{d}\varphi \tag{D.95}$$

$\nabla^2\varphi(\boldsymbol{r}) r\sin\theta$ 在坐标原点没有奇异性，因此

$$(\nabla^2 F)[\varphi] = \lim_{\varepsilon\to 0_+} \int_{r>\varepsilon} \frac{1}{r}\nabla^2\varphi(\boldsymbol{r})\mathrm{d}^3 r \tag{D.96}$$

在区域 $r>\varepsilon$ 中 $1/r$ 并没有奇异性。利用公式

$$f\nabla^2 g - g\nabla^2 f = \nabla\cdot(f\nabla g - g\nabla f) \tag{D.97}$$

可得

$$\int_{r>\varepsilon}\left(\frac{1}{r}\nabla^2\varphi - \varphi\nabla^2\frac{1}{r}\right)\mathrm{d}^3 r = \int_{r>\varepsilon}\nabla\cdot\left(\frac{1}{r}\nabla\varphi - \varphi\nabla\frac{1}{r}\right)\mathrm{d}^3 r \tag{D.98}$$

由式(D.89)可知左端被积函数第二项为零。利用高斯公式，得

$$\int_{r>\varepsilon}\frac{1}{r}\nabla^2\varphi\mathrm{d}^3 r = \int_{r=\varepsilon}\left(\frac{1}{r}\nabla\varphi - \varphi\nabla\frac{1}{r}\right)\cdot\mathrm{d}\boldsymbol{S} \tag{D.99}$$

球面 $r=\varepsilon$ 的法线方向应当指向积分区域外侧，也就是指向坐标原点，因此 $\mathrm{d}\boldsymbol{S}=-\boldsymbol{e}_r\mathrm{d}S$。球面 $r=\varepsilon$ 在坐标原点之外，根据梯度算符的球坐标公式(C.48)，得

$$\int_{r>\varepsilon}\frac{1}{r}\nabla^2\varphi\mathrm{d}^3 r = -\int_{r=\varepsilon}\left(\frac{1}{r}\frac{\partial\varphi}{\partial r} + \frac{\varphi}{r^2}\right)\mathrm{d}S \tag{D.100}$$

根据式(D.96)，得

$$(\nabla^2 F)[\varphi] = -\lim_{\varepsilon\to 0_+}\int_{r=\varepsilon}\left(\frac{1}{r}\frac{\partial\varphi}{\partial r} + \frac{\varphi}{r^2}\right)\mathrm{d}S \tag{D.101}$$

首先，φ 的导数是有界的，设 $|\partial\varphi/\partial r|<M$，并注意 $\mathrm{d}S=r^2\sin\theta\mathrm{d}\theta\mathrm{d}\varphi$，因此

$$\int_{r=\varepsilon}\frac{1}{r}\frac{\partial\varphi}{\partial r}\mathrm{d}S < M\int_{r=\varepsilon}\frac{1}{r}\mathrm{d}S = 4\pi\varepsilon M \tag{D.102}$$

当 $\varepsilon\to 0_+$ 时，上述积分为零。其次

$$\begin{aligned}\int_{r=\varepsilon}\frac{\varphi}{r^2}\mathrm{d}S &= \int_{r=\varepsilon}\frac{\varphi(\boldsymbol{r}) - \varphi(0) + \varphi(0)}{r^2}\mathrm{d}S \\ &= \int_{r=\varepsilon}[\varphi(\boldsymbol{r}) - \varphi(0)]\sin\theta\mathrm{d}\theta\mathrm{d}\varphi + 4\pi\varphi(0)\end{aligned} \tag{D.103}$$

由于检验函数 $\varphi(\boldsymbol{r})$ 在 $r=0$ 处是连续的，因此当 $\varepsilon\to 0_+$ 时，$\varphi(\boldsymbol{r})-\varphi(0)\to 0$，从而式(D.103)的结果中第一项为零。由此可得

$$(\nabla^2 F)[\varphi] = -4\pi\varphi(0) \tag{D.104}$$

这正是式(D.92)。证明完毕。

在电动力学中，根据高斯定理可知静电势ϕ满足如下泊松方程

$$\nabla^2\phi = -\frac{\rho_e}{\varepsilon_0} \tag{D.105}$$

假设点电荷q位于坐标原点，则电荷密度为$q\delta(\boldsymbol{r})$，根据泊松方程(D.105)，得

$$\nabla^2\phi = -\frac{q}{\varepsilon_0}\delta(\boldsymbol{r}) \tag{D.106}$$

由式(D.94)可知，方程(D.106)的解为

$$\phi(\boldsymbol{r}) = \frac{1}{4\pi\varepsilon_0}\frac{q}{r} \tag{D.107}$$

这正是点电荷的库仑势。由此可见，采用δ函数表示点电荷，泊松方程仍然成立。在很多教科书中，根据电荷密度$q\delta(\boldsymbol{r})$和电势(D.107)，并假定泊松方程仍然成立，从而“导出”式(D.94)，其实是一种辅助说明。

利用式(D.94)可以证明散射理论中一个有用的公式

$$\boxed{(\nabla^2 + k^2)\frac{e^{ikr}}{r} = -4\pi\delta(\boldsymbol{r})} \tag{D.108}$$

证明：根据莱布尼茨法则

$$\nabla^2\frac{e^{ikr}}{r} = \frac{1}{r}\nabla^2 e^{ikr} + e^{ikr}\nabla^2\frac{1}{r} + 2(\nabla e^{ikr})\cdot\left(\nabla\frac{1}{r}\right) \tag{D.109}$$

根据梯度算符和拉普拉斯算符的球坐标表达式，容易算出

$$\nabla e^{ikr} = ik e^{ikr}\boldsymbol{e}_r,\quad \nabla^2 e^{ikr} = -k^2 e^{ikr} + \frac{2ik}{r}e^{ikr} \tag{D.110}$$

由此可得

$$(\nabla^2 + k^2)\frac{e^{ikr}}{r} = e^{ikr}\left(-\frac{k^2}{r} + \frac{2ik}{r^2} + \nabla^2\frac{1}{r} - 2ik\frac{1}{r^2} + \frac{k^2}{r}\right) = e^{ikr}\nabla^2\frac{1}{r} \tag{D.111}$$

最后利用式(D.94)，得

$$(\nabla^2 + k^2)\frac{e^{ikr}}{r} = -4\pi e^{ikr}\delta(\boldsymbol{r}) = -4\pi\delta(\boldsymbol{r}) \tag{D.112}$$

最后一步利用了δ函数的挑选性(D.84)。

附录E 特殊函数

在这一节我们讨论量子力学中常用的几种特殊函数。

E.1 厄米多项式

E.1.1 厄米方程的求解

讨论一维线性谐振子的能量本征方程，可以得到厄米方程

$$y'' - 2xy' + (\lambda - 1)y = 0 \tag{E.1}$$

根据谐振子波函数在无穷远处的边界条件可知，这里方程的解应满足

$$x \to \pm\infty \text{ 时，}\quad e^{-x^2/2}y(x) \to 0 \tag{E.2}$$

除了无穷远点外，方程(E.1)没有奇点。在 $|x|<\infty$ 的范围内，将 $y(x)$ 在 $x=0$ 点展开成幂级数

$$y(x) = \sum_{\nu=0}^{\infty} a_{\nu} x^{\nu} \tag{E.3}$$

先来计算一阶和二阶导数。对级数逐项求导，得

$$y'(x) = \sum_{\nu=0}^{\infty} \nu a_{\nu} x^{\nu-1} \tag{E.4}$$

$$y''(x) = \sum_{\nu=0}^{\infty} \nu(\nu-1) a_{\nu} x^{\nu-2} = \sum_{\nu=0}^{\infty} (\nu+2)(\nu+1) a_{\nu+2} x^{\nu} \tag{E.5}$$

第一个等号后求和指标 ν 可以改为从 2 开始，因为级数中 $\nu=0,1$ 这两项为零；第二个等号后则是做指标替换 $\nu \to \mu = \nu-2$，因此求和范围重新从 0 开始，然后把 μ 重新改记为 ν。将这两个结果代入厄米方程，得

$$\sum_{\nu=0}^{\infty} (\nu+2)(\nu+1) a_{\nu+2} x^{\nu} - 2 \sum_{\nu=0}^{\infty} \nu a_{\nu} x^{\nu} + (\lambda-1) \sum_{\nu=0}^{\infty} a_{\nu} x^{\nu} = 0 \tag{E.6}$$

比较同次幂的系数，得

$$(\nu+2)(\nu+1) a_{\nu+2} - (2\nu - \lambda + 1) a_{\nu} = 0 \tag{E.7}$$

由此得到递推公式

$$a_{\nu+2} = \frac{2\nu - \lambda + 1}{(\nu+2)(\nu+1)} a_{\nu} \tag{E.8}$$

厄米方程是二阶常微分方程，因此有两个待定常数。由式(E.3)和式(E.4)可知

$$y(0) = a_0, \qquad y'(0) = a_1 \tag{E.9}$$

给定初值 $y(0)$ 和 $y'(0)$，利用上述递推公式可以求出厄米方程的一个特解。物理上需要的特解应满足边界条件(E.2)，这将对参数 λ 附加一定要求。

为了分析级数的敛散性，我们将其写为

$$y(x) = y_0(x) + y_1(x) \tag{E.10}$$

其中 $y_0(x)$ 和 $y_1(x)$ 分别代表级数的偶次项和奇次项

$$y_0(x) = a_0 + a_2 x^2 + a_4 x^4 + \cdots \tag{E.11}$$

$$y_1(x) = a_1 x + a_3 x^3 + a_5 x^5 + \cdots \tag{E.12}$$

先假定 a_0 和 a_1 均不为零。由系数的递推公式(E.8)可知，当 $\lambda=2n+1$ 时，其中 n 为非负整数，$a_{n+2}=0$，因此 $y_0(x)$ 或 $y_1(x)$ 中断为多项式，另一个保持为级数；当 $\lambda \neq 2n+1$ 时，$y_0(x)$ 和 $y_1(x)$ 均为无穷级数。若级数没有中断，当 $\nu \to \infty$ 时，$\dfrac{a_{\nu+2}}{a_{\nu}} \to \dfrac{2}{\nu}$。这里不是求极限，而是分析 $\nu \to \infty$ 时的系数的行为。另外考虑级数

$$e^{x^2} = \sum_{\nu=0}^{\infty} \frac{1}{\nu!} x^{2\nu} \equiv \sum_{\nu=0}^{\infty} b_{\nu} x^{2\nu} \tag{E.13}$$

其中 $b_{\nu} = \dfrac{1}{\nu!}$。当 $\nu \to \infty$ 时，$\dfrac{b_{\nu+1}}{b_{\nu}} = \dfrac{1}{\nu+1} \to \dfrac{1}{\nu}$。级数(E.13)与 $y_0(x)$ 或 $x^{-1} y_1(x)$ 结构相同，系数 a_{ν} 和 b_{ν} 在 $\nu \to \infty$ 时行为也相同，因此当 $\nu \to \infty$ 时

$$y_0(x), \quad x^{-1}y_1(x) \to e^{x^2} \tag{E.14}$$

为得到满足边界条件(E.2)的解，可选择 a_0 和 a_1 其中一个为零，相应地 $y_0(x)$ 或 $y_1(x)$ 为零，然后选择 $\lambda=2n+1$ 让另一个级数中断为多项式，具体如下

$$(1)\ a_0=0, \quad y_0(x)=0, \quad \lambda=2n+1, \quad n=1,3,5,\cdots \tag{E.15}$$

$$(2)\ a_1=0, \quad y_1(x)=0, \quad \lambda=2n+1, \quad n=0,2,4,\cdots \tag{E.16}$$

综上所述，厄米方程具有物理上合理解的条件是参数 λ 取如下特殊值

$$\lambda = 2n+1, \quad n=0,1,2,\cdots \tag{E.17}$$

对应的解称为厄米多项式，记为 $\mathrm{H}_n(x)$。$\mathrm{H}_n(x)$ 是 n 次多项式，通常约定最高次项系数为 2^n。在这个约定下，前几个厄米多项式为

$$\begin{aligned} &\mathrm{H}_0(x)=1, \qquad \mathrm{H}_1(x)=2x \\ &\mathrm{H}_2(x)=4x^2-2, \quad \mathrm{H}_3(x)=8x^3-12x \end{aligned} \tag{E.18}$$

E.1.2 厄米多项式的微分表达式

$$\boxed{\mathrm{H}_n(x)=(-1)^n e^{x^2}\frac{\mathrm{d}^n}{\mathrm{d}x^n}e^{-x^2}} \tag{E.19}$$

证明：首先，令 $u(x)=e^{-x^2}$，由数学归纳法容易证明如下公式

$$\frac{\mathrm{d}^{n+2}u}{\mathrm{d}x^{n+2}}=-2x\frac{\mathrm{d}^{n+1}u}{\mathrm{d}x^{n+1}}-2(n+1)\frac{\mathrm{d}^n u}{\mathrm{d}x^n} \tag{E.20}$$

其次，我们来验证式(E.19)的确满足厄米方程。根据式(E.19)，得

$$\frac{\mathrm{d}^n u}{\mathrm{d}x^n}=(-1)^n u(x)\mathrm{H}_n(x) \tag{E.21}$$

分别求一阶和二阶导数，得

$$\frac{\mathrm{d}^{n+1}u}{\mathrm{d}x^{n+1}}=(-1)^n(-2x\mathrm{H}_n+\mathrm{H}'_n)u \tag{E.22}$$

$$\frac{\mathrm{d}^{n+2}u}{\mathrm{d}x^{n+2}}=(-1)^n[(4x^2-2)\mathrm{H}_n-4x\mathrm{H}'_n+\mathrm{H}''_n]u \tag{E.23}$$

将式(E.21)、式(E.22)、式(E.23)代入式(E.20)，得

$$\mathrm{H}''_n-2x\mathrm{H}'_n+2n\mathrm{H}_n=0 \tag{E.24}$$

因此函数(E.19)是厄米方程(E.1)的解，此时 $\lambda=2n+1$。

由式(E.21)可知，厄米多项式就是对高斯函数 e^{-x^2} 求导 n 次的结果中的多项式因子乘以或除以 $(-1)^n$。

E.1.3 厄米多项式的递推公式

$$\boxed{\mathrm{H}'_n=2n\mathrm{H}_{n-1}} \tag{E.25}$$

$$\boxed{\mathrm{H}_{n+1}-2x\mathrm{H}_n+2n\mathrm{H}_{n-1}=0} \tag{E.26}$$

证明：对式(E.19)求一阶和二阶导数，得

$$\mathrm{H}'_n=2x\mathrm{H}_n-\mathrm{H}_{n+1} \tag{E.27}$$

$$\mathrm{H}''_n=2x\mathrm{H}'_n+2\mathrm{H}_n-\mathrm{H}'_{n+1} \tag{E.28}$$

将式(E.28)代入厄米方程(E.24)，得

$$\mathrm{H}'_{n+1}=2(n+1)\mathrm{H}_n \tag{E.29}$$

做代换 $n\to n-1$，即得到式(E.25)。将式(E.25)代入式(E.27)，即得到式(E.26)。

E.1.4　厄米多项式的性质

(1) 带权 e^{-x^2} 正交归一性

$$\boxed{\int_{-\infty}^{\infty}\mathrm{H}_m(x)\mathrm{H}_n(x)\mathrm{e}^{-x^2}\mathrm{d}x = 2^n n!\sqrt{\pi}\,\delta_{mn}} \tag{E.30}$$

(2) 完备性

若函数 $f(x)$ 具有连续的一阶导数和分段连续的二阶导数，且满足本征函数所满足的边界条件，就可以用厄米多项式展开为

$$f(x) = \sum_{n=0}^{\infty}c_n\mathrm{H}_n(x) \tag{E.31}$$

$$c_n = \frac{1}{2^n n!\sqrt{\pi}}\int_{-\infty}^{\infty}\mathrm{H}_n(x)f(x)\mathrm{e}^{-x^2}\mathrm{d}x \tag{E.32}$$

本征值问题式(E.1)和式(E.2)属于施图姆-刘维尔本征值问题的特例⊖，这两条性质是这类问题的普遍结论的体现。

E.2　球谐函数

球谐函数是球函数方程的分离变量形式的解。在任何一本数学物理方法教科书中通常都有球谐函数的详细介绍。这里我们只简单介绍球函数方程的解法，并明确本书中采用的球谐函数定义。

E.2.1　球函数方程的解

在球坐标系中，用分离变量法求解拉普拉斯方程、亥姆霍兹方程和中心力场的能量本征方程，都会得到球函数方程

$$\frac{1}{\sin\theta}\frac{\partial}{\partial\theta}\left(\sin\theta\frac{\partial \mathrm{Y}}{\partial\theta}\right) + \frac{1}{\sin^2\theta}\frac{\partial^2\mathrm{Y}}{\partial\varphi^2} + l(l+1)\mathrm{Y} = 0 \tag{E.33}$$

采用分离变量法求解，令 $\mathrm{Y}(\theta,\varphi)=\Theta(\theta)\Phi(\varphi)$，得到两个方程

$$\Phi'' + \lambda\Phi = 0 \tag{E.34}$$

$$\frac{1}{\sin\theta}\frac{\mathrm{d}}{\mathrm{d}\theta}\left(\sin\theta\frac{\mathrm{d}\Theta}{\mathrm{d}\theta}\right) + \left[l(l+1) - \frac{\lambda}{\sin^2\theta}\right]\Theta = 0 \tag{E.35}$$

泛定方程(E.34)和如下自然周期条件

$$\Phi(\varphi+2\pi) = \Phi(\varphi) \tag{E.36}$$

构成本征值问题，容易求得本征值为

$$\lambda = m^2,\quad m = 0,1,2,\cdots \tag{E.37}$$

方程的通解可以写为三角函数形式

$$\Phi(\varphi) = A\cos m\varphi + B\sin m\varphi,\quad m = 0,1,2,\cdots \tag{E.38}$$

也可以写为指数形式

$$\Phi(\varphi) = C_1\mathrm{e}^{\mathrm{i}m\varphi} + C_2\mathrm{e}^{-\mathrm{i}m\varphi},\quad m = 0,1,2,\cdots \tag{E.39}$$

对于方程(E.35)，引入新变量 $x=\cos\theta$(x 不是原来的直角坐标)和新函数 $y(x)=\Theta(\theta)$，

⊖ 梁昆淼. 数学物理方法[M]. 5版. 北京：高等教育出版社，2010，9.4节.

并考虑到本征值(E. 37)，可将方程化为

$$(1-x^2)y''-2xy'+\left[l(l+1)-\frac{m^2}{1-x^2}\right]y=0 \tag{E.40}$$

称为连带勒让德方程(associated Legendre equation)。当 $m=0$ 时方程退化为

$$(1-x^2)y''-2xy'+l(l+1)y=0 \tag{E.41}$$

称为 l 阶勒让德方程(Legendre equation)。

采用级数解法求解勒让德方程，与厄米方程的情形一样，最终得到系数的递推公式，级数的收敛区为 $|x|<1$。方程的解要求级数在 $x=\pm1$ 处收敛，称为自然边界条件。讨论 $x=\pm1$ 处级数的敛散性可知，当 $l=0,1,2,\cdots$ 时勒让德方程存在满足要求的解，它是 l 次多项式。通常选择多项式解的最高次幂系数为

$$c_l=\frac{(2l)!}{2^l(l!)^2}=\frac{(2l-1)!!}{l!} \tag{E.42}$$

这样的解记为 $\mathrm{P}_l(x)$，称为勒让德多项式(Legendre polynomial)。勒让德多项式具有如下微分表达式

$$\mathrm{P}_l(x)=\frac{1}{2^l l!}\frac{\mathrm{d}^l}{\mathrm{d}x^l}(x^2-1)^l \tag{E.43}$$

连带勒让德方程的解记为 $\mathrm{P}_l^m(x)$，称为连带勒让德函数(associated Legendre function)，它可以由勒让德多项式表达

$$\mathrm{P}_l^m(x)=(1-x^2)^{\frac{m}{2}}\mathrm{P}_l^{(m)}(x) \tag{E.44}$$

其中 $\mathrm{P}_l^{(m)}(x)$ 表示 $\mathrm{P}_l(x)$ 的 m 阶导数。利用式(E. 43)，可得

$$\mathrm{P}_l^m(x)=\frac{1}{2^l l!}(1-x^2)^{\frac{m}{2}}\frac{\mathrm{d}^{l+m}}{\mathrm{d}x^{l+m}}(x^2-1)^l \tag{E.45}$$

式(E. 43)和式(E. 45)称为罗德里格斯(Rodrigues)公式。

在区间[−1,1]端点，勒让德多项式取值为

$$\mathrm{P}_l(1)=1,\quad \mathrm{P}_l(-1)=(-1)^l \tag{E.46}$$

在[−1,1]中，$\mathrm{P}_l(x)$ 有 l 个零点，$\mathrm{P}_l^m(x)$ 有 $l-m$ 个零点，这些零点都是一阶的。

在连带勒让德函数定义中，m 的取值为自然数，并不包括负整数。习惯上引入 m 取负值的连带勒让德函数，这通常有两种做法，一种是在 $m<0$ 时直接规定 $\mathrm{P}_l^m(x)=\mathrm{P}_l^{|m|}(x)$，另一种是根据罗德里格斯公式(E. 45)将 m 的取值推广到负整数。我们采用后一种做法，此时连带勒让德函数满足如下公式[⊖]

$$\mathrm{P}_l^{-m}(x)=(-1)^m\frac{(l-m)!}{(l+m)!}\mathrm{P}_l^m(x),\quad m\text{ 可正可负} \tag{E.47}$$

由于 $\mathrm{P}_l(x)$ 是 l 次多项式，当 m 的取值超过 l 时，就只能得到恒为零的函数了，因此非零函数要求 $|m|\leqslant l$。

根据式(E. 38)和式(E. 39)，球函数方程的特解可以选为如下实数值函数

$$\mathrm{P}_l^m(\cos\theta)\cos m\varphi,\quad \mathrm{P}_l^m(\cos\theta)\sin m\varphi \tag{E.48}$$

⊖ 梁昆淼. 数学物理方法[M]. 5 版. 北京：高等教育出版社，2010，221 页.

也可以选为复数值函数

$$P_l^m(\cos\theta)e^{im\varphi},\quad P_l^m(\cos\theta)e^{-im\varphi} \tag{E.49}$$

这两种形式的函数均称为球谐函数(spherical harmonic function)。如果允许 m 取负值，则可将两个复数形式的球谐函数统一写为

$$\boxed{Y_{lm}(\theta,\varphi)=N_{lm}P_l^m(\cos\theta)e^{im\varphi}} \tag{E.50}$$

这里引入了常数因子

$$N_{lm}=(-1)^m\sqrt{\frac{2l+1}{4\pi}\frac{(l-m)!}{(l+m)!}} \tag{E.51}$$

以便使球谐函数(E.50)是归一化的⊖。球谐函数和连带勒让德函数的指标取值为

$$l=0,1,2,\cdots;\quad m=l,l-1,\cdots,-l \tag{E.52}$$

在量子力学中，我们对复数形式的球谐函数(E.50)更感兴趣，因为它是 $\hat{L}^2$ 和 $\hat{L}_z$ 的共同本征函数(第5章)。前几个球谐函数的表达式为

$$Y_{00}=\frac{1}{\sqrt{4\pi}} \tag{E.53}$$

$$\begin{aligned}
Y_{11}&=-\sqrt{\frac{3}{8\pi}}\sin\theta e^{i\varphi}=-\sqrt{\frac{3}{8\pi}}\frac{x+iy}{r}\\
Y_{10}&=\sqrt{\frac{3}{4\pi}}\cos\theta=\sqrt{\frac{3}{4\pi}}\frac{z}{r}\\
Y_{1,-1}&=\sqrt{\frac{3}{8\pi}}\sin\theta e^{-i\varphi}=\sqrt{\frac{3}{8\pi}}\frac{x-iy}{r}
\end{aligned} \tag{E.54}$$

$$\begin{aligned}
Y_{2,2}&=\sqrt{\frac{15}{32\pi}}\sin^2\theta e^{2i\varphi}=\sqrt{\frac{15}{32\pi}}\left(\frac{x+iy}{r}\right)^2\\
Y_{2,1}&=-\sqrt{\frac{15}{8\pi}}\sin\theta\cos\theta e^{i\varphi}=-\sqrt{\frac{15}{8\pi}}\frac{(x+iy)z}{r^2}\\
Y_{2,0}&=\sqrt{\frac{5}{16\pi}}(3\cos^2\theta-1)=\sqrt{\frac{15}{16\pi}}\frac{(2z^2-x^2-y^2)}{r^2}\\
Y_{2,-1}&=\sqrt{\frac{15}{8\pi}}\sin\theta\cos\theta e^{-i\varphi}=\sqrt{\frac{15}{8\pi}}\frac{(x-iy)z}{r^2}\\
Y_{2,-2}&=\sqrt{\frac{15}{32\pi}}\sin^2\theta e^{-2i\varphi}=\sqrt{\frac{15}{32\pi}}\left(\frac{x-iy}{r}\right)^2
\end{aligned} \tag{E.55}$$

E.2.2　球谐函数的性质

(1) 复共轭

$$Y_{lm}^*(\theta,\varphi)=(-1)^m Y_{l,-m}(\theta,\varphi) \tag{E.56}$$

(2) 宇称。在空间反射下，$\boldsymbol{r}\to-\boldsymbol{r}$，球坐标变化为 $r\to r$，$\theta\to\pi-\theta$，$\varphi\to\pi+\varphi$，由定义(E.50)，容易得出

⊖ 在有的教科书中，N_{lm} 的定义中没有 $(-1)^m$. $(-1)^m=e^{im\pi}$ 只是个常数相因子，它并不影响球谐函数的归一化. 在数学文献中也使用未归一化的球谐函数，定义也各不相同，但彼此之间只差一个常数因子.

$$\boxed{Y_{lm}(\pi-\theta,\pi+\varphi)=(-1)^l Y_{lm}(\theta,\varphi)} \tag{E. 57}$$

因此，球谐函数的宇称为$(-1)^l$。

（3）正交归一关系

$$\boxed{\int_0^{2\pi}\mathrm{d}\varphi\int_0^{\pi}\sin\theta\mathrm{d}\theta\ Y_{lm}^*(\theta,\varphi)Y_{l'm'}(\theta,\varphi)=\delta_{ll'}\delta_{mm'}} \tag{E. 58}$$

（4）完备性。如果球面上的函数$f(\theta,\varphi)$具有二阶连续偏导数，则可以按照球谐函数展开为绝对且一致收敛的级数

$$f(\theta,\varphi)=\sum_{l=0}^{\infty}\sum_{m=-l}^{l}c_{lm}Y_{lm}(\theta,\varphi) \tag{E. 59}$$

展开系数为

$$c_{lm}=\int_0^{2\pi}\mathrm{d}\varphi\int_0^{\pi}\sin\theta\mathrm{d}\theta\ Y_{lm}^*(\theta,\varphi)f(\theta,\varphi) \tag{E. 60}$$

（5）递推公式

$$\cos\theta Y_{lm}=a_{l-1,m}Y_{l-1,m}+a_{lm}Y_{l+1,m} \tag{E. 61}$$

$$\mathrm{e}^{\mathrm{i}\varphi}\sin\theta Y_{lm}=b_{l-1,-(m+1)}Y_{l-1,m+1}-b_{lm}Y_{l+1,m+1} \tag{E. 62}$$

$$\mathrm{e}^{-\mathrm{i}\varphi}\sin\theta Y_{lm}=-b_{l-1,m-1}Y_{l-1,m-1}+b_{l,-m}Y_{l+1,m-1} \tag{E. 63}$$

其中

$$a_{lm}=\sqrt{\frac{(l+1)^2-m^2}{(2l+1)(2l+3)}},\quad b_{lm}=\sqrt{\frac{(l+m+1)(l+m+2)}{(2l+1)(2l+3)}} \tag{E. 64}$$

E. 2. 3 常用公式

我们不加证明地给出如下常用公式。

（1）平面波的展开（瑞利公式）

$$\mathrm{e}^{\mathrm{i}kz}=\mathrm{e}^{\mathrm{i}kr\cos\theta}=\sum_{l=0}^{\infty}(2l+1)\mathrm{i}^l\mathrm{j}_l(kr)P_l(\cos\theta) \tag{E. 65}$$

（2）勒让德多项式的母函数

$$(1-2r\cos\theta+r^2)^{-\frac{1}{2}}=\sum_{l=0}^{\infty}r^lP_l(\cos\theta),\quad r<1 \tag{E. 66}$$

（3）球谐函数相加定理

$$\sum_{m=-l}^{l}Y_{lm}^*(\theta,\varphi)Y_{lm}(\theta,\varphi)=\frac{2l+1}{4\pi} \tag{E. 67}$$

设矢量$\boldsymbol{r}$和$\boldsymbol{r}'$夹角为θ，根据余弦定理，得

$$|\boldsymbol{r}-\boldsymbol{r}'|=\sqrt{r'^2-2rr'\cos\theta+r^2} \tag{E. 68}$$

再利用式（E. 66），可以得到

$$\frac{1}{|\boldsymbol{r}-\boldsymbol{r}'|}=\begin{cases}\dfrac{1}{r'}\displaystyle\sum_{l=0}^{\infty}\left(\frac{r}{r'}\right)^lP_l(\cos\theta), & r<r'\\[2ex] \dfrac{1}{r}\displaystyle\sum_{l=0}^{\infty}\left(\frac{r'}{r}\right)^lP_l(\cos\theta), & r>r'\end{cases} \tag{E. 69}$$

公式(E.69)可以用来证明如下积分㊀

$$\frac{1}{\pi^2}\int_\infty d^3r_1\int_\infty d^3r_2\,\frac{e^{-2(r_1+r_2)}}{r_{12}}=\frac{5}{8} \tag{E.70}$$

E.3 合流超几何函数

在数学上，如下方程

$$zy''(z)+(\gamma-z)y'(z)-\alpha y=0 \tag{E.71}$$

称为合流超几何方程(confluence hypergeometric equation)，也称为库末(Kummer)方程，其中 α 和 γ 都是参数，z 是复变量。我们只讨论 $\gamma\geqslant1$ 的情形。

E.3.1 判定方程

根据微分方程理论㊁，对于二阶常微分方程

$$y''(z)+p(z)y'(z)+q(z)y(z)=0 \tag{E.72}$$

如果 z_0 是 $p(z)$ 不高于一阶的极点，是 $q(z)$ 不高于二阶的极点，即

$$p(z)=\sum_{k=-1}^{\infty}p_k(z-z_0)^k,\quad q(z)=\sum_{k=-2}^{\infty}q_k(z-z_0)^k \tag{E.73}$$

则 z_0 为方程的正则奇点。根据 $p(z)$ 和 $q(z)$ 的级数展开最低次幂的系数 p_{-1} 和 q_{-2}，可以得到判定方程

$$s(s-1)+p_{-1}s+q_{-2}=0 \tag{E.74}$$

设判定方程有两个根 s_1 和 s_2，且 $\mathrm{Re}s_1\geqslant\mathrm{Re}s_2$。如果 $s_1-s_2\neq$整数，则方程(E.73)的两个线性无关解为

$$y_1(z)=\sum_{k=0}^{\infty}a_k(z-z_0)^{s_1+k},\quad a_0\neq0 \tag{E.75}$$

$$y_2(z)=\sum_{k=0}^{\infty}b_k(z-z_0)^{s_2+k},\quad b_0\neq0 \tag{E.76}$$

如果 $s_1-s_2=$整数，则式(E.75)仍代表方程(E.73)的一个线性无关解，另一个线性无关解可以根据第一个解算出来

$$y_2(z)=Ay_1(z)\ln(z-z_0)+\sum_{k=0}^{\infty}b_k(z-z_0)^{s_2+k},\quad b_0\neq0 \tag{E.77}$$

这里 A 是一个待定常数。如果碰巧 $A=0$，则式(E.77)回到式(E.76)。

先将合流超几何方程(E.71)改写为

$$y''(z)+(\gamma z^{-1}-1)y'(z)-\alpha z^{-1}y(z)=0 \tag{E.78}$$

可知 $z=0$ 是方程的正则奇点，判定方程为

$$s(s-1)+\gamma s=0 \tag{E.79}$$

设 $\gamma\geqslant1$，判定方程的两个根分别为

㊀ 曾谨言. 量子力学卷Ⅰ[M]. 5版. 北京：科学出版社，2013，370页.

㊁ 梁昆淼. 数学物理方法[M]. 5版. 北京：高等教育出版社，2010，177页.
王竹溪，郭敦仁. 特殊函数概论[M]. 北京：北京大学出版社，2012，42页.

$$s_1 = 0, \quad s_2 = 1 - \gamma \tag{E.80}$$

若γ是整数，则两根之差为整数；若γ不是整数，则两根之差也不是整数。

E.3.2 多项式解

1. 两根之差不是整数

设$\gamma \neq$整数，式(E.75)和式(E.76)代表方程(E.71)的两个线性无关解。

(1) $s_1=0$，方程的级数解取式(E.75)的形式

$$y_1(z) = \sum_{k=0}^{\infty} c_k z^k \tag{E.81}$$

分别求出一阶和二阶导数

$$y_1'(z) = \sum_{k=0}^{\infty} k c_k z^{k-1}, \quad y_1''(z) = \sum_{k=0}^{\infty} k(k-1) c_k z^{k-2} \tag{E.82}$$

代入方程(E.71)，得

$$\sum_{k=0}^{\infty} k(\gamma + k - 1) c_k z^{k-1} - \sum_{k=0}^{\infty} (k + \alpha) c_k z^k = 0 \tag{E.83}$$

为了便于比较同次幂系数，调整方程左端第一项指标，得

$$\sum_{k=0}^{\infty} k(\gamma + k - 1) c_k z^{k-1} = \sum_{k=1}^{\infty} k(\gamma + k - 1) c_k z^{k-1} = \sum_{l=0}^{\infty} (l+1)(\gamma + l) c_{l+1} z^l \tag{E.84}$$

式中，$l=k-1$。将求和指标l重新记为k，代回到方程(E.83)，得

$$\sum_{k=0}^{\infty} (k+1)(\gamma + k) c_{k+1} z^k - \sum_{k=0}^{\infty} (k + \alpha) c_k z^k = 0 \tag{E.85}$$

比较同次幂系数，得

$$(k+1)(\gamma + k) c_{k+1} - (k + \alpha) c_k = 0 \tag{E.86}$$

由此得到系数的递推公式

$$c_{k+1} = \frac{k + \alpha}{(k+1)(\gamma + k)} c_k \quad \Rightarrow \quad c_k = \frac{\alpha + k - 1}{(\gamma + k - 1)k} c_{k-1} \tag{E.87}$$

反复迭代，将所有系数用c_0表示出来

$$c_k = \frac{(\alpha + k - 1)(\alpha + k - 2)\cdots(\alpha + 1)\alpha}{(\gamma + k - 1)(\gamma + k - 2)\cdots(\gamma + 1)\gamma} \frac{1}{k!} c_0 \tag{E.88}$$

利用Γ函数的性质$\Gamma(z+1)=z\Gamma(z)$，可得

$$\Gamma(z + k) = (z + k - 1)(z + k - 2)\cdots(z + 1) z\, \Gamma(z) \tag{E.89}$$

由此可将系数(E.88)写为

$$c_k = \frac{\Gamma(\alpha + k)\Gamma(\gamma)}{\Gamma(\gamma + k)\Gamma(\alpha)} \frac{1}{k!} c_0 \tag{E.90}$$

选择$c_0=1$，由此得到的解称为**合流超几何函数**，记为$\mathrm{F}(\alpha,\gamma,z)$，即

$$\boxed{y_1(z) = \mathrm{F}(\alpha, \gamma, z) = \frac{\Gamma(\gamma)}{\Gamma(\alpha)} \sum_{k=0}^{\infty} \frac{\Gamma(\alpha + k)}{\Gamma(\gamma + k)} \frac{z^k}{k!}} \tag{E.91}$$

由系数递推公式(E.87)可知，当参数α取0和负整数时，即

$$\alpha = -n, \quad n = 0,1,2,\cdots \tag{E.92}$$

则 $c_{n+1}=0$，级数解(E.91)中断为 n 次多项式。

当参数 α 不满足条件(E.92)时，根据系数递推公式(E.87)可知，当 $k\to\infty$ 时，相邻项系数之比的趋势为

$$\frac{c_{k+1}}{c_k} = \frac{k+\alpha}{(k+1)(\gamma+k)} \to \frac{1}{k} \tag{E.93}$$

这与 e^z 的泰勒展开式中系数之比的趋势相同，由此可知当 $z\to+\infty$ 时 $F(\alpha,\gamma,z)$ 按照指数规律发散。

(2) $s_2=1-\gamma$，方程的级数解取式(E.76)的形式

$$y_2(z) = z^{1-\gamma}\sum_{k=0}^{\infty} c_k z^k \tag{E.94}$$

代入合流超几何方程(E.71)，同样可以得到系数递推公式。不过这里可以采用更简洁的方法，而且可以看出 $y_2(z)$ 与 $y_1(z)$ 的关系。将 $y_2(z)$ 写为

$$y_2(z) = z^{1-\gamma}u(z) \tag{E.95}$$

代入合流超几何方程(E.71)，得

$$z\frac{d^2u}{dz^2} + (\gamma'-z)\frac{du}{dz} - \alpha' u = 0 \tag{E.96}$$

其中 $\alpha'=\alpha-\gamma+1$，$\gamma'=2-\gamma$。由此可见 $u(z)$ 满足的方程也是合流超几何方程。与方程(E.71)相比，只是参数不同而已。新方程(E.96)的其中一个解可写为

$$u_1(z) = F(\alpha',\gamma',z) \tag{E.97}$$

由此得到原方程(E.71)的解

$$\boxed{y_2(z) = z^{1-\gamma}F(\alpha',\gamma',z)} \tag{E.98}$$

根据微分方程理论，当 $s_2-s_1=1-\gamma$ 不等于整数时，两个级数解(E.91)和(E.98)是线性无关的解。当 $\alpha'=0$ 或负整数时，$F(\alpha',\gamma',z)$ 也会中断为多项式，但由于 $1-\gamma$ 并非整数，因此 $y_2(z)$ 并不是多项式。

2. 两根之差等于整数

当 γ 为整数时 $s_1-s_2=\gamma-1$ 也是整数，式(E.91)仍代表方程(E.72)的解，当 α 取 0 或负整数时仍然中断为多项式。方程(E.71)的另一个线性无关解应该取为式(E.77)。当 $\gamma=1$ 时对数项必定存在，当 $\gamma>1$ 时对数项是否存在需要详细讨论。在下面的应用情形中我们会发现不需要这个解，因此就不详细计算系数了。

3. 应用

合流超几何方程主要在求解中心力场的能量本征方程时碰到，本书用到的三种情形均满足 $\gamma\geqslant 1$ 的条件，它们分别为

(1) 三维谐振子，$\gamma=l+3/2$；

(2) 氢原子，$\gamma=2l+2$；

(3) 二维谐振子，$\gamma=|m|+1$，

这里 $l=0,1,2,\cdots$ 是轨道角动量的角量子数，m 是轨道角动量的磁量子数。当参数 $\alpha=-n$，$n=0,1,2,\cdots$ 时 $y_1(z)=F(\alpha,\gamma,z)$ 是多项式解。当 $F(\alpha,\gamma,z)$ 没有中断为多项式时，其在无穷

远处按照指数规律发散，这将导致径向波函数在无穷远处发散，从而被排除。

对于三维谐振子，合流超几何方程的另一个线性无关解应取式(E. 98)。由于 $z^{1-\gamma}\propto r^{-2l-1}$ 导致径向波函数 $u(r)\propto r^{-l}$，因此不满足坐标原点的边界条件(第 6 章)。

对于氢原子，另一个线性无关解应取式(E. 77)，但其第二项中 $z^{1-\gamma}\propto r^{-2l-1}$ 导致径向波函数 $u(r)$ 中存在 r^{-l} 项，不满足坐标原点的边界条件(第 6 章)。

对于二维谐振子，另一个线性无关解应取式(E. 77)。当 $|m|>0$ 时，$z^{1-\gamma}\propto\rho^{-|m|}$ 导致径向波函数 $R(\rho)$ 中存在 $\rho^{-|m|}$ 项；当 $m=0$ 时，式(E. 77)中对数项必定存在。两种情形均不满足坐标原点的边界条件(第 7 章)。

总之，在这几种情形合流超几何方程满足物理条件的解只有多项式解 $\mathrm{F}(\alpha,\gamma,z)$，其中 $\alpha=-n$，$n=0,1,2,\cdots$。

E. 4 其他特殊函数

E. 4. 1 拉盖尔多项式

如下方程

$$zy''(z)+(s+1-z)y'(z)+ny=0 \tag{E. 99}$$

称为广义拉盖尔方程，其中 $n=0,1,2,\cdots$。广义拉盖尔方程是合流超几何方程(E. 71)的特殊情形，相当于那里的参数 $\alpha=-n$ 和 $\gamma=s+1$。当 $s\geqslant 0$ 时，$\alpha=-n$ 正是合流超几何函数 $\mathrm{F}(\alpha,\gamma,z)$ 中断为多项式的条件。由此可知，当 $s\geqslant 0$ 时方程(E. 99)的解与 $\mathrm{F}(-n,s+1,z)$ 最多相差一个倍数，通常选择为[㊀]

$$\mathrm{L}_n^s(z)=\frac{\Gamma(s+1+n)}{n!\Gamma(s+1)}\mathrm{F}(-n,s+1,z) \tag{E. 100}$$

称为广义拉盖尔多项式，这是一个 n 次多项式。对于 $s=0$ 的特殊情形，$\mathrm{L}_n^0(z)\equiv\mathrm{L}_n(z)$，称为拉盖尔多项式(Laguerre polynomial)。广义拉盖尔多项式满足如下正交归一关系[㊁]

$$\boxed{\int_0^\infty z^s\mathrm{e}^{-z}\mathrm{L}_n^s(z)\mathrm{L}_{n'}^s(z)\,\mathrm{d}z=\frac{\Gamma(s+1+n)}{n!}\delta_{nn'}} \tag{E. 101}$$

除此之外，还满足如下积分公式[㊂]

$$\boxed{\int_0^\infty z^{2l+2}\mathrm{e}^{-z}[\mathrm{L}_{n-l-1}^{2l+1}(z)]^2\mathrm{d}z=\frac{2n(n+l)!}{(n-l-1)!}} \tag{E. 102}$$

这个公式对计算氢原子能量本征函数的归一化常数有用。

广义拉盖尔多项式的微分表达式为

$$\mathrm{L}_n^s(z)=\frac{\mathrm{e}^z z^{-s}}{n!}\frac{\mathrm{d}^n}{\mathrm{d}z^n}(z^{s+n}\mathrm{e}^{-z}) \tag{E. 103}$$

当 $s=0$ 时，就得到拉盖尔多项式的微分表达式

㊀ 王竹溪，郭敦仁. 特殊函数概论[M]. 北京：北京大学出版社，2012，237 页. 广义拉盖尔多项式还有一种定义相当于这里的 $n!\mathrm{L}_n^s(z)$，比如参见：四川大学数学学院高等数学、微分方程教研室. 高等数学：第四册[M]. 3 版. 北京：高等教育出版社，2010，433 页.

㊁ 王竹溪，郭敦仁. 特殊函数概论[M]. 北京：北京大学出版社，2012，239 页.

㊂ 张永德. 量子力学[M]. 2 版. 北京：科学出版社，2008，102 页.

$$L_n(z)=\frac{e^z}{n!}\frac{d^n}{dz^n}(z^n e^{-z}) \tag{E.104}$$

E.4.2 贝塞尔函数

贝塞尔(Bessel)方程[^1]为

$$z^2y''(z)+zy'(z)+(z^2-\nu^2)y(z)=0 \tag{E.105}$$

式中，ν 称为方程的阶，可以是任意复常数。但现在我们只对实数值感兴趣。贝塞尔方程的一个解为

$$J_\nu(z)=\sum_{k=0}^{\infty}\frac{(-1)^k}{k!\Gamma(\nu+k+1)}\left(\frac{z}{2}\right)^{2k+\nu} \tag{E.106}$$

称为 ν 阶贝塞尔函数。$J_{-\nu}(z)$ 也是贝塞尔方程的解。当 ν 不为整数时，$J_\nu(z)$ 和 $J_{-\nu}(z)$ 是两个线性无关的解。当 ν 为整数时，设 $\nu=n$，此时 $J_n(z)$ 和 $J_{-n}(z)$ 是线性相关的，二者有如下关系

$$J_{-n}(z)=(-1)^nJ_n(z) \tag{E.107}$$

因此 $J_n(z)$ 和 $J_{-n}(z)$ 仅代表方程(E.105)的一个线性无关的解。

当 ν 不为整数时，通常引入如下诺依曼(Neumann)函数

$$N_\nu(z)=\frac{J_\nu(z)\cos\nu\pi-J_{-\nu}(z)}{\sin\nu\pi} \tag{E.108}$$

贝塞尔方程的两个线性无关的解可以取为 $J_\nu(z)$ 和 $N_\nu(z)$。

当 ν 为整数时，可以定义如下整数阶诺依曼函数

$$N_n(z)=\lim_{\nu\to n}N_\nu(z) \tag{E.109}$$

可以证明 $N_n(z)$ 与 $J_\nu(z)$ 是线性无关的(这有点出乎意料)，因此可以作为贝塞尔方程的两个线性无关的解。此外，通常还会引入两类汉克尔(Hankel)函数

$$H_\nu^{(1)}(z)=J_\nu(z)+iN_\nu(z),\quad H_\nu^{(2)}(z)=J_\nu(z)-iN_\nu(z) \tag{E.110}$$

$H_\nu^{(1)}(z)$ 和 $H_\nu^{(2)}(z)$ 也是线性无关的。

E.4.3 球贝塞尔函数

球贝塞尔方程为

$$x^2y''(x)+2xy'(x)+[x^2-l(l+1)]y(x)=0 \tag{E.111}$$

这里已经把自变量写为实变量 x。在球贝塞尔方程对我们有用的情形，l 正是轨道角量子数，因此下面取 $l=0,1,2,\cdots$。引入新函数

$$y(x)=\frac{1}{\sqrt{x}}f(x) \tag{E.112}$$

可将球贝塞尔方程化为

$$x^2f''+xf'+[x^2-(l+1/2)^2]f=0 \tag{E.113}$$

这正是 $l+1/2$ 阶的贝塞尔方程。由此可见，球贝塞尔方程的解可以用贝塞尔函数和诺依曼函数表达出来。由于习惯的原因，球贝塞尔方程的解通常写为

$$j_l(x)=\sqrt{\frac{\pi}{2x}}J_{l+1/2}(x),\quad n_l(x)=\sqrt{\frac{\pi}{2x}}N_{l+1/2}(x) \tag{E.114}$$

[^1]: 贝塞尔方程可以化为合流超几何方程(库末方程)。参见：王竹溪，郭敦仁. 特殊函数概论[M]. 北京：北京大学出版社，2012，251 页.

式中，$j_l(x)$称为l阶球贝塞尔函数；$n_l(x)$称为l阶球诺依曼函数。根据定义(E.108)可知，半奇数阶诺依曼函数满足

$$N_{l+1/2}(x)=(-1)^{l+1}J_{-(l+1/2)}(x) \tag{E.115}$$

因此球诺依曼函数也可以写为

$$n_l(x)=(-1)^{l+1}\sqrt{\frac{\pi}{2x}}J_{-(l+1/2)}(x) \tag{E.116}$$

$j_l(x)$和$n_l(x)$是线性无关的，它们具有如下微分表达式

$$j_l(x)=(-x)^l\left(\frac{1}{x}\frac{d}{dx}\right)^l\frac{\sin x}{x},\quad n_l(x)=-(-x)^l\left(\frac{1}{x}\frac{d}{dx}\right)^l\frac{\cos x}{x} \tag{E.117}$$

对于$l=0$的特例，有

$$j_0(x)=\frac{\sin x}{x},\quad n_0(x)=-\frac{\cos x}{x} \tag{E.118}$$

当l取非负整数时，球贝塞尔函数的级数表达式为

$$j_l(x)=\frac{\sqrt{\pi}}{2}\sum_{k=0}^{\infty}\frac{(-1)^k}{k!\Gamma(l+k+3/2)}\left(\frac{x}{2}\right)^{l+2k} \tag{E.119}$$

$j_l(x)$的最低次幂，即$k=0$那一项为

$$\frac{\sqrt{\pi}}{2}\frac{1}{\Gamma(l+3/2)}\left(\frac{x}{2}\right)^l=\frac{x^l}{(2l+1)!!} \tag{E.120}$$

由此容易看出，$j_0(0)=1$；l取正整数时，$j_l(0)=0$。

当l取非负整数时，球诺依曼函数的级数表达式为

$$n_l(x)=(-1)^{l+1}\frac{\sqrt{\pi}}{2}\sum_{k=0}^{\infty}\frac{(-1)^k}{k!\Gamma(-l+k+1/2)}\left(\frac{x}{2}\right)^{-l+2k-1} \tag{E.121}$$

由于最低次幂为x^{-l-1}，因此$x\to0$时，$n_l(x)$发散。

在图E-1中画出了前四个球贝塞尔函数和前四个球诺依曼函数。从图中可以看出，球诺依曼函数在$x=0$处的确是发散的。

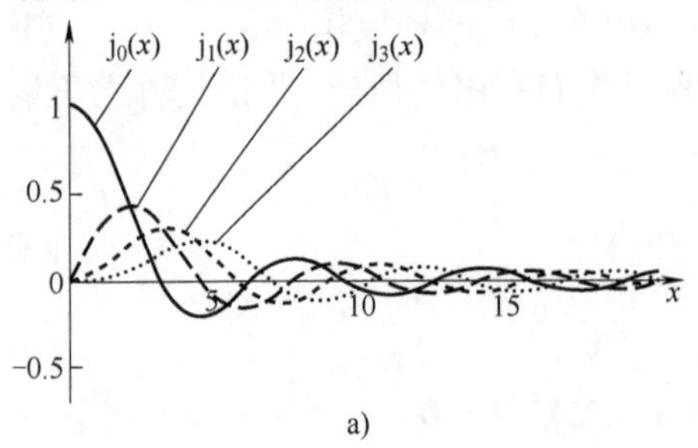

a)

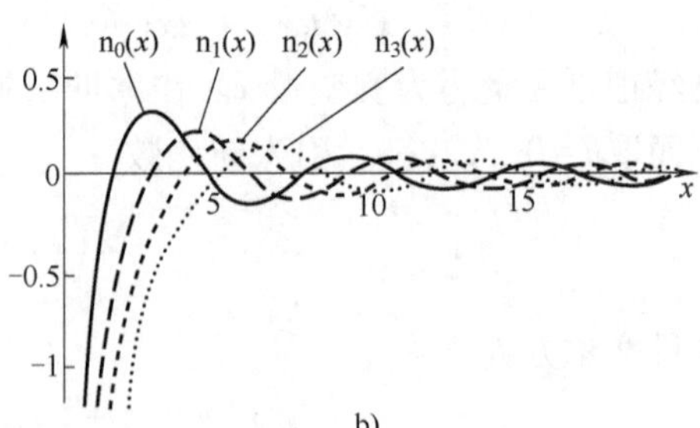

b)

图E-1

a）球贝塞尔函数　b）球诺依曼函数

同样，也可以引入两类球汉克尔函数

$$h_\nu^{(1)}(x)=j_\nu(x)+\mathrm{i}\,n_\nu(x),\quad h_\nu^{(2)}(x)=j_\nu(x)-\mathrm{i}\,n_\nu(x) \tag{E.122}$$

这里$\mathrm{i}\,n_\nu(x)$是虚数单位i乘以$n_\nu(x)$。对于$l=0$的特例，有

$$h_0^{(1)}(x)=-\frac{\mathrm{i}}{x}e^{\mathrm{i}x},\quad h_0^{(2)}(x)=\frac{\mathrm{i}}{x}e^{-\mathrm{i}x} \tag{E.123}$$

$h_0^{(1)}(x)$和$h_0^{(2)}(x)$在$x=0$处均发散。

附录 F　勒让德变换

勒让德变换在分析力学和热力学中都有应用。由于很少有教科书讲述勒让德变换的几何意义，因此这里做一下简要介绍。

F.1　一元函数的变换

如果给出曲线$f(x)$的所有切线，如图 F-1 所示，则函数$f(x)$本身也就确定了，$f(x)$是切线族的包络线(envelope)。

只要找到$f(x)$的切线族，就找到了$f(x)$的全部信息。直线是由斜率k和截距h来表征的。我们只需要找到切线族的斜率与截距的函数关系

$$h=h(k) \tag{F.1}$$

就确定了整个切线族。从函数$f(x)$到函数$h(k)$的变换，就称为勒让德变换(Legendre transformation)。现在我们就要从$f(x)$得到$h(k)$。

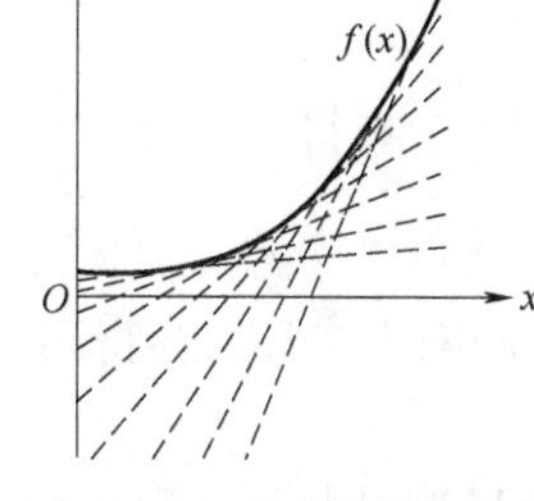

图 F-1　函数曲线的切线族

根据导数的几何意义，$f(x)$的一阶导数

$$k(x)=f'(x) \tag{F.2}$$

表示曲线在x点的斜率。设切线族中某条直线与曲线$f(x)$的切点横坐标为x_0，通过该切点的切线方程为

$$y=k(x_0)x+h \tag{F.3}$$

在切点函数值为$f(x_0)$，因此

$$f(x_0)=k(x_0)x_0+h \tag{F.4}$$

由此可得该切线的截距

$$h=f(x_0)-k(x_0)x_0 \tag{F.5}$$

以上为了与切线方程的自变量有所区分，用x_0来标记切点横坐标。现在重新用x来标记点的横坐标，将式(F.5)改写为

$$h=f(x)-k(x)x \tag{F.6}$$

这里h仍是x的函数，而我们想要h作为k的函数。设$k(x)$是一个单调函数，k与x有一一对应的关系，因此可以定义反函数

$$x=x(k) \tag{F.7}$$

代入式(F.6)，就得到了函数$f(x)$的勒让德变换

$$\boxed{h(k)=f(x(k))-kx(k)} \tag{F.8}$$

$h(k)$包含了函数$f(x)$的全部信息。为证明这一点，现在我们尝试从$h(k)$恢复原来的函数$f(x)$。首先，将式(F.5)对k求导，得

$$h'(k)=f'(x)x'(k)-x(k)-kx'(k) \tag{F.9}$$

注意$f'(x)=k$，因此

$$h'(k)=-x(k) \tag{F.10}$$

由此可见，在已知函数 $h(k)$ 时，利用式(F.9)就能求出 $x(k)$，从而得到 $k(x)$。其次，由式(F.6)，得

$$\boxed{f(x)=h(k(x))+k(x)x} \tag{F.11}$$

由此便恢复了函数 $f(x)$。实际上，从 $h(k)$ 找回 $f(x)$ 的变换式(F.11)也是勒让德变换，为了看出这一点，将式(F.11)写为

$$f=h(k(x))-(-x)k(x) \tag{F.12}$$

注意根据式(F.10)，$-x(k)$ 就是函数 $h(k)$ 在 k 点的斜率。由此可见，函数 $f(x)$ 与函数 $h(k)$ 互为勒让德变换。当然严格来讲，$h(k)$ 的勒让德变换是以 $-x$ 为自变量的函数，但我们通常忽略这点细节差别。

函数 $f(x)$ 的勒让德变换有时也定义为 $\tilde{h}(k)=-h(k)$，仍然引入记号

$$k(x)=f'(x) \tag{F.13}$$

根据式(F.8)得

$$\boxed{\tilde{h}(k)=kx(k)-f(x(k))} \tag{F.14}$$

将 $\tilde{h}(k)$ 对 k 求导，会得到

$$\tilde{h}'(k)=x(k) \tag{F.15}$$

式(F.11)可用 $\tilde{h}(k)$ 写为

$$\boxed{f(x)=k(x)x-\tilde{h}(k(x))} \tag{F.16}$$

式(F.14)将 $f(x)$ 变为 $\tilde{h}(k)$，式(F.16)将 $\tilde{h}(k)$ 变为 $f(x)$，它们都是勒让德变换，且形式完全对称。

▼ 举例

(1) 设 $f(x)=e^x$，则 $k=e^x$，注意 $k>0$，由此得 $x=\ln k$，根据式(F.14)，得

$$\tilde{h}(k)=k\ln k-k \tag{F.17}$$

(2) 自由粒子的动能为 $T=mv^2/2$，令 $p=T'(v)=mv$，由此得 $v=p/m$，根据勒让德变换(F.14)，得

$$E=pv-T=\frac{p^2}{2m} \tag{F.18}$$

直接根据动量的定义 $p=mv$，代入动能 T 的表达式，也能得到式(F.18)的结果。由此可见，变换后的函数 E 还是粒子的动能，只是现在用动量 p 来表达了。现在 p 是通过 $T'(v)$ 来定义的，因此具有了新的含义。

函数能进行勒让德变换的条件是 k 与 x 有一一对应的关系，这就是说，$k(x)=f'(x)$ 是 x 的单调函数。因此，$k'(x)=f''(x)$ 将保持为恒正或恒负。由此可知，函数 $f(x)$ 具有确定的凹凸性，要么是凸函数，要么是凹函数。

F.2 多元函数的变换

对于二元函数 $f(x,y)$，同样可以引入勒让德变换，只要将其中一个变量视为常量，套用一元函数的变换规则即可。引入记号

$$f_x = \frac{\partial f}{\partial x}, \quad f_y = \frac{\partial f}{\partial y} \tag{F.19}$$

f_x, f_y 都是 x, y 的函数，由此可以写出函数 $f(x,y)$ 的全微分

$$\mathrm{d}f(x,y) = f_x \mathrm{d}x + f_y \mathrm{d}y \tag{F.20}$$

在这一部分我们将使用式(F.14)定义的勒让德变换。当然如果愿意，也可以使用式(F.8)定义的变换。

（1）将 y 视为常量，对变量 x 做勒让德变换

$$\boxed{h_1(f_x, y) = f_x x - f(x,y)} \tag{F.21}$$

由 $f_x = f_x(x,y)$ 解出 $x = x(f_x, y)$，代入式(F.21)即可。函数 $h_1(f_x, y)$ 的全微分为

$$\mathrm{d}h_1(f_x, y) = \mathrm{d}(f_x x) - \mathrm{d}f(x,y) = x\mathrm{d}f_x - f_y \mathrm{d}y \tag{F.22}$$

由此可得

$$\frac{\partial h_1}{\partial f_x} = x, \quad \frac{\partial h_1}{\partial y} = -f_y \tag{F.23}$$

（2）将 x 视为常量，对变量 y 做勒让德变换

$$\boxed{h_2(x, f_y) = f_y y - f(x,y)} \tag{F.24}$$

由 $f_y = f_y(x,y)$ 解出 $y = y(f_y, x)$，代入式(F.24)即可。函数 $h_2(f_x, y)$ 的全微分为

$$\mathrm{d}h_2(x, f_y) = -f_x \mathrm{d}x + y\mathrm{d}f_y \tag{F.25}$$

由此可得

$$\frac{\partial h_2}{\partial x} = -f_x, \quad \frac{\partial h_2}{\partial f_y} = y \tag{F.26}$$

（3）同时对变量 x, y 进行变换

$$\boxed{h_3(f_x, f_y) = f_x x + f_y y - f(x,y)} \tag{F.27}$$

由 $f_x = f_x(x,y)$ 和 $f_y = f_y(x,y)$ 联立，解出 $x = x(f_x, f_y)$ 和 $y = y(f_x, f_y)$，代入式(F.27)即可。函数 $h_3(f_x, y)$ 的全微分为

$$\mathrm{d}h_3(f_x, f_y) = x\mathrm{d}f_x + y\mathrm{d}f_y \tag{F.28}$$

由此可得

$$\frac{\partial h_3}{\partial f_x} = x, \quad \frac{\partial h_3}{\partial f_y} = y \tag{F.29}$$

由此可见，在对函数进行勒让德变换后，新函数对新自变量的偏导数与原来的自变量有简单的关系。

F.3　物理应用

F.3.1　分析力学

设保守体系的自由度为 n，体系的拉格朗日量是所有广义坐标 q_i 和 $\dot{q}_i$ 的函数

$$\mathcal{L} = \mathcal{L}(q_1, \cdots, q_n;\ \dot{q}_1, \cdots, \dot{q}_n;\ t) \tag{F.30}$$

现在要对所有 $\dot{q}_i$ 进行变换，引入偏导数记号

$$p_i = \frac{\partial \mathcal{L}}{\partial \dot{q}_i}, \quad i = 1, 2, \cdots, n \tag{F.31}$$

p_i 在分析力学中称为广义动量或正则动量。根据勒让德变换的规则，将所有 $\dot{q}_i p_i$ 求和，减去 $\mathcal{L}$，得

$$\mathcal{H} = \sum_{i=1}^{n} p_i \dot{q}_i - \mathcal{L} \tag{F.32}$$

利用式(F.31)的 n 个联立的方程，解出 $\dot{q}_i$ 作为所有 q_i, p_i 的函数

$$\dot{q}_i = \dot{q}_i(q_1, \cdots, q_n;\ p_1, \cdots, p_n;\ t), \quad i = 1, 2, \cdots, n \tag{F.33}$$

将式(F.33)代入式(F.32)即可。$\mathcal{H}$ 正是体系的哈密顿量，它是广义坐标和广义动量的函数。

F.3.2 热力学

在热力学中，气体内能 U 是熵 S、体积 V、粒子数等参数的函数。这里只讨论粒子数恒定的体系。根据热力学第一定律和第二定律，可以得到吉布斯定理

$$\mathrm{d}U = T\mathrm{d}S - p\mathrm{d}V \tag{F.34}$$

由此可见，内能 U 是 S, V 的函数：$U = U(S, V)$。而且有

$$\left(\frac{\partial U}{\partial S}\right)_V = T, \quad \left(\frac{\partial U}{\partial V}\right)_S = -p \tag{F.35}$$

按照热力学的习惯，在对一个变量求偏导时把保持不变的变量也标记出来。

根据物理习惯，这一部分我们采用式(F.8)的定义进行勒让德变换。

(1) 将 S 视为常量，对变量 V 做勒让德变换，会得到焓

$$H(S, p) = U + pV \tag{F.36}$$

H 的全微分为

$$\mathrm{d}H = \mathrm{d}U + \mathrm{d}(pV) = T\mathrm{d}S + V\mathrm{d}p \tag{F.37}$$

由此可得

$$\left(\frac{\partial H}{\partial S}\right)_p = T, \quad \left(\frac{\partial H}{\partial p}\right)_S = V \tag{F.38}$$

(2) 将 V 视为常量，对变量 S 做勒让德变换，会得到自由能

$$F(T, V) = U - TS \tag{F.39}$$

F 的全微分为

$$\mathrm{d}F = \mathrm{d}U - \mathrm{d}(ST) = -S\mathrm{d}T - p\mathrm{d}V \tag{F.40}$$

由此可得

$$\left(\frac{\partial F}{\partial T}\right)_V = -S, \quad \left(\frac{\partial F}{\partial V}\right)_T = -p \tag{F.41}$$

(3) 同时对变量 S, V 做勒让德变换，会得到吉布斯函数

$$G(p, T) = U - TS + pV \tag{F.42}$$

G 的全微分为

$$\mathrm{d}G = \mathrm{d}U - \mathrm{d}(TS) + \mathrm{d}(pV) = -S\mathrm{d}T + V\mathrm{d}p \tag{F.43}$$

由此可得

$$\left(\frac{\partial G}{\partial T}\right)_p = -S, \quad \left(\frac{\partial G}{\partial p}\right)_T = V \tag{F.44}$$

参考文献

[1] APPEL W. Mathematics for physics and physicists[M]. 北京：世界图书出版公司，2012.
[2] 陈鄂生，李明明. 量子力学习题与解答[M]. 北京：科学出版社，2012.
[3] 陈洪，袁宏宽. 量子力学[M]. 北京：科学出版社，2014.
[4] 程其襄，等. 实变函数与泛函分析基础[M]. 2 版. 北京：高等教育出版社，2003.
[5] 褚圣麟. 原子物理学[M]. 北京：高等教育出版社，1979.
[6] 狄拉克. 狄拉克量子力学原理[M]. 凌东波，译. 北京：机械工业出版社，2017.
[7] 格里菲斯. 量子力学概论[M]. 贾瑜，胡行，李玉晓，译. 北京：机械工业出版社，2009.
[8] 郭硕鸿. 电动力学[M]. 3 版. 北京：高等教育出版社，2008.
[9] HALL B C. Quantum theory for mathematicians[M]. 北京：世界图书出版公司，2005.
[10] 喀兴林. 高等量子力学[M]. 2 版. 北京：高等教育出版社，2001.
[11] KLAUDER J R. 相干态导论[M]. 郭光灿，译. 合肥：中国科学技术大学出版社，1988.
[12] 朗道，栗弗席兹. 量子力学：非相对论理论[M]. 6 版. 严肃，译. 北京：高等教育出版社，2008.
[13] 梁昆淼. 数学物理方法[M]. 5 版. 北京：高等教育出版社，2010.
[14] 刘川. 理论力学[M]. 北京：北京大学出版社，2019.
[15] 倪光炯，陈苏卿. 高等量子力学[M]. 2 版. 上海：复旦大学出版社，2004.
[16] 钱伯初. 量子力学[M]. 北京：高等教育出版社，2006.
[17] 钱伯初，曾谨言. 量子力学习题精选与剖析[M]. 3 版. 北京：科学出版社，2008.
[18] SHANKAR R. Principles of quantum mechanics[M]. 2 版. 北京：世界图书出版公司，2007.
[19] 史守华，谢传梅. 量子力学考研辅导[M]. 3 版. 北京：清华大学出版社，2015.
[20] 四川大学数学学院高等数学、微分方程教研室. 高等数学：第四册[M]. 3 版. 北京：高等教育出版社，2010.
[21] 苏汝铿. 量子力学[M]. 2 版. 北京：高等教育出版社，2002.
[22] 塔诺季，迪于，拉洛埃. 量子力学：第一卷[M]. 刘家谟，陈星奎，译. 北京：高等教育出版社，2014.
[23] 塔诺季，迪于，拉洛埃. 量子力学：第二卷[M]. 刘家谟，陈星奎，译. 北京：高等教育出版社，2016.
[24] 王正行. 量子力学原理[M]. 北京：北京大学出版社，2003.
[25] 王竹溪，郭敦仁. 特殊函数概论[M]. 北京：北京大学出版社，2012.
[26] 汪德新. 量子力学[M]. 3 版. 北京：科学出版社，2008.
[27] 汪德新. 数学物理方法[M]. 4 版. 北京：科学出版社，2016.
[28] 汪志诚. 热力学·统计物理[M]. 6 版. 北京：高等教育出版社，2019.
[29] 吴崇试. 数学物理方法[M]. 2 版. 北京：北京大学出版社，2003.
[30] 吴崇试. 数学物理方法专题——复变函数与积分变换[M]. 北京：北京大学出版社，2013.
[31] 吴崇试. 数学物理方法专题——数理方程与特殊函数[M]. 北京：北京大学出版社，2012.
[32] 席夫. 量子力学[M]. 李淑娴，陈崇光，译. 北京：人民教育出版社，1981.
[33] 夏道行，等. 实变函数论与泛函分析：上册[M]. 2 版. 北京：高等教育出版社，2010.
[34] 夏道行，等. 实变函数论与泛函分析：下册[M]. 2 版. 北京：高等教育出版社，2010.
[35] 杨福家. 原子物理学[M]. 4 版. 北京：高等教育出版社，2008.
[36] 姚慕生，吴泉水，谢启鸿. 高等代数[M]. 上海：复旦大学出版社，2014.
[37] 樱井纯，拿波里塔诺. 现代量子力学[M]. 2 版. 丁亦兵，沈彭年，译. 北京：世界图书出版公司，2014.

[38] 张永德. 量子力学[M]. 2 版. 北京：科学出版社，2008.
[39] 曾谨言. 量子力学教程[M]. 3 版. 北京：科学出版社，2014.
[40] 曾谨言. 量子力学：卷Ⅰ[M]. 5 版. 北京：科学出版社，2013.
[41] 曾谨言. 量子力学：卷Ⅱ[M]. 5 版. 北京：科学出版社，2014.
[42] 周世勋. 量子力学教程[M]. 2 版. 北京：高等教育出版社，2009.
[43] 周衍柏. 理论力学教程[M]. 2 版. 北京：高等教育出版社，1986.
[44] 邹光远，符策基. 数学物理方法[M]. 北京：北京大学出版社，2018.

索引